책 구입 시 드리는 혜택

❶ 핵심 요약 이론 동영상 강의 제공
❷ 2009년 ~ 2014년 기출문제 동영상 강의 제공
❸ 우수회원 인증 후 2013년 ~ 2015년 3개년
  추가 기출문제(해설 포함) 제공

2023
개정 12 판

 **단기완성**

일반기계기사
필기 과년도

정영식 저

꼭! 합격
하세요

최근 기출문제 수록 및 완벽 해설 / 빠른 합격을 위한 상세한 이론 구성
문제 해설을 이해하기 쉽도록 자세히 설명 / 저자 1대1 질의·응답 카페 운영

무료 동영상 강의

Daum | 정영식의 기계세상 | http://cafe.daum.net/jys6677

www.sejinbooks.kr

머리말

이 수험서는 일반기계기사를 준비하는 학생들을 위해 산업인력관리공단의 새로운 출제기준에 맞게 집필하였다.

일반기계기사 자격 준비를 위해

핵심요점정리 제1편 : 재료역학
         제2편 : 유체역학
         제3편 : 열역학
         제4편 : 기계동력학
         제5편 : 유압기기
         제6편 : 기계제작법
         제7편 : 기계재료

7개년 기출문제

7과목을 한 권으로 묶어 최소한의 암기내용을 요약하여 정리하였으며 기출문제를 통해 암기한 내용을 최대한 활용할 수 있게 해설하였으며, 이 교재 한권으로 꾸준히 연습하고 암기하면 학교에서 배운 모든 내용을 총정리 할 수 있을 뿐만 아니라 일반기계기사 자격취득을 꼭 할 수 있으리라 확신한다.

책의 분량을 고려하여 출제기준에 들어가지 않는 내용은 과감히 삭제하였으며, 부족한 내용은 문제풀이의 해설로 보충하였다.

교재에 대한 모든 평가는 독자 여러분이 해 주리라 믿고, 부족하거나 잘못된 부분을 지적해 주면 언제라도 수정, 보완할 것이다.

끝으로 본 교재를 집필하는데 많은 도움을 주신 국제기계학원 안현하 실장님께 감사를 드리며 본 교재의 출간을 위해 협조를 아끼지 않은 도서출판 세진북스 홍세진 사장님과 임직원 여러분에게 진심으로 감사를 드립니다.

저자 김영식

출제기준

1. 필기

직무분야	기계	중직무분야	기계제작	자격종목	일반기계기사	적용기간	2022. 1. 1. ~ 2023. 12. 31

• 직무내용 : 재료역학, 기계열역학, 기계유체역학, 기계재료 및 유압기기, 기계제작법 및 기계동력학 등 기계에 관한 지식을 활용하여 일반기계 및 구조물을 설계, 견적, 제작, 시공, 감리 등과 관련된 직무이다.

필기검정방법	객관식	문제수	100	시험시간	2시간 30분

필기과목명	문제수	주요항목	세부항목	세세항목
재료역학	20	1. 재료역학의 기본사항	1. 힘과 모멘트	1. 힘의 성분 2. 힘과 모멘트 평형 3. 자유물체도 4. 마찰력
			2. 평면도형의 성질	1. 도심 2. 관성 모멘트 3. 극관성 모멘트 4. 평행축 정리
		2. 응력과 변형률	1. 응력의 개념	1. 인장응력 2. 압축응력 3. 전단응력
			2. 변형률의 개념 및 탄·소성 거동	1. 재료의 물성치 2. 응력-변형률 선도 3. 전단변형률 4. 충격하중 5. 탄성-소성 거동 6. 크리프 및 피로 7. 응력 집중 8. 후크의 법칙 9. 포아송의 비 10. 파손이론 11. 허용응력 12. 안전계수
			3. 축하중을 받는 부재	1. 수직응력 및 변형률 2. 변형량 3. 부정정 문제 4. 탄성변형에너지 5. 열응력
		3. 비틀림	1. 비틀림 하중을 받는 부재	1. 비틀림 강도 2. 전단응력 3. 비틀림 모멘트 4. 전단 변형률 5. 비틀림 각도 6. 비틀림 강성 7. 비틀림 변형에너지 8. 동력 전달 및 강도설계(축, 풀리) 9. 스프링 10. 박막튜브의 비틀림
		4. 굽힘 및 전단	1. 굽힘 하중	1. 반력 2. 굽힘 모멘트 선도 3. 하중, 전단력 및 굽힘모멘트 이론
			2. 전단 하중	1. 보의 전단력 2. 보의 모멘트
		5. 보	1. 보의 굽힘과 전단	1. 곡률, 변형률 및 굽힘 모멘트 관계 2. 굽힘공식 3. 굽힘응력 및 변형률 4. 전단공식 5. 전단응력 및 변형률 6. 탄성에너지 7. 전단류
			2. 보의 처짐	1. 보의 처짐 2. 모멘트면적법, 중첩법 3. 보의 설계(응용) 4. 처짐과 응력의 조합문제 5. 처짐각(기울기)
			3. 보의 응용	1. 부정정보 2. 카스틸리아노 정리
		6. 응력과 변형률 해석	1. 응력 및 변형률 변환	1. 평면 응력과 평면 변형률 2. 응력 및 변형률 변환 3. 주응력과 최대전단응력 4. 모어 원
		7. 평면응력의 응용	1. 압력용기, 조합하중 및 응력 상태	1. 평면응력상태의 후크의 법칙 2. 삼축 응력상태(Bulk modulus & Dilatation) 3. 압력용기 4. 원심력에 의한 응력 5. 조합하중 6. 보의 최대응력(굽힘응력과 전단응력 조합)
		8. 기둥	1. 기둥 이론	1. 회전반경 2. 편심하중을 받는 단주 3. 기둥의 좌굴
기계 열역학	20	1. 열역학의 기본사항	1. 기본개념	1. 열역학시스템과 검사체적 2. 물질의 상태와 상태량 3. 과정과 사이클 등
			2. 용어와 단위계	1. 열역학 관련 용어 2. 질량, 길이, 시간 및 힘의 단위계 등
		2. 순수물질의 성질	1. 물질의 성질과 상태	1. 순수물질 2. 순수물질의 상변화 3. 순수물질의 열역학적 상태량 4. 습증기

필기과목명	문제수	주요항목	세부항목	세세항목
			2. 이상기체	1. 이상기체와 실제기체 2. 이상기체의 상태방정식 3. 이상기체의 성질 및 상태변화 등
		3. 일과 열	1. 일과 동력	1. 일과 열의 정의 및 단위 2. 열역학적 시스템 3. 일과 열의 비교
			2. 열전달	1. 전도 2. 대류 3. 복사
		4. 열역학의 법칙	1. 열역학 제1법칙	1. 열역학 제0법칙 2. 밀폐계와 계방계 3. 검사체적 4. 질량 및 에너지 해석
			2. 열역학 제2법칙	1. 가역, 비가역 과정 2. 카르노의 원리 3. 엔트로피 4. 엑서지
		5. 각종 사이클	1. 동력 사이클	1. 동력시스템개요 2. 랭킨사이클 3. 공기표준 동력사이클 4. 오토, 디젤, 사바테 사이클 5. 기타 동력 사이클
			2. 냉동사이클	1. 냉동시스템 개요 2. 증기압축 냉동사이클 3. 암모니아 흡수식 냉동사이클 4. 공기표준 냉동사이클 5. 열펌프 및 기타 냉동사이클
		6. 열역학의 적용사례	1. 열역학적 장치	1. 압축기 2. 엔진 3. 냉동기 4. 보일러 5. 증기터빈 등
			2. 열역학적 응용	1. 열역학적 관계식 2. 혼합물과 공기조화 3. 화학반응과 연소
기계 유체 역학	20	1. 유체의 기본개념	1. 차원 및 단위	1. 유체의 정의 2. 연속체의 개념 3. 뉴턴 유체의 개념 4. 차원 및 단위
			2. 유체의 점성법칙	1. 뉴턴의 점성법칙 2. 점성계수, 동점성계수 3. 전단응력 및 속도구배
			3. 유체의 기타 특성	1. 밀도, 비중, 압축률과 체적탄성계수 2. 음속, 상태방정식 3. 표면장력 4. 모세관 현상, 물방울 및 비누방울
		2. 유체정역학	1. 유체정역학의 기초	1. 정역학의 개념, 파스칼 원리 2. 절대압력/계기압력, 대기압 3. 가속/회전시 압력분포 4. 부력
			2. 정수압	1. 액주계, 마노미터 2. 용기, 해수 중 압력의 계산
			3. 작용 유체력	1. 작용점 2. 평면과 곡면에 작용하는 힘 및 모멘트
		3. 유체역학의 기본 물리법칙	1. 연속방정식	1. 질량보존의 법칙 2. 평균 유속, 유량
			2. 베르누이방정식	1. 정압, 정체압, 동압, 수두 2. 베르누이방정식의 응용
			3. 운동량 방정식	1. 선운동량 방정식의 응용 2. 각운동량 방정식의 응용
			4. 에너지 방정식	1. 에너지 방정식 응용, 마찰 2. 펌프 및 터빈 동력, 효율 3. 수력 및 에너지 기울기선
		4. 유체운동학	1. 운동학 기초	1. 속도장, 가속도장 2. 유선, 유적선 3. 오일러 방정식 4. 나비에-스톡스 방정식
			2. 포텐셜 유동	1. 포텐셜, 유동함수, 와도
		5. 차원해석 및 상사법칙	1. 차원해석	1. 무차원수, 차원해석, 파이정리
			2. 상사법칙	1. 모형과 원형, 상사법칙
		6. 관내유동	1. 관내유동의 개념	1. 층류/난류 판별
			2. 층류점성유동	1. 하겐-포아젤 유동
			3. 관로내 손실	1. 난류에서의 직관손실 2. 부차적 손실 3. 비원형관 유동
		7. 물체 주위의 유동	1. 외부유동의 개념	1. 경계층 유동 2. 박리, 후류
			2. 항력 및 양력	1. 항력, 양력
		8. 유체계측	1. 유체계측	1. 벤투리, 노즐 2. 오리피스 유량계 3. 유량계수, 송출계수 4. 점도계, 압력계 등

출제기준

필기과목명	문제수	주요항목	세부항목	세세항목
기계재료 및 유압기기	20	1. 기계재료	1. 개요	1. 금속의 조직과 상태도
			2. 철과 강	1. 탄소강의 특성 및 용도 2. 특수강의 특성 및 용도 3. 주철의 특성 및 용도
			3. 기계재료의 시험법과 열처리	1. 기계재료의 조직검사 및 기계적시험법 2. 탄소강의 열처리 및 표면 경화처리
			4. 비철금속재료	1. 구리(銅) 및 그 합금의 특성과 용도 2. 알루미늄 및 그 합금의 특성과 용도 3. 마그네슘 및 그 합금의 특성과 용도 4. 티타늄 및 그 합금의 특성과 용도 5. 니켈 및 그 합금의 특성과 용도 6. 기타 비철금속의 특성과 용도
			5. 비금속 재료	1. 주요 비금속재료의 특성과 용도
		2. 유압기기	1. 유압의 개요	1. 유압기초 2. 유압장치의 구성 및 유압유
			2. 유압기기	1. 유압펌프 2. 유압밸브 3. 유압실린더와 유압모터 4. 부속기기
			3. 유압회로	1. 유압회로의 기호 2. 유압회로의 구성 3. 유압회로 및 응용(전자제어시스템 포함)
			4. 유압을 이용한 기계	1. 유압기계의 일반 2. 하역운반기계 3. 공작기계 4. 자동차 및 중장비기계
기계제작법 및 기계동력학	20	1. 기계제작법	1. 비절삭가공	1. 원형 및 주조 2. 소성가공 3. 열처리 및 표면처리 4. 용접 및 판금·제관
			2. 절삭가공	1. 절삭이론 2. 절삭가공법 및 CNC가공 3. 손다듬질 가공
			3. 특수가공	1. 특수가공 2. 정밀입자가공
			4. 치공구 및 측정	1. 지그 및 고정구 2. 측정
		2. 기계동역학	1. 동력학의 기본이론과 질점의 운동학	1. 힘의 평형 2. 위치, 속도, 가속도 3. 질점의 직선운동 4. 질점의 곡선운동
			2. 질점의 동역학 (뉴튼의 제2법칙)	1. 뉴튼의 운동 제2법칙 2. 질점의 선형 운동량과 각 운동량 3. 중심력에 의한 운동
			3. 질점의 동역학 (에너지 운동량 방법)	1. 질점의 운동에너지와 위치에너지 2. 일과 에너지 법칙 3. 충격량과 운동량 법칙
			4. 질점계의 동역학	1. 충돌 2. 질점계의 선형 운동량과 각 운동량 3. 질점계의 에너지 보존 4. 질점계에 대한 충격량과 운동량 법칙
			5. 강체의 운동학	1. 강체의 속도, 가속도, 각속도, 각가속도 2. 순간 회전 중심 3. 평면운동에서의 절대속도와 상대속도
			6. 강체의 동역학	1. 강체에 작용하는 힘과 가속도 2. 에너지 방법과 운동량 방법 3. 강체의 각운동량
			7. 진동의 용어 및 기본이론	1. 힘의 평형, 스프링의 합성 2. 단순조화운동, 주기운동, 진폭과 위상각 3. 진동에 관한 용어(진동수, 각진동수, 주기, 진폭 등)
			8. 1자유도 비감쇠계의 자유진동	1. 운동방정식과 고유진동수 2. 에너지 보존법칙
			9. 1자유도 감쇠계의 자유진동	1. 감쇠비, 감쇠고유진동수 2. 대수감쇠 3. 점성감쇠진동
			10. 1자유도계의 강제진동 및 다자유도계의 진동	1. 단순조화력에 대한 응답, 공진 2. 진동절연 - 전달력과 전달계수 3. 진동계측 - 지진계와 가속도계 4. 고유진동수와 고유모드, 맥놀이 5. 흡진기

2. 실기

직무분야	기계	중직무분야	기계제작	자격종목	일반기계기사	적용기간	2022. 1. 1. ~ 2023. 12. 31

- **직무내용**: 재료역학, 기계열역학, 기계유체역학, 기계재료 및 유압기기, 기계제작법 및 기계동력학 등 기계에 관한 지식을 활용하여 일반기계 및 구조물을 설계, 견적, 제작, 시공, 감리 등과 관련된 직무이다.
- **수생준거**:
  1. 기계설계 기초지식을 활용할 수 있다.
  2. 체결용, 전동용, 제어용 기계요소 및 유체 기계요소를 설계할 수 있다.
  3. 설계조건에 맞는 계산 및 견적을 할 수 있다.
  4. CAD S/W를 이용하여 CAD도면을 작성할 수 있다.

실기검정방법	복합형	시험시간	필답형 : 2시간, 작업형 : 5시간 정도

실기과목명	주요항목	세부항목	세세항목
일반기계 설계실무	1. 일반기계요소의 설계	1. 기계요소설계하기	1. 단위, 규격, 끼워맞춤, 공차 등을 활용하여 기계설계에 적용할 수 있다. 2. 나사, 키, 핀, 코터, 리벳 및 용접이음 등의 체결용 요소를 설계할 수 있다. 3. 축, 축이음, 베어링, 마찰차, 캠, 벨트, 체인, 로우프, 기어 등의 전동용 요소를 설계할 수 있다. 4. 브레이크, 스프링, 플라이휠 등의 제어용 요소를 설계할 수 있다. 5. 펌프, 밸브, 배관 등 유체기계요소를 설계할 수 있다. 6. 요소부품재질을 선정할 수 있다.
		2. 설계 계산하기	1. 선정된 기계요소부품에 의하여, 관련된 설계변수들을 선정할 수 있다. 2. 계산의 조건에 적절한 설계계산식을 적용할 수 있다. 3. 설계 목표물의 기능과 성능을 만족하는 설계변수를 계산 할 수 있다. 4. 부품별 제원 및 성능곡선표, 특성을 고려하여 설계계산에 반영할 수 있다. 5. 표준 운영절차에 따라, 설계계산 프로그램 또는 장비를 설정하고, 결과를 도출할 수 있다.
	2. 일반기계 실무	1. 조립도, 구조물 및 부속장치설계하기	1. 조립도, 구조물 및 부속장치를 설계할 수 있다.
		2. 기계설비 견적하기	1. 기계설비 견적을 할 수 있다.
	3. 기계제도(CAD) 작업	1. CAD를 이용한 도면작성하기	1. CAD를 이용하며, KS규격에 맞는 부품 제작도를 작성할 수 있다. 2. 표준 운영절차에 따라 요구되는 형상을 2D 또는 3D로 구현할 수 있다. 3. 작성된 2D 또는 3D 도면을 KS규격에 규정한 도면 작성법에 의하여 정확하게 기입되었는가를 확인할 수 있다. 4. 부품 간 기구학적 간섭을 확인하고, 오류발생 시 수정할 수 있다.
		2. 도면출력 및 데이터 관리하기	1. 요구되는 데이터 형식에 맞도록 저장할 수 있다. 2. 프린터, 플로터 등 인쇄장치를 이용하여 도면을 출력할 수 있다. 3. CAD데이터 형식에 대하여 각각의 용도 및 특성을 파악하고 이를 변환할 수 있다. 4. 작업된 도면의 용도 및 활용성을 파악하고 분류하여 저장할 수 있다.
		3. CAD 장비의 운영	1. CAD 프로그램을 설치하고 출력장치를 사용하여, CAD 장비를 운영할 수 있다.

차례 Contents

핵심요점정리

제 01 편 재료역학 12

- 01 하중, 응력, 변형률 / 12
- 02 재료의 정역학 / 14
- 03 More's circle / 15
- 04 평면도형의 성질 / 16
- 05 비 틀 림 / 17
- 06 보(Beam) / 18
- 07 보속의 응력 / 19
- 08 보의 처짐 / 20
- 09 부정정보 / 21
- 10 기   둥 / 23

제 02 편 유체역학 24

- 01 유체의 정의 및 성질 / 24
- 02 유체의 정역학 / 25
- 03 유체의 운동학 / 27
- 04 운동량 방정식 / 29
- 05 유체유동 / 30
- 06 유체유동의 손실수두 / 31
- 07 차원해석과 상사법칙 / 32
- 08 개수로 유동 / 33
- 09 압축성 유동 / 34
- 10 유체계측 / 34

제 03 편 열 역 학 36

- 01 열역학 정의와 단위 / 36
- 02 열역학 제1법칙 / 37
- 03 이상기체와 각 과정별 상태변화 / 38
- 04 열역학 2법칙 / 41
- 05 증기의 변화 / 42
- 06 증기동력사이클 / 43
- 07 내연기관사이클 / 45
- 08 냉동기관사이클 / 47
- 09 유체흐름과 노즐 / 48
- 10 전   열 / 49

제 04 편 기계동력학 50

- 01 변위, 속도, 가속도의 관계 / 50
- 02 운동량 방정식 / 51
- 03 원 운 동 / 51
- 04 구속된 운동 / 53
- 05 에너지 보존의 법칙 / 54
- 06 진동의 개요 / 55
- 07 조화운동 / 55
- 08 감쇠진동 / 57
- 09 비틀림진동 / 58
- 10 강제진동 / 61

제 05 편　유압기기　62

- 01 파스칼의 원리 / 62
- 02 유압기기의 장·단점 / 63
- 03 유압기기의 분류 / 63
- 04 작동유의 구비조건 및 영향 / 64
- 05 펌프의 특징 / 66
- 06 펌프의 토출량 산출식 / 67
- 07 축 압 기 / 70
- 08 유압제어밸브 / 71
- 09 유압작동부 / 73
- 10 시험에 자주 출제되는 유압회로 기호 / 74

제 06 편　기계제작법　79

- 01 주　조 / 79
- 02 소성가공 / 83
- 03 절삭이론 / 87
- 04 선반작업 / 89
- 05 드릴작업 / 91
- 06 평면가공 / 93
- 07 밀링가공 / 94
- 08 기어절삭 / 96
- 09 연삭가공 / 96
- 10 특수가공 / 98
- 11 NC가공 / 100
- 12 측　정 / 102
- 13 수기가공 / 105
- 14 용　접 / 106

제 07 편　기계재료　108

- 01 기계 재료의 공업상 필요한 성질 / 109
- 02 금속의 결정 / 110
- 03 순철과 강의 변태 / 111
- 04 재료시험 / 111
- 05 탄소강의 조직 / 113
- 06 강의 열처리 / 115
- 07 항온열처리 / 119
- 08 강의 표면 경화법 / 121
- 09 온도에 의한 여러 가지 메짐성 / 122
- 10 탄소강 중에 함유된 성분의 영향 / 123
- 11 탄소강의 종류와 용도 / 124
- 12 합 금 강 / 126
- 13 주　철 / 127
- 14 주　강 / 129
- 15 스테인레스강의 분류 / 129
- 16 베어링합금 / 130
- 17 구리합금 / 130
- 18 알루미늄합금 / 131
- 19 마그네슘 합금 / 131
- 20 니켈합금 / 132
- 21 주석 합금 / 132
- 22 납 합 금 / 132

과년도 출제문제

2016년도
2016년 3월 6일 시행 ✻ 134
2016년 5월 8일 시행 ✻ 171
2016년 10월 1일 시행 ✻ 206

2017년도
2017년 3월 5일 시행 ✻ 246
2017년 5월 7일 시행 ✻ 282
2017년 9월 23일 시행 ✻ 317

2018년도
2018년 3월 4일 시행 ✻ 354
2018년 4월 28일 시행 ✻ 389
2018년 9월 15일 시행 ✻ 425

2019년도
2019년 3월 3일 시행 ✻ 460
2019년 4월 27일 시행 ✻ 496
2019년 9월 21일 시행 ✻ 534

2020년도
2020년 6월 6일 시행 ✻ 570
2020년 8월 22일 시행 ✻ 608
2020년 9월 27일 시행 ✻ 646

2021년도
2021년 3월 7일 시행 ✻ 684
2021년 5월 15일 시행 ✻ 722
2021년 9월 12일 시행 ✻ 760

2022년도
2022년 3월 5일 시행 ✻ 798
2022년 4월 24일 시행 ✻ 839
2022년 9월 CBT 시행 ✻ 879

단기완성 일반기계기사 필기 과년도

핵심요점정리

제 1 편   재료역학
제 2 편   유체역학
제 3 편   열 역 학
제 4 편   기계동력학
제 5 편   유압기기
제 6 편   기계제작법
제 7 편   기계재료

제 1 편 재료역학

01 하중, 응력, 변형률

❶ **수직응력** $\sigma = \dfrac{P_{수직}}{A}$: 수직응력은 하중이 항상 단면에 수직하게 작용하는 응력

전단응력 $\tau = \dfrac{P_{평행}}{A}$: 전단응력은 하중이 항상 단면에 평형하게 작용하는 응력

❷ **포와송 비** $\mu = \dfrac{\epsilon'}{\epsilon} = \dfrac{\left(\dfrac{\Delta d}{d}\right)}{\left(\dfrac{\Delta l}{l}\right)} = \dfrac{\Delta d \cdot l}{\Delta l \cdot d} = \dfrac{1}{m}$

단면적 변형률 $\epsilon_A = \dfrac{\Delta A}{A} = 2\mu\epsilon$

체적변형률 $\epsilon_v = \dfrac{\Delta V}{V} = \epsilon(1 - 2\mu)$

여기서, m : 포와송 수 $m = \dfrac{1}{\mu}$

ϵ : 힘이 작용하는 방향의 변형률 = 세로방향변형률 = 축방향변형률 $\epsilon = \dfrac{\Delta l}{l}$

ϵ' : 힘이 작용하지 않는 방향의 변형률 = 횡방향변형률 = 가로방향변형률 $\epsilon' = \dfrac{\Delta d}{d}$

❸ **응력과 변형률의 관계 = Hook의 법칙**

수직응력 $\sigma = E \cdot \epsilon = E \times \dfrac{\Delta l}{l}$

전단응력 $\tau = G \times \gamma = G \times \dfrac{\lambda_s}{l}$

❹ $1mE = 2G(m+1) = 3K(m-2)$

   여기서, m : 포와송의 수, E : 종탄성계수, G : 횡탄성계수, K : 체적탄성계수

❺ 힘의 합성

두 힘의 합성
$R = \sqrt{F_1^2 + F_2^2 + 2F_1F_2\cos\theta}$

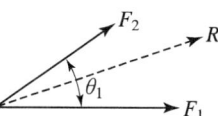

세 힘의 합성
$\dfrac{F_1}{\sin\theta_1} = \dfrac{F_2}{\sin\theta_2} = \dfrac{F_3}{\sin\theta_3}$

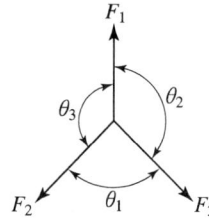

❻ 인장시험

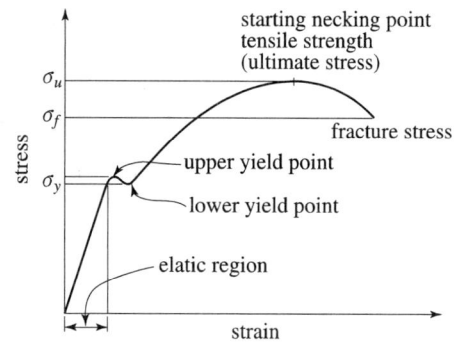

① σ_w : 사용응력(Working Stress)

사용할 수 있는 응력 = 영구 변형 없이 구조물을 안전하게 사용할 수 있는 응력

② σ_a : 허용응력(allow stress)

사용응력으로 선정한 안전한 범위의 응력 = 사용응력의 상한응력

③ σ_u : 극한강도(ultimate stress) = 최대응력 = 인장강도 = $\dfrac{\text{최대하중}}{\text{최초의 단면적}}$

④ 응력의 관계

$$\sigma_w \leq \sigma_a = \dfrac{\sigma_u}{S}$$

$$\text{사용응력} \leq \text{허용응력} = \dfrac{\text{극한강도}}{\text{안전율}} \leq \text{비례한도} \leq \text{항복응력} \leq \text{극한강도}$$

여기서, S : 안전율

02 재료의 정역학

❶ 조합된 봉에 나타나는 응력과 변형률

① 직렬연결

$P_1 = P_A,\ P_2 = P_A + P_B$

$\sigma_1 = \dfrac{P_1}{A_1},\ \sigma_2 = \dfrac{P_2}{A_2}$

$\Delta L = \Delta L_1 + \Delta L_2 = \dfrac{P_1 L_1}{A_1 E_1} + \dfrac{P_2 L_2}{A_2 E_2}$

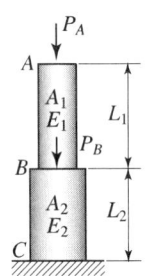

② 병렬연결

$\Delta L = \Delta L_1 = \Delta L_2 = \dfrac{PL}{A_1 E_1} = \dfrac{PL}{A_2 E_2}$

$\epsilon_1 = \epsilon_2 = \dfrac{\sigma_1}{E_1} = \dfrac{\sigma_2}{E_2}$

$\sigma_1 = \dfrac{PE_1}{A_1 E_1 + A_2 E_2}$

$\sigma_2 = \dfrac{PE_2}{A_1 E_1 + A_2 E_2}$

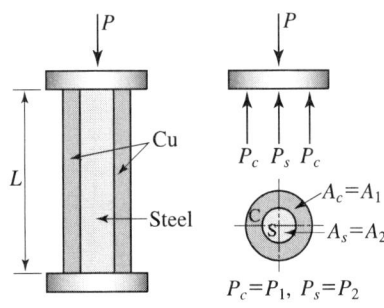

❷ 자중을 고려한 처짐량 $\lambda = \dfrac{\gamma l^2}{2E} = \dfrac{Wl}{2AE}$

여기서, γ : 비중량, W : 자중

❸ 열응력 $\sigma_{th} = E \cdot \epsilon_{th} = E \cdot \alpha \cdot \Delta T = \dfrac{P_{th}}{A}$

여기서, α : 선팽창계수(1/℃), ΔT : 온도차

❹ 단위 체적당 저장되는 탄성에너지 $u = \dfrac{U}{V} = \dfrac{\sigma^2}{2E} = \dfrac{(E\epsilon)^2}{2E} = \dfrac{E^2 \epsilon^2}{2E} = \dfrac{E\epsilon^2}{2} \left[\dfrac{\text{Nm}}{\text{m}^3}\right]$

❺ 내압을 받는 얇은 원통에 나타나는 응력

① 원주방향 응력 $\sigma_y = \dfrac{P \cdot D}{2t}$

② 축방향 응력 $\sigma_x = \dfrac{P \cdot D}{4t}$

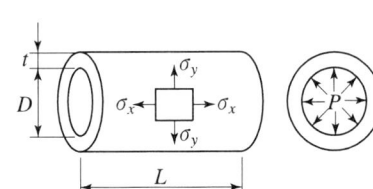

03 More's circle

❶ 1축응력의 임의의 경사각에 나타나는 수직응력 $\sigma_n = \sigma_x \cos^2\theta$

　1축응력의 임의의 경사각에 나타나는 전단응력 $\tau = \dfrac{\sigma_x}{2}\sin 2\theta$

❷ 2축응력의 임의의 경사각에 나타나는 수직응력 $\sigma_n = \left(\dfrac{\sigma_x + \sigma_y}{2}\right) + \left(\dfrac{\sigma_x - \sigma_y}{2}\right)\cos 2\theta$

　2축응력의 임의의 경가각에 나타나는 전단응력 $\tau_\theta = \left(\dfrac{\sigma_x - \sigma_y}{2}\right)\sin 2\theta$

❸ 조합응력에 나타나는 최대 주응력 $\sigma_1 = \left(\dfrac{\sigma_x + \sigma_y}{2}\right) + \sqrt{\left(\dfrac{\sigma_x - \sigma_y}{2}\right)^2 + \tau_{yx}^2}$

　조합응력에 나타나는 최소주응력 $\sigma_2 = \left(\dfrac{\sigma_x + \sigma_y}{2}\right) - \sqrt{\left(\dfrac{\sigma_x - \sigma_y}{2}\right)^2 + \tau_{yx}^2}$

　조합응력에 나타나는 최대전단응력 $\tau_{\max} = \sqrt{\left(\dfrac{\sigma_x - \sigma_y}{2}\right)^2 + \tau_{yx}^2}$

❹ 최대, 최소 주응력상태에서는 반드시 전단응력은 0 이다.

❺ More's circle변형률

　최대수직변형률 $\epsilon_1 = \left(\dfrac{\epsilon_x + \epsilon_y}{2}\right) + \sqrt{\left(\dfrac{\epsilon_x - \epsilon_y}{2}\right)^2 + \left(\dfrac{\gamma_{xy}}{2}\right)^2}$

　최소수직변형률 $\epsilon_2 = \left(\dfrac{\epsilon_x + \epsilon_y}{2}\right) - \sqrt{\left(\dfrac{\epsilon_x - \epsilon_y}{2}\right)^2 + \left(\dfrac{\gamma_{xy}}{2}\right)^2}$

　최대전단변형률 $\gamma_{\max} = 2\sqrt{\left(\dfrac{\epsilon_x - \epsilon_y}{2}\right)^2 + \left(\dfrac{\gamma_{xy}}{2}\right)^2}$

04 평면도형의 성질

❶ 사각형, 중실, 중공의 형상계수 값을 암기 하여야만 된다.

구분	수학적 표현	공식 활용	사각형	중실축	중공축
단면1차 모멘트 Q_x, Q_y	$Q_x = \int y dA$ $Q_y = \int x dA$	$Q_x = \bar{y} A$ $Q_y = \bar{x} A$			$x = \dfrac{D_1}{D_2}$
단면2차 모멘트 I_x, I_y	$I_x = \int y^2 dA$ $I_y = \int x^2 dA$	$I_x = K_y^2 A$ $I_y = K_x^2 A$	$I_x = \dfrac{bh^3}{12}$ $I_y = \dfrac{hb^3}{12}$	$I_x = I_y = \dfrac{\pi D^4}{64}$	$I_x = I_y = \dfrac{\pi D_2^4}{64}(1-x^4)$
극단면2차 모멘트 I_p	$I_p = \int r^2 dA$	$I_p = I_x + I_y$	$I_p = \dfrac{bh}{12}(b^2 + h^2)$	$I_p = \dfrac{\pi D^4}{32}$	$I_p = \dfrac{\pi D_2^4}{32}(1-x^4)$
단면계수 Z	$Z_x = \dfrac{I_x}{e_x}$ $Z_y = \dfrac{I_y}{e_y}$	$Z = \dfrac{M}{\sigma_b}$	$Z_x = \dfrac{bh^2}{6}$ $Z_y = \dfrac{hb^2}{6}$	$Z_x = Z_y = \dfrac{\pi D^3}{32}$	$Z_x = Z_y = \dfrac{\pi D_2^3}{32}(1-x^4)$
극단면계수 Z_p	$Z_p = \dfrac{I_p}{e}$	$Z_p = \dfrac{T}{\tau}$		$Z_p = \dfrac{\pi D^3}{16}$	$Z_p = \dfrac{\pi D_2^3}{16}(1-x^4)$

❷ 평형축 정리 $I_x' = I_{\bar{X}} + a^2 A$

여기서, I_x' : 새로운 축의 단면2차 모멘트, a : 도심에서 떨어진 거리
$I_{\bar{X}}$: 도심 축에서의 단면2차 모멘트, A : 단면적

❸ 평형축 정리의 적용

삼각형	도심에서 단면2차모멘트	$I_{\bar{x}} = \dfrac{bh^3}{36}$
	밑변에서 단면2차모멘트	$I_{x'} = \dfrac{bh^3}{12}$
사각형	도심에서 단면2차모멘트	$I_{\bar{x}} = \dfrac{bh^3}{12}$
	밑변에서 단면2차모멘트	$I_{x'} = \dfrac{bh^3}{3}$
원형	도심에서 단면2차모멘트	$I_{\bar{x}} = \dfrac{\pi D^4}{64}$
	밑변에서 단면2차모멘트	$I_{x'} = \dfrac{5\pi D^4}{64}$

❹ 단면상승모멘트 I_{xy}

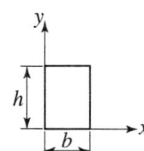

$$I_{xy} = \int xy\, dA = \overline{x} \times \overline{y} \times A = \frac{b}{2} \times \frac{h}{2} \times bh = \frac{b^2 h^2}{4}$$

05 비틀림

❶ 비틀림 모멘트 $T = \tau_{\max} \times Z_P = (G \times \gamma) \times Z_P$

여기서, $\tau_{\max}$: 비틀림 전단응력, Z_P : 극 단면계수, γ : 전단변형률, G : 전단탄성계수

❷ 비틀림 각 $\theta = \dfrac{Tl}{GI_P}[\mathrm{rad}]$, $\theta = \dfrac{Tl}{GI_P} \times \dfrac{180}{\pi}[\text{도}]$

여기서, T : 비틀림 모멘트, l : 보의 길이, G : 횡탄성 계수, I_P : 극 단면 2차 모멘트

❸ 동력, 비틀림, 회전수의 관계

$$1\mathrm{Ps} = 75\frac{\mathrm{kg_f\,m}}{\mathrm{s}},\quad 1\mathrm{kW} = 102\frac{\mathrm{kg_f\,m}}{\mathrm{s}}$$

동력 $= \dfrac{\text{일}}{\text{시간}} = \dfrac{\text{힘} \times \text{거리}}{\text{시간}} = \text{힘} \times \text{속도} = \text{힘} \times (\text{반지름} \times \text{각속도}) = \text{토크} \times \text{각속도}$

$$H = \frac{W}{s} = \frac{F \times S}{t} = F \times V = F \times R \times \omega = T \times \omega = T \times \frac{2\pi N}{60}$$

$$T = 716.2\frac{H_{ps}}{N}[\mathrm{kg_f \cdot m}] = 7018.76\frac{H_{ps}}{N}[\mathrm{J}],$$

$$T = 974\frac{H_{kW}}{N}[\mathrm{kg_f \cdot m}] = 9545.2\frac{H_{kW}}{N}[\mathrm{J}]$$

여기서, H_{ps} : 전달동력[PS], H_{kW} : 전달동력[kW], N : 회전수[rpm]

06 보(Beam)

❶ 외팔보의 전단력선도(SFD), 굽힘 모멘트선도(BMD)

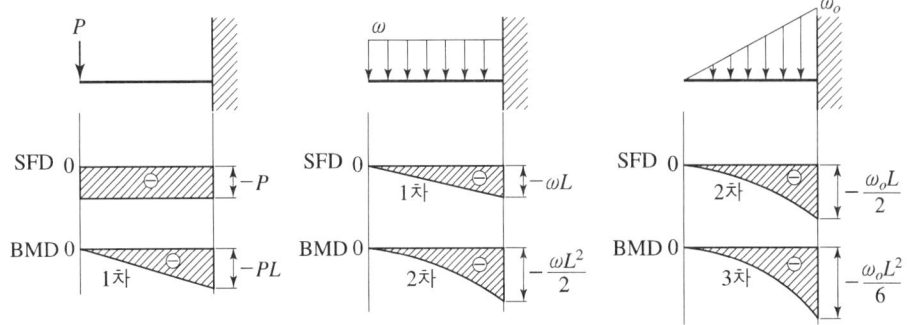

❷ 오른팔보의 전단력선도(SFD), 굽힘 모멘트선도(BMD)
외팔보의 전단력선도 값이 (+양의 값)이고 전단력의 크기, 모멘트의 크기는 같다.

❸ 단순보의 전단력선도(SFD), 굽힘 모멘트선도(BMD)

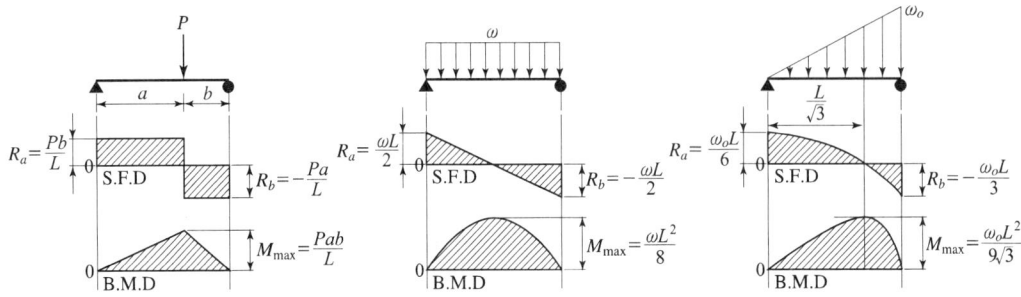

❹ 단순보에 우력(M0)이 작용할 때

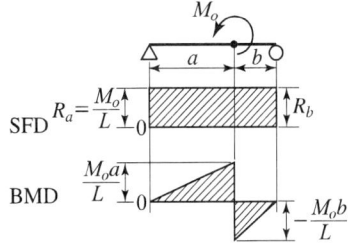

❺ 분포하중(w), 전단력(F), 굽힘 모멘트(M)의 관계 $\omega = \dfrac{dF}{dx} = \dfrac{d\left(\dfrac{dM}{dx}\right)}{dx} = \dfrac{d^2M}{dx^2}$

07 보속의 응력

❶ 굽힘 모멘트 $M = \sigma Z$

　　여기서, σ : 굽힘 응력, Z : 단면계수

$$\frac{1}{\rho} = \frac{M}{I \cdot E} = \frac{\sigma}{Ee}$$

　　여기서, ρ : 곡률반경, I : 단면2차 모멘트, M : 굽힘 모멘트, E : 탄성계수

❷ 굽힘에 의해 보속에 발생되는 전단응력 $\tau = \dfrac{FQ}{bI}$

　　여기서, F : 전단력, b : τ를 구하고자 하는 그 위치에서의 폭, I : 단면전체의 2차 모멘트
　　　　　 Q : τ를 구하고자 하는 그 위치에서 상단에 실린 1차 모멘트

굽힘에 의해 발생되는 사각형 내의 최대전단응력 $\tau_{\max} = \dfrac{3}{2}\tau_{av}$

굽힘에 의해 발생되는 원형 내의 최대전단응력 $\tau_{\max} = \dfrac{4}{3}\tau_{av}$

❸ 보에서 굽힘 모멘트와 비틀림 모멘트가 동시에 작용될 때 보속에 나타나는 최대수직응력

$$\sigma_{\max} = \frac{M_e}{Z}$$

　　여기서, 상당 굽힘 모멘트 $M_e = \dfrac{1}{2}\left(M + \sqrt{M^2 + T^2}\right)$

❹ 보에서 굽힘 모멘트와 비틀림 모멘트가 동시에 작용될 때 보속에 나타나는 최대전단응력

$$\tau_{\max} = \frac{T_e}{Z_P}$$

　　여기서, 상당 비틀림 모멘트 $T_e = \sqrt{M^2 + T^2}$

08 보의 처짐

❶ 처짐 곡선의 미분방정식에 의한 처짐 구하기 $y'' = (-)\dfrac{M_x}{EI}$,

여기서, M_x : 임의의 x 지점에서의 모멘트, EI : 강성계수

❷ 면적 모멘트 법에 처짐 구하기

처짐각 $y' = \dfrac{1}{EI}A_M$ 처짐량 $y = \delta = \dfrac{A_M}{EI}\overline{x}$

여기서, A_M : B.M.D(굽힘 모멘트선도)의 면적
$\overline{x}$: 처짐을 구하고자 하는 그 위치로부터 B.M.D의 도심까지의 거리

곡선식이 n차일 때의 면적 $A_M = \dfrac{hl}{n+1}$

곡선식이 n차일 때의 도심 $\overline{x}' = \dfrac{l}{n+2}$

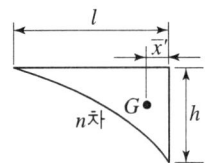

❸ 탄성에너지법(카스틸리아노의 정리)에 의한 처짐 구하기

처짐량 $\delta = \dfrac{\partial U}{\partial P}$ 처짐각 $\theta = \dfrac{\partial U}{\partial M}$

탄성에너지 $U = \dfrac{M^2 l}{2EI}$

❹ 우리들의 방법에 의한 처짐 구하기(K값을 적용하면 된다.)

보의 종류	P↓	ω	P↓	ω	P↓	ω
$F_{MAX} = KP$	1	1	1/2	1/2	1/2	1/2
$M_{MAX} = KPl$	1	1/2	1/4	1/8	1/8	1/12
$\delta_{MAX} = \dfrac{Pl^3}{KEI}$	3	8	48	384/5	192	384
$\theta_{MAX} = \dfrac{Pl^2}{KEI}$	2	6	16	24	64	125

여기서, F_{MAX} : 최대전단력, M_{MAX} : 최대굽힘모멘트, δ_{MAX} : 최대처짐량, θ_{MAX} : 최대굽힘각

❺ 단순보에 나타나는 처짐각과 처짐량

① 단순보에 임의의 지점에 집중하중이 작용할 때

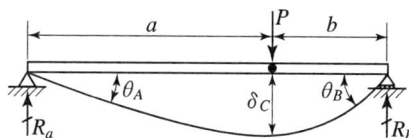

$x = \sqrt{\dfrac{l^2-b^2}{3}}$ 에서

최대처짐 $\delta_{\max} = \dfrac{Pb(l^2-b^2)^{\frac{3}{2}}}{9\sqrt{3}\,EI}$, $\theta_A = \dfrac{Pab(l+b)}{6\,lEI}$, $\theta_B = \dfrac{Pab(l+a)}{6\,lEI}$

하중이 작용하는 점의 처짐량 $\delta_c = \dfrac{Pa^2b^2}{3lEI}$

② 단순보의 끝단에 우력(M_o)이 작용할 때

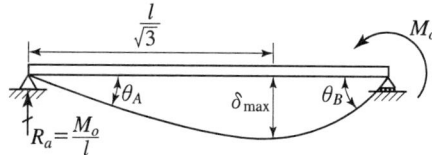

A단의 굽힘각 $\theta_A = y'_{x=0} = \dfrac{M_o l}{6EI}$ B단의 굽힘각 $\theta_B = y_{x=l}' = \dfrac{M_o l}{3EI}$

∴ $x = \dfrac{l}{\sqrt{3}}$ 위치에서 $\delta_{\max}$가 발생된다.

최대 처짐량 $\delta_{\max} = \dfrac{M_o l^2}{9\sqrt{3}\,EI}$

 09 부정정보

❶ 일단고정 타단 지지보에 중앙에 집중 하중이 작용할 때

고정단의 반력 : $R_a = \dfrac{11}{16}P$ 지지단의 반력 : $R_b = \dfrac{5}{16}P$

고정단의 반력모멘트 : $M_a = \dfrac{3}{16}Pl = M_{\max}$

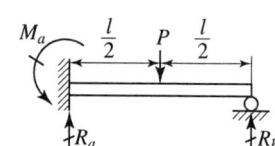

❷ 일단고정 타단 지지보에 균일 분포하중이 작용할 때

고정단의 반력 : $R_a = \dfrac{5}{8}wl$ 　　지지단의 반력 : $R_b = \dfrac{3}{8}wl$

고정단의 반력모멘트 : $M_a = \dfrac{wl^2}{8}$

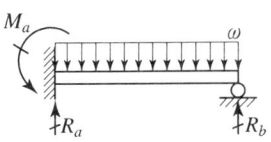

❸ 양단 고정보에서 집중하중이 작용할 때

$R_a = \dfrac{Pb^2}{l^3}(3a+b)$ 　　　　$R_b = \dfrac{Pa^2}{l^3}(3b+a)$

$M_a = \dfrac{Pab^2}{l^2}$ 　　　　　　$M_b = \dfrac{Pa^2b}{l^2}$

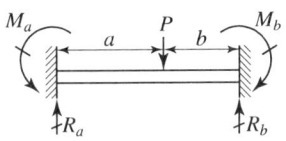

❹ 양단고정보에서 균일 분포하중이 작용할 때

고정단의 굽힘모멘트 : $M_a = M_b = \dfrac{wl^2}{12} = M_{\max}$

중간단의 모멘트 : $M_{중간단} = \dfrac{wl^2}{24}$

지점의반력 : $R_a = R_b = \dfrac{wl}{2}$

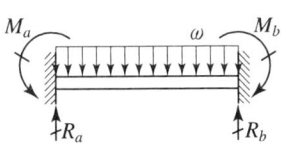

❺ 연속보

$R_a = R_b = \dfrac{3wl}{16}$ 　　　　$R_c = \dfrac{5wl}{8}$

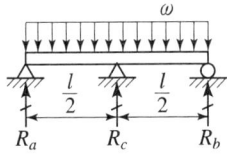

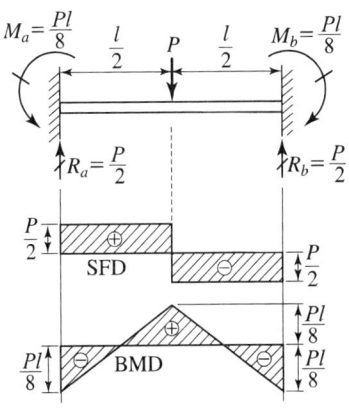

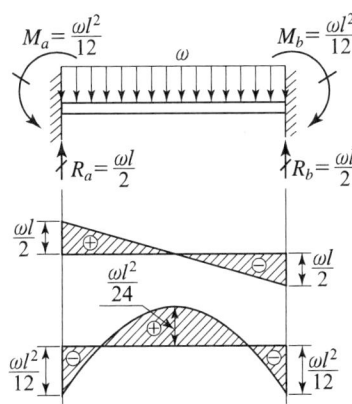

10 기 둥

❶ 세장비

$$\lambda = \frac{(\text{기둥의 길이})l}{(\text{최소회전반경})K} = \frac{l}{\sqrt{\dfrac{I}{A}}}$$

원일 경우 $K = \dfrac{D}{4}$ 　　　　사각형일 경우 $K = \dfrac{\text{작은길이}}{2\sqrt{3}}$

❷ 편심하중을 받는 기둥의 최대응력 　$\sigma_{\max} = \sigma_n + \sigma_b = \dfrac{P}{A} + \dfrac{M}{Z}$

❸ 장주에 나타나는 좌굴하중 　$P_B = \dfrac{n\pi^2 EI}{l^2}$

　장주에 나타나는 좌굴응력 　$\sigma_B = \dfrac{n\pi^2 E}{\lambda^2}$

　여기서, n : 단말 계수, EI : 강성계수, l : 기둥의 길이, λ : 세장비

❹ 유효세장비

$$\text{유효세장비} = \frac{(\text{유효기둥길이})L_e}{(\text{최소 회전반경})k}$$

$P_B = \dfrac{\pi^2 EI}{4L^2}$	$P_B = \dfrac{\pi^2 EI}{L^2}$	$P_B = \dfrac{2\pi^2 EI}{L^2}$	$P_B = \dfrac{4\pi^2 EI}{L^2}$
$L_e = 2L$	$L_e = L$	$L_e = 0.699L$	$L_e = 0.5L$
$n = \dfrac{1}{4}$	$n = 1$	$n = 2$	$n = 4$

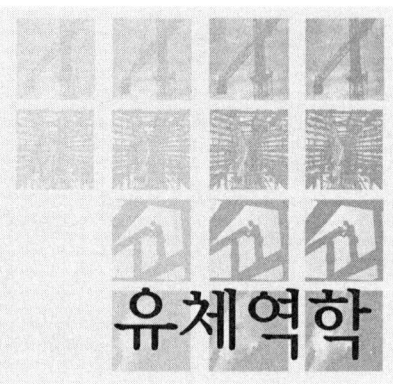

제2편 유체역학

01 유체의 정의 및 성질

❶ 비중량 $\gamma = \dfrac{W}{V} = \dfrac{mg}{V} = \rho g$

밀도 $\rho = \dfrac{m}{V}$

비중 $S = \dfrac{\text{어떤 물질의 비중량}}{\text{물의 비중량}} = \dfrac{\gamma}{\gamma_w} = \dfrac{\rho}{\rho_w}$

물의 비중량 $\gamma_w = 1000 \left[\dfrac{\text{kg}_f}{\text{m}^3}\right] = 9800 \left[\dfrac{\text{N}}{\text{m}^3}\right] = 1 \left[\dfrac{\text{kg}_f}{l}\right] = 1 \left[\dfrac{\text{g}_f}{\text{cc}}\right]$

물의 밀도 $\rho_w = 1000 \left[\dfrac{\text{kg}}{\text{m}^3}\right] = 102 \left[\dfrac{\text{kg}_f \cdot \text{S}^2}{\text{m}^4}\right]$

어떤 물질의 무게 $W = \gamma \times V = S \times \gamma_w \times V = \rho \times g \times V$

$1[l] = 10^3 [\text{cm}^3], \quad 1[\text{cc}] = 1[\text{cm}^3]$

　　여기서, V : 체적, W : 무게, m : 질량

❷ 뉴턴의 점성법칙

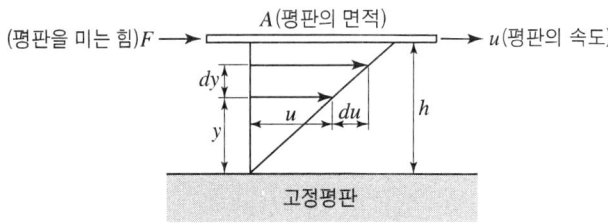

① 평판을 미는 힘 $F = \mu \dfrac{Au}{h}$

② 유체에 점성에 의한 전단응력 $\tau = \mu \dfrac{du}{dy}$ 여기서, $\dfrac{du}{dy}$: 속도구배

③ 점성계수 μ 의 단위 $1\text{Poise} = 1\dfrac{\text{dyne} \times \sec}{\text{cm}^2} = 1\dfrac{\text{g}_\text{m}}{\text{cm} \times \sec} = \dfrac{1}{10}\text{Pa} \times \text{s}$

④ 동점성계수 $\nu = \dfrac{\mu}{\rho}$

⑤ 동점성계수 ν 단위 : $1\text{stoke} = 1\dfrac{\text{cm}^2}{\text{s}}$

❸ 체적탄성계수 $K = \dfrac{\Delta P}{\left(-\dfrac{\Delta V}{V}\right)} = \dfrac{1}{\beta}$

여기서, β : 압축률, ΔP : 압력차, ΔV : 체적변화량

❹ 표면장력

$\sigma = \dfrac{\Delta P D}{4}$ 여기서, D : 내경, ΔP : 압력차(두께를 무시할 수 있을 때)

$\sigma = \dfrac{\Delta P D}{8}$ 여기서, D : 내경, ΔP : 압력차(두께를 무시할 수 없을 때)

❺ 모세관 현상에 의한 물의 상승높이 $h = \dfrac{4\sigma \cos\beta}{\gamma D}$

여기서, σ : 표면장력, β : 접촉각, γ : 유체의 비중량, D : 내경

02 유체의 정역학

❶ 절대압력 $P_{abs} = P_o + P_G = P_o - P_V = P_o - xP_o = P_o(1-x)$

여기서 , P_G : 게이지 압=정압, P_V : 진공압=부압, P_o : 국소대기압, x : 진공도

표준대기압 $1\text{atm} = 760\text{mmHg} = 1.0332\text{kg/cm}^2 = 10.332\text{mAg} = 1.01325\text{bar}$
$= 101325\text{Pa}$

$1[\text{bar}] = 10^5[\text{Pa}]$

❷ 수심이 H 인 정지유체 내에서의 게이지압력 $P_G = \gamma H = S\gamma_w H$

여기서, γ : 유체의 비중량, γ_w : 물의 비중량, S : 유체의 비중, H : 수심

❸ 전압력 $F_P = \gamma \overline{H} A$

전압력 작용점의 위치 $Y_{F_P} = \overline{y} + \dfrac{I_G}{A\overline{y}}$

여기서, $\overline{H}$: 도심까지의 수심
  A : 단면적
  $\overline{y}$: 도심까지의 경사진 거리
  I_G : 도심에서의 단면 이차모멘트

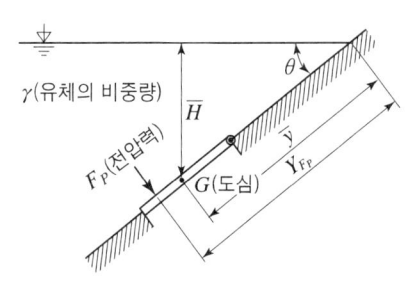

❹ 부력 F_B

① 떠 있는 물체에 작용하는 부력 $F_B = \gamma_{유체} \times V_{잠긴}$

여기서, $\gamma_{유체}$: 유체의 비중량, $V_{잠긴} = V_{배제}$: 잠긴 체적 = 배제된 체적

② 완전히 잠긴 물체에 작용하는 부력 $F_B = \gamma_{유체} \times V_{잠긴}$

여기서, $V_{물체} = V_{잠긴} = V_{전체}$: 물체의 체적 = 잠긴 체적 = 물체의 전체 체적

③ 완전히 잠긴 경우 액체 속에서의 물체의 무게 $W' = (물체의\ 무게)W - (부력)F_B$

❺ 상대평형

① x 방향 등가속도 운동을 할 때 기울어진 각도 θ

$\theta = \tan^{-1}\left(\dfrac{a_x}{g}\right)$

여기서, a_x : x방향 등가속도

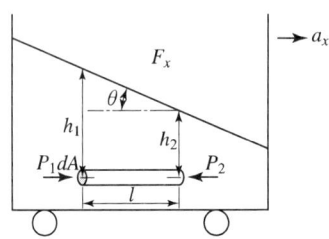

② y 방향 등가속도 운동을 할 때 압력차 $(P_2 - P_1)$

$P_2 - P_1 = rl\left(1 + \dfrac{a_y}{g}\right)$

여기서, γ : 비중량
  a_y : y방향의 가속도

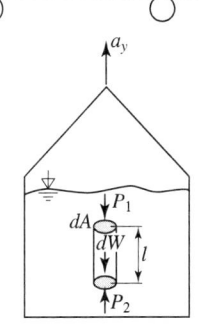

③ 등속회전 운동을 할 때의 수심차 Δh

$\Delta h = h_2 - h_1 = \dfrac{V^2}{2g} = \dfrac{(wR)^2}{2g} = \dfrac{\left(\dfrac{\pi DN}{60}\right)^2}{2g}$

여기서, V : 원주속도[mm/sec], N : 분당회전수[rpm]
  w : 각속도[rad/s], R : 반경[mm], D : 직경[mm]

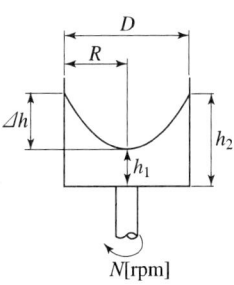

03 유체의 운동학

❶ **유선의 방정식** $\dfrac{dx}{u} = \dfrac{dy}{v} = \dfrac{dz}{w}$

속도 벡터 $V = ui + vj + wk$

미소 단위 벡터 $ds = dxi + dyj + dzk$

❷ **연속방정식**
① 질량유량 $M = \rho_1 A_1 V_1 = \rho_2 A_2 V_2$
② 중량유량 $G = \gamma_1 A_1 V_1 = \gamma_2 A_2 V_2$
③ 체적유량 $Q = A_1 V_1 = A_2 V_2$
　여기서, ρ : 밀도, γ : 비중량, A : 단면적, V : 유속

❸ **Bernoulli equation** : 유체유동을 에너지 보존의 법칙에 적용시킨 방정식

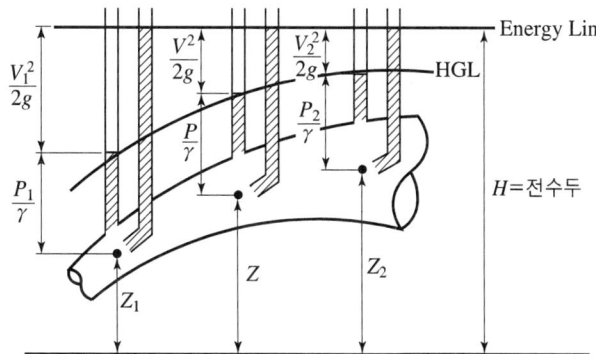

Bernoulli equation $\dfrac{P_1}{r} + \dfrac{V_1^2}{2g} + Z_1 = \dfrac{P_2}{r} + \dfrac{V_2^2}{2g} + Z_2 = H$

$\dfrac{P}{r} + \dfrac{V^2}{2g} + Z = H$ ⇒ 압력수두 + 속도수두 + 위치수두 = 전수두 = Energy Line

$\dfrac{P}{r} + Z = HGL$ ⇒ 압력수두 + 위치수두 = 수력구배선

※ 모든 단면에서 압력수두, 속도수두, 위치수두의 합은 항상 일정하다.
※ 수력구배선은 항상 에너지선보다 속도수두 만큼 아래에 있다.
※ Bernoulli equation의 유도 가정조건
　① 유체는 유선을 따라 움직인다.
　② 유체는 시간에 따라 흐름의 변화가 없는 정상류이다.
　③ 유체는 점성을 무시하는 비점성 유체이다.
　④ 유체는 비압축성 유동이다.

수정 Bernoulli equation $\dfrac{P_1}{r} + \dfrac{V_1^2}{2g} + Z_1 + H_P = \dfrac{P_2}{r} + \dfrac{V_2^2}{2g} + Z_2 + H_T + H_L$

여기서, H_p : 펌프양정, H_f : 손실수두, H_T : 터빈수두

❹ Bernoulli equation의 적용

① 토리첼리효과

h 지점에서의 출구속도 $V_2 = \sqrt{2gh}$

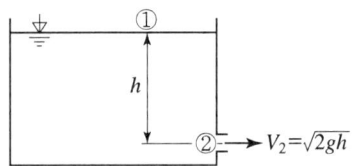

② Pitot 관

수심 h 지점에서의 속도 $V_1 = \sqrt{2g\,\Delta h}$

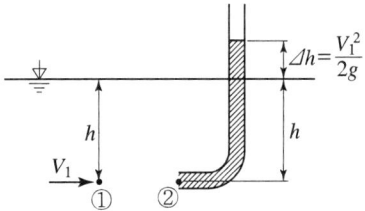

③ Pitot 정압관

관속 임의의 지점의 유속

$V_2 = \sqrt{2gH\left(\dfrac{\gamma_\text{액} - \gamma_\text{관}}{\gamma_\text{관}}\right)}$

$= \sqrt{2gH\left(\dfrac{\rho_\text{액} - \rho_\text{관}}{\rho_\text{관}}\right)}$

$= \sqrt{2gH\left(\dfrac{S_\text{액} - S_\text{관}}{S_\text{관}}\right)}$

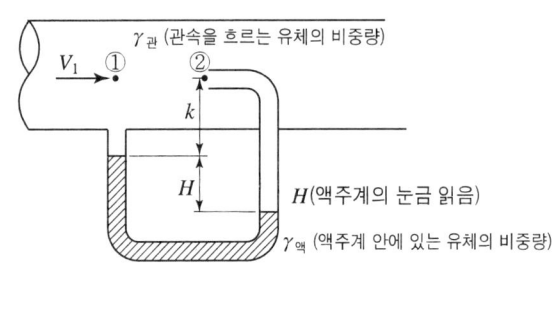

④ Venturi 관

축소부분의 속도 $V_2 = \sqrt{2gH\left(\dfrac{r_\text{액} - r_\text{관}}{r_\text{관}}\right)} \times \dfrac{1}{\sqrt{1 - \left(\dfrac{D_2}{D_1}\right)^4}}$

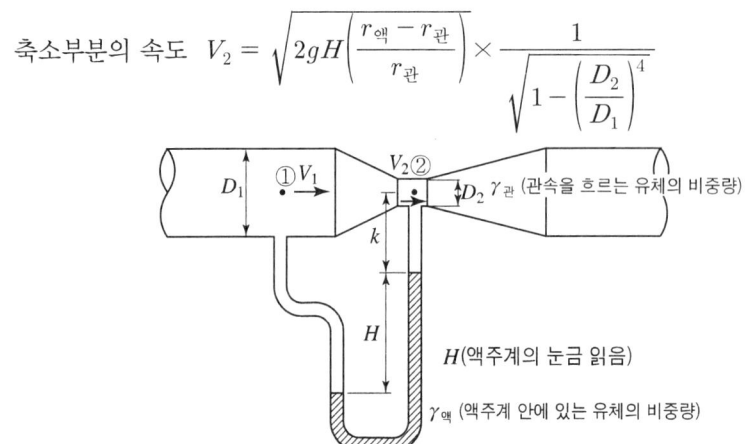

04 운동량 방정식

❶ 날개각 θ를 가지면서 날개의 속도 u가 있을 때 날개에 작용하는 힘

x방향에 작용하는 분력 $F_x = \rho Q(V-u)[1-\cos\theta] = \rho A(V-u)^2[1-\cos\theta]$

y방향에 작용하는 분력 $F_y = \rho Q(V-u)\sin\theta = \rho A(V-u)^2\sin\theta$

여기서, u : 날개의 속도, V : 분류의 속도, A : 분류가 나오는 단면적 ρ
Q : 체적유량, θ : 유입 각을 0으로 할 때의 유출 각

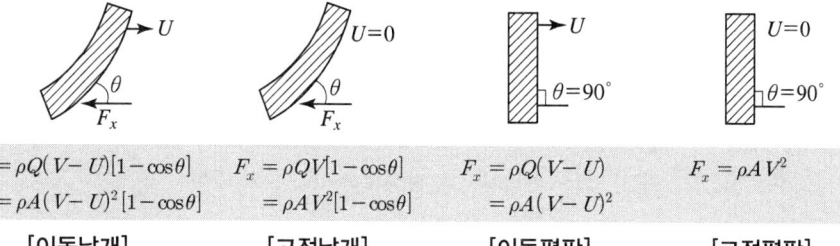

| [이동날개] | [고정날개] | [이동평판] | [고정평판] |

❷ 추진력

① 분류의 추진

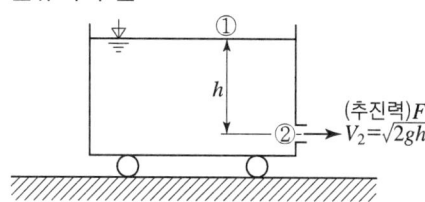

추진력 $F = \rho Q V_2 = \rho A V_2^2 = \rho A 2gh = 2\gamma Ah$

② 제트추진력

$F = \rho_2 Q_2 V_2 - \rho_1 Q_1 V_1 = \dot{m}_2 V_2 - \dot{m}_1 V_1$

③ 로켓추진력

$F = \rho Q V = \dot{m} V$

05 유체유동

❶ **레이놀드 수** $Re = \dfrac{관성력}{점성력} = \dfrac{\rho VD}{\mu} = \dfrac{VD}{v}$

여기서, V : 유속, D : 내경, μ : 점성계수, v : 동점성계수

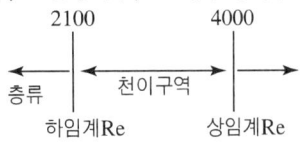

❷ **수평4원관에서의 층류 유동**

① 유량 $Q = \dfrac{\pi D^4 \Delta P}{128 \mu L} \rightarrow$ Hagen-Poiseuille Equation

여기서, D : 내경, ΔP : 압력차, μ : 점성계수, L : 관의 길이

② 최대전단응력 $\tau = \dfrac{\Delta P D}{4L} \rightarrow$ 관벽에서 최대 전단응력 발생

③ 최대유속 $u_{max} = \dfrac{\Delta P D^2}{16 \mu L} \rightarrow$ 관 중심에서 최대 유속 발생

④ 평균유속 $V_{av} = \dfrac{u_{max}}{2}$

⑤ 임의의 반지름 r 지점에서의 유속 $u_r = u_{max} \times \left(1 - \dfrac{r^2}{R^2}\right)$

❸ **층류경계층 두께** $\delta = \dfrac{5x}{(Re_x)^{\frac{1}{2}}}$

여기서, x : 선단까지의 거리, Re_x : 선단에서의 레이놀드 수

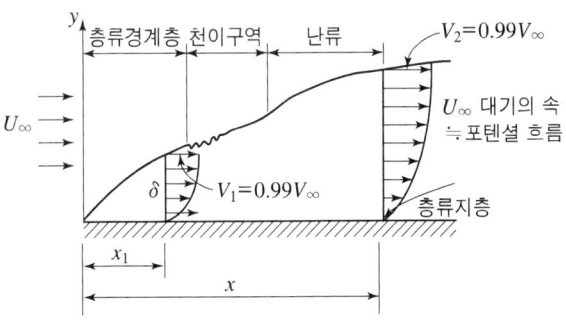

❹ 항력 $D = \dfrac{\gamma V^2}{2g} \times A_D \times C_D = \dfrac{\rho V^2}{2} \times A_D \times C_D$

여기서, γ : 비중량, V : 속도, A_D : 항력이 작용하는 단면적, C_D : 항력계수

양력 $L = \dfrac{\gamma V^2}{2g} \times A_L \times C_L = \dfrac{\rho V^2}{2} \times A_L \times C_L$

여기서, γ : 비중량, V : 속도, A_L : 양력이 작용하는 단면적, C_L : 양력계수

❺ 낙구식 점도계에서 측정한 항력 $D = 6R\mu V\pi$

여기서, R : 반지름, μ : 점성계수, V : 속도, π : 원주율

06 유체유동의 손실수두

❶ 원형관의 손실수두 $H_L = f \times \dfrac{l}{D} \times \dfrac{V^2}{2g}$

여기서, f : 관마찰 계수, l : 관의 길이, D : 관의 직경, V : 속도, 층류의 관마찰 계수 : $f = \dfrac{64}{Re}$

천이, 난류의 관 마찰계수는 레이놀드 수 R_e와 상대조도 $\dfrac{e}{D}$의 함수이다.

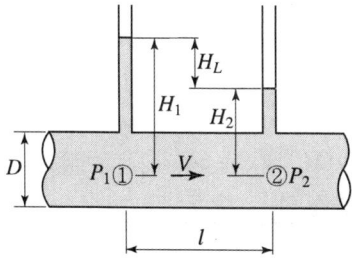

❷ 비 원형관의 손실수두 $H_L = f \times \dfrac{l}{4R_h} \times \dfrac{V^2}{2g}$

여기서, 수력반경 : $R_h = \dfrac{\text{유동단면적}}{\text{접수길이}}$

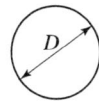 수력반경 $R_h = \dfrac{D}{4}$ 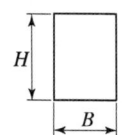 수력반경 $R_h = \dfrac{BH}{2B+2H}$

❸ 돌연확대관의 손실수두 $H_L = \dfrac{(V_1 - V_2)^2}{2g} \fallingdotseq 1 \times \dfrac{V_1^2}{2g}$

여기서, V_1 : 확대되기 전의 속도, V_2 : 확대된 후의 속도

❹ 돌연축소관의 손실수두 $H_L = \left(\dfrac{1}{C_C} - 1\right)^2 \dfrac{V_2^2}{2g} \fallingdotseq 0.5 \times \dfrac{V_2^2}{2g}$

여기서, V_1 : 축소되기 전의 속도, V_2 : 축소된 후의 속도

축맥계수 : $C_C = \dfrac{A_C}{A_2} = \dfrac{축맥부분의\ 단면적}{축소관의\ 단면적}$

❺ 관의 상당길이 $Le = \dfrac{Kd}{f}$

여기서, K : 부속품의 부차적 손실계수, d : 관의 직경, f : 관마찰계수

 07 차원해석과 상사법칙

❶ 레이놀드수 $Re = \dfrac{관성력}{점성력} = \dfrac{\rho v l}{\mu} = \dfrac{Vl}{v}$

→ 관유동, 잠수함, 점성유동에서 모형과 실형의 Re가 같으면 역학적 상사

프로이드수 $Fr = \dfrac{관성력}{중력} = \dfrac{\rho l^2 V^2}{\rho l^3 g} = \dfrac{V^2}{gl}$

→ 선박(배), 조파저항, 개수로유동에서 모형과 실형의 Fr이 같으면 역학적 상사

마하수 $Ma = \dfrac{관성력}{탄성력} = \dfrac{속도}{음속} = \dfrac{V}{\sqrt{\dfrac{K}{\rho}}} = \dfrac{V}{\sqrt{\dfrac{kP}{\rho}}} = \dfrac{V}{\sqrt{kRT}} = \dfrac{V}{a}$

웨이브 수 $We = \dfrac{관성력}{표면장력} = \dfrac{\rho l V^2}{\sigma}$

오일러 수 $Eu = \dfrac{압축력}{관성력} = \dfrac{P}{\rho V^2}$

코시수 $Co = \dfrac{관성력}{탄성력} = \dfrac{\rho V^2}{K}$

❷ $\pi = n - m$

여기서, π : 얻을 수 있는 무차원 수의 개수, n : 물리량의 수, m : 기본 차원의 개수[$M.L.T$]

❸ 차원해석 [MLT]=[질량.길이.시간], [FLT]=[힘.길이.시간]

물리량	기호	MLT계 단위	MLT계 차원	FLT계 단위	FLT계 차원
가속도	a	m/s^2	LT^{-2}	m/s^2	LT^{-2}
각속도	ω	rad/s	T^{-1}	rad/s	T^{-1}
질량	m	kg	M	kg$_f$s^2/m	$FL^{-1}T^2$
힘	F	N	MLT^{-2}	kg$_f$	F
회전력	T	J	ML^2T^{-2}	kg$_f \cdot$ m	FL
동력	P	W	ML^2T^{-3}	kg$_f \cdot$ m/s	FLT^{-1}
전단응력	τ	Pa=N/m^2	$ML^{-1}T^{-2}$	kg$_f$/m^2	FL^{-2}
압력	P	Pa=N/m^2	$ML^{-1}T^{-2}$	kg$_f$/mm^2	FL^{-2}
운동량	V	$m \times v$	MLT^{-1}	kg$_f \cdot$ s	FT
각운동량	P_ω	$(m \times v) \times r$	ML^2T^{-1}	kg$_f \cdot$ m $\cdot$ s	FLT
점성	μ	Poise	$ML^{-1}T^{-1}$	NS/m^2	$FL^{-2}T$

08 개수로 유동

❶ 최대효율단면
유량이 최대가 되기 위해서 접수길이 P가 최소가 되어야 한다.
이때의 유동을 발생시키는 단면을 최대효율 단면이라 한다.

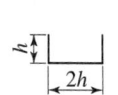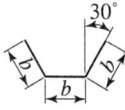

❷ 수력도약(Hydraulic jump)
빠른 흐름이 느린 흐름으로 변하면서 수심이 깊어지고 운동에너지가 위치에너지로 변하는 현상

수력도약에 의한 손실수두 $H_L = \dfrac{(y_2 - y_1)^3}{4 y_1 y_2}$

여기서, y_2 : 수력도약후의 높이, y_1 : 수력도약전의 높이

❸ 수력도약이 일어날 조건
① 운동에너지 → 위치에너지
② 빠른 흐름 → 느린 흐름
③ $Fr > 1 \rightarrow Fr < 1$: 초임계흐름 → 아임계흐름
④ 사류(射流) → 상류(常流)

09 압축성 유동

❶ 마하수 $Ma = \dfrac{V}{a} = \dfrac{속도}{음속} = \dfrac{V}{\sqrt{kRT}}$

여기서, 음속 $a = \sqrt{\dfrac{dp}{d\rho}} = \sqrt{\dfrac{K}{\rho}} = \sqrt{\dfrac{kP}{\rho}} = \sqrt{kRT}$

마하각 θ, $\sin\theta = \dfrac{1}{M_a} = \dfrac{a}{V}$, $\theta = \sin^{-1}\left(\dfrac{1}{M_a}\right)$

❷ 1차원 등엔트로피흐름의 상태변화

$$\dfrac{T_1}{T_2} = \left(\dfrac{\rho_1}{\rho_2}\right)^{k-1} = \left(\dfrac{P_1}{P_2}\right)^{\frac{k-1}{k}} = \dfrac{(k-1)}{2}M_a^2 + 1$$

임계상태 값≒2지점에서 $M_a = 1$일 때 즉, 2지점의 값이 임계상태의 값이다.

$$\dfrac{T_1}{T_2} = \left(\dfrac{\rho_1}{\rho_2}\right)^{k-1} = \left(\dfrac{P_1}{P_2}\right)^{\frac{k-1}{k}} = \dfrac{k+1}{2}$$

$$\dfrac{T_1}{T^*} = \left(\dfrac{\rho_1}{\rho^*}\right)^{k-1} = \left(\dfrac{P_1}{P^*}\right)^{\frac{k-1}{k}} = \dfrac{k+1}{2}$$

❸ 서술적 표현에 관한 문제
① 초음속을 얻는 방법＝축소확대관 사용 → 라발노즐 사용
② 노즐목에서는 최대유속은 음속 또는 아음속

10 유체계측

❶ 비중, 비중량, 밀도 측정하는 계측기기
① 비중병 ② U자관 ③ 부력을 이용하여 ④ 비중계

❷ 점성을 측정하는 계측기기
① 낙구식 점도계 → 'stokes' 법칙 이용
② Ostwald 점도계, Say bolt 점도계 → 하겐 포아젠방정식 이용한 점도계
③ Macmichael 점도계, Stomer 점도계 → Newton의 점성법칙 이용 점도계

❸ 압력을 측정하는 계측기기
　　① 정압관(static tube) – 마노미터와 높이차 Δh로 측정
　　② 피에조미터(piezometer) – 액주계의 높이차로 정압측정

❹ 속도를 측정하는 계측기기
　　① 피트우트관(piot tube)
　　② 피트우트 정압관
　　③ 열선속도계 : 난류유동과 같이 매우 빠르게 변화는 유체의 속도를 측정

❺ 유량을 측정하는 계측기기
　　① 벤츄리미터 – 단면적의 변화 이용해 유량측정, 가장 정확한 유량측정계기
　　② 노즐 – 단면적의 변화 이용해 유량측정
　　③ 오리피스 – 단면적의 변화 이용해 유량측정
　　④ 로타미터 – 부식성이 있는 유체의 유량측정계기
　　⑤ 위어 – 사각위어 : 중간유량측정 $Q \propto H^{\frac{3}{2}}$
　　　　　　V 놋치위어(삼각위어) : 소유량 측정 $Q \propto KH^{\frac{5}{2}}$

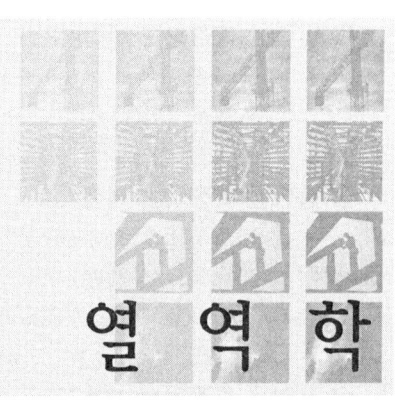

제3편 열역학

01 열역학 정의와 단위

❶ **열역학 0 법칙**(온도평형의 법칙, 열적평형의 법칙)
  ① 열량의 변화 $\Delta Q = m C \Delta T$
   여기서, m : 질량, C : 비열, ΔT : 온도의 변화
   열량의 단위 : $1\text{kcal} = 3.968\text{BTU} = 4.185\text{kJ} = 427\text{kg}_f\text{m} = 2.205\text{CHU}$

  ② 두 물체의 혼합후의 평균온도 $T_m = \dfrac{m_1 C_1 T_1 + m_2 C_2 T_2}{m_1 C_1 + m_2 C_2}$
   여기서, m : 질량, C : 비열, T : 온도의 변화

  ③ 평균비열 $C_m = \dfrac{1}{T_2 - T_1} \displaystyle\int_1^2 C_T \, dT$

❷ **온도의 단위 환산**

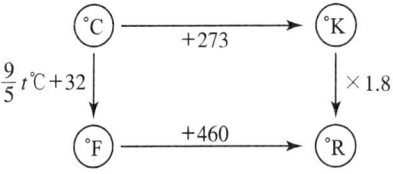

   여기서, ℃ : 섭씨온도, °K : 섭씨온도의 절대온도 °F : 화씨온도, °R : 화씨온도의 절대온도

❸ $\delta Q = dU + \delta W$
   여기서, δQ : 열량의 변화, dU : 내부 에너지의 변화
   δW : 일량의 변화

   Q(열)을 받으면 (+)열, Q(열)을 버리면 (−)열
   W(일)을 받으면 (−)일, W(일)을 하면 (+)일

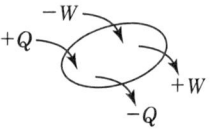

❹ 열기관의 효율

$$\eta = \frac{output}{input} = \frac{얻어진\ 정미일량}{공급된\ 연소열량}$$
$$= \frac{동력}{연료의\ 저위발열량 \times 연료소비율} = \frac{H}{Q_L \times f}\ (\times 100\%)$$

❺ 상태량의 종류

① 강도성 상태량(强度性 狀態量 ; intensive property) : 물질이 가지는 질량의 크기에 관계없는 상태량으로 온도(T), 압력(P) 등이 표적이다. – 나누어도 변화가 없는 상태량
② 종량성 상태량(從良性 狀態量 ; extensive property) : 물질의 질량에 따라서 값이 변하는 상태량이다. 체적(V), 내부에너지(U), 엔탈피(H), 엔트로피(S) 등이 있다.
– 나누면 변화가 있는 상태량

❻ 열과 일은 과정함수＝경로함수＝도정함수
계의 변화 과정에 따라 그 값이 변하는 함수

02 열역학 제1법칙

❶ 열역학 1법칙의 미분형

$\delta q = du + \delta w = du + Pdv$, $\delta q = dh + \delta w_t = dh - vdP$

여기서, δq : 단위 질량당 열량의 변화, du : 비내부에너지의 변화,
δw : 단위 질량당의 절대일의 변화, P : 압력, dv : 비체적의 변화
dh : 비엔탈피의 변화, δw_t : 단위질량당의 공업 일의 변화, dP : 압력의 변화

① 엔탈피 $H = U + PV$ 여기서, U : 내부에너지, PV : 유동에너지
② 비엔탈피 $h = u + Pv$ 여기서, u : 비내부에너지, Pv : 비유동에너지

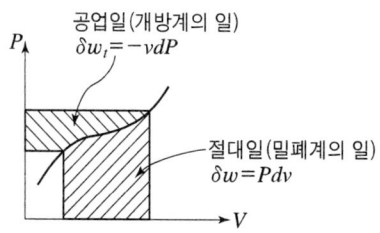

❷ 열역학 1법칙의 서술적 표현
① 에너지 보존의 법칙
② 열과 일은 서로 교환이 가능하다.
③ 가역과정이다
④ 열효율이 100%인 기관이 존재한다. = 제1종 영구기관
⑤ 열효율이 100% 이상인 기관 부정 = 제2종영구기관은 부정

03 이상기체와 각 과정별 상태변화

❶ 이상기체 상태 방정식 $PV = mRT$

여기서, P : 절대압력, V : 체적, m : 질량, R : 기체상수 $R = \dfrac{8314}{M(=\text{분자량})} \dfrac{\text{Nm}}{\text{kgK}°}$

T : 절대온도

$$\begin{aligned} O_2 &= 16 \times 2 = \boxed{32\text{kg}} \\ N_2 &= 14 \times 2 = \boxed{28\text{kg}} \\ CO_2 &= 12 + 32 = \boxed{44\text{kg}} \end{aligned} \rightarrow M(\text{분자량})$$

※ 기체상수 $R = \dfrac{PV}{mT} = \dfrac{Pv}{T} = const,$ $\dfrac{P_1 v_1}{T_1} = \dfrac{P_2 v_2}{T_2}$

※ 혼합기체의 기체상수 $R_m = \dfrac{m_1 R_1 + m_2 R_2}{m_1 + m_2}$

※ 아보가드로의 법칙(Avogadro's law) : 모든 기체는 표준상태(0℃, 1atm)에서 1몰(mol)당 22.4l의 체적을 가지며 6.023×10^{23}개의 분자수를 가진다.

① 보일의 법칙(Boyle's law) = 등온의 법칙 $T_1 = T_2 = T$
$P_1 V_1 = P_2 V_2 = PV$ = 일정
$P_1 v_1 = P_2 v_2 = Pv$ = 일정

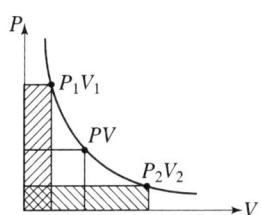

② 샤를의 법칙(Charles' law) = 정압의 법칙 $P_1 = P_2 = P$
$\dfrac{V_1}{T_1} = \dfrac{V_2}{T_2} = \dfrac{V}{T}$ = 일정
$\dfrac{v_1}{T_1} = \dfrac{v_2}{T_2} = \dfrac{v}{T}$ = 일정

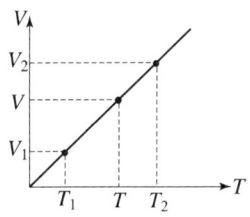

③ 보일-샤를의 법칙

$$\frac{P_1 v_1}{T_1} = \frac{P_2 v_2}{T_2} = 일정 \qquad \frac{P_1 V_1}{m_1 T_1} = \frac{P_2 V_2}{m_2 T_2} = 일정$$

여기서, 기체상수 $R = \frac{PV}{mT} = \frac{Pv}{T} = const$

❷ 열역학 1법칙과 이상기체상태 방정식과의 관계

$$\delta q = du + \delta w = C_V dT + Pdv = \frac{R}{k-1} dT + Pdv$$

$$\delta q = dh + \delta w_t = C_P dT - vdP = \frac{kR}{k-1} dT - vdP$$

여기서, δq : 단위 질량당 열량의 변화
δw : 단위 질량당의 절대일의 변화=PV선도에서 V방향의 폐곡선의 면적=Pdv
δw_t : 단위 질량당의 공업일의 변화=PV선도에서 P방향의 폐곡선의 면적=$-vdP$

비내부에너지의 변화 $du = C_V dT = \frac{R}{k-1} dT$

비엔탈피의 변화 $dh = C_P dT = \frac{kR}{k-1} dT$

기체상수 $R = C_P - C_V$ 비열비 $k = \frac{C_P}{C_V}$

정압비열 $C_P = \frac{kR}{k-1}$ 정적비열 $C_V = \frac{R}{k-1}$

여기서, P : 압력, dv : 비체적의 변화, dP : 압력의 변화, v : 비체적

$h = u + Pv$

여기서, h : 비엔탈피, u : 비내부에너지, Pv : 유동에너지

❸ 단열과정의 온도, 비체적, 압력의 관계

$$\frac{T_2}{T_1} = \left(\frac{v_1}{v_2}\right)^{k-1} = \left(\frac{P_2}{P_1}\right)^{\frac{k-1}{k}}$$

❹ Polytropic 과정의 일반식

폴리트로픽 과정의 일반식 $Pv^n = c$

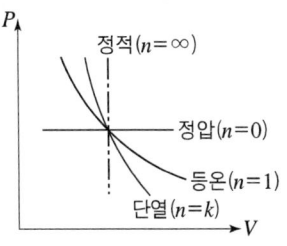
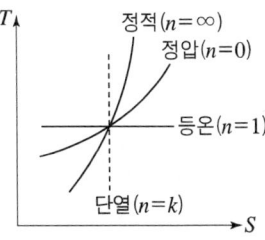

$Pv^n = C$
$n = 0, P = C$(정압과정)
$n = 1, Pv = C$(등온과정)
$n = k, Pv^k = C$(단열과정)
$n = \infty, v = C$(정적과정)

❺ 폴리트로픽 비열

$$C_n = C_v \frac{n-k}{n-1}$$

여기서, C_v : 정적비열, n : 폴리트로픽지수, k : 비열비

변화	정적변화	정압변화	정온변화	단열변화	폴리트로픽 변화
p, v, T 관계	$v = C,\ dv = 0$ $\dfrac{P_1}{T_1} = \dfrac{P_2}{T_2}$	$P = C,\ dP = 0$ $\dfrac{v_1}{T_1} = \dfrac{v_2}{T_2}$	$T = C,\ dT = 0$ $Pv = P_1 v_1 = P_2 v_2$	$Pv^k = c$ $\dfrac{T_2}{T_1} = \left(\dfrac{v_1}{v_2}\right)^{k-1}$ $= \left(\dfrac{P_2}{P_1}\right)^{\frac{k-1}{k}}$	$Pv^n = c$ $\dfrac{T_2}{T_1} = \left(\dfrac{v_1}{v_2}\right)^{n-1}$
(절대일) 외부에 하는 일 $_1w_2 = \int p\,dv$	0	$P(v_2 - v_1)$ $= R(T_2 - T_1)$	$P_1 v_1 \ln \dfrac{v_2}{v_1}$ $= P_1 v_1 \ln \dfrac{P_1}{P_2}$ $= RT \ln \dfrac{v_2}{v_1}$ $= RT \ln \dfrac{P_1}{P_2}$	$\dfrac{1}{k-1}(P_1 v_1 - P_2 v_2)$ $= \dfrac{RT_1}{k-1}\left(1 - \dfrac{T_2}{T_1}\right)$ $= \dfrac{RT_1}{k-1}\left[1 - \left(\dfrac{v_1}{v_2}\right)^{k-1}\right]$ $= C_v(T_1 - T_2)$	$\dfrac{1}{n-1}(P_1 v_1 - P_2 v_2)$ $= \dfrac{P_1 v_1}{n-1}\left(1 - \dfrac{T_2}{T_1}\right)$ $= \dfrac{R}{n-1}(T_1 - T_2)$
공업일 (압축일) $w_t = -\int v\,dp$	$v(P_1 - P_2)$ $= R(T_1 - T_2)$	0	w_{12}	$k\,_1w_2$	$n\,_1w_2$
내부에너지의 변화 $u_2 - u_1$	$C_v(T_2 - T_1)$ $= \dfrac{R}{k-1}(T_2 - T_1)$ $= \dfrac{1}{k-1}v(P_2 - P_1)$	$C_v(T_2 - T_1)$ $= \dfrac{1}{k-1}P(v_2 - v_1)$	0	$C_v(T_2 - T_1) = -\,_1W_2$	$-\dfrac{(n-1)}{k-1}\,_1W_2$
엔탈피의 변화 $h_2 - h_1$	$C_p(T_2 - T_1)$ $= \dfrac{k}{k-1}R(T_2 - T_1)$ $= \dfrac{k}{k-1}v(P_2 - P_1)$ $= k(u_2 - u_1)$	$C_p(T_2 - T_1)$ $= \dfrac{kR}{k-1}(T_2 - T_1)$ $= \dfrac{k}{k-1}P(v_2 - v_1)$	0	$C_p(T_2 - T_1) = -W_t$ $= -k\,_1W_2$ $= k(u_2 - u_1)$	$-\dfrac{(n-1)}{k-1}\,_1W_2$
외부에서 얻은 열 $_1q_2$	$u_2 - u_1$	$h_2 - h_1$	$_1W_2 = W_t$	0	$C_n(T_2 - T_1)$
n	∞	0	1	k	$-\infty$ 에서 $+\infty$
비열 C	C_v	C_p	∞	0	$C_n = C_v \dfrac{n-k}{n-1}$
엔트로피의 변화 $s_2 - s_1$	$C_v \ln \dfrac{T_2}{T_1} = C_v \ln \dfrac{P_2}{P_1}$	$C_p \ln \dfrac{T_2}{T_1} = C_p \ln \dfrac{v_2}{v_1}$	$R \ln \dfrac{v_2}{v_1}$	0	$C_n \ln \dfrac{T_2}{T_1}$ $= C_v \dfrac{n-k}{n} \ln \dfrac{P_2}{P_1}$

04 열역학 2법칙

❶ 열역학 2법칙의 서술적 표현에 대한 문제
  ① Kelvin-Planck의 표현 : 자연계에 어떠한 변화도 남기지 않고 일정온도인 어느 열원의 열을 계속하여 열로 변환시키는 기계를 만드는 것은 불가능하다.
  ② Clausis의 표현 : 자연계에 어떠한 변화도 남기지 않고 열을 저온의 물체로부터 고온의 물체로 이동시키는 기계를 만드는 것은 불가능하다. 즉, 열은 그 자신으로는 다른 물체에 아무런 변화도 주지 않고 저온의 물체에서 고온의 물체로 이동하지 않는다. 이 표현은 성능계수가 무한대인 냉동기는 만들 수 없다는 의미이다.
  ③ 에너지의 방향성을 제시한 법칙
  ④ 비가역의 법칙
  ⑤ 열효율이 100%인 기관은 없다 = 제1종영구기관부정
  ⑥ 엔트로피를 정의한 법칙
  ⑦ 절대온도를 정의한 법칙

❷ carnot cycle의 효율 $\eta_c = \dfrac{W_{net}}{Q_H} = \dfrac{Q_H - Q_L}{Q_H} = 1 - \dfrac{Q_L}{Q_H} = 1 - \dfrac{T_L}{T_H}$

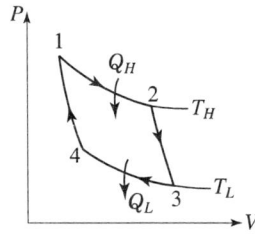
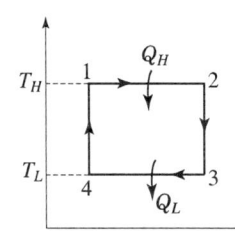

여기서, W_{net} : 유효일량
Q_H : 고열원에서 공급된 열량
Q_L : 저열원에서 버리는 열량
T_L : 저열원의 절대온도
T_H : 고열원의 절대온도

❸ clausius integral $\oint \dfrac{\delta Q}{T} \leq 0$ 엔트로피변화량 $dS = \dfrac{\delta Q}{T}$

가역과정 $\oint \dfrac{\delta Q}{T} = 0$ 비가역과정 $\oint \dfrac{\delta Q}{T} < 0$

❹ 각 과정별 엔트로피변화량

$$\Delta S = S_2 - S_1 = C_v \ln\dfrac{T_2}{T_1} + R\ln\dfrac{v_2}{v_1} = C_p\ln\dfrac{T_2}{T_1} - R\ln\dfrac{p_2}{p_1} = C_p\ln\dfrac{v_2}{v_1} + C_v\ln\dfrac{p_2}{p_1}$$

여기서, C_v : 정적비열, C_P : 정압비열, R : 기체상수, T_2 : 나중온도, T_1 : 처음온도
v_2 : 나중체적, v_1 : 처음체적, p_2 : 나중압력, p_1 : 처음압력

물체의 혼합에 의한 엔트로피의 변화량 $\Delta S = m_1 c_1 \ln\dfrac{T_{나중}}{T_{처음1}} + m_2 c_2 \ln\dfrac{T_{나중}}{T_{처음2}}$

❺ 교축과정은 등enthalpy 과정이다.

05 증기의 변화

❶ 습증기의 상태량

① 습증기의 비체적 $v_x = v' + x(v'' - v')$

② 습증기의 엔탈피 $h_x = h' + x(h'' - h')$

③ 습증기의 내부에너지 $u_x = u' + x(u'' - u')$

④ 습증기의 엔트로피 $s_x = s' + x(s'' - s')$

여기서, v' : 포화수의 비체적 v'' : 포화증기의 비체적
        h' : 포화수의 엔탈피 h'' : 포화증기의 엔탈피
        u' : 포화수의 내부에너지 u'' : 포화증기의 내부에너지
        s' : 포화수의 엔트로피 s'' : 포화증기의 엔트로피

건도 $x = \dfrac{\text{증기의 중량}}{\text{전체중량}}$

❷ 정압 하에서의 증기의 상태변화

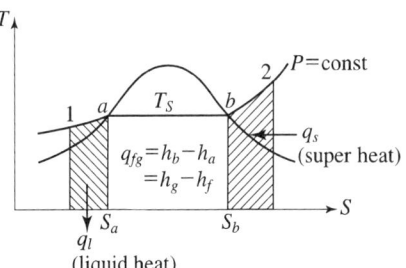

T_s (Saturated temperature) : 포화온도
q_l (lipuid heat or sensible heat) : 액체열, 감열, 현열
q_{fg} (latent heat) : 증발잠열
q_s (super heat) : 과열

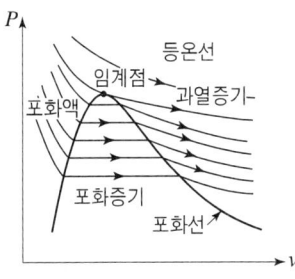 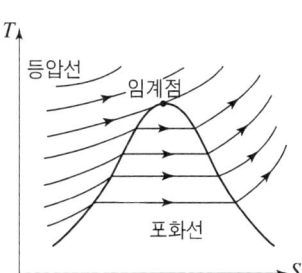

❸ 증발잠열 $r = h'' - h' = u'' - u' + P(v'' - v')$

                         ⇩   ⇩
                       내부증발잠열   외부증발잠열

여기서, h'' : 포화증기의 엔탈피 h' : 포화수의 엔탈피,
        v'' : 포화증기의 비체적 v' : 포화수의 비체적

06 증기동력사이클

❶ Rankin cycle의 효율

$$\eta_R = \frac{참일량}{보일러에서\ 가한열량} = \frac{w_{net}}{q_B} = \frac{터빈일 - 펌프일}{보일러에서\ 가한열량}$$

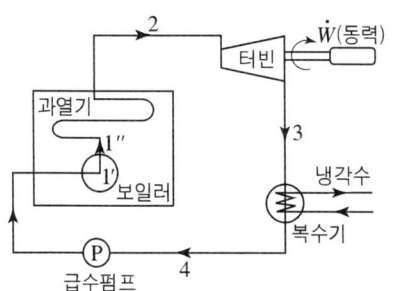

과정1-2 보일러 : 정압흡열 q_B
$$q_B = h_2 - h_1 \approx h_2 - h_4$$
과정2-3 터빈 : 단열팽창 w_t
$$w_t = h_2 - h_3$$
과정3-4 복수기 : 정압방열 q_c
$$q_c = h_3 - h_4$$
과정4-1 펌프 : 단열압축 w_P
$$w_P = (h_1 - h_4) = v'(P_1 - P_4)$$

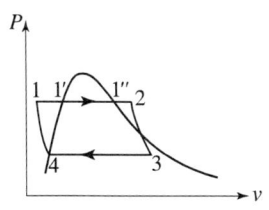 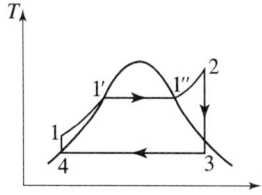 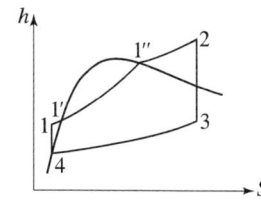

※ Rankin cycle의 효율 증가 방법에 대한 서술적 표현
① 초온, 초압을 높인다.
② 보일러의 압력은 높을수록 복수기의 압력은 낮을수록 열효율 증가 된다.
③ 터빈출구의 압력=배압은 낮을수록 열효율증가
④ 터빈출구의 온도가 낮으면 오히려 열효율이 감소된다.
⑤ 터빈출구의 건도가 높을수록 열효율 증가 된다.

❷ 재열 cycle의 효율

$$\eta_{RH} = \frac{참일량}{보일러에서\ 가한열량 + 재열기에서\ 가한열량}$$
$$= \frac{w_{net}}{q_B + q_R} = \frac{W_{T1} + W_{T2} - W_P}{q_B + q_R}$$

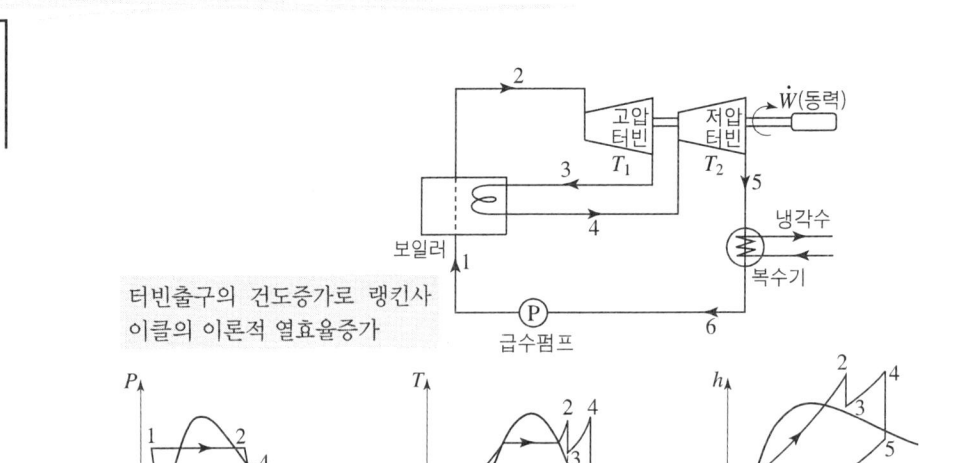

터빈출구의 건도증가로 랭킨사
이클의 이론적 열효율증가

❸ 재생 cycle의 열효율 증가 방법

복수기에서 배출하는 열량이 많기 때문에 열손실이 크다.

이 열손실을 감소시키기 위하여 터빈에서 단열팽창 도중의 동작유체의 일부를 추출하여 이 증기의 잠열로서 보일러에 공급되는 물을 예열하고 복수기에서 방출되는 폐기의 일부열량을 급수에 재생(Regeneration)한다. 즉, 재생사이클은 증기터빈의 팽창도중에 증기를 추출하여 급수를 가열하도록 하여 사이클 효율을 개선시킨 증기원동소 사이클이다.

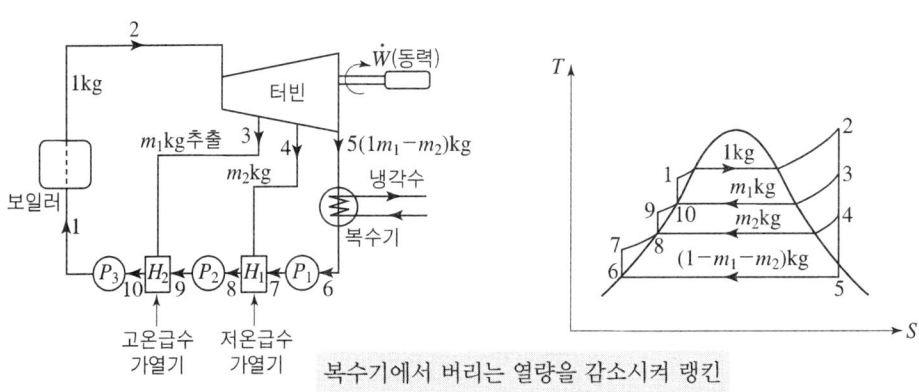

복수기에서 버리는 열량을 감소시켜 랭킨
사이클의 이론적 열효율증가

추기량 $m_1 = \dfrac{h_{10} - h_8}{h_3 - h_8}$

추기량 $m_2 = \dfrac{(1-m_1)(h_8 - h_6)}{h_4 - h_6} = \dfrac{h_3 - h_{10}}{h_3 - h_8} \times \dfrac{h_8 - h_6}{h_4 - h_6}$

 ## 07 내연기관사이클

❶ 오토사이클 = 정적사이클
가솔린기관의 기본사이클(2개의 정적, 2개의 단열과정)

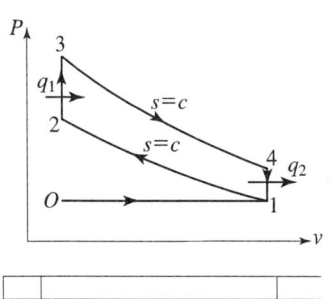 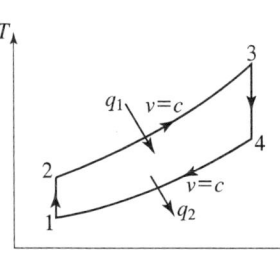

$$\eta_O = \frac{q_1 - q_2}{q_1} = 1 - \frac{q_2}{q_1} = 1 - \frac{C_v(T_4 - T_1)}{C_v(T_3 - T_2)} = 1 - \frac{(T_4 - T_1)}{(T_3 - T_2)} = 1 - \left(\frac{1}{\epsilon}\right)^{k-1}$$

압축비 $\epsilon = \dfrac{\text{실린더체적}}{\text{연소실체적}} = \dfrac{\text{연소실체적} + \text{행정체적}}{\text{연소실체적}}$

❷ 디젤 사이클 = 정압 사이클
저중속디젤기관의 기본사이클(1개의 정압, 1개의 정적, 2개의 단열과정)

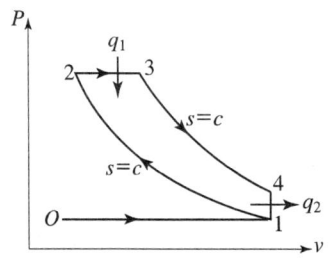 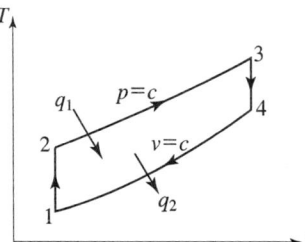

$$\eta_O = \frac{q_1 - q_2}{q_1} = 1 - \frac{q_2}{q_1} = 1 - \frac{C_v(T_4 - T_1)}{C_p(T_3 - T_2)} = 1 - \left(\frac{1}{\epsilon}\right)^{k-1} \frac{\sigma^k - 1}{k(\sigma - 1)}$$

체절비 $\sigma = \dfrac{V_3}{V_2}$

❸ 사바테 사이클 = 복합사이클
고속디젤사이클의 기본사이클(2개의 정적, 1개 정압, 2개 단열과정)

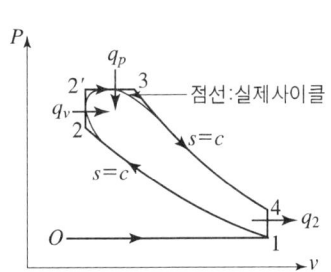 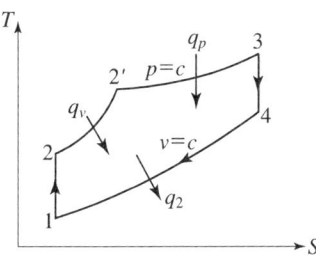

Sabathe cycle의 효율 $\eta_S = \dfrac{q_p + q_v - q_v}{q_p + q_v} = 1 - \dfrac{q_v}{q_p + q_v}$

$= 1 - \dfrac{C_v(T_4 - T_1)}{C_P(T_3 - T_2') + C_V(T_2' - T_2)}$

$= 1 - \left(\dfrac{1}{\epsilon}\right)^{k-1} \dfrac{\rho\sigma^k - 1}{(\rho - 1) + k\rho(\sigma - 1)}$

Sabathe cycle의 효율 $\eta_s = 1 - \left(\dfrac{1}{\epsilon}\right)^{k-1} \times \dfrac{\rho\sigma^k - 1}{(\rho - 1) + k\rho(\sigma - 1)}$

여기서, ϵ : 압축비(=compression ratio) $\epsilon = \dfrac{\text{실린더체적}}{\text{연소실체적}} = 1 + \dfrac{\text{행정체적}}{\text{연소실체적}}$

ρ : 압력상승비(=폭발비=압력비=explosion ratio) $\rho = \dfrac{\text{연소후의 최고압력}}{\text{압축말의 압력}}$

σ : 체절비(=단절비=cut off ratio) $\sigma = \dfrac{\text{연소후의 체적}}{\text{연소실체적} = \text{압축말의 체적}}$

$\sigma = 1$일 때 오토사이클의 효율 $\eta_o = 1 - \left(\dfrac{1}{\epsilon}\right)^{k-1}$

$\rho = 1$일 때 디젤사이클의 효율 $\eta_{th,d} = 1 - \left(\dfrac{1}{\epsilon}\right)^{k-1} \dfrac{\sigma^k - 1}{k(\sigma - 1)}$

k : 비열비(specific heat ratio)

❹ 브레이클 사이클

가스터빈의 기본사이클(2개의 정압, 2개의 단열과정)

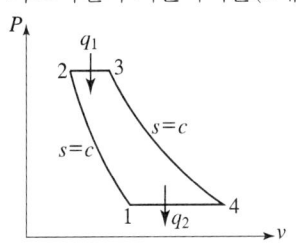 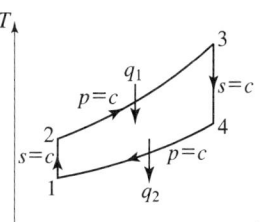

$\eta_B = \dfrac{q_1 - q_2}{q_1} = \dfrac{C_P(T_3 - T_2) - C_P(T_4 - T_1)}{C_P(T_3 - T_2)} = 1 - \left(\dfrac{1}{\rho}\right)^{\frac{k-1}{k}}$

압력상승비 $\rho = \dfrac{P_{\max}}{P_{\min}}$

 냉동기관사이클

❶ 역 carnot cycle

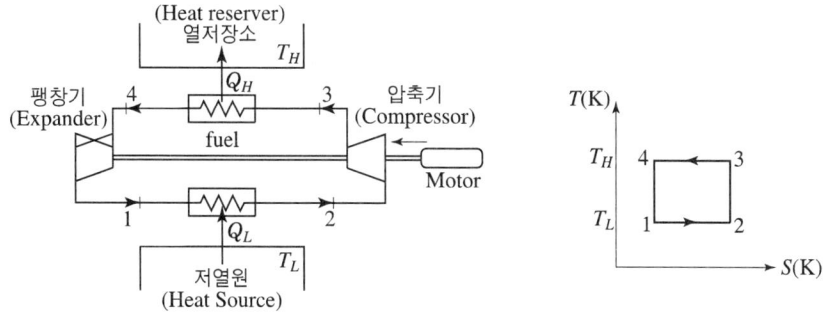

[가역 사이클인 역Carnot Cycle로 작동되는 냉동시스템]

역 카르노 사이클의 성적계수 $COP = \dfrac{Q_L}{W_{net}} = \dfrac{T_L \times \Delta S}{(T_H - T_L) \times \Delta S} = \dfrac{T_L}{(T_H - T_L)}$

❷ 증기 냉동 사이클의 효율 및 압력–엔탈피 선도

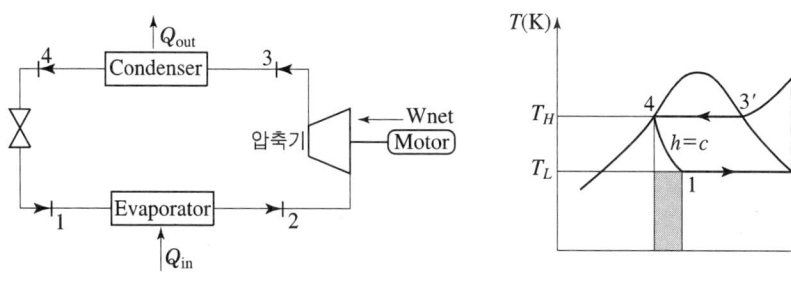

[단순 냉동 시스템의 개략도]   [T–s선도]

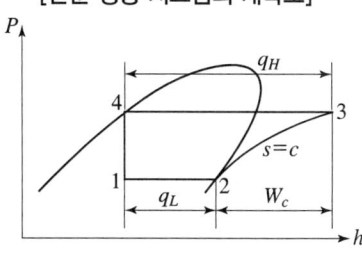

[P–h선도]

과정 1-2 증발기
과정 2-3 압축기
과정 3-4 응축기
과정 4-1 팽창밸브

냉동사이클 성능계수 $COP = \dfrac{q_L}{W_C} = \dfrac{h_2 - h_1}{h_3 - h_2}$

여기서, q_L : 냉동효과 = 저열원에서 흡수한 열량
W_C : 압축기에서 한 일

❸ 1냉동톤(1RT)

0℃의 물 1ton(1000kg)을 24시간 동안에 0℃의 얼음으로 만드는 냉동능력을 말한다.

냉동효과를 나타내는 단위 1냉동톤(RT) = 3320 kcal/hr = 3.86 kW

09 유체흐름과 노즐

❶ 음속 $a = \sqrt{\dfrac{dp}{d\rho}} = \sqrt{\dfrac{K}{\rho}} = \sqrt{\dfrac{1}{\rho\beta_0}}$

여기서, dp : 압력의 변화, $d\rho$: 밀도의 변화, ρ : 밀도, β_0 : 압축율, K : 체적탄성계수

공기 속에서의 음속 $\sqrt{\dfrac{K}{\rho}} = \sqrt{\dfrac{kP}{\rho}} = \sqrt{kRT}$

공기 중에서의 최적 탄성 계수 $K = kP$ 여기서, k : 비열비, P : 압력

액체 속에서의 음속 $\sqrt{\dfrac{K}{\rho}} = \sqrt{\dfrac{P}{\rho}} = \sqrt{RT}$

액체 중에서의 최적탄성 계수 $K = P$ 여기서, P : 압력

❷ 노즐에서의 흐름

$h_1 - h_2 = \dfrac{V_2^2 - V_1^2}{2}$

$\dfrac{T_1}{T_2} = \left(\dfrac{\rho_1}{\rho_2}\right)^{k-1} = \left(\dfrac{P_1}{P_2}\right)^{\frac{k-1}{k}} = \dfrac{(k-1)}{2}M_a^2 + 1$

여기서, k : 비열비, M_a : 2지점에서의 마하수

임계상태 값=2지점에서 $M_a = 1$일 때, 즉 2지점의 값이 임계상태의 값이다.

$\dfrac{T_1}{T_2} = \left(\dfrac{\rho_1}{\rho_2}\right)^{k-1} = \left(\dfrac{P_1}{P_2}\right)^{\frac{k-1}{k}} = \dfrac{k+1}{2}$

$\dfrac{T_1}{T^*} = \left(\dfrac{\rho_1}{\rho^*}\right)^{k-1} = \left(\dfrac{P_1}{P^*}\right)^{\frac{k-1}{k}} = \dfrac{k+1}{2}$

10 전 열

❶ 전도에 의한 전열

① 평판의 열전달 $Q = kA\dfrac{dT}{dx}$ [kJ/hr]

　여기서, Q : 전열량＝열전달량[kJ/hr]
　　　　　A : 전열면적[m²]
　　　　　k : 열전도율＝열전도계수[kcal/mh℃]
　　　　　dx : 전달간격[m]
　　　　　dT : 온도변화[℃]

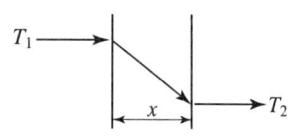

② 원통의 열전달 $Q = \dfrac{2\pi kL}{\ln\left(\dfrac{R_2}{R_1}\right)}\Delta T$

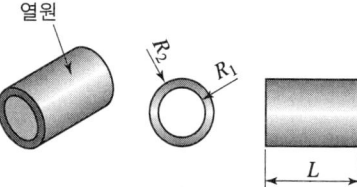

❷ 대류에 의한 전열

$Q = \alpha A(T_1 - T_w)$ [kcal/hr]

　여기서, Q : 열관류율(kcal/hr), α : 대류열전달계수[kcal/m²hr℃], A : 전열면적[m²]
　　　　　T_1 : 유체의 온도, T_w : 고체의 온도

❸ 복사에 의한 전열

$Q = \alpha A(T_1^4 - T_2^4)$ [kcal/hr]

　여기서, α : 스테판-볼츠만의 상수[4.8806×10^{-8} kcal/h·m²·K⁴]
　　　　　A : 전열면적[m²]
　　　　　절대온도가 T_1 흑체(이상복사체)가 절대온도 T_2인 주위 물체의 의해여 완전히 둘러싸여
　　　　　있을 때의 복상에 의한 전열량

제 4 편

기계동력학

01 변위, 속도, 가속도의 관계

❶ 속도 $V = \dfrac{ds}{dt}$ 가속도 $a = \dfrac{dv}{dt}$

여기서, S : 변위, t : 시간

❷ 등가속도 운동

나중속도 $V_2 = V_1 + at$ 변위 $s = V_1 t + \dfrac{1}{2}at^2$, $2as = V_2^2 - V_1^2$

여기서, V_1 : 처음속도, V_2 : 나중속도, a : 등가속도, s : 변위

❸ 투사체 운동

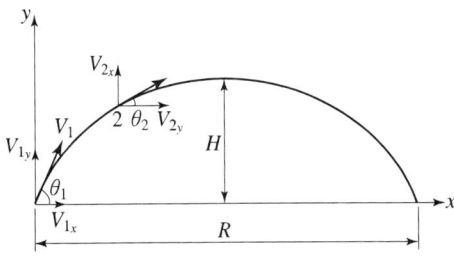

H까지 걸린 시간 $t_H = \dfrac{V_{1y}}{g} = \dfrac{V_1 \sin\theta_1}{g}$

최고점 높이 $H = \left(V_1 \sin\theta_1 \times \dfrac{V_1 \sin\theta_1}{g}\right) - \left(\dfrac{1}{2}g \times \dfrac{V_1^2 \sin^2\theta_1}{g^2}\right) = \dfrac{V_1^2 \sin^2\theta_1}{2g}$

R까지 걸린 시간 $t_R = 2 \times t_H = 2 \times \dfrac{V_1 \sin\theta_1}{g}$

수평도달거리 $R = V_1 \cos\theta_1 \times \dfrac{2V_1 \sin\theta_1}{g} = \dfrac{2V_1^2 \sin\theta_1 \cos\theta_1}{g} = \dfrac{V_1^2 \sin 2\theta_1}{g}$

 02 운동량 방정식

❶ $F \times \Delta t = m \Delta V$, 충격량 = 운동량의 변화량

❷ 운동량 보존의 법칙

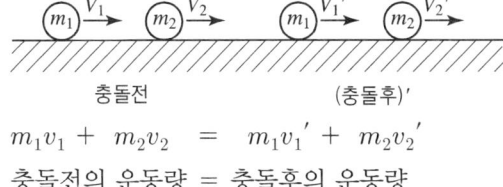

$m_1 v_1 + m_2 v_2 = m_1 v_1' + m_2 v_2'$

충돌전의 운동량 = 충돌후의 운동량

속도의 방향 → ⊕V   ← ⊖V

❸ 반발계수 $e = \dfrac{\text{멀어지는 속도}}{\text{가까워지는 속도}} = \dfrac{V_2' - V_1'}{V_1 - V_2}$

① 완전탄성 충돌 = 탄성충돌 반발계수 $e = 1$일 때
   완전탄성 충돌은 운동량과 운동 에너지도 보존된다.
② 비탄성 충돌 $0 < e < 1$, 가까워지는 속도 > 멀어지는 속도
   비탄성 충돌은 운동량만 보존된다. 즉, 운동에너지는 보존되지 않는다.
③ 완전 비탄성 충돌 $e = 0$
   충돌 후 두 물체는 한 덩어리로 합쳐져서 운동한다.
   이러한 충돌을 하는 물체를 완전 비탄성체(예, 진흙)가 있다.

 03 원 운 동

❶ 원운동에서의 가속도 $a = \sqrt{a_n^2 + a_t^2}$

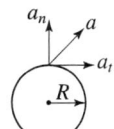

① 법선가속도 $a_n = w^2 R = \left(\dfrac{V_p}{R}\right)^2 \times R = \dfrac{V_p^2}{R}$

② 접선가속도 $a_t = \alpha R$

③ 원주속도 $V_p = V_1 + a_t t$

④ 각 가속도 $\alpha = \dfrac{dw}{dt} = \ddot{\theta}$

⑤ 각속도 $w = \dfrac{d\theta}{dt} = \dot{\theta}$

❷ 반경 R인 원이 미끄럼 없이 운동할 때

미끄럼이 없을 때 원중심의 속도 $V_o = wR$

$V_A = V_o + wR = 2V_o$

$V_B = V_D = \sqrt{V_o^2 + (wR)^2} = \sqrt{V_o^2 + V_o^2} = \sqrt{2}\,V_o$

$V_C = V_o - wR = 0$

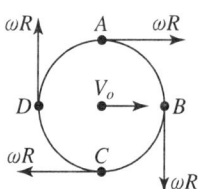

❸ 임의의 반지름 r 지점의 속도

① 각속도 $w = \dfrac{V_o}{R}$ 각속도는 어느 지점이나 일정하다.

② A지점의 속도 벡터 $\vec{v_A} = (V_o + wr\sin\theta)\vec{i} - wr\cos\theta\,\vec{j}$

③ A지점의 속도 $v_A = \sqrt{(V_o + wr\sin\theta)^2 + (wr\cos\theta)^2}$

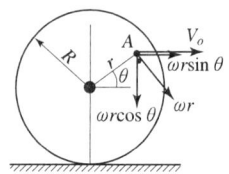

❹ 경사면의 원운동

① 2위치에서의 중심속도 V_2

② 에너지 보존의 법칙

$mgH = \dfrac{1}{2}mV_2^2 + \dfrac{1}{2}J_G w_2^2$

$mgH = \dfrac{1}{2}mV_2^2 + \dfrac{1}{2}\left(\dfrac{mR^2}{2}\right)\left(\dfrac{V_2}{R}\right)^2$

$mgH = \dfrac{1}{2}mV_2^2 + \dfrac{1}{4}mV_2^2 = \dfrac{3}{4}mV_2^2$

$V_2 = 0.816\sqrt{2gH}$

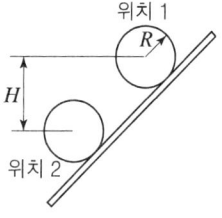

❺ 원이 미끄럼 없이 구르기 위한 마찰계수

미끄럼이 없을 때는 중심가속도(a_G)와 접선가속도($\alpha R = \ddot{\theta}R$)가 같다.
중심에 작용하는 P토크를 발생시키지 못한다.

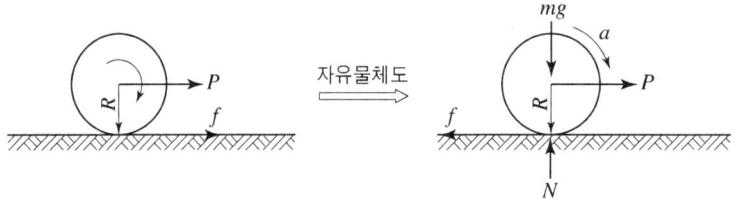

$\sum F_x = ma_G, \quad P - f = m \times (\alpha R)$ ································· (1)

$\sum F_y = 0, \quad N - mg = 0 \quad$ 여기서, 물체에 수직하는 힘 $N = mg$

$\sum T = J\alpha, \quad f \times R = \dfrac{mR^2}{2}\alpha$ ································· (2)

(2)식에서 $f = \dfrac{mR}{2}\alpha$을 (1)식 대입하면

$$P - \dfrac{mR}{2}\alpha = m \times (\alpha R) \rightarrow 각가속도 \quad \alpha = \dfrac{2P}{3mR}$$

$$마찰력 \quad f = \dfrac{P}{3}, \quad f = \mu N$$

$$마찰계수 \quad \mu = \dfrac{f}{N} = \dfrac{\left(\dfrac{P}{3}\right)}{mg} = \dfrac{P}{3mg}$$

❻ 원 궤도운동
원 궤도운동에서 B점에서 자유낙하 하지 않기 위한 A지점에서의 진입속도 V_A
$$V_A = \sqrt{5Rg}$$

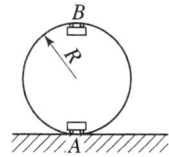
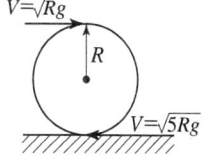

04 구속된 운동

❶ 구속된 운동의 자유물체도 그리기
① 구속된 운동은 가속도와 장력이 같다.
② 질량의 운동방향이 ⊕ 방향이다.
③ 가속도의 방향 = 질량의 운동방향
④ $F = ma$에 적용한다.

가속도 $a = \dfrac{(m_2 - m_1)g}{m_1 + m_2}$

장력 $T = \dfrac{2m_1 m_2}{m_1 + m_2} g$

가속도 $a = \dfrac{m_2 g}{m_1 + m_2}$

장력 $T = m_1 a = \dfrac{m_1 m_2 g}{m_1 + m_2}$

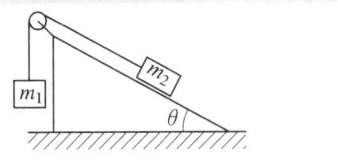

$$\text{가속도} \quad a = \frac{(m_2 \sin\theta - m_1)g}{(m_2 + m_1)}$$

$$\text{장력} \quad T = \frac{m_1 m_2 g(\sin\theta + 1)}{m_2 + m_1}$$

❷ 반경방향 운동과 횡방향 운동이 동시에 일어날 때

① 반경방향속도 $V_r = \dot{r}$

② 횡방향속도 $V_\theta = r\dot{\theta}$

③ 속도 $V = \sqrt{V_r^{\,2} + V_\theta^{\,2}}$

④ 반경방향 가속도 $a_r = \ddot{r} - r\dot{\theta}^2$

⑤ 횡방향가속도 $a_\theta = r\ddot{\theta} + 2\dot{r}\dot{\theta}$

⑥ 가속도 $a = \sqrt{a_r^{\,2} + a_\theta^{\,2}}$

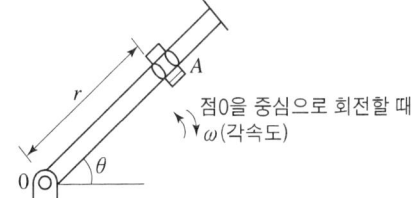

점0을 중심으로 회전할 때
ω(각속도)

05 에너지 보존의 법칙

❶ 에너지 보존의 법칙

$(E_k + E_p + U)_1 = (E_k + E_p + U + f)_2$

① 운동에너지 $E_k = \dfrac{1}{2}mv^2$

② 위치에너지 $E_p = mgH$

③ 탄성에너지 $U = \dfrac{1}{2}kx^2$

여기서, k : 스프링 상수, x : 스프링의 변위

④ 마찰에너지 $f = \mu N \times s$

여기서, N : 마찰면에 수직한 힘, s : 이동거리

제 4 편 기계동력학

 **06 진동의 개요**

❶ 직선계의 진동방정식

$m\ddot{x} + c\dot{x} + kx = F(t)$

여기서, m : 질량[kg], C : 감쇠계수[NS/m], k : 스프링 상수[N/m], $F(t)$: 기진력[N]

❷ 회전계의 진동방정식

$J\ddot{\theta} + c_t\dot{\theta} + k_t\theta = T(t)$

여기서, J : 질량관성모멘트[JS²/rad]=[kgm²/rad]
c_t : 비틀림감쇠계수[JS/rad]=[N · mS/rad]
k_t : 비틀림스프링상수[J/rad]=[N · m/rad]
$T(t)$: 비틀림모멘트=회전모멘트[J]=[N · m]

❸ 진동의 종류

① 비감쇠 자유진동 $m\ddot{x} + kx = 0$ $J\ddot{\theta} + k_t\theta = 0$

② 감쇠 자유진동 $m\ddot{x} + c\dot{x} + kx = 0$ $J\ddot{\theta} + C_t\dot{\theta} + k_t\theta = 0$

③ 비감쇠 강제진동 $m\ddot{x} + kx = F(t)$ $J\ddot{\theta} + k_t\theta = T(t)$

④ 감쇠 강제진동 $m\ddot{x} + c\dot{x} + kx = F(t)$ $J\ddot{\theta} + C_t\dot{\theta} + k_t\theta = T(t)$

 **07 조화운동**

❶ 조화운동

① 변위 $x(t) = A\sin wt$

② 속도 $\dot{x}(t) = Aw\cos wt$

③ 가속도 $\ddot{x}(t) = -Aw^2\sin wt$

④ 주기 $T = \dfrac{2\pi}{w} = \dfrac{1}{f}$

여기서, T(주기) : 한 주기(cycle) 운동에 필요한 시간 $\left[\dfrac{\sec}{\text{cycle}}\right]$

f(진동수) : 단위시간 당 운동한 주기 $\left[\dfrac{\text{cycle}}{\sec}\right]$

여기서, A : 진폭, w : 각속도, t : 시간

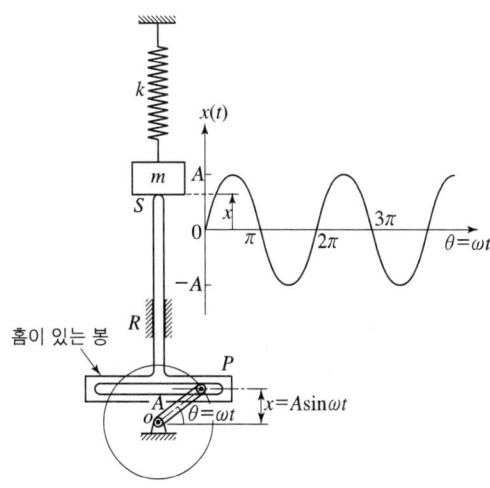

$x(t) = A\sin(\omega t + \phi)$에서

주기 $T = \dfrac{2\pi}{\omega}(\sec) = \left[\dfrac{\sec}{cycle}\right]$

진동수 $f = \dfrac{1}{T} = \dfrac{\omega}{2\pi}(cps) = [\text{Hz}] = \left[\dfrac{cycle}{\sec}\right]$

❸ 비 감쇠 자유진동의 진동방정식 $m\ddot{x} + kx = 0$

고유각 진동수 $w_n = \sqrt{\dfrac{k}{m}} = \sqrt{\dfrac{g}{\delta}} = \dfrac{1}{f_n}$

여기서, k : 스프링 상수, m : 질량, g : 중력가속도, δ : 처짐량

❹ 등가스프링상수

형태	그림	등가 스프링상수(k_{eq})
직렬 스프링	k_1 — k_2 → P	$\dfrac{1}{k_{eq}} = \dfrac{1}{k_1} + \dfrac{1}{k_2}$
병렬스프링	k_1, k_2 → P (중앙에 하중이 작용될 때)	$k_{eq} = k_1 + k_2$
	k_1, k_2, a, b → P (편하중이 작용될 때)	$k_{eq} = \dfrac{(a+b)^2}{\dfrac{b^2}{k_1} + \dfrac{a^2}{k_2}}$
외팔보	L, P	$k_{eq} = \dfrac{3EI}{l^3}$
단순보	$\dfrac{L}{2}$, $\dfrac{L}{2}$, P	$k_{eq} = \dfrac{48EI}{L^3}$
외팔보에 연결된 질량	L, k, m	$k_{eq} = \dfrac{3EIk}{3EI + kL^3}$
단순보에 연결된 질량	$\dfrac{L}{2}$, $\dfrac{L}{2}$, k, m	$k_{eq} = \dfrac{48EIk}{48EI + kL^3}$
양단고정보에 연결된 질량	$\dfrac{L}{2}$, $\dfrac{L}{2}$, k, m	$k_{eq} = \dfrac{192EIk}{192EI + kL^3}$

08 감쇠진동

❶ **감쇠자유진동의 진동 방정식** $m\ddot{x} + c\dot{x} + kx = 0$

① 임계감쇠계수 $C_c = 2\sqrt{mk} = 2mw_n = \dfrac{2k}{w_n}$

여기서, m : 질량, k : 스프링상수, w_n : 고유각진동수

② 감쇠비 $\varphi = \dfrac{C}{C_c} = \dfrac{C}{2\sqrt{mk}}$

③ 감쇠의 종류

초임계 감쇠 = 과도감쇠 $\varphi > 1, \ C > C_c, \ C > 2\sqrt{mk}$

임계감쇠 $\varphi = 1, \ C = C_c, \ C = 2\sqrt{mk}$

아임계감쇠 = 부족감쇠 $\varphi < 1, \ C < C_c, \ C < 2\sqrt{mk}$

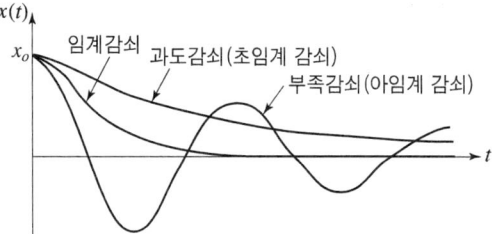

❷ **부족감쇠의 진동**

① 대수감쇠율 $\delta = \dfrac{1}{n}\ln\dfrac{x_o}{x_n} = \dfrac{2\pi\varphi}{\sqrt{1-\varphi^2}}$

여기서, x_o : 초기진폭, x_n : n번째 진폭, φ : 감쇠비

② 진폭비 $e^\delta = \dfrac{x_o}{x_1} = \dfrac{x_1}{x_2} = \dfrac{x_2}{x_3}$: 이웃하는 진폭비는 일정하다.

③ 감쇠고유각진동수 $\omega_{xd} = \omega_n\sqrt{1-\varphi^2}$

09 비틀림진동

직선 진동계	비틀림 진동계
$mx'' + cx' + kx = F(t)$	$J\theta'' + C_t\theta' + k_t\theta = T(t)$

구분	기호	단위	구분	기호	단위
질량	m	kg	관성모멘트	J	Kgm^2
스프링 상수	k	N/m	비틀림 강성계수	k_t	Nm/rad
감쇠계수	c	NS/m	비틀림 감쇠계수	c_t	Nm s/rad
힘	F	N	토크	T	N m
변위	x	m	각변위	θ	rad
속도	$\dot{x}=v$	m/s	각속도	$\dot{\theta}=w$	rad/s
가속도	$\ddot{x}=a$	F	각 가속도	$\ddot{\theta}=\alpha$	rad/s^2
감쇠비	$\dfrac{C}{2\sqrt{mk}}$	무차원	감쇠비	$\dfrac{C_t}{2\sqrt{Jk_t}}$	무차원
고유각진동수	$\sqrt{\dfrac{k}{m}}$	rad/s	고유각진동수	$\sqrt{\dfrac{k_t}{J}}$	rad/s
위치에너지	$\dfrac{1}{2}kx^2$	N · m	위치에너지	$\dfrac{1}{2}k_t\theta^2$	N · m
운동에너지	$\dfrac{1}{2}m\dot{x}^2$	N · m	운동에너지	$\dfrac{1}{2}J\dot{\theta}^2$	N · m

$$V_2 = V_1 + at$$
$$2aS = V_2^2 - V_1^2$$
$$S = V_1 t + \frac{1}{2}at^2$$

$$w_2 = w_1 + \alpha t$$
$$2\alpha\theta = w_2^2 - w_1^2$$
$$\theta = w_1 t + \frac{1}{2}\alpha t^2$$

여기서, V_2 : 나중속도, s : 변위, V_1 : 처음속도
　　　　t : 걸린 시간, a : 가속도

여기서, w_2 : 나중각속도, θ : 각도
　　　　w_1 : 처음 각 속도, t : 걸린 시간
　　　　α : 각 가속도

❶ 회전계의 진동방정식 $J\ddot{\theta} + C_t\dot{\theta} + k_t\theta = T(t)$

① 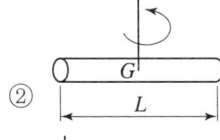 원형판의 질량관성모멘트 $J_G = \dfrac{mR^2}{2}$

② 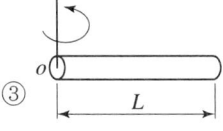 원통막대의 도심 G의 질량관성모멘트 $J_G = \dfrac{mL^2}{12}$

③ 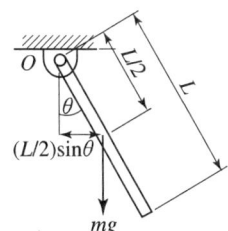 원통막대의 끝지점 o의 질량관성모멘트 $J_o = \dfrac{mL^2}{3}$

❷ 회전계의 운동방정식

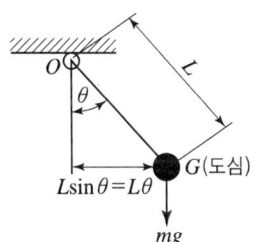

① 막대진자

→ 진동방정식 $\theta'' + \dfrac{3g}{2L}\theta = 0$

→ 고유각 속도 $\omega_n = \sqrt{\dfrac{3g}{2L}}$

→ 주기 $T = \dfrac{2\pi}{\omega_n} = 2\pi\sqrt{\dfrac{2L}{3g}}$

② 단진자 = 실진자

→ 진동방정식 $\theta'' + \dfrac{g}{L}\theta = 0$

→ 고유각 속도 $\omega_n = \sqrt{\dfrac{g}{L}}$

→ 주기 $T = \dfrac{2\pi}{\omega_n} = 2\pi\sqrt{\dfrac{L}{g}}$

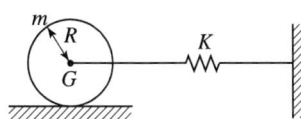

도심에서의 질량관성모멘트
$J_G = \dfrac{mR^2}{2}$

③ 구르는 원통

→ 진동방정식 $\theta'' + \left(\dfrac{KR^2}{mR^2 + J_G}\right)\theta = 0$

→ 고유각 진동수 $w_n = \sqrt{\dfrac{KR^2}{mR^2 + J_G}}$

→ 주기 $T = \dfrac{2\pi}{w_n} = 2\pi\sqrt{\dfrac{(mR^2 + J_G)}{KR^2}}$

④ 스프링에 지지된 봉

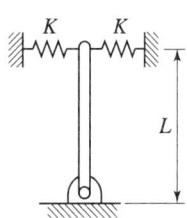

→ 진동방정식 $\theta'' + \left(\dfrac{6K}{m} - \dfrac{3g}{2L}\right)\theta = 0$

→ 고유각 진동수 $w_n = \sqrt{\dfrac{6k}{m} - \dfrac{3g}{2L}}$

→ 주기 $T = \dfrac{2\pi}{w_n}$

⑤ 보의 끝이 스프링에 의해 지지된 봉의 운동

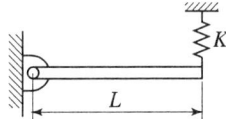

→ 진동방정식 $\theta'' + \dfrac{3K}{m}\theta = 0$

→ 고유각 진동수 $w_n = \sqrt{\dfrac{3K}{m}}$

→ 주기 $T = \dfrac{2\pi}{w_n}$

⑥ 봉의 중앙에 스프링에 의해 지지된 봉의 운동

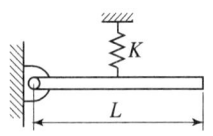

→ 진동방정식 $\theta'' + \dfrac{3K}{4m}\theta = 0$

→ 고유각 진동수 $w_n = \sqrt{\dfrac{3K}{4m}}$

→ 주기 $T = \dfrac{2\pi}{w_n}$

⑦ U자관의 액주계

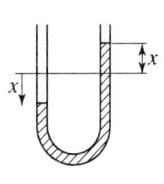

→ 진동방정식 $x'' + \dfrac{2g}{L}x = 0$

→ 고유각 진동수 $w_n = \sqrt{\dfrac{2g}{L}}$

→ $w_n = \sqrt{\dfrac{2g}{L}}$ 　　여기서, L : 유체의 전체길이

10 강제진동

❶ $m\ddot{x} + c\dot{x} + kx = f_o \sin wt$

① 고유각진동수 $w_n = \sqrt{\dfrac{k}{m}}$

② 진동수비 $\gamma = \dfrac{w}{w_n}$, 감쇠비 $\varphi = \dfrac{c}{2\sqrt{mk}}$

③ 정상상태진폭 $X = \dfrac{f_0}{\sqrt{(k-mw^2)^2 + (cw)^2}}$

④ 기초에 전달되는 힘 $F_{TR} = \sqrt{(kX)^2 + (cwX)^2}$

⑤ 힘전달율 $TR = \dfrac{\text{최대전달력}}{\text{기진력의 최대값}} = \dfrac{F_{TR}}{f_o} = \dfrac{\sqrt{1+(2\varphi r)^2}}{\sqrt{(1-r^2)^2 + (2\varphi r)^2}}$

⑥ 비감쇠진동에서의 힘 전달율 $TR = \dfrac{\text{최대 전달력}}{\text{기전력의 최대값}} = \dfrac{F_{TR}}{f_o} = \left|\dfrac{1}{r^2-1}\right|$

❷ 힘 전달율 TR을 줄이기 위한 방법

① $\gamma > \sqrt{2}$ 인 경우 : φ를 감소시킴
② $\gamma < \sqrt{2}$ 인 경우 : φ를 증가시킴

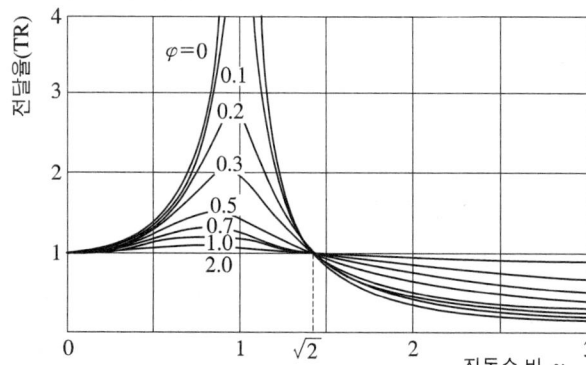

제 5 편 유압기기

 **01 파스칼의 원리(Pascal's Principle)**

밀폐된 용기 속에 정지하고 있는 유체의 일부에 가해진 압력은 유체의 모든 부분수직으로 작용되고 그 방향과 관계없이 동일하다.
① 공기는 압축되나 오일은 압축되지 않는다.
② 오일은 운동을 전달할 수 있다.
③ 오일은 힘을 전달할 수 있다.
④ 단면적을 변화시키면 힘을 증대시킬 수 있다.
⑤ 밀폐된 용기에 오일을 채우고 이곳에 압력을 가하면 이 용기의 내면에 직각으로 똑같은 압력이 작용한다.

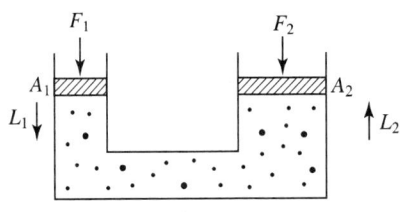 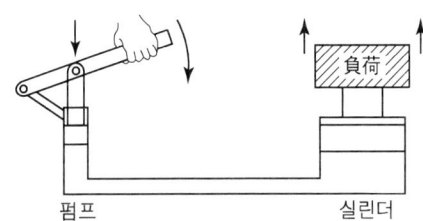

$$P_1 = P_2 : \frac{F_1}{A_1} = \frac{F_2}{A_2}$$

원통인 용기인 경우의 단면적 $A_1 = \dfrac{\pi d_1^2}{4}$, $A_2 = \dfrac{\pi d_2^2}{4}$

 ## 02 유압기기의 장·단점

장 점	단 점

① 파스칼의 원리가 적용되어 소형으로 대동력의 전달이 가능하다.
② 압력과 유량의 변화를 통해 출력의 크기와 속도를 무단으로 간단히 제어할 수 있다.
③ 전기적인 신호를 주어 자동제어, 원격제어가 가능하다.
④ 여러 가지 움직임을 동시에 일어나게 하거나 연속운동이 가능하다.
⑤ 과부하 안전장치가 간단하다. 안전장치로는 다음과 같은 장치가 있다.
   ㉠ 축압기(어큐머레이터, Accumulator) : 충격압력흡수
   ㉡ 안전밸브(릴리프밸브, Relief valve) : 회로내의 최고압력을 제한하는 밸브
⑥ 가동시의 관성이 작아 가동, 정지를 빠르게 할 수 있다.
⑦ 기계동력을 유체동력으로 축척이 가능하다(축압기＝어큐머레이터＝Accumulator).
⑧ 비압축성유체를 이용함으로 응답속도가 빠르다.
	① 유온의 변화에 따른 기름의 점도의 변화로 정확한 제어가 힘이 든다.
	② 유온이 상승하거나, 장치의 이음매의 불량에 의한 작동유가 누설되기 쉽다.
	③ 유압에너지를 변환하기 위해서 상당한 설비장치가 필요하다.
	④ 소음, 진동이 발생하기 쉽다.
	⑤ 기름속에 공기나 먼지가 혼입되어 있으면 고장을 일으키기 쉽다.
	⑥ 속도를 너무 크게 하면 공동화현상(cavitation)이 발생되기 때문에 작동속도에 제한이 있다.

 ## 03 유압기기의 분류

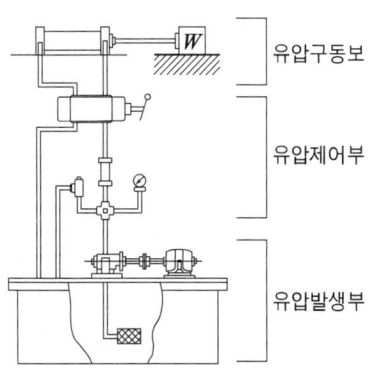
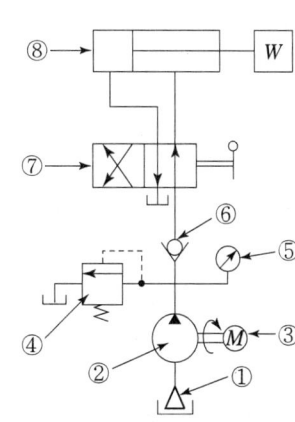

① 오일여과기　② 유압펌프　③ 전기모터　④ 릴리프밸브
⑤ 압력계　⑥ 체크밸브　⑦ 방향제어밸브　⑧ 실린더

[유압기기의 4대 요소] 유압탱크, 유압펌프, 유압밸브, 유압 작동기(액츄에이터)

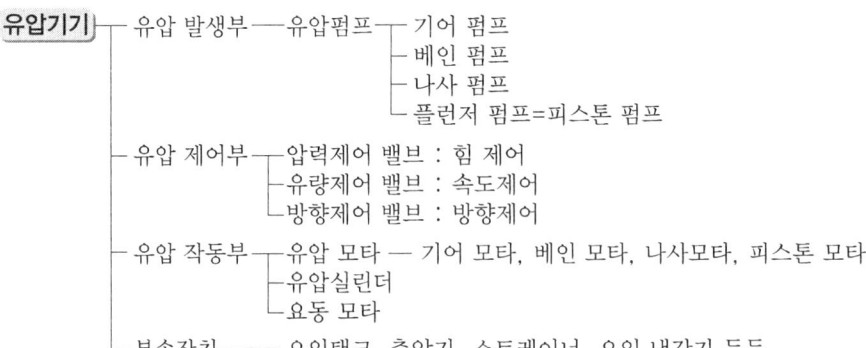

04 작동유의 구비조건 및 영향

작동유의 구비조건
① 체적탄성계수가 큰 작동유 일 것=비압축성유체일 것
② 점도지수(VI)가 높을 것=온도변화에 따라 점도변화가 작을 것
③ 비열이 클 것=열을 가해도 작동유의 온도변화가 적을 것
④ 내열성이 클 것
⑤ 끓는점이 높을 것=비점(沸點)이 높을 것=비등점(沸騰點)이 높을 것
⑥ 빙점(氷點)=어는점이 작을 것
⑦ 유동점(流動點)=pour point)이 낮을 것
⑧ 불이 붙는 온도가 높을 것=인화점과 발화점이 높을 것
⑨ 비중이 낮을 것=가벼워야 될 것
⑩ 유체 및 증기의 상태에서 독성이 적을 것
⑪ 소포성이 좋을 것=기포가 발생했을 때 빨리 액면위로 올리는 성질이 좋을 것
⑫ 유압장치용으로 쓰이는 재료[금속, 페인트, 플라스틱, 엘라스토머(elastomer)]에 대하여 불활성일 것=화학적으로 안정적일 것
⑬ 방청(防錆)성이 우수할 것 : 유압유에 섞인 수분에 의하여 금속표면에 녹이 생기는 것을 방지하는 성질이 우수 할 것, 즉 작동유에 의해 금속이 녹이 발생이 되지 않을 것
⑭ 방식(防蝕)성이 우수할 것 : 작동유가 금속과 접촉하여 화학작용에 의하여 침식되지 않도록 방지하는 일=즉 작동유 자체가 금속과 반응하여 변화지 않을 것
⑮ 열팽창계수가 작을 것=온도의 변화에 따른 체적의 변화가 적을 것
⑯ 열전달율이 높을 것=유온이 상승하였을 때 외부로 열을 잘 방출할 것

⑰ 흡습성이 없고, 물과의 상호 용해성이 매우 작을 것
⑱ 적어도 10[%]의 희석에 대해서까지 현재의 작동유와 적합성이 있을 것
⑲ 냄새가 없을 것
⑳ 값이 싸고 이용도가 높을 것
㉑ 오염에 강하고 수명이 길 것, 열, 물, 산화 및 전단에 대한 안정성이 클 것
㉒ 공기의 흡수도가 적을 것
㉓ 증기압이 낮을 것 = 낮은 압력에서도 기포가 발생이 되지 않을 것

점도가 너무 높을 경우의 영향 = 농도가 진하다	점도가 너무 낮을 경우의 영향 = 농도가 묽다
① 동력손실 증가로 기계 효율의 저하	① 내부 오일 누설의 증대
② 소음이나 공동현상 발생	② 압력유지의 곤란
③ 유동저항의 증가로 인한 압력손실의 증대	③ 유압펌프, 모터 등의 용적효율 저하
④ 내부마찰의 증대에 의한 온도의 상승	④ 기기 마모의 증대
⑤ 유압기기 작동의 불활발	⑤ 압력 발생 저하로 정확한 작동불가

작동유 첨가제

산화방지제	① 기름 속에서 산의 생성을 억제함, 금속의 표면에 방식 피막을 형성 ② 산화물질이 직접 금속에 접촉하는 것을 방지 ③ 금속이 유압유의 산화 촉진 촉매로서 작용하는 것을 방지 ④ 첨가제로는 유황화합물, 인산화합물, 아민 및 페놀 화합물 등이 있다. ⑤ 유압유산화 → 점도증가 → 부식성의 산화생성물 → 불용성의 슬러지 석출
방청제	① 금속 표면에 잘 퍼지고 물이나 산소의 금속과 접촉을 차단 ② 금속 표면에 수분이 있더라도 밀어내어 금속면을 덮는 능력 ③ 녹의 발생을 방지 ④ 금속면에 대하여 흡착성이 강한 유기산 에스테르, 지방산염, 유기인화합물
점도지수 향상제	① 점도지수를 높이는 것이다. ② 본질적으로 기름의 성질을 변화시키는 것이 아니다. ③ 방향족 성분을 제거함으로써 점도지수를 꾀한다.
소포제	① 거품을 빨리 유면에 부상시켜서 거품을 없애는 작용 ② 공기와 기름의 경계면을 불안정한 평형이 되게 하여 거품을 없애는 역할 ③ 실리콘유 또는 실리콘의 유기화합물
유성 향상제	① 금속의 고체 마찰을 방지 ② 시저(눌러 붙음)를 방지 ③ 물리적 작용하는 것과 화학적 작용하는 두 종류 ┌ 물리적 작용 – 경계 마찰 면에 극성 분자가 배열하여 강인한 흡착막을 만들며 금속끼리 마찰을 방지한다. 마찰계수를 저하 시키는 에스테르류의 극성 화합물 └ 화학적 작용 – 마찰면의 금속과 화학적으로 반응하여 화합물의 피막 만듦, 금속의 직접 접촉을 막는 융착 방지제이다. 이오우, 염소, 인 등의 유기 화합물
유동점 강하제	유압유 중에서 포함된 석납분이 저온이 되면 결정을 형성하여 유동을 방해한다. 이 결정의 성장을 방지해 준다.

05 펌프의 특징

❶ 기어펌프

[장점] ① 구조가 간단하여 소형, 경량으로 가격이 저렴하다.
② 가혹한 운전 상태(분진에 의한 기름의 오염, 유온의 상승, 과부하)에 대해서도 견딜 수 있어, 특히 건설 기계, 산업 차량, 농업 기계 등에서의 유압 구동에 적합하다.
③ 고속회전하여 흡입능력이 크다.

[단점] ① 고속회전에 의해 흡입구에 캐비테이션이 발생이 쉽다.
② 기어의 물림에 의해 토출될 때 맥동이 발생한다.
③ 기어의 맞물림부분에 폐입현상이 발생 충격압이 발생된다.

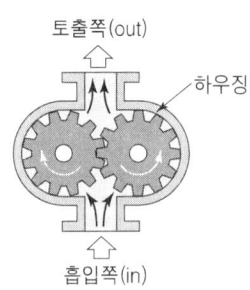
[기어펌프]

❷ 베인펌프

[장점] ① 송출압력의 맥동이 적다.
② 깃의 마모에 의한 압력 저하가 일어나지 않는다.
③ 펌프의 유동력에 비하여 형상치수가 적다.
④ 고장이 적고 보수가 용이하다.
⑤ 소음이 적다.
⑥ 기동토크가 작다.
⑦ 가변용량이 가능하다.

[단점] ① 공작정도가 요구된다.
② 유압유의 점도에 제한이 있다.
③ 기름의 보수에 주의가 필요하다.
④ 베인수명이 짧다.
⑤ 기름의 보수에 주의가 필요하다.

[베인펌프]

❸ 회전피스톤펌프 = 플랜지펌프

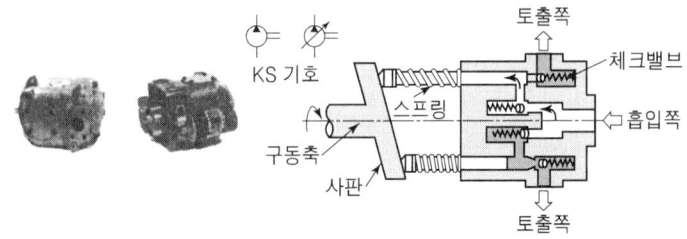

[장점] ① 펌프 중 전체 효율이 가장 좋다.
② 수명이 길다.
③ 가변용량이 가능하다.

④ 대용량이며 송출압이 210[kg/cm²] 이상으로 고압용에 사용된다.
⑤ 피스톤의 왕복 운동으로 펌프 작용을 한다.

[단점] ① 소음이 다른 펌프보다 크다.
② 구조가 복잡하다.

❹ 나사펌프

[장점] ① 대유량(대용량)을 연속적으로 보낼 수 있다.
② 송출유가 연속 이송이 되어 진동이나 소음을 동반하지 않고 고속운동에서도 매우 조용하다.
③ 나사가 맞물려 회전하면 유체를 폐입한 부분이 축방향으로 이동하면서 연속적으로 펌핑작용을 한다.
④ 점도가 낮은 작동유에도 사용할 수 있다.
⑤ 운전이 조용하며 고속회전이 가능하다.
⑥ 맥동이 없는 일정량의 기름을 토출한다.

[단점] 축방향으로 하중이 걸리므로 설계시 추력을 고려해야 한다.

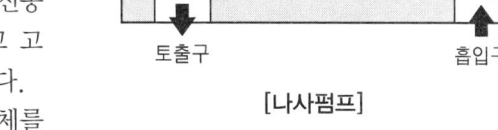

[나사펌프]

06 펌프의 토출량 산출식

❶ **펌프축동력** = 축동력(Shaft power)(L_s) : 전기모터동력 또는 전동기의 동력

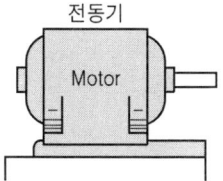

$$L_s = \frac{T \times w}{75}[\text{PS}],\ L_s = \frac{T \times w}{102}[\text{kW}]$$

여기서, T : 구동토크[kgf·m]
w : 각속도 $w = \dfrac{2\pi N}{60}$
N : 분당회전수[rpm]

$$L_s = \frac{T \times w}{1000}[\text{kW}]$$

여기서, T : 구동토크 T[Nm] = [J]
w : 각속도 $w = \dfrac{2\pi N}{60}$
N : 분당회전수[rpm]

❷ **구동 토크**(T) = 전기모터의 토크 = 전동기의 토크

$$T = \frac{P \cdot q}{2 \cdot \pi}[\text{kgf} \cdot \text{m}]$$

여기서, P : 압력[kgf/m^2]
q : 비유량 $q = \dfrac{Q}{N}\left[\dfrac{\text{m}^3}{\text{rev}}\right]$
Q : 유량[m^3/s]
N : 분당회전수[rpm]

$$T = \frac{P \cdot q}{2 \cdot \pi}[\text{N} \cdot \text{m}] = \frac{P \cdot q}{2 \cdot \pi}[\text{J}]$$

여기서, P : 압력[N/m^2] = [Pa]
q : 비유량 $q = \dfrac{Q}{N}\left[\dfrac{\text{m}^3}{\text{rev}}\right]$
Q : 유량[m^3/s]
N : 분당회전수[rpm]

❸ **유체동력**(Oil power) = 유동력(L_o)

$$L_o = \frac{PQ}{75}[\text{PS}], \quad L_o = \frac{PQ}{102}[\text{PS}]$$

여기서, P : 압력[kgf/m^2]
Q : 유량[m^3/s]
$1\text{PS} = 75\left[\dfrac{\text{kgf} \cdot \text{m}}{\text{s}}\right]$
$1[\text{kW}] = 102\left[\dfrac{\text{kgf} \cdot \text{m}}{\text{s}}\right]$

$$L_o = \frac{PQ}{1000}[\text{kW}]$$

여기서, P : 압력[N/m^2] = [Pa]
Q : 유량[m^3/s]

❹ **펌프이론동력**(L_{th}) = 이론동력

펌프내부의 누설손실이 아주 없을 때의 동력

$$L_{th} = \frac{P_o Q_o}{75}[\text{PS}], \quad L_o = \frac{P_o Q_o}{102}[\text{kW}]$$

여기서, Q_o : 이론송출유량[m^3/s]
P_o : 펌프에 손실이 없을 때의 토출압력[kgf/m^2]

$$L_{th} = \frac{P_o Q_o}{1000}[\text{kW}]$$

여기서, Q_o : 이론송출유량[m^3/s]
P_o : 펌프에 손실이 없을 때의 토출압력[N/m^2] = [Pa]

❺ **펌프동력**(L_P)

실제로 펌프에서 기름에 전달되는 동력

$$L_P = \frac{PQ_a}{75}[\text{Ps}] = \frac{PQ_a}{102}[\text{kW}]$$

여기서, P : 실제 송출 압력[kgf/m^2]
Q_a : 실제 송출 유량[m^3/s]

$$L_P = \frac{PQ_a}{1000}[\text{kW}]$$

여기서, P : 실제 송출 압력[N/m^2] = [Pa]
Q_a : 실제 송출 유량[m^3/s]

❻ **체적 효율**(Volumetric efficiency)
　유압펌프로 유입되는 이론적 유량과 펌프로부터 송출되는 실제유량의 비를 말한다.
$$\eta_v = \frac{Q_a(\text{실제송출유량})}{Q_{th}(\text{이론유입유량})}$$

❼ **기계 효율**(Mechanical efficiency)
　축동력과 이론동력의 비이다.
$$\eta_m = \frac{L_{th}(\text{펌프이론동력})}{L_s(\text{축동력})}$$

❽ **전 효율**(Total efficiency) η_P = 펌프효율
　유압펌프가 축을 통하여 받은 축동력과 유압유에 준 유동력의 비이다.
$$\eta_P = \frac{L_P(\text{펌프동력})}{L_s(\text{축동력})} = \eta_v \times \eta_m$$

❾ **동력과 효율의 관계**
$$(\text{축동력})\ L_s = \frac{L_P(\text{펌프동력})}{\eta_P(\text{펌프효율})} = \frac{L_P(\text{펌프동력})}{\eta_v(\text{체적효율}) \times \eta_m(\text{기계효율})}$$

$$(\text{펌프동력})\ L_P = \frac{PQ_a}{75}[\text{Ps}] = \frac{PQ_a}{102}[\text{kW}]$$

여기서, P : 실제 송출 압력[kgf/m^2]
　　　　Q_a : 실제 송출 유량[m^3/s]

$$(\text{펌프동력})\ L_P = \frac{PQ_a}{1000}[\text{kW}]$$

여기서, P : 실제 송출 압력[N/m^2] = [Pa]
　　　　Q_a : 실제 송출 유량[m^3/s]

07 축압기

❶ 축압기의 용도
① 충격압력흡수 및 유압펌프의 공회전시 유압 에너지의 저장한다.
② 회로내의 부족한 압력을 대신 할 수 있어 2차 회로의 보상을 할 수 있다.
③ 회로내의 부족한 압력을 보충할 수 있어 사이클시간을 단축할 수 있다.
④ 펌프의 맥동을 흡수할 수 있다.(노이즈 댐퍼)
⑤ 충력압력(서지압력=surge pressure)을 흡수할 수 있다.
⑥ 펌프의 전원이 차단되었을 때 펌프의 역할을 하여 작동유의 수송을 할 수 있다.
⑦ 고장, 정전 등의 긴급 유압원으로 사용할 수 있다.

❷ 축압기의 용량

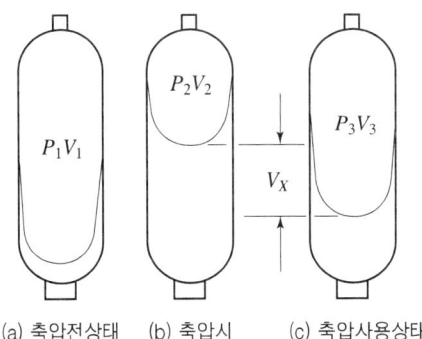
(a) 축압전상태   (b) 축압시   (c) 축압사용상태
[축압기의 기체의 압축과 팽창]

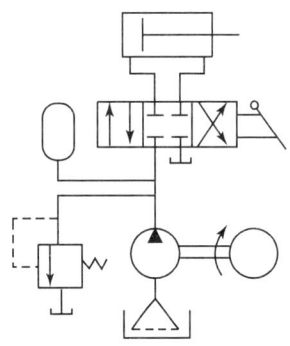
[축압기에 의한 충격 흡수회로]

등온변화인 경우 : $V_1 = \dfrac{V_x \left(\dfrac{P_3}{P_1}\right)}{1 - \left(\dfrac{P_3}{P_2}\right)}$ 단열변화인 경우 : $V_1 = \dfrac{V_x \left(\dfrac{P_3}{P_1}\right)^{1/n}}{1 - \left(\dfrac{P_3}{P_2}\right)^{1/n}}$

여기서, V_1 : 최초의 봉입된 기체의 체적[cm³]=축압기의 용량 ★★
V_2 : 유압회로의 최고압력이 작용했을 때 압축된 기체의 체적[cm³]
V_3 : 회로의 최저압력일때 팽창된 기체의 체적[cm³]
V_x : 축압기로부터 유출된 유량[cm³] $V_x = V_3 - V_2$
P_1 : 최초의 봉입된 기체의 절대압력[kgf/cm²] $P_1 \leq P_3$, 최초 압력
P_2 : 기체 V_2일 때 기체의 절대압력[kgf/cm²] 시스템압력과 같다. 최고 압력
P_3 : 기체 V_3일 때 기체의 절대압력[kgf/cm²], 최저 압력

08 유압제어밸브

❶ 압력제어밸브 : 힘을 제어

형식	명칭	기능	기호
상시폐형 (평상시 닫혀 있는 밸브)	릴리프밸브 (relief valve) 안전밸브 (safety valve)	유압회로 내의 최고 압력을 제어하는 밸브로 릴리프밸브의 설정압력보다 유압회로의 압력이 높으면 릴리프밸브가 열려 탱크로 유량을 내보내어 회로 내의 최고 압력을 유지시켜 주는 밸브	
	시퀀스밸브 =순차밸브 (sequence valve)	둘 이상의 분기회로가 있는 회로내에서 그 작동순서를 회로의 압력 등에 의해 제어하는 밸브. 입구압력 또는 외부파일럿 압력이 소정의 값에 도달하면 입구측으로부터 출구측의 흐름을 허용하는 밸브	
	무부하밸브 (unloadin valve)	회로의 압력이 설정치에 달하면 펌프를 무부하로 하는 밸브	
	카운터밸런스밸브 (counterbalance valve)	부하의 낙하를 방지하기 위해 배압을 부여하는 밸브, 한 방향의 흐름에는 설정된 배압을 주고 반대방향의 흐름을 자유흐름으로 하는 밸브	
상시개형 (평상시 열려 있는 밸브)	감압밸브 (pressure reducing valve)	출구측압력을 입구측압력보다 낮은 설정압력으로 조정하는 밸브	

❷ 유량제어밸브

제어방법

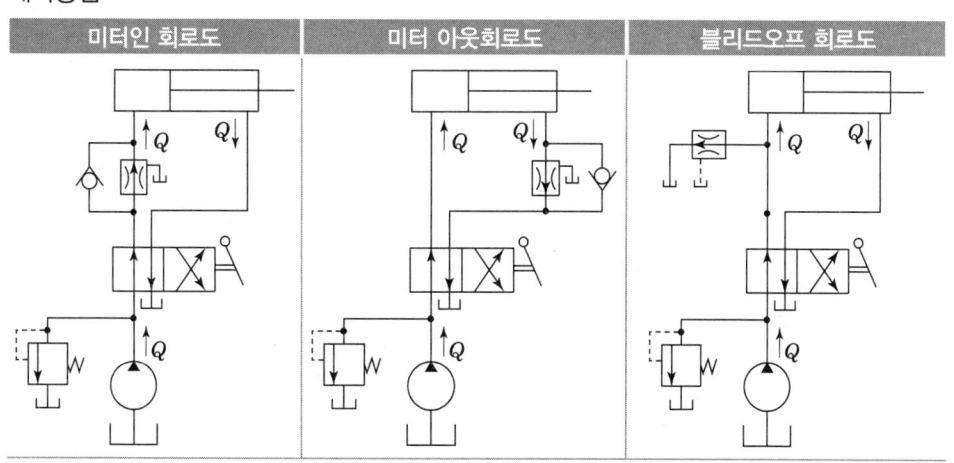

미터인 회로도	미터 아웃회로도	블리드오프 회로도
① 실린더 입구측에 유량 제어 밸브를 직렬로 부착하여 유량을 제어한다. ② 동작 중 부하가 항상 정부하일 때만 사용한다. ③ 연삭기의 테이블 이송에 사용된다. ④ 유압펌프로부터 항상 실린더에서 요구되는 유량 이상을 토출해야 하고 여분은 릴리프 밸브를 통하여 탱크로 귀환시킨다. ⑤ 동력손실을 줄이기 위해 릴리프 밸브의 설정압을 실린더의 요구 압력보다 유량제어 밸브의 교축 저항만큼 크게 설정한다.	① 귀환측 관로에 유량제어 밸브를 부착하여 탱크로 들어가는 유량을 제어하는 방법으로 실린더에는 항상 배압이 걸린다. ② 항상 실린더의 배압이 작용하고 있으므로 피스톤이 당겨지는 부하가 걸리는 회로에서는 실린더의 이탈을 방지하는 역할을 한다. ③ 드릴머신, 보링머신등의 공작기계용 회로에 사용한다.	① 실린더에 유입되는 유량을 제어하는 방법이다. ② 실린더와 병렬로 유량제어 밸브를 설치한 회로이다. ③ 유압 펌프로부터 토출유의 일부를 바이패스시켜 오일 탱크로 되돌리고 그 복귀유의 양을 제어 하는 밸브이다. ④ 여분의 기름을 릴리프 밸브를 통하지 않고 유량밸브를 통하여 흐르므로 동력손실이 다른 회로보다 적고 효율이 높다. ⑤ 실린더의 부하변동이 심한 경유에는 정확한 유량제어가 곤란하다. ⑥ 부하변동이 적은 브로치 머신, 연마기계 등에 사용된다.

유량제어밸브 ─┬─ 스로틀밸브(교축밸브)
　　　　　　├─ 유량조정밸브
　　　　　　├─ 분류 밸브
　　　　　　├─ 집류 밸브
　　　　　　└─ 스톱 밸브(정지 밸브)

❸ 방향제어밸브

① 체크밸브(Check Valve) = 역지(逆止) 밸브 = 한방향밸브

한방향밸브 또는 일방향 밸브라고도 하며, 한 방향의 흐름은 가능하지만 역 방향의 흐름은 저지하는 역할을 하는 밸브이다. 이 밸브의 구조는 포핏이나 볼이 스프링으로 시트에 밀착되어 있으며 밸브의 입구측에서 출구쪽으로 흐를 때는 스프링의 힘에 대항하여 포핏을 밀어서 흐르게 된다. 이때의 압력을 체크밸브의 크래킹 압력(cracking pressure)이라 한다. 체크밸브는 유압시스템의 관로의 일부분에 설치하여 시스템의 안정과 효율을 높이는데 주로 사용한다.

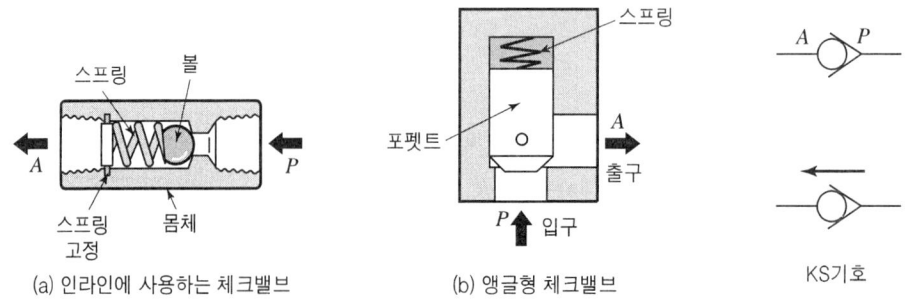

(a) 인라인에 사용하는 체크밸브　　(b) 앵글형 체크밸브　　KS기호

[역지 밸브]

② 셔틀 밸브(Shuttle Valve) = 양체크밸브(double check valve)
  ㉠ 고압 우선형 셔틀 밸브
    2개의 입구측 포트 중에서 저압측 포트를 막아서 항상 고압측의 유압유만을 통과시키는 밸브이다.

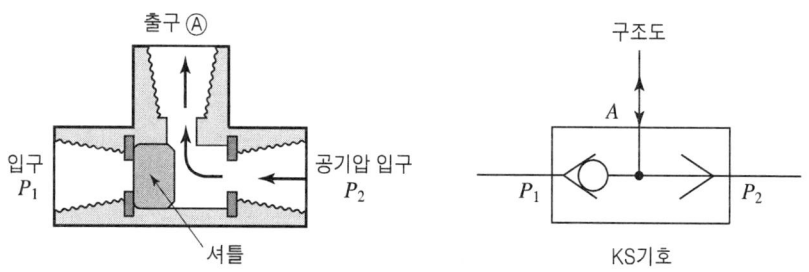

[고압우선형 셔틀밸브]

  ㉡ 저압 우선형 셔틀 밸브
    2개의 입구측 포트 중에서 고압측 포트를 막아서 항상 저압측의 유압유만을 통과시키는 밸브이다.

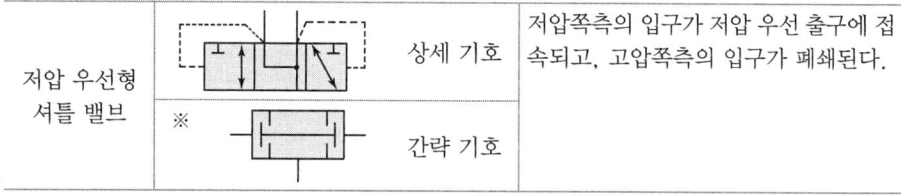

③ 감속 밸브(Deceleration Valve)
  유압 작동기의 운동위치에 따라 캠(cam) 조작으로 회로를 개폐시키는 밸브로서 작동기의 시동, 정지, 속도 변환시에 움직임을 감속 또는 가속하기 위해 유량제어 밸브와 함께 사용된다.

09 유압작동부

```
작동기 ─┬─ 유압실린더 ─┬─ 단동형 : 플런지식, 피스톤식
        │              ├─ 복동형 : 한쪽 로드식, 양쪽 로드식
        │              └─ 다단형
        ├─ 요동형 유압모터
        └─ 유압모터 ─┬─ 기어형
                     ├─ 베인형
                     └─ 회전 피스톤형 : 액셜형, 레이얼형
```

10 시험에 자주 출제되는 유압회로 기호

	고정형 유량조정밸브	
	가변형 유량조정밸브	
	체크밸브	
	파일럿 조작 체크밸브	
	셔틀밸브	
	급속배기밸브	
	고정조리개 붙이 체크밸브 = 체크밸브부 유량조정밸브	
인력 방식	인력를 이용한 작동방식	(인력방식의 작동방식의 기본회로)
	레버를 이용한 작동방식	
	누름단추 작동방식	
	패달을 이용한 작동	
기계 방식	누름봉 작동방식	(기계방식의 작동방식의 기본회로)
	스프링 작동방식	
	롤러를 이용한 작동방식	
	한쪽 작동롤러 방식	
	단일 코일형 전자방식	
	복수 코일형 전자방식	
	전자-유압제어 순차작동방식	

전자-공압제어 순차작동방식		
전자 또는 유압제어 작동방식		
전자 또는 공압제어 작동방식		
한방향 흐름의 정용량형 유압펌프		
양방향 흐름의 정용량형 유압펌프		
한방향 흐름의 가변용량형 유압펌프		
양방향 흐름의 가변용량형 유압펌프		
한방향 흐름의 정용량형 유압모터		
양방향 흐름의 정용량형 유압모터		
한방향 흐름의 가변용량형 유압모터		
양방향 흐름의 가변용량형 유압모터		

정용량형 유압펌프, 모터	펌프나 모터가 그 흐르는 방향이 같은 한 방향만의 흐름		가변용량형 유압펌프, 모터	
	펌프는 한 방향만의 흐름, 모터는 그 역방향만의 흐름의 경우			
	펌프나 모터가 모두 그 흐르는 방향이 양방향의 경우			

명칭		기호
요동형 모터		
관로의 접속		
휨관로(플렉시블관로)		
관로의 교차		
필터	배수기 없는 필터	
	배수기 있는 필터 (인력방식)	
	배수기 있는 필터 (자동방식)	
온도 조절기		
냉각기		
가열기		
소음기		
압력계		
온도계		
유량계		
압력스위치		
리밋스위치		
아날로그 변환기		
2포트 2위치전환밸브		

밸브 종류	기호
4포트 3위치 교축전환밸브	중앙위치 언더랩 / 중앙위치 오버랩
4포트 3위치 서보밸브	
4포트 3위치 전환밸브	
4포트 조리개 전환밸브	
바이패스형 유량조정밸브	상세기호 / 간략기호
직렬형 유량조정밸브	상세기호 / 간략기호
체크밸브 유량조정밸브	상세기호 / 간략기호
분류밸브	
집류밸브	
기계조작형 감압밸브	

일정비율감압밸브($\frac{1}{3}$)로 감압	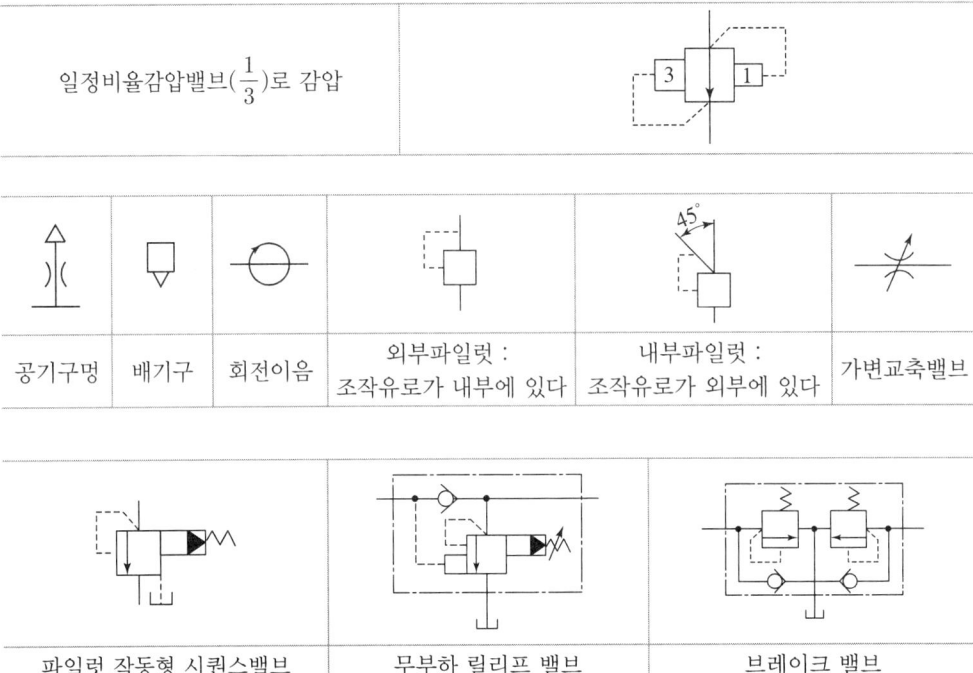

공기구멍	배기구	회전이음	외부파일럿 : 조작유로가 내부에 있다	내부파일럿 : 조작유로가 외부에 있다	가변교축밸브

파일럿 작동형 시퀀스밸브	무부하 릴리프 밸브	브레이크 밸브

제 6 편 기계제작법

```
기계제작법 ─┬─ 비절삭가공 ─┬─ 주조 ─┬─ ① 목형제작시 주의사항
           │              │       ├─ ② 주형제작시 주의사항
           │              │       └─ ③ 특수주조법 : 칠드주조법, 다이캐스팅, 원심주조법, 셸주조법,
           │              │                       인베스먼트법
           │              └─ 소성가공 ─┬─ ① 단조 ─┬─ 열간단조 : 해머단조, 프레스단조, 업셋단조
           │                          │         └─ 냉간단조 : 콜드헤딩, 코이닝, 스웨이징
           │                          ├─ ② 압연 ─┬─ 분괴압연 : 중간재를 만드는 압연
           │                          │         └─ 성형압연 : 제품을 만드는 압연
           │                          ├─ ③ 인발 ─ 봉재인발, 관재인발, 신선
           │                          ├─ ④ 압출 ─ 직접압출, 간접압출, 충격압출
           │                          ├─ ⑤ 전조 ─ 나사전조, 기어전조
           │                          └─ ⑥ 판금가공 ─┬─ 전단가공 : 블랭킹, 펀칭, 전단, 분단, 슬로팅, 노칭,
           │                                         │           트리밍, 셰이빙
           │                                         ├─ 굽힘가공 : 굽힘, 비딩, 컬링, 시밍
           │                                         ├─ 프레스가공 : 드로잉, 벌징, 스피닝
           │                                         └─ 압축가공 : 코닝, 엠보싱, 스웨이징
           └─ 절삭가공 ─┬─ 절삭공구 ─┬─ ① 고정공구 : 선반, 플레이너, 셰이퍼, 슬로터, 브로우칭
                       │   가공      └─ ② 회전공구 : 밀링, 드릴링, 보링, 호빙, 소잉
                       └─ 연삭공구 ─┬─ ① 고정입자 : 연삭, 호닝, 슈퍼피니싱, 버핑, 샌더링
                           가공      └─ ② 분말입자 : 래핑, 액체호닝, 배럴가공
```

 **01 주 조**

❶ **목형의 구조에 따른 분류**

① **현형**(solid pattern) : 원형으로 가장 기본적이고 일반적인 것으로 제작할 제품과 거의 같은 모양의 원형에 주조 재료의 수축 여유, 가공 여유, 코어 프린터 등을 고려하여 만든 원형을 현형이라 한다.

　㉠ **단체형**(one piece pattern) : 간단한 주물 (1개로 된 목형)
　㉡ **분할형**(split pattern) : 한쪽에 단이 있는 부품 (상형, 하형의 2개의 목형)

ⓒ 조립형(built-up pattern) : 아주 복잡한 주물 (3개 이상의 목형) – 상수도관용 밸브 분할형에서 상형, 하형을 연결하기 위해 맞춤 못(dowel joint)을 사용한다.

② 회전형(sweeping pattern) : 비교적 작고 제작 수량이 적은 벨트 풀리, 기어의 소재 등과 같은 회전체로 된 물체를 제작할 때 많이 사용한다(풀리, 회전체).

③ 고르게(긁기)형(strickle pattern) : 소정의 단면의 형상과 같은 안내판으로 모래를 긁어서 주형을 만드는 방법이다(밴드 파이프 : bend pipe : 곡관).

④ 골격형(skeleton pattern) : 제작 개수가 적은 대형 파이프, 대형 주물의 제작비를 절약하기 위해 골격만 목재로 만들고, 그 골격 사이를 점토 등으로 메꾸어 현형을 만드는 방법이다(대형 파이프, 대형 주물).

⑤ 부분형(section pattern) : 목형이 대형이고 같은 모양의 부분이 연속하여 전체를 구성하고 있을 경우, 그 한 부분의 목형을 만들고 이 목형을 이동하면서 주형 전체를 만들 수 있는 목형이다(큰기어, 프로펠러).

⑥ 코어형(core pattern) : 코어제작을 위한 목형, 중공 부분을 만들어 주는 것이므로 코어 프린터를 적당한 길이로 만들어 주어야 한다.

⑦ 매치 플레이트(match plate) : 소형 제품을 대량으로 생산하고자 할 때 유용하며 목형의 한 면을 조형기 테이블에 고정시키는 것을 말한다.

⑧ 잔형 : 복잡한 부분의 일부분을 따로 만든 모형을 잔형이라 한다.

❷ 모형 제작시 고려 사항

① 수축 여유(shrinkage allowance) : 용융 금속을 주형(mold) 안에서 응고 또는 냉각되면서 그 부피가 줄어드는데 이를 수축이라 한다. 이 수축을 고려하여 필요한 치수보다 수축량을 고려하여 모형의 치수를 결정하여야 한다.
  → 수축 여유가 가장 작은 재료는 "주철"이라는 것을 알 수 있다.
  → 수축 여유를 고려하여 만든 자를 주물자라 한다. 주철이 쇳물 상태에서는 부피가 크고 응고 되면서 부피가 작아지기 때문에 처음에 목형을 크게 만들어야 된다.

② 가공 여유(machining allowance) : 주조 후 기계 가공을 요하는 부분은 가공에 필요한 치수만큼 크게 도면에 기입하여 목형을 만드는데 이 양을 가공 여유라 한다. 가공 여유를 붙일 경우 제품의 다듬질 정도를 항상 염두에 두어야 한다.

③ 목형구배(taper) : 모래주형(sand mold)에서 목형(원형)을 뽑아 낼 때 주형이 파손되지 않도록 목형의 측면을 경사지게 하는 것으로 목형의 모양에 따라 다르나 1m당 6~10mm정도의 구배를 둔다.

④ 코어 프린트(core print)=부목 : 코어(core)의 위치를 정하거나, 주형에 쇳물을 부었을 때 쇳물의 부력에 코어가 움직이지 않도록 하거나 또는 쇳물을 주입했을 때 코어에서 발생되는 가스를 배출시키기 위해서 코어에 코어 프린트를 붙인다.

⑤ 라운딩(rounding) : 응고할 때 직각인 부분에 결정 조직의 경계가 생겨 부서지기 쉬운데 이를 방해하기 위해 모서리 부분을 둥글게 만들어 주는 것을 말한다.

⑥ 덧붙임(stop off) : 주물의 두께가 균일하지 못하고 복잡한 주물은 냉각될 때 냉각 속도의 차이로 내부 응력에 의해 변형 또는 파손되기 쉬운데 이것을 방지할 목적으로 덧붙임하여 목형을 만들고 이것으로 주형을 만들어 주조한다. 주조 후 잘라 버린다.

❸ 주형 제작 시 주의 사항

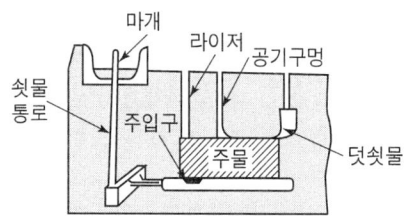 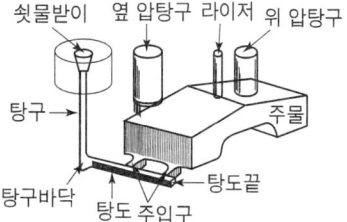

① **습도**(moisture) : 주형의 종류와 재질에 따라 일정 양의 수분이 필요한데 수분이 많으면 주물에 기포가 생기기 쉽고, 적으면 조형하기가 곤란하며 강도 등이 떨어지게 된다.
② **다지기**(ramming) : 주물사를 너무 다지게 되면 통기성이 나빠지고 약하게 다지면 성형성이 감소되어 쇳물 압력에 주형이 파손되기 쉽다.
③ **공기 뽑기**(venting) : 주조 시 발생하는 수증기, 가스등을 뽑아내기 위해 통기성이 좋은 새 모래를 사용하며 송곳으로 가스 배출구를 만들고 주물사에 짚, 톱밥 등을 넣어 통기성을 좋게 한다.
④ **탕구계**(gating system) : Dross(slag : 먼지)가 없는 쇳물을 주형에 주입하기 위한 목적으로 4부분으로 구성된다.
　㉠ 쇳물받이＝탕류(pouring cup)　　㉡ 탕구(sprue)
　㉢ 탕도(runner)　　　　　　　　　㉣ 주입구(gate)
⑤ **압탕구＝덧쇳물**(feeder) : 주형 내에서 쇳물이 응고될 때 수축으로 쇳물 부족 현상이 발생하는데 이 부족한 양을 보충해 주며, 수축공이 없는 치밀한 주물을 만들기 위한 것으로 덧쇳물의 위치를 주물이 두꺼운 부분이나 응고가 늦은 부분 위에 설치한다.
⑥ **라이저**(riser) : 주형 내의 가스, 공기, 증기 등을 배출시키고 주입쇳물이 주형 각 부분에 채워져 있는지를 확인 할 수 있도록 한다. 소형 주물에서는 압탕구와 라이저를 구별없이 같이 사용한다.
⑦ **플로오프**(flowoff) : 주형의 상형에 설치하며, 주형속의 가스빼기, 용탕속의 슬래그나 모래 알갱이 등의 혼압물을 주형 밖으로 내보내는 역할을 한다. 또 플로오프는 주입할 때 용탕이 주형공간에 다 채워졌는지를 확인하는 역할도 한다.
⑧ **냉각판**(chilled plate) : 두께가 같지 않는 주물에서 전체를 같게 냉각시키기 위해 두께가 두꺼운 부분에 쓰는데 부분적으로 급랭시켜 견고한 조직을 얻을 목적으로도 사용된다. 가스 빼기를 생각해 주형의 측면이나 아래쪽에 붙인다.
⑨ **코어 받침대**(core chaplet) : 코어의 자중과 쇳물의 압력, 부력으로 코어가 주형내의 일정 위치에 있기 곤란 할 경우에 사용하는데, 코어의 양끝을 주형 내에 고정시키기 위해 받침대를 붙이는데 사용한다. 이 받침대는 쇳물에 녹아버리도록 주물과 같은 재질의 금속으로 만든다.
⑩ **중추** : 주형에 쇳물을 주입하면 주물의 압력으로 주형이 부력을 받아 윗 상자가 압상될 수 있는데 이를 방지하기 위해 중추를 올려놓는다. 중추의 무게는 보통 압상력의 3배 정도로 한다.

❹ **특수주조법**
① 칠드 주조(chilled casting : 냉경 주물)
   ㉠ 특징 : 주물을 제작할 때 일부에 금속을 대고 급랭시키면 이 부분은 다른 부분보다 조직이 백선화(白銑化)해서 단단한 탄화철이 되고 그 내부는 서서히 냉각되어 연한 주물이 된다. 이 방법을 칠드 주조라 하고, 이렇게 이루어진 주물을 칠드 주물이라 한다.
   ㉡ 제품 : 압연 롤러, 볼 밀(ball mill), 파쇄기(crusher)등
② 다이캐스팅(die casting)
   ㉠ 특징 : 정밀한 금형에 용융 금속을 고압, 고속으로 주입하여 주물을 얻는 방법이다.
   ㉡ 장점 : 정밀도가 높고 주물 표면이 깨끗하여 다듬질 공정을 줄일 수 있다. 조직이 치밀하여 강도가 크다. 얇은 주물이 가능하며 제품을 경량화 할 수 있다. 주조가 빠르기 때문에 대량 생산하여 단가를 줄일 수 있다.
   ㉢ 단점 : Die의 제작비가 많이 들므로 소량 생산에 부적당하다. Die의 내열강도 때문에 용융점이 낮은 아연, 알루미늄, 구리 등의 비철 금속에 국한된다.
   ㉣ 제품 : 자동차 부품, 전기 기계, 통신 기기 용품, 일용품, 기화기, 광학 기계 등
③ 원심 주조법(centrifugal casting)
   ㉠ 특징 : 회전하는 원통의 주형 안에 용융 금속을 넣고 회전시켜 원심력에 의해 중공 주물을 얻는 방법이다.
   ㉡ 장점 : 코어가 필요 없다. 질이 치밀하고 강도가 크다. 기포의 개입이 적다. gate, riser, feeder가 필요 없다.
   ㉢ 제품 : 파이프, 피스톤링, 실린더 라이너, 브레이크링, 차륜 등
④ 셀 주조법(shell moulding)
   ㉠ 원리 : 석탄산계 합성수지 분말을 혼합한 모래를 사용하여 5~6mm정도의 조개껍질 모양의 셀형의 주형을 만들어 이 형에 쇳물을 부어 주물을 만드는 방법이다.
   ㉡ 장단점 : 주형을 신속히 대량 생산할 수 있으며, 주물의 표면이 아름답고, 치수의 정밀도가 높으며, 복잡한 형상을 만들 수 있고, 기계 가공을 하지 않아도 사용할 수 있다. 숙련공이 필요 없으며 완전 기계화가 가능하다. 주형에 수분이 없으므로 pin hole 발생이 없다. 주형이 얇기 때문에 통기 불량에 의한 주물 결함이 없다.
   ㉢ 제품 : 자동차, 재봉틀, 계측기 등의 얇고 작은 부품의 주조
⑤ 인베스트먼트 주조법(investment casting)
   ㉠ 원리 : 주물과 동일한 모양을 왁스(wax), 파라핀(paraffin) 등으로 만들어 주형재에 매몰하고 가열로에서 가열하여 주형을 경화시킴과 동시에 모형재인 왁스나 파라핀을 녹여 주형을 완성하는 방법으로 "lost wax법", "정밀주조"라고도 한다.
   ㉡ 특징 : 치수의 정도와 표면의 평활도가 여러 정밀주조법 중에서 가장 우수하나 주형 제작비가 비싸다.

02 소성가공

❶ 소성 가공의 종류
① 단조 가공(forging) : 금속을 일정한 온도의 열과 압력을 가해 성형하는 작업
② 압연 가공(rolling) : 금속 소재를 고온 또는 상온에서 압연기(rolling mill)의 회전 롤러 (roller) 사이로 통과시켜 판재나 레일과 같은 모양의 재료를 성형하는 것
③ 인발 가공(drawing) : 선재나 파이프 등을 만들 경우 다이를 통하여 인발함으로써 필요한 치수, 형상으로 만들어 내는 가공
④ 압출 가공(extrusion) : 용기 모양의 공구 속에 빌릿(billet)이라고 불리는 소재 조각을 삽입하여 램에 의해서 가압하고 다이에 뚫은 구멍에서 재료를 압출하여 다이구멍의 단면 형상을 가진 긴 제품을 만드는 가공
⑤ 판금 가공(sheet metal working) : 금속판을 소성 변형시켜서 여러 가지 원하는 모양으로 만드는 가공
⑥ 전조 가공(rolling of rood) : 가공 방법은 압연과 유사하나 전조 공구(roller)를 사용하여 나사나 기어 등을 성형하는 가공

❷ 냉간가공, 열간가공의 비교
① 냉간 가공(상온 가공 : cold working)
  재결정 온도 이하에서 금속의 기계적 성질을 변화시키는 가공이다.
  ㉠ 가공면이 깨끗하고 정밀한 모양으로 가공된다.
  ㉡ 가공 경화로 강도는 증가되지만 연신율(연율)은 작아진다.
  ㉢ 가공 방향 섬유 조직이 생기고 판재 등은 방향에 따라 강도가 달라진다.
    • 가공 경화(work hardening) : 냉간 가공에 의해 경도, 강도가 증가하는 현상, 재료에 외력을 가하면 단단해지는 성질을 말한다.
    • 시효 경화(age hardening) : 어떤 종류의 금속이나 합금은 가공 경화한 직후부터 시간의 경과와 더불어 기계적 성질이 변화하나, 나중에는 일정한 값을 나타내는 현상이다.
② 열간 가공(고온 가공 : hot working)
  재결정 온도 이상에서 금속의 기계적 성질을 변화시키는 가공이다.
  ㉠ 한 번 가공으로 많은 변형을 줄 수 있다.
  ㉡ 가공 시간이 냉간 가공에 비하여 짧다.
  ㉢ 성형시키는 데 냉간 가공에 비하여 동력이 적게 든다.
  ㉣ 조직을 미세화 하는 데 효과가 있다.
  ㉤ 표면이 산화되어 변질이 잘 된다.
  ㉥ 냉간 가공에 비하여 균일성이 적다.
  ㉦ 치수에 변화가 많다.

❸ 단조 작업
① 단조종류

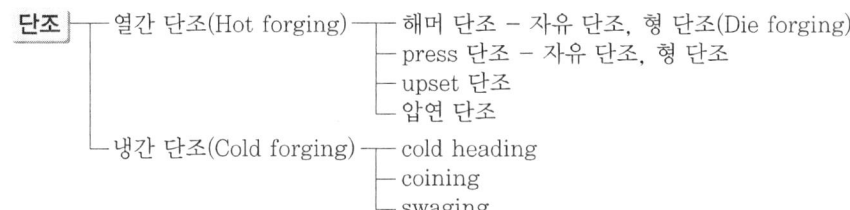

② 단조 구분
　㉠ 자유단조
- 늘이기(drawing) : 굵은 재료를 때려 단면을 좁히고, 길이를 늘이는 작업
- 굽히기(bending) : 재료의 바깥쪽은 늘어나고, 안쪽은 압축된다. 응력과 변형이 없는 중립면은 안쪽으로 이동한다. 얇아지는 것을 방지하기 위해 바깥쪽에 덧살을 붙인다.
- 눌러붙이기(up-setting) : 단면적을 크게 하여 길이를 줄이는 작업
- 단짓기(setting down) : 어느 선을 경계로 하여 한 쪽만 압력을 가하여 가늘게 하는 작업
- 구멍뚫기(punching) : 펀치를 때려 박아 구멍을 뚫는 작업
- Rotary swaging : 주축과 함께 다이(die)를 회전시켜서 다이에 타격을 가하는 작업
- 탭작업(tapping) : 탭을 이용하여 소재의 단면을 소정의 단면으로 가공하는 작업
- 절단(cutting off) : 절단용 정으로 주위를 때려 절단하는 작업

　㉡ 형 단조
- 특징 : 대량 생산에 적합하고, 제품을 빨리 만들 수 있다.
- 구비 조건 : 내마모성이 커야 한다. 내열성이 커야 한다. 수명이 길어야 한다. 가격이 저렴해야 한다. 강도가 커야 한다.

　㉢ 단접(smith welding)
접합할 재료의 접합 부분을 반용융 상태가 되기까지 가열하여 여기에 압력을 가해 접합하는 작업으로 맞대기 단접, 겹치기 단접, 쪼개어 물리기 단접이 있다.

❹ 압연의 종류
① 압연의 종류

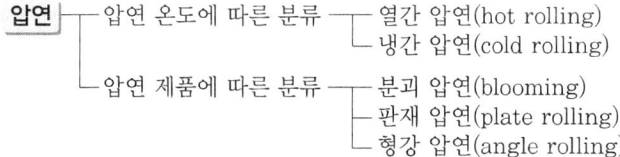

② 압하율을 증가하는 방법
　㉠ 압연재의 온도를 높인다.

ⓒ 지름이 큰 롤러 사용한다.
　　　ⓒ 롤러의 회전속도를 감소시킨다.
　　　ⓔ 압연재를 뒤에서 밀어준다.
　　　ⓜ 롤러 축에 평행인 홈을 롤러 표면에 만들어 준다.
　③ 중간재의 종류
　　　㉠ 블룸(bloom) : 단면이 정사각형, 크기 150×150~250×250 정도
　　　㉡ 빌릿(billet) : 단면이 직사각형, 크기 40×50~120×120 정도
　　　㉢ 슬랩(slab) : 단면이 직사각형, 두께 50~150, 너비 600~1500 정도
　　　㉣ 스트립(strip) : 코일 상태의 긴 판재, 두께 0.75~15, 너비 450 이하는 좁은 스트립, 너비 450 이상은 넓은 스트립
　　　㉤ 라운드(round) : 지름 200 이상의 환봉재

❺ 압출 가공

① **직접 압출(전방 압출)** : 램의 진행 방향과 압출재의 유동 방향이 같은 경우로 역시 압출보다 소비 동력이 크며 가공 하중은 1000~8000ton 정도이다.
② **역식 압출(후방 압출)** : 램의 진행 방향과 압출재의 유동 방향이 다른 경우로 컨테이너에 남아 있는 재료가 직접 압출에 비하여 적고, 압출 마찰이 적으나 제품 표면에 스케일(scale)이 부착하기 쉽다.

※ **스케일(scale)** : 때, 물 때, 주조 작업에서 쇳물에 생기는 기포, 가스 등의 혼합물

③ **충격 압출(impact extrusion)** : Zn, Pb, Sn, Al, Cu와 같은 연질 금속을 다이에 놓고 펀치에 충격을 가하여 치약 튜브, 약품용기, 건전지 케이스 등을 제작하는 방법이다.

❻ 인발 가공

① **봉재 인발** : 봉재 및 단면재로 드로잉하는 것이다.
② **관재 인발** : 다이를 통과하는 동안 파이프 내면에 소정 치수의 심봉(mandrel)을 삽입하여 제작한다.
③ **선재 인발** : 5mm 이하의 가는 선재의 인발
④ **디프 드로잉(deep drawing)** : 판재를 사용하여 각종 소총탄환, 탄피, 알루미늄, 주전자, 들통 등을 제작할 때 사용한다.

❼ 전조가공

① **나사 전조의 특징** : 소성 변형에 의해 조직이 양호하고, 인장강도가 증가되며, 피로한도가 상승되어 충격에 대해 강하게 된다. 또한 정밀도가 높아지고, 제품의 균등성이 좋으며 가공 시간이 짧으므로 대량 생산에 적합하다.
② **기어 전조의 특성** : 재료가 절약되고, 원가가 싸게 들며, 결정 조직이 치밀해진다. 또한 제작이 간단하고 빠르며, 연속적인 섬유 조직을 가진 강한 재질로 된다.

❽ 전단가공

① 블랭킹(blanking) : 펀치로 판재를 뽑기 하는 작업으로 뽑은 제품을 Blank라고 하며 남은 부분을 scrap이라 한다.
② 펀칭(punching) : 펀치로 판재를 뽑기 하였을 경우 뽑고 남은 부분(scrap)이 제품이 된다.
③ 전단(shearing) : 소재를 원하는 모양으로 잘라내는 것을 말한다.
④ 분단(parting) : 제품을 분리하는 과정을 말하며 2차 가공에 속한다.
⑤ 노칭(notching) : 소재의 한 쪽 끝에서 다른 쪽 끝까지 직선 또는 곡선 상으로 절단하는 것을 말한다.
⑥ 트리밍(trimming) : Punch와 die로써 drawing제품의 flange를 소요의 형상과 치수에 맞게 잘라내는 것을 말하며 2차 가공에 속한다.
⑦ 셰이빙(shaving) : 뽑거나 전단한 제품의 단면이 곱지 못할 경우 클리어런스가 작은 펀치와 다이로 매끈하게 가공하는 것을 말한다.
⑧ 브로칭(broaching) : 브로치에 의한 절삭 가공을 말한다.
※ 브로치 가공은 절삭공구에 의한 가공이며 가공형태는 전단가공 형태이다.

❾ 굽힘가공

① 굽힘가공의 종류
  ㉠ 비딩(beading) : 드로잉된 용기에 홈을 내는 가공으로 보강이나 장식이 목적이다.
  ㉡ 컬링(curling) : 용기의 가장자리를 둥글게 말아 붙이는 가공을 말한다.
  ㉢ 시밍(seaming) : 판과 판을 잇는 것을 말한다.

② 스프링 백(spring back)
  ㉠ 의미 : 굽힘 가공 시 굽히는 힘을 제거하면 판의 탄성에 의해 원상태로 되돌아가려는 현상
  ㉡ 스프링백의 양
    • 경도가 높을수록 크며, 같은 판재에서 구부림 반경이 같을 경우에는 두께가 얇을수록 커진다.
    • 같은 두께에서 구부림 반경이 클수록 크며, 같은 두께의 판재에서는 구부림 각도가 작을수록 크다.
  ※ 구부림 반경과 구부림 각도는 반비례 관계이다. 구부림 각도가 작을수록 굽힘반경은 커진다.
  최소 굽힘반경 – 바깥 면에 균열이 생기기 바로 직전의 굽힘반경

❿ 압축 가공

① 압인 가공(coining) : 소재면에 요철을 내는 가공으로 내면과는 무관하며 판두께의 변화에 의한 가공이다. 화폐, 메달(medal), 문자 등의 가공에 많이 사용한다.
② 엠보싱(embossing) : 요철이 있는 다이와 펀치로 판재를 눌러 판에 요철(凹凸)을 내는 가공으로 판의 두께에는 전혀 변화가 없다.
③ 스웨이징(swaging) : 재료의 두께를 감소시키는 작업으로 소재의 면적에 비하여 압입하는 공구의 접촉 면적이 작은 경우이다.

03 절삭이론

❶ 칩의 형태 및 원인

종 류	형 상	원 인	특 징
유동형칩 (Flow type chip)		연강, 구리, 알루미늄 같은 인성이 많은 재료 고속 절삭 시 • 윗면 경사각이 클 때 • 절삭 깊이가 작을 때 • 절삭 속도가 클 때 • 절삭량이 적고 절삭유를 사용할 때	칩의 두께가 일정하고 균일하게 생성되며 가공면이 깨끗함
전단형칩 (Shear type chip)		연성재료 저속 절삭 시 • 바이트의 경사각이 작을 때 • 절삭 깊이가 클 때	비연속적인 칩이 생성됨
열단형칩 = 경작형칩 (Tear type chip)		점성이 큰 가공물을 경사각이 매우 작을 때 • 절삭 깊이가 클 때	가공면이 거칠고 비연속 칩으로 가공 후 흠집이 생김
균열형칩 (Crack type chip)		주철과 같은 메진 가공재료를 저속으로 절삭할 때	날 끝에 치핑이 발생 공구수명이 단축 비연속적인 칩으로 가공면이 거침

❷ 구성인선(built up edge)

바이트 재료와 친화력이 강한 연강, 알루미늄(Al), 스테인리스강을 절삭할 경우 바이트날 끝에 피삭재의 미소한 입자가 압착 또는 용착되어 나타나는 것을 말한다.

① 구성인선의 발생 순서

발생 → 성장(→ 최대 성장) → 분열 → 탈락(→ 일부 잔류)의 과정을 1/100~1/300초 주기로 반복 한다.

② 원인
    ㉠ 바이트의 온도가 올라갈 경우
    ㉡ 윗면 경사각이 작을 경우(30° 이하)
    ㉢ 절삭 속도가 작을 경우(50m/sec 이하)
    ㉣ 절삭 깊이가 크고 이송 속도가 적을 경우
    ㉤ 경사면의 거칠기가 좋지 못한 경우

③ 방지책
　㉠ 절삭 깊이를 적게 한다.
　㉡ 경사각을 크게 한다(30° 이상).
　㉢ 공구의 인선을 예리하게 한다.
　㉣ 절삭 속도를 높인다(120m/min 이상).
　㉤ 칩과 바이트 사이의 윤활성이 좋은 절삭유제 사용한다.
④ 구성인선의 이용
　인성이 큰 재료는 구성인선이 일어나기 쉬운데 이 구성인선은 다듬질면이 불량하고 유해하므로 경사각을 크게 해줌으로서 절삭 저항을 감소시키고 공구의 수명을 연장시켜 주는 장점이 있다. 이러한 장점을 이용한 것이 Silver White Cutting Method(실버 화이트 커팅법)이 있다. 이때 사용되는 바이트가 SWC바이트이다.

❸ 절삭 이론 계산식

$$\text{절삭속도} \quad V = \frac{\pi \cdot d \cdot N}{1000} [\text{m/min}]$$

여기서, d : 공작물의 지름(mm), N : 공작물의 회전수(rpm)

$$\text{절삭동력} \quad HP = \frac{P_1 V}{60 \times 75 \eta} [\text{PS}]$$
$$KW = \frac{P_1 V}{60 \times 102 \eta} (\text{kW})$$

여기서, P_1 : 주분력(kg), η : 기계효율, V : 회전 속도(m/min)

$$\text{절삭동력} \quad KW = \frac{P_1 V}{60 \times 1000 \eta} (\text{kW})$$

여기서, P_1 : 주분력(kg), η : 기계효율, V : 회전 속도(m/min)

$$\text{테일러의 공구수명공식} \quad VT^n = C$$

여기서, V : 회전 속도(m/min), T : 공구 수명(min)
　　　　C : 공구, 공작물, 절삭 조건에 따른 상수
　　　　n : 공구와 공작물에 따른 상수 – 고속도강(0.1), 초경합금공구(0.125~0.25), 세라믹(0.4~0.55)

❹ 공구 수명 판별방법

① 가공표면에 광택이 있는 무늬가 발생될 때(반점, 변색, 광휘대, 등…)
② 절삭공구 날 끝의 마모가 일정량에 도달 하였을 때=날 끝이 많이 마모 되었을 때
③ 가공 완료된 제품의 치수의 변화가 일정량에 도달 하였을 때

※ 주의 : 가공 완성된 치수의 변화가 일정량이상 되면 공구수명이 오래 된 것이다.
　　　　가공 완성된 치수의 변화가 일정량이하 되면 공구수명은 아직 남았다.

④ 주분력은 변화가 없어도, 배분력, 이송분력이 급격히 증가할 때

❺ 절삭 공구의 종류

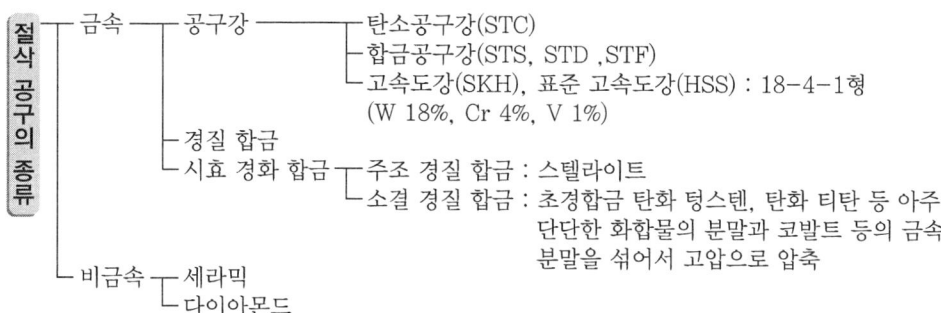

 04 선반작업

❶ 선반작업의 종류

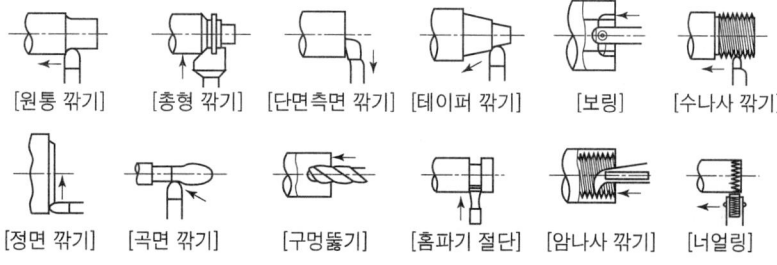

❷ 선반의 종류
① 보통 선반(engine lathe)
　가장 일반적으로 사용하는 것으로 단차식과 기어식이 있으며 다소 소량 생산과 수리에 사용하고, 슬라이딩(Sliding), 단면절삭(Surfacing), 나사 깎기(Screw cutting)를 할 수 있어 '3S선반' 이라고 한다.
② 탁상 선반(bench lathe)
　작업대에 설치하여 사용하는 소형 선반으로 계기, 시계 등의 부품과 같은 것을 절삭하는 데 사용한다.

③ 정면 선반(face lathe)
   길이가 짧고 지름이 큰 공작물을 절삭하는 데 사용하며, 배드가 짧고, 스윙이 큰 것을 말한다.

④ 수직 선반(vertical lathe)
   주축이 수직으로 되어 있으며 테이블이 수평으로 움직인다. 중량이 큰 대형 공작물이나 직경이 크고 폭이 좁으며, 불균형한 공작물 및 내면 절삭 등의 가공에 적합하다.

⑤ 공구 선반(tool room lathe)
   작은 공구 게이지나 정밀기계 부품을 가공하는데 사용하는 선반으로 보통 선반과 같으나 테이퍼 깎기 장치, 밀링커터의 여유각을 깎는 릴리빙, 밀링커터의 여유 깎기 장치가 붙어있다.

⑥ 모방 선반(copying lathe)
   자동 모방 장치를 사용하며 특수한 형상을 한 공작물을 선삭하기 위해 실물 또는 실물과 같은 형판을 설치하고, 바이트가 형판을 따라 움직이게 하여 절삭 가공하는 선반으로 유압식, 전기식, 전기 유압식이 있다.

⑦ 터릿 선반(turret lathe)
   보통 선반의 심압대 대신 회전 공구대를 설치한 선반으로 대량 생산용의 선반으로 많은 공구를 가공 순으로 터릿 공구대에 장치하여 차례로 공구대를 돌려서 가공하여 공구대가 한 바퀴 돌면 가공이 끝나게 된다. 터릿 모양에 따라 육각형, 드림형으로 분류한다.

⑧ 자동 선반(automatic lathe)
   선반의 주작을 캠이나 유압기구를 이용하여 핀, 볼트, 시계, 자동차 등의 부품가공을 자동화한 대량 생산용 선반이다. 작업공정을 일단 정해 놓으면 부품이 자동적으로 가공되기 때문에 한사람이 여러 대의 선반을 조작 할 수 있어 능율적이며 인건비를 절감 할 수 있다. 여러 대의 자동 선반을 조작할 수 있다.

⑨ CNC(Computerized Numerical Contril)선반
   CNC 선반은 컴퓨터에 입력된 작업 프로그램의 지령에 따라 자동으로 가공조건, 가공순서가 제어되는 선반으로서 다종 소량 제품을 생산 하는데 적합하다.

❸ 선반의 테이퍼 작업
① 복식 공구대를 선회 시키는 방법
② 심압대 편위에 의한 방법
③ 테이퍼 절삭장치를 이용하는 방법
④ 총형 바이트를 이용하는 방법

복식 공구대 선회각 $\dfrac{\theta}{2} = \propto = \tan^{-1}\dfrac{(D-d)}{2l}$

삼입대의 편위량 $e = \dfrac{(D-d)L}{2l}$

여기서, L : 공작물의 전체 길이(mm), D : 큰지름(mm), d : 작은 지름(mm)
       l : 테이퍼 길이(mm)

❹ 선반의 절삭시간

① 절삭 속도

절삭 속도가 클수록 표면 거칠기는 좋아지나 속도의 증가와 더불어 절삭 온도가 상승하고 바이트 수명이 급격히 저하한다.

$$v = \frac{\pi d N}{1000} \, [\text{m/min}]$$

여기서, d : 공작물의 지름(mm), N : 주축의 회전수(rpm)

※ **백기어**(back gear) : 단차식 주축대에서 저속 강력 절삭을 하거나 주축의 변환 속도의 폭을 넓히기 위해 설치하는 기어이다.

② 절삭 시간

$$v = \frac{\pi d N}{1000} \, [\text{m/min}]$$

여기서, d : 공작물의 지름(mm), N : 주축의 회전수(rpm)

05 드릴작업

가공종류	의미	단축기호
드릴링(drilling)	구멍을 뚫는 작업	D
보링(boring)	뚫은 구멍이나 주조한 구멍을 넓히는 작업	B
리밍(reaming)	뚫린 구멍을 정밀하게 다듬는 작업	FR
태핑(tapping)	탭을 사용하여 암나사를 가공하는 작업	
스폿페이싱(spot facing)	볼트가 앉을 자리를 만드는 작업	
카운터 보링(counter boring)	볼트 머리가 묻히게 깊은 자리를 파는 작업	DCB
카운터 싱킹(counter sinking)	접시머리 나사의 머리부를 묻히게 원뿔 자리를 파는 작업	DCS

❶ 드릴 각부의 명칭과 날끝각

① **몸통**(body) : 드릴의 몸체가 되는 부분으로 홈이 있다.
② **홈**(flute) : 드릴 몸체에 직선 또는 나선으로 파여진 홈을 말하며, 칩을 배출하고, 절삭유를 공급할 통로이다.
③ **생크**(shank) : 드릴을 고정하는 부분이며 곧은 것과 모스 테이퍼 진 것이 있다.
④ **탱**(tang) : 테이퍼 자루 끝을 납작하게 한 부분으로 드릴에 회전력을 주는 역할을 한다.
⑤ **마진**(margin) : 드릴 홈의 가장자리에 있는 좁은 면으로 드릴의 위치를 잡아주고, 드릴의 크기를 정하며, 예비적인 날의 역할 또는 날의 강도를 보강하는 역할을 한다.

⑥ **웨브**(web) : 2개의 비틀림 홈 사이의 뒷골 부분을 웨브 라고하며 웨브 쪽을 중심두께라 하여 드릴의 강성을 유지하는 역할을 하고, 자루 쪽을 갈수록 두꺼워진다.

⑦ **드릴끝각**(선단각 : point angle) : 드릴 끝에서 절삭날이 이루는 각으로 보통 118°정도 (연강)이다.

⑧ **비틀림각**(홈나선각 ; helix angle ; angle of torsion) : 나선형 홈과 드릴 축이 이루는 각도로 20~35°정도이다.

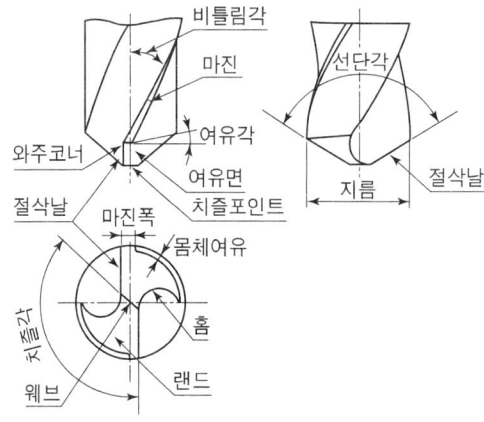

❷ **가공 시간**(T)

$$T = \frac{h+t}{NS} = \frac{\pi d(h+t)}{1000vS}$$

여기서, S : 드릴 1회전 시 이송 거리(mm)
　　　　t : 구멍의 깊이(mm)
　　　　h : 드릴 끝 원뿔의 높이(mm)

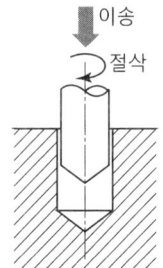

06 평면가공

구분	세이퍼＝형삭기	슬로터＝수직형삭기	플레이너＝평삭기
크기 표시 방법	① 램의 최대행정 길이 ② 테이블의 크기 　(길이, 나비, 높이)	① 램의 최대행정 거리 ② 테이블의 이동거리 ③ 회전테이블의 지름	① 절삭할 수 있는 공작물의 크기 ② 공구대의 수평 및 위아래 이동거리 ③ 테이블 윗면부터 공구대까지의 최대높이 ④ 공작물의 허용중량
용도	평면, 측면, 경사면, 키홈, 기어, 곡면	구멍의 내면의 키홈 제작, 구멍의 내면이나 곡면가공도 가능하다.	플레이너는 대형 공작물의 평면 가공대상으로 한다.
절삭 속도	$v = \dfrac{NL}{1000k}$ 여기서, N: 바이트(램)의 분당 왕복 횟수 (stroke/min) 　　　L: 행정의 길이(mm) 　　　k: 급속귀환비, 절삭 행정의 시간과 바이트 1회 왕복의 시간과의 비 　　　$(k = \dfrac{3}{5} \sim \dfrac{2}{3})$		$v_m = \dfrac{2L}{t} = \dfrac{2v_s}{1+\dfrac{1}{n}}$ [m/min] 여기서, v_m: 절삭 평균 속도(m/min) 　　　L: 행정(m) 　　　t: 1회 왕복 시간(min) 　　　n: 속도비 　　　$n = \dfrac{v_r}{v_s} = \dfrac{\text{귀환속도(m/min)}}{\text{절삭속도(m/min)}} = 3 \sim 4$

[공통점] ① 급속귀환장치가 있다.
② 램의 왕복운동기구＝급속 귀환장치기구
　㉠ 크랭크기구　㉡ 유압기구　㉢ 래크와 피니언　㉣ 스크류와 너트
주로 사용되는 것은 크랭크 기구이다.

07 밀링가공

[평면절삭]　　[키 홈파기]　　[절단]　　[각 홈파기]

[정면절삭]　　[곡면절삭]　　[기어절삭]　　[총형절삭]　　[나사절삭]

※ 밀링머신으로 할 수 없는 작업 : ① 바깥지름 절삭=외경절삭, ② 원통 테이퍼 가공
※ 밀링머신으로 가공은 할 수 있지만 어려운 작업은 : 나사절삭
※ 밀링머신으로 가공할 수 없는 기어는 : 하이 포이드 기어

❶ 밀링 커터의 종류

커터의 재료는 고속도강(H.S.S)과 초경합금을 사용한다.

① **플레인 커터**(plain cutter) : 원통면에 날이 있으며 폭이 10~15mm인 것은 직선이고 그 이상인 것은 비틀린 날로 만들며, 비틀린 날의 커터는 절삭이 순차적으로 되며 소비동력이 적고 가공면이 좋으나 추력이 발생하는 단점이 있다.
② **메탈 소오**(metal saw) : 폭 5mm 이하로 절단 작업에 사용된다.
③ **측면 커터**(side milling cutter) : 폭이 좁은 플레인 커터의 양측면에도 날이 있어 홈 및 단면 가공에 사용한다.
④ **정면 커터**(face cutter) : 한쪽 단면 및 원통면에 날이 있고 자루(shank)가 없는 커터로 넓은 평면가공에 사용한다.
⑤ **엔드밀**(end mill) : 원둘레와 단면 모두 날을 갖고 있어 키홈이나 좁은 평면 가공에 사용한다.
⑥ **각 커터**(angular cutter) : 원주에 45°, 60°, 70°의 각을 갖고 있어 각을 갖는 홈이나 면을 가공할 때 사용한다.
⑦ **총형 커터**(formed cutter) : 날 부분의 형상이 깎으려는 형상과 같은 커터로 드릴, 리머, 기어 절삭에 사용한다.
⑧ **T커터** : T형 홈절삭에 사용하는 커터이다.

❷ 상향절삭, 하향절삭비교

	상향 절삭(올려깎기)	하향 절삭(내려깎기)
장점	① 밀링 커터의 날이 일감을 들어올리는 방향으로 작용하므로, 기계에 무리를 주지 않는다. ② 절삭을 시작할 때 날에 가해지는 절삭 저항이 0에서 점차적으로 증가하므로, 날이 부러질 염려가 없다. ③ 칩이 날을 방해하지 않고 절삭된 칩이 가공된 면에 쌓이지 않으므로 절삭열에 의한 치수 정밀도의 변화가 작다. ④ 커터 날의 절삭 방향과 일감의 이송 방향이 서로 반대이고, 따라서 서로 밀고 있으므로 이송기구의 백래시가 자연히 제거 된다.	① 밀링 커터의 날이 마찰 작용을 하지 않으므로, 날의 마멸이 작고 수명이 길다. ② 커터 날이 밑으로 향하여 절삭하고, 따라서 일감을 밑으로 눌러서 절삭하므로, 일감의 고정이 간편하다. ③ 커터의 절삭 방향과 이송 방향이 같으므로, 날 하나 마다의 날 자리 간격이 짧고, 따라서 가공면이 깨끗하다. ④ 절삭된 칩이 가공된 면 위에 쌓이므로 가공할 면을 잘 볼 수 있어 좋다.
단점	① 커터가 일감을 들어올리는 방향으로 작용하므로, 일감 고정이 불안정 하고, 떨림이 일어나기 쉽다. ② 커터 날이 절삭을 시작할 때 재료의 변형으로 인하여 절삭이 되지 않고 마찰 작용을 하므로, 날의 마멸이 심하다. =공구수명이 짧다. ③ 커터의 절삭 방향과 이송 방향이 반대이므로 절삭 자체의 피치가 길고, 마찰 작용과 아울러 가공면이 거칠다. ④ 칩이 가공할 면 위에 쌓이므로 시야가 좋지 않다. ⑤ 동력손실이 많다	① 커터의 절삭 작용이 일감을 누르는 방향으로 작용하므로, 기계에 무리를 준다. ② 커터의 날이 절삭을 시작할 때 절삭 저항이 가장 크므로, 날이 부러지기 쉽다. ③ 가공된 면 위에 칩이 쌓이므로, 절삭열로 인한 치수 정밀도가 불량해질 염려가 있다. ④ 커터의 절삭 방향과 이송 방향이 같으므로, 백래시 제거 장치가 없으면 가공이 곤란하다.

❸ 1분간 테이블의 이송량 : f

$$1분간 \text{ 테이블의 이송량 } f = f_z \cdot Z \cdot n = f_z \cdot Z \cdot \frac{1000\,V}{\pi d}\,[\text{mm/min}]$$

$$절삭속도 \quad V = \frac{\pi d N}{1000}\,[\text{m/min}]$$

여기서, f_z : 밀링 커터의 날 1개마다의 이송(mm), Z : 밀링 커터의 날수
n : 밀링커터의 회전수(rpm), d : 밀링 커터의 지름(mm)
N : 밀링 커터의 회전수(rpm)

❹ 분할법

① 직접 분할법(direct indexing) = 면판 분할법 : 24의 약수 분할가능 : 1, 2, 3, 4, 6, 8, 12, 24 구멍분할가능

② 단식 분할법(simple indexing) : $n = \dfrac{40}{N}$

③ 차동 분할법(differential indexing) : $n = \dfrac{40}{N}$, $i = 40\dfrac{N'-N}{N'} = \dfrac{Z_a}{Z_d} = \dfrac{Z_a \times Z_b}{Z_c \times Z_d}$

④ 각도 분할법(degree dividing) : $n = \dfrac{x°}{9°}$

08 기어절삭

❶ **성형법**(成形法) = 총형공구 기어 절삭법
플레이너, 셰이퍼에서 바이트를 치형에 맞추어 점점 절삭 깊이를 조절하여 치형을 성형하는 방법으로 치형 곡선과 피치의 정밀도가 나쁘고, 생산 능률도 낮다.

❷ **창성법**(創成法)
① 호빙 머신(hobbing machine) : 호브라는 기어 절삭 공구를 사용하여 가공하는 절삭기계로 스퍼기어, 헬리컬 기어, 웜기어를 가공할 수 있다.
② 펠로우 기어 셰이퍼(fellow gear shaper) : 피니언 커터를 사용하여 기어를 절삭하는 방법으로 스퍼기어, 헬리컬기어, 내접기어, 자동차의 삼단 기어, 2중 헬리컬 기어 등을 가공할 수 있다.
③ 마그식 기어 셰이퍼(maag gear shaper), 선덜랜드식 기어 셰이퍼(sunderland gear shaper) : 래커터를 사용하여 기어를 절삭하는 공작기계로 헬리컬 기어와 스퍼 기어를 가공할 수 있다.

❸ **형판법**(型判法) = 모형식 기어 절삭법
기어의 이의 모양과 같은 형판(template)을 사용하여 일종의 모방 절삭으로 가공하는 방법으로 다듬면이 매끈하지 못하며, 능률도 낮아 저속용 대형 스퍼 기어, 직선 베벨 기어의 치형 가공에 이용된다.

❹ **전조에 의한 방법**
소성 가공 방법으로 소형기어 가공에 사용된다.

09 연삭가공

❶ **연삭숫돌의 크기표시방법**

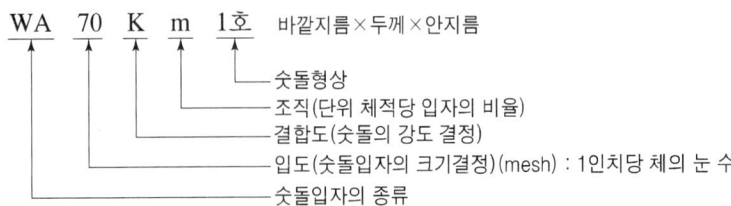

❷ 숫돌의 수정
① 드레싱(dressing)
숫돌바퀴의 입자가 막히거나 달아서 절삭도가 둔해졌을 경우, 드레서(dresser)라는 날 내기하는 공구로 숫돌 바퀴의 표면을 깎아 숫돌바퀴의 날을 세우는 작업으로 정밀 연삭용에는 다이아몬드 드레서를 사용한다.
② 트루잉(truing)
숫돌바퀴의 형상을 수정하는 작업으로 연삭 중에 숫돌차의 숫돌 입자가 탈락하여 절삭면의 형상이 처음과 달라졌을 경우 다이아몬드 드레서를 사용하여 처음 모양으로 고쳐주는 작업을 말한다.

❸ 센터리스 연삭기(centerless grinding machine)
공작물을 센터로 지지하지 않고 연삭 숫돌과 조정 숫돌 사이에 일감을 삽입하고 지지판으로 지지하면서 연삭하는 기계로 조정 숫돌은 고무 결합제를 사용한 것으로 공작물과 조정 숫돌의 마찰력에 의해 공작물을 회전시키고 조정 숫돌의 일감에 대한 압력으로써 일감의 회전 속도를 조정한다.

❹ 호닝(honing)
몇 개의 호운(hone)이라는 숫돌을 붙인 회전 공구를 사용하여 숫돌에 압력을 가하면서 공작물에 대하여 회전 운동을 시키면서 많은 양의 연삭액을 공급하여 가공하는 것으로 발열이 적고 경제적인 정밀 절삭을 할 수 있으며, 전가공에서 나타난 직선도, 테이퍼, 전직도를 바로 잡을 수 있고, 표면 정밀도를 높일 수 있으며, 정확한 치수 가공을 할 수 있다.

❺ 액체 호닝(liquid honing)
미립자의 연마제를 첨가한 물 또는 그에 적당한 부식 억제제를 첨가한 것을 노즐을 통하여 고속으로 금속 제품이나 재료에 뿜어서 깨끗한 표면으로 연마하는 가공법으로 짧은 시간에 매끈하고 광택이 적은 다듬면을 얻게 되며 피닝 효과가 있고, 복잡한 모양의 공작물 표면 다듬질이 가능하며, 공작물 표면의 산화막이나 도료 등을 제거할 수 있는 특징이 있다.

❻ 래핑(lapping)
공작물과 랩공구 사이에 미분말 상태의 래핑제와 연마제를 넣고 이들 사이에 상대 운동을 시켜 면을 매끈하게 하는 방법으로 랩과 공작물 사이에 래핑제와 래핑액을 충분히 넣고 가공 하는 습식법과 공작물 표면에 래핑제를 넣고 건조 상태에서 래핑하는 건식법이 있는데 습식법은 건식법에 비해 절삭량이 많고 다듬면은 광택이 적고, 건식법은 다듬면이 거울면과 같이 광택이 난다. 이런 래핑 제품으로는 블록 게이지, 렌즈 등의 측정기기, 광학기기 등의 다듬질에 이용된다. 래핑 작업은 원통 래핑, 평면 래핑, 구면 래핑, 나사 래핑, 기어 래핑, 크랭크 축의 래핑 등이 있다.
① 래핑제 : 탄화규소(SiC : C, GC : 거친 래핑, 굳은 일감), 알루미나(AlO : A, WA : 정밀 다듬용), 산화철, 다이아몬드 가루가 있다.

② 래핑액 : 보통 석유가 가장 좋고 스핀들유, 머신유, 중유 등을 사용한다.
③ 랩(lap) : 랩은 공작물 표면에 묻혀 공작물 표면과 마찰하여 공작물의 표면 정밀도를 높이는 공구로 랩의 재질은 공작물보다 연한 것을 사용하며 보통 주철제가 많고, 연강이나 구리합금의 것도 있다.

❼ **슈퍼 피니싱**(정밀 다듬질 ; super finishing)
공작물 표면에 입자가 고운 숫돌을 가벼운 압력($0.5~2kg/cm^2$)으로 누르고 작은 진폭으로 진동을 시키면서 공작물에 이송 운동을 줌으로서 그 표면을 다듬질하는 방법으로 가공면이 매끈하고 방향성이 없으며 가공에 의한 표면의 변질부는 극히 작고, 숫돌과 일감의 접촉 면적이 넓으므로 연삭 가공에서 남은 이송자리, 숫돌의 떨림으로 나타난 자리를 제거할 수 있으며, 숫돌 너비는 공작물 지름의 60~70% 정도로 하며, 길이는 공작물과 같게 한다.

10 특수가공

❶ 방전가공

① 방전 가공의 원리
  석유, 경유, 등유 등과 같은 절연성이 있는 가공액 중에 공구와 공작물을 넣고 $5~10\mu m$ 정도 간격을 두어 100V의 직류 전압으로 방전하면 공작물의 재료가 미분말 상태의 칩으로 되어 가공액 중에 부유물로 뜨게 하여 가공하는 방법이다.

② 전극의 요구 조건
  가공 능률이 좋고, 소모가 적어야 하며, 열전도도가 좋아야 하고, 용융점이 높을수록 좋으며 그 재료는 80~90%는 그래파이트(graphite : 흑연)가 사용되며, 구리, 구리-텅스텐, 은-텅스텐, 황동 등이 쓰인다.

③ 가공액의 요구 조건
  점도가 낮고, 절연체이어야 하며, 인화성이 없고, 가격이 저렴해야 한다.
  석유, 저점도의 기름, 물, 탈이온수가 사용된다.

④ 특징
  높은 경도로 절삭 가공이 곤란한 금속(초경합금, 열처리강, 내열강, (담금질)퀜칭된 고속도강, 스테인리스, 강철, 다이아몬드, 수정 등)을 쉽게 가공할 수 있다. 또한 열의 영향이 적으므로 가공 변질층이 얇고 내마멸성, 내부식성이 높은 표면을 얻을 수 있으며, 작은 구멍, 좁고 깊은 홈 등 작고 복잡한 가공도 할 수 있다.

❷ 초음파가공
① 초음파 가공의 원리
약 16kHz 이상의 음파를 초음파라 하는데 테이블에 고정된 공작물에 숫돌 입자와 물 또는 기름의 혼합액을 순환시키면서 일정한 압력 하에서 수직으로 설치된 진동 공구가 16~30kHz, 폭 30~40μm로 진동할 때 숫돌 입자의 급격한 타격으로 공작물(초경합금, 보석류, 세라믹, 유리)을 절단, 구멍 뚫기, 평면 가공, 표면 다듬질을 하는 것이다.
② 특징
㉠ 전기적으로 부도체도 보통 금속과 동일하게 가공할 수 있다.
㉡ 연삭 가공에 비해 가공면의 변질과 변형이 적다.
㉢ 초경질, 메짐성이 큰 재료에 사용한다.
㉣ 절단, 구멍 뚫기, 평면 가공, 표면 가공 등을 할 수 있다.
㉤ 가공 면적과 깊이가 제한 받는다.
㉥ 가공 속도가 느리고 공구의 소모가 많다.
㉦ 납, 구리, 연강 등 연질재료는 가공이 어렵다.

❸ 전해연마
전기도금과는 반대로 일감을 양극(+)으로 하여 적당한 전해액에 넣고 직류 전류를 짧은 시간 동안 세게 흐르게 하여 전기적으로 그 표면을 녹여 매끈하고 광택이 나게 하는 가공법이다. 그 특징은 기계연마보다 훨씬 그 표면이 매끈하고 가공 변질층이 나타나지 않으므로 평활한 면을 얻을 수 있고, 복잡한 형상의 연마도 가능하며, 가공면에는 방향성이 없고, 내마멸성, 내부식성이 좋아진다.

❹ 숏트피닝
금속(주철, 주강제)으로 만든 구(球)모양의 쇼트(shot) (지름 0.7~0.9mm의 공)를 40~50m/sec의 속도로 공작물 표면에 압축공기나, 원심력을 사용하여 분사하면 매끈하고 0.2mm 경화층을 얻게 된다. 이때 shot들이 해머와 같이 작용을 하여 공작물의 피로강도나 기계적 성질을 향상시켜 준다. 크랭크축, 판 스프링, 커넥팅 로드, 기어, 로커암에 사용한다.

❺ 버핑(buffing)
식물이나 헝겊과 같은 부드러운 재료로 된 원판에 미세한 입자를 부착한 후, 이것을 회전시키면서 공작물을 눌러 그 표면을 매끈하게 다듬질하는 방법이다.

❻ 폴리싱(polishing)
금속 표면에 광택을 내는 것으로 광내기라고도 하며, 미세한 연마제를 아교나 열경화성 플라스틱 등으로 고착시킨 원판, 띠, 롤러 모양의 공구를 사용하여 공작물 표면에 광택을 내기 위한 가공 처리를 하는 것을 말한다.

❼ **버니싱**(burnishing) = 압부가공(소성가공의 형태이다)
원통 내면에 내경보다 약간 지름이 큰 강구를 압입하여 내면에 소성 변형을 주어 매끈하고 정밀도가 높은 면을 얻고자 하는 방법이다.

❽ **배럴 다듬질**(barrel finishing)
8각형이나 6각형의 용기(barrel)속에 가공물과 연마제(숫돌입자, 석영, 모래, 강구 등) 및 매제(컴파운드)를 넣고 물을 가해 회전시켜 공작물의 연마제의 충돌로 공작물의 표면을 갈아내는 정밀 연마법을 말한다.

❾ **브로칭**(broaching) = 전단가공의 형태이면서 칩이 발생되는 절삭가공이다
봉의 외주에 많은 상사형의 날을 축을 따라 치수 순으로 배열한 절삭 공구를 브로치라는 절삭 공구를 사용하여 공작물의 안팎을 필요한 모양으로 절삭하는 가공법을 말하는데 둥근 구멍안의 키홈, 스플라인홈, 다락형 구멍 등을 가공하는 내면 브로치 작업과 세그먼트 기어의 치형이나 홈, 그 밖의 특수한 모양의 면 가공을 하는 외면 브로치 작업이 있다. 그 특징은 각 제품에 따라 브로치를 만들어야 하며 설계, 제작에 시간이 걸리고, 공구의 값이 비싸므로 일정량 이상의 대량 생산에 이용된다.

11 NC가공

❶ **NC 공작기계의 3가지 기본동작**
① 위치 정하기 : 공구의 최종위치만 제어하는 것. G00(위치결정 = 급속이송)
② 직선 절삭 : 공구가 이동 중에 직선절삭을 하는 기능, G01(직선가공 = 절삭가공)
③ 원호 절삭 : 공구가 이동 중에 원호절삭을 하는 기능, G02(원호가공 시계방향CW), G03(원호가공 반시계방향CCW)

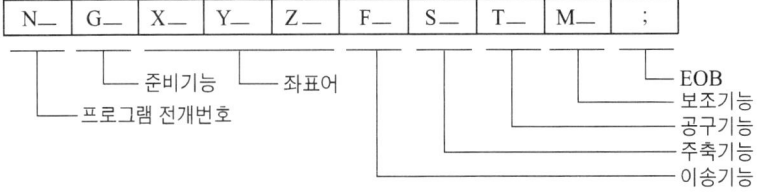

[프로그램 입력순서]

기 능	주 소	의 미
프로그램 번호	O	프로그램 인식 번호
전개 번호	N	명령절 전개 번호(작업 순서)
준비 기능	G	이동 형태(직선, 원호)
좌표어	X Y Z	각 축의 이동 위치 지정(절대 방식 명령)
	U V W	각 축의 이동 거리와 방향 지정(증분 방식 명령)
	A B C	부가 축의 이동 명령
	I J K	원호 중심의 각 축 성분
	R	원호 반지름, 구석 R
이송 기능	F	회전당 이송 속도
		분당 이송 속도
		나사의 리드
	E	나사의 리드
주축 기능	S	주축 속도
공구 기능	T	공구 번호 및 공구 보정 번호
보조 기능	M	기계작동 부분 ON/OFF 기능
휴지 시간	P U X	휴지 시간(dwell)명령
프로그램 번호 지정	P	보조 프로그램 호출번호 명령
명령절 전개번호지정	P , Q	복합 고정 사이클에서 시작과 종료 번호
반복 횟수	L	보조 프로그램의 반복 횟수
매개변수 (파라미터)	A	각 도
	D, I, K	절입량
	D	횟수

12 측 정

길이측정	선측정 (눈금이 있는 것)	전장 측정기	① 강철자　　　　② 버니어 캘리퍼스 ③ 마이크로미터　④ 측장기 ⑤ 공구현미경　　⑥ 만능측정 현미경 ⑦ 옵티컬 프로젝커
		비교 측정기	① 다이알 게이지　② 미니미터 ③ 옵티미터　　　 ④ 전기마이크로미터 ⑤ 공기마이크로미터
	단면측정	표준 게이지	① 표준 블록 게이지(등급AA,A) ② 표준 원통 게이지 ③ 표준 켈리퍼스형 게이지 ④ 표준 테이퍼 게이지 ⑤ 표준 나사 게이지
		한계 게이지	① 축용 한계 게이지　② 구멍용 한계 게이지
		기타 게이지	① 간극게이지　　② 반지름 게이지 ③ 센터게이지　　④ 피치 게이지 ⑤ 와이어게이지　⑥ 드릴게이지
각도측정	고정각도측정기		① 직각자, ② 컴비네이션베벨, ③ 분할대, ④ 드릴 포인트 게이지
	눈금 있는 각도측정기		① 분도기 ② 만능각도측정기 ③ 컴비네이션세트 ④ 사인바아 ⑤ 광학각도측정기 ⑥ 수준기 ⑦ 오토콜리메이션
면측정	평면도측정		① 옵티컬 플랫 ② 스트레이트에지 ③ 수준기 ④ 오토몰리미터 ⑤ 긴장강선
	표면거칠기 측정		① 표면거칠기 ② 표준편 ③ 촉침법 ④ 광절단법
나사측정	유효지름측정		① 나사마이크로미터 ② 삼침법
	피치측정		① 나사피치게이지
	나사산각도		① 투영검사기

❶ **미소 이동량의 확대 지시장치**
　① 나사(screw)를 이용한 것 ──────────────── 마이크로미터
　② 기어(gear)를 이용한 것 ───────────────── 다이얼게이지
　③ 레버(lever)를 이용한 것 ───────────────── 미니미터
　④ 광학 확대장치를 이용한 것 ──────────────── 옵티미터
　⑤ 전기용량의 변화를 이용한 것 ─────────────── 전기 마이크로미터
　⑥ 공기 유출량에 의한 압력변화를 이용한 것 ─────── 공기 마이크로미터

❷ **측정기의 종류**
　① 버니어 캘리퍼스(vernier calipers)
　　어미자와 아들자로 구성되어 있으며, 바깥지름, 안지름, 깊이를 측정할 수 있다.

$$\text{최소측정값} \quad C = A - B = A - \frac{n-1}{n}A = \frac{A}{n}$$

여기서, A : 본척(어미자)의 1눈금, B : 부척(아들자)의 1눈금, n : 부척의 등분눈금 수

※ **아베의 원리**(Abbe's principle) : 표준자와 피측정물은 동일 축선상에 있어야 한다.

② 마이크로미터(micrometer)

마이크로미터(micrometer)의 최소 측정가능값 $c = p \times \dfrac{1}{n}$

여기서, p : 피치, n : 딤블의 원주등분수

③ 하이트 게이지(height gauge)
정반위에 버니어 캘리퍼스를 수직으로 설치하여 금 긋기, 높이를 측정하는데 사용되며 읽을 수 있는 최소 눈금은 0.02mm로 HT형, HB형, HM형, HT형이 있다.

④ 다이알게이지(dial gauge) : 대표적인 비교측정장치
래크와 피니언을 이용하여 미소 길이를 확대 표시하는 기구로 되어 있는 측정기이며 평면도, 원통도, 진원도, 축의 흔들림을 측정하는 기구로 레버식, 백플런지식, 시크네스, 다이얼 뎁스 게이지, 다이얼 캘리퍼스 게이지 등이 있으며 소형, 경량으로 취급이 쉽고 측정 범위가 넓으며, 눈금과 지침에 의해 읽으므로 시차가 적고, 연속된 변위량의 측정이 가능하며, 진원 측정의 검출기로서 사용할 수 있고, 부속품(어태치먼트)을 사용하면 광범위한 측정을 할 수 있는 특징이 있다.

⑤ 블록 게이지(block gauge)
길이 측정의 표준이 되는 게이지이며 표면은 정밀하게 래핑되어 있으며, 재질은 특수공구강, 초경합금, 고탄소강 등이 있으며, 열처리하여 연마한 후 래핑 다듬질 후 사용한다.

구분	등급	구분	등급
공작용	C	표준용	A
검사용	B	참조용(연구소용)	AA

※ **블록게이지의 밀착**(wringing) : 두개의 블록게이지를 밀착시키는 방법으로 기름을 묻혀 가볍게 누르면서 돌려 붙이면 밀착이 된다.

⑥ 표준 테이퍼 게이지(standard taper gauge)
원통형 게이지와 흡사한 것으로 규정된 테이퍼가 있는데 선반에는 모스 테이퍼(Morse taper), 밀링머신에는 브라운 샤프 테이퍼(Brown & Shape taper), 드릴 척에는 자콥스 테이퍼, 밀링머신의 스핀들에는 내셔널 테이퍼가 사용된다.

⑦ 한계 게이지(limit gauge)
2개의 게이지를 조합하여 한쪽을 허용 최대 치수로, 한쪽을 허용 최소 치수로 하고 제품의 치수가 한도 내로 되어 있는가의 여부를 검사하는 게이지로 주로 기계 부품의 끼워 맞춤 부분의 제작 검사에 사용 된다.

※ **축용한계 게이지** : ① 링게이지 ② 스냅게이지
※ **구멍용한계 게이지** : ① 원통형 플러그 게이지 ② 판형 플러그 게이지 ③ 봉게이지 ④ 터보게이지

⑧ **시그니스 게이지**(thickness gauge) = 틈새게이지
미세한 간격을 두어 정확히 가공물을 조립할 때 사용하는 측정기로 여러가지 두께의 박강판 게이지를 조합한 것으로 보통 0.02~0.7mm까지의 두께를 가진 16장이 한조로 되어 있어 몇 장을 조합하여 틈새를 측정한다.

⑨ **반경 게이지**(radius gauge)
공작물의 라운딩(rounding, Fillet)을 측정할 때 사용한다.

⑩ **센터 게이지**(center gauge)
선반으로 나사를 깎을 경우 나사 절삭 바이트의 날끝각을 조사하거나 바이트를 바르게 설치하는데 이용되는 게이지이며, 또한 공작물의 중심 위치의 양부를 조사하는 게이지를 말하기도 한다.

⑪ **와이어 게이지**(wire gauge)
철사의 지름을 재는데 사용하는 게이지로 원판의 주위에 철사의 번호에 해당하는 치수의 구멍이 가공되어 있는 것을 말한다.

⑫ **드릴 게이지**(drill gauge)
드릴의 치수, 드릴 끝의 원뿔 정각 등을 검사하는데 이용되는 측정기이다.

⑬ **수준기**(level vial) : 각도, 평면도를 측정가능하다.
유리관 속에 에틸 또는 알코올 등을 봉입하고 약간의 기포를 남겨 놓아 기포의 위치에 의하여 수평을 재는 기계이다.

⑭ **사인바**(sine bar) : 45°이상은 오차가 발생된다.
직각삼각형의 2변 길이로 삼각함수에 의해 각도를 구하는 것으로 삼각법에 의한 측정에 많이 이용되며 $\sin\alpha = \dfrac{H}{L}$ 이 된다.

⑮ **콤비네이션 세트**(combination set)
각도의 측정, 중심내기 등에 사용되는 측정기이다.

⑯ **탄젠트 바**(tangent bar)
일정한 간격 L로 놓여진 2개의 블록 게이지 H 및 h와 그 위에 놓여진 바에 의해 각도를 측정한다.

⑰ **만능 각도기**(bevel protractor)
눈금판과 블레이드(blade)와 스토크로 되어 있으며, 아들자는 어미자의 23눈금을 12등분한 것으로, 5도 까지 측정할 수 있다.

⑱ **옵티컬 플랫**(optical flat) : 빛의 간섭무늬를 이용한 평면도 측정

⑲ **나사 피치 게이지**(screw thread pitch gauge)

각종 피치로 된 다수의 나사형을 만든 강판을 집합한 것으로 나사의 피치 검사용으로 사용된다.

⑳ 나사 마이크로미터(screw micrometer)

나사 마이크로미터는 앤빌이 나사의 산과 골 사이에 끼워지도록 되어 있으며 나사에 알맞게 끼워 넣어서 유효지름을 측정한다.

㉑ 3침법(three wire method) : 가장 정확한 나사의 유효지름 측정

나사의 골에 적당한 굵기의 침을 3개 깨워서 침의 외측거리 M을 외측 마이크로미터로 측정하여 수나사의 유효지름을 계산한다.

$$\text{미터나사의 유효지름} \quad d_m = M - 3W + 0.86603p$$

여기서, M : 외측 마이크로미터의 측정길이, W : 침의 지름, p : 나사의 피치

13 수기가공

수기가공	공구종류
금긋기 작업 (Marking-off)	정반(표준대,surfaceplate), 자(scale), 컴퍼서, 트로멜(Trommel), 캘리퍼스, 펀치(punch), V블록, 서피스 게이지(surface gauge)
정(chisel)작업	정(chisel), 망치(hammer), 바이스(vise)
줄(file)작업	단면형에 의한 분류 : 평형, 원형, 반원형, 각형 삼각형 날의 종류에 의한 분류 : 홀줄날, 두줄날, 라스프날, 곡선날
스크레이퍼(scraper)작업	평면 스크레이퍼, 빗면날 스크레이퍼, 곡면 스크레이퍼, 혹 스크레이퍼
탭작업	동경 수동 탭(핸드 탭), 중경 탭, 기계 탭, 관용 탭, 마스터 탭, 건탭(gun tap), 스테이 탭, 풀리 탭

❶ 탭 작업 : 암나사 제작

핸드탭은 나사부와 자루부분으로 되어 있으며 암나사를 만드는 공구이다.

1번, 2번, 3번 탭의 3개가 1개조로 되어있고, 탭의 가공률은 1번 : 55% 2번 : 25% 3번 : 20% 가공을 한다. 현장에서는 보통2번, 3번 탭만으로 태핑을 한다.

$$\text{나사구멍의 드릴지름} \quad d = D - p$$

여기서, D : 나사의 바깥지름, p : 나사의 피치

❷ 다이스 작업 : 수나사 제작

다이스는 수나사를 만드는 공구로서 내면은 나사로 되어 있고 칩이 빠져 나올 수 있는 홈이 있다.

14 용 접

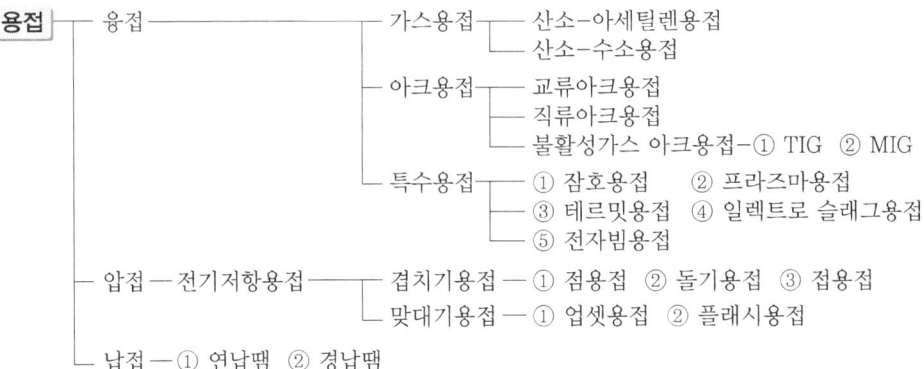

❶ 아크용접

① 피복제의 역할
  ㉠ 공기 중의 산소나 질소의 침입을 방지하여, 피복재의 연소 가스의 이온화에 의하여 전류가 끊어졌을 때에도 계속 아크를 발생 시키므로 안정된 아크를 얻을 수 있도록 한다.
  ㉡ 슬래그(slag)를 형성하여 용접부의 급냉을 방지하며, 용착 금속에 필요한 원소를 보충한다.
  ㉢ 불순물과 친화력이 강한 재료를 사용하여 용착 금속을 정련한다.
  ㉣ 붕사, 산화티탄 등을 사용하여 용착 금속의 유동성을 좋게 한다.
  ㉤ 좁은 틈에서 작업할 때 절연 작용을 한다.

② 연강용 피복용접봉의 표시방법

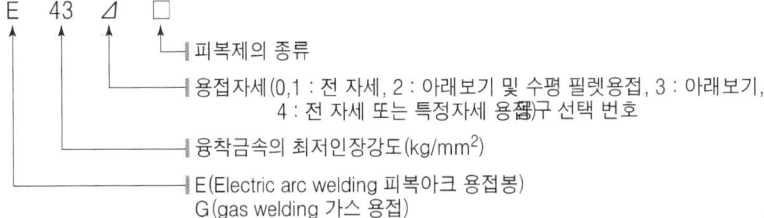

③ 서브머지드 아크 용접(submerged arc welding) : =상품명 Lincon welding
  분말로 된 용제를 용접부에 뿌리고, 용제 속에서 용접봉의 심선이 들어간 상태에서 모재와 용접봉 사이에 아크를 발생시킨다. 또한 아크열로서 용제, 용접봉 및 모재를 용해하여 용접하는 방법으로 잠호 용접이라고도 한다.

④ 불활성 가스 아크 용접
  ㉠ 불활성 가스 금속 아크 용접(MIG 용접)
    • 원리 : 용접할 부분을 공기와 차단된 상태에서 용접하기 위해 불활성 가스(아르

곤, 헬륨)에 금속 피복 용접봉을 통하여 용접부에 공급하면서 용접하는 방법이다.
- 특징
  - 대체로 모든 금속의 용접이 가능하다.(두께 3mm이상일 경우)
  - 용제를 사용하지 않으므로 슬래그(slag)가 없어 용접 후 청소할 필요 없다.
  - Spatter나 합금 원소의 손실이 적으며, 값이 비싸다.
  - 전자세 용접이 가능하며, 용접 가능한 판의 두께 범위가 넓다.
  - 능률이 높다.
 ⓒ 불활성 가스 텅스텐 아크 용접(TIG용접)
  불활성 가스에 텅스텐 전극봉을 사용하는 용접을 말한다. 용가재(용접봉)이 필요하다. 알루미늄, 티타늄, 마그네슘 등의 용접에 사용된다.
⑤ 테르밋 용접(Thermit welding)
 알루미늄 분말과 산화철 분말을 1 : 3의 비율로 혼합한 다음 그 위에 점화재인 과산화바륨과 마그네슘 등의 혼합분말을 넣고 점화하면 테르밋 반응에 의하여 발열반응이 일어나면서 고온의 열이 발생한다. 이 열을 이용한 용접이다.

❷ 가스용접

① 불꽃의 종류
 ㉠ 중성 불꽃 : 표준 불꽃이라고도 하며, 산소와 아세틸렌의 혼합 비율이 1 : 1인 것으로 불꽃의 색은 백색이며, 약 3250℃정도로 주철, 연강, 청동, 알루미늄 등 거의 모든 금속의 용접에 이용된다.
 ㉡ 탄화 불꽃 : 아세틸렌가스가 많이 공급 될 때의 불꽃으로서 길이가 길고 붉은 담황색으로 보인다. 불꽃온도는 약 3100℃정도로 주로 스테인리스 강, 스텔라이트의 용접에 사용된다.
 ㉢ 산화 불꽃 : 중성 불꽃에서 산소의 양을 많이 공급했을 경우의 불꽃으로 약 3400℃정도이다. 높은 온도가 요구될 때 이용되며 용접부 표면에서 산화와 탈탄이 발생된다. 주로 구리 합금류의 용접에 이용된다.
② 산소 용기 취급 방법
 ㉠ 충격을 주면 안 되며, 항상 40 이하로 유지해야 한다.
 ㉡ 직사광선을 피하고, 밸브에 기름을 묻혀서는 안 된다(기름진 장갑으로 밸브를 개폐해서는 안된다).
 ㉢ 가연성 물질을 피하고, 밸브의 개폐는 조용히 하여야 한다.
 ㉣ 운반 시 운반 용구에 세워서 한다.

제 7 편 기계재료

```
기계재료 ─┬─ 금속재료 ─┬─ 철강재료 ─┬─ 순철 - 전해철
         │            │           ├─ 강 - 탄소강, 합금강, 주강
         │            │           └─ 주철 - 보통주철, 특수주철
         │            └─ 비철금속재료 ─┬─ 구리와 그 합금 ─┬─ 황동 ─┬─ 톰백
         │                           │                │       ├─ 7:3황동
         │                           │                │       ├─ 6:4황동(문쯔메탈)
         │                           │                │       ├─ 황동주물
         │                           │                │       ├─ 쾌삭황동
         │                           │                │       ├─ 주석황동 ─┬─ 에드머럴티황동
         │                           │                │       │           └─ 네이벌황동
         │                           │                │       ├─ 델타메탈(철황동)
         │                           │                │       ├─ 망간니
         │                           │                │       └─ 양은
         │                           │                └─ 청동 ─┬─ 청동주물 ─┬─ 포금
         │                           │                         │            └─ 에드머럴티포금
         │                           │                         ├─ 베어링용청동
         │                           │                         ├─ 인청동
         │                           │                         ├─ 알루미늄청동
         │                           │                         └─ 베릴륨청동
         │                           ├─ 알루미늄과 그 합금 ─┬─ 주물용 알루미늄 ─┬─ 라우탈
         │                           │                    │                  └─ 실루민
         │                           │                    └─ 가공용 알루미늄 ─┬─ 내식용알루미늄합금 ─┬─ 알민
         │                           │                                       │                    └─ 알드레이
         │                           │                                       └─ 고력알루미늄합금 ─┬─ 두랄루민
         │                           │                                                            └─ 초두랄루민
         │                           ├─ 마그네슘과 그 합금 ─┬─ 다우메탈
         │                           │                    └─ 엘렉트론
         │                           ├─ 니켈과 그 합금 ─┬─ 큐프로니켈
         │                           │                ├─ 콘스탄탄
         │                           │                ├─ 모넬메탈
         │                           │                ├─ 니크롬
         │                           │                ├─ 인코널
         │                           │                ├─ 알루멜 - 크로멜
         │                           │                └─ 불변강
         │                           ├─ 주석과 그 합금 ─┬─ 퓨더(=브리티니아 금속)
         │                           │                └─ 경석
         │                           ├─ 납과 그 합금 ─┬─ 납 - 비소 합금납
         │                           │              ├─ 납 - 칼슘 합금납
         │                           │              ├─ 납 - 아티몬·합금
         │                           │              └─ 활납 합금
         │                           └─ 아연합금 ─┬─ 다이캐스팅용 합금
         │                                       ├─ 아연 - 알루미늄 합금
         │                                       └─ 아연 - 알루미늄 - 구리계
         └─ 비금속재료 ─┬─ 무기질 재료 - 유리, 시멘트, 석재
                       └─ 유기질 재료 - 플라스틱, 목재, 고무, 피혁, 직물
```

01 기계 재료의 공업상 필요한 성질

❶ 물리적 성질
① 비중 : 어떤 물체의 무게와 4(℃)에 있어서 이와 같은 부피의 물의 무게와의 비로 최소 0.53(Li)부터 최고 22.5(Ir)까지 있다.

> ※ 경금속 : 비중이 4.5 이하의 가벼운 알루미늄, 마그네슘, 티탄 등의 금속
>   중금속 : 비중이 4.5 이상의 금속

② 열전도율
 열전도율의 크기 : Ag > Cu > Pt > Al → 열은구백알
③ 전기전도율
 전기전도율의 크기 : Ag > Cu > Au > Al > Mg > Zn > Ni > Fe > Pb > Sb → 전은구금알

❷ 화학적 성질
① 부식
 이온화 경향의 크기
 K > Ba > Ca > Mg > Al > Mn > Zn > Cr > Fe > Co > Ni > Mo > Sn > Pb > (H) > Cu > Hg > Ag > Pt > Au
② 내식성 : 금속의 부식에 대한 저항력

❸ 기계적 성질
① 강도 : 외력에 대한 재료 단면에 작용하는 최대저항력으로 보통 인장강도를 뜻하며 굴곡강도, 전단 강도, 압축강도, 비틀림 강도 등
② 경도 : 다이아몬드와 같은 딱딱한 물체를 재료에 압입할 때의 변형 저항
③ 인성 : 충격에 대한 재료의 저항=충격시험에서 재료의 시험편이 파단 될 때까지 재료가 에너지를 흡수 할 수 있는 능력이다. 인성이 큰 것은 충격값이 크게 나온다. 즉, 큰 충격을 흡수할 수 있는 것이다. 인성이 작다는 것은 충격값이 작게 나온다.
④ 취성 : 잘 부서지고 혹은 잘 깨지는 성질=충격값이 작은 재료이다. 취성이 있는 재료 작은 충격을 받아도 깨어진다. =충격값이 작다. =인성이 작은 재료이다.
⑤ 피로파괴 : 작은 응력을 연속적으로 받아 재료가 파괴되는 현상
⑥ 크리프 : 금속이 고온에서 오랜 시간 외력을 받으면 시간의 경과에 따라 서서히 그 변형이 증가하는 현상
⑦ 연성 : 가느다란 선으로 늘일 수 있는 성질
 Au > Ag > Al > Cu > Pt > Pb > Zn > Fe > Ni
 금 > 은 > 알루미늄 > 구리 > 백금 > 납 > 아연 > 철 > 니켈
⑧ 전성 : 얇은 판으로 넓게 펼 수 있는 성질
 Au > Ag > Pt > Al > Fe > Ni > Cu > Zn
 금 > 은 > 백금 > 알루미늄 > 철 > 니켈 > 구리 > 아연

⑨ 가단성 : 단조, 압연, 인발 등에 의하여 변형시킬 수 있는 성질
⑩ 주조성 : 가열해서 유동성을 증가시켜 주물로 할 수 있는 성질
⑪ 연신율 : 재료에 하중을 가할 때에 처음의 길이와 늘어난 길이와의 비
⑫ 항복점 : 하중을 증가시키지 않아도 시험편이 늘어나는 현상. 즉, 항복현상이 일어나는 점
⑬ 자경성(自硬性) : 담금질 온도에서 대기 속에 방랭 하는 것만으로도 마르텐자이트 조직이 생성되어 단단해지는 성질. Ni, Cr, Mn, 등이 함유된 특수강에서 볼수 있다.

02 금속의 결정

❶ **체심 입방 격자**(b, c, c)
원자수9, 단위포2(α 철, δ 철, W, Cr, Mo, V 등) : 단단하다.

❷ **면심 입방 격자**(f, c, c)
원자수14, 단위포4(γ 철, Au, Pt, Ag, Al, Cu 등) : 연성과 전성이 좋다.

❸ **조밀 육방 격자**(h, c, p)
원자수17, 단위포2(Cd, Co, Mg, Zn 등) : 연성이 부족하다. 취성이 있다.

03 순철과 강의 변태

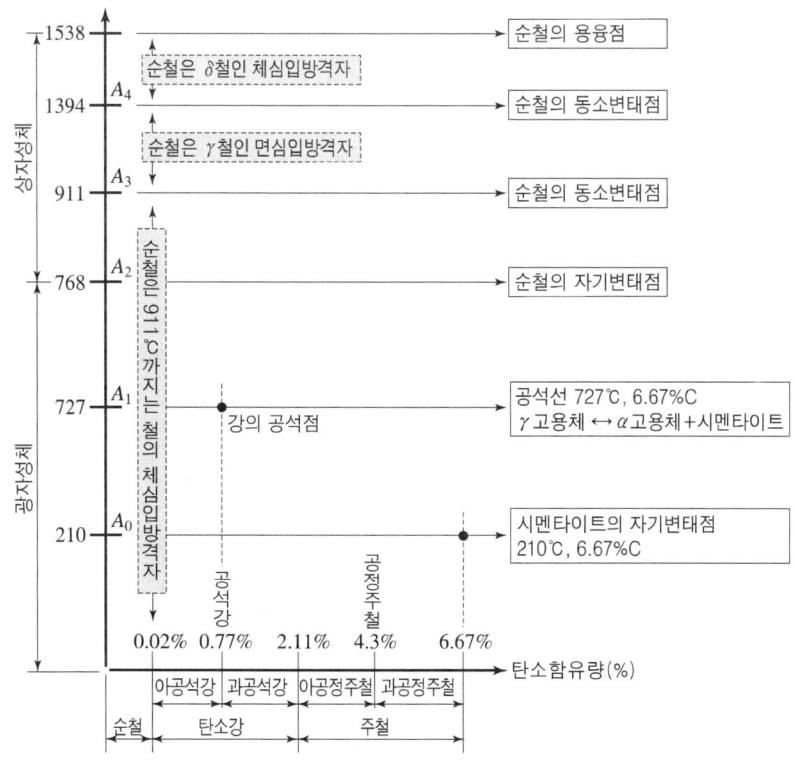

04 재료시험

❶ 인장시험
① 비례한도 : 응력과 연신율이 비례적으로 변화하는 것으로 Hook's law 만족 $\sigma = E\varepsilon$
② 탄성한도 : 작용된 응력을 제거하면 길이가 본래의 길이로 되돌아 가는 점
  탄성한도 이상으로 하여야 소성가공이 되고 영구변형이 발생한다.
③ 인장강도 = $\dfrac{최대하중}{최초면적}$

❷ 충격 시험
인성과 취성을 알아보기 위하여 하는 시험

① 샤르피형 : 시험편을 단순보의 상태에서 시험하는 것으로 파괴하는데 필요한 에너지를 시험편의 전단부의 단면적으로 나눈 값으로 표시
② 아이조드형 : 시험편을 내다지보의 상태에서 시험하는 것으로 파괴 에너지로 표시

※ 충격값[J/mm²]이 커진다는 말은 잘 깨어지지 않는 것을 의미한다. 즉, 인성이 큰 재료이다.
  = 취성이 작은 재료

❸ 피로시험
피로한도를 구하는 시험으로 결과는 응력(S)과 반복 횟수(N)와의 관계를 그래프로 표시한다(S-N곡선).

❹ 경도시험
표면의 딱딱한 정도를 측정하는 시험이다.

시험기의 종류	기호	시험법의 원리	압입자의 모양	특징
브리넬 경도 (brinell hardness)	H_B	압입자에 하중을 걸어 자국의 크기로 경도를 조사한다. $H_B = \dfrac{P}{\pi dt}[\mathrm{kg/mm^2}]$	압입자는 볼	압입 면적이 커서 정확한 시험 불가능
비커스 경도 (vickers hardness)	H_V	입입자에 하중을 작용시켜 자국의 대각선 길이로써 조사한다. $H_V = \dfrac{하중}{자국의\ 표면적} = \dfrac{W}{A}$ $= \dfrac{1.8544\,W}{d^2}[\mathrm{kg/mm^2}]$	압입자는 선단이 136° 인 4각뿔인 다이아몬드	재료의 종류의 경도에 따라 1~120kg 사이의 하중으로 시험 할 수 있는 장점
로크웰 경도 (Rock well hardness)	H_R (H_{RD}, R_{RB})	압입자에 하중을 걸어 홀의 길이를 측정한다. 기준하중 : 10kg B스케일 : 100kg C스케일 : 150kg $H_{RB} = 130 - 500h$ $H_{RC} = 100 - 500h$ h : 압입깊이	1.588mm강구 B스케일의 입자 / 120° 다이아몬드 C스케일의 입자 / 압인자는 강구(B스케일)와 다이아몬드(C스케일)가 있다.	B 스케일 : 연한 재료의 경도시험 C 스케일 : 굳은 재료의 경도 시험에 사용한다.
쇼어 경도 (shore hardness)	H_S	추를 일정한 높이에서 낙하시켜 이때 반발한 높이로 사용한다. $H_S = \dfrac{10,000}{65} \times \dfrac{h}{h_o}$ h : 반발한 높이, h_o : 낙하높이	낙하시키는 추는 다이아몬드이다.	완성제품의 경도 측정에 사용한다.

제 7 편 기계재료

❺ 비파괴 시험
   ① 침투 탐상법   ② 자기분말 탐상법
   ③ 초음파 탐상법   ④ 방사선 탐상법

❻ 금속의 조직 검사
   ① 현미경 조직 검사 : 시험편을 채취하여 그 표면, 또는 절단면을 연마한 후, 그 연마면을 다시 화학적 또는 전해적으로 부식(etching)시켜 반사 현미경으로 검사하는 방법
   ② 매크로 조직 검사 : 10배 이내의 확대경을 사용하거나 육안으로 직접 관찰하여 금속 조직을 시험하는 방법

   ※ 부식제 : 철강 시료에 가장 널리 쓰이는 것으로는 염산 50ml를 물 50ml에 섞은 용액이다.

05 탄소강의 조직

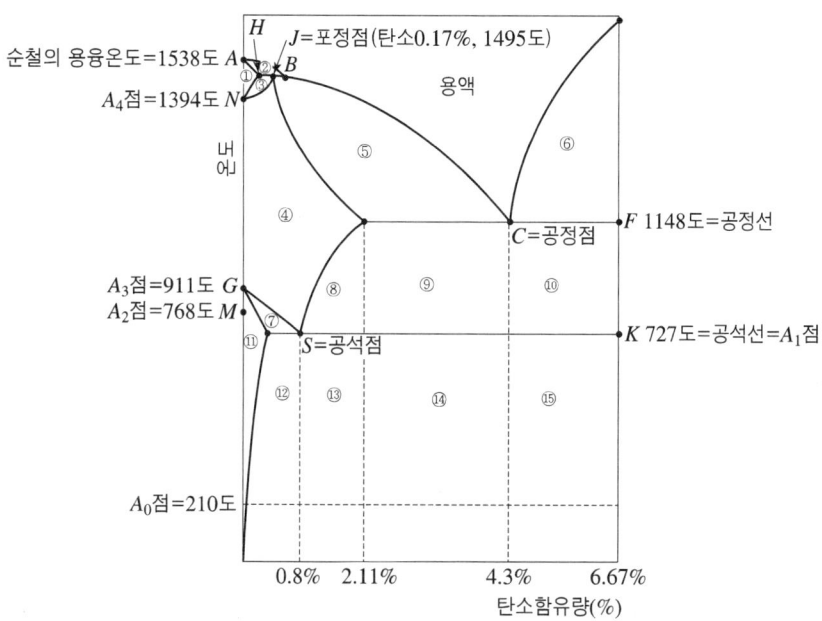

①의 조직 : δ 고용체 = δ 페라이트
②의 조직 : δ 고용체 + 용액
③의 조직 : δ 고용체 + γ 고용체
④의 조직 : γ 고용체 = 오스테나이트
⑤의 조직 : γ 고용체(= 오스테나이트) + Fe_3C(= 시멘타이트) + 용액

⑥의 조직 : 용액+Fe₃C(=시멘타이트)
⑦의 조직 : α 고용체(=페라이트)+γ 고용체(=오스테나이트)
⑧의 조직 : γ 고용체(=오스테나이트)+Fe₃C(=시멘타이트)
⑨의 조직 : γ 고용체(=오스테나이트)+레데뷰라이트(γ+Fe₃C)
⑩의 조직 : 레데뷰라이트(γ+Fe₃C)+시멘타이트(Fe₃C)
⑪의 조직 : α 고용체=페라이트
⑫의 조직 : 페라이트+펄라이트
⑬, ⑭, ⑮ : 펄라이트+Fe₃C(=시멘타이트)

변태	온도	내용	비교
A_0	210	시멘타이트의 자기변태	강
A_1	727	공석변태 austenite ↔ pearlite	강
A_2	768	철의 자기변태(α철 ↔ β철)	철강
A_3	911	철의 동소변태(α철 ↔ γ철)	철강
A_4	1398	철의 동소변태(γ철 ↔ δ철)	철강
A_{cm}	727~1145	과공석강의 시멘타이트의 고용 석출	강

❶ **오스테나이트** = γ 고용체 : γ 철에 최대 2.11(%)C까지 고용되어 있는 고용체로 A_1점 이상에서 안정한 조직으로 상자성체이며, 인성이 크다(H_B≒155).

❷ **페라이트** = α 고용체
α 철에 최대 0.0218(%) C까지 고용된 고용체로 전성과 연성이 크며, A_2점 이하에서는 강자성을 나타낸다(H_B≒90).

❸ **시멘타이트** = Fe₃C
6.67(%)C와 철의 화합물(Fe₃C)로서, 매우 단단하고 부스러지기 쉽다.(H_B≒820)

❹ **펄라이트** = α 고용체(페라이트)+Fe₃C(시멘타이트)
0.77%C 의 오스테나이트가 727℃ 이하로 냉각될 때 0.02%C의 페라이트와 6.67%C 시멘타이트로 석출되어 생긴 공석강으로, 현미경으로 보면 페라이트와 시멘타이트가 층상으로 나타나는 조직으로 펄라이트라 한다.

❺ **레데뷰라이트** = γ 고용체(오스테나이트)+Fe₃C(시멘타이크)
4.3%C의 용융철이 1148℃ 이하로 냉각될때 2.11%C의 오스테나이트와 6.67%C의 시멘타이트로 정출되어 생긴 공정주철이며, A_1 점 이상에서는 안정적으로 존재하는 조직으로 레데뷰라이트 라 한다. 경도가 크고 메지다.

※ 아공석강 : 페라이트+펄라이트
※ 과공석강 : 시멘타이트+펄라이트

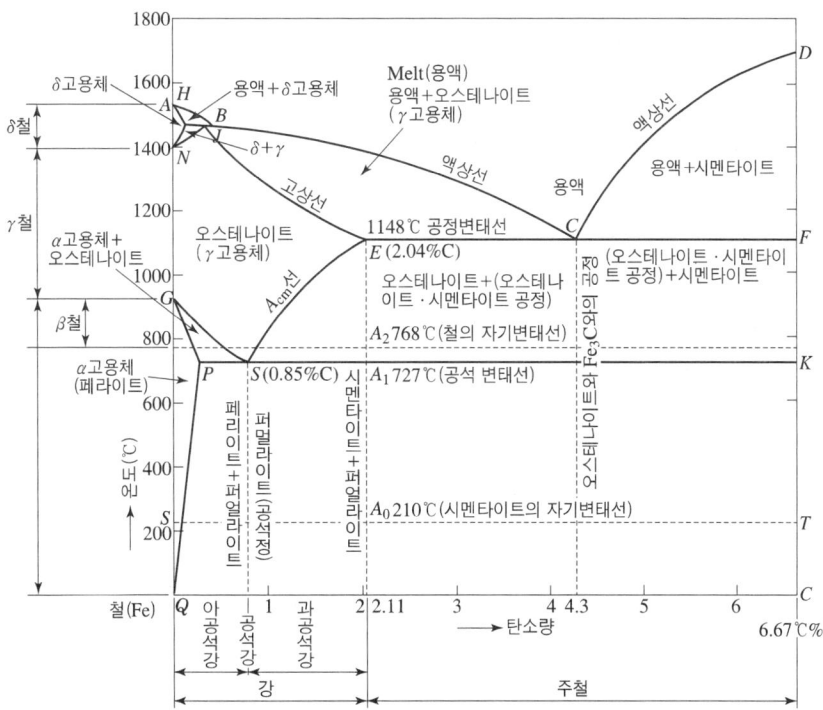

06 강의 열처리

❶ 담금질(Quenching)
① 방법 : 강을 A_{321} 변태점보다 30~50(℃) 정도의 높은 온도로 일정 시간 가열한 후 물 또는 기름과 같은 담금질제 중에서 급랭시켜 강하게 하거나 경도를 증가시킨다.

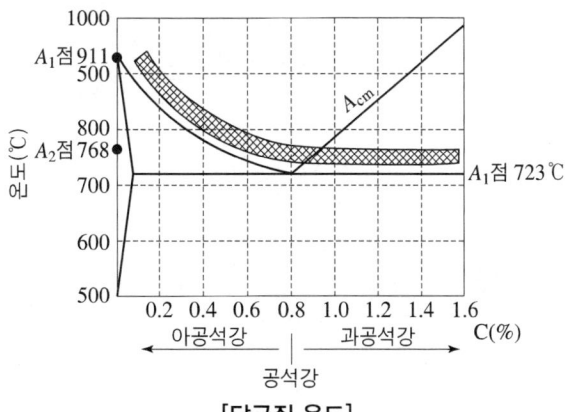

[담금질 온도]

※ 담금질조직의 경(硬)한 순으로 나열하면
  마텐자이트 > 트루스타이트 > 소르바이트 > 오스테나이트

※ 담금질조직의 냉각속도에 따른 조직 변화순서
  오스테나이트 > 마텐자이트 > 트루스타이트 > 소르바이트

조직이름	페라이트	오스테나이트	펄라이트	소르바이트	트루스타이트	마텐자이트	시멘타이트
경도(Hv)	90	155	255	270	400	720	1100

② 담금질 조직 : 담금질 조직에는 다음과 같은 4가지 조직이 있다.

조직명칭	조직	냉각방법	경도	성 질
마르텐자이트	$(\alpha - Fe + Fe_3C)$ 고용체	물에 급랭	720	• 경도가 가장 크다. • 단단하며 메짐성이 있음, 절삭공구
트루스타이트	$(\alpha - Fe + Fe_3C)$ 혼합물	기름에 급랭	400	• 부식이 잘된다. • 단단하고 인성이 있음, 목공구
소르바이트	$(\alpha - Fe + Fe_3C)$ 혼합물	공기중 서냉	270	• 탄성이 크다. • 스프링 재료
오스테나이트	$(\alpha - Fe + Fe_3C)$ 고용체	염수에 급랭	155	• 냉각속도가 가장 크다. • 연하나, 가공성이 불량하다. • 전기 저항율 크고, 연신율 크다.

❷ 뜨임(Tempering)

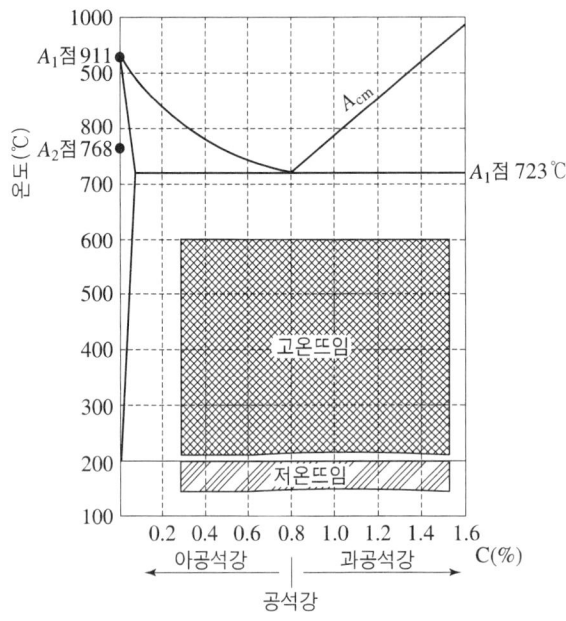

① 방법 : 담금질한 강은 경도는 크나 반면 취성을 가지게 되므로 경도는 다소 저하되더라도 인성을 증가시키기 위해 변태점 이하에서 재가열하여 재료에 알맞은 속도로 냉각시켜 주는 처리 서냉 또는 공냉

② 종류
  ㉠ 저온뜨임 : 담금질 조직에서 경도만이 요구하는 경우, 약 150[℃] 부근에서 뜨임하는 열처리
  ㉡ 고온뜨임 : 소르바이트 조직으로 만들어 인성을 증가시키기 위해 500~600(℃)에서 하는 열처리

❸ 불림(Normalizing)

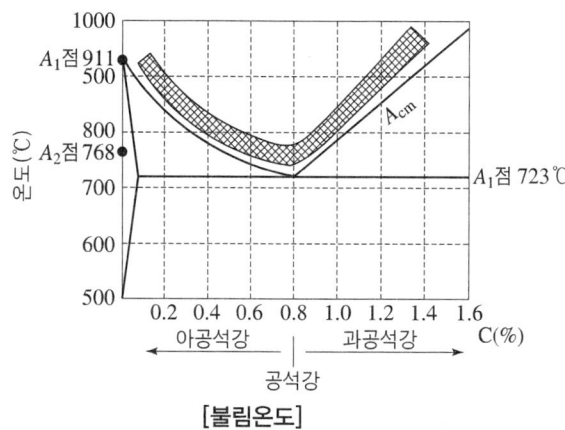

[불림온도]

강을 열간가공하거나 열처리를 할 때 필요이상의 고온으로 가열하면 γ고용체(오스테나이터)의 결정 입자가 조대해져 기계적 성질이 나빠진다. 이러한 조직을 A_3변태점(911℃) 또는 A_{cm}선보다 40~60℃높은 온도로 가열한 다음, 일정한 시간을 유지하면 균일한 오스테나이트 조직으로 된다. 그 다음 안정된 공기중에서 냉각(공냉) 시키면 미세하고 균일한 표준화 된 조직을 얻을수 있는데 이 열처리 조작을 불림(Normalizing)이라 한다.

열처리의 목적은 결정조직을 미세화 하과 냉간가공, 단조 등에 의한 내부응력을 제거하며, 기계적 성질, 물리적 성질 등을 개량하여 조직을 **표준화**시키는 열처리 방법이다

❹ 풀림(Annealing)
  ① **방법** : 재료를 단조, 주조 및 기계 가공을 하게 되면 가공 경화나 내부응력이 생기게 되는데 이를 제거하기 위해서 변태점 이상의 적당한 온도로 가열하여 서서히 냉각시키는 작업
  ② **목적**
    ㉠ 열처리로 경화된 재료를 연화시킨다.
    ㉡ 가공 경화된 재료를 연화시킨다.
    ㉢ 가공중의 내부 응력을 제거시킨다.
    ㉣ 인성의 향상 시킨다.
    ㉤ 재료의 불균일 제거한다.
    ㉥ 피 절삭성의 개선한다.
    ㉦ 기계적 성질의 개선한다.

③ 종류
  ㉠ 저온 풀림 : 응력제거 풀림, 프로세서 풀림, 구상화 풀림, 재결정 풀림
  ㉡ 고온 풀림 : 완전 풀림, 확산 풀림, 항온 풀림,

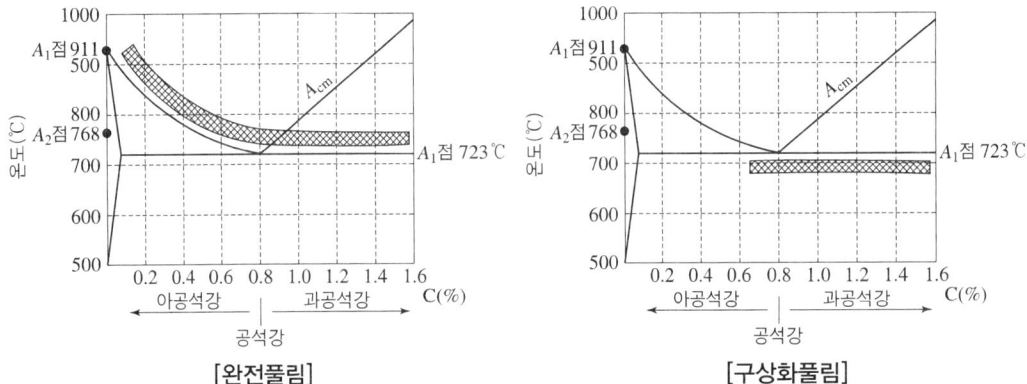

[완전풀림]　　　　　　　　　　　[구상화풀림]

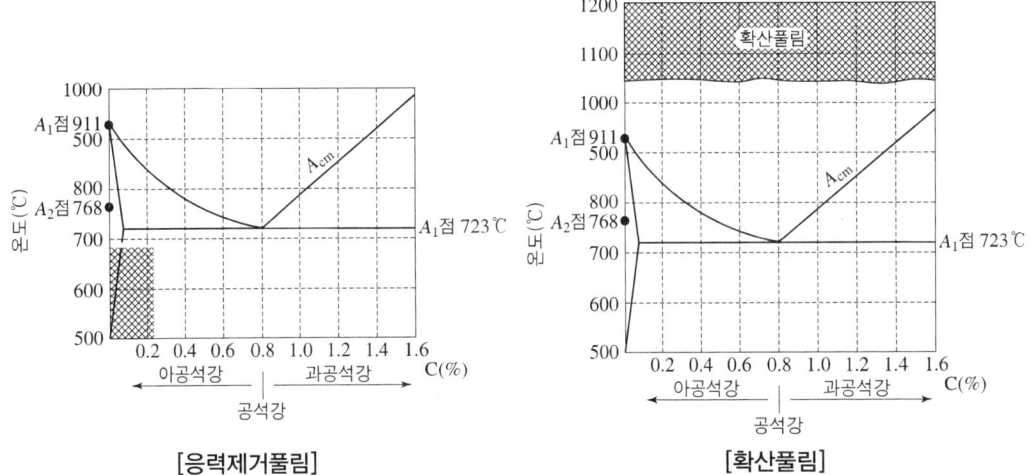

[응력제거풀림]　　　　　　　　　[확산풀림]

07 항온열처리

강을 오스테나이트 상태에서 냉각 할 때 냉각도중 어떤 온도에서 냉각을 정지하고 그 온도에서 변태를 한다. 이와 같은 변태를 항온변태라 한다.

① 특징 : 계단 열처리보다 균열이 방지되고 경도가 높고 인성이 커서 기계적 성질이 우수하다.
② 변태 개시 온도와 변태 완료 온도를 온도-시간 곡선으로 나타낸 것을 항온변태 곡선= TTT곡선=S곡선이라 한다.

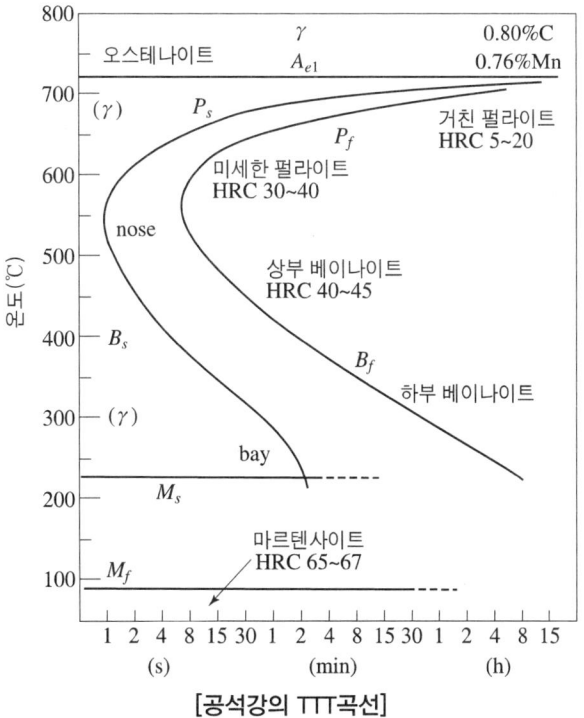

[공석강의 TTT곡선]

```
항온열처리 종류 ┬ 항온풀림 ──────── 공구강, 특수강, 기타 자경성이 강한 특수강의
                │ (isothermal annealing)   풀림에 사용
                │
                ├ 항온담금질 ─┬ 오스템퍼링(austempering)
                │ (isothermal quenching) ├ 마템퍼링(martempering)
                │             ├ 마퀜칭(marquenching)
                │             ├ Ms퀜칭(Ms quenching)
                │             └ 오스포밍(ausforming)
                │
                └ 항온뜨임 ──────── 뜨임에 의하여 2차 경화되는 고속도강이나
                  (isothermal tempering)  다이스강의 뜨임에 사용
```

※ 서브제로처리=심랭처리=영하처리 : 오스테나이트를 염욕에서 M_f 점 이하로 하여 잔류 오스테나이트를 제거하는 방법

❶ 항온풀림(isothermal annealing)

항온풀림은 옆의 그림과 같이 풀림온도가 가열한 강재를 비교적 급속히 펄라이트 변태가 진행되는 온도 즉 ,S 곡선의 코(nose)부근의 온도(600~700℃)에서 항온변태시키고, 변태가 끝난 후에 꺼내어 공냉한다. 보통 풀림시간보다 처리시간이 단축되고, 노를 순환적으로 이용할수 있다. 일반적으로 공구강, 특수강,기타 자경성이 강한 특수강 등의 풀림에 적합하다.

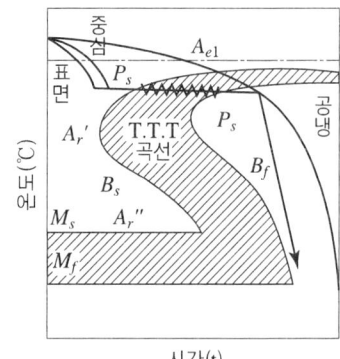

❷ 오스템프링(austempering)

담금질 온도에서 M_s점보다 높은 온도의 염욕 중에 넣어 항온변태를 끝낸 후에 상온까지 냉각하는 담금질 방법으로 옆의 그림과 같이 S곡선에서 코(nose)와 M_s점 사이에서 항온변태를 시킨 후 열처리 하는 것으로서 점성이 큰베이나이트 조직이 얻을 수 있어 뜨임할 필요가 없고 강인성이 크며, 담금질 균열 및 변형을 방지할 수 있다.

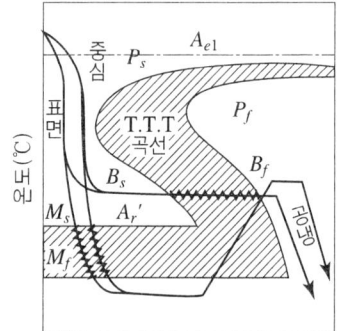

❸ 마템프링(martempering)

담금질 온도로 가열한 강재를 옆의 그림과 같이 M_s점과 M_f점사이의 항온 염욕에서 항온 변태를 시킨 후에 상온까기 공냉하는 담금질방법으로 경도가 크고 인성이 있는 마테자이트와 베이나이트 혼합조직이 얻으므로 담금질 변형및 균열방지, 취성제거에 이용되고 있으나, 항온시간이 너무 길어서 공업적으로 이용되기에는 어려움이 있다.

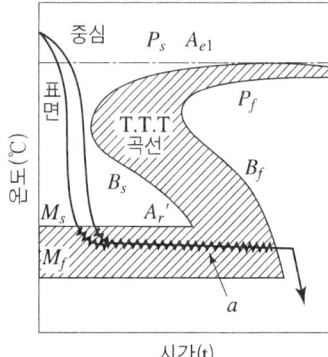

❹ 마퀜칭(marquenching)

담금질온도로 가열한 강재를 옆의 그림과 같이 M_s보다 다소 높은 온도의 염욕에서 담금질하여 강재의 내·외가 동일한 온도로 될 때까지 항온을 유지 시킨 후에 급냉하여 마텐자이트 변태를 시키는 담금질 방법으로 마퀜칭 후에 필요한 경도로 뜨임하여 이용한다. 마퀜칭을 하면 수중에서 담금질한 경우 보다 경도가 다소 낮아지나, 강의 내·외가경의 동시에 서서히 마텐자이트로 변화하므로 담금질 균열이나 변형이 생기기 않는다. 이 방법

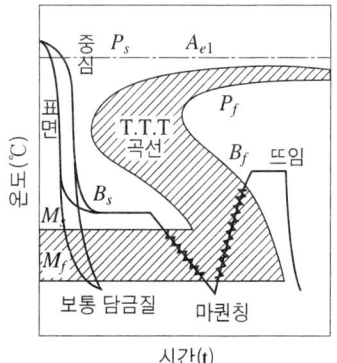

은 복잡한 물건의 담금질, 특히 고탄소강, r이지강, 베어링, 고속도강등의 합금강과 같이 수중에서 그냉하면 균열이 생기기 쉽고, 도 유중에서 급냉하면 변형이 많은 강재에 적합하다.

❺ **Ms퀜칭**(Ms quenching)
담금질온도로 가열한 강재를 옆의 그림과 같이 M_s점 보다 약간 낮은 온도의 염욕에 담금질하여 강의 내·외부가 동일 온도로 될 때까지 항온유지 (지름 25mm둥근 막대는 약 5분정도)한 후 꺼내어 물 또는 기름 중에 급냉하는 방법으로 잔류 오스테나이트를 제거한다.

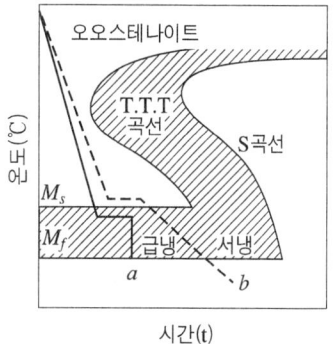

❻ **오스포밍**(ausforming)
오스포밍은 옆의 그림과 같이 강을 오느테나이트 상태로 가열한 후 항온 변태곡선 온도까지 급냉시켜 M_s 변태점 이상의 온도에서 항온 유지하고 소성가공을 하면서 담금질(유냉, 수냉)을 행한 후 마텐자이트 변태를 이으키게 한 뒤에 템프링하는 방법으로 마텐자이트 조직을 얻으며, 자동차스프링, 저합금구조용강, 초강인강등의 열처리에 적용 이용된다.

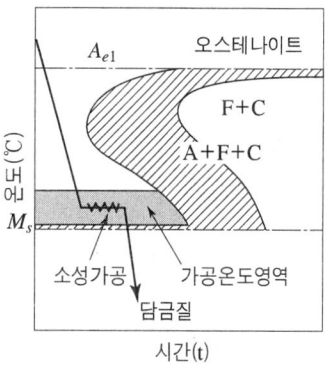

08 강의 표면 경화법

❶ **화학적인 방법**
① **침탄법** : 0.2(%) 이하의 저탄소강 또는 저탄소 합금강 소재를 침탄제 속에 파묻고 가열하여 그 표면에 C를 침입, 고용시키는 방법.
② **고체침탄법** : 철제 상자에 목탄, 코크스 등의 침탄제와 촉진제로 탄산바륨($BaCO_3$)을 혼합하여 넣고 밀폐한 다음, 이를 침탄제로 900~950(℃)로 일정시간 가열하여 침탄한 후 담금질하여 경화시킨다.
③ **가스침탄법** : 메탄가스나 프로판가스와 같은 탄화수소계의 가스를 사용한 방법으로 열효율이 좋고 작업이 간단하며, 연속적인 침탄이 가능하고 침탄온도에서 직접 담금질을 할 수 있어 대량 생산에 적합하다.
④ **액체침탄법** : 시안화나트륨(NaCN), 시안화칼륨(KCN), 등에 염화물(NaCl, KCl,

CaCl$_2$)이나 탄산염(Na$_2$CO$_3$, K$_2$CO$_3$) 등을 40~50(%) 첨가하여 600~900(℃)로 용해시킨 염욕중에 제품을 일정 시간 넣어 두고 C와 N가 강의 표면으로 들어가게 하는 침탄법으로, 침탄 질화법(carbonitriding) 또는 시안화법(cyaniding)이라고도 한다.

⑤ **질화법** : 강철을 암모니아(NH$_3$)가스와 같이 질소를 포함하고 있는 물질로 강의 표면을 경화시키는 방법으로 Al, Ti, V 등을 포함하는 강은 표면이 현저히 경화된다.

침탄법	질화법
• 경도가 질화법보다 낮다. • 침탄후의 열처리가 필요하다. • 경화에 의한 변형이 생긴다. • 침탄층은 질화층보다 여리지 않다. • 침탄 후 수정 가능 • 고온 가열시 뜨임되고 경도는 낮아진다.	• 경도가 침탄법보다 높다. • 질화 후의 열처리가 필요 없다. • 경화에 의한 변형이 적다. • 질화층은 여리다. • 질화 후 수정 불가능 • 고온 가열해도 경도는 낮아지지 않는다.

⑥ **금속 침투법** : 철과 친화력이 강한 금속을 표면에 침투시켜 내열층, 내식층을 만드는 방법으로 크로마이징(Cr침투), 칼로라이징(Al침투), 실리코나이징(Si침투), 부로나이징(B침투)등이 있다.

❷ **물리적인 방법**

① **화염경화법** : 0.4(%)C 정도의 탄소강 표면에 산소-아세틸렌 화염으로 표면만을 가열하여 오스테나이트 조직으로 한 다음, 물로 급랭하여 표면층만을 담금질하는 방법으로 기어의 잇면, 캠, 나사, 크랭크 축, 선반 베드 등 자동차 및 기계 부품의 국부 경화에 이용된다.

② **고주파경화법** : 표면 경화할 재료의 표면에 코일을 감아 고주파, 고전압의 전류를 흐르게 하여 내부까지는 적열되지 않고 표면만 경화시키는 방법

③ **쇼트 피닝** : 금속 재료의 표면에 강이나 주철의 작은 입자[ϕ0.5~1.0 (mm)]들을 고속으로 분사시켜, 가공 경화에 의하여 표면층의 경도를 높이는 방법으로 휨, 비틀림의 반복 하중에 대해서 피로한도를 현저하게 증가시킨다.

09 온도에 의한 여러 가지 메짐성

❶ **청열 메짐성**

금속재료는 일반적으로 온도의 상승과 더불어 강도가 감소하고 연신율은 커진다. 하지만 연강이나 탄소강은 200~300℃에서는 강도는 커지고, 연신율은 대단히 작아져서 결국 메짐성을 나타내나, 이때의 강은 청색의 산화 피막을 발생하는데, 이것을 청열 메짐성이라고 한다.

❷ 적열 메짐성
황이 많은 강은 고온에서 여린 성질을 나타내는데 이것을 적열 메짐성이라고 한다.

❸ 상온 메짐성
인은 강의 결정입자를 조대화 시켜서 강을 여리게 만들며, 특히 상온 또는 그 이하의 저온에 있어서는 특별히 현저해진다. 인은 상온 메짐성 또는 냉간 메짐성의 원인이 된다.

❹ 고온 메짐성
강은 구리의 함유량이 0.2% 이상으로 되면 고온에 있어서 현저히 여리게 되며, 결국 고온 메짐성을 일으킨다.

❺ 냉간 메짐성
강은 일반적으로 충격값은 100℃부근에서 최대이며, 상온이하에 있어서는 현저히 여리게 된다. 이것을 냉간 메짐성이라고 한다.

10 탄소강 중에 함유된 성분의 영향

❶ 탄소(C)
① 탄소의 함유량이 증가함에 따라 증가하는 것 : 비열, 전기저항
② 탄소의 함유량이 증가함에 따라 감소하는 것 : 비중, 열팽창계수, 열전도율, 내식성
③ 아공석강에서의 탄소의 영향 : 탄소가 함유량에 비례 하여 인장강도, 경도, 항복점등이 증가하며, 연신율 및 단면수축률은 탄소의 증가에 따라 감소한다.
④ 공석강에서의 탄소의 영향 : 공석강에서 인장강도가 최대가 된다.
⑤ 과공석강에서는 탄소함유량이 증가하여도 시멘타이트가 망상으로 나타나므로 인장강도는 탄소가 증가하여도 감소되나, 경도는 증가한다.

❷ 규소(Si)
① 강중에는 보통 0.1~0.35(%)정도 함유한다.
② 인장 강도, 경도, 탄성 한계를 증가하여 연신율과 충격값을 감소시킨다.
③ 단접, 용접성 및 냉간 가공성을 저하시킨다.
④ 정입자를 최대화하고 소성을 감소시킨다.

❸ 망간(Mn)
① 0.2~0.8(%)정도 함유한다.
② 강에 경도, 강도, 점성을 증가한다.
③ 탈산작용을 하여 강의 유동성을 좋게 한다.
④ 고온에서 결정의 성장을 저하시켜 조직을 치밀하게 한다.
⑤ 적열취성을 제거하고 절삭성을 개선한다.

❹ 인(P)
① 결정립을 조대화시키면서 경도와 인장 강도를 증가시킨다.
② 연신율 및 충격값을 감소시킨다.
③ 적당한 양은 용선의 유동성을 좋게 한다.
④ 가공 시 균열을 일으키며 상온 취성의 원인이다.

❺ 황(S)
① 강의 유동성을 해치고 기포가 발생한다.
② Mn과 결합하여 절삭성을 개선시킨다.
③ 단조, 압연 시 고온취성의 원인이다.
④ 0.02(%) S 이하일지라도 인장 강도, 연신율, 충격 값 등이 감소시킨다.

11 탄소강의 종류와 용도

❶ 탄소함유량에 따른 강의 분류

종별	C(%)	인장강도 (MPa)	용도	비고
극연강	0.12 미만	370 미만	강판, 리벳, 강관, 못, 강선	탄소함유량이 많을수록 인장강도가 커진다.
연강	0.13~0.2	370~430	강판, 리벳, 강관, 강봉, 볼트	
반연강	0.2~0.3	430~490	강판, 볼트, 너트, 기어, 레버	
반경강	0.3~0.4	490~540	강판, 차축	
경강	0.4~0.5	540~590	차축, 기어, 캠, 레일	
최경강	0.5~0.7	590~690	축, 기어, 레일, 스프링, 피아노선	
탄소공구강	0.6~1.5	690~490	목공구, 석공구, 정삭공구, 게이지	
표면경화용강	0.08~0.2	490~440	기어, 캠, 축	아공석강

❷ 구조용 탄소강

① **일반 구조용 압연강(SS)** : 특별한 기계적 성질을 요구하지 않는 곳에 사용되는 것으로 건축물, 교량, 철도 차량, 조선, 자동차 등에 강판(P), 평강(F), 강대(S), 형강(A), 봉강(B) 및 그 밖의 모양으로 쓰인다.

② **기계구조용 탄소강(SM)** : 일반구조용 압연 강재보다 신뢰도가 높아 기계의 중요한 부품에 쓰이는 강재로 평로, 전기로에서 제강한 킬드 강괴를 사용하여 만든다. SM45C 기계 구조용 탄소강 으로 탄소 함유량이 0.45% 이다.

❸ 탄소 공구강(STC)

목공에 쓰이는 공구나 기계에서 금속을 깎을 때 쓰이는 공구로 경도가 높고 내 마멸성이 있는 0.6~1.5(%)C의 고탄소강이며 공구강으로서의 구비조건은 다음과 같다.

[강재의 KS기호]

기호	설명	기호	설명
SM	기계구조용 탄소강재	SNC	Ni-Cr강재
SS	일반구조용 탄소강재	SWS	용접 구조용 압연강재
SC	주강	SBB	보일러용 압연강재
GC	회주철	SEH	내열강
SK	자석강	SKH	고속도공구강재
SF	단조품	HSS	표준고속도강
DC	구상흑연주철	STC	탄소공구강
WMC	백심가단주철	STS, STD, STF	합금공구강
BMC	흑심가단주철	SPS	스프링강
SBV	리벳용 압연강재		

12 합금강

- 합금의 분류
  - 구조용합금강 ─ 강인강
    - 니켈강(SN) : 니켈포함 미세화 인장강도증가되나 연신율은 감소되지 않음
    - 크롬강(SCr) : 크롬포함내마멸성이 좋아 내연기관의 실린더 라이너용
    - 니켈-크롬강(SNC) ; 인하고 탄성한도가 높으며 담금질 효과가 크나 뜨임메짐을 일으키기 쉽다.
    - 니켈-크롬-몰리브덴강(SNCM) : 니켈-크롬강의 뜨임 메짐을 방지하기 위해 적은 양의 몰리브덴을 첨가하여 강인성을 증가시키고, 담금질 할 경우에 질량 효과를 감소시켜 메짐을 방지할 수 있도록 개선한 강이다.
  - 공구용합금강
    - 고속도강(HSS)주성분이 0.8(%)C, 18(%)W, 4(%)Cr, 1(%)V로 된 것이 표준형
    - 초경합금 : 탄화텅스텐(WC), 탄화티탄(Tic), 탄화탄탈(TaC)의 가루를 소결하여 압축하여 만듦
    - 스텔라이트 : 주조 경질합금 열처리할 수 없다
    - 세라믹 : 알루미나(Al_2O_3)를 주성분으로 결합제를 사용하지 않고 소결 시킨 공구
    - 서멧 : 세라믹과 금속을 합쳐 만든 공구강
    - CBN공구 : 고경도 담금질강, 내열합금 등 난삭재의 가공에 사용된다. 열처리된 강도 가공가능
    - 다이아몬드 : 경도가 크므로 절삭 공구에 쓰이는데 연삭 숫돌의 드레서(dresser) 유리 절삭에 쓰인다.
  - 내식내열강
    - 내식강 ── 스테인레스강(SSC) : 불수강이라고도 하며 Cr의 함유량이 12% 이상인 것을 말한다.
    - 내열강(HRC)
      - 페라이트계
      - 오스테나이트계
  - 쾌삭강(SUM)
    - 황쾌삭강 : 황은 황화망간(MnS)으로 되어 절삭성은 향상시키나 기계적 성질은 떨어뜨린다.
    - 납쾌삭강 : 납을 첨가한 것으로 자동차 등의 중요 부품에 대량 생산용으로 널리 사용된다.
  - 스프링강
    - 철강재료
      - 냉간가공 : 철사스프링, 얇은 판 스프링 제작
      - 열간가공 : 탄소 0.6(%) 이상의 고탄소강에 규소를 넣어주고, 뜨임한 것으로 인장 강도와 탄성한계가 크고, 충격과 피로에 대하여 저항력이 크다.
    - 비철재료 ── 인청동 : 인으로 탈산시킨 것으로 스프링, 기어, 밸브 등에 사용된다.
  - 불변강
    - 인바 : 줄자, 표준자, 시계의 추 등의 재료에 사용
    - 엘린바 : 정밀 계측기기, 전자기 장치, 각종 정밀 부품 등의 주요 부품재료로 사용된다.
    - 초불변강(Super invar)(=초인바) : 인바보다 선팽창계수가 작다
    - 코엘린바 : 공기나 물 속에서 부식되지 않는다. 주로 스프링, 태엽 기상 관측용 기구 등의 부품 재료로 사용된다.

합금 원소	강 중에 나타나는 일반적인 특성
Ni	인성 증가, 저온 충격저항 증가
Cr	내식성, 내마모성 증가
Mo,	뜨임 여림성(=취성) 방지
Cu	공기중 내산화성 증가
Si	전자기 특성개선,탈산, 고용강화
Mo,Mn, W	고온에 있어서의 경도와 인장 강도 증가
Al,V, Ti, Zr,W	결정 입자의 조절
P, Si, Mo, Ni, Cr, W, Mn,Cu	페라이트조직의 강화
V, Mo. Mn, Cr, Ni, W, Cu, Si	담금질 효과, 침투성 향상
Al, V, Ti, Zr, Mo, Cr, Si, Mn	오오스테나이트 결정 입지의 성장 방지
V, Mo, W, Cr, Si, Mn, Ni	뜨임 저항성 향상
Ti, V, Cr, Mo, W	탄화물 생성 향상과 경도증가

13 주 철

❶ 주철의 특징
① 용융점이 낮고 유동성이 우수하다.
② 감쇠능이 우수하여 공작기계의 베드에 사용된다
③ 녹이 잘 생기지 않는다.
④ 마찰 저항이 우수하다.
⑤ 압축 강도가 크다.
⑥ 단위 무게 당 값이 싸다.

❷ 주철의 조직에 미치는 원소의 영향
① 탄소 : 함유량이 4.3(%) 범위 안에서는 탄소 함유량의 증가와 더불어 용융점이 저하되며, 주조성이 좋아진다.
② 규소 : 주철 중의 화합탄소를 분리하여 흑연화를 촉진하며 따라서 주철의 질을 연하게 하고 냉각 시 수축을 적게 한다.
③ 망간 : 황과 화합하여 황화망간(MnS)으로 되어 용해 금속 표면에 떠오르면, 함유량이 증가함에 따라 펄라이트는 미세해지고, 페라이트는 감소한다.
④ 황 : FeS로서 편석 하여 균열의 원인이 되고, 또한 많은 황이 존재하면 취성이 증가하며, 강도가 현저히 감소된다.
⑤ 인 : 주철 속에 들어가면 용융점이 저하되고 유동성이 좋아지나, 탄소의 용해도가 저하

되어 시멘타이트가 많아지면서 단단하고 취성이 커지므로, 보통 주물에서는 0.5(%)P 이하가 좋다.

※ **주철의 성장**(Growth of cast iron) : 주철을 A_1 변태점 이상의 온도에서 장시간 방치하거나 다시 되풀이하여 가열하면, 점차로 그 부피가 증가되고 변형이나 균열을 가져와 강도나 수명이 짧아지는 현상

※ **흑연화 촉진제** : Si, Ni, Al, Ti, Co
  흑연화 방지제 : Mo, S, Cr, Mn, V, W

❸ 주철의 종류

① 보통 주철
  ㉠ 회주철을 대표하는 주철로 인장강도가 10~25(kg/mm²)정도이며, 기계 가공성이 좋고 값이 싸다.
  ㉡ 강인성이 작고 단조가 안되나, 용융점이 낮고 유동성이 좋으므로 주조하기가 쉬워 널리 사용된다.
  ㉢ 일반 기계 부품, 수도관, 난방 용품, 가정용품, 농기구 등에 사용되며, 특히 공작 기계의 베드, 프레임 및 기계 구조물의 몸체 등에 널리 사용되고 있다.

② 고급 주철(=펄라이트 주철)
편상 흑연 주철 중에서 인장 강도가 25(kg/mm²)정도 이상의 주철로 바탕이 펄라이트로 되어 있어 펄라이트 주철이라고도 한다.
[고급 주철의 제조법]
  ㉠ 란쯔법 : 초정, Fe_3C를 없게 하고 지지를 펄라이트화 하는 방법
  ㉡ 에멜법 : 저탄소 주철이라 하며 $C_3(\%)$, $Si_2(\%)$의 고급 주철을 얻는 방법
  ㉢ 피보와르스키법 : 저탄소 고규소의 재료를 사용해서 흑연을 미세화하기 때문에 전기로에서 용탕을 과열하는 방법
  ㉣ 미한법 : Fe-Si 또는 Ca-Si등을 첨가해서 흑연 핵의 생성을 촉진시키는 방법으로 이조작을 접종이라 한다.

③ 특수주철
  ㉠ 가단주철 : 보통 주철의 결점인 여리고 약한 인성을 개선하기 위하여 백주철을 장시간 열처리하여 C의 상태를 분해 또는 소실시켜, 인성 또는 연성을 증가시킨 주철
    • 백심 가단주철 : 파단면이 흰색을 나타내며 강도는 흑심 가단주철 보다 다소 높으나 연신율은 작다.
    • 흑심 가단주철 : 표면은 탈탄되어 있으나 내부는 시멘타이트가 흑연화 되어서 파단면이 검게 보이는 주철
    • 펄라이트 가단주철 : 입상흑연과 입상 펄라이트 조직으로 된 주철로 인성은 약간 떨어지나, 강력하고 내마멸성이 좋다.
  ㉡ 구상 흑연 주철 : 용융 상태의 주철 중에 마그네슘, 세륨(Ce)또는 칼슘 등을 첨가 처리하여 흑연을 구상화한 것으로, 노듈라 주철(nodular cast iron), 덕타일 주철(ductile cast iron)등으로 불리며 인장강도, 내마멸성, 내식성 등이 우수하여 실린더 라이너, 피스톤, 기어 등에 사용한다.

ⓒ 칠드 주철 : 주조할 때 필요한 부분에만 모래 주형 대신 금형으로 하고, 금형에 접한 부분을 급랭, 칠(chill)화시켜 경도를 높인 것으로 내부가 연하고 표면이 단단하여 롤러, 차바퀴 등에 사용한다. 칠드 된 표면은 시멘타이트 조직이다.

ⓔ Maurer 상태도 : 탄소와 규소량에 따른 주철의 조직 관계를 표시한 것이다.

14 주 강

주강품은 모양이 크거나 복잡하여 단조품으로서는 만들기가 곤란하거나, 주철로서는 강도가 부족한 경우에 사용된다.

❶ 주강의 종류

① **보통주강(탄소주강)** : 탄소의 함유량에 따라 0.2(%) 이하의 저탄소 주강, 0.2~0.5(%)의 중탄소 주강, 0.5(%)이상의 고탄소 주강으로 구분한다.

② **망간주강**
　㉠ 저망간강(듀콜강=Ducole Steel) : 0.9~1.2(%)Mn인 주강으로 펄라이트계이며 열처리에 의하여 니켈-크롬 주강과 비슷한 기계적 성질을 가지게 되므로 제지용이나 롤러에 이용된다.
　㉡ 고망간강(하드필드강) : 12(%)Mn인 주강으로 인성이 높고, 내마멸성도 매우 크므로, 레일의 포인트, 분쇄기 롤러 등에 이용된다(절삭이 곤란하여 주물로 사용).

15 스테인레스강의 분류

성분계	조직	KS기호	특징
Cr계	마텐자이트 (13%Cr)	STS410	담금질경화성 있음 자성 있음
	페라이트 (15%Cr)	STS430	담금질경화성 없음 자성 있음
Cr-Ni계	오스테나이트 18%Cr-8%Ni	STS304	내식성 양호 담금질경화성 없음 자성 없음

16 베어링합금

① 화이트 메탈(WM)
  ㉠ 주석계 화이트 메탈=베빗메탈 : Sn+Sb+Cu
  ㉡ 납계 화이트 메탈=Pb+Sn+Sb+Cu
② 구리계 합금(KM) : 켈밋 : Cu+Pb
③ 알루미늄 합금 : (AM)
④ 카드뮴계 : Alzen305합금
⑤ 함유베어링(oilless Bearing) : 베어링 자체에 기름이 함유되어 있어 기름공급이 어려운부분에 사용되는 베어링

17 구리합금

- 구리와 그 합금
  - 황동
    - 톰백 : 모조금 아연5~20% 전연성이 좋고 색깔이 금색 모조금으로 사용, 판재 사용
    - 7 : 3황동 : 70Cu-30Zn의 합금, 가공용 황동의 대표, 자동차 방열기,탄피재료
    - 6 : 4황동 : 60Cu-40Zn황동중 가장 저렴 ,탈아연 부식 발생
    - 황동주물 : 절삭성과 주조성이 좋아 기계부품, 건축용 부품
    - 쾌삭황동 : 1.5~3.0%Pb 절삭성이 좋아 정밀절삭가공을 필요로 하는 기계용 기어,나사
    - 주석황동
      - 에드머럴티황동 : 7 : 3황동에 1%의 내의 Sn 첨가
      - 네이벌황동 : 6 : 4황동에 1%의 내의 Sn 첨가
    - 델타메탈 : 6 : 4황동에 1~2%Fe함유, 철황동 강도와 내식성 우수 광산, 선박, 화학기계에 사용
    - 망간니 : 황동에10~15%망간함유 전기저항률이 크고, 온도계수가 적어 표준저항기, 정밀기계에 사용
    - 양은 : 양백=Nickel Silver 10~20%Ni 장식품,악가.광학기계부품에 사용
  - 청동
    - 청동주물
      - 포금 : 8~12%의 Sn에 1~2%의 Zn을 함유, 해수에 잘 침식되지 않는다.
      - 에드머럴티포금 : 88%의 Cu, 10%Sn, 2%Zn의 합금으로 포금의 주조성과 절삭성개량
    - 베어링용청동 : 10~14%Sn, 내마멸성이 크므로 자동차나 일반기계의 베어링으로 사용
    - 인청동 : 인으로 탈산시킨 것으로 강인하고 내식성이 좋아 스프링재료
    - 알루미늄청동 : 약15%,Al함유,선박용, 화학공업용
    - 베릴륨청동 : 탄성이 좋은 점의 이용 , 고급스프링,벨로우즈(bellows)

18 알루미늄합금

- 알루미늄과 그 합금
  - 주물용 알루미늄합금
    - ① 알루미늄 - 구리계 합금 : 자동차 하우징, 버스 및 항공기 바퀴, 크랭크케이스
    - ② 알미늄 - 규소계합금
      - 실루민
      - Lo-Ex합금 : Al + Si + Cu + Mg + Ni 피스톤용으로 사용
      - 하이트로날륨 : Al + Mg(10%) : 열처리하지 않고 승용차의 커버, 휠디스크의 재료
    - ③ 알루미늄 - 마그네슘합금
    - ④ 다이캐스저용합금 : 라우탈, 실루민, 하이드로날륨
    - ⑤ Y합금 - Al + (4%Cu) + (2%Ni) + (1.5%Mg) : 피스톤재료로 사용
  - 가공용 알루미늄합금
    - 고강도알루미늄합금
      - 두랄루민 : Al+(4%Cu)+(0.5%Mg)+(0.5%Mn)
      - 초두랄루민 : Al+(4.5%Cu)+(1.5%Mg)+(0.6%Mn)
      - 초강두랄루민 : Al+(1.6%Cu)+(2.5%Mg)+(0.2%Mn)+(5.6%Zn)
  - 내식용 루니뮴합금
    - 알민
    - 알드레이
    - 하이드로날륨

19 마그네슘 합금

- 마그네슘과 그 합금
  - 다우메탈 : Mg-Al계 주조용합금으로 용해, 주조, 단조가 비교적용이
  - 엘렉트론 : Mg-Al-Zn계 주조용합금으로 성분에 따라 320~400℃에서 압출가공, 관, 봉, 피스톤

20 니켈합금

니켈과 그 합금
- 큐프로니켈 : 10~30%Ni을 함유한 것으로, 비철합금중 전연성이 가장크다. 화폐, 급수가열기
- 콘스탄탄 : 40~50%Ni 함유, 전기저항크고, 온도계수가 작다. 전기저항선, 열전쌍에 사용, 전기용 정밀부품
- 모넬메탈 : 65~70%Ni 함유, 주조, 및 단련이 쉽다. 고압, 과열증기 밸브 펌프 부품
- 니크롬 : Ni 에 15~20%Cr계 합금을 니크롬이라 하며 전기저항, 내열성, 고온경도 및 강도가 커 전기저항선에 사용
- 인코넬 : 70~80%Ni, 15%Cr 5%Fe 산성용액, 알칼리수용액, 각종 유기산에 잘견딘다, 내식성이 강하여 우유가공용, 전열기의 부품, 항공기의 배기밸브에 사용
- 크로멜 : Ni에 20%Cr이 함유된 합금을 크로멜이라 하며, 고온산화, 고온강도가 커서 고온용 발열체로 사용
- 알루멜 : 35%Al, 0.5%Fe, 나머지 Ni 열전대로 이용된다.
- 불변강 : Ni-Fe계 합금으로 , 인바, 슈퍼인바, 엘린바, 플래티나이트, 니칼로이, 퍼멀로이

21 주석 합금

주석과 그 합금
- 퓨터(=브리티니아 금속)장 : 장식품용은 4~7%의 Sb, 1~3%의 Cr을 함유한 주석합근
- 경석 : 0.4%의 Cu를 첨가 한것, 의약품 등에 대한 내식성이 좋아 튜브용기용 재료로 사용

22 납 합금

납과 그 합금
- 납 – 비소 합금납 : 케이블 피복용
- 납 – 칼슘 합금납 : 케이블 피복용이나 크리프 저항을 필요로 하는 관이나 판재
- 납 – 아티몬 · 합금 : 경연(hard lead)4~8%Sb을 함유한 Pb 합금, Sb 함유량이 적으면 판, 관의 가공용, Sb 함유량이 많으면 주물용으로 사용
- 활자합금 : Pb을 주성분으로 하는 Pb-Sb-Sn 합금

단기완성 일반기계기사 필기 과년도

2016

2016년 3월 6일 시행
2016년 5월 8일 시행
2016년 10월 1일 시행

일반기계기사

2016년 3월 6일 시행

제1과목 재료역학

001 그림과 같이 최대 q_o인 삼각형 분포하중을 받는 버팀 외팔보에서 B지점의 반력 R_B를 구하면?

① $\dfrac{q_o L}{4}$ ② $\dfrac{q_o L}{6}$

③ $\dfrac{q_o L}{8}$ ④ $\dfrac{q_o L}{10}$

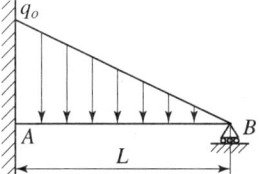

[해설]

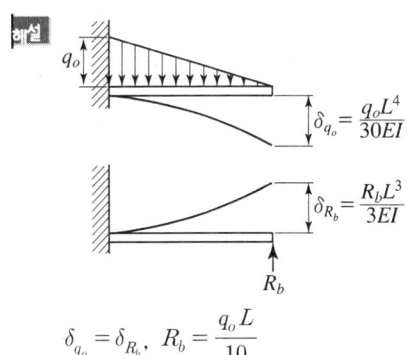

$\delta_{q_o} = \delta_{R_b}, \ R_b = \dfrac{q_o L}{10}$

해답 ④

002 그림과 같은 장주(long column)에 하중 P_{cr}을 가했더니 오른쪽 그림과 같이 좌굴이 일어났다. 이때 오일러 좌굴응력 σ_{cr}은? (단, 세로탄성계수는 E, 기중 단면의 회전반경(radius of gyration)은 r, 길이는 L이다.)

① $\dfrac{\pi^2 E r^2}{4L^2}$ ② $\dfrac{\pi^2 E r^2}{L^2}$

③ $\dfrac{\pi E r^2}{4L^2}$ ④ $\dfrac{\pi E r^2}{L^2}$

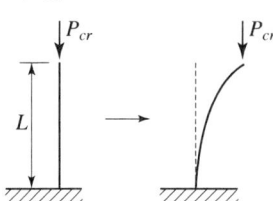

(좌굴하중) $P_B = \dfrac{\pi^2 EI}{4L^2}$

(좌굴응력) $\sigma_B = \dfrac{P_B}{A} = \dfrac{\pi^2 EI}{4L^2} \times \dfrac{1}{A} = \dfrac{\pi^2 E(A \times r^2)}{4L^2} \times \dfrac{1}{A} = \dfrac{\pi^2 E r^2}{4L^2}$

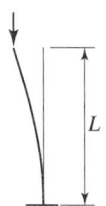

해답 ①

003 다음과 같은 평면응력상태에서 최대전단응력은 약 몇 MPa인가?

- x 방향 인장응력 : 175MPa
- y 방향 인장응력 : 35MPa
- xy 방향 전단응력 : 60MPa

① 38 ② 53
③ 92 ④ 108

 (최대전단응력) $\tau_{max} = \sqrt{\left(\dfrac{\sigma_x - \sigma_y}{2}\right)^2 + \tau_{xy}^2} = \sqrt{\left(\dfrac{175-35}{2}\right)^2 + 60^2} = 92.195\,\text{MPa}$

해답 ③

004 반지름이 r인 원형 단면의 단순보에 전단력 F가 가해졌다면, 이때 단순보에 발생하는 최대 전단응력은?

① $\dfrac{2F}{3\pi r^2}$ ② $\dfrac{3F}{3\pi r^2}$

③ $\dfrac{4F}{3\pi r^2}$ ④ $\dfrac{5F}{3\pi r^2}$

 (굽힘에 의해 발생되는 사각단면의 최대전단응력) $\tau_{max} = \dfrac{3}{2}\dfrac{F_{max}}{A} = \dfrac{3}{2}\dfrac{F_{max}}{bh}$

(굽힘에 의해 발생되는 원형단면의 최대전단응력) $\tau_{max} = \dfrac{4}{3}\dfrac{F_{max}}{A} = \dfrac{4}{3}\dfrac{F_{max}}{\pi r^2}$

해답 ③

005 바깥지름이 46mm인 속이 빈축이 120kW의 동력을 전달하는데 이때의 초당 회전수는 40rev/s이다. 이 축의 허용 비틀림 응력이 80MPa일 때, 안지름은 약 몇 mm 이하이어야 하는가?

① 29.8 ② 41.8
③ 36.8 ④ 48.8

해설 $H_{KW} = 120\text{kW}$

$$N = 40\frac{\text{rev}}{\text{s}} \times \frac{60s}{1\text{min}} = 2400\frac{\text{rev}}{\text{min}} = 2400\text{rpm}$$

$$T = 974000 \times \frac{H_{KW}}{N} = 974000 \times \frac{120}{2400} = 48700\text{kgfmm} = 477260\text{N} \cdot \text{mm}$$

$$\tau = \frac{T}{Z_p} = \frac{T}{\frac{\pi D_2^3}{16}(1-x^4)}, \quad 80 = \frac{477260}{\frac{\pi \times 46^3}{16}(1-x^4)}, \quad (\text{내외경비}) \; x = 0.91$$

$$x = \frac{D_1}{D_2}, \quad (\text{안지름}) \; D_1 = x \times D_2 = 0.91 \times 46 = 41.86\text{mm}$$

해답 ②

006
지름 d인 원형단면으로부터 절취하여 단면 2차 모멘트가 I가 가장 크도록 사각형 단면 [폭(b)×높이(h)]을 만들 때 단면 2차 모멘트를 사각형 폭(b)에 관한 식으로 옳게 나타낸 것은?

① $\dfrac{\sqrt{3}}{4}b^4$ ② $\dfrac{\sqrt{3}}{4}b^3$

③ $\dfrac{4}{\sqrt{3}}b^4$ ④ $\dfrac{4}{\sqrt{3}}b^4$

해설

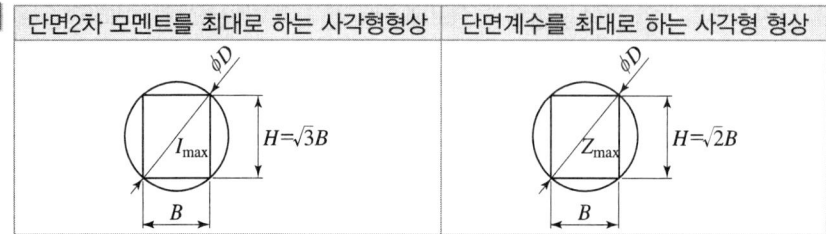

$$I = \frac{BH^3}{12} = \frac{B(\sqrt{3}B)^3}{12} = \frac{\sqrt{3}}{4}b^4$$

해답 ①

007
그림과 같은 외팔보가 하중을 받고 있다. 고정단에 발생하는 최대굽힘 모멘트는 몇 N·m인가?

① 250
② 500
③ 750
④ 1000

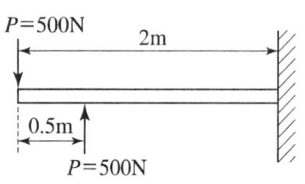

해설 (고정단의 굽힘모멘트) $M_B = (500\text{N} \times 2\text{m}) - (500\text{N} \times 1.5\text{m}) = 250\text{N} \cdot \text{m}$

해답 ①

008

재료시험에서 연강재료의 세로탄성계수가 210GPa로 나타났을 때 포아송 비(ν)가 0.303이면 이 재료의 전단탄성계수 G는 몇 GPa인가?

① 8.05
② 10.51
③ 35.21
④ 80.58

해설 $1mE = 2G(m+1) = 3K(m-2)$
여기서, m : 포와송의 수, E : 종탄성계수, G : 횡탄성계수, K : 체적탄성계수
$1mE = 2G(m+1)$
$1 \times \dfrac{1}{0.303} \times 210 = 2 \times G\left(\dfrac{1}{0.303} + 1\right)$
(전단탄성계수) $G = 80.583\text{GPa}$

해답 ④

009

그림과 같이 강봉에서 A, B가 고정되어 있고 25℃에서 내부응력은 0인 상태이다. 온도가 −40℃로 내렸을 때 AC 부분에서 발생하는 응력은 약 몇 MPa인가? (단, 그림에서 A_1은 AC 부분에서의 단면적이고 A_2는 BC 부분에서의 단면적이다. 그리고 강봉의 탄성계수는 200GPa이고, 열팽창계수는 12×10^{-6}/℃이다.)

① 416
② 350
③ 208
④ 154

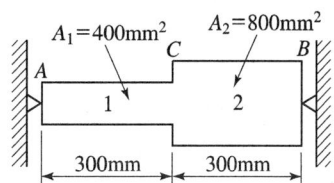

해설 (전체늘음량) ΔL_t
$\Delta L_t = (\alpha_1 \times \Delta T \times L_1) + (\alpha_2 \times \Delta T \times L_2)$
$= (12 \times 10^{-6} \times 65 \times 300) + (12 \times 10^{-6} \times 65 \times 300) = 0.468\text{mm}$
$\Delta L_t = \Delta L_1 + \Delta L_2 = \dfrac{\sigma_{AC} \times L_1}{E} + \dfrac{\sigma_{BC} \times L_2}{E}$
$0.468 = \dfrac{\sigma_{AC} \times 300}{200 \times 10^3} + \dfrac{\sigma_{BC} \times 300}{200 \times 10^3}$, $\sigma_{AC} + \sigma_{BC} = 312[\text{MPa}]$ ·················· ①
$F_{AC} = F_{BC}$, $\sigma_{AC} \times A_1 = \sigma_{BC} \times A_2$
$\sigma_{AC} \times 400 = \sigma_{BC} \times 800$, $\sigma_{AC} = 2\sigma_{BC}$ ························· ②

①과 ②식에서
$\sigma_{AC} + \sigma_{BC} = 312[\text{MPa}]$ ·· ①
$\sigma_{AC} = 2\sigma_{BC}$ ··· ②
$3\sigma_{BC} = 312[\text{MPa}]$
$\sigma_{BC} = 104[\text{MPa}]$, $\sigma_{AC} = 208[\text{MPa}]$

해답 ③

010 그림과 같은 트러스 구조물의 AC, BC부재가 핀 C에서 수직하중 $P=1000N$의 하중을 받고 있을 때 AC부재의 인장력은 약 몇 N이가?

① 141
② 707
③ 1414
④ 1732

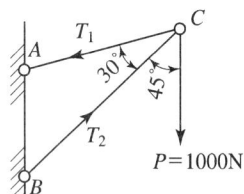

해설

$$\frac{T_2}{\sin 285} = \frac{T_1}{\sin 45} = \frac{P}{\sin 30}$$

$$T_1 = \frac{P}{\sin 30} \times \sin 45 = \frac{1000}{\sin 30} \times \sin 45 = 1414.21 N$$

해답 ③

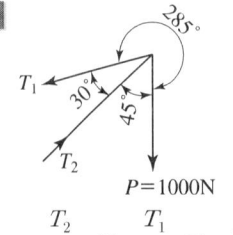

011 보의 길이 l에 등분포하중 w를 받는 직사각형 단순보의 최대 처짐량에 대하여 옳게 설명한 것은? (단, 보의 자중은 무시한다.)

① 보의 폭에 정비례한다.   ② l의 3승에 정비례한다.
③ 보의 높이의 2승에 반비례한다.   ④ 세로탄성계수에 반비례한다.

해설

$$\delta_{max} = \frac{5wl^4}{384EI}$$

해답 ④

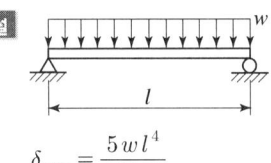

012 양단이 고정된 축을 그림과 같이 $m-n$ 단면에서 T 만큼 비틀면 고정단 AB에서 생기는 저항 비틀림 모멘트의 비 T_A/T_B는?

① $\frac{b^2}{a^2}$ ② $\frac{b}{a}$
③ $\frac{a}{b}$ ④ $\frac{a^2}{b^2}$

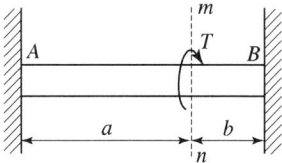

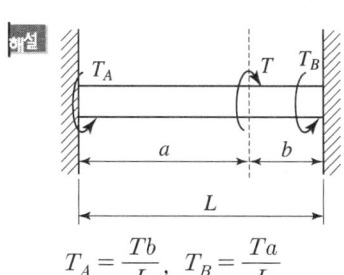

$$T_A = \frac{Tb}{L}, \ T_B = \frac{Ta}{L}$$

해답 ②

013

그림과 같은 원형 단면봉에 하중 P가 작용할 때 이 봉의 신장량은? (단, 봉의 단면적은 A, 길이는 L, 세로탄성계수는 E이고, 자중 W를 고려해야 한다.)

① $\dfrac{PL}{AE} + \dfrac{WL}{2AE}$ ② $\dfrac{2PL}{AE} + \dfrac{2WL}{2AE}$

③ $\dfrac{PL}{2AE} + \dfrac{WL}{AE}$ ④ $\dfrac{PL}{AE} + \dfrac{WL}{AE}$

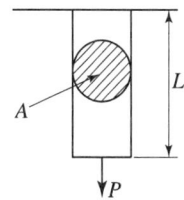

해설 (신장량) $\lambda = \lambda_P + \lambda_W$

(외력 P에 의한 신장량) $\lambda_P = \dfrac{PL}{AE}$

(자중 W에 의한 신장량) $\lambda_W = \dfrac{WL}{2AE}$

(신장량) $\lambda = \dfrac{PL}{AE} + \dfrac{WL}{2AE}$

해답 ①

014

직사각형 단면(폭×높이)이 4cm×8cm이고 길이 1m의 외팔보의 전 길이에 6kN/m의 등분포하중이 작용할 때 보의 최대 처짐각은? (단, 탄성계수 $E=$ 210GPa이고 보의 자중은 무시한다.)

① 0.0028rad   ② 0.0028°
③ 0.0008rad   ④ 0.0008°

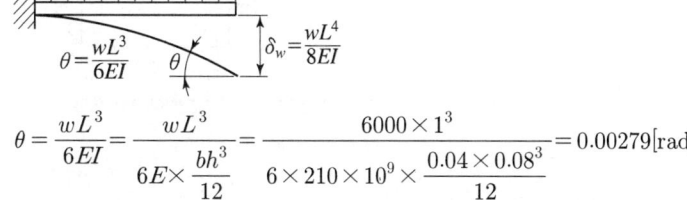

$$\theta = \frac{wL^3}{6EI} = \frac{wL^3}{6E \times \frac{bh^3}{12}} = \frac{6000 \times 1^3}{6 \times 210 \times 10^9 \times \frac{0.04 \times 0.08^3}{12}} = 0.00279[\text{rad}]$$

해답 ①

015 다음 중 수직응력(normal stress)을 발생시키지 않는 것은?
① 인장력　　　② 압축력
③ 비틀림 모멘트　　　④ 굽힘 모멘트

해설 비틀림모멘트는 전단응력이 발생한다.
(비틀림에 의한 전단응력) $\tau = \dfrac{T}{Z_P}$

해답 ③

016 그림과 같은 일단 고정 타단지지 보에 등분포 하중 w가 작용하고 있다. 이 경우 반력 R_A와 R_B는? (단, 보의 굽힘강성 EI는 일정하다.)

① $R_A = \dfrac{4}{7}wL$, $R_B = \dfrac{3}{7}wL$

② $R_A = \dfrac{3}{7}wL$, $R_B = \dfrac{4}{7}wL$

③ $R_A = \dfrac{5}{8}wL$, $R_B = \dfrac{3}{8}wL$

④ $R_A = \dfrac{3}{8}wL$, $R_B = \dfrac{5}{8}wL$

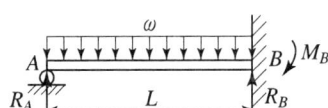

해설

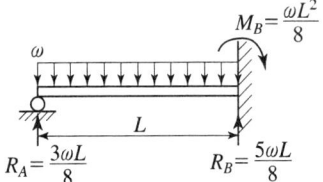

해답 ④

017 그림과 같은 블록의 한쪽 모서리에 수직력 10kN이 가해질 경우, 그림에서 위치한 A점에서의 수직응력 분포는 약 몇 kPa인가?

① 25
② 30
③ 35
④ 40

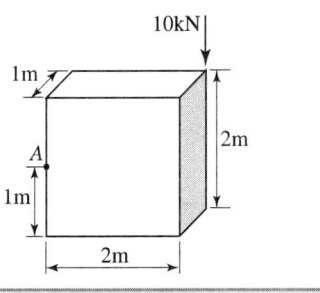

해설 (면적) $A = 2 \times 1 = 2\text{m}^2$

$M_x = P \times \dfrac{h}{2} = 10 \times \dfrac{1}{2} = 5\text{kN}\cdot\text{m}$

$M_y = P \times \dfrac{b}{2} = 10 \times \dfrac{2}{2} = 10\text{kN}\cdot\text{m}$

(y축 단면계수) $Z_y = Z_{AB} = Z_{CD} = \dfrac{hb^2}{6} = \dfrac{1 \times 2^2}{6} = \dfrac{2}{3}\text{m}^3$

(x축 단면계수) $Z_x = Z_{AD} = Z_{BC} = \dfrac{bh^2}{6} = \dfrac{2 \times 1^2}{6} = \dfrac{1}{3}\text{m}^3$

(직접압축응력) $\sigma_n = \dfrac{P}{A} = \dfrac{10}{2} = 5\text{kPa}(\text{압축})$

$\sigma_{AD} = \dfrac{M_x}{Z_x} = \dfrac{5}{\frac{1}{3}} = 15\text{kPa}(\text{인장})$

$\sigma_{BC} = \dfrac{M_x}{Z_x} = \dfrac{5}{\frac{1}{3}} = 15\text{kPa}(\text{압축})$

$\sigma_{AB} = \dfrac{M_y}{Z_y} = \dfrac{10}{\frac{2}{3}} = 15\text{kPa}(\text{인장})$

$\sigma_{CD} = \dfrac{M_y}{Z_y} = \dfrac{10}{\frac{2}{3}} = 15\text{kPa}(\text{압축})$

(A지점의 응력) $\sigma_A = \sigma_n + \sigma_{AD} + \sigma_{AB}$
   $= 5\text{kPa}(\text{압축}) + 15\text{kPa}(\text{인장}) + 15\text{kPa}(\text{인장}) = 25\text{kPa}(\text{인장})$

[참고] (B지점의 응력) $\sigma_B = \sigma_n + \sigma_{AB} + \sigma_{BC}$
   $= 5\text{kPa}(\text{압축}) + 15\text{kPa}(\text{인장}) + 15\text{kPa}(\text{압축})$
   $= 5\text{kPa}(\text{압축})$
(C지점의 응력) $\sigma_C = \sigma_n + \sigma_{BC} + \sigma_{CD}$
   $= 5\text{kPa}(\text{압축}) + 15\text{kPa}(\text{압축}) + 15\text{kPa}(\text{압축})$
   $= 35\text{kPa}(\text{압축})$
(D지점의 응력) $\sigma_D = \sigma_n + \sigma_{AD} + \sigma_{CD}$
   $= 5\text{kPa}(\text{압축}) + 15\text{kPa}(\text{인장}) + 15\text{kPa}(\text{압축})$
   $= 5\text{kPa}(\text{압축})$

해답 ①

018
길이가 3.14m인 원형 단면의 축 지름이 40mm일 때 이 축이 비틀림 모멘트 100N·m를 받는다면 비틀림각은? (단, 전단 탄성계수는 80GPa이다.)

① 0.156°
② 0.251°
③ 0.895°
④ 0.625°

해설 $\theta = \dfrac{TL}{GI_P} \times \dfrac{180}{\pi} = \dfrac{100 \times 3.14}{80 \times 10^9 \times \dfrac{\pi \times 0.04^4}{32}} \times \dfrac{180}{\pi} = 0.895°$

해답 ③

019 단면의 치수가 $b \times h = 6\text{cm} \times 3\text{cm}$인 강철보가 그림과 같이 하중을 받고 있다. 보에 작용하는 최대 굽힘응력은 약 몇 N/cm^2인가?

① 278
② 556
③ 1111
④ 2222

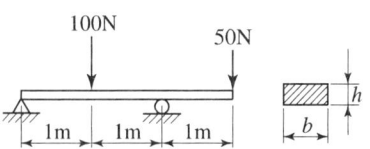

해설 (굽힘응력) $\sigma_b = \dfrac{M}{Z} = \dfrac{5000[\text{N} \cdot \text{cm}]}{\dfrac{6 \times 3^2}{6}[\text{cm}^3]}$

$= 555.56 \left[\dfrac{\text{N}}{\text{cm}^2}\right]$

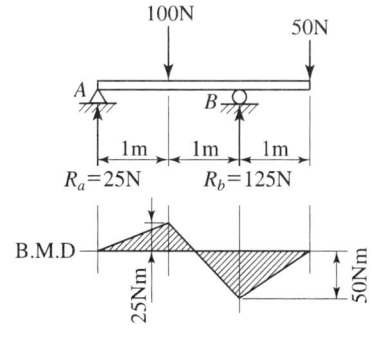

해답 ②

020 힘에 의한 재료의 변형이 그 힘의 제거(際去)와 동시에 원형(原形)으로 복귀하는 재료의 성질은?

① 소성(plasticity)
② 탄성(elasticity)
③ 연성(ductility)
④ 취성(brittleness)

해설
- **소성**(Plasticity) : 힘에 의한 재료의 변형이 그 힘을 제거 하였을 때 영구변형이 존재하는 성질
- **탄성**(Elasticity) : 힘에 의한 재료의 변형이 그 힘을 제거 하였을 때 처음의 상태(원형(原型))으로 복귀 하는 재료의 성질

해답 ②

제2과목 기계열역학

021 랭킨 사이클의 열효율 증대 방법에 해당하지 않는 것은?

① 복수기(응축기) 압력 저하
② 보일러 압력 증가
③ 터빈의 질량유량 증가
④ 보일러에서 증기를 고온으로 가열

해설 **랭킨사이클의 열효율 증가 방법**
① 복수기(응축기)압력 저하시킨다.

② 보일러 압력 증가시킨다.
③ 보일러에서 증기를 고온으로 과열시킨다.
④ 터빈입구의 온도, 압력(초온, 초압)을 상승시킨다.
※ 동작물질의 증가(증기량)의 증가는 터빈에서 한 일의 증가만큼, 보일러에서 공급되는 열량의 증가와 비례되기 때문에 전체 시스템의 열효율은 변하지 않는다.

해답 ③

022

질량으로 m이고 비체적이 v인 구(sphere)의 반지름이 R이면, 질량이 $4m$이고, 비체적이 $2v$인 구의 반지름은?

① $2R$　　　　② $\sqrt{2}\,R$
③ $\sqrt[3]{2}\,R$　　　④ $\sqrt[3]{4}\,R$

해설

(반지름이 R'인 구의 비체적) $v' = \dfrac{\frac{4}{3}\pi R'^3}{4m}$

(반지름이 R인 구의 비체적) $v = \dfrac{\frac{4}{3}\pi R^3}{m}$

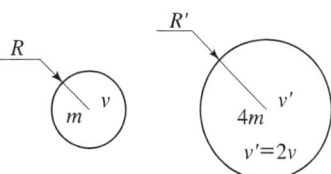

$v' = 2v$, $\dfrac{\frac{4}{3}\pi R'^3}{4m} = 2 \times \dfrac{\frac{4}{3}\pi R^3}{m}$, $R' = 2R$

해답 ①

023

내부에너지가 40kJ, 절대압력이 200kPa, 체적이 0.1m³, 절대온도가 300K인 계의 엔탈피는 약 몇 kJ인가?

① 42　　　　② 60
③ 80　　　　④ 240

해설 (엔탈피) $H = U + PV = 40 + (200 \times 0.1) = 60\,\text{kJ}$

해답 ②

024

비열비가 1.29, 분자량이 44인 이상 기체의 정압비열은 약 몇 kJ/kg·K 인가? (단, 일반기체상수는 8.314kJ/kmol·K이다.)

① 0.51　　　② 0.69
③ 0.84　　　④ 0.91

해설

(정압비열) $C_p = \dfrac{kR}{k-1} = \dfrac{1.29 \times \dfrac{8.314}{44}}{1.29 - 1} = 0.84\,\dfrac{\text{kJ}}{\text{kg}\cdot\text{K}}$

해답 ③

025
기체가 열량 80kJ을 흡수하여 외부에 대하여 20kJ의 일을 하였다면 내부에너지 변화는 몇 kJ인가?

① 20
② 60
③ 80
④ 100

해설 $_1Q_2 = \Delta U + {_1W_2}$, $(+)80 = \Delta U + 20$
(내부에너지의 변화) $\Delta U = 60$ kJ

해답 ②

026
다음 중 폐쇄계의 정의를 올바르게 설명한 것은?

① 동작물질 및 일과 열이 그 경계를 통과하지 아니하는 특정 공간
② 동작물질은 계의 경계를 통과할 수 없으나 열과 일은 경계를 통과할 수 있는 특정 공간
③ 동작물질은 계의 경계를 통과할 수 있으나 열과 일은 경계를 통과할 수 없는 특정 공간
④ 동작물질 및 일과 열이 모두 그 경계를 통과할 수 있는 특정 공간

해설 ① 밀폐계=폐쇄계(密閉係=閉鎖係, closed system)
계 내의 동작물질이 계의 경계를 통하여 주위로 이동할 수는 없으나 열이나 일등 에너지의 이동은 존재하는 계로서 비유동계(非流動係, nonflow system)라고도 한다. 피스톤-실린더 내의 공간은 밀폐계의 예이다.
② 개방계(開放係, open system)
동작물질이 계의 경계를 통하여 주위로 이동하고 열이나 일등 에너지의 이동이 있는 계이다. 유동계(流動係 ; flow system)라고도 한다.- 펌프, 터빈
③ 고립계(孤立係, isolated system)
계의 경계를 통해서 물질이나 에너지의 이동이 전혀 없는 계이다. 주위와 아무런 상호작용을 하지 않으며 절연계(絕緣係)라고도 한다.

해답 ②

027
실린더 내부에 기체가 채워져 있고 실린더에는 피스톤이 끼워져 있다. 초기 압력이 50kPa, 초기 체적 0.05m³인 기체를 버너로 $PV^{1.4}$=constant가 되도록 가열하여 기체 체적이 0.2m³이 되었다면, 이 과정 동안 시스템이 한 일은?

① 1.33kJ
② 2.66kJ
③ 3.99kJ
④ 5.32kJ

해설 $_1W_2 = \dfrac{1}{n-1}(P_1V_1 - P_2V_2) = \dfrac{1}{1.4-1}(50 \times 0.05 - 7.18 \times 0.2) = 2.66$ kJ
$P_1V_1^{1.4} = P_2V_2^{1.4}$, $50 \times 0.05^{1.4} = P_2 \times 0.2^{1.4}$, $P_2 = 7.18$ kPa

해답 ②

028

체적이 0.01m³인 밀폐용기에 대기압의 포화혼합물이 들어있다. 용기 체적의 반은 포화액체, 나머지 반은 포화증기가 차지하고 있다면, 포화혼합물은 전체의 질량과 건도는? (단, 대기압에서 포화액체와 포화증기의 비체적은 각각 0.001044m³/kg, 1.6729m³/kg이다.)

① 전체 질량 : 0.0119kg, 건도 : 0.50
② 전체 질량 : 0.0119kg, 건도 : 0.00062
③ 전체 질량 : 4.792kg, 건도 : 0.50
④ 전체 질량 : 4.792kg, 건도 : 0.00062

 (포화액체의 체적) $V' = \dfrac{V_{전체}}{2} = \dfrac{0.01}{2} = 0.005\text{m}^3$

(포화액체의 질량) $m' = \dfrac{V'}{v'} = \dfrac{0.005}{0.001044} = 4.789\text{kg}$

(포화증기의 체적) $V'' = \dfrac{V_{전체}}{2} = \dfrac{0.01}{2} = 0.005\text{m}^3$

(포화증기의 질량) $m'' = \dfrac{V''}{v''} = \dfrac{0.005}{1.6729} = 0.00298\text{kg}$

(전체 질량) $m = m' + m'' = 4.79198\text{kg} \fallingdotseq 4.792\text{kg}$

(건도) $x = \dfrac{m'}{m} = \dfrac{0.00298}{4.792} = 0.000618 \fallingdotseq 0.00062$

해답 ④

029

여름철 외기의 온도가 30°C일 때 김치냉장고의 내부를 5°C로 유지하기 위해 3kW의 열을 제거해야 한다. 필요한 최소 동력은 약 몇 kW인가? (단, 이 냉장고는 카르노 냉동기이다.)

① 0.27
② 0.54
③ 1.54
④ 2.73

$COP = \dfrac{Q_L}{W_{net}} = \dfrac{T_L}{(T_H - T_L)}$

(필요한 최소동력) $W_{net} = \dfrac{Q_L}{\dfrac{T_L}{(T_H - T_L)}} = \dfrac{3}{\dfrac{5+273}{(30-5)}} = 0.269\text{kW}$

해답 ①

030

준평형 정적과정을 거치는 시스템에 대한 열전달량은? (단, 운동에너지와 위치에너지의 변화는 무시한다.)

① 0이다.
② 이루어진 일량과 같다.
③ 엔탈피 변화량과 같다.
④ 내부에너지 변화량과 같다.

$\delta q = du + Pdv$, (정적과정) $dv = 0$, $\delta q = du$

해답 ④

031

2개의 정적과정과 2개의 등온과정으로 구성된 동력 사이클은?

① 브레이턴(brayton)사이클
② 에릭슨(ericsson)사이클
③ 스털링(stirling)사이클
④ 오토(otto)사이클

해설 스털링엔진은 19세기 초반 영국의 Robert Stirling에 의해 열공기엔진(Hot Air Engine)으로 개발된 외연기관으로, 피스톤과 실린더로 이루어진 밀폐공간내에 헬륨, 수소 등의 작동가스를 밀봉하고 이를 외부에서 가열 냉각시킴으로써 발생하는 피스톤의 운동을 통해 기계적인 에너지를 얻을 수 있다. 2개의 등온과정과 2개의 정적과정으로 구성된다.

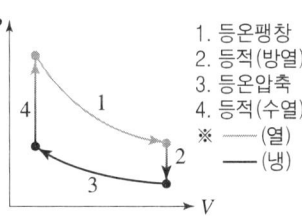

1. 등온팽창
2. 등적(방열)
3. 등온압축
4. 등적(수열)
※ ----- (열)
── (냉)

해답 ③

032

4kg의 공기가 들어 있는 용기 A(체적 $0.5m^3$)와 진공 용기 B(체적 $0.3m^3$) 사이클 밸브로 연결하였다. 이 밸브를 열어서 공기가 자유팽창하여 평형에 도달했을 경우 엔트로피 증가량은 약 몇 kJ/K 인가? (단, 온도 변화는 없으며 공기의 기체상수는 0.287kJ/kg·K이다.)

① 0.54
② 0.49
③ 0.42
④ 0.37

해설 $\Delta S = mR \ln \dfrac{V_2}{V_1} = 4 \times 0.287 \times \ln \dfrac{0.8}{0.5} = 0.539 \left[\dfrac{kJ}{K}\right]$

해답 ①

033

물 2kg을 20℃에서 60℃가 될 때까지 가열할 경우 엔트로피 변화량은 약 몇 kJ/K 인가? (단, 물의 비열은 4.184kJ/kg·K 이고, 온도 변화과정에서 체적은 거의 변화가 없다고 가정한다.)

① 0.78
② 1.07
③ 1.45
④ 1.96

해설 $\Delta S = mC \ln \dfrac{T_2}{T_1} = 2 \times 4.184 \times \ln \dfrac{60+273}{20+273} = 1.07 \left[\dfrac{kJ}{K}\right]$

해답 ②

034

밀폐 시스템이 압력 $P_1 = 200kPa$, 체적 $V_1 = 0.1m^3$ 인 상태에서 $P_2 = 100kPa$, $V_2 = 0.3m^3$인 상태까지 가역팽창되었다. 이 과정이 $P-V$ 선도에서 직선으로 표시된다면 이 과정 동안 시스템이 한 일은 약 몇 kJ인가?

① 10
② 20
③ 30
④ 45

해설

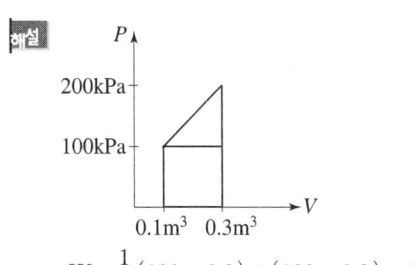

$W = \frac{1}{2}(100 \times 0.2) + (100 \times 0.2) = 30[\text{kJ}]$

해답 ③

035
랭킨 사이클을 구성하는 요소는 펌프, 보일러, 터빈, 응축기로 구성된다. 각 구성 요소가 수행하는 열역학적 변화 과정으로 틀린 것은?

① 펌프 : 단열 압축
② 보일러 : 정압 가열
③ 터빈 : 단열 팽창
④ 응축기 : 정적 냉각

해설 **랭킨사이클(Rankin cycle)증기원동소의 구성**
① 증기 보일러(steam boiler) : 정압가열
② 증기 터어빈(steam turvine) : 단열팽창
③ 복수기(condencer) : 정압방열
④ 급수펌프(feed water pump) : 단열압축(or 정적압축)

해답 ④

036
온도 600℃의 구리 7kg을 8kg의 물속에 넣어 열적 평형을 이룬 후 구리와 물의 온도가 64.2℃가 되었다면 물의 처음 온도는 약 몇 ℃인가? (단, 이 과정 중 열손실은 없고, 구리의 비열은 0.386kJ/kg · K이며 물의 비열은 4.184kJ/kg · K 이다.)

① 6℃
② 15℃
③ 21℃
④ 84℃

해설 $m_1 C_1 (T_1 - T_m) = m_2 C_2 (T_m - T_2)$
$7 \times 0.386 \times (600 - 64.2) = 8 \times 4.184 \times (64.2 - T_2)$
(물의 처음 온도) $T_2 = 20.94℃ = 21℃$

해답 ③

037
한 시간에 3600kg의 석탄을 소비하여 6050kW를 발생하는 증기터빈을 사용하는 화력발전소가 있다면, 이 발전소의 열효율은 약 몇 %인가? (단, 석탄의 발열량은 29900kJ/kg이다.)

① 약 20%
② 약 30%
③ 약 40%
④ 약 50%

해설 $\eta = \dfrac{출력}{연료소비율 \times 연료발열량} = \dfrac{6050\text{kW}}{\dfrac{3600\text{kg}}{3600\text{s}} \times \dfrac{29900\text{kJ}}{\text{kg}}} = 0.20 = 20\%$

해답 ①

038

증기 압축 냉동기에서 냉매가 순환되는 경로를 올바르게 나타낸 것은?

① 증발기 → 팽창밸브 → 응축기 → 압축기
② 증발기 → 압축기 → 응축기 → 팽창밸브
③ 팽창밸브 → 압축기 → 응축기 → 증발기
④ 응축기 → 증발기 → 압축기 → 팽창밸브

해설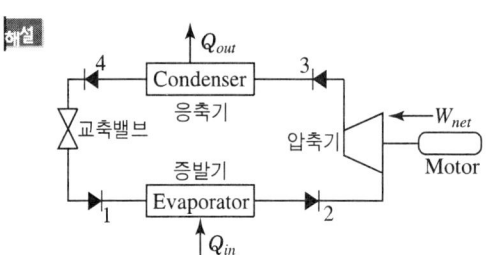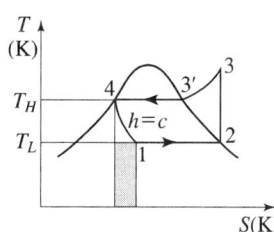

해답 ②

039

고온 400℃, 저온 50℃의 온도 범위에서 작동하는 Carnot 사이클 열기관의 열효율을 구하면 몇 %인가?

① 37   ② 42
③ 47   ④ 52

해설 $\eta_c = \dfrac{W_{net}}{Q_H} = \dfrac{Q_H - Q_L}{Q_H} = \dfrac{T_H - T_L}{T_H} = 1 - \dfrac{T_L}{T_H} = 1 - \dfrac{50 + 273}{400 + 273} = 0.52 = 52\%$

해답 ④

040

계가 비가역 사이클을 이룰 때 클라우지우스(Clausius)의 적분을 옳게 나타낸 것은? (단, T는 온도, Q는 열량이다.)

① $\oint \dfrac{\delta Q}{T} < 0$ ② $\oint \dfrac{\delta Q}{T} > 0$
③ $\oint \dfrac{\delta Q}{T} \geq 0$ ④ $\oint \dfrac{\delta Q}{T} \leq 0$

해설 (비가역 clausius integral) $\oint \dfrac{\delta Q}{T} < 0$

(가역 clausius integral) $\oint \dfrac{\delta Q}{T} = 0$

해답 ①

제3과목 기계유체역학

041 그림과 같이 수평 원관 속에서 완전히 발달된 층류 유동이라고 할 때 유량 Q의 식으로 옳은 것은? (단, μ는 점성계수, Q는 유량, P_1과 P_2는 1과 2지점에서의 압력을 나타낸다.)

① $Q = \dfrac{\pi R^4}{8\mu l}(P_1 - P_2)$

② $Q = \dfrac{\pi R^4}{6\mu l}(P_1 - P_2)$

③ $Q = \dfrac{\pi R^4}{\mu l}(P_1 - P_2)$

④ $Q = \dfrac{6\pi R^2}{\mu l}(P_1 - P_2)$

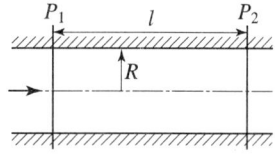

해설 $Q = \dfrac{\pi D^4 \Delta P}{128\mu l} = \dfrac{\pi (2R)^4 (P_1 - P_2)}{8\mu l} = \dfrac{\pi R^4}{8\mu l}(P_1 - P_2) \rightarrow$ Hagen-Poiseuille Equation

해답 ①

042 골프공(지름 D=4cm, 무게 W=0.4N)이 50m/s의 속도로 날아가고 있을 때, 골프공이 받는 항력은 골프공 무게의 몇 배인가? (단, 골프공의 항력계수 C_D=0.24이고, 공기의 밀도는 1.2kg/m³ 이다.)

① 4.52배 ② 1.7배
③ 1.13배 ④ 0.452배

해설 (항력) $D = \dfrac{\rho V^2}{2} \times A_D \times C_D = \dfrac{1.2 \times 50^2}{2} \times \dfrac{\pi}{4} 0.04^2 \times 0.24 = 0.452\text{N}$

$\dfrac{\text{항력}}{\text{골프공무게}} = \dfrac{0.452}{0.4} = 1.13$배

해답 ③

043 Navier-Stokes 방정식을 이용하여, 정상, 2차원, 비압축성 속도장 $V = axi - ayj$ 에서 압력을 x, y의 방정식으로 옳게 나타낸 것은? (단, a는 상수이고, 원점에서의 압력은 0이다.)

① $P = -\dfrac{\rho a^2}{2}(x^2 + y^2)$ ② $P = -\dfrac{\rho a}{2}(x^2 + y^2)$

③ $P = \dfrac{\rho a^2}{2}(x^2 + y^2)$ ④ $P = \dfrac{\rho a}{2}(x^2 + y^2)$

해설 $V = axi - ayj = ui + vj$
(x방향속도) $u = ax$, (y방향속도) $v = -ay$
Navier-Stokes 방정식

[참고] (미분연산자 군) $\dfrac{D}{Dt} = \dfrac{\partial}{\partial t} + u\dfrac{\partial}{\partial x} + v\dfrac{\partial}{\partial y}$

$\dfrac{Du}{Dt} = \dfrac{\partial \sigma_{xx}}{\partial x} = -\dfrac{\partial P_x}{\partial x}$

(x방향 가속도) $a_x = \dfrac{Du}{Dt} = \dfrac{\partial u}{\partial t} + u\dfrac{\partial u}{\partial x} + v\dfrac{\partial u}{\partial y}$

(x방향응력) $\sigma_{xx} = -P_x$(압력)

$\rho\dfrac{Du}{Dt} = -\dfrac{\partial P_x}{\partial x}$, $\rho\left(\dfrac{\partial u}{\partial t} + u\dfrac{\partial u}{\partial x} + v\dfrac{\partial u}{\partial y}\right) = -\dfrac{\partial P_x}{\partial x}$

$\rho\left\{\dfrac{\partial(ax)}{\partial t} + (ax)\dfrac{\partial(ax)}{\partial x} + (-ay)\dfrac{\partial(ax)}{\partial y}\right\} = -\dfrac{\partial P_x}{\partial x}$

$\rho\left(\dfrac{\partial(ax)}{\partial t} + (ax)\dfrac{\partial(ax)}{\partial x} + (-ay)\dfrac{\partial(ax)}{\partial y}\right) = -\dfrac{\partial P_x}{\partial x}$

$\rho(0 + a^2x + 0) = -\dfrac{\partial P_x}{\partial x}$, $\rho a^2 x = -\dfrac{\partial P_x}{\partial x}$, $(-\rho a^2 x)\partial x = \partial P_x$

$P_x = \dfrac{-\rho a^2 x^2}{2}$

[참고] (미분연산자 군) $\dfrac{D}{Dt} = \dfrac{\partial}{\partial t} + u\dfrac{\partial}{\partial x} + v\dfrac{\partial}{\partial y}$

$\dfrac{Dv}{Dt} = \dfrac{\partial \sigma_{yy}}{\partial y} = -\dfrac{\partial P_y}{\partial y}$

(y방향가속도) $a_y = \dfrac{Dv}{Dt} = \dfrac{\partial v}{\partial t} + u\dfrac{\partial v}{\partial x} + v\dfrac{\partial v}{\partial y}$

(y방향응력) $\sigma_{yy} = -P_y$(압력)

$\rho\dfrac{Dv}{Dt} = -\dfrac{\partial P_y}{\partial y}$, $\rho\left(\dfrac{\partial v}{\partial t} + u\dfrac{\partial v}{\partial x} + v\dfrac{\partial v}{\partial y}\right) = -\dfrac{\partial P_y}{\partial y}$

$\rho\left\{\dfrac{\partial(-ay)}{\partial t} + (ax)\dfrac{\partial(-ay)}{\partial x} + (-ay)\dfrac{\partial(-ay)}{\partial y}\right\} = -\dfrac{\partial P_y}{\partial y}$

$\rho(0 + 0 + a^2y) = -\dfrac{\partial P_y}{\partial y}$, $\rho a^2 y = -\dfrac{\partial P_y}{\partial y}$, $(\rho a^2 y)\partial y = \partial P_y$

$P_y = \dfrac{-\rho a^2 y^2}{2}$

$P = \dfrac{-\rho a^2}{2}(x^2 + y^2)$

해답 ①

044 물이 흐르는 관의 중심에 피토관을 삽입하여 압력을 측정하였다. 전압력은 20mAq, 정압은 5mAq 일 때 관 중심에서 물의 유속은 몇 약 m/s인가?

① 10.7
② 17.2
③ 5.4
④ 8.6

해설 전압력 = 정압+동압, 20mAq = 5mAq+동압, 동압 = 15mAq

(동압수두) $H_d = \dfrac{V^2}{2g}$, $V = \sqrt{H_d \times 2 \times g} = \sqrt{15 \times 2 \times 9.8} = 17.146\text{m}$

해답 ②

045
어떤 액체가 800kPa의 압력을 받아 체적이 0.05% 감소한다면, 이 액체의 체적탄성계수는 얼마인가?

① 1265kPa
② 1.6×10^4 kPa
③ 1.6×10^6 kPa
④ 2.2×10^6 kPa

해설 $K = \dfrac{\Delta P}{\dfrac{\Delta V}{V}} = \dfrac{800}{\dfrac{0.05}{100}} = 1.6 \times 10^6 \text{kPa}$

해답 ③

046
30m의 폭을 가진 개수로(open channel)에 20cm의 수심과 5m/s의 유속으로 물이 흐르고 있다. 이 흐름의 Froude수는 얼마인가?

① 0.57
② 1.57
③ 2.57
④ 3.57

해설 $F_r = \dfrac{v}{\sqrt{yg}} = \dfrac{5}{\sqrt{0.2 \times 9.8}} = 3.57$

해답 ④

047
수평으로 놓인 지름 10cm, 길이 200m인 파이프에 완전히 열린 글로브 밸브가 설치되어 있고, 흐르는 물의 평균 속도는 2m/s이다. 파이프의 관 마찰계수가 0.02이고, 전체 수두 손실이 10m이면, 글로브 밸브의 손실계수는?

① 0.4
② 1.8
③ 5.8
④ 9.0

해설 $10m = f \times \dfrac{L}{D} \times \dfrac{v^2}{2g} + k\dfrac{v^2}{2g}$

$10m = 0.02 \times \dfrac{200}{0.1} \times \dfrac{2^2}{2 \times 9.8} + k\dfrac{2^2}{2 \times 9.8}$

(글로브 밸브의 손실계수) $k = 9$

해답 ④

048
점성계수는 0.3poise, 동점계수는 2stokes인 유체의 비중은?

① 6.7
② 1.5
③ 0.67
④ 0.15

해설 (동점성계수) $v = \dfrac{\mu}{s \times \rho_w}$

(비중) $s = \dfrac{\mu}{v \times \rho_w} = \dfrac{0.3\left[\dfrac{g}{s\,cm}\right]}{2\left[\dfrac{cm^2}{s}\right] \times 1\left[\dfrac{g}{cm^3}\right]} = 0.15$

해답 ④

049
그림에서 $h = 100$cm이다. 액체의 비중이 1.50일 때 A점의 계기압력은 몇 kPa 인가?

① 9.8
② 14.7
③ 9800
④ 14700

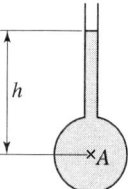

해설 (정지유체내의 게이지압) $P_G = \gamma h = s \gamma_w h$

$= 1.5 \times \dfrac{9800\text{N}}{\text{m}^3} \times 1\text{m} = 14700\text{Pa} = 14.7\text{kPa}$

해답 ②

050
비중 0.9, 점성계수 5×10^{-3}N·s/m²의 기름이 안지름 15cm의 원형관 속을 0.6m/s의 속도로 흐를 경우 레이놀즈수는 약 얼마인가?

① 16200
② 2755
③ 1651
④ 3120

해설 $R_e = \dfrac{\text{관성력}}{\text{점성력}} = \dfrac{\rho V d}{\mu} = \dfrac{s \times \rho_w \times V d}{\mu} = \dfrac{0.9 \times 1000 \times 0.6 \times 0.15}{5 \times 10^{-3}} = 16200$

해답 ①

051
그림과 같이 비점성, 비압축성 유체가 쐐기 모양의 벽면 사이를 흘러 작은 구멍을 통해 나간다. 이 유동을 극좌표계(r, θ)에서 근사적으로 표현한 속도포텐셜은 $\phi = 3\ln r$일 때 원호 $r = 2 (0 \leq \theta \leq \dfrac{\pi}{2})$를 통과하는 단위 길이당 체적유량은 얼마인가?

① $\dfrac{\pi}{4}$
② $\dfrac{3}{4}\pi$
③ π
④ $\dfrac{3}{2}\pi$

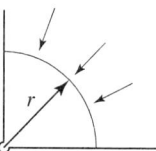

해설 (속도) $v = \dfrac{d\phi}{dr} = \dfrac{d(3\ln r)}{dr} = 3\dfrac{1}{r}$

(단위길이당 유량) $\dfrac{Q}{b} = r\dfrac{\pi}{2} \times v = r\dfrac{\pi}{2} \times 3\dfrac{1}{r} = \dfrac{3\pi}{2}$

해답 ④

052
평판에서 층류 경계층의 두께는 다음 중 어느 값에 비례하는가? (단, 여기서 x는 평판의 선단으로부터의 거리이다.)

① $x^{-\frac{1}{2}}$
② $x^{\frac{1}{4}}$
③ $x^{\frac{1}{7}}$
④ $x^{\frac{1}{2}}$

해설 (층류의 경계층 두께) $\delta = \dfrac{5x}{\sqrt{R_e}} = \dfrac{5x}{\left(\dfrac{\rho v x}{\mu}\right)^{\frac{1}{2}}} \propto x^{\frac{1}{2}}$

해답 ④

053
다음 중 동점성계수(kinematic viscosity)의 단위는?

① $N \cdot s/m^2$
② $kg/(m \cdot s)$
③ m^2/s
④ m/s^2

해설 $1\text{stoke} = 1\text{cm}^2/\text{s}$

해답 ③

054
물제트가 연직하 방향으로 떨어지고 있다. 높이 12m 지점에서의 제트 지름은 5cm, 속도는 24m/s였다. 높이 4.5m 지점에서의 물제트의 속도는 약 몇 m/s인가? (단, 손실수두는 무시한다.)

① 53.9
② 42.7
③ 35.4
④ 26.9

해설 등가속도 운동
$2 \times g \times \Delta h = v_2^2 - v_1^2$, $2 \times 9.8 \times (12 - 4.5) = v_2^2 - 24^2$

(나중속도) $v_2 = 26.88 \dfrac{\text{m}}{\text{s}}$

해답 ④

055

반지름 R인 원형 수문이 수직으로 설치되어 있다. 수면으로부터 수문에 작용하는 물에 의한 전압력의 작용점까지의 수직거리는? (단, 수문의 최상단은 수면과 동일 위치에 있으며 h는 수면으로부터 원판의 중심(도심)까지의 수직거리이다.)

① $h + \dfrac{R^2}{16h}$ ② $h + \dfrac{R^2}{8h}$

③ $h + \dfrac{R^2}{4h}$ ④ $h + \dfrac{R^2}{2h}$

해설 (전압력) $F_P = \gamma \overline{H} A$

(전압력 작용점의 위치) $y_{F_P} = \overline{y} + \dfrac{I_G}{A\overline{y}} = h + \dfrac{\left(\dfrac{\pi R^4}{4}\right)}{\pi R^2 \times h} = h + \dfrac{R^2}{4h}$

(원의 단면 2차모멘트) $I_G = \dfrac{\pi R^4}{4}$

해답 ③

056

다음 중 수력기울기선(Hydraulic Grade Line)은 에너지구배선(Energy Grade Line)에서 어떤 것을 뺀 값인가?

① 위치 수두 값 ② 속도 수두 값
③ 압력 수두 값 ④ 위치 수두와 압력 수두를 합한 값

해설 E.L(Energy Line) = 전수두선 = **에너지선**
H.G.L(Hydraulic Grade Line) = **수력구배선** = 압력수두 + 속도수두

$E.L = \dfrac{P}{r} + z + \dfrac{V^2}{2g}$

$E.L = H.G.L + \dfrac{V^2}{2g}$

※ 수력구배선은 에너지선보다 항상 속도 수두만큼 아래에 있다.

해답 ②

057

그림과 같은 통에 물이 가득 차 있고 이것이 공중에서 자유낙하할 때, 통에서 A점의 압력과 B점의 압력은?

① A점의 압력은 B점의 압력의 1/2이다.
② A점의 압력은 B점의 압력의 1/4이다.
③ A점의 압력은 B점의 압력의 2배이다.
④ A점의 압력은 B점의 압력과 같다.

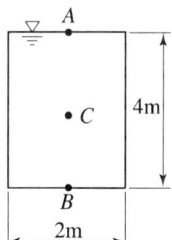

해설 (연직방향으로 등가속도 운동일 때) $P_A - P_B = rH\left(1 + \dfrac{a_y}{g}\right)$

(연직방향으로 자유낙하 운동일 때) $a_y = -g$, $P_A - P_B = rH\left(1 + \dfrac{-g}{g}\right) = 0$

연직방향 자유낙하 운동일 때는 압력차이가 발생하지 않는다.

해답 ④

058
1/10 크기의 모형 잠수함을 해수에서 실험한다. 실제 잠수함을 2m/s로 운전하려면 모형 잠수함은 약 몇 m/s의 속도로 실험하여야 하는가?
① 20
② 5
③ 0.2
④ 0.5

해설 $\left(\dfrac{\rho vl}{\mu}\right)_p = \left(\dfrac{\rho vl}{\mu}\right)_m$, $(vl)_p = (vl)_m$, $2 \times 1 = v_m \times \dfrac{1}{10}$

(모형의 속도) $v_m = 20 \dfrac{\text{m}}{\text{s}}$

해답 ①

059
안지름 D_1, D_2의 관이 직렬로 연결되어 있다. 비압축성 유체가 관 내부를 흐를 때 지름 D_1인 관과 D_2인 관에서의 평균유속이 각각 V_1, V_2이면 D_1/D_2은?
① V_1/V_2
② $\sqrt{V_1/V_2}$
③ V_2/V_1
④ $\sqrt{V_2/V_1}$

해설 $Q = \dfrac{\pi}{4}D_1^2 \times V_1 = \dfrac{\pi}{4}D_2^2 \times V_2$

$\dfrac{D_1}{D_2} = \sqrt{\dfrac{V_2}{V_1}}$

해답 ④

060
그림과 같이 속도 3m/s로 운동하는 평판에 속도 10m/s인 물 분류가 직각으로 충돌하고 있다. 분류의 단면적이 0.01m²이라고 하면 평판이 받는 힘은 몇 N이 되겠는가?
① 295
② 490
③ 980
④ 16900

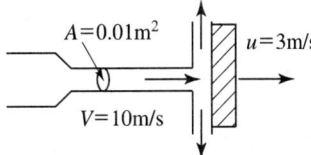

해설 $F = \rho A(V-u)^2 = 1000 \times 0.01 \times (10-3)^2 = 490\text{N}$

해답 ②

제4과목 기계재료 및 유압기기

061 가공 열처리 방법에 해당되는 것은?
① 마퀜칭(marquenching)
② 오스포밍(ausforming)
③ 마템퍼링(martempering)
④ 오스템퍼링(austempering)

해설
- **마퀜칭**(marquenching) : 강의 내·외경의 동시에 서서히 마텐자이트로 변화하므로 담금질 균열이나 변형이 생기기 않는다. 이 방법은 복잡한 물건의 담금질, 특히 고탄소강, 게이지강, 베어링, 고속도강 등의 합금강과 같이 수중에서 고냉하면 균열하면 생기기 쉽고, 도유중에서 급냉하면 변형이 많은 간재에 적합하다.
- **오스포밍**(ausforming) : 강을 오스테나이트 상태로 가열한 후 항온 변태곡선 온도까지 급냉시켜 Ms변태점 이상의 온도에서 항온 유지하고 소성가공을 하면서 담금질(유냉, 수냉)을 행한 후 마텐자이트 변태를 일으키게 한 뒤에 템프링하는 방법으로 마텐자이트 조직을 얻으며, 자동차스프링, 저합금구조용강, 초강인강 등의 열처리에 적용 이용된다.
- **마템퍼링**(martempering) : 마텐자이트와 베이나이트 혼합조직이 얻으므로 담금질 변형 및 균열방지, 취성제거에 이용되고 있으나, 항온시간이 너무 길어서 공업적으로 이용되기에는 어려움이 있다.
- **오스템퍼링**(austempering) : 점성이 큰 베이나이트 조직이 얻을 수 있어 뜨임 할 필요가 없고 강인성이 크며, 담금질 열 및 변형을 방지할 수 있다.

해답 ②

062 니켈-크롬 합금강에서 뜨임 메짐을 방지하는 원소는?
① Cu
② Mo
③ Ti
④ Zr

해설 니켈-크롬강의 뜨임 메짐을 방지하지 위해 적은 양의 몰리브덴(Mo)을 첨가하여 강인성을 증가시키고 담금질 할 경우에 질량 효과를 감소시켜 메짐을 방지할 수 있다.

해답 ②

063 재료의 연성을 알기 위해 구리판, 알루미늄판 및 그 밖의 연성판재를 가압 형성하여 변형 능력을 시험하는 것은?
① 굽힘 시험
② 압축 시험
③ 비틀림 시험
④ 에릭센 시험

해설 **에릭센 시험**(Erichsen Cupping Test) : 커핑시험(Cupping Test)이라고도 한다. 시험은 금속박판 재료의 연성을 평가 또는 비교하기 위해 널리 사용되는 시험으로 두께 0.1~2.0mm의 금속박재료를 상, 하 다이 사이에 삽입시키고, 시험편에 펀치를 넣어 시험편 뒷면에 1개 이상의 균열이 생길 때까지 가압한 후 펀치 앞 끝이 하형 다이의 시험편에 접하는 면에서 이동한 거리를 측정하여 소성가공성을 평가하는 시험이다.

해답 ④

064
Y 합금의 주성분으로 옳은 것은?
① Al+Cu+Ni+Mg
② Al+Cu+Mn+Mg
③ Al+Cu+Sn+Zn
④ Al+Cu+Si+Mg

해설 Y합금 : Al+Cu+Ni+Mg
① Al+(4% Cu)+(2% Ni)+(1.5% Mg) : 내열용 알루미늄 합금으로 피스톤재료로 사용
② Lo-ex(로우엑스)합금 : Al+Si+Cu+Mg+Ni
열팽창계수가 적고 내열, 내마멸성이 우수하며 금형에 주조되는 피스톤재료로 사용

해답 ①

065
다음 중 비중이 가장 작아 항공기 부품이나 전자 및 전기용 제품의 케이스 용도로 사용되고 있는 합금 재료는?
① Ni 합금
② Cu 합금
③ Pb 합금
④ Mg 합금

해설 Ni : 8.9, Cu : 8.96, Pb : 11.36, Mg : 1.74

해답 ④

066
그림은 3성분계를 표시하는 다이아그램이다. X 합금에 속하는 B의 성분은?
① $\overline{XD}$이다.
② $\overline{XR}$이다.
③ $\overline{XQ}$이다.
④ $\overline{XP}$이다.

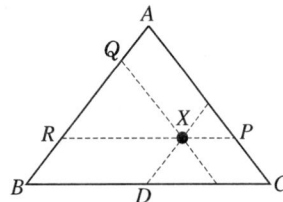

해설 3성분계를 표시하는 다이아그램

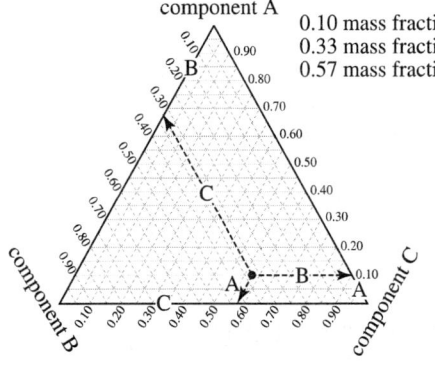

0.10 mass fraction A
0.33 mass fraction B
0.57 mass fraction C

해답 ④

067 주철에 대한 설명으로 틀린 것은?
① 흑연이 많을 경우에는 그 파단면이 회색을 띤다.
② C와 P의 양이 적고 냉각이 빠를수록 흑연화하기 쉽다.
③ 주철 중에 전 탄소량은 유리탄소와 화합탄소를 합한 것이다.
④ C와 Si의 함량에 따른 주철의 조직관계를 마우러 조직도라 한다.

해설 실용주철의 일반적인 성분은 철 중에 C 2.5~4.5%, Si 0.5~3.0%, Mn 0.5~1.5%, P 0.05~1.0%, S 0.05~0.15% 있고, 인장강도는 C와 Si의 함량, 냉각속도, 용해조건, 용탕처리 등에 의존하며 흑연의 형상, 분포상태 등에 따라 좌우된다.
주철은 냉각이 빠를수록 칠(chil)화 되어 시멘타이트화 된다.

해답 ②

068 금속재료에서 단위격자 소속 원자수가 2이고, 충전율이 68%인 결정구조는?
① 단순입방격자 ② 면심입방격자
③ 체심입방격자 ④ 조밀육방격자

해설 **체심입방구조**(BCC) : 단위격자 1개 안에 들어있는 원자의 수는 꼭지점에 $\frac{1}{8}$ 짜리가 8개, 중심에 1개의 원자가 있으므로 $\frac{1}{8} \times 8 + 1 = 2$개다.

체심입방구조는 단위격자의 대각선의 길이가 원자 반지름의 4배, 따라서 r과 a의 관계식은 $4r = \sqrt{3}\,a$이다. (여기서, a : 단위격자의 한 변의 길이) 따라서,

충진율 = $\dfrac{\text{원자가 차지하는 부피} \times \text{원자 개수}}{\text{단위격자의 부피}} = \dfrac{\frac{4}{3}\pi r^3 \times 2}{a^3} = \dfrac{\frac{4}{3}\pi r^3 \times 2}{\left(\frac{4}{\sqrt{3}}r\right)^3} = 68.02\%$

해답 ③

069 순철의 변태점이 아닌 것은?
① A_1 ② A_2
③ A_3 ④ A_4

해설 A_1 : 강의 변태(공석변태) 727℃
A_2 : 순철의 자기변태점 768℃
A_3 : 순철의 동소변태점 911℃
A_4 : 순철의 동소변태점 1394℃
순철은 1개의 자기변태점과 2개의 동소변태점이 있다.

해답 ①

070 오스테나이트형 스테인리스강의 예민화(sensitize)를 방지하기 위하여 Ti, Nb 등의 원소를 함유시키는 이유는?

① 입계부식을 촉진한다.
② 강중의 질수(N)와 질화물을 만들어 안정화 시킨다.
③ 탄화물을 형성하여 크롬 탄화물의 생성을 억제한다.
④ 강중의 산소(O)와 산화물을 형성하여 예민화를 방지한다.

해설 Ti, V, Nb 등을 첨가하여 Cr_4C 대신 TiC, V_4C_3, NbC 등의 탄화물을 발생시켜 Cr의 탄화물을 감소시킨다.

해답 ③

071 방향제어밸브 기호 중 다음과 같은 설명에 해당하는 기호는?

1. 3/2-way 밸브이다.
2. 정상상태에서 P는 외부와 차단된 상태이다.

① 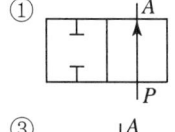   ②
③ 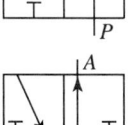   ④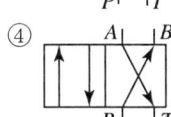

해설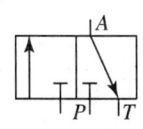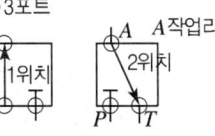

2위치 3포트 방향제어밸브

P(power) : 유압이 공급되는 쪽은 차단되어 있는 상태이고 A작업라인에서 T(유압탱크)로 복귀하고 있는 상태이다.

해답 ②

072 주로 시스템의 작동이 정부하일 때 사용되며, 실린더의 속도 제어를 실린더에 공급되는 입구측 유량을 조절하여 제어하는 회로는?

① 로크 회로   ② 무부하 회로
③ 미터인 회로   ④ 미터아웃 회로

해설
- **미터인 방식** : 실린더에 공급되는 입구측 유량을 제어하는 방식이며, 정부하운동을 할 때 사용된다.
- **미터 아웃방식** : 실린더에 공급되는 출구측 유량을 제어하는 방식이며, 출구측에 배압을 형성할 때 사용된다. 보링머신, 드릴머신에 상용된다.

해답 ③

073

유압 필터를 설치하는 방법은 크게 복귀라인에 설치하는 방법, 흡입라인에 설치하는 방법, 압력라인에 설치하는 방법, 바이패스 필터를 설치하는 방법으로 구분할 수 있는데 다음 회로는 어디에 속하는가?

① 복귀라인에 설치하는 방법
② 흡입라인에 설치하는 방법
③ 압력 라인에 설치하는 방법
④ 바이패스 필터를 설치하는 방법

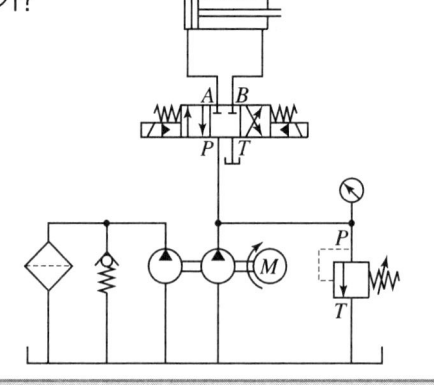

해설

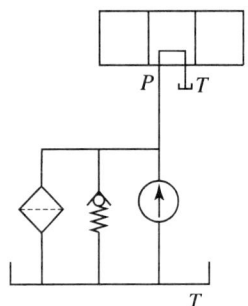

펌프(P)에서 나오는 것이 바로 탱크(T) 바이패스 되는 방식이다.

해답 ④

074

그림과 같은 유압회로의 명칭으로 옳은 것은?

① 유압모터 병렬배치 미터인 회로
② 유압모터 병렬배치 미터아웃 회로
③ 유압모터 직렬배치 미터인 회로
④ 유압모터 직렬배치 미터아웃 회로

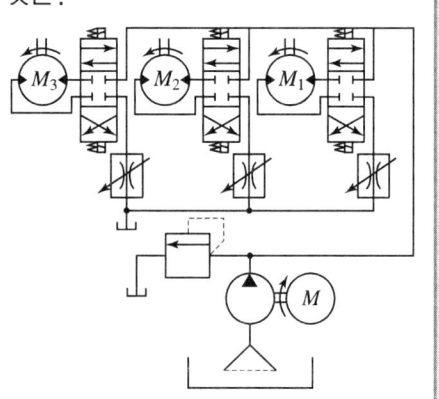

해설 출구측 유량제어이므로 미터 아웃방식의 유량제어 방식이다.

해답 ②

075
유압실린더로 작동되는 리프터에 작용하는 하중이 15000N이고 유압의 압력이 7.5MPa일 때 이 실린더 내부의 유체가 하중을 받는 단면적은 약 몇 cm²인가?
① 5
② 20
③ 500
④ 2000

해설 $F = P \times A$

(면적) $A = \dfrac{F}{P} = \dfrac{15000\text{N}}{7.5\dfrac{\text{N}}{\text{mm}^2}} = 2000\text{mm}^2 = 20\text{cm}^2$

해답 ②

076
그림과 같은 유압기호의 설명으로 틀린 것은?
① 유압 펌프를 의미한다.
② 1방향 유동을 나타낸다.
③ 가변 용량형 구조이다.
④ 외부 드레인을 가졌다.

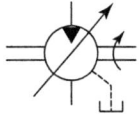

해설

가변용량형 유압펌프	가변용량형 모터

해답 ①

077
유압 작동유에서 공기의 혼입(용해)에 관한 설명으로 옳지 않은 것은?
① 공기 혼입 시 스폰지 현상이 발생할 수 있다.
② 공기 혼입 시 펌프의 캐비테이션 현상을 일으킬 수 있다.
③ 압력이 증가함에 따라 공기가 용해되는 양도 증가한다.
④ 온도가 증가함에 따라 공기가 용해되는 양도 증가한다.

해설 액체에 공기의 혼입(용해)는 부피와 밀접한 관계가 있다.
① 압력이 높아지면 액체의 체적은 변화가 거의 없지만 기체체적이 작아져서 기체의 용해도는 증가한다.(압력이 높아지면 기체의 용해도 증가)
② 온도가 높아지면 액체의 체적은 변화가 거의 없지만 기체체적이 커져서 기계의 용해도 감소한다.

해답 ④

078
유압 및 공기압 용어에서 스텝 모양 입력신호의 지령에 따르는 모터로 정의되는 것은?

① 오버 센터 모터
② 다공정 모터
③ 유압 스테핑 모터
④ 베인 모터

해설 스텝모양 입력신호

유압스테핑 모터는 스텝모양의 신호를 받아 주파수에 따라 속도를 느리게, 빠르게 할 수 있는 모터이다.

해답 ③

079
그림의 유압 회로는 펌프 출구 직후에 릴리프 밸브를 설치한 회로로서 안전 측면을 고려하여 제작된 회로이다. 이 회로의 명칭으로 옳은 것은?

① 압력 설정 회로
② 카운터 밸런스 회로
③ 시퀀스 회로
④ 감압 회로

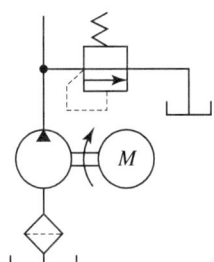

해설 릴리프 밸브는 회로내의 최고 압력를 제어한다. 회로내의 최고압력이 발생되면 관로내의 압력을 탱크로 복귀 시키는 안전밸브의 역할을 한다.

해답 ①

080
다음 중 펌프 작동 중에 유면을 적절하게 유지하고, 발생하는 열을 방산하여 장치의 가열을 방지하며, 오일 중의 공기나 이물질을 분리시킬 수 있는 기능을 갖춰야 하는 것은?

① 오일 필터
② 오일 제너레이터
③ 오일 미스트
④ 오일 탱크

해설 오일탱크 : 펌프 작동중에 유면을 적절하게 유지하고, 발생하는 열을 방산하여 장치의 가열을 방지해야 된다.

해답 ④

제5과목　기계제작법 및 기계동력학

081 공작물의 길이가 600mm, 지름이 25mm인 강재를 아래의 조건으로 선반 가공할 때 소요되는 가공시간(t)은 약 몇 분인가? (단, 1회 가공이다.)

- 절삭속도 : 180m/min
- 절삭깊이 : 2.5mm
- 이송속도 : 0.24mm/rev

① 1.1　　② 2.1
③ 3.1　　④ 4.1

해설 (가공시간) $T = \dfrac{L}{SN} = \dfrac{600\text{mm}}{0.24\dfrac{\text{mm}}{\text{rev}} \times \dfrac{2291.83\text{rev}}{\text{min}}} = 1.09\text{min}$

(분당회전수) $N = \dfrac{V \times 1000}{\pi D} = \dfrac{180 \times 1000}{\pi \times 25} = 2291.83\text{rpm}$

해답 ①

082 압출 가공(extrusion)에 관한 일반적인 설명으로 틀린 것은?
① 직접 압출보다 간접 압출에서 마찰력이 적다.
② 직접 압출보다 간접 압출에서 소요동력이 적게 든다.
③ 압출 방식으로는 직접(전방) 압출과 간접(후방) 압출 등이 있다.
④ 직접 압출이 간접 압출보다 압출 종료시 콘테이너에 남는 소재량이 적다.

해설 간접압출이 콘테이너에 남는 소재량이 적다.

해답 ④

083 와이어 방전 가공액 비저항값에 대한 설명으로 틀린 것은?
① 비저항값이 낮을 때에는 수돗물을 첨가한다.
② 일반적으로 방전가공에서는 10~100kΩ·cm의 비저항값을 설정한다.
③ 비저항값이 높을 때에는 가공액을 이온교환장치로 통과시켜 이온을 제거한다.
④ 비저항값이 과다하게 높을 때에는 방전 간격이 넓어져서 방전효율이 저하된다.

해설 ① **전극** : 움직이는 와이어로써 재질은 동, 황동, 텅스텐이 사용
② **가공액** : 물 또는 등유 사용, 물의 비저항값이 크다는 것은 전기저항이 커지는 것을 의미한다.
③ 와이어 컷 방전가공에서 가공액의 비저항값 ρ=10kΩ~100kΩ를 사용한다.
④ 가공액의 비저항값이 낮을 때에는 수돗물을 첨가하면 비저항값이 증가한다.

⑤ 가공액의 비저항값이 높을 때에는 가공액을 이온 교환장치로 통과시며 이온을 제거하여 비저항값을 낮춘다.

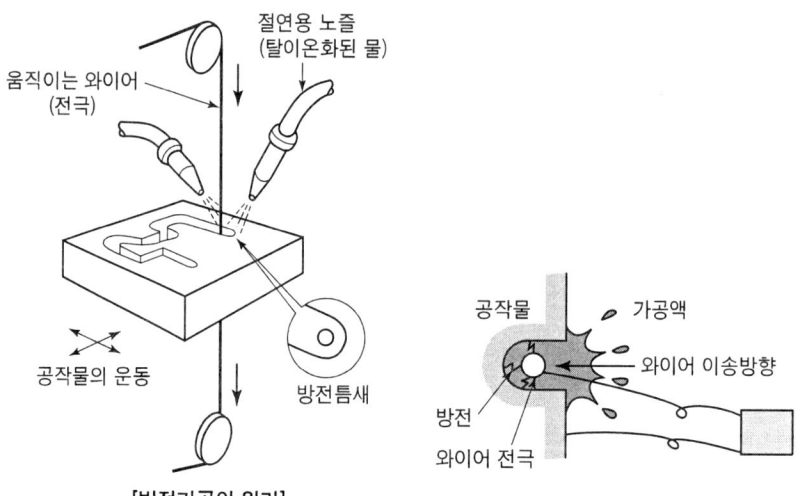

[방전가공의 원리]

⑥ 비저항값이 과다하게 높으면 방전간격이 좁아져서 방전효율이 저하된다.
⑦ 비저항값이 과도하게 낮으면 방전에 사용되는 전류가 감소하여 가공속도를 저하시킨다.

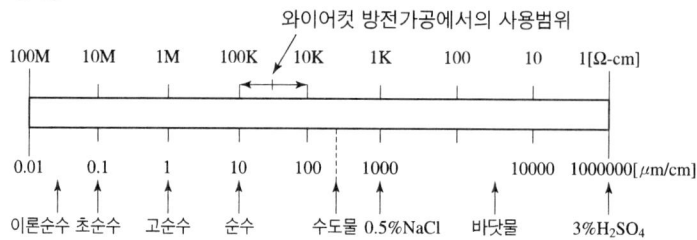

⑧ (전기저항) $R[\Omega] = \rho \times \dfrac{L}{A}$

여기서, $\rho[\Omega/m]$: 비저항, $L[m]$: 전선의 길이, $A[m^2]$: 전선의 면적

해답 ④

084 전기 저항 용접 중 맞대기 용접의 종류가 아닌 것은?
① 업셋 용접 ② 퍼커션 용접
③ 플래시 용접 ④ 프로젝션 용접

해설 압접(pressure welding, smith welding) : 접합부를 냉간 상태 또는 적당한 온도를 가열한 후 기계적 압력으로 접합하는 방법
① 단접
② 냉간 압접
③ 전기 저항 용접
 ㉠ 겹치기 : 스폿용접, 시임용접, 프로젝션 용접
 ㉡ 맞대기 : 플래시 맞대기 용접, 업셋 맞대기 용접, 방전 충격 용접

④ 유도 가역 용접
⑤ 초음파 용접
⑥ 마찰 용접
⑦ 가압 테르밋 용접
⑧ 가스 압접

해답 ④

085 질화법에 관한 설명 중 틀린 것은?

① 경화층은 비교적 얇고, 경도는 침탄한 것보다 크다.
② 질화법은 재료 중심까지 경화하는데 그 목적이 있다.
③ 질화법의 기본적인 화학반응식은 $2NH_3 \rightarrow 2N+3H_2$이다.
④ 질화법의 효과를 높이기 위해 첨가되는 원소는 Al, Cr, Mo 등이 있다.

비고	질 화 법	침 탄 법
열처리시간	열처리하는 시간이 많이 걸린다.	열처리하는 시간이 짧다.
경도	경도가 침탄법보다 높다.	경도가 질화법보다 낮다.
열처리 후 수정	수정되지 않는다.(수정불가)	침탄 후 수정 가능
열처리 후의 상태	질화 후의 열처리가 필요 없다.	침탄후의 열처리가 필요하다.
변형	경화에 의한 변형이 적다.	경화에 의한 변형이 생긴다.

해답 ②

086 주물사로 사용되는 모래에 수지, 시멘트, 석고 등의 점결제를 사용하여, 경화시간을 단축하기 위하여 경화촉진제를 사용하여 조형하는 주형법은?

① 원심주형법　　　　　　② 셀몰드 주형법
③ 자경성 주형법　　　　　④ 인베스트먼트 주형법

자경성 주형법 : 주물사로 사용되는 모래에 수지, 시멘트, 석고 등의 점결제를 사용하며, 경화시간을 단축하기 위하여 경화촉진제를 사용 하는 주형법

해답 ③

087 절삭유가 갖추어야 할 조건으로 틀린 내용은?

① 마찰계수가 적고 인화점, 발화점이 높을 것
② 냉각성이 우수하고 윤활성, 유동성이 좋을 것
③ 장시간 사용해도 변질되지 않고 인체에 무해할 것
④ 절삭유의 표면장력이 크고 칩의 생성부에는 침투되지 않을 것

절삭유의 표면장력이 크면 응집력이 커져서 접촉면적을 작게 만들기 위해 구(球)형태가 되어 일감과 접촉면적이 작아져 냉각효과가 작아진다.

해답 ④

088
유압프레스에서 램의 유효단면적이 50cm², 유효단면적에 작용하는 최고 유압이 40kgf/cm²일 때 유압프레스의 용량(ton)은?

① 1　　　　　　② 1.5
③ 2　　　　　　④ 2.5

해설 (프레스 용량) $F = 압력 \times 면적 = 40\dfrac{\text{kgf}}{\text{cm}^2} \times 50\text{cm}^2 = 2000\text{kgf} = 2\text{ton}$

해답 ③

089
플러그 게이지에 대한 설명으로 옳은 것은?

① 진원도도 검사할 수 있다.
② 통과측이 통과되지 않을 경우는 기준 구멍보다 큰 구멍이다.
③ 플러그 게이지는 치수공차의 합격 유·무 만을 검사할 수 있다.
④ 정지측이 통과할 때에는 기준 구멍보다 작고, 통과측보다 마멸이 심하다.

해설 플러그 게이지
① 구멍용 공차게이지 이다.
② 정지측이 통과되지 않을 경우 기준구멍보다 큰 구멍이다.

[원통형 플러그 게이지]

해답 ③

090
다음 중 다이아몬드, 수정 등 보석류 가공에 가장 적합한 가공법은?

① 방전 가공　　　　② 전해 가공
③ 초음파 가공　　　④ 슈퍼 피니싱 가공

해설 초음파가공 : 보석류 가공, 다이아 몬드가공, 수정가공 가장 적합한 가공이다.
※ 암기방법 : 초(음파가공) 보(석류가공) 다(이아몬드) 수(정)

해답 ③

091

다음 1 자유도 진동계의 고유 각진동수는? (단, 3개의 스프링에 대한 스프링 상수는 k이며 물체의 질량은 m이다.)

① $\sqrt{\dfrac{2m}{3k}}$ ② $\sqrt{\dfrac{3k}{2m}}$

③ $\sqrt{\dfrac{2k}{3m}}$ ④ $\sqrt{\dfrac{3m}{2k}}$

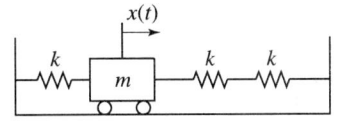

해설 (등가스프링 상수) $K_{eq} = K + K_{eq}' = \dfrac{3K}{2}$

(고유각 진동수) $w_n = \sqrt{\dfrac{K_{eq}}{m}} = \sqrt{\dfrac{3K}{2m}}$

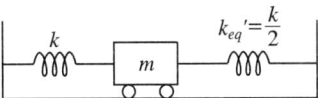

해답 ②

092

3kg의 칼라 C가 고정된 막대 A, B에 초기에 정지해 있다가 그림과 같이 변동하는 힘 Q에 의해 움직인다. 막대 AB와 칼라 C 사이의 마찰계수가 0.3일 때 시각 $t = 1$초일 때의 칼라의 속도는?

① 2.89m/s
② 5.25m/s
③ 7.26m/s
④ 9.32m/s

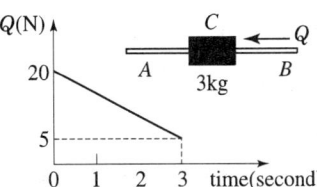

해설 역적(力積) = 운동량의 변화

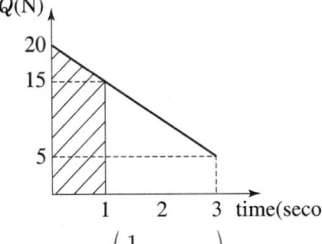

(역적) $P = \left(\dfrac{1}{2} \times 5 \times 1\right) + (15 \times 1) - (\mu mg \times t)$

$= \left(\dfrac{1}{2} \times 5 \times 1\right) + (15 \times 1) - (0.3 \times 3 \times 9.8 \times 1) = 8.68 [\text{Ns}]$

(운동량 변화) $m(v_2 - v_1) = 3 \times (v_2 - 0) = 3v_2$

$8.68 = 3v_2$, $v_2 = 2.893 \left[\dfrac{\text{m}}{\text{s}}\right]$

해답 ①

093

질점의 단순조화진동을 $y = C\cos(w_n t - \phi)$라 할 때 이 진동의 주기는?

① $\dfrac{\pi}{w_n}$ ② $\dfrac{2\pi}{w_n}$

③ $\dfrac{w_n}{2\pi}$ ④ $2\pi w_n$

해설 (주기) $T = \dfrac{2\pi}{w_n}$

해답 ②

094

질량이 10t 항공기가 활주로에서 착륙을 시작할 때 속도는 100m/s이다. 착륙부터 정지시까지 항공기는 $\sum F = -1000 v_x$ N(v_x는 비행기 속도[m/s])의 힘을 받으며 $+x$방향의 직선운동을 한다. 착륙부터 정지 시까지 항공기가 활주한 거리는?

① 500m ② 750m
③ 900m ④ 1000m

해설
$$\sum F_x = -1000 v_x = m a_x$$
$$-1000 \times \dfrac{ds}{dt} = m \dfrac{dv}{dt}$$
$$-1000 \times ds = m\, dv, \quad -1000 \times (s_2 - s_1) = m(v_2 - v_1)$$
$$(s_2 - s_1) = \dfrac{m \times (v_2 - v_1)}{1000} = \dfrac{10000 \times (0 - 100)}{-1000} = 1000\text{m}$$

해답 ④

095

반경이 r인 실린더가 위치 1의 정지상태에서 경사를 따라 높이 h만큼 굴러 내려갔을 때, 실린더 중심의 속도는? (단, g는 중력가속도이며, 미끄러짐은 없다고 가정한다.)

① $0.707\sqrt{2gh}$
② $0.816\sqrt{2gh}$
③ $0.845\sqrt{2gh}$
④ $\sqrt{2gh}$

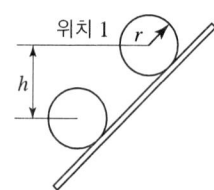

해설 (위치 1에서의 에너지) $E_1 = mgh$

(위치 2에서의 에너지) $E_2 = \dfrac{1}{2} m V_G^2 + \dfrac{1}{2} \dfrac{mr^2}{2} \left(\dfrac{V_G}{r}\right)^2 = \dfrac{3m V_G^2}{4}$

$E_1 = E_2$, $mgh = \dfrac{3m V_G^2}{4}$

(실린더 중심의 속도) $V_G = \sqrt{\dfrac{2}{3}} \times \sqrt{2gh} = 0.816\sqrt{2gh}$

해답 ②

096

등가속도 운동에 관한 설명으로 옳은 것은?
① 속도는 시간에 대하여 선형적으로 증가하거나 감소다.
② 변위는 시간에 대하여 선형적으로 증가하거나 감소한다.
③ 속도는 시간의 제곱에 비례하여 증가하거나 감소한다.
④ 변위는 속도의 세제곱에 비례하여 증가하거나 감소한다.

해설 등가속도의 시간에 대한 운동그래프

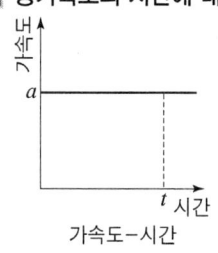
가속도-시간

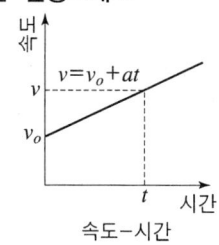
속도-시간

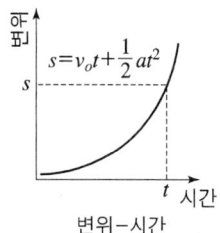
변위-시간

해답 ①

097

두 질점이 충돌할 때 반발계수가 1인 경우에 대한 설명 중 옳은 것은?
① 두 질점의 상대적 접근속도와 이탈속도의 크기는 다르다.
② 두 질점의 운동량의 합은 증가한다.
③ 두 질점의 운동에너지의 합은 보존된다.
④ 충돌 후에 열에너지나 탄성파 발생 등에 의한 에너지 소실이 발생한다.

해설 반발계수가 1인 운동은 완전탄성충돌 이며 두 질점의 운동에너지의 합은 보존된다.

해답 ③

098

질량이 12kg, 스프링 상수가 150N/m, 감쇠비가 0.033인 진동계를 자유진동시키면 5회 진동 후 진폭은 최초 진폭의 몇 %인가?
① 15%
② 25%
③ 35%
④ 45%

해설

(대수감쇠율) $\delta = \dfrac{1}{n} \ln \dfrac{X_0}{X_n} = \dfrac{2\pi\psi}{\sqrt{1-\psi^2}}$

$\dfrac{2\pi\psi}{\sqrt{1-\psi^2}} = \dfrac{2 \times \pi \times 0.033}{\sqrt{1-0.033^2}} = 0.207$

$\dfrac{1}{n} \ln \dfrac{X_0}{X_n} = 0.207$

$\ln \dfrac{X_0}{X_n} = 5 \times 0.207 = 1.035$, $\dfrac{X_0}{X_n} = e^{1.035} = 2.815$

(5번째 진동 후의 진폭) $X_n = \dfrac{X_0}{2.815} = 0.355 = 35.5\%$

해답 ③

099

평면에서 강체가 그림과 같이 오른쪽에서 왼쪽으로 운동하였을 때 이 운동의 명칭으로 가장 옳은 것은?

① 직선병진운동
② 곡선병진운동
③ 고정축회전운동
④ 일반평면운동

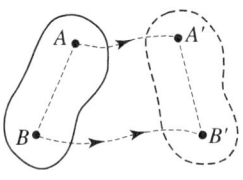

해설

병진운동		고정축에 대한 회전운도	일반평면운동
직선병진운동	곡선병진운동		

해답 ④

100

질량 m인 기계가 강성계수 $k/2$인 2개의 스프링에 의해 바닥에 지지되어 있다. 바닥이 $y = 6\sin\sqrt{\dfrac{4k}{m}}\,t$ mm로 진동하고 있다면 기계의 진폭은 얼마인가? (단, t는 시간이다.)

① 1mm
② 2mm
③ 3mm
④ 6mm

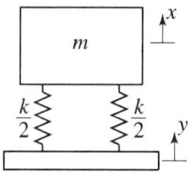

해설 (정상상태 진폭) $X = \dfrac{f_o}{k - mw^2} = \dfrac{6}{k - m\left(\sqrt{\dfrac{4k}{m}}\right)^2} = \dfrac{6}{3k}$

해답 ②

일반기계기사

2016년 5월 8일 시행

제1과목 재료역학

001 그림과 같이 균일분포 하중 w를 받는 보에서 굽힘 모멘트 선도는?

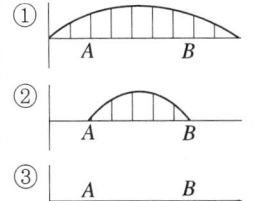

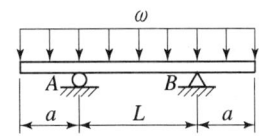

[해설]

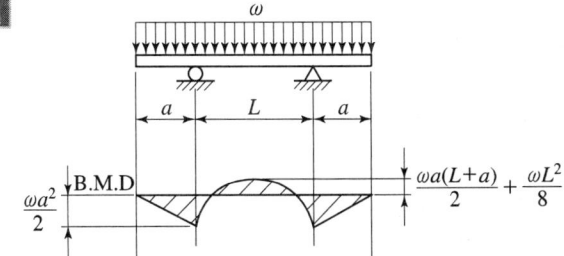

해답 ④

002 일단 고정 타단 롤러 지지된 부정정보의 중앙에 집중하중 P를 받고 있을 때, 롤러 지지점의 반력은 얼마인가?

① $\dfrac{3}{16}P$ ② $\dfrac{5}{16}P$

③ $\dfrac{7}{16}P$ ④ $\dfrac{9}{16}P$

[해설] ① 일단고정 타단 지지보에 중앙에 집중 하중이 작용할 때

고정단의 반력 : $R_a = \dfrac{11}{16}P$

지지단의 반력 : $R_b = \dfrac{5}{16}P$

고정단의 반력모멘트 : $M_a = \dfrac{3}{16}Pl = M_{max}$

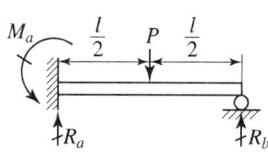

② 일단고정 타단 지지보에 균일 분포하중이 작용할 때

고정단의 반력 : $R_a = \dfrac{5}{8}wl$

지지단의 반력 : $R_b = \dfrac{3}{8}wl$

고정단의 반력모멘트 : $M_a = \dfrac{wl^2}{8}$

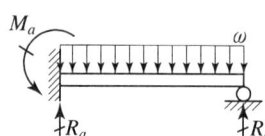

[해답] ②

003

지름이 d인 짧은 환봉의 축 중심으로부터 a만큼 떨어진 지점에 편심압축하중이 P가 작용할 때 단면상에서 인장응력이 일어나지 않는 a 범위는?

① $\dfrac{d}{8}$ 이내 ② $\dfrac{d}{6}$ 이내

③ $\dfrac{d}{4}$ 이내 ④ $\dfrac{d}{2}$ 이내

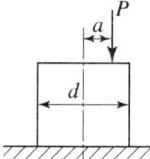

[해설] 기둥의 핵심부분에 압축하중이 작용하면 기둥전체에 압축응력만 발생된다.

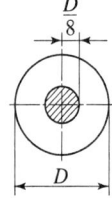
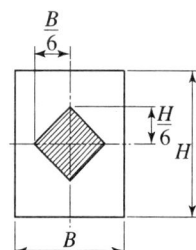

[해답] ①

004

바깥지름 30cm, 안지름 10cm인 중공 원형 단면의 단면계수는 약 몇 cm³ 인가?

① 2618　　② 3927
③ 6584　　④ 1309

[해설]
$$Z = \dfrac{I}{e} = \dfrac{\dfrac{\pi(D_2^4 - D_1^4)}{64}}{\dfrac{D_2}{2}} = \dfrac{\pi}{32} \dfrac{(D_2^4 - D_1^4)}{D_2} = \dfrac{\pi D^4(1-x^4)}{32 D_2} = \dfrac{\pi D_2^3}{32} \times (1-x^4)$$

$$Z = \frac{\pi D_2^3}{32} \times (1-x^4) = \frac{\pi \times 30^3}{32} \times \left\{1 - \left(\frac{10}{30}\right)^4\right\} = 2617.99 \text{cm}^3$$

해답 ①

005 그림과 같이 하중을 받는 보에서 전단력의 최대값은 약 몇 kN인가?

① 11kN ② 25kN
③ 27kN ④ 35kN

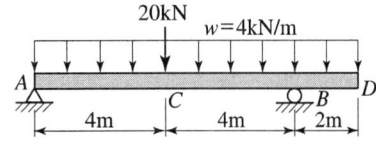

해설

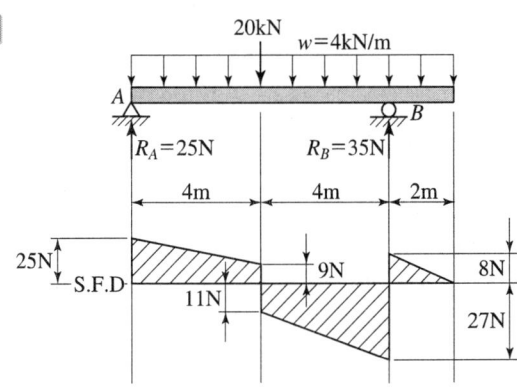

해답 ③

006 그림과 같은 일단 고정 타단 롤러로 지지된 등분포하중을 받는 부정정보의 B단에서 반력은 얼마인가?

① $\dfrac{Wl}{3}$ ② $\dfrac{5}{8}Wl$

③ $\dfrac{2}{3}Wl$ ④ $\dfrac{3}{8}Wl$

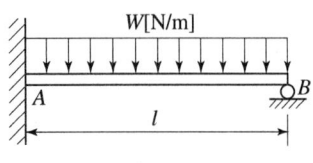

해설 ① 일단고정 타단 지지보에 중앙에 집중 하중이 작용할 때

고정단의 반력 : $R_a = \dfrac{11}{16}P$

지지단의 반력 : $R_b = \dfrac{5}{16}P$

고정단의 반력모멘트 : $M_a = \dfrac{3}{16}Pl = M_{\max}$

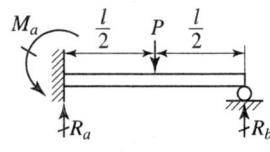

② 일단고정 타단 지지보에 균일 분포하중이 작용할 때

고정단의 반력 : $R_a = \dfrac{5}{8}wl$

지지단의 반력 : $R_b = \dfrac{3}{8}wl$

고정단의 반력모멘트 : $M_a = \dfrac{wl^2}{8}$

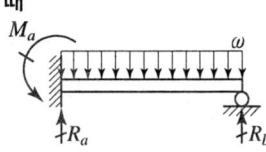

해답 ④

007

그림과 같이 단붙이 원형축(Stepped Circular Shaft)의 풀리에 토크가 작용하여 평형상태에 있다. 이 축에 발생하는 최대 전단응력은 몇 MPa인가?

① 18.2
② 22.9
③ 41.3
④ 147.4

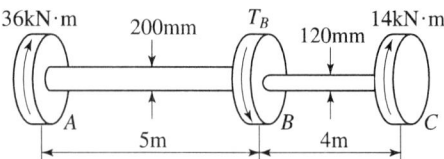

해설

(200mm인 축의 전단응력) $\tau_1 = \dfrac{T_1}{\dfrac{\pi \times 200^3}{16}} = \dfrac{36 \times 10^6 \text{Nmm}}{\dfrac{\pi \times 200^3}{16} \text{mm}^3} = 22.91 \text{MPa}$

(120mm인 축의 전단응력) $\tau_2 = \dfrac{T_2}{\dfrac{\pi \times 120^3}{16}} = \dfrac{14 \times 10^6 \text{Nmm}}{\dfrac{\pi \times 120^3}{16} \text{mm}^3} = 41.26 \text{MPa}$

해답 ③

008

그림의 구조물이 수직하중 $2P$를 받을 때 구조물 속에 저장되는 탄성변형에너지는? (단, 단면적 A, 탄성계수 E는 모두 같다.)

① $\dfrac{P^2 h}{4AE}(1 + \sqrt{3})$

② $\dfrac{P^2 h}{2AE}(1 + \sqrt{3})$

③ $\dfrac{P^2 h}{AE}(1 + \sqrt{3})$

④ $\dfrac{2P^2 h}{4AE}(1 + \sqrt{3})$

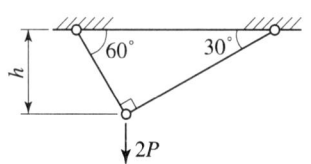

해설

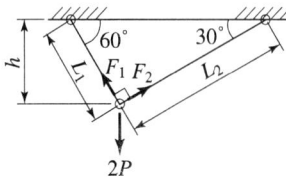

$U = U_1 + U_2 = \left(\dfrac{1}{2} F_1 \times \dfrac{F_1 L_1}{AE}\right) + \left(\dfrac{1}{2} F_2 \times \dfrac{F_1 L_2}{AE}\right)$

$= \left(\dfrac{1}{2} \sqrt{3} P \times \dfrac{\sqrt{3} P \times \dfrac{2h}{\sqrt{3}}}{AE}\right) + \left(\dfrac{1}{2} P \times \dfrac{P 2h}{AE}\right) = \dfrac{P^2 h}{AE}(\sqrt{3} + 1)$

$L_1 = \dfrac{h}{\sin 60} = \dfrac{2h}{\sqrt{3}}$, $L_2 = \dfrac{h}{\sin 30} = 2h$

$\dfrac{2P}{\sin 90} = \dfrac{F_1}{\sin 120} = \dfrac{F_2}{\sin 150}$, $F_1 = \sqrt{3} P$, $F_2 = P$

해답 ③

009 지름이 동일한 봉에 위 그림과 같이 하중이 작용할 때 단면에 발생하는 축 하중 선도는 아래 그림과 같다. 단면 C에 작용하는 하중(F)는 얼마인가?

① 150
② 250
③ 350
④ 450

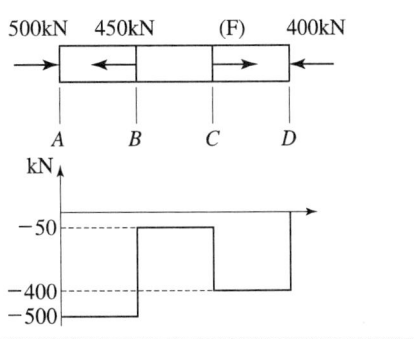

해설 $450 + 400 = 500 + F$, $F = 350\text{N}$

해답 ③

010 강재의 인장시험 후 얻어진 응력–변형률 선도로부터 구할 수 없는 것은?

① 안전계수
② 탄성계수
③ 인장강도
④ 비례한도

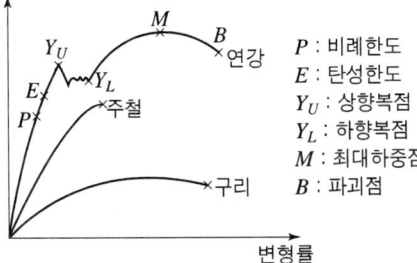

P : 비례한도
E : 탄성한도
Y_U : 상항복점
Y_L : 하항복점
M : 최대하중점
B : 파괴점

해답 ①

011 두께 1.0mm의 강판에 한 변의 길이가 25mm인 정사각형 구멍을 펀칭하려고 한다. 이 강판의 전단 파괴응력이 250MPa일 때 필요한 압축력은 몇 kN인가?

① 6.25
② 12.5
③ 25.0
④ 156.2

해설 (압출력) $F = \tau \times 4at = 250 \times (4 \times 25 \times 1) = 25000\text{N} = 25\text{kN}$

해답 ③

012

정육면체 형상의 짧은 기둥에 그림과 같이 측면에 홈이 파여져 있다. 도심에 작용하는 하중 P로 인하여 단면 $m-n$에 발생하는 최대 압축응력은 홈이 없을 때 압축응력의 몇 배인가?

① 2
② 4
③ 8
④ 12

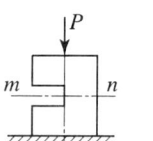
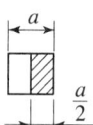

해설

$$\sigma_{max} = \sigma_n + \sigma_b = \frac{P}{A} + \frac{M}{Z} = \frac{P}{a \times \frac{a}{2}} + \frac{P \times \frac{a}{4}}{\frac{a \times \left(\frac{a}{2}\right)^2}{6}} = \frac{8P}{a^2}$$

$$\sigma_{max} = 8\frac{P}{a^2}$$

해답 ③

013

길이가 L이고 지름이 d_0인 원통형의 나사를 끼워 넣을 때 나사의 단위 길이 당 t_0의 토크가 필요하다. 나사 재질의 전단탄성계수가 G일 때 나사 끝단 간의 비틀림 회전량(rad)은 얼마인가?

① $\dfrac{16t_0 L^2}{\pi d_0^4 G}$　　② $\dfrac{32t_0 L^2}{\pi d_0^4 G}$

③ $\dfrac{t_0 L^2}{16\pi d_0^4 G}$　　④ $\dfrac{t_0 L^2}{32\pi d_0^4 G}$

해설

$$\theta = \frac{TL}{GI_p} = \frac{(t_o \times L) \times L}{GI_p} = \frac{t_o \times L^2}{G\frac{\pi d_o^4}{32}} = \frac{32 t_o \times L^2}{G\pi d_o^4}$$

해답 ②

014

그림과 같이 순수 전단을 받는 요소에서 발생하는 전단응력 $\tau = 70\text{MPa}$, 재료의 세로탄성계수는 200GPa, 포아송의 비는 0.25일 때 전단 변형률은 약 몇 rad인가?

① 8.75×10^{-4}
② 8.75×10^{-3}
③ 4.38×10^{-4}
④ 4.38×10^{-3}

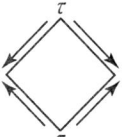

해설 (전단변형률) $\gamma = \dfrac{\tau}{G} = \dfrac{70}{80000} = 8.75 \times 10^{-4}[\text{rad}]$

$1Em = 2G(m+1)$

(전단탄성계수) $G = \dfrac{1Em}{2(m+1)} = \dfrac{1 \times 200 \times \dfrac{1}{0.25}}{2\left(\dfrac{1}{0.25}+1\right)} = 80\text{GPa} = 80000\text{MPa}$

해답 ①

015

그림과 같은 단순 지지보의 중앙에 집중하중 P가 작용할 때 단면이 (가)일 경우의 처짐 y_1은 단면이 (나)일 경우의 처짐 y_2의 몇 배인가? (단, 보의 전체 길이 및 보의 굽힘 강성은 일정하며 자중은 무시한다.)

① 4
② 8
③ 16
④ 32

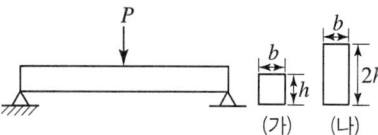

해설 $\delta_1 = \dfrac{PL^3}{48EI} = \dfrac{PL^3}{48E\dfrac{bh^3}{12}} = 8\delta_2$

$\delta_2 = \dfrac{PL^3}{48EI} = \dfrac{PL^3}{48E\dfrac{b(2h)^3}{12}} = \dfrac{1}{8}\delta_1$

해답 ②

016

지름 35cm의 차축이 0.2°만큼 비틀렸다. 이 때 최대 전단응력이 49MPa이고, 재료의 전단 탄성계수가 80GPa이라고 하면, 이 차축의 길이는 약 몇 m인가?

① 2.0 ② 2.5
③ 1.5 ④ 1.0

해설 $\theta = \dfrac{TL}{GI_p} \times \dfrac{180}{\pi}$

$L = \dfrac{\theta \times GI_p}{T} \times \dfrac{\pi}{180} = \dfrac{\theta \times GI_p}{\tau \times Z_p} \times \dfrac{\pi}{180} = \dfrac{\theta \times GI_p}{\tau \times \dfrac{I_p}{R}} \times \dfrac{\pi}{180} = \dfrac{\theta \times G \times R}{\tau} \times \dfrac{\pi}{180}$

(길이) $L = \dfrac{\theta \times G \times R}{\tau} \times \dfrac{\pi}{180} = \dfrac{0.2 \times 80 \times 10^3 \times \dfrac{350}{2}}{49} \times \dfrac{\pi}{180} = 997.33\text{mm} \fallingdotseq 1\text{m}$

해답 ④

017

그림과 같이 벽돌을 쌓아 올릴 때 최하단 벽돌의 안전계수를 20으로 하면 벽돌의 높이 h를 얼마만큼 높이 쌓을 수 있는가? (단, 벽돌의 비중량은 16kN/m³, 파괴 압축응력을 11MPa로 한다.)

① 34.3m
② 25.5m
③ 45.0m
④ 23.8m

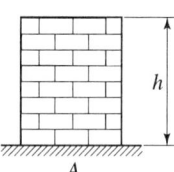

해설
$\sigma_{max} = 16 \times 10^3 \times H$
$\sigma_a = \dfrac{\sigma_{max}}{S} = \dfrac{11}{20} = 0.55\text{MPa} = \gamma \times H, \quad H = \dfrac{0.55 \times 10^6 \text{Pa}}{16 \times 10^3 \dfrac{\text{N}}{\text{m}^3}} = 34.375\text{m}$

해답 ①

018

평면 응력상태에서 σ_x와 σ_y만이 작용하는 2축 응력에서 모어원의 반지름이 되는 것은? (단, $\sigma_x > \sigma_y$ 이다.)

① $(\sigma_x + \sigma_y)$
② $(\sigma_x - \sigma_y)$
③ $\dfrac{1}{2}(\sigma_x + \sigma_y)$
④ $\dfrac{1}{2}(\sigma_x - \sigma_y)$

해설 반지름 : $R = \dfrac{\sigma_x - \sigma_y}{2}$

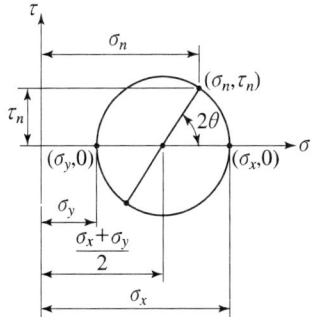

해답 ④

019

전단력 10kN이 작용하는 지름 10cm인 원형단면의 보에서 그 중립축 위에 발생하는 최대 전단응력은 약 몇 MPa인가?

① 1.3
② 1.7
③ 130
④ 170

해설 $\tau = \dfrac{4}{3} \times \dfrac{F}{\dfrac{\pi}{4} \times d^2} = \dfrac{4}{3} \times \dfrac{10 \times 10^3}{\dfrac{\pi}{4} \times 100^2} = 1.697 [\text{MPa}]$

해답 ②

020 지름 100mm의 양단 지지보의 중앙에 2kN의 집중하중이 작용할 때 보 속의 최대 굽힘응력이 16MPa일 경우 보의 길이는 약 몇 m 인가?
① 1.51　　　　　　② 3.14
③ 4.22　　　　　　④ 5.86

해설 $M = \sigma \times \dfrac{\pi d^3}{32}$, $\dfrac{PL}{4} = \sigma \times \dfrac{\pi d^3}{32}$

(보의 길이) $L = \sigma \times \dfrac{\pi d^3}{32} \times \dfrac{4}{P} = 16 \times \dfrac{\pi \times 100^3}{32} \times \dfrac{4}{2000} = 3141.59 \text{mm} = 3.14 \text{m}$

해답 ②

제2과목　기계열역학

021 질량 1kg의 공기가 밀폐계에서 압력과 체적이 100kPa, 1m³ 이었는데 폴리트로픽 과정(PV^n = 일정)을 거쳐 체적이 0.5m³ 이 되었다. 최종 온도(T_2)와 내부에너지의 변화량(ΔU)은 각각 얼마인가? (단, 공기의 기체상수는 287J/kg·K, 정적비열은 718J/kg·K, 정압비열은 1005J/kg·K, 플리트로프 지수는 1.3이다.)
① T_2=459.7K, ΔU=111.3kJ　　② T_2=459.7K, ΔU=79.9kJ
③ T_2=428.9K, ΔU=80.5kJ　　④ T_2=428.9K, ΔU=57.8kJ

해설 (처음 온도) $T_1 = \dfrac{P_1 V_1}{mR} = \dfrac{100 \times 10^3 \times 1}{1 \times 287} = 348.43 \text{K}$

$\dfrac{T_2}{T_1} = \left(\dfrac{V_1}{V_2}\right)^{n-1} = \left(\dfrac{P_2}{P_1}\right)^{\frac{n-1}{n}}$

(최종 온도) $T_2 = T_1 \times \left(\dfrac{V_1}{V_2}\right)^{n-1} = 348.43 \times \left(\dfrac{1}{0.5}\right)^{1.3-1} = 428.96 \text{K}$

(내부에너지의 변화) $\Delta U = m c_v \times (T_2 - T_1)$
$= 1 \times 0.718 \times (428.96 - 348.43) = 57.8 \text{kJ}$

해답 ④

022
카르노 열기관 사이클 A는 0℃와 100℃ 사이에서 작동되며 카르노 열기관 사이클 B는 100℃와 200℃ 사이에서 작동된다. 사이클 A의 효율(η_A)과 사이클 B의 효율(η_B)을 각각 구하면?

① $\eta_A = 26.80\%$, $\eta_B = 50.00\%$
② $\eta_A = 26.80\%$, $\eta_B = 21.14\%$
③ $\eta_A = 38.75\%$, $\eta_B = 50.00\%$
④ $\eta_A = 38.75\%$, $\eta_B = 21.14\%$

해설 (carnot cycle의 효율) $\eta_A = 1 - \dfrac{T_L}{T_H} = 1 - \dfrac{0+273}{100+273} = 0.268 = 26.8\%$

$\eta_B = 1 - \dfrac{T_L}{T_H} = 1 - \dfrac{100+273}{200+273} = 0.211 = 21.14\%$

해답 ②

023
대기압 100kPa에서 용기에 가득 채운 프로판을 일정한 온도에서 진공펌프를 사용하여 2kPa 까지 배기하였다. 용기 내에 남은 프로판의 중량은 처음 중량의 몇 % 정도 되는가?

① 20%   ② 2%
③ 50%   ④ 5%

해설 $\dfrac{m_1}{m_2} = \dfrac{\left(\dfrac{P_1 V_1}{R T_1}\right)}{\left(\dfrac{P_2 V_1}{R T_1}\right)} = \dfrac{P_1}{P_2} = \dfrac{100}{2}$

(남은 질량) $m_2 = m_1 \times \dfrac{2}{100}$

해답 ②

024
이상기체에서 엔탈피 h 와 내부에너지 u, 엔트로피 s 사이에서 성립하는 식으로 옳은 것은? (단, T는 온도, v는 체적, P는 압력이다.)

① $Tds = dh + vdP$
② $Tds = dh - vdP$
③ $Tds = dh - Pdv$
④ $Tds = dh + d(Pv)$

해설 $ds = \dfrac{dq}{T}$, $dq = Tds$

$dq = dh - vdP$
$Tds = dh - vdP$

해답 ②

025

온도 T_2인 저온체에서 열량 Q_A를 흡수해서 온도가 T_1인 고온체로 열량 Q_R를 방출할 때 냉동기의 성능계수(coefficient of performance)는?

① $\dfrac{Q_R - Q_A}{Q_A}$
② $\dfrac{Q_R}{Q_A}$
③ $\dfrac{Q_A}{Q_R - Q_A}$
④ $\dfrac{Q_A}{Q_R}$

해설
$\epsilon = \dfrac{Q_A}{W_{net}} = \dfrac{Q_A}{Q_R - Q_A}$

해답 ③

026

비열비가 k인 이상기체로 이루어진 시스템이 정압과정으로 부피가 2배로 팽창할 때 시스템이 한 일이 W, 시스템에 전달된 열이 Q일 때, $\dfrac{W}{Q}$는 얼마인가? (단, 비열은 일정하다.)

① k
② $\dfrac{1}{k}$
③ $\dfrac{k}{k-1}$
④ $\dfrac{k-1}{k}$

해설
$\dfrac{W}{Q} = \dfrac{P(V_2 - V_1)}{(H_2 - H_1)} = \dfrac{mR(T_2 - T_1)}{m \times C_P \times (T_2 - T_1)} = \dfrac{R}{C_P} = \dfrac{R}{\dfrac{kR}{k-1}} = \dfrac{k-1}{k}$

해답 ④

027

냉동기 냉매의 일반적인 구비조건으로서 적합하지 않은 사항은?

① 임계 온도가 높고, 응고 온도가 낮을 것
② 증발열이 적고, 증기의 비체적이 클 것
③ 증기 및 액체의 점성이 작을 것
④ 부식성이 없고, 안정성이 있을 것

해설 증기 냉동사이클은 냉매의 증발잠열을 이용한 냉동 사이클임으로 냉매의 증발잠열은 높아야 된다.

해답 ②

028

공기 1kg을 정적과정으로 40℃에서 120℃까지 가열하고, 다음에 정압과정으로 120℃에서 220℃까지 가열한다면 전체 가열에 필요한 열량은 약 얼마인가? (단, 정압비열은 1,000kJ/kg·K, 정적비열은 0.71kJ/kg·K 이다.)

① 127.8kJ/kg·K
② 141.5kJ/kg·K
③ 156.8kJ/kg·K
④ 185.2kJ/kg·K

해설 $q = q_V + q_P = C_V(T_2 - T_1) + C_P(T_3 - T_2)$
$= 1 \times 0.71 \times (120 - 40) + 1 \times 1 \times (220 - 120) = 156.8 \dfrac{kJ}{kg}$

해답 ③

029

열역학적 상태량은 일반적으로 강도성 상태량과 종량성 상태량으로 분류할 수 있다. 강도성 상태량에 속하지 않는 것은?

① 압력
② 온도
③ 밀도
④ 체적

해설 ① **강도성 상태량**(强度性 狀態量 ; intensive property)
물질이 가지는 질량의 크기에 관계없는 상태량으로 온도(T), 압력(P) 등이 표적이다. - 나누어도 변화가 없는 상태량
② **종량성 상태량**(從量性 狀態量 ; extensive property)
물질의 질량에 따라서 값이 변하는 상태량이다. 체적(V), 내부에너지(U), 엔탈피(H), 엔트로피(S) 등이 있다. - 나누면 변화가 있는 상태량

해답 ④

030

그림과 같이 중간에 격벽이 설치된 계에서 A에서 이상기체가 충만되어 있고, B는 진공이며, A와 B의 체적은 같다. A와 B사이의 격벽을 제거하면 A의 기체는 단열비가역 자유팽창을 하여 어느 시간 후에 평형에 도달하였다. 이 경우의 엔트로피 변화 Δs는? (단, C_v는 정적비열, C_p는 정압비열, R은 기체상수이다.)

① $\Delta s = C_v \times \ln 2$
② $\Delta s = C_p \times \ln 2$
③ $\Delta s = 0$
④ $\Delta s = R \times \ln 2$

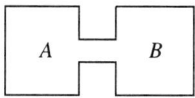

해설 $\Delta S = C_v \ln \dfrac{T_2}{T_1} + R \ln \dfrac{V_2}{V_1} = R \ln \dfrac{2V_1}{V_1} = R \ln 2$

해답 ④

031 수소(H_2)를 이상기체로 생각하였을 때, 절대압력 1MPa, 온도 100℃에서의 비체적은 약 몇 m^3/kg인가? (단, 일반기체상수는 8.3145kJ/kmol·K 이다.)

① 0.781
② 1.26
③ 1.55
④ 3.46

해설 $Pv = RT$

(비체적) $v = \dfrac{RT}{P} = \dfrac{4.157 \times 10^3 \times (100+273)}{1 \times 10^6} = 1.55 m^3$

(기체상수) $R = \dfrac{\overline{R}(\text{일반기체상수})}{M(\text{분자량})} = \dfrac{8.3145}{2} = 4.157 \dfrac{kJ}{kg \cdot K}$

해답 ③

032 그림과 같은 Rankine 사이클의 역효율은 약 몇 % 인가? (단, $h_1 = 191.8kJ/kg$, $h_2 = 193.8kJ/kg$, $h_3 = 2799.5kJ/kg$, $h_4 = 2007.5kJ/kg$ 이다.)

① 30.3%
② 39.7%
③ 46.9%
④ 54.1%

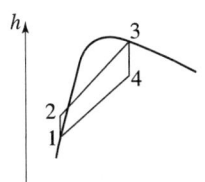

해설
과정1 → 2. 펌프 단열압축
과정2 → 3. 보일러 정압가열
과정3 → 4. 터빈 단열팽창
과정4 → 1. 복수기 정압방열

$\eta_R = \dfrac{w_{net}}{q_B} = \dfrac{\text{터빈일} - \text{펌프일}}{\text{보일러에서 가한 열량}} = \dfrac{(h_3 - h_4) - (h_2 - h_1)}{h_3 - h_2}$

$= \dfrac{(2799.5 - 2007.5) - (193.8 - 191.8)}{2799.5 - 193.8}$

$= 0.3031 = 30.31\%$

해답 ①

033 20℃의 공기 5kg이 정압 과정을 거쳐 체적이 2배가 되었다. 공급한 열량은 몇 약 kJ인가? (단, 정압비열은 1kJ/kg·K 이다.)

① 1465
② 2198
③ 2931
④ 4397

해설 (정압과정) $\dfrac{V_1}{T_1} = \dfrac{V_2}{T_2}$, $\dfrac{V_1}{(20+273)} = \dfrac{2V_1}{T_2 + 273}$, $T_2 = 313℃$

(열량) $Q = mC_P(T_2 - T_1) = 5 \times 1 \times (313 - 20) = 1465 kJ$

해답 ①

034

밀도 1000kg/m³인 물이 단면적 0.01m²인 관속을 2m/s의 속도로 흐를 때, 질량유량은?

① 20kg/s
② 2.0kg/s
③ 50kg/s
④ 5.0kg/s

해설 (질량유량) $\dot{m} = \rho A V = 1000 \times 0.01 \times 2 = 20 \dfrac{kg}{s}$

해답 ①

035

온도가 150℃인 공기 3kg이 정압 냉각되어 엔트로피가 1.063kJ/K 만큼 감소되었다. 이때 방출된 열량은 약 몇 kJ 인가? (단, 공기의 정압비열은 1.01kJ/kg·K 이다.)

① 27
② 379
③ 538
④ 715

해설
$\Delta S = m \times \left(C_p \ln\dfrac{T_2}{T_1} + R \ln\dfrac{P_2}{P_1} \right) = m C_p \ln\dfrac{T_2}{T_1}$, $-1.063 = 3 \times 1.01 \times \ln\dfrac{T_2 + 273}{150 + 273}$

(나중 온도) $T_2 = 24.837℃$

$Q = m C_P (T_2 - T_1) = 3 \times 1.01 \times (24.837 - 150) = -379.24 kJ$

해답 ②

036

밀폐계의 가역 정적변화에서 다음 중 옳은 것은? (단, U : 내부에너지, Q : 전달된 열, H : 엔탈피, V : 체적, W : 일 이다.)

① $dU = dQ$
② $dH = dQ$
③ $dV = dQ$
④ $dW = dQ$

해설 $\delta q = du + P\cancel{dv} = du$

해답 ①

037

과열증기를 냉각시켰더니 포화영역 안으로 들어와서 비체적이 0.2327m³/kg이 되었다. 이때의 포화액과 포화증기의 비체적이 각각 1.079×10^{-3}m³/kg, 0.5243m³/kg 이라면 건도는?

① 0.964
② 0.772
③ 0.653
④ 0.443

해설 $v_x = v' + x(v'' - v')$, $0.2327 = 1.079 \times 10^{-3} + x(0.5243 - 1.079 \times 10^{-3})$

(건도) $x = 0.4426$

해답 ④

038 오토 사이클의 압축비가 6인 경우 이론 열효율은 약 몇 % 인가? (단, 비열비=1.4 이다.)

① 51
② 54
③ 59
④ 62

해설 $\eta_o = 1 - \left(\dfrac{1}{\epsilon}\right)^{k-1}$ 에서 $\eta_o = 1 - \left(\dfrac{1}{6}\right)^{1.4-1} = 0.5116 = 51.16\%$

해답 ①

039 30℃, 100kPa의 물을 800kPa까지 압축한다. 물의 비체적이 0.001m³/kg로 일정하다고 할 때, 단위 질량당 소요된 일(공업일)은?

① 167J/kg
② 602J/kg
③ 700J/kg
④ 1400J/kg

해설 물의 비압축성임으로 정적과정으로 취급한다.

$w = v \times (P_2 - P_1) = 0.001\dfrac{m^3}{kg} \times (800-100) \times 10^3 \dfrac{N}{m^2} = 700 \dfrac{J}{kg}$

해답 ③

040 냉동실에서의 흡수 열량이 5 냉동톤(RT)인 냉동기의 성능계수(COP)가 2, 냉동기를 구동하는 가솔린 엔진의 열효율이 20%, 가솔린의 발열량이 43000kJ/kg 일 경우, 냉동기 구동에 소요되는 가솔린의 소비율은 약 몇 kg/h 인가? (단, 1냉동톤(RT)은 약 3.86kW이다.)

① 1.28kg/h
② 2.54kg/h
③ 4.04kg/h
④ 4.85kg/h

해설 (성능계수) $\epsilon = \dfrac{Q_L}{W_{net}}$

(기관에서 공급될 동력) $W_{net} = \dfrac{Q_L}{\epsilon} = \dfrac{5RT}{2} = 2.5RT = 9.65kW$

(열기관의 효율) $\eta = 0.2$

$\eta = \dfrac{출력}{연료의\ 발열량 \times 연료소비율}$

$0.2 = \dfrac{9.65kW}{43000\dfrac{kJ}{kg} \times f \dfrac{kg}{s}}$

(연료소비율) $f = 0.001122 \dfrac{kg}{s} = 4.039 \dfrac{kg}{h}$

해답 ③

제3과목 기계유체역학

041 무차원수 스트라홀 수(Strouhal number)와 가장 관계가 먼 항목은?
① 점도 ② 속도
③ 길이 ④ 진동흐름의 주파수

해설 **스트라홀수**(Strouhal number)
흐름 중에 놓여 있는 물체 뒤에 흐름의 소용돌이에 의하여 발생하는 소음의 특성에 관계한 무차원수(無次元數). 물체로부터 소용돌이가 방출되는 주파수 f는 유속 V와 물체의 흐름에 수직인 대표길이 d 때문에 무차원화가 된다.

(스토로우홀 수(數)) $Str = \dfrac{f \times d}{V}$

해답 ①

042 수면의 높이 차이가 H인 두 저수지 사이에 지름 d, 길이 l인 관로가 연결되어 있을 때 관로에서의 평균 유속(V)을 나타내는 식은? (단, f는 관마찰계수이고, g는 중력가속도이며, K_1, K_2는 관입구와 출구에서 부차적 손실계수이다.)

① $V = \sqrt{\dfrac{2gdH}{K_1 + fl + K_2}}$

② $V = \sqrt{\dfrac{2gH}{K_1 + f + K_2}}$

③ $V = \sqrt{\dfrac{2gH}{K_1 + \dfrac{f}{l} + K_2}}$

④ $V = \sqrt{\dfrac{2gH}{K_1 + f\dfrac{l}{d} + K_2}}$

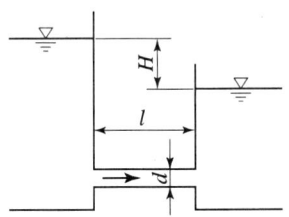

해설 $H = K_1 \dfrac{V^2}{2g} + f\dfrac{l}{d}\dfrac{V^2}{2g} + K_2\dfrac{V^2}{2g} = \dfrac{V^2}{2g} \times \left(K_1 + f\dfrac{l}{d} + K_2\right)$ $V = \sqrt{\dfrac{2gH}{K_1 + f\dfrac{l}{d} + K_2}}$

해답 ④

043 다음 〈보기〉 중 무차원수를 모두 고른 것은?

〈보기〉	a. Reynolds 수	b. 관마찰계수
	c. 상대조도	d. 일반기체상수

① a, c ② a, b
③ a, b, c ④ b, c, d

해설 (일반기체상수) $\overline{R} = 8.3145 \left[\dfrac{kJ}{kmol \cdot K} \right]$ 단위가 있다.

(기체상수) $R = \dfrac{\overline{R}(일반기체상수)}{M(분자량)} \left[\dfrac{kJ}{kg \cdot K} \right]$

해답 ③

044
정지된 액체 속에 잠겨있는 평면이 받는 압력에 의해 발생하는 합력에 대한 설명으로 옳은 것은?

① 크기가 액체의 비중량에 반비례한다.
② 크기는 도심에서의 압력에 면적을 곱한 것과 같다.
③ 작용점은 평면의 도심과 일치한다.
④ 수직평면의 경우 작용점이 도심보다 위쪽에 있다.

해설 (전압력) $F = PA = \gamma \overline{H} A$

해답 ②

045
평판으로부터의 거리를 y라고 할 때 평판에 평행한 방향의 속도 분포($u(y)$)가 아래와 같은 식으로 주어는 유동장이 있다. 여기에서 U와 L은 각각 유동장의 특성속도와 특성길이를 나타낸다. 유동장에서는 속도 $u(y)$만 있고, 유체는 점성계수가 μ인 뉴턴 유체일 때 $y = L/8$에서의 전단응력은?

$$u(y) = U \left(\dfrac{y}{L} \right)^{2/3}$$

① $\dfrac{2\mu U}{3L}$ ② $\dfrac{4\mu U}{3L}$
③ $\dfrac{8\mu U}{3L}$ ④ $\dfrac{16\mu U}{3L}$

$\tau_y = \mu \dfrac{du}{dy} = \mu \dfrac{d\left(U \dfrac{y^{\frac{2}{3}}}{L^{\frac{2}{3}}} \right)}{dy} = \mu U \dfrac{1}{L^{\frac{2}{3}}} \times \dfrac{2}{3} y^{\left(\frac{2}{3} - 1 \right)} = \mu U L^{-\frac{2}{3}} \times \dfrac{2}{3} y^{-\frac{2}{3}}$

$y = \dfrac{L}{8}$ 일 때 $\tau = \mu U L^{-\frac{2}{3}} \times \dfrac{2}{3} \left(\dfrac{L}{8} \right)^{-\frac{2}{3}} = \dfrac{4\mu U}{3L}$

해답 ②

046
다음 중 단위계(System of Unit)가 다른 것은?

① 항력(Drag)
② 응력(Stress)
③ 압력(Pressure)
④ 단위 면적 당 작용하는 힘

해설
- 항력(Drag)[N]
- 응력(Stress)[Pa]
- 압력(Pressure)[Pa]
- 단위면적 당 작용하는 힘[Pa]

해답 ①

047
지름비가 1:2:3 인 모세관의 상승높이 비는 얼마인가? (단, 다른 조건은 모두 동일하다고 가정한다.)

① 1:2:3
② 1:4:9
③ 3:2:1
④ 6:3:2

해설 (모세관 현상에 의한 물의 상승높이) $h = \dfrac{4\sigma\cos\beta}{\gamma D}$

$h \propto \dfrac{1}{D}$, $\dfrac{1}{1}:\dfrac{1}{2}:\dfrac{1}{3}$, $\dfrac{6}{1}:\dfrac{6}{2}:\dfrac{6}{3}$, 6:3:2

해답 ④

048
다음 중 유량을 측정하기 위한 장치가 아닌 것은?

① 위어(weir)
② 오리피스(orifice)
③ 피에조미터(piezo meter)
④ 벤츄리미터(venturi meter)

해설 **유량 측정하는 계측기기**
① 벤츄리미터-가장 정확한 유량측정계기
② 노즐
③ 오리피스
④ 위어- 사각위어

피에조미터(Piezo meter) : 정압측정하는 압력측정장치이다.

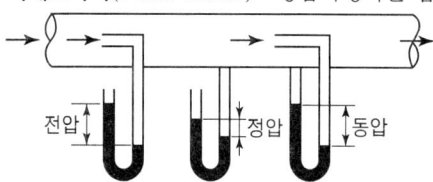

해답 ③

049
국소 대기압이 710mmHg일 때, 절대압력 50kPa은 게이지 압력으로 약 얼마인가?

① 44.7Pa 진공
② 44.7Pa
③ 44.7kPa 진공
④ 44.7kPa

해설 $P_{abs} = P_o + P_g$, $50\text{KPa} = 710\text{mmHg} \times \dfrac{101.325\text{KPa}}{760\text{mmHg}} + P_g[\text{kPa}]$

(게이지압) $P_g = -44.658 KPa \fallingdotseq 44.7(진공)$

해답 ③

050

지름은 200mm에서 지름 100mm로 단면적이 변하는 원형관의 내의 유체 흐름이 있다. 단면적 변화에 따라 유체 밀도가 변경 전 밀도의 106%로 커졌다면, 단면적이 변한 후의 유체 속도는 약 몇 m/s 인가? (단, 지름 200mm에서 유체의 밀도 800kg/m³, 평균속도는 20m/s 이다.)

① 52　　　　　　　② 66
③ 75　　　　　　　④ 89

해설 (질량유량) $\dot{m} = \rho_1 A_1 V_1 = \rho_2 A_2 V_2$

$$\rho_1 \times \frac{\pi}{4} 200^2 \times 20 = 1.06 \times \rho_1 \times \frac{\pi}{4} 100^2 \times V_2$$

$$V_2 = 75.471 \frac{\text{m}}{\text{s}}$$

해답 ③

051

지름이 0.01m 인 관 내로 점성계수 0.005N·s/m², 밀도 800kg/m³인 유체가 1m/s의 속도로 흐를 때 이 유동의 특성은?

① 층류 유동　　　　② 난류 유동
③ 천이 유동　　　　④ 위 조건으로는 알 수 없다.

해설 (레이놀즈 수) $Re = \dfrac{\text{관성력}}{\text{점성력}} = \dfrac{\rho VD}{\mu} = \dfrac{800 \times 1 \times 0.01}{0.005} = 1600$

레이놀즈 수가 2100 이하이므로 층류 유동이다.

해답 ①

052

스프링 상수가 10 N/cm 인 4개의 스프링으로 평판 A를 벽 B에 그림과 같이 장착하였다. 유량 0.01m³/s, 속도 10m/s인 물 제트가 평판 A의 중앙에 직각으로 충돌할 때, 평판과 벽 사이에서 줄어드는 거리는 약 몇 cm인가?

① 2.5
② 1.25
③ 10.0
④ 5.0

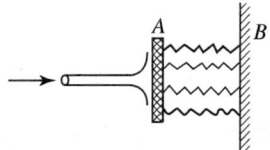

해설 (x방향에 작용하는 분력) $F_x = \rho QV = 1000 \times 0.01 \times 10 = 100\text{N}$

(스프링의 변화량) $\delta = \dfrac{F_x}{4K} = \dfrac{100}{4 \times 10} = 2.5\text{cm}$

해답 ①

053
2차원 속도장이 $\vec{V} = y^2\hat{i} - xy\hat{j}$ 로 주어질 때 (1,2) 위치에서의 가속도의 크기는 약 얼마인가?

① 4
② 6
③ 8
④ 10

해설
$V = ui + vj$
(x방향 속도) u, (y방향 속도) v

[참고] (미분연산자 군) $\dfrac{D}{Dt} = \dfrac{\partial}{\partial t} + u\dfrac{\partial}{\partial x} + v\dfrac{\partial}{\partial y}$

(x방향 속도) a_x, (y방향 속도) a_y

$a_x = \dfrac{Du}{Dt} = \dfrac{\partial u}{\partial t} + u\dfrac{\partial u}{\partial x} + v\dfrac{\partial u}{\partial y} = \dfrac{\partial(y^2)}{\partial t} + (y^2)\dfrac{\partial(y^2)}{\partial x} + (-xy)\dfrac{\partial(y^2)}{\partial y}$
$= 0 + 0 + (-2xy^2)$
$a_x = (-2 \times 1 \times 2^2) = -8$

$a_y = \dfrac{Dv}{Dt} = \dfrac{\partial v}{\partial t} + u\dfrac{\partial v}{\partial x} + v\dfrac{\partial v}{\partial y} = \dfrac{\partial(-xy)}{\partial t} + (y^2)\dfrac{\partial(-xy)}{\partial x} + (-xy)\dfrac{\partial(-xy)}{\partial y}$
$= 0 + (-y^3) + (x^2 y)$
$a_y = (-2^3) + (1^2 \times 2) = -6$

(가속도의 크기) $|a| = \sqrt{a_x^2 + a_y^2} = \sqrt{(-8)^2 + (-6)^2} = 10$

해답 ④

054
낙차가 100m이고 유량이 500m³/s 인 수력발전소에서 얻을 수 있는 최대 발전용량은?

① 50kW
② 50MW
③ 49kW
④ 490MW

해설 (유체동력) $H_h = \gamma h Q = 9800\dfrac{\text{N}}{\text{m}^3} \times 100\text{m} \times 500\dfrac{\text{m}^3}{\text{s}} = 490\text{MW}$

해답 ④

055
노즐을 통하여 풍량 $Q = 0.8\text{m}^3/\text{s}$ 일 때 마노미터 수두 높이차 h는 약 몇 m인가? (단, 공기의 밀도는 1.2kg/m³, 물의 밀도는 1000kg/m³이며, 노즐 유량계의 송출계수는 1로 가정한다.)

① 0.13
② 0.27
③ 0.48
④ 0.62

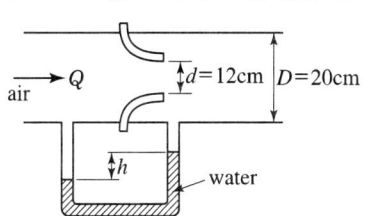

해설) $Q = C_Q \times A \times V$ (유량계수) $C_Q = 1$

$Q = \dfrac{\pi}{4} D^2 \times V_1 = \dfrac{\pi}{4} d^2 \times V_2$

$V_1 = \dfrac{4Q}{\pi D^2} = \dfrac{4 \times 0.8}{\pi \times 0.2^2} = 25.464 \text{m/s}$

$V_2 = \dfrac{4Q}{\pi d^2} = \dfrac{4 \times 0.8}{\pi \times 0.12^2} = 70.735 \text{m/s}$

$\dfrac{P_1 - P_2}{\gamma_{관}} = \dfrac{V_2^2 - V_1^2}{2g}$

$P_1 - P_2 = \dfrac{\rho_{관}(V_2^2 - V_1^2)}{2} = \dfrac{1.2 \times (70.735^2 - 25.464^2)}{2} = 2613.014 \text{Pa}$

$P_1 - P_2 = h(\gamma_{액} - \gamma_{관})$

(액주계의 높이) $h = \dfrac{P_1 - P_2}{(\gamma_{액} - \gamma_{관})} = \dfrac{P_1 - P_2}{g(\rho_{액} - \rho_{관})} = \dfrac{2613.014}{9.8 \times (1000 - 1.2)} = 0.266 \text{m}$

해답 ②

056 Blasius의 해석결과에 따라 평판 주위의 유동에 있어서 경계층 두께에 관한 설명으로 틀린 것은?

① 유체 속도가 빠를수록 경계층 두께는 작아진다.
② 밀도가 클수록 경계층 두께는 작아진다.
③ 평판 길이가 길수록 평판 끝단부의 경계층 두께는 커진다.
④ 점성이 클수록 경계층 두께는 작아진다.

해설) 점성이 클수록 마찰이 증가되므로 경계층 두께는 커진다.

해답 ④

057 포텐셜 함수가 $K\theta$인 선와류 유동이 있다. 중심에서 반지름 1m인 원주를 따라 계산한 순환(circulation)은? (단, $\vec{V} = \nabla \phi = \dfrac{\partial \phi}{\partial r}\hat{i_r} + \dfrac{1}{r}\dfrac{\partial \phi}{\partial \phi}\hat{i_\theta}$ 이다.)

① 0
② K
③ πK
④ $2\pi K$

해설) (순환) $\Gamma = \vec{V} \times S = (\nabla \phi) \times 2\pi r = \dfrac{K}{r} \times 2\pi r = 2\pi K$

(포텐셜함수) $\phi = K\theta$

(원주의 속도) $\vec{V} = \nabla \phi = \dfrac{\partial \phi}{\partial r}\hat{i_r} + \dfrac{1}{r}\dfrac{\partial \phi}{\partial \theta}\hat{i_\theta} = \dfrac{\partial(K\theta)}{\partial r}\hat{i_r} + \dfrac{1}{r}\dfrac{\partial(K\theta)}{\partial \theta}\hat{i_\theta} = 0\hat{i_r} + \dfrac{K}{r}\hat{i_\theta}$

해답 ④

058
수면에 떠 있는 배의 저항문제에 있어서 모형과 원형 사이에 역학적 상사(相似)를 이루려면 다음 중 어느 것이 중요한 요소가 되는가?

① Reynolds number, Mach number
② Reynolds number, Froude number
③ Weber number, Euler number
④ Mach number, Weber number

해설
- 저항문제는 점성의 영향을 고려되므로 Reynolds number
- 수면에 떠있는 배는 중력의 영향을 고려되므로 Froude number

해답 ②

059
지름 D인 파이프 내에 점성 μ인 유체가 층류로 흐르고 있다. 파이프 길이가 L일 때, 유량과 압력 손실 Δp의 관계로 옳은 것은?

① $Q = \dfrac{\pi \Delta p D^2}{128 \mu L}$
② $Q = \dfrac{\pi \Delta p D^2}{256 \mu L}$
③ $Q = \dfrac{\pi \Delta p D^4}{128 \mu L}$
④ $Q = \dfrac{\pi \Delta p D^4}{256 \mu L}$

해설 (Hagen-Poiseuille Equation) 수평원관의 층류유동에서 유량 $Q = \dfrac{\pi D^4 \Delta P}{128 \mu L}$

해답 ③

060
조종사가 2000m의 상공을 일정속도로 낙하산으로 강하하고 있다. 조종사의 무게가 1000N, 낙하산 지름이 7m, 항력계수가 1.3일 때 낙하 속도는 약 몇 m/s인가? (단, 공기 밀도는 1kg/m³ 이다.)

① 5.0
② 6.3
③ 7.5
④ 8.2

해설 (항력) $D = \dfrac{\rho V^2}{2} \times \dfrac{\pi}{4} D^2 \times C_D$, $1000 = \dfrac{1 \times V^2}{2} \times \dfrac{\pi}{4} \times 7^2 \times 1.3$

(속도) $V = 6.322 \dfrac{m}{s}$

해답 ②

제4과목 기계재료 및 유압기기

061 대표적인 주조경질 합금으로 코발트를 주성분으로 한 Co-Cr-W-C계 합금은?
① 라우탈(lutal)
② 실루민(silumin)
③ 세라믹(ceramic)
④ 스텔라이트(stellite)

[해설] 스텔라이트 : 코발트에 크롬, 텅스텐, 철, 탄소 따위를 섞은 합금. 열에 견디는 성질이 뛰어나 내연기관, 각종 바이트, 착암용(鑿巖用) 드릴 공구에 널리 쓰인다.

해답 ④

062 두랄루민의 합금 조성으로 옳은 것은?
① Al-Cu-Zn-Pb
② Al-Cu-Mg-Mn
③ Al-Zn-Si-Sn
④ Al-Zn-Ni-Mn

[해설] 두랄루민(D) : Al+Cu+Mg+Mn

해답 ②

063 강의 열처리 방법 중 표면경화법에 해당하는 것은?
① 마퀜칭
② 오스포밍
③ 침탄질화법
④ 오스템퍼링

[해설] 침탄질화법 : 철강을 변태점 이상으로 가열하여 가스 분위기로부터 C(0.8%)와 N(0.3%)를 침투시켜 표면경화하는 방법이다.

해답 ③

064 고속도로공구강(SKH2)의 표준조성에 해당되지 않는 것은?
① W
② V
③ Al
④ Cr

[해설] 고속도공구강 : 주성분이 C(0.8%), W(18%), Cr(4%), V(1%)로 된 것이 표준형을 표준고속도강으로 18-4-1 공구강이라고도 한다.

해답 ③

065 다음 중 비중이 가장 큰 금속은?
① Fe
② Al
③ Pb
④ Cu

[해설] ① Fe : 7.87 ② Al : 2.7 ③ Pb : 11.36 ④ Cu : 8.96

해답 ③

066 서브제로(sub-Zero)처리 관한 설명으로 틀린 것은?

① 마모성 및 피로성이 향상된다.
② 잔류오스테나이트를 마텐자이트화 한다.
③ 담금질을 한 강의 조직이 안정화 된다.
④ 시효변화가 적으며 부품의 치수 및 형상이 안정된다.

해설 **심냉처리**(sub zero treatment)**의 주목적**은 경화된 강의 잔류 오스테나이트를 마텐자이트화 시키는 것으로 공구강의 경도 증가 및 성능 향상을 기할 수 있다. 또한 조직을 안정시키고 시료변형에 의한 형상과 치수 변화를 방지할 수 있다.

해답 ①

067 고 망간강에 관한 설명으로 틀린 것은?

① 오스테나이트 조직을 갖는다.
② 광석·암석의 파쇄기의 부품 등에 사용된다.
③ 열처리에 수인법(water toughening)이 이용된다.
④ 열전도성이 좋고 팽창계수가 작아 열변형을 일으키지 않는다.

해설 **고망간강**은 성형 그대로는 탄화물 또는 변태 생성물이므로 견고하고 무르기 때문에 1000~1100℃에서 수냉(수침이라 한다)하여 균일한 오스테나이트 조직으로 한다. 용도는 특수 띠강(크로싱), 분쇄기 칼판, 철모 등에 사용된다.

해답 ④

068 강의 5대 원소만을 나열한 것은?

① Fe, C, Ni, Si, Au
② Ag, C, Si, Co, P
③ C, Si, Mn, P, S
④ Ni, C, Si, Cu, S

해설 **강의 5대 원소** : C, Si, Mn, P, S

해답 ③

069 C와 Si의 함량에 따른 주철의 조직을 나타낸 조직 분포도는?

① Gueiner, Klingenstein 조직도
② 마우러(Maurer) 조직도
③ Fe-C 복평형 상태도
④ Guilet 조직도

해설 **마우러**(Maurer) **조직도**는 주철 중의 C와 Si의 함량에 따른 조직분포를 나타낸 것이다.

해답 ②

070 과공석강의 탄소함유량(%)으로 옳은 것은?

① 약 0.01~0.02% ② 약 0.02~0.80%
③ 약 0.80~2.0%   ④ 약 2.0~4.3%

해설 **아공석강** : C 0.02~0.77%
공석강 : C 0.77%
과공석강 : C 0.77~2.11%

해답 ③

071 그림과 같이 P_3의 압력은 실린더에 작용하는 부하의 크기 혹은 방향에 따라 달라질 수 있다. 그러나 중앙의 "A"에 특정 밸브를 연결하면 P_3의 압력 변화에 대하여 밸브 내부에서 P_2의 압력을 변화시켜 ΔP를 항상 일정하게 유지시킬 수 있는데 "A"에 들어갈 수 있는 밸브는 무엇인가?

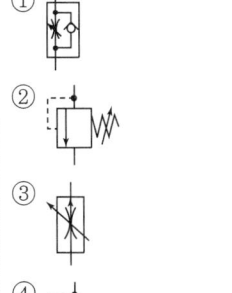

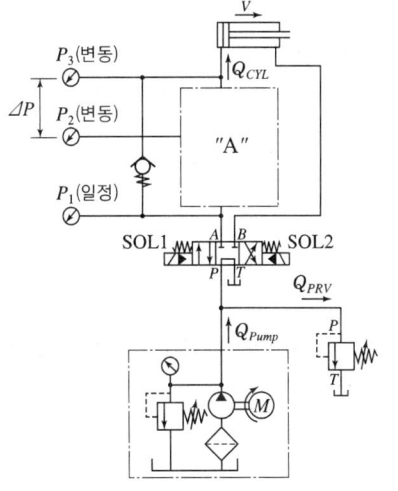

해설 **유량제어 방식**에서 미터 인 방식을 사용 하여 P_3의 압력 변화에 대하여 밸브 내부에서 P_2의 압력을 변화시켜 ΔP를 항상 일정하게 유지시킬 수 있다.

해답 ③

072 유량제어 밸브를 실린더 출구 측에 설치한 회로로서 실린더에서 유출되는 유량을 제어하여 피스톤 속도를 제어하는 회로는?

① 미터 인 회로   ② 카운터 밸런스 회로
③ 미터 아웃 회로 ④ 블리브 오프 회로

해설 출구측의 유량을 제어 하는 방식은 미터 아웃방식이다.
미터 아웃방식은 출구측에 배압을 형성함으로 드릴, 리머 작업에 사용되는 공작기계에 사용된다.

해답 ③

073 그림과 같은 방향 제어 밸브의 명칭으로 옳은 것은?

① 4 ports-4 control position valve
② 5 ports-4 control position valve
③ 4 ports-2 control position valve
④ 5 ports-2 control position valve

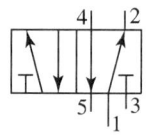

해설 2위치 5포터 방향제어밸브

해답 ④

---

074 다음 유압 작동유 중 난연성 작동유에 해당하지 않는 것은?

① 물-글리콜형 작동유
② 인산 에스테르형 작동유
③ 수중 유형 유화유
④ R&O 작동유

해설 작동유
① 석유계 작동유 : 일반산업용 작동유, 항공기용 작동유, 첨가터빈유 내마모성 유압유, 고점도지수 유압유, R&O형 작동유
② 난연성 작동유
  ㉠ 합성계 작동유 : 인산에스테르계, 폴리에스테르계
  ㉡ 함수계(수성계)작동유 : 물-글리콜계, 유화계

해답 ④

---

075 유입관로의 유량이 25L/min 일 때 내경이 10.9mm라면 관내 유속은 약 몇 m/s 인가?

① 4.47
② 14.62
③ 6.32
④ 10.27

해설 $Q = \dfrac{\pi}{4} D^2 \times V$

(유속) $V = \dfrac{4Q}{\pi D^2} = \dfrac{4 \times \dfrac{25 \times 10^{-3}}{60} \dfrac{m^3}{s}}{\pi \times 0.0109^2 m^2} = 4.465 \dfrac{m}{s}$

해답 ①

---

076 일반적으로 저점도유를 사용하며 유압시스템의 온도도 60~80℃ 정도로 높은 상태에서 운전하여 유압시스템 구성기기의 이물질을 제거하는 작업은?

① 엠보싱
② 블랭킹
③ 플러싱
④ 커미싱

해설 플러싱(flushing) : 기계나 장치 등의 신설이나 분해 수리 조립을 한 직후 배관 내나

윤활부에서 볼 수 있는 많은 먼지나 이물 또는 윤활유의 슬러지는 윤활부 등에 지장을 주어 고장의 원인이 되는 일이 있다. 그래서 새로운 윤활유를 급유하기 전에 플러싱 기름에는 일반적으로 청정제, 방청제 등을 첨가한 저점도 광유가 사용되고 있다.

해답 ③

077
실린더 안을 왕복 운동하면서, 유체의 압력과 힘의 주고 받음을 하기 위한 지름에 비하여 길이가 긴 기계 부품은?
① spool ② land
③ port   ④ plunger

해설 플런저(plunger) : 실린더 안을 왕복 운동하면서, 유체의 압력과 힘의 주고 받음을 하기 위한 지름에 비하여 길이가 긴 기계부품이다.

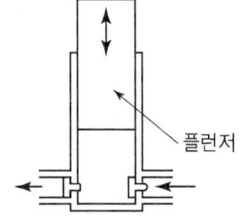

해답 ④

078
한 쪽 방향으로 흐름은 자유로우나 역방향의 흐름을 허용하지 않는 밸브는?
① 셔틀 밸브   ② 체크 밸브
③ 스로틀 밸브 ④ 릴리프 밸브

해설 체크밸브

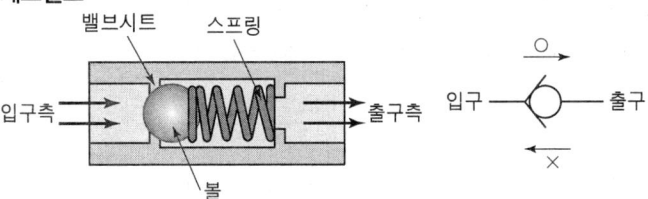

해답 ②

079
유압회로에서 감속회로를 구성할 때 사용되는 밸브로 가장 적합한 것은?
① 디셀러레이션 밸브   ② 시퀀스 밸브
③ 저압우선형 셔틀 밸브 ④ 파이럿 조작형 체크 밸브

해설
- **디셀레이션밸브** : 유압실린더나 유압모터의 속도를 감속하기 위한 밸브이다.
- **시퀀스 밸브** : 2개이상의 유압회로에서 동작순서를 정하는 밸브이다.
- **저압우선형 셔틀밸브** : 2개의 유압원중에서 압력이 작은 쪽의 유압원이 공급되게 하는 밸브이다.
- **파일러 조작형 체크밸브** : 메인관로에서 제어에 필요한 압력을 바이패스 시켜 체크 밸브를 동작되도록 하는 일방향로 흐르게 하는 밸브이다.

해답 ①

080 그림과 같은 유압 회로도에서 릴리프 밸브는?

① ⓐ
② ⓑ
③ ⓒ
④ ⓓ

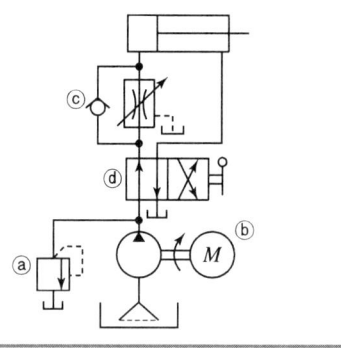

해설
ⓐ **릴리프 밸브** : 회로내의 최고 압력제어하는 밸브로 안전밸브라고도 한다.
ⓑ **전기모터** : 펌프를 구동하기 위해 전기에너지를 받아 축을 회전시켜 펌프축을 회전시킨다.
ⓒ **미터인 방식의 유량제어밸브** : 들어가는 유량을 제어하는 미터인 방식의 유량제어 밸브이다.
ⓓ **2위치 4포터 방향제어밸브**이다.

해답 ①

제5과목 기계제작법 및 기계동력학

081 x 방향에 대한 운동 방정식이 다음과 같이 나타날 때 이 진동계에서의 감쇠 고유진동수(damped natural frequency)는 약 몇 rad/s 인가?

$$2x'' + 3x' + 8x = 0$$

① 2.75
② 1.35
③ 2.25
④ 1.85

해설 $mx'' + cx' + kx = 0$
$2x'' + 3x' + 8x = 0$

(고유각 진동수) $w_n = \sqrt{\dfrac{k}{m}} = \sqrt{\dfrac{8}{2}} = 2\dfrac{\text{rad}}{\text{sec}}$

(임계감쇠계수) $c_c = 2\sqrt{mk} = 2 \times \sqrt{2 \times 8} = 8$

(감쇠비) $\varphi = \dfrac{c}{c_c} = \dfrac{3}{8} = 0.375$

(감쇠고유각 진동수) $w_{nd} = w_n\sqrt{1-\varphi^2} = 2 \times \sqrt{1-0.375^2} = 1.854\dfrac{\text{rad}}{\text{sec}}$

해답 ④

082

그림과 같이 길이가 서로 같고 평행인 두 개의 부재에 매달려 운동하는 평판의 운동의 형태는?

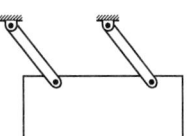

① 병진운동
② 고정축에 대한 회전운동
③ 고정점에 대한 회전운동
④ 일반적인 평면운동(회전운동 및 병진운동이 아닌 평면 운동)

해설
- **병진(竝進)운동** : 물체가 운동하는 동안 그 물체상의 모든 선분이 운동하는 동안 원래의 방향과 평행하게 유지 되는 운동
- **회전운동** : 어떤 중심축에 대한 회전하는 운동
- **일반평면운동** : 병진운동과 회전운동이 복합된 운동

해답 ①

083

감쇠비가 ζ가 일정할 때 전달률을 1보다 작게 하려면 진동수비는 얼마의 크기를 가지고 있어야 하는가?

① 1보다 작아야 한다.
② 1보다 커야 한다.
③ $\sqrt{2}$ 보다 작아야 한다.
④ $\sqrt{2}$ 보다 커야 한다.

해설

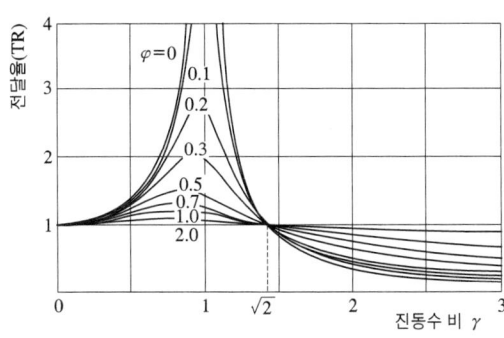

진동수비 γ가 $\sqrt{2}$ 보다 커야 힘전단율(TR)이 1보다 작다.

해답 ④

084

질량 10g인 상자가 정지한 상태에서 경사면을 따라 A지점에서 B지점 까지 미끄러져 내려왔다. 이 상자의 B지점에서의 속도는 약 몇 m/s인가? (단, 상자와 경사면 사이의 동마찰계수(μ_k)는 0.3이다.)

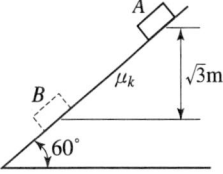

① 5.3
② 3.9
③ 7.2
④ 4.6

해설 $E_A = mgH = 10 \times 9.8 \times \sqrt{3} = 169.74 [J]$

$$E_B = \frac{1}{2}mV_B^2 + \mu_k mg\cos 60 \times S = \frac{1}{2} \times 10 \times V_B^2 + 0.3 \times 10 \times 9.8 \times \cos 60 \times 2$$

$$\sin 60 = \frac{\sqrt{3}}{2} = \frac{\sqrt{3}}{S}$$

$$E_B = \frac{1}{2} \times 10 \times V_B^2 + 0.3 \times 10 \times 9.8 \times \cos 60 \times 2$$

$$E_A = 169.74 [\text{J}]$$

$$E_A = E_B, \quad V_B = 5.297 \frac{\text{m}}{\text{s}}$$

해답 ①

085

질량이 100kg이고 반지름이 1m인 구의 중심에 420N의 힘이 그림과 같이 작용하여 수평면 위에서 미끄러짐 없이 구르고 있다. 바퀴의 각가속도는 몇 rad/s²인가?

① 2.2
② 2.8
③ 3
④ 3.2

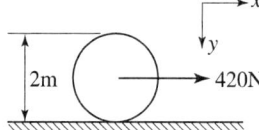

【해설】

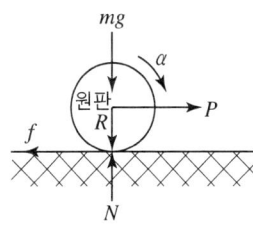

(원판의 관성모멘트) $J_G = \dfrac{mR^2}{2}$

$$P \times R = (J_G + mR^2) \times \alpha \qquad P = \frac{(J_G + mR^2) \times \alpha}{R}$$

$$420 = \frac{\left(\dfrac{100 \times 1^2}{2} + 100 \times 1^2\right) \times \alpha}{1}$$

(각가속도) $\alpha = 2.8 \dfrac{\text{rad}}{\text{s}^2}$

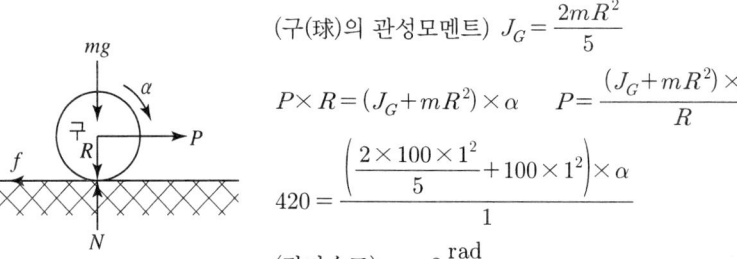

(구(球)의 관성모멘트) $J_G = \dfrac{2mR^2}{5}$

$$P \times R = (J_G + mR^2) \times \alpha \qquad P = \frac{(J_G + mR^2) \times \alpha}{R}$$

$$420 = \frac{\left(\dfrac{2 \times 100 \times 1^2}{5} + 100 \times 1^2\right) \times \alpha}{1}$$

(각가속도) $\alpha = 3 \dfrac{\text{rad}}{\text{s}^2}$

해답 ③

086
주기운동의 변위 $x(t)$가 $x(t) = A\sin\omega t$로 주어졌을 때 가속도의 최대값은 얼마인가?

① A
② ωA
③ $\omega^2 A$
④ $\omega^3 A$

해설 변위 $x(t) = X\sin\omega t$ 에서
① 최대변위 : $x = X$,
② 속도 : $x' = \dfrac{dx}{dt} = \omega X\cos\omega t = \omega X\sin\left(\omega t + \dfrac{\pi}{2}\right)$,
③ 가속도 : $x'' = \dfrac{d^2x}{dt^2} = -\omega^2 X\sin\omega t = \omega^2 X\sin(\omega t + \pi)$
④ 최대속도 : $\boxed{x'_{max} = \omega X}$
⑤ 최대가속도 : $\boxed{x''_{max} = \omega^2 X}$

해답 ③

087
36km/h의 속력으로 달리던 자동차 A가, 정지하고 있던 자동차 B와 충돌하였다. 충돌 후 자동차 B는 2m 만큼 미끄러진 후 정지하였다. 두 자동차 사이의 반발계수 e는 약 얼마인가? (단, 자동차 A, B의 질량은 동일하며 타이어와 노면의 동마찰계수는 0.8이다.)

① 0.06
② 0.08
③ 0.10
④ 0.12

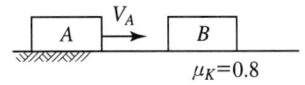

해설
$V_A = \dfrac{36\text{km}}{\text{h}} = \dfrac{36000\text{m}}{3600\text{s}} = 10\dfrac{\text{m}}{\text{s}}$

$\dfrac{1}{2}m_B V_B'^2 = \mu m_B g \times S$

$\dfrac{1}{2}V_B'^2 = 0.8 \times 9.8 \times 2$

∴ (충돌 후의 B의 속도) $V_B' = 5.6\dfrac{\text{m}}{\text{s}}$

$m_A V_A + m_B V_B = m_A V_A' + m_B V_B'$
$V_A + V_B = V_A' + V_B'$
$10 + 0 = V_A' + 5.6$

∴ (충돌 후의 A의 속도) $V_A' = 4.4\dfrac{\text{m}}{\text{s}}$

(반발계수) $e = \dfrac{V_B' - V_A'}{V_A - V_B} = \dfrac{5.6 - 4.4}{10 - 0} = 0.12$

해답 ④

088

기중기 줄에 200N과 160N의 일정한 힘이 작용하고 있다. 처음에 물체의 속도는 밑으로 2m/s였는데, 5초 후에 물체 속도는 크기는 약 몇 m/s인가?

① 0.18m/s
② 0.28m/s
③ 0.38m/s
④ 0.48m/s

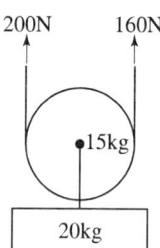

해설

$\sum F = ma = m\dfrac{dv}{dt}$

$\sum F \times dt = mdv$

$(360-(20+15)g)dt = (20+15)dv$

$(360-35\times 9.81)(5-0) = 35\{v_2-(-2)\}$

$v_2 = 0.378 \fallingdotseq 0.38\dfrac{\text{m}}{\text{s}}$

해답 ③

089

스프링으로 지지되어 있는 질량의 정적 처짐이 0.5cm일 때 이 진동계의 고유진동수는 몇 Hz인가?

① 3.53
② 7.05
③ 14.09
④ 21.15

해설

(고유각 진동수) $w_n = \sqrt{\dfrac{K}{m}} = \sqrt{\dfrac{g}{\delta}} = \sqrt{\dfrac{980}{0.5}} = 44.271 \dfrac{\text{rad}}{\text{s}}$

(고유진동수) $f_n = \dfrac{w_n}{2\pi} = \dfrac{44.271}{2\times \pi} = 7.045\text{Hz}$

해답 ②

090

어떤 사람이 정지 상태에서 출발하여 직선 방향으로 등가속도 운동을 하여 5초만에 10m/s의 속도가 되었다. 출발하여 5초 동안 이동한 거리는 몇 m인가?

① 5
② 10
③ 25
④ 50

해설

$V_2 = V_1 + at$

여기서, V_2 : 나중속도, V_1 : 처음속도, a : 가속도, t : 걸린 시간

$10 = 0 + a\times 5$　　(가속도) $a = 2\dfrac{\text{m}}{\text{s}^2}$

$S = V_1 t + \dfrac{1}{2}at^2 = (0\times 5) + \dfrac{1}{2}\times 2\times 5^2 = 25\text{m}$

해답 ③

091

다음 중 열처리(담금질)에서의 냉각능력이 가장 우수한 냉각제는?

① 비눗물
② 글리세린
③ 18℃의 물
④ 10% NaCl액

해설 냉각능력이 큰 순서
소금물＞물＞기름＞공기
소금물＝염수＝염화나트륨(NaCl)+물

해답 ④

092

경화된 작은 철구(鐵球)를 피가공물에 고압으로 분사하여 표면의 경도를 증가시켜 기계적 성질, 특히 피로강도를 향상시키는 가공법은?

① 버핑
② 버니싱
③ 숏 피닝
④ 슈퍼 피니싱

해설 **쇼트 피닝**(shot peening)
금속(주철, 주강제)으로 만든 구(球)모양의 쇼트(shot)(지름 0.7~0.9mm의 공)을 40~50m/sec의 속도로 공작물 표면에 압축공기나, 원심력을 사용하여 분사하면 매끈하고 0.2mm 경화층을 얻게 된다. 이때 shot들이 해머와 같이 작용을 하여 공작물의 피로강도나 기계적 성질을 향상시켜 준다. 크랭크축, 판 스프링, 컨넥팅 로드, 기어, 로커암에 사용한다.

해답 ③

093

허용동력이 3.6kW인 선반의 출력을 최대한으로 이용하기 위하여 취할 수 있는 허용최대 절삭면적은 몇 mm²인가? (단, 경제적 절삭속도는 120m/min을 사용하며, 피삭재의 비절삭 저항이 45kgf/mm², 선반의 기계 효율이 0.80이다.)

① 3.26
② 6.26
③ 9.26
④ 12.26

해설 $3.6KW = \dfrac{F \times V}{(기계효율)\eta_m}$

$3.6 \times 102 \dfrac{\text{kgf} \cdot \text{m}}{\text{s}} = \dfrac{F \times \dfrac{120}{60} \dfrac{\text{m}}{\text{s}}}{0.8}$

(절삭력) $F = 146.88 \text{kgf}$ $F = F' \times A$, $146.88 \text{kgf} = 45 \dfrac{\text{kgf}}{\text{mm}^2} \times A [\text{mm}^2]$

(절삭면적) $A = 3.26 [\text{mm}^2]$

해답 ①

094
용제와 와이어가 분리되어 공급되고 아크가용제 속에서 발생되므로 불가시 아크 용접이라고 불리는 용접법은?

① 피복 아크 용접
② 탄산가스 아크 용접
③ 가스텅스텐 아크 용접
④ 서브머지드 아크 용접

해설 서브머지드 아크 용접(submerged arc welding)
① 원리 : 분말로 된 용제를 용접부에 뿌리고, 용제 속에서 용접봉의 심선이 들어간 상태에서 모재와 용접봉 사이에 아크를 발생시킨다. 또한 아크열로서 용제, 용접봉 및 모재를 용해하여 용접하는 방법으로 잠호 용접이라고도 한다.
② 장점
  ㉠ 일정 조건하에서 용접이 되므로 강도, 신뢰성이 높다.
  ㉡ 열에너지 손실이 적고 용접 속도는 수동 용접의 10~20배 정도 높다.
  ㉢ Weaving할 필요가 없어 용접부 홈을 작게 할 수 있으므로, 용접 재료의 소비가 적고 용접부의 변형도 적다.
③ 단점
  ㉠ Bead가 불규칙일 경우와 하향 용접 외의 용접은 곤란하다.
  ㉡ 용접 홈의 가공 정밀도가 좋아야 한다.
  ㉢ 설비비가 고가이다.

해답 ④

095
주조에서 주물의 중심부까지의 응고시간(t), 주물의 체적(V), 표면적(S)과의 관계로 옳은 것은? (단, K는 주형상수이다.)

① $t = K\dfrac{V}{S}$
② $t = K\left(\dfrac{V}{S}\right)^2$
③ $t = K\sqrt{\dfrac{V}{S}}$
④ $t = K\left(\dfrac{V}{S}\right)^3$

해설 (주물이 중심까지 응고하는데 걸리는 시간) $t = K\left(\dfrac{V}{S}\right)^2 [\sec]$

여기서, K : 주형계수, V : 주물의 부피[m³], S : 주물의 표면적[m²]
(주물의 주입시간) $t' = k'\sqrt{W}[\sec]$
여기서, k' : 주물 두께에 의한 계수, W : 주물의 무게[kg]

해답 ②

096
CNC 공작기계의 이동량을 전기적인 신호로 표시하는 회전 피드백 장치는?

① 리졸버
② 볼 스크루
③ 리밋 스위치
④ 초음파 센서

해설 리졸버(resolver) : CNC공작기계의 이동량을 전기적인 신호로 표시하는 회전 피드백 장치이다.

해답 ①

097
소성가공에 포함되지 않는 가공법은?
① 널링가공   ② 보링가공
③ 압출가공   ④ 전조가공

해설 보링가공은 구멍 넓히기 작업으로 절삭가공분야이다.

해답 ②

098
절삭가공 시 절삭유(cutting fluid)의 역할로 틀린 것은?
① 공구오 칩의 친화력을 돕는다.   ② 공구나 공작물의 냉각을 돕는다.
③ 공작물의 표면조도 향상을 돕는다.   ④ 공작물과 공구의 마찰감소를 돕는다.

해설 절삭유는 공구와 칩 사이의 발생하는 열을 냉각시켜 공구와 칩을 분리시키는 역할을 한다.

해답 ①

099
판 두께 5mm인 연강 판에 직경 10mm의 구멍을 프레스로 블랭킹하려고 할 때, 총 소요동력(P_t)은 약 몇 kW인가? (단, 프레스의 평균속도는 7m/min, 재료의 전단강도는 300N/mm², 기계의 효율은 80%이다.)
① 5.5   ② 6.9
③ 26.9   ④ 68.7

해설 (기계효율) $\eta = \dfrac{F \times V}{(\text{소요동력})P_t}$

(전단력) $F = \tau \times \pi dt = 300 \times \pi \times 10 \times 5 = 47123.88\text{N}$

(소요동력) $P_t = \dfrac{F \times V}{\eta} = \dfrac{47123.88 \times \dfrac{7}{60}}{0.8} = 6872.23\text{W} = 6.872\text{kW}$

해답 ②

100
래핑 다듬질에 대한 특징 중 틀린 것은?
① 내식성이 증가된다.   ② 마멸성이 증가된다.
③ 윤활성이 좋게 된다.   ④ 마찰계수가 적어진다.

해설 랩핑다듬작업을 내 마멸성이 증가한다.

해답 ②

일반기계기사

2016년 10월 1일 시행

제1과목 재료역학

001 5cm×4cm 블록이 x축을 따라 0.05cm만큼 인장되었다. y방향으로 수축되는 변형률(e_y)은? (단, 푸아송 비(ν)는 0.3이다.)

① 0.00015
② 0.0015
③ 0.003
④ 0.03

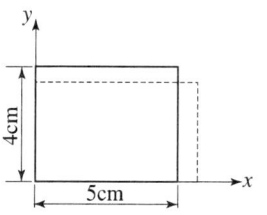

해설 $\nu = \dfrac{\epsilon_y}{\epsilon_x} = \dfrac{\epsilon_y}{\dfrac{\Delta x}{x}}$, $\epsilon_y = \nu \times \dfrac{\Delta x}{x} = 0.3 \times \dfrac{0.05}{5} = 0.003$

해답 ③

002 그림과 같이 지름 d인 강철봉이 안지름 d, 바깥지름 D인 동관에 끼워져서 두 강체 평판 사이에서 압축되고 있다. 강철봉 및 동관에 생기는 응력을 각각 σ_s, σ_c라고 하면 응력의 비(σ_s/σ_c)의 값은? (단, 강철(E_s) 및 동(E_c)의 탄성계수는 각각 E_s = 200GPa, E_c = 120GPa이다.)

① $\dfrac{3}{5}$ ② $\dfrac{4}{5}$

③ $\dfrac{5}{4}$ ④ $\dfrac{5}{3}$

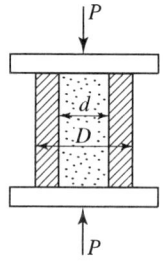

해설 $\epsilon_s = \epsilon_c$, $\dfrac{\sigma_s}{E_s} = \dfrac{\sigma_c}{E_c}$, $\dfrac{\sigma_s}{\sigma_c} = \dfrac{E_s}{E_c} = \dfrac{200}{120} = \dfrac{5}{3}$

해답 ④

003 동일 재료로 만든 길이 L, 지름 D인 축 A와 길이 $2L$, 지름 $2D$인 축 B를 동일각도만큼 비트는 데 필요한 비틀림 모멘트의 비 $\dfrac{T_A}{T_B}$의 값은 얼마이가?

① $\dfrac{1}{4}$
② $\dfrac{1}{8}$
③ $\dfrac{1}{16}$
④ $\dfrac{1}{32}$

해설 $\theta_A = \theta_B$, $\theta_A = \dfrac{TL}{GI_P} = \dfrac{T_A L}{G \dfrac{\pi D^4}{32}}$

$\theta_B = \dfrac{T_B(2L)}{G \dfrac{\pi (2D)^4}{32}}$, $\dfrac{T_A L}{G \dfrac{\pi D^4}{32}} = \dfrac{T_B(2L)}{G \dfrac{\pi (2D)^4}{32}}$, $\dfrac{T_A}{T_B} = \dfrac{1}{8}$

해답 ②

004 지름 d인 원형단면 기둥에 대하여 오일러 좌굴식의 회전반경은 얼마인가?

① $\dfrac{d}{2}$
② $\dfrac{d}{3}$
③ $\dfrac{d}{4}$
④ $\dfrac{d}{6}$

해설 (세장비) $\lambda = \dfrac{(\text{기둥의 길이})l}{(\text{최소 회전반경})K} = \dfrac{l}{\sqrt{\dfrac{I}{A}}}$

(최소 회전반경) $K = \sqrt{\dfrac{I}{A}} = \sqrt{\dfrac{\dfrac{\pi d^4}{64}}{\dfrac{\pi d^2}{4}}} = \dfrac{d}{4}$

해답 ③

005 지름 2cm, 길이 1m의 원형단면 외팔보의 자유단에 집중하중이 작용할 때, 최대 처짐량이 2cm가 되었다면, 최대 굽힘응력은 약 몇 MPa 인가? (단, 보의 세로탄성계수는 200GPa이다.)

① 80
② 120
③ 180
④ 220

해설

$$\delta = \frac{Pl^3}{3EI}$$

(집중하중) $P = \frac{\delta 3EI}{l^3} = \frac{20 \times 3 \times 200 \times 10^3 \times \frac{\pi \times 20^4}{64}}{1000^3} = 94.247\text{N}$

(굽힘응력) $\sigma_b = \frac{M}{Z} = \frac{Pl}{\frac{\pi d^3}{32}} = \frac{94.247 \times 1000}{\frac{\pi \times 20^3}{32}} = 119.99\text{MPa}$

해답 ②

006
지름 d인 원형 단면보에 가해지는 전단력을 V라 할 때 단면의 중립축에서 일어나는 최대 전단 응력은?

① $\frac{3}{2}\frac{V}{\pi d^2}$
② $\frac{4}{3}\frac{V}{\pi d^2}$
③ $\frac{5}{3}\frac{V}{\pi d^2}$
④ $\frac{16}{3}\frac{V}{\pi d^2}$

해설
(굽힘에 의해 발생되는 사각형 내의 최대전단응력) $\tau_{\max} = \frac{3}{2}\tau_{av}$

(굽힘에 의해 발생되는 원형 내의 최대전단응력) $\tau_{\max} = \frac{4}{3}\tau_{av}$

해답 ④

007
오일러 공식이 세장비 $\frac{l}{k} > 100$에 대해 성립한다고 할 때, 양단이 힌지인 원형단면 기둥에서 오일러 공식이 성립하기 위한 길이 "l"과 지름 "d"와의 관계가 옳은 것은?

① $l > 4d$
② $l > 25d$
③ $l > 50d$
④ $l > 100d$

해설
(세장비) $\lambda = \frac{(\text{기둥의 길이})l}{(\text{최소 회전반경})K} = \frac{l}{\frac{d}{4}}$

$\frac{l}{K} > 100$, $\frac{l}{\frac{d}{4}} > 100$, $l > 25d$

해답 ②

008
2축 응력 상태의 재료 내에서 서로 직각 방향으로 400MPa의 인장응력과 300MPa의 압축응력이 작용할 때 재료 내에 생기는 최대 수직응력은 몇 MPa인가?

① 500
② 300
③ 400
④ 350

해설

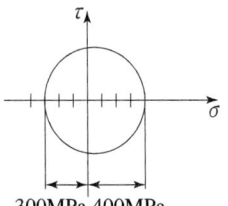

300MPa 400MPa
최대 수직응력은 400MPa
최대 전단응력은 350MPa

해답 ③

009
그림과 같은 벨트 구조물에서 하중 W가 작용할 때 P값은? (단, 벨트는 하중 W의 위치를 기준으로 좌우 대칭이며 $0° < \alpha < 180°$이다.)

① $P = \dfrac{2W}{\cos\dfrac{\alpha}{2}}$
② $P = \dfrac{W}{\cos\dfrac{\alpha}{2}}$
③ $P = \dfrac{2W}{2\cos\alpha}$
④ $P = \dfrac{W}{2\cos\dfrac{\alpha}{2}}$

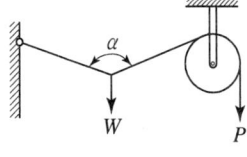

해설

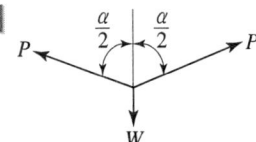

$W = 2 \times P\cos\dfrac{\alpha}{2}$, $P = \dfrac{W}{2 \times \cos\dfrac{\alpha}{2}}$

해답 ④

010
그림과 같이 분포하중이 작용할 때 최대 굽힘모멘트가 일어나는 곳은 보의 좌측으로부터 얼마나 떨어진 곳에 위치하는가?

① $\dfrac{1}{4}l$
② $\dfrac{3}{8}l$
③ $\dfrac{5}{12}l$
④ $\dfrac{7}{16}l$

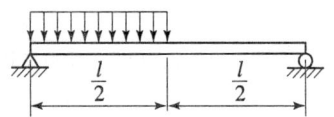

해설 (집중하중) $P = \dfrac{wl}{2}$

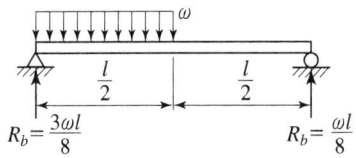

$R_A = \dfrac{\dfrac{wl}{2} \times \dfrac{3l}{4}}{l} = \dfrac{3}{8}wl$

(x지점에서 전단력의 힘의 합) $\sum V_x = 0, \; -R_A + wx + F_x = 0$
(임의의 x지점의 전단력) $F_x = R_A - wx$
(최대 굽힘모멘트가 발생하는 지점에서 전단력) $F_x = 0$

$0 = \dfrac{3}{8}wl - wx, \; x = \dfrac{3}{8}l$

해답 ②

011
그림과 같이 길이와 재질이 같은 두 개의 외팔보가 자유단에 각각 집중하중 P를 받고 있다. 첫째 보(1)의 단면 치수는 $b \times h$이고, 둘째 보(2)의 단면치수는 $b \times 2h$라면, 보(1)의 최대 처짐 δ_1과 보(2)의 최대 처짐 δ_2의 비(δ_1/δ_2)는 얼마인가?

① 1/8
② 1/4
③ 4
④ 8

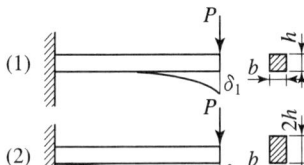

해설 $\dfrac{\delta_1}{\delta_2} = \dfrac{\dfrac{Pl^3}{3E \dfrac{bh^3}{12}}}{\dfrac{Pl^3}{3E \dfrac{b(2h)^3}{12}}} = \dfrac{8}{1}$

해답 ④

012
어떤 직육면체에서 x방향으로 40MPa의 압축응역이 작용하고 y방향과 z방향으로 각각 10MPa씩 압축응력이 작용한다. 이 재료의 세로탄성계수는 100GPa, 푸아송 비는 0.25, x방향 길이는 200mm일 때 x방향 길이의 변화량은?

① −0.07mm
② 0.07mm
③ −0.085mm
④ 0.085mm

해설 $\epsilon_x = \dfrac{\sigma_x}{E} - \dfrac{\sigma_y}{mE} - \dfrac{\sigma_z}{mE} = \dfrac{-40}{100 \times 10^3} - \dfrac{-10}{4 \times 100 \times 10^3} - \dfrac{-10}{4 \times 100 \times 10^3} = -0.35 \times 10^{-4}$

$\epsilon_x = \dfrac{\Delta L_x}{L_x}$

(x방향 길이의 변화량) $\Delta L_x = \epsilon_x \times L_x = -0.35 \times 10^{-4} \times 200 = -0.007\text{mm}$

해답 ①

013

길이 L인 봉 AB가 그 양단에 고정된 두 개의 연직강선에 의하여 그림과 같이 수평으로 매달려 있다. 봉 AB의 자중은 무시하고, 봉이 수평을 유지하기 위한 연직하중 P의 작용점까지의 거리 x는? (단, 강선들은 단면적은 같지만, A단의 강선은 탄성계수 E_1, 길이 l_1이고, B단의 강선은 탄성계수 E_2, 길이 l_2이다.)

① $x = \dfrac{E_1 l_2 L}{E_1 l_2 + E_2 l_1}$

② $x = \dfrac{2 E_1 l_2 L}{E_1 l_2 + E_2 l_1}$

③ $x = \dfrac{2 E_2 l_1 L}{E_1 l_2 + E_2 l_1}$

④ $x = \dfrac{E_2 l_1 L}{E_1 l_2 + E_2 l_1}$

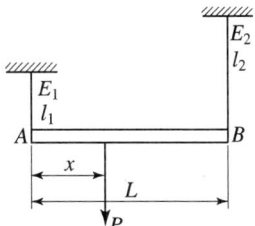

해설

$R_A = \dfrac{P(L-x)}{L}$, $R_B = \dfrac{Px}{L}$

$\Delta L_A = \Delta L_B$, $R_A = \dfrac{P(L-x)}{L}$, $R_B = \dfrac{Px}{L}$

$\Delta L_A = \dfrac{R_A l_1}{AE_1}$, $\Delta L_B = \dfrac{R_B l_2}{AE_2}$, $\dfrac{\dfrac{P(L-x)}{L} l_1}{AE_1} = \dfrac{\dfrac{Px}{L} l_2}{AE_2}$

$x = \dfrac{E_2 l_1 L}{E_1 l_2 + E_2 l_1}$

해답 ④

014

지름 4cm의 원형 알루미늄 봉을 비틀림 재료시험기에 걸어 표면의 45° 나선에 부착한 스트레인 게이지로 변형도를 측정하였더니 토크 120N·m일 때 변형률 $\epsilon = 150 \times 10^{-6}$을 얻었다. 이 재료의 전단탄성계수는?

① 31.8GPa
② 38.4GPa
③ 43.1GPa
④ 51.2GPa

해설

(수직변형률) $\epsilon = \dfrac{\gamma}{2}$

(전단변형률) $\gamma = 2\epsilon = 2 \times 150 \times 10^{-6} = 300 \times 10^{-6}$

(전단탄성계수) $G = \dfrac{\tau}{\gamma} = \dfrac{\dfrac{T}{Z_P}}{\gamma} = \dfrac{T}{Z_P \gamma} = \dfrac{120 \times 1000}{\dfrac{\pi \times 40^3}{16} \times 300 \times 10^{-6}}$

$= 31830.988 \text{MPa} \fallingdotseq 31.8 \text{GPa}$

해답 ①

015

그림과 같이 4kN/cm의 균일분포하중을 받는 일단 고정 타단 지지보에서 B점에서의 모멘트 M_B는 약 몇 kN·m 인가? (단, 균일단면보이며, 굽힘강성(EI)은 일정하다.)

① 800 ② 2000
③ 3200 ④ 4000

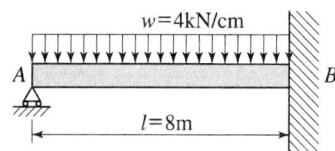

해설

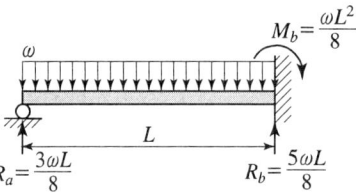

$$M_b = \frac{wL^2}{8} = \frac{400 \times 8^2}{8} = 3200 \text{kN·m}$$

해답 ③

016

회전수 120rpm 과 35kW를 전단할 수 있는 원형 단면축의 길이가 2m이고, 지름이 6cm일 때 축단(軸端)의 비틀림 각도는 약 몇 rad인가? (단, 이 재료의 가로탄성계수는 83GPa이다.)

① 0.019 ② 0.036
③ 0.053 ④ 0.078

해설

$$\theta = \frac{Tl}{GI_P} = \frac{2784016.67 \times 2000}{83 \times 10^3 \times \frac{\pi \times 60^4}{32}} = 0.0527 [\text{rad}]$$

$$T = 974000 \times \frac{H_{KW}}{N} \times 9.8 = 974000 \times \frac{35}{120} \times 9.8 = 2784016.67 \text{N·mm}$$

해답 ③

017

균일분포하중을 받고 있는 길이가 L인 단순보의 처짐량을 δ로 제한한다면 균일분포하중의 크기는 어떻게 표현되겠는가? (단, 보의 단면은 폭이 b이고 높이가 h인 직사각형이고 탄성계수는 E이다.)

① $\dfrac{32Ebh^3\delta}{5L^4}$

② $\dfrac{32Ebh^3\delta}{7L^4}$

③ $\dfrac{16Ebh^3\delta}{5L^4}$

④ $\dfrac{16Ebh^3\delta}{7L^4}$

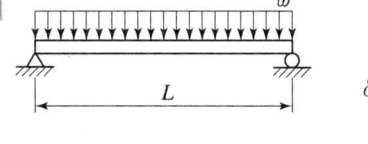

$$\delta = \frac{5wL^4}{384EI}$$

(분포하중 크기) $w = \dfrac{384EI}{5wL^4} = \dfrac{384E\dfrac{bh^3}{12}}{5wL^4} = \dfrac{32Ebh^3}{5wL^4}$

해답 ①

018
단면적이 A, 탄성계수가 E, 길이가 L인 막대에 길이방향의 인장하중을 가하여 그 길이가 δ만큼 늘어났다면, 이때 저장된 탄성변형 에너지는?

① $\dfrac{AE\delta^2}{L}$ ② $\dfrac{AE\delta^2}{2L}$

③ $\dfrac{EL^3\delta^2}{A}$ ④ $\dfrac{EL^3\delta^2}{2A}$

 (탄성에너지) $U = \dfrac{1}{2}P\delta = \dfrac{1}{2}\left(\dfrac{A\delta E}{L}\right)\delta = \dfrac{AE\delta^2}{2L}$

$\delta = \dfrac{PL}{AE}$, $P = \dfrac{A\delta E}{L}$

해답 ②

019
지름이 1.2m, 두께가 10mm인 구형 압력용기가 있다. 용기 재질의 허용인장응력이 42MPa일 때 안전하게 사용할 수 있는 최대 내압은 약 몇 MPa인가?

① 1.1 ② 1.4
③ 1.7 ④ 2.1

 (축방향응력) $\sigma = \dfrac{P \cdot D}{4t}$

(압력) $P = \dfrac{4t\sigma}{D} = \dfrac{4 \times 10 \times 42}{1200} = 1.4\text{MPa}$

해답 ②

020
그림과 같은 단순보의 중앙점(C)에서 굽힘모멘트는?

① $\dfrac{Pl}{2} + \dfrac{wl^2}{8}$ ② $\dfrac{Pl}{4} + \dfrac{wl^2}{16}$

③ $\dfrac{Pl}{2} + \dfrac{wl^2}{48}$ ④ $\dfrac{Pl}{4} + \dfrac{5}{48}wl^2$

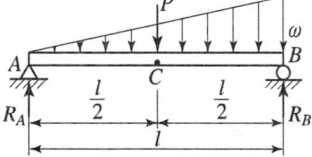

해설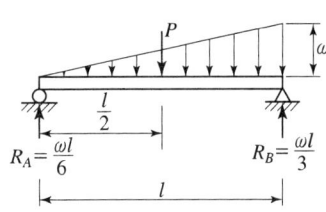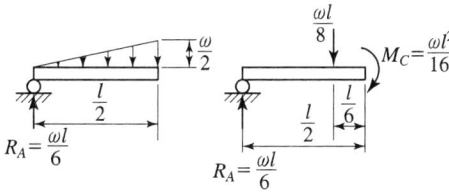

해답 ②

제2과목 기계열역학

021 압력(P)과 부피(V)의 관계가 'PV^k=일정하다'고 할 때 절대일(W_{12})와 공업일(W_t)의 관계로 옳은 것은?

① $W_t = kW_{12}$
② $W_t = \dfrac{1}{k}W_{12}$
③ $W_t = (k-1)W_{12}$
④ $W_t = \dfrac{1}{(k-1)}W_{12}$

해설

변화	단열변화
$P,\ v,\ T$ 관계	$Pv^k = c$ $\dfrac{T_2}{T_1} = \left(\dfrac{v_1}{v_2}\right)^{k-1} = \left(\dfrac{P_2}{P_1}\right)^{\frac{k-1}{k}}$
(절대일) 외부에 하는 일 $w_{12} = \displaystyle\int Pdv$	$w_{12} = \dfrac{1}{k-1}(P_1v_1 - P_2v_2) = \dfrac{RT_1}{k-1}\left(1 - \dfrac{T_2}{T_1}\right)$ $= \dfrac{RT_1}{k-1}\left[\left(1 - \dfrac{v_1}{v_2}\right)^{k-1}\right] = C_v(T_1 - T_2)$
공업일(압축일) $w_t = -\displaystyle\int vdP$	$w_t = kw_{12}$

해답 ①

022 분자량이 29이고, 정압비열이 1005J/(kg · K)인 이상기체의 정적비열은 약 몇 J/(kg · K) 인가? (단, 일반기체상수는 8314.5 /(kmol · K) 이다.)

① 976
② 287
③ 718
④ 546

해설 (기체상수) $R = \dfrac{\overline{R}}{M} = \dfrac{8314.5}{29} = 286.7 \dfrac{\text{N} \cdot \text{m}}{\text{kg} \cdot \text{K}}$ $R = C_P - C_V$

(정적비열) $C_V = C_P - R = 1005 - 286.7 = 721.3 \dfrac{\text{J}}{\text{kg} \cdot \text{K}}$

해답 ③

023

다음 중 비체적의 단위는?

① kg/m³ ② m³/kg
③ m³/(kg · s) ④ m³/(kg · s²)

해설 비체적 = 체적/질량 $\left[\dfrac{m^3}{kg}\right]$

해답 ②

024

성능계수가 3.2인 냉동기가 시간당 20MJ의 열을 흡수한다. 이 냉동기를 작동하기 위한 동력은 몇 kW인가?

① 2.25 ② 1.74
③ 2.85 ④ 1.45

해설 (냉동사이클 성능계수) $COP = \dfrac{Q_L}{W_C}$

(공급되어야 할 동력) $W_C = \dfrac{\frac{20MJ}{hr}}{3.2} = \dfrac{\frac{20 \times 10^3 kJ}{3600s}}{3.2} = 1.736 kW$

해답 ②

025

폴리트로픽 변화의 관계식 "PV^n = 일정"있어서 n이 무한대로 되면 어느 과정이 되는가?

① 정압과정 ② 등온과정
③ 정적과정 ④ 단열과정

해설 **Polytropic 과정의 일반식**

(폴리트로픽 과정의 일반식) $Pv^n = c$

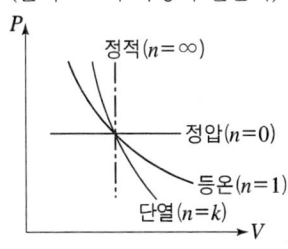
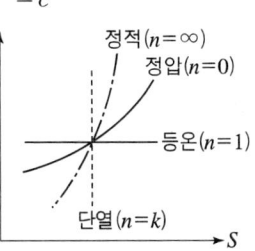

$Pv^n = C$
$n=0$, $P=C$ (정압과정)
$n=1$, $Pv=C$ (등온과정)
$n=k$, $Pv^k=C$ (단열과정)
$n=\infty$, $v=C$ (정적과정)

해답 ③

026 실린더 내의 공기가 100kPa, 20℃ 상태에서 300kPa이 될 때까지 가역단열 과정으로 압축된다. 이 과정에서 실린더 내의 계에서 엔트로피의 변화는? (단, 공기의 비열비 $k=1.4$이다.)

① -1.35kJ/(kg·K) ② 0kJ/(kg·K)
③ 1.35kJ/(kg·K) ④ 13.5kJ/(kg·K)

해설 가역 단열과정은 등엔트로피 과정이므로 엔트로피변화는 "0"이다.

해답 ②

027 5kg의 산소가 정압하에서 체적이 0.2m³에서 0.6m³로 증가했다. 산소를 이상기체로 보고 정압비열 $C_p=0.92$kJ/(kg·K)로 하여 엔트로피의 변화를 구하였을 때 그 값은 약 얼마인가?

① 1.857kJ/K ② 2.746kJ/K
③ 5.054kJ/K ④ 6.507kJ/K

해설
$$\Delta S = S_2 - S_1 = C_v \ln\frac{T_2}{T_1} + R\ln\frac{v_2}{v_1} = C_p\ln\frac{T_2}{T_1} - R\ln\frac{p_2}{p_1} = C_p\ln\frac{v_2}{v_1} + C_v\ln\frac{p_2}{p_1}$$
$$\Delta S = mC_p\ln\frac{V_2}{V_1} = 5\times 0.92 \times \ln\frac{0.6}{0.2} = 5.053\frac{\text{kJ}}{\text{K}}$$

해답 ③

028 이상적인 증기 압축 냉동 사이클의 과정은?

① 정적방열과정 → 등엔트로피 압축과정 → 정적증발과정 → 등엔탈피 팽창과정
② 정압방열과정 → 등엔트로피 압축과정 → 정압증발과정 → 등엔탈피 팽창과정
③ 정적방열과정 → 등엔트로피 압축과정 → 정적방열과정 → 등엔탈피 팽창과정
④ 정압증열과정 → 등엔트로피 압축과정 → 정압방열과정 → 등엔탈피 팽창과정

해설

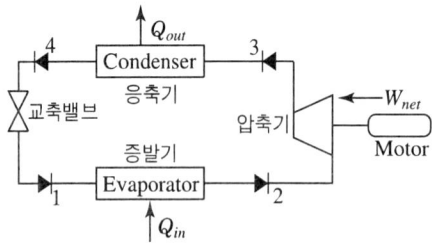

과정 1-2 : 증발기, 과정 2-3 : 압축기, 과정 3-4 : 응축기, 과정 4-1 : 팽창밸브

해답 ④

029
고열원의 온도 157℃이고, 저열원의 온도가 27℃인 카르노 냉동기의 성적계수는 약 얼마인가?
① 1.5
② 1.8
③ 2.3
④ 3.2

해설 (역카르노 사이클의 성능계수) $COP = \dfrac{Q_L}{W_{net}} = \dfrac{T_L}{(T_H - T_L)} = \dfrac{27 + 273}{157 - 27} = 2.3$

해답 ③

030
0.6MPa, 200℃의 수증기가 50m/s의 속도로 단열 노즐로 유입되어 0.15MPa, 건도 0.99인 상태로 팽창하였다. 증기의 유출 속도는? (단, 노즐 입구에서 엔탈피는 2850kJ/kg, 출구에서 포화액의 엔탈피는 467kJ/kg, 증발 잠열은 2227kJ/kg이다.)
① 약 600m/s
② 약 700m/s
③ 약 800m/s
④ 약 900m/s

해설 $h_1 - h_2 = \dfrac{V_2^2 - V_1^2}{2}$, $2850 \times 10^3 - 2671.73 \times 10^3 = \dfrac{V_2^2 - 50^2}{2}$

(출구 속도) $V_2 = 599.199 \, \dfrac{m}{s}$

(출구 엔탈피) $h_2 = h' + x(h'' - h') = h' + x\gamma = 467 + 0.99 \times 2227 = 2671.73 \, \dfrac{kJ}{kg}$

해답 ①

031
물질의 양에 따라 변화하는 종량적 상태량(extensive property)은?
① 밀도
② 체적
③ 온도
④ 압력

해설 **상태량의 종류**
① **강도성 상태량**(强度性 狀態量 ; intensive property) : 물질이 가지는 질량의 크기에 관계없는 상태량으로 온도(T), 압력(P) 등이 표적이다.
 – 나누어도 변화가 없는 상태량
② **종량성 상태량**(從良性 狀態量 ; extensive property) : 물질의 질량에 따라서 값이 변하는 상태량이다. 체적(V), 내부에너지(U), 엔탈피(H), 엔트로피(S) 등이 있다.
 – 나누면 변화가 있는 상태량

해답 ②

032 열역학적 관점에서 일과 열에 관한 설명 중 틀린 것은?

① 일과 열은 온도와 같은 열역학적 상태량이 아니다.
② 일의 단위는 J(joule)이다.
③ 일의 크기는 힘과 그 힘이 작용하여 이동한 거리를 곱한 값이다.
④ 일과 열은 점함수(point function)이다.

해설 일과 열은 과정에 따라 달라진다. 그러므로 일과 열은 경로 함수, 과정함수, 도정함수라고 한다.

해답 ④

033 그림과 같은 이상적인 Rankee cycle에서 각각의 엔탈피는 $h_1=168$kJ/kg, $h_2=173$kJ/kg, $h_3=3195$kJ/kg, $h_4=2071$kJ/kg일 때, 이 사이클의 열효율은 약 얼마인가?

① 30%
② 34%
③ 37%
④ 43%

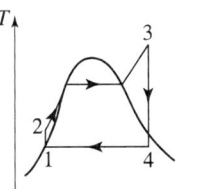

해설 (Rankin cycle의 효율) $\eta_R = \dfrac{w_{net}}{q_B} = \dfrac{\text{터빈일}-\text{펌프일}}{\text{보일러에서 가한열량}}$

$= \dfrac{(h_3-h_4)-(h_2-h_1)}{h_3-h_2}$

$= \dfrac{(3195-2071)-(173-168)}{3195-173} = 0.37 = 37\%$

해답 ③

034 다음에 제시된 에너지 값 중 가장 크기가 작은 것은?

① 400N · cm
② 4cal
③ 40J
④ 4000Pa · m³

해설
① 4J
② $4\text{cal} \times \dfrac{4.185\text{J}}{1\text{cal}} = 16.74\text{J}$
③ 40J
④ $4000\dfrac{\text{N}}{\text{m}^2} \times \text{m}^3 = 4000\text{J}$

해답 ①

035 공기 표준 Brayton 사이클 기관에서 최고 압력이 500kPa, 최저압력은 100kPa이다. 비열비(k)는 1.4일 때, 이 사이클의 열효율은?

① 약 3.9%
② 약 18.9%
③ 약 36.9%
④ 약 26.9%

해설
$$\eta_B = 1 - \left(\frac{1}{\rho}\right)^{\left(\frac{k-1}{k}\right)} = 1 - \left(\frac{1}{5}\right)^{\left(\frac{1.4-1}{1.4}\right)} = 0.368 = 36.8\%$$

(압력상승비) $\rho = \dfrac{P_{\max}}{P_{\min}} = \dfrac{500}{100} = 5$

해답 ③

036 피스톤-실린더 장치에 들어있는 100kPa, 26.85°C의 공기가 600kPa까지 가역단열과정으로 압축된다. 비열비 $k = 1.4$로 일정하다면 이 과정 동안에 공기가 받은 일은 약 얼마인가? (단, 공기의 기체상수는 0.287kJ/(kg · K)이다.)

① 263kJ/kg
② 171kJ/kg
③ 144kJ/kg
④ 116kJ/kg

해설
$${}_1W_2 = \frac{1}{k-1}(P_1v_1 - P_2v_2) = \frac{R}{k-1}(T_2 - T_1) = \frac{RT_1}{k-1}\left(\frac{T_2}{T_1} - 1\right)$$

$$= \frac{0.287 \times (26.85 + 273)}{1.4 - 1} \times (1.668 - 1) = 143.715 \frac{\text{kJ}}{\text{kg}}$$

$$\frac{T_2}{T_1} = \left(\frac{P_2}{P_1}\right)^{\frac{k-1}{k}} = \left(\frac{600}{100}\right)^{\frac{1.4-1}{1.4}} = 1.668$$

해답 ③

037 1kg의 기체가 압력 50kPa, 체적 2.5m³의 상태에서 압력 1.2MPa, 체적 0.2m³의 상태로 변하였다. 엔탈피의 변화량은 약 몇 kJ인가? (단, 내부에너지의 변화는 없다.)

① 365
② 206
③ 155
④ 115

해설 $\Delta H = \Delta U + (P_2V_2 - P_1V_1) = 0 + (1200 \times 0.2 - 50 \times 2.5) = 115\text{kJ}$

해답 ④

038

공기 1kg을 $t_1 = 10℃$, $P_1 = 0.1\text{MPa}$, $V_1 = 0.8\text{m}^3$ 상태에서 단열 과정으로 $t_2 = 167℃$, $P_2 = 0.7\text{MPa}$까지 압축시킬 때 압축에 필요한 일량은 약 얼마인가? (단, 공기의 정압비열과 정적비열은 각각 1.0035kJ/(kg · K), 0.7165kJ/(kg · K)이고, t는 온도, P는 압력, V는 체적을 나타낸다.)

① 112.5J
② 112.5kJ
③ 157.5J
④ 157.5kJ

해설

$$_1W_2 = \frac{1}{k-1}(P_1V_1 - P_2V_2) = \frac{mR}{k-1}(T_2 - T_1) = \frac{mRT_1}{k-1}\left(\frac{T_2}{T_1} - 1\right)$$

$$= \frac{1 \times 0.287 \times (10 + 273)}{1.4 - 1} \times (1.554 - 1) = 112.49 \frac{\text{kJ}}{\text{kg}}$$

$$R = C_P - C_V = 1.0035 - 0.7165 = 0.287 \frac{\text{kJ}}{\text{kg} \cdot \text{K}}$$

$$k = \frac{C_P}{C_V} = \frac{1.0035}{0.7165} = 1.4$$

$$\frac{T_2}{T_1} = \frac{167 + 273}{10 + 273} = 1.554$$

해답 ②

039

온도가 300K이고, 체적이 1m^3, 압력이 10^5N/m^2인 이상기체가 일정한 온도에서 $3 \times 10^4 \text{J}$의 일을 하였다. 계의 엔트로피 변화량은?

① 0.1 J/K
② 0.5 J/K
③ 50 J/K
④ 100 J/K

해설

$$\Delta S = \frac{\Delta Q}{T} = \frac{\Delta W}{T} = \frac{3 \times 10^4}{300} = 100 \frac{\text{J}}{\text{K}}$$

(등온과정의 열량의 변화) $\Delta Q = $ (한일) ΔW

해답 ④

040

어느 이상기체 2kg이 압력 200kPa, 온도 30℃의 상태에서 체적 0.8m^3를 차지한다. 이 기체의 기체상수는 약 몇 kJ/(kg · K)인가?

① 0.264
② 0.528
③ 2.67
④ 3.53

해설

(기체상수) $R = \dfrac{PV}{mT} = \dfrac{200 \times 0.8}{2 \times (30 + 273)} = 0.264 \dfrac{\text{kJ}}{\text{kg} \cdot \text{K}}$

해답 ①

제3과목 기계유체역학

041 잠수함의 거동을 조사하기 위해 바닷물 속에서 모형으로 실험을 하고자 한다. 잠수함의 실형과 모형의 크기 비율은 7 : 1이며, 실제 잠수함이 8m/s로 운전한다면 모형의 속도는 약 몇 m/s인가?

① 28
② 56
③ 87
④ 132

해설 (레이놀즈수) $Re = \dfrac{관성력}{점성력} = \dfrac{\rho v l}{\mu}$

$\left(\dfrac{\rho v l}{\mu}\right)_{실형} = \left(\dfrac{\rho v l}{\mu}\right)_{모형}$, $v_{모형} = \dfrac{v_{실형} \times 7}{1} = \dfrac{8 \times 7}{1} = 56 \dfrac{\text{m}}{\text{s}}$

해답 ②

042 그림과 같이 45° 꺾어진 관에 물이 평균속도 5m/s로 흐른다. 유체의 분출에 의해 지지점 A가 받는 모멘트는 약 몇 N·m인가? (단, 출구 단면적은 10^{-3}m^2이다.)

① 3.5
② 5
③ 12.5
④ 17.7

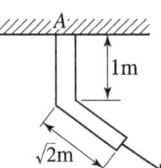

해설

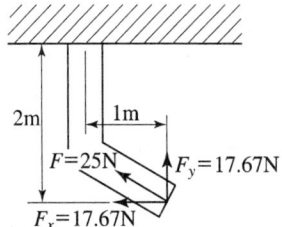

$F = \rho A v^2 = 1000 \times 10^{-3} \times 5^2 = 25\text{N}$
$M_A = F_x \times 2 - F_y \times 1 = 17.67 \times 2 - 17.67 \times 1 = 17.67\text{N} \cdot \text{m}$

해답 ④

043 주 날개의 평면도 면적이 21.6m² 이고 무게가 20kN인 경비행기의 이륙속도는 약 몇 km/h 이상이어야 하는가? (단, 공기의 밀도는 1.2kg/m³, 주 날개의 양력계수는 1.2이고, 항력은 무시한다.)

① 41
② 91
③ 129
④ 141

해설 (양력) $L = \dfrac{\gamma V^2}{2g} \times A_L \times C_L = \dfrac{\rho V^2}{2} \times A_L \times C_L$

$20 \times 10^3 = \dfrac{1.2 \times v^2}{2} \times 21.6 \times 1.2$

$v = 35.86 \dfrac{\text{m}}{\text{s}} = 129.099 \dfrac{\text{km}}{\text{h}}$

해답 ③

044
물이 흐르는 어떤 관에서 압력이 120kPa, 속도가 4m/s 일 때, 에너지선(Energy Line)과 수력기울기선(Hydraulic Grade Line)의 차이는 약 몇 cm인가?

① 41
② 65
③ 71
④ 82

해설 (Bernoulli equation) $\dfrac{P_1}{r} + \dfrac{V_1^2}{2g} + Z_1 = \dfrac{P_2}{r} + \dfrac{V_2^2}{2g} + Z_2 = H$

$\dfrac{P}{r} + \dfrac{V^2}{2g} + Z = H \Rightarrow$ 압력수두+속도수두+위치수두 = 전수두 = Energy Line

$\dfrac{P}{r} + Z = HGL \Rightarrow$ 압력수두+위치수두 = 수력구배선

$\dfrac{V^2}{2g} = \dfrac{4^2}{2 \times 9.8} = 0.816\text{m} = 81.6\text{cm} \fallingdotseq 82\text{cm}$

해답 ④

045
뉴턴의 점성법칙은 어떤 변수(물리량)들의 관계를 나타낸 것인가?

① 압력, 속도, 점성계수
② 압력, 속도기울기, 동점성계수
③ 전단응력, 속도기울기, 점성계수
④ 전단응력, 속도, 동점성계수

해설

(평판을 미는 힘) $F = \mu \dfrac{Au}{h}$

(유체에 점성에 의한 전단응력) $\tau = \mu \dfrac{du}{dy}$ 여기서, $\dfrac{du}{dy}$: 속도기울기, μ : 점성계수

해답 ③

046

관로 내에 흐르는 완전발달 층류유동에서 유속을 1/2로 줄이면 관로 내 마찰손실 수두는 어떻게 되는가?

① 1/4로 줄어든다. ② 1/2로 줄어든다.
③ 변하지 않는다. ④ 2배로 늘어난다.

 $H = f \times \dfrac{L}{D} \times \dfrac{V^2}{2g} = \dfrac{64}{R_e} \times \dfrac{L}{D} \times \dfrac{V^2}{2g} = \dfrac{64}{\dfrac{\rho VD}{\mu}} \times \dfrac{L}{D} \times \dfrac{V^2}{2g} = \dfrac{64\mu}{\rho} \times \dfrac{L}{D^2} \times \dfrac{V}{2g}$

$H = \dfrac{64\mu}{\rho} \times \dfrac{L}{D^2} \times \dfrac{V}{2g}$

$H' = \dfrac{64\mu}{\rho} \times \dfrac{L}{D^2} \times \dfrac{V'}{2g} = \dfrac{64\mu}{\rho} \times \dfrac{L}{D^2} \times \dfrac{\frac{1}{2}V}{2g} = \dfrac{1}{2}H$

해답 ②

047

유체 내에 수직으로 잠겨있는 원형판에 작용하는 정수력학적 힘의 작용점에 관한 설명으로 옳은 것은?

① 원형판의 도심에 위치한다. ② 원형판의 도심 위쪽에 위치한다.
③ 원형판의 도심 아래쪽에 위치한다. ④ 원형판의 최하단에 위치한다.

 (전압력) $F_P = \gamma \overline{H} A$

(전압력 작용점의 위치) $y_{F_P} = \overline{y} + \dfrac{I_G}{A\overline{y}}$

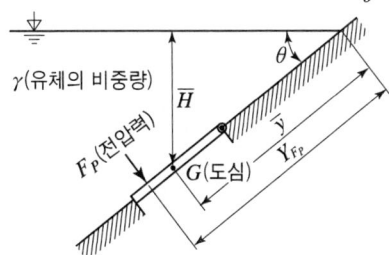

해답 ③

048

동점성 계수가 $15.68 \times 10^{-6} \, m^2/s$인 공기가 평판위를 길이 방향으로 0.5m/s의 속도로 흐르고 있다. 선단으로부터 10cm 되는 곳의 경계층 두께의 2배가 되는 경계층의 두께를 가지는 곳은 선단으로부터 몇 cm 되는 곳인가?

① 14.14 ② 20
③ 40 ④ 80

해설 (층류경계층 두께) $\delta = \dfrac{5x}{(Re_x)^{\frac{1}{2}}} = \dfrac{5x}{\left(\dfrac{Vx}{\nu}\right)^{\frac{1}{2}}} = \dfrac{5 \times 0.1}{\left(\dfrac{0.5 \times 0.1}{15.68 \times 10^{-6}}\right)^{\frac{1}{2}}} = 8.854\text{mm}$

$2 \times \delta = 2 \times 8.854 = 17.708\text{mm} = \dfrac{5 \times x}{\left(\dfrac{0.5 \times x}{15.68 \times 10^{-6}}\right)^{\frac{1}{2}}}$

$x' = 0.3999\text{m} \fallingdotseq 40\text{cm}$

해답 ③

049
비중 8.16의 금속을 비중 13.6의 수은에 담근다면 수은 속에 잠기는 금속의 체적은 전체 체적의 약 몇 %인가?

① 40%
② 50%
③ 60%
④ 70%

해설 부력 F_B

(떠 있는 물체에 작용하는 부력) $F_B = \gamma_{유체} \times V_{잠긴} = 13.6 \times \gamma_w \times V_{잠긴}$

$W = \gamma_{물체} \times V_{전체} = 8.16 \times \gamma_w \times V_{전체}$

$F_B = W$, $13.6 \times \gamma_w \times V_{잠긴} = 8.16 \times \gamma_w \times V_{전체}$

$\dfrac{V_{잠긴}}{V_{전체}} = \dfrac{8.16 \times \gamma_w}{13.6 \times \gamma_w} = 0.6 = 60\%$

여기서, $\gamma_{유체}$: 유체의 비중량, 잠긴 체적($V_{잠긴}$) = 배제된 체적($V_{배제}$)

해답 ③

050
그림과 같이 비중 0.85인 기름이 흐르고 있는 개수로에 피토관을 설치하였다. $\Delta h = 30\text{mm}$, $h = 100\text{mm}$일 때 기름의 유속은 약 몇 m/s인가?

① 0.767
② 0.976
③ 6.25
④ 1.59

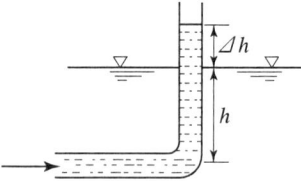

해설 Pitot 관

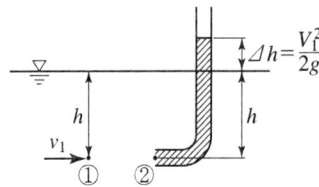

(수심 h지점에서의 속도) $V_1 = \sqrt{2g\,\Delta h} = \sqrt{2 \times 9.8 \times 0.03} = 0.766\,\dfrac{\text{m}}{\text{s}}$

해답 ①

051

안지름 0.25m, 길이 100m인 매그러운 수평 강관으로 비중 0.8, 점성계수 0.1Pa·s인 기름을 수송한다. 유량이 100L/s일 때의 관 마찰손실 수두는 유량이 50L/s일 때의 몇 배 정도가 되는가? (단, 층류의 관 마찰계수는 64/Re 이고, 난류일 때의 마찰계수는 $0.3164Re^{-1/4}$이며, 임계레이놀즈 수는 2300이다.)

① 1.55 ② 2.12
③ 4.13 ④ 5.04

해설

$V_1 = \dfrac{Q_1}{A} = \dfrac{50 \times 10^{-3}}{\dfrac{\pi}{4}0.25^2} = 1.02\text{m/s}$, $V_2 = \dfrac{Q_2}{A} = \dfrac{100 \times 10^{-3}}{\dfrac{\pi}{4}0.25^2} = 2.04\text{m/s}$

$R_{e1} = \dfrac{\rho v_1 D}{\mu} = \dfrac{0.8 \times 1000 \times 1.02 \times 0.25}{0.1} = 2040$, $R_{e2} = 2R_{e1} = 4080$

$H_{L1} = f \times \dfrac{L}{D} \times \dfrac{v^2}{2g} = \dfrac{64}{2040} \times \dfrac{100}{0.25} \times \dfrac{1.02^2}{2 \times 98} = 0.666\text{m}$

$H_{L2} = f \times \dfrac{L}{D} \times \dfrac{v^2}{2g} = 0.3164 \times 4080^{-\frac{1}{4}} \times \dfrac{2.04^2}{2 \times 98} = 3.36\text{m}$

$\dfrac{H_{L2}}{H_{L1}} = \dfrac{3.36}{0.666} = 5.045$

해답 ④

052

일률(power)을 기본 차원인 M(질량), L(길이), T(시간)로 나타내면?

① L^2T^{-2} ② $MT^{-2}L^{-1}$
③ ML^2T^{-2} ④ ML^2T^{-3}

해설

물리량	기호	MLT계		FLT계	
		단위	차원	단위	차원
회전력	T	J	ML^2T^{-2}	kgf·m	FL
동력	H	W	ML^2T^{-3}	$\dfrac{\text{kgf·m}}{\text{s}}$	FLT^{-1}
전단응력	τ	$\text{Pa} = \dfrac{\text{N}}{\text{m}^2}$	$ML^{-1}T^{-2}$	$\dfrac{\text{kgf}}{\text{mm}^2}$	FL^{-2}

해답 ④

053

그림과 같이 U자 관 액주계가 x방향으로 등가속 운동하는 경우 x방향 가속도 a_x는 약 몇 m/s^2인가? (단, 수은의 비중은 13.6이다.)

① 0.4
② 0.98
③ 3.92
④ 4.9

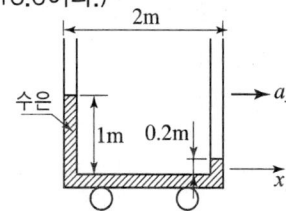

해설

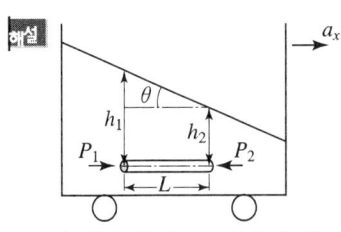

(x방향 등가속도 운동을 할 때 기울어진 각도) θ

$\tan\theta = \dfrac{h_1 - h_2}{L} = \dfrac{a_x}{g}$ 여기서, a_x : x방향 등가속도

$\tan\theta = \dfrac{1-0.2}{2} = \dfrac{0.8}{2} = \dfrac{a_x}{g}$, $a_x = \dfrac{0.8}{2} \times 9.8 = 3.92 \dfrac{\text{m}}{\text{s}^2}$

해답 ③

054

지름이 2cm인 관에 밀도 1000kg/m³, 점성계수 0.4N·s/m²인 기름이 수평면과 일정한 각도로 기울어진 관에서 아래로 흐르고 있다. 초기 유량 측정위치의 유량이 1×10^{-5}m³/s 이었고, 초기 측정위치에서 10m 떨어진 곳에서의 유량도 동일하다고 하면, 이 관의 수평면에 대해 약 몇 ° 기울어져 있는가? (단, 관 내 흐름은 완전발달 층류유동이다.)

① 6°
② 8°
③ 10°
④ 12°

해설

$Q = \dfrac{\pi D^4 \Delta P}{128\mu L}$, $\Delta P = \dfrac{Q \times 128\mu L}{\pi D^4} = \dfrac{1\times 10^{-5} \times 128 \times 0.4 \times 10}{\pi \times 0.02^4} = 10185.91\text{Pa}$

$\dfrac{P_1}{r} + \dfrac{V_1^2}{2g} + Z_1 = \dfrac{P_2}{r} + \dfrac{V_2^2}{2g} + Z_2$

$\dfrac{P_1 - P_2}{r} = Z_2 - Z_1 = 1.039\text{m}$

$\dfrac{P_1 - P_2}{r} = \dfrac{10185.91}{9800} = 1.039\text{m}$

$\sin\theta = \dfrac{1.039}{10}$, $\theta = 6°$

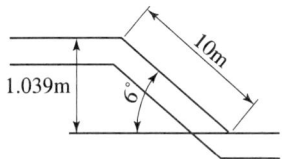

해답 ①

055

원관(pipe) 내에 유체가 완전 발달한 층류 유동일 때 유체 유동에 관계한 가장 중요한 힘은 다음 중 어느 것인가?

① 관성력과 점성력
② 압력과 관성력
③ 중력과 압력
④ 표면장력과 점성력

해설

(레이놀즈수) $Re = \dfrac{\text{관성력}}{\text{점성력}} = \dfrac{\rho vl}{\mu} = \dfrac{Vl}{\nu}$

→ 관유동, 잠수함, 점성유동에서 모형과 실형의 Re가 같으면 역학적 상사

해답 ①

056 다음과 같은 수평으로 놓인 노즐이 있다. 노즐의 입구는 면적이 $0.1m^2$이고 출구의 면적은 $0.02m^2$이다. 정상, 비압축성이며 점성의 영향이 없다면 출구의 속도가 50m/s일 때 입구와 출구의 압력차$(P_1 - P_2)$는 약 몇 kPa인가? (단, 이 공기의 밀도는 $1.23kg/m^3$이다.)

① 1.48
② 14.8
③ 2.96
④ 29.6

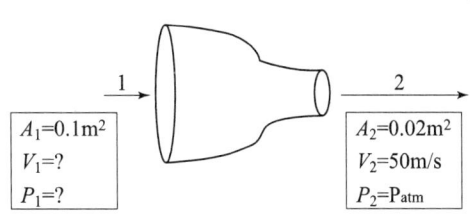

해설 (체적유량) $Q = A_1 V_1 = A_2 V_2$, $V_1 = \dfrac{A_2 V_2}{A_1} = \dfrac{0.02 \times 50}{0.1} = 10 \dfrac{m}{s}$

$$\dfrac{P_1}{r} + \dfrac{V_1^2}{2g} + Z_1 = \dfrac{P_2}{r} + \dfrac{V_2^2}{2g} + Z_2$$

$$\dfrac{P_1 - P_2}{r} = \dfrac{V_2^2 - V_1^2}{2g}$$

$$P_1 - P_2 = \dfrac{r(V_2^2 - V_1^2)}{2g} = \dfrac{\rho(V_2^2 - V_1^2)}{2} = \dfrac{1.23(50^2 - 10^2)}{2} = 1476 Pa = 1.47 kPa$$

해답 ①

057 절대압력 700kPa의 공기를 담고 있고 체적은 $0.1m^3$, 온도는 20℃인 탱크가 있다. 순간적으로 공기는 밸브를 통해 바깥으로 단면적 $75mm^2$를 통해 방출되기 시작한다. 이 공기의 유속은 310m/s이고, 밀도는 $6kg/m^3$이며 탱크 내의 모든 물성치는 균일한 분포를 갖는다고 가정한다. 방출하기 시작하는 시각에 탱크 내 밀도의 시간에 따른 변화율은 몇 $kg/(m^3 \cdot s)$ 인가?

① -12.338
② -2.582
③ -20.381
④ -1.395

해설 (밀도) $\rho = \dfrac{m(질량)}{V(체적)}$

(용기의 체적) $V = 0.1m^3$

(시간에 따른 밀도변화) $\dfrac{d\rho}{dt} = \dfrac{d\left(\dfrac{m}{V}\right)}{dt} = \dfrac{1}{V} \times \dfrac{dm}{dt} = \dfrac{1}{V} \times \dot{m} = \dfrac{1}{V} \times \rho A v$

$\dfrac{d\rho}{dt} = \dfrac{1}{V} \times \rho A v = \dfrac{1}{0.1} \times 6 \times 75 \times 10^{-6} \times 310 = 1.395 \dfrac{kg}{m^3 s}$ (감소)

해답 ④

058
비점성, 비압축성 유체의 균일한 유동장에 유동 방향과 직각으로 정지된 원형 실린더가 놓여있다고 할 때, 실린더에 작용하는 힘에 관하여 설명한 것으로 옳은 것은?

① 항력과 양력이 모두 영(0)이다.
② 항력은 영(0)이고 양력은 영(0)이 아니다.
③ 양력은 영(0)이고 항력은 영(0)이 아니다.
④ 항력과 양력이 모두 영(0)이 아니다.

해설 이상유체 비점성, 비압축성 유체는 항력과 양력 모두 발생되지 않는다.

해답 ①

059
다음 중 2차원 비압축성 유동의 연속방정식을 만족하지 않는 속도 벡터는?

① $V = (16y - 12x)i + (12y - 9x)j$
② $V = -5xi + 5yj$
③ $V = (2x^2 + y^2)i + (-4xy)j$
④ $V = (4xy + y)i + (6xy + 3x)j$

해설 $\dfrac{\partial u}{\partial x} + \dfrac{\partial v}{\partial y} = 0$을 만족하면 연속방정식을 만족한다.

① $\dfrac{\partial(16y - 12x)}{\partial x} + \dfrac{\partial(12y - 9x)}{\partial y} = -12 + 12 = 0$

② $\dfrac{\partial(-5x)}{\partial x} + \dfrac{\partial(5y)}{\partial y} = -5 + 5 = 0$

③ $\dfrac{\partial(2x^2 + y^2)}{\partial x} + \dfrac{\partial(-4xy)}{\partial y} = 4x - 4x = 0$

④ $\dfrac{\partial(4xy + y)}{\partial x} + \dfrac{\partial(-6xy + 3x)}{\partial y} = 4y - 6y \ne 0$

해답 ④

060
그림과 같은 밀폐된 탱크 안에 각각 비중이 0.7, 1.0인 액체가 채워져 있다. 여기서 각도 θ가 20°로 기울어진 경사관에서 3m 길이까지 비중 1.0인 액체가 채워져 있을 때 점 A의 압력과 점 B의 압력 차이는 약 몇 kPa인가?

① 0.8
② 2.7
③ 5.8
④ 7.1

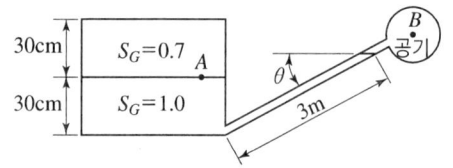

해설
$P_A = 0.7 \times 9800 \times 0.3 = 2058\text{Pa}$
$P_A = P_B + 1 \times 9800 \times 0.726$
$P_A - P_B = 1 \times 9800 \times 0.726$
$= 7114.8\text{Pa} \fallingdotseq 7.1\text{KPa}$

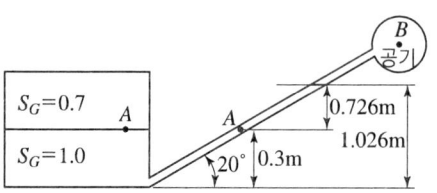

해답 ④

제4과목 기계재료 및 유압기기

061 탄소를 제품에 침투시키기 위해 목탄을 부품과 함께 침탄상자 속에 넣고 900~950℃의 온도범위로 가열로 속에서 가열 유지시키는 처리법은?
① 질화법
② 고체 침탄법
③ 시멘테이션에 의한 경화법
④ 고주파 유도 가열 경화법

해설
- **질화법** : 강을 암모니아 가스(NH_3) 중에서 450~570℃로 12~48시간 가열하면 표면층 가까이의 합금성분 Cr, Al, Mo 등이 질화물을 형성하여 경한 경화층을 얻는 것을 말한다.
- **시멘테이션 경화법** : 금속제품의 표면에 다른 원소를 확산시켜서 특수한 성질을 갖는 표면층을 만드는 처리법이다.
- **고주파 경화법** : 고주파 유도 전류에 의하여 소요 깊이까지 급가열하여 급랭 경화하는 경화법이다.

해답 ②

062 베이나이트(bainite)조직을 얻기 위한 항온열처리 조작으로 가장 적합한 것은?
① 마퀜칭
② 소성가공
③ 노멀라이징
④ 오스템퍼링

해설 **오스템퍼링**
Ar' 와 Ar'' 사이의 온도로 유지된 열욕에 담금질하고 과냉각의 오스테나이트 변태가 끝날 때까지 항온으로 유지해 주는 방법이며, 이때 얻어지는 조직이 베이나이트이다.

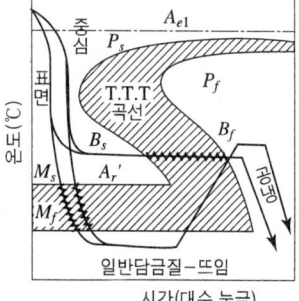

해답 ④

063 면심입방격자(FCC) 금속의 원자수는?
① 2
② 4
③ 6
④ 8

해설 **면심입방구조**(FCC) : 단위격자 1개 안에 들어있는 원자의 수는 꼭지점에 $\frac{1}{8}$ 짜리가 8개, 각 면의 중심에 $\frac{1}{2}$ 짜리 6개의 원자가 있으므로 $\frac{1}{8} \times 8 + \frac{1}{2} \times 6 = 4$ 개다.

해답 ②

064
철과 아연을 접촉시켜 가열하면 양자의 친화력에 의하여 원자 간의 상호 확산이 일어나서 합금화하므로 내식성이 좋은 표면을 얻는 방법은?

① 칼로라이징
② 크로마이징
③ 세러다이징
④ 보로나이징

해설
- **칼로라이징** : Al 침투
- **크로마이징** : Cr 침투
- **세러다이징** : Zn 침투
- **보로나이징** : B 침투

해답 ③

065
담금질 조직 중 가장 경도가 높은 것은?

① 펄라이트
② 마텐자이트
③ 소르바이트
④ 트루스타이트

해설 **담금질 조직의 경(硬)한 순서**
시멘타이트 > 마텐자이트 > 트루스타이트 > 소르바이트 > 펄라이트 > 오스테나이트 > 페라이트

해답 ②

066
다음 중 금속의 변태점 측정방법이 아닌 것은?

① 열분석법
② 자기분석법
③ 전기저항법
④ 정점분석법

해설 **금속의 변태점 측정방법** : 열분석법, 자기분석법, 전기저항법, 비열법, 열팽창법, X선 분석법 등이 있다.

해답 ④

067
Al에 10~13% Si를 함유한 합금은?

① 실루민
② 라우탈
③ 두랄루민
④ 하이드로날륨

해설
- **실루민** : Al – Si
- **라우탈** : Al – Cu – Si
- **두랄루민** : Al – Cu – Mn
- **하이드로날륨** : Al – Mg

해답 ①

068
다음 중 Ni-Fe계 합금이 아닌 것은?

① 인바
② 톰백
③ 엘린바
④ 플래티나이트

해설 Ni-Fe합금 : 인바, 슈퍼인바, 엘린바, 플래티나이트, 니칼로이, 퍼멀로이 등이 있다.
톰백 : Cu+Zn(5~20%)

해답 ②

069 탄소강에서 인(P)으로 인하여 발생하는 취성은?
① 고온 취성
② 불림 취성
③ 상온 취성
④ 뜨임 취성

해설 인(P)은 결정립을 조대화 시키면서 경도와 인장 강도를 증가시키고 연신율 및 충격값은 감소시킨다. 적당한 양은 유동성을 좋게 하고 가공 시 균열을 일으키며 상온 취성의 원인이 된다.

해답 ③

070 구리합금 중에서 가장 높은 경도와 강도를 가지며, 피로한도가 우수하여 고급스프링 등에 쓰이는 것은?
① Cu-Be 합금
② Cu-Cd 합금
③ Cu-Si 합금
④ Cu-Ag 합금

해설 베릴륨 청동(beryllium bronze) : Cu에 2~3% Be을 첨가한 시효경화성 합금이며 구리 합금 중 최고 강도를 가지고 피로한도, 내열성, 내식성이 우수하여 베어링, 고급 스프링재료로 이용된다.

해답 ①

071 유압회로에서 캐비테이션이 발생하지 않도록 하기 위한 방지대책으로 가장 적합한 것은?
① 흡입관에 급속 차단장치를 설치한다.
② 흡입 유체의 유온을 높게 하여 흡입한다.
③ 과부하 시는 패킹부에서 공기가 흡입되도록 한다.
④ 흡입관 내의 평균유속이 3.5m/s 이하가 되도록 한다.

해설 유압회로에서의 공동현상 방지책
① 유압펌프 유효흡입수두 NPSH(Net Positive Suction Head)를 크게 한다.
② 유압펌프 흡입양정을 낮춘다.(펌프의 설치 위치를 낮춘다)
③ 손실수두를 작게 한다(밸브의 부속품의 수를 적게 하게 손실수두를 줄인다.)
④ 관의 단면적을 크게 한다.
⑤ 펌프의 회전수를 낮추어 유속을 작게 하여 비교회전수를 적제하고, 유량을 적게 보낸다.
⑥ 양흡입펌프를 사용한다.
⑦ 입축펌프를 사용하고, 회전차를 수중에 완전히 잠기게 한다.
⑧ 두 대 이상의 펌프를 사용하여 유량을 나누어서 보낸다.

※ 선택지 ④흡입관 내의 평균유속은 펌프의 용량에 따라 달라질 수 있지만 평균유속이 3.5m/s이하가 되면 일반적으로 캐비테이션은 발생되기 어렵다.

해답 ④

072 속도 제어회로방식 중 미터-인 회로와 미터-아웃 회로를 비교하는 설명으로 틀린 것은?

① 미터-인 회로는 피스톤 측에만 압력이 형성되나 미터-아웃 회로는 피스톤 측과 피스톤 로드 측 모두 압력이 형성된다.
② 미터-인 회로는 단면적이 넓은 부분을 제어하므로 상대적으로 속도조절에 유리하나, 미터-아웃 회로는 단면적이 좁은 부분을 제어하므로 상대적으로 불리하다.
③ 미터-인 회로는 인장력이 작용할 때 속도조절이 불가능하나, 미터-아웃 회로는 부하의 방향에 관계없이 속도조절이 가능하다.
④ 미터-인 회로는 탱크로 드레인되는 유압 작동유에 주로 열이 발생하나, 미터-아웃회로는 실린더로 공급되는 유압 작동유에 주로 열이 발생한다.

유량제어방법

미터인 회로도	미터 아웃회로도
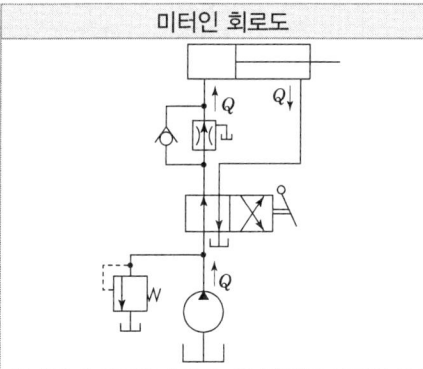	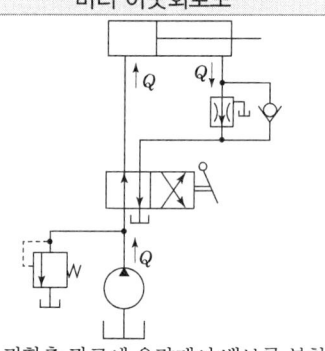
㉠ 실린더 입구측에 유량 제어밸브를 직렬로 부착하여 유량을 제어한다. ㉡ 동작 중 부하가 항상 정부하 일 때만 사용한다. ㉢ 연삭기의 테이블 이송에 사용된다. ㉣ 유압펌프로부터 항상 실린더에서 요구되는 유량 이상을 토출해야 하고 여분은 릴리프 밸브를 통하여 탱크로 귀환시킨다. ㉤ 동력손실을 줄이기 위해 릴리프 밸브의 설정압을 실린더의 요구 압력보다 유량제어 밸브의 교축 저항만큼 크게 설정한다.	㉠ 귀환측 관로에 유량제어 밸브를 부착하여 탱크로 들어가는 유량을 제어하는 방법으로 실린더에는 항상 배압이 걸린다. ㉡ 항상 실린더의 배압이 작용하고 있으므로 피스톤이 당겨지는 부하가 걸리는 회로에서는 실린더의 이탈을 방지하는 역할을 한다. ㉢ 드릴머신, 보링머신 등의 공작기계용 회로에 사용한다.

※ 선택지④는 미터-인 방식은 실린더 입구 쪽이 교축됨으로 실린더에 공급되는 작동유에 온도가 상승하고, 미터-아웃 방식은 출구쪽을 교축됨으로 탱크로 드레인되는 작동유의 온도가 상승한다.

해답 ④

073 유압 작동유의 점도가 너무 높은 경우 발생되는 현상으로 거리가 먼 것은?

① 내부마찰이 증가하고 온도가 상승한다.
② 마찰 손실에 의한 펌프동력 소모가 크다.
③ 마찰부분의 마모가 증가한다.
④ 유동저항이 증대하여 압력손실이 증가된다.

해설

점도가 너무 높을 경우의 영향 = 농도가 진하다	점도가 너무 낮을 경우의 영향 = 농도가 묽다
① 동력손실 증가로 기계 효율의 저하	① 내부 오일 누설의 증대
② 소음이나 공동현상 발생	② 압력유지의 곤란
③ 유동저항의 증가로 인한 압력손실의 증대	③ 유압펌프, 모터 등의 용적효율 저하
④ 내부마찰의 증대에 의한 온도의 상승	④ 기기 마모의 증대
⑤ 유압기기 작동의 불활발	⑤ 압력 발생 저하로 정확한 작동불가

해답 ③

074 다음 중 유량제어밸브에 속하는 것은?

① 릴리프 밸브   ② 시퀀스 밸브
③ 교축 밸브   ④ 체크 밸브

해설
① 릴리프 밸브는 압력제어 밸브이다.
② 교축밸브는 관 줄임 밸브임으로 유량제어 밸브이다.
④ 체크밸브는 일방향밸브로 방향제어 밸브이다.

해답 ③

075 다음과 같은 특징을 가진 유압유는?

- 난연성 작동유에 속함
- 내마모성이 우수하여 저압에서 고압까지 각종 유압펌프에 사용됨
- 점도지수가 낮고 비중이 커서 저온에서 펌프 시동 시 캐비테이션이 발생하기 쉬움

① 인산 에스테르형 작동유   ② 수중 유형 유화유
③ 순광유   ④ 유중 수형 유화유

해설 **작동유**
① 석유계 작동유 : 일반산업용 작동유, 항공기용 작동유, 첨가터빈유 내마모성 유압유, 고점도지수 유압유, R&O형 작동유
② 난연성 작동유
  ㉠ 합성계 작동유 : 인산에스테르계, 폴리에스테르계
  ㉡ 함수계(수성계)작동유 : 물-글리콜계, 유화계
인산에스테르(Phosphate ester)**계**
① 인산에스테르, 인산에스테르+염소화탄화수소, 첨가 인산에스테르가 있음
② 내마모성이 우수하여 저압에서 고압까지 각종 유압펌프에 사용된다.

③ 석유계와 비교하여 비중이 높다.
④ 점도지수가 낮아 사용 온도범위 좁다. 펌프 시동시 캐비테이션이 발생하기 쉬움
⑤ 압축률과 증기압이 낮다.
⑥ 증기의 비중이 공기보다 무겁고 증기압이 낮기 때문에 연소에 필요한 증기 발생이 적어 점화가 잘 되지 않는다.

해답 ①

076 다음 보기와 같은 유압기호가 나타내는 것은?

① 가변 교축 밸브
② 무부하 릴리프 밸브
③ 직렬형 유량조정 밸브
④ 바이패스형 유량조정 밸브

[보기]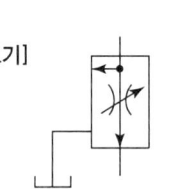

해설

가변형 유량조정밸브 (=가변교축밸브)		
바이패스형 유량조정밸브	상세기호	간략기호
직렬형 유량조정밸브	상세기호	간략기호

해답 ④

077 채터링(chattering) 현상에 대한 설명으로 틀린 것은?

① 일종의 자려진동현상이다.   ② 소음을 수반한다.
③ 압력이 감소하는 현상이다.   ④ 릴리프 밸브 등에서 발생한다.

해설 채터링(chattering, chatter, singing)
릴리프 밸브 등으로, 밸브시트를 두들겨서 비교적 높은 음을 발생시키는 일종의 자력 진동 현상이다.

해답 ③

078

베인 펌프의 1회전당 유량이 40cc일 때, 1분당 이론 토출유량이 25리터이면 회전수는 약 몇 rpm인가? (단, 내부누설량과 흡입저항은 무시한다.)

① 62
② 625
③ 125
④ 745

해설 (비유량) $q = \dfrac{Q}{N}$

(분당회전수) $N = \dfrac{Q}{q} = \dfrac{25000\,\dfrac{cc}{min}}{40\,\dfrac{cc}{rev}} = 625\,\dfrac{rev}{min} = 625\,rpm$

해답 ②

079

유압 모터에서 1회전당 배출유량이 60cm³/rev이고 유압유의 공급압력은 7MPa일 때 이론 토크는 약 몇 N·m인가?

① 668.8
② 66.8
③ 1137.5
④ 113.8

해설 (모터 구동 토크) $T = \dfrac{P \cdot q}{2 \cdot \pi} = \dfrac{7\,\dfrac{N}{mm^2} \times \dfrac{6000\,mm^3}{rev}}{2 \times \pi}$
$= 66845.07\,N \cdot mm ≒ 66.8\,N \cdot m$

해답 ②

080

유압유의 여과방식 중 유압펌프에서 나온 유압유의 일부만을 여과하고 나머지는 그대로 탱크로 가도록 하는 형식은?

① 바이패스 필터(by-pass filter)
② 전류식 필터(full-flow filter)
③ 샨트식 필터(shunt flow filter)
④ 원심식 필터(centrifugal filter)

해설
- **바이패스 필터**(by-pass filter) : 유압유의 여과방식 중 유압펌프에서 나온 유압유의 일부만을 여과 하고 나머지는 그대로 탱크로 가도록 하는 방식
- **전류식 필터**(full flow filter) : 오일펌프에서 출발하는 모든 오일이 섭동부에 가기 전에 여과기를 경유하도록 한 형식에서의 오일 필터를 말한다.
- **분류식 필터** : 오일펌프에서 압송된 오일을 먼저 각 윤활부에 직접공급하고, 오일필터로 보내어 여과시킨 다음 오일팬으로 되돌가 가게 하는 방식이다.
- **샨트식**(shunt flow filter=복합식) : 오일펌프에서 공급된 오일을 일부는 오일필터로 여과하여 구동부의 윤활부분으로 공급하고, 일부는 오일팬으로 되돌아오는 방식이다.

해답 ①

제5과목 기계제작법 및 기계동력학

081 고유진동수가 1Hz인 진동측정기를 사용하여 2.2Hz의 진동을 측정하려고 한다. 측정기에 의해 기록된 진폭이 0.05cm라면 실제 진폭은 약 몇 cm인가? (단, 감쇠는 무시한다.)

① 0.01cm
② 0.02cm
③ 0.03cm
④ 0.04cm

해설

$$\frac{Z(기록된\ 진폭)}{Y(실제\ 진폭)} = \frac{r^2}{\sqrt{(1-r^2)^2 + (2\varphi r)^2}}$$

(비감쇠 진동일 때) $\dfrac{Z}{Y} = \dfrac{r^2}{|1-r^2|} = \dfrac{2.2^2}{|1-2.2^2|} = 1.26$

(실제진폭) $Y = \dfrac{Z}{1.26} = \dfrac{0.05}{1.26} = 0.039\text{cm}$

해답 ④

082 20Mg의 철도차량이 0.5m/s의 속력으로 직선 운동하여 정지되어 있는 30Mg의 화물차량과 결합한다. 결합하는 과정에서 차량에 공급되는 동력은 없으며 브레이크도 풀려 있다. 결합 직후의 속력은 약 몇 m/s인가?

① 0.25
② 0.20
③ 0.15
④ 0.10

해설 $m_1 v_1 + m_2 v_2 = (m_1 + m_2) v'$

(충돌 후의 속도) $v' = \dfrac{m_1 v_1 + m_2 v_2}{(m_1 + m_2)} = \dfrac{20 \times 0.5 + 30 \times 0}{20 + 30} = 0.2 \dfrac{m}{s}$

(충돌 전의 운동량) = (충돌 후의 운동량)

해답 ②

083 질량 관성모멘트가 20kg·m² 인 플라이 휠(fly wheel)을 정지상태로부터 10초 후 3600rpm으로 회전시키기 위해 일정한 비율로 가속하였다. 이때 필요한 토크는 약 몇 N·m인가?

① 654
② 754
③ 854
④ 954

해설 (토크) $T = J \times \alpha = 20 \times 37.699 = 753.98\text{N} \cdot \text{m}$

(각가속도) $\alpha = \dfrac{dw}{dt} = \dfrac{\frac{2 \times \pi \times 3600}{60} - \frac{2 \times \pi \times 0}{60}}{10} = 37.699 \dfrac{\text{rad}}{\text{s}^2}$

해답 ②

084 고유 진동수 f[Hz], 고유 원진동수 w[rad/s], 고유 주기 T[s] 사이의 관계를 바르게 나타낸 식은?

① $T = \dfrac{w}{2\pi}$
② $Tw = f$
③ $Tf = 1$
④ $fw = 2\pi$

해설 $x(t) = A\sin(\omega t + \phi)$에서

(주기) $T = \dfrac{2\pi}{\omega} (\sec) = \left[\dfrac{\sec}{\text{cycle}}\right]$

(진동수) $f = \dfrac{1}{T} = \dfrac{\omega}{2\pi}(\text{cps}) = [\text{Hz}] = \left[\dfrac{\text{cycle}}{\sec}\right]$ $f \times T = 1$

해답 ③

---

085 그림과 같이 질량 100kg의 상자를 동마찰계수가 $\mu_1 = 0.2$인 길이 2.0m의 바닥 a와 동마찰계수가 $\mu_2 = 0.3$인 길이 2.5m의 바닥 b를 지나 A지점에서 C지점까지 밀려고 한다. 사람이 하여야 할 일은 약 몇 J인가?

① 1128J
② 2256J
③ 3760J
④ 5640J

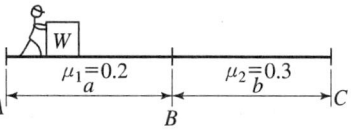

해설 한 일 $= (\mu_1 mg \times a) + (\mu_2 mg \times b)$
$= (0.2 \times 100 \times 9.8 \times 2) + (0.3 \times 100 \times 9.8 \times 2.5) = 1127$J

해답 ①

---

086 1자유도 질량-스프링계에서 초기조건으로 변위 x_0가 주어진 상태에서 가만히 놓아 진동이 일어난다면 진동변위를 나타내는 식은? (단, w_n은 계의 고유진동수는, t는 시간이다.)

① $x_0 \cos w_n t$
② $x_0 \sin w_n t$
③ $x_0 \cos^2 w_n t$
④ $x_0 \sin^2 w_n t$

해설 (변위) $x(t) = x_0 \sin w_n t$ 초기변위 $x(0) = 0$일 때
$x(t) = x_0 \cos w_n t$ 초기변위 $x(0) = x_0$일 때

해답 ①

087 그림과 같이 바퀴가 가로방향(x축 방향)으로 미끄러지지 않고 굴러가고 있을 때 A점의 속력과 그 방향은? (단, 바퀴 중심점의 속도는 v이다.)

① 속력 : v 방향 : x축 방향
② 속력 : v 방향 : $-y$축 방향
③ 속력 : $\sqrt{2}\,v$ 방향 : $-y$축 방향
④ 속력 : $\sqrt{2}\,v$ 방향 : x축 방향에서
　　　　　　　　　　아래로 45° 방향

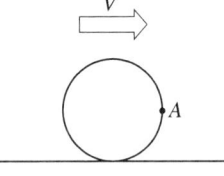

[해설]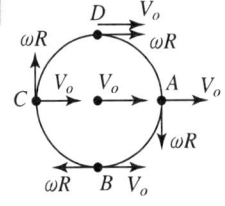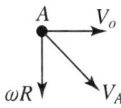

$wR = V_0$

$V_A = \sqrt{V_0^2 + V_0^2} = V_0\sqrt{2}$

[해답] ④

088 70kg인 군인이 고공에서 낙하산을 펼치고 10m/s의 초기 속도로 낙하하였다. 공기의 저항이 350N일 때 20m 낙하한 후의 속도는 약 몇 m/s인가?

① 16.4m/s　② 17.1m/s
③ 18.9m/s　④ 20.0m/s

[해설] $\Sigma F_y = ma_y$

$mg - 350 = ma_y$

(y방향 가속도) $a_y = \dfrac{mg - 350}{m} = \dfrac{70 \times 9.8 - 350}{70} = 4.8\,\dfrac{\text{m}}{\text{s}^2}$

$2a_y s = V_2^2 - V_1^2$, $2 \times 4.8 \times 20 = V_2^2 - 10^2$

(나중 속도) $V_2 = 17.088\,\dfrac{\text{m}}{\text{s}}$

[해답] ②

089 정지된 물에서 0.5m/s의 속도를 낼 수 있는 뱃사공이 있다. 이 뱃사공이 0.1m/s로 흐르는 강물을 거슬러 400m를 올라가는 데 걸리는 시간은?

① 10분　② 13분 20초
③ 16분 40초　④ 22분 13초

[해설] (상대속도) $v = 0.5 - 0.1 = 0.4\,\dfrac{\text{m}}{\text{s}}$　(걸리는 시간) $t = \dfrac{400}{0.4} = 1000$초 $= 16$분 40초

[해답] ③

090 질량, 스프링, 댐퍼로 구성된 단순화로 1자유도 감쇠계에서 다음 중 그 값만으로 직접 감쇠비(damped ratio, ζ)를 구할 수 있는 것은?

① 대수 감소율(logarithmic decrement)
② 감쇠 고유 진동수(damped natural frequency)
③ 스프링 상수(spring coefficient)
④ 주기(period)

해설 (대수감쇠율) $\delta = \dfrac{1}{n}\ln\dfrac{x_o}{x_n} = \dfrac{2\pi\phi}{\sqrt{1-\zeta^2}}$

여기서, x_o : 초기진폭, x_n : n번째 진폭, ζ : 감쇠비

해답

091 오토콜리메이터의 부속품이 아닌 것은?

① 평면경
② 콜리 프리즘
③ 펜타프리즘
④ 폴리곤 프리즘

해설
• 오토콜리메이커는 시준기와 망원경을 조합 한 것으로 미소 각도를 측정하는 광학적 각도 측정기이다.
• 평면경 프리즘 등을 이용하여 정밀 정반의 평면도, 마이크로미터의 측정면의 직각도, 평행도를 측정할 수 있다.

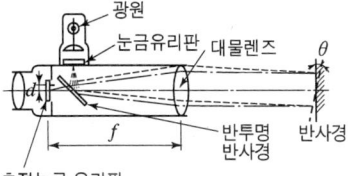
[오토콜리미터의 구조]

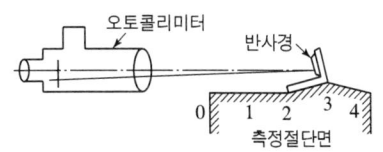
[진직도의 측정]

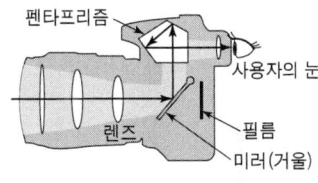
[펜타프리즘의 활용]

해답

092 이미 가공되어 있는 구멍에 다소 큰 강철 볼을 압입시켜 통과시켜 가공물의 표면을 소성 변형시켜 정밀도가 높은 면을 얻는 가공법은?

① 버핑(buffing)
② 버니싱(burnishing)
③ 숏 피닝(shot peenign)
④ 배럴 다듬질(barrel finishing)

해설 **버니싱**(burnisshing) : 이미 가공된 구멍에 구멍보다 다소 큰 강구(버니싱)을 넣어 압입하여 구멍내면이 소성변형되면서 정밀도가 높은 면을 얻을 수 있는 가공법

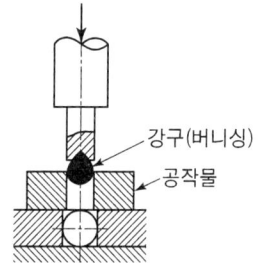

해답 ②

093

공작물을 양극으로 하고 전기저항이 적은 Cu, Zn,을 음극으로 하여 전해액 속에 넣고 전기를 작용으로 매끈하게 가공되는 가공법은?

① 전해연마
② 전해연삭
③ 워터젯가공
④ 초음파가공

해설

구분	(+)극	(−)극	가공액	비고
방전가공	• 공작물 • 전기가 통하는 난삭재	• 공구 • 전극으로 구리, 흑연, 텅스텐	• 절연성 있는 등유사용	• 공작물과 공구사이에 스파크 발생시켜 가공한다.
전해연마	• 공작물 • 스테인레스강 • 알루미늄	• 음극판으로 구리 또는 아연	• 전해액사용 • 과염소산, 인산, 황산, 질산	• 용해가공 • 철강재료는 전해연마 어렵다. • 전기도금과 반대 • 거울면과 같은 매그러운면을 얻을 수 있다.
전해연삭	• 공작물	• 연삭숫돌	• 전해액 • NaOH, KOH	• 기계연삭에 비해 연삭숫돌의 소모가 거의 없다. • 초경공구류의 연삭에 사용된다. • 거울면과 같은 매그러운면을 얻을 수 있다.

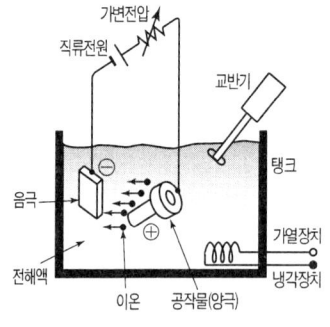

[전해연마]

해답 ①

094
다음 빈칸에 들어갈 숫자가 옳게 짝지어진 것은?

지름 100mm의 소재를 드로잉하여 지름 60mm의 원통을 가공할 때 드로잉률은 (A)이다. 또한, 이 60mm의 용기를 재드로잉률 0.8로 드로잉을 하면 용기의 지름은 (B) mm가 된다.

① A : 0.36, B : 48
② A : 0.36, B : 75
③ A : 0.6, B : 48
④ A : 0.6, B : 75

해설 드로잉률 = $\dfrac{\text{가공 후의 지름}}{\text{가공 전의 지름}} = \dfrac{60}{100} = 0.6$

$0.8 = \dfrac{D'}{60}$, $D' = 48\text{mm}$

해답 ③

095
호브 절삭날의 나사를 여러 줄로 한 것으로 거친 절삭에 주로 쓰이는 호브는?
① 다줄 호브
② 단체 호브
③ 조립 호브
④ 초경 호브

해설 호브(hob)
① 다줄호브 : 호브 절삭날의 나사를 여러줄로 한 것으로 거친절삭에 주로 사용된다.
② 조립호브 : Mo, V의 고급 고속도강 사용.
③ 초경호브
④ 일체형호브

해답 ①

096
다이에 아연, 주석 등의 연질금속을 넣고 제품 형상의 펀치로 타격을 가하여 길이가 짧은 치약튜브, 약품튜브 등을 제작하는 압출 방법은?
① 간접 압출
② 열간 압출
③ 직접 압출
④ 충격 압출

해설 충격압출 : 다이에 아연, 납, 주석 등의 연질금속을 넣고 제품형상의 펀치로 타격을 가하여 길이가 짧은 치약튜, 약품튜브, 화장품 용기제작에 사용된다. 즉 연한 금속의 짧고 얇은 관을 제작하는데 많이 이용되는 소성가공법이다.

해답 ④

097
용접을 기계적인 접합 방법과 비교할 때 우수한 점이 아닌 것은?
① 기밀, 수밀, 유밀성이 우수하다.
② 공정 수가 감소되고 작업시간이 단축된다.
③ 열에 의한 변질이 없으며 품질검사가 쉽다.
④ 재료가 절약되므로 공작물의 중량이 가볍게 할 수 있다.

해설 용접은 열에 의한 잔류응력이 발생되기 때문에 용접 후에 잔류 응력을 제거하여야 되는 단점이 있다.

해답 ③

098
제작 개수가 적고, 큰 주물품을 만들 때 재료와 제작비를 절약하기 위해 골격만 목재로 만들고 골격 사이를 점토로 메워 만든 모형은?
① 현형
② 골격형
③ 긁기형
④ 코어형

해설 목형의 종류
① 현형 : 실제 제품과 같은 형태로 만든 모형. 종류로는 단체형, 분할형, 조립형(상수도관용 밸브제작시)
② 회전목형 : 벨트풀리나 단차 제작
③ 긁기형 : 단면이 일정하면서 가늘고 긴 굽은 파이프 제작시
④ 부분형 : 톱니바퀴, 기어 및 프로펠라제작시
  (대형인 주물이 대칭 또는 일부분이 연속적일 때)
⑤ 골격형 : 대형주물이고 구조 간단할 때
  (골격만 목재, 큰 곡관 제작, 주조 개수 적을 때)
⑥ 코어형 : 속이 빈 중공주물 제작시(수도꼭지나 파이프)
⑦ Match plate : 소형주물제품을 대량으로 생산할 때 사용
  (여러 개의 주형을 동시에 제작)

해답 ②

099
절삭가공 시 발행하는 절삭온도 측정방법이 아닌 것은?
① 부식을 이용하는 방법
② 복사고온계를 이용하는 방법
③ 열전대(thermocouple)에 의한 방법
④ 칼로리미터(calorimeter)에 의한 방법

해설 절삭온도 측정방법
① 칼로리미터를 의한 측정
② 열전대를 공구에 삽입하는 방법
③ 공구와 공작물을 연전대로 하는 방법
④ 복사온도계를 이용하는 방법
⑤ 칩의 색에 의한 방법

해답 ①

100
나사측정 방법 중 삼침법(Three wite method)에 대한 설명으로 옳은 것은?
① 나사의 길이를 측정하는 법
② 나사의 골지름을 측정하는 법
③ 나사의 바깥지름을 측정하는 법
④ 나사의 유효지름을 측정하는 법

해설
- **삼침법** : 나사의 유효지름을 측정하는 것으로 가장 정확한 유효지름을 측정할 수 있다.
- **나사의 유효지름 측정**
  ① 나사 마이크로미터
  ② 삼침법 : 가장 정밀
    ㉠ 미터나사 : $de = M - 3d + 0.86603P$
    ㉡ 휘트워드 나사 : $de = M - 3.16567d + 0.96049P$
  ③ 공구현미경 또는 투영기 : 나사의 호칭지름, 골지름, 유효지름, 피치, 나사산의 각도

해답 ④

단기완성 일반기계기사 필기 과년도

2017

2017년 3월 5일 시행
2017년 5월 7일 시행
2017년 9월 23일 시행

단기완성 **일반기계기사 필기 과년도**

일반기계기사

2017년 3월 5일 시행

제1과목 재료역학

001 그림과 같이 원형 단면의 원주에 접하는 $X-X$축에 관한 단면 2차 모멘트는?

① $\dfrac{\pi d^4}{32}$ ② $\dfrac{\pi d^4}{64}$

③ $\dfrac{3\pi d^4}{64}$ ④ $\dfrac{5\pi d^4}{64}$

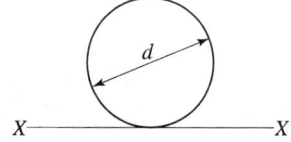

해설 $I_{x'} = I_{\bar{x}} + a^2 A = \dfrac{\pi d^4}{64} + \left(\dfrac{d}{2}\right)^2 \times \dfrac{\pi d^2}{4} = \dfrac{5\pi d^4}{64}$

해답 ④

002 그림과 같은 구조물에서 AB부재에 미치는 힘은 몇 kN인가?

① 450
② 350
③ 250
④ 150

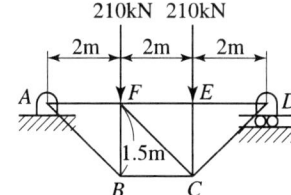

해설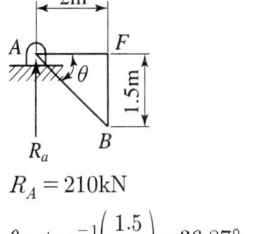

$R_A = 210\text{kN}$

$\theta = \tan^{-1}\left(\dfrac{1.5}{2}\right) = 36.87°$

$F_{AB} = \dfrac{R_A}{\sin 3.87} = \dfrac{210}{\sin 3.87} \fallingdotseq 350\text{kN}$

해답 ②

003 다음과 같은 평면응력상태에서 X축으로부터 반시계방향으로 30° 회전된 X'축 상의 수직응력($\sigma_{x'}$)은 약 몇 MPa인가?

① $\sigma_{x'} = 3.84$
② $\sigma_{x'} = -3.84$
③ $\sigma_{x'} = 17.99$
④ $\sigma_{x'} = -17.99$

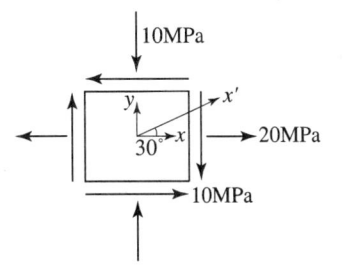

해설 (응력원의 반지름) $R = \sqrt{\left(\dfrac{\sigma_x - \sigma_y}{2}\right)^2 + \tau_{xy}^2} = \sqrt{\left(\dfrac{20-(-10)}{2}\right)^2 + 10^2} = 18.02$

(주평면과 이루는 각) $\alpha = \tan^{-1}\left(\dfrac{2\tau_{xy}}{\sigma_x - \sigma_y}\right) = \tan^{-1}\left(\dfrac{2\times 10}{20-(-10)}\right) = 33.69°$

$\sigma_{x'} = \dfrac{\sigma_x + \sigma_y}{2} + R \times \cos(2\theta + \alpha) = \dfrac{20 + (-10)}{2} + 18.02 \times \cos(2\times 30 + 33.69)$
$= 3.84 \text{MPa}$

해답 ①

---

004 그림과 같은 하중을 받고 있는 수직 봉의 자중을 고려한 총 신장량은?(단, 하중 = P, 막대 단면적 = A, 비중량 = γ, 탄성계수 = E이다.)

① $\dfrac{L}{E}\left(\gamma L + \dfrac{P}{A}\right)$
② $\dfrac{L}{2E}\left(\gamma L + \dfrac{P}{A}\right)$
③ $\dfrac{L^2}{2E}\left(\gamma L + \dfrac{P}{A}\right)$
④ $\dfrac{L^2}{E}\left(\gamma L + \dfrac{P}{A}\right)$

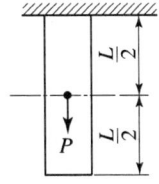

해설 (외력에 의한 늘음량) $\delta_P = \dfrac{P\dfrac{L}{2}}{AE} = \dfrac{PL}{2AE}$

(자중에 의한 늘음량) $\delta_w = \dfrac{\gamma L^2}{2E}$

(총 늘음량) $\delta_t = \delta_P + \delta_w = \dfrac{L}{2E}\left(\gamma L + \dfrac{P}{A}\right)$

해답 ②

005

단면 2차 모멘트가 251cm⁴인 I 형강 보가 있다. 이 단면의 높이가 20cm라면 굽힘 모멘트 $M=2510\text{N}\cdot\text{m}$을 받을 때 최대 굽힘 응력은 몇 MPa인가?

① 100
② 50
③ 20
④ 5

해설 (최대굽힘응력) $\sigma_b = \dfrac{M}{Z} = \dfrac{M}{\dfrac{I}{e}} = \dfrac{2510000}{\dfrac{2510000}{100}} = 100\text{MPa}$

해답 ①

006

다음 그림과 같은 외팔보에 하중 P_1, P_2가 작용될 때 최대 굽힘 모멘트의 크기는?

① $P_1 \cdot a + P_2 \cdot b$
② $P_1 \cdot b + P_2 \cdot a$
③ $(P_1 + P_2) \cdot L$
④ $P_1 \cdot L + P_2 \cdot b$

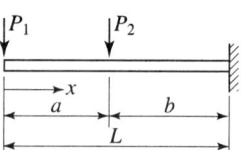

해설

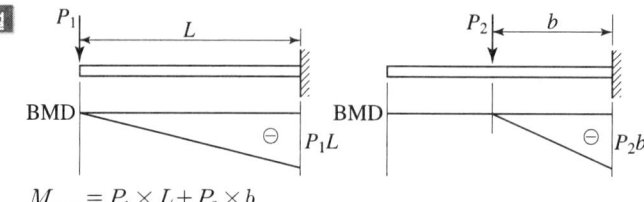

$M_{\max} = P_1 \times L + P_2 \times b$

해답 ④

007

중공 원형 축에 비틀림 모멘트 $T=100\text{N}\cdot\text{m}$가 작용할 때, 안지름이 20mm, 바깥지름이 25mm 라면 최대 전단응력은 약 몇 MPa인가?

① 42.2
② 55.2
③ 77.2
④ 91.2

해설 $T = \tau \times Z_P = \tau \times \dfrac{\pi d_2^3}{16}(1-x^4)$

(전단응력) $\tau = \dfrac{T}{\dfrac{\pi d_2^3}{16}(1-x^4)} = \dfrac{100000}{\dfrac{\pi \times 25^3}{16}\left\{1-\left(\dfrac{20}{25}\right)^4\right\}} = 55.2\text{MPa}$

해답 ②

008

직경 20mm인 구리합금 봉에 30kN의 축 방향 인장하중이 작용할 때 체적 변형률은 대략 얼마인가?(단, 탄성계수 $E=100\text{GPa}$, 포와송비 $\mu=0.3$)

① 0.38
② 0.038
③ 0.0038
④ 0.00038

해설 (체적변형률) $\epsilon_v = \dfrac{\Delta V}{V} = \epsilon \times (1-2\mu) = \dfrac{\sigma}{E} \times (1-2\mu) = \dfrac{P}{AE} \times (1-2\mu)$

$= \dfrac{30000}{\dfrac{\pi \times 20^2}{4} \times 100000} \times (1-2 \times 0.3) = 0.0003819$

해답 ④

009

그림과 같은 단순보에서 보 중앙의 처짐으로 옳은 것은?(단, 보의 굽힘 강성 EI는 일정하고, M_0는 모멘트, l은 보의 길이이다.)

① $\dfrac{M_0 l^2}{16EI}$
② $\dfrac{M_0 l^2}{48EI}$
③ $\dfrac{M_0 l^2}{120EI}$
④ $\dfrac{5M_0 l^2}{384EI}$

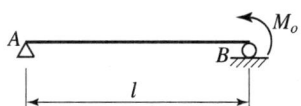

해설 (A지점의 반력) $R_A = \dfrac{M_o}{l}$

(임의의 x지점에서의 모멘트) $M_x = R_A \times x = \dfrac{M_o}{l} \times x$

(처짐곡선의 미분방정식) $EIy'' = -M_x = -\dfrac{M_o}{l}x$ ······················ ①식

①식을 적분하면 $EIy' = -\dfrac{M_o}{2l}x^2 + C_1$ ·· ②식

②식을 적분하면 $EIy = -\dfrac{M_o}{2l} \times \dfrac{x^2}{3} + C_{1x} + C_2$

$x=0$일 때, $y=0$ ∴ $C_2 = 0$

$x=l$일 때, $y=0$, $0 = -\dfrac{M}{6l}l^3 + C_1 l = 0$ ∴ $C_1 = \dfrac{Ml}{6}$

일반해

$y = \dfrac{1}{EI}\left(-\dfrac{M_o}{6l}x^3 + \dfrac{M_o l}{6}x\right)$

(중앙에서의 처짐량) $y_{x=\frac{l}{2}} = \dfrac{1}{EI}\left\{-\dfrac{M_o}{6l}\left(\dfrac{l}{2}\right)^3 + \dfrac{M_o l}{6}\left(\dfrac{l}{2}\right)\right\} = \dfrac{M_0 l^2}{16}$

해답 ①

010

다음 중 좌굴(buckling) 현상에 대한 설명으로 가장 알맞은 것은?

① 보에 휨 하중에 작용할 때 굽어지는 현상
② 트러스의 부재에 전단하중이 작용할 때 굽어지는 현상
③ 단주에 축방향의 인장하중을 받을 때 기둥이 굽어지는 현상
④ 장주에 축방향의 압축하중을 받을 때 기둥이 굽어지는 현상

해설 좌굴(buckling) : 장주에 축방향 압축하중을 받을 때 기둥이 휘어지는 현상

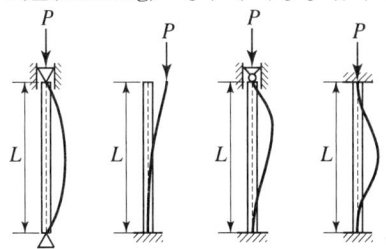

해답 ④

011

동일한 길이와 재질로 만들어진 두 개의 원형단면 축이 있다. 각각의 지름이 d_1, d_2일 때 각 축에 저장되는 변형에너지 u_1, u_2의 비는?(단, 두 축은 모두 비틀림 모멘트 T를 받고 있다.)

① $\dfrac{u_1}{u_2} = \left(\dfrac{d_2}{d_1}\right)^4$ ② $\dfrac{u_2}{u_1} = \left(\dfrac{d_2}{d_1}\right)^3$

③ $\dfrac{u_1}{u_2} = \left(\dfrac{d_2}{d_1}\right)^3$ ④ $\dfrac{u_2}{u_1} = \left(\dfrac{d_2}{d_1}\right)^4$

해설
$$\dfrac{u_1}{u_2} = \dfrac{\dfrac{1}{2}T \times \dfrac{TL}{GI_{P_1}}}{\dfrac{1}{2}T \times \dfrac{TL}{GI_{P_2}}} = \dfrac{\dfrac{1}{2}\dfrac{T^2L}{GI_{P_1}}}{\dfrac{1}{2}\dfrac{T^2L}{GI_{P_2}}} = \dfrac{I_{P_2}}{I_{P_1}} = \dfrac{\dfrac{\pi d_2^4}{32}}{\dfrac{\pi d_1^4}{32}} = \left(\dfrac{d_2}{d_1}\right)^4$$

해답 ①

012

직경 20mm인 와이어로프에 매달린 1000N의 중량물(W)이 낙하하고 있을 때, A점에서 갑자기 정지시키면 와이어로프에 생기는 최대 응력은 약 몇 GPa인가?(단, 와이어로프의 탄성계수 $E = 20$GPa이다.)

① 0.93
② 0.36
③ 1.72
④ 1.93

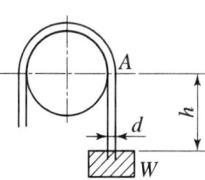

해설 (충격응력) $\sigma = \sigma_o \times \left(1 + \sqrt{1 + \frac{2h}{\lambda_0}}\right) = \sigma_o \times \left(1 + \sqrt{1 + \frac{2h}{\frac{\sigma_o h}{E}}}\right)$

$= \sigma_o \times \left(1 + \sqrt{1 + \frac{2 \times E}{\sigma_0}}\right) = 3.183 \times \left(1 + \sqrt{1 + \frac{2 \times 20000}{3.183}}\right)$

$= 360\text{MPa} = 0.36\text{GPa}$

(정적응력) $\sigma_o = \frac{W}{\frac{\pi d^2}{4}} = \frac{1000}{\frac{\pi \times 20^2}{4}} = 3.183\text{MPa}$

(정적늘음량) $\lambda_o = \frac{\sigma_o \times h}{E}$

해답 ②

013
그림과 같이 하중 P가 작용할 때 스프링의 변위 δ는?(단, 스프링 상수는 k이다.)

① $\delta = \frac{(a+b)}{bk}P$ ② $\delta = \frac{(a+b)}{ak}P$

③ $\delta = \frac{ak}{(a+b)}P$ ④ $\delta = \frac{bk}{(a+k)}P$

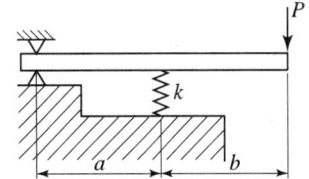

해설 $\sum M_A = 0, \ P \times (a+b) - k\delta \times a = 0$

$\delta = \frac{P \times (a+b)}{k \times a}$

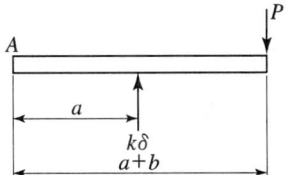

해답 ②

014
두께 10mm의 강판을 사용하여 직경 2.5m의 원통형 압력 용기를 제작하였다. 용기에 작용하는 최대 내부 압력이 1200kPa일 때 원주응력(후프 응력)은 몇 MPa인가?

① 50 ② 100
③ 150 ④ 200

해설 (원주방향응력) $\sigma_y = \frac{P \times d}{2 \times t} = \frac{1.2 \times 2500}{2 \times 0} = 150\text{MPa}$

해답 ③

015
열응력에 대한 다음 설명 중 틀린 것은?

① 재료의 선팽창 계수와 관계있다. ② 세로 탄성계수와 관계있다.
③ 재료의 비중과 관계있다. ④ 온도차와 관계있다.

해설 (열응력) $\sigma_{th} = E \cdot \alpha \cdot \Delta T$

여기서, α : 선팽창계수(1/℃), E : 탄성계수, ΔT : 온도차이

해답 ③

016

다음 그림과 같은 양단 고정보 AB에 집중하중 $P=14\text{kN}$이 작용할 때 B점의 반력 $R_B[\text{kN}]$는?

① $R_B = 8.06$ ② $R_B = 9.25$
③ $R_B = 10.37$ ④ $R_B = 11.08$

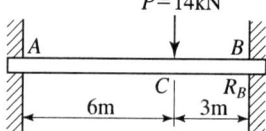

해설

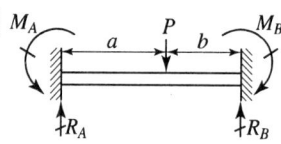

$R_A = \dfrac{Pb^2}{l^3}(3a+b)$, $R_B = \dfrac{Pa^2}{l^3}(3b+a)$, $M_A = \dfrac{Pab^2}{l^2}$, $M_B = \dfrac{Pba^2}{l^2}$

$R_B = \dfrac{Pa^2}{l^3}(3b+a) = \dfrac{14 \times 6^2}{9^3} \times (3 \times 3 + 6) = 10.37\text{kN}$

해답 ③

017

단순지지보의 중앙에 집중하중(P)이 작용한다. 점 C에서의 기울기를 $\dfrac{M}{EI}$ 선도를 이용하여 구하면?(단, E = 재료의 종탄성계수, I = 단면 2차 모멘트)

① $\dfrac{1}{64}\dfrac{PL^2}{EI}$ ② $\dfrac{1}{32}\dfrac{PL^2}{EI}$
③ $\dfrac{3}{64}\dfrac{PL^2}{EI}$ ④ $\dfrac{1}{16}\dfrac{PL^2}{EI}$

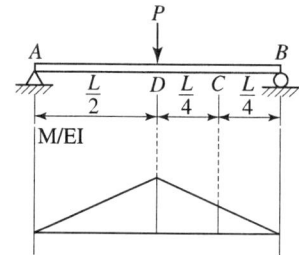

해설 (c점의 기울기) $\theta_A = \dfrac{A_M}{EI} = \dfrac{3}{64}\dfrac{PL^2}{EI}$

$A_M = \dfrac{1}{2} \times \dfrac{PL}{4} \times \dfrac{L}{2} - \dfrac{1}{2} \times \dfrac{PL}{8} \times \dfrac{L}{4}$

$= \dfrac{3PL^2}{64}$

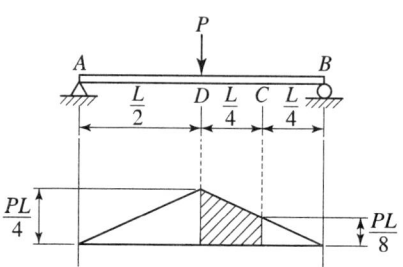

해답 ③

018

그림과 같이 등분포하중이 작용하는 보에서 최대 전단력의 크기는 몇 kN인가?

① 50
② 100
③ 150
④ 200

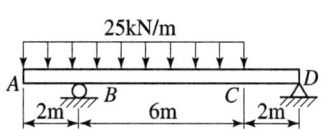

해설

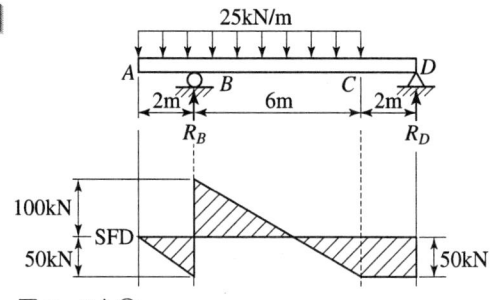

$\sum F = 0 \uparrow \oplus$
$-(25 \times 2) + R_A - (25 \times 6) + R_D = 0$
$\sum M_A = 0 \curvearrowright \oplus$
$-(25 \times 2) \times 1 + (25 \times 6) \times 3 - R_D \times 8 = 0$
$R_D = \dfrac{400}{8} = 50\text{kN}, \ R_B = 150\text{kN}$
(최대전단력) $F_{\max} = 100\text{kN}$

해답 ②

019

전단 탄성계수가 80GPa인 강봉(steel bar)에 전단응력이 1kPa로 발생했다면 이 부재에 발생한 전단변형률은?

① 12.5×10^{-3}
② 12.5×10^{-6}
③ 12.5×10^{-9}
④ 12.5×10^{-12}

해설 (전단변형률) $\gamma = \dfrac{\tau}{G} = \dfrac{1\text{kPa}}{80 \times 10^6 \text{kPa}} = 12.5 \times 10^{-9}$

해답 ③

020

길이가 l이고 원형 단면의 직경이 d인 외팔보의 자유단에 하중 P가 가해진다면, 이 외팔보의 전체 탄성에너지는?(단, 재료의 탄성계수는 E이다.)

① $U = \dfrac{3P^2 l^3}{64\pi E d^4}$
② $U = \dfrac{62P^2 l^3}{9\pi E d^4}$
③ $U = \dfrac{32P^2 l^3}{3\pi E d^4}$
④ $U = \dfrac{64P^2 l^3}{3\pi E d^4}$

해설 (임의의 x 지점의 굽힘모멘트) $M_x = Px$

(미소굽힘탄성에너지) $du = \dfrac{M_x^2\, dx}{2EI} = \dfrac{P^2 x^2\, dx}{2EI}$

$U = \displaystyle\int du = \int_0^l \dfrac{P^2 x^2\, dx}{2EI} = \dfrac{P^2 l^3}{6EI} = \dfrac{P^2 l^3}{6E \times \left(\dfrac{\pi d^4}{64}\right)} = \dfrac{32 P^2 l^3}{3E \times \pi d^4}$

해답 ③

제2과목 기계열역학

021
다음에 열거한 시스템의 상태량 중 종량적 상태량인 것은?
① 엔탈피 　　　② 온도
③ 압력 　　　　④ 비체적

해설 ① **강도성 상태량**(强度性 狀態量 ; intensive property)
물질이 가지는 질량의 크기에 관계없는 상태량으로 온도(T), 압력(P) 등이 표적이다. — 나누어도 변화가 없는 상태량
② **종량성 상태량**(從量性 狀態量 ; extensive property)
물질의 질량에 따라서 값이 변하는 상태량이다. 체적(V), 내부에너지(U), 엔탈피(H), 엔트로피(S) 등이 있다. — 나누면 변화가 있는 상태량

해답 ①

022
열역학 제1법칙에 관한 설명으로 거리가 먼 것은?
① 열역학적계에 대한 에너지 보존법칙을 나타낸다.
② 외부에 어떠한 영향을 남기지 않고 계가 열원으로부터 받은 열을 모두 일로 바꾸는 것은 불가능하다.
③ 열은 에너지의 한 형태로서 일을 열로 변환하거나 열을 일로 변환하는 것이 가능하다.
④ 열을 일로 변환하거나 일을 열로 변환할 때, 에너지의 총량은 변하지 않고 일정하다.

해설 **열역학 제2법칙**(the second law of thermodynamics)의 Kelivn-Plank의 표현
자연계에 어떠한 변화도 남기지 않고 일정 온도인 어느 열원(熱源)의 열을 계속하여 열로 변환시키는 기계를 만드는 것은 불가능하다. 즉, 하나의 열원에서 열을 받고 또한 동시에 버리면서 열을 일로 바꿀 수는 없다.
열기관이 동작유체에 의하여 일을 발생시키려면 공급열원보다 더 낮은 열원이 필요하다. 따라서 단일 열원에서 열을 주고받는 다면 이는 열이 100% 일로 변환된다는 뜻이므로 열효율 100%인 기관은 만들 수 없다는 표현이다.

해답 ②

023

폴리트로픽 과정 $PV^n = C$에서 지수 $n = \infty$인 경우는 어떤 과정인가?

① 등온과정
② 정적과정
③ 정압과정
④ 단열과정

해설 (폴리트로픽 과정의 일반식) $PV^n = c$
(폴리트로픽 지수) $n = 0$이면 $P = c$: 정압과정
$n = 1$이면 $PV^1 = c$ ∴ $T = c$: 등온과정
$n = k$이면 $PV^k = c$: 단열과정
$n = \infty$이면 $PV^\infty = c$: 정적과정

해답 ②

024

온도 300K, 압력 100kPa 상태의 공기 0.2kg이 완전히 단열된 강체 용기 안에 있다. 패들(paddle)에 의하여 외부로부터 공기에 5kJ의 일이 행해질 때 최종 온도는 약 몇 K인가?(단, 공기의 정압비열과 정적비열은 각각 1.0035kJ/(kg·K), 0.7165kJ/(kg·K)이다.)

① 315
② 275
③ 335
④ 255

해설 강체용기는 체적의 변화가 없다 그러므로 과정변화는 정적과정이다.
(정적과정의 가열열량의 변화) $\Delta Q = \Delta U$
(내부에너지변화) $\Delta U = mC_V \Delta T = 0.2 \times 0.7165 \times (T_2 - 300)$
$\Delta U = \Delta W$
$0.2 \times 0.7165 \times (T_2 - 300) = 5\text{kJ}$
(최종온도) $T_2 = 334.89\text{K}$

해답 ③

025

다음 냉동 사이클에서 열역학 제1법칙과 제2법칙을 모두 만족하는 Q_1, Q_2, W는?

① $Q_1 = 20\text{kJ}$, $Q_2 = 20\text{kJ}$, $W = 20\text{kJ}$
② $Q_1 = 20\text{kJ}$, $Q_2 = 30\text{kJ}$, $W = 20\text{kJ}$
③ $Q_1 = 20\text{kJ}$, $Q_2 = 20\text{kJ}$, $W = 10\text{kJ}$
④ $Q_1 = 20\text{kJ}$, $Q_2 = 15\text{kJ}$, $W = 5\text{kJ}$

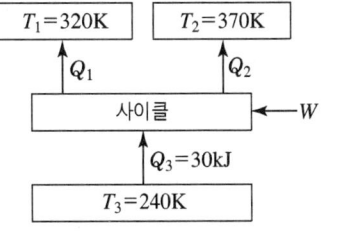

해설 **열역학 1법칙을 만족**하기 위해서는 $E_{in} = E_{out}$을 만족하는 것은 ②, ③, ④
(사이클에 들어오는 입력에너지) $E_{in} = Q_3 + W$
(사이클에서 나가는 출력에너지) $E_{out} = Q_1 + Q_2$
열역학 2법칙을 만족하기 위해서는 엔트로피가 증가되는 과정이다.

$$\frac{Q_3}{T_3} < \left(\frac{Q_1}{T_1} + \frac{Q_2}{T_2}\right)$$

② $\frac{30}{240} < \left(\frac{20}{320} + \frac{30}{370}\right)$, 0.125 < 0.143 엔트로피 증가를 만족한다.

③ $\frac{30}{240} < \left(\frac{20}{320} + \frac{20}{370}\right)$, 0.125 < 0.11가 만족하지 않는다.

④ $\frac{30}{240} < \left(\frac{20}{320} + \frac{15}{370}\right)$, 0.125 < 0.101가 만족하지 않는다.

둘 다 만족하는 것은 ②이다.

해답 ②

026

1kg의 공기가 100℃를 유지하면서 등온 팽창하여 외부에 100kJ의 일을 하였다. 이 때 엔트로피의 변화량은 약 몇 kJ/(kg·K)인가?

① 0.268 ② 0.373
③ 1.00   ④ 1.54

(엔트로피 변화) $\Delta S = \frac{\Delta Q}{T} = \frac{100\text{kJ}}{(100+273)\text{K}} = 0.268\text{kJ/K}$

(비엔트로피 변화) $\Delta s = \frac{\Delta S}{m} = \frac{0.268}{1} \frac{\text{kJ}}{\text{kg}\cdot\text{K}}$

해답 ①

027

300L 체적의 진공인 탱크가 25℃, 6MPa의 공기를 공급하는 관에 연결된다. 밸브를 열어 탱크 안의 공기 압력이 5MPa이 될 때까지 공기를 채우고 밸브를 닫았다. 이 과정이 단열이고 운동에너지와 위치에너지의 변화는 무시해도 좋을 경우에 탱크 안의 공기의 온도는 약 몇 ℃가 되는가?(단, 공기의 비열비는 1.4이다.)

① 1.5℃   ② 25.0℃
③ 84.4℃ ④ 144.3℃

(탱크에 공급된 일) $W = (P_2 - P_1) \times V = (5 \times 10^6 - 0) \times 0.3 = 1.5 \times 10^6 [\text{Nm}]$

$$W = mC_p(T_2 - T_1) = \frac{P_2 V}{RT_2} \times \frac{kR}{k-1}(T_2 - T_1) = \frac{P_2 V}{T_2} \times \frac{k}{k-1}(T_2 - T_1)$$

$$= P_2 V \times \frac{k}{k-1}\left(1 - \frac{T_1}{T_2}\right)$$

$P_2 V \times \frac{k}{k-1}\left(1 - \frac{T_1}{T_2}\right) = 1.5 \times 10^6$

$5 \times 10^6 \times 0.3 \times \frac{1.4}{1.4-1}\left(1 - \frac{25+273}{T_2+273}\right) = 1.5 \times 10^6$

$T_2 = 144.2℃$

해답 ④

028

Rankine 사이클에 대한 설명으로 틀린 것은?

① 응축기에서의 열방출 온도가 낮을수록 열효율이 좋다.
② 증기의 최고온도는 터빈 재료의 내열특성에 의하여 제한된다.
③ 팽창일에 비하여 압축일이 적은 편이다.
④ 터빈 출구에서 건도가 낮을수록 효율이 좋아진다.

해설 Rankin cycle은 터빈출구의 건도가 높아야 효율이 좋아진다. 터빈 출구의 건도가 높다는 것은 증기중에 물의 양의 적다는 것을 의미한다. 즉 터빈 회전 중에 물의 마찰에 의해 터빈에 발생되는 손실이 적다는 것을 의미한다.

해답 ④

029

증기 터빈의 입구 조건은 3MPa, 350°C이고 출구의 압력은 30kPa이다. 이 때 정상 등엔트로피 과정으로 가정할 경우, 유체의 단위 질량당 터빈에서 발생되는 출력은 약 몇 kJ/kg인가?(단, 표에서 h는 단위질량당 엔탈피, s는 단위질량당 엔트로피이다.)

	$h\,(\text{kJ/kg})$	$s\,(\text{kJ/(kg·K)})$
터빈입구	3115.3	6.7428

	엔트로피(kJ/(kg·K))		
	포화액 S_f	증발 S_{fg}	포화증기 S_g
터빈출구	0.9439	6.8247	7.7686

	엔탈피(kJ/K)		
	포화액 h_f	증발 h_{fg}	포화증기 h_g
터빈출구	289.2	2336.1	2625.3

① 679.2 ② 490.3
③ 841.1 ④ 970.4

해설 (입구 엔탈피) $h_1 = 3115.3 \text{kJ/kg}$

(입구 엔트로피 s_1=출구 엔트로피 s_2) $s_1 = s_2 = 6.7428 \text{kJ/kg·K}$

$$s_2 = (s_f + x s_{fg})_2$$

(건도) $x = \dfrac{s_2 - s_f}{s_{fg}} = \dfrac{6.7428 - 0.9439}{6.8247} = 0.849$

(출구 엔탈피) $h_2 = (h_f + x h_{fg})_2 = 289.2 + 0.849 \times 2336.1 = 2272.548 \text{kJ/kg}$

(터빈일) $w_T = h_1 - h_2 = 3115.3 - 2272.548 = 842.75 \text{kJ/kg}$

해답 ③

030

4kg의 공기가 들어 있는 체적 0.4m³의 용기(A)와 체적이 0.2m³인 진공의 용기(B)를 밸브로 연결하였다. 두 용기의 온도가 같을 때 밸브를 열어 용기 A와 B의 압력이 평형에 도달했을 경우, 이 계의 엔트로피 증가량은 약 몇 J/K인가?(단, 공기의 기체상수는 0.287kJ/(kg·K)이다.)

① 712.8
② 595.7
③ 465.5
④ 348.2

해설 (엔트로피증가량) $\Delta S = m \times R \times \ln\dfrac{V_2}{V_1} = 4 \times 287 \times \ln\dfrac{0.6}{0.4} = 465.47\,\text{J/K}$

해답 ③

031

압력 5kPa, 체적이 0.3m³인 기체가 일정한 압력하에서 압축되어 0.2m³로 되었을 때 이 기체가 한 일은?(단, +는 외부로 기체가 일을 한 경우이고, −는 기체가 외부로부터 일을 받은 경우이다.)

① −1000J
② 1000J
③ −500J
④ 500J

해설 (정압과정의 한 일) $_1W_2 = P(V_2 - V_1) = 5000 \times (0.2 - 0.3) = -500\,\text{J}$

해답 ③

032

14.33W의 전등을 매일 7시간 사용하는 집이 있다. 1개월(30일) 동안 약 몇 kJ의 에너지를 사용하는가?

① 10830
② 15020
③ 17420
④ 22840

해설 에너지 = 일량
일량 = 동력 × 시간 = 14.33J/s × (7 × 30 × 3600)s = 10833480J = 10833.48kJ

해답 ①

033

오토 사이클로 작동되는 기관에서 실린더의 간극 체적이 행정 체적의 15%라고 하면 이론 열효율은 약 얼마인가?(단, 비열비 $k=1.4$이다.)

① 45.2%
② 50.6%
③ 55.7%
④ 61.4%

해설 (오토사이클의 효율) $\eta_o = 1 - \left(\dfrac{1}{\epsilon}\right)^{k-1} = 1 - \left(\dfrac{1}{7.66}\right)^{1.4-1} = 0.557 \fallingdotseq 55.7\%$

(압축비) $\epsilon = \dfrac{\text{간극체적} + \text{행정체적}}{\text{간극체적}} = \dfrac{15+100}{15} = 7.66$

해답 ③

034
분자량이 M이고 질량이 $2V$인 이상기체 A가 압력 p, 온도 T(절대온도)일 때 부피가 V이다. 동일한 질량의 다른 이상기체 B가 압력 $2p$, 온도 $2T$(절대온도)일 때 부피가 $2V$이면 이 기체의 분자량은 얼마인가?

① $0.5M$
② M
③ $2M$
④ $4M$

해설

(A의 분자량) $M_A = M$, $M = \dfrac{m_A \overline{R} T_A}{P_A V_A} = \dfrac{2V \times \overline{R} \times T}{P \times V}$

(B의 분자량) $M_B = \dfrac{m_B \overline{R} T_B}{P_B V_B} = \dfrac{2V \times \overline{R} \times 2T}{2P \times 2V} = \dfrac{1}{2} \times \dfrac{2V \times \overline{R} \times T}{P \times V} = 0.5M$

해답 ①

035
다음 압력값 중에서 표준대기압(1atm)과 차이가 가장 큰 압력은?

① 1MPa
② 100kPa
③ 1bar
④ 100hPa

해설 표준대기압 $1\text{atm} = 760\text{mmHg} = 1.0332\text{kg/cm}^2 = 10.332\text{mAg}$
$= 1.01325\text{bar} = 101325\text{Pa}$

$1\text{atm} ≒ 1\text{bar} ≒ 10^5\text{Pa}$
$1\text{MPa} ≒ 10 \times 10^5\text{Pa} = 10\text{bar}$
$100\text{kPa} = 10^5\text{Pa} = 1\text{bar}$
$100\text{hPa} = 100 \times 10^2\text{Pa} = 10^4\text{bar} = 0.1\text{bar}$

해답 ①

036
물 1kg이 포화온도 120°C에서 증발할 때, 증발잠열은 2203kJ이다. 증발하는 동안 물의 엔트로피 증가량은 약 몇 kJ/K인가?

① 4.3
② 5.6
③ 6.5
④ 7.4

해설 (엔트로피 증가량) $\Delta S = \dfrac{\Delta Q}{T} = \dfrac{2203}{120 + 273} = 5.6\text{kJ/K}$

해답 ②

037
단열된 가스터빈의 입구 측에서 가스가 압력 2MPa, 온도 1200K로 유입되어 출구 측에서 압력 100kPa, 온도 600K로 유출된다. 5MW의 출력을 얻기 위한 가스의 질량유량은 약 몇 kg/s인가?(단, 터빈의 효율은 100%이고, 가스의 정압비열은 1.12kJ/(kg · K)이다.)

① 6.44
② 7.44
③ 8.44
④ 9.44

해설 (터빈일) $W_T = \dot{m} \times (H_1 - H_2) = \dot{m} \times c_P \times (T_1 - T_2)$

(질량유량) $\dot{m} = \dfrac{W_T}{c_P \times (T_1 - T_2)} = \dfrac{5000}{1.12 \times (1200-600)} = 7.44 \text{kg/s}$

해답 ②

038
10℃에서 160℃까지 공기의 평균 정적비열은 0.7315kJ/(kg·K)이다. 이 온도변화에서 공기 1kg의 내부에너지 변화는 약 몇 kJ인가?

① 101.1kJ
② 109.7kJ
③ 120.6kJ
④ 131.7kJ

해설 (내부에너지 변화) $\Delta u = c_V(T_2 - T_1) = 0.7315 \times (160-10) = 109.725 \text{kJ/kg}$

해답 ②

039
이상적인 증기-압축 냉동사이클에서 엔트로피가 감소하는 과정은?

① 증발과정
② 압축과정
③ 팽창과정
④ 응축과정

해설

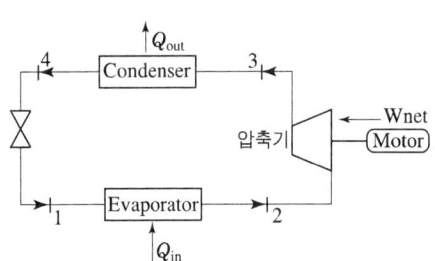 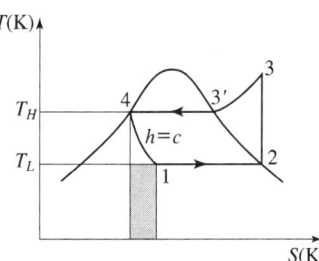

증기-압축 냉동사이클에서 엔트로피(S)가 감소하는 과정은 응축과정(condenser ; 응축기) 위 그림에서 과정 3-3'-4과정이다.

해답 ④

040
피스톤-실린더 시스템에 100kPa의 압력을 갖는 1kg의 공기가 들어있다. 초기 체적은 0.5m³이고, 이 시스템에 온도가 일정한 상태에서 열을 가하여 부피가 1.0m³이 되었다. 이 과정 중 전달된 에너지는 약 몇 kJ인가?

① 30.7
② 34.7
③ 44.8
④ 50.0

해설 (등온과정에서 공급된 열량) = (등온 과정에서 전달된 에너지)

(등온과정에서 공급된 열량) $_1Q_2 = P_1 V_1 \ln \dfrac{V_2}{V_1} = 100 \times 0.5 \times \ln \dfrac{1}{0.5} = 34.657 \text{kJ}$

해답 ②

제3과목 기계유체역학

041 유체의 정의를 가장 올바르게 나타낸 것은?
① 아무리 작은 전단응력에도 저항 할 수 없어 연속적으로 변형하는 물질
② 탄성계수가 0을 초과하는 물질
③ 수직응력을 가해도 물체가 변하지 않는 물질
④ 전단응력이 가해질 때 일정한 양의 변형이 유지되는 물질

[해설] **유체의 정의** : 아무리 작은 힘(전단력)이라도 물질 내에 전단응력이 발생하는 물질
 ≒아무리 작은 전단응력에도 저항할 수 없어 연속적으로 변형하는 물질

해답 ①

042 지름이 0.1mm이고 비중이 7인 작은 입자가 비중이 0.8인 기름 속에서 0.01m/s의 일정한 속도로 낙하하고 있다. 이 때 기름의 점성계수는 약 몇 kg/(m·s)인가?(단, 이 입자는 기름 속에서 Stokes 법칙을 만족한다고 가정한다.)

① 0.003379　　　　② 0.009542
③ 0.02486　　　　　④ 0.1237

[해설] (Stokes법칙 : 항력) $D = 6R\mu V\pi$

(구의 무게) $W = \gamma_구 \times V_구 = \gamma_구 \times \dfrac{4\pi R^3}{3}$

(부력) $F_B = \gamma_{유체} \times V_{전체} = \gamma_{유체} \times \dfrac{4}{3}\pi R^3$

$W = D + F_B$에서 $D = W - F_B = \dfrac{4}{3}\pi R^3(\gamma_구 - \gamma_{유체})$

$\mu = \dfrac{2R^2(\gamma_구 - \gamma_{유체})}{9V} = \dfrac{2R^2\gamma_w(S_구 - S_{유체})}{9V}$

$= \dfrac{2 \times \left(\dfrac{0.0001}{2}\right)^2 \times 9800 \times (7 - 0.8)}{9 \times 0.01} = 0.003375$

해답 ①

043 체적 $2 \times 10^{-3}\,\text{m}^3$의 돌이 물속에서 무게가 40N이었다면 공기 중에서의 무게는 약 몇 N인가?

① 2　　　　　　　② 19.6
③ 42　　　　　　　④ 59.6

[해설] (액체 속에서의 물체의 무게) $W' = $(공기 중에서의 무게) $W - $(부력)$F_B$
$\qquad\qquad\qquad\qquad\qquad\qquad = W - (\gamma_{유체} \times V_{전체})$

(공기 중에서의 무게) $W = W' + (\gamma_{유체} \times V_{전체}) = 40 + (9800 \times 2 \times 10^{-3}) = 59.6\text{N}$

해답 ④

044
새로 개발한 스포츠카의 공기역학적 항력을 기온 25℃[밀도는 1.184kg/m³, 점성계수는 1.849×10⁻⁵kg/(m·s)], 100km/h 속력에서 예측하고자 한다. 1/3 축적 모형을 사용하여 기온이 5℃[밀도는 1.269kg/m³, 점성계수는 1.754×10⁻⁵kg/(m·s)]인 풍동에서 항력을 측정할 때 모형과 원형 사이의 상사를 유지하기 위해 풍동 내 공기의 유속은 약 몇 km/h가 되어야 하는가?

① 153 ② 266
③ 442 ④ 549

해설 $Re : (Re)_p = (Re)_m$ $\left(\dfrac{\rho V d}{\mu}\right)_p = \left(\dfrac{\rho V d}{\mu}\right)_m$

$$V_m = \dfrac{\mu_m \rho_p V_p l_p}{\mu_p \rho_m l_m} = \dfrac{1.754 \times 10^{-5} \times 1.184 \times 100 \times 1}{1.849 \times 10^{-5} \times 1.269 \times \dfrac{1}{3}} = 265.52 \text{km/h}$$

해답 ②

045
안지름이 20mm인 수평으로 놓인 곧은 파이프 속에 점성계수 0.4N·s/m², 밀도 900kg/m³인 기름이 유량 2×10⁻⁵m³/s로 흐르고 있을 때, 파이프 내의 10m 떨어진 두 지점 간의 압력강하는 약 몇 kPa인가?

① 10.2 ② 20.4
③ 30.6 ④ 40.8

해설 $Q = \dfrac{\Delta P \pi d^4}{128 \mu l}$

(압력강하) $\Delta P = \dfrac{Q \times 128 \mu l}{\pi d^4} = \dfrac{2 \times 10^{-5} \times 128 \times 0.4 \times 10}{\pi \times 0.02^4}$
$= 20371.83 \text{Pa} \fallingdotseq 20.371 \text{kPa}$

해답 ②

046
공기 중에서 질량이 166kg인 통나무가 물에 떠있다. 통나무에 납을 매달아 통나무가 완전히 물속에 잠기게 하고자 하는데 필요한 납(비중 : 11.3)의 최소질량이 34kg이라면 통나무의 비중은 얼마인가?

① 0.600 ② 0.670
③ 0.817 ④ 0.843

해설 (통나무 무게) $W_{통나무} = 166 \times 9.8 = 1626.8 \text{N}$
(납의 무게) $W_{납} = 34 \times 9.8 = 333.2 \text{N}$
$W_{납} = S_{납} \times \gamma_w \times V_{납}$
(납의 체적) $V_{납} = \dfrac{W_{납}}{S_{납} \times \gamma_w} = \dfrac{333.2}{11.3 \times 9800} = 0.003 \text{m}^3$
$F_B = W$

$$F_B = \gamma_w \times (V_{통나무} + V_{납})$$
$$W = W_{통나무} + W_{납} = 1626.8 + 333.2 = 1960\text{N}$$
$$\gamma_w \times (V_{통나무} + V_{납}) = 1960$$
$$9800 \times (V_{통나무} + 0.003) = 1960$$

(통나무 체적) $V_{통나무} = 0.197\text{m}^3$

(통나무의 밀도) $\rho_{통나무} = \dfrac{m_{통나무}}{V_{통나무}} = \dfrac{166}{0.197} = 842.639\text{kg/m}^3$

(통나무의 비중) $S_{통나무} = \dfrac{\rho_{통나무}}{\rho_w} = \dfrac{842.639}{1000} \fallingdotseq 0.843$

해답 ④

047

안지름 35cm인 원관으로 수평거리 2000m 떨어진 곳에 물을 수송하려고 한다. 24시간 동안 15000m³을 보내는데 필요한 압력은 약 몇 kPa인가?(단, 관마찰계수는 0.032이고, 유속은 일정하게 송출한다고 가정한다.)

① 296　　　　　　　② 423
③ 537　　　　　　　④ 351

해설 (필요한 압력) $P = \gamma H_L = 9800 \times 30.22 = 296228\text{Pa} = 296.228\text{kPa}$

$$H_L = f \times \dfrac{l}{D} \times \dfrac{V^2}{2g} = 0.032 \times \dfrac{2000}{0.35} \times \dfrac{1.8^2}{2 \times 9.8} = 30.22\text{m}$$

$$Q = \dfrac{\pi}{4}D^2 \times V$$

(유속) $V = \dfrac{4Q}{\pi D^2} = \dfrac{4 \times \left(\dfrac{15000}{24 \times 3600}\right)}{\pi \times 0.35^2} = 1.8\text{m/s}$

해답 ①

048

지면에서 계기압력이 200kPa인 급수관에 연결된 호스를 통하여 임의의 각도로 물이 분사될 때, 물이 최대로 멀리 도달할 수 있는 수평거리는 약 몇 m인가?(단, 공기 저항은 무시하고, 발사점과 도달점의 고도는 같다.)

① 20.4　　　　　　② 40.8
③ 61.2　　　　　　④ 81.6

해설

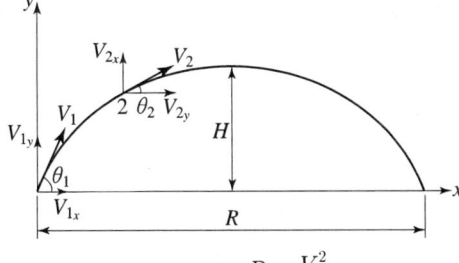

(압력수두 = 속도수두) $\dfrac{P}{\gamma} = \dfrac{V_1^2}{2g}$

(속도) $V_1 = \sqrt{\dfrac{P}{\gamma} \times 2g} = \sqrt{\dfrac{200 \times 10^3}{9800} \times 2 \times 9.8} = 20\text{m/s}$

$R = \dfrac{V_1^2 \sin 2\theta_1}{g}$

(최대수평 도달거리) $R_{\max}$는 sin90일 때 최대이므로 (발사각) $\theta_1 = 45$도 일 때이다.

$$R_{\max} = \dfrac{V_1^2 \times \sin 90}{g} = \dfrac{20^2 \times 1}{9.8} = 40.81\text{m}$$

해답 ②

049

입구 단면적이 20cm²이고 출구 단면적이 10cm²인 노즐에서 물의 입구 속도가 1m/s일 때, 입구와 출구의 압력차이 $P_{입구} - P_{출구}$는 약 몇 kPa인가?(단, 노즐은 수평으로 놓여 있고 손실은 무시할 수 있다.)

① -1.5
② 1.5
③ -2.0
④ 2.0

해설

$\dfrac{P_1}{r} + \dfrac{V_1^2}{2g} + z_1 = \dfrac{P_2}{r} + \dfrac{V_2^2}{2g} + z_2$

$\dfrac{P_1}{r} - \dfrac{P_2}{r} = \dfrac{V_2^2}{2g} - \dfrac{V_1^2}{2g}$

$P_1 - P_2 = r\left(\dfrac{V_2^2}{2g} - \dfrac{V_1^2}{2g}\right) = 9800 \times \left(\dfrac{2^2}{2 \times 9.8} - \dfrac{1^2}{2 \times 9.8}\right) = 1500\text{Pa} = 1.5\text{kPa}$

해답 ②

050

뉴턴 유체(Newtonian fluid)에 대한 설명으로 가장 옳은 것은?

① 유체 유동에서 마찰 전단응력이 속도구배에 비례하는 유체이다.
② 유체 유동에서 마찰 전단응력이 속도구배에 반비례하는 유체이다.
③ 유체 유동에서 마찰 전단응력이 일정한 유체이다.
④ 유체 유동에서 마찰 전단응력이 존재하지 않는 유체이다.

해설 뉴톤의 점성법칙

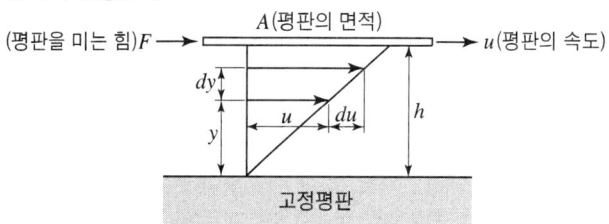

(평판을 미는 힘) $F = \mu \dfrac{Au}{h}$

(유체에 점성에 의한 전단응력) $\tau = \mu \dfrac{du}{dy}$ 여기서, $\dfrac{du}{dy}$: 속도구배

해답 ①

051

지름의 비가 1:2인 2개의 모세관을 물속에 수직으로 세울 때, 모세관 현상으로 물이 관 속으로 올라가는 높이의 비는?

① 1 : 4
② 1 : 2
③ 2 : 1
④ 4 : 1

해설 (올라가는 높이) $h = \dfrac{4\sigma \cos\beta}{\gamma d}$ 에서 $h_1 : h_2 = \dfrac{1}{d_1} : \dfrac{1}{d_2}$, $1 : \dfrac{1}{2} = 2 : 1$

해답 ③

052

다음과 같은 비회전 속도장의 속도 퍼텐셜을 옳게 나타낸 것은?(단, 속도 퍼텐셜 ϕ는 $\vec{V} \equiv \nabla \phi = grad\phi$로 정의되며, a와 C는 상수이다.)

$$u = a(x^2 - y^2),\ v = -2axy$$

① $\phi = \dfrac{ax^4}{4} - axy^2 + C$
② $\phi = \dfrac{ax^3}{3} - \dfrac{axy^2}{2} + C$
③ $\phi = \dfrac{ax^4}{4} - \dfrac{axy^2}{2} + C$
④ $\phi = \dfrac{ax^3}{3} - axy^2 + C$

해설 **속도포텐셜** Φ : 2차원 비회전, 비압축성 유동일 때의 유동함수
$\vec{V} = ui + vj$
$u = \dfrac{\partial \Phi}{\partial x}$, $v = \dfrac{\partial \Phi}{\partial y}$
$\Phi_u = \displaystyle\int (ax^2 - ay^2)dx = \dfrac{ax^3}{3} - ay^2 x + c_1$
$\Phi_v = \displaystyle\int -2axy\,dy = -2ax\dfrac{y^2}{2} + c_2 = -axy^2 + c_2$
Φ_u가 Φ_v를 포함한다.
그러므로 (속도포텐셜) $\Phi = \dfrac{ax^3}{3} - ay^2 x + c$

해답 ④

053

경계층 밖에서 퍼텐셜 흐름의 속도가 10m/s일 때 경계층의 두께는 속도가 얼마일 때의 값으로 잡아야 하는가?(단, 일반적으로 정의하는 경계층 두께를 기준으로 삼는다.)

① 10m/s
② 7.9m/s
③ 8.9m/s
④ 9.9m/s

해설 **경계층** : 유체가 유통할 때 물체표면 부근에 점성의 영향에 의해 생긴 얇은 층으로 외부 흐름속도(포텐셜 흐름의 속도)의 99%가 되는 지점들을 연속으로 이은 선이다.
(경계층 두께에서의 속도) $V = 0.99 V_P = 0.99 \times 10 = 9.9\text{m/s}$

해답 ④

054

그림과 같은 (1), (2), (3), (4)의 용기에 동일한 액체가 동일한 높이로 채워져 있다. 각 용기의 밑바닥에서 측정한 압력에 관한 설명으로 옳은 것은?(단, 가로 방향 길이는 모두 다르나, 세로 방향 길이는 모두 동일하다.)

① (2)의 경우가 가장 낮다.
② 모두 동일하다.
③ (3)의 경우가 가장 높다.
④ (4)의 경우가 가장 낮다.

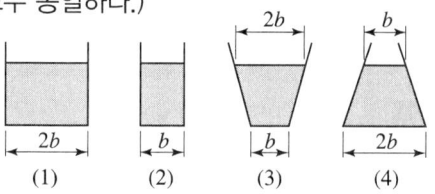

해설 (정지유체내의 압력) $P = \gamma H$
높이(H)가 동일하므로 압력은 모두 같다.

해답 ②

055

지름 5cm의 구가 공기 중에서 매초 40m의 속도로 날아갈 때 항력은 약 몇 N인가? (단, 공기의 밀도는 1.23kg/m³이고, 항력계수는 0.6이다.)

① 1.16
② 3.22
③ 6.35
④ 9.23

해설 (항력) $D = \dfrac{\gamma V^2}{2g} \times A_D \times C_D = \dfrac{\rho V^2}{2} \times A_D \times C_D$

$= \dfrac{1.23 \times 40^2}{2} \times \dfrac{\pi}{4} 0.05^2 \times 0.6 = 1.159\text{N}$

해답 ①

056

다음 무차원 수 중 역학적 상사(inertia force) 개념이 포함되어 있지 않은 것은?

① Froude number
② Reynolds number
③ Mach number
④ Fourier number

해설 **역학적 상사를 만족하는 무차원수**

① (레이놀드수) $Re = \dfrac{관성력}{점성력} = \dfrac{\rho v l}{\mu} = \dfrac{Vl}{v}$

② (프로이드수) $Fr = \dfrac{관성력}{중력} = \dfrac{\rho l^2 V^2}{\rho l^3 g} = \dfrac{V^2}{gl}$

③ (마하수) $Ma = \dfrac{관성력}{탄성력} = \dfrac{속도}{음속} = \dfrac{V}{\sqrt{\dfrac{K}{\rho}}} = \dfrac{V}{\sqrt{\dfrac{kP}{\rho}}} = \dfrac{V}{\sqrt{kRT}} = \dfrac{V}{a}$

④ (웨이브 수) $We = \dfrac{관성력}{표면장력} = \dfrac{\rho l V^2}{\sigma}$

⑤ (오일러 수) $Eu = \dfrac{압축력}{관성력} = \dfrac{P}{\rho V^2}$

⑥ (코시수) $Co = \dfrac{1}{Ma}$

Fourier number : 전도체의 온도 분포가 시간이 지남에 따라 변화하는 비정상 상태에 있는 경우의 열전도에서 열전도의 값을 나타내는 수이다. 비정상 상태에서 열전달 정도를 나타내는 수이다. 역학적상사와는 무관하다.

해답 ④

057

안지름 10cm의 원관 속을 0.0314m³/s의 물이 흐를 때 관 속의 평균 유속은 약 몇 m/s인가?
① 1.0
② 2.0
③ 4.0
④ 8.0

해설 (평균유속) $V = \dfrac{Q}{\dfrac{\pi}{4}d^2} = \dfrac{0.0314}{\dfrac{\pi}{4} \times 0.1^2} = 3.99 \text{m/s}$

해답 ③

058

그림과 같이 속도 V인 유체가 속도 U로 움직이는 곡면에 부딪혀 90°의 각도로 유동방향이 바뀐다. 다음 중 유체가 곡면에 가하는 힘의 수평방향 성분 크기가 가장 큰 것은?(단, 유체의 유동단면적은 일정하다.)
① $V = 10\text{m/s}$, $U = 5\text{m/s}$
② $V = 20\text{m/s}$, $U = 15\text{m/s}$
③ $V = 10\text{m/s}$, $U = 4\text{m/s}$
④ $V = 25\text{m/s}$, $U = 20\text{m/s}$

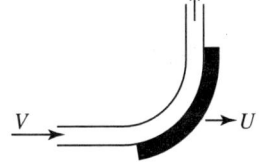

해설 (수평방향 힘) $F_x = \rho A(V-U)^2[1-\cos\theta] = \rho A(V-U)^2[1-\cos 90] = \rho A(V-U)^2$
$(V-U)$ 가장 큰 것은 ③ 이다.

해답 ③

059

원관 내의 완전 발달된 층류 유동에서 유체의 최대 속도(V_c)와 평균 속도(V)의 관계는?
① $V_c = 1.5V$
② $V_c = 2V$
③ $V_c = 4V$
④ $V_c = 8V$

해설 원관내에서 층류 유동일 때 최대유속(V_c)과 평균유속(V)관계 : $V_c = 2V$

해답 ②

060

비압축성 유도에 대한 Navier-Stokes 방정식에서 나타나지 않는 힘은?
① 체적력(중력)
② 압력
③ 점성력
④ 표면장력

해설 대상 부피에서 작용하는 외부 힘의 합=선운동량의 순 유출속도+대상 부피내의 선운동량변화 속도

$$\sum \vec{F} = \int_S \rho \vec{v}(\vec{v}\cdot\vec{n})dA + \frac{\partial}{\partial t}\int_V \rho \vec{v}\, dV$$

위 식으로 유도되는 Navier-Stokes 방정식은 압축성 점성유동의 유체운동에 관한 방정식으로 유체의 표면장력 고려되지 않는다.

해답 ④

제4과목 기계재료 및 유압기기

061 마그네슘(Mg)의 특징을 설명한 것 중 틀린 것은?

① 감쇠능이 주철보다 크다.
② 소성가공성이 높아 상온변형이 쉽다.
③ 마그네슘(Mg)의 비중은 약 1.74이다.
④ 비강도가 커서 휴대용 기기 등에 사용된다.

해설 마그네슘 특징
① 비중 1.74로 실용 금속 중 가장 가볍다.
② 경량성(가벼운), 진동 흡수성, 전자파 차폐성 우수
③ 주조 및 가공성, 재활용성 우수
④ 높은 산화성과 낮은 내식성
⑤ 높은 열전도도 및 열확산성
⑥ 작은 치수 변화로 소성변형이 어렵다. Mg 합금은 시간의 경과에 의한 치수 변화가 거의 없고 또한, 다른 금속에 비하여 온도 변화에 의한 치수 안정도도 높아서 혹독한 사용 조건 아래에서도 치수 변화가 거의 없습니다.

해답 ②

062 자기변태의 설명으로 옳은 것은?

① 상은 변하지 않고 자기적 성질만 변한다.
② Fe-C 상태도에서 자기변태점은 A_3, A_4이다.
③ 한 원소로 이루어진 물질에서 결정구조가 바뀌는 것이다.
④ 원자 내부의 변화로 자기적 성질이 비연속적으로 변한다.

해설 자기변태 : 온도나, 압력의 변화에 의해 결정 격자의 변화를 일으키지 않고 자성을 잃어 상자성체가 되는 현상이다. Fe-C 상태도에서 자기변태점은 A_2(768℃ : 퀴리포인트)이다.

해답 ①

063 A_1 변태점 이하에서 인성을 부여하기 위하여 실시하는 가장 적합한 열처리는?
① 뜨임
② 풀림
③ 담금질
④ 노멀라이징

해설 뜨임(Tempering, 소려(燒戾)) : 담금질한 강(불림한 강)의 인성을 증가하고 또는 경도를 감소시키기 위해서 변태점 이하의 적당한 온도로 가열한 후에 냉각시키는 조작. 강철을 담금질하면 경도는 커지나 메지기 쉬우므로 이를 적당한 온도(A_3 변태점 이하)로 재가열 했다가 공기 속에서 냉각, 조직을 연화 · 안정시켜 내부 응력(應力)을 없애는 조작인데 소려(燒戾)라고도 한다.

해답 ①

064 다음 중 비파괴 시험방법이 아닌 것은?
① 충격 시험법
② 자기 탐상 시험법
③ 방사선 비파괴 시험법
④ 초음파 탐상 시험법

해설 비파괴 시험 방법 종류 : 방사선 투과 시험, 초음파 탐상 시험, 자기 분말 탐상 시험, 침투 탐상 시험, 전체선 시험, 부분 시험 등이 있다.
충격시험법은 재료의 취성을 시험방법으로 재료가 파괴되는 파괴시험법이다.

해답 ①

065 공정주철(eutectic cast iron)의 탄소 함량은 약 몇 %인가?
① 4.3%
② 0.80~2.0%
③ 0.025~0.80%
④ 0.025% 이하

해설 탄소함유량
① 순철 : 0.02% 이하
② 아공석강 : 0.02 ~0.77%
③ 공석점 : 0.77%
④ 과공석강 : 0.77 ~ 2.11%
⑤ 아공정주철 : 2.11 ~ 4.3%
⑥ 공정주철 : 4.3%
⑦ 과공정주철 : 4.3 ~6.67%

해답 ①

066 플라스틱을 결정성 플라스틱과 비결정성 플라스틱으로 나눌 때, 결정성 플라스틱의 특성에 대한 설명 중 틀린 것은?
① 수지가 불투명하다.
② 배향(Orientation)의 특성이 작다.
③ 굽힘, 휨, 뒤틀림 등의 변형이 크다.
④ 수지 용융시 많은 열량이 필요하다.

구분	결정성수지 (원자들이 규칙적으로 배열된 수지)	비결정성수지 (원자들이 불규칙적으로 배열된 수지)
비중	비교적 크다.	비교적 작다.
투명성	불투명	투명
융점	있음	없음
융해열	크다	없음
수축율	비교적 크다.(굽힘, 휨, 뒤틀림의 변형)	비교적 작다.
치수변화	비교적 크다.	비교적 작다.
내약품성	우수함	약함
연신(배향) (orientation)	비교적 크다.	비교적 작다.

연신(배향, orientation)
연신은 가열상태에서 중합체의 사슬을 잡아당겨 배향시키는 것으로 보통 압출공정과 밀접하게 결합하여 사용된다. 연신은 필름의 충격강도와 투명성을 증가시키며 차단성도 증가시킨다.

해답 ②

067 같은 조건하에서 금속의 냉각 속도가 빠르면 조직은 어떻게 변화하는가?

① 결정 입자가 미세해진다.
② 금속의 조직이 조대해진다.
③ 소수의 핵이 성장해서 응고된다.
④ 냉각 속도와 금속의 조직과는 관계가 없다.

해설 냉각 속도가 빠르면 결정핵 수가 많아지므로 결정입자는 미세해진다.

해답 ①

068 Al-Cu-Si 계 합금의 명칭은?

① 실루민
② 라우탈
③ Y합금
④ 두랄두민

해설 **주물용 알루미늄합금**
① 알루미늄-구리계 합금 : 알코아
② 알루미늄-규소계합금 : 실루민
③ 알루미늄-구리-규소계합금 : 라우탈
④ 알루미늄-마그네슘합금 : 하이트로날륨
⑤ 다이캐스팅용합금 : 라우탈, 실루민, 하이드로날륨
⑥ Y합금 : Al+(4%Cu)+(2%Ni)+(1.5%Mg)
⑦ Lo-ex(로우엑스)합금 : Al+Si+Cu+Mg+Ni

해답 ②

069 고속도강(SKH51)을 퀜칭, 템퍼링하여 HRC 64이상으로 하려면 퀜칭 온도(quenching temperature)는 약 몇 ℃인가?

① 720℃
② 910℃
③ 1220℃
④ 1580℃

해설 고속도강은 다른 공구강에 비하여 열처리 공정이 특별하다. 담금질 온도가 매우 높고, 유지시간은 짧다. 그러므로 예열을 하여 담금질 온도에서의 짧은 유지시간에도 탄화물이 오스테나이트 상에 많이 고용되게 해야 한다. 예열은 2단 예열을 실시하며, 1차 예열은 650℃, 2차 예열은 850℃에서 하는 것이 좋다. 2차 예열이 끝나면 즉시 담금질 온도(1175~1245℃)로 급속하게 가열한다.

해답 ③

070 탄소강이 950℃ 전후의 고온에서 적열매짐(red brittleness)을 일으키는 원인이 되는 것은?

① Si
② P
③ Cu
④ S

해설 황이 많은 강은 고온에서 여린 성질을 나타내는데 이것을 적열 메짐성이라고 한다.

해답 ④

071 유압 용어를 설명한 것으로 올바른 것은?

① 서지압력 : 계통 내 흐름의 과도적인 변동으로 인해 발생하는 압력
② 오리피스 : 길이가 단면 치수에 비해서 비교적 긴 죔구
③ 초크 : 길이가 단면 치수에 비해서 비교적 짧은 죔구
④ 크래킹 압력 : 체크 밸브, 릴리프 밸브 등의 입구 쪽 압력이 강하하고, 밸브가 닫히기 시작하여 밸브의 누설량이 규정량까지 감소했을 때의 압력

해설 ② 오리피스 : 길이가 단면 치수에 비해서 비교적 짧은 죔구
③ 초크 : 길이가 단면 치수에 비해서 비교적 긴 죔구
④ 크래킹 압력 : 체크 밸브, 릴리프 밸브 등의 입구 쪽 압력이 상승하여, 밸브가 열리기 시작하는 압력이다.

해답 ①

072 그림에서 표기하고 있는 밸브의 명칭은?

① 셔틀 밸브
② 파일럿 밸브
③ 서보 밸브
④ 교축전환 밸브

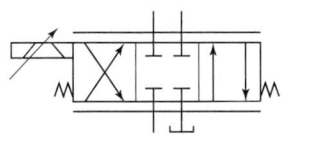

해설 서보 밸브 : 기계적 또는 전기적 입력 신호에 의해서 압력 또는 유량을 제어하는 밸브를 말한다.

해답 ③

073
오일 탱크의 구비 조건에 관한 설명으로 옳지 않은 것은?

① 오일 탱크의 바닥면은 바닥에서 일정 간격 이상을 유지하는 것이 바람직하다.
② 오일 탱크는 스트레이너의 삽입이나 분리를 용이하게 할 수 있는 출입구를 만든다.
③ 오일 탱크 내에 방해판은 오일의 순환거리를 짧게 하고 기포의 방출이나 오일의 냉각을 보존한다.
④ 오일 탱크의 용량은 정치의 운전중지 중 장치 내의 작동유가 복귀하여도 지장이 없을 만큼의 크기를 가져야 한다.

해설 오일 탱크 내에 방해판은 오일의 순환거리를 길게 하고 기포의 방출이나 오일을 냉각시키는 역할을 한다.

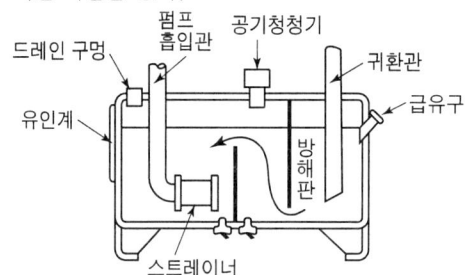

해답 ③

074
그림과 같은 실린더에서 A측에서 3MPa의 압력으로 기름을 보낼 때 B측 출구를 막으면 B측에 발생하는 압력 Pa는 몇 MPa인가?(단, 실린더 안지름은 50mm, 로드 지름은 25mm, 로드에는 부하가 없는 것으로 가정한다.)

① 1.5 ② 3.0
③ 4.0 ④ 6.0

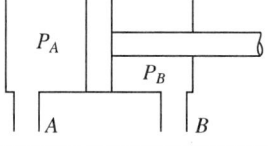

해설
$$F_A = F_B, \ P_A \times \frac{\pi}{4} D_A^2 = P_B \times \frac{\pi}{4}(D_A^2 - D_{load}^2)$$

$$P_B = \frac{P_A \times D_A^2}{(D_A^2 - D_{load}^2)} = \frac{3 \times 50^2}{(50^2 - 25^2)} = 4\text{MPa}$$

해답 ③

075
가변 용량형 베인 펌프에 대한 일반적인 설명으로 틀린 것은?

① 로터와 링 사이의 편심량을 조절하여 토출량을 변화시킨다.
② 유압회로에 의하여 필요한 만큼의 유량을 토출할 수 있다.
③ 토출량 변화를 통하여 온도 상승을 억제시킬 수 있다.
④ 펌프의 수명이 길고 소음이 적은 편이다.

해설 가변용량형 펌프는 정용량형펌프에 비해 구조가 복잡하고 편심 시키는 부분의 마모가 발생되어 펌프의 수명이 길고 소음도 큰 편이다.

해답 ④

076 다음 필터 중 유압유에 혼합된 자성 고형물을 여과하는 데 가장 적합한 것은?

① 표면식 필터　　　　　　② 적층식 필터
③ 다공체식 필터　　　　　④ 자기식 필터

해설 ① **표면식 필터** : 소형이고 청정이 간단하며 과대유량이나 맥동충격에 강하다. 여과용량이 작아 바이패스 회로에 주로 사용
② **적층식 필터** : 엷은 여과면을 다수 겹쳐 쌓아서 사용하는 필터로 철망, 종이, 금속 등의 원판이나 실을 감은 것으로 다량의 여과작용을 할 수 있고 압력손실이 적으며 저가임.
③ **다공체식 필터** : 스테인리스, 청동 등의 미립자를 다공질로 소결한 것으로 흡수용량이 크고, 세정에 의한 재 사용이 가능하다.
④ **자기식 필터** : 영구자석을 활용해 유압유 속의 철분 등의 자성체불순물을 여과

해답 ④

077 유압실린더에서 유압유 출구 측에 유량제어 밸브를 직렬로 설치하여 제어하는 속도제어 회로의 명칭은?

① 미터인 회로　　　　　　② 미터 아웃회로
③ 블리드 온 회로　　　　　④ 블리드 오프 회로

해설 **미터 아웃회로** : 유압실린더에서 유압유 출구 측에 유량제어 밸브를 직렬로 설치하여 제어하는 속도제어 회로
미터 인회로 : 유압실린더에서 유압유 입구 측에 유량제어 밸브를 직렬로 설치하여 제어하는 속도제어 회로
블리드 오프 회로 : 유압실린더에서 유압유 입구 측에 유량제어 밸브를 병렬로 설치하여 제어하는 속도제어 회로

해답 ②

078 유압 프레스의 작동원리는 다음 중 어느 이론에 바탕을 둔 것인가?

① 파스칼 원리　　　　　　② 보일의 법칙
③ 토리첼리의 원리　　　　④ 아르키메데스의 원리

해설 **파스칼 원리** : 유압기기의 원리로 작은 힘으로 큰힘을 제어 가능하여 유압프레스의 작동원리이다.

해답 ①

079
방향전환밸브에 있어서 밸브와 주 관로를 접속시키는 구멍을 무엇이라 하는가?
① port ② way
③ spool ④ position

해설 port : 방향 전환 밸브에서 밸브과 주관로를 접속시키는 구멍이다.

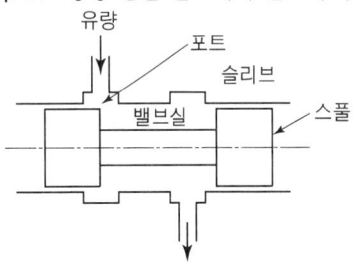

해답 ①

080
다음 중 점성계수의 차원으로 옳은 것은?(단, M은 질량, L은 길이, T는 시간이다.)
① $ML^{-2}T^{-1}$ ② $ML^{-1}T^{-1}$
③ MLT^{-2} ④ $ML^{-2}T^{-2}$

해설 (점성계수) μ의 단위 : $1\dfrac{\mathrm{g}}{\mathrm{cm}\cdot\mathrm{sec}}=[ML^{-1}T^{-1}]$

$$1\dfrac{\mathrm{g}}{\mathrm{cm}\cdot\mathrm{sec}}=[ML^{-1}T^{-1}]$$

해답 ②

제5과목　기계제작법 및 기계동력학

081
무게가 5.3kN인 자동차가 시속 80km로 달릴 때 선형운동량의 크기는 약 몇 N·s인가?
① 4240 ② 8480
③ 12010 ④ 16020

해설 (선형운동량) $P = m \times V = \dfrac{W}{g} \times V = \dfrac{5300}{9.8} \times \dfrac{80000}{3600} = 12018.14[\mathrm{Ns}]$

해답 ③

082

질량과 탄성스프링으로 이루어진 시스템이 그림과 같이 높이 h에서 자유낙하를 하였다. 그 후 스프링의 반력에 의해 다시 튀어 오른다고 할 때 탄성스프링의 최대 변형량(x_{max})은?(단, 탄성스프링 및 밑판의 질량은 무시하고 스프링 상수는 k, 질량은 m, 중력가속도는 g이다. 또한 아래 그림은 스프링의 변형이 없는 상태를 나타낸다.)

① $\sqrt{2gh}$

② $\sqrt{\dfrac{2mgh}{k}}$

③ $\dfrac{mg+\sqrt{(mg)^2+2kmgh}}{k}$

④ $\dfrac{mg+\sqrt{(mg)^2+kmgh}}{k}$

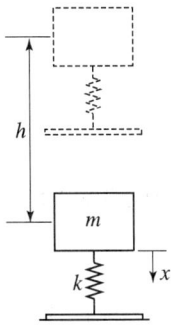

해설

$$\lambda = \lambda_0\left(1+\sqrt{1+\dfrac{2h}{\lambda_0}}\right) = \lambda_0 + \sqrt{\lambda_0^2 + \dfrac{\lambda_0^2 \times 2h}{\lambda_0}}$$

$$= \lambda_0 + \sqrt{\lambda_0^2 + (\lambda_0 \times 2h)} = \dfrac{mg}{k} + \sqrt{\dfrac{(mg)^2}{k^2} + \dfrac{mg \times 2h}{k}}$$

$$= \dfrac{mg + \sqrt{(mg)^2 + 2kmgh}}{k}$$

해답 ③

083

회전하는 막대의 홈을 따라 움직이는 미끄럼 블록 P의 운동을 r과 θ로 나타낼 수 있다. 현재 위치에서 $r=300mm$, $\dot{r}=40mm/s$(일정), $\dot{\theta}=0.1rad/s$, $\ddot{\theta}=-0.04rad/s^2$이다. 미끄럼 블록 P의 가속도는 약 몇 m/s^2인가?

① 0.01
② 0.001
③ 0.002
④ 0.005

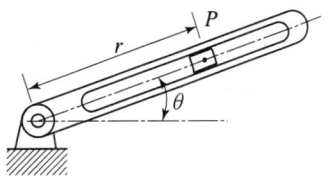

해설

(반경 방향 가속도) $a_r = \ddot{r} - r\dot{\theta}^2 = 0 - 0.3 \times 0.1^2 = -0.003 \dfrac{m}{s}$

(횡 방향 가속도) $a_\theta = r\ddot{\theta} + 2\dot{r}\dot{\theta} = 0.3 \times -0.04 + 2 \times 0.04 \times 0.1 = -0.004 \dfrac{m}{s^2}$

(가속도) $\vec{a} = \sqrt{a_r^2 + a_\theta^2} = \sqrt{-0.003^2 \pm 0.004^2} = 0.005$

해답 ④

084

같은 차종인 자동차 B, C가 브레이크가 풀린 채 정지하고 있다. 이 때 같은 차종의 자동차 A가 1.5m/s의 속력으로 B와 충돌하면, 이후 B와 C가 다시 충돌하게 되어 결국 3대의 자동차가 연쇄 충돌하게 된다. 이때 B와 C가 충돌한 직후 자동차 C의 속도는 약 몇 m/s 인가?(단, 모든 자동차 간 반발계수는 e=0.75이다.)

① 0.16
② 0.39
③ 1.15
④ 1.31

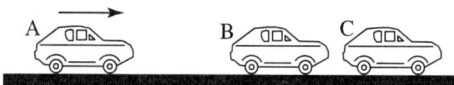

해설 A와 B 자동차의 충돌 $V_B = 0$, $m_A = m_B = m_C$
$m_A V_A + m_B V_B = m_A V_A' + m_B V_B'$, $1.5 = V_A' + V_B'$ ················ ①식
$e = 0.75 = \dfrac{V_B' - V_A'}{V_A - V_B}$, $0.75 \times 1.5 = V_B' - V_A'$, $1.125 = V_B' - V_A'$ ················ ②식
①과 ②식에서 $V_B' = 1.3125\text{m/s}$, $V_A' = 0.1875\text{m/s}$
B와 C의 자동차 $V_B' = 1.3125\text{m/s}$, $V_C = 0$
$m_B V_B' + m_C V_C = m_B V_B'' + m_C V_C'$, $1.3125 = V_B'' + V_C'$ ················ ③식
$e = \dfrac{V_C' + V_B''}{V_B' - V_C}$, $0.75 \times 1.3125 = V_C' - V_B$
$0.9843 = V_C' - V_B''$ ················ ④식
③과 ④식에서 $V_C' = 1.1484\text{m/s}$, $V_B'' = 0.1641\text{m/s}$

해답 ③

085

질량이 m, 길이가 L인 균일하고 가는 막대 AB가 A점을 중심으로 회전한다. $\theta = 60°$에서 정지 상태인 막대를 놓는 순간 막대 AB의 각가속도(α)는?(단, g는 중력가속도이다.)

① $\alpha = \dfrac{3}{2}\dfrac{g}{L}$ ② $\alpha = \dfrac{3}{4}\dfrac{g}{L}$

③ $\alpha = \dfrac{3}{2}\dfrac{g}{L^2}$ ④ $\alpha = \dfrac{3}{4}\dfrac{g}{L^2}$

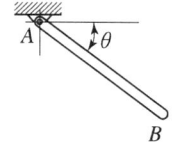

해설 $\sum M_t = J_o \ddot{\theta} = J_o \alpha$

(각가속도) $\ddot{\theta} = \alpha = \dfrac{M_t}{J_o} = \dfrac{W \times \left(\dfrac{L}{2}\cos 60\right)}{J_o} = \dfrac{mg\dfrac{L}{2} \times \dfrac{1}{2}}{\left(\dfrac{mL^2}{3}\right)} = \dfrac{3mgL}{4mL^2} = \dfrac{3}{4}\dfrac{g}{L}$

해답 ②

086 1자유도 진동시스템의 운동방정식은 $m\ddot{x} + c\dot{x} + kx = 0$으로 나타내고 고유 진동수가 w_n일 때 임계감쇠계수로 옳은 것은?(단, m은 질량, c는 감쇠계수, k는 스프링 상수를 나타낸다.)

① $2\sqrt{mk}$
② $\sqrt{\dfrac{w_n}{2k}}$
③ $\sqrt{2mw_n}$
④ $\sqrt{\dfrac{2k}{w_n}}$

해설 (임계감쇠계수) $C_c = 2\sqrt{mk} = 2mw_n = \dfrac{2k}{w_n}$

해답 ①

087 작은 공이 그림과 같이 수평면에 비스듬히 충돌한 후 튕겨 나갔을 경우에 대한 설명으로 틀린 것은?(단, 공과 수평면 사이의 마찰, 그리고 공의 회전은 무시하며 반발계수는 1이다.)

① 충돌 직전과 직후, 공의 운동량은 같다.
② 충돌 직전과 직후, 공의 운동에너지는 보존된다.
③ 충돌 과정에서 공이 받은 충격량과 수평면이 받은 충격량의 크기는 같다.
④ 공의 운동 방향이 수평면과 이루는 각의 크기는 충돌 직전과 직후가 같다.

해설 충돌 직전과 직후, 공의 운동량의 크기는 같지만 운동량은 벡터로 표시되므로 방향이 바뀌기 때문에 운동량의 부호가 다르다.

해답 ①

088 질량 20kg의 기계가 스프링상수 10kN/m인 스프링 위에 지지되어 있다. 100N의 조화 가진력이 기계에 작용할 때 공진 진폭은 약 몇 cm인가?(단, 감쇠계수는 6kN·s/m이다.)

① 0.75
② 7.5
③ 0.0075
④ 0.075

해설 (공진진폭) $X_n = \dfrac{f_o}{cw_n} = \dfrac{f_o}{c \times \sqrt{\dfrac{k}{m}}} = \dfrac{100}{6000 \times \sqrt{\dfrac{10000}{20}}} = 0.0007453\text{m} = 0.07453\text{cm}$

해답 ④

089 원판 A와 B는 중심점이 각각 고정되어 있고, 고정점을 중심으로 회전운동을 한다. 원판 A가 정지라고 있다가 일정한 각가속도 $\alpha_A = 2\text{rac/s}^2$으로 회전한다. 이 과정에서 원판 A는 원판 B와 접촉하고 있으며, 두 원판 사이에 미끄럼은 없다고 가정한다. 원판 A가 10회전하고 난 직후 원판 B의 각속도는 약 몇 rad/s인가? (단, 원판 A의 반지름은 20cm, 원판 B의 반지름은 15cm이다.)

① 15.9
② 21.1
③ 31.4
④ 62.8

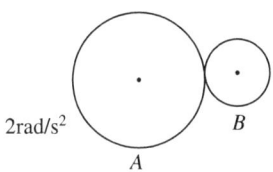

해설 (원판 A의 각속도) $w_A = \sqrt{2\alpha_A \theta} = \sqrt{2 \times 2 \times (2\pi \times 10)} = 15.853 \text{rad/s}$
$w_A \times R_A = w_B \times R_B$
(원판 B의 각속도) $w_B = \dfrac{w_A \times R_A}{R_B} = \dfrac{15.853 \times 20}{15} = 21.13 \text{rad/s}$

해답 ②

090 스프링으로 지지되어 있는 어떤 물체가 매분 60회 반복하면서 상하로 진동한다. 만약 조화운동으로 움직인다면, 이 진동수를 rad/s 단위와 Hz로 옳게 나타낸 것은?

① 6.28rad/s, 0.5Hz
② 6.28rad/s, 1Hz
③ 12.56rad/s, 0.5Hz
④ 12.56rad/s, 1Hz

해설 $f = \dfrac{60\text{cycle}}{60\text{sec}} = 1\text{Hz},\ f = \dfrac{\omega}{2\pi}$
(각진동수) $w = f \times 2\pi = 1 \times 2\pi = 6.28 \text{rad/s}$

해답 ②

091 용접 시 발생하는 불량(결함)에 해당하지 않는 것은?

① 오버랩
② 언더컷
③ 용입불량
④ 콤퍼지션

해설 **용접 불량**(결함)

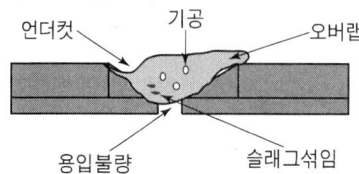

해답 ④

092

버니싱 가공에 관한 설명으로 틀린 것은?

① 주철만을 가공할 수 있다.
② 작은 지름의 구멍을 매끈하게 마무리 할 수 있다.
③ 드릴, 리머 등 전단계의 기계가공에서 생긴 스크래치 등을 제거하는 작업이다.
④ 공작물 지름보다 약간 더 큰 지름의 볼(ball)을 압입 통과시켜 구멍내면을 가공한다.

해설 버니싱(burnishing) : 원통내면에 내경보다 약간 지름이 큰 강구를 압입하여 내면에 소성 변형을 주어 매끈하고 정밀도가 높은 면을 얻고자 하는 방법이다. 특히 구멍의 모양이 이상한 것(직사각형 구멍, 기어의 키 구멍 등)의 다듬질에 알맞다.

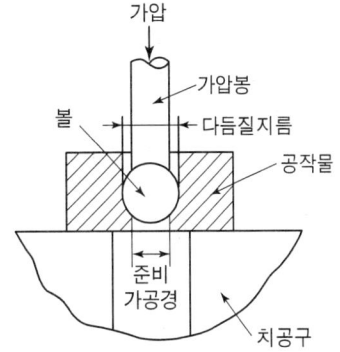

해답 ①

093

단조에 관한 설명 중 틀린 것은?

① 열간단조에는 콜드 헤딩, 코이닝, 스웨이징이 있다.
② 자유 단조는 앤빌 위에 단조물을 고정하고 해머로 타격하여 필요한 형상으로 가공한다.
③ 형단조는 제품의 형상을 조형한 한 쌍의 다이사이에 가열한 소재를 넣고 타격이나 높은 압력을 가하여 제품을 성형한다.
④ 업셋단조는 가열된 재료를 수평틀에 고정하고 한 쪽 끝을 돌출시키고 돌출부를 축 방향으로 압축하여 성형한다.

해설 **열간단조** : 해머 단조, 프레스 단조, 업셋 단조, 압연 단조
냉간단조 : 콜드 헤딩, 코이닝, 스웨이징

해답 ①

094

공작물의 길이가 340mm이고, 행정여유가 25mm, 절삭 평균속도가 15m/min일 때 세이퍼의 1분간 바이트 왕복 횟수는 약 얼마인가?(단, 바이트 1왕복 시간에 대한 절삭 행정시간의 비는 3/5이다.)

① 20회
② 25회
③ 30회
④ 35회

해설 (절삭평균속도) $V = \dfrac{LN}{1000k}$

(1분간 바이트 왕복회수) $N = \dfrac{V \times 1000k}{L} = \dfrac{15 \times 1000 \times \dfrac{3}{5}}{340 + 25} = 24.65$ 회

∴ 25회

해답 ②

095 방전가공의 특징으로 틀린 것은?

① 전극이 필요하다.
② 가공 부분에 변질 층이 남는다.
③ 전극 및 가공물에 큰 힘이 가해진다.
④ 통전되는 가공물은 경도와 관계없이 가공이 가능하다.

해설 방전가공은 직류전압으로 방전하면 공작물의 재료가 미분말 상태의 칩으로 되어 가공액 중에 부유물로 뜨게 하여 가공하는 방법으로 가공물에 큰 힘을 가하지 않는다.

해답 ③

096 얇은 판재로 된 목형은 변형되기 쉽고 주물의 두께가 균일하지 않으면 용융금속이 냉각 응고 시에 내부응력에 의해 변형 및 균열이 발생 할 수 있으므로, 이를 방지하기 위한 목적으로 쓰고 사용한 후에 제거하는 것은?

① 구배
② 덧붙임
③ 수축 여유
④ 코어 프린트

해설
① **구배** : 주형에서 원형을 뽑아낼 때 주형이 파손되지 않도록 원형의 측면을 경사지게 하는 것
② **덧붙임**(stop off) : 주물의 두께가 균일하지 못하고 복잡한 주물은 냉각될 때 냉각 속도의 차이로 내부 응력에 의해 변형 또는 파손되기 쉬운데 이것을 방지할 목적으로 덧붙임 하여 목형을 만들고 이것으로 주형을 만들어 주조한다. 주조 후 잘라 버린다.
③ **수축 여유** : 용융 금속을 주형안에서 응고 또는 냉각되면서 그 부피가 줄어드는데 이를 수축이라 하고, 이 수축을 고려하여 필요한 치수보다 수축량을 고려하여 모형의 치수를 고려한다.
④ **코어 프린트** : 코어의 위치를 정하거나 주형에 쇳물을 부었을 때 쇳물의 부력에 코어가 움직이지 않도록 하거나 또는 쇳물을 주입했을 때 코어에서 발생되는 가스를 배출시키기 위해서 코어에 코어 프린트를 붙인다.

해답 ②

097 밀링머신에서 직경 100mm, 날수 8인 평면커터로 절삭속도 30m/min, 절삭깊이 4mm, 이송속도 240mm/min에서 절삭 할 때 칩의 평균두께 t_m(mm)는?

① 0.0584
② 0.0596
③ 0.0625
④ 0.0734

해설 (칩의 평균두께) $t_m = f_z \sqrt{\dfrac{t}{D}} = 0.314 \times \sqrt{\dfrac{4}{100}} = 0.0628 \text{mm}$

(날 한 개의 절삭량) $f_z = \dfrac{f}{Z \times N} = \dfrac{240}{8 \times 95.492} = 0.314 \text{mm/날}$

(분당회전수) $N = \dfrac{V \times 1000}{\pi \times D} = \dfrac{30 \times 1000}{\pi \times 100} = 95.492 \text{rpm}$

해답 ③

---

098 인발가공 시 다이의 압력과 마찰력을 감소시키고 표면을 매끈하게 하기 위해 사용하는 윤활제가 아닌 것은?

① 비누   ② 석회
③ 흑연   ④ 사염화탄소

해설 윤활제에는 건식과 습식이 있으며, 건식에는 석회, grease, 비누, 흑연 등이 있고 습식에는 종류 등에 비누 1.5~3%을 첨가하고 다량의 물을 혼합한 것이 있다.

해답 ④

---

099 빌트 업 에지(built up edge)의 크기를 좌우하는 인자에 관한 설명으로 틀린 것은?

① 절삭속도 : 고속으로 절삭 할수록 빌트 업 에지는 감소된다.
② 칩 두께 : 칩 두께를 감소시키면 빌트 업 에지의 발생이 감소한다.
③ 윗면 경사각 : 공구의 윗면 경사각이 클수록 빌트 업 에지는 커진다.
④ 칩의 흐름에 대한 저항 : 칩의 흐름에 대한 저항이 클수록 빌트 업 에지는 커진다.

해설 윗면 경사각을 크게 해줌으로서 절삭 저항을 감소시키고 공구의 수명을 연장시켜 주는 장점이 있다. 공구의 위면 경사각이 클수록 빌트업 에지는 감소한다.

해답 ③

---

100 담금질한 강을 상온 이하의 적합한 온도로 냉각시켜 잔류 오스테나이트를 마르텐샤이트 조직으로 변화시키는 것을 목적으로 하는 열처리 방법은?

① 심냉 처리   ② 가공 경화법 처리
③ 가스 침탄법 처리   ④ 석출 경화법 처리

해설 **심냉처리**(Sub Zero-Treatment)
담금질 후 경도 증가, 시효 변형 방지를 위해 0℃ 이하의 온도로 냉각하면 잔류 오스테나이트를 마텐자이트로 만드는 처리를 심냉처리라고 한다. 특히 스테인리스강에서의 기계적 성질과 조직안정화, 게이지강에서의 자연시효 및 경도 증대를 위해 실시한다.

해답 ①

일반기계기사

2017년 5월 7일 시행

제1과목 재료역학

001 길이 15m, 봉의 지름이 10mm인 강봉에 $P=8kN$을 작용시킬 때 이 봉의 길이방향 변형량은 약 몇 cm인가?(단, 이 재료의 세로탄성계수는 210GPa이다.)

① 0.52
② 0.64
③ 0.73
④ 0.85

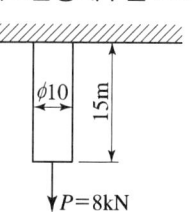

해설 $\Delta L = \dfrac{PL}{AE} = \dfrac{8000 \times 15000}{\dfrac{\pi}{4}10^2 \times 210 \times 10^3} = 7.275\text{mm} = 0.727\text{cm}$

해답 ③

002 그림과 같은 일단고정 타단지지보의 중앙에 $P=4800N$의 하중이 작용하면 지지점의 반력(R_B)은 약 몇 kN인가?

① 3.2
② 2.6
③ 1.5
④ 1.2

해설 일단고정 타단 지지보에 중앙에 집중 하중이 작용할 때

(고정단의 반력) $R_a = \dfrac{11}{16}P$

(지지단의 반력) $R_b = \dfrac{5}{16}P$

(고정단의 반력모멘트) $M_a = \dfrac{3}{16}Pl = M_{max}$

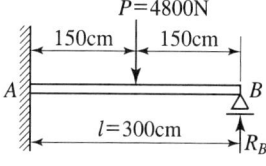

$R_b = \dfrac{5}{16}P = \dfrac{5}{16} \times 4800 = 1500N = 1.5\text{kN}$

해답 ③

003

정사각형의 단면을 가진 기둥에 $P=80$kN의 압축하중이 작용할 때 6MPa의 압축응력이 발생하였다면 단면의 한 변의 길이는 몇 cm인가?

① 11.5
② 15.4
③ 20.1
④ 23.1

해설 $\sigma = \dfrac{P}{a^2}$, $a = \sqrt{\dfrac{80000}{6}} = 115.47\text{mm} = 11.547\text{cm}$

해답 ①

004

다음 막대의 z방향으로 80kN의 인장력이 작용할 때 x방향의 변형량은 몇 μm인가?(단, 탄성계수 $E=200$GPa, 포아송비 $\nu=0.32$, 막대크기 $x=100$mm, $y=50$mm, $z=1.5$m이다.)

① 2.56
② 25.6
③ −2.56
④ −25.6

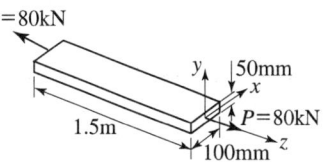

해설
$\sigma_z = \dfrac{P_z}{100 \times 50} = \dfrac{80000}{100 \times 50} = 16\text{MPa}$

$\nu = \dfrac{\epsilon'}{\epsilon} = \dfrac{\dfrac{\Delta x}{x}}{\dfrac{\sigma_z}{E}} = \dfrac{\Delta x}{\dfrac{\sigma_z}{E} \times x}$

(x방향 변형량) $\Delta x = \nu \times \dfrac{\sigma_z}{E} \times x = 0.32 \times \dfrac{16}{200 \times 10^3} \times 100$

$= 2.56 \times 10^{-3}\text{mm} = 2.56\mu\text{m}$ (x방향, 감소된 변형량)

해답 ③

005

그림과 같은 단순보(단면 8cm×6cm)에 작용하는 최대 전단응력은 몇 kPa인가?

① 315
② 630
③ 945
④ 1260

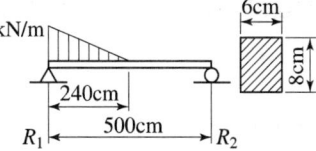

해설 (굽힘에 의해 발생되는 사각형 내의 최대전단응력) $\tau_{\max} = \dfrac{3}{2}\dfrac{F_{\max}}{bh}$

$\tau_{\max} = \dfrac{3}{2}\dfrac{F_{\max}}{bh} = \dfrac{3}{2} \times \dfrac{3024}{60 \times 80} = 0.945\text{MPa} = 945\text{kPa}$

$F_{\max} = R_1$

$R_1 = \dfrac{P \times b}{L} = \dfrac{3600 \times (5-0.8)}{5} = 3024\text{N}$

해답 ③

006

그림과 같은 단순보에서 전단력이 0이 되는 위치는 A 지점에서 몇 m 거리에 있는가?

① 4.8 ② 5.8
③ 6.8 ④ 7.8

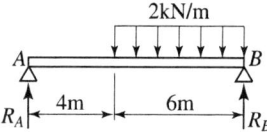

해설

(집중하중) $P = 2\dfrac{\text{kN}}{\text{m}} \times 6\text{m} = 12\text{kN}$

$R_A = \dfrac{Pb}{L} = \dfrac{12 \times 3}{10} = 3.6\text{kN}$

$F_x = R_A - 2\text{kN}(x-4)$

$F_x = 0$, $0 = 3.6 - 2\text{kN}(x-4)$, $x = 5.8\text{m}$

해답 ②

007

그림과 같은 직사각형 단면의 보에 $P = 4\text{kN}$의 하중이 10° 경사진 방향으로 작용한다. A점에서의 길이 방향의 수직응력을 구하면 약 몇 MPa인가?

① 3.89
② 5.67
③ 0.79
④ 7.46

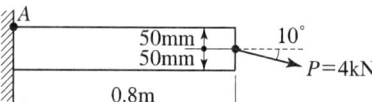

해설

$\sigma_n = \dfrac{4000 \times \cos 10}{50 \times 100} = 0.787\text{MPa}$

$\sigma_b = \dfrac{M}{Z} = \dfrac{4000 \times \sin 10 \times 0.8}{\dfrac{50 \times 100^2}{6}} = 6.668\text{MPa}$

$\sigma_A = \sigma_n + \sigma_b = 0.787 + 6.668 = 7.455\text{MPa}$

해답 ④

008

두께가 1cm, 지름 25cm의 원통형 보일러에 내압이 작용하고 있을 때, 면내 최대 전단응력이 −62.5MPa이었다면 내압 P는 몇 MPa인가?

① 5 ② 10
③ 15 ④ 20

해설

(원주 방향응력) $\sigma_y = \dfrac{P \cdot D}{2t}$

(축방향응력) $\sigma_x = \dfrac{P \cdot D}{4t}$

(최대전단응력) $\tau_{\max} = \dfrac{\sigma_y - \sigma_x}{2} = \dfrac{PD}{8t}$

$P = \dfrac{\tau_{\max} \times 8t}{D} = \dfrac{62.5 \times 8 \times 10}{250} = 20\text{MPa}$

해답 ④

009 그림과 같이 전체 길이가 $3L$인 외팔보에 하중 P가 B점과 C점에 작용할 때 자유단 B에서의 처짐량은?(단, 보의 굽힘강성 EI는 일정하고, 자중은 무시한다.)

① $\dfrac{35}{3}\dfrac{PL^3}{EI}$ ② $\dfrac{37}{3}\dfrac{PL^3}{EI}$

③ $\dfrac{41}{3}\dfrac{PL^3}{EI}$ ④ $\dfrac{44}{3}\dfrac{PL^3}{EI}$

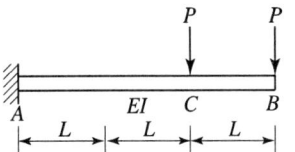

해설

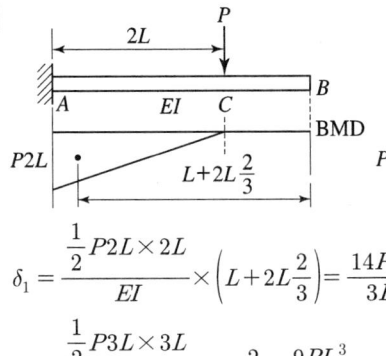

$$\delta_1 = \dfrac{\frac{1}{2}P2L \times 2L}{EI} \times \left(L + 2L\dfrac{2}{3}\right) = \dfrac{14PL^3}{3EI}$$

$$\delta_2 = \dfrac{\frac{1}{2}P3L \times 3L}{EI} \times 3L\dfrac{2}{3} = \dfrac{9PL^3}{EI}$$

$$\delta = \delta_1 + \delta_2 = \dfrac{14PL^3}{3EI} + \dfrac{9PL^3}{EI} = \dfrac{41PL^3}{3EI}$$

해답 ③

010 세로탄성계수가 210GPa인 재료에 200MPa의 인장응력을 가했을 때 재료 내부에 저장되는 단위 체적당 탄성변형에너지는 약 몇 $N \cdot m/m^3$인가?

① 95.238 ② 95238
③ 18.538 ④ 185380

해설 (단위 체적당 저장되는 탄성에너지) $u = \dfrac{U}{V} = \dfrac{\sigma^2}{2E} = \dfrac{(200 \times 10^6)^2}{2 \times 210 \times 10^9}$
$= 95238.09 \text{Nm}/\text{m}^3$

해답 ②

011 그림과 같이 한 변의 길이가 d인 정사각형의 단면의 $Z-Z$축에 관한 단면계수는?

① $\dfrac{\sqrt{2}}{6}d^3$ ② $\dfrac{\sqrt{2}}{12}d^3$

③ $\dfrac{d^3}{24}$ ④ $\dfrac{\sqrt{2}}{24}d^3$

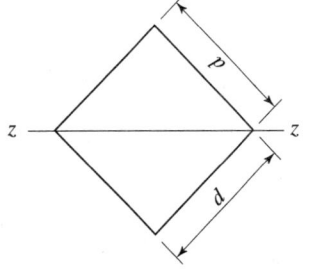

해설 $Z_z = \dfrac{I_z}{e_z} = \dfrac{\dfrac{d^4}{12}}{\dfrac{d}{\cos 45}} = d^3 \cos 45 = \dfrac{d^3 \sqrt{2}}{12}$

해답 ②

012
J를 극단면 2차 모멘트, G를 전단탄성계수, l을 축의 길이, T를 비틀림모멘트라 할 때 비틀림각을 나타내는 식은?

① $\dfrac{l}{GT}$

② $\dfrac{TJ}{Gl}$

③ $\dfrac{Jl}{GT}$

④ $\dfrac{Tl}{GJ}$

해설 (비틀림 각) $\theta = \dfrac{Tl}{GJ}[\text{rad}]$

해답 ④

013
직경 d, 길이 l인 봉의 양단을 고정하고 단면 $m-n$의 위치에 비틀림모멘트 T를 작용시킬 때 봉의 A부분에 작용하는 비틀림모멘트는?

① $T_A = \dfrac{a}{l+a}T$

② $T_A = \dfrac{a}{a+b}T$

③ $T_A = \dfrac{b}{a+b}T$

④ $T_A = \dfrac{a}{l+b}T$

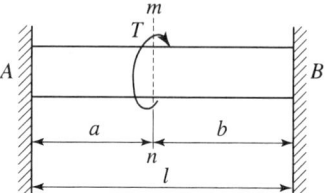

해설 $T = T_A + T_B$ ·· ①식

$\theta_{m-n} = \dfrac{T_A a}{GJ} = \dfrac{T_B b}{GJ}$, $T_A a = T_B b$ ·· ②식

①과 ②식에서 $T_A = \dfrac{Tb}{l}$

해답 ③

014
그림과 같은 직사각형 단면을 갖는 단순지지보에 3kN/m의 균일 분포하중과 축방향으로 50kN의 인장력이 작용할 때 단면에 발생하는 최대 인장 응력은 약 몇 MPa 인가?

① 0.67
② 3.33
③ 4
④ 7.33

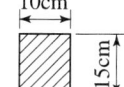
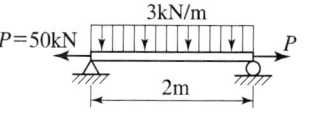

해설 $\sigma_{max} = \sigma_n + \sigma_b = \dfrac{P}{A} + \dfrac{M}{Z} = \dfrac{50 \times 10^3}{100 \times 150} + \dfrac{1500000}{\dfrac{100 \times 150^2}{6}} = 7.33 \text{MPa}$

$M_{max} = \dfrac{wL^2}{8} = \dfrac{3 \times 2000^2}{8} = 1500000 \text{Nmm}$

해답 ④

015
공칭응력(nominal stress : σ_n)과 진응력(true stress : σ_t)사이의 관계식으로 옳은 것은? (단, ϵ_n은 공칭변형율(nominal strain), ϵ_t는 진변형율(true strain)이다.)

① $\sigma_t = \sigma_n(1+\epsilon_t)$
② $\sigma_t = \sigma_n(1+\epsilon_n)$
③ $\sigma_t = \ln(1+\sigma_n)$
④ $\sigma_t = \ln(\sigma_n + \epsilon_n)$

해설 $AL = A'L' = A'(L+\delta) = A'(L+\epsilon L) = A'L(1+\epsilon)$

(단면비) $\dfrac{A}{A'} = (1+\epsilon)$

(변화후의 단면적) $A' = \dfrac{A}{(1+\epsilon)}$

(진응력) $\sigma_T = \dfrac{P}{A'} = \dfrac{P}{\left(\dfrac{A}{1+\epsilon}\right)} = \dfrac{P}{A}(1+\epsilon) = \sigma(1+\epsilon)$

(진변형률) $\epsilon_T = \displaystyle\int_L^{L'} \dfrac{dL}{L} = \ln\dfrac{L'}{L} = \ln\dfrac{L+\delta}{L} = \ln\dfrac{L+L\epsilon}{L} = \ln\dfrac{L(1+\epsilon)}{L} = \ln(1+\epsilon)$

[참고] (진응력) $\sigma_T = \sigma(1+\epsilon)$
(진변형률) $\epsilon_T = \ln(1+\epsilon)$
여기서, σ : 공칭응력 $\sigma = \dfrac{P}{A}$, ϵ : 공칭변형률 $\epsilon = \dfrac{L'-L}{L} = \dfrac{\Delta L}{L} = \dfrac{\delta}{L}$

해답 ②

016
그림과 같은 부정정보의 전 길이에 균일 분포하중이 작용할 때 전단력이 0이 되고 최대 굽힘모멘트가 작용하는 단면은 B단에서 얼마나 떨어져 있는가?

① $\dfrac{2}{3}l$
② $\dfrac{3}{8}l$
③ $\dfrac{5}{8}l$
④ $\dfrac{3}{4}l$

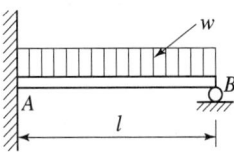

해설 일단고정 타단 지지보에 균일 분포하중이 작용할 때

(고정단의 반력) $R_a = \dfrac{5}{8}wl$

(지지단의 반력) $R_b = \dfrac{3}{8}wl$

(고정단의 반력모멘트) $M_a = \dfrac{wl^2}{8}$

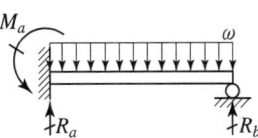

$F_x = R_b - wx$

$F_x = 0$: 만족하는 x지점에서 최대굽힘모멘트가 발생

$0 = R_b - wx$, $x = \dfrac{R_b}{w} = \dfrac{\frac{3}{8}wl}{w} = \dfrac{3}{8}l$

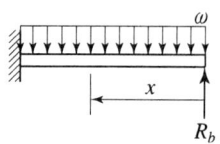

해답 ②

017
동일한 전단력이 작용할 때 원형 단면 보의 지름을 d에서 $3d$로 하면 최대 전단응력의 크기는?(단, $\tau_{\max}$는 지름이 d일 때의 최대전단응력이다.)

① $9\tau_{\max}$
② $3\tau_{\max}$
③ $\dfrac{1}{3}\tau_{\max}$
④ $\dfrac{1}{9}\tau_{\max}$

해설

$\tau_{\max} = \dfrac{P_s}{\dfrac{\pi}{4}d^2}$

$\tau_{\max}' = \dfrac{P_s}{\dfrac{\pi}{4}(3d)^2} = \dfrac{1}{9}\dfrac{P_s}{\dfrac{\pi}{4}d^2} = \dfrac{1}{9}\tau_{\max}$

해답 ④

018
오일러의 좌굴 응력에 대한 설명으로 틀린 것은?

① 단면의 회전반경의 제곱에 비례한다.
② 길이의 제곱에 반비례한다.
③ 세장비의 제곱에 비례한다.
④ 탄성계수에 비례한다.

해설 (장주에 나타나는 좌굴응력) $\sigma_B = \dfrac{F_B}{A} = \dfrac{1}{A} \times \dfrac{n\pi^2 EI}{L^2} = \dfrac{1}{A} \times \dfrac{n\pi^2 E(Ak^2)}{L^2} = \dfrac{n\pi^2 E}{\lambda^2}$

여기서, n : 단말 계수, E : 탄성계수, L : 기둥의 길이, λ : 세장비, k : 회전반경

해답 ③

019
그림과 같이 단순화한 길이 1m의 차축 중심에 집중하중 100kN이 작용하고, 100rpm으로 400kW의 동력을 전달할 때 필요한 차축의 지름은 최소 몇 cm인가? (단, 축의 허용 굽힘응력은 85MPa로 한다.)

① 4.1
② 8.1
③ 12.3
④ 16.3

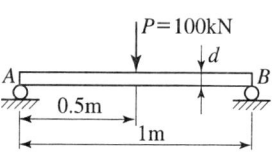

해설 (지름) $d = \sqrt[3]{\dfrac{32 \times M_e}{\pi \times \sigma_a}} = \sqrt[3]{\dfrac{32 \times 35325561.57}{\pi \times 85}} = 161.76\text{mm} = 16.176\text{cm}$

(상당 굽힘 모멘트) $M_e = \dfrac{1}{2}(M + \sqrt{M^2 + T^2})$

$= \dfrac{1}{2}(25000000 + \sqrt{25000000^2 + 38197186.34^2})$

$= 35325561.57\text{Nmm}$

$M = \dfrac{PL}{4} = \dfrac{100000 \times 1000}{4} = 25 \times 10^6 \text{Nmm}$

$T = \dfrac{60}{2\pi} \times \dfrac{H}{N} = \dfrac{60}{2\pi} \times \dfrac{400 \times 10^6}{100} = 38197186.34\text{Nmm}$

해답 ④

020 그림과 같이 강선이 천정에 매달려 100kN의 무게를 지탱하고 있을 때, AC 강선이 받고 있는 힘은 약 몇 kN인가?

① 30
② 40
③ 50
④ 60

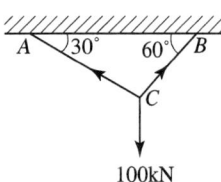

해설 $\dfrac{100}{\sin 90} = \dfrac{F_{CA}}{\sin 150} = \dfrac{F_{CB}}{\sin 120}$

$F_{CA} = \dfrac{100}{\sin 90} \times \sin 150 = 50\text{N}$

해답 ③

제2과목 기계열역학

021 역 Carnot cycle로 300K와 240K 사이에서 작동하고 있는 냉동기가 있다. 이 냉동기의 성능계수는?

① 3
② 4
③ 5
④ 6

해설 (역카르노 사이클의 성능계수) $COP = \dfrac{Q_L}{W_{net}} = \dfrac{T_L \times \Delta S}{(T_H - T_L) \times \Delta S} = \dfrac{T_L}{(T_H - T_L)}$

$= \dfrac{240}{300 - 240} = 4$

해답 ②

022

그림의 랭킨 사이클(온도(T)-엔트로피(s) 선도)에서 각각의 지점에서 엔탈피는 표와 같을 때 이 사이클의 효율은 약 몇 %인가?

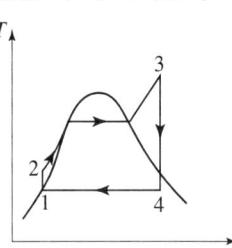

	엔탈피(kJ/kg)
1지점	185
2지점	210
3지점	3100
4지점	2100

① 33.7% ② 28.4%
③ 25.2% ④ 22.9%

해설

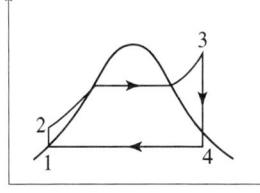

과정 1→2 펌프 $W_P = h_2 - h_1 = 210 - 185 = 25 \text{kJ/kg}$
과정 2→3 보일러 $Q_B = h_3 - h_2 = 3100 - 210 = 2890 \text{kJ/kg}$
과정 3→4 터빈 $W_T = h_3 - h_4 = 3100 - 2100 = 1000 \text{kJ/kg}$
과정 4→1 복수기 $Q_C = h_4 - h_1 = 2100 - 185 = 1915 \text{kJ/kg}$

(사이클 효율) $\eta = \dfrac{W_T - W_P}{Q_B} = \dfrac{1000 - 25}{2892} = 0.3371 = 31.71\%$

해답 ①

023

보일러 입구의 압력이 9800kN/m²이고, 응축기의 압력이 4900N/m²일 때 펌프가 수행한 일은 약 몇 kJ/kg인가?(단, 물의 비체적은 0.001m³/kg이다.)

① 9.79   ② 15.17
③ 87.25 ④ 180.52

해설 (펌프 일) = (정적과정의 일)
$w_P = v(P_B - P_C) = 0.001 \times (9800000 - 4900) = 9795.1 \text{J/kg} = 9.7951 \text{kJ/kg}$

해답 ①

024

다음 중 정확하게 표기된 SI 기본단위(7가지)의 개수가 가장 많은 것은?(단, SI 유도단위 및 그 외 단위는 제외한다.)

① A, Cd, ℃, kg, m, Mol, N, s
② cd, J, K, kg, m, Mol, Pa, s
③ A, J, ℃, kg, km, mol, S, W
④ K, kg, km, mol, N, Pa, S, W

해설 SI기본 단위 7개
① 전류 : [A]   ② 광도 : [cd]
③ 절대온도 : [K]   ④ 질량[Kg]
⑤ 몰질량[mol]   ⑥ 거리[m]
⑦ 시간[s]

해답 ②

025

압력이 $10^6 N/m^2$, 체적이 $1m^3$인 공기가 압력이 일정한 상태에서 400kJ의 일을 하였다. 변화 후의 체적은 약 몇 m^3인가?

① 1.4   ② 1.0
③ 0.6   ④ 0.4

해설 $_1W_2 = P(V_2 - V_1)$, $400 \times 10^3 = 10^6 \times (V_2 - 1)$
(나중 체적) $V_2 = 1.4 m^3$

해답 ①

026

8℃의 이상기체를 가역단열 압축하여 그 체적을 1/5로 하였을 때 기체의 온도는 약 몇 ℃인가?(단, 이 기체의 비열비는 1.4이다.)

① -125℃   ② 294℃
③ 222℃   ④ 262℃

해설 $\dfrac{T_2}{T_1} = \left(\dfrac{V_1}{V_2}\right)^{k-1} = \left(\dfrac{P_2}{P_1}\right)^{\frac{k-1}{k}}$ $\dfrac{T_2+273}{8+273} = \left(\dfrac{V_1}{\frac{1}{5}V_1}\right)^{1.4-1}$

(나중 온도) $T_2 = 261.926$℃

해답 ④

027

그림과 같이 상태 1, 2 사이에서 계가 $1 \to A \to 2 \to B \to 1$과 같은 사이클을 이루고 있을 때, 열역학 제1법칙에 가장 적합한 표현은?(단, 여기서 Q는 열량, W는 계가 하는일, U는 내부에너지를 나타낸다.)

① $dU = \delta Q + \delta W$
② $\Delta U = Q - W$
③ $\oint \delta Q = \oint \delta W$
④ $\oint \delta Q = \oint \delta U$

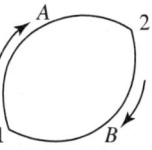

해설 열역학 1법칙 $\oint \delta Q = \oint \delta W$

해답 ③

028

열교환기를 흐름 배열(flow arrangement)에 따라 분류할 때 그림과 같은 형식은?

① 평행류
② 대향류
③ 병행류
④ 직교류

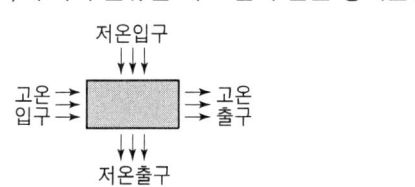

해설

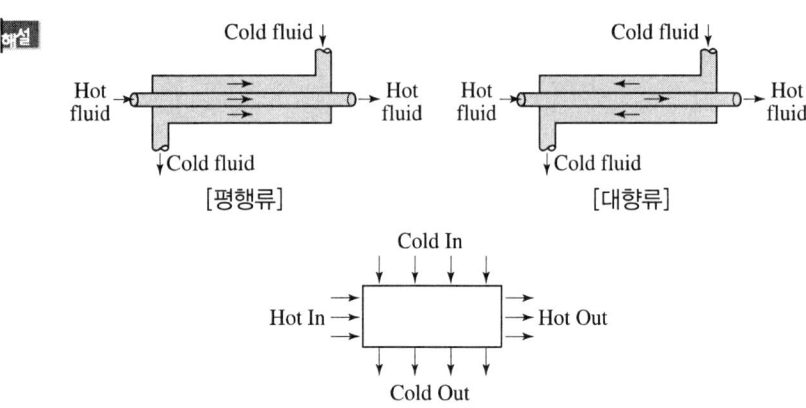

[평행류]   [대향류]

[직교류]

해답 ④

029

100kPa, 25℃ 상태의 공기가 있다. 이 공기의 엔탈피가 298.615kJ/kg이라면 내부에너지는 약 몇 kJ/kg인가?(단, 공기는 분자량 28.97인 이상기체로 가정한다.)

① 213.05kJ/kg
② 241.07kJ/kg
③ 298.15kJ/kg
④ 383.72kJ/kg

해설 $h = u + Pv = u + RT$

(내부에너지) $u = h - RT = 298.615 - \dfrac{8.314}{28.97} \times (25 + 273) = 213.09 \text{kJ/kg}$

해답 ①

030

다음 중 비가역 과정으로 볼 수 없는 것은?

① 마찰 현상
② 낮은 압력으로의 자유 팽창
③ 등온 열전달
④ 상이한 조성물질의 혼합

해설 등온 열전달 과정은 준평형과정으로 가역과정이다.

해답 ③

031

열역학 제2법칙과 관련된 설명으로 옳지 않은 것은?

① 열효율이 100%인 열기관은 없다.
② 저온 물체에서 고온 물체로 열은 자연적으로 전달되지 않는다.
③ 폐쇄계와 그 주변계가 열교환이 일어날 경우 폐쇄계와 주변계 각각의 엔트로피는 모두 상승한다.
④ 동일한 온도 범위에서 작동되는 가역 열기관은 비가역 열기관보다 열효율이 높다.

해설 폐쇄계(밀폐계, closed system)에서 열을 공급받는 과정의 엔트로피는 상승하고, 열을 잃는 과정의 엔트로피는 감소한다.

해답 ③

032

온도 15℃, 압력 100kPa 상태의 체적이 일정한 용기 안에 어떤 이상 기체 5kg이 들어있다. 이 기체가 50℃가 될 때까지 가열되는 동안의 엔트로피 증가량은 약 몇 kJ/K인가?(단, 이 기체의 정압비열과 정적비열은 각각 1.001kJ/(kg·K), 0.7171kJ/(kg·K)이다.)

① 0.411
② 0.486
③ 0.575
④ 0.732

해설 (정적과정의 엔트로피 변화) $\Delta s = C_v \ln\dfrac{T_2}{T_1} = C_p \ln\dfrac{T_2}{T_1} - R\ln\dfrac{P_2}{P_1} = C_p \ln\dfrac{v_2}{v_1}$

$\Delta s = C_v \ln\dfrac{T_2}{T_1} = 0.7171 \ln\dfrac{50+273}{15+273} = 0.08224 \text{kJ/kg}\cdot\text{K}$

$\Delta S = m \times \Delta s = 5 \times 0.08224 = 0.411 \text{kJ/K}$

해답 ①

033

저열원 20℃와 고열원 700℃ 사이에서 작동하는 카르노 열기관의 열효율은 약 몇 %인가?

① 30.1%
② 69.9%
③ 52.9%
④ 74.1%

해설 (carnot cycle의 효율) $\eta_c = 1 - \dfrac{T_L}{T_H} = 1 - \dfrac{20+273}{700+273} = 0.6988 = 69.88\%$

해답 ②

034

어느 증기터빈에 0.4kg/s로 증기가 공급되어 260kW의 출력을 낸다. 입구의 증기 엔탈피 및 속도는 각각 3000kJ/kg, 720m/s, 출구의 증기 엔탈피 및 속도는 각각 2500kJ/kg, 120m/s이면, 이 터빈의 열손실은 약 몇 kW가 되는가?

① 15.9
② 40.8
③ 20.0
④ 104

해설 에너지 보존의 법칙

$$\dot{m}\left[h_1 + \frac{v_1^2}{2} + gZ_1\right] = \dot{m}\left[h_2 + \frac{v_2^2}{2} + gZ_2\right] + W_T + Q_L$$

$Z_1 \fallingdotseq Z_2$

$$\dot{m}\left[h_1 + \frac{v_1^2}{2}\right] = \dot{m}\left[h_2 + \frac{v_2^2}{2}\right] + W_T + Q_L$$

$$0.4 \times \left[3000 + \frac{\frac{720^2}{1000}}{2}\right] = 0.4 \times \left[2500 + \frac{\frac{120^2}{1000}}{2}\right] + 260 + Q_L$$

(터빈 열손실) $Q_L = 40.8\text{kW}$

해답 ②

035

압력이 일정할 때 공기 5kg을 0℃에서 100℃까지 가열하는데 필요한 열량은 약 몇 kJ인가?(단, 비열(Cp)은 온도 T(℃)에 관계한 함수로 Cp(kJ/(kg·℃)) $= 1.01 + 0.000079 \times T$이다.)

① 365
② 436
③ 480
④ 507

해설

$$C_m = \frac{1}{T_2 - T_1}\int_0^{100}(1.01 + 0.000079\,T)\,dT = \frac{1}{100-0}\int_0^{100}(1.01 + 0.000079\,T)\,dT$$

$= 1.01395\text{kJ/kg}\cdot\text{℃}$

$_1Q_2 = mC_m \times (T_2 - T_1) = 5 \times 1.01395 \times (100 - 0) = 506.975\text{kJ}$

해답 ④

036

다음 온도에 관한 설명 중 틀린 것은?

① 온도는 뜨겁거나 차가운 정도를 나타낸다.
② 열역학 제0법칙은 온도 측정과 관계된 법칙이다.
③ 섭씨온도는 표준 기압하에서 물의 어는점과 끓는점을 각각 0과 100으로 부여한 온도 척도이다.
④ 화씨온도 F와 절대온도 K 사이에는 K=F+273.15의 관계가 성립한다.

해설

$$\frac{9}{5}t\,℃+32 \downarrow \quad ℃ \xrightarrow{+273} K \downarrow \times 1.8$$
$$℉ \xrightarrow{+460} °R$$

(절대온도) $K = (F+460) \times \dfrac{5}{9}$

해답 ④

037 오토(Otto)사이클에 관한 일반적인 설명 중 틀린 것은?
① 불꽃 점화 기관의 공기 표준 사이클이다.
② 연소과정을 정적 가열과정으로 간주한다.
③ 압축비가 클수록 효율이 높다.
④ 효율은 작업기체의 종류와 무관하다.

해설 (오토사이클 효율) $\eta_o = 1 - \left(\dfrac{1}{\epsilon}\right)^{k-1}$
여기서, k : 비열비, 비열비는 작업기체에 따라 달라진다.

해답 ④

038 출력 10000kW의 터빈 플랜트의 시간당 연료소비량이 5000kg/h이다. 이 플랜트의 열효율은 약 몇 %인가?(단, 연료의 발열량은 33440kJ/kg이다.)
① 25.4%   ② 21.5%
③ 10.9%   ④ 40.8%

해설 (열기관의 효율) $\eta = \dfrac{output}{input} = \dfrac{동력}{연료의\ 발열량 \times 연료소비율}$

$= \dfrac{10000\text{kW}}{33440\dfrac{\text{kJ}}{\text{kg}} \times 5000\dfrac{\text{kg}}{3600 \times \text{s}}} = 0.2153 = 21.53\%$

해답 ②

039 밀폐계에서 기체의 압력이 100kPa으로 일정하게 유지되면서 체적이 1m³에서 2m³으로 증가되었을 때 옳은 설명은?
① 밀폐계의 에너지 변화는 없다.
② 외부로 행한 일은 100kJ이다.
③ 기체가 이상기체라면 온도가 일정하다.
④ 기체가 받은 열은 100kJ이다.

해설 (밀폐계의 일) $_1W_2 = P(V_2 - V_1) = 100 \times (2-1) = 100\text{kJ}$

해답 ②

040 10kg의 증기가 온도 50℃, 압력 38kPa, 체적 7.5m³일 때 총 내부에너지는 6700kJ이다. 이와 같은 상태의 증기가 가지고 있는 엔탈피는 약 몇 kJ인가?
① 606
② 1794
③ 3305
④ 6985

해설 (엔탈피) $H = U + PV = 6700 + 38 \times 7.5 = 6985 \text{kJ}$

해답 ④

제3과목 기계유체역학

041 압력 용기에 장착된 게이지 압력계의 눈금이 400kPa를 나타내고 있다. 이 때 실험실에 놓여진 수은 기압계에서 수은의 높이는 750mm이었다면 압력 용기의 절대압력은 약 몇 kPa인가?(단, 수은의 비중은 13.6이다.)
① 300
② 500
③ 410
④ 620

해설 (절대압력) $P_{abs} = P_o + P_G = 100 + 400 = 500 \text{kPa}$

(국소대기압) $P_o = 750 \text{mmHg} \times \dfrac{101.325 \text{kPa}}{760 \text{mmHg}} = 100 \text{kPa}$

해답 ②

042 나란히 놓인 두 개의 무한한 평판 사이의 층류 유동에서 속도 분포는 포물선 형태를 보인다. 이때 유동의 평균 속도(V_{av})와 중심에서의 최대 속도($V_{\max}$)의 관계는?
① $V_{av} = \dfrac{1}{2} V_{\max}$
② $V_{av} = \dfrac{2}{3} V_{\max}$
③ $V_{av} = \dfrac{3}{4} V_{\max}$
④ $V_{av} = \dfrac{\pi}{4} V_{\max}$

해설 (평행 평판사이의 층류유동 평균유속) $V_{av} = \dfrac{2}{3} V_{\max}$

(원형에서 층류유동 평균유속) $V_{av} = \dfrac{1}{2} V_{\max}$

해답 ②

043 점성계수의 차원으로 옳은 것은?(단, F는 힘, L은 길이, T는 시간의 차원이다.)
① FLT^{-2}
② FL^2T
③ $FL^{-1}T^{-1}$
④ $FL^{-2}T$

 해설

물리량	기호	MLT계 단위	MLT계 차원	FLT계 단위	FLT계 차원
점성	μ	Poise	$ML^{-1}T^{-1}$	NS/m^2	$FL^{-2}T$

해답 ④

044 무게가 1000N인 물체를 지름 5m인 낙하산에 매달아 낙하할 때 종속도는 몇 m/s가 되는가?(단, 낙하산의 항력계수는 0.8, 공기의 밀도는 $1.2kg/m^3$이다.)
① 5.3
② 10.3
③ 18.3
④ 32.2

해설 (항력) $D = \dfrac{\rho V^2}{2} \times A_D \times C_D = \dfrac{1.2 \times V^2}{2} \times \dfrac{\pi}{4} \times 5^2 \times 0.8$
$W = D$
$1000 = \dfrac{1.2 \times V^2}{2} \times \dfrac{\pi}{4} \times 5^2 \times 0.8$
(속도) $V = 10.3 m/s$

해답 ②

045 2m/s의 속도로 물이 흐를 때 피토관 수두 높이 h는?
① 0.053m
② 0.102m
③ 0.204m
④ 0.412m

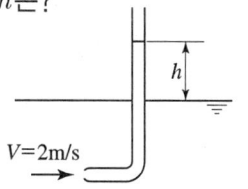

해설 $V = \sqrt{2gh}$, $2 = \sqrt{2 \times 9.8 \times h}$
(수두높이) $h = 0.204m$

해답 ③

046 안지름 10cm인 파이프에 물이 평균속도 1.5cm/s로 흐를 때(경우 ⓐ)와 비중이 0.6이고 점성계수가 물의 1/5인 유체 A가 물과 같은 평균속도로 동일한 관에 흐를 때(경우 ⓑ), 파이프 중심에서 최고속도는 어느 경우가 더 빠른가?(단, 물의 점성계수는 0.001kg/(m·s)이다.)
① 경우 ⓐ
② 경우 ⓑ
③ 두 경우 모두 최고속도가 같다.
④ 어느 경우가 더 빠른지 알 수 없다.

해설 ⓐ경우의 레이놀즈 수 $Re_a = \dfrac{\rho VD}{\mu} = \dfrac{1000 \times 0.015 \times 0.1}{0.001} = 1500$; 층류

ⓑ경우의 레이놀즈 수 $Re_b = \dfrac{\rho VD}{\mu} = \dfrac{0.6 \times 1000 \times 0.015 \times 0.1}{\dfrac{0.001}{5}} = 4500$; 난류

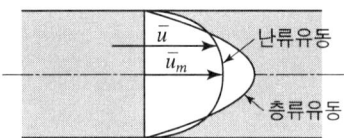

층류의 최대속도는 난류의 최대속도보다 빠르다. 그러므로 ⓐ의 경우가 빠르다.

해답 ①

047
다음 중 2차원 비압축성 유동이 가능한 유동은 어떤 것인가?(단, u는 x방향 속도 성분이고, v는 y방향 속도 성분이다.)

① $u = x^2 - y^2$, $v = -2xy$
② $u = 2x^2 - y^2$, $v = 4xy$
③ $u = x^2 + y^2$, $v = 3x^2 - 2y^2$
④ $u = 2x + 3xy$, $v = -4xy + 3y$

해설 $\dfrac{\partial u}{\partial x} + \dfrac{\partial v}{\partial y} = 0$ 일 때 비압축성 유동

① $\dfrac{\partial(x^2 - y^2)}{\partial x} + \dfrac{\partial(-2xy)}{\partial y} = 2x + (-2x) = 0$

해답 ①

048
유량 측정 장치 중 관의 단면에 축소부분이 있어서 유체를 그 단면에서 가속시킴으로써 생기는 압력강하를 이용하여 측정하는 것이 있다. 다음 중 이러한 방식을 사용한 측정 장치가 아닌 것은?

① 노즐
② 오리피스
③ 로터미터
④ 벤투리미터

해설 **유량 측정하는 계측기기**
① 벤츄리미터 : 단면적의 변화 이용해 유량측정, 가장 정확한 유량측정계기
② 노즐 : 단면적의 변화 이용해 유량측정
③ 오리피스 : 단면적의 변화 이용해 유량측정
④ 로터미터 : 부식성이 있는 유체의 유량측정계기
⑤ 위어
　㉠ 사각위어 : 중간유량측정 $Q \propto H^{\frac{3}{2}}$
　㉡ V 놋치위어(삼각위어) : 소유량 측정 $Q \propto KH^{\frac{5}{2}}$

해답 ③

049 그림과 같이 폭이 2m, 길이가 3m인 평판이 물속에 수직으로 잠겨있다. 이 평판의 한쪽 면에 작용하는 전체 압력에 의한 힘은 약 얼마인가?

① 88kN
② 176kN
③ 265kN
④ 353kN

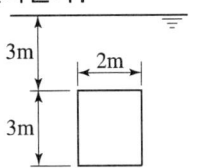

해설 (전압력) $F_P = \gamma \overline{H} A = 9800 \times 4.5 \times 6 = 264600\text{N} = 264.6\text{kN}$

해답 ③

050 정상 2차원 속도장 $\vec{V} = 2x\vec{i} - 2y\vec{j}$ 내의 한 점(2,3)에서 유선의 기울기 $\frac{dy}{dx}$ 는?

① $-3/2$
② $-2/3$
③ $2/3$
④ $3/2$

해설 $\frac{dx}{u} = \frac{dy}{v} = \frac{dz}{w}$, $\frac{dy}{dx} = \frac{v}{u} = \frac{-2y}{2x} = \frac{-2 \times 3}{2 \times 2} = -\frac{3}{2}$

해답 ①

051 동점성계수가 $0.1 \times 10^{-5} \text{m}^2/\text{s}$인 유체가 안지름 10cm인 원관 내에 1m/s로 흐르고 있다. 관마찰계수가 0.022이며 관의 길이가 200m일 때의 손실수두는 약 몇 m인가?(단, 유체의 비중량은 9800N/m^3이다.)

① 22.2
② 11.0
③ 6.58
④ 2.24

해설 (원형관의 손실수두) $H_L = f \times \frac{l}{D} \times \frac{V^2}{2g} = 0.022 \times \frac{200}{0.1} \times \frac{1^2}{2 \times 9.8}$
$= 2.24\text{m}$

해답 ④

052 평판 위의 경계층 내에서의 속도분포(u)가 $\frac{u}{U} = \left(\frac{y}{\delta}\right)^{1/7}$ 일 때 경계층 배제두께(boundary layer displacement thickness)는 얼마인가?(단, y는 평판에서 수직한 방향으로의 거리이며, U는 자유유동의 속도, δ는 경계층의 두께이다.)

① $\frac{\delta}{8}$
② $\frac{\delta}{7}$
③ $\frac{6}{7}\delta$
④ $\frac{7}{8}\delta$

해설 (배제두께) $\delta^* = \int_0^\delta \left(1 - \frac{u}{U}\right)dy = \int_0^\delta \left(1 - \frac{U\left(\frac{y}{\delta}\right)^{\frac{1}{7}}}{U}\right)dy = \int_0^\delta \left(1 - \left(\frac{y}{\delta}\right)^{\frac{1}{7}}\right)dy$

$= \left[y - \frac{1}{\delta^{\frac{1}{7}}} \times \frac{1}{\frac{1}{7}+1} y^{\frac{1}{7}+1}\right]_0^\delta = \frac{\delta}{8}$

해답 ①

053 다음 변수 중에서 무차원 수는 어느 것인가?
① 가속도 ② 동점성계수
③ 비중   ④ 비중량

해설
① 가속도[m/s²]
② 동점성계수[m²/s]
④ 비중량[N/m³]

해답 ③

054 그림과 같이 반지름 R인 원추와 평판으로 구성된 점도측정기(cone and plate viscometer)를 사용하여 액체시료의 점성계수를 측정하는 장치가 있다. 위쪽의 원추는 아래쪽 원판과의 각도를 0.5° 미만으로 유지하고 일정한 각속도 w로 회전하고 있으며 갭 사이를 채운 유체의 점도는 위 평판을 정상적으로 돌리는데 필요한 토크를 측정하여 계산한다. 여기서 갭 사이의 속도 분포가 반지름 방향 길이에 선형적일 때, 원추의 밑면에 작용하는 전단응력의 크기에 관한 설명으로 옳은 것은?

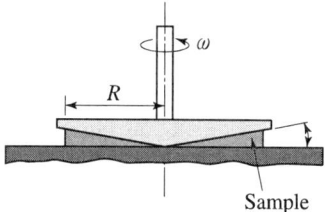

① 전단응력의 크기는 반지름 방향 길이에 관계없이 일정하다.
② 전단응력의 크기는 반지름 방향 길이에 비례하여 증가한다.
③ 전단응력의 크기는 반지름 방향 길이의 제곱에 비례하여 증가한다.
④ 전단응력의 크기는 반지름 방향 길이의 1/2승에 비례하여 증가한다.

해설 $\tau = \mu \frac{V}{h} = \mu \frac{wr}{r\tan\theta} = \mu \frac{w}{\tan\theta}$

여기서, μ : 일정, w : 일정, tan0.5 : 일정
전단응력은 어디든 일정하다.

해답 ①

055 5℃의 물(밀도 1000kg/m³, 점성계수 1.5×10^{-3}kg/(m·s))이 안지름 3mm, 길이 9m인 수평 파이프 내부를 평균속도 0.9m/s로 흐르게 하는데 필요한 동력은 약 몇 W인가?

① 0.14　　　　② 0.28
③ 0.42　　　　④ 0.56

 (동력) $H_W = \gamma H_L Q = 9800 \times 4.4 \times \left(\dfrac{\pi}{4} \times 0.003^2 \times 0.9\right) = 0.274W$

$H_L = f \times \dfrac{l}{D} \times \dfrac{V^2}{2g} = 0.0355 \times \dfrac{9}{0.003} \times \dfrac{0.9^2}{2 \times 9.8} = 4.4m$

(층류의 관 마찰계수) $f = \dfrac{64}{Re} = \dfrac{64}{1800} = 0.0355$

$Re = \dfrac{\rho VD}{\mu} = \dfrac{1000 \times 0.9 \times 0.003}{1.5 \times 10^{-3}} = 1800$; 층류

해답 ②

056 유효 낙차가 100m인 댐의 유량이 10m³/s일 때 효율 90%인 수력터빈의 출력은 약 몇 MW인가?

① 8.83　　　　② 9.81
③ 10.9　　　　④ 12.4

(수력터비의 효율) $\eta_T = \dfrac{H_{out}}{\gamma HQ}$

(수력터빈의 출력) $H_{out} = \eta_T \times \gamma HQ = 0.9 \times 9800 \times 100 \times 10$
　　　　　　　　　　　　$= 8820000W = 8.82MW$

해답 ①

057 그림과 같은 수압기에서 피스톤의 지름이 $d_1 = 300$mm, 이것과 연결된 램(ram)의 지름이 $d_2 = 200$mm이다. 압력 P_1이 1MPa의 압력을 피스톤에 작용시킬 때 주램의 지름이 $d_3 = 400$mm이면 주램에서 발생하는 힘(W)은 약 몇 kN인가?

① 226
② 284
③ 334
④ 438

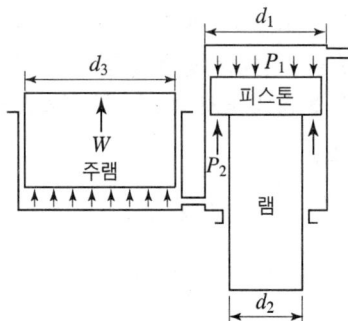

해설

$$F_1 = P_1 \times \frac{\pi}{4}d_1^2 = 1 \times \frac{\pi}{4}300^2 = 70685.83\text{N}$$

(압력) $P_2 = \dfrac{W}{\frac{\pi}{4}d_3^2}$, $F_2 = P_2 \times \dfrac{\pi}{4}(d_1^2 - d_2^2) = \dfrac{W}{\frac{\pi}{4}d_3^2} \times \dfrac{\pi}{4}(d_1^2 - d_2^2)$

$F_1 = F_2$, $70685.83\text{N} = \dfrac{W}{\frac{\pi}{4}d_3^2} \times \dfrac{\pi}{4}(d_1^2 - d_2^2)$, $70685.83\text{N} = \dfrac{W}{d_3^2} \times (d_1^2 - d_2^2)$

$W = 226194.67\text{N} = 22.619\text{kN}$

해답 ①

058

스프링클러의 중심축을 통해 공급되는 유량은 총 3L/s이고 네 개의 회전이 가능한 관을 통해 유출된다. 출구 부분은 접선 방향과 30°의 경사를 이루고 있고 회전 반지름은 0.3m이고 각 출구 지름은 1.5cm로 동일하다. 작동과정에서 스프링클러의 회전에 대한 저항 토크가 없을 때 회전 각속도는 약 몇 rad/s인가? (단, 회전축상의 마찰은 무시한다.)

① 1.225
② 42.4
③ 4.24
④ 12.25

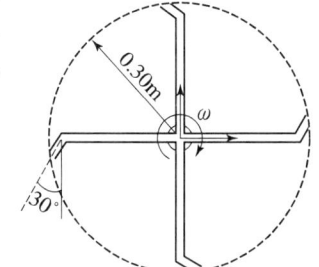

해설 (노즐 하나로 나오는 유량) $Q' = \dfrac{Q}{4} = \dfrac{0.003}{4} = 7.5 \times 10^{-4}\text{m}^3/\text{s}$

$$V' = \dfrac{Q'}{\frac{\pi}{4}d^2} = \dfrac{7.5 \times 10^{-4}}{\frac{\pi}{4}0.015^2} = 4.244\text{m/s}$$

(원주방향 속도) $V_P = V' \times \cos 30 = 3.675\text{m/s}$

(각속도) $w = \dfrac{V_P}{R} = \dfrac{3.675}{0.3} = 12.25\text{rad/s}$

해답 ④

059

높이 1.5m의 자동차가 108km/h의 속도로 주행할 때의 공기흐름 상태를 높이 1m의 모형을 사용해서 풍동 실험하여 알아보고자 한다. 여기서 상사법칙을 만족시키기 위한 풍동의 공기 속도는 약 몇 m/s인가?(단, 그 외 조건은 동일하다고 가정한다.)

① 20　　　　　　　　　　② 30
③ 45　　　　　　　　　　④ 67

해설 $R_e = \left(\dfrac{\rho v l}{\mu}\right)_p = \left(\dfrac{\rho v l}{\mu}\right)_m$, $v_p l_p = v_m l_m$, $108 \times 1.5 = v_m \times 1$

$v_m = 162\text{km/h} = 45\text{m/s}$

해답 ③

060 밀도가 ρ인 액체와 접촉하고 있는 기체 사이의 표면장력이 σ라고 할 때 그림과 같은 지름 d의 원통 모세관에서 액주의 높이 h를 구하는 식은?(단, g는 중력가속도이다.)

① $\dfrac{\sigma \sin\theta}{\rho g d}$

② $\dfrac{\sigma \cos\theta}{\rho g d}$

③ $\dfrac{4\sigma \sin\theta}{\rho g d}$

④ $\dfrac{4\sigma \cos\theta}{\rho g d}$

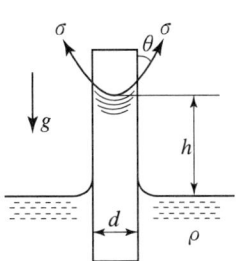

해설 (모세관 현상에 의한 물의 상승높이) $h = \dfrac{4\sigma \cos\beta}{\gamma D}$

여기서, σ : 표면장력, β : 접촉각, γ : 유체의 비중량, D : 내경

해답 ④

제4과목 기계재료 및 유압기기

061 황동 가공재 특히 관·봉 등에서 잔류응력에 기인하여 균열이 발생하는 현상은?

① 자연균열 ② 시효경화
③ 탈아연부식 ④ 저온풀림경화

해설 **자연균열**(season cracking)
담금질 또는 담금풀림한 철강으로 상온에 방치중에 생기는 균열을 말한다. 잔류 오스테나이트의 마르텐사이트에의 변태나 과대한 전류응력이 원인이며 담금질 후 바로 충분한 풀림을 함으로써 방지할 수 있다. 냉간가공을 받아 잔류응력이 있는 황동 등에 있어서 습기나 암모니아 등의 부식 환경 하에서 생기는 균열(시기균열)을 말하기도 한다. 비교적 완만한 습윤 환경하의 고온도강에 일어나는 지연파괴도 이 범주 안에 있다. 냉간가공한 봉, 관, 용기 중이 사용 중이나 저장 중에 가공 때의 내부응력, 공기 중의 염류, 암모니아 가스로 인해 입간 부식을 일으켜 균열이 발생하는 현상이다.

해답 ①

062 순철(α-Fe)의 자기변태 온도는 약 몇 ℃인가?

① 210℃ ② 768℃
③ 910℃ ④ 1410℃

변태	온도	내용	비교
A_0	210	시멘타이트의 자기변태	강
A_1	727	공석변태 austenite ↔ pearlite	강
A_2	768	철의 자기변태(α철 ↔ β철)	철강
A_3	911	철의 동소변태(α철 ↔ γ철)	철강
A_4	1398	철의 동소변태(γ철 ↔ δ철)	철강

해답 ②

063 스테인리스강을 조직에 따라 분류한 것 중 틀린 것은?

① 페라이트계
② 마텐자이트계
③ 시멘타이트계
④ 오스테나이트계

성분계	조직	KS기호	자성
Cr계	마텐자이트(Cr 13%)	STS410	있음
	페라이트(Cr 15%)	STS430	있음
Cr-Ni계	오스테나이트(Cr 18% - Ni 8%)	STS304	없음

해답 ③

064 경도가 매우 큰 담금질한 강에 적당한 강인성을 부여할 목적으로 A_1 변태점 이하의 일정온도로 가열 조작하는 열처리법은?

① 퀜칭(quenching)
② 템퍼링(tempering)
③ 노멀라이징(normalizing)
④ 마퀜칭(marquenching)

뜨임(tempering, 템퍼링) : 담금질한 강(불림한 강)의 인성을 증가하고 또는 경도를 감소시키기 위해서 변태점 이하의 적당한 온도로 가열한 후에 냉각시키는 조작. 여기서 변태점이라는 것은 A1 변태점을 뜻하며 현장에서는 담금질강의 담금질 뜨임을 가열 뜨임, 담금질용 불림강을 가열 불림이라고도 한다. 소려(燒戾)라고도 한다.

해답 ②

065 고속도 공구강재를 나타내는 한국산업표준 기호로 옳은 것은?

① SM20C
② STC
③ STD
④ SKH

SM20C : 기계구조용 탄소강, 탄소함량 0.2%
STC : 탄소공구강
STD : 합금공구강(냉간금형용)

해답 ④

066 빗금으로 표시한 입방격자면의 밀러지수는?

① (100)
② (010)
③ (110)
④ (111)

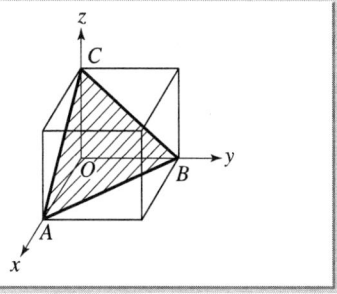

해설

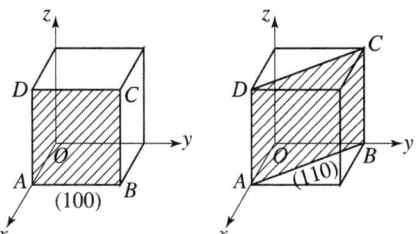

해답 ④

067 피아노선재의 조직으로 가장 적당한 것은?

① 페라이트(ferrite)
② 소르바이트(sorbite)
③ 오스테나이트(austenite)
④ 마텐자이트(martensite)

해설 **소르바이트** : 트루스타이트보다 냉각속도를 느리게 하였을 때의 조직으로 스프링에 사용된다.
피아노선(piano wire) : C함유량 0.6~1.05%, 그 외에 Si, Mn, S, P, Cu 등을 함유하며, 고도의 인장 강도를 지니고 있다. 상온에서 와이어 드로잉(wire drawing) 가공을 한 후 가열하여 인성을 띠게 하여 사용한다. 지름 0.08~6.0mm, 코일 스프링, 고급스프링 등에 사용한다.

해답 ②

068 마텐자이트(martensite) 변태의 특징에 대한 설명으로 틀린 것은?

① 마텐자이트는 고용체의 단일상이다.
② 마텐자이트 변태는 확산 변태이다.
③ 마텐자이트 변태는 협동적 원자운동에 의한 변태이다.
④ 마텐자이트의 결정 내에는 격자결함이 존재한다.

해설 마텐자이트는 무확산 변태이다.

해답 ②

069
Fe-C 평형상태도에서 나타나는 철강의 기본조직이 아닌 것은?
① 페라이트 ② 펄라이트
③ 시멘타이트 ④ 마텐자이트

해설 강의 표준조직에는 페라이트, 오스테나이트, 시멘타이트, 펄라이트, 레데뷰라이트 가 있다. 마텐자이트는 강의 열처리 중 담금질조직에서 나타나는 조직이다.

해답 ④

070
6 : 4황동에 Pb을 약 1.5 ~ 3.0%를 첨가한 합금으로 정밀가공을 필요로 하는 부품 등에 사용되는 합금은?
① 쾌삭황동 ② 강력황동
③ 델타메탈 ④ 애드미럴티 황동

해설 **쾌삭황동** : Pb을 약 1.5~3.0%를 첨가한 합금으로 절삭성이 좋아 정밀정삭가공을 필요로 하는 기계용 기어, 나사 등에 사용한다.

해답 ①

071
관(튜브)의 끝을 넓히지 않고 관과 슬리브의 먹힘 또는 마찰에 의하여 관을 유지하는 관 이음쇠는?
① 스위블 이음쇠 ② 플랜지 관 이음쇠
③ 플레어드 관 이음쇠 ④ 플레어리스 관 이음쇠

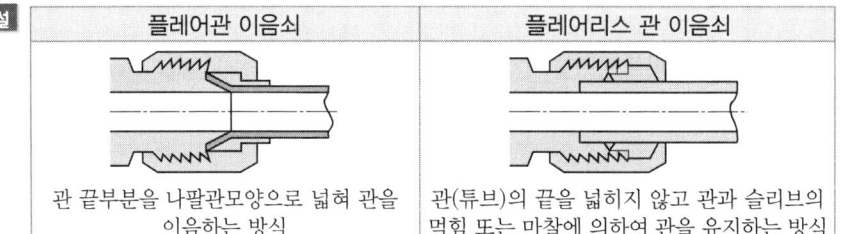

해답 ④

072
다음 중 일반적으로 가변 용량형 펌프로 사용할 수 없는 것은?
① 내접 기어 펌프 ② 축류형 피스톤 펌프
③ 반경류형 피스톤 펌프 ④ 압력 불 평형형 베인 펌프

해설 내접기어는 정용량형 펌프로만 사용할 수 있다.

해답 ①

073 공기압 장치와 비교하여 유압장치의 일반적인 특징에 대한 설명 중 틀린 것은?

① 인화에 따른 폭발의 위험이 적다.
② 작은 장치로 큰 힘을 얻을 수 있다.
③ 입력에 대한 출력의 응답이 빠르다.
④ 방청과 윤활이 자동적으로 이루어진다.

해설 유압은 기름의 일종임으로 인화에 따른 폭발의 위험이 있다.

해답 ①

074 그림의 유압 회로도에서 ①의 밸브 명칭으로 옳은 것은?

① 스톱 밸브
② 릴리프 밸브
③ 무부하 밸브
④ 카운터 밸런스 밸브

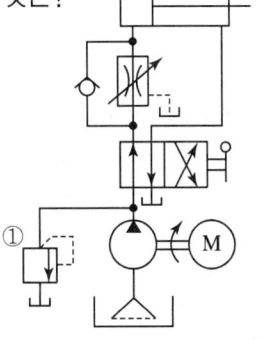

해설 유압 회로도에서 ①의 밸브 명칭 : 릴리프 밸브로 회로내의 최고압력을 제어하는 밸브이다.

해답 ②

075 4포트 3위치 방향밸브에서 일명 센터 바이패스형이라고도 하며, 중립위치에서 A, B포트가 모두 닫히면 실린더는 임의의 위치에서 고정되고, 또 P포트와 T포트가 서로 통하게 되므로 펌프를 무부하 시킬 수 있는 형식은?

① 탠덤 센터형
② 오픈 센터형
③ 클로즈드 센터형
④ 펌프 클로즈드 센터형

해설 **탠덤 센터형**(탠덤 센터형 방향제어밸브)
P(펌프)에서 나온 유량은 작업라인(A, B)로 가지 않고 바로 탱크(T)로 복귀시켜 펌프를 무부하로 운전하게 하는 방향제어밸브이다.

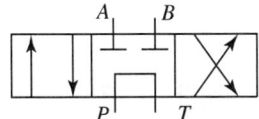

해답 ①

076 다음 중 드레인 배출기 붙이 필터를 나타내는 공유압 기호는?

① 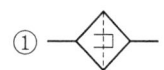 ②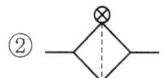

③ 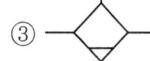 ④

해설 ① 필터(자석붙이형 필터)
② 필터(눈막힘표시기 붙이형 필터)
③ 드레인 배출기(수동)
④ 드레인 배출기 붙이 필터(수동)

해답 ④

077 그림과 같은 유압기호의 조작 방식에 대한 설명으로 옳지 않지 것은?

① 2방향 조작이다.
② 파일럿 조작이다.
③ 솔레노이드 조작이다.
④ 복동으로 조작할 수 있다.

해설 파일럿 조작 방식은 점선(- - - - - - -)으로 나타낸다.

해답 ②

078 그림과 같이 액추에이터의 공급 쪽 관로 내의 흐름을 제어함으로써 속도를 제어하는 회로는?

① 시퀀스 회로
② 체크 백 회로
③ 미터 인 회로
④ 미터 아웃 회로

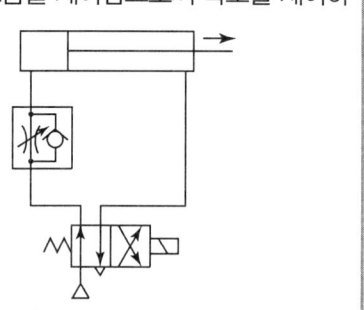

해설 실린더로 들어가는 유량을 제어하는 방식임으로 미터인 방식의 유량 제어방식이다.

해답 ③

079 비중량(spceific weight)의 MLT계 차원은?(단, M : 질량, L : 길이, T : 시간)

① $ML^{-1}T^{-1}$
② $ML^{2}T^{-3}$
③ $ML^{-2}T^{-2}$
④ $ML^{2}T^{-2}$

해설 비중량 $= \dfrac{무게}{체적} \left[\dfrac{N}{m^3}\right]$

$[FL^{-3}] = [MLT^{-2} \times L^{-3}] = [ML^{-2}T^{-2}]$

해답 ③

080 기름의 압축률이 $6.8 \times 10^{-5} cm^2/kgf$일 때 압력을 0에서 $100kgf/cm^2$까지 압축하면 체적은 몇 % 감소하는가?

① 0.48 ② 0.68
③ 0.89 ④ 1.46

해설 (체적탄성계수) $K = \dfrac{1}{(압축률)\beta} = \dfrac{\Delta P}{\dfrac{\Delta V}{V}}$

(체적감소율) $\dfrac{\Delta V}{V} = \Delta P \times \beta = 100 \times 6.8 \times 10^{-5} = 6.8 \times 10^{-3} = 0.0068 = 0.68\%$

해답 ②

제5과목 기계제작법 및 기계동력학

081 방향에 대한 비감쇠 자유진동 식은 다음과 같이 나타난다. 여기서 시간(t)=0일 때의 변위를 x_o, 속도를 v_0라 하면 이 진동의 진폭을 옳게 나타낸 것은?(단, m은 질량, k는 스프링 상수이다.)

$$m\ddot{x} + kx = 0$$

① $\sqrt{\dfrac{m}{k}x_0^2 + v_0^2}$ ② $\sqrt{\dfrac{k}{m}x_0^2 + v_0^2}$

③ $\sqrt{x_0^2 + \dfrac{m}{k}v_0^2}$ ④ $\sqrt{x_0^2 + \dfrac{k}{m}v_0^2}$

해설 $x(t) = A\cos w_n t + B\sin w_n t,\ x(0) = A = x_o$

$v(t) = \dfrac{dx(t)}{dt} = -Aw_n \sin w_n t + Bw_n \cos w_n t$

$v(0) = Bw_n = v_o,\ B = \dfrac{v_o}{w_n} = \dfrac{v_o}{\sqrt{\dfrac{k}{m}}} = v_o\sqrt{\dfrac{m}{k}}$

(진폭) $X = \sqrt{A^2 + B^2} = \sqrt{x_o^2 + \left(v_o\sqrt{\dfrac{m}{k}}\right)^2} = \sqrt{x_o^2 + v_o^2\dfrac{m}{k}}$

해답 ③

082

w인 진동수를 가진 기저 진동에 대한 전달율(TR, transmissibility)을 1 미만으로 하기 위한 조건으로 가장 옳은 것은?(단, 진동계의 고유진동수는 w_n이다.)

① $\dfrac{w}{w_n} < 2$
② $\dfrac{w}{w_n} > \sqrt{2}$
③ $\dfrac{w}{w_n} > 2$
④ $\dfrac{w}{w_n} < \sqrt{2}$

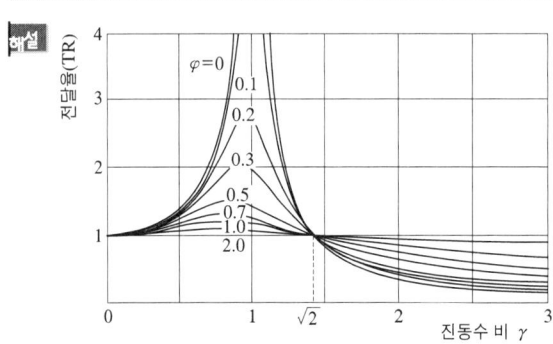

(진동수비) $\gamma = \dfrac{w}{w_n}$, $\dfrac{w}{w_n} > \sqrt{2}$

해답 ②

083

그림과 같은 1자유도 진동 시스템에서 임계 감쇠계수는 약 몇 N·s/m인가?

① 80
② 400
③ 800
④ 2000

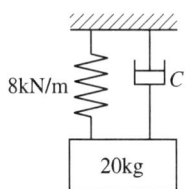

(임계감쇠계수) $C_c = 2\sqrt{mk} = 2 \times \sqrt{20 \times 8000} = 800 \text{Ns/m}$

해답 ③

084

물방울이 떨어지기 시작하여 3초 후의 속도는 약 몇 m/s인가?(단, 공기의 저항은 무시하고, 초기속도는 0으로 한다.)

① 29.4
② 19.6
③ 9.8
④ 3

(나중 속도) $V_2 = V_1 + at_2 = 0 + (9.8 \times 3) = 29.4 \text{m/s}$

해답 ①

085

그림과 같이 질량이 m이고 길이가 L인 균일한 막대에 대하여 A점을 기준으로 한 질량 관성 모멘트를 나타내는 식은?

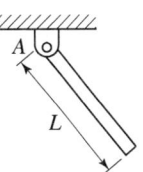

① mL^2 ② $\dfrac{1}{3}mL^2$

③ $\dfrac{1}{4}mL^2$ ④ $\dfrac{1}{12}mL^2$

해설

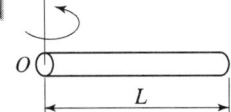

$J_o = \dfrac{mL^2}{3}$

해답 ②

086

질량이 m인 공이 그림과 같이 속력이 v, 각도가 α로 질량이 큰 금속판에 사출되었다. 만일 공과 금속판 사이의 반발계수가 0.8이고, 공과 금속판 사이의 마찰이 무시된다면 입사각 α와 출사각 β의 관계는?

① α에 관계없이 $\beta = 0$
② $\alpha > \beta$
③ $\alpha = \beta$
④ $\alpha < \beta$

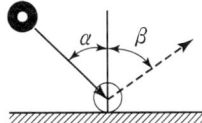

해설

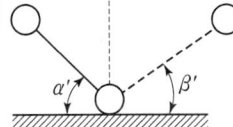

반달계수가 1보다 작을 때는 $\alpha' > \beta'$

해답 ④

087

10°의 기울기를 가진 경사면에 놓인 질량 100kg인 물체에 수평방향의 힘 500N를 가하여 경사면 위로 물체를 밀어 올린다. 경사면의 마찰계수가 0.2라면 경사면 방향으로 2m를 움직인 위치에서 물체의 속도는 약 얼마인가?

① 1.1 m/s
② 2.1 m/s
③ 3.1 m/s
④ 4.1 m/s

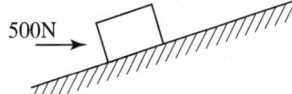

해설

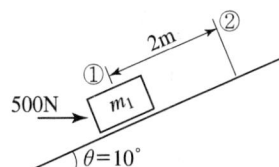

(경사면에 가해진 일 량) $E = 500 \times \cos 10 \times 2 = 984.8N$
(②지점의 에너지) E_2 = 운동에너지+위치에너지+마찰에너지

$$E_2 = \frac{1}{2}mV_2^2 + mg2\sin\theta + \mu mg\cos\theta \times 2$$
$$= \left(\frac{1}{2}mV_2^2\right) + (100 \times 9.8 \times 2 \times \sin 10) + (0.2 \times 100 \times 9.8 \times \cos 10 \times 2)$$
$$= \frac{1}{2}10V_2^2 + 340.35 + 386.04$$

(경사면에 가해진 일량) E = ②지점의 에너지
$$984.8 = \frac{1}{2}100V_2^2 + 340.35 + 386.04$$

(2지점의 속도) $V_2 = 2.27 \mathrm{m/s}$

해답 ②

088 길이가 1m이고 질량이 5kg인 균일한 막대가 그림과 같이 지지되어 있다. A점은 힌지로 되어 있어 B점에 연결된 줄이 갑자기 끊어졌을 때 막대는 자유로이 회전한다. 여기서 막대가 수직 위치에 도달한 순간 각속도는 약 몇 rad/s인가?

① 2.62
② 3.43
③ 3.91
④ 5.42

해설 $mg \times \frac{L}{2} = \frac{1}{2}Jw^2$

(각속도) $w = \sqrt{\frac{mgL}{J}} = \sqrt{\frac{mgL}{\frac{mL^2}{3}}} = \sqrt{\frac{3g}{L}} = \sqrt{\frac{3 \times 9.8}{1}} = 5.42 \mathrm{rad/s}$

해답 ④

089 북극과 남극이 일직선으로 관통된 구멍을 통하여 북극에서 지구 내부를 향하여 초가속도 $v_0 = 10\mathrm{m/s}$로 한 질점을 던졌다. 그 질점이 A점($S = \frac{R}{2}$)을 통과할 때의 속력은 약 얼마인가?(단, 지구내부는 균일한 물질로 채워져 있으며, 중력가속도는 O점에서 0이고, O점으로부터의 위치 S에 비례한다고 가정한다. 그리고 지표면에서 중력가속도는 9.8m/s², 지구 반지름은 $R = 6371\mathrm{km}$이다.)

① 6.84km/s
② 7.90km/s
③ 8.44km/s
④ 9.81km/s

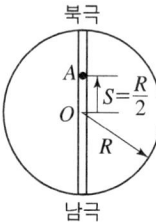

해설 초기위치 $x_o = R$, 나중위치 $\frac{R}{2}$, 초기속도 $V_o = 10\text{m/s}$
(임의의 x지점의 가속도) a
$g : R = a : x$
$a = \frac{gx}{R}$, x방향은 ↑방향, y방향은 ↓방향이므로 $a = -\frac{gx}{R}$
$V = \frac{dx}{dt}$, $a = \frac{dV}{dt}$
$dt = \frac{dx}{V}$, $dt = \frac{dV}{a}$
$\frac{dx}{V} = \frac{dV}{a}$, $adx = VdV$
$-\frac{gx}{R}dx = VdV$
$-\frac{gx}{R}dx = VdV$ 적분하면
$-\frac{g}{2R}[x^2]_{R}^{\frac{R}{2}} = \frac{1}{2}[V^2]_{V_o}^{V_A}$
$-\frac{g}{2R}\left(\frac{R}{2}\right)^2 - R^2 = \frac{1}{2}(V_A^2 - V_o^2)$
$-\frac{g}{2R}\left(\frac{R^2}{4} - \frac{4R^2}{4}\right) = \frac{1}{2}(V_A^2 - V_o^2)$
$\frac{3gR}{8} = \frac{1}{2}(V_A^2 - V_o^2) = \frac{3 \times 9.8 \times 6371000}{8} = \frac{1}{2}(V_A^2 - 10^2)$
$V_A = 6843.02\text{m/s} \fallingdotseq 6.84\text{km/s}$

해답 ①

090
스프링으로 지지되어 있는 어느 물체가 매분 120회를 진동할 때 진동수는 약 몇 rad/s 인가?

① 3.14
② 6.28
③ 9.42
④ 12.57

해설 (진동수) $f = \frac{120\,cycle}{60\sec} = 2[\text{Hz}]$
(각진동수) $w = 2\pi f = 2 \times \pi \times 2 = 12.56\text{rad/s}$

해답 ④

091
선반에서 절삭비(cutting ratio, γ)의 표현식으로 옳은 것은?(단, ϕ는 전단각, α는 공구 윗면 경사각이다.)

① $r = \frac{\cos(\phi - \alpha)}{\sin\phi}$
② $r = \frac{\sin(\phi - \alpha)}{\cos\phi}$
③ $r = \frac{\cos\phi}{\sin(\phi - \alpha)}$
④ $r = \frac{\sin\phi}{\cos(\phi - \alpha)}$

해설 (절삭비) $\gamma = \dfrac{t_1(절삭\ 깊이)}{t_2(칩의\ 두께)} = \dfrac{\sin\phi}{\cos(\phi-\alpha)}$

여기서, α : 공구윗면 경사각
ϕ : 전단각

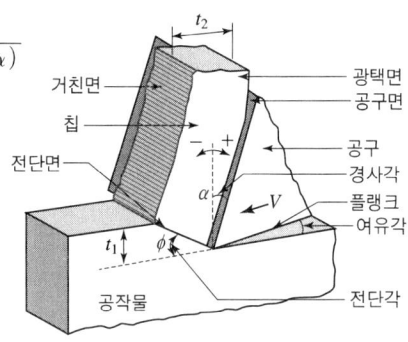

해답 ④

092
지름 100mm, 판의 두께 3mm, 전단저항 45kgf/mm²인 SM40C 강판을 전단할 때 전단하중은 약 몇 kgf인가?

① 42410
② 53240
③ 67420
④ 70680

해설 (전단하중) $F = \tau \times \pi D t = 45\,\mathrm{kgf/mm^2} \times (\pi \times 100 \times 3)\mathrm{mm^2} = 42411.5\,\mathrm{kgf}$

해답 ①

093
피복 아크용접에서 피복제의 주된 역할이 아닌 것은?

① 용착효율을 높인다.
② 아크를 안정하게 한다.
③ 질화를 촉진한다.
④ 스패터를 적게 발생시킨다.

해설 피복제의 역할
① 공기 중의 산소나 질소의 침입을 방지하여 피복재의 연소 가스의 이온화에 의하여 전류가 끊어졌을 때에도 계속 아크를 발생 시키므로 안정된 아크를 얻을 수 있다.
② 슬래그를 형성하여 용접부의 급냉을 방지하여 용착 금속에 필요한 원소를 보충한다.
③ 불순물과 친화력이 강한 재료를 사용하여 용착 금속을 정련한다.
④ 붕사, 산화티탄 등을 사용하여 용착 금속의 유동성을 좋게 한다.
⑤ 좁은 틈에서 작업할 때 정연 작용을 한다.

해답 ③

094
4개의 조각 각각 단독으로 이동하여 불규칙한 공작물의 고정에 적합하고 편심 가공이 가능한 선반척은?

① 연동척
② 유압척
③ 단동척
④ 콜릿척

해설 ① **연동척** : 3개의 조가 120°로 배치되어 있으며 3본척=만능척이라고도 한다. 3개의 조가 동일한 방향과 크기로 이동한다. 단면이 불규칙한 공작물은 고정이 곤란하다.
② **유압척** : 유압을 이용하여 척의 조를 개폐하며 공작물을 균일하게 조일 수 있어 비

교적 강한 힘으로 공작물을 고정시킬 수가 있다.
④ **콜릿척** : 터릿선반이나 자동선반에서 지름이 작은 공작물이나 각봉을 가공할 때 사용한다.

해답 ③

095 표면경화법에서 금속침투법 중 아연을 침투시키는 것은?
① 칼로라이징
② 세라다이징
③ 크로마이징
④ 실리코나이징

해설
① 칼로라이징 : Al침투
② 세라다이징 : Zn침투
③ 크로마이징 : Cr침투
④ 실리코나이징 : Si침투

해답 ②

096 초음파 가공의 특징으로 틀린 것은?
① 부도체도 가공이 가능하다.
② 납, 구리, 연강의 가공이 쉽다.
③ 복잡한 형상도 쉽게 가공한다.
④ 공작물에 가공 변형이 남지 않는다.

해설 초음파 가공 특징
① 전기적으로 부도체도 보통 금속과 동일하게 가공할 수 있다.
② 연삭 가공에 비해 가공면의 변질과 변형이 적다.
③ 초경질, 메짐성이 큰 재료에 사용한다.
④ 절단, 구멍 뚫기, 평면 가공, 표면 가공 등을 할 수 있다.
⑤ 가공 면적과 깊이가 제한 받는다.
⑥ 가공 속도가 느리고 공구의 소모가 많다.
⑦ 납, 구리 연강 등 연질재료는 가공이 어렵다.

해답 ②

097 와이어 컷(wire cut) 방전가공의 특징으로 틀린 것은?
① 표면거칠기가 양호하다.
② 담금질강과 초경합금의 가공이 가능하다.
③ 복잡한 형상의 가공물을 높은 정밀도로 가공할 수 있다.
④ 가공물의 형상이 복잡함에 따라 가공속도가 변한다.

해설 와이어 컷 방전가공 특징
① 재료의 경도에 관계없이 가공할 수 있다.
② 특수한 공구를 필요로 하지 않는다.
③ 형상의 제한이 없다.
④ 고 정밀도의 가공이 가능하다.
⑤ 와이어 전극의 소모를 대부분 무시할 수 있다.
⑥ 화재발생 위험이 없다.
⑦ 가공물의 형상이 복잡하여도 가공속도는 변함이 없다.

해답 ④

098
프레스 가공에서 전단가공의 종류가 아닌 것은?
① 세이빙   ② 블랭킹
③ 트리밍   ④ 스웨이징

해설 전단 가공의 종류
① 블랭킹(blanking)   ② 펀칭(punching)
③ 전단(shearing)   ④ 분단(parting)
⑤ 노칭(notching)   ⑥ 트리밍(trimming)
⑦ 셰이빙(shaving)   ⑧ 브로칭(broaching)
스웨이징은 재료의 두께를 감소시키는 작업으로 소재의 면적에 비하여 압입하는 공구의 접촉 면적이 작은 압축 가공이다.

해답 ④

099
용탕의 충전 시에 모래의 팽창력에 의해 주형이 팽창하여 발생하는 것으로, 주물표면에 생기는 불규칙한 형상의 크고 작은 돌기 모양을 하는 주물 결함은?
① 스캡   ② 탕경
③ 블로홀   ④ 수축공

해설 스캡(Scabs) : 주물표면에 생기는 불규칙한 형상의 크고 작은 돌기 모양의 주물 결함으로 주로 용탕의 충전 할 때 모래의 팽창력에 의해 주형이 팽창하여 발생한다. 이로 인한 주물표면에 작은 돌기모양이 발생된다.

해답 ①

100
테르밋 용접(thermit welding)의 일반적인 특징으로 틀린 것은?
① 전력 소모가 크다.   ② 용접시간이 비교적 짧다.
③ 용접작업 후의 변형이 작다.   ④ 용접 작업장소의 이동이 쉽다.

해설 테르밋 용접 특징
① 전원이 필요 없고 용접기구가 간단하며 설비비가 싸다.
② 작업장소의 이동이 용이하다.
③ 용접시간이 비교적 짧고 용접 후의 변형이 적다.
④ 접합강도가 낮다.

해답 ①

일반기계기사

2017년 9월 23일 시행

제1과목 재료역학

001 길이가 L인 양단 고정보의 중앙점에 집중하중 P가 작용할 때 모멘트가 0이 되는 지점에서의 처짐량은 얼마인가?(단, 보의 굽힘강성 EI는 일정하다.)

① $\dfrac{PL^3}{384EI}$ ② $\dfrac{PL^3}{192EI}$

③ $\dfrac{PL^3}{96EI}$ ④ $\dfrac{PL^3}{48EI}$

해설 (최대처짐량) $\delta_{\max} = \dfrac{PL^3}{192EI}$

$M=0$인 지점은 $x = \dfrac{L}{4}$

$y = \dfrac{1}{EI}\left(M_a \dfrac{x^2}{2} - R_a \dfrac{x^3}{6}\right)$

$y_{x=\frac{L}{4}} = \dfrac{1}{EI}\left(\dfrac{PL}{8} \times \dfrac{x^2}{2} - \dfrac{P}{2} \times \dfrac{x^3}{6}\right)$

$= \dfrac{1}{EI}\left\{\dfrac{PL}{8} \times \dfrac{\left(\dfrac{L}{4}\right)^2}{2} - \dfrac{P}{2} \times \dfrac{\left(\dfrac{L}{4}\right)^3}{6}\right\}$

$= \dfrac{PL^3}{384EI}$

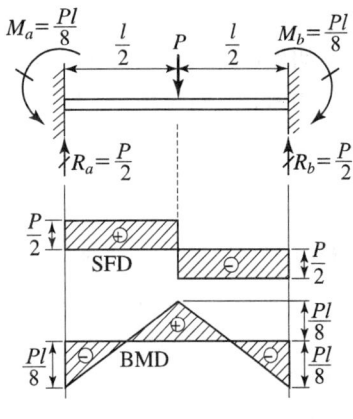

해답 ①

002 길이가 L인 외팔보의 자유단에 집중하중 P가 작용할 때 최대 처짐량은?(단, E: 탄성계수, I: 단면 2차 모멘트이다.)

① $\dfrac{PL^3}{8EI}$ ② $\dfrac{PL^3}{4EI}$

③ $\dfrac{PL^3}{3EI}$ ④ $\dfrac{PL^3}{2EI}$

해설

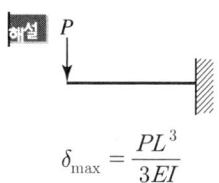

$$\delta_{\max} = \frac{PL^3}{3EI}$$

해답 ③

003 다음 그림과 같은 사각단면의 상승 모멘트(Product of inertia) I_{xy}는 얼마인가?

① $\dfrac{b^2h^2}{4}$ ② $\dfrac{b^2h^2}{3}$

③ $\dfrac{b^2h^3}{4}$ ④ $\dfrac{bh^3}{3}$

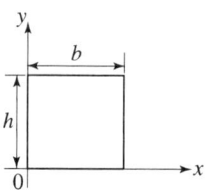

해설 (단면상승모멘트) $I_{xy} = \int xy\,dA = \iint xy\,dx\,dy = \int_0^b x\,dx \int_0^h y\,dy = \dfrac{b^2}{2} \times \dfrac{h^2}{2} = \dfrac{b^2h^2}{4}$

해답 ①

004 바깥지름 50cm, 안지름 40cm의 중공원통에 500kN의 압축하중이 작용했을 때 발생하는 압축응력은 약 몇 MPa인가?

① 5.6   ② 7.1
③ 8.4   ④ 10.8

해설 $\sigma = \dfrac{P}{A} = \dfrac{500000}{\dfrac{\pi}{4}(500^2 - 400^2)} = 7.07\text{MPa}$

해답 ②

005 두께 10mm인 강판으로 직경 2.5m의 원통형 압력용기를 제작하였다. 최대 내부 압력이 1200kPa일 때 축 방향 응력은 몇 MPa인가?

① 75   ② 100
③ 125   ④ 150

해설 (축방향응력) $\sigma_x = \dfrac{PD}{4t} = \dfrac{1.2 \times 2500}{4 \times 10} = 75\text{MPa}$

해답 ①

006 지름 50mm인 중실축 ABC가 A에서 모터에 의해 구동된다. 모터는 600rpm으로 50kW의 동력을 전달한다. 기계를 구동하기 위해서 기어 B는 35kW, 기어 C는 15kW를 필요로 한다. 축 ABC에 발생하는 최대 전단응력은 몇 MPa인가?

① 9.73
② 22.7
③ 32.4
④ 64.8

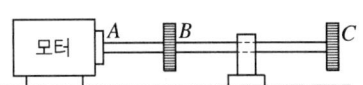

해설
$$T = 9545.2 \times \frac{H_{KW}}{N} = 9545.2 \times \frac{50}{600} = 795.433 \text{Nm} = 795433 \text{Nmm}$$
$$\tau = \frac{16T}{\pi d^3} = \frac{16 \times 795433}{\pi \times 50^3} = 32.4 \text{MPa}$$

해답 ③

---

007 그림과 같은 두 평면응력 상태의 합에서 최대 전단응력은?

① $\frac{\sqrt{3}}{2}\sigma_o$
② $\frac{\sqrt{6}}{2}\sigma_o$
③ $\frac{\sqrt{13}}{2}\sigma_o$
④ $\frac{\sqrt{16}}{2}\sigma_o$

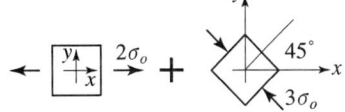

해설
$$\tau_{1\max} = \frac{2\sigma_0}{2} = \sigma_0$$
$$\tau_{2\max} = \frac{3\sigma_0}{2} = \frac{3}{2}\sigma_0$$
$$\tau_{\max} = \sqrt{\sigma_0^2 + \left(\frac{3}{2}\sigma_0\right)^2} = \sqrt{\frac{13}{4}\sigma_0^2} = \frac{\sqrt{13}}{2}\sigma_0$$

해답 ③

---

008 그림에서 블록 A를 이동시키는 데 필요한 힘 P는 몇 N 이상인가?(단, 블록과 접촉면과의 마찰계수 $\mu=0.4$이다.)

① 4
② 8
③ 10
④ 12

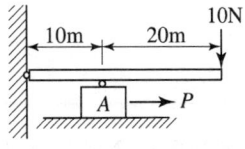

해설 모멘트의 평형조건
$10\text{N} \times 30\text{m} = F_A \times 10\text{m}$
$F_A = 30\text{N}$
$f = \mu F_A = 0.4 \times 30\text{N} = 12\text{N}$
(마찰력) $f = P = 12\text{N}$

해답 ④

009

최대 굽힘모멘트 $M = 8\text{kN} \cdot \text{m}$를 받는 단면의 굽힘 응력을 60MPa로 하려면 정사각 단면에서 한 변의 길이는 약 몇 cm인가?

① 8.2
② 9.3
③ 10.1
④ 12.0

해설

$$M = \sigma_b \times Z = \sigma_b \times \frac{a^3}{6}$$

(정사각형 한 변의 길이) $a = \sqrt[3]{\dfrac{6M}{\sigma_b}} = \sqrt[3]{\dfrac{6 \times 8000000}{60}} = 92.83\text{mm} \fallingdotseq 9.2\text{cm}$

해답 ②

010

T형 단면을 갖는 외팔보에 5kN · m의 굽힘 모멘트가 작용하고 있다. 이 보의 탄성선에 대한 곡률 반지름은 몇 m인가?(단, 탄성계수 $E = 150\text{GPa}$, 중립축에 대한 2차 모멘트 $I = 868 \times 10^{-9}\text{m}^4$이다.)

① 26.04
② 36.04
③ 46.04
④ 56.04

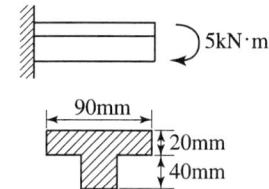

해설

$$\frac{1}{\rho} = \frac{M}{EI}$$

(곡률 반지름) $\rho = \dfrac{EI}{M} = \dfrac{150 \times 10^9 \times 868 \times 10^{-9}}{5000} = 26.04\text{m}$

해답 ①

011

그림과 같은 단순지지보에서 반력 R_A는 몇 kN인가?

① 8
② 8.4
③ 10
④ 10.4

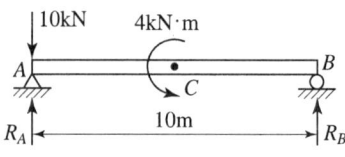

해설 (집중하중 10kN에 의한 반력) $R_{A1} = 10\text{kN} \uparrow$

(우력 4kN · m에 의한 반력) $R_{A2} = \dfrac{M_o}{L} = \dfrac{4\text{kN} \cdot \text{m}}{10} = 0.4\text{kN} \uparrow$

$R_A = R_{A1} + R_{A2} = 10 + 0.4 = 10.4\text{kN} \uparrow$

해답 ④

012

원형단면의 단순보가 그림과 같이 등분포하중 50N/m을 받고 허용굽힘응력이 400MPa일 때 단면의 지름은 최소 약 몇 mm가 되어야 하는가?

① 4.1
② 4.3
③ 4.5
④ 4.7

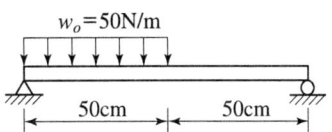

해설 최대굽힘모멘트가 발생하는 지점 $\dfrac{3L}{8}$

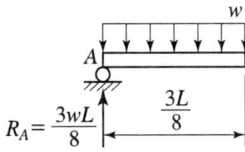

(최대굽힘모멘트) $M_{\max} = w\dfrac{3L}{8} \times \dfrac{3L}{8} - w\dfrac{3L}{8} \times \dfrac{3L}{16} = \dfrac{9wL^2}{128}$

$M_{\max} = \dfrac{9wL^2}{128} = \dfrac{9 \times 50 \times 1^2}{128} = 3.515625 \text{N} \cdot \text{m} = 3515.625 \text{N} \cdot \text{mm}$

$d = \sqrt[3]{\dfrac{32 M_{\max}}{\sigma_b \times \pi}} = \sqrt[3]{\dfrac{32 \times 3515.625}{400 \times \pi}} = 4.47 \text{mm}$

해답 ③

013

그림과 같이 두 가지 재료로 된 봉이 하중 P를 받으면서 강체로 된 보를 수평으로 유지시키고 있다. 강봉에 작용하는 응력이 150MPa일 때 Al봉에 작용하는 응력은 몇 MPa인가?(단, 강과 Al의 탄성계수의 비는 $Es/Ea = 3$이다.)

① 70
② 270
③ 555
④ 875

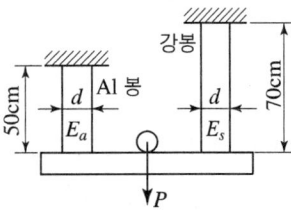

해설 $\left(\dfrac{\sigma L}{E}\right)_{Al} = \left(\dfrac{\sigma L}{E}\right)_{강봉}$

$\sigma_{Al} = \left(\dfrac{\sigma L}{E}\right)_{강봉} \times \dfrac{E_{Al}}{L_{Al}} = \left(\dfrac{150 \times 70}{3}\right)_{강봉} \times \dfrac{1}{50} = 70\text{MPa}$

해답 ①

014

바깥지름이 46mm인 중공축이 120kW의 동력을 전달하는데 이때의 각속도는 40rev/s이다. 이 축의 허용비틀림 응력이 $\tau_a = 80\text{MPa}$일 때, 최대 안지름은 약 몇 mm인가?

① 35.9 ② 41.9
③ 45.9 ④ 51.9

해설 (분당회전수)

$$N = 40\frac{\text{rev}}{\text{s}} \times 60 = 2400\text{rpm}$$

(토크) $T = 974000 \times \dfrac{120}{2400} \times 9.8 = 477260\text{Nmm}$

$$T = \tau_a \times \frac{\frac{\pi}{32}(46^4 - d_1^4)}{\frac{46}{2}}, \quad 477260 = 80 \times \frac{\frac{\pi}{32}(46^4 - d_1^4)}{\frac{46}{2}}$$

(안지름) $d_1 = 41.892\text{mm}$

해답 ②

015

그림과 같은 반지름 a인 원형 단면축에 비틀림 모멘트 T가 작용한다. 단면의 임의의 위치 $r(0 < r < a)$에서 발생하는 전단응력은 얼마인가?(단, $I_o = I_x + I_y$이고, I는 단면 2차 모멘트이다.)

① 0 ② $\dfrac{T}{I_o}r$

③ $\dfrac{T}{I_x}r$ ④ $\dfrac{T}{I_y}r$

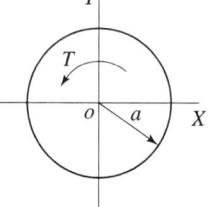

해설 $T = \tau \times Z_P = \tau \times \dfrac{I_o}{r}$

(전단응력) $\tau = \dfrac{T}{I_o}r$

해답 ②

016

탄성(elasticity)에 대한 설명으로 옳은 것은?

① 물체의 변형율을 표시하는 것
② 물체에 작용하는 외력의 크기
③ 물체에 영구변형을 일어나게 하는 성질
④ 물체에 가해진 외력이 제거되는 동시에 원형으로 되돌아가려는 성질

해설 **탄성**(elasticity) : 물체에 외력이 가해지면 변형이 일어나고, 그 외력이 제거되면 원래의 상태로 되돌아가는 성질이다. 즉 영구변형이 발생되지 않는다.

해답 ④

017
길이가 L인 균일단면 막대기에 굽힘 모멘트 M이 그림과 같이 작용하고 있을 때, 막대에 저장된 탄성 변형 에너지는?(단, 막대기의 굽힘강성 EI는 일정하고, 단면적은 A이다.)

① $\dfrac{M^2L}{2AE^2}$ ② $\dfrac{L^3}{4EI}$

③ $\dfrac{M^2L}{2AE}$ ④ $\dfrac{M^2L}{2EI}$

해설 (굽힘탄성에너지) $U_M = \dfrac{1}{2}M\theta_M = \dfrac{1}{2}M \times \dfrac{ML}{EI} = \dfrac{M^2L}{2EI}$

해답 ④

018
직경이 2cm인 원통형 막대에 2kN의 인장하중이 작용하여 균일하게 신장되었을 때, 변형 후 직경의 감소량은 약 몇 mm인가?(단, 탄성계수는 30GPa이고, 포아송비는 0.30이다.)

① 0.0128   ② 0.00128
③ 0.064   ④ 0.0064

해설 (포와송의 비) $\nu = \dfrac{\frac{\Delta d}{d}}{\epsilon} = \dfrac{\Delta d}{d \times \epsilon}$

(직경감소량) $\Delta d = \nu \times d \times \epsilon = \nu \times d \times \dfrac{P}{AE} = 0.3 \times 20 \times \dfrac{2000}{\frac{\pi}{4}20^2 \times 30 \times 10^3}$

$= 0.001273 \text{mm}$

해답 ②

019
그림과 같이 20cm×10cm의 단면적을 갖고 양단이 회전단으로 된 부재가 중심축 방향으로 압축력 P가 작용하고 있을 때 장주의 길이가 2m라면 세장비는?

① 89
② 69
③ 49
④ 29

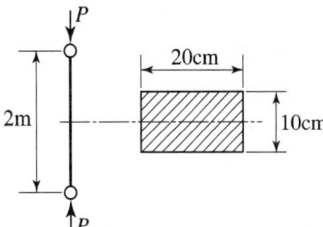

[해설] (세장비) $\lambda = \dfrac{L}{K_{\min}} = \dfrac{200}{\dfrac{10}{2\sqrt{3}}} = 69.282$

[해답] ②

020 길이가 L이고 직경이 d인 강봉을 벽 사이에 고정하고 온도를 ΔT만큼 상승시켰다. 이 때 벽에 작용하는 힘은 어떻게 표현되나?(단, 강봉의 탄성계수는 E이고, 선팽창계수는 α이다.)

① $\dfrac{\pi E \alpha \Delta T d^2 L}{16}$
② $\dfrac{\pi E \alpha \Delta T d^2}{2}$
③ $\dfrac{\pi E \alpha \Delta T d^2 L}{8}$
④ $\dfrac{\pi E \alpha \Delta T d^2}{4}$

[해설] (열응력) $\sigma_{th} = E \times \alpha \times \Delta T = \dfrac{F_{th}}{A}$

(벽에 작용하는 힘) $F_{th} = E \times \alpha \times \Delta T \times A = E \times \alpha \times \Delta T \times \dfrac{\pi d^2}{4}$

[해답] ④

제2과목 기계열역학

021 다음 중 등엔트로피(entropy) 과정에 해당하는 것은?
① 가역 단열 과정
② polytopic 과정
③ Joule-Thomson 교축 과정
④ 등온 팽창 과정

[해설] (엔트로피의 변화) $dS = \dfrac{\delta Q}{T}[\text{kJ/K}]$

단열과정 $\delta Q = 0$, $dS = 0$; 등엔트로피 과정

[해답] ①

022 227℃의 증기가 500kJ/kg의 열을 받으면서 가역 등온 팽창한다. 이때 증기의 엔트로피 변화는 약 몇 kJ/(kg·K)인가?
① 1.0
② 1.5
③ 2.5
④ 2.8

[해설] (엔트로피의 변화) $\Delta s = \dfrac{\Delta q}{T} = \dfrac{500}{227+273} = 1\text{kJ/kg·K}$

[해답] ①

023 최고온도 1300K와 최저온도 300K 사이에서 작동하는 공기표준 Brayton 사이클의 열효율은 약 얼마인가?(단, 압력비는 9, 공기의 비열비는 1.4이다.)
① 30%   ② 36%
③ 42%   ④ 47%

해설 (브레이톤 사이클의 효율) $\eta_B = 1 - \left(\dfrac{1}{\gamma}\right)^{\frac{k-1}{k}} = 1 - \left(\dfrac{1}{9}\right)^{\frac{1.4-1}{1.4}}$
$= 0.466 = 46.6\%$

해답 ④

024 포화증기를 단열상태에서 압축시킬 때 일어나는 일반적인 현상 중 옳은 것은?
① 과열증기가 된다.   ② 온도가 떨어진다.
③ 포화수가 된다.   ④ 습증기가 된다.

해설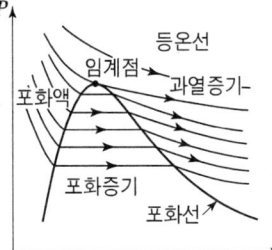
포화증기를 단열압축하면 온도상승, 압력증가 되면서 과열증기가 된다.

해답 ①

025 물의 증발열은 101.325kPa에서 2257kJ/kg이고, 이 때 비체적은 0.00104m³/kg에서 1.67m³/kg으로 변화한다. 이 증발 과정에서 있어서 내부에너지의 변화량(kJ/kg)은?
① 237.5   ② 2375
③ 208.8   ④ 2088

해설 (증발잠열) $\gamma = h'' - h' = (u'' - u') + P(v'' - v')$
(내부에너지 변화) $(u'' - u') = \gamma - P(v'' - v')$
$= 2257 - 101.325 \times (1.67 - 0.00104)$
$= 2087.89 \text{kJ/kg}$

해답 ④

026

가스 터빈 엔진의 열효율에 대한 다음 설명 중 잘못된 것은?

① 압축기 전후의 압력비가 증가할수록 열효율이 증가한다.
② 터빈 입구의 온도가 높을수록 열효율은 증가하나 고온에 견딜 수 있는 터빈 블레이드 개발이 요구된다.
③ 터빈 일에 대한 압축기 일의 비를 back work ratio라고 하며, 이 비가 클수록 열효율이 높아진다.
④ 가스 터빈 엔진은 증기 터빈 원동소와 결합된 복합시스템을 구성하여 열효율을 높일 수 있다.

해설 (역동력비, back work ratio) $B_W = \dfrac{W_C}{W_T} = \dfrac{압축기\ 일}{터빈일}$

역동력비가 작을수록 가스터빈의 효율이 증가된다.

해답 ③

027

1MPa의 일정한 압력(이 때의 포화온도는 180℃) 하에서 물이 포화액에서 포화증기로 상변화를 하는 경우 포화액의 비체적과 엔탈피는 각각 0.00113m³/kg, 763kJ/kg이고, 포화증기의 비체적과 엔탈피는 각각 0.1944m³/kg, 2778kJ/kg이다. 이 때 증발에 따른 내부에너지 변화(u_{fg})와 엔트로피 변화(s_{fg})는 약 얼마인가?

① u_{fg} = 1822kJ/kg, s_{fg} = 3.704kJ/(kg·K)
② u_{fg} = 2002kJ/kg, s_{fg} = 3.704kJ/(kg·K)
③ u_{fg} = 1822kJ/kg, s_{fg} = 4.447kJ/(kg·K)
④ u_{fg} = 2002kJ/kg, s_{fg} = 4.447kJ/(kg·K)

해설 (증발잠열) $\gamma = h_{fg} = h'' - h' = 2778 - 736 = 2042 \text{kJ/kg}$

$\gamma = h'' - h' = (u'' - u') + P(v'' - v')$

(내부에너지의 변화) $u_{fg} = (u'' - u') = \gamma - P(v'' - v')$
$= 2042 - 1000 \times (0.1944 - 0.00113) = 1848.73 \text{kJ/kg}$

$\Delta S = S_2 - S_1 = (C_v + R)\ln\dfrac{v_2}{v_1} = (C_v + R)\ln\dfrac{T_2}{T_1}$

(엔트로피의 변화) $s_{fg} = s'' - s' = \dfrac{\delta q}{T} = \dfrac{\gamma}{T} = \dfrac{h_{fg}}{T} = \dfrac{2042}{180+273} = 4.5 \text{kJ/kgK}$

해답 ③

028

온도 5℃와 35℃ 사이에서 역카르노 사이클로 운전하는 냉동기의 최대 성적 계수는 약 얼마인가?

① 12.3
② 5.3
③ 7.3
④ 9.3

해설 $COP = \dfrac{Q_L}{W_{net}} = \dfrac{T_L}{T_H - T_L} = \dfrac{5+273}{(35+273)-(5+273)} = 9.266$

해답 ④

029 압력 1N/cm², 체적 0.5m³인 기체 1kg을 가역과정으로 압축하여 압축이 2N/cm², 체적이 0.3m³로 변화되었다. 이 과정이 압력-체적(P-V)선도에서 선형적으로 변화되었다면 이 때 외부로부터 받은 일은 약 몇 N·m인가?

① 2000   ② 3000
③ 4000   ④ 5000

해설

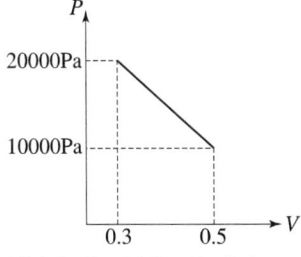

일량은 $P-V$선도의 면적

(일량) $W = 10000 \times (0.5-0.3) + \dfrac{1}{2}(20000-10000) \times (0.5-0.3) = 3000\text{N} \cdot \text{m}$

해답 ②

030 밀폐된 실린더 내의 기체를 피스톤으로 압축하는 동안 300kJ의 열이 방출되었다. 압축일의 양이 400kJ이라면 내부에너지 변화량은 약 몇 kJ인가?

① 100   ② 300
③ 400   ④ 700

해설 $\Delta Q = \Delta U + \Delta W$
(내부에너지 변화) $\Delta U = \Delta Q - \Delta W = \ominus 300 - \ominus 400 = 100\text{kJ}$
열이 방출되면 $\ominus Q$
압축일 $\ominus W$

해답 ①

031 두께가 4cm인 무한히 넓은 금속 평판에서 가열면의 온도를 200℃, 냉각면의 온도를 50℃로 유지하였을 때 금속판을 통한 정상상태의 열유속이 300kW/m²이면 금속판의 열전도율(thermal conductivity)은 약 몇 W/(m·K)인가?(단, 금속판에서의 열전달은 Fourier법칙을 따른다고 가정한다.)

① 20   ② 40
③ 60   ④ 80

(열전열량) $Q = K\dfrac{A\Delta T}{t}$

(열유속) $q = \dfrac{Q}{A} = K\dfrac{\Delta T}{t}$

(열전도율) $K = \dfrac{q \times t}{\Delta T} = \dfrac{300000\,[\text{W/m}^2] \times 0.04\,[\text{m}]}{(200-50)\,[\text{K}]} = 80\,[\text{W/mK}]$

해답 ④

032
고열원과 저열원 사이에서 작동하는 카르노사이클 열기관이 있다. 이 열기관에서 60kJ의 일을 얻기 위하여 100kJ의 열을 공급하고 있다. 저열원의 온도가 15℃라고 하면 고열원의 온도는?

① 128℃
② 288℃
③ 447℃
④ 720℃

(carnot cycle의 효율) $\eta_c = \dfrac{W_{net}}{Q_H} = 1 - \dfrac{Q_L}{Q_H} = 1 - \dfrac{T_L}{T_H}$

$\dfrac{60}{100} = 1 - \dfrac{(273+15)}{(273+T_H)}$

(고열원의 온도) $T_H = 447℃$

해답 ③

033
20℃, 400kPa의 공기가 들어 있는 1m³의 용기와 30℃, 150kPa의 공기 5kg이 들어 있는 용기가 밸브로 연결되어 있다. 밸브가 열려서 전체 공기가 섞인 후 25℃의 주위와 열적 평형을 이룰 때 공기의 압력은 약 몇 kPa인가?(단, 공기의 기체상수는 0.287kJ/(kg·K)이다.)

① 110
② 214
③ 319
④ 417

(용기 A의 공기 질량) $m_A = \dfrac{P_A V_A}{RT_A} = \dfrac{400 \times 1}{0.287 \times (20+273)} = 4.756\,\text{kg}$

(용기 B의 체적) $V_B = \dfrac{m_B RT_B}{P_B} = \dfrac{5 \times 0.287 \times (30+273)}{150} = 2.898\,\text{m}^3$

(A, B 공기 섞인 후의 압력) $P_m = \dfrac{(m_A + m_B) \times R \times T_m}{(V_A + V_B)}$

$= \dfrac{(4.756+5) \times 0.287 \times (25+273)}{(1+2.898)} = 214.05\,\text{kPa}$

해답 ②

034

다음 장치들에 대한 열역학적 관점의 설명으로 옳은 것은?

① 노즐은 유체를 서서히 낮은 압력으로 팽창하여 속도를 감속시키는 기구이다.
② 디퓨저는 저속의 유체를 가속하는 기구이며 그 결과 유체의 압력이 증가한다.
③ 터빈은 작동유체의 압력을 이용하여 열을 생성하는 회전식 기계이다.
④ 압축기의 목적은 외부에서 유입된 동력을 이용하여 유체의 압력을 높이는 것이다.

해설
① **노즐**(nozzle) : 기계공구 및 제작 장비 액체 또는 기체를 고속으로 자유공간에 분출시키기 위해 유로 끝에 다는 가는 관
② **디퓨저**(diffuser) 액체의 유속을 원활하게 줄이고 정압(靜壓)을 상승시키기 위해 사용되는 확대관을 말한다.
③ **터빈**(turbin) ; 작동유체의 압력을 이용하여 일(work)을 생성하는 회전식 기계이다.
④ **압축기**(compressor) : 외부에서 유입된 동력을 이용하여 유체의 압력을 높이는 기계이다.

해답 ④

035

상온(25℃)의 실내에 있는 수은 기압계에서 수은주의 높이가 730mm라면, 이때 기압은 약 몇 kPa인가?(단, 25℃기준, 수은 밀도는 13534kg/m³이다.)

① 91.4　　② 96.9
③ 99.8　　④ 104.2

해설 $P = \gamma H = \rho g H = 13534 \times 9.8 \times 0.73 = 96822.236 \text{Pa} = 96.822 \text{kPa}$

해답 ②

036

자동차 엔진을 수리한 후 실린더 블록과 헤드 사이에 수리 전과 비교하여 더 두꺼운 개스킷을 넣었다면 압축비와 열효율은 어떻게 되겠는가?

① 압축비는 감소하고, 열효율도 감소한다.
② 압축비는 감소하고, 열효율은 증가한다.
③ 압축비는 증가하고, 열효율은 감소한다.
④ 압축비는 증가하고, 열효율도 증가한다.

해설 행정체적은 변함이 없고 연소실체적이 증가 하여 압축비(ϵ)가 감소한다. 그러므로 열효율도 감소한다.

$$\eta_o = 1 - \left(\frac{1}{\epsilon}\right)^{k-1}$$

(압축비) $\epsilon \downarrow = \dfrac{\text{실린더체적}}{\text{연소실체적}\uparrow}$

해답 ①

037
100℃와 50℃ 사이에서 작동되는 가역열기관의 최대 열효율은 약 얼마인가?
① 55.0% ② 16.7%
③ 13.4% ④ 8.3%

해설 (carnot cycle의 효율) $\eta_c = \dfrac{W_{net}}{Q_H} = 1 - \dfrac{Q_L}{Q_H} = 1 - \dfrac{T_L}{T_H} = 1 - \dfrac{(273+50)}{(273+100)}$
$= 0.134 = 13.4\%$

해답 ③

038
냉매의 요구조건으로 옳은 것은?
① 비체적이 커야 한다. ② 증발압력이 대기압보다 낮아야 한다.
③ 응고점이 높아야 한다. ④ 증발열이 커야 한다.

해설 냉매의 구배조건
① 응축 압력이 그다지 높지 않을 것
② 증발압력이 너무 낮지 않을 것
③ 증발열이 클 것
④ 비열이 작을 것
⑤ 비체적이 작을 것
⑥ 임계점이 높을 것
⑦ 인화성·폭발성이 없을 것
⑧ 부식성이 없을 것
⑨ 화학적으로 안정하고 해리되지 않을 것
⑩ 윤활유를 변질시키지 않을 것
⑪ 가격이 저렴할 것

해답 ④

039
섭씨온도 −40℃를 화씨온도(℉)로 환산하면 약 얼마인가?
① −16 ℉ ② −24 ℉
③ −32 ℉ ④ −40 ℉

해설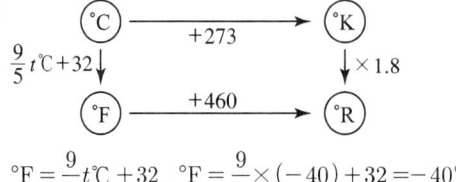

℉ $= \dfrac{9}{5}t℃ + 32$, ℉ $= \dfrac{9}{5} \times (-40) + 32 = -40℉$

해답 ④

040 어떤 냉매를 사용하는 냉동기의 압력-엔탈피 선도($P-h$ 선도)가 다음과 같다. 여기서 각각의 엔탈피는 h_1 =1638kJ/kg, h_2 =1983kJ/kg, $h_3 = h_4$ =559kJ/kg 일 때 성적계수는 약 얼마인가?(단, h_1, h_2, h_3, h_4는 $P-h$ 선도에서 각각 1, 2, 3, 4에서의 엔탈피를 나타낸다.)

① 1.5
② 3.1
③ 5.2
④ 7.9

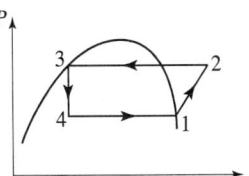

해설 $COP = \dfrac{q_L}{W_{net}} = \dfrac{h_1 - h_4}{h_2 - h_1} = \dfrac{1638 - 559}{1983 - 1638} = 3.127$

해답 ②

제3과목　기계유체역학

041 그림과 같이 유량 Q =0.03m³/s의 물 분류가 V =40m/s의 속도로 곡면판에 충돌하고 있다. 판은 고정되어 있고 휘어진 각도가 135°일 때 분류로부터 판이 받는 총 힘의 크기는 약 몇 N인가?

① 2049
② 2217
③ 2638
④ 2898

해설 (x 방향에 작용하는 분력) $F_x = \rho QV(1-\cos\theta) = 1000 \times 0.03 \times 40 \times (1-\cos 135)$
$\qquad\qquad = 2048.528\text{N}$
(y 방향에 작용하는 분력) $F_y = \rho QV\sin\theta = 1000 \times 0.03 \times 40 \times \sin 135 = 848.528\text{N}$
(곡면에 가하는 힘) $R = \sqrt{F_x^2 + F_y^2} = \sqrt{2048.528^2 + 848.528^2} = 2217.31\text{N}$

해답 ②

---

042 대기압을 측정하는 기압계에서 수은을 사용하는 가장 큰 이유는?
① 수은의 점성계수가 작기 때문에　② 수은의 동점성계수가 크기 때문에
③ 수은의 비중량이 작기 때문에　　④ 수은의 비중이 크기 때문에

해설 수은의 비중이 13.6으로 상온에서 유일하게 액체인 금속이다.
수은이 비중이 크기 때문에 수은이 올라가는 높이가 작아 기압계를 소형화 할 수 있다.

해답 ④

043

단면적이 10cm²인 관에, 매분 6kg의 질량유량으로 비중 0.8인 액체가 흐르고 있을 때 액체의 평균속도는 약 몇 m/s인가?

① 0.075
② 0.125
③ 6.66
④ 7.50

해설 (질량유량) $\dot{M} = \rho A V$, $\dot{M} = 6\dfrac{\text{kg}}{60\text{s}} = 0.1\text{kg/s}$

(평균속도) $V = \dfrac{\dot{M}}{\rho A} = \dfrac{0.1}{0.8 \times 1000 \times 10 \times 10^{-4}} = 0.125\text{m/s}$

해답 ②

044

그림과 같이 지름이 D인 물방울을 지름 d인 N개의 작은 물방울로 나누려고 할 때 요구되는 에너지양은?(단, $D \gg d$이고, 물방울의 표면장력은 σ이다.)

① $4\pi D^2 \left(\dfrac{D}{d} - 1\right)\sigma$

② $2\pi D^2 \left(\dfrac{D}{d} - 1\right)\sigma$

③ $\pi D^2 \left(\dfrac{D}{d} - 1\right)\sigma$

④ $2\pi D^2 \left[\left(\dfrac{D}{d}\right)^2 - 1\right]\sigma$

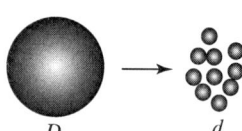

해설 (큰 물방울이 갖는 표면에너지) E_D

$E_D = \sigma \times A_D = \sigma \times \pi D^2$ ······················ ①식

(큰 물방울의 표면적) $A_D = \pi D^2$

(작은 물방울 N개가 갖는 표면에너지) E_d

$E_d = \sigma \times A_d \times N = \sigma \times \pi d^2 \times N$ ······················ ②식

(작은 물방울 1개의 표면적) $A_d = \pi d^2$

(큰 물방울의 체적) $V_D = V_d \times N$ (작은 물방울의 전체 체적)

$\dfrac{4}{3}\pi R^2 = \dfrac{\pi D^3}{6}$, $\dfrac{\pi D^3}{6} = \dfrac{\pi d^3}{6} \times N$

$D^3 = d^3 N$, $N = \dfrac{D^3}{d^3}$ ······················ ③식

(물방울을 나눌 때 요구되는 에너지양) $\Delta E = E_d - E_D$

$\Delta E = \sigma \pi d^2 N - \sigma \pi D^2 = \sigma \pi d^2 \times \dfrac{D^3}{d^3} - \sigma \pi D^2$

$= \sigma \pi \dfrac{D^3}{d} - \sigma \pi D^2 = \sigma \pi D^2 \left(\dfrac{D}{d} - 1\right)$

해답 ③

045 그림과 같은 원통형 축 틈새에 점성계수가 0.51Pa·s인 윤활유가 채워져 있을 때, 축을 1800rpm으로 회전시키기 위해서 필요한 동력은 약 몇 W인가?(단, 틈새에서의 유동은 Couette 유동이라고 간주한다.)

① 45.3 ② 128
③ 4807 ④ 13610

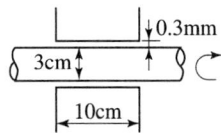

해설 (유체의 접촉면적) $A = \pi dL = \pi \times 0.03 \times 0.1 = 0.009424 m^2$

(속도) $V = \dfrac{\pi dN}{60 \times 1000} = \dfrac{\pi \times 0.03 \times 1800}{60} = 2.827 m/s$

(힘) $F = \mu \dfrac{AV}{h} = 0.51 \times \dfrac{0.009424 \times 2.827}{0.0003} = 45.29N$

(동력) $H = F \times V = 45.29 \times 2.827 = 128.03W$

해답 ②

046 관마찰계수가 거의 상태조도(relative roughness)에만 의존하는 경우는?

① 완전난류유동 ② 완전층류유동
③ 임계유동 ④ 천이유동

해설
• 층류의 관마찰계수는 레이놀즈수 만의 함수
• 천이의 관마찰계수는 레이놀즈수와 상대조도를 알아야 구할 수 있다.
• 완전난류 유동은 상대조도에 의해 관마찰계수가 결정된다.

해답 ①

047 안지름 20cm의 원통형 용기의 축을 수직으로 놓고 물을 넣어 축을 중심으로 300rpm의 회전수로 용기를 회전시키면 수면의 최고점과 최저점의 높이 차(H)는 약 몇 cm인가?

① 40.3cm
② 50.3cm
③ 60.3cm
④ 70.3cm

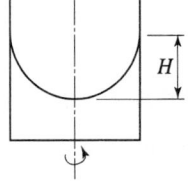

해설
$H = h_2 - h_1 = \dfrac{V^2}{2g} = \dfrac{\left(\dfrac{\pi DN}{60}\right)^2}{2g} = \dfrac{\left(\dfrac{\pi \times 20 \times 300}{60}\right)^2}{2 \times 980} = 50.355 cm$

해답 ②

048

물이 5m/s로 흐르는 관에서 에너지선(E.L.)과 수력기울기선(H.G.L.)의 높이 차이는 약 몇 m인가?

① 1.27
② 2.24
③ 3.82
④ 6.45

해설

$$\frac{P}{r} + \frac{V^2}{2g} + Z = E.L$$

$$\frac{P}{r} + Z = H.G.L$$

$$E.L - H.G.L = \frac{V^2}{2g} = \frac{5^2}{2 \times 9.8} = 1.275\text{m}$$

해답 ①

049

그림과 같은 물탱크에 Q의 유량으로 물이 공급되고 있다. 물탱크의 측면에 설치한 지름 10cm의 파이프를 통해 물이 배출될 때, 배출구로부터의 수위 h를 3m로 일정하게 유지하려면 유량 Q는 약 몇 m³/s이어야 하는가?(단, 물탱크의 지름은 3m이다.)

① 0.03
② 0.04
③ 0.05
④ 0.06

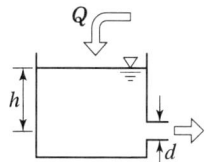

해설

$$V_{out} = \sqrt{2gh} = \sqrt{2 \times 9.8 \times 3} = 7.668\text{m/s}$$

$$Q_{out} = A \times V_{out} = \frac{\pi}{4} 0.1^2 \times 7.668 = 0.06\text{m}^3/\text{s}$$

$$Q_{in} = Q_{out} = 0.06\text{m}^3/\text{s}$$

해답 ④

050

다음 중 유체 속도를 측정할 수 있는 장치로 볼 수 없는 것은?

① Pitot-static tube
② Laser Doppler Velocimetry
③ Hot Wire
④ Piezometer

해설 piezometer(액주압력계) : 압력를 측정하는 계측기기로, U자형의 유리관 속에 액체(물, 수은, 사염화탄소 수용액 등)를 넣어 한 쪽 끝은 공기 속에 개방하고, 다른 한 쪽은 측정하려는 물건에 연결하여 유리관 속의 액면(液面)의 차(差)로 압력을 측정

해답 ④

051 레이놀즈수가 매우 작은 느린 유동(creeping flow)에서 물체의 항력 F는 속도 V, 크기 D, 그리고 유체의 점성계수 μ에 의존한다. 이와 관계하여 유도되는 무차원수는?

① $\dfrac{F}{\mu VD}$
② $\dfrac{VD}{F\mu}$
③ $\dfrac{FD}{\mu V}$
④ $\dfrac{F}{\mu DV^2}$

해설 (항력) $F[MLT^{-2}]$ (항력) $F^a = [MLT^{-2}]^a$
(속도) $V[LT^{-1}]$ (속도) $V^b = [LT^{-1}]^b$
(크기) $D[L]$ (크기) $D^c = [L]^c$
(점성계수) $\mu[ML^{-1}T^{-1}]$ (점성계수) $\mu[ML^{-1}T^{-1}]$

$M^{a+b=0}$
$L^{a+b+c-1=0}$
$T^{-2a-b-1=0}$

$c=1,\ a=-1,\ b=1$

$\dfrac{\mu VD}{F} \Rightarrow$ 무차원

$\dfrac{F}{\mu VD} \Rightarrow$ 무차원

해답 ①

052 정상, 비압축성 상태의 2차원 속도장이 (x, y) 좌표계에서 다음과 같이 주어졌을 때 유선의 방정식으로 옳은 것은?(단, u와 v는 각각 x, y방향의 속도성분이고, C는 상수이다.)

$$u = -2x,\ v = 2y$$

① $x^2 y = C$
② $xy^2 = C$
③ $xy = C$
④ $\dfrac{x}{y} = C$

해설 (유선의 방정식) $\dfrac{dx}{u} = \dfrac{dy}{v} = \dfrac{dz}{w}$

$\dfrac{dx}{-2x} = \dfrac{dy}{2y}$

$0 = \dfrac{dy}{2y} + \dfrac{dx}{2x} \rightarrow$ 적분하면

$c = \dfrac{1}{2}\ln y + \dfrac{1}{2}\ln x$

$c = xy$

해답 ③

053

부차적 손실계수가 4.5인 밸브를 관 마찰계수가 0.02이고, 지름이 5cm인 관으로 환산한다면 관의 상당길이는 약 몇 m인가?

① 9.34
② 11.25
③ 15.37
④ 19.11

해설 (관의 상당길이) $L_e = \dfrac{KD}{f} = \dfrac{4.5 \times 0.05}{0.02} = 11.25\text{m}$

해답 ②

054

어떤 물체의 속도가 초기 속도의 2배가 되었을 때 항력계수가 초기 항력계수의 $\dfrac{1}{2}$로 줄었다. 초기에 물체가 받는 저항력이 D라고 할 때 변화된 저항력은 얼마가 되는가?

① $\dfrac{1}{2}D$
② $\sqrt{2}\,D$
③ $2D$
④ $4D$

해설 (항력) $D = \dfrac{\rho V^2}{2} \times A_D \times C_D$

$D' = \dfrac{\rho(2V)^2}{2} \times A_D \times \dfrac{1}{2}C_D = 2 \times \dfrac{\rho V^2}{2} \times A_D \times C_D = 2D$

해답 ③

055

자동차의 브레이크 시스템의 유압장치에 설치된 피스톤과 실린더 사이의 환형 틈새 사이를 통한 누설유동은 두 개의 무한 평판 사이의 비압축성, 뉴턴유체의 층류유동으로 가정할 수 있다. 실린더 내 피스톤의 고압측과 저압측과의 압력차를 2배로 늘렸을 때, 작동유체의 누설유량은 몇 배가 될 것인가?

① 2배
② 4배
③ 8배
④ 16배

해설 평행평판 사이의 층류 흐름

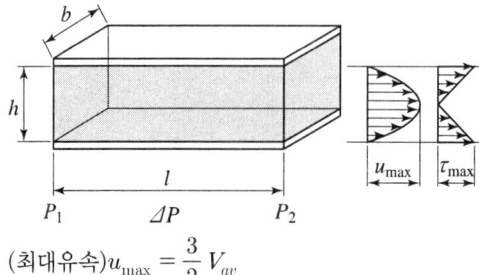

(최대유속) $u_{max} = \dfrac{3}{2} V_{av}$

(평균유속) $V_{av} = \dfrac{Q}{A} = \dfrac{Q}{bh}$

(최대전단응력) $\tau_{max} = \dfrac{\Delta Ph}{2L}$

(평행평판 사이의 층류유동의 유량) $Q = \dfrac{\Delta P b h^3}{12 \mu l}$. 여기서, μ : 유체의 점성 압력이 2배가 되면 유량도 2개가 된다.

해답 ①

056

속도성분이 $u = 2x$, $v = -2y$인 2차원 유동의 속도 포텐셜 함수 ϕ로 옳은 것은? (단, 속도 포텐셜 ϕ는 $\vec{V} = \nabla \phi$로 정의된다.)

① $2x - 2y$
② $x^3 - y^3$
③ $-2xy$
④ $x^2 - y^2$

해설 (속도 벡터) $\vec{V} = ui + vj + wk$,

$\vec{V} = \nabla \phi = \dfrac{\partial \phi}{\partial x} i + \dfrac{\partial \phi}{\partial x} j + \dfrac{\partial \phi}{\partial z} k$

$\vec{V} = ui + vj$

$\vec{V} = \nabla \phi = \dfrac{\partial \phi}{\partial x} i + \dfrac{\partial \phi}{\partial x} j$ 여기서, ϕ : 속도포텐셜

$u = \dfrac{\partial \phi}{\partial x} = \dfrac{\partial (x^2 - y^2)}{\partial x} = 2x$

$u = \dfrac{\partial \phi}{\partial y} = \dfrac{\partial (x^2 - y^2)}{\partial y} = -2y$

해답 ④

057

평판 위에서 이상적인 층류 경계층 유동을 해석하고자 할 때 다음 중 옳은 설명을 모두 고른 것은?

㉮ 속도가 커질수록 경계층 두께는 커진다.
㉯ 경계층 밖의 외부유동은 비점성유동으로 취급할 수 있다.
㉰ 동일한 속도 및 밀도일 때 점성계수가 커질수록 경계층 두께는 커진다.

① ㉯
② ㉮, ㉯
③ ㉮, ㉰
④ ㉯, ㉰

해설 (층류경계층 두께) $\delta = \dfrac{5x}{(Re_x)^{\frac{1}{2}}} = \dfrac{5x}{\sqrt{\dfrac{\rho V x}{\mu}}}$

속도가 클수록 경계층 두께는 얇아진다.

해답 ④

058

다음 중 체적탄성계수와 차원이 같은 것은?

① 체적　　　　　　　　② 힘
③ 압력　　　　　　　　④ 레이놀드(Reynolds) 수

해설 (체적탄성계수) $K = \dfrac{\Delta P}{\left(-\dfrac{\Delta V}{V}\right)}$ [Pa], 압력의 단위와 같다.

해답 ③

059

실제 잠수함 크기의 1/25인 모형 잠수함을 해수에서 실험하고자 한다. 만일 실형 잠수함을 5m/s로 운전하고자 할 때 모형 잠수함의 속도는 몇 m/s로 실험해야 하는가?

① 0.2　　　　　　　　② 3.3
③ 50　　　　　　　　　④ 125

해설 $R_e = \dfrac{V_P l_P}{\nu_P} = \dfrac{V_m l_m}{\nu_m}$, $V_P l_P = V_m l_m$, $5 \times 25 = V_m \times 1$

(모형 잠수함의 속도) $V_m = 125 \text{m/s}$

해답 ④

060

액체 속에 잠겨진 경사면에 작용되는 힘의 크기는?(단, 면적을 A, 액체의 비중량을 γ, 면의 도심까지의 깊이를 h_c라 한다.)

① $\dfrac{1}{3}\gamma h_c A$　　② $\dfrac{1}{2}\gamma h_c A$
③ $\gamma h_c A$　　　　④ $2\gamma h_c A$

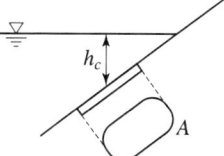

해설 (전압력) $F_P = \gamma \times h_c \times A$

해답 ③

제4과목 기계재료 및 유압기기

061 철강을 부식시키기 위한 부식제로 옳은 것은?
① 왕수
② 질산 용액
③ 나이탈 용액
④ 연화제2철 용액

해설 인력공단 모두 정답처리

해답 ①②③④

062 배빗메탈이라고도 하는 베어링용 합금인 화이트 메탈의 주요성분으로 옳은 것은?
① Pb-W-Sn
② Fe-Sn-Al
③ Sn-Sb-Cu
④ Zn-Sn-Cr

해설 ① 화이트메탈(WM)
　㉠ 주석계 화이트메탈(배빗메탈) : Sn+Sb+Cu
　㉡ 납계 화이트메탈 : Pb+Sn+Sb+Cu
② 구리계 합금(KM) - 캘밋 : Cu+Pb

해답 ③

063 전기 전도율이 높은 것에서 낮은 순으로 나열된 것은?
① Al>Au>Cu>Ag
② Au>Cu>Ag>Al
③ Cu>Au>Al>Ag
④ Ag>Cu>Au>Al

해설 전기전도율의 크기
Ag>Cu>Au>Al>Mg>Zn>Ni>Fe>Pb>Sb

해답 ④

064 게이지용강이 갖추어야 할 조건으로 틀린 것은?
① HRC55 이상의 경도를 가져야 한다.
② 담금질에 의한 변형 및 균열이 적어야 한다.
③ 오랜 시간 경과하여도 치수의 변화가 적어야 한다.
④ 열팽창계수는 구리와 유사하며 취성이 커야 한다.

해설 게이지용강은 각종 정밀계측기 및 정밀부품으로 사용되는 강으로서
① 내마모성이 크고 HRC55 이상의 경도를 가질 것
② 담금질에 의한 변형 및 균열이 적을 것
③ 장시간 경과해도 치수의 변화가 적고 선팽창계수는 강과 비슷하며 내식성이 우수할 것 등의 특성이 요구된다.

해답 ④

2017년도 출제문제

065 심냉처리를 하는 주요 목적으로 옳은 것은?
① 오스테나이트 조직을 유지시키기 위해
② 시멘타이트 변태를 촉진시키기 위해
③ 베이나이트 변태를 진행시키기 위해
④ 마텐자이트 변태를 완전히 진행시키기 위해

해설 **서브제로 처리**(sub-zero treatment)
서브(sub)는 하(下), 제로(zero)는 0℃의 뜻이며, 즉 0℃보다 낮은 온도로 처리하는 것을 서브제로 처리라고 한다. 영하처리, 심냉처리, 냉동처리, 칠(chill) 처리는 모두 같은 뜻이다. 서브제로 처리는
㉠ 담금질한 조직의 안정화
㉡ 게이지강 등의 자연시효
㉢ 공구강의 경도 증가와 성능 향상
㉣ 수축 끼워맞춤
등을 위해서 하게 된다. 일반적으로 담금질한 강에는 약간(5~20%)의 오스테나이트가 잔류하는 것이 되므로, 이것이 시일이 경과되면 마텐자이트로 변화하기 때문에 모양과 치수 그리고 경도에 변화가 생긴다. 이 같은 것을 경년변화라고 한다. 서브제로 처리를 하면 잔류 오스테나이트가 마텐자이트로 변해 경도가 커지고 치수 변화가 없어진다. **해답 ④**

066 구상 흑연주철의 구상화 첨가제로 주로 사용되는 것은?
① Mg, Ca   ② Ni, Co
③ Cr, Pb   ④ Mn, Mo

해설 구상흑연주철은 용융상태의 주철 중에 마그네슘, 세슘 또는 칼슘 등을 첨가 처리하여 흑연을 구상화한 것으로 노듈라 주철, 덕타일 주철 등으로 불리며 인장강도, 내마멸성, 내식성 등이 우수하여 실린더 라이너, 피스톤, 기어 등에 사용한다. **해답 ①**

067 Ni-Fe 합금으로 불변강이라 불리우는 것이 아닌 것은?
① 인바   ② 엘린바
③ 콘스탄탄   ④ 플래티나이트

해설 불변강은 Ni-Fe 합금으로 인바, 슈퍼인바, 엘린바, 플래티나이트, 니칼로이, 퍼멀로이 등이 있다.
※ **콘스탄탄**(Constantan) : 40~50(%)Ni을 함유하며, 전기 저항이 크고 온도 계수가 작아 전기 저항선이나 열전쌍으로 많이 사용된다. **해답 ③**

068. 열경화성 수지에 해당하는 것은?

① ABS 수지
② 폴리스티렌
③ 폴리에틸렌
④ 에폭시수지

해설 열경화성 수지로는 페놀수지(PE), 멜라민 수지, 에폭시수지(EP), 요소 수지, 폴리에스테르(PET), 실리콘, 폴리우레탄 등이 있다.

해답 ④

069. 마템퍼링(martemperring)에 대한 설명으로 옳은 것은?

① 조직은 완전한 펄라이트가 된다.
② 조직은 베이나이트와 마텐자이트가 된다.
③ M_s점 직상의 온도까지 급냉한 후 그 온도에서 변태를 완료시키는 것이다.
④ M_f점 이하의 온도까지 급냉한 후 그 온도에서 변태를 완료시키는 것이다.

해설 **마템퍼링**(martemperring)
M_s점과 M_f 점사이의 항온 염욕에서 항온 변태를 시킨 후에 상온까지 공냉하는 담금질 방법으로 경도가 크고 인성이 있는 마텐자이트와 베이나이트 혼합조직이 얻으므로 담금질 변형 및 균열방지, 취성제거에 이용되고 있으나, 항온시간이 너무 길어서 공업적으로 이용되기에는 어려움이 있다.

해답 ②

070. α-Fe과 Fe_3C의 층상조직은?

① 펄라이트
② 시멘타이트
③ 오스테나이트
④ 레데뷰라이트

해설 **펄라이트** = α고용체(페라이트) + Fe_3C(시멘타이트)
0.77%C의 오스테나이트가 727℃ 이하로 냉각될 때 0.02%C의 페라이트와 6.67%C 시멘타이트로 석출되어 생긴 공석강으로, 현미경으로 보면 페라이트와 시멘타이트가 층상으로 나타나는 조직으로 펄라이트라 한다.

해답 ①

071. 압력 제어 밸브에서 어느 최소 유량에서 어느 최대 유량까지의 사이에 증대하는 압력은?

① 오버라이드 압력
② 전량 압력
③ 정격 압력
④ 서지 압력

해설 **오버라이드 압력** : 압력 제어 밸브에서 어느 최소 유량에서 어느 최대 유량까지의 사이에 증대하는 압력

해답 ①

072 그림과 같은 유압 기호의 명칭은?

① 공기압 모터
② 요동형 액추에이터
③ 정용량형 펌프·모터
④ 가변용량형 펌프·모터

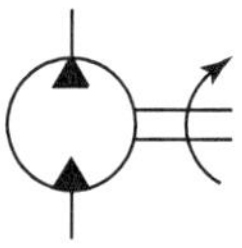

해설

공기압모터 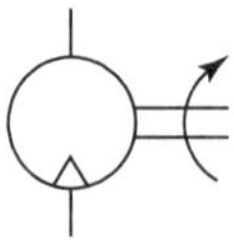	요동형 액추에이터 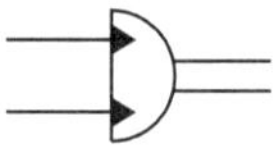	가변용량형 펌프·모터 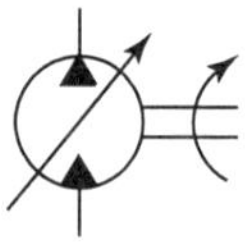

해답 ③

073 그림과 같은 실린더를 사용하여 $F=3$kN의 힘을 발생 시키는데 최소한 몇 MPa의 유압이 필요한가?(단, 실린더의 내경은 45mm이다.)

① 1.89 ② 2.14
③ 3.88 ④ 4.14

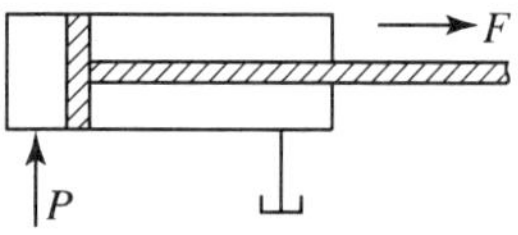

해설 (압력) $P = \dfrac{F}{\dfrac{\pi}{4}d^2} = \dfrac{3000}{\dfrac{\pi}{4} \times 45^2} = 1.886 \text{MPa}$

해답 ①

074 다음 중 압력 제어 밸브들로만 구성되어 있는 것은?

① 릴리프 밸브, 무부하 밸브, 스로틀 밸브
② 무부하 밸브, 체크 밸브, 감압 밸브
③ 셔틀 밸브, 릴리프 밸브, 시퀀스 밸브
④ 카운터 밸런스 밸브, 시퀀스 밸브, 릴리프 밸브

해설 **압력제어밸브의 종류**

형식	명칭
상시폐형	릴리프밸브(relief valve)=안전밸브(safety valve)
	시퀀스밸브(sequence valve)
	무부하밸브(unloadin valve)
	카운터밸런스밸브(counterbalance valve)
상시개형	감압밸브(pressure reducing valve)

해답 ④

075 유압 펌프의 토출 압력이 6MPa, 토출 유량이 40cm³/min일 때 소요 동력은 몇 W인가?

① 240 ② 4
③ 0.24 ④ 0.4

(동력) $H = P \times Q = 6 \times 10^6 \text{N/m}^2 \times \dfrac{40 \times 10^{-6}}{60} \text{m}^3/\text{s} = 4[\text{Nm/s}] = 4[\text{W}]$

해답 ②

076 축압기 특성에 대한 설명으로 옳지 않은 것은?

① 중추형 축압기 안에 유압유 압력은 항상 일정하다.
② 스프링 내장형 축압기인 경우 일반적으로 소형이며 가격이 저렴하다.
③ 피스톤형 가스 충진 축압기의 경우 사용 온도 범위가 블래더형에 비하여 넓다.
④ 다이어프램 충진 축압기의 경우 일반적으로 대형이다.

축압기의 종류
① 공기압축형
  ㉠ 블래더형(기체봉입형) : 유실에 개스침입 없다. 대형제작 용이 가장 많이 사용
  ㉡ 다이어프램프(판형) : 유실에 개스침입 없다. 소형 고압용 적당
  ㉢ 피스톤형(실린더형) : 형상이 간단하고 축유량을 크게 잡을수 있다.
② 중추형 : 일정유압 공급이 가능, 외부누설 방지 곤란
③ 스프링형 : 저압용에 사용, 소형으로 가격이 싸다.

해답 ④

077 유압기기의 통로(또는 관로)에서 탱크(또는 매니폴드 등)로 돌아오는 액체 또는 액체가 돌아오는 현상을 나타내는 용어는?

① 누설 ② 드레인
③ 컷오프 ④ 토출량

드레인(drain) : 유압기기의 통로 또는 관로에서 탱크로 돌아오는 액체 또는 액체가 돌아오는 형상을 드레인이라 한다.

해답 ②

078 유압밸브의 전환 도중에 과도하게 생기는 밸브포트 간의 흐름을 무엇이라고 하는가?

① 랩 ② 풀 컷 오프
③ 서지 압 ④ 인터플로

인터플로(interflow) : 유압 장치의 밸브가 위치를 변환하는 과정에서 발생되는 과도적인 오일의 압력으로 인하여 밸브 포트 사이에서 흐르는 것을 말한다.

해답 ④

079
밸브 입구측 압력이 밸브 내 스프링 힘을 초과하여 포펫의 이동이 시작되는 압력을 의미하는 용어는?
① 배압　　　　　　　　② 컷오프
③ 크래킹　　　　　　　④ 인터플로

해설 **크래킹 압력**(cracking pressure) : 릴리프 또는 체크밸브에서 압력이 상승하여 밸브가 열리기 시작하는 압력

해답 ③

080
액추에이터의 배출 쪽 관로내의 공기의 흐름을 제어함으로써 속도를 제어하는 회로는?
① 클램프 회로　　　　　② 미터 인 회로
③ 미터 아웃 회로　　　　④ 블리드 오프 회로

해설 **미터인 회로** : 액추에이터의 입구쪽의 유량을 제어하는 방식이다. 액주체이터의 입구쪽 주관로를 교축하여 유량제어 한다.
　　　미터아웃 회로 : 액추에이터의 출구(배출)쪽의 유량을 제어하는 방식이다. 액주체이터의 출구쪽 주관로를 교축하여 유량제어 한다.

해답 ③

제5과목　기계제작법 및 기계동력학

081
수평 직선 도로에서 일정한 속도로 주행하던 승용차의 운전자가 앞에 놓인 장애물을 보고 급제동을 하여 정지하였다. 바퀴자국으로 파악한 제동거리가 25m이고, 승용차 바퀴와 도로의 운동마찰계수는 0.35일 때 제동하기 직전의 속력은 약 몇 m/s인가?
① 11.4　　　　　　　　② 13.1
③ 15.9　　　　　　　　④ 18.6

해설 **에너지 보존법칙**
$$\frac{1}{2}mV^2 = \mu mg \times S$$
(제동 직전의 속력) $V = \sqrt{2\mu g \times S} = \sqrt{2 \times 0.35 \times 9.8 \times 25} = 13.095\,\text{m/s}$

해답 ②

082 보 AB는 질량을 무시할 수 있는 강체이고 A점은 마찰 없는 힌지(hinge)로 지지되어 있다. 보의 중점 C와 끝점 B에 각각 질량 m_1과 m_2가 놓여 있을 때 이 진동계의 운동방정식을 $m\ddot{x}+kx=0$이라고 하면 m의 값으로 옳은 것은?

① $m = \dfrac{m_1}{4} + m_2$

② $m = m_1 + \dfrac{m_2}{2}$

③ $m = m_1 + m_2$

④ $m = \dfrac{m_1 - m_2}{2}$

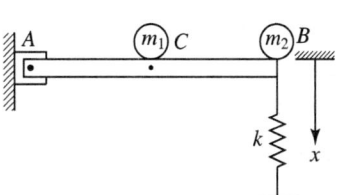

해설 $\sum T_M = J\ddot{\theta} \curvearrowright \oplus$

$-K(L\theta) \times L = \left\{ m_1\left(\dfrac{L}{2}\right)^2 + m_2 L^2 \right\} \ddot{\theta}$

$\left(\dfrac{m_1}{4} + m_2\right)\ddot{\theta} + K\theta = 0$

해답 ①

---

083 그림은 2톤의 질량을 가진 자동차가 18km/h의 속력으로 벽에 충돌하는 상황을 위에서 본 것이며 범퍼를 병렬 스프링 2개로 가정하였다. 충돌과정에서 스프링의 최대 압축량이 0.2m라면 스프링 상수 k는 얼마인가?(단, 타이어와 노면의 마찰은 무시한다.)

① 625kN/m ② 312.5kN/m
③ 725kN/m ④ 1450kN/m

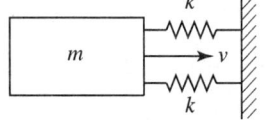

해설 에너지 보존법칙
(등가스프링 상수) $K_{eq} = 2K$

$K = \dfrac{K_{eq}}{2} = \dfrac{1250000}{2} = 625000 \text{N/m} = 625 \text{kN/m}$

$\dfrac{1}{2}mV^2 = \dfrac{1}{2}K_{eq}x^2$

$K_{eq} = \dfrac{mV^2}{x^2} = \dfrac{2000 \times \left(\dfrac{18000}{3600}\right)^2}{0.2^2} = 1250000 \text{N/m}$

해답 ①

084
두 조화운동 $x_1 = 4\sin 10t$와 $x_2 = 4\sin 10.2t$를 합성하면 맥놀이(beat) 현상이 발생하는데 이 때 맥놀이 진동수(Hz)는?(단, T의 단위는 s이다.)

① 31.4
② 62.8
③ 0.0159
④ 0.0318

해설 **맥놀이(beat)현상** : 진동수가 비슷한 두 개의 조화 운동을 합성하면 울림현상이 발생되는데 이를 맥놀이 현상 또는 울림현상이 발생한다.

(울림진동수) $f_b = \dfrac{w_2 - w_1}{2\pi} = \dfrac{10.2 - 10}{2\pi} = 0.0318 \text{Hz}$

해답 ④

085
외력이 가해지지 않고 오직 초기조건에 의하여 운동한다고 할 때 그림의 계가 지속적으로 진동하면서 감쇠하는 부족감쇠운동(underdamped motion)을 나타내는 조건으로 가장 옳은 것은?

① $0 < \dfrac{c}{\sqrt{km}} < 1$

② $\dfrac{c}{\sqrt{km}} > 1$

③ $0 < \dfrac{c}{\sqrt{km}} < 2$

④ $\dfrac{c}{\sqrt{km}} > 2$

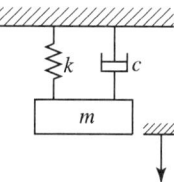

해설 부족감쇠 $\phi < 1$, $C < C_c$, $C < 2\sqrt{mk}$

$0 < \dfrac{C}{\sqrt{mk}} < 2$

해답 ③

086
그림과 같은 경사진 표면에 50kg의 블록이 놓여있고 이 블록은 질량이 m인 추와 연결되어 있다. 경사진 표면과 블록사이의 마찰계수를 0.5라 할 때 이 블록을 경사면으로 끌어올리기 위한 추의 최소 질량(m)은 약 몇 kg인가?

① 36.5
② 41.8
③ 46.7
④ 54.2

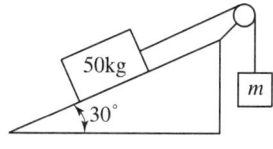

해설 (경사면을 내려가려는 힘) $\swarrow F$

$\swarrow F = 50g \times \sin 30 + \mu 50 g \times \cos 30 = 50 \times 9.8 \times \sin 30 + 0.5 \times 50 \times 9.8 \times \cos 30$
$= 457.17 \text{N}$

$\downarrow mg = \swarrow F$

$m = \dfrac{\swarrow F}{g} = \dfrac{457.17}{9.8} = 46.6 \text{kg}$

해답 ③

087

그림과 같이 질량이 동일한 두 개의 구슬 A, B가 있다. 초기에 A의 속도는 v이고 B는 정지되어 있다. 충돌 후 A와 B의 속도에 관한 설명으로 옳은 것은?(단, 두 구슬 사이의 반발계수는 1이다.)

① A와 B 모두 정지한다.
② A와 B 모두 v의 속도를 가진다.
③ A와 B 모두 $\frac{v}{2}$의 속도를 가진다.
④ A는 정지하고 B는 v의 속도를 가진다.

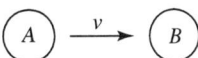

해설 $m_A = m_B$, $V_B = 0$
$m_A V_A + m_B V_B = m_A V_A' + m_B V_B'$
$V_A = V_A' + V_B'$ ·· ①
$e = \dfrac{V_B' - V_A'}{V_A - V_B}$, $1 = \dfrac{V_B' - V_A'}{V_A - 0}$, $V_A = V_A' - V_B'$ ········ ②

①과 ②식에서 $V_A' = 0$, $V_B' = V_A$

해답 ④

088

그림과 같이 길이 1m, 질량 20kg인 봉으로 구성된 기구가 있다. 봉은 A점에서 카트에 핀으로 연결되어 있고, 처음에는 움직이지 않고 있었으나 하중 P가 작용하여 카트가 왼쪽 방향으로 4m/s²의 가속도가 발생하였다. 이때 봉의 초기 각가속도는?

① 6.0rad/s², 시계방향
② 6.0rad/s², 반시계방향
③ 7.3rad/s², 시계방향
④ 7.3rad/s², 반시계방향

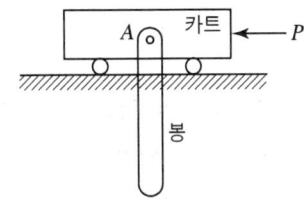

해설 $\sum T = J_A \ddot{\theta}$

$\sum T = m\ddot{x}\dfrac{L}{2}\cos\theta$, $J_A = \dfrac{mL^2}{3}$

$m\ddot{x}\dfrac{L}{2}\cos\theta = \dfrac{mL^2}{3}\ddot{\theta}$

(각가속도) $\ddot{\theta} = \dfrac{m\ddot{x}\dfrac{L}{2}\cos\theta}{\dfrac{mL^2}{3}} = \dfrac{20 \times 4 \times \dfrac{1}{2} \times \cos 0}{\dfrac{20 \times 1^2}{3}} = 6 \text{rad/s}^2$ (반시계방향 운동)

해답 ②

089 질량이 30kg인 모형 자동차가 반경 40m인 원형경로를 20m/s의 일정한 속력으로 돌고 있을 때 이 자동차가 법선방향으로 받는 힘은 약 몇 N인가?

① 100　　② 200
③ 300　　④ 600

해설 (법선가속도) $a_n = \dfrac{v^2}{R} = \dfrac{20^2}{40} = 10\text{m/s}^2$

(법선방향 받는 힘) $F_n = m \times a_n = 30 \times 10 = 300\text{N}$

해답 ③

090 OA와 AB의 길이가 각각 1m인 강체 막대 OAB가 $x-y$ 평면 내에서 O점을 중심으로 회전하고 있다. 그림의 위치에서 막대 OAB의 각속도는 반시계 방향으로 5rad/s이다. 이때 A에서 측정한 B점의 상대속도 $\overrightarrow{v_{B/A}}$의 크기는?

① 4m/s
② 5m/s
③ 6m/s
④ 7m/s

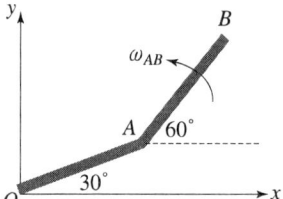

해설 (A에서 측정한 B의 상대속도) $V_{B/A} = R_{AB} \times w = 1 \times 5 = 5\text{m/s}$

해답 ②

091 방전가공에서 전극 재료의 구비조건으로 가장 거리가 먼 것은?

① 기계가공이 쉬워야 한다.
② 가공 전극의 소모가 커야 한다.
③ 가공 정밀도가 높아야 한다.
④ 방전이 안전하고 가공속도가 빨라야 한다.

해설 방전가공에서 전극 재료의 구비조건
① 방전에 의한 소모가 적어야 한다.
② 필요한 형상으로 가공이 쉬워야 한다.
③ 전기저항이 작고, 기계적으로 강도가 강해야 한다.
④ 자격이 저렴해야한다.

해답 ②

092 전기 저항 용접의 종류에 해당하지 않는 것은?

① 심 용접　　② 스폿 용접
③ 테르밋 용접　　④ 프로젝션 용접

해설 전기 저항 용접
① 겹치기용접 : ㉠ 점용접 ㉡ 돌기용접 ㉢ 접용접
② 맞대기용접 : ㉠ 업셋용접 ㉡ 플래시용접
※ 테르밋 용접은 알루미늄 분말과 산화철 분말을 1 : 3의 비율로 혼합한 다음 그 위에 점화재인 과산화바륨과 마그네슘 등의 혼합분말을 넣고 점화하면 테르밋 반응에 의하여 발열반응이 일어나면서 고온의 열이 발생한다. 이 열을 이용하는 용접이고 불활성 아크 용접에 해당한다.

해답 ③

093
기계부품, 식기, 전기 저항선 등을 만드는 데 사용되는 양은의 성분으로 적절한 것은?
① Al의 합금
② Ni와 Ag의 합금
③ Zn과 Sn의 합금
④ Cu, Zn 및 Ni의 합금

해설 양은=황동(Cu+Zn)+Ni

해답 ④

094
연삭 중 숫돌의 떨림 현상이 발생하는 원인으로 가장 거리가 먼 것은?
① 숫돌의 결합도가 약할 때
② 숫돌축이 편심 되어 있을 때
③ 숫돌의 평형상태가 불량할 때
④ 연삭기 자체에서 진동이 있을 때

해설 숫돌 떨림 현상 원인
① 숫돌의 평형 상태가 불량일 때
② 숫돌의 결합도가 너무 클 때
③ center 및 center rest 등의 사용이 불량할 때
④ 연삭기 자체에 진동이 있을 때
⑤ 외부의 진동이 전해졌을 때

해답 ①

095
Taylor의 공구 수명에 관한 실험식에서 세라믹 공구를 사용하여 지수(n)=0.5, 상수(C)=200, 공구 수명(T)을 30(min)으로 조건을 주었을 때, 적합한 절삭속도는 약 몇 m/min인가?
① 30.3
② 32.6
③ 34.4
④ 36.5

해설 공구 수명 $VT^n = C$
여기서, V : 회전속도(m/min)
T : 공구수명(min)
C : 공구, 공작물, 절삭조건에 따른 상수
n : 공구와 공작물에 따른 상수-세라믹(0.4~0.55)
$V = \dfrac{C}{T^n} = \dfrac{200}{30^{0.5}}$ ∴ $V = 36.514 \text{m/min}$

해답 ④

096
펀치와 다이를 프레스에 설치하여 판금 재료로부터 목적하는 형상의 제품을 뽑아내는 전단가공은?

① 스웨이징
② 엠보싱
③ 브로칭
④ 블랭킹

해설
① **스웨이징** : 재료의 두께를 감소시키는 작업으로 소재의 면적에 비하여 압입하는 공구의 접촉 면적이 작은 압축 가공이다.
② **엠보싱** : 요철이 있는 다이와 펀치로 판재를 울러 판에 요철을 내는 가공으로 판의 두께에는 전혀 변화가 없다.
③ **브로칭** : 절삭공구에 의한 가공이다.
④ **블랭킹** : 펀치와 다이를 프레스에 설치하여 판금 재료로부터 목적하는 형상의 제품을 뽑아내는 전단가공

해답 ④

097
버니어캘리퍼스에서 어미자 49mm를 50등분한 경우 최소 읽기 값은 몇 mm인가?(단, 어미자의 최소눈금은 1.0mm이다.)

① $\frac{1}{50}$
② $\frac{1}{25}$
③ $\frac{1}{24.5}$
④ $\frac{1}{20}$

해설 (최소측정값) $C = A - B = A - \frac{n-1}{n}A = \frac{A}{n} = \frac{1}{50}$

∴ $\frac{1}{50}$

여기서, A : 본척(어미자)의 1눈금, B : 부척(아들자)의 1눈금, n : 부척의 등분 눈금수

해답 ①

098
전기도금의 반대현상으로 가공물을 양극, 전기저항이 적은 구리, 아연을 음극에 연결한 후 용액에 침지하고 통전하여 금속표면의 미소 돌기부분을 용해하여 거울면과 같이 광택이 있는 면을 가공할 수 있는 특수가공은?

① 방전가공
② 전주가공
③ 전해연마
④ 슈퍼피니싱

해설
① **방전가공** : 방전 현상을 인공적으로 발생시키고, 이 때 발생한 에너지를 이용하여 가공하는 방법.
② **슈퍼피니싱** : 공작물 표면에 입자가 고운 숫돌을 가벼운 압력으로 누르고 작은 진폭으로 진동을 시키면서 공작물에 이송 운동을 줌으로서 그 표면을 다듬질하는 방법.
③ **전해연마** : 전기도금의 반대현상으로 가공물을 양극, 전기저항이 적은 구리, 아연을 음극에 연결한 후 용액에 침지하고 통전하여 금속표면의 미소 돌기부분을 용해하여 거울면과 같이 광택이 있는 면을 가공할 수 있는 특수가공이다.

해답 ③

099　Fe-C 평형상태도에서 탄소함유량이 약 0.80%인 강을 무엇이라고 하는가?
① 공석강　　　　　　　② 공정주철
③ 아공정주철　　　　　④ 과공정주철

해설　아공석강 : 0.02~0.77%C　　　아공정주철 : 2.11~4.3%C
　　　공석강 : 0.77%C (약 0.8%C)　　공정주철 : 4.3%C
　　　과공석강 : 0.77~2.11%C　　　　과공정주철 : 4.3~6.68%C

해답 ①

100　주조에 사용되는 주물사의 구비조건으로 옳지 않는 것은?
① 통기성이 좋을 것　　　　　　② 내화성이 적을 것
③ 주형 제작이 용이할 것　　　　④ 주물 표면에서 이탈이 용이할 것

해설　**주물사의 구비조건**
① 내열성이 커야 된다. 즉, 내화성이 높아야 된다.
② 화학적 변화가 생기지 않아야 한다.
③ 성형성이 좋아야 한다.
④ 통기성이 좋아야 한다.
⑤ 적당한 강도를 가져야 한다.
⑥ 가격이 저렴하고 구입이 용이하고, 노화되지 않으며 재사용이 가능해야 한다.

해답 ②

단기완성 일반기계기사 필기 과년도

2018

2018년 3월 4일 시행
2018년 4월 28일 시행
2018년 9월 15일 시행

단기완성 **일반기계기사 필기 과년도**

일반기계기사

2018년 3월 4일 시행

제1과목 재료역학

001 최대 사용강도(σ_{max})=240MPa, 내경 1.5m, 두께 3mm의 강재 원통형 용기가 견딜 수 있는 최대 압력은 몇 kPa인가? (단, 안전계수는 2이다.)

① 240
② 480
③ 960
④ 1920

해설 (용기두께) $t = \dfrac{PDS}{2\sigma_{max}}$

(압력) $P = \dfrac{2\sigma_{max} t}{DS} = \dfrac{2 \times 240 \times 3}{1500 \times 2} = 0.48\text{MPa} = 480\text{kPa}$

해답 ②

002 그림과 같은 직사각형 단면의 목재 외팔보에 집중하중 P가 C점에 작용하고 있다. 목재의 허용압축응력을 8MPa, 끝단 B점에서의 허용처짐량을 23.9mm라고 할 때 허용압축응력과 허용 처짐량을 모두 고려하여 이 목재에 가할 수 있는 집중하중 P의 최대값은 약 몇 kN인가? (단, 목재의 탄성계수는 12GPa, 단면2차모멘트 $1022 \times 10^{-6}\text{m}^4$, 단면계수는 $4.601 \times 10^{-3}\text{m}^3$이다.)

① 7.8
② 8.5
③ 9.2
④ 10.0

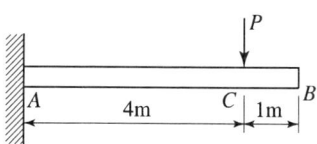

해설 $M = \sigma_b \times Z$

$P \times 4000 = 8 \times 4.601 \times 10^{-3} \times 10^9$

$P = 9202\text{N} = 9.2\text{kN}$

(굽힘응력을 고려한 하중) $P = 9.2\text{kN}$

$E = 12\text{GPa} = 12000\text{MPa}$

$I = 1022 \times 10^{-6}\text{m}^4 = 1022 \times 10^6 \text{mm}^4$

$\bar{x} = \dfrac{11}{3}\text{m} = \dfrac{11000}{3}\text{mm}$

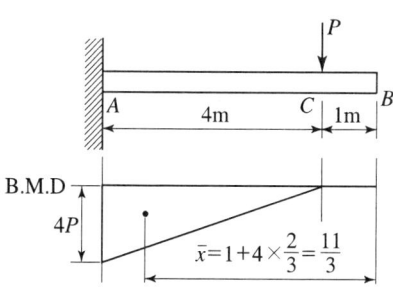

$$\delta = \frac{A_M \bar{x}}{EI}, \ 23.9 = \frac{\frac{1}{2} \times 4000 \times 4000 \times P}{12000 \times 1022 \times 10^6} \times \frac{11000}{3}$$

(처짐을 고려한 집중하중) $P = 9992.37\text{N} = 9.992\text{kN}$

하중이 작아야 안전하므로 P의 최대값은 9.2kN이다.

해답 ③

003

길이가 $l+2a$인 균일 단면 봉의 양단에 인장력 P가 작용하고, 양 단에서의 거리가 a인 단면에 Q의 축 하중이 가하여 인장될 때 봉에 일어나는 변형량은 약 몇 cm인가? (단, $l=60\text{cm}$, $a=30\text{cm}$, $P=10\text{kN}$, $Q=5\text{kN}$, 단면적 $A=4\text{cm}^2$, 탄성계수는 210GPa이다.)

① 0.0107
② 0.0207
③ 0.0307
④ 0.0407

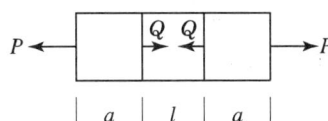

해설 $P=10000\text{N}$, $a=300\text{mm}$, $l=600\text{mm}$, $A=400\text{mm}^2$
$E=210000\text{MPa}$, $Q=5000\text{N}$

(변형량) $\Delta L = \Delta L_P - \Delta L_Q = \dfrac{P(2a+l)}{AE} - \dfrac{Ql}{AE} = 0.107\text{mm} = 0.0107\text{cm}$

해답 ①

004

양단이 힌지로 지지되어 있고 길이가 1m인 기둥이 있다. 단면이 30mm×30mm인 정사각형이라면 임계하중은 약 몇 kN인가? (단, 탄성계수는 210GPa이고, Euler의 공식을 적용한다.)

① 133
② 137
③ 140
④ 146

해설 단말계수 $n=1$, $E=210000\text{MPa}$, $I=\dfrac{30^4}{12}\text{mm}^4$, $L=1000\text{mm}$

(임계하중) $F_b = \dfrac{n\pi^2 \times E \times I}{L^2} = 139901.64\text{N} = 139.9\text{kN} \fallingdotseq 140\text{kN}$

해답 ③

005

직사각형 단면(폭×높이=12cm×5cm)이고, 길이 1m인 외팔보가 있다. 이 보의 허용굽힘응력이 500MPa이라면 높이와 폭의 치수를 서로 바꾸면 받을 수 있는 하중의 크기는 어떻게 변화하는가?

① 1.2배 증가
② 2.4배 증가
③ 1.2배 감소
④ 변화없다.

해설 $M = PL$

$M = \sigma_b \times \dfrac{bh^2}{6}$, $PL = \sigma_b \times \dfrac{bh^2}{6}$, $P = \sigma_b \times \dfrac{bh^2}{6L}$

$P_1 = \sigma_b \times \dfrac{12 \times 5^2}{6L}$

$P_2 = \sigma_b \times \dfrac{12^2 \times 5}{6L} = \sigma_b \times \dfrac{12 \times 5^2}{6L} \times \dfrac{12}{5} = P_1 \times \dfrac{12}{5} = P_1 \times 2.4$

해답 ②

006 아래 그림과 같은 보에 대한 굽힘 모멘트 선도로 옳은 것은?

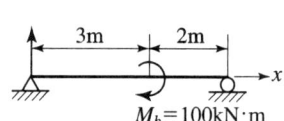

해설
$R_A = \dfrac{M_b}{L} = \dfrac{100\text{kNm}}{5\text{m}} = 20\text{kN} \downarrow$

$R_B = \dfrac{M_b}{L} = \dfrac{100\text{kNm}}{5\text{m}} = 20\text{kN} \uparrow$

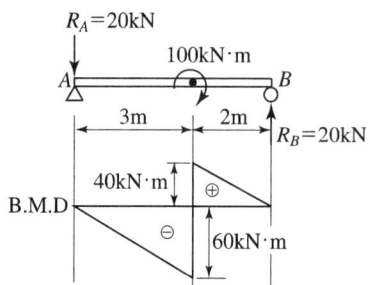

해답 ③

007 코일스프링의 권수를 n, 코일의 지름 D, 소선의 지름 d인 코일스프링의 전체 처짐 δ는? (단, 이 코일에 작용하는 힘은 P, 가로탄성계수는 G이다.)

① $\dfrac{8nPD^3}{Gd^4}$ ② $\dfrac{8nPD^2}{Gd}$

③ $\dfrac{8nPD^2}{Gd^2}$ ④ $\dfrac{8nPD}{Gd^2}$

해설 (코일스프링의 전체처짐) $\delta = \dfrac{8nPD^3}{Gd^4}$

해답 ①

008

그림과 같은 정삼각형 트러스의 B점에 수직으로, C점에 수평으로 하중이 작용하고 있을 때, 부재 AB에 작용하는 하중은?

① $\dfrac{100}{\sqrt{3}}$ N
② $\dfrac{100}{3}$ N
③ $100\sqrt{3}$ N
④ 50N

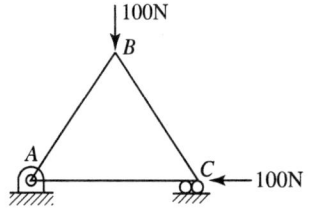

해설
$$\dfrac{T_{AB}}{\sin 90} = \dfrac{50}{\sin 120}$$
$$T_{AB} = \dfrac{50}{\sin 120} \times \sin 90 = \dfrac{100}{\sqrt{3}}\text{N}$$

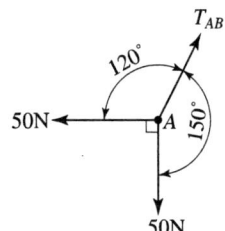

해답 ①

009

$\sigma_x = 700$MPa, $\sigma_y = -300$MPa가 작용하는 평면응력 상태에서 최대 수직응력 ($\sigma_{\max}$)과 최대 전단응력($\tau_{\max}$)은 각각 몇 MPa인가?

① $\sigma_{\max} = 700$, $\tau_{\max} = 300$
② $\sigma_{\max} = 600$, $\tau_{\max} = 400$
③ $\sigma_{\max} = 500$, $\tau_{\max} = 700$
④ $\sigma_{\max} = 700$, $\tau_{\max} = 500$

해설 (최대수직응력) $\sigma_{\max} = 700$MPa
(최대전단응력) $\tau_{\max} = 50$MPa

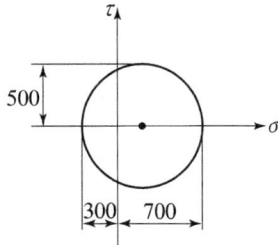

해답 ④

010

그림과 같이 초기온도 20℃, 초기길이 19.95cm, 지름 5cm인 봉을 간격이 20cm인 두 벽면 사이에 넣고 봉의 온도를 220℃로 가열했을 때 봉에 발생되는 응력은 몇 MPa인가? (단, 탄성계수 $E = 210$GPa이고, 균일 단면을 갖는 봉의 선팽창계수 $a = 1.2 \times 10^{-5}$/℃ 이다.)

① 0
② 25.2
③ 257
④ 504

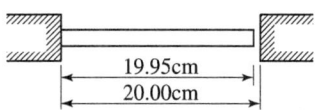

해설 $\Delta L_{Th} = \alpha \times L \times \Delta T = 1.2 \times 10^{-5} \times 19.95 \times 200 = 0.04788 \text{cm}$

떨어진 간격 0.05cm, 그러므로 열영역은 0이다.

해답 ①

011

그림과 같이 T형 단면을 갖는 돌출보의 끝에 집중하중 $P = 4.5 \text{kN}$이 작용한다. 단면 $A - A$에서의 최대 전단응력은 약 몇 kPa인가? (단, 보의 단면2차 모멘트는 5313cm^4이고, 밑면에서 도심까지의 거리는 125mm이다.)

① 421
② 521
③ 662
④ 721

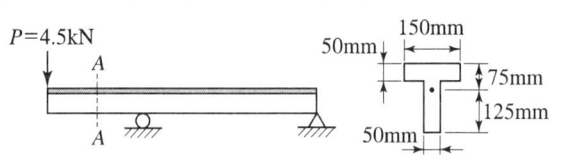

해설 굽힘에 의한 최대 전단응력은 중립축에서 최대가 된다.

$$\tau_{\max} = \frac{F_{A-A} \times Q}{b \times I} = \frac{4500 \times 390625}{50 \times 53130000} = 0.6617 \text{MPa} = 661.7 \text{kPa}$$

$F_{A-A} = 4500 \text{N}$, $Q = 50 \times 125 \times \frac{125}{2} = 390625 \text{mm}^3$

$b = 50 \text{mm}$, $I = 53130000 \text{mm}^4$

해답 ③

012

다음 금속재료의 거동에 대한 일반적인 설명으로 틀린 것은?

① 재료에 가해지는 응력이 일정하더라도 오랜 시간이 경과하면 변형률이 증가할 수 있다.
② 재료의 거동이 탄성한도로 국한된다고 하더라도 반복하중이 작용하면 재료의 강도가 저하 될 수 있다.
③ 응력-변형률 곡선에서 하중을 가할 때와 제거할 때의 경로가 다르게 되는 현상을 히스테리시스라 한다.
④ 일반적으로 크리프는 고온보다 저온상태에서 더 잘 발생한다.

해설 크리프(creep) : 금속이 고온에서 오랜 시간 외력을 받으면 시간의 경과에 따라 서서히 그 변형이 증가하는 현상

해답 ④

013

다음 그림과 같이 집중하중 P를 받고 있는 고정 지지보가 있다. B점에서의 반력의 크기를 구하면 몇 kN인가?

① 54.2
② 62.4
③ 70.3
④ 79.0

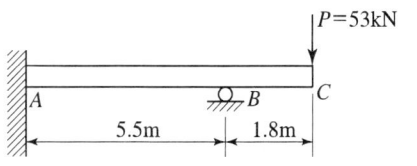

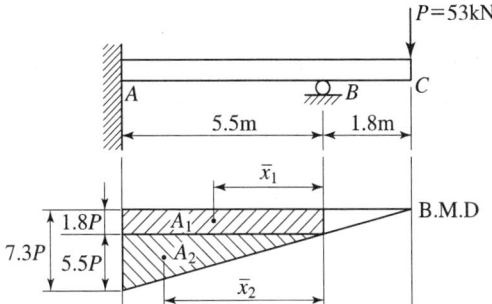

(외팔보의 자유단에 집중하중이 작용될 때 B지점의 처짐량) δ_B

$\delta_B = \dfrac{1}{EI}(A_1\overline{x_1} + A_2\overline{x_2}) = \dfrac{P \times 82.683}{EI} = \dfrac{53 \times 82.683}{EI} = \dfrac{4382.216}{EI}$ ················ ①식

$A_1 = 1.8P \times 5.5$, $\overline{x_1} = \dfrac{5.5}{2}$ $A_2 = \dfrac{1}{2} \times 5.5P \times 5.5$, $\overline{x_2} = \dfrac{2}{3} \times 5.5$

$\delta_B = \dfrac{R_B \times 5.5^3}{3EI}$ ·· ②식

① = ②

$\dfrac{4382.216}{EI} = \dfrac{R_B \times 5.5^3}{3EI}$

$R_B = 79\text{kN}$

해답 ④

014
지름 80mm의 원형단면의 중립축에 대한 관성모멘트는 약 몇 mm^{4}인가?
① 0.5×10^6 ② 1×10^6
③ 2×10^6 ④ 4×10^6

해설 $I = \dfrac{\pi \times d^4}{64} = \dfrac{\pi \times 80^4}{64} = 2010619.298\text{mm}^4 \fallingdotseq 2 \times 10^6 \text{mm}^4$

해답 ③

015
길이가 이며, 관성 모멘트가 I_p이고, 전단탄성계수 G인 부재에 토크 T가 작용될 때 이 부재에 저장된 변형 에너지는?

① $\dfrac{TL}{GI_p}$ ② $\dfrac{T^2L}{2GI_p}$
③ $\dfrac{T^2L}{GI_p}$ ④ $\dfrac{TL}{2GI_p}$

해설 $U_T = \dfrac{1}{2}T \times \theta = \dfrac{1}{2}T \times \dfrac{TL}{GI_p} = \dfrac{T^2L}{2GI_p}$

해답 ②

016

지름 50mm의 알루미늄 봉에 100kN의 인장 하중이 작용할 대 300mm의 표점거리에서 0.219mm의 신장이 측정되고, 지름은 0.01215mm만큼 감소되었다. 이 재료의 전단탄성계수 G는 약 몇 GPa인가? (단, 알루미늄 재료는 탄성거동 범위 내에 있다.)

① 21.2 ② 26.2
③ 31.2 ④ 36.2

해설

(포와송의 비) $\mu = \dfrac{\epsilon'}{\epsilon} = \dfrac{\frac{\Delta D}{D}}{\frac{\Delta L}{L}} = \dfrac{\frac{0.01215}{50}}{\frac{0.219}{300}} = 0.3328$

(수직탄성계수) $E = \dfrac{\sigma}{\epsilon} = \dfrac{P \times L}{A \times \Delta L} = \dfrac{100 \times 10^3 \times 300}{\frac{\pi}{4} \times 50^2 \times 0.219}$

$= 69766.55 \text{MPa} = 69.766 \text{GPa}$

$1Em = 2G(m+1)$

(전단탄성계수) $G = \dfrac{1Em}{2(m+1)} = \dfrac{1 \times 69.766 \times \frac{1}{0.3328}}{2\left(\frac{1}{0.3328}+1\right)} = 26.172 \text{GPa}$

해답 ②

017

비틀림 모멘트 T를 받고 있는 직경이 d인 원형축의 최대전단응력은?

① $\tau = \dfrac{8T}{\pi d^3}$ ② $\tau = \dfrac{16T}{\pi d^3}$
③ $\tau = \dfrac{32T}{\pi d^3}$ ④ $\tau = \dfrac{64T}{\pi d^3}$

해설

$\tau_{\max} = \dfrac{T}{Z_P} = \dfrac{T}{\frac{\pi \times d^3}{16}} = \dfrac{16 \times T}{\pi \times d^3}$

해답 ②

018

그림과 같은 외팔보가 있다. 보의 굽힘에 대한 허용응력을 80MPa로 하고, 자유단 B로부터 보의 중앙점 C 사이에 등분포하중 w를 작용시킬 때, w의 허용최대값은 몇 kN/m인가? (단, 외팔보의 폭 x, 높이는 5cm×9cm이다.)

① 12.4
② 13.4
③ 14.4
④ 15.4

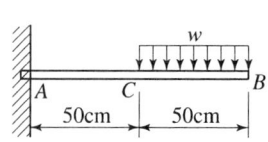
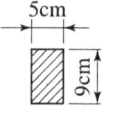

해설
$M_{max} = w \times 500 \times 750$

$\sigma = \dfrac{M_{max}}{\dfrac{bh^2}{6}} = \dfrac{w \times 500 \times 750}{\dfrac{bh^2}{6}}$, $80 = \dfrac{w \times 500 \times 750}{\dfrac{50 \times 90^2}{6}}$

$w = 14.4 \text{N/mm} = 14.4 \text{kN/m}$

해답 ③

019
다음 정사각형 단면(40mm×40mm)을 가진 외팔보가 있다. $a-a$면에서의 수직응력(σ_n)과 전단응력(τ_s)은 각각 몇 kPa인가?

① $\sigma_n = 693$, $\tau_s = 400$
② $\sigma_n = 400$, $\tau_s = 693$
③ $\sigma_n = 375$, $\tau_s = 217$
④ $\sigma_n = 217$, $\tau_s = 375$

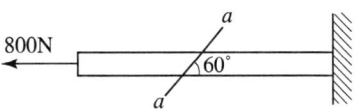

해설
$\sigma_{xx} = \dfrac{800}{40 \times 40} = 0.5 \text{MPa}$

$\tau_{aa} = \dfrac{\sigma_{xx}}{2} \times \sin 60 = \dfrac{0.5}{2} \times \sin 60 = 0.216 \text{MPa} = 216 \text{kPa}$

$\sigma_{aa} = \dfrac{\sigma_{xx}}{2} + \dfrac{\sigma_{xx}}{2} \times \cos 60 = 0.375 \text{MPa} = 375 \text{kPa}$

해답 ③

020
다음 보의 자유단 A지점에서 발생하는 처짐은 얼마인가? (단, EI는 굽힘강성이다.)

① $\dfrac{5PL^3}{6EI}$
② $\dfrac{7PL^3}{12EI}$
③ $\dfrac{11PL^3}{24EI}$
④ $\dfrac{17PL^3}{48EI}$

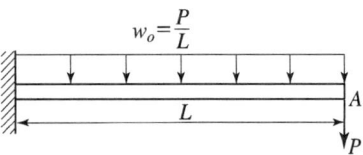

해설
$\delta_A = \dfrac{PL^3}{3EI} + \dfrac{wL^4}{8EI} = \dfrac{PL^3}{3EI} + \dfrac{\dfrac{P}{L}L^4}{8EI} = \dfrac{11PL^3}{24EI}$

해답 ③

제2과목 기계열역학

021 이상적인 오토 사이클에서 단열압축되기 전 공기가 101.3kPa, 21℃이며, 압축비 7로 운전할 때 이 사이클의 효율은 약 몇 %인가? (단, 공기의 비열비는 1.4이다.)
① 62%   ② 54%
③ 46%   ④ 42%

해설 $\eta_o = 1 - \left(\dfrac{1}{\epsilon}\right)^{k-1} = 1 - \left(\dfrac{1}{7}\right)^{1.4-1} = 0.5408 = 54.08\%$

해답 ②

022 다음 중 강성적(강도성, intensive) 상태량이 아닌 것은?
① 압력   ② 온도
③ 엔탈피   ④ 비체적

해설
- 강도성상태량 : 나누어도 계의 상태가 변화없는 상태량(온도, 압력, 밀도)
- 종량성상태량 : 나누면 계의 상태가 변화 되는 상태량(체적, 질량, 부피, 엔탈피, 엔트로피)

해답 ③

023 이상기체 공기가 안지름 0.1m인 관을 통하여 0.2m/s로 흐르고 있다. 공기의 온도는 20 C, 압력은 100kPa, 기체상수는 0.287kJ/(kg K)라면 질량유량은 약 몇 kg/s인가?
① 0.0019   ② 0.0099
③ 0.0119   ④ 0.0199

해설 (질량유량) $\dot{m} = \rho A V = 1.189 \times \dfrac{\pi}{4} \times 0.1^2 \times 0.2 = 1.867 \times 10^{-3} \fallingdotseq 0.0019 \, \text{kg/s}$

(밀도) $\rho = \dfrac{P}{RT} = \dfrac{100 \times 10^3}{287 \times (20+273)} = 1.189 \, \text{kg/m}^3$

해답 ①

024 이상기체가 정압과정으로 dT만큼 온도가 변하였을 때 1kg당 변화된 열량 Q는? (단, C_v는 정적비열, C_p는 정압비열, k는 비열비를 나타낸다.)
① $Q = C_v dT$ ② $Q = k^2 C_v dT$
③ $Q = C_p dT$ ④ $Q = k C_p dT$

해설 (정압과정의 열량의 변화) $\delta Q = m C_p dT$, $\delta q = C_p dT$

해답 ③

025 열역학적 변화와 관련하여 다음 설명 중 옳지 않은 것은?

① 단위 질량당 물질의 온도를 1℃ 올리는데 필요한 열량을 비열이라 한다.
② 정압과정으로 시스템에 전달된 열량은 엔트로피 변화량과 같다.
③ 내부 에너지는 시스템의 질량에 비례하므로 종량적(extensive) 상태량이다.
④ 어떤 고체가 액체로 변화할 때 융해(Melting)라고 하고, 어떤 고체가 기체로 바로 변화할 때 승화(Sublimation)라고 한다.

해설 (정압과정의 열량의 변화) $\delta Q = mC_p dT$, $\delta q = C_p dT$
정압과정의 열량의 변화 = 엔탈피의 변화와 같다.
$\delta q = dh - vdp$, 정압과정은 $dp = 0$, $\delta q = dh$

해답 ②

026 저온실로부터 46.4kW의 열을 흡수할 때 10kW의 동력을 필요로 하는 냉동기가 있다면, 이 냉동기의 성능계수는?

① 4.64
② 5.65
③ 7.49
④ 8.82

해설 $\epsilon_R = \dfrac{Q_L}{W_{net}} = \dfrac{46.4}{10} = 4.64$

해답 ①

027 엔트로피(s) 변화 등과 같은 직접 측정할 수 없는 양들을 압력(P), 비체적(v), 온도(T)와 같은 측정 가능한 상태량으로 나타내는 Maxwell 관계식과 관련하여 다음 중 틀린 것은?

① $\left(\dfrac{\partial T}{\partial P}\right)_S = \left(\dfrac{\partial v}{\partial s}\right)_P$
② $\left(\dfrac{\partial T}{\partial v}\right)_s = -\left(\dfrac{\partial P}{\partial s}\right)_v$
③ $\left(\dfrac{\partial v}{\partial T}\right)_P = -\left(\dfrac{\partial s}{\partial P}\right)_T$
④ $\left(\dfrac{\partial T}{\partial v}\right)_T = -\left(\dfrac{\partial P}{\partial T}\right)_v$

해설 맥스웰 관계식(Maxwell relations)은 엔트로피변화와 같이 직접 측정할수 없는 양들을 측정가능한 양들 압력(P), 비체적(v), 온도(T)로 나타낸 관계식이다. 4개의 관계식이 있다.

$\left(\dfrac{\partial T}{\partial P}\right)_s = +\left(\dfrac{\partial v}{\partial s}\right)_P$ $\left(\dfrac{\partial T}{\partial v}\right)_s = -\left(\dfrac{\partial P}{\partial s}\right)_v$

$\left(\dfrac{\partial v}{\partial T}\right)_P = -\left(\dfrac{\partial s}{\partial P}\right)_T$ $\left(\dfrac{\partial s}{\partial v}\right)_T = +\left(\dfrac{\partial P}{\partial T}\right)_v$

해답 ④

028

다음 4가지 경우에서 ( ) 안의 물질이 보유한 엔트로피가 증가한 경우는?

> ⓐ 컵에 있는 (물)이 증발하였다.
> ⓑ 목욕탕의 (수증기)가 차가운 타일 벽에서 물로 응결되었다.
> ⓒ 실린더 안의 (공기)가 가역 단열적으로 팽창되었다.
> ⓓ 뜨거운 (커피)가 식어서 주위온도와 같게 되었다.

① ⓐ
② ⓑ
③ ⓒ
④ ⓓ

해설 엔트로피가 증가하는 경우는 열을 흡수하는 과정이다.
 ⓐ 컵에 있는 (물)이 증발하기 위해서는 열을 흡수 하여야 된다.
 ⓑ 목욕탕의 (수증기)가 차가운 타일벽에서 물로 응결 되는 것은 열을 잃은 과정이다.
 ⓒ 실린더 안의 (공기)가 가역 단열적을 팽창되면 온도가 내려가는 과정임으로 열을 잃는 과정이다.
 ⓓ 뜨거운 (커피)가 식어서 주위온도와 같게 되는 것은 열을 잃은 과정이다.

해답 ①

029

공기압축기에서 입구 공기의 온도와 압력은 각각 27℃, 100kPa이고, 체적유량은 0.01m³/s이다. 출구에서 압력이 400kPa이고, 이 압축기의 등엔트로피 효율이 0.8일 때, 압축기의 소요 동력은 약 몇 kW인가? (단, 공기의 정압비열과 기체상수는 각각 1kJ/(kg·K), 0.287kJ/(kg·K)이고, 비열비는 1.4이다.)

① 0.9
② 1.7
③ 2.1
④ 3.8

해설

(단열압축동력) $H_{ad} = \dfrac{k}{k-1} P_1 \dot{V}_1 \left[\left(\dfrac{P_2}{P_1} \right)^{\frac{k-1}{k}} - 1 \right]$

$= \dfrac{1.4}{1.4-1} \times 100 \times 0.01 \times \left[\left(\dfrac{400}{100} \right)^{\frac{1.4-1}{1.4}} - 1 \right] = 1.7 \text{kW}$

(압축기의 등엔트로피 효율) $\eta_c = \dfrac{(단열압축동력) H_{ad}}{압축기의 소요동력(= 정미압축동력) H_c}$

$0.8 = \dfrac{1.7}{H_c}$

(압축기의 소요동력 = 정미압축동력) $H_c = \dfrac{1.7}{0.8} = 2.125 \text{kW}$

해답 ③

030

초기 압력 100kPa, 초기 체적 0.1m³인 기체를 버너로 가열하여 기체 체적이 정압과정으로 0.5m³이 되었다면 이 과정 동안 시스템이 외부에 한 일은 몇 kJ인가?

① 10
② 20
③ 30
④ 40

해설 (정압과정에서 한일) $_1W_2 = P(V_2 - V_1) = 100 \times (0.5 - 0.1) = 40\text{kJ}$

해답 ④

031

증기터빈 발전소에서 터빈 입구의 증기 엔탈피는 출구의 엔탈피보다 136kJ/kg 높고, 터빈에서의 열손실은 10kJ/kg이다. 증기속도는 터빈 입구에서 10m/s이고, 출구에서 110m/s일 때 이 터빈에서 발생시킬 수 있는 일은 약 몇 kJ/kg인가?

① 10 ② 90
③ 120 ④ 140

해설
$_1q_2 = w_t + \dfrac{V_2^2 - V_1^2}{2} + (h_2 - h_1),\ -10 = w_t + 6 + (-136)$

(터빈에서 발생시킬 수 있는 일) $w_t = 120\text{kJ/kg}$

$_1q_2 = -10\text{kJ/kg}$

$\dfrac{V_2^2 - V_1^2}{2} = \dfrac{110^2 - 10^2}{2} = 6000\text{m}^2/\text{s}^2 = 6000\dfrac{\text{kg} \times \text{m}^2}{\text{kg} \times \text{s}^2} = 6000\text{J/kg} = 6\text{kJ/kg}$

$(h_2 - h_1) = -136\text{kJ/kg}$

해답 ③

032

그림과 같이 온도(T)-엔트로피(S)로 표시된 이상적인 랭킨사이클에서 각 상태의 엔탈피(h)가 다음과 같다면, 이 사이클의 효율은 약 몇 %인가? (단, $h_1 = 30\text{kJ/kg}$, $h_2 = 31\text{kJ/kg}$, $h_3 = 274\text{kJ/kg}$, $h_4 = 668\text{kJ/kg}$, $h_5 = 764\text{kJ/kg}$, $h_6 = 478\text{kJ/kg}$ 이다.)

① 39
② 42
③ 53
④ 58

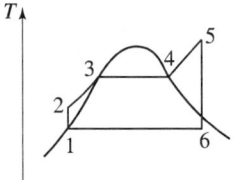

해설 $\eta_R = \dfrac{(h_5 - h_6) - (h_2 - h_1)}{h_5 - h_2} = \dfrac{(764 - 478) - (31 - 30)}{(764 - 31)} = 0.3888 = 38.88\%$

해답 ①

033

이상적인 복합 사이클(사바테 사이클)에서 압축비는 16, 최고압력비(압력상승비)는 2.3, 체절비는 1.6이고, 공기의 비열비는 1.4일 때 이 사이클의 효율은 약 몇 %인가?

① 55.52 ② 58.41
③ 61.54 ④ 64.88

해설 Sabathe cycle의 효율 η_S

$$\eta_S = 1 - \left(\frac{1}{\epsilon}\right)^{k-1} \frac{\rho\sigma^k - 1}{(\rho-1) + k\rho(\sigma-1)}$$

$$= 1 - \left(\frac{1}{16}\right)^{1.4-1} \frac{2.3 \times 1.6^{1.4} - 1}{(2.3-1) + 1.4 \times 2.3 \times (1.6-1)} = 0.6488 = 64.88\%$$

해답 ④

034

단위질량의 이상기체가 정적과정 하에서 온도가 T_1에서 T_2로 변하였고, 압력도 P_1에서 P_2로 변하였다면, 엔트로피 변화량 ΔS는? (단, C_v와 C_p는 각각 정적비열과 정압비열이다.)

① $\Delta S = C_v \ln \dfrac{P_1}{P_2}$
② $\Delta S = C_p \ln \dfrac{P_2}{P_1}$
③ $\Delta S = C_v \ln \dfrac{T_2}{T_1}$
④ $\Delta S = C_p \ln \dfrac{T_1}{T_2}$

해설 각 과정별 엔트로피 변화량

$$\Delta S = S_2 - S_1 = C_v \ln \frac{T_2}{T_1} + R \ln \frac{v_2}{v_1} = C_p \ln \frac{T_2}{T_1} - R \ln \frac{P_2}{P_1} = C_p \ln \frac{v_2}{v_1} + C_v \ln \frac{P_2}{P_1}$$

(정적과정의 엔트로피 변화) $\Delta S_v = C_v \ln \dfrac{T_2}{T_1} = C_v \ln \dfrac{P_2}{P_1}$

해답 ③

035

온도가 각기 다른 액체 A(50℃), B(25℃), C(10℃)가 있다. A와 B를 동일질량으로 혼합하면 40℃로 되고, A와 C를 동일질량으로 혼합하면 30℃로 된다. B와 C를 동일질량으로 혼합할 때는 몇 ℃로 되겠는가?

① 16℃
② 18.4℃
③ 20℃
④ 22.5℃

해설 A와 B의 혼합 $\quad C_A \times (50 - 40) = C_B \times (40 - 25)$
$\quad C_A = 1.5 C_B$

A와 C의 혼합 $\quad C_A \times (50 - 30) = C_C \times (30 - 20)$
$\quad C_A = C_C$
$\quad C_A = C_C = 1.5 C_B$

B와 C의 혼합 $\quad C_B \times (25 - T_m) = C_C \times (T_m - 10)$
$\quad C_B \times (25 - T_m) = 1.5 C_B \times (T_m - 10)$
$\quad T_m = 16℃$

해답 ①

036 어떤 기체가 5kJ의 열을 받고 0.18kN·m의 일을 외부로 하였다. 이때의 내부에너지의 변화량은?

① 3.24kJ ② 4.82kJ
③ 5.18kJ ④ 6.14kJ

해설 $\Delta Q = \Delta U + {}_1W_2$
(내부에너지의 변화) $\Delta U = \Delta Q - {}_1W_2 = 5 - 0.18 = 4.82\text{kJ}$

해답 ②

037 대기압이 100kPa일 때, 계기 압력이 5.23MPa인 증기의 절대 압력은 약 몇 MPa인가?

① 3.02 ② 4.12
③ 5.33 ④ 6.43

해설 (절대압력) $P_{abs} = P_o + P_g = 0.1\text{MPa} + 5.23\text{MPa} = 5.33\text{MPa}$

해답 ③

038 압력 2MPa, 온도 300℃의 수증기가 20m/s 속도로 증기터빈으로 들어간다. 터빈 출구에서 수증기 압력이 100kPa, 속도는 100m/s이다. 가역단열과정으로 가정 시, 터빈을 통과하는 수증기 1kg 당 출력일은 약 몇 kJ/kg인가? (단, 수증기표로부터 2MPa, 300℃에서 비엔탈피는 3023.5kJ/kg, 비엔트로피는 6.7663kJ/(kg·K)이고, 출구에서의 비엔탈피 및 비엔트로피는 아래 표와 같다.)

출구	포화액	포화증기
비엔트로피[kJ/(kg·K)]	1.3025	7.3593
비엔탈피[kJ/kg]	417.44	2675.46

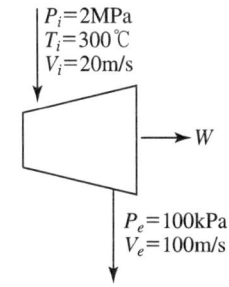

① 1534 ② 564.3
③ 153.4 ④ 764.5

해설 (터빈일) $w_T = h_\text{과열} - h_x = 3023.5 - 2449.658 = 573.842\text{kJ/kg}$
(습공기의 엔탈피) $h_x = h' + x(h'' - h') = 417.44 + 0.9 \times (2675.46 - 417.44)$
$= 2449.658\text{kJ/kg}$
$s_\text{과열} = s_x = 6.7663\text{kJ/kg}$
$s_x = s' + x(s'' - s')$
(건도) $x = \dfrac{s_x - s'}{s'' - s'} = \dfrac{6.7663 - 1.3025}{7.3593 - 1.3025} = 0.9$

해답 ②

039 520K의 고온 열원으로 18.4kJ 열량을 받고 273K의 저온 열원에 13kJ의 열량 방출하는 열기관에 대하여 옳은 설명은?

① Calusius 적분값은 −0.0122kJ/K이고, 가역과정이다.
② Calusius 적분값은 −0.0122kJ/K이고, 비가역과정이다.
③ Calusius 적분값은 +0.0122kJ/K이고, 가역과정이다.
④ Calusius 적분값은 +0.0122kJ/K이고, 비가역과정이다.

해설 $\sum \dfrac{Q}{T} = \dfrac{Q_H}{T_H} + \dfrac{Q_L}{T_L} = \dfrac{18.4}{520} + \dfrac{-13}{273} = -0.012\,\text{kJ/K}$

$\sum \dfrac{Q}{T} < 0$ 그러므로 비가역과정이다.

해답 ②

040 랭킨 사이클에서 25℃, 0.01MPa 압력의 물 1kg을 5MPa 압력의 보일러로 공급한다. 이때 펌프가 가역단열과정으로 작용한다고 가정할 경우 펌프가 한 일은 약 몇 kJ인가? (단, 물의 비체적은 0.001m³/kg이다.)

① 2.58　　　② 4.99
③ 20.10　　④ 40.20

해설 (단위질량당 펌프일) $w_P = v(P_2 - P_1) = 0.001 \times (5 - 0.01) \times 10^3 = 4.99\,\text{kJ/kg}$
(펌프일) $W_P = w_P \times m = 4.99 \times 1 = 4.99\,\text{kJ}$

해답 ②

제3과목 기계유체역학

041 지름 0.1mm, 비중 2.3인 작은 모래알이 호수바닥으로 가라앉을 때, 잔잔한 물 속에서 가라앉는 속도는 약 몇 mm/s인가? (단, 물의 점성계수는 1.12×10^{-3} N s/m²이다.)

① 6.32　　　② 4.96
③ 3.17　　　④ 2.24

해설 (낙구식 점도계에서 측정한 항력) $D = 6R\mu V\pi$

$= 6 \times \dfrac{0.1 \times 10^{-3}}{2} \times 1.12 \times 10^{-3} \times V \times \pi$

$= 1.0555 \times 10^{-6} \times V$

여기서, R : 반지름, μ : 점성계수, V : 속도, π : 원주율

(부력) $F_B = \gamma_w \times \dfrac{4\pi}{3} R^3 = 9800 \times \dfrac{4\pi}{3} \left(\dfrac{0.1 \times 10^{-3}}{2}\right)^3 = 5.131 \times 10^{-9} \text{N}$

(모래의 무게) $W_{\text{모래}} = S_{\text{모래}} \times \gamma_w \times \dfrac{4\pi}{3} R^3 = 2.3 \times 9800 \times \dfrac{4\pi}{3} \left(\dfrac{0.1 \times 10^{-3}}{2}\right)^3$
$= 1.18 \times 10^{-8} \text{N}$

$W_{\text{모래}} = D + F_B$
$1.18 \times 10^{-8} = (1.0555 \times 10^{-6} \times V) + (5.131 \times 10^{-9})$
(속도) $V = 6.318 \times 10^{-3} \text{m/s} = 6.318 \text{mm/s}$

해답 ①

042

반지름 R인 파이프 내에 점도 μ인 유체가 완전발달 층류유동으로 흐르고 있다. 길이 L을 흐르는데 압력 손실이 Δp만큼 발생했을 때, 파이프 벽면에서의 평균전단응력은 얼마인가?

① $\mu \dfrac{R}{4} \dfrac{\Delta p}{L}$ ② $\mu \dfrac{R}{2} \dfrac{\Delta p}{L}$
③ $\dfrac{R}{4} \dfrac{\Delta p}{L}$ ④ $\dfrac{R}{2} \dfrac{\Delta p}{L}$

해설 수평원관에서의 층류 유동

① (유량) $Q = \dfrac{\pi D^4 \Delta P}{128 \mu L}$ → Hagen-Poiseuille Equation
여기서, D : 내경, ΔP : 압력차, μ : 점성계수, L : 관의 길이

② (최대전단응력) $\tau = \dfrac{\Delta P D}{4L} = \dfrac{\Delta P R}{2L}$ → 관벽에서 최대 전단응력 발생

③ (최대유속) $u_{\max} = \dfrac{\Delta P D^2}{16 \mu L}$ → 관 중심에서 최대 유속 발생

④ (평균유속) $V_{av} = \dfrac{u_{\max}}{2}$

해답 ④

043

어느 물리법칙이 $F(a, V, v, L) = 0$과 같은 식으로 주어졌다. 이 식을 무차원수의 함수로 표시하고자 할 때 이에 관계되는 무차원수는 몇 개인가? (단, a, V, v, L은 각각 가속도, 속도, 동점성계수, 길이이다.)

① 4 ② 3
③ 2 ④ 1

해설 (독립수차원이 개수) $\pi = n - m = 4 - 2 = 2$개
여기서, n : a, V, ν, L 물리량의 개수 $n = 4$개
m : L, T만 사용 $m = 2$개

해답 ③

044

평균 반지름이 R인 얇은 막 형태의 작은 비누방울의 내부 압력을 P_i, 외부 압력을 P_o라고 할 경우, 표면 장력(σ)에 의한 압력차 $(P_i - P_o)$는?

① $\dfrac{\sigma}{4R}$
② $\dfrac{\sigma}{R}$
③ $\dfrac{4\sigma}{R}$
④ $\dfrac{2\sigma}{R}$

해설 표면장력

$\sigma = \dfrac{\Delta PD}{4}$ 여기서, D : 내경, ΔP : 압력차(두께를 무시할 수 있을 때)

$\sigma = \dfrac{\Delta PD}{8}$ 여기서, D : 내경, ΔP : 압력차(두께를 무시할 수 없을 때)

$\sigma = \dfrac{\Delta PD}{8} = \dfrac{\Delta P \times 2R}{8} = \dfrac{\Delta PR}{4}$

(압력차) $\Delta P = \dfrac{4\sigma}{R}$

해답 ③

045

1/20로 축소한 모형 수력 발전 댐과, 역학적으로 상사한 실제 수력 발전 댐이 생성할 수 있는 동력의 비(모형 : 실제)는 약 얼마인가?

① 1 : 1800
② 1 : 8000
③ 1 : 35800
④ 1 : 160000

해설

$\dfrac{V_p^2}{L_p g} = \dfrac{V_m^2}{L_p g}$, $\dfrac{V_p^2}{20g} = \dfrac{V_m^2}{1g}$

(모형의 속도) $V_m = \dfrac{V_p}{\sqrt{20}}$

(동력) $P = \gamma Q = \gamma A V H \approx \gamma L^2 V L = \gamma L^3 V$

모형과 실형의 유체는 동일, 즉 (비중량) $\gamma = \dfrac{P}{L^3 V}$

$\dfrac{P_p}{L_p^3 V_p} = \dfrac{P_m}{L_m^3 V_m}$, $\dfrac{P_p}{20^3 V_p} = \dfrac{P_m}{1^3 \times \dfrac{V_p}{\sqrt{20}}}$

$\dfrac{P_m}{P_p} = \dfrac{1^3 \times \dfrac{V_p}{\sqrt{20}}}{20^3 V_p} = \dfrac{1}{35777.08} \fallingdotseq \dfrac{1}{35800}$

해답 ③

046 비압축성 유체의 2차원 유동 속도성분이 $u = x^2 t$, $v = x^2 - 2xyt$ 이다. 시간(t)이 2일 때, $(x, y) = (2, -1)$에서 x방향 가속도(a_x)는 약 얼마인가? (단, u, v는 각각 x, y방향 속도성분이고, 단위는 모두 표준단위이다.)

① 32 ② 34
③ 64 ④ 68

해설 (x방향의 가속도) $a_x = u\dfrac{\partial u}{\partial x} + \dfrac{\partial u}{\partial t} = (x^2 t)\dfrac{\partial (x^2 t)}{\partial x} + \dfrac{\partial (x^2 t)}{\partial t}$

$= (x^2 t) \times 2xt + x^2$

$= (2^2 \times 2) \times 2 \times 2 \times 2 + 2^2 = 68$

(y방향의 가속도) $a_y = v\dfrac{\partial v}{\partial x} + \dfrac{\partial v}{\partial t} = (x^2 - 2xyt)\dfrac{\partial (x^2 - 2xyt)}{\partial x} + \dfrac{\partial (x^2 - 2xyt)}{\partial t}$

$= (x^2 - 2xyt) \times (2x - 2yt) + (-2xy)$

해답 ④

---

047 다음과 같이 유체의 정의를 설명할 때 괄호속에 가장 알맞은 용어는 무엇인가?

유체란 아무리 작은 (　　)에도 저항할 수 없어 연속적으로 변형하는 물질이다.

① 수직응력 ② 중력
③ 압력　　 ④ 전단응력

해설 유체는 아무리 작은 (전단응력)에도 저항할 수 없어 연속적으로 변형하는 물질

해답 ④

---

048 안지름 100mm인 파이프 안에 2.3m³/min의 유량으로 물이 흐르고 있다. 관 길이가 15m라고 할 때 이 사이에서 나타나는 손실수두는 약 몇 m인가? (단, 관마찰계수는 0.01로 한다.)

① 0.92 ② 1.82
③ 2.13 ④ 1.22

해설 (원형관의 손실수두) $H_L = f \times \dfrac{L}{D} \times \dfrac{V^2}{2g} = 0.01 \times \dfrac{15}{0.1} \times \dfrac{4.88^2}{2 \times 9.8} = 1.822 \text{m}$

(속도) $V = \dfrac{Q}{\dfrac{\pi}{4} D^2} = \dfrac{\dfrac{2.3}{60}}{\dfrac{\pi}{4} \times 0.1^2} = 4.88 \text{m/s}$

해답 ②

049

지름 20cm, 속도 1m/s인 물 제트가 그림과 같이 넓은 평판에 60° 경사하여 충돌한다. 분류가 평판에 작용하는 수직방향 힘 F_N은 약 몇 N인가? (단, 중력에 대한 영향은 고려하지 않는다.)

① 27.2
② 31.4
③ 2.72
④ 3.14

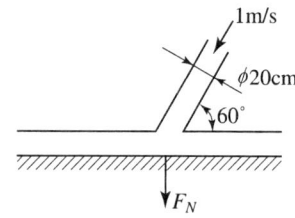

해설 $F_N = \rho Q V \sin\theta = \rho A V^2 \sin\theta = 1000 \times \dfrac{\pi}{4} \times 0.2^2 \times 1^2 \times \sin 60 = 27.2\text{N}$

해답 ①

050

경계층(boundary layer)에 관한 설명 중 틀린 것은?

① 경계층 바깥의 흐름은 포텐셜 흐름에 가깝다.
② 균일 속도가 크고, 유체의 점성이 클수록 경계층의 두께는 얇아진다.
③ 경계층 내에서는 점성의 영향이 크다.
④ 경계층은 평판 선단으로부터 하류로 갈수록 두꺼워진다.

해설 (층류경계층 두께) $\delta = \dfrac{5x}{\sqrt{Re_x}} = \dfrac{5x\sqrt{\mu}}{\sqrt{\rho V x}}$

경계층 두께는 균일속도(V)가 크수록 얇아지고, 점성(μ)이 클수록 두꺼워진다.

해답 ②

051

안지름이 20cm, 높이가 60cm인 수직 원통형 용기에 밀도 850kg/m³인 액체가 밑면으로부터 50cm 높이만큼 채워져 있다. 원통형 용기와 용기와 액체가 일정한 각속도로 회전할 때, 액체가 넘치기 시작하는 각속도는 약 몇 rpm인가?

① 134
② 189
③ 276
④ 392

해설
$\Delta H = \dfrac{V_o^2}{2g}$

$V_o = \sqrt{2g\,\Delta H} = \sqrt{2 \times 9.8 \times 0.2} = 1.9798\text{m/s}$

$V_o = \dfrac{\pi D N}{60}$

(분당회전수) $N = \dfrac{V_o \times 60}{\pi D} = \dfrac{1.9798 \times 60}{\pi \times 0.2} = 189\text{rpm}$

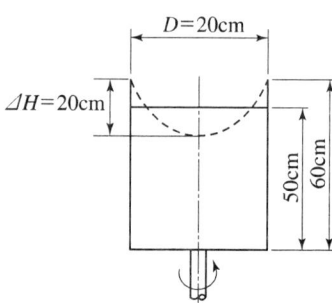

해답 ②

052
유체 계측과 관련하여 크게 유체의 국소속도를 측정하는 것과 체적유량을 측정하는 것으로 구분할 때 다음 중 유체의 국소속도를 측정하는 계측기는?

① 벤투리미터 ② 얇은 판 오리피스
③ 열선 속도계 ④ 로터미터

해설 속도를 측정하는 계측기기
① 피트우트관(piot tube)
② 피트우트 정압관
③ 열선속도계 : 난류유동과 같이 매우 빠르게 변화하는 유체의 속도를 측정

해답 ③

053
유체(비중량 10N/m³)가 중량유량 6.28N/s로 지름 40cm인 관을 흐르고 있다. 이 관 내부의 평균 유속은 약 몇 m/s인가?

① 50.0 ② 5.0
③ 0.2   ④ 0.8

해설 (중량유량) $\dot{W} = \gamma A V$

(평균유속) $V = \dfrac{\dot{W}}{\gamma A} = \dfrac{6.28}{10 \times \dfrac{\pi}{4} \times 0.4^2} = 4.99 \text{m/s}$

해답 ②

054
수평면과 60° 기울어진 벽에 지름이 4m인 원형창이 있다. 창의 중심으로부터 5m 높이에 물이 차있을 때 창에 작용하는 합력의 작용점과 원형창의 중심(도심)과의 거리(C)는 약 몇 m인가? (단, 원의 2차 면적 모멘트는 $(\pi R^4)/4$이고, 여기서 R은 원의 반지름이다.)

① 0.0866
② 0.173
③ 0.866
④ 1.73

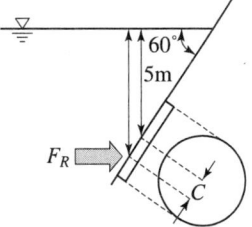

해설 (빗면에서 도심까지 거리) $\bar{y} = \dfrac{5}{\sin 60} = 5.77\text{m}$

$C = \dfrac{I_G}{\bar{y}A} = \dfrac{\dfrac{\pi \times 2^4}{4}}{5.77 \times \pi \times 2^2} = 0.1733\text{m}$

해답 ②

055

(x, y)좌표계의 비회전 2차원 유동장에서 속도 포텐셜(potential)은 $\phi = 2x^2y$로 주어졌다. 이때 점(3, 2)인 곳에서 속도 벡터는?
(단, 속도포텐셜 ϕ는 $\phi \equiv \nabla\phi = grad\phi$로 정의된다.)

① $24\vec{i} + 18\vec{j}$ ② $-24\vec{i} + 18\vec{j}$
③ $12\vec{i} + 9\vec{j}$ ④ $-12\vec{i} + 9\vec{j}$

해설 (속도벡터) $\vec{V} = \nabla\Phi = \dfrac{\partial\Phi}{\partial x}\vec{i} + \dfrac{\partial\Phi}{\partial y}\vec{j} = \dfrac{\partial(2x^2y)}{\partial x}\vec{i} + \dfrac{\partial(2x^2y)}{\partial y}\vec{j}$
$= 4xy\vec{i} + 2x^2\vec{j} = (4\times3\times2)\vec{i} + (2\times3^2)\vec{j}$
$= 24\vec{i} + 18\vec{j}$

해답 ①

056

연직하방으로 내려가는 물제트에서 높이 10m인 곳에서 속도는 20m/s였다. 높이 5m인 곳에서의 물의 속도는 약 몇 m/s 인가?

① 29.45
② 26.34
③ 23.88
④ 22.32

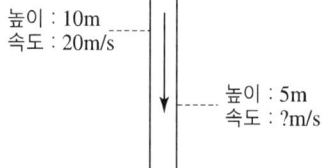

해설 $2gs = V_2^2 - V_1^2$, $2\times9.8\times5 = V_2^2 - 20^2$
(나중 속도) $V_2 = 22.315\text{m/s} ≒ 22.32\text{m/s}$
$s = 10\text{m} - 5\text{m} = 5\text{m}$

해답 ④

057

그림에서 압력차$(P_x - P_y)$는 약 몇 kPa인가?

① 25.67
② 2.57
③ 51.34
④ 5.13

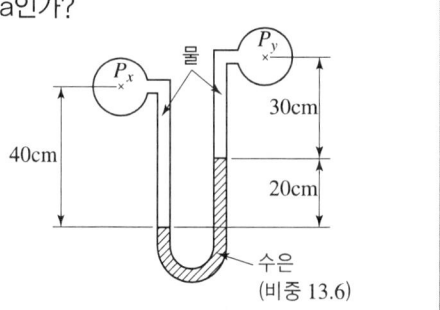

해설 $P_x + (\gamma_w \times 0.4) = P_y + (\gamma_w \times 0.3) + (13.6 \times \gamma_w \times 0.2)$
$P_x - P_y = \gamma_w(0.3 + (13.6\times0.2) - 0.4)$
$= 9800\times(0.3 + (13.6\times0.2) - 0.4) = 25676\text{Pa} = 25.676\text{kPa}$

해답 ①

058 공기로 채워진 0.189m의 오일 드럼통을 사용하여 잠수부가 해저 바닥으로부터 오래된 배의 닻을 끌어올리려 한다. 바닷물 속에서 닻을 들어올리는데 필요한 힘은 1780N이고, 공기 중에서 드럼통을 들어 올리는데 필요한 힘은 222N이다. 공기로 채워진 $0.189m^3$의 드럼통을 닻에 연결한 후 잠수부가 이 닻을 끌어올리는 데 필요한 최소 힘은 약 몇 N인가? (단, 바닷물의 비중은 1.025이다.)

① 72.8　　② 83.4
③ 92.5　　④ 103.5

해설 (드럼통의 부력) $F_B = S \times \gamma_w \times V = 1.025 \times 9800 \times 0.189 = 1898.505N$
(드럼통의 무게) $W_{드럼} = 222N$
(잠수부가 닻을 올리는 최소 힘) $F + F_B = W_{드럼} + 1780$
$F + 1898.505 = 222 + 1780$
$F = 103.495N$

해답 ④

059 수력기울기선(Hydraulic Grade Line; HGL)이 관보다 아래에 있는 곳에서의 압력은?

① 완전 진공이다.　　② 대기압보다 낮다.
③ 대기압과 같다.　　④ 대기압보다 높다.

해설 **수력구배선** = 위치수두 + 압력수두
즉 같은 위치에서는 위치수두가 같다. 그러므로 수력구배선보다 아래 있는 곳은 대기압보다 낮은 압력이다.

해답 ②

060 원관 내부의 흐름이 층류 정상 유동일 때 유체의 전단응력 분포에 대한 설명으로 알맞은 것은?

① 중심축에서 0이고, 반지름 방향 거리에 따라 선형적으로 증가한다.
② 관 벽에서 0이고, 중심축까지 선형적으로 증가한다.
③ 단면에서 중심축을 기준으로 포물선 분포를 가진다.
④ 단면적 전체에서 일정하다.

해설 정상류의 흐름 ($V_2 = V_1 = V$)

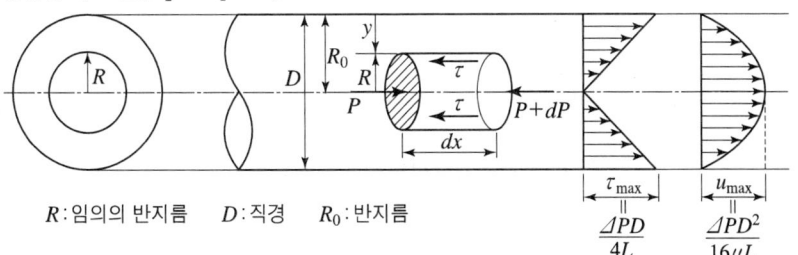

R: 임의의 반지름　D: 직경　R_0: 반지름

해답 ①

제4과목 기계재료 및 유압기기

061 플라스틱 재료의 일반적인 특징을 설명한 것 중 틀린 것은?
① 완충성이 크다.
② 성형성이 우수하다.
③ 자기 윤활성이 풍부하다.
④ 내식성은 낮으나, 내구성이 높다.

[해설] 플라스틱은 내식성이 아주 우수한 기재 재료이다.   해답 ④

062 주조용 알루미늄 합금의 질별 기호 중 T6가 의미하는 것은?
① 어닐링 한 것
② 제조한 그대로의 것
③ 용체화 처리 후 인공시효 경화 처리한 것
④ 고온 가공에서 냉각 후 자연 시효시킨 것

[해설] T1 : 고온가공으로부터 냉각 후 자연 시효 시킨 것
T2 : 고온가공으로부터 냉각 후 냉간 가공을 한 후 자연 시효 시킨 것
T3 : 용체화 처리 후 냉간 가공을 한 후 자연 시효 시킨 것
T4 : 용체화 처리 후 자연 시효 시킨 것
T5 : 고온 가공으로부터 냉각 후 인공 시효 경화 처리 한 것
T6 : 용체화 처리 후 인공 시효 경화 처리 한 것
T7 : 용체화 처리 후 안전화 처리 한 것
T8 : 용체화 처리 후 냉간 가공을 해, 인공시효경화 처리 한 것
T9 : 용체화 처리 후 인공 시효경화 처리를 해, 냉간 가공 한 것
T10 : 고온 가공으로부터 냉각 후 냉간 가공을 해, 인공 시효경화 처리한 것   해답 ③

063 주철에 대한 설명으로 옳은 것은?
① 주철은 액상일 때 유동성이 좋다.
② 주철은 C 와 Si 등이 많을수록 비중이 커진다.
③ 주철은 C 와 Si 등이 많을수록 용융점이 높아진다.
④ 흑연이 많을 경우 그 파단면은 백색을 띠며 백주철이라 한다.

[해설] • 주철에서 C가 많아 지면 비중이 작아진다.
• 주철은 C함유량이 4.3%까지는 용융점이 감소하고 4.3%~6.67%에서는 용융점이 증가한다.
• 주철은 흑연이 많을수록 회주철(Gray castig)이 된다.   해답 ①

064
특수강을 제조하는 목적이 아닌 것은?
① 절삭성 개선
② 고온강도 저하
③ 담금질성 향상
④ 내마멸성, 내식성 개선

해설 특수강은 탄소강에 다른 원소를 넣어 기계적 성질을 증가시키기 위한 강이다.
그러므로 특수강에는 ① 절삭성을 개선한 강을 쾌삭강
② 고온강도를 증가시킨 강을 내열강
③ 내마멸성, 내식성을 개선한 강을 내식강(stainless 강)
④ 열처리성(담금질성)을 향상시키기 위한 특수강 등이 있다.

해답 ②

065
확산에 의한 경화 방법이 아닌 것은?
① 고체 침탄법
② 가스 질화법
③ 쇼트 피이닝
④ 침탄 질화법

해설
- 확산에 의한 열처리법은 화학적인 표면 경화법으로 침탄법, 질화법, 침탄·질화법이 있다.
- 쇼트피닝은 금속표면의 압축잔류응력을 발생시켜 피로한도를 증가시키는 방법이다.

해답 ③

066
조미니 시험(Jominy test)은 무엇을 알기 위한 시험 방법인가?
① 부식성
② 마모성
③ 충격인성
④ 담금질성

해설 **조미니시험**(Jominy test)
강의 담금질성을 판단하기 위한 시험으로 시험편의 지름은 25mm, 길이 100mm이다. 이 시험편에 일정 온도를 가열한 후 시험편의 하단부를 일정한 유량의 냉각수를 분사 시켜 냉각시킨다. 냉각된 시험편의 종단면의 중심선에 따라 경도변화를 측정하는 시험이다.

해답 ④

067
기계태엽, 정밀계측기, 다이얼 게이지 등을 만드는 재료로 가장 적합한 것은?
① 인청동
② 엘린바
③ 미하나이트
④ 애드미럴티

해설 **불변강**
① 인바 : 줄자, 표준자, 시계의 추 등의 재료에 사용
② 엘린바 : 기계태엽, 정밀 계측기기 부품, 전자기 장치, 각종 정밀 부품 등의 주요 부품재료로 사용된다.

③ 초불변강(Super invar, 초인바) : 인바보다 선팽창계수가 작다
④ 코엘린바 : 공기나 물 속에서 부식되지 않는다. 주로 스프링, 태엽 기상 관측용 기구 등의 부품 재료로 사용된다.

해답 ②

068
금속재료에 외력을 가했을 때 미끄럼이 일어나는 과정에서 생긴 국부적인 격자 배열의 선결함은?

① 전위
② 공공
③ 적층결함
④ 결정립 경계

해설 **전위**(dislocation) : 금속의 결정체 내부는 원자들이 완전하게 결정을 이루고 있는 완전 결정체가 아니라 보통 원자나 원자면이 더 있거나 탈락되어 있는 불환전한 결정체를 형성하고 있는데 이와 같은 불완전한 결정체 부분을 전위(dislocation)라 하다.
전위가 발생되는 대표적인 경우는 금속재료에 외력을 가했을 때 미끄럼(Slip)이 국부적인 격자배열이 선결함 형태로 일어난다.

해답 ①

069
배빗메탈(babbit metal)에 관한 설명으로 옳은 것은?

① Sn-Sb-Cu계 합금으로서 베어링재료로 사용된다.
② Cu-Ni-Si계 합금으로서 도전율이 좋으므로 강력 도전 재료로 이용된다.
③ Zn-Cu-Ti계 합금으로서 강도가 현저히 개선된 경화형 합금이다.
④ Al-Cu-Mg계 합금으로서 상온치효처리 하여 기계적 성질을 개선시킨 합금이다.

해설 **베어링합금**
① 화이트 메탈(WM) : ㉠ 주석계 화이트 메탈(베빗메탈) : Sn+Sb+Cu
㉡ 납계 화이트 메탈 : Pb+Sn+Sb+Cu
② 구리계 합금(KM) : 켈밋(Cu+Pb)
③ 알루미늄 합금(AM)
④ 카드뮴계 : Alzen305합금
⑤ 함유베어링(oilless Bearing) : 베어링 자체에 기름이 함유되어 있어 기름공급이 어려운부분에 사용되는 베어링

해답 ①

070
Fe-C 평형 상태도에서 나타날 수 있는 반응이 아닌 것은?

① 포정반응
② 공정반응
③ 공석반응
④ 편정반응

해설 포정점(0.17%C, 1495℃)
공정점(4.3%C, 1148℃)
공석점(2.11%C, 727℃)

해답 ④

071 부하가 급격히 변화하였을 때 그 자중이나 관성력 때문에 소정의 제어를 못하게 된 경우 배압을 걸어주어 자유낙하를 방지하는 역할을 하는 유압제어 밸브로 체크 밸브가 내장된 것은?

① 카운터밸런스 밸브
② 릴리프 밸브
③ 스로틀 밸브
④ 감압 밸브

해설

형식	명칭	기능
상시 폐형	릴리프밸브(relief valve) 안전밸브(safety valve)	회로내의 압력을 설정치로 유지하는 밸브, 특히 회로의 최고압력을 한정하는 밸브를 안전밸브라고 한다.
	시퀀스밸브 (sequence valve)	둘 이상의 분기회로가 있는 회로내에서 그 작동순서를 회로의 압력 등에 의해 제어하는 밸브. 입구압력 또는 외부파일럿 압력이 소정의 값에 도달하면 입구 측으로부터 출구측의 흐름을 허용하는 밸브
	무부하밸브 (unloadin valve)	회로의 압력이 설정치에 달하면 펌프를 무부하로 하는 밸브
	카운터밸런스밸브 (counterbalance valve)	부하의 낙하를 방지하기 위해 배압을 부여하는 밸브, 한 방향의 흐름에는 설정된 배압을 주고 반대방향의 흐름을 자유흐름으로 하는 밸브
상시 개형	감압밸브 (pressure reducing valve)	출구측압력을 입구측압력보다 낮은 설정압력으로 조정하는 밸브

해답 ①

072 다음 중 유압장치의 운동부분에 사용되는 실(seal)의 일반적인 명칭은?

① 심레스(seamless)
② 개스킷(gasket)
③ 패킹(packing)
④ 필터(filter)

해설
- **패킹**(packing) : 운동부분에 사용되는 기밀유지 하는 실(seal) 역할을 한다.
- **개스킷**(gasket) : 고정부분에 사용되는 기밀유지 하는 실(seal) 역할을 한다.

해답 ③

073 미터-아웃(meter-out) 유량 제어 시스템에 대한 설명으로 옳은 것은?

① 실린더로 유입하는 유량을 제어한다.
② 실린더의 출구 관로에 위치하여 실린더로부터 유출되는 유량을 제어한다.
③ 부하가 급격히 감소되더라도 피스톤이 급진되지 않도록 제어한다.
④ 순간적으로 고압을 필요로 할 때 사용한다.

해설
- **미터인 방식** : 실린더 입구측에 유량 제어밸브를 직렬로 부착 하여 유량을 제어한다.
- **미터 아웃 방식** : 귀환측(출구측) 관로에 유량제어 밸브를 부착하여 탱크로 들어가는 유량을 제어하는 방법으로 실린더에는 항상 배압이 걸린다.
- **블리더 오프 방식** : 실린더에 유입되는 유량을 병렬로 부착하여제어하는 방법으로 동력소모가 다른 유량제어방식보다 적다.

해답 ②

074. 다음 기호에 대한 명칭은?

① 비례전자식 릴리프 밸브
② 릴리프 붙이 시퀀스 밸브
③ 파일럿 작동형 감압 밸브
④ 파일럿 작동형 릴리프 밸브

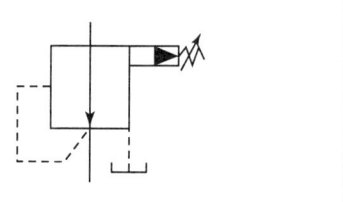

해설

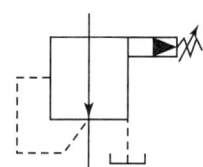 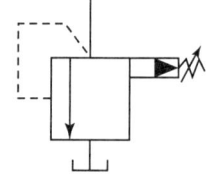

[파일럿 작동형 감압밸브(비례전자식)]   [파일럿 작동형 릴리프 밸브(비례전자식)]

해답 ③

075. 다음 중 어큐뮬레이터 용도에 대한 설명으로 틀린 것은?

① 에너지 축적용
② 펌프 맥동 흡수용
③ 충격압력의 완충용
④ 유압유 냉각 및 가열용

해설 축압기의 용도
① 에너지의 축적 하여 에너지의 보조할 수 있다.
② 압력 보상
③ 서어지 압력방지
④ 충격압력 흡수
⑤ 유체의 맥동감쇠(맥동 흡수)
⑥ 사이클 시간 단축
⑦ 2차 유압회로의 구동
⑧ 펌프대용 및 안전장치의 역할
⑨ 액체 수송(펌프 작용)

해답 ④

076. 온도 상승에 의하여 윤활유의 점도가 낮아질 때 나타나는 현상이 아닌 것은?

① 누설이 잘된다.
② 기포의 제거가 어렵다.
③ 마찰 부분의 마모가 증대된다.
④ 펌프의 용적 효율이 저하된다.

해설

점도가 너무 높을 경우의 영향 = 농도가 진하다	점도가 너무 낮을 경우의 영향 = 농도가 묽다
① 동력손실 증가로 기계 효율의 저하	① 내부 오일 누설의 증대
② 소음이나 공동현상 발생	② 압력유지의 곤란
③ 유동저항의 증가로 인한 압력손실의 증대	③ 유압펌프, 모터 등의 용적효율 저하
④ 내부마찰의 증대에 의한 온도의 상승	④ 기기 마모의 증대
⑤ 유압기기 작동의 불활발	⑤ 압력 발생 저하로 정확한 작동불가

해답 ②

077. 그림과 같은 유압회로의 명칭으로 옳은 것은?

① 브레이크 회로
② 압력 설정 회로
③ 최대압력 제한 회로
④ 임의 위치 로크 회로

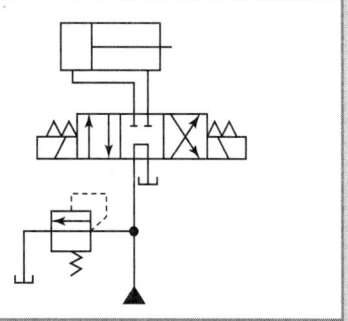

해설 로크회로 : 실린더 행정 중 임의의 위치에 실린더를 고정시켜 놓을 필요가 있을 때 사용하는 회로이다. 피스톤의 이동을 방지 하는 회로이다.

해답 ④

078. 크래킹 압력(cracking pressure)에 관한 설명으로 가장 적합한 것은?

① 파일럿 관로에 작용시키는 압력
② 압력 제어 밸브 등에서 조절되는 압력
③ 체크 밸브, 릴리프 밸브 등에서 압력이 상승하고 밸브가 열리기 시작하여 어느 일정한 흐름의 양이 인정되는 압력
④ 체크 밸브, 릴리프 밸브 등의 입구 쪽 압력이 강하하고, 밸브가 닫히기 시작하여 밸브의 누설량이 어느 규정의 양까지 감소했을 때의 압력

해설 크랭킹 압력 : 체크밸브, 릴리프 밸브 등에서 압력이 상승하고 밸브가 열리기 시작하여 어는 일정 한 흐름의 양이 인정되는 압력을 크랭킹 압력이라 한다.

해답 ③

079. 다음 중 기어 모터의 특성에 관한 설명으로 가장 거리가 먼 것은?

① 정회전, 역회전이 가능하다.
② 일반적으로 평기어를 사용한다.
③ 비교적 소형이며 구조가 간단하기 때문에 값이 싸다.
④ 누설량이 적고 토크 변동이 작아서 건설기계에 많이 이용된다.

해설 기어모터의 장점
① 구조 간단하고 정회전, 역회전이 가능하다.
② 다루기가 용이하고 가격이 싸다.
③ 기름의 오염에 비해 강한 편이다.
④ 회전수가 다른 펌프에 비해 크기 때문에 흡입능력이 크다.
기어모터의 단점
① 효율은 피스톤에 비해 떨어진다.
② 가변 용량형으로 만들기 힘들다.

해답 ④

080 펌프의 압력이 50Pa 토출유량은 40m³/min인 레이디얼 피스톤 펌프의 축동력은 약 몇 W인가? (단, 펌프의 전효율은 0.85이다.)

① 3921
② 39.1
③ 2352
④ 23.52

해설 (펌프의 전효율) $\eta_P = \dfrac{\text{펌프동력}(L_P)}{\text{축동력}(L_s)}$

(축동력) $L_s = \dfrac{L_P}{\eta_P} = \dfrac{50 \times \dfrac{40}{60}}{0.85} = 39.21\,\text{W}$

해답 ②

제5과목 기계제작법 및 기계동력학

081 반지름이 1m인 원을 각속도 60rpm으로 회전하는 1kg 질량의 선형운동량(linearmomentum)은 몇 kg·m/s인가?

① 6.28
② 1.0
③ 62.8
④ 10.0

해설 (선형운동량) $P = m \times \dfrac{\pi \times D \times N}{60} = 1 \times \dfrac{\pi \times 2 \times 60}{60} = 6.28\,\text{kg}\cdot\text{m/s}$

해답 ①

082 질량 m인 물체가 h의 높이에서 자유낙하한다. 공기 저항을 무시할 때, 이 물체가 도달할 수 있는 최대 속력은? (단, g는 중력가속도이다.)

① $\sqrt{mgh}$
② $\sqrt{mh}$
③ $\sqrt{gh}$
④ $\sqrt{2gh}$

해설 위치에너지 = 운동에너지
$mgh = \dfrac{1}{2}mV^2$, $V = \sqrt{2gh}$

해답 ④

083 그림과 같이 0.6m 길이에 질량 5kg의 균질봉이 축의 직각방향으로 30N의 힘을 받고 있다. 봉이 $\theta=0°$일 때 시계방향으로 초기 각속도 $w_1=10\text{rad/s}$ 이면 $\theta=90°$일 때 봉의 각속도는? (단, 중력의 영향을 고려한다.)

① 12.6rad/s
② 14.2rad/s
③ 15.6rad/s
④ 17.2rad/s

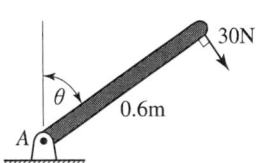

해설 (1상태의 에너지) E_1=(2상태의 에너지) E_2

(질량관성모멘트) $J=\dfrac{mR^2}{3}=\dfrac{5\times 0.6^2}{3}=0.6\text{kg}\cdot\text{m}^2$

$E_1=(\dfrac{1}{2}\times J\times w_1^2)+(mgh_1)+(T\times\theta)$

$=(\dfrac{1}{2}\times 0.6\times 10^2)+(5\times 9.8\times 0.3)+\left(0.6\times 30\times\dfrac{\pi}{2}\right)=72.974\text{N}\cdot\text{m}$

(세워진 상태의 질량 중심 높이) $h_1=0.3\text{m}$

$E_2=\dfrac{1}{2}Jw_2^2=\dfrac{1}{2}\times 0.6\times w_2^2=0.3w_2^2$

$72.974=0.3w_2^2$

$w_2=15.596\fallingdotseq 15.6\text{rad/s}$

해답 ③

084 국제단위체계(SI)에서 1N에 대한 설명으로 옳은 것은?
① 1g의 질량에 1m/s^2의 가속도를 주는 힘이다.
② 1g의 질량에 1m/s의 속도를 주는 힘이다.
③ 1kg의 질량에 1m/s^2의 가속도를 주는 힘이다.
④ 1g의 질량에 1m/s의 속도를 주는 힘이다.

해설 $1\text{N}=1\text{kg}\times 1\text{m/s}^2$

해답 ③

085 전기모터의 회전자가 3450rpm으로 회전하고 있다. 전기를 차단했을 때 회전자는 일정한 각가속도로 속도가 감소하여 정지할 때까지 40초가 걸렸다. 이때 각가속도의 크기는 약 몇 rad/s^2인가?

① 361.0
② 180.5
③ 86.25
④ 9.03

해설 (각가속도) $\alpha=\dfrac{\Delta w}{\Delta t}=\dfrac{\dfrac{2\pi\times 3450}{60}}{40}=9.03\text{rad/s}^2$

해답 ④

086 20m/s의 속도를 가지고 직선으로 날아오는 무게 9.8N의 공을 0.1초 사이에 멈추게 하려면 약 몇 N의 힘이 필요한가?

① 20
② 200
③ 9.8
④ 98

해설 운동량 변화 = 힘 × 시간
$m \times \Delta V = F \times \Delta t$
$\dfrac{W}{g} \times \Delta V = F \times \Delta t$, $\dfrac{9.8}{9.8} \times 20 = F \times 0.1$, $F = 200\text{N}$

해답 ②

087 기계진동의 전달율(transmissibility ratio)을 1 이하로 조정하기 위해서는 진동수비(ω/ω_n)를 얼마로 하면 되는가?

① $\sqrt{2}$ 이하로 한다.
② 1 이상으로 한다.
③ 2 이상으로 한다.
④ $\sqrt{2}$ 이상으로 한다.

해설

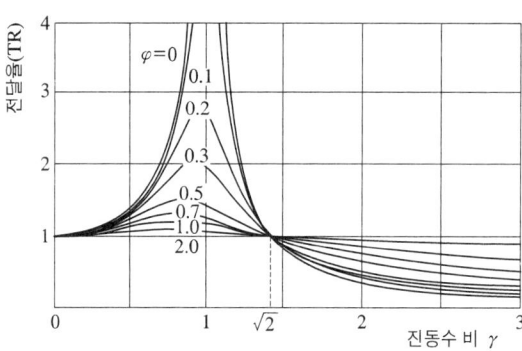

전달율이 1 이하가 되기 위해서는 $\dfrac{w}{w_n} > \sqrt{2}$

해답 ④

088 동일한 질량과 스프링 상수를 가진 2개의 시스템에서 하나는 감쇠가 없고, 다른 하나는 감쇠비가 0.12인 점성감쇠가 있다. 이때 감쇠진동 시스템의 감쇠 고유진동수와 비감쇠진동시스템의 고유진동수의 차이는 비감쇠진동 시스템 고유진동수의 약 몇 %인가?

① 0.72%
② 1.24%
③ 2.15%
④ 4.24%

해설 (감쇠진동 시스템의 감쇠 고유진동수) $w_{xd} = w_n \sqrt{1-\varphi^2}$
(비감쇠진동 시스템의 고유진동수) w_n
$\dfrac{w_n - w_{nd}}{w_n} = \dfrac{1-\sqrt{1-\phi^2}}{1} = \dfrac{1-\sqrt{1-0.12^2}}{1} = 7.22 \times 10^{-3} = 0.722\%$

해답 ①

089
스프링상수가 20N/cm와 30N/cm인 두 개의 스프링을 직렬로 연결했을 때 등가스프링상수 값은 몇 N/cm인가?

① 50
② 12
③ 10
④ 25

해설 $\dfrac{1}{K_e} = \dfrac{1}{K_1} + \dfrac{1}{K_2}$, $\dfrac{1}{K_e} = \dfrac{1}{20} + \dfrac{1}{30}$, $K_e = 12\text{N/cm}$

해답 ②

090
그림과 같이 스프링상수는 400N/m, 질량은 100kg인 1자유도계 시스템이 있다. 초기에 변위는 0이고 스프링 변형량도 없는 상태에서 방향으로 3m/s의 속도로 움직이기 시작한다고 가정할 때 이 질량체의 속도 v를 위치 x에 관한 함수로 나타내면?

① $\pm(9-4x^2)$
② $\pm\sqrt{(9-4x^2)}$
③ $\pm(16-9x^2)$
④ $\pm\sqrt{(16-9x^2)}$

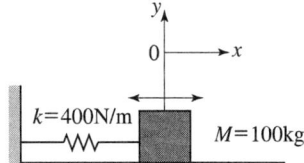

해설 운동에너지 = 탄성에너지

$\dfrac{1}{2}m(V_1^2 - V_x^2) = \dfrac{1}{2}kx^2$

$\dfrac{1}{2} \times 100 \times (3^2 - V_x^2) = \dfrac{1}{2} \times 400x^2$

$V_x^2 = 3^2 - 4x^2$

$V_x = \pm\sqrt{9-4x^2}$

해답 ②

091
다음 가공법 중 연삭 입자를 사용하지 않는 것은?

① 초음파가공
② 방전가공
③ 액체호닝
④ 래핑

해설 **절삭가공**
① 절삭공구가공
   ㉠ 고정공구 : 선반, 플레이너, 셰이퍼, 슬로터, 브로우칭
   ㉡ 회전공구 : 밀링, 드릴링, 보링, 호빙, 소잉
② 연삭공구가공
   ㉠ 고정입자 : 연삭, 호닝, 슈퍼피니싱, 버핑, 샌더링
   ㉡ 분말입자 : 래핑, 액체호닝, 배럴가공

해답 ②

092
다음 중 주물의 첫 단계인 모형(pattern)을 만들 때 고려사항으로 가장 거리가 먼 것은?

① 목형 구배
② 수축 여유
③ 팽창 여유
④ 기계가공 여유

해설 모형 제작시 고려 사항
① 수축 여유(shrinkage allowance)
② 가공 여유(machining allowance)
③ 목형구배(taper)
④ 코어 프린트(core print) = 부목
⑤ 라운딩(rounding)
⑥ 덧붙임(stop off)

해답 ③

093
선반에서 주분력이 1.8kN, 절삭속도가 150m/min일 때, 절삭동력은 약 몇 kW인가?

① 4.5
② 6
③ 7.5
④ 9

해설 (절삭동력) $H_{KW} = \dfrac{F \times V}{\eta} = \dfrac{1.8 \times \dfrac{150}{60}}{1} = 4.5\text{kW}$

해답 ①

094
정격 2차 전류 300A인 용접기를 이용하여 실제 270A의 전류로 용접을 하였을 때, 허용 사용률이 94%이었다면 정격 사용률은 약 몇 %인가?

① 68
② 72
③ 76
④ 80

해설 허용 사용률 : 정격 2차 전류 이하의 전류로서 용접을 하는 경우의 허용되는 사용률을 말한다.

허용사용률(%) = $\dfrac{(\text{정격 2차 전류})^2}{(\text{실제용접 전류})^2} \times$ 정격사용률(%)

$94 = \dfrac{300^2}{270^2} \times$ 정격사용률(%)

정격사용률(%) = 76.14%

해답 ③

095 다음 중 심냉 처리(sub-zero treatment)에 대한 설명으로 가장 적절한 것은?

① 강철은 담금질하기 전에 표면에 붙은 불순물은 화학적으로 제거시키는 것
② 처음에 기름으로 냉각한 다음 계속하여 물속에 담고 냉각하는 것
③ 담금질 직후 바로 템퍼링 하기 전에 얼마 동안 0에 두었다가 템퍼링 하는 것
④ 담금질 후 0℃ 이하의 온도까지 냉각시켜 잔류 오스테나이트를 마텐자이트 화 하는 것

[해설] **심냉처리**(Sub-Zero Treatment) : 담금질 후 0℃이하의 온도까지 냉각시켜 잔류오스테나이트를 마텐자이트화 하는 것이다. 방법으로는 일정 시간동안 액체질소를 투여하여 극저온에서 금속을 처리하는 기술로써 물성을 보다 향상시킬 수 있는 공정이다.

해답 ④

096 다음 측정기구 중 진직도를 측정하기에 적합하지 않은 것은?

① 실린더 게이지
② 오토콜리메이터
③ 측미 현미경
④ 정밀 수준기

[해설] 실린더게이지는 실린더의 안지름 측정기구이다.

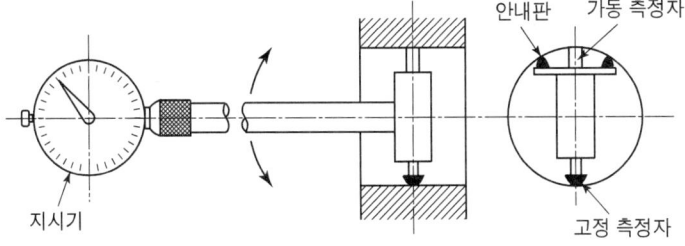

[실린더 게이지의 내경 측정]

해답 ①

097 전해연마의 특징에 대한 설명으로 틀린 것은?

① 가공 변질 층이 없다.
② 내부식성이 좋아진다.
③ 가공면에는 방향성이 있다.
④ 복잡한 형상을 가진 공작물의 연마도 가능하다.

[해설] **전해연마**
전기도금과는 반대로 일감을 양극(+)으로 하여 적당한 전해액에 넣고 직류 전류를 짧은 시간 동안 세게 흐르게 하여 전기적으로 그 표면을 녹여 매끈하고 광택이 나게 하는 가공법이다. 그 특징은 기계연마보다 훨씬 그 표면이 매끈하고 가공 변질층이 나타나지 않으므로 평활한 면을 얻을 수 있고, 복잡한 형상의 연마도 가능하며, 가공면에는 방향성이 없고, 내마멸성, 내부식성이 좋아진다.

해답 ③

098
냉간가공에 의하여 경도 및 항복강도가 증가하나 연신율은 감소하는데 이 현상을 무엇이라 하는가?
① 가공경화   ② 탄성경화
③ 표면경화   ④ 시효경화

해설 **가공 경화**(加工硬化, work hardening, strain hardening)
냉간가공에 의하여 경도 및 항복강도가 증가하나 연신율은 감소하는 현상이다. 소성변형으로 금속이나 고분자가 단단해지는 현상을 말한다. 물질의 결정 구조 내에서 전위적 이동과 전위적 생성으로 인해 발생한다.

해답 ①

099
절삭유제를 사용하는 목적이 아닌 것은?
① 능률적인 칩 제거   ② 공작물과 공구의 냉각
③ 절삭열에 의한 정밀도 저하 방지   ④ 공구 윗면과 칩 사이의 마찰계수 증대

해설 **절삭유제의 사용목적**
① 공구 수명의 연장
② 절삭열에 의한 정밀도 저하방지로 가공 정밀도 향상
③ 칩(Chip)의 신속한 제거
④ 절삭율 증대
⑤ 전력소모 감소
⑥ 공작물과 공구의 냉각 및 윤활 작용
⑦ 방청, 방삭 작용
⑧ 구성인선의 억제, 제어

해답 ④

100
다음 중 자유단조에 속하지 않는 것은?
① 업세팅(up-setting)   ② 블랭킹(blanking)
③ 늘리기(drawing)   ④ 굽히기(bending)

해설 **자유단조**
① 늘이기(drawing) : 굵은 재료를 때려 단면을 좁히고, 길이를 늘이는 작업
② 굽히기(bending) : 재료의 바깥쪽은 늘어나고, 안쪽은 압축된다. 응력과 변형이 없는 중립면은 안쪽으로 이동한다. 얇아지는 것을 방지하기 위해 바깥쪽에 덧살을 붙인다.
③ 눌러붙이기(up-setting) : 단면적을 크게 하여 길이를 줄이는 작업
④ 단짓기(setting down) : 어느 선을 경계로 하여 한 쪽만 압력을 가하여 가늘게 하는 작업
⑤ 구멍뚫기(punching) : 펀치를 때려 박아 구멍을 뚫는 작업
⑥ Rotary swaging : 주축과 함께 다이(die)를 회전시켜서 다이에 타격을 가하는 작업
⑦ 탭작업(tapping) : 탭을 이용하여 소재의 단면을 소정의 단면으로 가공하는 작업
⑧ 절단(cutting off) : 절단용 정으로 주위를 때려 절단하는 작업

해답 ②

일반기계기사

2018년 4월 28일 시행

제1과목 재료역학

001 원형 단면축이 비틀림을 받을 때, 그 속에 저장되는 탄성 변형에너지 U는 얼마인가?(단, T : 토크, L : 길이, G : 가로탄성계수, I_P : 극관성모멘트, I : 관성모멘트, E : 세로 탄성계수이다.)

① $U = \dfrac{T^2 L}{2GI}$ ② $U = \dfrac{T^2 L}{2EI}$

③ $U = \dfrac{T^2 L}{2EI_P}$ ④ $U = \dfrac{T^2 L}{2GI_P}$

해설 $U_T = \dfrac{1}{2} T \times \theta = \dfrac{1}{2} T \times \dfrac{TL}{GI_p} = \dfrac{T^2 L}{2GI_p}$

해답 ④

002 그림과 같은 보에서 발생하는 최대 굽힘모멘트는 몇 kN·m인가?

① 2
② 5
③ 7
④ 10

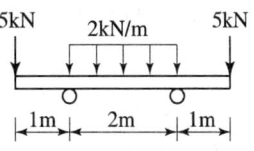

해설

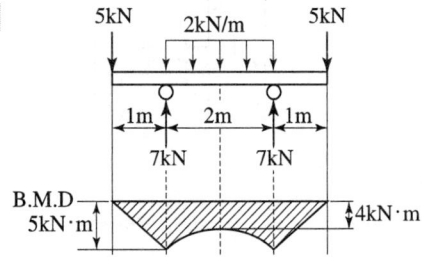

해답 ②

003

그림과 같은 전길이에 걸쳐 균일 분포하중 w를 받는 보에서 최대처짐 δ_{max}를 나타내는 식은? (단, 보의 굽힘 강성계수는 EI이다.)

① $\dfrac{wL^4}{64EI}$ ② $\dfrac{wL^4}{128.5EI}$

③ $\dfrac{wL^4}{186.4EI}$ ④ $\dfrac{wL^4}{192EI}$

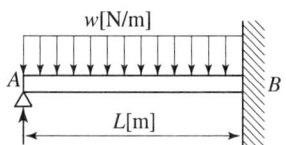

해설

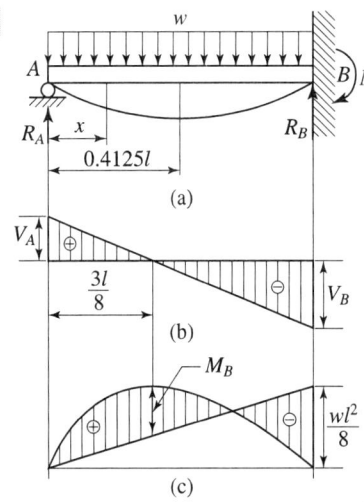

[일단고정타 단지지보의 B.M.D 선도]

$R_A = \dfrac{3wl}{8}$, $R_B = \dfrac{5wl}{8}$

$V_A = \dfrac{3wl}{8}$, $-V_B = \dfrac{5wl}{8}$

※ 고정단 B에서 최대굽힘모멘트 발생

$(M_B)_{max} = -\dfrac{wl^2}{8}$

※ $x = 0.4215l$ 지점에서 최대처짐발생

$\delta_{max} = \dfrac{wl^4}{184.6EI} = 0.0054\dfrac{wl^4}{EI}$

$y = \dfrac{w}{48EI}(2x^4 - 3lx^3 + l^3x)$

해답 ③

004

그림의 H형 단면의 도심축인 Z축에 관한 회전반경(radius of gyration)은 얼마인가?

① $K_Z = \sqrt{\dfrac{Hb^3 - (b-t)^3 b}{12(bH - bh + th)}}$

② $K_Z = \sqrt{\dfrac{12Hb^3 + (b-t)^3 b}{bH + bh + th}}$

③ $K_Z = \sqrt{\dfrac{Hb^3 - hb^3 + ht^3}{12(Hb - hb + ht)}}$

④ $K_Z = \sqrt{\dfrac{12Hb^3 + (b+t)^3 b}{bH + bh - th}}$

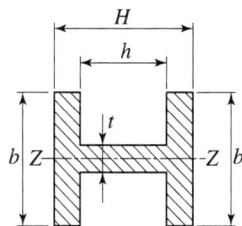

해설

(Z축의 단면2차모멘트) $I_Z = \dfrac{\left(\dfrac{H-h}{2}\right) \times b^3}{12} \times 2 + \dfrac{ht^3}{12} = \dfrac{Hb^3 - hb^3 + ht^3}{12}$

(면적) $A = \left(\dfrac{H-h}{2}\right) \times b \times 2 + ht = Hb - hb + ht$

(회전반경) $K_Z = \sqrt{\dfrac{I_Z}{A}} = \sqrt{\dfrac{\dfrac{Hb^3 - hb^3 + ht^3}{12}}{Hb - hb + ht}} = \sqrt{\dfrac{Hb^3 - hb^3 + ht^3}{12(Hb - hb + ht)}}$

해답 ③

005

그림에 표시한 단순 지지보에서의 최대 처짐량은? (단, 보의 굽힘 강성은 EI이고, 자중은 무시한다.)

① $\dfrac{wl^3}{48EI}$ ② $\dfrac{wl^4}{24EI}$

③ $\dfrac{5wl^3}{253EI}$ ④ $\dfrac{5wl^4}{384EI}$

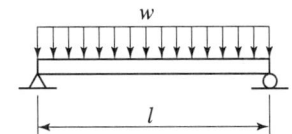

해설

보의 종류	P	ω $P=\omega l$	P	ω $P=\omega l$	P	ω $P=\omega l$
$F_{MAX} = KP$	1	1	1/2	1/2	1/2	1/2
$M_{MAX} = KPl$	1	1/2	1/4	1/8	1/8	1/12
$\delta_{MAX} = \dfrac{Pl^3}{KEI}$	3	8	48	384/5	192	384
$\theta_{MAX} = \dfrac{Pl^2}{KEI}$	2	6	16	24	64	125

해답 ④

006

그림에서 784.8N과 평형을 유지하기 위한 힘 F_1과 F_2는?

① $F_1 = 392.5\text{N}$, $F_2 = 632.4\text{N}$
② $F_1 = 790.4\text{N}$, $F_2 = 632.4\text{N}$
③ $F_1 = 790.4\text{N}$, $F_2 = 395.2\text{N}$
④ $F_1 = 632.4\text{N}$, $F_2 = 395.2\text{N}$

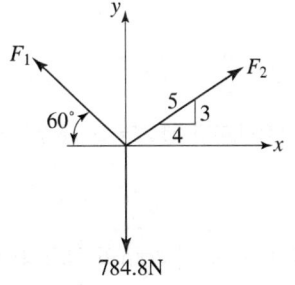

해설

$\dfrac{F_1}{\sin 126.87} = \dfrac{F_2}{\sin 150} = \dfrac{784.8}{\sin 83.13}$

$F_1 = 632.379\text{N}$

$F_2 = 395.237\text{N}$

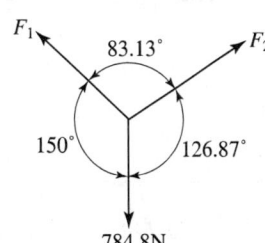

해답 ④

007

지름이 60mm인 연강축이 있다. 이 축의 허용전단응력은 40MPa이며 단위길이 1m당 허용 회전각도는 1.5°이다. 연강의 전단 탄성계수를 80GPa이라 할 때 이 축의 최대 허용 토크는 약 몇 N·m 인가? (단, 이 코일에 작용하는 힘은 P, 가로탄성계수는 G 이다.)

① 696　　② 1696　　③ 2664　　④ 3664

해설

$$\theta = \frac{T_\theta l}{GI_P} \times \frac{180}{\pi}[\text{도}] \quad 1.5 = \frac{T_\theta \times 1000}{80000 \times \frac{\pi \times 60^4}{32}} \times \frac{180}{\pi}$$

$T_\theta = 2664793.188\text{N}\cdot\text{mm} \fallingdotseq 2664\text{N}\cdot\text{m}$

$T_\tau = \tau_a \times Z_P = 40 \times \frac{\pi \times 60^3}{16} = 1696460\text{N}\cdot\text{mm} = 1696\text{N}\cdot\text{m}$

두 토크 중 작은 토크일 때 연강축을 안전하게 사용할 수 있다.
그러므로 축의 최대 허용토크는 1696N·m이다.

해답 ②

008

지름 3cm인 강축이 26.5rev/s의 각속도로 26.5kW의 동력을 전달하고 있다. 이 축에 발생하는 최대 전단응력은 약 몇 MPa인가?

① 30　　② 40　　③ 50　　④ 60

해설

$$\tau_{\max} = \frac{T}{Z_P} = \frac{159154}{\left(\frac{\pi \times 30^3}{16}\right)} = 30\text{MPa}$$

$$T = \frac{60}{2\pi} \times \frac{H}{N} = \frac{60}{2\pi} \times \frac{26.5 \times 10^3}{26.5 \times 60} = 159.154\text{N}\cdot\text{m} = 159154\text{N}\cdot\text{mm}$$

(분당회전수) $N = 26.5\text{rev/s} \times \frac{60s}{1\min} = 26.5 \times 60\text{rev/min} = 26.5 \times 60[\text{rpm}]$

해답 ①

009

폭 3cm, 높이 4cm의 직사각형 단면을 갖는 외팔보가 자유단에 그림에서와 같이 집중하중을 받을 때 보 속에 발생하는 최대전단응력은 몇 N/cm²인가?

① 12.5　　② 13.5　　③ 14.5　　④ 15.5

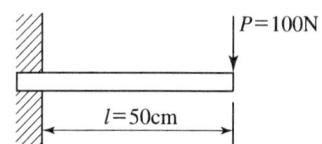

해설 (굽힘에 의해 발생되는 사각형 내의 최대전단응력)

$$\tau_{\max} = \frac{3}{2} \times \frac{F_{\max}}{A} = \frac{3}{2} \times \frac{100}{3 \times 4} = 12.5\text{N/cm}^2$$

해답 ①

010

평면 응력 상태에서 $\epsilon_x = -150 \times 10^{-6}$, $\epsilon_y = -280 \times 10^{-6}$, $r_{xy} = 850 \times 10^{-6}$일 때, 최대주변형률($\epsilon_1$)과 최소주변형률($\epsilon_2$)은 각각 약 얼마인가?

① $\epsilon_1 = -215 \times 10^{-6}$, $\epsilon_2 = -645 \times 10^{-6}$
② $\epsilon_1 = 645 \times 10^{-6}$, $\epsilon_2 = 215 \times 10^{-6}$
③ $\epsilon_1 = 315 \times 10^{-6}$, $\epsilon_2 = 645 \times 10^{-6}$
④ $\epsilon_1 = -545 \times 10^{-6}$, $\epsilon_2 = 315 \times 10^{-6}$

해설 More's circle변형률

(최대수직변형률) $\epsilon_1 = \dfrac{\epsilon_x + \epsilon_y}{2} + \sqrt{\left(\dfrac{\epsilon_x - \epsilon_y}{2}\right)^2 + \left(\dfrac{\gamma_{xy}}{2}\right)^2}$

$= \dfrac{(-150) + (-280)}{2} + \sqrt{\left(\dfrac{(-150) - (-280)}{2}\right)^2 + \left(\dfrac{850}{2}\right)^2}$

$= -215 \times 10^{-6}$

(최소수직변형률) $\epsilon_2 = \dfrac{\epsilon_x + \epsilon_y}{2} - \sqrt{\left(\dfrac{\epsilon_x - \epsilon_y}{2}\right)^2 + \left(\dfrac{\gamma_{xy}}{2}\right)^2}$

$= \dfrac{(-150) + (-280)}{2} - \sqrt{\left(\dfrac{-150 - (-280)}{2}\right)^2 + \left(\dfrac{850}{2}\right)^2}$

$= -644.94 \times 10^{-6} \fallingdotseq -645 \times 10^{-6}$

(최대전단변형률) $\gamma_{\max} = 2\sqrt{\left(\dfrac{\epsilon_x - \epsilon_y}{2}\right)^2 + \left(\dfrac{\gamma_{xy}}{2}\right)^2}$

해답 ①

011

길이 6m인 단순 지지보에 등분포하중 q가 작용할 때 단면에 발생하는 최대 굽힘응력이 337.5MPa이라면 등분포하중 q는 약 몇 kN/m인가? (단, 보의 단면은 폭×높이=40mm×100mm이다.)

① 4   ② 5
③ 6   ④ 7

해설
$M_{\max} = \sigma_{\max} \times Z$, $\dfrac{qL^2}{8} = \sigma_{\max} \times \dfrac{bh^2}{6}$

(분포하중) $q = \sigma_{\max} \times \dfrac{bh^2}{6} \times \dfrac{8}{L^2} = 337.5 \times \dfrac{40 \times 100^2}{6} \times \dfrac{8}{6000^2} = 5\text{N/mm}$

012

보의 자중을 무시할 때 그림과 같이 자유단 C에 집중하중 $2P$가 작용할 때 B점에서 처짐 곡선의 기울기각은?

① $\dfrac{5Pl^2}{9EI}$ ② $\dfrac{5Pl^2}{18EI}$

③ $\dfrac{5Pl^2}{27EI}$ ④ $\dfrac{5Pl^2}{36EI}$

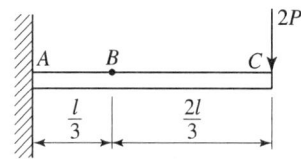

해설

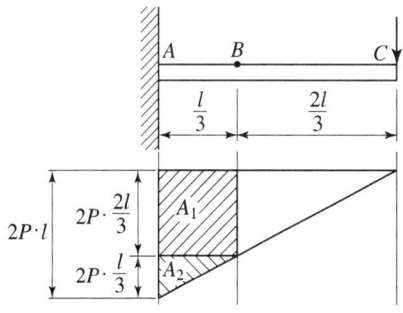

(B지점의 기울기각) $\theta_B = \dfrac{1}{EI}(A_1 + A_2)$

$= \dfrac{1}{EI}\left\{\left(2P \cdot \dfrac{2l}{3} \times \dfrac{l}{3}\right) + \left(\dfrac{1}{2} \times 2P \cdot \dfrac{l}{3} \times \dfrac{l}{3}\right)\right\} = \dfrac{5Pl^2}{9EI}$

해답 ①

013

그림과 같은 외팔보에 대한 전단력 선도로 옳은 것은? (단, 아랫방향을 양(+)으로 본다.)

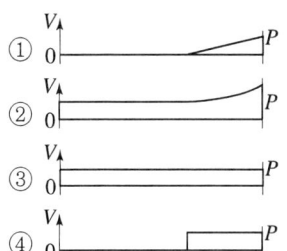

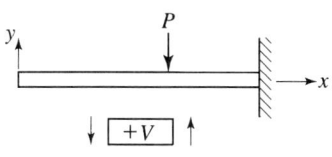

해설

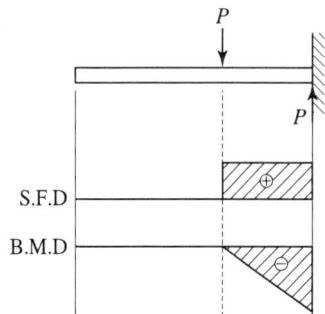

해답 ④

014

그림과 같이 길이가 동일한 2개의 기둥 상단에 중심 압축 하중 2500N이 작용할 경우 전체 수축량은 약 몇 mm인가? (단, 단면적 $A_1 = 1000\text{mm}^2$, $A_2 = 2000\text{mm}^2$, 길이 $L = 300\text{mm}$, 재료의 탄성계수 $E = 90\text{GPa}$이다.)

① 0.625
② 0.0625
③ 0.00625
④ 0.000625

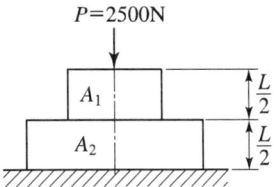

해설 $\Delta L = \Delta L_1 + \Delta L_2 = \dfrac{PL_1}{A_1 E_1} + \dfrac{PL_2}{A_2 E_2} = \dfrac{2500 \times 150}{1000 \times 90000} + \dfrac{2500 \times 150}{2000 \times 90000} = 0.00625\text{mm}$

해답 ③

015

최대 사용강도 400MPa의 연강봉에 30kN의 축방향의 인장하중이 가해질 경우 강봉의 최소지름은 몇 cm까지 가능한가? (단, 안전율은 5이다.)

① 2.69
② 2.99
③ 2.19
④ 3.02

해설 (허용응력) $\sigma_a = \dfrac{\sigma_u}{S} = \dfrac{400}{5} = 80\text{Pa}$

$d = \sqrt{\dfrac{4 \times F}{\pi \times \sigma_a}} = \sqrt{\dfrac{4 \times 30000}{\pi \times 80}} = 21.85\text{mm} \fallingdotseq 2.19\text{cm}$

해답 ③

016

그림과 같이 A, B의 원형 단면봉은 길이가 같고, 지름이 다르며, 양단에서 같은 압축하중 P를 받고 있다. 응력은 각 단면에서 균일하게 분포된다고 할 때 저장되는 탄성 변형 에너지의 $\dfrac{U_B}{U_A}$는 얼마가 되겠는가?

① 1/3
② 5/9
③ 2
④ 9/5

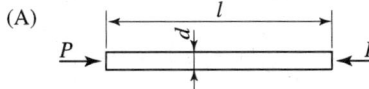

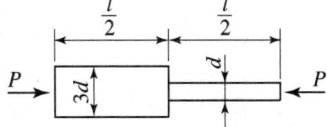

해설 $U_A = \dfrac{1}{2} P \times \delta = \dfrac{1}{2} P \times \dfrac{Pl}{E \times \dfrac{\pi}{4} d^2} = \dfrac{2P^2 l}{E \pi d^2}$

$$U_B = \frac{1}{2}P \times \delta = \frac{1}{2}P \times \left\{ \left(\frac{P \times \frac{l}{2}}{E \times \frac{\pi}{4}(3d)^2} \right) + \left(\frac{P \times \frac{l}{2}}{E \times \frac{\pi}{4}d^2} \right) \right\} = \frac{1}{2}P \times \frac{20Pl}{9E\pi d^2} = \frac{10P^2 l}{9E\pi d^2}$$

$$\frac{U_B}{U_A} = \frac{\dfrac{10P^2 l}{9E\pi d^2}}{\dfrac{2P^2 l}{E\pi d^2}} = \frac{5}{9}$$

해답 ②

017

다음과 같이 3개의 링크를 핀을 이용하여 연결하였다. 2000N의 하중 P가 작용할 경우 핀에 작용되는 전단응력은 약 몇 MPa인가? (단, 핀의 직경은 1cm이다.)

① 12.73
② 13.24
③ 15.63
④ 16.56

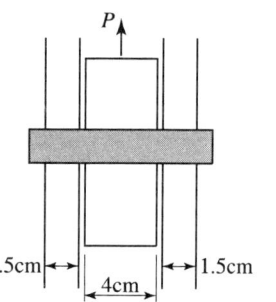

해설 $\tau = \dfrac{P}{2 \times \dfrac{\pi}{4}d^2} = \dfrac{2000}{2 \times \dfrac{\pi}{4} \times 10^2} = 12.73\text{MPa}$

해답 ①

018

원통형 압력용기에 내압 P가 작용할 때, 원통부에 발생하는 축 방향의 변형률 ϵ_x 및 원주 방향 변형률 ϵ_y는? (단, 강판의 두께 t는 원통의 지름 D에 비하여 충분히 작고, 강판 재료의 탄성계수 및 포아송 비는 각 E, ν이다.)

① $\epsilon_x = \dfrac{PD}{4tE}(1 - 2\nu)$, $\epsilon_y = \dfrac{PD}{4tE}(1 - \nu)$

② $\epsilon_x = \dfrac{PD}{4tE}(1 - 2\nu)$, $\epsilon_y = \dfrac{PD}{4tE}(2 - \nu)$

③ $\epsilon_x = \dfrac{PD}{4tE}(2 - \nu)$, $\epsilon_y = \dfrac{PD}{4tE}(1 - \nu)$

④ $\epsilon_x = \dfrac{PD}{4tE}(1 - \nu)$, $\epsilon_y = \dfrac{PD}{4tE}(2 - \nu)$

해설 $\sigma_x = \dfrac{PD}{4t}$, $\sigma_y = \dfrac{PD}{2t}$

$$\epsilon_x = \frac{\sigma_x}{E} - \frac{\sigma_y}{mE} = \frac{\left(\frac{PD}{4t}\right)}{E} - \frac{\nu \times \left(\frac{PD}{2t}\right)}{E} = \frac{PD}{4tE}(1-2\nu)$$

$$\epsilon_y = \frac{\sigma_y}{E} - \frac{\sigma_x}{mE} = \frac{\left(\frac{PD}{2t}\right)}{E} - \frac{\nu \times \left(\frac{PD}{4t}\right)}{E} = \frac{PD}{4tE}(2-\nu)$$

해답 ②

019

지름 20mm, 길이 1000mm의 연강봉이 50kN의 인장하중을 받을 때 발생하는 신장량은 약 몇 mm인가? (단, 탄성계수 E=210GPa이다.)

① 7.58　　　　　　　　② 0.758
③ 0.0758　　　　　　　④ 0.00758

해설　$\Delta L = \dfrac{PL}{AE} = \dfrac{50000 \times 1000}{\dfrac{\pi}{4} \times 20^2 \times 210000} = 0.7578 \text{mm}$

해답 ②

020

지름이 0.1m이고 길이가 15m인 양단힌지인 원형강 장주의 좌굴임계하중은 약 몇 kN인가? (단, 장주의 탄성계수는 200GPa이다.)

① 43　　　　　　　　② 55
③ 67　　　　　　　　④ 79

해설

(장주에 나타나는 좌굴하중) $P_B = \dfrac{n\pi^2 EI}{l^2} = \dfrac{1 \times \pi^2 \times 200000 \times \dfrac{\pi \times 100^4}{64}}{15000^2}$

$= 43064.27\text{N} \fallingdotseq 43\text{kN}$

해답 ①

제2과목　재료역학 기계열역학

021

온도 150℃, 압력 0.5MPa의 공기 0.2kg이 압력이 일정한 과정에서 원래 체적의 2배로 늘어난다. 이 과정에서의 일은 약 몇 kJ인가? (단, 공기는 기체상수가 0.287kJ/(kg·K)인 이상기체로 가정한다.)

① 12.3kJ　　　　　　② 16.5kJ
③ 20.5kJ　　　　　　④ 24.3kJ

해설 이상기체 상태 방정식 $PV = mRT$

$$V_1 = \frac{mRT_1}{P_1} = \frac{0.2 \times 287 \times (150+273)}{0.5 \times 10^6} = 0.0485 \text{m}^3$$

$$_1W_2 = P(2V_1 - V_1) = PV_1 = 500 \times 0.0485 = 24.25 \text{kJ}$$

해답 ④

022
마찰이 없는 실린더 내에 온도 500K, 비엔트로피 3kJ/(kg·K)인 이상기체가 2kg 들어 있다. 이 기체의 비엔트로피가 10kJ/(kg·K)이 될 때까지 등온과정으로 가열한다면 가열량은 약 몇 kJ인가?

① 1400kJ   ② 2000kJ
③ 3500kJ   ④ 7000kJ

해설
$\Delta s = s_2 - s_1 = 10 - 3 = 7 \text{kJ/kg·K}$

$\Delta S = m \times \Delta s = 2 \times 7 = 14 \text{kJ/kg}$, $\Delta S = \frac{\Delta Q}{T}$

(가열량) $\Delta Q = \Delta S \times T = 14 \times 500 = 7000 \text{kJ}$

해답 ④

023
랭킨 사이클의 열효율을 높이는 방법으로 틀린 것은?

① 복수기의 압력을 저하시킨다.   ② 보일러 압력을 상승시킨다.
③ 재열(reheat) 장치를 사용한다.   ④ 터빈 출구 온도를 높인다.

해설 Rankin cycle의 효율 증가 방법
① 터입입구온도, 압력이 초온, 초압을 높인다.
② 보일러의 압력은 높을수록 복수기의 압력은 낮을수록 열효율이 증가된다.
③ 터빈출구의 압력(배압)은 낮을수록 열효율증가
④ 터빈출구의 온도가 낮으면 오히려 열효율이 감소된다.
⑤ 터빈출구의 건도가 높을수록 열효율 증가된다.

해답 ④

024
유체의 교축과정에서 Joule-Thomson 계수(μ_J)가 중요하게 고려되는데 이에 대한 설명으로 옳은 것은?

① 등엔탈피 과정에 대한 온도변화와 압력변화와 비를 나타내며 $\mu_J < 0$인 경우 온도상승을 의미한다.
② 등엔탈피 과정에 대한 온도변화와 압력변화의 비를 나타내며 $\mu_J < 0$인 경우 온도 강하를 의미한다.
③ 정적 과정에 대한 온도변화와 압력변화의 비를 나타내며 $\mu_J < 0$인 경우 온도 상승을 의미한다.
④ 정적 과정에 대한 온도변화와 압력변화의 비를 나타내며 $\mu_J < 0$인 경우 온도 강하를 의미한다.

해설 Joule-Thomson 계수는 교축과정인 노즐이나 밸브의 좁은 면적을 통과 하는 경우 유속이 매우 빠르기 때문에 많은 열을 전달할 만한 충분한 시간도 면적도 없다. 그러므로 이와 같은 과정을 보통 단열과정으로 가정한다.

Joule-Thomson 계수가 양(+)이면 교축 중에 온도가 떨어진다는 것을 의미하며, 음(−)이면 교축 중에 온도가 올라간다는 것을 의미한다.

(Joule-Thomson 계수) $\mu_J = \left(\dfrac{\partial T}{-\partial P}\right)_h$

교축과정은 등엔탈피 과정이다.

해답

025

이상적인 카르노 사이클의 열기관이 500℃인 열원으로부터 500kJ을 받고, 25℃에 열을 방출한다. 이 사이클의 일(W)과 효율(η_{th})은 얼마인가?

① $W=307.2$kJ, $\eta_{th}=0.6143$
② $W=207.2$kJ, $\eta_{th}=0.5748$
③ $W=250.3$kJ, $\eta_{th}=0.8316$
④ $W=401.5$kJ, $\eta_{th}=0.6517$

해설 (carnot cycle의 효율) $\eta_{th} = \dfrac{W_{net}}{Q_H} = 1 - \dfrac{T_L}{T_H}$

$\eta_{th} = 1 - \dfrac{T_L}{T_H} = 1 - \dfrac{25+273}{500+273} = 0.6144$

$0.6144 = \dfrac{W_{net}}{500} \quad W_{net} = 307.2\text{kJ}$

해답 ①

026

Brayton 사이클에서 압축기 소요일은 175kJ/kg, 공급열은 627kJ/kg, 터빈 발생일은 406kJ/kg로 작동될 때 열효율은 약 얼마인가?

① 0.28
② 0.37
③ 0.42
④ 0.48

해설 $\eta_B = \dfrac{w_{net}}{q_H} = \dfrac{w_T - w_c}{q_H} = \dfrac{406-175}{627} = 0.3684 \fallingdotseq 0.37$

해답 ②

027

그림과 같이 다수의 추를 올려놓은 피스톤이 장착된 실린더가 있는데, 실린더 내의 압력은 300kPa, 초기 체적은 0.05m³이다. 이 실린더에 열을 가하면서 적절히 추를 제거하여 포리트로픽 지수가 1.3인 폴리트로픽 변화가 일어나도록 하여 최종적으로 실린더 내의 체적이 0.2m³이 되었다면 가스가 한 일은 약 몇 kJ인가?

① 17
② 18
③ 19
④ 20

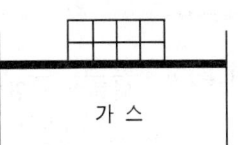

해설 $_1W_2 = \frac{1}{n-1}(P_1V_1 - P_2V_2) = \frac{1}{1.3-1}(300 \times 0.05 - 49.481 \times 0.2) = 17\text{kJ}$

$\frac{T_2}{T_1} = \left(\frac{V_1}{V_2}\right)^{n-1} = \left(\frac{P_2}{P_1}\right)^{\frac{n-1}{n}}$

$\frac{V_1}{V_2} = \left(\frac{P_2}{P_1}\right)^{\frac{1}{n}}$, $\frac{0.05}{0.2} = \left(\frac{P_2}{300}\right)^{\frac{1}{1.3}}$, $P_2 = 49.481\text{kPa}$

해답 ①

028 다음의 열역학 상태량 중 종량적 상태량(extensive property)에 속하는 것은?

① 압력 ② 체적
③ 온도 ④ 밀도

해설 상태량의 종류
① 강도성 상태량(强度性 狀態量 ; intensive property) : 물질이 가지는 질량의 크기에 관계없는 상태량으로 온도(T), 압력(P) 등이 표적이다. – 나누어도 변화가 없는 상태량
② 종량성 상태량(從良性 狀態量 ; extensive property) : 물질의 질량에 따라서 값이 변하는 상태량이다. 체적(V), 내부에너지(U), 엔탈피(H), 엔트로피(S) 등이 있다. – 나누면 변화가 있는 상태량

해답 ②

029 피스톤-실린더 장치 내에 공기가 0.3m³에서 0.1m³으로 압축되었다. 압축되는 동안 압력(P)과 체적(V) 사이에 $p = aV^{-2}$의 관계가 성립하며, 계수 $a = 6\text{kPa}\cdot\text{m}^6$이다. 이 과정 동안 공기가 한 일은 약 얼마인가?

① -53.3kJ ② -1.1kJ
③ 253kJ ④ -40kJ

해설 (한 일) $_1W_2 = \int_{0.3}^{0.1} PdV = \int_{0.3}^{0.1} 6V^{-2}dV = 6 \times \left(\frac{0.1^{-1} - 0.3^{-1}}{-1}\right) = -40\text{kJ}$

해답 ④

030 매시간 20kg의 연료를 소비하여 74kW의 동력을 생산하는 가솔린 기관의 열효율은 약 몇 %인가? (단, 가솔린의 저위발열량은 43470kJ/kg이다.)

① 18 ② 22
③ 31 ④ 43

해설 (열기관의 효율) $\eta = \frac{\text{동력}}{\text{연료의 저위발열량} \times \text{연료소비율}}$

$= \frac{74\text{kW}}{43470\frac{\text{kJ}}{\text{kg}} \times \frac{20\text{kg}}{3600\text{s}}} = 0.3064 ≒ 31\%$

해답 ③

031 다음 중 이상적인 증기 터빈의 사이클인 랭킨사이클을 옳게 나타낸 것은?

① 가역등온압축 → 정압가열 → 가역등온팽창 → 정압냉각
② 가역단열압축 → 정압가열 → 가역단열팽창 → 정압냉각
③ 가역등온압축 → 정적가열 → 가역등온팽창 → 정적냉각
④ 가역단열압축 → 정적가열 → 가역단열팽창 → 정적냉각

해설 과정1-2 : 보일러 : 정압흡열 q_B
$q_B = h_2 - h_1 \approx h_2 - h_4$
과정2-3 : 터빈 : 가역단열팽창 w_t
$w_t = h_2 - h_3$
과정3-4 : 복수기 : 정압방열 q_c
$q_c = h_3 - h_4$
과정4-1 : 펌프 : 가역단열압축 w_P
$w_P = (h_1 - h_4) = v'(P_1 - P_4)$

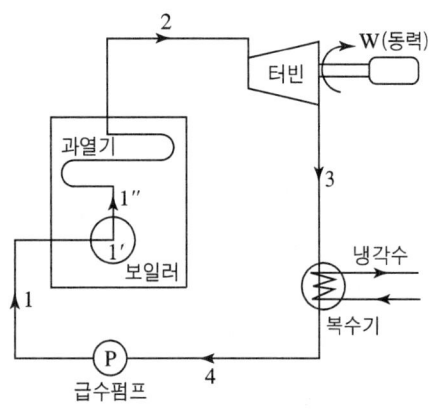

해답 ②

---

032 내부 에너지가 30kJ인 물체에 열을 가하여 내부 에너지가 50kJ이 되는 동안에 외부에 대하여 10kJ의 일을 하였다. 이 물체에 가해진 열량은?

① 10kJ   ② 20kJ
③ 30kJ   ④ 60kJ

해설 $\Delta Q = \Delta U + \Delta W = (50 - 30) + 10 = 30 kJ$

해답 ③

---

033 천제연 폭포의 높이가 55m이고 주위와 열교환을 무시한다면 폭포수가 낙하한 후 수면에 도달할 때까지 온도 상승은 약 몇 K인가? (단, 폭포수의 비열은 4.2kJ/(kg · K)이다.)

① 0.87   ② 0.31
③ 0.13   ④ 0.68

해설 $\Delta Q = m C \Delta T = m \times 4200 \times \Delta T$
(위치에너지) $W = mgH = m \times 9.8 \times 55$
$m \times 4200 \times \Delta T = m \times 9.8 \times 55$
(온도상승) $\Delta T = 0.128 ≒ 0.13 K$

해답 ③

034

어떤 카르노 열기관이 100℃ 와 30℃ 사이에서 작동되며 100℃의 고온에서 100kJ의 열을 받아 40kJ의 유용한 일을 한다면 이 열기관에 대하여 가장 옳게 설명한 것은?

① 열역학 제 1법칙에 위배된다.
② 열역학 제 2법칙에 위배된다.
③ 열역학 제1법칙과 제2법칙에 모두 위배되지 않는다.
④ 열역학 제1법칙과 제2법칙에 모두 위배된다.

해설 (카르노사이클 효율) $\eta_c = 1 - \dfrac{T_L}{T_H} = 1 - \dfrac{30+273}{100+273} = 0.1876 = 18.76\%$

(실제 열기관의 효율) $\eta_a = \dfrac{w_{net}}{Q_H} = \dfrac{40}{100} = 40\%$

실제 열기관의 효율이 카르노 사이클 효율보다 클 수 없다. 열역학 제2법칙에 위배된다.

해답 ②

035

증기 압축 냉동 사이클로 운전하는 냉동기에서 압축기 입구, 응축기 입구, 증발기 입구의 엔탈피가 각각 387.2kJ/kg, 435.1kJ/kg, 241.8kJ/kg일 경우 성능계수는 약 얼마인가?

① 3.0   ② 4.0
③ 5.0   ④ 6.0

해설 (성능계수) $\epsilon_R = \dfrac{q_L}{w_c} = \dfrac{387.2 - 241.8}{435.1 - 387.2} = 3.03 \fallingdotseq 3$

해답 ①

036

온도 20℃에서 계기압력 0.183MPa의 타이어가 고속주행으로 온도 80℃로 상승할 때 압력은 주행 전과 비교하여 약 몇 kPa 상승하는가? (단, 타이어의 체적은 변하지 않고, 타이어 내의 공기는 이상기체로 가정한다. 그리고 대기압은 101.3kPa이다.)

① 37kPa   ② 58kPa
③ 286kPa   ④ 445kPa

해설 정적과정
(1상태의 절대압력) $P_1 = P_o + P_g = 101.3 + 183 = 284.3\text{kPa}$

$\dfrac{P_1}{T_1} = \dfrac{P_2}{T_2}$, $\dfrac{284.3}{20+273} = \dfrac{P_2}{80+273}$, $P_2 = 342.518\text{kPa}$

(상승한 압력) $\Delta P = P_2 - P_1 = 342.518 - 284.3 = 58.218\text{kPa} \fallingdotseq 58\text{kPa}$

해답 ②

037 온도가 T_1인 고열원으로부터 온도가 T_2인 저열원으로 열전도, 대류, 복사 등에 의해 Q만큼 열전달이 이루어졌을 때 전체 엔트로피 변화량을 나타내는 식은?

① $\dfrac{T_1 - T_2}{Q(T_1 \times T_2)}$ ② $\dfrac{T_1 + T_2}{Q(T_1 \times T_2)}$

③ $\dfrac{Q(T_1 - T_2)}{T_1 \times T_2}$ ④ $\dfrac{Q(T_1 \times T_2)}{T_1 + T_2}$

해설 $\Delta S = \dfrac{Q}{T_2} - \dfrac{Q}{T_1} = Q\left(\dfrac{T_1 - T_2}{T_2 \times T_1}\right)$

해답 ③

038 1kg의 공기가 100℃를 유지하면서 가역등온팽창하여 외부에 500kJ의 일을 하였다. 이 때 엔트로피의 변화량은 약 몇 kJ/K인가?

① 1.895 ② 1.665
③ 1.467 ④ 1.340

해설 $\Delta S = \dfrac{Q}{T} = \dfrac{500}{100 + 273} = 1.34 \text{kJ/K}$

해답 ④

039 습증기 상태에서 엔탈피 h를 구하는 식은? (단, h_f는 포화액의 엔탈피, h_g는 포화증기의 엔탈피, x는 건도이다.)

① $h = h_f + (xh_g - h_f)$ ② $h = h_f + x(h_g - h_f)$
③ $h = h_g + (xh_f - h_g)$ ④ $h = h_g + x(h_g - h_f)$

해설 (습증기의 엔탈피) $h_x = h' + x(h'' - h') = h_f + x(h_g - h_f)$

(건도) $x = \dfrac{\text{증기의 중량}}{\text{전체 중량}}$

해답 ②

040 이상기체에 대한 관계식 중 옳은 것은? (단, C_p, C_v는 저압 및 정적 비열, k는 비열비이고, R은 기체 상수이다.)

① $C_p = C_v - R$ ② $C_p = \dfrac{k-1}{k}R$

③ $C_p = \dfrac{k}{k-1}R$ ④ $R = \dfrac{C_p + C_v}{2}$

해설 (기체상수) $R = C_P - C_V$ (비열비) $k = \dfrac{C_P}{C_V}$

(정압비열) $C_P = \dfrac{kR}{k-1}$ (정적비열) $C_V = \dfrac{R}{k-1}$

해답 ③

제3과목　기계유체역학

041 길이가 150m의 배가 10m/s의 속도로 항해하는 경우를 길이 4m의 모형 배로 실험하고자 할 때 모형 배의 속도는 약 몇 m/s로 해야 하는가?

① 0.133　　② 0.534
③ 1.068　　④ 1.633

해설 $\dfrac{V_1^2}{gL_1} = \dfrac{V_2^2}{gL_2}$, $\dfrac{10^2}{g \times 150} = \dfrac{V_2^2}{g \times 4}$, $V_2 = 1.632 \text{m/s}$

해답 ④

042 그림과 같은 수문(폭×높이＝3m×2m)이 있을 경우 수문에 작용하는 힘의 작용점은 수면에서 몇 m 깊이에 있는가?

① 약 0.7m
② 약 1.1m
③ 약 1.3m
④ 약 1.5m

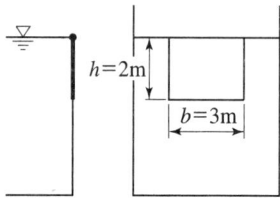

해설 수면에서 시작되기 때문에 힘의 작용점이 수문높이의 $\dfrac{2}{3}$ 지점이다.

$\bar{y} = 2 \times \dfrac{2}{3} = 1.33\text{m}$

[별해] $\bar{y} = \dfrac{h}{2} + \dfrac{I_G}{\dfrac{h}{2} \times bh} = \dfrac{2}{2} + \dfrac{\dfrac{3 \times 2^3}{12}}{\dfrac{2}{2} \times 3 \times 2} = 1.33\text{m}$

해답 ③

043 흐르는 물의 속도가 1.4m/s일 때 속도 수두는 약 몇 m인가?

① 0.2　　② 10
③ 0.1　　④ 1

$H_V = \dfrac{V^2}{2g} = \dfrac{1.4^2}{2 \times 9.8} = 0.1\text{m}$

해답 ③

044

다음의 무차원수 중 개수로와 같은 자유표면 유동과 가장 밀접한 관련이 있는 것은?

① Euler수　　② Froude수
③ Mach수　　④ Plantl수

해설
① (레이놀드수) $Re = \dfrac{관성력}{점성력} = \dfrac{\rho v l}{\mu} = \dfrac{V l}{\nu}$

② (프로이드수) $Fr = \dfrac{관성력}{중력} = \dfrac{V^2}{gl}$
중력이 고려되어 유체의 자유표면유동과 관계있다.

③ (마하수) $Ma = \dfrac{관성력}{탄성력} = \dfrac{속도}{음속} = \dfrac{V}{\sqrt{\dfrac{K}{\rho}}} = \dfrac{V}{\sqrt{\dfrac{kP}{\rho}}} = \dfrac{V}{\sqrt{kRT}} = \dfrac{V}{a}$

④ (웨이브 수) $We = \dfrac{관성력}{표면장력} = \dfrac{\rho l V^2}{\sigma}$

⑤ (오일러 수) $Eu = \dfrac{압축력}{관성력} = \dfrac{P}{\rho V^2}$

해답 ②

045

x, y 평면의 2차원 비압축성 유동장에서 유동함수(stream function) ψ는 $\psi = 3xy$로 주어진다. 점(6, 2)과 점(4, 2)사이를 흐르는 유량은?

① 6　　② 12
③ 16　　④ 24

해설 2차원 유동함수(ψ)는 유선사이에 Z축 방향으로 단위높이에 대한 유량(q)으로 나타낸다.
점(6,2)일 때 유동함수 $\psi_1 = 3xy = 3 \times 6 \times 2 = 36$
점(4,2)일 때 유동함수 $\psi_2 = 3xy = 3 \times 4 \times 2 = 24$
단위높이에 대한 유량 $q = \psi_1 - \psi_2 = 36 - 12 = 24$

해답 ②

046

원통 속의 물이 중심축에 대하여 ω의 각속도로 강체와 같이 등속회전하고 있을 때 가장 압력이 높은 지점은?

① 바닥면의 중심점 A
② 액체 표면의 중심점 B
③ 바닥면의 가장자리 C
④ 액체 표면의 가장자리 D

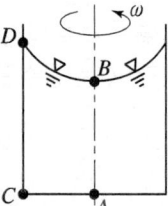

해설 (압력) $P = \gamma h$
수심(h)이 가장 깊은 바닥의 C지점이다.

해답 ③

047

개방된 탱크 내에 비중이 0.8인 오일이 가득차 있다. 대기압이 101kPa라면, 오일 탱크 수면으로부터 3m 깊이에서 절대압력은 약 몇 kPa인가?

① 25   ② 249
③ 12.5   ④ 125

해설 $P_{abs} = P_o + s\gamma_w h = 101\text{kPa} + 0.8 \times 9.8\text{kN/m}^3 \times 3\text{m} = 124.52\text{kPa}$

해답 ④

048

그림과 같이 물이 고여 있는 큰 댐 아래에 터빈이 설치되어 있고, 터빈의 효율이 85%이다. 터빈 이외에서의 다른 모든 손실을 무시할 때 터빈의 출력은 약 몇 kW인가? (단, 터빈 출구관의 지름은 0.8m, 출구속도 V는 10m/s이고 출구압력은 대기압이다.)

① 1043
② 1227
③ 1470
④ 1732

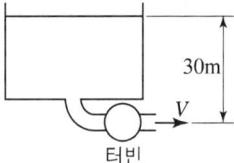

해설 (수정 Bernoulli equation) $\dfrac{P_1}{r} + \dfrac{V_1^2}{2g} + Z_1 = \dfrac{P_2}{r} + \dfrac{V_2^2}{2g} + Z_2 + H_T$

(터빈의 수두) $H_T = (Z_1 - Z_2) - \dfrac{V_2^2}{2g} = (30-0) - \dfrac{10^2}{2 \times 9.8} = 24.897\text{m}$

(터빈의 효율) $\eta_T = \dfrac{P_{KW}}{\gamma \times H_T \times Q}$

(터빈의 출력) $P_{KW} = \eta_T \times \gamma \times H_T \times Q$

$= 0.85 \times 9.8 \dfrac{\text{kN}}{\text{m}^3} \times 24.897\text{m} \times \left(\dfrac{\pi}{4} \times 0.8^2 \times 10\right) \dfrac{\text{m}^3}{\text{s}}$

$= 1042.465\text{kW} \fallingdotseq 1043\text{kW}$

해답 ①

049

2차원 정상유동의 속도 방정식이 $V = 3(-xi + yj)$라고 할 때, 이 유동의 유선의 방정식은? (단, C는 상수를 의미한다.)

① $xy = C$ ② $\dfrac{y}{x} = C$
③ $x^2 y = C$ ④ $x^3 y = C$

해설 $u=-3x$, $v=3y$

$\dfrac{dx}{u}=\dfrac{dy}{v}$, $\dfrac{dx}{-3x}=\dfrac{dy}{3y}$, $0=\dfrac{dx}{3x}+\dfrac{dy}{3y}$ → 적분하면 $C=\dfrac{1}{3}\ln x+\dfrac{1}{3}\ln y$

$C=\ln x+\ln y=\ln xy$

$\ln C=\ln xy$

$C=xy$

해답 ①

050

지름 2cm의 노즐을 통하여 평균속도 0.5m/s로 자동차의 연료 탱크에 비중 0.9인 휘발유 20kg 채우는데 걸리는 시간은 약 몇 s 인가?

① 66
② 78
③ 102
④ 141

해설 (질량) $m=\dot{m}\times t$

(걸리는 시간) $t=\dfrac{m}{\dot{m}}=\dfrac{m}{s\rho_w AV}=\dfrac{20}{0.9\times 1000\times \dfrac{\pi}{4}\times 0.02^2\times 0.5}=141.471\text{s}$

해답 ④

051

체적탄성계수가 2.086GPa인 기름의 체적을 1% 감소시키려면 가해야 할 압력은 몇 Pa인가?

① 2.086×10^7
② 2.086×10^4
③ 2.086×10^3
④ 2.086×10^2

해설 (체적탄성계수) $K=\dfrac{\Delta P}{\dfrac{\Delta V}{V}}$

(가해야 될 압력) $\Delta P=K\times \dfrac{\Delta V}{V}=2.086\times 10^9\times \dfrac{1}{100}=2.086\times 10^7\text{Pa}$

해답 ①

052

경계층의 박리(separation)현상이 일어나기 시작하는 위치는?

① 하류방향으로 유속이 증가할 때
② 하류방향으로 유속이 감소할 때
③ 경계층 두께가 0으로 감소될 때
④ 하류방향의 압력기울기가 역으로 될 때

해설 역압력 구배가 발생되는 구간에서 발생한다.
즉 하류 방향의 압력기울기가 역으로 되는 시점에서 박리현상이 일어난다.

해답 ④

053
원관 내에 완전발달 층류유동에서 유량에 대한 설명으로 옳은 것은?

① 관의 길이에 비례한다. ② 관 지름의 제곱에 반비례한다.
③ 압력강하에 반비례한다. ④ 점성계수에 반비례한다.

해설 수평원관에서의 층류 유동

(유량) $Q = \dfrac{\pi D^4 \Delta P}{128 \mu L}$ → Hagen-Poiseuille Equation

해답 ④

054
표면장력의 차원으로 맞는 것은? (단, M : 질량, L : 길이, T : 시간)

① MLT^{-2} ② $ML^2 T^{-1}$
③ $ML^{-1} T^{-2}$ ④ MT^{-2}

해설 (표면장력) $\sigma[F/L] = [FL^{-1}] = [MLT^{-2} \times L^{-1}] = [MT^{-2}]$

해답 ④

055
수평으로 놓인 안지름 5cm인 곧은 원관속에서 점성계수 0.4Pa·s의 유체가 흐르고 있다. 관의 길이 1m당 압력강하가 8kPa이고 흐름 상태가 층류일 때 관 중심부에서의 최대 유속(m/s)은?

① 3.125 ② 5.217
③ 7.312 ④ 9.714

해설 (최대유속) $u_{max} = \dfrac{\Delta P D^2}{16 \mu L} = \dfrac{8000 \times 0.05^2}{16 \times 0.4 \times 1} = 3.125 \, m/s$ → 관 중심에서 최대 유속 발생

해답 ①

056
그림과 같이 비중 0.8인 기름이 흐르고 있는 개수로에 단순 피토관을 설치하였다. $\Delta h = 20mm$, $h = 30mm$일 때 속도 V는 약 몇 m/s인가?

① 0.56
② 0.63
③ 0.77
④ 0.99

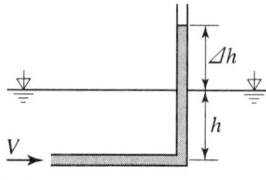

해설 $V = \sqrt{2g \Delta h} = \sqrt{2 \times 9.8 \times 0.03} = 0.766 \, m/s$

해답 ②

057
quruas에 평행한 방향의 속도(u) 성분만이 있는 유동장에서 전단응력을 r, 점성계수를 μ, 벽면으로부터의 거리를 y로 표시하면 뉴턴의 점성법칙을 옳게 나타낸 식은?

① $\tau = \mu \dfrac{dy}{du}$ ② $\tau = \mu \dfrac{du}{dy}$

③ $\tau = \dfrac{1}{\mu} \dfrac{du}{dy}$ ④ $\tau = \mu \sqrt{\dfrac{du}{dy}}$

해설 (유체에 점성에 의한 전단응력) $\tau = \mu \dfrac{du}{dy}$ 여기서, $\dfrac{du}{dy}$: 속도구배

해답 ②

058
여객기가 888km/h 로 비행하고 있다. 엔진의 노즐에서 연소가스를 375m/s로 분출하고, 엔진의 흡기량과 배출되는 연소가스의 양은 같다고 가정하면 엔진의 추진력은 약 몇 N인가? (단, 엔진의 흡기량은 30kg/s이다.)

① 3850N ② 5325N
③ 7400N ④ 11250N

해설
$$V_2 = \dfrac{888 \times 10^3}{3600} = 246.66 \text{m/s}$$
(추진력) $F = \rho Q(V_2 - V_1) = \dot{m} \times (V_2 - V_1)$
$= 30 \times (375 - 246.66) = 3850.2\text{N} \fallingdotseq 3850\text{N}$

해답 ①

059
구형 물체 주위의 비압축성 점성 유체의 흐름에서 유속이 대단히 느릴 때(레이놀즈수가 1보다 작을 경우) 구형 물체에 작용하는 항력 D_r은? (단, 구의 지름은 d, 유체의 점성계수를 μ, 유체의 평균속도를 V라 한다.)

① $D_r = 3\pi\mu dV$ ② $D_r = 6\pi\mu dV$

③ $D_r = \dfrac{3\pi\mu dV}{g}$ ④ $D_r = \dfrac{3\pi dV}{\mu g}$

해설 (낙구식 점도계에서 측정한 항력) $D = 6R\mu V\pi = 3d\mu V\pi$
여기서, R : 반지름, μ : 점성계수, V : 속도, π : 원주율

해답 ①

060
지름이 10mm의 매끄러운 관을 통해서 유량 0.02L/s의 물이 흐를 때 길이 10m에 대한 압력손실은 약 몇 Pa인가?

① 1.140Pa ② 1.819Pa
③ 1140Pa ④ 1819Pa

해설 (유량) $Q = \dfrac{0.02\text{L}}{\text{s}} = \dfrac{0.00002\text{m}^3}{\text{s}}$

$V = \dfrac{Q}{\dfrac{\pi}{4}d^2} = \dfrac{0.00002}{\dfrac{\pi}{4} \times 0.01^2} = 0.254\text{m/s}$

$R_e = \dfrac{VD}{\nu} = \dfrac{0.254 \times 0.01}{1.4 \times 10^{-6}} = 1814.285 (층류)$

$H_L = f \times \dfrac{l}{d} \times \dfrac{V^2}{2g} = \dfrac{64}{1814.285} \times \dfrac{10}{0.01} \times \dfrac{0.254^2}{2 \times 9.8} = 0.116\text{m}$

(압력손실) $\Delta P = \gamma \times H_L = 9800 \times 0.116 = 1136.8\text{Pa} \fallingdotseq 1140\text{Pa}$

해답 ③

제4과목 기계재료 및 유압기기

061 다음은 일반적으로 수지에 나타나는 배향특성에 대한 설명으로 틀린 것은?
① 금형온도가 높을수록 배향은 커진다.
② 수지의 온도가 높을수록 배향이 작아진다.
③ 사출 시간이 증가할수록 배향이 증대된다.
④ 성형품의 살두께가 얇아질수록 배향이 커진다.

해설 **분자 배향**(orientation)
플라스틱 수지의 충진에 의하여 전단응력이 발생하면 고분자는 흐르는 방향으로 배향되며, 그 배향의 정도는 전단응력 클수록 배향성은 크다. 따라서 배향성은 온도가 낮을수록, 속도가 빠를수록, 두께가 얇을수록 크다. 그러므로 금형온도가 낮을수록 배향성은 커진다. 또한 유동 중 배향된 고분자는 유동 정지 후 배향성이 서서히 복원되지만 고화가 빠르게 진행되는 표면부위는 냉각 후에도 그 상태를 유지한다.

해답 ①

062 표점거리가 100mm, 시험편의 평행부 지름이 14mm인 시험편을 최대하중 6400kgf로 인장한 후 표점거리가 120mm로 변화 되었을 때 인장강도는 약 몇 kgf/mm²인가?
① 10.4
② 32.7
③ 41.6
④ 61.4

해설 (인장강도) $\sigma_u = \dfrac{(최대하중)F_{\max}}{(최초면적)A_0} = \dfrac{6400}{\dfrac{\pi}{4} \times 14^2} = 41.575\text{kgf/mm}^2$

해답 ③

063

금속침투법 중 Zn을 강 표면에 침투 확산시키는 표면처리법은?

① 크로마이징
② 세라다이징
③ 칼로라이징
④ 브로나이징

해설 **금속 침투법** : 철과 친화력이 강한 금속을 표면에 침투시켜 내열층, 내식층을 만드는 방법으로 세라다이징(Zn침투), 크로마이징(Cr침투), 칼로라이징(Al침투), 실리코나이징(Si침투), 부로나이징(B침투) 등이 있다.

해답 ②

064

다음 그림과 같은 상태도의 명칭은?

① 편정형 고용체 상태도
② 전율 고용체 상태도
③ 공정형 한율 상태도
④ 부분 고용체 상태도

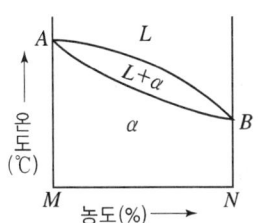

해설 **전율 고용체**(homogeneous solid solution)
금과 은, 금과 백금, 코발트와 니켈, 구리와 니켈 등과 같이 어떤 비율로 혼합을 하더라도 단상 고용체를 만드는 합금

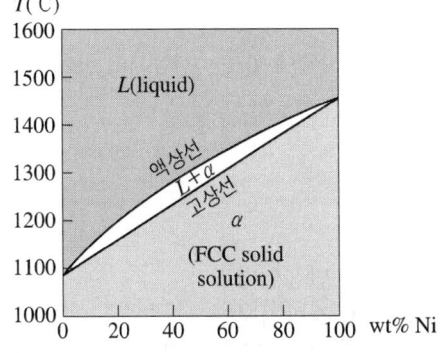

해답 ②

065

황(S) 성분이 적은 선철을 용해로에서 용해한 후 주형에 주입 전 Mg, Ca 등을 첨가시켜 흑연을 구상화한 주철은?

① 합금주철
② 칠드주철
③ 가단주철
④ 구상흑연주철

해설 **구상흑연주철**(GCD) : 용융상태에서 Mg, Ce, Ca 등을 첨가 처리하여 흑연을 구상화로 석출시킨 것.
① 주로 자동차 주물, 잉곳 상자 및 특수 기계부품용 재료로 사용
② 조직 : 시멘타이트형, 페라이트형, 펄라이트형

해답 ④

066
금속나트륨 또는 플루오르화 알칼리 등의 첨가에 의해 조직이 미세화되어 기계적 성질의 개선 및 가공성이 증대되는 합금은?
① Al – Si
② Cu – Sn
③ Ti – Zr
④ Cu – Zn

해설 Al-Si계 알루미늄 합금의 대표적인 합금은 실루민이다. 실루민은 주조성은 좋으나 절삭성이 나쁘다. 이를 개선하기 위하여 Si의 결정을 미세화시키기 위해서 특수원소인 금속나트륨 또는 플루오르화 알칼리 등을 첨가 하여 기계적 성질을 개선하여 재료의 가공성을 증대시킨다. 이러한 처리를 "개량처리"라 한다.

해답 ①

067
다음 합금 중 베어링용 합금이 아닌 것은?
① 화이트메탈
② 켈밋합금
③ 배빗메탈
④ 문쯔메탈

해설 베어링합금
① 화이트 메탈(WM) : ㉠ 주석계 화이트 메탈(베빗메탈) : Sn+Sb+Cu
　　　　　　　　　　　㉡ 납계 화이트 메탈 : Pb+Sn+Sb+Cu
② 구리계 합금(KM) : 켈밋(Cu+Pb)
③ 알루미늄 합금(AM)
④ 카드뮴계 : Alzen305합금
⑤ 함유베어링(oilless Bearing) : 베어링 자체에 기름이 함유되어 있어 기름공급이 어려운부분에 사용되는 베어링

해답 ④

068
상온에서 순철의 결정격자는?
① 체심입방격자
② 면심입방격자
③ 조밀육방격자
④ 정방격자

해설 상온(15℃~25℃)에서의 순철은 α-Fe로 체심입방격자이다.

해답 ①

069
탄소함유량이 0.8%가 넘는 고탄소강의 담금질 온도로 가장 적당한 것은?
① A_1 온도보다 30~50℃ 정도 높은 온도
② A_2 온도보다 30~50℃ 정도 높은 온도
③ A_3 온도보다 30~50℃ 정도 높은 온도
④ A_4 온도보다 30~50℃ 정도 높은 온도

해설

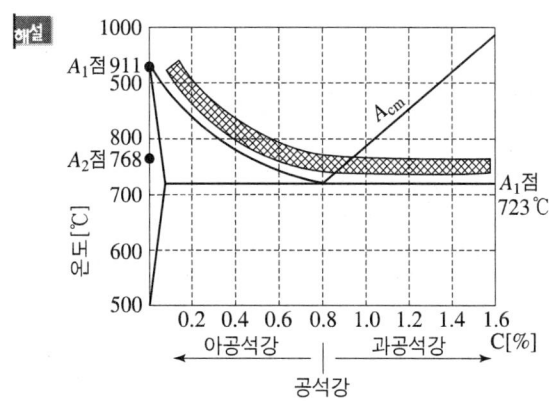

해답 ①

070

영구 자석강이 갖추어야 할 조건으로 가장 적당한 것은?

① 잔류자속 밀도 및 보자력이 모두 클 것
② 잔류자속 밀도 및 보자력이 모두 작을 것
③ 잔류자속 밀도가 작고 보자력이 클 것
④ 잔류자속 밀도가 크고 보자력이 작을 것

해설 **자석강**(magnet steel) : 영구 자석에 적합한 강. 자석강에는 탄소강, 텅스텐강, 크롬강, W-Cr 강, Co 강 등이 사용된다. 자석강의 에너지곱은 간단히 하려면(보자력×잔류자속밀도)의 크기에 의해서 비교되어 있다.

해답 ①

071

체크밸브, 릴리프 밸브 등에서 압력이 상승하고 밸브가 열리기 시작하여 어느 일정한 흐름의 양이 인정되는 압력은?

① 토출 압력　　② 서지 압력
③ 크래킹 압력　④ 오버라이드 압력

해설 **크랭킹 압력** : 체크밸브, 릴리프 밸브 등에서 압력이 상승하고 밸브가 열리기 시작하여 어는 일정한 흐름의 양이 인정되는 압력을 크랭킹 압력이라 한다.

해답 ③

072

그림은 KS 유압 도면기호에서 어떤 밸브를 나타낸 것 인가?

① 릴리프 밸브
② 무부하 밸브
③ 시퀀스 밸브
④ 감압 밸브

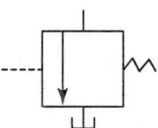

형식	명칭	기능	기호
상시폐형	릴리프밸브 (relief valve) 안전밸브 (safety valve)	회로내의 압력을 설정치로 유지하는 밸브, 특히 회로의 최고압력을 한정하는 밸브를 안전밸브라고 한다.	
	시퀀스밸브 (sequence valve)	둘 이상의 분기회로가 있는 회로내에서 그 작동순서를 회로의 압력 등에 의해 제어하는 밸브. 입구압력 또는 외부파일럿 압력이 소정의 값에 도달하면 입구측으로부터 출구측의 흐름을 허용하는 밸브.	
	무부하밸브 (unloadin valve)	회로의 압력이 설정치에 달하면 펌프를 무부하로 하는 밸브	
	카운터밸런스밸브 (counterbalance valve)	부하의 낙하를 방지하기 위해 배압을 부여하는 밸브한 방향의 흐름에는 설정된 배압을 주고 반대방향의 흐름을 자유흐름으로 하는 밸브	
상시개형	감압밸브 (pressure reducing valve)	출구측압력을 입구측압력보다 낮은 설정압력으로 조정하는 밸브	

해답 ②

073

다음 유압회로는 어떤 회로에 속하는가?

① 로크 회로
② 무부화 회로
③ 블리드 오프 회로
④ 어큐뮬레이터 회로

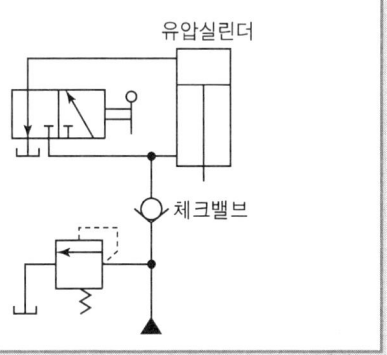

해설 유압 실린더 출구쪽으로는 작동유가 나오지 못하는 회로인 로크 회로이다.
로크회로는 실린더 행정 중 임의의 위치에 실린더를 고정시켜 놓을 필요가 있을 때 사용하는 회로이다. 피스톤의 이동을 방지 하는 회로이다.

해답 ①

074

유압모터의 종류가 아닌 것은?

① 회전피스톤 모터
② 베인 모터
③ 기어 모터
④ 나사 모터

해설 유압작동기
① 유압실린더 — ㉠ 단동형 : 플런지식, 피스톤식
　　　　　　　 ㉡ 복동형 : 한쪽 로드식, 양쪽 로드식
　　　　　　　 ㉢ 다단형
② 요동형 유압모터
③ 유압모터 — ㉠ 기어형
　　　　　　 ㉡ 베인형
　　　　　　 ㉢ 회전 피스톤형 : 액셜형, 레이얼형

해답 ④

075 유압 베인 모터의 1회전 당 유량이 50cc일 때, 공급 압력을 800N/cm², 유량을 30L/min 으로 할 경우 베인 모터의 회전수는 약 몇 rpm인가? (단, 누설량은 무시한다.)
① 600　　　　　　　　② 1200
③ 2666　　　　　　　 ④ 5333

해설 (비유량) $q = \dfrac{Q}{N}$, $50\text{cc/rev} = \dfrac{30000\text{cc/min}}{N}$, $N = 600[\text{rpm}]$

해답 ①

076 그림과 같은 유압 잭에서 지름이 $D_2 = 2D_1$ 일 때 누르는 힘 F_1과 F_2의 관계를 나타낸 식으로 옳은 것은?
① $F_2 = F_1$　　　② $F_2 = 2F_1$
③ $F_2 = 4F_1$　　④ $F_2 = 8F_1$

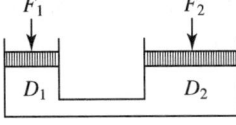

해설 $P_1 = P_2 : \dfrac{F_1}{A_1} = \dfrac{F_2}{A_2}$, $\dfrac{4F_1}{\pi D_1^2} = \dfrac{4F_2}{\pi (2D_1)^2}$, $F_2 = 4F_1$

해답 ③

077 다음 어큐뮬레이터의 종류 중 피스톤 형의 특징에 대한 설명으로 가장 적절하지 않은 것은?
① 대형도 제작이 용이하다.　　② 축유량을 크게 잡을 수 있다.
③ 형상이 간단하고 구성품이 적다.　④ 유실에 가스 침입의 염려가 없다.

해설 축압기(어큐뮬레이터)의 종류
① 공기압축형
　㉠ 블래더형(기체봉입형) : 유실에 가스침입 없다. 대형제작 용이 가장 많이 사용
　㉡ 다이어프램프(판형) : 유실에 가스침입 없다. 소형 고압용 적당
　㉢ 피스톤형(실린더형) : 형상이 간단하고 축유량을 크게 잡을 수 있다. 대형 제작이 가능하다. 단점으로는 유실에 가스침입이 발생할 수 있다.
② 중추형 : 일정 유압 공급이 가능, 외부누설 방지 곤란
③ 스프링형 : 저압용에 사용, 소형으로 가격이 싸다.

해답 ④

078. 주로 펌프의 흡입구에 설치되어 유압작동유의 이물질을 제거하는 용도로 사용하는 기기는?

① 드레인 플러그
② 스트레이너
③ 블래더
④ 배플

해설 스트네이너 : 주로 펌프의 흡임구에 설치되어 유압작동유의 이물질을 제거하는 용도로 사용하는 기기이다.

해답 ②

079. 카운터 밸런스 밸브에 관한 설명으로 옳은 것은?

① 두 개 이상의 분기 회로를 가질 때 각 유압 실린더를 일정한 순서로 순차 작동시킨다.
② 부하의 낙하를 방지하기 위해서, 배압을 유지하는 압력제어 밸브이다.
③ 회로 내의 최고 압력을 설정해 준다.
④ 펌프를 무부하 운전시켜 동력을 절감시킨다.

해설 카운터밸런스밸브(counterbalance valve)
부하의 낙하를 방지하기 위해 배압을 부여하는 밸브, 한 방향의 흐름에는 설정된 배압을 주고 반대방향의 흐름을 자유흐름으로 하는 밸브

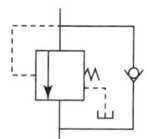

해답 ②

080. 유압 기본회로 중 미터인 회로에 대한 설명으로 옳은 것은?

① 유량제어 밸브는 실린더에서 유압작동유의 출구 측에 설치한다.
② 유량제어 밸브를 탱크로 바이패스 되는 관로 쪽에 설치한다.
③ 릴리프밸브를 통하여 분기되는 유량으로 인한 동력손실이 크다.
④ 압력설정 회로로 체크밸브에 의하여 양방향만의 속도가 제어된다.

해설 미터 인 회로법
유량조정 밸브를 실린더 앞에 부착, 실린더에 들어가는 유량을 제어하고 나머지 유량은 릴리프 밸브에서 기름 탱크로 복귀시키고 있는 회로이다. 이 회로의 효율은 좋다고는 할 수 없으나 부하 변동이 크고 피스톤의 움직임에 대해 정방향의 부하가 가해지는 경우 적합하다.

해답 ③

제5과목 기계제작법 및 기계동력학

081 압축된 스프링으로 100g의 추를 밀어 올려 위에 있는 종을 치는 완구를 설계하려고 한다. 스프링 상수가 80N/m라면 종을 치게 하기 위한 최소의 스프링 압축량은 약 몇 cm인가? (단, 그림의 상태는 스프링이 전혀 변형되지 않은 상태이며 추가 종을 칠 때는 이미 추와 스프링은 분리된 상태이다. 또한 중력은 아래로 작용하고 스프링의 질량은 무시한다.)

① 8.5cm
② 9.9cm
③ 10.6cm
④ 12.4cm

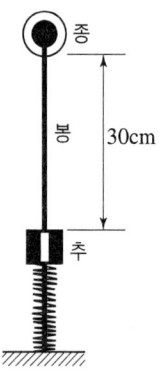

해설 위치에너지 = 탄성에너지

$m \times g \times (0.3 + x) = \frac{1}{2} \times K \times x^2$

$0.1 \times 9.8 \times (0.3 + x) = \frac{1}{2} \times 80 \times x^2$

$x = 0.0988 ≒ 9.9\text{cm}$

해답 ②

082 그림과 같은 진동계에서 무게 W는 22.68N, 댐핑계수 C는 0.0579N·s/cm, 스프링 정수 K가 0.357N/cm일 때 감쇠비(damping ratio)는 약 얼마인가?

① 0.19
② 0.22
③ 0.27
④ 0.32

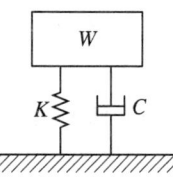

해설 $C = 5.79 \dfrac{\text{N} \cdot \text{s}}{\text{m}}$

$K = 35.7 \text{N/m}$

$m = \dfrac{W}{g} = \dfrac{22.68}{9.8} = 2.314 \text{kg}$

(감쇠비) $\varphi = \dfrac{C}{C_c} = \dfrac{C}{2\sqrt{mK}} = \dfrac{5.79}{2\sqrt{2.314 \times 35.7}} = 0.318$

해답 ④

083 경사면에 질량 M의 균일한 원기둥이 있다. 이 원기둥에 감겨 있는 실을 경사면과 동일한 방향으로 위쪽으로 잡아당길 때, 미끄럼이 일어나지 않기 위한 실의 장력 T의 조건은? (단, 경사면의 각도를 θ, 경사면과 원기둥사이의 마찰계수를 μ_s, 중력가속도를 g라 한다.)

① $T \leq Mg(3\mu_s \sin\theta + \cos\theta)$
② $T \leq Mg(3\mu_s \sin\theta - \cos\theta)$
③ $T \leq Mg(3\mu_s \cos\theta - \sin\theta)$
④ $T \leq Mg(3\mu_s \cos\theta + \sin\theta)$

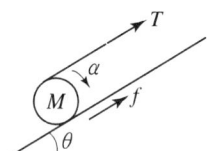

해설 (경사면의 힘의 합) $\sum F \geq Ma_t$

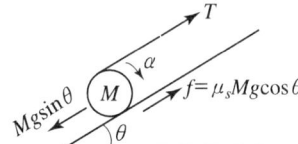

(접선 가속도) $a_t = \alpha \times R$
$\sum F \geq M \times \alpha \times R$
$\sum F = + T - Mg\sin\theta + f$
$+ T - Mg\sin\theta + f \geq M \times \alpha \times R$ ·········· (1)식

(경사면의 모멘트의 평형조건) $\sum T_m = J_G \times \alpha \; + \curvearrowleft$
$\sum T_m = + T \times R - f \times R$
$J_G \times \alpha = \dfrac{1}{2} MR^2 \times \alpha$
$+ T \times R - f \times R = \dfrac{1}{2} MR^2 \times \alpha$
$T - f = \dfrac{1}{2} MR \times \alpha$
$2T - 2f = MR \times \alpha$ ·········· (2)식

(2)식을 (1)식에 대입
$+ T - Mg\sin\theta + f \geq 2T - 2f$
$3f - Mg\sin\theta \geq T$
$3\mu_c Mg\cos\theta - Mg\sin\theta \geq T$
$Mg(3\mu_c \cos\theta - \sin\theta) \geq T$

해답 ④

084 펌프가 견고한 지면 위의 네 모서리에 하나씩 총 4개의 동일한 스프링으로 지지되어 있다. 이 스프링의 정적 처짐이 3cm일 때, 이 기계의 고유진동수는 약 몇 Hz인가?

① 3.5 ② 7.6
③ 2.9 ④ 4.8

해설 (고유진동수) $f_n = \dfrac{w_n}{2 \times \pi} = \dfrac{\sqrt{\dfrac{g}{\delta}}}{2 \times \pi} = \dfrac{\sqrt{\dfrac{9.8}{0.03}}}{2 \times \pi} = 2.87 \text{Hz}$

해답 ③

085

그림과 같이 2개의 질량이 수평으로 놓인 마찰이 없는 막대 위를 미끄러진다. 두 질량의 반발계수가 0.6일 때 충돌 후 A의 속도(u_A)와 B의 속도(u_B)로 옳은 것은?

① $u_A = 3.65 \text{m/s}, \ u_B = 1.25 \text{m/s}$
② $u_A = 1.25 \text{m/s}, \ u_B = 3.65 \text{m/s}$
③ $u_A = 3.25 \text{m/s}, \ u_B = 1.65 \text{m/s}$
④ $u_A = 1.65 \text{m/s}, \ u_B = 3.25 \text{m/s}$

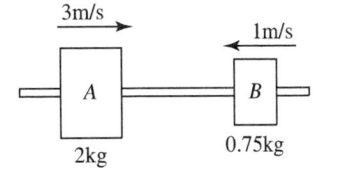

해설

$e = \dfrac{u_B - u_A}{V_A - V_B}, \ 0.6 = \dfrac{u_B - u_A}{+3 - (-1)}$

$u_B - u_A = 2.4$ ·· ①식

$m_A V_A + m_B V_B = m_A u_A + m_B u_B$

$(2 \times 3) + (0.75 \times -1) = 2u_A + 0.75 u_B$

$5.25 = 2u_A + 0.75 u_B$ ··· ②식

①식과 ②식을 연립하여 풀면
$u_B = 3.65 \text{m/s} \ (방향 \rightarrow)$
$u_A = 1.25 \text{m/s} \ (방향 \rightarrow)$

해답 ②

086

다음 설명 중 뉴턴(Newton)의 제 1법칙으로 맞는 것은?

① 질점의 가속도는 작용하고 있는 합력에 비례하고 그 합력의 방향과 같은 방향에 있다.
② 질점에 외력이 작용하지 않으면, 정지상태를 유지하거나 일정한 속도로 일직선상에서 운동을 계속한다.
③ 상호작용하고 있는 물체간의 작용력과 반작용력은 크기가 같고 방향이 반대이며, 동일직선상에 있다.
④ 자유낙하하는 모든 물체는 같은 가속도를 가진다.

해설 뉴턴(Newton)법칙
① 1법칙 : 관성의 법칙, 제1법칙은 관성의 법칙이나 갈릴레이의 법칙으로도 불린다. 물체의 질량 중심은 외부 힘이 작용하지 않는 한 일정한 속도로 움직인다. 또한 외력이 작용하지 않으면 정지상태인 것은 정지상태를 유지 한다.
② 2법칙 : 가속도의 법칙
$\quad \sum F = ma$
③ 제3법칙 : 작용과 반작용의 법칙

해답 ②

087

그림과 같은 질량은 3kg인 원판의 반지름이 0.2m일 때, $x-x'$축에 대한 질량관성모멘트의 크기는 약 몇 kg·m²인가?

① 0.03　　② 0.04
③ 0.05　　④ 0.06

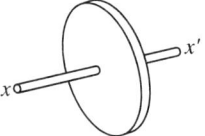

해설 $J_{x-x} = \dfrac{mR^2}{2} = \dfrac{3 \times 0.2^2}{2} = 0.06 \text{kg} \cdot \text{m}^2$

해답 ④

088

공을 지면에서 수직방향으로 9.81m/s의 속도로 던져졌을 때 최대 도달 높이는 지면으로부터 약 몇 m인가?

① 4.9　　② 9.8
③ 14.7　　④ 19.6

해설 $2 \times -g \times h = V_2^2 - V_1^2$, 최고점의 높이($h_{max}$)일 때는 $V_2 = 0$

$h_{max} = \dfrac{V_1^2}{2g} = \dfrac{9.81^2}{2 \times 9.81} = 4.905 \text{m} ≒ 4.9 \text{m}$

해답 ①

089

엔진(질량 m)의 진동이 공장바닥에 직접 전달될 때 바닥에는 힘이 $F_o \sin \omega t$로 전달된다. 이때 전달되는 힘을 감소시키기 위해 엔진과 바닥 사이에 스프링(스프링상수 k)과 댐퍼(감쇠계수 c)를 달았다. 이를 위해 진동계의 고유진동수(ω_n)와 외력의 진동수(ω)는 어떤 관계를 가져야 하는가? (단, $\omega_n = \sqrt{\dfrac{k}{m}}$ 이고, t는 시간을 의미한다.)

① $\omega_n < \omega$　　② $\omega_n > \omega$
③ $\omega_n < \dfrac{\omega}{\sqrt{2}}$　　④ $\omega_n > \dfrac{\omega}{\sqrt{2}}$

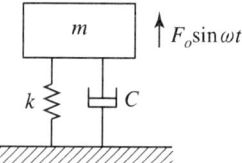

해설

진동에 의해 전달되는 힘을 감소시키기 위해서는 힘 전달률(T_R)이 1보다 작아야 된다. 즉 진동수비(γ)는 $\sqrt{2}$ 보다 커야 된다.

(진동수 비) $\gamma = \dfrac{\omega}{\omega_n}$

$\sqrt{2} < \dfrac{\omega}{\omega_n}, \ \omega_n < \dfrac{\omega}{\sqrt{2}}$

해답 ③

090 그림(a)를 그림(b)와 같이 모형화 했을 때 성립되는 관계식은?

① $\dfrac{1}{k_{eq}} = \dfrac{1}{k_1} + \dfrac{1}{k_2}$

② $k_{eq} = k_1 + k_2$

③ $k_{eq} = k_1 + \dfrac{1}{k_2}$

④ $k_{eq} = \dfrac{1}{k_1} + \dfrac{1}{k_2}$

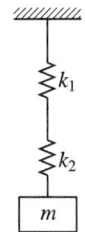
(a)

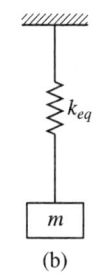
(b)

해설 (스프링의 직렬연결) $\dfrac{1}{k_{eq}} = \dfrac{1}{k_1} + \dfrac{1}{k_2}$

해답 ①

091 사형(砂型)과 금속형(金屬型)을 사용하며 내마모성이 큰 주물을 제작할 때 표면은 백주철이 되고 내부는 회주철이 되는 주조 방법은?

① 다이캐스팅법 ② 원심주조법
③ 칠드주조법 ④ 셸주조법

해설 **특수 주조법**
① 칠드주조법 : 사형(砂型)과 금속형(金屬型)을 사용하며, 내마모성이 큰 물을 제작할 때 표면은 백주철(Fe_3C), 내부는 회주철이 된다.
② 원심주조법 : 주형을 고속회전 시켜 원심력에 의해 코 없이 중공주물 제작(피스톤링, 실린더 라이너 등의 제작)
③ 다이캐스팅 : 금형에 고압으로 주입시켜 소형 및 정밀한 주물 제작(대량생산, 표면 깨끗). 사용 재료 : 아연, 알루미늄, 구리 등의 합금
④ 셸 몰드법 : 규소모래와 열경화성 수지
⑤ 인베스트먼트법 : 모형을 왁스나 파라핀으로 만든 다음 내화물질을 칠하고 용융된 내화성 주형재를 부착시켜 굳힌 후 가열 하여 왁스를 제거하여 주형 제작(표면 깨끗하고 복잡한 형상의 주물 제작)

해답 ③

092
불활성 가스가 공급되면서 용가재인 소모성 전극와이어를 연속적으로 보내서 아크를 발생시켜 용접하는 불활성 가스 아크 용접법은?

① MIG 용접
② TIG 용접
③ 스터드 용접
④ 레이저 용접

해설 **불활성 가스 금속 아크 용접**(MIG 용접)
① 원리 : 용접할 부분을 공기와 차단된 상태에서 용접하기 위해 불활성 가스(아르곤, 헬륨)에 용가재인 소모성 전극 와이어 연속적으로 용접부에 공급하면서 용접하는 방법이다.
② 특징
  ㉠ 대체로 모든 금속의 용접이 가능하다.(두께 3mm이상일 경우)
  ㉡ 용제를 사용하지 않으므로 슬래그(slag)가 없어 용접 후 청소할 필요 없다.
  ㉢ Spatter나 합금 원소의 손실이 적으며, 값이 비싸다.
  ㉣ 전자세 용접이 가능하며, 용접 가능한 판의 두께 범위가 넓다.
  ㉤ 능률이 높다.

해답 ①

093
절삭 공구에 발생하는 구성 인선의 방지법이 아닌 것은?

① 절삭 깊이를 작게 할 것
② 절삭 속도를 느리게 할 것
③ 절삭 공구의 인선을 예리하게 할 것
④ 공구 윗면 경사각(rake angle)을 크게 할 것

해설 **구성인선방지책**
① 절삭 깊이를 적게 한다.
② 경사각을 크게 한다.
③ 공구의 인선을 예리하게 한다.
④ 절삭 속도를 높인다.
⑤ 칩과 바이트 사이의 윤활을 완전하게 한다.

해답 ②

094
압연가공에서 압하율을 나타내는 공식은? (단, H_o는 압연전의 두께, H_1은 압연후의 두께이다.)

① $\dfrac{H_1 - H_o}{H_1} \times 100(\%)$
② $\dfrac{H_o - H_1}{H_o} \times 100(\%)$
③ $\dfrac{H_1 + H_o}{H_o} \times 100(\%)$
④ $\dfrac{H_1}{H_o} \times 100(\%)$

해설 (압하율) $\epsilon = \dfrac{H_0 - H_1}{H_0}$

여기서, H_0 : 압연 전의 두께, H_1 : 압연 후의 두께

해답 ②

095
0℃ 이하의 온도에서 냉각시키는 조직으로 공구강의 경도가 증가 및 성능을 향상시킬 수 있으며, 담금질된 오스테나이트를 마텐자이트화하는 열처리법은?

① 질량 효과(mass effect) ② 완전 풀림(full annealing)
③ 화염 경화(frame hardening) ④ 심냉 처리(sub-zero treatment)

해설 **심냉처리(Sub-Zero Treatment)** : 담금질 후 0℃이하의 온도까지 냉각시켜 잔류오스테나이트를 마텐자이트화 하는 것이다. 방법으로는 일정 시간동안 액체질소를 투여하여 극저온에서 금속을 처리하는 기술로써 물성을 보다 향상시킬 수 있는 공정이다.

해답 ④

096
연삭가공을 한 후 가공표면을 검사한 결과 연삭 크랙(crack)이 발생되었다. 이 때 조치하여야 할 사항으로 옳지 않은 것은?

① 비교적 경(硬)하고 연삭성이 좋은 지석을 사용하고 이송을 느리게 한다.
② 연삭액을 사용하여 충분히 냉각시킨다.
③ 결합도가 연한 숫돌을 사용한다.
④ 연삭 깊이를 적게 한다.

해설 **연삭균열(Crack)** : 연삭에 의한 발열로 공작물 표면이 고온이 되어 열팽창 또는 재질 변화에 의한 균열 발생
① 그물 모양으로 나타남
② 탄소강에 주로 나타남
③ 담금질한 강에서도 발생하기 쉬움
④ 질화, 탄화 표면경화 처리한 공작물, 합금강에서 균열 발생 경향 높음
⑤ 방지 : 연한 숫돌 사용하고 연삭깊이를 작게 하고 이송을 크게 하여 발열량을 적게 주거나 연삭액 사용하여 냉각실리케이트 숫돌 사용 효과적임

해답 ①

097
다음 중 아크(Arc) 용접봉의 피복제 역할에 대한 설명으로 가장 적절한 것은?

① 용착효율을 낮춘다. ② 전기 통전 작용을 한다.
③ 응고와 냉각속도를 촉진시킨다. ④ 산화방지와 산화물의 제거작용을 한다.

해설 **피복제의 역할**
① 공기 중의 산소나 질소의 침입을 방지하여, 피복재의 연소 가스의 이온화에 의하여 전류가 끊어졌을 때에도 계속 아크를 발생시키므로 안정된 아크를 얻을 수 있도록 한다.
② 슬래그(slag)를 형성하여 용접부의 급냉을 방지하며, 용착 금속에 필요한 원소를 보충한다.
③ 불순물과 친화력이 강한 재료를 사용하여 용착 금속을 정련한다.
④ 붕사, 산화티탄 등을 사용하여 용착 금속의 유동성을 좋게 한다.
⑤ 좁은 틈에서 작업할 때 절연 작용을 한다.

해답 ④

098 다음 중 연삭숫돌의 결합제(bond)로 주성분이 점토와 장석이고, 열에 강하고 연삭액에 대해서도 안전하므로 광범위하게 사용되는 결합제는?

① 비트리파이드 ② 실리케이트
③ 레지노이드 ④ 셀락

해설 **비트리파이드 결합제**(vitrified bond) : 연삭숫돌의 표시 방법. "V"로 표시
주성분이 점토와 장석이고, 열에 강하고 연삭액에 대해서도 안전하므로 광범위하게 사용된다. 단점으로는 강도가 강하지 못하고 지름이 크거나 얇은 숫돌바퀴에는 맞지 않음

해답 ①

099 두께 4mm인 탄소강판에 지름 1000mm의 펀칭을 할 때 소요되는 동력은 약 kW인가? (단, 소재의 전단저항은 245.25MPa, 프레스 슬라이드의 평균속도는 5m/min, 프레스의 기계효율(η)은 65% 이다.)

① 146 ② 280
③ 396 ④ 538

해설 (기계효율) $\eta = \dfrac{(전단력)F \times (프레스속도)V}{(소요동력)H}$

(전단력) $F = \tau \times A = 245.25 \times (\pi \times 1000 \times 4) = 3084415.67\text{N}$

$0.65 = \dfrac{3084415.67 \times \dfrac{5}{60}}{H}$

(소요동력) $H = 395437.9\text{W} \fallingdotseq 396\text{kW}$

해답 ③

100 회전하는 상자 속에 공작물과 숫돌입자, 공작액, 콤파운드 등을 넣고 서로 충돌시켜 표면의 요철을 제거하며 매끈한 가공면을 얻는 가공법은?

① 호닝(honing) ② 배럴(barrel) 가공
③ 숏 피닝(shot peening) ④ 슈퍼 피니싱(super finishing)

해설 **배럴(barrel)가공** : 8각형 또는 6각형으로 된 배럴(용기) 속에 가공물과 연마제(硏磨劑) 및 매제(媒劑)를 넣고 물을 첨가하여 회전시켜 공작물의 표면을 연마하거나 광택을 내는 가공법을 말한다.

해답 ②

일반기계기사

2018년 9월 15일 시행

제1과목 재료역학

001 다음 단면에서 도심의 y축 좌표는 얼마인가?
① 30
② 34
③ 40
④ 44

해설 (도심의 y축 좌표) $\bar{y} = \dfrac{A_1\bar{y_1} + A_2\bar{y_2}}{A_1 + A_2} = \dfrac{(80 \times 20) \times 10 + (40 \times 60) \times 50}{(80 \times 20) + (40 \times 60)} = 34$

해답 ②

002 그림과 같이 원형 단면을 갖는 외팔보에 발생하는 최대 굽힘응력 σ_b는?

① $\dfrac{32Pl}{\pi d^3}$ ② $\dfrac{32Pl}{\pi d^4}$
③ $\dfrac{6Pl}{\pi d^2}$ ④ $\dfrac{\pi d}{6Pl}$

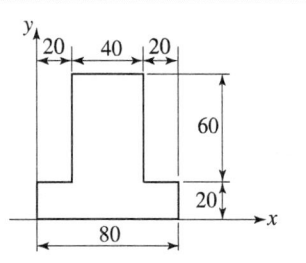

해설 (최대굽힘응력) $\sigma_b = \dfrac{M}{Z} = \dfrac{Pl}{\dfrac{\pi d^3}{32}} = \dfrac{32Pl}{\pi d^3}$

해답 ①

003 양단이 힌지로 된 길이 4m인 기둥의 임계하중을 오일러 공식을 사용하여 구하면 약 몇 N인가?
(단, 기둥의 세로탄성계수 $E = 200\text{GPa}$이다.)

① 1645 ② 3290
③ 6580 ④ 13160

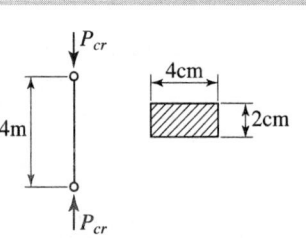

해설

(기둥의 임계하중) $P_{cr} = \dfrac{n\pi^2 EI}{L^2} = \dfrac{1 \times \pi^2 \times 200 \times 10^3 \times \dfrac{40 \times 20^3}{12}}{4000^2}$

$= 3289.868\text{N} \fallingdotseq 3290\text{N}$

해답 ②

004 길이가 50cm인 외팔보의 자유단에 정적인 힘을 가하여 자유단에서의 처짐량이 1cm가 되도록 외팔보를 탄성변형 시키려고 한다. 이때 필요한 최소한의 에너지는 약 몇 J인가? (단, 외팔보의 세로탄성계수는 200GPa, 단면은 한 변의 길이가 2cm인 정사각형이라고 한다.)

① 3.2
② 6.4
③ 9.6
④ 12.8

해설

(집중하중크기) $P = \dfrac{\delta \times 3EI}{L^3} = \dfrac{10 \times 3 \times 200 \times 10^3 \times \dfrac{20^4}{12}}{500^3} = 640\text{N}$

(에너지) $U = \dfrac{1}{2} P \times \delta = \dfrac{1}{2} \times 640 \times 0.01 = 3.2\text{J}$

해답 ①

005 그림에서 클램프(clamp)의 압축력이 $P = 5$kN일 때 $m-n$ 단면의 최소두께 h를 구하면 약 몇 cm인가? (단, 직사각형 단면의 폭 $b = 10$mm, 편심거리 $e = 50$mm, 재료의 허용응력 $\sigma_w = 200$MPa이다.)

① 1.34
② 2.34
③ 2.86
④ 3.34

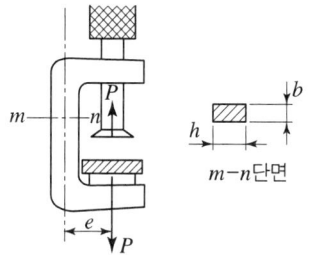

$m-n$단면

해설

$\sigma_w = \sigma_n + \sigma_b = \dfrac{P}{b \times h} + \dfrac{P \cdot e \times 6}{bh^2}$

$200 = \dfrac{5 \times 10^3}{10 \times h} + \dfrac{(5 \times 10^3) \times 50 \times 6}{10 \times h^2}$ 에서

$h = 28.66\text{mm} = 2.86\text{cm}$

해답 ③

006 강선의 지름이 5mm이고 코일의 반지름이 50mm인 15회 감긴 스프링이 있다. 이 스프링에 힘이 작용할 때 처짐량이 50mm일 때, P는 약 몇 N인가? (단, 재료의 전단탄성계수 $G=100$GPa이다.)

① 18.32
② 22.08
③ 26.04
④ 28.43

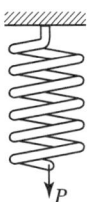

해설 (처짐량) $\delta = \dfrac{8PD^3 n}{Gd^4}$

(하중) $P = \dfrac{\delta \times Gd^4}{8D^3 n} = \dfrac{50 \times 100 \times 10^3 \times 5^4}{8 \times 100^3 \times 15} = 26.0416$N

해답 ③

007 지름이 d인 강봉의 지름을 2배로 했을 때 비틀림 강도는 몇 배가 되는가?

① 2배
② 4배
③ 8배
④ 16배

해설 (지름 d일 때 극단면계수) $Z_P = \dfrac{\pi d^3}{16}$

(지름 $2d$일 때 극단면계수) $Z_P' = \dfrac{\pi (2d)^3}{16} = 8 Z_P$

해답 ③

008 그림과 같이 단순 지지보가 B점에서 반시계 방향의 모멘트를 받고 있다. 이때 최대의 처짐이 발생하는 곳은 A점으로부터 얼마나 떨어진 거리인가?

① $\dfrac{L}{2}$
② $\dfrac{L}{\sqrt{2}}$
③ $L\left(1 - \dfrac{1}{\sqrt{3}}\right)$
④ $\dfrac{L}{\sqrt{3}}$

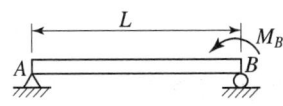

해설 단순보의 끝단에 우력(M)이 작용할 때

A단의 굽힘각 : $\theta_A = y'_{x=0} = \dfrac{M_o l}{6EI}$

B단의 굽힘각 : $\theta_B = y'_{x=l} = \dfrac{M_o l}{3EI}$

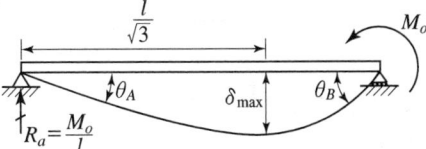

∴ $x = \dfrac{l}{\sqrt{3}}$ 위치에서 $\delta_{\max}$가 발생된다.

최대 처짐량 : $\delta_{\max} = \dfrac{M_o l^2}{9\sqrt{3}\,EI}$

해답 ④

009

포아송(Poission)비가 0.3인 재료에서 세로탄성계수(E)가 가로탄성계수(G)의 비 (E/G)는?

① 0.15
② 1.5
③ 2.6
④ 3.2

해설 $1Em = 2G(m+1) = 3K(m-2)$

$$\frac{E}{G} = \frac{2(m+1)}{m} = \frac{2\left(\frac{1}{0.3}+1\right)}{\frac{1}{0.3}} = 2.6$$

해답 ③

010

그림과 같은 양단 고정보에서 고정단 A에서 발생하는 굽힘 모멘트는? (단, 보의 굽힘 강성계수는 EI이다.)

① $M_A = \dfrac{Pab}{L}$
② $M_A = \dfrac{Pab(a-b)}{L}$
③ $M_A = \dfrac{Pab}{L} \times \dfrac{a}{L}$
④ $M_A = \dfrac{Pab}{L} \times \dfrac{b}{L}$

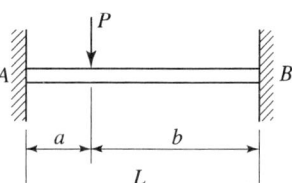

해설 $M_A = \dfrac{Pab^2}{L^2}, \quad M_B = \dfrac{Pa^2b}{L^2}$

$R_A = \dfrac{Pb^2}{L^3}(L+2a), \quad R_B = \dfrac{Pa^2}{L^3}(L+2b)$

해답 ④

011

그림과 같은 선형 탄성 균일단면 외팔보의 굽힘 모멘트 선도로 가장 적당한 것은?

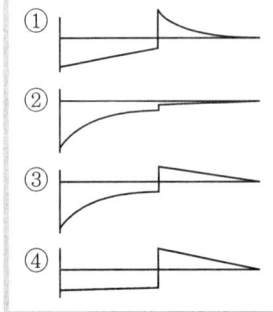

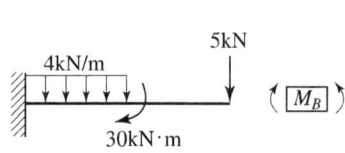

해설

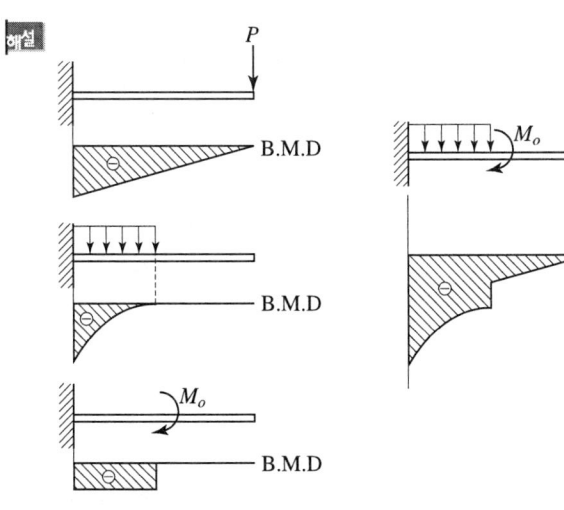

해답 ②

012

다음 단면의 도심 축($X-X$)에 대한 관성모멘트는 약 몇 m⁴인가?

① 3.627×10^{-6}
② 4.627×10^{-7}
③ 4.933×10^{-7}
④ 6.893×10^{-6}

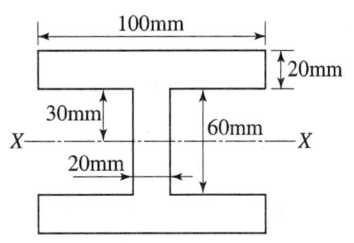

해설 (도심축 $x-x$)관성모멘트

$$I_x = \frac{100 \times 100^3}{12} - 2 \times \frac{40 \times 60^3}{12} = 6893333.33\,\mathrm{mm}^4 = 6.893 \times 10^{-6}\,\mathrm{m}^4$$

해답 ④

013

한 변의 길이가 10mm인 정사각형 단면의 막대가 있다. 온도를 60℃ 상승시켜서 길이가 늘어나지 않게 하기 위해 8kN의 힘이 필요할 때 막대의 선팽창계수(α)는 약 몇 ℃⁻¹인가? (단, 탄성계수 $E=200\mathrm{GPa}$이다.)

① $\dfrac{5}{3} \times 10^{-6}$
② $\dfrac{10}{3} \times 10^{-6}$
③ $\dfrac{15}{3} \times 10^{-6}$
④ $\dfrac{20}{3} \times 10^{-6}$

해설 (열응력)$\sigma_{th} = E \times \alpha \times \Delta T = \dfrac{P_{th}}{A}$

(선팽창계수) $\alpha = \dfrac{P_{th}}{A} \times \dfrac{1}{E \times \Delta T} = \dfrac{8000}{100} \times \dfrac{1}{200 \times 10^3 \times 60} = \dfrac{20}{3} \times 10^{-6} \left[\dfrac{1}{℃}\right]$

해답 ④

014

그림과 같은 단순 지지보에서 길이(l)는 5m, 중앙에서 집중하중 P가 작용할 때 최대 처짐이 43mm라면 이때 집중하중 P의 값은 약 몇 kN인가? (단 보의 단면 폭(b)×높이(h)=5cm×12cm, 탄성계수 E=210GPa로 한다.)

① 50
② 38
③ 25
④ 16

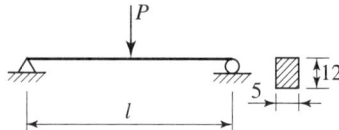

해설 (최대처짐) $\delta = \dfrac{Pl^3}{48EI}$

(집중하중) $P = \dfrac{\delta \times 48EI}{l^3} = \dfrac{43 \times 48 \times 210000 \times \dfrac{50 \times 120^3}{12}}{5000^3} = 24966.144\text{N} \fallingdotseq 25\text{kN}$

해답 ③

015

길이가 l인 외팔보에서 그림과 같이 삼각형 분포하중을 받고 있을 때 최대 전단력과 최대 굽힘모멘트는?

① $\dfrac{wl}{2}$, $\dfrac{wl^2}{6}$ ② wl, $\dfrac{wl^2}{3}$

③ $\dfrac{wl}{2}$, $\dfrac{wl^2}{3}$ ④ $\dfrac{wl^2}{2}$, $\dfrac{wl}{6}$

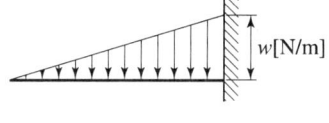

해설
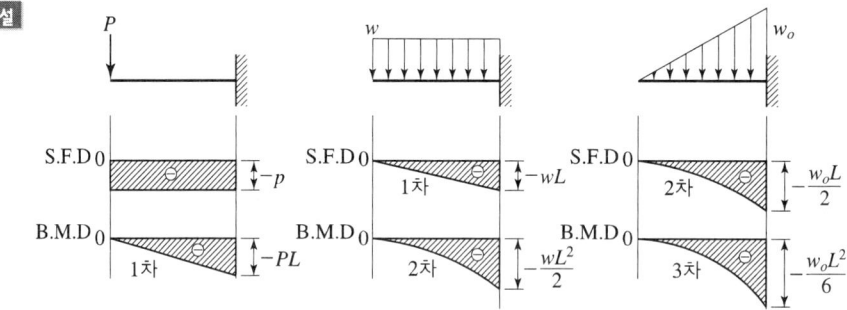

해답 ①

016

400rpm으로 회전하는 바깥지름 60mm, 안지름 40mm인 중공 단면축의 허용 비틀림 각도가 1°일 때 이 축이 전달할 수 있는 동력의 크기는 약 몇 kW인가? (단, 전단 탄성계수 G=80GPa, 축 길이 L=3m이다.)

① 15
② 20
③ 25
④ 30

해설 (비틀림각) $\theta = \dfrac{TL}{GI_p}$

(토크) $T = \dfrac{\theta \times GI_p}{L} = \dfrac{1 \times \dfrac{\pi}{180} \times 80 \times 10^3 \times \dfrac{\pi}{32}(60^4 - 40^4)}{3000}$

$= 475203.17 \text{N} \cdot \text{mm} \fallingdotseq 475.203 \text{N} \cdot \text{m}$

(동력) $H = T \times \dfrac{2\pi N}{60} = 475.203 \times \dfrac{2\pi \times 400}{60} = 19905.256 \text{W} \fallingdotseq 20 \text{kW}$

해답 ②

017
볼트에 7200N의 인장하중을 작용시키면 머리부에 생기는 전단응력은 몇 MPa인가?

① 2.55
② 3.1
③ 5.1
④ 6.25

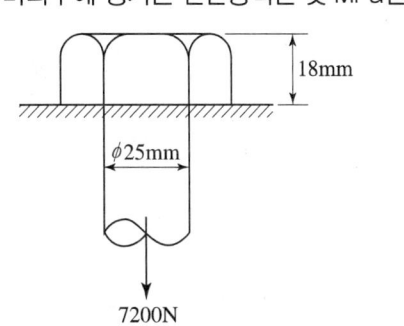

해설 (전단응력) $\tau = \dfrac{P}{\pi d h} = \dfrac{7200}{\pi \times 25 \times 18} = 5.09 \text{MPa} \fallingdotseq 5.1 \text{MPa}$

해답 ③

018
그림과 같은 구조물에 1000N의 물체가 매달려 있을 때 두 개의 강선 AB와 AC에 작용하는 힘의 크기는 약 몇 N인가?

① $AB = 732$, $AC = 897$
② $AB = 707$, $AC = 500$
③ $AB = 500$, $AC = 707$
④ $AB = 897$, $AC = 732$

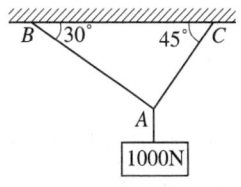

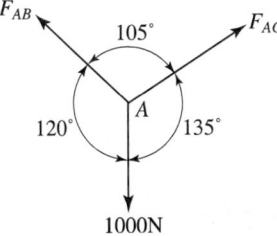

$\dfrac{1000}{\sin 105} = \dfrac{F_{AB}}{\sin 135} = \dfrac{F_{AC}}{\sin 120}$

$F_{AB} = 732 \text{N}, \quad F_{AC} = 896.57 \text{N}$

해답 ①

019 그림과 같이 스트레인 로제트(strain rosette)를 45°로 배열한 경우 각 스트레인 게이지에 나타나는 스트레인량을 이용하여 구해지는 전단 변형률 γ_{xy}는?

① $\sqrt{2}\,\epsilon_b - \epsilon_a - \epsilon_c$
② $2\epsilon_b - \epsilon_a - \epsilon_c$
③ $\sqrt{3}\,\epsilon_b - \epsilon_a - \epsilon_c$
④ $3\epsilon_b - \epsilon_a - \epsilon_c$

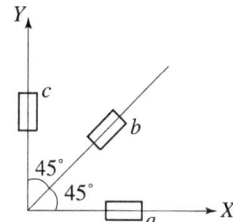

해설 $\epsilon_a = \epsilon_x,\ \epsilon_c = \epsilon_y$

$$\epsilon_b = \frac{(\epsilon_x + \epsilon_y)}{2} + \frac{(\epsilon_x - \epsilon_y)}{2}\cos 2\theta + \frac{\gamma_{xy}}{2}\sin 2\theta$$

$$= \frac{(\epsilon_x + \epsilon_y)}{2} + \frac{(\epsilon_x - \epsilon_y)}{2}\cos 90 + \frac{\gamma_{xy}}{2}\sin 90$$

$$= \frac{(\epsilon_x + \epsilon_y)}{2} + \frac{\gamma_{xy}}{2}$$

$$2\epsilon_b = (\epsilon_x + \epsilon_y) + \gamma_{xy}$$

$$\gamma_{xy} = 2\epsilon_b - \epsilon_x - \epsilon_y = 2\epsilon_b - \epsilon_a - \epsilon_c$$

해답 ②

020 단면적이 40cm²인 강봉에 그림과 같이 하중이 작용할 때 이 봉은 약 몇 cm 늘어나는가? (단, 세로탄성계수 $E=210$GPa이다.)

① 0.80
② 0.24
③ 0.0028
④ 0.015

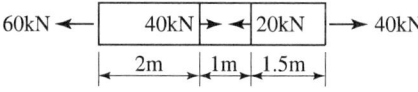

해설

$\Delta L = \Delta L_1 + \Delta L_2 + \Delta L_3$

$= \dfrac{P_1 L_1}{AE} + \dfrac{P_2 L_2}{AE} + \dfrac{P_3 L_3}{AE} = \dfrac{1}{AE}(P_1 L_1 + P_2 L_2 + P_3 L_3)$

$= \dfrac{1}{400 \times 210000}\{(60000 \times 2000) + (20000 \times 1000) + (40000 \times 1500)\}$

$= 2.38\text{mm} \fallingdotseq 0.24\text{cm}$

해답 ②

제2과목 기계열역학

021 그림의 증기압축 냉동사이클(온도(T)–엔트로피(s) 선도)이 열펌프로 사용될 때의 성능계수는 냉동기로 사용될 때의 성능계수의 몇 배인가? (단, 각 지점에서의 엔탈피는 $h_1 = 180 \text{kJ/kg}$, $h_2 = 210 \text{kJ/kg}$, $h_3 = h_4 = 50 \text{kJ/kg}$이다.)

① 0.81
② 1.23
③ 1.63
④ 2.12

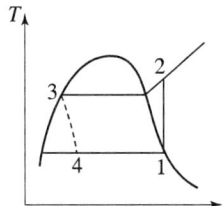

해설
(열펌프 성능계수) $\epsilon_H = \dfrac{(\text{고열원으로 보낸 열량})h_2 - h_3}{(\text{공급받은 일량})h_2 - h_1} = \dfrac{210-50}{210-180} = 5.33$

(냉동기 성능계수) $\epsilon_R = \dfrac{(\text{저열원에서 흡수한 열량})h_1 - h_4}{(\text{공급받은 일량})h_2 - h_1} = \dfrac{180-50}{210-180} = 4.33$

$\dfrac{\epsilon_H}{\epsilon_R} = \dfrac{5.33}{4.33} = 1.23$

해답 ②

---

022 물질이 액체에서 기체로 변해가는 과정과 관련하여 다음 설명 중 옳지 않은 것은?

① 물질의 포화온도는 주어진 압력 하에서 그 물질의 증발이 일어나는 온도이다.
② 물의 포화온도가 올라가면 포화압력도 올라간다.
③ 액체의 온도가 현재 압력에 대한 포화온도보다 낮을 때 그 액체를 압축액 또는 과냉각액이라 한다.
④ 어떤 물질이 포화온도 하에서 일부는 액체로 존재하고 일부는 증기로 존재할 때 전체 질량에 대한 액체 질량의 비를 건도로 정의한다.

해설 건도 = $\dfrac{\text{증기질량}}{\text{전체질량}}$

해답 ④

---

023 공기 1kg을 1MPa, 250℃의 상태로부터 등온과정으로 0.2MPa까지 압력변화를 할 때 외부에 대하여 한 일은 약 몇 kJ인가? (단, 공기는 기체상수가 0.287kJ/(kg·K)인 이상기체이다.)

① 157
② 242
③ 313
④ 465

해설
$$_1W_2 = mRT_1 \ln\frac{P_1}{P_2} = 1 \times 0.287 \times (250+273) \times \ln\frac{1}{0.2} = 241.578\text{kJ} \fallingdotseq 242\text{kJ}$$

해답 ②

024
100kPa의 대기압 하에서 용기 속 기체의 진공압이 15kPa이었다. 이 용기 속 기체의 절대압력은 약 몇 kPa인가?

① 85
② 90
③ 95
④ 115

해설
$P_{abs} = P_o - P_v = 100 - 15 = 85\text{kPa}$

해답 ①

025
다음 열역학 성질(상태량)에 대한 설명 중 옳은 것은?

① 엔탈피는 점함수(point function)이다.
② 엔트로피는 비가역과정에 대해서 경로함수이다.
③ 시스템 내 기체가 열팽창(thermal equilibrium) 상태라 함은 압력이 시간에 따라 변하지 않는 상태를 말한다.
④ 비체적은 종량적(extensive) 상태량이다.

해설
- 엔트로피는 변화과정 중에 열량의 이용가치를 나타내는 종량성 상태량이다.
- 시스템 내 기체가 열팽창 상태일 때는 압력의 변화가 변하고 열이 계 전체로 퍼져 나가는 상태이다.
- 비체적은 강도성 상태량이다.

해답 ①

026
피스톤 실린더로 구성된 용기 안에 이상 기체 공기 1kg이 400K, 200kPa 상태로 들어있다. 이 공기가 300K의 충분히 큰 주위로 열을 빼앗겨 온도가 양쪽 다 300K가 되었다. 그 동안 압력은 일정하다고 가정하고, 공기의 정압비열은 1.004kJ/(kg·K)일 때 공기와 주의를 합친 총 엔트로피 증가량은 약 몇 kJ/K인가?

① 0.0229
② 0.0458
③ 0.1674
④ 0.3347

해설
(총 엔트로피 증가량) $\Delta S = \Delta S_{공기} + \Delta S_{주위} = -0.288 + 0.334 = 0.046\text{kJ/K}$

(공기 엔트로피 증가량) $\Delta S_{공기} = mC_p \ln\frac{T_2}{T_1} = 1 \times 1.004 \times \ln\frac{300}{400} = -0.288\text{kJ/K}$

(주위 엔트로피 증가량) $\Delta S_{주위} = \frac{mC_p(T_{공기} - T_{주위})}{T_{주위}} = \frac{1 \times 1.004 \times (400-300)}{300}$
$= 0.334\text{kJ/K}$

해답 ②

027
폴리트로프 지수가 1.33인 기체가 폴리트로프 과정으로 압력이 2배가 되도록 압축된다면 절대온도는 약 몇 배가 되는가?

① 1.19배
② 1.42배
③ 1.85배
④ 2.24배

해설
$$\frac{T_2}{T_1} = \left(\frac{P_2}{P_1}\right)^{\frac{n-1}{n}}, \quad \frac{T_2}{T_1} = \left(\frac{2P_1}{P_1}\right)^{\frac{1.33-1}{1.33}} = 1.187 \fallingdotseq 1.19$$

 해답 ①

028
비열이 0.475kJ/(kg·K)인 철 10kg을 20℃에서 80℃로 올리는데 필요한 열량은 몇 kJ인가?

① 222
② 252
③ 285
④ 315

해설
$_1Q_2 = mC(T_2 - T_1) = 10 \times 0.475 \times (80 - 60) = 285\text{kJ}$

해답 ③

029
압축비가 7.5이고, 비열비가 1.4인 이상적인 오토 사이클의 열효율은 약 몇 %인가?

① 55.3
② 57.6
③ 48.7
④ 51.2

해설
$$\eta_o = 1 - \left(\frac{1}{\epsilon}\right)^{k-1} = 1 - \left(\frac{1}{7.5}\right)^{1.4-1} = 0.5533 \fallingdotseq 55.3\%$$

(압축비) $\epsilon = \dfrac{\text{실린더체적}}{\text{연소실체적}} = \dfrac{\text{연소실체적} + \text{행정체적}}{\text{연소실체적}}$

 해답 ①

030
정압비열이 0.8418kJ/(kg·K)이고, 기체상수가 0.1889kJ/(kg·K)인 이상기체의 정적비열은 약 몇 kJ/(kg·K)인가?

① 4.456
② 1.220
③ 1.031
④ 0.653

해설
$R = C_P - C_V$
(정압비열) $C_P = R + C_V = 0.1889 + 0.8418 = 1.0307 \fallingdotseq 1.031 \text{kJ/kg·K}$

해답 ④

031
산소(O_2) 4kg, 질소(N_2) 6kg, 이산화탄소(CO_2) 2kg으로 구성된 기체혼합물의 기체상수(kJ/(kg·K))는 약 얼마인가?

① 0.328　　② 0.294
③ 0.267　　④ 0.241

해설
$$R_m = \frac{m_1 R_1 + m_2 R_2 + m_3 R_3}{m_1 + m_2 + m_3} = \frac{4 \times \frac{8.314}{32} + 6 \times \frac{8.314}{28} + 2 \times \frac{8.314}{44}}{4+6+2}$$
$$= 0.266 \text{kJ/kg·K}$$

해답 ③

032
열기관이 1100K인 고온열원으로부터 1000kJ의 열을 받아서 온도가 320K인 저온열원에서 600kJ의 열을 방출한다고 한다. 이 열기관이 클라우지우스 부등식 ($\oint \frac{\delta Q}{T} \leq 0$)을 만족하는지 여부와 동일온도 범위에서 작동하는 카르노열기관과 비교하여 효율은 어떠한가?

① 클라우지우스 부등식을 만족하지 않고, 이론적인 카르노열기관과 효율이 같다.
② 클라우지우스 부등식을 만족하지 않고, 이론적인 카르노열기관보다 효율이 크다.
③ 클라우지우스 부등식을 만족하고, 이론적인 카르노열기관과 효율이 같다.
④ 클라우지우스 부등식을 만족하고, 이론적인 카르노열기관보다 효율이 작다.

해설 (이론적인 carnot cycle의 효율) $\eta_c = 1 - \frac{T_L}{T_H} = 1 - \frac{320}{1100} = 0.709 = 70.9\%$

(열기관 효율) $\eta_E = 1 - \frac{Q_L}{Q_H} = 1 - \frac{600}{1000} = 0.4 = 40\%$

$\frac{Q_H}{T_H} - \frac{Q_L}{T_L} = \frac{1000}{1100} - \frac{600}{320} = -0.9659$

$\int \frac{\delta Q}{T} \leq 0$ 음소(-)값을 만족하므로 클라우시우스 부등식을 만족한다.

$\eta_c > \eta_E$ 열기관의 효율은 이론적인 carnot cycle의 효율보다 작다.

해답 ④

033
실린더 내부의 기체의 압력을 150kPa로 유지하면서 체적을 0.05m³에서 0.1m³까지 증가시킬 때 실린더가 한 일은 약 몇 kJ인가?

① 1.5　　② 15
③ 7.5　　④ 75

해설 (정압과정에서 한일) $_1W_2 = P \times (V_2 - V_1) = 150 \times (0.1 - 0.05) = 7.5\text{kJ}$

해답 ③

034

4kg의 공기를 압축하는데 300kJ의 일을 소비함과 동시에 110kJ의 열량이 방출되었다. 공기온도가 초기에는 20℃이었을 때 압축 후의 공기온도는 약 몇 ℃인가? (단, 공기는 정적비열이 0.716kJ/(kg·K)인 이상기체로 간주한다.)

① 78.4
② 71.7
③ 93.5
④ 86.3

해설
$\Delta Q = \Delta U + \Delta W$
$(-110) = \Delta U + (-300)$
$\Delta U = 190 \text{kJ}$
$\Delta U = m \times C_V \times (T_2 - T_1)$, $190 = 4 \times 0.716 \times (T_2 - 20)$
(나중 온도) $T_2 = 86.34℃$

해답 ④

035

체적이 200L인 용기 속에 기체가 3kg 들어있다. 압력이 1MPa, 비내부에너지가 219kJ/kg일 때 비엔탈피는 약 몇 kJ/kg인가?

① 286
② 258
③ 419
④ 442

해설
(비엔탈피) $h = u + Pv = 219 + 1000 \times \dfrac{0.2}{3} = 285.667 ≒ 286 \text{kJ/kg}$

(비체적) $v = \dfrac{V}{m} = 0.2 \text{m}^3/3 \text{kg}$

해답 ①

036

위치에너지의 변화를 무시할 수 있는 단열 노즐 내를 흐르는 공기의 출구속도가 600m/s이고 노즐 출구에서의 엔탈피가 입구에 비해 179.2kJ/kg 감소할 때 공기의 입구속도는 약 몇 m/s인가?

① 16
② 40
③ 225
④ 425

해설
$h_1 - h_2 = \dfrac{V_2^2 - V_1^2}{2}$

$179200 \text{J/kg} = \dfrac{600^2 - V_1^2}{2}$, $V_1 = 40 \text{m/s}$

해답 ②

037

그림과 같은 압력(P)-부피(V) 선도에서 $T_1=561K$, $T_2=1010K$, $T_3=690K$, $T_4=383K$인 공기(정압비열 1kJ/(kg·K))를 작동유체로 하는 이상적인 브레이턴 사이클(Brayton cycle)의 열효율은?

① 0.388
② 0.444
③ 0.316
④ 0.412

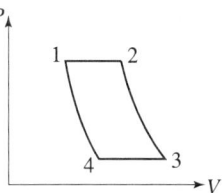

해설
$$\eta_B = \frac{Q_H - Q_L}{Q_H} = 1 - \frac{Q_L}{Q_H} = 1 - \frac{(T_3 - T_4)}{(T_2 - T_1)} = 1 - \frac{(690-383)}{(1010-561)} = 0.3162 = 31.62\%$$

해답 ③

038

효율이 30%인 증기동력 사이클에서 1kW의 출력을 얻기 위하여 공급되어야 할 열량은 약 몇 kW인가?

① 1.25
② 2.51
③ 3.33
④ 4.90

해설
(열효율) $\eta = \dfrac{W_{net}}{Q_H}$, $0.3 = \dfrac{1kW}{Q_H}$, $Q_H = 3.33kW$

해답 ③

039

질량이 4kg인 단열된 강재 용기 속에 온도 25℃의 물 18L가 들어가 있다. 이 속에 200℃의 물체 8kg을 넣었더니 열평형에 도달하여 온도가 30℃가 되었다. 물의 비열은 4.187kJ/(kg·K)이고, 강제의 비열은 0.4648kJ/(kg·K)일 때 이 물체의 비열은 약 몇 kJ/(kg·K)인가? (단, 외부와의 열교환은 없다고 가정한다.)

① 0.244
② 0.267
③ 0.284
④ 0.302

해설
(강재용기의 온도) $T_A = 25℃$ (물의 온도) $T_B = 25℃$
(강재용기의 질량) $m_A = 4kg$ (물의 질량) $m_B = 18kg$
(강재용기의 비열) $C_A = 0.4686kJ/kg·K$ (물의 비열) $C_B = 4.187kJ/kg·K$
(물체의 온도) $T_C = 200℃$ (평균온도) $T_m = 30℃$
(물체의 질량) $m_C = 8kg$
(물체의 비열) C_C

$$T_m = \frac{m_A C_A T_A + m_B C_B T_B + m_C C_C T_C}{m_A C_A + m_B C_B + m_C C_C}$$

$$30 = \frac{(4 \times 0.4648 \times 25) + (18 \times 4.187 \times 25) + (8 \times C_C \times 200)}{(4 \times 0.4648) + (18 \times 4.187) + (8 \times C_C)}$$

$C_C = 0.2839 kJ/kg·K$

해답 ③

040 엔트로피에 관한 설명 중 옳지 않은 것은?
① 열역학 제2법칙과 관련한 개념이다.
② 우주 전체의 엔트로피는 증가하는 방향으로 변화한다.
③ 엔트로피는 자연현상의 비가역성을 측정하는 척도이다.
④ 비가역성은 엔트로피가 감소하는 방향으로 일어난다.

해설 비가역성은 항상 엔트로피가 증가하는 방향으로 일어난다.

해답 ④

제3과목 기계유체역학

041 지름 200mm 원형관에 비중 0.9, 점성계수 0.52poise인 유체가 평균속도 0.48m/s로 흐를 때 유체 흐름의 상태는? (단, 레이놀즈 수(Re)가 2100≤Re≤4000일 때 천이 구간으로 한다.)
① 층류 ② 천이
③ 난류 ④ 맥동

해설 (레이놀즈 수) $Re = \dfrac{관성력}{점성력} = \dfrac{s\rho_w V D}{\mu} = \dfrac{0.9 \times 1000 \times 0.48 \times 0.2}{0.52 \times \dfrac{1}{10}} = 1661.538$

층류이다.

(점성계수) $\mu = 0.52\,\text{poise} = 0.52 \times \dfrac{1}{10} \dfrac{\text{N} \cdot \text{s}}{\text{m}^2}$

해답 ①

042 시속 800km의 속도로 비행하는 제트기가 400m/s의 상대 속도로 배기가스를 노즐에서 분출할 때의 추진력은? (단, 이때 흡기량은 25kg/s이고, 배기되는 연소가스는 흡기량에 비해 2.5% 증가하는 것으로 본다.)
① 3922N ② 4694N
③ 4875N ④ 6346N

해설 (추진력) $F = \dot{m}_{out} V_{out} - \dot{m}_{in} V_{in}$
$= (25 + 25 \times 0.025) \times 400 - 25 \times \dfrac{800 \times 10^3}{3600} = 4694.44\text{N}$

해답 ②

043
온도 25℃인 공기에서의 음속은 약 몇 m/s인가? (단, 공기의 비열비는 1.4, 기체상수는 287J/(kg·K)이다.)
① 312 ② 346
③ 388 ④ 433

해설 $a = \sqrt{kRT} = \sqrt{1.4 \times 287 \times (25+273.15)} = 346.029 \fallingdotseq 346 \text{m/s}$

해답 ②

044
다음 4가지의 유체 중에서 점성계수가 가장 큰 뉴턴 유체는?
① A
② B
③ C
④ D

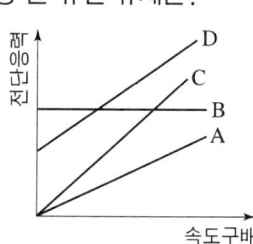

해설 $\tau = \mu \dfrac{du}{dy}$
직선의 기울기가 점성계수(μ)이다. 기울기가 가장 큰 것은 C이다.

해답 ③

045
함수 $f(a, V, t, \nu, L) = 0$을 무차원 변수로 표시하는데 필요한 독립 무차원수 π는 몇 개인가? (단, a는 음속, V는 속도, t는 시간, ν는 동점성계수, L은 특성길이이다.)
① 1 ② 2
③ 3 ④ 4

해설 (물리량의 갯수) 4개
$f(a[LT^{-2}], V[LT^{-1}], t[T], \nu[L^2 T], L[L]) \to [L, T]$만의 함수 2개
독립무차원의 개수 $= 4 - 2 = 2$개

해답 ③

046
수두 차를 읽어 관내 유체의 속도를 측정할 때 U자관(U tube) 액주계 대신 역 U자관(inverted U tube) 액주계가 사용되었다면 그 이유로 가장 적절한 것은?
① 계기 유체(gauge fluid)의 비중이 관내 유체보다 작기 때문에
② 계기 유체(gauge fluid)의 비중이 관내 유체보다 크기 때문에
③ 계기 유체(gauge fluid)의 점성계수가 관내 유체보다 작기 때문에
④ 계기 유체(gauge fluid)의 점성계수가 관내 유체보다 크기 때문에

해설 액주계에 들어 있는 계기유체(gauge fluid)의 비중이 관내 유체보다 작을 때 역 U자관을 사용한다.

해답 ①

047

안지름이 50cm인 원관에 물이 2m/s의 속도로 흐르고 있다. 역학적 상사를 위해 관성력과 점성력만을 고려하여 $\frac{1}{5}$로 축소된 모형에서 같은 물로 실험할 경우 모형에서의 유량은 약 몇 L/s인가? (단, 물의 동점성계수는 $1 \times 10^{-6} \text{m}^2/\text{s}$이다.)

① 34
② 79
③ 118
④ 256

해설
$D_m = 50\text{cm} \times \frac{1}{5} = 10\text{cm}$

$\frac{V_p D_p}{\nu_p} = \frac{V_m D_m}{\nu_m}, \quad \frac{2 \times 50}{1 \times 10^{-6}} = \frac{V_m \times 10}{1 \times 10^{-6}}$

(모형의 속도) $V_m = 10\text{m/s}$

$Q_m = \frac{\pi}{4} D_m^2 \times V_m = \frac{\pi}{4} \times 0.1^2 \times 10 = 0.0785 \text{m}^3/\text{s} = 78.5 \text{L/s} \fallingdotseq 79 \text{L/s}$

해답 ②

048

다음 그림에서 벽 구멍을 통해 분사되는 물의 속도(V)는? (단, 그림에서 S는 비중을 나타낸다.)

① $\sqrt{2gH}$
② $\sqrt{2g(H+h)}$
③ $\sqrt{2g(0.8H+h)}$
④ $\sqrt{2g(H+0.8h)}$

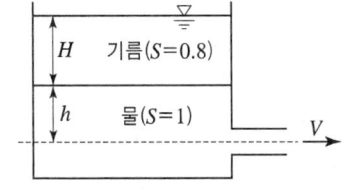

해설 (용기 내의 물의 수두) $= 0.8H + h$
$V = \sqrt{2g(0.8H + h)}$

해답 ③

049

정지 유체 속에 잠겨 있는 평면이 받는 힘에 관한 내용 중 틀린 것은?

① 깊게 잠길수록 받는 힘이 커진다.
② 크기는 도심에서의 압력에 전체 면적을 곱한 것과 같다.
③ 수평으로 잠긴 경우, 압력중심은 도심과 일치한다.
④ 수직으로 잠긴 경우, 압력중심은 도심보다 약간 위쪽에 있다.

해설 수직으로 잠긴 경우, 압력중심은 도심보다 $\left(\dfrac{I_G}{hA}\right)$만큼 아래쪽에 있다.

해답 ④

050
다음 물리량을 질량, 길이, 시간의 차원을 이용하여 나타내고자 한다. 이 중 질량의 차원을 포함하는 물리량은?

| ㉠ 속도 ㉡ 가속도 ㉢ 동점성계수 ㉣ 체적탄성계수 |

① ㉠
② ㉡
③ ㉢
④ ㉣

해설 체적탄성계수는 압력의 차원과 같다. 체적탄성계수 $[FL^{-2}] = [ML^{-1}T^{-2}]$

해답 ④

051
극좌표계(r, θ)로 표현되는 2차원 포텐셜유동(potential flow)에서 속도포텐셜 (velocity potential, ϕ)이 다음과 같을 때 유동함수(stream function, ψ)로 가장 적절한 것은? (단, A, B, C는 상수이다.)

$$\phi = A\ln r + Br\cos\theta$$

① $\psi = \dfrac{A}{r}\cos\theta + Br\sin\theta + C$

② $\psi = \dfrac{A}{r}\sin\theta - Br\cos\theta + C$

③ $\psi = A\theta + Br\sin\theta + C$

④ $\psi = A\theta - Br\cos\theta + C$

해설 극좌표(r, θ)로 표현되는 포텐셜유동

$u_r = -\dfrac{1}{r}\dfrac{\partial \psi}{\partial \theta} = -\dfrac{\partial \phi}{\partial r}$, $u_\theta = \dfrac{\partial \psi}{\partial r} = -\dfrac{1}{r}\dfrac{\partial \phi}{\partial \theta}$

(속도포텐셜) $\phi = A\ln r + Br\cos\theta$

$-\dfrac{1}{r}\dfrac{\partial \psi}{\partial \theta} = -\dfrac{\partial(A\ln r + Br\cos\theta)}{\partial r} = -\dfrac{A}{r} + B\cos\theta$

$\partial \psi = (A + Br\cos\theta)\partial \theta$

$\int \partial \psi = \int (A + Br\cos\theta)\partial A$

(유동함수) $\psi = A\theta + Br\sin\theta$

해답 ③

052
지름 2mm인 구가 밀도 0.4kg/m³, 동점성계수 1.0×10^{-4}m²/s인 기체 속을 0.03m/s로 운동한다고 하면 항력은 약 몇 N인가?

① 2.26×10^{-8}
② 3.52×10^{-7}
③ 4.54×10^{-8}
④ 5.86×10^{-7}

해설 (낙구식 점도계에서 측정한 항력) $D = 6R\mu V\pi = 6 \times 0.001 \times 0.4 \times 10^{-4} \times 0.03 \times \pi$
$= 2.26 \times 10^{-8}$ N

$R = \dfrac{D}{2} = \dfrac{0.002}{2} = 0.001$ m

$\mu = \nu \times \rho = 1 \times 10^{-4} \times 0.4 = 0.4 \times 10^{-4}$ kg/m · s

해답 ①

053

60N의 무게를 가진 물체를 물속에서 측정하였을 때 무게가 10N이었다. 이 물체의 비중은 약 얼마인가? (단, 물속에서 측정할 시 물체는 완전히 잠겼다고 가정한다.)

① 1.0
② 1.2
③ 1.4
④ 1.6

해설 (완전히 잠긴 경우 액체 속에서의 물체의 무게) $W' = $ (물체의 무게) $W - $ (부력) F_B

$10N = 60N - F_B$ (부력) $F_B = 50N$

$F_B = \gamma_w \times V$ (체적) $V = \dfrac{F_B}{\gamma_w} = \dfrac{50}{9800} = 5.1 \times 10^{-3} \text{m}^3$

(물체의 비중량) $\gamma = \dfrac{W}{V} = \dfrac{60}{5.1 \times 10^{-3}} = 11794.7 \text{N/m}^3$

(물체의 비중) $S = \dfrac{\gamma}{\gamma_w} = \dfrac{11794.7}{9800} = 1.2$

 ②

054

2차원 속도장이 다음 식과 같이 주어졌을 때 유선의 방정식을 어느 것인가? (단, 직각 좌표계에서 u, v는 x, y방향의 속도성분을 나타내며 C는 임의의 상수이다.)

$$u = x, \quad v = -y$$

① $xy = C$
② $\dfrac{x}{y} = C$
③ $x^2 y = C$
④ $xy^2 = C$

해설 $\dfrac{dx}{u} = \dfrac{dy}{v}, \quad \dfrac{dx}{x} = \dfrac{dy}{-y}, \quad 0 = \dfrac{dx}{x} + \dfrac{dy}{y}$

$\int 0 = \int \dfrac{dx}{x} + \int \dfrac{dy}{y}, \quad c = \ln x + \ln y = \ln xy, \quad \ln c = \ln xy, \quad c = xy$

해답 ①

055

물 펌프의 입구 및 출구의 조건이 아래와 같고 펌프의 송출 유량이 $0.2\text{m}^3/\text{s}$이면 펌프의 동력은 약 몇 kW인가? (단, 손실은 무시한다.)

입구 : 계기 압력 −3kPa, 안지름 0.2m, 기준면으로부터 높이 +2m
출구 : 계기 압력 250kPa, 안지름 0.15m, 기준면으로부터 높이 +5m

① 45.7
② 53.5
③ 59.3
④ 65.2

해설 (펌프의 동력) $P_P = \gamma_w H_P Q = 9800 \times 33.283 \times 0.2 = 65234.68\text{W} \fallingdotseq 65.2\text{kW}$

$V_1 = \dfrac{Q}{\dfrac{\pi}{4} D_1^2} = \dfrac{0.2}{\dfrac{\pi}{4} \times 0.2^2} = 6.366\text{m/s}$

$$V_2 = \frac{Q}{\frac{\pi}{4}D_2^2} = \frac{0.2}{\frac{\pi}{4} \times 0.15^2} = 11.317 \text{m/s}$$

$$\frac{P_1}{r} + \frac{V_1^2}{2g} + Z_1 + H_P = \frac{P_2}{r} + \frac{V_2^2}{2g} + Z_2$$

$$\frac{-3000}{9800} + \frac{6.366^2}{2 \times 9.8} + 2 + H_P = \frac{250000}{9800} + \frac{11.317^2}{2 \times 9.8} + 5$$

(펌프수두) $H_P = 33.283$m

해답 ④

056
경계층의 박리(separation)가 일어나는 주원인은?
① 압력이 증기압 이하로 떨어지기 때문에
② 유동방향으로 밀도가 감소하기 때문에
③ 경계층의 두께가 0으로 수렴하기 때문에
④ 유동과정에 역압력 구배가 발생하기 때문에

해설 박리현상은 유동과정에서 역압력 구배가 발생되기 때문에 발생한다.

해답 ④

057
안지름이 각각 2cm, 3cm인 두 파이프를 통하여 속도가 같은 물이 유입되어 하나의 파이프로 합쳐져서 흘러나간다. 유출되는 속도가 유입속도와 같다면 유출 파이프의 안지름은 약 몇 cm인가?
① 3.61
② 4.24
③ 5.00
④ 5.85

해설 $V_1 = V_2 = V$

$$Q_1 + Q_2 = Q, \quad \frac{\pi}{4}D_1^2 V_1 + \frac{\pi}{4}D_2^2 V_2 = \frac{\pi}{4}D^2 V$$

$$D_1^2 + D_2^2 = D^2, \quad 2^2 + 3^2 = D^2, \quad D = 3.605 ≒ 3.61\text{cm}$$

해답 ①

058
안지름 0.1m의 물이 흐르는 관로에서 관 벽의 마찰손실수두가 물의 속도수두와 같다면 그 관로의 길이는 약 몇 m인가? (단, 관마찰계수는 0.03이다.)
① 1.58
② 2.54
③ 3.33
④ 4.52

 $H_L = f \times \frac{L}{D} \times \frac{V^2}{2g} = \frac{V^2}{2g}, \quad f \times \frac{L}{D} = 1, \quad 0.03 \times \frac{L}{0.1} = 1$

(관의 길이) $L = 3.33$m

해답 ③

059 원관 내 완전발달 층류 유동에 관한 설명으로 옳지 않은 것은?

① 관 중심에서 속도가 가장 크다.
② 평균속도는 관 중심 속도의 절반이다.
③ 관 중심에서 전단응력이 최대값을 갖는다.
④ 전단응력은 반지름 방향으로 전형적으로 변화한다.

해설

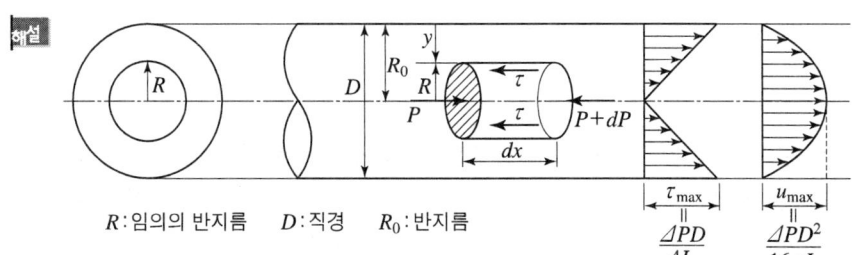

R : 임의의 반지름 D : 직경 R_0 : 반지름

전단응력은 관 중심에서는 "0"이다.

해답 ③

060 그림과 같이 용기에 물과 휘발유가 주입되어 있을 때, 용기 바닥면에서의 게이지압력은 약 몇 kPa인가? (단, 휘발유의 비중은 0.7이다.)

① 1.59
② 3.64
③ 6.86
④ 11.77

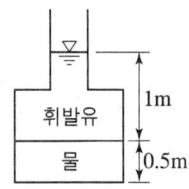

해설 $P_G = (0.7 \times 9800 \times 1) + (9800 \times 0.5) = 11767.7 \text{N/m}^2 \fallingdotseq 11.77 \text{pPa}$

해답 ④

제4과목 기계재료 및 유압기기

061 0℃ 이하의 온도로 냉각하는 작업으로 강의 잔류 오스테나이트를 마텐자이트로 변태시키는 것을 목적으로 하는 열처리는?

① 마퀜칭   ② 마템퍼링
③ 오스포밍   ④ 심랭처리

해설 **심냉처리**(Sub-Zero Treatment) : 담금질 후 0℃이하의 온도까지 냉각시켜 잔류오스테나이트를 마텐자이트화 하는 것이다. 방법으로는 일정 시간동안 액체질소를 투여하여 극저온에서 금속을 처리하는 기술로써 물성을 보다 향상시킬 수 있는 공정이다.

해답 ④

062 다음 금속 중 자기변태점이 가장 높은 것은?

① Fe
② Co
③ Ni
④ Fe_3C

해설 자기변태점
① Fe : 768℃
② Co : 1160℃
③ Ni : 358℃
④ Fe_3C : 210℃

해답 ②

063 산화알루미나(Al_2O_3) 등을 주성분으로 하며 철과 친화력이 없고, 열을 흡수하지 않으므로 공구를 과열시키지 않아 고속 정밀 가공에 적합한 공구의 재질은?

① 세라믹
② 인코넬
③ 고속도강
④ 탄소공구강

해설 세라믹 : 산화 알루미나(Al_2O_3) 등을 주성분으로 하며 철과 친화력이 없다. 다음과 같은 특징이 있다.
① 경도 : 세라믹의 큰 특징은 "딱딱하다"이다. 세라믹은 지구상에서 가장 딱딱하다는 다이아몬드다음으로 딱딱한 물질이며, 공장에서 금속을 자르거나 하는 절삭 공구 등에서도 사용되어 진다. 일반적으로 알루미나 세라믹스의 경도가 스텐인리스강의 약 3배에 달한다.
② 강성 : 세라믹은 변형하기 어려운 일, 즉 강성이 높다. 강성은 그 소재로 하중을 걸쳐 소재가 구부러진 양을 측정하는 것으로 알 수 있는데 세라믹의 경우에는 강성이 스텐레스강의 약 2배 가까이 된다.
③ 내열성 : 구워서 만든 벽돌이나 타일이 열에 강한 것과 같이 세라믹은 열에 강한 성질을 가지고 있다. 일반적으로 알루미늄은 약 660도에서 녹기 시작하는데 반해, 파인 세라믹스의 알루미나는 약 2,000도 이상이 되어야만 녹는다.

해답 ①

064 구상흑연주철을 제조하기 위한 접종제가 아닌 것은?

① Mg
② Sn
③ Ce
④ Ca

해설 구상 흑연주철 혹은 노듈러 주철이라고도 하며, 주철에 규소(Si), 세슘(Ce), 마그네슘(Mg)의 접종제을 첨가하여 산소를 구상의 흑연조직으로 하여 인장강도를 증대시킨 것이다. 내열 · 내식성이 좋으므로 주철관 · 밸브 · 강도를 필요로 하는 주철 기계부품에 많이 사용하고 있다.

해답 ②

065
다음 조직 중 경도가 가장 낮은 것은?
① 페라이트   ② 마텐자이트
③ 시멘타이트   ④ 트루스타이트

해설

조직 이름	페라이트	오스테나이트	펄라이트	소르바이트	트루스타이트	마텐자이트	시멘타이트
경도 (H_v)	90	155	255	270	445	880	1100

해답 ①

066
금속을 소성가공 할 때에 냉간가공과 열간가공을 구분하는 온도는?
① 변태온도   ② 단조온도
③ 재결정온도   ④ 담금질온도

해설 **재결정온도** : 냉간가공과 열간가공을 구분하는 온도이다.
철의 재결정온도 : 500℃

해답 ③

067
금속에서 자유도(F)를 구하는 식으로 옳은 것은? (단, 압력은 일정하며, C : 성분, P : 상의 수이다.)
① $F = C - P + 1$ ② $F = C + P + 1$
③ $F = C - P + 2$ ④ $F = C + P + 2$

해설 압력과 온도가 변수일 때의 자유도 $F = C - P + 2$
압력은 일정하고 온도만이 변수 일때의 자유도 $F = C - P + 1$

해답 ①

068
켈밋 합금(kelmet alloy)의 주요 성분으로 옳은 것은?
① Pb-Sn   ② Cu-Pb
③ Sn-Sb   ④ Zn-Al

해설 **베어링합금**
① 화이트 메탈(WM) : ㉠ 주석계 화이트 메탈(베빗메탈) : Sn+Sb+Cu
                    ㉡ 납계 화이트 메탈 : Pb+Sn+Sb+Cu
② 구리계 합금(KM) : 켈밋(Cu+Pb)
③ 알루미늄 합금(AM)
④ 카드뮴계 : Alzen305합금
⑤ 함유베어링(oilless Bearing) : 베어링 자체에 기름이 함유되어 있어 기름공급이 어려운부분에 사용되는 베어링

해답 ②

069
저탄소강 기어(gear)의 표면에 내마모성을 향상시키기 위해 붕소(B)를 기어 표면에 확산 침투시키는 처리는?

① 세러다이징(sherardizing)
② 아노다이징(anodizing)
③ 보로나이징(boronizing)
④ 칼로라이징(calorizing)

해설 금속 침투법 : 철과 친화력이 강한 금속을 표면에 침투시켜 내열층, 내식층을 만드는 방법으로 세라다이징(Zn침투), 크로마이징(Cr침투), 칼로라이징(Al침투), 실리코나이징(Si침투), 보로나이징(B침투) 등이 있다.

해답 ③

070
60~70% Ni에 Cu를 첨가한 것으로 내열·내식성이 우수하므로 터빈 날개, 펌프 임펠러 등의 재료로 사용되는 합금은?

① Y합금
② 모넬메탈
③ 콘스탄탄
④ 문쯔메탈

해설 모넬메탈(Monel metal)
① 65~70% Ni을 함유하며, 내열성, 내식성, 연신율 및 내마멸성이 크다.
② 주조 및 단련이 쉬우므로 터빈날개, 펌프임펠러, 고압, 과열증기 밸브, 펌프 부품, 열기관 부품, 화학기계 등에 널리 사용된다.

해답 ②

071
두 개의 유입 관로의 압력에 관계없이 정해진 출구 유량이 유지되도록 합류하는 밸브는?

① 집류 밸브
② 셔틀 밸브
③ 적층 밸브
④ 프리필 밸브

해설 집류밸브 : 두개의 유입관로의 압력에 관계없이 정해진 출구 유량이 유지 되도록 합류하는 밸브이다.

해답 ①

072
유압펌프의 종류가 아닌 것은?

① 기어펌프
② 베인펌프
③ 피스톤펌프
④ 마찰펌프

해설 ① **정용량형 펌프**(Fixed diaplacement pump)
 ㉠ 기어펌프(Gear) ㉡ 나사펌프(Screw)
 ㉢ 베인펌프(Vane) ㉣ 피스톤 펌프(Piston)
② **가변용량형 펌프**(Variable diaplacement pump)
 ㉠ 베인 펌프(Vane) ㉡ 피스톤 펌프(Piston)

해답 ④

073 그림과 같은 유압 회로도에서 릴리프 밸브는?

① ⓐ
② ⓑ
③ ⓒ
④ ⓓ

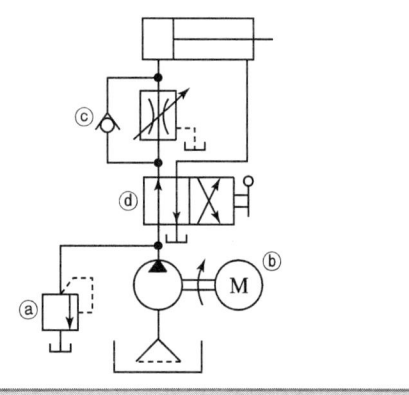

해설 ⓐ 릴리프밸브
ⓑ 전기모터(전동기)
ⓒ 체크밸브(미터인 방식의 유량제어밸브에 사용된 체크밸브)
ⓓ 방향제어밸브(2위치 4포트)

해답 ①

074 다음의 설명에 맞는 원리는?

정지하고 있는 유체 중의 압력은 모든 방향에 대하여 같은 압력으로 작용한다.

① 보일의 원리
② 샤를의 원리
③ 파스칼의 원리
④ 아르키메데스의 원리

해설 **파스칼의 원리**(Pascal's principle) : 밀폐된 용기 속에 담겨 있는 액체의 한쪽 부분에 주어진 압력은 그 세기에는 변함없이 같은 크기로 액체의 각 부분에 골고루 전달된다는 법칙, 유압기기의 원리이다.

해답 ③

075 유압펌프에 있어서 체적효율이 90%이고 기계효율이 80%일 때 유압펌프의 전효율은?

① 90%
② 88.8%
③ 72%
④ 23.7%

해설 (펌프의 전효율) $\eta_P = \eta_V \times \eta_m = 0.9 \times 0.8 = 72\%$

(펌프의 용적(체적)효율) $\eta_V = \dfrac{실제토출량}{이론토출량}$

(펌프의 기계효율) $\eta_m = \dfrac{(이론유체동력)L_{th}}{(축동력)L_s}$

해답 ③

076 다음 유압기호는 어떤 밸브의 상세기호인가?

① 직렬형 유량조정 밸브
② 바이패스형 유량조정 밸브
③ 체크밸브 붙이 유량조정 밸브
④ 기계조작 가변 교축밸브

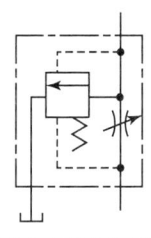

해설 ① 바이패스형 유량조절밸브   ② 직렬형 유량조절밸브   ③ 감압밸브   ④ 체크밸브붙이 유량조절밸브   ⑤ 기계조작형 감압 밸브

 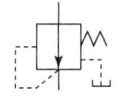 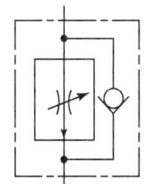 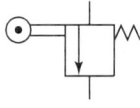

해답 ②

077 그림과 같은 유압기호의 명칭은?

① 모터
② 필터
③ 가열기
④ 분류밸브

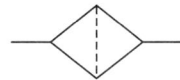

해설

필터	배수기 없는 필터	
	배수기 있는 필터(인력방식)	
	배수기 있는 필터(자동방식)	

해답 ②

078 동일 축상에 2개 이상의 펌프 작용 요소를 가지고, 각각 독립한 펌프 작용을 하는 형식의 펌프는?

① 다단 펌프
② 다련 펌프
③ 오버 센터 펌프
④ 가역회전형 펌프

해설 **다단펌프** : 높은 양정 또는 고압력수를 얻기 위해 한대의 펌프의 동일 회전축에 2개 이상의 날개차를 설치해서 다단으로 한 것이다.
다련펌프 : 동일축상에 2개 이상의 펌프작용 요소를 가지고, 각각 독립한 펌프 작용을 하는 형식의 펌프

해답 ②

079 유압펌프에서 실제 토출량과 이론 토출량의 비를 나타내는 용어는?

① 펌프의 토크효율   ② 펌프의 전효율
③ 펌프의 압력효율   ④ 펌프의 용적효율

해설 (펌프의 용적(체적)효율) $\eta_V = \dfrac{\text{실제토출량}}{\text{이론 토출량}}$

해답 ④

080 다음 중 어큐뮬레이터 회로(accumulator circuit)의 특징에 해당되지 않는 것은?

① 사이클 시간 단축과 펌프 용량 저감
② 배관 파손 방지
③ 서지압의 방지
④ 맥동의 발생

해설 축압기(어큐뮬레이터 : Accumulator) 용도
① 에너지의 축적   ② 압력 보상
③ 서어지 압력방지   ④ 충격압력 흡수
⑤ 유체의 맥동감쇠(맥동 흡수) ⑥ 사이클 시간 단축
⑦ 2차 유압회로의 구동   ⑧ 펌프대용 및 안전장치의 역할
⑨ 액체 수송(펌프 작용)   ⑩ 에너지 보조

해답 ④

제5과목 기계제작법 및 기계동력학

081 스프링과 질량만으로 이루어진 1자유도 진동시스템에 대한 설명으로 옳은 것은?

① 질량이 커질수록 시스템의 고유진동수는 커지게 된다.
② 스프링 상수가 클수록 움직이기 힘들어져서 진동 주기가 길어진다.
③ 외력을 가하는 주기와 시스템의 고유주기가 일치하면 이론적으로 응답변위는 무한대로 커진다.
④ 외력의 최대 진폭의 크기에 따라 시스템의 응답 주기는 변한다.

해설 (주기) $T = \dfrac{2\pi}{w_n} = \dfrac{1}{f_n}$

주기가 같다는 것은 고유진동수가 같다는 것이다.
외부 진동수와 고유진동수가 같으면 공진현상에 의해 진폭이 이론적으로는 무한대가 된다.

해답 ③

082

공 A가 v_0의 속도로 그림과 같이 정지된 공 B와 C지점에서 부딪힌다. 두 공 사이의 반발계수가 1이고 충돌각도가 θ일 때 충돌 후에 공 B의 속도의 크기는? (단, 두 공의 질량은 같고, 마찰은 없다고 가정한다.)

① $\frac{1}{2}v_0\sin\theta$ ② $\frac{1}{2}v_0\cos\theta$

③ $v_0\sin\theta$ ④ $v_0\cos\theta$

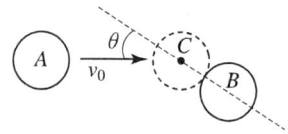

해설

$v_B = v_o\cos\theta$

해답 ④

083

그림에서 질량 100kg의 물체 A와 수평면 사이의 마찰계수는 0.3이며 물체 B의 질량은 30kg이다. 힘 P_y의 크기는 시간(t[s])의 함수이며 P_y[N]$= 15t^2$이다. t는 0s에서 물체 A가 오른쪽으로 2m/s로 운동을 시작한다면 t가 5s일 때 이 물체(A)의 속도는 약 몇 m/s인가?

① 6.81
② 7.22
③ 7.81
④ 8.64

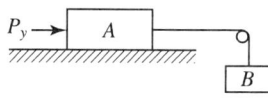

해설

$\sum F = P_y + m_B g - \mu m_A g = 15t^2 + 30 \times 9.8 - 0.3 \times 100 \times 9.8 = 15t^2$

$\sum F = (m_A + m_B)a = (m_A + m_B) \times \dfrac{dv}{dt}$

$\sum F \times dt = (m_A + m_B) \times dv$

$15t^2 \times dt = (100 + 30) \times dv$

$\displaystyle\int_0^5 15t^2 \times dt = \int (100 + 30) \times dv$

$15 \times \dfrac{5^3}{3} = 130 \times (v_2 - 2)$

$v_2 = 6.807 \text{m/s}$

해답 ①

084 다음 그림은 시간(t)에 대한 가속도(a) 변화를 나타낸 그래프이다. 가속도를 시간에 대한 함수식으로 옳게 나타낸 것은?

① $a = 12 - 6t$
② $a = 12 + 6t$
③ $a = 12 - 12t$
④ $a = 12 + 12t$

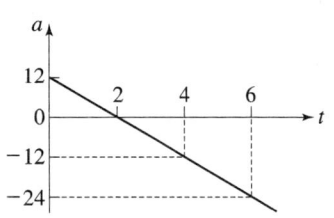

해설 가속도 직선 그래프이다.
직선의 기울기는 -6, y절편은 $+12$인 직선의 기울기 식이다.
$a = -6t + 12$

해답 ①

085 다음과 같은 운동방정식을 갖는 진동시스템에서 감쇠비(damping ratio)를 나타내는 식은?

$$m\ddot{x} + c\dot{x} + kx = 0$$

① $\dfrac{c}{2\sqrt{mk}}$
② $\dfrac{k}{2\sqrt{mc}}$
③ $\dfrac{m}{2\sqrt{ck}}$
④ $2\sqrt{mck}$

 (감쇠비) $\varphi = \dfrac{C}{C_c} = \dfrac{C}{2\sqrt{mk}}$

해답 ①

086 원판의 각속도가 5초 만에 0부터 1800rpm까지 일정하게 증가하였다. 이때 원판의 각가속도는 몇 rad/s² 인가?

① 360
② 60
③ 37.7
④ 3.77

 (각가속도) $\alpha = \dfrac{\Delta w}{\Delta t} = \dfrac{\frac{2\pi \Delta N}{60}}{\Delta t} = \dfrac{\frac{2\pi \times 1800}{60}}{5} = 37.677 \text{rad/s}^2$

해답 ③

087

스프링 상수가 k인 스프링을 4등분하여 자른 후 각각의 스프링을 그림과 같이 연결하였을 때, 이 시스템의 고유 진동수(ω_n)는 약 몇 rad/s인가?

① $\omega_n = \sqrt{\dfrac{2k}{m}}$ ② $\omega_n = \sqrt{\dfrac{3k}{m}}$

③ $\omega_n = 2\sqrt{\dfrac{k}{m}}$ ④ $\omega_n = \sqrt{\dfrac{5k}{m}}$

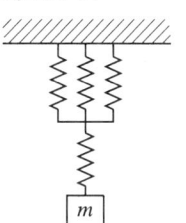

[해설]

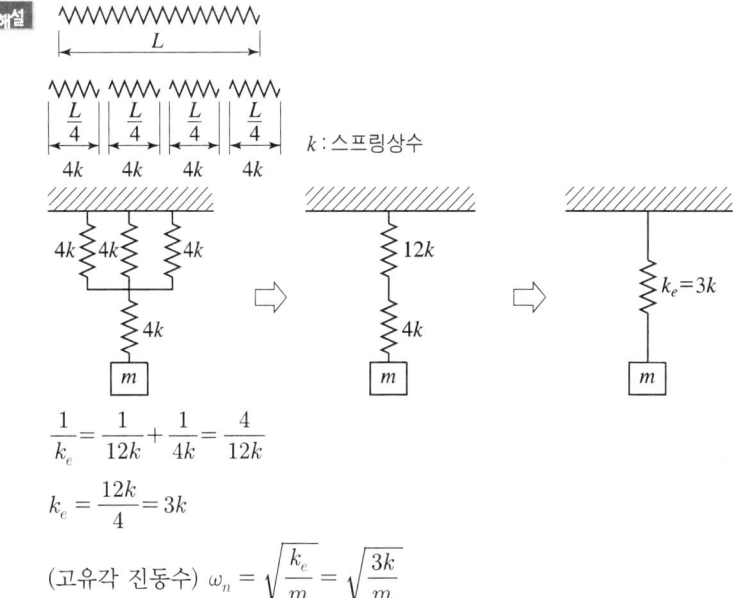

$\dfrac{1}{k_e} = \dfrac{1}{12k} + \dfrac{1}{4k} = \dfrac{4}{12k}$

$k_e = \dfrac{12k}{4} = 3k$

(고유각 진동수) $\omega_n = \sqrt{\dfrac{k_e}{m}} = \sqrt{\dfrac{3k}{m}}$

해답 ②

088

물체의 최대 가속도가 680cm/s², 매분 480사이클의 진동수로 조화운동을 한다면 물체의 진동 진폭은 약 몇 mm인가?

① 1.8mm   ② 1.2mm
③ 2.4mm   ④ 2.7mm

[해설] (최대가속도) $a_{max} = 6800 \text{mm}^2/\text{s}$

(각속도) $w = 2\pi f = 2 \times \pi \times \dfrac{480 \text{cycle}}{60 \text{s}} = 50.265 \text{rad/s}$

$a_{max} = Aw^2$, $6800 = A \times 50.265^2$

(진동진폭) $A = 2.691 \text{mm} \fallingdotseq 2.7 \text{mm}$

해답 ④

089 네 개의 가는 막대로 구성된 정사각 프레임이 있다. 막대 각각의 질량과 길이는 m과 b이고, 프레임은 ω의 각속도로 회전하고 질량 중심 G는 v의 속도로 병진운동하고 있다. 프레임의 병진운동에너지와 회전운동에너지가 같아질 때 질량중심 G의 속도(v)는 얼마인가?

① $\dfrac{bw}{\sqrt{2}}$ ② $\dfrac{bw}{\sqrt{3}}$

③ $\dfrac{bw}{2}$ ④ $\dfrac{bw}{\sqrt{5}}$

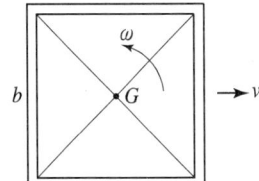

해설 (G지점의 질량관성모멘트) $J_G = \left(\dfrac{mb^2}{12} + \left(\dfrac{b}{2}\right)^2 \times m\right) \times 4 = \dfrac{4mb^2}{3}$

(회전운동에너지) $E_1 = \dfrac{1}{2}J_G w^2 = \dfrac{1}{2} \times \dfrac{4mb^2}{3} \times w$

(병진운동에너지) $E_2 = \dfrac{1}{2}(4m) \times v^2$

$\dfrac{1}{2} \times \dfrac{4mb^2}{3} \times w^2 = \dfrac{1}{2}(4m) \times v^2$

$v = \dfrac{bw}{\sqrt{3}}$

해답 ②

090 20g의 탄환이 수평으로 1200m/s의 속도로 발사되어 정지해 있던 300g의 블록에 박힌다. 이 후 스프링에 발생한 최대 압축 길이는 약 몇 m인가? (단, 스프링상수는 200N/m이고 처음에 변형되지 않은 상태였다. 바닥과 블록 사이의 마찰은 무시한다.)

① 2.5   ② 3.0
③ 3.5   ④ 4.0

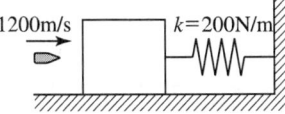

해설 (충돌 전의 운동량) = (충돌 후의 운동량)
$m_1 V_1 + m_2 V_2 = (m_1 + m_2) V'$
$(0.02 \times 1200) + (0.3 \times 0) = (0.02 + 0.3) V'$
(충돌 직후의 속도) $V' = 75 \text{m/s}$
$\dfrac{1}{2}(m_1 + m_2)V'^2 = \dfrac{1}{2}kx^2$ $\dfrac{1}{2}(0.02 + 0.3) \times 75^2 = \dfrac{1}{2} \times 200 \times x^2$
$x = 3\text{m}$

해답 ②

091
강의 열처리에서 탄소(C)가 고용된 면심입방격자 구조의 γ철로서 매우 안정된 비자성체인 급냉조직은?

① 오스테나이트(Austenite) ② 마텐자이트(Martensite)
③ 트루스타이트(Troostite) ④ 소르바이트(Sorbite)

해설 오스테나이트 = γ고용체 : γ철에 최대 2.11%C까지 고용되어 있는 고용체로 A_1점 이상에서 면심입방격자를 가지고 있는 안정한 조직으로 상자성체이며, 인성이 크다. ($H_B ≒ 155$)

해답 ①

092
단식분할법을 이용하여 밀링가공하여 원을 중심각 $5\frac{2}{3}°$씩 분할하고자 한다. 분할판 27구멍을 사용하면 가장 적합한 가공법은?

① 분할판 27구멍을 사용하여 17구멍식 돌리면서 가공한다.
② 분할판 27구멍을 사용하여 20구멍식 돌리면서 가공한다.
③ 분할판 27구멍을 사용하여 12구멍식 돌리면서 가공한다.
④ 분할판 27구멍을 사용하여 8구멍식 돌리면서 가공한다.

해설
$$x° = 5\frac{2}{3}° = \frac{17}{3}° \quad n = \frac{x°}{9} = \frac{\frac{17}{3}°}{9} = \frac{17}{27}$$

해답 ①

093
선반에서 연동척에 대한 설명으로 옳은 것은?

① 4개의 돌려 맞출 수 있는 조(jaw)가 있고 조는 각각 개별적으로 조절된다.
② 원형 또는 6각형 단면을 가진 공작물을 신속히 고정할 수 있는 척이며, 조(jaw)는 3개가 있고, 동시에 작동한다.
③ 스핀들 테이퍼 구멍에 슬리브를 꽂고, 여기에 척을 꽂은 것으로 가는 지름 고정에 편리하다.
④ 원판 안에 전자석을 장입하고, 이것에 직류전류를 보내어 척(chuck)을 자화시켜 공작물을 고정한다.

해설 3조 연동척 : 원형 또는 6각형 단면을 가진 공작물을 신속히 공정 할수 있으며, 3개의 조(jaw)가 동시에 움직인다.

해답 ②

094 1차로 가공된 가공물의 안지름보다 다소 큰 강구를 압입하여 통괴시켜서 가공물의 표면을 소성 변형시켜 가공하는 방법으로 표면 거칠기가 우수하고 정밀도를 높이는 것은?

① 래핑
② 호닝
③ 버니싱
④ 슈퍼 퍼니싱

해설 **버니싱**(burnishing)
원통 내면에 내경보다 약간 지름이 큰 강구를 압입하여 내면에 소성 변형을 주어 매끈하고 정밀도가 높은 면을 얻고자 하는 방법이다.

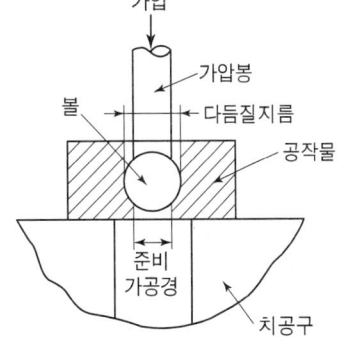

해답 ③

095 특수 윤활제로 분류되는 극압 윤활유에 첨가하는 극압물이 아닌 것은?

① 염소
② 유황
③ 인
④ 동

해설 **극압제** : 큰 하중이 걸릴 때 유막이 끊어져 금속접촉이 생기는 경우 금속과 반응하여 표면에 극압막을 만들어 윤활유가 타버리거나 마모되는 것을 방지해주는 것으로 염소, 유황, 인 등을 첨가한다.

해답 ④

096 지름이 50mm인 연삭숫돌로 지름이 10mm인 공작물을 연삭할 때 숫돌바퀴의 회전수는 약 몇 rpm인가? (단, 숫돌의 원주속도는 1500m/min이다.)

① 4759
② 5809
③ 7449
④ 9549

해설 $V = \dfrac{\pi DN}{1000}$, $1500 = \dfrac{\pi \times 50 \times N}{1000}$, $N = 9549.29 \text{rpm}$

여기서, D : 연삭숫돌의 지름, N : 연삭숫돌의 분당회전수

해답 ④

097
스폿용접과 같은 원리로 접합할 모재의 한쪽판에 돌기를 만들어 고정전극 위에 겹쳐놓고 가동전극으로 통전과 동시에 가압하여 저항열로 가열된 돌기를 접합시키는 용접법은?

① 플래시 버트 용접 ② 프로젝션 용접
③ 업셋 용접 ④ 단접

해설 **프로젝션 용접**(projection welding process) : 점 용접의 변형으로 용융부에 돌기를 만들어 전류를 집중시켜 가압하여 용접하는 방법으로 판재의 두께가 다른 것도 용접이 가능하며, 열전도율이 다른 금속의 용접 또한 가능하다. 전류와 압력이 각 점에 균일하므로 용접의 신뢰도가 높으며, 작업 속도가 빠르다.

해답 ②

098
용융금속에 압력을 가하여 주조하는 방법으로 주형을 회전시켜 주형 내면을 균일하게 압착시키는 주조법은?

① 셀 몰드법 ② 원심주조법
③ 저압주조법 ④ 진공주조법

해설 **원심 주조법**(centrifugal casting)
① 특징 : 회전하는 원통의 주형 안에 용융 금속을 넣고 회전시켜 원심력에 의해 중공 주물을 얻는 방법이다.
② 장점 : 코어가 필요 없다. 질이 치밀하고 강도가 크다. 기포의 개입이 적다. gate, riser, feeder가 필요 없다.
③ 제품 : 파이프, 피스톤링, 실린더 라이너, 브레이크링, 차륜 등

해답 ②

099
압연공정에서 압여하기 전 원재료의 두께를 50mm, 압연 후 재료의 두께를 30mm로 한다면 압하율(draft percent)은 얼마인가?

① 20% ② 30%
③ 40% ④ 50%

해설 (압하율) $\epsilon = \dfrac{H_o - h}{H_o} = \dfrac{50-30}{50} = 0.4 = 40\%$

해답 ③

100
내경 측정용 게이지가 아닌 것은?

① 게이지 블록 ② 실린더 게이지
③ 버니어 켈리퍼스 ④ 내경 마이크로미터

해설 **게이지 블록** : 비교측정기기로써 길이측정, 높이 측정에 사용되는 계측기기이다.

해답 ①

단기완성 일반기계기사 필기 과년도

2019

2019년 3월 3일 시행
2019년 4월 27일 시행
2019년 9월 21일 시행

단기완성 일반기계기사 필기 과년도

일반기계기사

2019년 3월 3일 시행

제1과목 재료역학

001 그림과 같은 막대가 있다. 길이는 4m이고 힘은 지면에 평행하게 200N만큼 주었을 때 o점에 작용하는 힘과 모멘트는?

① $F_{ox} = 0$, $F_{oy} = 200N$, $M_z = 200N \cdot m$
② $F_{ox} = 200N$, $F_{oy} = 0$, $M_z = 400N \cdot m$
③ $F_{ox} = 200N$, $F_{oy} = 200N$, $M_z = 200N \cdot m$
④ $F_{ox} = 0$, $F_{oy} = 0$, $M_z = 400N \cdot m$

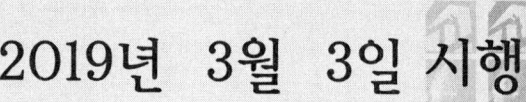

해설

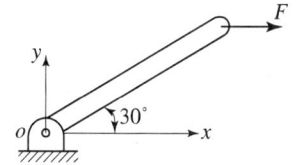

$\sum F_x = 0 \rightarrow \oplus$, $\sum F_y = 0 \uparrow \oplus$
$\oplus 200 \ominus F_{ox} = 0$, $F_{ox} = 200N$, $F_{oy} = 0$
$\sum M_0 = 0 \;\curvearrowleft$
$M_z = \oplus 200 \times \sin 30 \times 4 = 400N \cdot m$

해답 ②

002 두께 8mm의 강판으로 만든 안지름 40cm의 얇은 원통에 1MPa의 내압이 작용할 때 강판에 발생하는 후프 응력(원주 응력)은 몇 MPa인가?

① 25 ② 37.5
③ 12.5 ④ 50

해설 (원주응력) $\sigma_y = \dfrac{PD}{2t} = \dfrac{1 \times 400}{2 \times 8} = 25 MPa$

해답 ①

003

그림과 같은 균일단면을 갖는 부정정보가 단순 지지지단에서 모멘트 M_0을 받는다. 단순 지지지단에서의 반력 R_a는? (단, 굽힘강성 EI는 일정하고, 자중은 무시한다.)

① $\dfrac{3M_0}{2l}$ ② $\dfrac{3M_0}{4l}$

③ $\dfrac{2M_0}{3l}$ ④ $\dfrac{4M_0}{3l}$

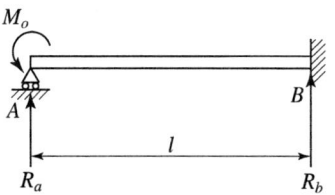

해설

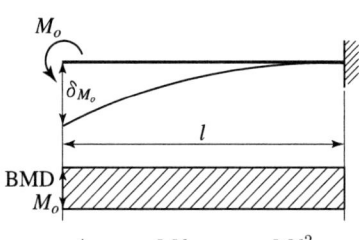

$$\delta_{M_o} = \dfrac{A_M}{EI}\bar{x} = \dfrac{M_o l}{EI} \times \dfrac{l}{2} = \dfrac{M_o l^2}{2EI}, \quad \delta_{R_a} = \dfrac{R_a l^3}{3EI}$$

$A_M = M_o \times l$

$\bar{x} = \dfrac{l}{2}$

$\delta_{M_o} = \delta_{R_a}, \quad \dfrac{M_o l^2}{2EI} = \dfrac{R_a l^3}{3EI}, \quad R_a = \dfrac{3M_o}{2l}$

해답 ①

004

진변형률(ϵ_T)과 진응력(σ_T)을 공칭 응력(σ_n)과 공칭 변형률(ϵ_n)로 나타낼 때 옳은 것은?

① $\sigma_T = \ln(1+\sigma_n), \; \epsilon_T = \ln(1+\epsilon_n)$ ② $\sigma_T = \ln(1+\sigma_n), \; \epsilon_T = \ln\left(\dfrac{\sigma_T}{\sigma_n}\right)$

③ $\sigma_T = \sigma_n(1+\epsilon_n), \; \epsilon_T = \ln(1+\epsilon_n)$ ④ $\sigma_T = \ln(1+\epsilon_n), \; \epsilon_T = \epsilon_n(1+\sigma_n)$

해설

(진변형률) $\epsilon_T = \displaystyle\int_L^{L'} \dfrac{dL}{L} = \ln L' - \ln L = \ln\dfrac{L'}{L} = \ln\dfrac{L(1+\epsilon_n)}{L} = \ln(1+\epsilon_n)$

$L' = L + \Delta L = L + \epsilon_n L = L(1+\epsilon_n)$

(진응력) $\sigma_T = \dfrac{F}{A'} = \dfrac{F}{\dfrac{A}{(1+\epsilon_n)}} = \dfrac{F}{A}(1+\epsilon_n) = \sigma_n(1+\epsilon_n)$

$AL = A'L', \quad A' = \dfrac{AL}{L'} = \dfrac{AL}{L(1+\epsilon_n)} = \dfrac{A}{(1+\epsilon_n)}$

해답 ③

005

폭 $b=60$mm, 길이 $L=340$mm의 균일강도 외팔보의 자유단에 집중하중 $P=3$kN이 작용한다. 허용 굽힘응력을 65MPa이라 하면 자유단에서 250mm 되는 지점의 두께 h는 약 몇 mm인가? (단, 보의 단면은 두께는 변하지만 일정한 폭 b를 갖는 직사각형이다.)

① 24 ② 34
③ 44 ④ 54

해설

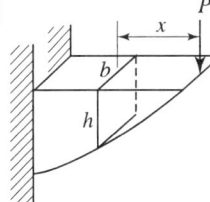

$$\sigma_b = \frac{M}{z} = \frac{Px}{\frac{bh^2}{6}} = \frac{6Px}{bh^2}$$

(두께) $h = \sqrt{\dfrac{6Px}{b\sigma_b}} = \sqrt{\dfrac{6 \times 3000 \times 250}{60 \times 65}} = 33.968 \text{mm} \fallingdotseq 34\text{mm}$

해답 ②

006

부재의 양단이 자유롭게 회전할 수 있도록 되어 있고, 길이가 4m인 압축 부재의 좌굴하중을 오일러 공식으로 구하면 약 몇 kN인가? (단, 세로탄성계수는 100GPa이고, 단면 $b \times h = 100$mm $\times 50$mm이다.)

① 52.4 ② 64.4
③ 72.4 ④ 84.4

해설

(좌굴하중) $F_B = \dfrac{n\pi^2 EI}{L^2} = \dfrac{1 \times \pi^2 \times 100000 \times \dfrac{100 \times 50^3}{12}}{4000^2}$
$= 64255.236\text{N} = 64.255\text{kW}$

해답 ②

007

평면 응력상태의 한 요소에 $\sigma_x = 100$MPa, $\sigma_y = -50$MPa, $\tau_{xy} = 0$을 받는 평판에서 평면 내에서 발생하는 최대 전단응력은 몇 MPa인가?

① 75 ② 50
③ 25 ④ 0

해설

(최대전단응력) $\tau_{\max} = \sqrt{\left(\dfrac{\sigma_x - \sigma_y}{2}\right)^2 + \tau_{xy}^2} = \sqrt{\left(\dfrac{100-(-50)}{2}\right)^2 + 0^2} = 75\text{MPa}$

해답 ①

008

탄성 계수(영계수) E, 전단 탄성 계수 G, 체적 탄성 계수 K 사이에 성립되는 관계식은?

① $E = \dfrac{9KG}{2K+G}$ ② $E = \dfrac{3K-2G}{6K+2G}$

③ $K = \dfrac{EG}{3(3G-E)}$ ④ $K = \dfrac{9EG}{3E+G}$

해설
① $1Em = 2G(m+1) = 3K(m-2)$
 $1Em = 2G(m+1)$
 $Em = 2Gm + 2G$
 $m = \dfrac{2G}{E-2G}$ ··(1)식

② $2G(m+1) = 3K(m-2)$
 $2Gm + 2G = 2Km - 6K$
 $2G + 6K = m(3K - 2G)$
 $m = \dfrac{2G+6K}{3K-2G}$ ···(2)식

③ (1)식=(2)식, $\dfrac{2G}{E-2G} = \dfrac{2G+6K}{3K-2G}$
 $6GK - 4G^2 = 2GE + 6KE - 4G^2 - 12GK$
 $12GK = 2GE + 6KE$ ···(3)식

④ $18GK = 2GE + 6KE$
 $K(18G - 6E) = 2GE$
 (체적탄성계수) $K = \dfrac{2GE}{18G-6E} = \dfrac{GE}{9G-3E} = \dfrac{GE}{3(3G-E)}$

해답 ③

009

바깥지름 50cm, 안지름 30cm의 속이 빈 축은 동일한 단면적을 가지며 같은 재질의 원형축에 비하여 약 몇 배의 비틀림 모멘트에 견딜 수 있는가? (단, 중공축과 중실축의 전단응력은 같다.)

① 1.1배 ② 1.2배
③ 1.4배 ④ 1.7배

해설
$\dfrac{\pi}{4}(50^2 - 30^2) = \dfrac{\pi}{4}D^2$
(중실축 지름) $D = 40\text{cm}$

$\dfrac{\text{중공축의 극단면계수 } Z_P}{\text{중실축의 극단면계수 } Z_P} = \dfrac{\dfrac{\pi \times 50^3}{16} \times \left\{1 - \left(\dfrac{30}{50}\right)^4\right\}}{\dfrac{\pi \times 40^3}{16}} = 1.7$

해답 ④

010

그림과 같은 단면에서 대칭축 $n-n$에 대한 단면 2차 모멘트는 약 몇 cm^4인가?

① 535
② 635
③ 735
④ 835

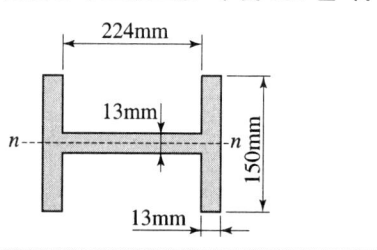

해설

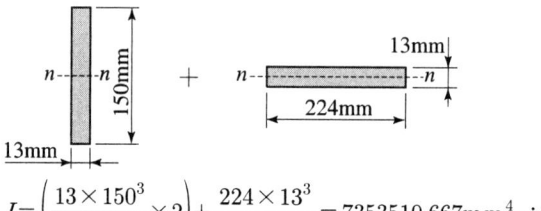

$$I = \left(\frac{13 \times 150^3}{12} \times 2\right) + \frac{224 \times 13^3}{12} = 7353510.667 \text{mm}^4 = 735 \text{cm}^4$$

해답 ③

011

단면적이 $2cm^2$이고 길이가 4m인 환봉에 10kN의 축방향 하중을 가하였다. 이때 환봉에 발생한 응력은 몇 N/m^2인가?

① 5000
② 2500
③ 5×10^5
④ 5×10^7

해설 (응력) $\sigma = \dfrac{F}{A} = \dfrac{10000 \text{N}}{2 \times 10^{-4} \text{m}^2} = 5 \times 10^7 \text{N/m}^2$

해답 ④

012

양단이 고정된 직경 30mm, 길이가 10m인 중실축에서 그림과 같이 비틀림 모멘트 1.5kN·m가 작용할 때 모멘트 작용점에서의 비틀림 각은 약 몇 rad인가? (단, 봉재의 전단탄성계수 $G=100$GPa이다.)

① 0.45
② 0.56
③ 0.63
④ 0.77

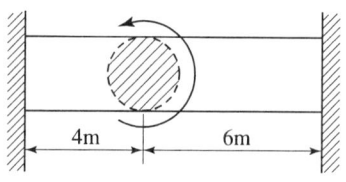

해설

$T_A = \dfrac{T \times b}{L}$

$T_B = \dfrac{T \times a}{L}$

$\theta_A = \theta_B = \theta$

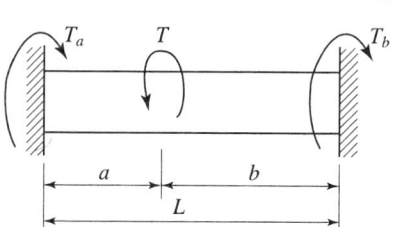

(비틀림각) $\theta = \dfrac{T_A a}{GI_P} = \dfrac{T_A \times a}{G \times \left(\dfrac{\pi d^4}{32}\right)} = \dfrac{900000 \times 4000}{100000 \times \left(\dfrac{\pi \times 30^4}{32}\right)} = 0.4527\text{rad} \fallingdotseq 0.45\text{rad}$

해답 ①

013

그림과 같이 길이 l인 단순 지지된 보 위를 하중 W가 이동하고 있다. 최대 굽힘응력은?

① $\dfrac{Wl}{bh^2}$ ② $\dfrac{9Wl}{4bh^2}$

③ $\dfrac{Wl}{2bh^2}$ ④ $\dfrac{3Wl}{2bh^2}$

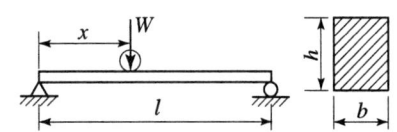

해설

(최대굽힘응력) $\sigma_{\max} = \dfrac{M_{\max}}{Z} = \dfrac{\left(\dfrac{Wl}{4}\right)}{\left(\dfrac{bh^2}{6}\right)} = \dfrac{3Wl}{2bh^2}$

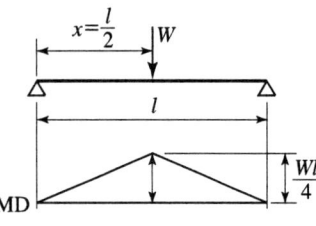

해답 ④

014

그림과 같은 트러스가 점 B에서 그림과 같은 방향으로 5kN의 힘을 받을 때 트러스에 저장되는 탄성에너지는 약 몇 kJ인가? (단, 트러스의 단면적은 1.2cm², 탄성계수는 10^6Pa이다.)

① 52.1
② 106.7
③ 159.0
④ 267.7

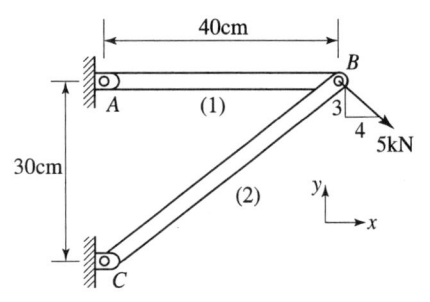

해설

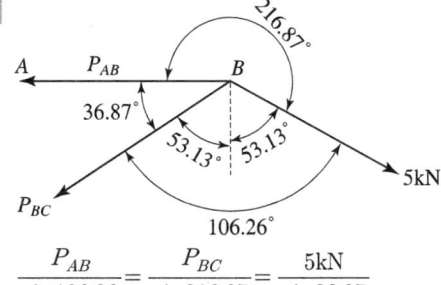

$\dfrac{P_{AB}}{\sin 106.26} = \dfrac{P_{BC}}{\sin 216.87} = \dfrac{5\text{kN}}{\sin 36.87}$

$P_{AB} = 8kN = 8000N$ (인장)
$P_{BC} = -5kN = -5000N$ (압축)

(탄성에너지) $U = U_{AB} + U_{BC} = \dfrac{P_{AB}^2 L_{AB}}{2AE} + \dfrac{P_{BC}^2 L_{BC}}{2AE}$

$= \dfrac{8000^2 \times 0.4}{2 \times 1.2 \times 10^{-4} \times 10^6} + \dfrac{(-5000)^2 \times 0.5}{2 \times 1.2 \times 10^{-4} \times 10^6} = 158750 N \cdot m \fallingdotseq 159 kJ$

해답 ③

015

길이 1m인 외팔보가 아래 그림처럼 $q=5kN/m$의 균일 분포하중과 $P=1kN$의 집중하중을 받고 있을 때 B점에서의 회전각은 얼마인가? (단, 보의 굽힘강성은 EI이다.)

① $\dfrac{120}{EI}$ ② $\dfrac{260}{EI}$

③ $\dfrac{468}{EI}$ ④ $\dfrac{680}{EI}$

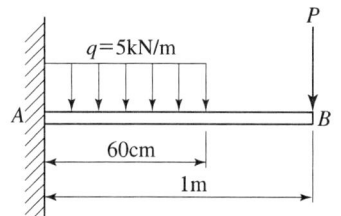

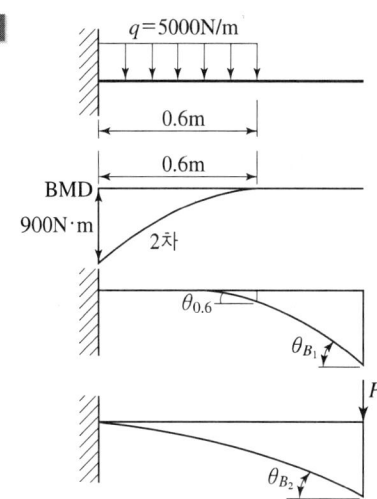

(0.6m 지점의 굽힘각) $\theta_{0.6} = \theta_{B1}$

$$\theta_{0.6} = \dfrac{A_M}{EI} = \dfrac{180}{EI}$$

$$A_M = \dfrac{H \times B}{n+1} = \dfrac{900 \times 0.6}{2+1} = 180$$

(집중하중 P에 의한 굽힘각) θ_{B2}

$$\theta_{B2} = \dfrac{PL^2}{2EI} = \dfrac{1000 \times 1^2}{2EI} = \dfrac{500}{EI}$$

(B지점의 굽힘각) $\theta_B = \theta_{B1} + \theta_{B2} = \dfrac{180}{EI} + \dfrac{500}{EI} = \dfrac{680}{EI}$

해답 ④

016

그림과 같은 단순지지보에서 2kN/m의 분포하중이 작용할 경우 중앙의 처짐이 0이 되도록하기 위한 힘 P의 크기는 몇 kN인가?

① 6.0
② 6.5
③ 7.0
④ 7.5

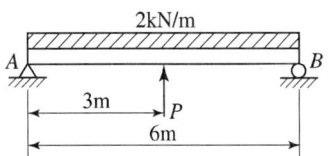

해설

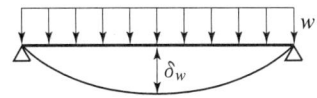

$$\delta_w = \frac{5wL^4}{384EI} \quad \delta_P = \frac{PL^3}{48EI}$$

$$\delta_w = \delta_P, \quad \frac{5wL^4}{384EI} = \frac{PL^3}{48EI}$$

$$P = \frac{5wL}{8} = \frac{5 \times 2 \times 6}{8} = 7.5\text{kN}$$

해답 ④

017

그림과 같이 길이 $l=4$m의 단순보에 균일분포하중 ω가 작용하고 있으며 보의 최대 굽힘응력 $\sigma_{\max}=85\text{N/cm}^2$일 때 최대 전단응력은 약 몇 kPa인가? (단, 보의 단면적은 지름이 11cm인 원형단면이다.)

① 1.7
② 15.6
③ 22.9
④ 25.5

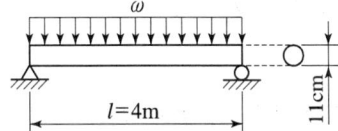

해설

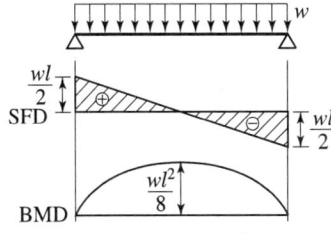

(최대전단력) $F_{\max} = \dfrac{wl}{2}$

(최대굽힘모멘트) $M_{\max} = \dfrac{wl^2}{8}$

(최대전단응력) $\tau_{\max} = \dfrac{4}{3} \times \dfrac{F_{\max}}{A} = \dfrac{4}{3} \times \dfrac{\dfrac{w \times 4000}{2}}{\dfrac{\pi}{4} \times 110^2} = \dfrac{4}{3} \times \dfrac{\dfrac{0.0555 \times 4000}{2}}{\dfrac{\pi}{4} \times 110^2}$

$= 0.01557\text{MPa} \fallingdotseq 15.6\text{kPa}$

(최대굽힘응력) $\sigma_{max} = \dfrac{M_{max}}{Z} = \dfrac{\left(\dfrac{wl^2}{8}\right)}{\left(\dfrac{\pi d^3}{32}\right)} = \dfrac{32wl^4}{8\pi d^3}$

(분포하중) $w = \dfrac{\sigma_{max} \times 8\pi d^3}{32l^2} = \dfrac{0.85 \times 8 \times \pi \times 110^3}{32 \times 4000^2} = 0.0555 \text{N/mm}$

해답 ②

018

그림과 같은 치차 전동 장치에서 A 치차로부터 D 치차로 동력을 전달한다. B와 C 치차의 피치원의 직경의 비가 $\dfrac{D_B}{D_C} = \dfrac{1}{9}$ 일 때, 두 축의 최대 전단응력들이 같아지게 되는 직경의 비 $\dfrac{d_2}{d_1}$은 얼마인가?

① $\left(\dfrac{1}{9}\right)^{\frac{1}{3}}$ ② $\dfrac{1}{9}$

③ $9^{\frac{1}{3}}$ ④ $9^{\frac{2}{3}}$

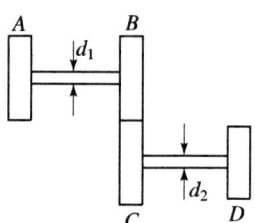

해설

$\dfrac{T_1}{T_2} = \dfrac{D_B}{D_C} = \dfrac{1}{9}$, $T_2 = 9T_1$ $\tau_1 = \tau_2$, $\dfrac{T_1}{\dfrac{\pi d_1^3}{16}} = \dfrac{T_2}{\dfrac{\pi d_2^3}{16}}$

$\left(\dfrac{d_2}{d_1}\right)^3 = \dfrac{T_2}{T_1} = \dfrac{9T_1}{T_1}$ $\dfrac{d_2}{d_1} = 9^{\frac{1}{3}}$

해답 ③

019

그림과 같은 외팔보에 균일분포하중 ω가 전 길이에 걸쳐 작용할 때 자유단의 처짐 δ는 얼마인가? (단, E : 탄성계수, I : 단면2차모멘트이다.)

① $\dfrac{\omega l^4}{3EI}$ ② $\dfrac{\omega l^4}{6EI}$

③ $\dfrac{\omega l^4}{8EI}$ ④ $\dfrac{\omega l^4}{24EI}$

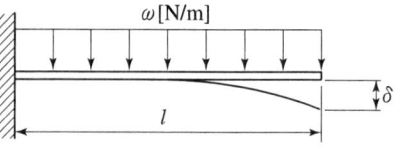

해설

$A_M = \dfrac{MB}{n+1} = \dfrac{\dfrac{wl^2}{2} \times l}{2+1} = \dfrac{wl^3}{6}$

$\overline{x}' = \dfrac{B}{n+2} = \dfrac{l}{2+2} = \dfrac{l}{4}$

$\overline{x} = \dfrac{3l}{4}$

$\delta = \dfrac{A_M}{EI}\overline{x} = \dfrac{\left(\dfrac{wl^3}{6}\right)}{EI} \times \dfrac{3l}{4} = \dfrac{wl^4}{8EI}$

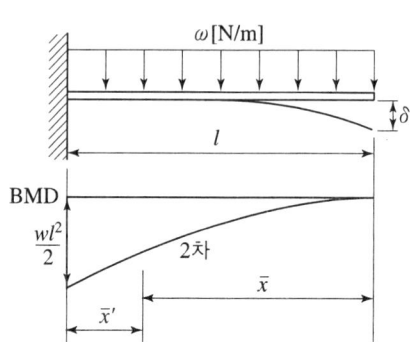

해답 ③

020 그림과 같이 단면적이 2cm²인 AB 및 CD 막대의 B점과 C점이 1cm 만큼 떨어져 있다. 두 막대에 인장력을 가하여 늘인 후 B점과 C점에 핀을 끼워 두 막대를 연결하려고 한다. 연결 후 두 막대에 작용하는 인장력은 약 몇 kN인가? (단, 재료의 세로탄성계수는 200GPa이다.)

① 33.3
② 66.6
③ 99.9
④ 133.3

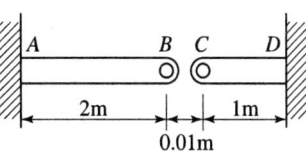

해설 (단면적) $A = 200\text{mm}^3$, $E = 200000\text{N/mm}^2$, $\Delta L = 10\text{mm}$

$$\Delta L = \Delta L_1 + \Delta L_2 = \frac{P \times L_1}{AE} + \frac{P \times L_2}{AE} = P\left(\frac{L_1 + L_2}{AE}\right)$$

$$P = \frac{\Delta L \times AE}{L_1 + L_2} = \frac{10 \times 200 \times 200000}{2000 + 1000} = 133333.33\text{N} = 133.33\text{kN}$$

해답 ④

제2과목 기계열역학

021 압력 2MPa, 300℃의 공기 0.3kg이 폴리트로픽 과정으로 팽창하여, 압력이 0.5MPa로 변화하였다. 이때 공기가 한 일은 약 몇 kJ인가? (단, 공기는 기체상수가 0.287kJ/(kg·K)인 이상기체이고, 폴리트로픽 지수는 1.3이다.)

① 416
② 157
③ 573
④ 45

해설 $${}_1W_2 = \frac{P_1V_1 - P_2V_2}{n-1} = \frac{2000 \times 0.02466 - 500 \times 0.07163}{1.3-1} = 45.016\text{kJ} \fallingdotseq 45\text{kJ}$$

$P_1 = 2000\text{kPa}$

$$V_1 = \frac{mRT_1}{P_1} = \frac{0.3 \times 0.287 \times (300+273)}{2000} = 0.02466\text{m}^3$$

$P_2 = 500\text{kPa}$

$$\frac{T_2}{T_1} = \left(\frac{V_1}{V_2}\right)^{n-1} = \left(\frac{P_2}{P_1}\right)^{\frac{n-1}{n}}$$

$$\frac{V_1}{V_2} = \left(\frac{P_2}{P_1}\right)^{\frac{1}{n}}, \quad \frac{0.02466}{V_2} = \left(\frac{500}{2000}\right)^{\frac{1}{1.3}}$$

$V_2 = 0.07163\text{m}^3$

해답 ④

022
다음 중 기체상수(gas constant, $R[kJ/(kg \cdot K)]$) 값이 가장 큰 기체는?
① 산소(O_2) ② 수소(H_2)
③ 일산화탄소(CO) ④ 이산화탄소(CO_2)

해설 $R = \dfrac{8314}{M}[(N \cdot m)/(kg \cdot K)]$ 여기서, M : 분자량
① O_2 : $M = 32 kg/kmol$
② H_2 : $M = 2 kg/kmol$
③ CO : $M = 28 kg/kmol$
④ CO_2 : $M = 44 kg/kmol$

해답 ②

023
이상기체 1kg이 초기에 압력 2kPa, 부피 0.1m³를 차지하고 있다. 가역등온과정에 따라 부피가 0.3m³로 변화했을 때 기체가 한 일은 약 몇 J인가?
① 9540 ② 2200
③ 954   ④ 220

해설 $_1W_2 = P_1 V_1 \ln \dfrac{V_2}{V_1} = 2000 \times 0.1 \times \ln \dfrac{0.3}{0.1} = 219.722 N \cdot m \fallingdotseq 220 J$

해답 ④

024
이상적인 오토사이클에서 열효율을 55%로 하려면 압축비를 약 얼마로 하면 되겠는가? (단, 기체의 비열비는 1.4이다.)
① 5.9 ② 6.8
③ 7.4 ④ 8.5

해설 $\eta_o = 1 - \left(\dfrac{1}{\epsilon}\right)^{n-1}$, $0.55 = 1 - \left(\dfrac{1}{\epsilon}\right)^{1.4-1}$
(압축비) $\epsilon = 7.361 \fallingdotseq 7.4$

해답 ③

025
밀폐계가 가역정압 변화를 할 때 계가 받은 열량은?
① 계의 엔탈피 변화량과 같다. ② 계의 내부에너지 변화량과 같다.
③ 계의 엔트로피 변화량과 같다. ④ 계가 주위에 대해 한 일과 같다.

해설 (정압과정의 가열열량) $\Delta Q = \Delta H$
(정적과정의 가열열량) $\Delta Q = \Delta U$
(등온과정의 가열열량) $\Delta Q = \Delta W$
(단열과정의 가열열량) $\Delta Q = 0$

해답 ①

026

유리창을 통해 실내에서 실외로 열전달이 일어난다. 이때 열전달량은 약 몇 W인가? (단, 대류열전달계수는 50W/(m² · W), 유리창 표면온도는 25℃, 외기온도는 10℃, 유리창면적은 2m²이다.)

① 150
② 500
③ 1500
④ 5000

해설 (열전열량) $Q = k'A(T_2 - T_1) = 50 \times 2 \times (25 - 10) = 1500W$

해답 ③

027

어느 내연기관에서 피스톤의 흡기과정으로 실린더 속에 0.2kg의 기체가 들어왔다. 이것을 압축할 때 15kJ의 일이 필요하였고, 10kJ의 열을 방출하였다고 한다면, 이 기체 1kg당 내부에너지의 증가량은?

① 10kJ/kg
② 25kJ/kg
③ 35kJ/kg
④ 50kJ/kg

해설 $\Delta Q = \Delta U + \Delta W$
$\ominus 10 = \Delta U + \ominus 15$
$\Delta U = \ominus 10 + 15 = 5kJ$

(1kg당 내부에너지 증가량) $\Delta u = \dfrac{\Delta U}{m} = \dfrac{5}{0.2} = 25kJ/kg$

해답 ②

028

다음 중 강도성 상태량(Intensive property)이 아닌 것은?

① 온도
② 압력
③ 체적
④ 밀도

해설 강도성 상태량 : 나누어도 변화되지 않는 상태량
① 온도 ② 압력 ③ 밀도 ④ 비체적
종량성 상태량 : 나누면 변화되는 상태량
① 질량 ② 체적 ③ 엔탈피 ④ 엔트로피

해답 ③

029

600kPa, 300K 상태의 이상기체 1kmol이 엔탈피가 등온과정을 거쳐 압력이 200kPa로 변했다. 이 과정동안의 엔트로피 변화량은 약 몇 kJ/K인가? (단, 일반기체상수($\overline{R}$)은 8.31451kJ/(kmol · K)이다.)

① 0.782
② 6.31
③ 9.13
④ 18.6

해설
$$\Delta S = C_V \ln\frac{T_2}{T_1} + R\ln\frac{V_2}{V_1} = C_P \ln\frac{T_2}{T_1} - R\ln\frac{P_2}{P_1} = C_P \ln\frac{V_2}{V_1} - C_V \ln\frac{P_2}{P_1}$$

등온과정의 $\Delta S = -R\ln\dfrac{P_2}{P_1}$

$$\Delta S' = -mR\ln\frac{P_2}{P_1} = -n\overline{R}\ln\frac{P_2}{P_1} = -1 \times 8.3145 \times \ln\frac{200}{600} = 9.134 \text{kJ/K}$$

해답 ③

030

그림과 같은 단열된 용기 안에 25℃의 물이 0.8m³ 들어있다. 이 용기 안에 100℃, 50kg의 쇳덩어리를 넣은 후 열적 평형이 이루어졌을 때 최종 온도는 약 몇 ℃인가? (단, 물의 비열은 4.18kJ/(kg · K), 철의 비열은 0.45kJ/(kg · K)이다.)

① 25.5
② 27.4
③ 29.2
④ 31.4

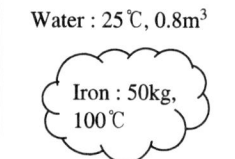

해설
$$T_m = \frac{m_1 C_1 T_1 + m_2 C_2 T_2}{m_1 C_1 + m_2 C_2} = \frac{800 \times 4.18 \times 25 + 50 \times 0.45 \times 100}{800 \times 4.18 + 50 \times 0.45} = 25.5℃$$

(물의 질량) $m_1 = \rho_w \times V = 1000 \text{kg/m}^3 \times 0.8 \text{m}^3 = 800 \text{kg}$

해답 ①

031

실린더에 밀폐된 8kg의 공기가 그림과 같이 $P_1 = 800$kPa, 체적 $V_1 = 0.27$m³에서 $P_2 = 350$kPa, 체적 $V_2 = 0.80$m³으로 직선 변화하였다. 이 과정에서 공기가 한 일은 약 몇 kJ인가?

① 305
② 334
③ 362
④ 390

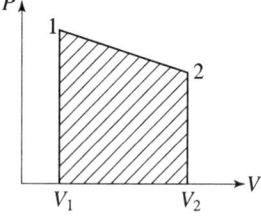

해설 $P-V$선도 = 일량선도
$$W = \frac{1}{2} \times 450 \times 0.53 + (350 \times 0.53)$$
$$= 304.75 \text{kJ} \fallingdotseq 305 \text{kJ}$$

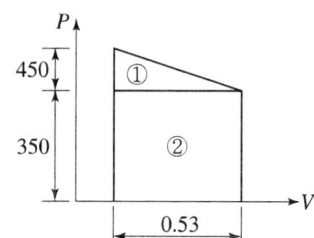

해답 ①

032 어떤 기체 동력장치가 이상적인 브레이턴사이클로 다음과 같이 작동할 때 이 사이클의 열효율은 약 몇 %인가? (단, 온도(T)-엔트로피(s) 선도에서 $T_1=30℃$, $T_2=200℃$, $T_3=1060℃$, $T_4=160℃$이다.)

① 81%
② 85%
③ 89%
④ 92%

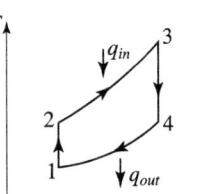

해설 (브레이턴 사이클 효율) $\eta_Q = \dfrac{W_{net}}{q_H} = \dfrac{q_H - q_L}{q_H}$

$= 1 - \dfrac{q_L}{q_H} = 1 - \dfrac{C_P(T_4-T_1)}{C_P(T_3-T_2)} = 1 - \dfrac{(T_4-T_1)}{(T_3-T_2)}$

$= 1 - \dfrac{160-30}{1060-200}$

$= 0.8488 ≒ 85\%$

해답 ②

033 이상기체에 대한 다음 관계식 중 잘못된 것은? (단, C_v는 정적비열, C_p는 정압비열, u는 내부에너지, T는 온도, V는 부피, h는 엔탈피, R은 기체상수, k는 비열비이다.)

① $C_v = \left(\dfrac{\partial u}{\partial T}\right)_V$
② $C_p = \left(\dfrac{\partial h}{\partial T}\right)_V$
③ $C_p - C_v = R$
④ $C_p = \dfrac{kR}{k-1}$

해설 ① $du = C_V dT$, $C_V = \left(\dfrac{du}{dT}\right)_V$ 여기서, V : 정적과정

② $dh = C_P dT$, $C_P = \left(\dfrac{dh}{dT}\right)_P$ 여기서, P : 정압과정

해답 ②

034 열역학 제2법칙에 관해서는 여러 가지 표현으로 나타낼 수 있는데, 다음 중 열역학 제2법칙과 관계되는 설명으로 볼 수 없는 것은?

① 열을 일로 변환하는 것은 불가능하다.
② 열효율이 100%인 열기관을 만들 수 없다.
③ 열은 저온 물체로부터 고온 물체로 자연적으로 전달되지 않는다.
④ 입력되는 일 없이 작동하는 냉동기를 만들 수 없다.

해설 자연계에 아무런 흔적을 남기지 않고 열을 전부 일로 변환시키는 열기관은 없다. 즉 열효율이 100% 기관은 없다.
열이 일로 변환되는데 전부 변환되지 않는다는 것을 의민하다.

해답 ①

035
계의 엔트로피 변화에 대한 열역학적 관계식 중 옳은 것은? (단, T는 온도, S는 엔트로피, U는 내부에너지, V는 체적, P는 압력, H는 엔탈피를 나타낸다.)

① $TdS = dU - PdV$
② $TdS = dH - PdV$
③ $TdS = dU - VdP$
④ $TdS = dH - VdP$

해설 $ds = \dfrac{\delta Q}{T}$, $\delta Q = Tds$
$\delta Q = dU + PdV$, $Tds = dU + PdV$
$\delta Q = dH - VdP$, $Tds = dH - VdP$

해답 ④

036
공기 1kg이 압력 50kPa, 부피 3m³인 상태에서 압력 900kPa, 부피 0.5m³인 상태로 변화할 때 내부 에너지가 160kJ 증가하였다. 이때 엔탈피는 약 몇 kJ이 증가하였는가?

① 30
② 185
③ 235
④ 460

해설 $\Delta H = (U_2 - U_1) + (P_2 V_2 - P_1 V_1) = 160\text{kJ} + (900 \times 0.5 - 50 \times 3) = 460\text{kJ}$

해답 ④

037
체적이 일정하고 단열된 용기 내에 80℃, 320kPa의 헬륨 2kg이 들어있다. 용기 내에 있는 회전날개가 20W의 동력으로 30분 동안 회전한다고 할 때 용기 내의 최종 온도는 약 몇 ℃인가? (단, 헬륨의 정적비열은 3.12kJ/(kg · K)이다.)

① 81.9℃
② 83.3℃
③ 84.9℃
④ 85.8℃

해설 (가열열량) $\Delta Q = 20\text{W} \times 30\text{min} = 20\text{J/s} \times (30 \times 60)\text{s} = 36000\text{J}$
(정적과정의 가열열량) $\Delta Q = m C_V (T_2 - T_1)$
$36000 = 2 \times 3120 \times (T_2 - 80)$
$T_2 = 85769℃ \fallingdotseq 85.8℃$

해답 ④

038 그림과 같은 Rankine 사이클로 작동하는 터빈에서 발생하는 일은 약 몇 kJ/kg인가? (단, h는 엔탈피, s는 엔트로피를 나타내며, $h_1=191.8$kJ/kg, $h_2=193.8$kJ/kg, $h_3=2799.5$kJ/kg, $h_4=2007.5$kJ/kg이다.)

① 2.0kJ/kg
② 792.0kJ/kg
③ 2605.7kJ/kg
④ 1815.7kJ/kg

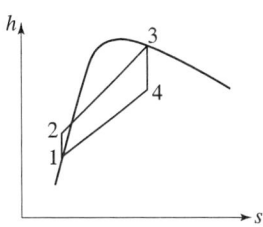

해설 (터빈일) $W_t = h_3 - h_4 = 2799.5 - 2007.5 = 792$kJ/kg

해답 ②

---

039 시간당 380000kg의 물을 공급하여 수증기를 생산하는 보일러가 있다. 이 보일러에 공급하는 물의 엔탈피는 830kJ/kg이고, 생산되는 수증기의 엔탈피는 3230kJ/kg이라고 할 때, 발열량이 32000kJ/kg인 석탄을 시간당 34000kg씩 보일러에 공급한다면 이 보일러의 효율은 약 몇 %인가?

① 66.9%
② 71.5%
③ 77.3%
④ 83.8%

해설 (보일러 효율) $\eta_B = \dfrac{\text{질량유량} \times (\text{보일러 출구 엔탈피} - \text{보일러 입구 엔탈피})}{\text{연료에서 공급받은 열량}}$

$$= \dfrac{\dfrac{38000\text{kg}}{3600\text{s}} \times (2130 - 830)\text{kJ/kg}}{32000\text{kJ/kg} \times \dfrac{34000\text{kg}}{3600\text{s}}} = 0.0838 = 83.8\%$$

해답 ④

---

040 터빈, 압축기, 노즐과 같은 정상 유동장치의 해석에 유용한 몰리에(Mollier) 선도를 옳게 설명한 것은?

① 가로축에 엔트로피, 세로축에 엔탈피를 나타내는 선도이다.
② 가로축에 엔트로피, 세로축에 온도를 나타내는 선도이다.
③ 가로축에 엔트로피, 세로축에 밀도를 나타내는 선도이다.
④ 가로축에 비체적, 세로축에 압력을 나타내는 선도이다.

해설 열기관의 몰리에르 선도($H-S$) : 가로축 S(엔트로피), 세로축 H(엔탈피)
냉동기관의 몰리에르 선도($P-H$) : 가로축 H(엔탈피), 세로축 P(압력)

해답 ①

제3과목 기계유체역학

041 원관에서 난류로 흐르는 어떤 유체가 속도가 2배로 변하였을 때, 마찰계수가 변경 전 마찰계수의 $\frac{1}{\sqrt{2}}$ 로 줄었다. 이때 압력손실은 몇 배로 변하는가?

① $\sqrt{2}$ 배 ② $2\sqrt{2}$ 배
③ 2배 ④ 4배

해설 (압력손실) $\Delta P_{L_1} = \gamma H_{L_1} = \gamma \times f \times \frac{L}{D} \times \frac{V^2}{2g}$

(압력손실) $\Delta P_{L_2} = \gamma H_{L_2} = \gamma \times \frac{1}{\sqrt{2}} f \times \frac{L}{D} \times \frac{(2V)^2}{2g} = \gamma \times f \times \frac{L}{D} \times \frac{V^2}{2g} \times \frac{1}{\sqrt{2}} \times 4$

$= \Delta P_U \times \frac{4}{\sqrt{2}} = \Delta P_{L_1} \times \frac{4\sqrt{2}}{\sqrt{2}\sqrt{2}} = \Delta P_{L_1} \times 2\sqrt{2}$

해답 ②

042 점성계수가 0.3N·s/m² 이고, 비중이 0.9인 뉴턴유체가 지름 30mm인 파이프를 통해 3m/s의 속도로 흐를 때 Reynolds 수는?

① 24.3 ② 270
③ 2700 ④ 26460

해설 $Re = \frac{\rho VD}{\mu} = \frac{(0.9 \times 1000) \times 3 \times 0.03}{0.3} = 270$

해답 ②

043 어떤 액체의 밀도는 890kg/m³, 체적 탄성계수는 2200MPa이다. 이 액체 속에서 전파되는 소리의 속도는 약 몇 m/s인가?

① 1572 ② 1483
③ 981 ④ 345

해설 (음속) $a = \sqrt{\frac{k}{\rho}} = \sqrt{\frac{2200 \times 10^6}{890}} = 1572.23 \text{m/s}$

해답 ①

044 펌프로 물을 양수할 때 흡입측에서의 압력이 진공 압력계로 75mmHg(부압)이다. 이 압력은 절대압력으로 약 몇 kPa인가? (단, 수은의 비중은 13.6이고, 대기압은 760mmHg이다.)

① 91.3
② 10.4
③ 84.5
④ 23.6

해설 (절대압력) $P_{abs} = P_o - P_v = 760 - 75 = 685\text{mmHg}$

$$685\text{mmHg} \times \frac{101325\text{Pa}}{760\text{mmHg}} = 91325.822\text{Pa} \fallingdotseq 91.3\text{kPa}$$

해답 ①

045 동점성계수가 10cm²/s이고 비중이 1.2인 유체의 점성계수는 몇 Pa·s인가?

① 0.12
② 0.24
③ 1.2
④ 2.4

해설 (점성계수) $\mu = \nu \times \rho = (10 \times 10^{-4}) \times (1.2 \times 1000) = 1.2 (\text{N/m}^2) \cdot \text{s}$

해답 ③

046 평판 위를 어떤 유체가 층류로 흐를 때, 선단으로부터 10cm 지점에서 경계층두께가 1mm일 때, 20cm 지점에서의 경계층두께는 얼마인가?

① 1mm
② $\sqrt{2}$ mm
③ $\sqrt{3}$ mm
④ 2mm

해설 $\delta_{층류} = \dfrac{5x}{\sqrt{Re_x}} = \dfrac{5 \times x}{\left(\dfrac{\rho Vx}{\mu}\right)^{\frac{1}{2}}} \propto x^{\frac{1}{2}}$

(20cm 지점의 경계층 두께) $\delta_{20} = \dfrac{1\text{mm}}{10^{\frac{1}{2}}} \times 20^{\frac{1}{2}} = \sqrt{2}\,\text{mm}$

해답 ②

047 온도 27℃, 절대압력 380kPa인 기체가 6m/s로 지름 5cm인 매끈한 원관 속을 흐르고 있을 때 유동상태는? (단, 기체상수는 187.8N·m/(kg·K), 점성계수는 1.77×10^{-5}kg/(m·s), 상, 하 임계 레이놀즈수는 각각 4000, 2100이라 한다.)

① 층류영역
② 천이영역
③ 난류영역
④ 포텐셜영역

해설 $Re = \dfrac{\rho VD}{\mu} = \dfrac{6.744 \times 6 \times 0.05}{1.77 \times 10^{-5}} = 114305.08$ 난류

(밀도) $\rho = \dfrac{P}{RT} = \dfrac{380000}{187.8 \times (27+273)} = 6.744 \text{kg/m}^3$

해답 ③

048
2m×2m×2m의 정육면체로 된 탱크 안에 비중이 0.8인 기름이 가득 차 있고, 위 뚜껑이 없을 때 탱크의 한 옆면에 작용하는 전체 압력에 의한 힘은 약 몇 kN인가?
① 7.6
② 15.7
③ 31.4
④ 62.8

해설 (전압력) $F_P = s\gamma_w \overline{H} A = 0.8 \times 9800 \times 1 \times 4 = 31360 \text{N} = 31.36 \text{kN}$

해답 ③

049
일정 간격의 두 평판 사이에 흐르는 완전 발달된 비압축성 정상유동에서 x는 유동방향, y는 평판 중심을 0으로 하여 x방향에 직교하는 방향의 좌표를 나타낼 때 압력강하와 마찰손실의 관계로 옳은 것은? (단, P는 압력, τ은 전단응력, μ는 점성계수(상수)이다.)

① $\dfrac{dP}{dy} = \mu \dfrac{d\tau}{dx}$
② $\dfrac{dP}{dy} = \dfrac{d\tau}{dx}$
③ $\dfrac{dP}{dx} = \dfrac{d\tau}{dy}$
④ $\dfrac{dP}{dx} = \dfrac{1}{\mu}\dfrac{d\tau}{dy}$

해설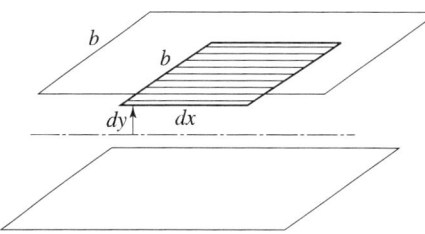

$dF_P = dP \times dA = dP \times (b \times dy)$ 여기서, dP : 압력차
$dF_\tau = d\tau \times b \times dx$
$dF_P = dF_\tau$, $dP \times b \times dy = d\tau \times b \times dx$
$\dfrac{dP}{dx} = \dfrac{d\tau}{dy}$

해답 ③

050
비중 0.85인 기름의 자유표면으로부터 10m 아래에서의 계기압력은 약 몇 kPa인가?
① 83
② 830
③ 98
④ 980

해설 $P_G = \gamma \times H = S \times \gamma_w \times H = 0.85 \times 9800 \times 10 = 83300 \text{Pa} = 83.3 \text{kPa}$

해답 ①

051

물을 사용하는 원심 펌프의 설계점에서의 전양정이 30m이고 유량은 1.2m³/min 이다. 이 펌프를 설계점에서 운전할 때 필요한 축동력이 7.35kW라면 이 펌프의 효율은 약 얼마인가?

① 75%
② 80%
③ 85%
④ 90%

해설 (펌프효율) $\eta_P = \dfrac{\text{유체동력}}{\text{축동력}} = \dfrac{\gamma H Q}{L_s} = \dfrac{9800 \times 30 \times \dfrac{1.2}{60}}{7.35 \times 10^3} = 0.8 \fallingdotseq 80\%$

해답 ②

052

그림과 같은 원형관에 비압축성 유체가 흐를 때 A 단면의 평균속도가 V_1일 때 B 단면에서의 평균속도 V는?

① $V = \left(\dfrac{d_1}{d_2}\right)^2 V_1$
② $V = \dfrac{d_1}{d_2} V_1$
③ $V = \left(\dfrac{d_2}{d_1}\right)^2 V_1$
④ $V = \dfrac{d_2}{d_1} V_1$

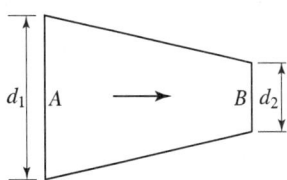

해설 $Q = \dfrac{\pi}{4} d_1^2 V_1 = \dfrac{\pi}{4} d_2^2 V$

$V = \dfrac{d_1^2}{d_2^2} V_1$

해답 ①

053

유속 3m/s로 흐르는 물 속에 흐름방향의 직각으로 피토관을 세웠을 때, 유속에 의해 올라가는 수주의 높이는 약 몇 m인가?

① 0.46
② 0.92
③ 4.6
④ 9.2

해설 $\Delta h = \dfrac{V^2}{2g} = \dfrac{3^2}{2 \times 9.8} = 0.459\text{m} = 0.46\text{m}$

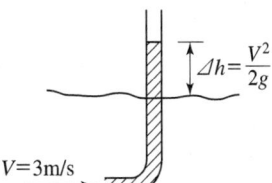

해답 ①

054

2차원 유동장이 $\vec{V}(x,y) = cx\vec{i} - cy\vec{j}$로 주어질 때, 가속도장 $\vec{a}(x,y)$는 어떻게 표시되는가? (단, 유동장에서 c는 상수를 나타낸다.)

① $\vec{a}(x,y) = cx^2\vec{i} - cy^2\vec{j}$
② $\vec{a}(x,y) = cx^2\vec{i} + cy^2\vec{j}$
③ $\vec{a}(x,y) = c^2x\vec{i} - c^2y\vec{j}$
④ $\vec{a}(x,y) = c^2x\vec{i} + c^2y\vec{j}$

해설

(x방향의 가속도) $a_x = u\dfrac{\partial u}{\partial x} + \dfrac{\partial u}{\partial t} = cx\dfrac{\partial(cx)}{\partial x} + \dfrac{\partial(cx)}{\partial t} = c^2x + 0$

(y방향의 가속도) $a_y = v\dfrac{\partial v}{\partial y} + \dfrac{\partial v}{\partial t} = -cy\dfrac{\partial(-cy)}{\partial y} + \dfrac{\partial(-cy)}{\partial t} = c^2y + 0$

$\vec{a}(x,y) = c^2x\vec{i} + c^2y\vec{j}$

해답 ④

055

그림과 같이 유속 10m/s인 물 분류에 대하여 평판을 3m/s의 속도로 접근하기 위하여 필요한 힘은 약 몇 N인가? (단, 분류의 단면적은 0.01m²이다.)

① 130
② 490
③ 1350
④ 1690

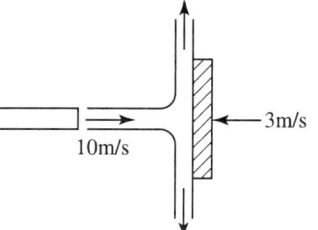

해설 $R_x = \rho A(V-U)^2 = 1000 \times 0.01 \times \{10-(-3)\}^2 = 1000 \times 0.01 \times 13^2 = 1690\text{N}$

해답 ④

056

물(비중량 9800N/m³) 위를 3m/s의 속도로 항진하는 길이 2m인 모형선에 작용하는 조파저항이 54N이다. 길이 50m인 실선을 이것과 상사한 조파상태인 해상에서 항진시킬 때 조파저항은 약 얼마인가? (단, 해수의 비중량은 10075N/m³이다.)

① 43kN
② 433kN
③ 87kN
④ 867kN

해설 $F_{r_1} = F_{r_2},\ \dfrac{V_1^2}{L_1 g} = \dfrac{V_2^2}{L_2 g},\ \dfrac{3^2}{2 \times g} = \dfrac{V_2^2}{50 \times g},\ V_2 = 15\text{m/s}$

(항력계수) $C_{D_1} = C_{D_2}$

(항력) $D = \gamma \times \dfrac{V^2}{2g} \times A_o \times C_D$

(항력계수) $C_D = \dfrac{D \times 2g}{\gamma \times V^2 \times A_D}$

$$\frac{D_1 \times 2g}{\gamma_1 \times V_1^2 \times L_1^2} = \frac{D_2 \times 2g}{\gamma_2 \times V_2^2 \times L_2^2}$$

$$\frac{54 \times 2 \times g}{9800 \times 3^2 \times 2^2} = \frac{D_2 \times 2 \times g}{10075 \times 15^2 \times 50^2}$$

(해상에서의 조파저항) $D_2 = 867426.65\text{N} \fallingdotseq 867\text{kW}$

해답 ④

057

골프공 표면의 딤플(dimple, 표면 굴곡)이 항력에 미치는 영향에 대한 설명으로 잘못된 것은?

① 딤플은 경계층의 박리를 지연시킨다.
② 딤플이 층류경계층을 난류경계층으로 천이시키는 역할을 한다.
③ 딤플이 골프공의 전체적인 항력을 감소시킨다.
④ 딤플은 압력저항보다 점성저항을 줄이는데 효과적이다.

해설 골프공 표면에 딤플이 있는 이유는 박리점 후방에 발생하는 후류의 생성을 억제하여 유체유동에 발생되는 저항을 줄이기 위해서이다.

해답 ④

058

다음과 같은 베르누이 방정식을 적용하기 위해 필요한 가정과 관계가 먼 것은? (단, 식에서 P는 압력, ρ는 밀도, V는 유속, γ는 비중량, Z는 유체의 높이를 나타낸다.)

$$P_1 + \frac{1}{2}\rho V_1^2 + \gamma Z_1 = P_2 + \frac{1}{2}\rho V_2^2 + \gamma Z_2$$

① 정상 유동
② 압축성 유체
③ 비점성 유체
④ 동일한 유선

해설 베르누이 방정식의 유도 가정 조건
① 유체는 유선을 따라 움직인다.
② 비점성 유체이다.
③ 정상유동이다.
④ 비압축성 유체이다.

해답 ②

059

중력은 무시할 수 있으나 관성력과 점성력 및 표면장력이 중요한 역할을 하는 미세 구조물 중 마이크로 채널 내부의 유동을 해석하는데 중요한 역할을 하는 무차원수만으로 짝지어진 것은?

① Reynolds 수, Froude 수
② Reynolds 수, Mach 수
③ Reynolds 수, Weber 수
④ Reynolds 수, Cauchy 수

해설 $Re = \dfrac{\text{관성력}}{\text{점성력}}$ $W_e = \dfrac{\text{관성력}}{\text{표면장력}}$

해답 ③

060 정상, 2차원, 비압축성 유동장의 속도성분이 아래와 같이 주어질 때 가장 간단한 유동함수(Ψ)의 형태는? (단, u는 x방향, v는 y방향의 속도성분이다.)

$$u = 2y, \ v = 4x$$

① $\Psi = -2x^2 + y^2$
② $\Psi = -x^2 + y^2$
③ $\Psi = -x^2 + 2y^2$
④ $\Psi = -4x^2 + 4y^2$

해설 (x방향의 속도 벡터) $u = \dfrac{\partial \phi}{\partial x}$

(y방향의 속도 벡터) $v = \dfrac{\partial \phi}{\partial y}$ 여기서, ϕ : 속도포텐셜

(x방향의 속도 벡터) $u = \dfrac{\partial \Psi}{\partial y}$

(y방향의 속도 벡터) $v = -\dfrac{\partial \Psi}{\partial x}$ 여기서, Ψ : 유동함수

(x방향 유동함수) Ψ_x, $\displaystyle\int \partial \Psi_x = \int u\,dy$, $\Psi_x = \displaystyle\int 2y\,dy = 2\dfrac{y^2}{2} + c_1$

(y방향 유동함수) Ψ_y, $\displaystyle\int \partial \Psi_y = -\int v\,dx$, $\Psi_y = -\displaystyle\int 4x\,dx = -4\dfrac{x^2}{2} + c_2 = -2x^2 + c_2$

(유동함수) $\Psi = \Psi_x + \Psi_y = y^2 + -2x^2$

해답 ①

제4과목 기계재료 및 유압기기

061 S곡선에 영향을 주는 요소들을 설명한 것 중 틀린 것은?
① Ti, Al 등이 강재에 많이 함유될수록 S곡선은 좌측으로 이동된다.
② 강중에 첨가원소로 인하여 편석이 존재하면 S곡선의 위치도 변화한다.
③ 강재가 오스테나이트 상태에서 가열온도가 상당히 높이면 높을수록 오스테나이트 결정립은 미세해지고, S곡선의 코(nose) 부근도 왼쪽으로 이동한다.
④ 강이 오스테나이트 상태에서 외부로부터 응력을 받으면 응력이 커지게 되어 변태 시간이 짧아져 S곡선의 변태 개시선은 좌측으로 이동한다.

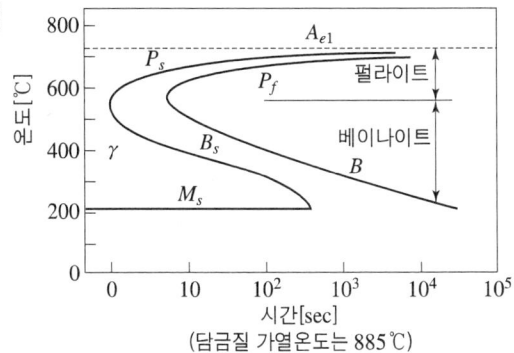

[0.89% C강의 항온변태 곡선 : T.T.T.곡선]

S곡선에서 가열온도가 높을수록 S곡선의 코(nose)부근이 오른쪽으로 이동한다. 해답 ③

062 구상흑연주철에서 나타나는 페딩(Fading) 현상이란?

① Ce, Mg 첨가에 의해 구상흑연화를 촉진하는 것
② 구상화처리 후 용탕상태로 방치하면 흑연구상화 효과가 소멸하는 것
③ 코크스비를 낮추어 고온 용해하므로 용탕에 산소 및 황의 성분이 낮게 되는 것
④ 두께가 두꺼운 주물이 흑연구상화 처리 후에도 냉각속도가 늦어 편상 흑연조직으로 되는 것

해설 구상흑연주철에서 구상화처리 후 용탕상태로 방치하면 측연구상화 효과가 소멸되는데 이것을 페딩(Fading)현상이라 하며 편상 흑연화되는 것이다. 해답 ②

063 순철의 변태에 대한 설명 중 틀린 것은?

① 동소변태점은 A_3점과 A_4점이 있다.
② Fe의 자기변태점은 약 768℃ 정도이며, 큐리(curie)점 이라고도 한다.
③ 동소변태는 결정격자가 변화하는 변태를 말한다.
④ 자기변태는 일정온도에서 급격히 비연속적으로 일어난다.

해설 **순철의 변태점**

종류	변태 형식	변태점	철의 변화	원자 배열
A_4 변태	동소변태	약 1400℃	$\delta-Fe \Leftrightarrow \gamma-Fe$	체심⇔면심
A_3 변태	동소변태	약 900℃	$\gamma-Fe \Leftrightarrow \beta-Fe$	면심⇔체심
A_2 변태	자기변태	약 775℃	$\beta-Fe \Leftrightarrow \alpha-Fe$	원자배열 없음

순철은 온도가 증가함에 따라 자기(磁氣)의 세기가 서서히 변화되어 768℃ 이상에서 자기의 세기가 급격히 작아지는 현상이 일어나고 이온도를 자기 변태점 이라 한다. 해답 ④

064
Fe-C 평형 상태도에서 γ고용체가 시멘타이트를 석출 개시하는 온도선은?

① A_{cm}선
② A_3선
③ 공석선
④ A_2선

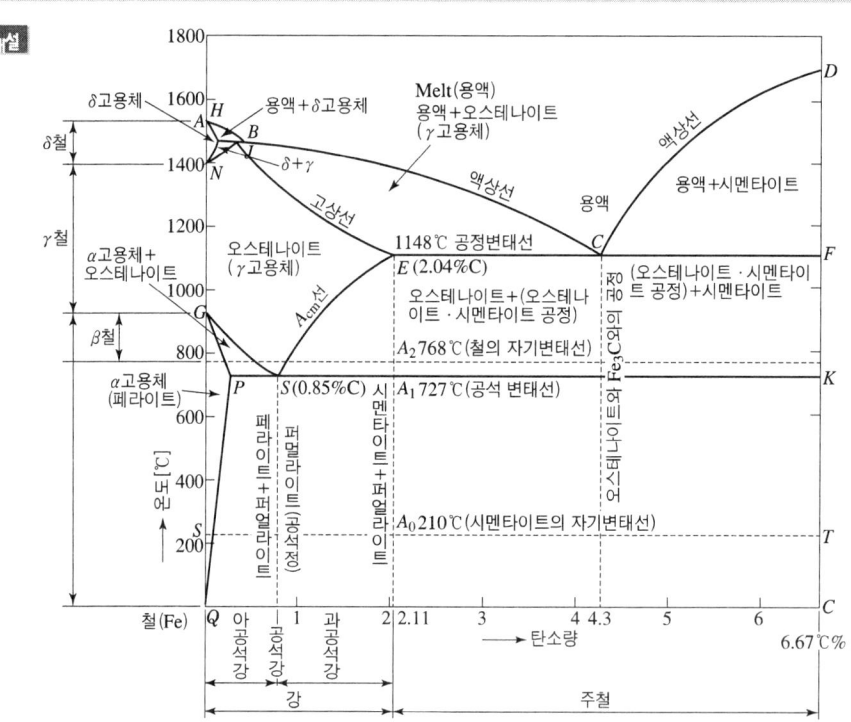

065
Mg-Al계 합금에 소량의 Zn과 Mn을 넣은 합금은?

① 엘렉트론(elektron) 합금
② 스텔라이트(stellite) 합금
③ 알클래드(alclad) 합금
④ 자마크(zamak) 합금

엘렉트론(elektron) : 마그네슘에 알루미늄과 아연을 도합 10% 이하로 배합을 한 합금의 상품명을 엘렉트론이라 한다. 항공기 및 자동차 및 정밀 기계 등의 부품재료로 널리 사용된다. 대표적인 것이 마그네슘 합금이다. 보통의 망간을 0.2~0.5% 함유를 하고, 알루미늄, 아연의 양에 따라 엘렉트론 AZD, 엘렉트론 AZF, 엘렉트론 AZG 등의 종류가 있다.

066
경도시험에서 압입체의 다이아몬드 원추각이 120°이며, 기준하중이 10kgf인 시험법은?

① 쇼어 경도시험
② 브리넬 경도시험
③ 비커스 경도시험
④ 로크웰 경도시험

해설 로크웰 경도시험(Rock well hardness)
압입자에 하중을 걸어 홀의 길이를 측정한다. 기준하중은 10kg이고, B스케일은 하중이 100kg, C스케일은 150kg이다. 압입자는 강구(B스케일)와 다이아몬드(C스케일)가 있다.

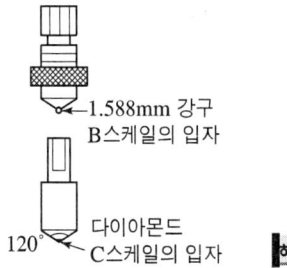

해답 ④

067
다음 금속 중 재결정 온도가 가장 높은 것은?
① Zn
② Sn
③ Fe
④ Pb

해설 ① Zn : 재결정온도 18℃   ② Sn : 재결정온도 10℃
③ Fe : 재결정온도 450℃   ④ Pb : 재결정온도 −3℃

해답 ③

068
아름답고 매끈한 플라스틱 제품을 생산하기 위한 금형재료의 요구되는 특성이 아닌 것은?
① 결정입도가 클 것
② 편석 등이 적을 것
③ 핀홀 및 흠이 없을 것
④ 비금속 개재물이 적을 것

해설 금형재료의 결정입도가 작아야 표면이 깨끗하고 매끈해진다.

해답 ①

069
심냉(sub-zero)처리의 목적을 설명한 것 중 옳은 것은?
① 자경강에 인성을 부여하기 위한 방법이다.
② 급열·급냉 시 온도 이력현상을 관찰하기 위한 것이다.
③ 항온 담금질하여 베이나이트 조직을 얻기 위한 방법이다.
④ 담금질 후 변형을 방지하기 위해 잔류 오스테나이트를 마텐자이트 조직으로 얻기 위한 방법이다.

해설 심냉처리(sub-zero treatment)
서브(sub)는 하(下), 제로(zero)는 0℃의 뜻이며, 즉 0℃보다 낮은 온도로 처리하는 것을 서브제로 처리라고 한다. 영하 처리 심냉처리(深冷處理), 냉동처리, 칠(chill)처리는 모두 같은 뜻이다.
서브제로 처리는 ① 담금질한 조직의 안정화(stabilization)
② 게이지강 등의 자연시효(seasoning)
③ 공구강의 경도 증가와 성능 향상
④ 수축 끼워맞춤(shrink fit)

등을 위해서 하게 된다. 일반적으로 담금질한 강에는 약간(5~20%)의 오스테나이트가 잔류하는 것이 되므로, 이것이 시일이 경과되면 마텐자이트로 변화하기 때문에 모양과 치수 그리고 경도에 변화가 생긴다. 이것을 경년변화라고 한다. 서브제로 처리를 하면 잔류 오스테나이트가 마텐자이트로 변해 경도가 커지고 치수 변화가 없어진다. 이때의 서브제로 처리는 담금질 직후 즉시 해야 한다.

해답 ④

070 Al합금 중 개량처리를 통해 Si의 조대한 육각관상을 미세화시킨 합금의 명칭은?
① 라우탈
② 실루민
③ 문쯔메탈
④ 두랄루민

해설 **실루민**(silumin) : 알루미늄에 12% 규소(Si)의 합금을 단순히 실루민이라 하고, 실루민에 0.1% 이하의 나트륨을 가하면 조직이 미세해진다. 이러한 처리를 개량처리라 한다. 개량처리를 하면 Si의 조대한 육각관상이 미세화 된다.

해답 ②

071 감압밸브, 체크밸브, 릴리프밸브 등에서 밸브 시트를 두드려 비교적 높은 음을 내는 일종의 자려 진동 현상은?
① 유격 현상
② 채터링 현상
③ 폐입 현상
④ 캐비테이션 현상

해설 **채터링**(chattering)
릴리프밸브 등으로 밸브시트를 두들겨서 비교적 높은 음을 발생시키는 일종의 자력진동 현상

해답 ②

072 유압 파워유닛의 펌프에서 이상 소음 발생의 원인이 아닌 것은?
① 흡입관의 막힘
② 유압유에 공기 혼입
③ 스트레이너가 너무 큼
④ 펌프의 회전이 너무 빠름

해설 펌프의 이상 소음은 스트레이너의 크기가 너무 작아 흡입될 때 마찰손실이 많은 경우 발생될 수 있다.

해답 ③

073 지름이 2cm인 관속을 흐르는 물의 속도가 1m/s이면 유량은 약 몇 cm³/s인가?
① 3.14
② 31.4
③ 314
④ 3140

해설 $Q = A \times V = \frac{\pi}{4}d^2 \times V = \frac{\pi}{4} \times 2^2 \times 100 = 314.159 \, cm^3/s$

해답 ③

074
한 쪽 방향으로 흐름은 자유로우나 역방향의 흐름을 허용하지 않는 밸브는?
① 체크밸브 ② 셔틀밸브
③ 스로틀밸브 ④ 릴리프밸브

해설
① **체크밸브** : 일방향 밸브로 한쪽방향으로만 흐르게 하는 밸브로 역류방지에 사용되는 밸브이다.
② **셔틀밸브** : 고압우선형 셔틀밸브, 저압우선형 셔틀밸브 두 가지 종류가 있다.
③ **스로틀밸브** : 교축밸브이며, 단면적을 변화시켜 유량을 제어하는 유량제어밸브의 한 종류이다.
④ **릴리프밸브** : 안전밸브라고도 하며 회로내의 최고압력을 제어 하는 밸브이다.

해답 ①

075
다음 중 유량제어밸브에 의한 속도 제어회로를 나타낸 것이 아닌 것은?
① 미터 인 회로 ② 블리드 오프 회로
③ 미터 아웃 회로 ④ 카운터 회로

해설 유량제어밸브에 의한 속도제어회로는 미터 인 방식, 미터 아웃 방식, 블리드 오프 방식이 있다. 미터 인 방식은 들어가는 유량을 제어하고 미터 아웃 방식은 나오는 유량을 제어하는 방식이다. 블리드 오프 방식은 들어가는 유량을 제어하는 것은 미터 인 방식과 동일하지만 작동부에 들어가는 유량의 일부를 유압탱크로 일부 분기시켜 유량을 제어하는 방식이다.

해답 ④

076
유체를 에너지원 등으로 사용하기 위하여 가압 상태로 저장하는 용기는?
① 디퓨져 ② 액추에이터
③ 스로틀 ④ 어큐뮬레이터

해설 **어큐뮬레이터**(Accumulator) : 축압기로 유체를 가압상태로 저장하는 장치로 에너지원으로도 사용 가능하다.

해답 ④

077
점성계수(coefficient of viscosity)는 기름의 중요 성질이다. 점도가 너무 낮을 경우 유압기기에 나타나는 현상은?
① 유동저항이 지나치게 커진다.
② 마찰에 의한 동력손실이 증대된다.
③ 각 부품 사이에서 누출 손실이 커진다.
④ 밸브나 파이프를 통과할 때 압력손실이 커진다.

해설

점도가 너무 높을 경우의 영향 (농도가 진하다)	점도가 너무 낮을 경우의 영향 (농도가 묽다)
① 동력손실 증가로 기계 효율의 저하 ② 소음이나 공동현상 발생 ③ 유동저항의 증가로 인한 압력손실의 증대 ④ 내부마찰의 증대에 의한 온도의 상승 ⑤ 유압기기 작동의 불활발	① 내부 오일 누설의 증대 ② 압력유지의 곤란 ③ 유압펌프, 모터등의 용적효율 저하 ④ 기기 마모의 증대 ⑤ 압력 발생 저하로 정확한 작동불가

해답 ③

078
저 압력을 어떤 정해진 높은 출력으로 증폭하는 회로의 명칭은?
① 부스터 회로
② 플립플롭 회로
③ 온오프제어 회로
④ 레지스터 회로

해설 **부스터**(booster) **회로** : 증압기 회로라고도 하며 낮은 압력의 유체동력을 높은 압력의 유체동력으로 변환하는 회로이다. 유압 프레스, 리베팅 머신에 사용되는 회로이다.

해답 ①

079
베인펌프의 일반적인 구성 요소가 아닌 것은?
① 캠링
② 베인
③ 로터
④ 모터

해설 베인모터의 구조

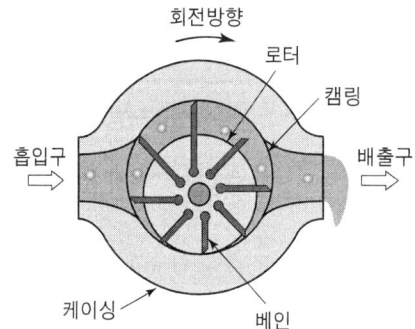

해답 ④

080
유공압 실린더의 미끄러짐 면의 운동이 간헐적으로 되는 현상은?
① 모노 피딩(Mono-feeding)
② 스틱 슬립(Stick-slip)
③ 컷 인 다운(Cut in-down)
④ 듀얼 액팅(Dual acting)

해설 **스틱슬립**(Stick-slip) : Stick Slip 현상은 두 재질 간에 마찰로 인해 발생하는 현상으로 접촉해있는 두 재료 간에 서로 수직력이 작용하는 조건에서 접선 방향으로 움직일 때 마찰이 발생하게 된다. 이때, 두 재료 간 정지마찰(Stick)과 운동마찰(Slip)이 일어날 수 있는데, 이 두 마찰이 연속적으로 발생하는 현상이 Stick-Slip 현상이다.

해답 ②

제5과목 기계제작법 및 기계동력학

081 무게 20N인 물체가 2개의 용수철에 의하여 그림과 같이 놓여 있다. 한 용수철은 1cm 늘어나는데 1.7N이 필요하며 다른 용수철은 1cm 늘어나는데 1.3N이 필요하다. 변위 진폭이 1.25cm가 되려면 정적평형위치에 있는 물체는 약 얼마의 초기속도(cm/s)를 주어야 하는가?
(단, 이 물체는 수직운동만 한다고 가정한다.)

① 11.5
② 18.1
③ 12.4
④ 15.2

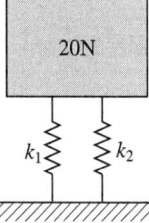

해설 (등가스프링 상수) $k_e = k_1 + k_2 = \dfrac{1.7N}{1cm} + \dfrac{1.3N}{1cm} = \dfrac{3N}{1cm} = 300N/m$

(에너지보존의 법칙) $\dfrac{1}{2}mV_1^2 = \dfrac{1}{2}k_e x^2$

(초기속도) $V_1 = \sqrt{\dfrac{k_e x^2}{m}} = \sqrt{\dfrac{k_e}{m}}\,x = \sqrt{\dfrac{300}{\dfrac{20}{9.8}}} \times 0.0125$

$= 0.1515 m/s = 15.15 cm/s \fallingdotseq 15.2 cm/s$

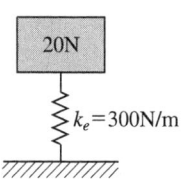

해답 ④

082 전동기를 이용하여 무게 9800N의 물체를 속도 0.3m/s로 끌어올리려 한다. 장치의 기계적 효율을 80%로 하면 최소 몇 kW의 동력이 필요한가?

① 3.2   ② 3.7
③ 4.9   ④ 6.2

해설 (기계효율) $\eta = \dfrac{W \times V}{H_{IN}}$

(동력) $H_W = \dfrac{W \times V}{\eta} = \dfrac{9800 \times 0.3}{0.8} Nm/s = 3675W = 3.675kW$

해답 ②

083 그림과 같이 Coulomb 감쇠를 일으키는 진동계에서 지면과의 마찰계수는 0.1, 질량 $m = 100kg$, 스프링 상수 $k = 981N/cm$이다. 정지 상태에서 초기 변위를 2cm 주었다가 놓을 때 4cycle 후의 진폭은 약 몇 cm가 되겠는가?

① 0.4   ② 0.1
③ 1.2   ④ 0.8

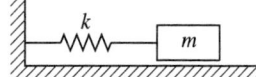

해설 (반사이클 진폭) $x_n = x_o - 2an = 2\text{cm} - 2 \times 0.1 \times 8 = 0.4\text{cm}$

4cycle $n = 8$

$\mu W = ka$, $a = \dfrac{\mu W}{k} = \dfrac{0.1 \times 100 \times 9.81\text{N}}{\dfrac{9.81\text{N}}{0.01\text{m}}} = 0.001\text{m} = 0.1\text{cm}$

여기서, a : 반사이클 진폭

해답 ①

084 단순조화운동(Harmonic motions)일 때 속도와 가속도의 위상차는 얼마인가?

① $\dfrac{\pi}{2}$
② π
③ 2π
④ 0

해설 (변위) $x = A\sin\omega t$
(속도) $x' = Aw\cos\omega t$
(가속도) $x'' = -Aw^2\sin\omega t$

cos과 sin의 위상차는 $90° = \dfrac{\pi}{2}$ 이다.

해답 ①

085 어떤 물체가 정지 상태로부터 다음 그래프와 같은 가속도(a)로 속도가 변화한다. 이때 20초 경과 후의 속도는 약 몇 m/s인가?

① 1
② 2
③ 3
④ 4

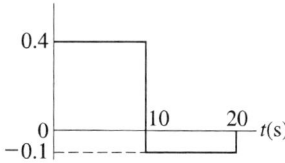

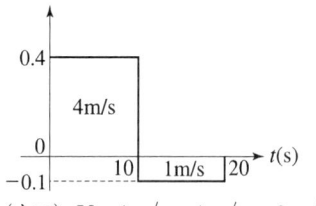

(속도) $V = 4\text{m/s} - 1\text{m/s} = 3\text{m/s}$

해답 ③

086 그림은 스프링과 감쇠기로 지지된 기관(engine, 총 질량 m)이며, m_1은 크랭크 기구의 불평형 회전질량으로 회전 중심으로부터 r만큼 떨어져 있고, 회전주파수는 ω이다. 이 기관의 운동방정식을 $m\ddot{x}+c\dot{x}+kx=F(t)$라고 할 때 $F(t)$로 옳은 것은?

① $F(t)=\dfrac{1}{2}m_1r\omega^2\sin\omega t$

② $F(t)=\dfrac{1}{2}m_1r\omega^2\cos\omega t$

③ $F(t)=m_1r\omega^2\sin\omega t$

④ $F(t)=m_1r\omega^2\cos\omega t$

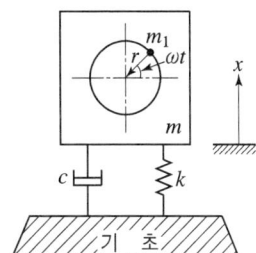

해설 지면이 시작변위이면 초기변위 0
$F(t)=m\omega^2r\sin\omega t$
(원심력) $F=ma_n=mx^2r$
(법선가속도) $a_n=\dfrac{V^2}{r}=\dfrac{\omega^2r^2}{t}=\omega^2r$

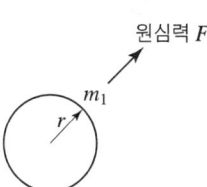

원심력 F

해답 ③

087 반지름이 r인 균일한 원판의 중심에 200N의 힘이 수평방향으로 가해진다. 원판의 미끄러짐을 방지하는데 필요한 최소 마찰력(f)은?

① 200N
② 100N
③ 66.67N
④ 33.33N

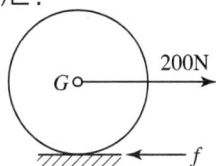

해설 $\Sigma F=ma_t=m\alpha r$
$\Sigma F=+200-f$
$\Sigma T=f\times r=J\alpha$
(각가속도) $\alpha=\dfrac{f\times r}{J}=\dfrac{f\times r}{\dfrac{mr^2}{2}}=\dfrac{2f}{mr}$

$+200-f=m\times\dfrac{2f}{mr}\times r$
$200-f=2f$
$200=3f$
(마찰력) $f=\dfrac{200}{3}=66.67$N

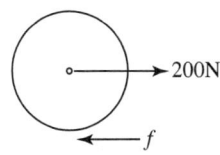

해답 ③

088
축구공을 지면으로부터 1m의 높이에서 자유낙하 시켰더니 0.8m 높이까지 다시 튀어올랐다. 이 공의 반발계수는 얼마인가?

① 0.89 ② 0.83
③ 0.80 ④ 0.77

해설
$$e = \frac{\text{멀어지는 속도}}{\text{가까워지는 속도}} = \frac{0 - \sqrt{2gH'}}{\sqrt{2gH} - 0} = -\sqrt{\frac{H'}{H}}$$
$$e = \sqrt{\frac{H'}{H}}, \quad e = \sqrt{\frac{0.8}{1}} = 0.89$$

해답 ①

089
길이가 1m이고 질량이 3kg인 가느다란 막대에서 막대 중심축과 수직하면서 질량중심을 지나는 축에 대한 질량 관성모멘트는 몇 $kg \cdot m^2$인가?

① 0.20 ② 0.25
③ 0.30 ④ 0.40

해설

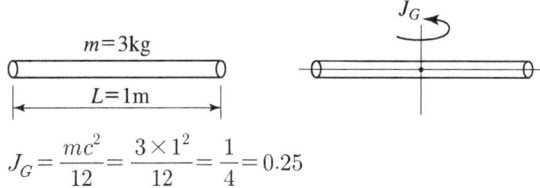

$$J_G = \frac{mc^2}{12} = \frac{3 \times 1^2}{12} = \frac{1}{4} = 0.25$$

해답 ②

090
아이스하키 선수가 친 퍽이 얼음 바닥 위에서 30m를 가서 정지하였는데, 그 시간이 9초가 걸렸다. 퍽과 얼음 사이의 마찰계수는 얼마인가?

① 0.046 ② 0.056
③ 0.066 ④ 0.076

해설

① $v_2 = v_1 + at$, $0 = v_1 + at$, $a = -\frac{v_1}{t} = -\frac{v_1}{9}$

② $2as = v_2^2 - v_1^2$, $2 \times \left(-\frac{v_1}{9}\right) \times 30 = 0 - v_1^2$, $-\frac{v_1 \times 60}{9} = -v_1^2$, $v_1 = \frac{60}{9}$

$\mu mg \times s = \frac{1}{2}mv_1^2$

$$\mu = \frac{\frac{1}{2}v_1^2}{g \times s} = \frac{\frac{1}{2} \times \left(\frac{60}{9}\right)^2}{9.8 \times 30} = 0.0755$$

해답 ④

091 다음 인발가공에서 인발 조건의 인자로 가장 거리가 먼 것은?
① 절곡력(dolding force)
② 역장력(back tension)
③ 마찰력(friction force)
④ 다이각(die angle)

해설 **인발가공에서 인발 조건의 인자** : 인발력, 역장력, 단면 감소율, 다이 각도, 다이-소재 간의 마찰력이 있다.

해답 ①

---

092 다음 중 나사의 유효지름 측정과 가장 거리가 먼 것은?
① 나사 마이크로미터
② 센터게이지
③ 공구현미경
④ 삼침법

해설 **나사의 유효지름측정** : 삼침법, 나사 마이크로미터, 투영기, 공구 현미경이 있다.

해답 ②

---

093 구성인선(built up edge)의 방지대책으로 틀린 것은?
① 공구 경사각을 크게 한다.
② 절삭 깊이를 작게 한다.
③ 절삭 속도를 낮게 한다.
④ 윤활성이 좋은 절삭 유체를 사용한다.

해설 **구성인선 방지대책**
① 공구경사각(윗면공구각)을 크게 한다.
② 절삭깊이를 작게 한다.
③ 절삭속도를 고속으로 한다.
④ 윤활성이 좋은 절삭유제을 사용한다.
⑤ 공구인선의 반지름을 작게 한다.

해답 ③

---

094 다음 중 전주가공의 특징으로 가장 거리가 먼 것은?
① 가공시간이 길다.
② 복잡한 형상, 중공축 등을 가공할 수 있다.
③ 모형과의 오차를 줄일 수 있어 가공 정밀도가 높다.
④ 모형 전체면에 균일한 두께로 전착이 쉽게 이루어진다.

해설 **전주가공** : 전주가공법은 전기 도금의 원리를 이용한 일종의 복제 방법 중 하나다. 모형은 상당 두께로 도금한 후 역으로 도금층을 분리해서 이 도금층의 모형을 복제하는 금형으로 이용하는 것이다. 아주 작고 섬세하며 두께가 얇은 제품을 만드는데 유용하다. 단점으로는 모형 전체에 균일한 두께로 전착이 어려워 후처리가 필요하다.

해답 ④

095

주조에서 탕구계의 구성요소가 아닌 것은?

① 쇳물 받이   ② 탕도
③ 피이더   ④ 주입구

해설 탕구계

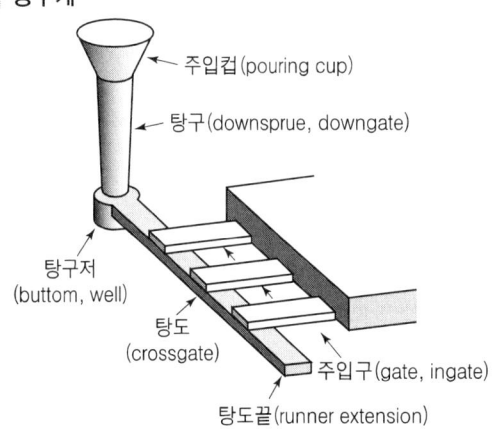

해답 ③

096

다음 중 저온 뜨임의 특성으로 가장 거리가 먼 것은?

① 내마모성 저하   ② 연마균열 방지
③ 치수의 경년 변화 방지 ④ 담금질에 의한 응력 제거

해설 저온 뜨임은 내마모성을 증가시키고, 연마균열 방지, 치수의 경년 변화 방지, 담금질에 의한 응력을 제거하는 특징이 있다.

해답 ①

097

TIG 용접과 MIG 용접에 해당하는 용접은?

① 불활성가스 아크 용접   ② 서브머지드 아크 용접
③ 교류 아크 셀룰로스계 피복 용접 ④ 직류 아크 일미나이트계 피복 용접

해설 불활성가스 아크용접은 TIG(불활성가스 텅스텐), MIG(불활성가스 금속)이 있다.

해답 ①

098

다이(die)에 탄성이 뛰어난 고무를 적층으로 두고 가공 소재를 형상을 지닌 펀치로 가압하여 가공하는 성형가공법은?

① 전자력 성형법   ② 폭발 성형법
③ 엠보싱법   ④ 마폼법

해설 마폼법 : 다이(die)에 탄성이 뛰어난 고무를 적층으로 두고 가공소재를 형상을 지닌 펀치로 가압하여 가공하는 성형가공법이다.

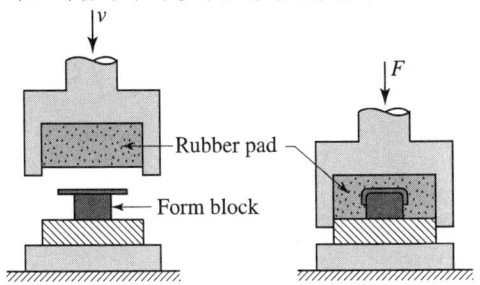

해답 ④

099
연강을 고속도강 바이트로 세이퍼 가공할 때 바이트의 1분간 왕복횟수는? (단, 절삭속도＝15m/min이고 공작물의 길이(행정의 길이)는 150mm, 절삭행정의 시간과 바이트 1왕복의 시간과의 비 $k=3/5$이다.)

① 10회 ② 15회
③ 30회 ④ 60회

해설 $V = \dfrac{LN}{1000k}$

(1분간 왕복횟수) $N = \dfrac{V \times 1000k}{L} = \dfrac{15 \times 1000 \times \dfrac{3}{5}}{150} = 60$회

해답 ④

100
드릴링 머신으로 할 수 있는 기본 작업 중 접시머리 볼트의 머리 부분이 묻히도록 원뿔자리 파기 작업을 하는 가공은?

① 태핑 ② 카운터 싱킹
③ 심공 드릴링 ④ 리밍

해설 드릴링 머신의 기본작업

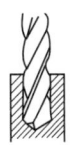  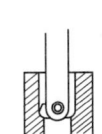 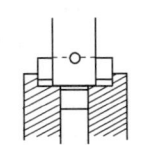 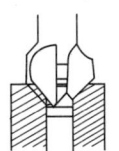 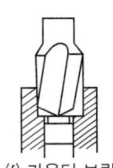

(a) 드릴링 (b) 리밍 (c) 태핑 (g) 보링 (d) 스폿 페이싱 (e) 카운터 싱킹 (f) 카운터 보링

해답 ②

일반기계기사

2019년 4월 27일 시행

제1과목 재료역학

001 원형축(바깥지름 d)을 재질이 같은 속이 빈 원형축(바깥지름 d, 안지름 $d/2$)으로 교체하였을 경우 받을 수 있는 비틀림 모멘트는 몇 % 감소하는가?

① 6.25
② 8.25
③ 25.6
④ 52.6

해설

$$\frac{T_2}{T_1} = \frac{\tau_a \times Z_{P_2}}{\tau_a \times Z_{P_1}} = \frac{Z_{P_2}}{Z_{P_1}} = \frac{\frac{\pi d^3}{16}\left\{1-\left(\frac{d/2}{d}\right)^4\right\}}{\frac{\pi d^3}{16}} = 1 - \frac{1}{2^4} = 0.9375 = 93.75\%$$

(감소된 비틀림모멘트) $\Delta T = T_1 - T_2 = 100 - 93.75 = 6.25\%$

해답 ①

002 포아송의 비 0.3, 길이 3m인 원형단면의 막대에 축방향의 하중이 가해진다. 이 막대의 표면에 원주방향으로 부착된 스트레인 게이지가 -1.5×10^{-4}의 변형률을 나타낼 때, 이 막대의 길이 변화로 옳은 것은?

① 0.135mm 압축
② 0.135mm 인장
③ 1.5mm 압축
④ 1.5mm 인장

해설

$\mu = 0.3$, $L = 3000\text{mm}$, $\frac{\Delta D}{D} = -1.5 \times 10^{-4}$

원주방향변형률이 "⊖"이면 인장

$\mu = \dfrac{\dfrac{\Delta D}{D}}{\dfrac{\Delta L}{L}}$ $0.3 = \dfrac{1.5 \times 10^{-4}}{\dfrac{\Delta L}{3000}}$

(막대의 길이 변화) $\Delta L = 1.5\text{mm}$

해답 ④

003

안지름이 80mm, 바깥지름이 90mm이고 길이가 3m인 좌굴 하중을 받는 파이프 압축 부재의 세장비는 얼마 정도인가?

① 100
② 110
③ 120
④ 130

해설

(세장비) $\lambda = \dfrac{L}{k_{\min}} = \dfrac{300\text{mm}}{30.103\text{mm}} \fallingdotseq 100$

(최소 회전반경) $k_{\min} = \sqrt{\dfrac{I}{A}} = \sqrt{\dfrac{\dfrac{\pi}{64}(90^4 - 80^4)}{\dfrac{\pi}{4}(90^2 - 80^2)}} = 30.103\text{mm}$

해답 ①

004

지름 30mm의 환봉 시험편에서 표점거리를 10mm로 하고 스트레인 게이지를 부착하여 신장을 측정한 결과 인장하중 25kN에서 신장 0.0418mm가 측정되었다. 이때의 지름은 29.97mm이었다. 이 재료의 포아송 비(ν)는?

① 0.239
② 0.287
③ 0.0239
④ 0.0287

해설

(포아송비) $\nu = \dfrac{\dfrac{\Delta D}{D}}{\dfrac{\Delta L}{L}} = \dfrac{\left(\dfrac{30 - 29.97}{30}\right)}{\left(\dfrac{0.0418}{10}\right)} = 0.239$

해답 ①

005

다음과 같은 단면에 대한 2차 모멘트 I_z는 약 몇 mm⁴인가?

① 18.6×10^6
② 21.6×10^6
③ 24.6×10^6
④ 27.6×10^6

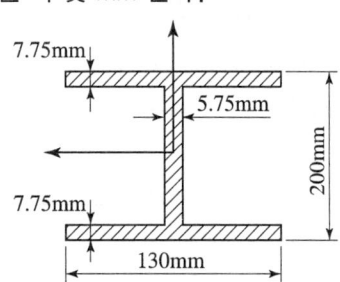

해설

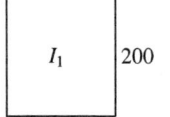

I_2 $(200 - 7.75 \times 2) = 184.5$

$\dfrac{130 - 5.75}{2} = 62.125$

$I_Z = I_1 - 2I_2 = \dfrac{130 \times 200^3}{12} - 2 \times \dfrac{62.125 \times 184.5^3}{12} = 21.6 \times 10^6 \text{mm}^4$

해답 ②

006 지름 4cm, 길이 3m인 선형 탄성 원형 축이 800rpm으로 3.6kW를 전달할 때 비틀림 각은 약 몇 도(°)인가? (단, 전단 탄성계수는 84GPa이다.)

① 0.0085°   ② 0.35°
③ 0.48°   ④ 5.08°

해설 (비틀림각도) $\theta = \dfrac{TL}{GI_P} \times \dfrac{180}{\pi} = \dfrac{42953.4 \times 3000}{84 \times 10^3 \times \dfrac{\pi \times 40^4}{32}} \times \dfrac{180}{\pi} = 0.35$

$T = 974000 \times \dfrac{H_{kW}}{N} = 974000 \times \dfrac{3.6}{800} = 4383 \text{kgf} \cdot \text{mm} = 42953.4 \text{N} \cdot \text{mm}$

해답 ②

007 그림과 같이 한쪽 끝을 지지하고 다른 쪽을 고정한 보가 있다. 보의 단면은 직경 10cm의 원형이고 보의 길이는 L이며, 보의 중앙에 2094N의 집중하중 P가 작용하고 있다. 이때 보에 작용하는 최대굽힘응력이 8MPa라고 한다면, 보의 길이 L은 약 몇 m인가?

① 2.0
② 1.5
③ 1.0
④ 0.7

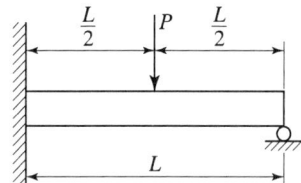

해설
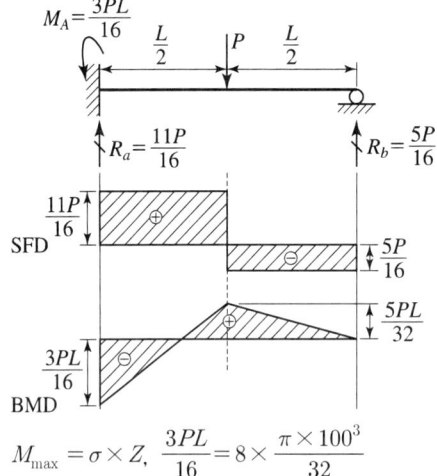

$M_{\max} = \sigma \times Z$, $\dfrac{3PL}{16} = 8 \times \dfrac{\pi \times 100^3}{32}$

$\dfrac{3 \times 2094 \times L}{16} = 8 \times \dfrac{\pi \times 100^3}{32}$

(보의 길이) $L = 2000.377 \text{mm} \fallingdotseq 2\text{m}$

해답 ①

008

다음과 같이 길이 L인 일단고정, 타단지지보에 등분포하중 ω가 작용할 때, 고정단 A로부터 전단력이 0이 되는 거리(X)는 얼마인가?

① $\dfrac{2}{3}L$

② $\dfrac{3}{4}L$

③ $\dfrac{5}{8}L$

④ $\dfrac{3}{8}L$

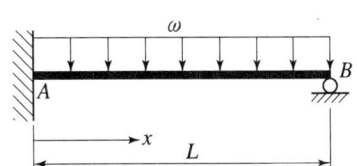

해설

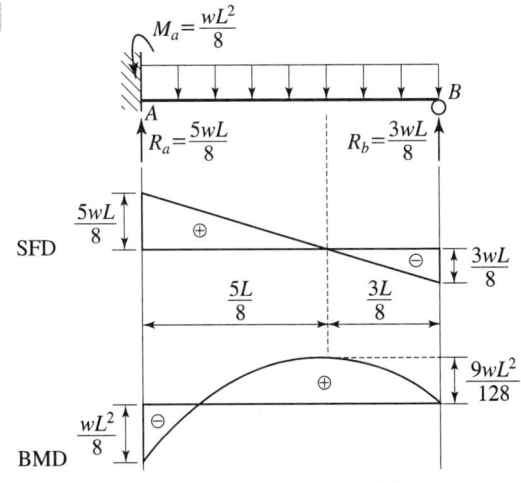

전단력이 "0"이 되는 지점은 $x = \dfrac{5L}{8}$

해답 ③

009

두께 10mm의 강판에 지름 23mm의 구멍을 만드는데 필요한 하중은 약 몇 kN인가? (단, 강판의 전단응력 $\tau = 750$MPa이다.)

① 243   ② 352
③ 473   ④ 542

해설 $F = \tau \times \pi D \times t = 750 \times \pi \times 23 \times 10 = 541924.73\text{N} \fallingdotseq 542\text{kN}$

해답 ④

010

그림과 같은 구조물에서 점 A에 하중 $P=50\text{kN}$이 작용하고 A점에서 오른편으로 $F=10\text{kN}$이 작용할 때 평형위치의 변위 x는 몇 cm인가?
(단, 스프링탄성계수 $(k)=5\text{kN/cm}$이다.)

① 1
② 1.5
③ 2
④ 3

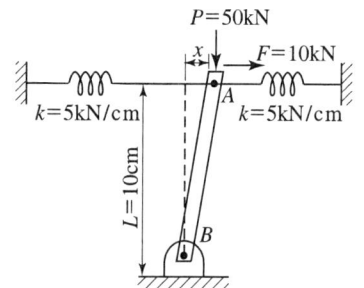

해설

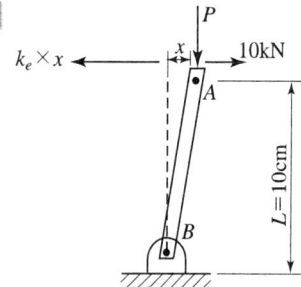

(등가스프링 상수) $k_e = 5\text{kN/cm} + 5\text{kN/cm} = 10\text{kN/cm}$

$\sum M_B = 0$ 우

$\oplus P \times x \quad \ominus k_e \times x \times L \quad \oplus 10\text{kN} \times 10\text{cm} = 0$

$\oplus 50\text{kN} \times x\text{cm} \quad \ominus 10\text{kN/cm} \times x\text{cm} \times 10\text{cm} \quad \oplus 10\text{kN} \times 10\text{cm} = 0$

$50x - 100x + 100 = 0$

$x = 2\text{cm}$

해답 ③

011

직육면체가 일반적인 3축 응력 $\sigma_x, \sigma_y, \sigma_z$를 받고 있을 때 체적 변형률 ϵ_v는 대략 어떻게 표현되는가?

① $\epsilon_v \simeq \dfrac{1}{3}(\epsilon_x + \epsilon_y + \epsilon_z)$

② $\epsilon_v \simeq \epsilon_x + \epsilon_y + \epsilon_z$

③ $\epsilon_v \simeq \epsilon_x\epsilon_y + \epsilon_y\epsilon_z + \epsilon_z\epsilon_x$

④ $\epsilon_v \simeq \dfrac{1}{3}(\epsilon_x\epsilon_y + \epsilon_y\epsilon_z + \epsilon_z\epsilon_x)$

해설

$v = a \times b \times c$

$v' = (a+a\epsilon_x) \times (b+b\epsilon_y) \times (c+c\epsilon_z) = a(1+\epsilon_x) \times b(1+\epsilon_y) \times c(1+\epsilon_z)$

$= abc \times (1+\epsilon_x+\epsilon_y+\epsilon_z+\epsilon_x\epsilon_y+\epsilon_y\epsilon_z+\epsilon_z\epsilon_x+\epsilon_x\epsilon_y\epsilon_z)$

$\fallingdotseq abc \times (1+\epsilon_x+\epsilon_y+\epsilon_z)$

$\Delta v = v' - v = abc - abc(1+\epsilon_x+\epsilon_y+\epsilon_z) = abc(\epsilon_x+\epsilon_y+\epsilon_z)$

$\epsilon_v = \dfrac{\Delta v}{v} = \dfrac{abc(\epsilon_x+\epsilon_y+\epsilon_z)}{abc} = \epsilon_x+\epsilon_y+\epsilon_z$

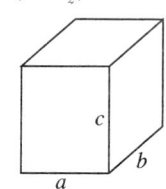

해답 ②

012

다음 그림과 같이 C점에 집중하중 P가 작용하고 있는 외팔보의 자유단에서 경사각 θ를 구하는 식은? (단, 보의 굽힘 강성 EI는 일정하고, 자중은 무시한다.)

① $\theta = \dfrac{Pl^2}{2EI}$ ② $\theta = \dfrac{3Pl^2}{2EI}$

③ $\theta = \dfrac{Pa^2}{2EI}$ ④ $\theta = \dfrac{Pb^2}{2EI}$

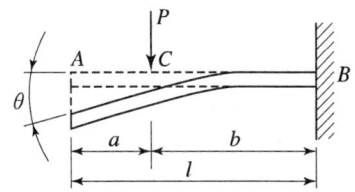

해설

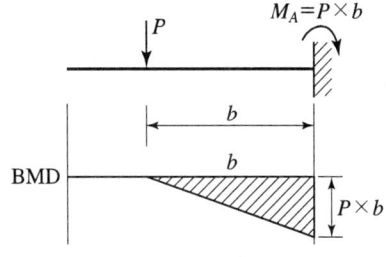

$A_M = \dfrac{1}{2} \times b \times Pb = \dfrac{Pb^2}{2}$

$\theta = \dfrac{A_M}{EI} = \dfrac{\left(\dfrac{Pb^2}{2}\right)}{EI} = \dfrac{Pb^2}{2EI}$

해답 ④

013

단면적이 7cm²이고, 길이가 10m인 환봉의 온도를 10℃ 올렸더니 길이가 1mm 증가했다. 이 환봉의 열팽창계수는?

① $10^{-2}/℃$ ② $10^{-3}/℃$

③ $10^{-4}/℃$ ④ $10^{-5}/℃$

해설 (열팽창계수) $\alpha = \dfrac{L_{th}}{L \times \Delta T} = \dfrac{0.001\text{m}}{10\text{m} \times 10℃} = 10^{-5}\dfrac{1}{℃}$

해답 ④

014

단면 20cm×30cm, 길이 6m의 목재로 된 단순보의 중앙에 20kN의 집중하중이 작용할 때, 최대 처짐은 약 몇 cm인가? (단, 세로탄성계수 $E=10$GPa이다.)

① 1.0
② 1.5
③ 2.0
④ 2.5

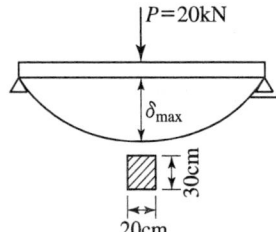

해설 (최대처짐량) $\delta = \dfrac{PL^3}{48EI} = \dfrac{20000 \times 6000^3}{48 \times 10000 \times \dfrac{200 \times 300^3}{12}} = 20\text{mm} = 2\text{cm}$

해답 ③

015

끝이 닫혀있는 얇은 벽의 둥근 원통형 압력 용기에 내압 p가 작용한다. 용기의 벽의 안쪽 표면 응력상태에서 일어나는 절대 최대 전단응력을 구하면? (단, 탱크의 반경 $= r$, 벽 두께 $= t$이다.)

① $\dfrac{pr}{2t} - \dfrac{p}{2}$ ② $\dfrac{pr}{4t} - \dfrac{p}{2}$

③ $\dfrac{pr}{4t} + \dfrac{p}{2}$ ④ $\dfrac{pr}{2t} + \dfrac{p}{2}$

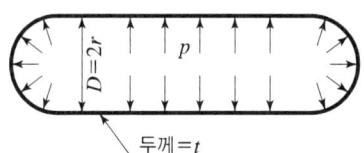

해설

구형태

$\sigma_x = \dfrac{PD}{4t}$

$\sigma_y = \dfrac{PD}{4t}$

$\sigma_z = -P$

$\tau_{\max 구} = \left(P + \dfrac{PD}{4t}\right) \times \dfrac{1}{2} = \dfrac{P}{2} + \dfrac{PD}{8t} = \dfrac{P}{2} + \dfrac{P \times 2r}{8t} = \dfrac{P}{2} + \dfrac{Pr}{4t}$

원통형태

$\sigma_x = \dfrac{PD}{4t}$

$\sigma_y = \dfrac{PD}{2t}$

$\sigma_z = -P$

$\tau_{\max 원통} = \left(P + \dfrac{PD}{2t}\right) \times \dfrac{1}{2} = \dfrac{P}{2} + \dfrac{PD}{4t} = \dfrac{P}{2} + \dfrac{P \times 2r}{4t} = \dfrac{P}{2} + \dfrac{Pr}{2t}$

$\tau_{\max 구} = \dfrac{P}{2} + \dfrac{Pr}{4t}$

$\tau_{\max 원통} = \dfrac{P}{2} + \dfrac{Pr}{2t}$

원통형태에서 최대 전단응력이 발생한다. $\tau_{\max} = \dfrac{P}{2} + \dfrac{Pr}{2t}$

해답 ④

016

 길이 3m인 직사각형 단면 $b \times h = 5\text{cm} \times 10\text{cm}$을 가진 외팔보에 w의 균일분포하중이 작용하여 최대굽힘응력 500N/cm^2이 발생할 때, 최대전단응력은 약 몇 N/cm^2인가?

① 20.2
② 16.5
③ 8.3
④ 5.4

해설

$$\tau_{\max} = \frac{3}{2} \times \frac{F_{\max}}{A} = \frac{3}{2} \times \frac{w \times L}{5 \times 10} = \frac{3}{2} \times \frac{0.9259 \times 300}{5 \times 10} = 8.33 \text{N/cm}^2$$

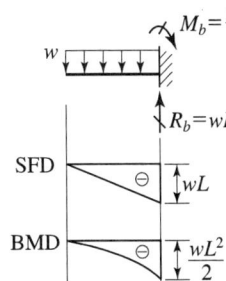

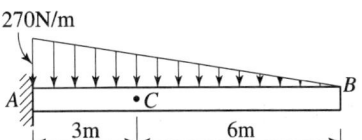

$M_b = \dfrac{wL^2}{2}$ $M_{\max} = M_b = \dfrac{wL^2}{2}$

$\sigma_b = \dfrac{M_{\max}}{Z}$

$500 = \dfrac{\dfrac{w \times 300^2}{2}}{\dfrac{5 \times 10^2}{6}}$

(분포하중) $w = 0.9259 \text{N/cm}$

해답 ③

017

 그림에서 C점에서 작용하는 굽힘모멘트는 몇 N·m인가?

① 270
② 810
③ 540
④ 1080

해설

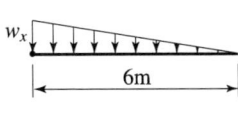

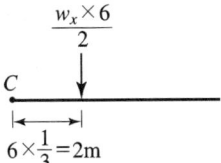

$9\text{m} : 270 = 6\text{m} : w_x$

$w_x = \dfrac{270 \times 6}{9} = 180 \text{N/m}$

$M_c = \left(\dfrac{w_x \times 6}{2}\right) \times 2\text{m} = \dfrac{180 \times 6}{2} \times 2 = 1080 \text{N·m}$

해답 ④

018

그림과 같은 형태로 분포하중을 받고 있는 단순지지보가 있다. 지지점 A에서의 반력 R_A는 얼마인가? (단, 분포하중 $\omega(x) = \omega_o \sin\frac{\pi x}{L}$이다.)

① $\dfrac{2\omega_o L}{\pi}$ ② $\dfrac{\omega_o L}{\pi}$

③ $\dfrac{\omega_o L}{2\pi}$ ④ $\dfrac{\omega_o L}{2}$

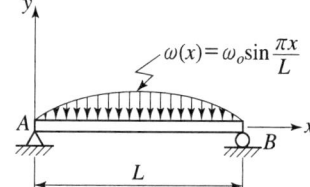

해설 (분포하중의 면적) $A = \displaystyle\int_0^L w_o \sin\frac{\pi}{L}x = w_o \times \frac{1}{\left(\frac{\pi}{L}x\right)'}\left[-\cos\frac{\pi}{K}x\right]_0^L$

$= w_o \times \dfrac{L}{\pi}\left[-\cos\dfrac{\pi}{L}(L) - \left(-\cos\dfrac{\pi}{L}(0)\right)\right]$

$= w_o \times \dfrac{L}{\pi}[-(-1) - 0]$

$= 2w_o \times \dfrac{L}{\pi}$

$R_A = \dfrac{A}{2} = \dfrac{2w_o \times \frac{L}{\pi}}{2} = w_o \times \dfrac{L}{\pi}$

해답 ②

019

그림과 같은 평면 응력 상태에서 최대 주응력은 약 몇 MPa인가?
(단, $\sigma_x = 500$MPa, $\sigma_y = -300$MPa, $\tau_{xy} = -300$MPa이다.)

① 500
② 600
③ 700
④ 800

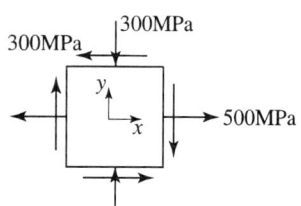

해설 $\sigma_1 = \dfrac{\sigma_x + \sigma_y}{2} + \sqrt{\left(\dfrac{\sigma_x - \sigma_y}{2}\right)^2 + \tau_{xy}^2}$

$= \dfrac{500 + (-300)}{2} + \sqrt{\left(\dfrac{500 - (-300)}{2}\right)^2 + 300^2}$

$= 600$MPa

해답 ②

020 강재 중공축이 25kN·m의 토크를 전달한다. 중공축의 길이가 3m이고, 이때 축에 발생하는 최대전단응력이 90MPa이며, 축에 발생된 비틀림각이 2.5°라고 할 때 축의 외경과 내경을 구하면 각각 약 몇 mm인가? (단, 축 재료의 전단탄성계수는 85GPa이다.)

① 146, 124
② 136, 114
③ 140, 132
④ 133, 112

해설
$T = 25 \times 10^6 \text{N} \cdot \text{mm}$
$L = 3000\text{mm}$
$\tau_{\max} = 90\text{MPa}$
$\theta = 2.5° \times \dfrac{\pi}{180} = 0.0436\text{rad}$
$G = 85000\text{MPa}$

$$\theta = \frac{TL}{GI_P} = \frac{(\tau_{\min} \times Z_P) \times L}{G \times I_P} = \frac{\tau_{\min} \times \frac{I_P}{R_2} \times L}{G \times I_P} = \frac{\tau_{\min} \times L}{G \times R_2}$$

(바깥원의 반지름) $R_2 = \dfrac{\tau_{\min} \times L}{G \times \theta} = \dfrac{90 \times 3000}{85000 \times 0.0436} = 72.854\text{mm}$

(외경) $D_2 = 2 \times R_2 = 2 \times 72.854 = 145.7 ≒ 146\text{mm}$

$$T = \tau_{\min} \times Z_P = \tau_{\min} \times \frac{\pi D_2^3}{16}(1-x^4)$$

$$25 \times 10^6 = 90 \times \frac{\pi \times 146^3}{16}(1-x^4)$$

(내외경비) $x = 0.859$

$x = \dfrac{D_1}{D_2}$, $D_1 = xD_2 = 0.859 \times 146 ≒ 125\text{mm}$

해답 ①

제2과목 기계열역학

021 어떤 사이클이 다음 온도(T)-엔트로피(s) 선도와 같을 때 작동 유체에 주어진 열량은 약 몇 kJ/kg인가?

① 4
② 400
③ 800
④ 1600

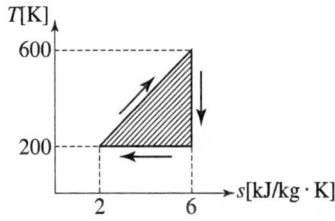

해설 $T-s$ 선도 면적은 열량을 나타낸다.
$Q = \dfrac{1}{2} \times 4 \times 400 = 800\,\text{kJ/kg}$

해답 ③

022

압력이 100kPa이며 온도가 25°C인 방의 크기가 240m³이다. 이 방에 들어있는 공기의 질량은 약 몇 kg인가? (단, 공기는 이상기체로 가정하며, 공기의 기체상수는 0.287kJ/(kg·K)이다.)

① 0.00357
② 0.28
③ 3.57
④ 280

해설 $PV = mRT$
$m = \dfrac{PV}{RT} = \dfrac{100 \times 240}{0.287 \times (25+273)} = 280\,\text{kg}$

해답 ④

023

용기에 부착된 압력계에 읽힌 계기압력이 150kPa이고 국소대기압이 100kPa일 때 용기 안의 절대압력은?

① 250kPa
② 150kPa
③ 100kPa
④ 50kPa

해설 $P_{abs} = P_o + P_a = 100 + 150 = 250\,\text{kPa}$

해답 ①

024

수증기가 정상과정으로 40m/s의 속도로 노즐에 유입되어 275m/s로 빠져나간다. 유입되는 수증기의 엔탈피는 3300kJ/kg, 노즐로부터 발생되는 열손실은 5.9kJ/kg일 때 노즐 출구에서의 수증기 엔탈피는 약 몇 kJ/kg인가?

① 3257
② 3024
③ 2795
④ 2612

해설 $\dfrac{1}{2}V_1^2 + h_1 = \dfrac{1}{2}V_2^2 + h_2 + q_2$

$\dfrac{1}{2} \times 40^2 = 800\,\text{m}^2/\text{s}^2 = 800\,\text{kg}\cdot\text{m}^2/\text{kg}\cdot\text{s}^2 = 800\,\text{J/kg} = 0.8\,\text{kJ/kg}$

$\dfrac{1}{2} \times 275^2 = 37812.5\,\text{m}^2/\text{s}^2 = 37812.5\,\text{kg}\cdot\text{m}^2/\text{kg}\cdot\text{s}^2 = 37812.5\,\text{J/kg} = 37.8125\,\text{kJ/kg}$

$0.8 + 3300 = 37.8125 + h_2 + 5.9$
(노즐출구의 엔탈피) $h_2 = 3257.08\,\text{kJ/kg}$

해답 ①

025

클라우지우스(Clausius) 부등식을 옳게 표현한 것은? (단, T는 절대온도, Q는 시스템으로 공급된 전체 열량을 표시한다.)

① $\oint \dfrac{\delta Q}{T} \geq 0$ 　　② $\oint \dfrac{\delta Q}{T} \leq 0$

③ $\oint T\delta Q \geq 0$ 　　④ $\oint T\delta Q \leq 0$

해설 $\oint \dfrac{\delta Q}{T} \leq 0$

해답 ②

026

500W의 전열기로 4kg의 물을 20℃에서 90℃까지 가열하는데 몇 분이 소요되는가? (단, 전열기에서 열은 전부 온도 상승에 사용되고 물의 비열은 4180J/(kg·K)이다.)

① 16　　② 27
③ 39　　④ 45

해설
동력 = $\dfrac{\text{열량}}{\text{시간}}$

시간 = $\dfrac{\text{열량}}{\text{동력}} = \dfrac{4 \times 4180 \times 70}{500} = 2340.8$초 = 39.013분

해답 ③

027

R-12를 작동 유체로 사용하는 이상적인 증기압축 냉동사이클이 있다. 여기서 증발기 출구 엔탈피는 229kJ/kg, 팽창밸브 출구 엔탈피는 81kJ/kg, 응축기 입구 엔탈피는 255kJ/kg일 때 이 냉동기의 성적계수는 약 얼마인가?

① 4.1　　② 4.9
③ 5.7　　④ 6.8

해설

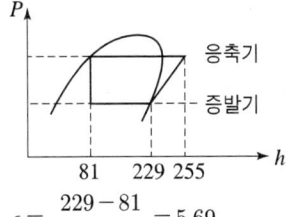

$\epsilon = \dfrac{229 - 81}{255 - 229} = 5.69$

해답 ③

028

보일러에 물(온도 20℃, 엔탈피 84kJ/kg)이 유입되어 600kPa의 포화증기(온도 159℃, 엔탈피 2757kJ/kg) 상태로 유출된다. 물의 질량유량이 300kg/h이라면 보일러에 공급된 열량은 약 몇 kW인가?

① 121
② 140
③ 223
④ 345

해설 (보일러에 공급된 열량) $Q_B = \dot{m}(h_2 - h_1) = \dfrac{300\text{kg}}{3600\text{s}} \times (2757 - 84)\text{kJ/kg}$
$= 222.75\text{kW}$

해답 ③

029

가역 과정으로 실린더 안의 공기를 50kPa, 10℃ 상태에서 300kPa까지 압력(P)과 체적(V)의 관계가 다음과 같은 과정으로 압축할 때 단위 질량당 방출되는 열량은 약 몇 kJ/kg인가?
(단, 기체상수는 0.287kJ/(kg·K)이고, 정적비열은 0.7kJ/(kg·K)이다.)

$$PV^{1.3} = 일정$$

① 17.2
② 37.2
③ 57.2
④ 77.2

해설 (폴리트로픽 과정의 열량) $q = C_m(T_2 - T_1) = C_V\left(\dfrac{n-R}{n-1}\right)(T_2 - T_1)$
$= 0.7 \times \left(\dfrac{1.3 - 1.41}{1.3 - 1}\right) \times (154.917 - 10) = -37.195\text{kJ/kg}$

(정압비열) $C_P = R + C_V = 0.287 + 0.7 = 0.987$

(비열비) $R = \dfrac{C_P}{C_V} = \dfrac{0.987}{0.7} = 1.41$

$\dfrac{T_2}{T_1} = \left(\dfrac{P_2}{P_1}\right)^{\frac{n-1}{n}}$, $\dfrac{T_2 + 273}{10 + 273} = \left(\dfrac{300}{50}\right)^{\frac{1.3-1}{1.3}}$, $T_2 = 154.917℃$

해답 ②

030

효율이 40%인 열기관에서 유효하게 발생되는 동력이 110kW라면 주위로 방출되는 총열량은 약 몇 kW인가?

① 375
② 165
③ 135
④ 85

해설 $\eta = \dfrac{W_{net}}{Q_H}$ (공급된 열량) $Q_H = \dfrac{W_{net}}{\eta} = \dfrac{110}{0.4} = 275\text{kW}$

(방출열량) $Q_L = Q_H - W_{net} = 275 - 110 = 165\text{kW}$

해답 ②

031

화씨온도가 86°F일 때 섭씨온도는 몇 ℃인가?

① 30
② 45
③ 60
④ 75

해설 $°F = \frac{9}{5}℃ + 32$, $86 = \frac{9}{5} × ℃ + 32$, $℃ = 30℃$

해답 ①

032

압력이 0.2MPa이고, 초기 온도가 120℃인 1kg의 공기를 압축비 18로 가역 단열 압축하는 경우 최종온도는 약 몇 ℃인가? (단, 공기는 비열비가 1.4인 이상기체이다.)

① 676℃
② 776℃
③ 876℃
④ 976℃

해설
$$\epsilon = \frac{(실린더\ 체적)V_1}{(연소실\ 체적)V_2} = 18$$
$$\frac{T_2}{T_1} = \left(\frac{V_1}{V_2}\right)^{R-1} = \left(\frac{P_2}{P_1}\right)^{\frac{R-1}{R}}$$
$$T_2 = T_1\left(\frac{V_1}{V_2}\right)^{R-1} = (120+273) × 18^{1.4-1}$$
$$= 1248.82K = (1248.82 - 273) = 975.82℃$$

해답 ④

033

그림과 같이 실린더 내의 공기가 상태 1에서 상태 2로 변화할 때 공기가 한 일은? (단, P는 압력, V는 부피를 나타낸다.)

① 30kJ
② 60kJ
③ 3000kJ
④ 6000kJ

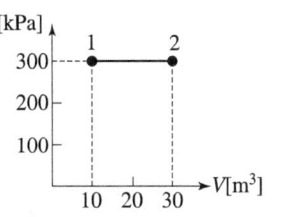

해설 $P-V$선도의 면적은 일량이다.
$W = P × \Delta V = 300 × 20 = 6000kJ$

해답 ④

034
등엔트로피 효율이 80%인 소형 공기터빈의 출력이 270kJ/kg이다. 입구 온도는 600K이며, 출구 압력은 100kPa이다. 공기의 정압비열은 1.004kJ/(kg·K), 비열비는 1.4일 때, 입구 압력(kPa)은 약 몇 kPa인가? (단, 공기는 이상기체로 간주한다.)

① 1984 ② 1842
③ 1773 ④ 1621

해설

(등엔트로피 효율) $\eta = \dfrac{(\text{실제 단열 열 낙차})\ \Delta h_a}{(\text{이론 단열 열 낙차})\ \Delta h_{th}}$

$0.8 = \dfrac{270}{\Delta h_{th}}$, $\Delta h_{th} = 337.5 \text{kJ/kg}$

$\Delta h_{th} = C_P(T_H - T_L)$

$337.5 = 1.004 \times (600 - T_L)$

$T_L = 263.84 \text{K}$

$\dfrac{T_H}{T_L} = \left(\dfrac{P_H}{P_L}\right)^{\frac{R-1}{R}}$

$\dfrac{600}{263.84} = \left(\dfrac{P_H}{100}\right)^{\frac{1.4-1}{1.4}}$

(입구압력) $P_H = 1773.52 \text{kPa}$

해답 ③

035
100℃와 50℃ 사이에서 작동하는 냉동기로 가능한 최대성능계수(COP)는 약 얼마인가?

① 7.46 ② 2.54
③ 4.25 ④ 6.46

해설

(역카르노사이클 성능계수) $\epsilon_c = \dfrac{T_L}{T_H - T_L} = \dfrac{50 + 273}{100 - 50} = 6.46$

해답 ④

036
카르노사이클로 작동되는 열기관이 고온체에서 100kJ의 열을 받고 있다. 이 기관의 열효율이 30%라면 방출되는 열량은 약 몇 kJ인가?

① 30 ② 50
③ 60 ④ 70

해설

$\eta_c = \dfrac{Q_H - Q_L}{Q_H}$, $0.3 = \dfrac{100 - Q_L}{100}$, $Q_L = 70 \text{kJ}$

해답 ④

037 Var der Waals 상태 방정식은 다음과 같이 나타낸다. 이 식에서 $\frac{a}{v^2}$, b는 각각 무엇을 의미하는 것인가? (단, P는 압력, v는 비체적, R은 기체상수, T는 온도를 나타낸다.)

$$\left(P+\frac{a}{v^2}\right)\times(v-b)=RT$$

① 분자간의 작용 인력, 분자 내부 에너지
② 분자간의 작용 인력, 기체 분자들이 차지하는 체적
③ 분자 자체의 질량, 분자 내부 에너지
④ 분자 자체의 질량, 기체 분자들이 차지하는 체적

해설 $\left(P+\frac{a}{v^2}\right)\times(v-b)=RT$

여기서, $\frac{a}{v^2}$: 분자간의 작용 인력에 의한 압력
b : 기체 분자들이 차지하는 비체적

해답 ②

038 어떤 시스템에서 유체는 외부로부터 19kJ의 일을 받으면서 167kJ의 열을 흡수하였다. 이때 내부에너지의 변화는 어떻게 되는가?

① 148kJ 상승한다. ② 186kJ 상승한다.
③ 148kJ 감소한다. ④ 186kJ 감소한다.

해설 $\Delta Q = \Delta U + \Delta W$
$+167 = \Delta U + (-19)$
(내부에너지 변화) $\Delta U = 167 + 19 = 186$kJ 상승한다.

해답 ②

039 체적이 500cm³인 풍선에 압력 0.1MPa, 온도 288K의 공기가 가득 채워져 있다. 압력이 일정한 상태에서 풍선 속 공기 온도가 300K로 상승했을 때 공기에 가해진 열량은 약 얼마인가? (단, 공기는 정압비열이 1.005kJ/(kg · K), 기체상수가 0.287kJ/(kg · K)인 이상기체로 간주한다.)

① 7.3J ② 7.3kJ
③ 14.6J ④ 14.6kJ

해설 (정압과정에서의 공급열량) $Q = \Delta H$
$\Delta H = mC_p\Delta T = 6.04\times 10^{-4}\times 1005\times(300-288) = 7.28$J
(질량) $m = \frac{PV}{RT} = \frac{100000\times 0.0005}{287\times 288} = 6.04\times 10^{-4}$kg

해답 ①

040 어떤 시스템에서 공기가 초기에 290K에서 330K로 변화하였고, 이때 압력은 200kPa에서 600kPa로 변화하였다. 이때 단위질량당 엔트로피 변화는 약 몇 kJ/(kg·K)인가? (단, 공기는 정압비열이 1.006kJ/(kg·K)이고, 기체상수는 0.287kJ/(kg·K)인 이상기체로 간주한다.)

① 0.445　　　　　　② −0.445
③ 0.185　　　　　　④ −0.185

해설 (비엔트로피 변화) $\Delta S = C_p \ln\dfrac{T_2}{T_1} - R\ln\dfrac{P_2}{P_1}$

$$= 1.006\ln\dfrac{330}{290} - 0.287\ln\dfrac{600}{200} = -0.185 \text{kJ/kg·K}$$

해답 ④

제3과목 기계유체역학

041 분수에서 분출되는 물줄기 높이를 2배로 올리려면 노즐 입구에서 게이지 압력을 약 몇 배로 올려야 하는가? (단, 노즐 입구에서의 동압은 무시한다.)

① 1.414　　　　　　② 2
③ 2.828　　　　　　④ 4

해설 압력수두 = 속도수두

$\dfrac{P}{\gamma} = \dfrac{V^2}{2g}$, $\dfrac{P}{\gamma} = H_V$, $P = \gamma H_V$, $P' = \gamma(2H_V)$, $P' = 2P$

해답 ②

042 수면의 높이 차이가 10m인 두 개의 호수사이에 손실수두가 2m인 관로를 통해 펌프로 물을 양수할 때 3kW의 동력이 필요하다면 이때 유량은 약 몇 L/s인가?

① 18.4　　　　　　② 25.5
③ 32.3　　　　　　④ 45.8

해설 (유체동력) $H_f = P \times Q = \gamma H_T \times Q$

(유량) $Q = \dfrac{H_f}{\gamma H_T} = \dfrac{3000\text{W}}{9800\text{N/m}^3 \times (10+2)\text{m}} = 0.0255\text{m}^3/\text{s} = 25.5\text{L/s}$

해답 ②

043

체적탄성계수가 $2 \times 10^9 \text{N/m}^2$인 유체를 2% 압축하는데 필요한 압력은?

① 1GPa
② 10MPa
③ 4GPa
④ 40MPa

해설

$$k = \frac{\Delta P}{\frac{\Delta V}{V}}, \quad 2 \times 10^9 = \frac{\Delta P}{\frac{2}{100}}$$

(필요한 압력) $\Delta P = 4 \times 10^7 \text{N/m}^2 = 40\text{MPa}$

해답 ④

044

정지된 액체 속에 잠겨있는 평면이 받는 압력에 의해 발생되는 합력에 대한 설명으로 옳은 것은?

① 크기가 액체의 비중량에 반비례한다.
② 크기는 도심에서의 압력에 전체면적을 곱한 것과 같다.
③ 경사진 평면에서의 작용점은 평면의 도심과 일치한다.
④ 수직평면의 경우 작용점이 도심보다 위쪽에 있다.

해설 전압력 : 압력에 의해 발생된 전체 힘

(전압력) $F_P = \gamma \overline{H} A$

여기서, $\gamma \overline{H}$: 도심에서의 압력, A : 전체면적

해답 ②

045

경사가 30°인 수로에 물이 흐르고 있다. 유속이 12m/s로 흐름이 균일하다고 가정하며 연직방향으로 측정한 수심이 60cm이다. 수로의 폭을 1m로 한다면 유량은 약 몇 m³/s인가?

① 5.87
② 6.24
③ 6.82
④ 7.26

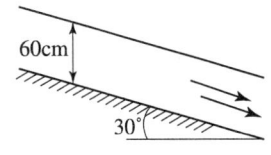

해설

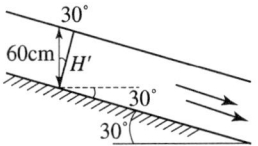

$H' = 60\text{cm} \times \cos 30 = 51.96\text{cm}$

$Q = BH' \times V = 1 \times 0.5196 \times 12 = 6.235 \text{m}^3/\text{s}$

해답 ②

046 일반적으로 뉴턴 유체에서 온도 상승에 따른 액체의 점성계수 변화에 대한 설명으로 옳은 것은?

① 분자의 무질서한 운동이 커지므로 점성계수가 증가한다.
② 분자의 무질서한 운동이 커지므로 점성계수가 감소한다.
③ 분자간의 결합력이 약해지므로 점성계수가 증가한다.
④ 분자간의 결합력이 약해지므로 점성계수가 감소한다.

해설 액체의 점성은 분자의 응집력(결합력)이 결정한다. 액체의 온도가 올라가면 분자의 응집력이 약해져 점성계수가 감소한다.

해답 ④

047 경계층 밖에서 퍼텐셜 흐름의 속도가 10m/s일 때, 경계층의 두께는 속도가 얼마일 때의 값으로 잡아야 하는가? (단, 일반적으로 정의하는 경계층 두께를 기준으로 삼는다.)

① 10m/s
② 7.9m/s
③ 8.9m/s
④ 9.9m/s

해설 경계층은 외부흐름(퍼텐셜 흐름)의 99%가 되는 지점을 이은 선을 경계층이라 하며 경계층 안쪽은 점성의 영향을 고려해야 된다.

해답 ④

048 점성계수(μ)가 0.005Pa·s인 유체가 수평으로 놓인 안지름이 4cm인 곧은 관을 30cm/s의 평균속도로 흘러가고 있다. 흐름 상태가 층류일 때 수평 길이 800cm 사이에서의 압력강하(Pa)는?

① 120
② 240
③ 360
④ 480

해설 $Q = \dfrac{\Delta P \pi D^4}{128 \mu L}$

(압력강하) $\Delta P = \dfrac{Q \times 128 \mu L}{\pi D^4} = \dfrac{3.7699 \times 10^{-4} \times 128 \times 0.005 \times 8}{\pi \times 0.04^4} = 240 \text{Pa}$

(유량) $Q = \dfrac{\pi}{4} D^2 \times V = \dfrac{\pi}{4} \times 0.04^2 \times 0.3 = 3.7699 \times 10^{-4} \text{m}^3/\text{s}$

해답 ②

049
다음 중 유선(stream line)을 가장 올바르게 설명한 것은?
① 에너지가 같은 점을 이은 선이다.
② 유체 입자가 시간에 따라 움직인 궤적이다.
③ 유체 입자의 속도벡터와 접선이 되는 가상곡선이다.
④ 비정상유동 때의 유동을 나타내는 곡선이다.

해설 유선(Stream Line) : 유체의 운동방향을 지시하는 가상곡선으로 유체입자의 속도벡터와 유선의 접선이 되는 가상곡선이다.

해답 ③

050
평행한 평판 사이의 층류 흐름을 해석하기 위해서 필요한 무차원수와 그 의미를 바르게 나타낸 것은?
① 레이놀즈 수=관성력 / 점성력
② 레이놀즈 수=관성력 / 탄성력
③ 프루드 수=중력 / 관성력
④ 프루드 수=관성력 / 점성력

해설 레이놀즈 수 = $\dfrac{관성력}{점성력}$
레이놀즈 수는 층류와 난류를 구별하는 중요한 무차원수이다.

해답 ①

051
물이 지름이 0.4m인 노즐을 통해 20m/s의 속도로 맞은편 수직벽에 수평으로 분사된다. 수직벽에는 지름 0.2m의 구멍이 있으며 뚫린 구멍으로 유량의 25%가 흘러나가고 나머지 75%는 반경 방향으로 균일하게 유출된다. 이때 물에 의해 벽면이 받는 수평 방향의 힘은 약 몇 kN인가?
① 0
② 9.4
③ 18.9
④ 37.7

해설 $F = \rho A V^2 = 1000 \times Q \times V = 1000 \times 1.8849 \times 20 = 37698\text{N} = 37.698\text{kN}$
(벽에 부딪히는 유량) $Q = \left(\dfrac{\pi}{4} \times 0.4^2 \times 20\right) \times 0.75 = 1.8849 \text{m}^3/\text{s}$

해답 ④

052
동점성계수가 $1.5 \times 10^{-5} \text{m}^2/\text{s}$인 공기 중에서 30m/s의 속도로 비행하는 비행기의 모형을 만들어, 동점성계수가 $1.0 \times 10^{-6} \text{m}^2/\text{s}$인 물 속에서 6m/s의 속도로 모형시험을 하려한다. 모형(L_m)과 실형(L_p)의 길이비(L_m/L_p)를 얼마로 해야 되는가?
① $\dfrac{1}{75}$
② $\dfrac{1}{15}$
③ $\dfrac{1}{5}$
④ $\dfrac{1}{3}$

해설 $R_{e_m} = R_{e_P}$

$$\frac{V_m L_m}{\nu_m} = \frac{V_P L_P}{\nu_P}$$

$$\frac{L_m}{L_P} = \frac{V_P \times \nu_m}{\nu_P \times V_m} = \frac{30 \times 1 \times 10^{-6}}{1.5 \times 10^{-5} \times 6} = \frac{1}{3}$$

해답 ④

053
관 속에 흐르는 물의 유속을 측정하기 위하여 삽입한 피토 정압관에 비중이 3인 액체를 사용하는 마노미터를 연결하여 측정한 결과 액주의 높이 차이가 10cm로 나타났다면 유속은 약 몇 m/s인가?

① 0.99 ② 1.40
③ 1.98 ④ 2.43

해설 $V = \sqrt{2g\Delta H\left(\frac{S_{액} - S_{관}}{S_{관}}\right)} = \sqrt{2 \times 9.8 \times 0.1 \times \left(\frac{3-1}{1}\right)} = 1.979 \text{m/s}$

해답 ③

054
바닷물 밀도는 수면에서 1025kg/m³이고, 깊이 100m마다 0.5kg/m³씩 증가한다. 깊이 1000m에서 압력은 계기압력으로 약 몇 kPa인가? (단, $g=9.81$m/s²이다.)

① 9560 ② 10080
③ 10240 ④ 10800

해설 (단위길이당 밀도 증가량) $\rho_L = \frac{0.5\text{kg/m}^3}{100\text{m}} = \frac{1}{200}(\text{kg} \cdot \text{m}^3)/\text{m}$

(게이지 압력) $P_G = \gamma_m H = \rho_m g H = 1027.5 \times 9.81 \times 1000$
$= 10079775\text{Pa} = 10079.775\text{kPa} ≒ 10080\text{kPa}$

(H지점에서의 밀도) $\rho_H = 1025 + \left(\frac{1}{200} \times 1000\right) = 1030\text{kg/m}^3$

(평균 밀도) $\rho_m = \frac{1025 + 1030}{2} = 1027.5\text{kg/m}^3$

해답 ②

055
높이가 0.7m, 폭이 1.8m인 직사각형 덕트에 유체가 가득차서 흐른다. 이때 수력직경은 약 몇 m인가?

① 1.01 ② 2.02
③ 3.14 ④ 5.04

해설 (수력 직경) $D_h = \frac{4A_c}{p} = \frac{4 \times (0.7 \times 1.8)}{2 \times (0.7 + 1.8)} = 1.008\text{m}$

여기서, p : 접수길이, A_c : 유동면적

해답 ①

056

동점성계수가 $1.5 \times 10^{-5} m^2/s$인 유체가 안지름이 10cm인 관 속을 흐르고 있을 때 층류 임계속도(cm/s)는? (단, 층류 임계레이놀즈수는 2100이다.)

① 24.7 ② 31.5
③ 43.6 ④ 52.3

해설 임계속도는 임계레이놀즈 수일 때의 유속이다.

$$Re = \frac{V \times D}{\nu}$$

(임계속도) $V = \dfrac{Re \times \nu}{D} = \dfrac{2100 \times 1.5 \times 10^{-5}}{0.1} = 0.315 m/s = 31.5 cm/s$

해답 ②

057

다음 중 유체의 속도구배와 전단응력이 선형적으로 비례하는 유체를 설명한 가장 알맞은 용어는 무엇인가?

① 점성유체 ② 뉴턴유체
③ 비압축성 유체 ④ 정상유동 유체

해설  뉴턴유체

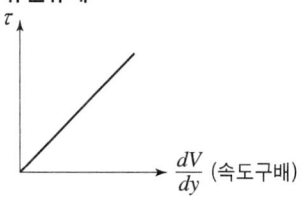

직선의 기울기는 점성계수이다.

해답 ②

058

속도 포텐셜이 $\phi = x^2 - y^2$인 2차원 유동에 해당하는 유동함수로 가장 옳은 것은?

① $x^2 + y^2$ ② $2xy$
③ $-3xy$ ④ $2x(y-1)$

해설 유동함수 $\varphi = \displaystyle\int u dy + f(x,t)$ 여기서, ϕ : 속도포텐셜

$\varphi = -\displaystyle\int v dx + f(y,t)$

(x방향 속도) $u = \dfrac{\partial \phi}{\partial x} = \dfrac{\partial (x^2 - y^2)}{\partial x} = 2x$

(y방향 속도) $v = \dfrac{\partial \phi}{\partial y} = \dfrac{\partial (x^2 - y^2)}{\partial y} = -2y$

$\varphi = \displaystyle\int 2x dy = 2xy$, $\varphi = -\displaystyle\int v dx = -\displaystyle\int -2y dx = 2xy$

해답 ②

059 물을 담은 그릇을 수평방향으로 4.2m/s² 으로 운동시킬 때 물은 수평에 대하여 약 몇 도(°) 기울여지겠는가?

① 18.4°
② 23.2°
③ 35.6°
④ 42.9°

해설
$$\tan\theta = \frac{a_x}{g} = \frac{4.2}{9.8} = \frac{3}{7}$$
$$\theta = \tan^{-1}\left(\frac{3}{7}\right) = 23.198°$$

해답 ②

060 몸무게가 750N인 조종사가 지름 5.5m의 낙하산을 타고 비행기에서 탈출하였다. 항력계수가 1.0이고, 낙하산의 무게를 무시한다면 조종사의 최대 종속도는 약 몇 m/s가 되는가? (단, 공기의 밀도는 1.2kg/m³이다.)

① 7.25
② 8.00
③ 5.26
④ 10.04

해설
(항력) $D = \gamma \times \frac{V^2}{2g} \times A_D \times C_D = \frac{\rho V^2}{2} \times A_D \times C_D$

$750 = \frac{1.2 \times V^2}{2} \times \frac{\pi}{4} \times 5.5^2 \times 1$

(항력) $D = W$ (몸무게)
(속도) $V = 7.25 \text{m/s}$

해답 ①

제4과목 기계재료 및 유압기기

061 다음 중 비중이 가장 작고, 항공기 부품이나 전자 및 전기용 제품의 케이스 용도로 사용되고 있는 합금 재료는?

① Ni 합금
② Cu 합금
③ Pb 합금
④ Mg 합금

해설 **마그네슘의 특징**
비중 1.74로 실용 금속 중 가장 가볍다. 마그네슘 합금은 가벼워 **항공기 부품이나 전자 및 전기용 제품의 케이스 용도로 사용** 된다.
마그네슘 합금종류
① 도우메탈(Dow-metal) : Mg-Al계 Mg합금 중 비중이 가장 적다. 주조용 합금으로 용해, 주조, 단조가 비교적 용이하다.
② 엘렉트론(Elektron) : Mg-Al-Zn계 주조용 합금으로 항공기 자동차부품에 사용된다.

해답 ④

062 다음의 조직 중 경도가 가장 높은 것은?

① 펄러이트(pearlite)
② 페라이트(ferrite)
③ 마텐자이트(martensite)
④ 오스테나이트(austenite)

해설

조직 이름	페라이트	오스테나이트	펄라이트	소르바이트	트루스타이트	마텐자이트	시멘타이트
경도 (H_v)	90	155	255	270	445	880	1100

해답 ③

063 강의 열처리 방법 중 표면경화법에 해당하는 것은?

① 마퀜칭
② 오스포밍
③ 침탄질화법
④ 오스템퍼링

해설 **표면경화법 종류**
① 화학적 방법
  ㉠ 침탄법 : 고체침탄법, 액체침탄법(침탄질화법, 시안화법), 가스침탄법
  ㉡ 질화법 : 암모니아가스를 이용해 표면에 질소를 넣어표면을 경화시킨다.
  ㉢ 금속침투법 : 크로마이징(Cr침투), 칼로라이징(Al침투), 실리코나이징(Si침투), 부로나이징(B침투), 세라다이징(Zn침투)
② 물리적 방법
  ㉠ 화염경화법
  ㉡ 고주파경화법
  ㉢ 숏트피닝
  ㉣ 액체호닝

해답 ③

064 칼로라이징은 어떤 원소를 금속표면에 확산 침투시키는 방법인가?

① Zn
② Si
③ Al
④ Cr

해설 **금속침투법** : 크로마이징(Cr침투), 칼로라이징(Al침투), 실리코나이징(Si침투), 부로나이징(B침투), 세라다이징(Zn침투)

해답 ③

065 Fe-C 평형상태도에서 온도가 가장 낮은 것은?

① 공석점
② 포정점
③ 공정점
④ Fe의 자기변태점

해설 ① 공석점-727℃, 0.8%탄소 함유량
② 포정점-1495℃, 0.17%탄소 함유량
③ 공정점-1148℃, 04.3%탄소 함유량
④ Fe의 자기변태점-728℃

해답 ①

066 열경화성 수지에 해당되는 것은?

① ABS수지 ② 에폭시수지
③ 폴리아미드 ④ 염화비닐수지

해설

열가소성 수지	열경화성 수지
폴리에틸렌 수지(PE) 폴리프로필렌 수지(PP) 폴리스티렌 수지(PS) 폴리염화비닐 수지(PVC) 폴리아미드 수지(PA) 폴리카보네이트 수지(PC) 아크릴 수지 아크릴니트릴 브타디엔 스티렌 수지	페놀수지(PF) 멜라민 수지 에폭시 수지(EP) 요소 수지 플루오르

해답 ②

067 다음 중 반발을 이용하여 경도를 측정하는 시험법은?

① 쇼어경도시험 ② 마이어경도시험
③ 비커즈경도시험 ④ 로크웰경도시험

해설 **쇼어 경도**(H_S, Shore hardness)
① 추를 일정한 높이에서 낙하시켜 이때 반발한 높이로 측정한다.
② 압입자의 모양은 다이아몬드모양이다.
   $H_S = \dfrac{10,000}{65} \times \dfrac{h}{h_o}$ (여기서, h : 반발한 높이, h_o : 낙하 높이)
③ 운반 취급이 용이하며, 완성 제품의 경도를 측정하는데 사용한다.

해답 ①

068 구리(Cu)합금에 대한 설명 중 옳은 것은?

① 청동은 Cu+Zn 합금이다.
② 베릴륨 청동은 시효경화성이 강력한 Cu 합금이다.
③ 애드미럴티 황동은 6-4황동에 Sb을 첨가한 합금이다.
④ 네이벌 황동은 7-3황동에 Ti을 첨가한 합금이다.

해설 **청동**
① 청동주물
   ㉠ 포금 : 8~12%의 Sn에 1~2%의 Zn을 함유, 해수에 잘 침식되지 않는다.
   ㉡ 에드머럴티포금 : 88%의 Cu, 10%Sn, 2%Zn의 합금으로 포금의 주조성과 절삭성개량
② 베어링용청동 : 10~14%Sn, 내마멸성이 크므로 자동차나 일반기계의 베어링으로 사용
③ 인청동 : 인으로 탈산시킨 것으로 강인하고 내식성이 좋아 스프링재료

④ 알루미늄청동 : 약15%, Al함유, 선박용, 화학공업용
⑤ 베릴륨청동 : 시효경화성이 강력한 구리 합금으로.탄성이 좋은 점의 이용 , 고급스프링, 벨로우즈(bellows)
⑥ 니켈청동 : 점성이 강하고, 내식성도 크며, 표면의 평활한 합금이 된다. 뜨임취성을 일으키는 단점이 있다.

해답 ②

069 면심입방격자(FCC)의 단위격자 내에 원자 수는 몇 개인가?
① 2개
② 4개
③ 6개
④ 8개

해설 **면심 입방 격자**(f,c,c)
원자수 14개, 단위포 4개 : 연성과 전성이 좋다.
Fe(γ), Al, Au, Cu, Pt, Pb, Ni, Ag, Ir, Th, Ca, Ce

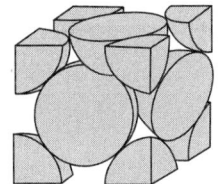 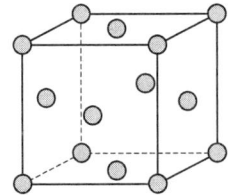 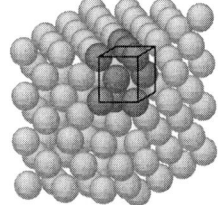

해답 ②

070 합금주철에서 특수합금 원소의 영향을 설명한 것 중 틀린 것은?
① Ni은 흑연화를 방지한다.
② Ti은 강한 탈산제이다.
③ V은 강한 흑연화 방지 원소이다.
④ Cr은 흑연화를 방지하고, 탄화물을 안정화한다.

해설 **주철의 성장**(Growth of cast iron) : 주철을 A_1 변태점 이상의 온도에서 장시간 방치하거나 다시 되풀이하여 가열하면, 점차로 부피가 증가되고 변형이나 균열을 가져와 강도나 수명이 짧아지는 현상
※ 흑연화 촉진제 : Si, Ni, Al, Ti, Co
　흑연화 방지제 : Mo, S, Cr, Mn, V, W

해답 ①

071 그림과 같은 유압 기호가 나타내는 명칭은?
① 전자 변환기
② 압력 스위치
③ 리밋 스위치
④ 아날로그 변환기

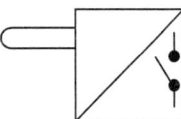

명칭	기호
압력스위치	
리밋스위치	
아날로그 변환기	

072 부하의 하중에 의한 자유낙하를 방지하기 위해 배압(back pressure)을 부여하는 밸브는?

① 체크 밸브
② 감압 밸브
③ 릴리프 밸브
④ 카운터 밸런스 밸브

압력제어밸브의 종류

형식	명 칭	기 능	기 호
상시폐형	릴리프밸브 (relief valve) 안전밸브 (safety valve)	회로내의 압력을 설정치로 유지하는 밸브, 특히 회로의 최고압력을 한정하는 밸브를 안전밸브라고 한다.	
	시퀀스밸브 (sequence valve)	둘 이상의 분기회로가 있는 회로내에서 그 작동순서를 회로의 압력 등에 의해 제어하는 밸브. 입구압력 또는 외부파일럿 압력이 소정의 값에 도달하면 입구측으로부터 출구측의 흐름을 허용하는 밸브	
	무부하밸브 (unloadin valve)	회로의 압력이 설정치에 달하면 펌프를 무부하로 하는 밸브	
	카운터밸런스밸브 (counterbalance valve)	부하의 낙하를 방지하기 위해 배압을 부여하는 밸브한 방향의 흐름에는 설정된 배압을 주고 반대방향의 흐름을 자유흐름으로 하는 밸브	
상시개형	감압밸브 (pressure reducing valve)	출구측압력을 입구측압력보다 낮은 설정압력으로 조정하는 밸브	

073

어큐물레이터(accumulator)의 역할에 해당하지 않는 것은?

① 갑작스런 충격압력을 막아 주는 역할을 한다.
② 축적된 유압에너지의 방출 사이클 시간을 연장한다.
③ 유압 회로 중 오일 누설 등에 의한 압력강하를 보상하여 준다.
④ 유압 펌프에서 발생하는 맥동을 흡수하여 진동이나 소음을 방지한다.

해설 어큐물레이터(accumulator, 축압기) 용도
① 에너지의 축적 ② 압력 보상
③ 서지 압력방지 ④ 충격압력 흡수
⑤ 유체의 맥동감쇠(맥동 흡수) ⑥ 사이클 시간 단축
⑦ 2차 유압회로의 구동 ⑧ 펌프대용 및 안전장치의 역할
⑨ 액체 수송(펌프 작용) ⑩ 에너지 보조

해답 ②

074

유압실린더에서 피스톤 로드가 부하를 미는 힘이 50kN, 피스톤 속도가 5m/min인 경우 실린더 내경이 8cm이라면 소요동력은 약 몇 kW인가? (단, 편로드형 실린더이다.)

① 2.5
② 3.17
③ 4.17
④ 5.3

해설 (소요동력) $H = F \times V = 50\text{kN} \times \dfrac{5}{60}\text{m/s} = 4.166\text{kW}$

해답 ③

075

액추에이터의 공급 쪽 관로에 설정된 바이패스 관로의 흐름을 제어함으로써 속도를 제어하는 회로는?

① 배압 회로
② 미터 인 회로
③ 플립 플롭 회로
④ 블리드 오프 회로

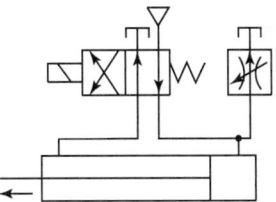

해설 유입되는 유량을 제어 하는 방식으로 공급 쪽 관로에 설정된 바이패스 관로를 설치하여 실린더 입구의 유량의 일부를 탱크로 복귀 시키는 유량제어 방식이다.

해답 ④

076 유압 작동유에서 요구되는 특성이 아닌 것은?

① 인화점이 낮고, 증기 분리압이 클 것
② 유동성이 좋고, 관로 저항이 적을 것
③ 화학적으로 안정될 것
④ 비압축성일 것

해설 **작동유의 구비조건**
① 비압축성일 것
② 인화점과 발화점이 높을 것
③ 소포성이 좋을 것(기포방지성)
④ 윤활성이 좋고 점도가 적당할 것
⑤ 물리적 화학적으로 안정할 것(내유화성)
⑥ 산화나 열열화에 대해 안정할 것(산화안정성)
⑦ 체적탄성계수가 클 것
⑧ 물, 먼지 등의 불순물을 용이하게 분리할 것
⑨ 비중이 작을 것
⑩ 점도지수가 높을 것
⑪ 방청, 방식성이 우수할 것
⑫ 온도에 의한 점도변화가 작을 것
⑬ 시일재와의 적합성이 좋을 것(내시일재성)
⑭ 비열이 크고, 열팽창계수가 적을 것
⑮ 열전달율(열전도율)이 높을 것

해답 ①

077 유압 시스템의 배관계통과 시스템 구성에 사용되는 유압기기의 이물질을 제거하는 작업으로 오랫동안 사용하지 않던 설비의 운전을 다시 시작하였을 때나 유압 기계를 처음 설치하였을 때 수행하는 작업은?

① 펌핑
② 플러싱
③ 스위핑
④ 클리닝

해설 플러싱(flushing) : 유압 시스템의 배관계통과 시스템 구성에 사용되는 유압기기의 이물질을 제거하는 작업으로 오랫동안 사용하지 않던 설비의 운전을 다시 시작하였을 때나 유압 기계를 처음 설치하였을 때 수행하는 작업

해답 ②

078 유동하고 있는 액체의 압력이 국부적으로 저하되어, 증기나 함유 기체를 포함하는 기포가 발생하는 현상은?

① 캐비테이션 현상
② 채터링 현상
③ 서징 현상
④ 역류 현상

해설 **캐비테이션**(cavitation, 공동현상)
유동하고 있는 액체의 압력이 국부적으로 저하되어, 포화 증기압 또는 용해 공기 등이 분리되어 기포를 일으키는 현상, 이것들이 흐르면서 터지게 되면 국부적으로 초고압이 생겨, 소음 등을 발생시키는 경우가 많다.

해답 ①

079
다음 기어펌프에서 발생하는 폐입 현상을 방지하기 위한 방법으로 가장 적절한 것은?

① 오일을 보충한다.
② 베인을 교환한다.
③ 베어링을 교환한다.
④ 릴리프 홈이 적용된 기어를 사용한다.

해설
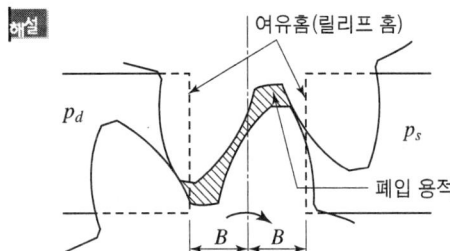

해답 ④

080
다음 중 오일의 점성을 이용하여 진동을 흡수하거나 충격을 완화시킬 수 있는 유압 응용장치는?

① 압력계
② 토크 컨버터
③ 쇼크 업소버
④ 진동개폐밸브

해설 **쇼크 업소버**(Shock absorb) : 문자 그대로 충격(Shock), 흡수(absorb), 충격을 흡수하는 장치로, 오일의 점성을 이용하여 진동을 흡수하거나 충격을 완화 시킬 수 있는 유압응용장치

해답 ③

제5과목 기계제작법 및 기계동력학

081 20m/s의 같은 속력으로 달리던 자동차 A, B가 교차로에서 직각으로 충돌하였다. 충돌 직후 자동차 A의 속력은 약 몇 m/s인가? (단, 자동차 A, B의 질량은 동일하며 반발계수는 0.7, 마찰은 무시한다.)

① 17.3
② 18.7
③ 19.2
④ 20.4

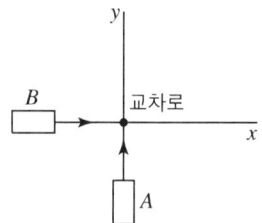

해설 x방향 운동량방정식

$e = \dfrac{V_{Bx}' - V_{Ax}'}{V_{Ax} - V_{Bx}} = \dfrac{V_{Bx}' - V_{Ax}'}{0 - 20} = 0.7$, $-14 = V_{Bx}' - V_{Ax}'$ ·················· (1)식

$m_A V_{Ax} + m_B V_{Bx} = m_A V_{Ax}' + m_B V_{Bx}'$, $20 = V_{Ax}' + V_{Bx}'$ ·················· (2)식

(1)식, (2)식에서 $V_{Ax}' = 17 \text{m/s}$, $V_{Bx}' = 3 \text{m/s}$

y방향 운동량방정식 $V_{ay} = 20$, $V_{By} = 0$

$e = \dfrac{V_{By}' - V_{Ay}'}{V_{Ay} - V_{By}} = \dfrac{V_{By}' - V_{Ay}'}{20 - 0} = 0.7$, $14 = V_{By}' - V_{Ay}'$ ·················· (3)식

$m_A V_{Ay} + m_B V_{By} = m_A V_{Ay}' + m_B V_{By}'$, $20 = V_{Ay}' + V_{By}'$ ·················· (4)식

(3)식, (4)식에서 $V_{Ay}' = 3 \text{m/s}$, $V_{By}' = 17 \text{m/s}$

충돌직후 자동차 A의 속도 $V_A' = \sqrt{V_{Ax}'^2 + V_{Ay}'^2} = \sqrt{17^2 + 3^2} = 17.26 \text{m/s}$

해답 ①

082 80rad/s로 회전하던 세탁기의 전원을 끈 후 20초가 경과하여 정지하였다면 세탁기가 정지할 때까지 약 몇 바퀴를 회전하였는가?

① 127
② 254
③ 542
④ 7620

해설 (각가속도) $\alpha = \dfrac{\omega_2 - \omega_1}{t} = \dfrac{0 - 80}{20} = -4 \text{rad/s}^2$

(회전각도) $\theta = \omega_1 t + \dfrac{1}{2}\alpha t^2 = 80 \times 20 + \dfrac{1}{2} \times (-4) \times 20^2 = 800 \text{rad}$

(회전수) $z = 800 \times \dfrac{1}{2\pi} = 127.32$ 회전

해답 ①

083 시간 t에 따른 변위 $x(t)$가 다음과 같은 관계식을 가질 때 가속도 $a(t)$에 대한 식으로 옳은 것은?

$$x(t) = X_o \sin wt$$

① $a(t) = w^2 X_o \sin wt$ ② $a(t) = w^2 X_o \cos wt$
③ $a(t) = -w^2 X_o \sin wt$ ④ $a(t) = -w^2 X_o \cos wt$

해설 변위 $x(t) = X_o \sin \omega t$
속도 $\dot{x}(t) = X_o \omega \cos \omega t$
가속도 $\ddot{x}(t) = -X_o \omega^2 \sin \omega t$

해답 ③

084 체중이 600N인 사람이 타고 있는 무게 5000N의 엘리베이터가 200m의 케이블에 매달려 있다. 이 케이블을 모두 감아올리는데 필요한 일은 몇 kJ인가?

① 1120 ② 1220
③ 1320 ④ 1420

해설 일 = 힘 × 거리 = $(600 + 5000) \times 200 = 1120000 \text{N} \cdot \text{m} = 1120 \text{kJ}$

해답 ①

085 $2\ddot{x} + 3\dot{x} + 8x = 0$으로 주어지는 진동계에서 대수 감소율(logarithmic decrement)은?

① 1.28 ② 1.58
③ 2.18 ④ 2.54

해설 (대수감쇠율) $\delta = \dfrac{2\pi\varphi}{\sqrt{1-\varphi^2}} = \dfrac{2\pi \times 0.375}{\sqrt{1-0.375^2}} = 2.541$

(감쇠비) $\varphi = \dfrac{C}{2\sqrt{mk}} = \dfrac{3}{2\sqrt{2\times 8}} = 0.375$

해답 ④

086 다음 그림은 물체 운동의 $v-t$선도(속도-시간 선도)이다. 그래프에서 시간 t_1에서의 접선의 기울기는 무엇을 나타내는가?

① 변위
② 속도
③ 가속도
④ 총 움직인 거리

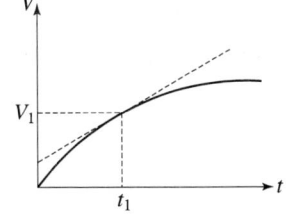

해설 (가속도) $a = \dfrac{dV}{dt}$

시간 속도 그래프에서의 곡선의 기울기는 가속도이다.

해답 ③

087

달 표면에서 중력가속도는 지구 표면에서의 $\dfrac{1}{6}$ 이다. 지구 표면에서 주기가 T인 단진자를 달로 가져가면, 그 주기는 어떻게 변하는가?

① $\dfrac{1}{6}T$
② $\dfrac{1}{\sqrt{6}}T$
③ $\sqrt{6}\,T$
④ $6T$

해설 단진자 진동방정식

$\ddot{\theta} + \dfrac{g}{L}\theta = 0$

(주기) $T = \dfrac{2\pi}{\omega_n} = \dfrac{2\pi}{\sqrt{\dfrac{g}{L}}} = 2\pi \times \sqrt{\dfrac{L}{g}}$

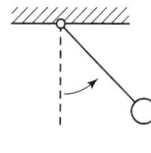

$T' = 2\pi \times \sqrt{\dfrac{L}{g}} = 2\pi \sqrt{\dfrac{L}{\dfrac{g}{6}}} = 2\pi\sqrt{\dfrac{L}{g}} \times \sqrt{6} = \sqrt{6}\,T$

해답 ③

088

감쇠비 ζ가 일정할 때 전달률을 1보가 작게 하려면 진동수비는 얼마의 크기를 가지고 있어야 하는가?

① 1보다 작아야 한다.
② 1보다 커야 한다.
③ $\sqrt{2}$ 보가 작아야 한다.
④ $\sqrt{2}$ 보가 커야 한다.

해설 TR(힘전달율)

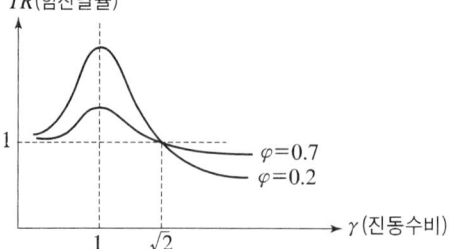

힘전달률(TR)을 1보다 작게 하려면 진동수비가 $\sqrt{2}$ 보다 커야 한다.

해답 ④

089 y축 방향으로 움직이는 질량 m인 질점이 그림과 같은 위치에서 v의 속도를 갖고 있다. o점에 대한 각 운동량은 얼마인가? (단, a, b, c는 원점에서 질점까지의 x, y, z방향의 거리이다.)

① $mv(c\hat{i} - a\hat{k})$
② $mv(-c\hat{i} + a\hat{k})$
③ $mv(c\hat{i} + a\hat{k})$
④ $mv(-c\hat{i} - a\hat{k})$

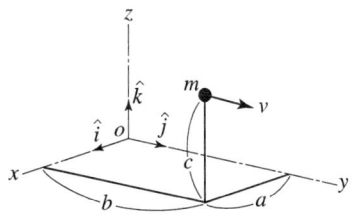

해설 (각 운동량) $P = J \times \omega = m \times r^2 \times \dfrac{v}{r} = mvr$

여기서, J : 질량관성모멘트 ($J = m \times r^2$)
ω : 각속도 ($\omega = \dfrac{v}{r}$)
L : 회전이 일어나는 반경

(x축의 각운동량) $P_x = mv \times -c$
(z축의 각운동량) $P_z = mv \times a$
$P = mv(-ci + ak)$

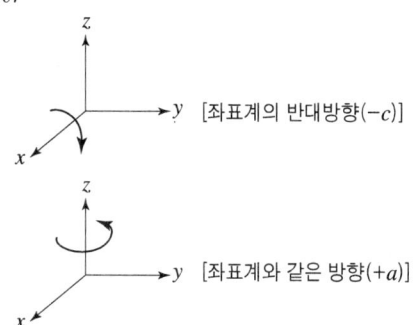

해답 ②

090 질량 50kg의 상자가 넘어가지 않도록 하면서 질량 10kg의 수레에 가할 수 있는 힘 P의 최댓값은 얼마인가? (단, 상자는 수레 위에서 미끄러지지 않는다고 가정한다.)

① 292N
② 392N
③ 492N
④ 592N

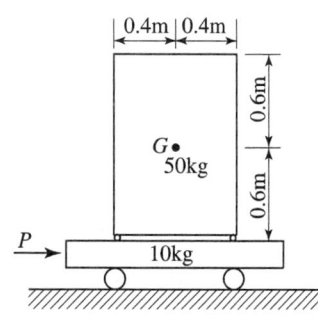

해설 (힘) $P = m_t a = (10 + 50) \times 6.533 = 391.98\text{N}$

※ 질량 50kg의 정적상태

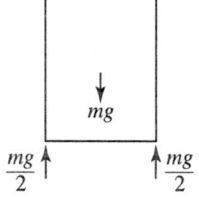

※ 질량 50kg이 넘어가지 직전의 상태

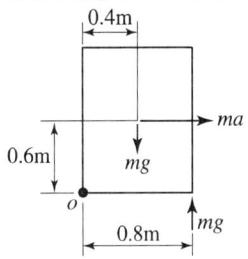

※ o지점의 모멘트 평형조건 $\sum M_o = 0$ 수

$\oplus mg \times 0.4$ $\oplus ma \times 0.6$ $\ominus mg \times 0.8 = 0$

(가속도) $a = \dfrac{0.8g - 0.4g}{0.6} = \dfrac{0.4g}{0.6} = \dfrac{0.4 \times 9.8}{0.6} = 6.533 \text{m/s}^2$

해답 ②

091 레이저(laser) 가공에 대한 특징으로 틀린 것은?

① 밀도가 높은 단색성과 평행도가 높은 지향성을 이용한다.
② 가공물에 빛을 쏘이면 순간적으로 일부분이 가열되어, 용해되거나 증발되는 원리이다.
③ 초경합금, 스테인리스강의 가공은 불가능한 단점이 있다.
④ 유리, 플라스틱 판의 절단이 가능하다.

해설 레이저 가공의 장단점
1. 장점
   ① 고속가열하여 절단 가공됨으로 재료와 공구의 변형 및 오염이 없음
   ② 높은 절단 품질(가공정밀도 우수)과 부드러운 절단면을 얻을 수 있다. : 수치제어, 비접촉가공
   ③ 야금학적 완벽한 표면(산화) 또는 완벽한 표면(높은 압력의 불활성 가스 절단)
   ④ 낮은 열 투입량(광원의 집중도가 높아 절단폭이 좁고 가공부위 외에는 열 영향이 적음)
   ⑤ 매우 단단하거나 취성이 많은 재료 가공이 가능하다.(초경합금, 스테인리스강 가공 가능)
   ⑥ 복잡하고 미세한 용접도 가능하다.
   ⑦ 진동과 소음이 없다.
2. 단점
   ① 고가의 투자비용과 작동 비용이 든다. 레이져 가공기 고가
   ② 작업 위험성과 숙련된 고급 인력 부족
   ③ 가공한 구멍의 크기와 절단면의 폭이 일정하지 못하고 정밀성을 요구하는 부품에는 마무리 공정이 필요하다.
   ④ 반사율이 큰 재료의 절단과 드릴링이 용이하지 않음
   ⑤ 에너지 효율이 떨어진다.

해답 ③

092
다음 표준 고속도강의 함유량 표기에서 "18"의 의미는?

18 – 4 – 1

① 탄소의 함유량 ② 텅스텐의 함유량
③ 크롬의 함유량 ④ 바나듐의 함유량

해설 18%W-4%Cr-1%V

해답 ②

093
피복 아크 용접에서 피복제의 역할로 틀린 것은?
① 아크를 안정시킨다. ② 용착금속을 보호한다.
③ 용착금속의 급랭을 방지한다. ④ 용착금속의 흐름을 억제한다.

해설 피복제의 역할
① 공기 중의 산소나 질소의 침입을 방지하여, 피복재의 연소 가스의 이온화에 의하여 전류가 끊어졌을 때에도 계속 아크를 발생시키므로 안정된 아크를 얻을 수 있도록 한다.
② 슬래그(slag)를 형성하여 용접부의 급랭을 방지하며, 용착 금속에 필요한 원소를 보충한다.
③ 불순물과 친화력이 강한 재료를 사용하여 용착 금속을 정련한다.
④ 붕사, 산화티탄 등을 사용하여 용착 금속의 유동성을 좋게 한다.
⑤ 좁은 틈에서 작업할 때 절연 작용을 한다.

해답 ④

094
절삭가공을 할 때 절삭온도를 측정하는 방법으로 사용하지 않는 것은?
① 부식을 이용하는 방법
② 복사고온계를 이용하는 방법
③ 열전대(thermo couple)에 의한 방법
④ 칼로리미터(calorimeter)에 의한 방법

해설 절삭가공을 할 때 절삭온도를 측정하는 방법
① 칼로리미터(calorimeter)에 의한 방법
② 열전대(thermo couple)에 의한 방법
③ 복사고온계를 이용하는 방법
④ 시온도료에 의한 방법
⑤ 칩의 색에 의한 방법

해답 ①

095

선반가공에서 직경 60mm 길이 100mm의 탄소강 재료 환봉을 초경바이트를 사용하여 1회 절삭 시 가공시간은 약 몇 초인가? (단, 절삭깊이 1.5mm, 절삭속도 150m/min, 이송은 0.2mm/rev이다.)

① 38초 ② 42초
③ 48초 ④ 52초

해설 (가공시간) $T = \dfrac{L}{S \times N} = \dfrac{L[\text{mm}]}{S\left[\dfrac{\text{mm}}{\text{rev}}\right] \times \dfrac{1000\,V}{\pi D}\left[\dfrac{\text{rev}}{\text{min}}\right]}$

$= \dfrac{100[\text{mm}]}{0.2\left[\dfrac{\text{mm}}{\text{rev}}\right] \times \dfrac{1000 \times 150}{\pi \times 60}\left[\dfrac{\text{rev}}{\text{min}}\right]}$

$= 0.628[\text{min}] = 37.67[\text{s}]$

해답 ①

096

300mm×500mm인 주철 주물을 만들 때, 필요한 주입 추의 무게는 약 몇 kg인가? (단, 쇳물 아궁이 높이가 120mm, 주물 밀도는 7200kg/m³이다.)

① 129.6 ② 149.6
③ 169.6 ④ 189.6

해설 (추의 무게) $W = 0.3 \times 0.5 \times 0.12 \times 7200 = 129.6\,\text{kg}$

해답 ①

097

프레스 작업에서 전단가공이 아닌 것은?

① 트리밍(trimming) ② 컬링(curling)
③ 셰이빙(shaving) ④ 블랭킹(blanking)

해설 **전단가공** : 블랭킹, 펀칭, 전단, 분단, 슬로팅, 노칭, 트리밍, 셰이빙
굽힘가공 : 굽힘, 비딩, 컬링, 시밍
압축가공 : 코이닝, 엠보싱, 스웨이징

해답 ②

098

다음 중 직접 측정기가 아닌 것은?

① 측장기 ② 마이크로미터
③ 버니어캘리퍼스 ④ 공기 마이크로미터

해설 비교 측정기의 종류
다이얼 게이지, 미니미터, 옵티미터, 전기 마이크로미터, 공기 마이크로미터, 블록 게이지, 표준 테이퍼 게이지, 나사 게이지, 한계 게이지

해답 ④

099 스프링 백(spring back)에 대한 설명으로 틀린 것은?

① 경도가 클수록 스프링 백의 변화도 커진다.
② 스프링 백의 양은 가공조건에 의해 영향을 받는다.
③ 같은 두께의 판재에서 굽힌 반지름이 작을수록 스프링 백의 양은 커진다.
④ 같은 두께의 판재에서 굽힌 각도가 작을수록 스프링 백의 양은 커진다.

해설 **스프링백**(spring back) : 굽힘가공을 할 때 굽힘 힘을 제거하면 판의 탄성 때문에 탄성 변형부분이 원상태로 돌아가 현상이다.

해답 ③

100 내접기어 및 자동차의 3단 기어와 같은 단이 있는 기어를 깎을 수 있는 원통형 기어 절삭기계로 옳은 것은?

① 호빙머신
② 그라인딩 머신
③ 마그 기어 셰이퍼
④ 펠로즈 기어 셰이퍼

해설
① **호빙 머신**(hobbing machine) : 호브라는 기어 절삭 공구를 사용하여 가공하는 절삭기계로 스퍼 기어, 헬리컬 기어, 웜기어를 가공할 수 있다.
② **펠로우 기어 셰이프**(fellow gear shaper) : 피니언 커터를 사용하여 기어를 절삭하는 방법으로 스퍼기어, 헬리컬기어, 내접기어, 자동차의 삼단 기어, 2중 헬리컬 기어 등을 가공할 수 있다.
③ **마그식 기어 셰이프**(maag gear shaper), 선덜랜드식 기어 셰이퍼(sunderland gear shaper) : 래커터를 사용하여 기어를 절삭하는 공작기계로 헬리컬 기어와 스퍼 기어를 가공할 수 있다.

해답 ④

일반기계기사

2019년 9월 21일 시행

제1과목 재료역학

001 단면이 가로 100mm, 세로 150mm인 사각 단면보가 그림과 같이 하중(P)를 받고 있다. 전단응력에 의한 설계에서 P는 각각 100kN씩 작용할 때, 이 재료의 허용전단응력은 약 몇 MPa인가? (단, 안전계수는 2이다.)

① 10
② 15
③ 18
④ 20

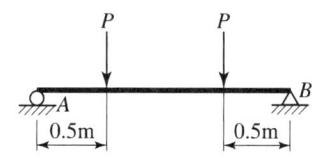
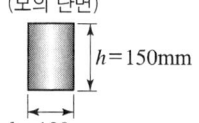

해설 (최대전단력) $F_{max} = P = 100000\text{N}$

$$\tau_{max} = \frac{3}{2} \times \frac{F_{max}}{A} = \frac{3}{2} \times \frac{100000}{100 \times 150}$$
$$= 10\text{MPa}$$

$$S = \frac{\tau_a}{\tau_{max}}$$

(허용전단응력) $\tau_a = S \times \tau_{max} = 2 \times 10$
$= 20\text{MPa}$

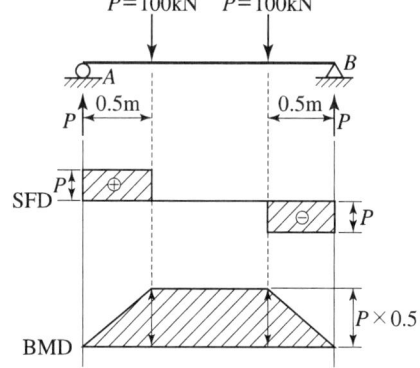

해답 ④

002 그림과 같이 봉이 평행상태를 유지하기 위해 O점에 작용시켜야 하는 모멘트는 약 몇 N·m인가? (단, 봉의 자중은 무시한다.)

① 0
② 25
③ 35
④ 50

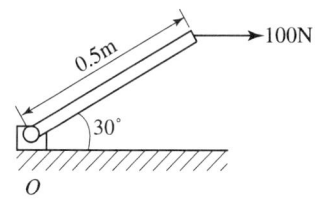

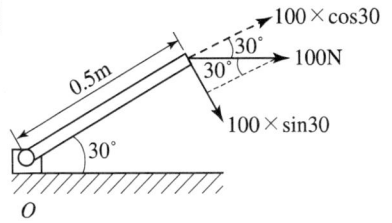

(O지점의 모멘트) $M_O = (100 \times \sin30) \times 0.5 = 25\text{N} \cdot \text{m}$

해답 ②

003

그림과 같은 외팔보에 있어서 고정단에서 20cm되는 지점의 굽힘모멘트 M은 약 몇 kN·m인가?

① 1.6
② 1.75
③ 2.2
④ 2.75

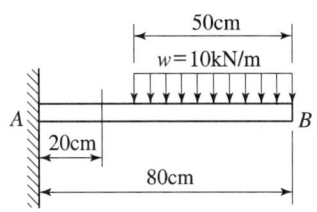

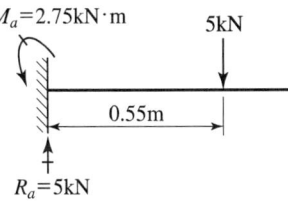

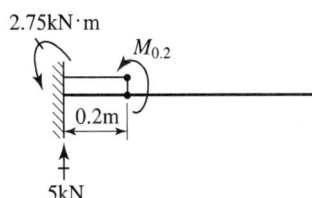

$M_a = 5\text{kN} \times 0.55\text{m} = 2.75\text{kN} \cdot \text{m}$

$M_{0.2} + 2.75 - 5 \times 0.2 = 0$
$M_{0.2} = 5 \times 0.2 - 2.75 = -1.75\text{kN} \cdot \text{m}$
굽힘의 형태가 ⌢이고 크기는 $1.75\text{kN} \cdot \text{m}$이다.

해답 ②

004

안지름 80cm의 얇은 원통에 내압 1MPa이 작용할 때 원통의 최소 두께는 몇 mm인가? (단, 재료의 허용응력은 80MPa이다.)

① 1.5
② 5
③ 8
④ 10

 (두께) $t = \dfrac{PD}{2a_a} = \dfrac{1 \times 800}{2 \times 80} = 5\text{mm}$

해답 ②

005

길이가 L이고 직경이 d인 축과 동일 재료로 만든 길이 $2L$인 축이 같은 크기의 비틀림 모멘트를 받았을 때, 같은 각도만큼 비틀어지게 하려면 직경은 얼마가 되어야 하는가?

① $\sqrt{3}\,d$
② $\sqrt[4]{3}\,d$
③ $\sqrt{2}\,d$
④ $\sqrt[4]{2}\,d$

해설
$\theta = \dfrac{TL}{GI_P} = \dfrac{TL32}{G\pi d^4}$ $\theta' = \theta$, $\dfrac{T2L \times 32}{G\pi d'^4} = \dfrac{TL32}{G\pi d^4}$

$\dfrac{2}{d'^4} = \dfrac{1}{d^4}$, $d'^4 = 2d^4$, $d' = \sqrt[4]{2}\,d$

해답 ④

006

그림과 같은 비틀림 모멘트가 1kN·m에서 축적되는 비틀림 변형에너지는 약 몇 N·m인가? (단, 세로탄성계수는 100GPa이고, 포아송의 비는 0.25이다.)

① 0.5
② 5
③ 50
④ 500

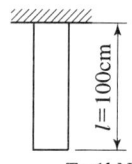

$T = 1\text{kN·m}$, $d = 4\text{cm}$, $l = 100\text{cm}$

해설 (비틀림 탄성에너지) $U_T = \dfrac{1}{2}T\theta = \dfrac{1}{2} \times 1000 \times 0.09947 = 49.73\text{N·m}$

(비틀림각) $\theta = \dfrac{TL}{GI_P} = \dfrac{1000 \times 1}{40 \times 10^9 \times \dfrac{\pi \times 0.04^4}{32}} = 0.09947\text{rad}$

$1Em = 2G(m+1)$

(전단 탄성계수) $G = \dfrac{Em}{2(m+1)} = \dfrac{100 \times 4}{2(4+1)} = 40\text{GPa}$

(포아송수) $m = \dfrac{1}{\mu} = \dfrac{1}{0.25} = 4$

해답 ③

007

철도 레일을 20℃에서 침목에 고정하였는데, 레일의 온도가 60℃가 되면 레일에 작용하는 힘은 약 몇 kN인가? (단, 선팽창계수 $\alpha = 1.2 \times 10^{-6}/℃$, 레일의 단면적은 5000mm², 세로탄성계수는 210GPa이다.)

① 40.4
② 50.4
③ 60.4
④ 70.4

해설
$$a_m = E \times \alpha \times \Delta T = \frac{F_{th}}{A}$$
(열에 의한 힘) $F_{th} = E \times \alpha \times \Delta T \times A = 210000 \times 1.2 \times 10^{-6} \times 40 \times 5000$
$= 50400\text{N} = 50.4\text{kN}$

해답 ②

008 단면의 폭(b)과 높이(h)가 6cm×10cm인 직사각형이고, 길이가 100cm인 외팔보 자유단에 10kN의 집중하중이 작용할 경우 최대 처점은 약 몇 cm인가? (단, 세로탄성계수는 210GPa이다.)

① 0.104
② 0.254
③ 0.317
④ 0.542

해설
$$\delta = \frac{PL^3}{3EI} = \frac{10000 \times 1000^3}{3 \times 210000 \times \left(\frac{60 \times 100^3}{12}\right)} = 3.17\text{mm} = 0.317\text{cm}$$

해답 ③

009 평면 응력상태에 있는 재료 내부에 서로 직각인 두 방향에서 수직 응력 σ_x, σ_y가 작용할 때 생기는 최대 주응력과 최소 주응력을 각각 σ_1, σ_2라 하면 다음 중 어느 관계식이 성립하는가?

① $\sigma_1 + \sigma_2 = \dfrac{\sigma_x + \sigma_y}{2}$
② $\sigma_1 + \sigma_2 = \dfrac{\sigma_x + \sigma_y}{4}$
③ $\sigma_1 + \sigma_2 = \sigma_x + \sigma_y$
④ $\sigma_1 + \sigma_2 = 2(\sigma_x + \sigma_y)$

해설
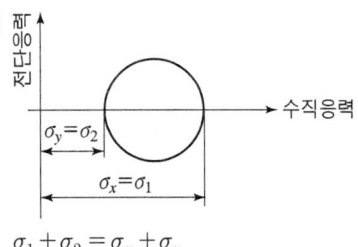

$\sigma_1 + \sigma_2 = \sigma_x + \sigma_y$

해답 ③

010 단면의 도심 o를 지나는 단면 2차 모멘트 I_x는 약 얼마인가?

① 1210mm⁴
② 120.9mm⁴
③ 1210cm⁴
④ 120.9cm⁴

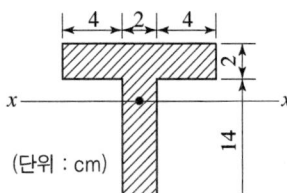

(단위 : cm)

해설

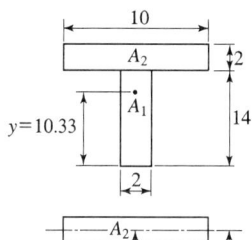

$$\bar{y} = \frac{A_1\bar{y}_1 + A_2\bar{y}_2}{A_1 + A_2} = \frac{(28 \times 7) + (20 \times 15)}{28 + 20} = 10.33\,\text{cm}$$

$$I_o = \frac{10 \times 2^3}{12} + (4.67^2 \times 20) = 442.844\,\text{cm}^4$$

$$I_o = \frac{2 \times 14^3}{12} + (3.33^2 \times 28) = 767.822\,\text{cm}^4$$

o지점의 단면2차 모멘트 $I = 442.844 + 767.822 = 1210.666\,\text{cm}^4$

해답 ③

011

그림과 같은 외팔보에서 고정부에서의 굽힘모멘트를 구하면 약 몇 kN·m인가?

① 26.7(반시계 방향)
② 26.7(시계 방향)
③ 46.7(반시계 방향)
④ 46.7(시계 방향)

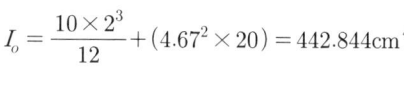

해설

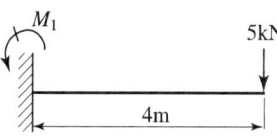

$M_1 = 5 \times 4 = 20\,\text{kN}\cdot\text{m}$

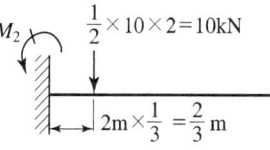

$M_2 = 10 \times \dfrac{2}{3} = \dfrac{20}{3}\,\text{kN}\cdot\text{m}$

(고정부 굽힘모멘트) $M_a = M_1 + M_2 = 26.67\,\text{kN}\cdot\text{m}$ ↺ (반시계방향)

해답 ①

012 지름이 d인 원형단면 봉이 비틀림 모멘트 T를 받을 때, 발생되는 최대 전단응력 τ를 나타내는 식은? (단, I_P는 단면의 극단면 2차 모멘트이다.)

① $\dfrac{Td}{2I_P}$ ② $\dfrac{I_P d}{2T}$

③ $\dfrac{TI_P}{2d}$ ④ $\dfrac{2T}{I_P d}$

해설 (최대 전단응력) $\tau_{\min} = \dfrac{T}{Z_P} = \dfrac{T}{\dfrac{I_P}{r}} = \dfrac{Tr}{I_P} = \dfrac{T}{I_P}\dfrac{d}{2}$

여기서, r : 반지름

해답 ①

013 그림과 같이 원형단면을 갖는 연강봉이 100kN의 인장하중을 받을 때, 이 봉의 신장량은 약 몇 cm인가? (단, 세로탄성계수는 200GPa이다.)

① 0.0478
② 0.0956
③ 0.143
④ 0.191

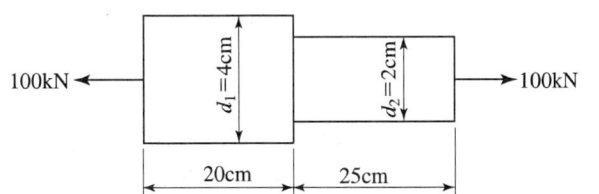

해설 (신장량) $\delta = \dfrac{P_1 L_1}{A_1 E} + \dfrac{P_2 L_2}{A_2 E} = \dfrac{100000 \times 200}{\dfrac{\pi}{4} \times 40^2 \times 200000} + \dfrac{100000 \times 250}{\dfrac{\pi}{4} \times 20^2 \times 200000}$

$= 0.4774\text{mm} = 0.04774\text{cm}$

해답 ①

014 다음 그림에서 최대굽힘응력은?

① $\dfrac{27}{64}\dfrac{Wl^2}{bh^2}$ ② $\dfrac{64}{27}\dfrac{Wl^2}{bh^2}$

③ $\dfrac{7}{128}\dfrac{Wl^2}{bh^2}$ ④ $\dfrac{64}{128}\dfrac{Wl^2}{bh^2}$

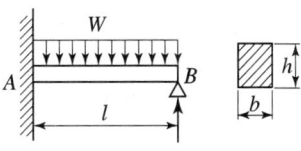

해설 (최대 굽힘모멘트) $M_{\max} = \dfrac{9Wl^2}{128}$

(최대 굽힘응력) $\sigma_{b_{\max}} = \dfrac{M_{\max}}{Z} = \dfrac{\left(\dfrac{9Wl^2}{128}\right)}{\left(\dfrac{bh^2}{6}\right)} = \dfrac{27}{64}\dfrac{Wl^2}{bh^2}$

해답 ①

015

그림과 같은 양단이 지지된 단순보의 전 길이에 4kN/m의 등분포하중이 작용할 때, 중앙에서의 처짐이 0이 되기 위한 P의 값은 몇 kN인가? (단, 보의 굽힘강성 EI는 일정하다.)

① 15
② 18
③ 20
④ 25

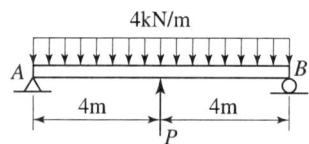

해설

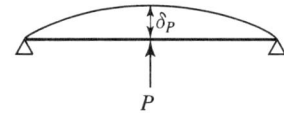

$\delta_w = \dfrac{5wL^4}{384EI}$

$\delta_P = \dfrac{PL^3}{48EI}$

$\delta_w = \delta_P,\ P = \dfrac{5wL}{8} = \dfrac{5 \times 4 \times 8}{8} = 20\text{kN}$

해답 ③

016

세로탄성계수가 200GPa, 포아송의 비가 0.3인 판재에 평면하중이 가해지고 있다. 이 판재의 표면에 스트레인 게이지를 부착하고 측정한 결과 $\epsilon_x = 5 \times 10^{-4}$, $\epsilon_y = 3 \times 10^{-4}$일 때, σ_x는 약 몇 MPa인가? (단, x축과 y축이 이루는 각은 90도이다.)

① 99
② 100
③ 118
④ 130

해설

$\epsilon_x = \dfrac{\sigma_x}{E} - \dfrac{\mu\sigma_y}{E},\ 5 \times 10^{-4} = \dfrac{\sigma_x}{200000} - \dfrac{0.3 \times \sigma_y}{200000}$ ················(1)식

$\epsilon_y = \dfrac{\sigma_y}{E} - \dfrac{\mu\sigma_x}{E},\ 3 \times 10^{-4} = \dfrac{\sigma_y}{200000} - \dfrac{0.3 \times \sigma_x}{200000}$ ················(2)식

(1)식에서 $100 = \sigma_x - 0.3\sigma_y$
(2)식에서 $60 = \sigma_y - 0.3\sigma_x$
(1)과 (2)식을 연립하면 $\sigma_x = 129.67\text{MPa}$
$\sigma_y = 98.9\text{MPa}$

해답 ④

017

그림과 같이 양단이 고정된 단면적 1cm², 길이 2m인 케이블을 B점에서 아래로 10mm만큼 잡아당기는 데 필요한 힘 P는 약 몇 N인가? (단, 케이블 재료의 세로탄성계수는 200GPa이며, 자중은 무시한다.)

① 10
② 20
③ 30
④ 40

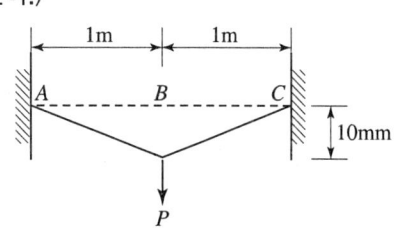

해설

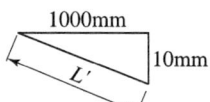

$\tan\theta = \dfrac{10}{1000}$

$\theta = 0.573$

$F_A = 998\text{N}$, $F_B = 998\text{N}$, 178.854°, 90.573°, P

$L' = \sqrt{1000^2 + 10^2} = 1000.0499$

$\Delta L = 1000.0499 - 1000 = 0.0499\text{mm}$

$\Delta L = \dfrac{F_A \times 1000}{A \times E}$, $F_A = \dfrac{\Delta L \times A \times E}{1000} = \dfrac{0.0499 \times 1000 \times 200000}{1000} = 998\text{N}$

$F_A = F_B = 998\text{N}$

$\dfrac{P}{\sin 178.859} = \dfrac{998}{\sin 90.573}$, $P = 19.96\text{N}$

해답 ②

018

다음 그림에서 단순보의 최대 처짐량(δ_1)과 양단고정보의 최대 처짐량(δ_2)의 비 (δ_1/δ_2)는 얼마인가? (단, 보의 굽힘강성 EI는 일정하고, 자중은 무시한다.)

① 1
② 2
③ 3
④ 4

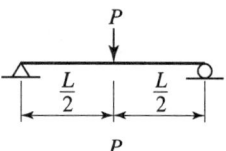

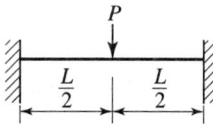

해설

$\delta_1 = \dfrac{PL^3}{48EI}$ $\delta_2 = \dfrac{PL^3}{192EI}$

$\dfrac{\delta_1}{\delta_2} = \dfrac{\left(\dfrac{PL^3}{48EI}\right)}{\left(\dfrac{PL^3}{192EI}\right)} = 4$

해답 ④

019 8cm×12cm인 직사각형 단면의 기둥 길이를 L_1, 지름 20cm인 원형 단면의 기둥 길이를 L_2라하고 세장비가 같다면, 두 기둥의 길이의 비(L_2/L_1)는 얼마인가?

① 1.44　　　　　　　② 2.16
③ 2.5　　　　　　　　④ 3.2

해설

$$\lambda_1 = \frac{L_1}{K_1} = \frac{L_1}{\frac{8}{2\sqrt{3}}} \qquad \lambda_1 = \lambda_2 \qquad \lambda_2 = \frac{L_2}{K_2} = \frac{L_2}{\frac{20}{4}}$$

$$\frac{L_1}{\frac{8}{2\sqrt{3}}} = \frac{L_2}{\frac{20}{4}} \qquad \frac{L_2}{L_1} = \frac{\left(\frac{20}{4}\right)}{\left(\frac{8}{2\sqrt{3}}\right)} = 2.16$$

(사각형의 회전반경) $K_1 = \dfrac{\text{작은변의 길이}}{2\sqrt{3}}$

(원형의 회전반경) $K_2 = \dfrac{\text{지름}}{4}$

해답 ②

020 지름이 2cm, 길이가 20cm인 연강봉이 인장하중을 받을 때 길이는 0.016cm만큼 늘어나고 지름은 0.0004cm만큼 줄었다. 이 연강봉의 포아송 비는?

① 0.25　　　　　　　② 0.5
③ 0.75　　　　　　　④ 4

해설

(포아송의 비) $\mu = \dfrac{\left(\dfrac{\Delta D}{D}\right)}{\left(\dfrac{\Delta L}{L}\right)} = \dfrac{\left(\dfrac{0.0004}{2}\right)}{\left(\dfrac{0.016}{20}\right)} = 0.25$

해답 ①

제2과목　기계열역학

021 포화액의 비체적은 0.001242m³/kg이고, 포화증기의 비체적은 0.3469m³/kg인 어떤 물질이 있다. 이 물질이 건도 0.65 상태로 2m³인 공간에 있다고 할 때, 이 공간 안에 차지한 물질의 질량(kg)은?

① 8.85　　　　　　　② 9.42
③ 10.08　　　　　　　④ 10.84

해설
$v_2 = v' + x(v'' - v') = 0.001242 + 0.65(0.3469 - 0.001242) = 0.2259 \text{m}^3/\text{kg}$

$v_x = \dfrac{V}{m}$

(질량) $m = \dfrac{V}{v_x} = \dfrac{2\text{m}^3}{0.2259\text{m}^3/\text{kg}} = 8.85\text{kg}$

해답 ①

022
열역학적 관점에서 일과 열에 관한 설명으로 틀린 것은?
① 일과 열은 온도와 같은 열역학적 상태량이 아니다.
② 일의 단위는 J(joule)이다.
③ 일의 크기는 힘과 그 힘이 작용하여 이동한 거리를 곱한 값이다.
④ 일과 열은 점 함수(point function)이다.

해설 일과 열은 경로함수(과정함수)이다.

해답 ④

023
기체가 열량 80kJ 흡수하여 외부에 대하여 20kJ 일을 하였다면 내부에너지 변화(kJ)는?
① 20 ② 60
③ 80 ④ 100

해설
$\Delta Q = \Delta U + \Delta W$
$\oplus 80 = \Delta U + \oplus 20$
(내부에너지 변화) $\Delta U = 80 - 20 = 60\text{kJ}$

해답 ②

024
다음 중 브레이턴 사이클의 과정으로 옳은 것은?
① 단열 압축 → 정적 가열 → 단열 팽창 → 정적 방열
② 단열 압축 → 정압 가열 → 단열 팽창 → 정적 방열
③ 단열 압축 → 정적 가열 → 단열 팽창 → 정압 방열
④ 단열 압축 → 정압 가열 → 단열 팽창 → 정압 방열

해설 브레이턴 사이클

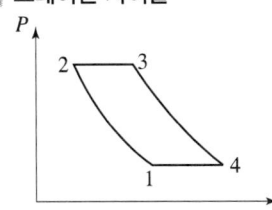

과정 1→2 : 단열압축
과정 2→3 : 정압흡열(가열)
과정 3→4 : 단열팽창
과정 4→1 : 정압방열

해답 ④

025
압력이 200kPa인 공기가 압력이 일정한 상태에서 400kcal의 열을 받으면서 팽창하였다. 이러한 과정에서 공기의 내부에너지가 250kcal만큼 증가하였을 때, 공기의 부피변화(m^3)는 얼마인가? (단, 1kcal은 4.186kJ이다.)

① 0.98 ② 1.21
③ 2.86 ④ 3.14

해설 정압과정의 열량의 변화는 엔탈피변화와 같다.
$\Delta Q = \Delta H = 400\text{kcal} = 400 \times 4.186\text{kJ} = 1674.4\text{kJ}$
$\Delta H = \Delta U + P\Delta V$
$1674.4 = 250 \times 4.186 + 200 \times \Delta V$
(부피변화량) $\Delta V = 3.1395\text{m}^3$

해답 ④

026
오토 사이클의 효율이 55%일 때 101.3kPa, 20℃의 공기가 압축되는 압축비는 얼마인가? (단, 공기의 비열비는 1.4이다.)

① 5.28 ② 6.32
③ 7.36 ④ 8.18

해설 $\eta_o = 1 - \left(\dfrac{1}{\epsilon}\right)^{R-1}$ $0.55 = 1 - \left(\dfrac{1}{\epsilon}\right)^{1.4-1}$
(압축비) $\epsilon = 7.361$

해답 ③

027
분자량이 32인 기체의 정적비열이 0.714kJ/kg·K일 때 이 기체의 비열비는? (단, 일반기체상수는 8.314kJ/kmol·K이다.)

① 1.364 ② 1.382
③ 1.414 ④ 1.446

해설 (기체상수) $R = \dfrac{\overline{R}}{M} = \dfrac{8.314}{32} = 0.2598\text{kJ/kg}\cdot\text{K}$
$R = C_P - C_V$ $0.2598 = C_P - 0.714$
(정압비열) $C_P = 0.9738\text{kJ/kg}\cdot\text{K}$
(비열비) $R = \dfrac{C_P}{C_V} = \dfrac{0.9738}{0.714} = 1.3638$

해답 ①

028 다음 그림과 같은 오토 사이클의 효율(%)은? (단, $T_1=300K$, $T_2=689K$, $T_3=2364K$, $T_4=1029K$이고, 정적비열은 일정하다.)

① 42.5
② 48.5
③ 56.5
④ 62.5

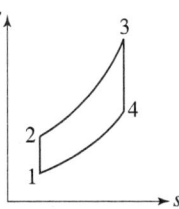

해설
$$\eta_o = 1 - \frac{q_L}{q_H} = 1 - \frac{C_V(T_4-T_1)}{C_V(T_3-T_2)} = 1 - \frac{T_4-T_1}{T_3-T_2} = 1 - \frac{1029-300}{2364-689}$$
$$= 0.5647 = 56.47\%$$

해답 ③

029 1000K의 고열원으로부터 750kJ의 에너지를 받아서 300K의 저열원으로 550kJ의 에너지를 방출하는 열기관이 있다. 이 기관의 효율(η)과 Clausius 부등식의 만족 여부는?

① $\eta=26.7\%$이고, Clausius 부등식을 만족한다.
② $\eta=26.7\%$이고, Clausius 부등식을 만족하지 않는다.
③ $\eta=73.3\%$이고, Clausius 부등식을 만족한다.
④ $\eta=73.3\%$이고, Clausius 부등식을 만족하지 않는다.

해설
$$\eta = \frac{W_{net}}{q_H} = \frac{q_H-q_L}{q_H} = 1 - \frac{q_L}{q_H} = 1 - \frac{550}{750} = 0.2666 = 26.67\%$$

$$\frac{q_H}{T_H} - \frac{q_L}{T_L} = \frac{750}{1000} - \frac{550}{300} = -\frac{13}{12}$$

⊖값이 나오기 때문에 Clausius 부등식을 만족한다.

해답 ①

030 메탄올의 정압비열(C_P)이 다음과 같은 온도 $T(K)$에 의한 함수로 나타날 때 메탄올 1kg을 200K에서 400K까지 정압과정으로 가열하는데 필요한 열량(kJ)은? (단, C_P의 단위는 kJ/kg·K이다.)

$$C_P = a + bT + cT^2$$
$$(a=3.51,\ b=-0.00135,\ c=3.47\times10^{-5})$$

① 722.9   ② 1311.2
③ 1268.7 ④ 866.2

해설 (가열열량) $\Delta Q = \int_{200}^{400} 3.51 - 0.00135T + 3.47\times10^{-5}T^2 dT = 1268.73kJ$

(평균열량) $C_m = \dfrac{1268.73}{400-200}$

$\Delta Q = m \times C_m \times \Delta T = 1 \times \dfrac{1268.73}{400-200} \times (400-200) = 1268.73 \text{kJ}$

해답 ③

031
질량 유량이 10kg/s인 터빈에서 수증기의 엔탈피가 800kJ/kg 감소한다면 출력(kW)은 얼마인가? (단, 역학적 손실, 열손실은 모두 무시한다.)

① 80　　　② 160
③ 1600　　④ 8000

해설 $W_t = \dot{m} \times \Delta h = 10 \text{kg/s} \times 800 \text{kJ/kg} = 8000 \text{kW}$

해답 ④

032
내부에너지가 40kJ, 절대압력이 200kPa, 체적이 0.1m³, 절대온도가 300K인 계의 엔탈피(kJ)는?

① 42　　　② 60
③ 80　　　④ 240

해설 $H = U + PV = 40 + 200 \times 0.1 = 60 \text{kJ}$

해답 ②

033
열역학 제2법칙에 대한 설명으로 옳은 것은?

① 과정(process)의 방향성을 제시한다.
② 에너지의 양을 결정한다.
③ 에너지의 종류를 판단할 수 있다.
④ 공학적 장치의 크기를 알 수 있다.

해설 0법칙 : 열평형의 법칙, 온도평형의 법칙
1법칙 : 에너지보존의 법칙
2법칙 : 에너지의 방향을 제시한 법칙

해답 ①

034
공기 1kg을 정압과정으로 20℃에서 100℃까지 가열하고, 다음에 정적과정으로 100℃에서 200℃까지 가열한다면, 전체 가열에 필요한 총에너지(kJ)는? (단, 정압비열은 1.009kJ/kg·K, 정적비열은 0.72kJ/kg·K이다.)

① 152.7　　② 162.8
③ 139.8　　④ 146.7

$\Delta Q = \Delta Q_P + \Delta Q_V = mC_P\Delta T_P + mC_V\Delta T_V$
$= (1 \times 1.009 \times 80) + (1 \times 0.72 \times 100) = 152.72\text{kJ}$

해답 ①

035

카르노 냉동기에서 흡열부와 방열부의 온도가 각각 −20℃와 30℃인 경우, 이 냉동기에 40kW의 동력을 투입하면 냉동기가 흡수하는 열량(RT)은 얼마인가? (단, 1RT=3.86kW이다.)

① 23.62 ② 52.48
③ 78.36 ④ 126.48

해설 $\epsilon = \dfrac{q_L}{W_{net}} = \dfrac{T_L}{T_H - T_L}$

(저열원에서 흡수한 열량) $q_L = W_{net} \times \dfrac{T_L}{T_H - T_L}$

$= 40 \times \dfrac{-20 + 273}{(30 + 273) - (-20 + 273)}$

$= 202.4\text{kW} = 202.4\text{kW} \times \dfrac{1\text{RT}}{3.86\text{kW}} = 52.435\text{RT}$

해답 ②

036

질량이 m이고, 비체적인 v인 구(sphere)의 반지름이 R이다. 이때 질량이 $4m$, 비체적이 $2v$로 변화한다면 구의 반지름은 얼마인가?

① $2R$ ② $\sqrt{2}\,R$
③ $\sqrt[3]{2}\,R$ ④ $\sqrt[3]{4}\,R$

해설 $v = \dfrac{\frac{4}{3}\pi R^3}{m}$ $2 \times v = \dfrac{\frac{4}{3}\pi R'^3}{4m}$ $2 \times \dfrac{\frac{4}{3}\pi R^3}{m} = \dfrac{\frac{4}{3}\pi R'^3}{4m}$

$2R^3 = \dfrac{R'^3}{4}$ $R'^3 = 8R^3$ $R' = 2R$

해답 ①

037

100℃의 수증기 10kg이 100℃의 물로 응축되었다. 수증기의 엔트로피 변화량(kJ/K)은? (단, 물의 잠열은 100℃에서 2257kJ/kg이다.)

① 14.5 ② 5390
③ −22570 ④ −60.5

 $\Delta S = \dfrac{\Delta Q}{T} = \dfrac{-22570\text{kJ}}{(100+273)\text{K}} = -60.5\text{kJ/K}$

$\Delta Q = -2257\text{kJ/kg} \times 10\text{kg} = -22570\text{kJ}$

해답 ④

038

입구 엔탈피 3155kJ/kg, 입구 속도 24m/s, 출구 엔탈피 2385kJ/kg, 출구 속도 98m/s인 증기 터빈이 있다. 증기 유량이 1.5kg/s이고, 터빈의 축 출력이 900kW일 때 터빈과 주위 사이의 열전달량은 어떻게 되는가?

① 약 124kW의 열을 주위로 방열한다.
② 주위로부터 약 124kW의 열을 받는다.
③ 약 248kW의 열을 주위로 방열한다.
④ 주위로부터 약 248kW의 열을 받는다.

해설 에너지보존의 법칙

$$\dot{m} \times \left(\frac{1}{2}V_1^2 + h_1\right) = \dot{m}\left(\frac{1}{2}V_2^2 + h_2\right) + W_T + Q_L$$

$$1.5 \times \left(\frac{1}{2} \times 24^2 + 3155000\right) = 1.5 \times \left(\frac{1}{2} \times 98^2 + 2385000\right) + 900000 + Q_L$$

(터빈과 주위 사이의 열 전열량) $Q_L = 248229W = 248.229kW$

해답 ③

039

증기압축 냉동기에 사용되는 냉매의 특징에 대한 설명으로 틀린 것은?

① 냉매는 냉동기의 성능에 영향을 미친다.
② 냉매는 무독성, 안정성, 저가격 등의 조건을 갖추어야 한다.
③ 무기화합물 냉매인 암모니아는 열역학적 특성이 우수하고, 가격이 비교적 저렴하여 널리 사용되고 있다.
④ 최근에는 오존파괴 문제로 CFC 냉매 대신에 R-12(CCl_2F_2)가 냉매로 사용되고 있다.

해설 ① **CFC냉매** : 염화불화탄소로 분자 중에 염소(F)을 포함하고 있으며 성층권까지 확산하여 오존층을 파괴하며 지구온난화 계수도 대단히 높다.
② **프레온 냉매의 종류**
R-11, R-12, R-13, R-21, R-22, R-11, R-114
③ 오존층 붕괴가 없는 냉매 : 탄화수소 냉매

해답 ④

040

공기가 등온과정을 통해 압력 200kPa, 비체적이 0.02m^3/kg인 상태에서 압력이 100kPa인 상태로 팽창하였다. 공기를 이상기체로 가정할 때 시스템이 이 과정에서 한 단위질량당 일(kJ/kg)은 약 얼마인가?

① 1.4   ② 2.0
③ 2.8   ④ 5.6

해설 (등온과정에서의 일량) $W = P_1 v_1 \ln\frac{v_2}{v_1} = P_1 v_1 \ln\frac{P_1}{P_2} = 200 \times 0.02 \times \ln\frac{200}{100}$
$= 2.77 kJ/kg$

해답 ③

제3과목 기계유체역학

041 표준대기압 상태인 어떤 지방의 호수에서 지름이 d인 공기의 기포가 수면으로 올라오면서 지름이 2배로 팽창하였다. 이때 기포의 최초 위치는 수면으로부터 약 몇 m 아래인가? [단, 기포 내의 공기는 Boyle 법칙에 따르며, 수중의 온도도 일정하다고 가정한다. 또한 수면의 기압(표준대기압)은 101.325kPa이다.]

① 70.8　　② 72.3
③ 74.6　　④ 77.5

해설 $P'V' = P_oV_o$

$$P' = \frac{P_oV_o}{V'} = \frac{101.325 \times \frac{4\pi}{3}\left(\frac{2d}{2}\right)^3}{\frac{4\pi}{3}\left(\frac{d}{2}\right)^3} = 101.325 \times 8 = 810.6\text{kPa}$$

$P' = P_o + \gamma H$

$$H = \frac{P' - P_o}{\gamma} = \frac{810.6 - 101.325}{9800} = 0.0723\text{km} = 72.3\text{m}$$

해답 ②

042 그림과 같이 비중 0.85인 기름이 흐르고 있는 개수로에 피토관을 설치하였다. $\Delta h = 30$mm, $h = 100$mm일 때 기름의 유속은 약 몇 m/s인가?

① 0.767
② 0.976
③ 1.59
④ 6.25

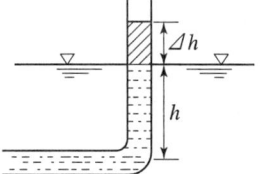

해설 $\Delta h = \dfrac{V^2}{2g}$

$V = \sqrt{2g\Delta H} = \sqrt{2 \times 9.8 \times 0.03} = 0.766\text{m/s}$

해답 ①

043 마찰계수가 0.02인 파이프(안지름 0.1m, 길이 50m) 중간에 부차적 손실계수가 5인 밸브가 부착되어 있다. 밸브에서 발생하는 손실수두는 총 손실수두의 약 몇 %인가?

① 20　　② 25
③ 33　　④ 50

해설 (총 손실수두) $H_T = f \times \dfrac{L}{D} \times \dfrac{V^2}{2g} + k\dfrac{V^2}{2g} = \dfrac{V^2}{2g} \times \left(f \times \dfrac{L}{D} + k\right)$

(밸브의 손실수두) $H_V = k\dfrac{V^2}{2g}$

$\dfrac{H_V}{H_T} = \dfrac{k\dfrac{V^2}{2g}}{\dfrac{V^2}{2g} \times \left(f \times \dfrac{L}{D} + k\right)} = \dfrac{k}{f \times \dfrac{L}{D} + k} = \dfrac{5}{0.02 \times \dfrac{50}{0.1} + 5} = 33.3\%$

해답 ③

044

2차원 극좌표계 (r, θ)에서 속도 포텐셜이 다음과 같을 때 원주방향 속도(v_ϕ)는? (단, 속도 포텐셜 ϕ는 $\vec{V} = \nabla\phi$로 정의한다.)

$$\phi = 2\theta$$

① $4\pi r$
② $2r$
③ $\dfrac{4\pi}{r}$
④ $\dfrac{2}{r}$

해설 (반경 방향 속도) $u_r = -\dfrac{\partial \phi}{\partial r}$

(원주 방향 속도) $u_\theta = -\dfrac{1}{r}\dfrac{\partial \phi}{\partial \theta} = -\dfrac{1}{r}\dfrac{\partial(2\theta)}{\partial \theta} = -\dfrac{2}{r}$

해답 ④

045

지름이 0.01m인 구 주위를 공기가 0.001m/s로 흐르고 있다. 항력계수 $C_D = \dfrac{24}{Re}$로 정의할 때 구에 작용하는 항력은 약 몇 N인가? (단, 공기의 밀도는 1.1774kg/m³, 점성계수는 1.983×10^{-5}kg/m·s이며, Re는 레이놀즈수를 나타낸다.)

① 1.9×10^{-9}
② 3.9×10^{-9}
③ 5.9×10^{-9}
④ 7.9×10^{-9}

해설 Stoke's law

(항력) $D = 6R\mu v\pi = 6 \times \dfrac{0.01}{2} \times 1.983 \times 10^{-5} \times 0.001 \times \pi = 1.868 \times 10^{-9}$ N

해답 ①

046

원유를 매분 240L의 비율로 안지름 80mm인 파이프를 통하여 100m 떨어진 곳으로 수송할 때 관내의 평균 유속은 약 몇 m/s인가?

① 0.4
② 0.8
③ 2.5
④ 3.1

$Q = A \times V$

$$V = \frac{Q}{A} = \frac{240 \text{L/min}}{\frac{\pi}{4} \times 0.08^2} = \frac{\frac{240 \times 10^{-3}}{60} \text{m}^3/\text{s}}{\frac{\pi}{4} \times 0.08^2 \text{m}^2} = 0.795 \text{m/s}$$

해답 ③

047
역학적 상사성이 성립하기 위해 무차원 수인 프루드수를 같게 해야 되는 흐름은?
① 점성계수가 큰 유체의 흐름 ② 표면장력이 문제가 되는 흐름
③ 자유표면을 가지는 유체의 흐름 ④ 압축성을 고려해야 되는 유체의 흐름

 (프루드 수) $F_r = \dfrac{\text{관성력}}{\text{중력}}$

중력이 작용되는 자유표면을 가지는 유체의 흐름.
댐, 조파저항, 선박 등은 프루드수가 같을 때 역학적 상사가 된다.

해답 ③

048
평판 위를 공기가 유속 15m/s로 흐르고 있다. 선단으로부터 10cm인 지점의 경계층 두께는 약 몇 mm인가? (단, 공기의 동점성계수는 $1.6 \times 10^{-5} \text{m}^2/\text{s}$이다.)
① 0.75 ② 0.98
③ 1.36 ④ 1.63

해설 (층류의 경계층 두께) $\delta = \dfrac{5x}{\sqrt{R_{e_x}}} = \dfrac{5 \times 0.1}{\sqrt{93750}} = 1.63 \times 10^{-3}\text{m} = 1.63\text{mm}$

$R_{e_x} = \dfrac{Vx}{\nu} = \dfrac{1.5 \times 0.1}{1.6 \times 10^{-5}} = 93750$

해답 ④

049
그림과 같이 고정된 노즐로부터 밀도가 ρ인 액체의 제트가 속도 V로 분출하여 평판에 충돌하고 있다. 이때 제트의 단면적이 A이고 평판이 u인 속도로 제트와 반대 방향으로 운동할 때 평판에 작용하는 힘 F는?

① $F = \rho A (V - u)$
② $F = \rho A (V - u)^2$
③ $F = \rho A (V + u)$
④ $F = \rho A (V + u)^2$

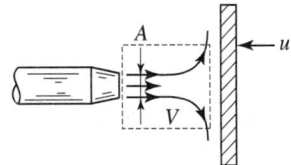

 $F = \rho A (V - (-u))^2 = \rho A (V + u)^2$
속도는 상대속도 개념이다.

해답 ④

050
비행기 날개에 작용하는 양력 F에 영향을 주는 요소는 날개의 코드길이 L, 받음각 α, 자유유동 속도 V, 유체의 밀도 ρ, 점성계수 μ, 유체 내에서의 음속 c이다. 이 변수들로 만들 수 있는 독립 무차원 매개변수는 몇 개인가?

① 2   ② 3
③ 4   ④ 5

해설 (독립무차원의 개수) π = 물리량의 개수 $-(M,L,T) = 7-3 = 4$개
물리량 개수 : $F, L, \alpha, v, \rho, \mu, c$
(힘) $F = [MLT^{-2}]$

해답 ③

051
안지름이 4mm이고, 길이가 10m인 수평 원형관 속을 20℃의 물이 층류로 흐르고 있다. 배관 10m의 길이에서 압력 강하가 10kPa이 발생하며, 이때 점성계수는 1.02×10^{-3}Ns/m²일 때 유량은 약 몇 cm³/s인가?

① 6.16   ② 8.52
③ 9.52   ④ 14.12

해설 $Q = \dfrac{\Delta P \pi D^4}{128\mu L} = \dfrac{10000 \times \pi \times 0.004^4}{128 \times 1.02 \times 10^{-3} \times 10} = 6.159 \times 10^{-6} \text{m}^3/\text{s} = 6.159 \text{cm}^3/\text{s}$

해답 ①

052
안지름이 0.01m인 관내로 점성계수가 0.005N·s/m², 밀도가 800kg/m³인 유체가 1m/s의 속도로 흐를 때, 이 유동의 특성은? (단, 천이 구간은 레이놀즈수가 2100~4000에 포함될 때를 기준으로 한다.)

① 층류 운동   ② 난류 운동
③ 천이 운동   ④ 위 조건으로는 알 수 없다.

해설 $Re = \dfrac{\rho VD}{\mu} = \dfrac{800 \times 1 \times 0.01}{0.005} = 1600$
2100 이하이므로 층류유동이다.

해답 ①

053
밀도가 500kg/m³인 원기둥이 $\dfrac{1}{3}$만큼 액체면 위로 나온 상태로 떠 있다. 이 액체의 비중은?

① 0.33   ② 0.5
③ 0.75   ④ 1.5

해설 물체의 무게=부력

물체의 무게=$\rho g \times V$ 부력=$\rho_{액체} g \times V \times \dfrac{2}{3}$

$\rho g \times V = \rho_{액체} g \times V \times \dfrac{2}{3}$

$500 \times g \times V = \rho_{액체} \times g \times V \times \dfrac{2}{3}$

$\rho_{액체} = 500 \times \dfrac{3}{2} = 750 \text{kg/m}^3$

$S_{액체} = \dfrac{\rho_{액체}}{\rho_물} = \dfrac{750 \text{kg/m}^3}{1000 \text{kg/m}^3} = 0.75$

해답 ③

054 다음 중 유선(stream line)에 대한 설명으로 옳은 것은?
① 유체의 흐름에 있어서 속도 벡터에 대하여 수직한 방향을 갖는 선이다.
② 유체의 흐름에 있어서 유동 단면의 중심을 연결한 선이다.
③ 비정상류 흐름에서만 유동의 특성을 보여주는 선이다.
④ 속도 벡터에 접하는 방향을 가지는 연속적인 선이다.

해설 유선 : 유체의 운동방향을 지시하는 가상곡선으로 속도벡터와 길이 단위벡터의 접선을 이은 연속적인 선이다.

해답 ④

055 다음 중에서 차원이 다른 물리량은?
① 압력
② 전단응력
③ 동력
④ 체적탄성계수

해설 ① 압력[Pa]
② 전단응력[Pa]
③ 동력[W]
④ 체적탄성계수[Pa]

해답 ③

056 비중이 0.8인 액체를 10m/s 속도로 수직방향으로 분사하였을 때, 도달할 수 있는 최고 높이는 약 몇 m인가? (단, 액체는 비압축성, 비점성 유체이다.)
① 3.1
② 5.1
③ 7.4
④ 10.2

해설 (속도수두) $H_V = \dfrac{V^2}{2g} = \dfrac{10^2}{2 \times 9.8} = 5.1 \text{m}$

해답 ②

057

유체 속에 잠겨있는 경사진 관의 윗면에 작용하는 압력 힘의 작용점에 대한 설명 중 옳은 것은?

① 관의 도심보다 위에 있다. ② 관의 도심에 있다.
③ 관의 도심보다 아래에 있다. ④ 관의 도심과는 관계가 없다.

해설 (전압력이 작용하는 위치) $y_{F_p} = \bar{y} + \dfrac{I_G}{y_A}$

$\dfrac{I_G}{y_A}$ 만큼 아래쪽에 위치한다.

해답 ③

058

지상에서의 압력은 P_1, 지상 1000m 높이에서의 압력을 P_2라 할 때 압력비 $\left(\dfrac{P_2}{P_1}\right)$는? (단, 온도가 15℃로 높이에 상관없이 일정하다고 가정하고, 공기의 밀도는 기체상수가 287J/kg·K인 이상기체 법칙에 따른다.)

① 0.80 ② 0.89
③ 0.95 ④ 1.1

해설 (지상에서의 압력) $P_1 = P_2 \times \gamma H = \rho RT + \gamma H = \rho RT + \rho g H$
(1000높이에서의 압력) $P_2 = \rho RT$

$\dfrac{P_2}{P_1} = \dfrac{\rho RT}{\rho RT + \rho g H} = \dfrac{RT}{RT + gH} = \dfrac{287 \times (15+273)}{287 \times (15+273) + 9.8 \times 1000} = 0.89$

해답 ②

059

점성계수(μ)가 0.098N·s/m²인 유체가 평판 위를 $u(y) = 750y - 2.5 \times 10^{-6} y^2$ (m/s)의 속도 분포로 흐를 때 평판면($y = 0$)에서의 전단응력은 약 몇 N/m²인가? (단, y는 평판면으로부터 m 단위로 잰 수직거리이다.)

① 7.35 ② 73.5
③ 14.7 ④ 147

해설 $\tau_y = \mu \dfrac{du}{dy} = \mu \dfrac{d(750y - 2.5 \times 10^{-6} y^2)}{dy} = \mu(750 - 2 \times 2.5 \times 10^{-6} y)$

$\tau_{y=0} = \mu \times 750 = 0.098 \times 750 = 73.5 \text{N/m}^2$

해답 ②

060

그림과 같이 설치된 펌프에서 물의 유입지점 1의 압력은 98kPa, 방출지점 2의 압력은 105kPa이고, 유입지점으로부터 방출지점까지의 높이는 20m이다. 배관 요소에 따른 전체 수두손실은 4m이고 관 지름이 일정할 때 물을 양수하기 위해서 펌프가 공급해야 할 압력은 약 몇 kPa인가?

① 242
② 324
③ 431
④ 514

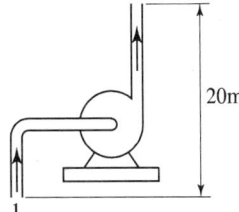

해설 (펌프가 공급해야 될 압력) $P_P = \gamma H_P = 9800 \times 24.714 = 242197.2 \text{Pa} ≒ 242.19 \text{kPa}$

$$H_P + \frac{P_1}{\gamma} + \frac{V_1^2}{2g} + Z_1 = \frac{P_2}{\gamma} + \frac{V_1^2}{2g} + Z_2 + H_L$$

$Q = \frac{\pi}{4}d_1^2 \times V_1 = \frac{\pi}{4}d_2^2 \times V+2$, $d_1 = d_2$ 그러므로 $V_1 = V_2$

(펌프수두) $H_P = \frac{P_2 - P_1}{\gamma} + (Z_2 - Z_1) + H_L = \frac{105000 - 98000}{98000} + (20 - 0) + 4$
$= 24.714 \text{m}$

해답 ①

제4과목 기계재료 및 유압기기

061

보자력이 작고, 미세한 외부 자기장의 변화에도 크게 자화되는 특징을 가진 연질 자성 재료는?

① 센더스트
② 알니코자석
③ 페라이트자석
④ 회로류계자석

해설 연질(軟質) 자성재료는 보자력(保磁力)이 작고 자화되기 쉬운 재료로서, 전자석·변압기·모터·자기헤드 등의 자심(磁心)으로 사용된다.
센더스트 : 철-규소-알루미늄계 합금인 자성 재료로서 고투자율이며, Si 5~11%, Al 3~8%, 나머지 Fe로서 대단히 단단하고, 취약한 주물로서 사용하며, 자기 차폐기로 주로 사용되며 자기장의 변화에도 크게 자화되는 특징을 가진 연질 자성재료이다.

해답 ①

062

레데뷰라이트에 대한 설명으로 옳은 것은?

① α와 Fe의 혼합물이다.
② γ와 Fe_3C의 혼합물이다.
③ δ와 Fe의 혼합물이다.
④ α와 Fe_3C의 혼합물이다.

해설 오스테나이트(γ-Fe)와 시멘타이트(Fe_3C)의 혼합물로 탄소 함유량 4.3%에서 나타나는 조직이다.

해답 ②

063 다음 중 공구강 강재의 종류에 해당되지 않는 것은?
① STC 3
② SM25C
③ STC 105
④ SKH 51

해설
① STC 3 : 탄소공구강
② SM25C : 기계구조용 탄소강
③ STC 105 : 탄소공구강
④ SKH 51 : 고속도강(표준고속도강으로 공구재료이다)

해답 ②

064 다음 중 알루미늄 합금계가 아닌 것은?
① 라우탈
② 실루민
③ 하스텔로이
④ 하이드로날륨

해설 **주물용 알루미늄합금**
① 알루미늄-구리계 합금 : 알코아
② 알루미늄-규소계합금 : 실루민
③ 알루미늄-구리-규소계합금 : 라우탈
④ 알루미늄-마그네슘합금 : 하이트로날륨
⑤ 다이캐스팅용합금 : 라우탈, 실루민, 하이드로날륨
⑥ Y합금-Al+(4%Cu)+(2%Ni)+(1.5%Mg) : 내열용 알루미늄 합금으로 피스톤재료로 사용
⑦ Lo-ex(로우엑스)합금-Al+Si+Cu+Mg+Ni : 금형에 주조되는 피스톤용
가공용 알루미늄합금
① 고강도알루미늄합금 ㉠ 두랄루민(D)
㉡ 초두랄루민(SD)
㉢ 초강두랄루민(ESD)
② 내식용알루미늄합금 ㉠ 알민(almin)
㉡ 알드레이(aldrey)
㉢ 하이드로날륨(hydronalium)
※ **하스텔로이(hastelloy)** : 내식성(耐蝕性) 우수한 니켈합금으로 일반적으로 가공성과 용접성이 좋고 여러 모양으로 가공되어 있어 화학공업 등에도 사용된다.

해답 ③

065 다음의 조직 중 경도가 가장 높은 것은?
① 펄라이트
② 마텐자이트
③ 소르바이트
④ 트루스타이트

조직 이름	페라이트	오스테나이트	펄라이트	소르바이트	트루스타이트	마텐자이트	시멘타이트
경도 (H_v)	90	155	255	270	445	880	1100

해답 ②

066
황동의 화학적 성질과 관계없는 것은?
① 탈아연부식
② 고온탈아연
③ 자연균열
④ 가공경화

해설 황동은 구리와 아연의 합금으로 6:4황동에서는 탈아연 부식이 주로 발생되고 고온에서도 탈아연 현상이 일어난다. 또한 황동에 공기 중의 암모니아, 기타 염류에 의해 입간 부식을 일으켜 상온가공에 의해 내부응력 때문에 생기며 응력부식 균열로 잔류응력이 발생되는데 이러한 현상을 자연 균열이라 한다.

해답 ④

067
베이나이트(bainite) 조직을 얻기 위한 항온열처리 조작으로 옳은 것은?
① 마퀜칭
② 소성가공
③ 노멀라이징
④ 오스템퍼링

해설 베이나이트 조직은 항온 열처리 중 오스템퍼링을 통해 얻어지는 조직이다.

해답 ④

068
재료의 전연성을 알기 위해 구리판, 알루미늄판 및 그 밖의 연성 관계를 가압하여 변형 능력을 시험하는 것은?
① 굽힘시험
② 압축시험
③ 커핑시험
④ 비틀림시험

해설 커핑시험(에릭션 시험) : 강구로 시험편을 눌러 판재 뒷면의 한 개소가 갈라질 때까지 구형선단 Punch가 이동한 거리를 측정한 값을 이용해 연성정도를 측정하는 시험

해답 ③

069 회복 과정에서의 축적에너지에 대한 설명으로 옳은 것은?
① 가공도가 적을수록 축적에너지의 양은 증가한다.
② 결정입도가 작을수록 축적에너지의 양은 증가한다.
③ 불순물 원자의 첨가가 많을수록 축적에너지의 양은 감소한다.
④ 낮은 가공온도에서의 변형은 축적에너지의 양은 감소시킨다.

해설 ① 회복 과정에서의 축적에너지는 결정입도가 작을수록 축적에너지의 양은 증가한다.
② 가공도가 클수록 축적에너지의 양은 증가한다.
③ 불순물 원자의 첨가가 많을수록 축적에너지의 양은 증가한다.
④ 낮은 가공온도에서의 변형은 축적에너지의 양은 증가시킨다.

해답 ②

070 주철의 특징을 설명한 것 중 틀린 것은?
① 백주철은 Si 함량이 적고, Mn 함량이 많아 화합탄소로 존재한다.
② 회주철은 C, Si 함량이 많고, Mn 함량이 적은 파면이 회색을 나타내는 것이다.
③ 구상흑연주철은 흑연의 형상에 따라 판상, 구상, 공정상흑연주철로 나눌 수 있다.
④ 냉경주철은 주물 표면을 회주철로 인성을 높게 하고, 내부는 Fe_3C로 단단한 조직으로 만든다.

해설 **냉경주철**(칠드주철)은 주물 표면을 시멘타이트로 경도를 높게 하고, 내부는 회주철로 인성을 높게 한 주철이다.

해답 ④

071 액추에이터의 배출 쪽 관로 내의 흐름을 제어함으로써 속도를 제어하는 회로는?
① 방향 제어회로   ② 미터 인 회로
③ 미터 아웃 회로   ④ 압력 제어회로

해설 **미터 아웃회로** : 출구측 유량을 제어함으로써 속도를 제어하는 회로
미터 인 회로 : 입구측 유량을 교축하여 속도를 제어 하는 회로
블리드 오프 회로 : 입구측 유량을 분기 하여 속도를 제어 하는 회로

해답 ③

072 유압 작동유의 구비조건에 대한 설명으로 틀린 것은?
① 인화점 및 발화점이 낮을 것   ② 산화 안정성이 좋은 것
③ 점도지수가 높을 것   ④ 방청성이 좋을 것

해설 유압 작동유는 인화점과 발화점이 높아야 불이 늦게 붙어 화재에 안전하다.

해답 ①

073 실린더 행정 중 임의의 위치에서 실린더를 고정시킬 필요가 있을 때라 할지라도, 부하가 클 때 또는 장치 내의 압력저하로 실린더 피스톤이 이동하는 것을 방지하기 위한 회로로 가장 적합한 것은?

① 축압기 회로
② 로킹 회로
③ 무부하 회로
④ 압력설정 회로

해설 **로킹 회로** : 실린더 피스톤이 이동하는 것을 방지하기 위한 회로로 피스톤의 위치가 일정 위치에 정지하게 된다.

해답 ②

074 긴 스트로크를 줄 수 있는 다단 튜브형의 로드를 가진 실린더는?

① 벨로스형 실린더
② 탠덤형 실린더
③ 가변 스트로크 실린더
④ 텔레스코프형 실린더

해설 **텔레스코프형 실린더** : 긴 스트로크(행정, stroke)를 줄 수 있는 다단 튜브형의 로드를 가진 실린더로 설치장소가 작지만 긴 스트로커가 필요한 경우 사용한다.

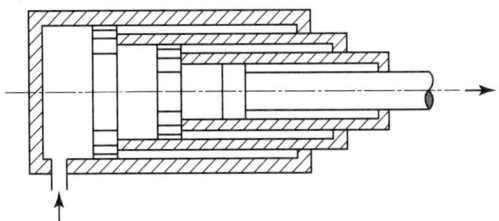

해답 ④

075 압력 6.86MPa, 토출량 50L/min이고, 운전 시 소요동력이 7kW인 유압펌프의 효율은 약 몇 %인가?

① 78
② 82
③ 87
④ 92

해설 (펌프효율) $\eta = \dfrac{\text{유체동력}}{\text{소요동력}} = \dfrac{6860\text{kN/m}^2 \times \dfrac{0.05}{60}\text{m}^3/\text{s}}{7\text{kW}} = 0.8166 = 81.66\%$

해답 ②

076 유압펌프에서 유동하고 있는 작동유의 압력이 국부적으로 저하되어, 증기나 함유 기체를 포함하는 기포가 발생하는 현상은?

① 폐입 현상
② 공진 현상
③ 캐비테이션 현상
④ 유압유의 열화 촉진 현상

해설 **캐비테현상**(cavitation, 공동화 현상) : 유동하고 있는 작동유의 속도가 빨라지면 압력이 국부적으로 저하되어, 증기나 함유기체를 포함하는 기포가 발생하는 현상으로 펌프소음이 발생된다.

해답 ③

077 다음 중 압력 제어 밸브에 속하지 않는 것은?

① 카운터 밸런스 밸브
② 릴리프 밸브
③ 시퀀스 밸브
④ 체크 밸브

해설

형식	명칭	기 능	기 호
상시폐형	릴리프밸브 (relief valve) 안전밸브 (safety valve)	회로내의 압력을 설정치로 유지하는 밸브, 특히 회로의 최고압력을 한정하는 밸브를 안전밸브라고 한다.	
	시퀀스밸브 (sequence valve)	둘 이상의 분기회로가 있는 회로내에서 그 작동순서를 회로의 압력 등에 의해 제어하는 밸브. 입구압력 또는 외부파일럿 압력이 소정의 값에 도달하면 입구측으로부터 출구측의 흐름을 허용하는 밸브.	
	무부하밸브 (unloadin valve)	회로의 압력이 설정치에 달하면 펌프를 무부하로 하는 밸브	
	카운터밸런스밸브 (counterbalance valve)	부하의 낙하를 방지하기 위해 배압을 부여하는 밸브한 방향의 흐름에는 설정된 배압을 주고 반대방향의 흐름을 자유흐름으로 하는 밸브	
상시개형	감압밸브 (pressure reducing valve)	출구측압력을 입구측압력보다 낮은 설정압력으로 조정하는 밸브	

체크밸브는 일방향 제어 밸브이다.

해답 ④

078 유압 속도 제어 회로 중 미터 아웃 회로의 설치목적과 관계 없는 것은?

① 피스톤이 자주할 염려를 제거한다.
② 실린더에 배압을 형성한다.
③ 유압 작동유의 온도를 낮춘다.
④ 실린더에서 유출되는 유량을 제어하여 피스톤 속도를 제어한다.

해설 미터 아웃 회로는 유출되는 되는 유량을 제어하기 때문에 부하의 방향과 반대 방향으로 유량을 제어하기 때문에 미터인 방식에 비해서는 작동유의 온도가 상승할 수 있다.

해답 ③

079 필요에 따라 작동 유체의 일부 또는 전량을 분기시키는 관로는?

① 바이패스 관로 ② 드레인 관로
③ 통기관로 ④ 주관로

해설 **바이패스 관로** : 필요에 따라 작동 유체의 일부 또는 전량을 분기시키는 관로
 드레인 관로 : 작동유체가 탱크로 다시 돌아오게 하는 관로

해답 ②

080 그림과 같은 유압 기호의 설명이 아닌 것은?

① 유압펌프를 의미한다.
② 1방향 유동을 나타낸다.
③ 가변 용량형 구조이다.
④ 외부 드레인을 가졌다.

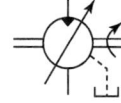

해설 그림은 유압모터이다. 유체에너지를 받아(▼)들이는 방향이므로 유압모터이다.

해답 ①

제5과목 기계제작법 및 기계동력학

081 다음 식과 같은 단순조화운동(simple harmonic motion)에 대한 설명으로 틀린 것은? (단, 변위 x는 시간 t에 대한 함수이고, A, ω, ϕ는 상수이다.)

$$x(t) = A\sin(\omega t + \phi)$$

① 변위와 속도 사이에 위상차가 없다.
② 주기적으로 같은 운동이 반복된다.
③ 가속도의 진폭은 변위의 진폭에 비례한다.
④ 가속도의 주기와 변위의 주기는 동일하다.

해설 (변위) $x(t) = A\sin(\omega t + \phi)$
 (속도) $v = \dot{x}(t) = \omega A\cos(\omega t + \phi)$
 (가속도) $a = \ddot{x}(t) = -A\omega^2\sin(\omega t + \phi)$
 변위와 속도는 90°의 위상차가 발생한다.

해답 ①

082 지면으로부터 경사각이 30°인 경사면에 정지된 블록이 미끄러지기 시작하여 10m/s의 속력이 될 때까지 걸린 시간은 약 몇 초인가? (단, 경사면과 블록과의 동마찰계수는 0.3이라고 한다.)

① 1.42　　　　　　② 2.13
③ 2.84　　　　　　④ 4.24

해설 (처음 에너지) $E_1 = mg \times L \times \sin 30$

(나중 에너지) $E_2 = \frac{1}{2} m V_2^2 + \mu mg \cos\theta \times L$

$E_1 = E_2$

$mg \times L \times \sin 30 = \frac{1}{2} m V_2^2 + \mu mg \cos 30 \times L$

$9.8 \times L \times \sin 30 = \frac{1}{2} 10^2 + 0.3 \times 9.8 \times \cos 30 \times L$

(움직인 거리) $L = 21.241 \text{m}$

등가속도 운동 $2aL = V_2^2 - V_1^2$

$a = \frac{V_2^2 - V_1^2}{2L} = \frac{10^2 - 0^2}{2 \times 21.241} = 2.353 \text{m/s}^2$

$V_2 = V_1 + at$

(걸린 시간) $t = \frac{V_2 - V_1}{a} = \frac{10}{2.353} = 4.249 \sec$

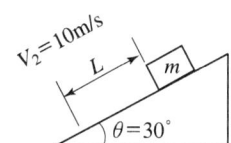

해답 ④

---

083 물리량에 대한 차원 표시가 틀린 것은? (단, M : 질량, L : 길이, T : 시간)

① 힘 : MLT^{-2}　　　　② 각가속도 : T^{-2}
③ 에너지 : ML^2T^{-1}　　④ 선형운동량 : MLT^{-1}

해설 ① 힘 $F = [MLT^{-2}]$
② 각가속도 $\alpha = [T^{-2}]$
③ 에너지 $E = [MLT^{-2} \times L] = [ML^2T^{-2}]$
④ 선형운동량 $P = [MLT^{-1}]$

해답 ③

---

084 A에서 던진 공이 L_1 만큼 날아간 후 B에서 튀어 올라 다시 날아간다. B에서의 반발계수를 e라 하면 다시 날아간 거리 L_2는? (단, 공과 바닥 사이에서 마찰은 없다고 가정한다.)

① $\frac{L_1}{2}$　　　② $\frac{L_1}{e^2}$
③ eL_1　　　④ $e^2 L_1$

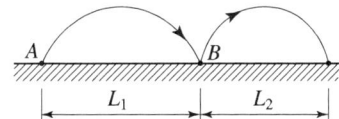

해설 (반발계수) $e = \dfrac{\text{멀어지는 속도}}{\text{가까워지는 속도}} = \dfrac{L_2}{L_1}$

$L_2 = L_1 \times e$

해답 ③

085

그림과 같은 단진자 운동에서 길이 L이 4배로 늘어나면 진동주기는 약 몇 배로 변하는가? (단, 운동은 단일 평면상에서만 한다고 가정하고, 진동 각변위(θ)는 충분히 작다고 가정한다.)

① $\sqrt{2}$
② 2
③ 4
④ 16

해설 진동방정식 $\ddot{\theta} + \dfrac{g}{L}\theta = 0$

(고유각 진동수) $\omega_n = \sqrt{\dfrac{g}{L}}$

(주기) $T = \dfrac{2\pi}{\omega_n} = 2\pi \times \sqrt{\dfrac{L}{g}}$ $T' = 2\pi\sqrt{\dfrac{4L}{g}} = T \times 2$

해답 ②

086

길이가 L인 가늘고 긴 일정한 단면의 봉이 좌측단에서 핀으로 지지되어 있다. 봉을 그림과 같이 수평으로 정지시킨 후, 이를 놓아서 중력에 의해 회전시킨다면, 봉의 위치가 수직이 되는 순간에 봉의 각속도는? (단, g는 중력가속도를 나타내고, 부분의 마찰은 무시한다.)

① $\sqrt{\dfrac{g}{L}}$ ② $\sqrt{\dfrac{2g}{L}}$

③ $\sqrt{\dfrac{3g}{L}}$ ④ $\sqrt{\dfrac{5g}{L}}$

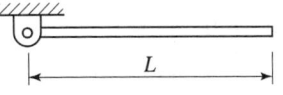

해설 (위치에너지) $E_P = mg \times \dfrac{L}{2}$ 여기서, $\dfrac{L}{2}$는 질량 중심의 높이 차이

(회전계 운동에너지) $E_K = \dfrac{1}{2}J\omega^2 = \dfrac{1}{2}\left(\dfrac{mL^3}{3}\right) \times \omega^2$

$E_P = E_K$ $mg \times \dfrac{L}{2} = \dfrac{1}{2} \times \dfrac{mL^2}{3} \times \omega^2$

(각속도) $\omega = \sqrt{\dfrac{3g}{L}}$

해답 ③

087 장력이 100N 걸려 있는 줄을 모터가 지속적으로 5m/s의 속력으로 끌어당기고 있다면 사용된 모터의 일률(Power)은 몇 W인가?

① 51 ② 250
③ 350 ④ 500

해설 (일률=동력) $P = 100\text{N} \times 5\text{m/s} = 500\text{W}$

해답 ④

088 x방향에 대한 운동 방정식이 다음과 같이 나타날 때 이 진동계에서의 감쇠 고유진 동수(damped natural frequency)는 약 몇 rad/s인가?

$$2\ddot{x} + 3\dot{x} + 8x = 0$$

① 1.35 ② 1.85
③ 2.25 ④ 2.75

해설 $\omega_{nd} = \omega_n \sqrt{1-\varphi^2} = \sqrt{\dfrac{k}{m}} \times \sqrt{1-\varphi^2} = \sqrt{\dfrac{8}{2}} \times \sqrt{1-0.375^2} = 1.85 \text{rad/s}$

$m=2$, $c=3$, $k=8$

(감쇠비) $\varphi = \dfrac{c}{c_c} = \dfrac{c}{2\sqrt{mk}} = \dfrac{3}{2\sqrt{2 \times 8}} = 0.375$

해답 ②

089 그림과 같이 반지름이 45mm인 바퀴가 미끄럼이 없이 왼쪽으로 구르고 있다. 바퀴 중심의 속력은 0.9m/s로 일정하다고 할 때, 바퀴 끝단의 한 점(A)의 속도 (v_A, m/s)와 가속도(a_A, m/s²)의 크기는?

① $v_A = 0$, $a_A = 0$
② $v_A = 0$, $a_A = 18$
③ $v_A = 0.9$, $a_A = 0$
④ $v_A = 0.9$, $a_A = 18$

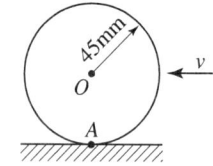

해설 A의 속도 $V_A = 0$
(선 속도) V_G
(끝단의 원주속도) V_P
$V_G = V_P$

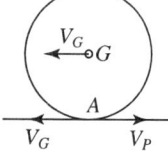

A의 가속도 $a_A = \omega^2 R = \dfrac{V^2}{R^2} \times \rho = \dfrac{V^2}{R} = \dfrac{0.9^2}{0.045} = 18 \text{m/s}$

해답 ②

090
회전속도가 2000rpm인 원심 팬이 있다. 방진고무로 된 탄성 지지시켜 진동 전달률을 0.3으로 하고자 할 때, 방진고무의 정적수축량은 약 몇 mm인가? (단, 방진고무의 감쇠계수는 0으로 가정한다.)

① 0.71
② 0.97
③ 1.41
④ 2.20

해설

$TR = \dfrac{1}{\gamma^2 - 1}$ $\quad 0.3 = \dfrac{1}{\gamma^2 - 1}$ (진동수비) $\gamma = 2.081$

$\gamma = \dfrac{\omega}{\omega_n}$ $\quad 2.081 = \dfrac{\dfrac{2\pi \times 2000}{60}}{\sqrt{\dfrac{9800}{\delta_o}}}$ (정적수축량) $\delta_o = 0.967\text{mm}$

(각속도) $\omega = \dfrac{2\pi N}{60}$

(고유각 진동수) $\omega_n = \sqrt{\dfrac{g}{\delta_o}}$

해답 ②

091
강재의 표면에 Si를 침투시키는 방법으로 내식성, 내열성 등을 향상시키는 방법은?

① 브로나이징
② 칼로라이징
③ 크로마이징
④ 실리코나이징

해설 표면경화법의 종류
① 화학적 방법
 ㉠ 침탄법 : 고체침탄법, 액체침탄법, 가스침탄법
 ㉡ 질화법 : 암모니아 가스를 이용해 표면에 질소를 넣어 표면을 경화시킨다.
 ㉢ 금속침투법 : 크로마이징(Cr침투), 칼로라이징(Al침투), 실리코나이징(Si침투), 부로나이징(B침투), 세라다이징(Zn침투)
② 물리적 방법
 ㉠ 화염경화법
 ㉡ 고주파경화법
 ㉢ 숏트피닝
 ㉣ 액체호닝

해답 ④

092
일반적으로 보통 선반의 크기를 표시하는 방법이 아닌 것은?

① 스핀들의 회전속도
② 왕복대 위의 스윙
③ 베드 위의 스윙
④ 주축대와 심압대 양 센터 간 최대거리

해설 ① 왕복대 위의 스윙
② 베드 위의 스윙
③ 주축대와 심압대 양 센터 간 최대거리

해답 ①

093 유성형(planetary type) 내면 연삭기를 사용한 가공으로 가장 적합한 것은?
① 암나사의 연삭
② 호브(hob)의 치형 연삭
③ 블록게이지의 끝마무리 연삭
④ 내연기관 실린더의 내면 연삭

해설

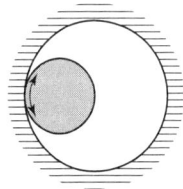 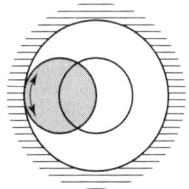

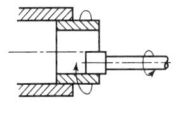 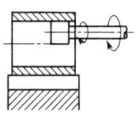

[보통형]   [유선형]

유성형(planetary type) 내면 연삭기는 연삭숫돌이 자전과 공전운동을 하면서 가공하는 것으로 내연기관의 실린더의 내면 연삭에 사용된다.

해답 ④

094 버니어캘리퍼스의 눈금 24.5mm를 25등분한 경우 최소 측정값은 몇 mm인가? (단, 본척의 눈금간격은 0.5mm이다.)
① 0.01
② 0.02
③ 0.05
④ 0.1

해설 (버니어 캘리퍼스의 최소측정값) $c = \dfrac{A}{n} = \dfrac{0.5}{25} = 0.02\text{mm}$

해답 ②

095 방전가공(Electro Discharge Machining)에서 전극재료의 구비조건으로 적절하지 않은 것은?
① 기계가공이 쉬울 것
② 가공속도가 빠를 것
③ 전극소모량이 많을 것
④ 가공 정밀도가 높을 것

해설 방전가공은 전극이 구리, 또는 구리 합금으로 전극의 소모가 많이 되는 것이 단점이다. 방전가공은 전극은 전극소모량이 작은 재료로 사용해야 된다.

해답 ③

096 랜치, 스패너 등 작은 공구를 단조할 때 다음 중 가장 적합한 것은?
① 로터리 스웨이징　② 프레스 가공
③ 형 단조　④ 자유단조

해설 단조는 형틀의 사용 유무에 따라 형단조, 자유 단조로 구분된다. 랜치, 스패너 등 일정한 형태의 작은 공구를 단조할 때에는 형틀을 사용하여 작업한다.

해답 ③

097 용접 시 발생하는 불량(결함)에 해당하지 않는 것은?
① 오버랩　② 언더컷
③ 콤퍼지션　④ 용입불량

해설 용접 시 발생하는 불량의 종류

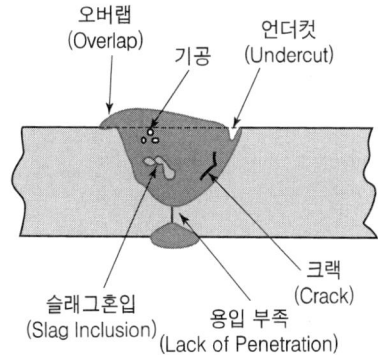

해답 ③

098 주물용으로 가장 많이 사용하는 주물사의 주성분은?
① Al_2O_3　② SiO_2
③ MgO　④ FeO_3

해설 주물사의 주성분은 산사(자연상태에서 얻은 모래), 규사(SiO_2)이다.

해답 ②

099 지름이 400mm의 롤러를 이용하여, 폭 300mm, 두께 25mm의 판재를 열간 압연하여 두께 20mm가 되었을 때, 압하량과 압하율은?
① 압하량 : 5mm, 압하율 : 20%　② 압하량 : 5mm, 압하율 : 25%
③ 압하량 : 20mm, 압하율 : 25%　④ 압하량 : 100mm, 압하율 : 20%

해설 (압하량) $\Delta H = H - h = 25 - 20 = 5mm$
(압하율) $\epsilon = \dfrac{\Delta H}{H} = \dfrac{5}{25} = 20\%$

해답 ①

100 절삭유가 갖추어야 할 조건으로 틀린 것은?

① 마찰계수가 적고 인화점이 높을 것
② 냉각성이 우수하고 윤활성이 좋을 것
③ 장시간 사용해도 변질되지 않고 인체에 무해할 것
④ 절삭유의 표면장력이 크고 칩의 생성부에는 침투되지 않을 것

해설 절삭유에 포함된 유화제는 기름 입자 사이의 융합을 저지하는 역할을 한다. 오일이 물에 안정적으로 혼합될 수 있도록 해주는 유화제는 두 입자 사이의 표면 장력을 낮추어 두 액체가 미세하게 분포되어 섞인다. 희석 과정에서 입자가 고르게 분포될수록 절삭유로서 우수한 성질을 지니게 된다.
절삭유는 칩의 생성부에 잘 침투 되어 냉각작용을 하여야 된다.

해답 ④

단기완성 일반기계기사 필기 과년도

2020

2020년 6월 6일 시행
2020년 8월 22일 시행
2020년 9월 27일 시행

일반기계기사

2020년 6월 6일 시행

제1과목 재료역학

001 원형단면 축에 147kW의 동력을 회전수 2000rpm으로 전달시키고자 한다. 축 지름은 약 몇 cm로 해야 하는가? (단, 허용전단응력은 $\tau_w = 50\text{MPa}$이다.)

① 4.2 ② 4.6
③ 8.5 ④ 9.9

해설
$$T = 974000 \times \frac{H_{kW}}{N} = 974000 \times \frac{147}{2000} = 71589 \text{kgf} \cdot \text{mm} = 701527.2 \text{N} \cdot \text{mm}$$

(축지름) $d_s = \sqrt[3]{\frac{16 \times T}{\pi \times \tau_a}} = \sqrt[3]{\frac{16 \times 701527.2}{\pi \times 50}} = 41.4977 \text{mm} = 4.149 \text{cm} = 4.2 \text{cm}$

해답 ①

002 그림과 같이 외팔보의 중앙에 집중하중 P가 작용하는 경우 집중하중 P가 작용하는 지점에서의 처짐은? (단, 보의 굽힘강성 EI는 일정하고, L은 보의 전체 길이이다.)

① $\dfrac{PL^3}{3EI}$ ② $\dfrac{PL^3}{24EI}$
③ $\dfrac{PL^3}{8EI}$ ④ $\dfrac{5PL^3}{48EI}$

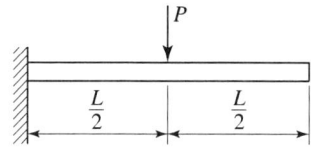

해설

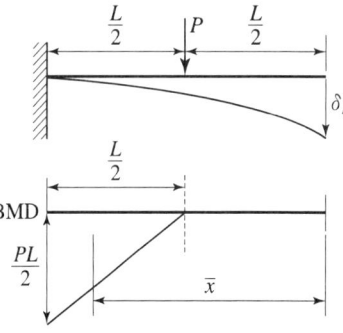

$A_M = \dfrac{1}{2} \times \dfrac{L}{2} \times \dfrac{PL}{2} = \dfrac{PL^2}{8}$

$\bar{x} = \dfrac{L}{2} + \dfrac{L}{2} \times \dfrac{2}{3} = \dfrac{L}{2} + \dfrac{L}{3} = \dfrac{5L}{6}$

(처짐량) $\delta_P = \dfrac{A_M}{EI} \bar{x} = \dfrac{\left(\dfrac{PL^2}{8}\right)}{EI} \times \dfrac{5L}{6}$

$= \dfrac{5PL^3}{48EI}$

해답 ②

003 직사각형 단면의 단주에 150kN 하중이 중심에서 1m만큼 편심되어 작용할 때 이 부재 BD에서 생기는 최대 압축응력은 약 몇 kPa인가?

① 25
② 50
③ 75
④ 100

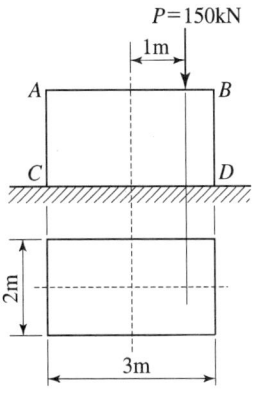

해설 (최대압축응력) $\sigma_{max} = \sigma_n + \sigma_b = \dfrac{P}{A} + \dfrac{P \times a}{\left(\dfrac{b^2 \times h}{6}\right)} = \dfrac{150}{2 \times 3} + \dfrac{150 \times 1}{\left(\dfrac{3^2 \times 2}{6}\right)} = 75\text{kPa}$

해답 ③

---

004 그림과 같은 균일 단면의 돌출보에서 반력 R_A는? (단, 보의 자중은 무시한다.)

① ωl ② $\dfrac{\omega l}{4}$

③ $\dfrac{\omega l}{3}$ ④ $\dfrac{\omega l}{2}$

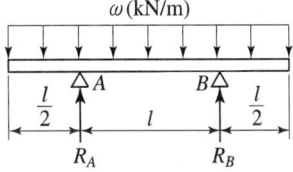

해설 $R_A = \dfrac{\omega \times 2l}{2} = \omega l$

$R_B = \dfrac{\omega \times 2l}{2} = \omega l$

해답 ①

---

005 양단이 고정된 축을 그림과 같이 $m-n$단면에서 T만큼 비틀면 고정단 AB에서 생기는 저항 비틀림 모멘트의 비 T_A/T_B는?

① $\dfrac{b^2}{a^2}$ ② $\dfrac{b}{a}$

③ $\dfrac{a}{b}$ ④ $\dfrac{a^2}{b^2}$

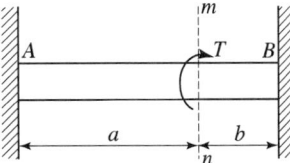

해설 $T_A = \dfrac{T \times b}{(a+b)}$, $T_B = \dfrac{T \times a}{(a+b)}$

$\dfrac{T_A}{T_B} = \dfrac{b}{a}$

해답 ②

006

그림의 평면응력상태에서 최대 주응력은 약 몇 MPa인가? (단, $\sigma_x = 175\text{MPa}$, $\sigma_y = 35\text{MPa}$, $\tau_{xy} = 60\text{MPa}$이다.)

① 95
② 105
③ 163
④ 197

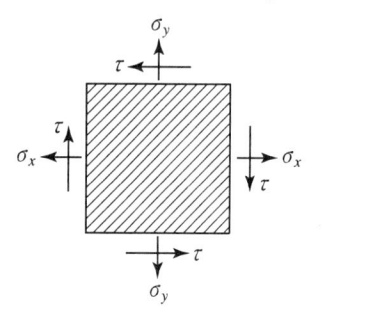

해설 (최대주응력) $\sigma_1 = \dfrac{\sigma_x + \sigma_y}{2} + \sqrt{\left(\dfrac{\sigma_x - \sigma_y}{2}\right)^2 + \tau_{xy}^2}$

$= \dfrac{175+35}{2} + \sqrt{\left(\dfrac{175-35}{2}\right)^2 + 60^2}$

$= 197.195\text{MPa}$

해답 ④

007

동일한 길이와 재질로 만들어진 두 개의 원형단면 축이 있다. 각각의 지름이 d_1, d_2일 때 각 축에 저장되는 변형에너지 u_1, u_2의 비는? (단, 두 축은 모두 비틀림모멘트 T를 받고 있다.)

① $\dfrac{u_1}{u_2} = \left(\dfrac{d_2}{d_1}\right)^4$

② $\dfrac{u_2}{u_1} = \left(\dfrac{d_2}{d_1}\right)^3$

③ $\dfrac{u_1}{u_2} = \left(\dfrac{d_2}{d_1}\right)^3$

④ $\dfrac{u_2}{u_1} = \left(\dfrac{d_2}{d_1}\right)^4$

해설 (비틀림탄성에너지) $U = \dfrac{1}{2} T \times \theta = \dfrac{1}{2} T \times \dfrac{TL}{GI_P} = \dfrac{1}{2} \times \dfrac{T^2 \times L \times 32}{G \times \pi \times d^4}$

$\dfrac{U_1}{U_2} = \dfrac{\left(\dfrac{1}{d_1^4}\right)}{\left(\dfrac{1}{d_2^4}\right)} = \dfrac{d_2^4}{d_1^4}$

해답 ①

008
철도 레일의 온도가 50℃에서 15℃로 떨어졌을 때 레일에 생기는 열응력은 약 몇 MPa인가? (단, 선팽창계수는 0.000012/℃, 세로탄성계수는 210GPa이다.)

① 4.41 ② 8.82
③ 44.1 ④ 88.2

해설 (열응력) $\sigma_{th} = \alpha \times E \times \Delta T = 0.000012 \times 210000 \times 35 = 88.2$MPa

해답 ④

009
그림과 같이 양단에서 모멘트가 작용할 경우 A지점의 처짐각 θ_A는? (단, 보의 굽힘 강성 EI은 일정하고, 자중은 무시한다.)

① $\dfrac{ML}{2EI}$ ② $\dfrac{2ML}{5EI}$
③ $\dfrac{ML}{6EI}$ ④ $\dfrac{3ML}{4EI}$

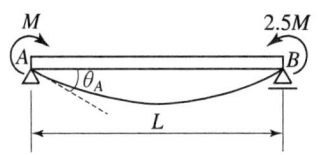

해설

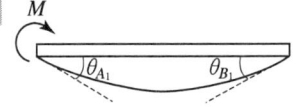

$\theta_{A_1} = \dfrac{ML}{3EI}$, $\theta_{B_1} = \dfrac{ML}{6EI}$

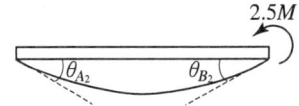

$\theta_{A_2} = \dfrac{2.5ML}{6EI}$, $\theta_{B_2} = \dfrac{2.5ML}{3EI}$

$\theta_A = \theta_{A_1} + \theta_{A_2} = \dfrac{ML}{3EI} + \dfrac{2.5ML}{6EI} = \dfrac{4.5ML}{6EI} = \dfrac{3ML}{4EI}$

해답 ④

010
그림과 같은 트러스 구조물에서 B점에서 10kN의 수직 하중을 받으면 BC에 작용하는 힘은 몇 kN인가?

① 20
② 17.32
③ 10
④ 8.66

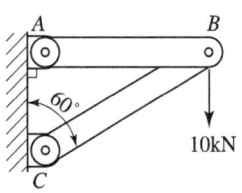

해설 $\dfrac{10\text{kN}}{\sin 30} = \dfrac{F_{AB}}{\sin 60} = \dfrac{F_{BC}}{\sin 270}$

$F_{BC} = \dfrac{10\text{kN}}{\sin 30} \times \sin 270 = -20$kN (압축하중)

해답 ①

011

그림과 같이 길고 얇은 평판이 평면 변형률 상태로 σ_x를 받고 있을 때, ϵ_x는?

① $\epsilon_x = \dfrac{1-\nu}{E}\sigma_x$

② $\epsilon_x = \dfrac{1+\nu}{E}\sigma_x$

③ $\epsilon_x = \left(\dfrac{1-\nu^2}{E}\right)\sigma_x$

④ $\epsilon_x = \left(\dfrac{1+\nu^2}{E}\right)\sigma_x$

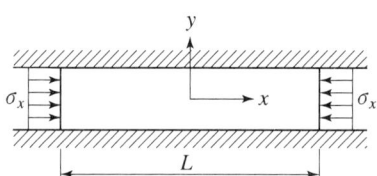

해설

$\epsilon_x = \dfrac{\sigma_x}{E} - \dfrac{\nu\sigma_y}{E}$

$\epsilon_y = \dfrac{\sigma_y}{E} - \dfrac{\nu\sigma_x}{E}$

$\epsilon_y = 0, \ 0 = \dfrac{\sigma_y}{E} - \dfrac{\nu(-\sigma_x)}{E}, \ \dfrac{\sigma_y}{E} = -\dfrac{\nu(\sigma_x)}{E}, \ \sigma_y = -\nu(\sigma_x) = -\nu\sigma_x$

$\epsilon_x = \dfrac{-\sigma_x}{E} - \dfrac{\nu\sigma_y}{E} = \dfrac{-\sigma_x}{E} - \dfrac{\nu(-\nu\sigma_x)}{E} = \dfrac{-\sigma_x(1-\nu^2)}{E}$ (압축)

해답 ③

012

그림과 같은 빗금 친 단면을 갖는 중공축이 있다. 이 단면의 O점에 관한 극단면 2차모멘트는?

① $\pi(r_2^4 - r_1^4)$

② $\dfrac{\pi}{2}(r_2^4 - r_1^4)$

③ $\dfrac{\pi}{4}(r_2^4 - r_1^4)$

④ $\dfrac{\pi}{16}(r_2^4 - r_1^4)$

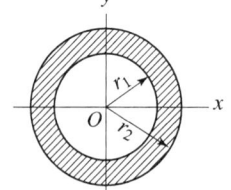

해설

(중실축의 극단면 2차모멘트) $I_P = \dfrac{\pi\gamma^4}{2}$

$I_P = \dfrac{\pi\gamma_2^4}{2} - \dfrac{\pi\gamma_1^4}{2} = \dfrac{\pi}{2}(\gamma_2^4 - \gamma_1^4)$

해답 ②

013 외팔보의 자유단에 연직 방향으로 10kN의 집중 하중이 작용하면 고정단에 생기는 굽힘 응력은 약 몇 MPa인가? (단, 단면(폭×높이)$b \times h = 10\text{cm} \times 15\text{cm}$, 길이 1.5m이다.)

① 0.9
② 5.3
③ 40
④ 100

해설 (굽힘응력) $\sigma_b = \dfrac{M}{Z} = \dfrac{PL}{\left(\dfrac{bh^2}{6}\right)} = \dfrac{10000 \times 1500}{\left(\dfrac{100 \times 150^2}{6}\right)} = 40\text{MPa}$

해답 ③

014 지름 300mm의 단면을 가진 속이 찬 원형보가 굽힘을 받아 최대 굽힘 응력이 100MPa이 되었다. 이 단면에 작용한 굽힘 모멘트는 약 몇 kN·m인가?

① 265
② 315
③ 360
④ 425

해설 $M = \sigma_b \times Z = 100 \times \dfrac{\pi \times 300^3}{32} = 265071880.1\text{N} \cdot \text{mm} = 265\text{kN} \cdot \text{m}$

해답 ①

015 원형 봉에 축방향 인장하중 $P = 88\text{kN}$이 작용할 때 직경의 감소량은 약 몇 mm인가? (단, 봉은 길이 $L = 2\text{m}$, 직경 $d = 40\text{mm}$, 세로탄성계수는 70GPa, 포아송비 $\mu = 0.3$이다.)

① 0.006
② 0.012
③ 0.018
④ 0.036

해설 $\mu = \dfrac{\epsilon'}{\epsilon} = \dfrac{\dfrac{\Delta d}{d}}{\dfrac{\sigma}{E}} = \dfrac{\Delta d E}{d \sigma}$ 에서

(직경감소량) $\Delta d = \dfrac{\mu \times d \times \sigma}{E} = \dfrac{0.3 \times 40 \times \left(\dfrac{88000}{\dfrac{\pi}{4} \times 40^2}\right)}{70000} = 0.012\text{mm}$

해답 ②

016

전체 길이가 L이고, 일단 지지 및 타단 고정보에서 삼각형 분포 하중이 작용할 때, 지지점 A에서의 반력은? (단, 보의 굽힘강성 EI는 일정하다.)

① $\frac{1}{2}\omega_o L$ ② $\frac{1}{3}\omega_o L$

③ $\frac{1}{5}\omega_o L$ ④ $\frac{1}{10}\omega_o L$

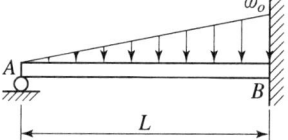

해설

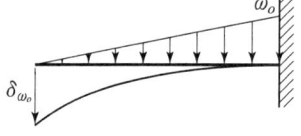

$\delta_{\omega_o} = \frac{\omega_o L^4}{30EI}$ $\delta_{R_A} = \frac{R_A L^3}{3EI}$

$\delta_{\omega_o} = \delta_{R_A}$ 이므로 $\frac{\omega_o L^4}{30EI} = \frac{R_A L^3}{3EI}$ 에서 $R_A = \frac{\omega_o L}{10}$

해답 ④

017

지름 D인 두께가 얇은 링(ring)을 수평면 내에서 회전시킬 때, 링에 생기는 인장응력을 나타내는 식은? (단, 링의 단위 길이에 대한 무게를 w, 링의 원주속도를 v, 링의 단면적을 A, 중력가속도를 g로 한다.)

① $\frac{wv^2}{DAg}$ ② $\frac{wDv^2}{Ag}$

③ $\frac{wv^2}{Ag}$ ④ $\frac{wv^2}{Dg}$

해설

(링에 나타나는 응력) $\sigma_y = \frac{\gamma v^2}{g} = \frac{\frac{w}{A} \times v^2}{g} = \frac{wv^2}{Ag}$

(비중량) $\gamma = \frac{W}{V} = \frac{W}{AL} = \frac{1}{A} \times \frac{W}{L} = \frac{1}{A} \times w = \frac{w}{A}$

해답 ③

018

단면적이 4cm²인 강봉에 그림과 같은 하중이 작용하고 있다. $W=60$kN, $P=25$kN, $l=20$cm일 때 BC부분의 변형률 ϵ은 약 얼마인가? (단, 세로탄성계수는 200GPa이다.)

① 0.00043
② 0.0043
③ 0.043
④ 0.43

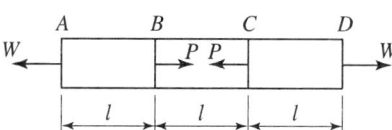

해설

$$\delta_{BC} = \frac{F_{BC} \times l}{A \times E} = \frac{35000 \times 200}{400 \times 200000} = 0.0875\text{mm}$$

(변형률) $\epsilon_{BC} = \dfrac{\delta_{BC}}{l} = \dfrac{0.0875}{200} = 0.00043$

해답 ①

019

오일러 공식이 세장비 $\dfrac{l}{K} > 100$에 대해 성립한다고 할 때, 양단이 힌지인 원형단면 기둥에서 오일러 공식이 성립하기 위한 길이 "l"과 지름 "d"와의 관계가 옳은 것은? (단, 단면의 회전반경을 k라 한다.)

① $l > 4d$
② $l > 25d$
③ $l > 50d$
④ $l > 100d$

해설 $\dfrac{l}{k} > 100$, $\dfrac{l}{\frac{d}{4}} > 100$, $l > 100 \times \dfrac{d}{4}$, $l > 25d$

(원의 회전반경) $k = \dfrac{d}{4}$

해답 ②

020

그림과 같은 단면을 가진 외팔보가 있다 그 단면의 자유단에 전단력 $V = 40$kN이 발생한다면 단면 $a-b$ 위에 발생하는 전단응력은 약 몇 MPa인가?

① 4.57
② 4.88
③ 3.87
④ 3.14

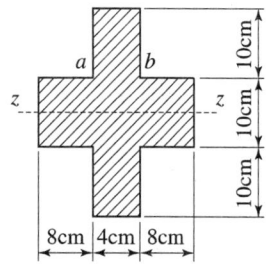

해설 $\tau_a = \dfrac{VQ}{BI} = \dfrac{40000 \times 400000}{40 \times 103333333.3} = 3.87\text{MPa}$

(단면 1차모멘트) $Q = A \times \bar{y} = (40 \times 100) \times 100 = 400000\text{mm}^3$

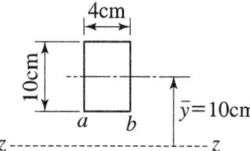

(단면 2차모멘트) $I = \dfrac{80 \times 100^3}{12} \times 2 + \dfrac{40 \times 300^3}{12} = 103333333.3\text{mm}^4$

해답 ③

제2과목 기계열역학

021 압력 1000kPa, 온도 300℃ 상태의 수증기(엔탈피 3051.15kJ/kg, 엔트로피 7.1228kJ/kg·K)가 증기터빈으로 들어가서 100kPa상태로 나온다. 터빈의 출력일이 370kJ/kg일 때 터빈의 효율(%)은?

[수증기의 포화 상태표]
압력 100kPa / 온도 99.62℃

엔탈피(kJ/kg)		엔트로피(kJ/kg·K)	
포화액체	포화증기	포화액체	포화증기
417.44	2675.46	1.3025	7.3593

① 15.6   ② 33.2
③ 66.8   ④ 79.8

 (터빈효율) $\eta = \dfrac{W_T}{h_{in}-h_{out}} = \dfrac{370}{3051.15-2585.139} = 0.7942 = 79.42\%$

$h_{out} = h' + x(h''-h')$
$= 417.44 + x(2675.46-417.44)$
$= 417.44 + 0.96(2675.46-417.44) = 2585.139 \text{kJ/kg}$

단열과정, $S_{in} = S_{out}$, $S_{out} = s' + x(s''-s')$ 에서

(건도) $x = \dfrac{(S_{out}-s')}{(s''-s')} = \dfrac{(7.1228-1.3025)}{(7.3593-1.3025)} = 0.96$

해답 ④

022 열역학 제2법칙에 대한 설명으로 틀린 것은?

① 효율이 100%인 열기관은 얻을 수 없다.
② 제 2종의 영구 기관은 작동 물질의 종류에 따라 가능하다.
③ 열은 스스로 저온의 물질에서 고온의 물질로 이동하지 않는다.
④ 열기관에서 작동 물질의 일을 하게 하려면 그보다 더 저온인 물질이 필요하다.

열역학 2법칙은 에너지의 방향성을 제시한 법칙으로 열효율이 100%인 기관은 존재하지 않는다. 즉 열효율이 100%인 기관이 제2종 영구기관이므로 열역학 2법칙은 제2종 영구기관은 존재할 수 없다.

해답 ②

023 300L 체적의 진공인 탱크가 25℃, 6MPa의 공기를 공급하는 관에 연결된다. 밸브를 열어 탱크 안의 공기 압력이 5MPa이 될 때까지 공기를 채우고 밸브를 닫았다. 이 과정이 단열이고 운동에너지와 위치에너지의 변화를 무시한다면 탱크 안의 공기의 온도(℃)는 얼마가 되는가? (단, 공기의 비열비는 1.4이다.)

① 1.5 ② 25.0
③ 84.4 ④ 144.2

해설 (탱크의 처음 압력) $P_1 = 0$, (처음 온도) $T_1 = 25℃$
(탱크의 나중 압력) $P_2 = 5\text{MPa}$

(탱크 5MPa일 때의 질량) $m = \dfrac{P_2 V}{R T_2}$

$\delta q = 0$
$\delta q = dh - vdP$
$dh = vdP$
$dH = VdP$
$m C_p (T_2 - T_1) = V(P_2 - P_1)$

$\dfrac{P_2 V}{R T_2} \times \dfrac{kR}{k-1}(T_2 - T_1) = V(P_2 - P_1)$

$\dfrac{P_2 V k}{T_2 k - 1}(T_2 - T_1) = V(P_2 - P_1)$

$\dfrac{P_2 V k}{k - 1}\left(1 - \dfrac{T_1}{T_2}\right) = V(P_2 - P_1)$

$\dfrac{5 \times 10^6 \times 0.3 \times 1.4}{1.4 - 1}\left(1 - \dfrac{25 + 273}{T_2 + 273}\right) = 0.3(5 - 0) \times 10^{-6}$

$T_2 = 144.2℃$

해답 ④

024 단열된 가스터빈의 입구 측에서 압력 2MPa, 온도 1200K인 가스가 유입되어 출구 측에서 압력 100kPa, 온도 600K로 유출된다. 5MW의 출력을 얻기 위해 가스의 질량유량(kg/s)은 얼마이어야 하는가? (단, 터빈의 효율은 100%이고, 가스의 정압비열은 1.12kJ/(kg·K)이다.)

① 6.44 ② 7.44
③ 8.44 ④ 9.44

해설 $\eta_T = \dfrac{W_{out}}{\dot{m}(h_1 - h_2)}$

(질량유량) $\dot{m} = \dfrac{W_{out}}{\eta_T (h_1 - h_2)} = \dfrac{5 \times 10^6}{1 \times 672000} = 7.44\text{kg/s}$

$h_1 - h_2 = C_P(T_1 - T_2) = 1.12 \times 10^3 \times (1200 - 600) = 672000\text{J/kg}$

해답 ②

025
공기 10kg이 압력 200kPa, 체적 5m³ 상태에서 압력 400kPa, 온도 300℃인 상태로 변한 경우 최종 체적(m³)은 얼마인가? (단, 공기의 기체상수는 0.287kJ/kg · K 이다.)

① 10.7　　② 8.3
③ 6.8　　④ 4.1

해설
$$R = \left(\frac{PV}{mT}\right)_1 = \left(\frac{PV}{mT}\right)_2$$
$$0.287 = \left(\frac{200 \times 5}{10 \times T_1}\right) = \left(\frac{400 \times V_2}{10 \times (300+273)}\right)$$
$$V_2 = 0.287 \times \frac{10 \times (300+273)}{400} = 4.111 \text{m}^3$$

해답 ④

026
이상적인 냉동사이클에서 응축기 온도가 30℃, 증발기 온도가 -10℃일 때 성적계수는?

① 4.6　　② 5.2
③ 6.6　　④ 7.5

해설
$$\epsilon = \frac{T_L}{T_H - T_L} = \frac{-10+273}{30-(-10)} = 6.575$$

해답 ③

027
초기 압력 1kPa, 초기 체적 0.1m³인 기체를 버너로 가열하여 기체 체적이 정압과정으로 0.5m³이 되었다면 이 과정동안 시스템이 외부에 한 일(kJ)은?

① 0.1　　② 0.2
③ 0.3　　④ 0.4

해설
$$W_P = P(V_2 - V_1) = 1 \times (0.5 - 0.1) = 0.4 \text{kJ}$$

해답 ④

028
랭킨사이클에서 보일러 입구 엔탈피 192.5kJ/kg, 터빈 입구 엔탈피 3002.5kJ/kg, 응축기 입구 엔탈피 2361.8kJ/kg일 때 열효율(%)은? (단, 펌프의 동력은 무시한다.)

① 20.3　　② 22.8
③ 25.7　　④ 29.5

해설
$$\eta_R = \frac{W_T - W_P}{q_B} = \frac{(3002.5 - 2361.8) - 0}{(3002.5 - 192.5)} = 0.228 = 22.8\%$$

해답 ②

029 준평형 정적과정을 거치는 시스템에 대한 열 전달량은? (단, 운동에너지와 위치에너지의 변화는 무시한다.)

① 0이다.
② 이루어진 일량과 같다.
③ 엔탈피 변화량과 같다.
④ 내부에너지 변화량과 같다.

 $\delta q = du + Pdv$, 정적과정 $dv = 0$
$\delta q = du$, 정적과정의 가열 열량변화는 내부에너지변화와 같다.

해답 ④

030 1kW의 전기히터를 이용하여 101kPa, 15℃의 공기로 차있는 100m³의 공간을 난방하려고 한다. 이 공간은 견고하고 밀폐되어 있으며 단열되어 있다. 히터를 10분 동안 작동시킨 경우, 이 공간의 최종온도(℃)는? (단, 공기의 정적비열은 0.718kJ/kg·K이고, 기체상수는 0.287kJ/kg·K이다.)

① 18.1
② 21.8
③ 25.3
④ 29.4

 $Q = 1\text{kw} \times 10\text{min} = 1\dfrac{\text{kJ}}{\text{s}} \times (10 \times 60)\text{s} = 600\text{kJ}$

$m = \dfrac{PV}{RT} = \dfrac{101 \times 100}{0.287 \times (273 + 15)} = 122.19\text{kg}$

정적과정 $\Delta Q = \Delta U = mC_v(T_2 - T_1)$
$600 = 122.19 \times 0.718 \times (T_2 - 15)$
$T_2 = 21.8℃$

해답 ②

031 펌프를 사용하여 150kPa, 26℃의 물을 가역단열과정으로 650kPa까지 변화시킨 경우, 펌프의 일(kJ/kg)은? (단, 26℃의 포화액의 비체적은 0.001m³/kg이다.)

① 0.4
② 0.5
③ 0.6
④ 0.7

 $W_P = v(P_2 - P_1) = 0.001 \times (650 - 150) = 0.5\text{kJ/kg}$

해답 ②

032 열역학적 관점에서 다음 장치들에 대한 설명으로 옳은 것은?

① 노즐은 유체를 서서히 낮은 압력으로 팽창하여 속도를 감속시키는 기구이다.
② 디퓨저는 저속의 유체를 가속하는 기구이며 그 결과 유체의 압력이 증가한다.
③ 터빈은 작동유체의 압력을 이용하여 열을 생성하는 회전식 기계이다.
④ 압축기의 목적은 외부에서 유입된 동력을 이용하여 유체의 압력을 높이는 것이다.

해설
- 노즐(축소관) : 노즐은 속도 증가, 압력감소
- 디퓨져(확대관) : 디퓨져는 속도감소, 압력증가
- 터빈 : 터빈은 유체에너지를 이용하여 기계적 회전에너지를 얻는 장치이다.

해답 ④

033 피스톤-실린더 장치에 들어있는 100kPa, 27℃의 공기가 600kPa까지 가역단열과정으로 압축된다. 비열비가 1.4로 일정하다면 이 과정동안에 공기가 받은 일(kJ/kg)은? (단, 공기의 기체상수는 0.287kJ/(kg·K)이다.)
① 263.6 ② 171.8
③ 143.5 ④ 116.9

해설
$$_1W_2 = \frac{P_2v_2 - P_1v_1}{k-1} = \frac{R(T_2 - T_1)}{k-1} = \frac{0.287(227.533 - 27)}{1.4 - 1} = 143.89\text{kJ/kg}$$

$$\frac{T_2}{T_1} = \left(\frac{P_2}{P_1}\right)^{\frac{k-1}{k}}$$

$$\frac{T_2 + 273}{27 + 273} = \left(\frac{600}{100}\right)^{\frac{1.4-1}{1.4}}, \quad T_2 = 227.553℃$$

해답 ③

034 다음 중 가장 큰 에너지는?
① 100kW 출력의 엔진이 이 10시간 동안 한 일
② 발열량 10000kJ/kg의 연료를 100kg 연소시켜 나오는 열량
③ 대기압 하에서 10℃ 물 10m³를 90℃를 가열하는데 필요한 열량(단, 물의 비열은 4.2kJ(kg·K)이다.)
④ 시속 100km로 주행하는 총 질량 2000kg인 자동차의 운동에너지

해설
① $W = 100\text{kJ/s} \times 10 \times 3600\text{s} = 3600000\text{kJ}$
② $Q = 10000\text{kJ/kg} \times 100\text{kg} = 1000000\text{kJ}$
③ $Q = m \times C \times \Delta T = 10000 \times 4.2 \times 80 = 3360000\text{kJ}$
　(질량) $m = \rho \times \overline{V} = 1000 \times 10 = 10000\text{kg}$
④ $E_V = \frac{1}{2}mV^2 = \frac{1}{2} \times 2000 \times 27.77^2 = 771172.9\text{J}$
　(속도) $V = \frac{100000}{3600} = 27.77\text{m/s}$

해답 ①

035

이상기체 1kg을 300K, 100kPa에서 500K까지 "PV^n = 일정"의 과정(n = 1.2)을 따라 변화시켰다. 이 기체의 엔트로피 변화량(kJ/K)은? (단, 기체의 비열비는 1.3, 기체상수는 0.287kJ/(kg·K)이다.)

① −0.244　　② −0.287
③ −0.344　　④ −0.373

해설
$$\Delta s = C_n \ln \frac{T_2}{T_2} = C_v \left(\frac{n-k}{n-1} \right) \ln \frac{T_2}{T_1}$$
$$= 0.956 \left(\frac{1.2-1.3}{1.2-1} \right) \times \ln \frac{500}{300} = -0.244 \text{kJ/kg·K}$$

(정적비열) $C_v = \dfrac{R}{k-1} = \dfrac{0.287}{1.3-1} = 0.956 \text{kJ/kg·K}$

$\Delta S = \Delta s \times m = -0.244 \times 1 = -0.244 \text{kJ/kg}$

해답 ①

036

실린더 내의 공기가 100kPa, 20℃ 상태에서 300kPa이 될 때까지 가역단열 과정으로 압축된다. 이 과정에서 실린더 내의 계에서 엔트로피의 변화(kJ·K)는? (단, 공기의 비열비(k)는 1.4이다.)

① −1.35　　② 0
③ 1.35　　④ 13.5

해설 가역단열과정은 등엔트로피변화이다.
$\Delta s = 0$

해답 ②

037

다음은 시스템(계)과 경계에 대한 설명이다. 옳은 내용을 모두 고른 것은?

가. 검사하기 위하여 선택한 물질의 양이나 공간 내의 영역을 시스템(계)이라 한다.
나. 밀폐계는 일정한 양의 체적으로 구성된다.
다. 고립계의 경계를 통한 에너지 출입은 불가능하다.
라. 경계는 두께가 없으므로 체적을 차지하지 않는다.

① 가, 다　　② 나, 라
③ 가, 다, 라　　④ 가, 나, 다, 라

해설 밀폐계는 체적의 변화를 통해 일하므로 체적이 변해야 된다. 즉 일정한 체적이 틀린 표현이다.

해답 ③

038

용기 안에 있는 유체의 초기 내부에너지는 700kJ이다. 냉각과정 동안 250kJ의 열을 잃고, 용기 내에 설치된 회전날개로 유체에 100kJ의 일을 한다. 최종상태의 유체의 내부에너지(kJ)는 얼마인가?

① 350
② 450
③ 550
④ 650

해설 용기 내에 설치된 회전날개로 유체에 100kJ의 일을 한다.

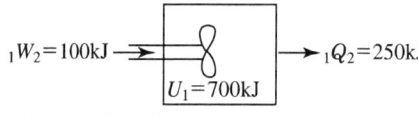

$_1Q_2 = \Delta U + {_1W_2}$
$-250 = \Delta U + (-100)$
$\Delta U = -150$
$U_2 = 700 + \Delta U = 700 + (-150) = 550 \text{kJ}$

해답 ③

039

보일러에 온도 40℃, 엔탈피 167kJ/kg인 물이 공급되어 온도 350℃, 엔탈피 3115kJ/kg인 수증기가 발생한다. 입구와 출구에서의 유속은 각각 5m/s, 50m/s이고, 공급되는 물의 양 2000kg/h일 때, 보일러에 공급해야 할 열량(kW)은? (단, 위치에너지 변화는 무시한다.)

① 631
② 832
③ 1237
④ 1638

해설 $q_B = \dot{m}(h_{out} - h_{in}) = \dfrac{2000}{3600} \times (3115 - 167) = 1637.777 \text{kW}$

해답 ④

040

그림과 같은 공기표준 브레이튼(Brayton) 사이클에서 작동유체 1kg당 터빈 일(kJ/kg)은? (단, $T_1 = 300$K, $T_2 = 475.1$K, $T_3 = 1100$K, $T_4 = 694.5$K이고, 공기의 정압비열과 정적비열은 각각 1.0035kJ/(kg · K), 0.7165kJ/(kg · K)이다.)

① 290
② 407
③ 448
④ 627

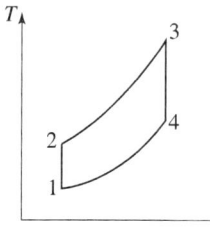

해설 (터빈일) 과정 3→4
(단열팽창) $W_T = h_3 - h_4 = C_P(T_3 - T_4) = 1.0035(1100 - 694.5) = 406.919 \text{kJ/kg}$

해답 ②

제3과목 기계유체역학

041 모세관을 이용한 점도계에서 원형관 내의 유동은 비압축성 뉴턴 유체의 층류유동으로 가정할 수 있다. 원형관의 입구 측과 출구 측의 압력차를 2배로 늘렸을 때, 동일한 유체의 유량은 몇 배가 되는가?

① 2배　　　　　② 4배
③ 8배　　　　　④ 16배

해설 세관식 점도계(모세관 현상을 이용한 점도계)

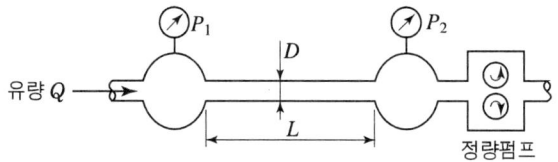

$$Q = \frac{\pi D^4 \Delta P}{128 \mu L}$$

$$Q' = \frac{\pi D^4 (2\Delta P)}{128 \mu L} = 2Q$$

해답 ①

042 지름이 10cm인 원통에 물이 담겨져 있다. 수직인 중심축에 대하여 300rpm의 속도로 원통을 회전시킬 때 수면의 최고점과 최저점의 수직 높이차는 약 몇 cm인가?

① 0.126　　　　② 4.2
③ 8.4　　　　　④ 12.6

해설
$$\Delta H = \frac{V^2}{2g} = \frac{\left(\frac{\pi DN}{60}\right)^2}{2g} = \frac{\left(\frac{\pi \times 0.1 \times 300}{60}\right)^2}{2 \times 9.8} = 0.1258\text{m} = 12.58\text{cm}$$

해답 ④

043 그림과 같이 비중이 1.3인 유제 위에 깊이 1.1m로 물이 채워져 있을 때, 직경 5cm의 탱크 출구로 나오는 유체의 평균 속도는 약 몇 m/s인가? (단, 탱크의 크기는 충분히 크고 마찰손실은 무시한다.)

① 3.9
② 5.1
③ 7.2
④ 7.7

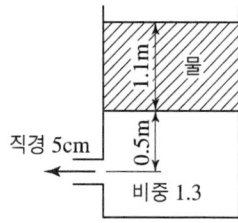

해설
$P = \gamma_w \times 1.1 = 1.3 \times \gamma_w \times H'$
$H' = \dfrac{1.1}{1.3} = 0.846\text{m}$
$V_{out} = \sqrt{2gH} = \sqrt{2 \times g(0.5 + H')} = \sqrt{2 \times 9.8 \times (0.5 + 0.846)} = 5.136\text{m/s}$

해답 ②

044

다음 유체역학적 양 중 질량차원을 포함하지 않는 양은 어느 것인가? (단, MLT 기본차원을 기준으로 한다.)
① 압력
② 동점성계수
③ 모멘트
④ 점성계수

해설
압력 $[FL^{-2}] = [ML^{-1}T^{-2}]$
동점성계수 $[L^2T^{-1}]$
모멘트 $[FL] = [ML^2T^{-2}]$
점성계수 $[FL^{-2}T] = [ML^{-1}T^{-1}]$

해답 ②

045

그림과 같이 오일이 흐르는 수평관 사이로 두 지점의 압력차 $p_1 - p_2$를 측정하기 위하여 오리피스와 수은을 넣어 U자관을 설치하였다. $p_1 - p_2$로 옳은 것은? (단, 오일의 비중량은 γ_{oil}이며, 수은의 비중량은 γ_{Hg}이다.)

① $(y_1 - y_2)(\gamma_{Hg} - \gamma_{oil})$
② $y_2(\gamma_{Hg} - \gamma_{oil})$
③ $y_1(\gamma_{Hg} - \gamma_{oil})$
④ $(y_1 - y_2)(\gamma_{oil} - \gamma_{Hg})$

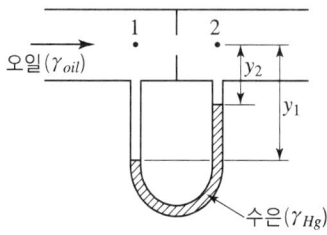

해설
$P_A = P_1 + \gamma_{oil} y_1$
$P_B = P_2 + \gamma_{oil} y_2 + \gamma_{Hg}(y_1 - y_2)$
$P_A = P_B$
$P_1 - P_2 = \{\gamma_{oil} y_2 + \gamma_{Hg}(y_1 - y_2)\} - \{\gamma_{oil} y_1\}$
$= \gamma_{oil} y_2 + \gamma_{Hg} y_1 - \gamma_{Hg} y_2 - \gamma_{oil} y_1$
$= \gamma_{oil}(y_2 - y_1) + \gamma_{Hg}(y_1 - y_2)$
$= -\gamma_{oil}(y_1 - y_2) + \gamma_{Hg}(y_1 - y_2)$
$= (y_1 - y_2)(\gamma_{Hg} - \gamma_{oil})$

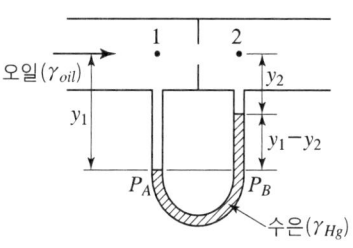

해답 ①

046

속도 포텐셜 $\Phi = K\theta$인 와류 유동이 있다. 중심에서 반지름 r인 원주에 따른 순환(circulation)식으로 옳은 것은? (단, K는 상수이다.)

① 0
② K
③ πK
④ $2\pi K$

해설 (순환) Γ
(속도포텐셜) $\Phi = K\theta$
(반경방향속도) $V_r = \dfrac{\partial \Phi}{\partial r}$
(횡방향속도) $V_\theta = \dfrac{1}{r}\dfrac{\partial \Phi}{\partial \theta} = \dfrac{\Gamma}{2\pi r}$
(와도 = 순환) $\Gamma = \dfrac{2\pi r}{r} \times \dfrac{\partial \Phi}{\partial \theta} = \dfrac{2\pi r}{r} \times \dfrac{\partial K\theta}{\partial r} = 2\pi K$

해답 ④

047

그림과 같이 평행한 두 원판 사이에 점성계수 $\mu = 0.2\text{N}\cdot\text{s/m}^2$인 유체가 채워져 있다. 아래 판은 정지되어 있고 위판은 1800rpm으로 회전할 때 작용하는 돌림힘은 몇 N인가?

① 9.4
② 38.3
③ 46.3
④ 59.2

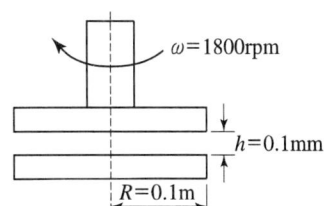

해설
$\tau_r = \mu\dfrac{dV}{dy} = \mu\dfrac{\Delta V}{\Delta y} = \mu\dfrac{\omega r - \omega \times 0}{h} = \mu\dfrac{\omega r}{h}$

$dA = 2\pi r dr$

$dT = \tau_r dA \times r = \mu\dfrac{\omega r}{h} \times 2\pi r dr \times r = \dfrac{2\pi\mu\omega r^3}{h}dr$

$T = \displaystyle\int_0^R \dfrac{2\pi\mu\omega r^3}{h}dr = \dfrac{\pi}{2} \times \dfrac{\mu\omega}{h}R^4$

$= \dfrac{\pi}{2} \times \dfrac{\mu R^4}{h} \times \dfrac{2\pi N}{60}$

$= \dfrac{\pi}{2} \times \dfrac{0.2 \times 0.1^4}{0.0001} \times \dfrac{2\pi \times 1800}{60}$

$= 59.2176\text{N}\cdot\text{m}$

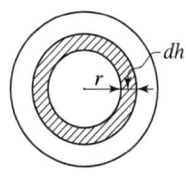

해답 ④

048

피에조미터관에 대한 설명으로 틀린 것은?

① 계기유체가 필요 없다.
② U자관에 비해 구조가 단순하다.
③ 기체의 압력 측정에 사용할 수 있다.
④ 대기압 이상의 압력 측정에 사용할 수 있다.

해설 **액주계**(mano meter) – 피에조미터(위압 수두계)
　　　　　　　　　　　 – U자관 액주계
　　　　　　　　　　　 – U자관 차압 액주계
　　　　　　　　　　　 – 경사관 차압 액주계

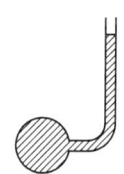

피에조미터 : 파이프나, 탱크 내의 압력을 측정하는 간단한 액주계로 액체의 측정만 가능하다.

해답 ③

049

밀도가 0.84kg/m³이고, 압력이 87.6kPa인 이상기체가 있다. 이 이상기체의 절대온도를 2배 증가시킬 때, 이 기체에서의 음속은 약 몇 m/s인가? (단, 비열비는 1.4이다.)

① 380　　　　　　　　② 340
③ 540　　　　　　　　④ 720

해설
$$a = \sqrt{kRT'} = \sqrt{2kRT} = \sqrt{2k\frac{P}{\rho}} = \sqrt{2 \times 1.4 \times \frac{87.6 \times 10^3}{0.84}} = 540.37 \text{m/s}$$

$$PV = mRT$$

$$RT = \frac{PV}{m} = P \times \frac{1}{\rho} = \frac{P}{\rho}$$

해답 ③

050

평판 위에 점성, 비압축성 유체가 흐르고 있다. 경계층 두께 δ에 대하여 유체의 속도 u의 분포는 아래와 같다. 이때 경계층 운동량 두께에 대한 식으로 옳은 것은? (단, U는 상류속도, y는 판판가의 수식거리이다.)

$$0 \leq y \leq \delta : \frac{u}{U} = \frac{2y}{\delta} - \left(\frac{y}{\delta}\right)^2$$

$$y > \delta : u = U$$

① 0.1δ　　　　　　② 0.125δ
③ 0.133δ　　　　　④ 0.166δ

해설 **(운동량 두께)** δ_m : 경계층 내부의 운동량 감소해 해당되는 부분을 경계층 두께로 표시한 두께를 운동량 두께라 한다.

$$\delta_m = \int_0^\delta \frac{u}{U}\left(1-\frac{u}{U}\right)dy = \int_0^\delta \frac{u}{U}dy - \int_0^\delta \left(\frac{u}{U}\right)^2 dy$$

$$= \int_0^\delta \frac{2y}{\delta} - \left(\frac{y}{\delta}\right)^2 dy - \int_0^\delta \left\{\frac{2y}{\delta} - \left(\frac{y}{\delta}\right)^2\right\}^2 dy$$

$$= \int_0^\delta \frac{2y}{\delta} - \left(\frac{y}{\delta}\right)^2 dy - \int_0^\delta \left(\frac{2y}{\delta}\right)^2 - 2\frac{2y}{\delta}\left(\frac{y}{\delta}\right)^2 + \left(\frac{y}{\delta}\right)^4 dy$$

$$= \left[\delta - \frac{\delta}{3}\right] - \left[\frac{4\delta}{3} - \delta + \frac{\delta}{5}\right]$$

$$= 0.1333\delta$$

해답 ③

051

그림과 같이 폭이 2m인 수문 ABC가 A점에서 힌지로 연결되어 있다. 그림과 같이 수문이 고정될 때 수평인 케이블 CD에 걸리는 장력은 약 몇 kN인가? (단, 수문의 무게는 무시한다.)

① 38.3
② 35.4
③ 25.2
④ 22.9

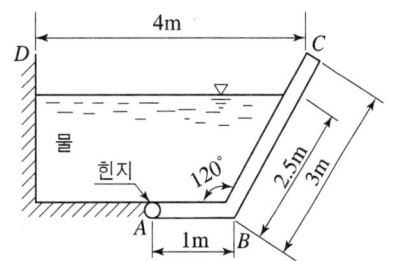

해설

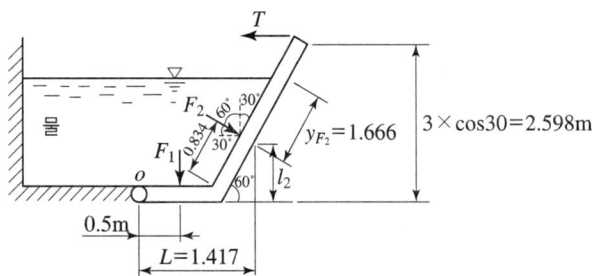

$F_1 = \gamma H \times A_1 = 9800 \times 2.5\cos30 \times (1 \times 2) = 42435.244\text{N}$

$F_2 = \gamma \overline{H_2} \times A_2 = 9800 \times 1.25 \times \cos30 \times (2.5 \times 2) = 53044.055\text{N}$

$y_{F_2} = \overline{y} + \dfrac{I_G}{\overline{y}A} = 1.25 + \dfrac{\left(\dfrac{2 \times 2.5^3}{12}\right)}{1.25 \times (2.5 \times 2)} = 1.666\text{m}$

$l_2 = (2.5 - 1.666) \times \cos30 = 0.722\text{m}$

$L = 1 + 0.834 \times \cos60 = 1.417\text{m}$

$\sum M_o = 0$, $F_1 \times 0.5 + F_2 \times \cos30 \times l_2 + F_2 \sin30 \times L - T \times 2.598 = 0$

$T = 42435.244 \times 0.5 + 53044.055 \times \cos30 \times 0.722 + 53044.055 \times \sin60 \times 1.417$

$= 35398.84\text{N}$

$= 35.39\text{kN}$

해답 ②

052

지름 100mm관에 글리세린 9.42L/min의 유량으로 흐른다. 이 유동은? (단, 글리세린의 비중은 1.26, 점성계수는 $\mu=2.9\times10^{-4}$ kg/m·s이다.)

① 난류유동   ② 층류유동
③ 천이유동   ④ 경계층유동

해설

$$R_e = \frac{\rho VD}{\mu} = \frac{1.26\times1000\times0.0199\times0.1}{2.9\times10^{-4}} = 8646 \text{ 난류}$$

(속도) $V = \dfrac{Q}{A} = \dfrac{(9.42\times10^{-3}/60)}{\dfrac{\pi}{4}\times0.1^2} = 0.0199\text{m/s}$

해답 ①

053

그림과 같이 날카로운 사각 모서리 입출구를 갖는 관로에서 전수두 H는? (단, 관의 길이를 l, 지름은 d, 관 마찰계수는 f, 속도수두는 $\dfrac{V^2}{2g}$이고, 입구 손실계수는 0.5, 출구 손실계수는 1.0이다.)

① $H = \left(1.5 + f\dfrac{l}{d}\right)\dfrac{V^2}{2g}$

② $H = \left(1 + f\dfrac{l}{d}\right)\dfrac{V^2}{2g}$

③ $H = \left(0.5 + f\dfrac{l}{d}\right)\dfrac{V^2}{2g}$

④ $H = f\dfrac{l}{d}\dfrac{V^2}{2g}$

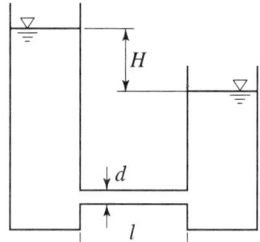

해설

(입구손실수두) $H_1 = 0.5 \times \dfrac{V^2}{2g}$

(출구손실수두) $H_2 = 1 \times \dfrac{V^2}{2g}$

(관의손실수두) $H_3 = f \times \dfrac{l}{d} \times \dfrac{V^2}{2g}$

(전체손실수두) $H = H_1 + H_2 + H_3 = \left(1.5 + f\dfrac{l}{d}\right)\times\dfrac{V^2}{2g}$

해답 ①

054

현의 길이가 7m인 날개의 속력이 500km/h로 비행할 때 이 날개가 받는 양력이 4200kN이라고 하면 날개의 폭은 약 몇 m인가? (단, 양력계수 $C_L=1$, 항력계수 $C_D=0.02$, 밀도 $\rho=1.2$kg/m³이다.)

① 51.84   ② 63.17
③ 70.99   ④ 82.36

해설 (양력) $L = \dfrac{\rho V^2}{2} \times C_D \times l \times B$

(폭) $B = \dfrac{2L}{\rho V^2 \times C_D \times l} = \dfrac{2 \times 4200000}{1.2 \times 138.88^2 \times 1 \times 7} = 51.846\text{m}$

(속도) $V = \dfrac{500km}{hr} = \dfrac{500 \times 10^3}{3600} = 138.88\text{m/s}$

해답 ①

055

그림과 같이 물이 유량 Q로 저수조로 들어가고, 속도 $V = \sqrt{2gh}$로 저수조 바닥에 있는 면적 A_2의 구멍을 통하여 나간다. 저수조 수면 높이가 변화하는 속도 $\dfrac{dh}{dt}$는?

① $\dfrac{Q}{A_2}$

② $\dfrac{A_2\sqrt{2gh}}{A_1}$

③ $\dfrac{Q - A_2\sqrt{2gh}}{A_2}$

④ $\dfrac{Q - A_2\sqrt{2gh}}{A_1}$

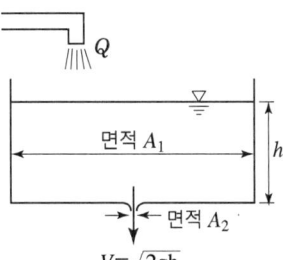

해설 (들어오는 유량) Q
(나가는 유량) Q_{OUT}
$Q_{OUT} = A_2 \times \sqrt{2gh}$

(시간당 체적의 변화) $\dfrac{dV}{dt} = \dfrac{d(A_1 h)}{dt} = A_1 \dfrac{dh}{dt} = Q - Q_{OUT}$

$\dfrac{dh}{dt} = \dfrac{Q - Q_{OUT}}{A_1} = \dfrac{Q - A_2\sqrt{2gh}}{A_1}$

해답 ④

056

그림과 같이 속도가 V인 유체가 속도 U로 움직이는 곡면에 부딪혀 90°의 각도로 유동 방향이 바뀐다. 다음 중 유체가 곡면에 가하는 힘의 수평방향 성분의 크기가 가장 큰 것은? (단, 유체의 유동단면은 일정하다.)

① $V = 10\text{m/s}$, $U = 5\text{m/s}$
② $V = 20\text{m/s}$, $U = 15\text{m/s}$
③ $V = 10\text{m/s}$, $U = 4\text{m/s}$
④ $V = 25\text{m/s}$, $U = 20\text{m/s}$

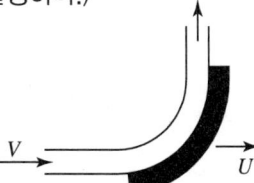

해설 (수평방향 힘) $R_x = \rho A(V-U)^2(1-\cos\theta)$
상대속도 $(V-U)$가 큰 것
① $10-5 = 5\text{m/s}$ ② $20-15 = 5\text{m/s}$
③ $10-4 = 6\text{m/s}$ ④ $25-20 = 5\text{m/s}$

해답 ③

057
담배연기가 비정상 유동으로 흐를 때 순간적으로 눈에 보이는 담배연기는 다음 중 어떤 것에 해당하는가?
① 유맥선
② 유적선
③ 유선
④ 유선, 유적선, 유맥선 모두에 해당됨

해설 순간적으로 눈에 보이는 담배연기 : **유맥선**
일정시간동안 담배연기가 이동한 경로 : **유적선**

해답 ①

058
중력 가속도 g, 체적유량 Q, 길이 L로 얻을 수 있는 무차원수는?
① $\dfrac{Q}{\sqrt{gL}}$
② $\dfrac{Q}{\sqrt{gL^3}}$
③ $\dfrac{Q}{\sqrt{gL^5}}$
④ $Q\sqrt{gL^3}$

해설 $\dfrac{Q}{(gL^x)^{\frac{1}{2}}} \dfrac{[L^3T^{-1}]}{[LT^{-2}L^x]^{\frac{1}{2}}}$

$L^{(1+x)\frac{1}{2}} = L^3$, $(1+x)\dfrac{1}{2} = 3$, $x = 5$

$\dfrac{Q}{\sqrt{gL^5}}$

해답 ③

059
길이 150m인 배를 길이 10m 모형으로 조파 저항에 관한 실험을 하고자 한다. 실형의 배가 70km/h로 움직인다면, 실형과 모형 사이의 역학적 상사를 만족하기 위한 모형의 속도는 몇 km/h인가?
① 271
② 56
③ 18
④ 10

해설 $F_r = \left(\dfrac{V}{\sqrt{Lg}}\right)_{실형} = \left(\dfrac{V}{\sqrt{Lg}}\right)_{모형}$

$\dfrac{70}{\sqrt{150 \times g}} = \dfrac{V_{모형}}{\sqrt{10 \times g}}$

$V_{모형} = 18.07\text{km/h}$

해답 ③

060

관로의 전 손실수두가 10m인 펌프로부터 21m 지하에 있는 물을 지상 25m의 송출액면에 10m³/min의 유량으로 수송할 때 축동력이 124.5kW이다. 이 펌프의 효율은 약 얼마인가?

① 0.70
② 0.73
③ 0.76
④ 0.80

해설

(펌프의 효율) $\eta = \dfrac{\text{유체동력}}{\text{축동력}} = \dfrac{\gamma HQ}{\text{축동력}} = \dfrac{9800 \times 56 \times \dfrac{10}{60}}{124500} = 0.7346 = 73.46\%$

(펌프의 전수두) $H = 10 + 21 + 25 = 56\text{m}$

해답 ②

제4과목 기계재료 및 유압기기

061

베밋메탈(babbit metel)에 관한 설명으로 옳은 것은?

① Sn-Sb-Cu계 합금으로서 베어링 재료로 사용된다.
② Cu-Ni-Si계 합금으로서 도전율이 좋으므로 강력 도전 재료로 이용된다.
③ Zn-Cu-Ti계 합금으로서 강도가 현저히 개선된 경화형 합금이다.
④ Al-Cu-Mg계 합금으로서 상온시효처리하여 기계적 성질을 개선시킨 합금이다.

해설 베어링에 사용되는 화이트 메탈의 종류 중에 베빗 메탈이 있다.
화이트메탈(WM) ① 주석계 화이트 메탈=베빗메탈 : Sn+Sb+Cu
② 납계 화이트 메탈 : Pb+Sn+Sb+Cu

해답 ①

062

고용체합금의 시효경화를 위한 조건으로서 옳은 것은?

① 급냉에 의해 제2상의 석출이 잘 이루어져야 한다.
② 고용체의 용해도 한계가 온도가 낮아짐에 따라 증가해야만 한다.
③ 기지상은 단단하여야 하며, 석출물은 연한 상이어야 한다.
④ 최대 강도 및 경도를 얻기 위해서는 기지 조직과 정합상태를 이루어야만 한다.

해설 고용체 합금의 시효경화
모상에 석출상의 핵이 발생하고 성장하는 과정에 의한 재료강화 현상으로 성장 초기 단계에서는 모상과 석출물과의 사이에 격자가 연결되어 있는 경우인 정합상태(coherency state)가 된다.

정합변형(coherency strain)에 의한 큰 격자변형 → 전위 운동 방해 → 재료 강화

석출경화의 기본 원칙
① 기지상은 연성이 크고, 석출물은 단단한 성질을 가져야 한다.
② 기지상은 연속적이어야 하고 석출물은 불연속으로 존재해야 한다.
③ 석출물 입자의 크기는 미세해야 되고 그 수가 많아야 한다.
④ 석출물 입자의 형상은 구형에 가까울수록 응력집중을 일으키지 않으므로 균열발생이 가능성이 적어진다.
⑤ 석출경화는 급냉에 의해 제2상의 석출이 잘 이루어져야 한다.

해답 ④

063 고 Mn강(hadfeld steel)에 대한 설명으로 옳은 것은?

① 고온에서 서냉하면 M_3C가 석출하여 취약해진다.
② 소성 변형 중 가공경화성이 없으며, 인장강도가 낮다.
③ 1200℃ 부근에서 급랭하여 마텐자이트 단상으로 하는 수인법을 이용한다.
④ 열전도성이 좋고 팽창계수가 작아 열변형을 일으키지 않는다.

해설 고망간강(hadfeld steel ; 하드필드강)
① 12%Mn인 주강으로 인성이 높고, 내마멸성도 매우 크므로, 레일의 포인트, 분쇄기 롤러 등에 이용된다.
② Mn 10~14%, C 0.9~1.3% 오스테나이트 조직으로 경도가 높아서 내마모용에 쓰인다.
③ 1,000~1,100℃에서 수중 담금질하여 인성을 부여하는 수인법(Water toughening) 처리하여 마모성이 아주 크므로 철도 교차점 등에 사용으로 사용된다.
  ※ 수인법 : 고Mn강, 18-8스테인리스강 등과 같이 서랭시켜도 austenite조직으로 되는 합금을 1,000℃ 정도에서 수중에 급랭시키면 완전한 austenite 조직의 연성과 인성을 증가시켜 가공이 쉽도록 하는 열처리법을 수인법이라 한다.
④ 하드필드 강을 수인 처리하면 오스테나이트 조직이 되므로 절삭이 가능하고 응력을 받으면 martensite 조직이 되면서 내마모성을 발휘한다.
⑤ 고망간강은 고온에서 서냉하면 M_3C가 석출하여 취약 해진다.
⑥ 석출 경화형 탄화물의 종류는 W_2C, W_4C_3, M_3C 등이 있다.

해답 ①

064 플라스틱 재료의 일반적인 특징으로 옳은 것은?

① 내구성이 매우 좋다.
② 완충성이 매우 낮다.
③ 자기 윤활성이 거의 없다.
④ 복합화에 의한 재질의 개량이 가능하다.

해설 플라스틱 재료의 일반적인 특징
① 철강에 비해 내구성이 좋지 않다.
② 철강에 비해 충경에 의한 완충성이 높다.
③ 석유계에서 추출된 수지를 사용하므로 자기 윤활성이 많다.
④ 복합화에 의한 재질의 개량이 가능하다. 대표적으로 섬유강화 플라스틱이 있다.

해답 ④

065
현미경 조직 검사를 실시하기 위한 철강용 부식제로 가장 널리 사용 되는 것은?

① 염산 50mL를 물 50mL에 섞은 용액
② 질산 용액
③ 나이탈 용액
④ 염화제2철 용액

해설 철강용 부식제
철강용 부식제에 가장 널리 사용되는 것으로는 염산 50mL를 물 50mL에 섞은 용액이다. 하지만 산화제2철용액, 왕수, 왕수의 글리세린 희석액 등도 사용되기도 한다.

해답 ①

066
상온의 금속(Fe)을 가열 하였을 때 체심입방격자에서 면심입방격자로 변하는 점은?

① A_0변태점
② A_2변태점
③ A_3변태점
④ A_4변태점

해설

종류	변태 형식	변태점	철의 변화	원자 배열
A_4 변태	동소변태	약 1394℃	$\delta-Fe \Leftrightarrow \gamma-Fe$	체심입방격자 → 면심입방격자
A_3 변태	동소변태	약 911℃	$\gamma-Fe \Leftrightarrow \beta-Fe$	면심입방격자 → 체심입방격자

해답 ③

067
스테인리스강을 조직에 따라 분류할 때의 기준 조직이 아닌 것은?

① 페라이트계
② 마텐자이트계
③ 시멘타이트계
④ 오스테나이트계

해설 스테인리스강(stainless steel)

성분계	조직	KS기호	특징	
			자성	담금질성(열처리성)
Cr계	마텐자이트 (13%Cr)	STS410	있음	있음
	페라이트 (15%Cr)	STS430	있음	없음
Cr-Ni계 내식성 가장 우수	오스테나이트 18%Cr-8%Ni	STS304	없음	없음

해답 ③

068

담금질한 공석강의 냉각 곡선에서 시편을 20℃의 물속에 넣었을 때 ㉮와 같은 곡선을 나타낼 때의 조직은?

① 펄라이트
② 오스테나이트
③ 마텐자이트
④ 베이나이트+펄라이트

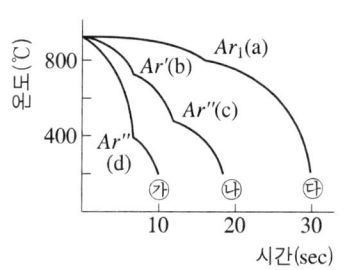

해설
㉮ 마텐자이트
㉯ 마텐자이트와 펄라이트
㉰ 펄라이트

해답 ③

069

항온 열처리 방법에 해당하는 것은?

① 뜨임(tempering)
② 어닐링(annealing)
③ 마퀜칭(marquenching)
④ 노멀라이징(normalizing)

해설 항온 열처리의 종류
① 항온풀림(isothermal annealing) : 공구강, 특수강, 기타 자경성이 강한 특수강의 풀림에 사용
② 항온담금질(isothermal quenching)
  ㉠ 오스템퍼링(austempering)
  ㉡ 마템퍼링(martempering)
  ㉢ 마퀜칭(marquenching)
  ㉣ Ms퀜칭(Ms quenching)
  ㉤ 오스포밍(ausforming)
③ 항온뜨임(isothermal tempering) : 뜨임에 의하여 2차 경화되는 고속도강이나 다이스강의 뜨임에 사용

해답 ③

070

고강도 합금으로써 항공기용 재료에 사용되는 것은?

① 베릴륨 등
② Naval brass
③ 알루미늄 청동
④ Extra Super Duralumin

해설 고강도 알루미늄합금
① 두랄루민 : Al+(4%Cu)+(0.5%Mg)+(0.5%Mn)
② 초두랄루민(Super Duralumin) : Al+(4.5%Cu)+(1.5%Mg)+(0.6%Mn)
③ 초강두랄루민(Extra Super Duralumin) :
   Al+(1.6%Cu)+(2.5%Mg)+(0.2%Mn)+(5.6%Zn)

해답 ④

071
유체 토크 컨버터의 주요 구성 요소가 아닌 것은?
① 펌프
② 터빈
③ 스테이터
④ 릴리프 밸브

해설 유체토크컨버터(Fluid torque converter)의 구성
① 입력측에 해당하는 : 펌프(pump=impeller)
② 출력측에 해당되는 : 터빈(tubine=runner)
③ 토크 변동을 할 수 있는 : 스테이터(stator)가 있다.

해답 ④

072
미터 아웃 회로에 대한 설명으로 틀린 것은?
① 피스톤 속도를 제어하는 회로이다.
② 유량 제어 밸브를 실린더의 입구측에 설치한 회로이다.
③ 기본형은 부하변동이 심한 공작기계의 이송에 사용된다.
④ 실린더에 배압이 걸리므로 끌어당기는 하중이 작용해도 자주 할 염려가 없다.

해설 미터 아웃 회로는 출구측 유량을 제어하는 하는 회로이다.

해답 ②

073
압력 제어 밸브의 종류가 아닌 것은?
① 체크 밸브
② 감압 밸브
③ 릴리프 밸브
④ 카운터 밸런스 밸브

해설 체크밸브는 일방향 밸브로 방향제어밸브이다.

해답 ①

074
유압유의 구비조건으로 적절하지 않은 것은?
① 압축성이어야 한다.
② 점도 지수가 커야한다.
③ 열을 방출시킬 수 있어야 한다.
④ 기름중의 공기를 분리시킬 수 있어야 한다.

해설 유압유는 비압축성이어야 한다.

해답 ①

075 유압 장치의 특징으로 적절하지 않은 것은?

① 원격 제어가 가능하다.
② 소형 장치로 큰 출력을 얻을 수 있다.
③ 먼지나 이물질에 의한 고장의 우려가 없다.
④ 오일에 기포가 섞여 작동이 불량할 수 있다.

해설 유압장치에 사용되는 유압유에 먼지나 이물질이 들어가면 압력의 전달이나 누의 원인 등이 발생하여 유압장치에 고장의 원인이 된다.

해답 ③

076 유압 실린더 취급 및 설계 시 주의사항으로 적절하지 않은 것은?

① 적당한 위치에 공기구멍을 장치한다.
② 쿠션 장치인 쿠션 밸브는 감속범위의 조정용으로 사용한다.
③ 쿠션장치인 쿠션링은 헤드 엔드축에 흐르는 오일을 촉진한다.
④ 원칙적으로 더스트 와이퍼를 연결해야 한다.

해설 유압실린더는 피스톤이 커버와 충돌했을 경우 발생되는 충격을 흡수하기 위하여 쿠션 장치를 내장하여야 한다. 쿠션기구는 쿠션밸브를 조정함으로써 헤드 엔트축에 흐르는 오일을 촉진할 수 있다.

해답 ③

077 그림의 유압 회로도에서 ①의 밸브 명칭으로 옳은 것은?

① 스톱 밸브
② 릴리프 밸브
③ 무부하 밸브
④ 카운터 밸런스 밸브

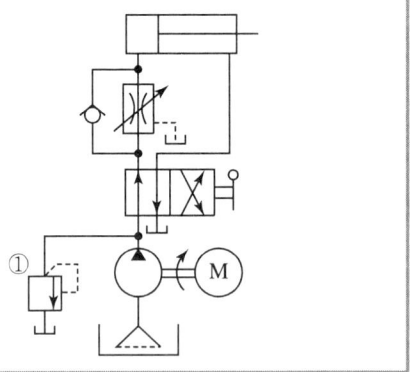

해설 릴리프밸브를 나타내는 유압기호로 릴리프 밸브는 회로 내의 최고 압력을 설정하는 압력 제어 밸브이다.

해답 ②

078 펌프에 대한 설명으로 틀린 것은?

① 피스톤 펌프는 피스톤을 경사판, 캠, 크랭크 등에 의해서 왕복 운동시켜, 액체를 흡입 쪽에서 토출 쪽으로 밀어내는 형식의 펌프이다.
② 레이디얼 피스톤 펌프는 피스톤의 왕복 운동 방향이 구동축에 거의 직각인 피스톤 펌프이다.
③ 기어 펌프는 케이싱 내에 물리는 2개 이상의 기어에 의해 액체를 흡입 쪽에서 토출 쪽으로 밀어내는 형식의 펌프이다.
④ 터보 펌프는 회전차를 게이싱 외에 회전시켜, 액체로부터 운동 에너지를 뺏어 액체를 토출하는 형식의 펌프이다.

해설 **터보 펌프**(turbo pump)
터보펌프는 회전차를 케이싱 내에서 회전시켜 액체에 운동에너지를 공급하여 액체를 토출하는 형식의 펌프이다. 토출량이 크고 낮은 점도 액체용이며, 저양정 시동시 물이 필요한 단점이 있다.

해답 ④

079 채터링 현상에 대한 설명으로 적절하지 않은 것은?

① 소음을 수반한다.
② 일종의 자력 진동현상이다.
③ 감압 밸브, 릴리프 밸브 등에서 발생한다.
④ 압력, 속도 변화에 의한 것이 아닌 스프링의 강성에 의한 것이다.

해설 채터링 현상은 스프링의 자력진동 현상으로 작동유의 압력 및 속도에 따라 밸브를 통과하는 유량이 조절된다. 밸브는 스프링의 강성에 의해 조절되므로 채터링 현상은 작동유의 압력, 속도 변화에 의해 발생될 수 있다.

해답 ④

080 그림과 같은 유압 기호의 명칭은?

① 경음기   ② 소음기
③ 리밋 스위치   ④ 아날로그 변환기

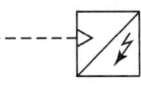

해설

압력스위치	
리밋 스위치	
아날로그 변환기	
소음기	

해답 ④

제5과목 기계제작법 및 기계동력학

081 국제단위체계(SI)에서 1N에 대한 설명으로 맞는 것은?

① 1g의 질량에 $1m/s^2$의 가속도를 주는 힘이다.
② 1g의 질량의 $1m/s$의 속도를 주는 힘이다.
③ 1kg의 질량 $1m/s^2$의 가속도를 주는 힘이다.
④ 1kg의 질량에 $1m/s$의 속도를 주는 힘이다.

해설 $F = ma = 1kg \times 1m/s^2 = 1N$

해답 ③

082 30°로 기울어진 표면에 질량 50kg인 블록이 질량 m인 추와 그림과 같이 연결되어 있다. 경사 표면과 블록 사이의 마찰계수가 0.5일 때 이 블록을 경사면으로 끌어올리기 위한 추의 최소 질량은 약 몇 kg인가?

① 36.5
② 41.8
③ 46.7
④ 54.2

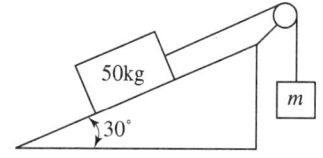

해설 $50g\sin\theta + \mu 50g\cos\theta = mg$
$50 \times \sin30 + 0.5 \times 50 \times \cos30 = m$
$m = 46.65kg$

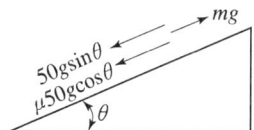

해답 ③

083 그림과 같이 질량이 동일한 두 개의 구슬 A, B가 있다. 초기에 A의 속도는 v이고 B는 정지되어 있다. 충돌 후 A와 B의 속도에 관한 설명으로 맞는 것은? (단, 두 구슬 사이의 반발계수는 1이다.)

① A와 B 모두 정지한다.
② A와 B 모두 v의 속도를 가진다.
③ A와 B 모두 $v/2$의 속도를 가진다.
④ A는 정지하고 B는 v의 속도를 가진다.

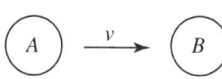

해설 $m_A V_A + m_B V_B = m_A V_A' + m_B V_B'$
$m_A = m_B$, $V_A + V_B = V_A' + V_B'$, $V_B = 0$
$V_A = V_A' + V_B'$ ·············· ①식
$e = \dfrac{V_B' - V_A'}{V_A - V_B}$

$$1 = \frac{V_B' - V_A'}{V_A - 0}, \quad 1 = \frac{V_B' - V_A'}{V_A}$$

$$V_A = V_B' - V_A' \quad \cdots\cdots\cdots\cdots\cdots\cdots ②식$$

①식과 ②식에서
$$V_B' - V_A' = V_A' + V_B'$$
$$0 = 2V_A'$$
$$V_A' = 0, \quad V_B' = V_A$$

해답 ④

084

그림과 같이 최초 정지상태에 있는 바퀴에 줄이 감겨있다. 힘을 가하여 줄의 가속도 (a)가 $a = 4t[m/s^2]$일 때 바퀴의 각속도(ω)를 시간의 함수로 나타내면 몇 rad/s인가?

① $8t^2$
② $9t^2$
③ $10t^2$
④ $11t^2$

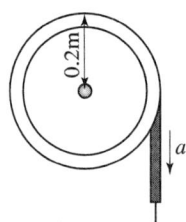

해설 (전선가속도) $a_t = 4t$

$$a_t = \alpha R = \frac{d\omega}{dt} \times R = 4t$$

$$d\omega = \frac{4t}{R} dt$$

$$\int_1^2 d\omega = \int_0^t \frac{4t}{R} dt = \int \frac{4t}{0.2} dt$$

$$\omega = \frac{4t^2}{2 \times 0.2} = 10t^2$$

해답 ③

085

그림과 같이 질량이 10kg인 봉의 끝단이 홈을 따라 움직이는 블록 A, B에 구속되어 있다. 초기에 $\theta = 0°$에서 정지하여 있다가, 블록 B에 수평력 $P = 50N$이 작용하여 $\theta = 45°$가 되는 순간의 봉의 각속도는 약 몇 rad/s인가? (단, 블록 A와 B의 질량과 마찰은 무시하고, 중력가속도 $g = 9.81m/s^2$이다.)

① 3.11
② 4.11
③ 5.11
④ 6.11

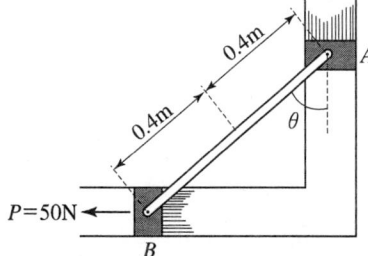

2020년도 출제문제

해설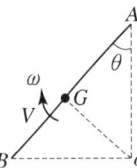

(운동에너지) $T = \frac{1}{2}mV^2 + \frac{1}{2}J\omega^2 = \frac{1}{2}m\left(\frac{l}{2}\times\omega\right)^2 + \frac{1}{2}\left(\frac{ml^2}{12}\right)\times\omega^2 = \frac{ml^2}{6}\omega^2$

(위치에너지) $U = mg\left(\frac{l}{2} - \frac{l}{2}\sin\theta\right) = 10\times 9.81\times\left(\frac{0.8}{2} - \frac{0.8}{2}\sin 45\right) = 11.493\,\text{N}\cdot\text{m}$

(외부에서 한일) $W = 50\text{N}\times 0.8\times\cos 45 = 28.284\,\text{N}\cdot\text{mm}$

$T = W + U$

$\frac{ml^2}{6}\omega^2 = 28.284 + 11.493$

$\frac{10\times 0.8^2}{6}\times\omega^2 = 28.284 + 11.493$

$\omega = 6.106 = 6.11\,\text{rad/s}$

해답 ④

086
스프링상수가 20N/cm와 30N/cm인 두 개의 스프링을 직렬로 연결했을 때 등가스프링 상수 값은 몇 N/cm인가?

① 1
② 1.2
③ 2.5
④ 5

해설 $\frac{1}{K_e} = \frac{1}{K_1} + \frac{1}{K_2} = \frac{1}{20} + \frac{1}{30} = \frac{50}{60}$

$K_e = \frac{60}{50} = 1.2\,\text{N/cm}$

해답 ②

087
엔진(질량 m)의 진동이 공장 바닥에 직접 전달될 때 바닥에 힘이 $F_0\sin\omega t$로 전달된다. 이때 전달되는 힘을 감소시키기 위해 엔진과 바닥 사이에 스프링(스프링 상수 K)과 댐퍼(감쇠상수 c)를 달았다. 이를 위해 진동계의 고유진동수(ω_n)와 외력의 진동수(ω)는 어떤 관계를 가져야 하는가? (단, $\omega_n = \sqrt{\frac{k}{m}}$이고, t는 시간을 의미한다.)

① $\omega_n > \omega$

② $\omega_n < 2\omega$

③ $\omega_n < \dfrac{\omega}{\sqrt{2}}$

④ $\omega_n > \dfrac{\omega}{\sqrt{2}}$

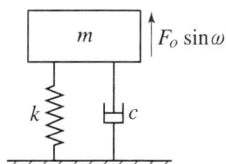

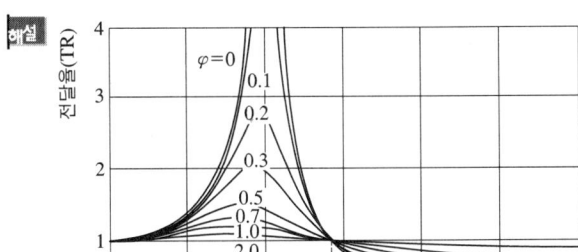

힘을 감소시키기 위해서는 TR(힘 전달률)이 1보다 작아야 한다.
$\gamma > \sqrt{2}$
$\dfrac{\omega}{\omega_n} > \sqrt{2}$, $\dfrac{\omega}{\sqrt{2}} > \omega_n$

해답 ③

088

90km/h의 속력으로 달리던 자동차가 100m 전방의 장애물을 발견한 후 제동을 하여 장애물 바로 앞에 정지하기 위해 필요한 제동력의 크기는 몇 N인가? (단, 자동차의 질량은 1000kg이다.)

① 3125　　　　　　　　② 6250
③ 40500　　　　　　　 ④ 81000

해설 $F = ma = 1000 \times 3.125 = 3125\text{N}$
$2as = V_2^2 - V_1^2$

$a = \dfrac{V_2^2 - V_1^2}{2s} = \dfrac{0 - \left(\dfrac{90000}{3600}\right)^2}{2 \times 100} = 3.125 \text{m/s}^2$

해답 ①

089

다음 중 계의 고유진동수에 영향을 미치지 않는 것은?

① 계의 초기조건　　　　② 진동물체의 질량
③ 계의 스프링 계수　　　④ 계를 형성하는 재료의 탄성계수

해설 (고유진동수) $f = \dfrac{\omega_n}{2\pi} = \dfrac{1}{2\pi}\sqrt{\dfrac{k}{m}} = \dfrac{1}{2\pi}\sqrt{\dfrac{g}{\delta}}$

해답 ①

090

그림과 같이 질량이 m인 물체가 탄성스프링으로 지지되어 있다. 초기위치에서 자유낙하를 시작하고, 초기 스프링의 변형량이 0일 때, 스프링의 최대 변형량(x)은? (단, 스프링의 질량은 무시하고, 스프링상수는 k, 중력가속도는 g이다.)

① $\dfrac{mg}{k}$ ② $\dfrac{2mg}{k}$

③ $\sqrt{\dfrac{mg}{k}}$ ④ $\sqrt{\dfrac{2mg}{k}}$

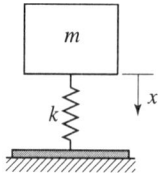

해설 탄성에너지 = 위치에너지

$\dfrac{1}{2}kx^2 = mgx$ (최대변형량) $x = \dfrac{2mg}{k}$

해답 ②

091

숏피닝(shot peening)에 대한 설명으로 틀린 것은?

① 숏피닝은 얇은 공작물일수록 효과가 크다.
② 가공물 표면에 작은 해머와 같은 작용을 하는 형태로 일종의 열간 가공법이다.
③ 가공물 표면에 가공경화된 잔류 압축응력층이 형성된다.
④ 반복하중에 대한 피로파괴에 큰 저항을 갖고 있기 때문에 각종 프프링에 널리 이용된다.

해설 숏피닝은 금속부품의 표면에 쇼트볼(shot ball)이라는 강구를 고속으로 금속의 표면에 투사하여 금속의 표면을 해머링(hammering)하는 일종의 냉간가공이다. 숏피닝은 표면의 압축 잔류응력이 발생하여 피로강도를 증가시킨다. 또한 얇은 금속일수록 효과가 있어 자동차의 판스프링의 표면 경화에 주로 사용된다.

해답 ②

092

오스테나이트 조직을 굳은 조직인 베이나이트로 변환시키는 항온 변태 열처리법은?

① 서브제로 ② 마템퍼링
③ 오스포밍 ④ 오스템퍼링

해설 **오스템프링**(austempering) : 오스테나이트를 베이나이트로 변환하는 열처리법

담금질 온도에서 M_s점보다 높은 온도의 염욕 중에 넣어 항온변태를 끝낸 후에 상온까지 냉각하는 담금질 방법으로 아래 그림과 같이 S곡선에서 코(nose)와 M_s점 사이에서 항온변태를 시킨 후 열처리하는 것으로서 점성이 큰 베이나이트 조직이 얻을 수 있어 뜨임할 필요가 없고 강인성이 크며, 담금질 균열 및 변형을 방지할 수 있다.

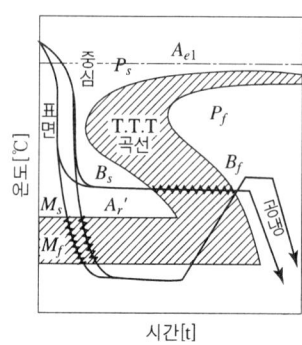

해답 ④

093
전기 도금의 반대현상으로 가공물을 양극, 전기저항이 적은 구리, 아연을 음극에 연결한 후 용액에 침지하고 통전하여 금속표면의 미소 돌기부분을 용해하여 거울면과 같이 광택이 있는 면을 가공할 수 있는 특수가공은?

① 방전가공　　　　　② 전주가공
③ 전해연마　　　　　④ 슈퍼피니싱

해설 **전해연마** : 전기 도금의 반대현상으로 가공물을 양극, 전기저항이 적은 구리, 아연을 음극에 연결한 후 용액에 침지하고 통전하여 금속표면의 미소돌기 부분을 용해하여 거울면과 같이 광택이 있는 면을 가공할 수 있는 특수가공으로 스테인리스강의 표면다듬에 주로 사용된다.

해답 ③

094
주철과 같은 강하고 깨지기 쉬운 재료(매진 재료)를 지속으로 절삭할 때 생기는 칩의 형태는?

① 균열형 칩　　　　　② 유동형 칩
③ 열단형 칩　　　　　④ 전단형 칩

해설 ① 균열형 칩 : 주철과 같은 강하고 깨지기 쉬운 재료(매진 재료)를 지속으로 절삭할 때 생기는 칩
② 유동형 칩 : 연성재료를 고속으로 절삭할 때 생기는 칩
③ 열단형 칩 : 점성재료를 경사각이 작은 공구로 절삭할 때 생기는 칩
④ 전단형 칩 : 연성재료를 저속으로 절삭할 때 생기는 힘

해답 ①

095
두께 50mm의 연강판을 압연 롤러를 통과시켜 40mm가 되었을 때 압하율은 몇 %인가?

① 10　　　　　② 15
③ 20　　　　　④ 25

해설 (압하율) $\epsilon = \dfrac{H_o - h}{H_o} = \dfrac{50 - 40}{50} = 20\%$

해답 ③

096
용접의 일반적인 장점으로 틀린 것은?

① 품질검사가 쉽고 잔류응력이 발생하지 않는다.
② 재료가 절약되고 중량이 가벼워진다.
③ 작업 공정수가 감소한다.
④ 기밀성이 우수하며 이음 효율이 향상된다.

해설 용접은 비파괴 검사를 하기 때문에 품질검사가 어렵고 열에 의한 잔류응력이 발생한다.

해답 ①

097. 프레스가공에서 전단가공의 종류가 아닌 것은?

① 블랭킹
② 트리밍
③ 스웨이징
④ 셰이빙

해설 전단가공
① 블랭킹(blanking) : 펀치로 판재를 뽑기하는 작업으로 뽑은 제품을 Blank라고 하며 남은 부분을 scrap이라 한다.
② 펀칭(punching) : 펀치로 판재를 뽑기하였을 경우 뽑고 남은 부분(scrap)이 제품이 된다.
③ 전단(shearing) : 소재를 원하는 모양으로 잘라내는 것을 말한다.
④ 분단(parting) : 제품을 분리하는 과정을 말하며 2차 가공에 속한다.
⑤ 노칭(notching) : 소재의 한 쪽 끝에서 다른 쪽 끝까지 직선 또는 곡선상으로 절단하는 것을 말한다.
⑥ 트리밍(trimming) : Punch와 die로써 drawing제품의 flange를 소요의 형상과 치수에 맞게 잘라내는 것을 말하며 2차 가공에 속한다.
⑦ 셰이빙(shaving) : 뽑거나 전단한 제품의 단면이 곱지 못 할 경우 클리어런스가 작은 펀치와 다이로 매끈하게 가공하는 것을 말한다.
⑧ 브로칭(broaching) : 브로치에 의한 절삭 가공을 말한다.
※ 스웨이징은 압축가공 형태이다.

해답 ③

098. 주물사에서 가스 및 공기에 해당하는 기체가 통과하여 빠져나가는 성질은?

① 보온성
② 반복성
③ 내구성
④ 통기성

해설 통기성 : 주물사에서 가스 및 공기에 해당하는 기체가 잘 빠져나는 성질을 통기성이라 하며 통기성을 측정하여 나타낸 값을 통기도라 한다.

통기도 $K = \dfrac{Vh}{PAt}$[cm/min]

여기서, V : 시험편을 통과한 공기량(cc)
h : 시험편의 높이(cm)
t : 통과시간(min)
P : 공기 압력(kg/cm^2)
A : 시험편의 단면적(cm^2)

해답 ④

099. 선반가공에서 직경 60mm, 길이 100mm의 탄소강 재료 환봉을 초경바이트로 사용하여 1회 절삭 시 가공시간은 약 몇 초인가? (단 절삭 깊이 1.55mm, 절삭속도 150m/mim, 이송은 0.2mm/rev이다.)

① 38
② 42
③ 48
④ 52

해설 (가공시간) $T = \dfrac{L}{S \times N} = \dfrac{100[\text{mm}]}{0.2[\text{mm/rev}] \times 795.77[\text{rev/min}]} = 0.628[\text{min}] = 37.68[\text{s}]$

(분당회전수) $N = \dfrac{1000 \times V}{\pi \times D} = \dfrac{1000 \times 150}{\pi \times 60} = 795.77[\text{rpm}] = 795.77[\text{rev/min}]$

해답 ①

100 침탄법에 비해서 경화층은 얇으나, 경도가 크고 담금질이 필요 없으며, 내식성 및 내마모성이 커서 고온에도 변화되지 않지만 처리시간이 길고 생산비가 많이 드는 표면 경화법은?

① 마퀜칭　　　　　　　　② 질화법
③ 화염 경화법　　　　　　④ 고주파 경화법

해설 **질화법** : 금속 표면에 암모니아가스를 이용해 질소를 침투하는 방법으로 침탄법에 비해서 경화층은 얇으나, 경도가 크고 담금질이 필요 없으며, 내식성 및 내마모성이 커서 고온에도 변화되지 않지만 처리시간이 길고 생산비가 많이 드는 단점이 있다.

해답 ②

일반기계기사

2020년 8월 22일 시행

제1과목 재료역학

001 다음 외팔보가 균일분포 하중을 받을 때, 굽힘에 의한 탄성변형 에너지는? (단, 굽힘강성 EI는 일정하다.)

① $U = \dfrac{w^2 L^5}{20EI}$ ② $U = \dfrac{w^2 L^5}{30EI}$

③ $U = \dfrac{w^2 L^5}{40EI}$ ④ $U = \dfrac{w^2 L^5}{50EI}$

해설

$$dU = \dfrac{M_x^2 dx}{2EI} = \dfrac{\left(\dfrac{wx^2}{2}\right)^2 dx}{2EI} = \dfrac{w^2 x^4 dx}{8EI}$$

$$\int_0^L dU = \int_0^L \dfrac{w^2 x^4}{8EI} dx$$

$$U = \dfrac{w^2}{8EI} \times \left[\dfrac{x^5}{5}\right]_0^L = \dfrac{w^2 L^5}{40EI}$$

해답 ③

002 길이 10m, 단면적 2cm²인 철봉을 100℃에서 그림과 같이 양단을 고정했다. 이 봉의 온도가 20℃로 되었을 때 인장력은 약 몇 kN인가? (단, 세로탄성계수는 200GPa, 선팽창계수 $\alpha = 0.000012/℃$이다.)

① 19.2 ② 25.5
③ 38.4 ④ 48.5

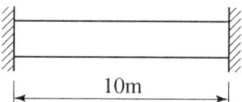

해설

$$\sigma_{th} = E \times \alpha \times \Delta T = \dfrac{F_{th}}{A}$$

$$F_{th} = E \times \alpha \times \Delta T \times A = 200000 \times 0.000012 \times 80 \times 200 = 38400\text{N} = 38.4\text{kN}$$

해답 ③

003

그림과 같은 단순 지지보에 모멘트(M)와 균일 분포하중(w)이 작용할 때, A점의 반력은?

① $\dfrac{wl}{2} - \dfrac{M}{l}$ ② $\dfrac{wl}{2} - M$

③ $\dfrac{wl}{2} + M$ ④ $\dfrac{wl}{2} + \dfrac{M}{l}$

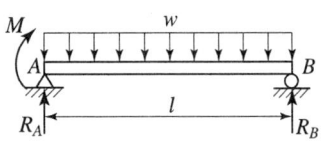

해설

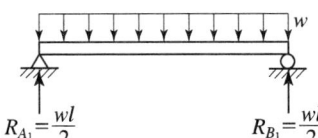

$R_A = \dfrac{wl}{2} - \dfrac{M}{l}$

해답 ①

004

그림과 같이 원형단면을 가진 보가 인장하중 $P = 90\text{kN}$을 받는다. 이 보는 강(steel)으로 이루어져 있고, 세로탄성계수 210GPa이며 포와송비 $\mu = 1/3$이다. 이 보의 체적변화 ΔV는 약 몇 mm³ 인가? (단, 보의 직경 $d = 30\text{mm}$, 길이 $L = 5\text{m}$이다.)

① 114.28
② 314.28
③ 514.28
④ 714.28

해설

$\Delta V = \epsilon(1-2\mu) \times V = \dfrac{\sigma}{E}(1-2\mu) \times V = \dfrac{\dfrac{P}{A}}{E}(1-2\mu) \times V$

$= \dfrac{\dfrac{90000}{\dfrac{\pi}{4}30^2}}{210000}\left(1-2 \times \dfrac{1}{3}\right) \times \dfrac{\pi}{4} \times 30^2 \times 5000$

$= 714.28 \text{mm}^3$

해답 ④

005

길이 3m, 단면의 지름 3cm인 균일 단면의 알루미늄 봉이 있다. 이 봉에 인장하중 20kN이 걸리면 봉은 약 몇 cm 늘어나는가? (단, 세로탄성계수는 72GPa이다.)

① 0.118 ② 0.239
③ 1.18   ④ 2.39

해설

$\Delta L = \dfrac{PL}{AE} = \dfrac{20000 \times 3000}{\dfrac{\pi}{4} \times 30^2 \times 72000} = 1.178 \text{mm} = 0.1178 \text{cm}$

해답 ①

006

판 두께 3mm를 사용하여 내압 2GPa을 받을 수 있는 구형(spherical) 내압용기를 만들려고 할 때, 이 용기의 최대 안전내경 d를 구하면 몇 cm인가? (단, 이 재료의 허용 인장응력을 σ_w=800kN/cm²을 한다.)

① 24　　② 48　　③ 72　　④ 96

해설
$$\sigma_w = \frac{Pd}{4t},\ d = \frac{\sigma_w \times 4t}{P} = \frac{8000 \times 4 \times 3}{2000} = 48\text{mm}$$
$$\sigma_w = 800\text{kN/cm}^2 = \frac{800000\text{N}}{100\text{mmn}^2} = 8000\text{N/mm}^2$$
$$P = 20\text{N/cm}^2 = 0.2\text{N/mm}^2$$

해답 ②

007

그림과 같은 돌출보에서 w=1200kN/m의 등분포 하중이 작용할 때, 중앙 부분에서의 최대 굽힘응력은 약 몇 MPa 인가? (단, 단면은 표준 I형 보로 높이 h=60cm 이고, 단면 2차 모멘트 I=98200cm⁴이다.)

① 125　　② 165　　③ 185　　④ 195

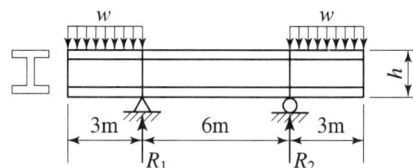

해설
$$\sigma_b = \frac{M_c}{Z} = \frac{5400 \times 10^6}{3273333.333} = 165\text{MPa}$$

(중앙에서의 굽힘모멘트) M_c

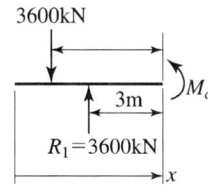

$\sum M_x = 0$
$\oplus M_c \ominus 3600 \times 3 \oplus 3600 \times 4.5 = 0$
$M_c = 3600 \times 3 - 3600 \times 4.5 = -5400\text{kN}\cdot\text{m}$
$\quad\quad = -5400 \times 10^6 \text{N}\cdot\text{mm}$

(단면계수) $Z = \dfrac{I}{\frac{h}{2}} = \dfrac{98200 \times 10^4}{\frac{600}{2}} = 3273333.333\text{mm}^3$

해답 ②

008 다음과 같이 스팬(span) 중앙에 힌지(hinge)를 가진 보의 최대 굽힘모멘트는 얼마인가?

① $\dfrac{qL^2}{4}$ ② $\dfrac{qL^2}{6}$

③ $\dfrac{qL^2}{8}$ ④ $\dfrac{qL^2}{12}$

해설

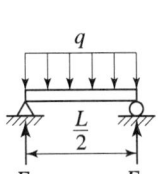 +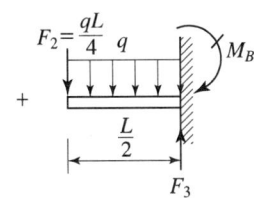

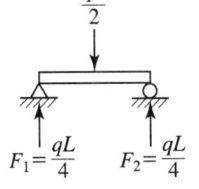 +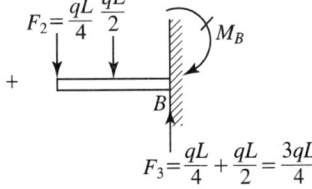

$F_1 = \dfrac{qL}{4}$ $F_2 = \dfrac{qL}{4}$ $F_3 = \dfrac{qL}{4} + \dfrac{qL}{2} = \dfrac{3qL}{4}$

$\sum M_B = 0 \curvearrowright$

$\ominus \dfrac{qL}{4} \times \dfrac{L}{2} \ominus \dfrac{qL}{2} \times \dfrac{L}{4} \oplus M_B = 0$

$M_B = \dfrac{qL^2}{8} + \dfrac{qL^2}{8} = \dfrac{2qL^2}{8} = \dfrac{qL^2}{4}$

해답 ①

009 다음 그림과 같이 부채꼴의 도심(centroid)의 위치 $\overline{x}$ 는?

① $\overline{x} = \dfrac{2}{3}R$

② $\overline{x} = \dfrac{3}{4}R$

③ $\overline{x} = \dfrac{3}{4}R\sin\alpha$

④ $\overline{x} = \dfrac{2R}{3\alpha}\sin\alpha$

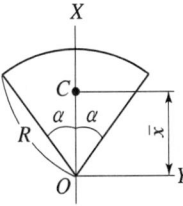

해설 $Q_x = \int x dA = \int r\cos\theta\, rd\theta dr = \int_0^R r^2 dR \times 2\int_0^\alpha \cos\theta d\theta$

$= \dfrac{R^3}{3} \times 2[\sin\theta]_0^\alpha$

$= \dfrac{R^3}{3} \times 2\sin\alpha$

$\pi R^2 : 2\pi = A : 2\alpha$

(부채꼴 면적) $A = \dfrac{\pi R^2 2\alpha}{2\pi} = R^2 \alpha$

$\bar{x} = \dfrac{Q_x}{A} = \dfrac{\dfrac{R^3}{3} \times 2\sin\alpha}{R^2 \alpha} = \dfrac{2R\sin\alpha}{3\alpha}$

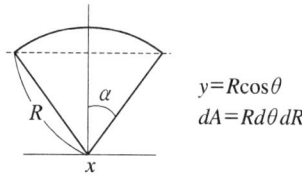

해답 ④

010

그림과 같이 800N의 힘이 브래킷의 A에 작용하고 있다. 이 힘의 점 B에 대한 모멘트는 약 몇 N·m 인가?

① 160.6
② 202.6
③ 238.6
④ 253.6

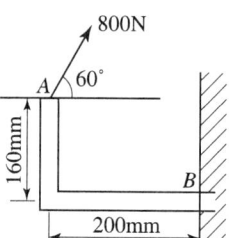

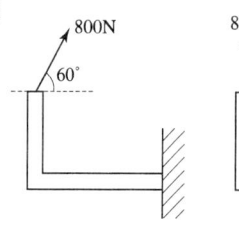 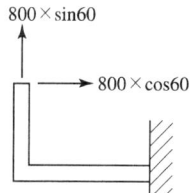 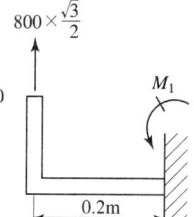 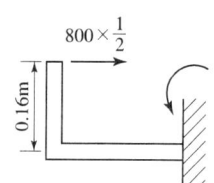

$M_1 = 800 \times \dfrac{\sqrt{3}}{2} \times 0.2 = 138.564 \text{N} \cdot \text{m}$

$M_2 = 800 \times \dfrac{1}{2} \times 0.16 = 64 \text{N} \cdot \text{m}$

$M_{\max} = M_1 + M_2 = 138.564 + 64 = 202.564 \text{N} \cdot \text{m}$

해답 ②

011

다음과 같은 평면응력 상태에서 최대 주응력 σ_1은?

$$\sigma_x = \tau,\ \sigma_y = 0,\ \tau_{xy} = -\tau$$

① 1.414τ
② 1.80τ
③ 1.618τ
④ 2.828τ

$\sigma_1 = \dfrac{\sigma_x + \sigma_y}{2} + \sqrt{\left(\dfrac{\sigma_x - \sigma_y}{2}\right)^2 + \tau_{xy}^2}$

$= \dfrac{\tau}{2} + \sqrt{\left(\dfrac{\tau}{2}\right)^2 + (-\tau)^2} = \tau\left\{\dfrac{1}{2} + \sqrt{\left(\dfrac{1}{2}\right)^2 + 1^2}\right\}$

$= 1.618\tau$

해답 ③

012

0.4m×0.4m인 정사각형 ABCD를 아래 그림에 나타내었다. 하중을 가한 후의 변형 상태는 점선으로 나타내었다. 이때 A 지점에서 전단 변형률 성분의 평균값(γ_{xy})는?

① 0.001
② 0.000625
③ −0.0005
④ −0.000625

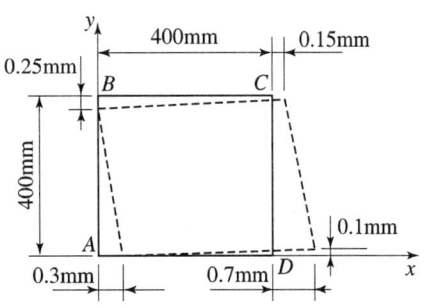

해설

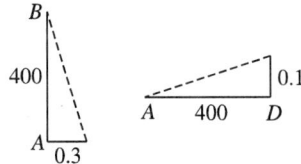 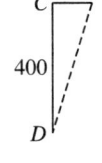 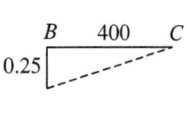

$\gamma_1 = \dfrac{0.3}{400}$ $\gamma_2 = \dfrac{0.1}{400}$ $\gamma_3 = \dfrac{0.15}{400}$ $\gamma_4 = \dfrac{0.25}{400}$

(전단변형률의 평균값) $\gamma_{xy} = \dfrac{\gamma_1 + \gamma_2 + \gamma_3 + \gamma_4}{4} = 0.0005$

해답 ③

013

비틀림모멘트 2kN·m가 지름 50mm인 축에 작용하고 있다. 축의 길이가 2m일 때 축의 비틀림각은 약 몇 rad 인가? (단, 축의 전단탄성계수는 85GPa이다.)

① 0.019
② 0.028
③ 0.054
④ 0.077

해설

$\theta = \dfrac{TL}{GI_P} = \dfrac{2 \times 10^6 \times 2000}{85 \times 10^3 \times \dfrac{\pi \times 50^4}{32}} = 0.0766 \text{rad}$

해답 ④

014

그림과 같이 외팔보의 끝에 집중하중 P가 작용할 때 자유단에서의 처짐각 θ는? (단, 보의 굽힘강성 EI는 일정하다.)

① $\dfrac{PL^2}{2EI}$
② $\dfrac{PL^3}{6EI}$
③ $\dfrac{PL^2}{8EI}$
④ $\dfrac{PL^2}{12EI}$

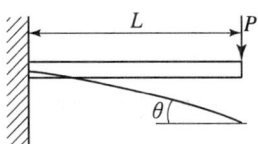

해설 (처짐각) $\theta = \dfrac{A_M}{EI} = \dfrac{PL^2}{2EI}$

$A_M = \dfrac{1}{2}(L \times PL) = \dfrac{PL^2}{2}$

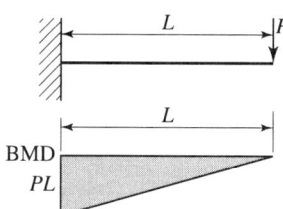

해답 ①

015
지름 70mm인 환봉에 20MPa의 최대전단응력이 생겼을 때 비틀림모멘트는 약 몇 kN·m인가?

① 4.50　　② 3.60
③ 2.70　　④ 1.35

해설 $T = \tau \times \dfrac{\pi d^3}{16} = 20000 \times \dfrac{\pi \times 0.07^3}{16} = 1.346 \text{kN} \cdot \text{m} \fallingdotseq 1.35 \text{kN} \cdot \text{m}$

해답 ④

016
다음 구조물에 하중 $P = 1\text{kN}$이 작용할 때 연결핀에 걸리는 전단응력은 약 얼마인가? (단, 연결핀의 지름은 5mm이다.)

① 25.46kPa
② 50.92kPa
③ 25.46MPa
④ 50.92MPa

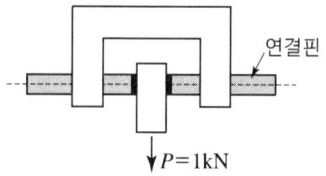

해설 $\tau = \dfrac{P}{\dfrac{\pi}{4}d^2 \times 2} = \dfrac{1000}{\dfrac{\pi}{4} \times 5^2 \times 2} = 25.464 \text{MPa} \fallingdotseq 25.46 \text{MPa}$

해답 ③

017
100rpm으로 30kW를 전달시키는 길이 1m, 지름 7cm인 둥근 축단의 비틀림각은 약 몇 rad 인가? (단, 전단탄성계수는 83GPa 이다.)

① 0.26　　② 0.30
③ 0.015　　④ 0.009

해설 $T = 974000 \times 9.8 \times \dfrac{H_{kW}}{N} = 974000 \times 9.8 \times \dfrac{30}{100} = 286350 \text{N} \cdot \text{mm}$

$\theta = \dfrac{TL}{GI_P} = \dfrac{2863560 \times 1000}{83000 \times \dfrac{\pi \times 70^4}{32}} = 0.0146 \fallingdotseq 0.015 \text{rad}$

해답 ③

018 그림과 같이 균일단면을 가진 단순보에 균일하중 ω kN/m이 작용할 때, 이 보의 탄성 곡선식은? (단, 보의 굽힘 강성 EI는 일정하고, 자중은 무시한다.)

① $y = \dfrac{\omega x}{24EI}(L^3 - 2Lx^2 + x^3)$

② $y = \dfrac{\omega}{24EI}(L^3 - Lx^2 + x^3)$

③ $y = \dfrac{\omega}{24EI}(L^3 x - Lx^2 + x^3)$

④ $y = \dfrac{\omega x}{24EI}(L^3 - 2x^2 + x^3)$

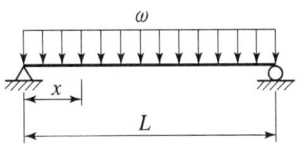

해설

$\sum M_x = 0 \; +\curvearrowleft$

$\oplus M_x \oplus \omega x \times \dfrac{x}{2} \ominus \dfrac{\omega L}{2} \times x = 0$

$M_x = \dfrac{\omega L}{2}x - \dfrac{\omega x^2}{2}$

$EIy'' = -M_x = \dfrac{\omega x^2}{2} - \dfrac{\omega L x}{2}$

$EIy_x' = \dfrac{\omega x^3}{2 \times 3} - \dfrac{\omega L x^2}{2 \times 2} + c_1$

$EIy_x = \dfrac{\omega x^4}{2 \times 3 \times 4} - \dfrac{\omega L x^3}{2 \times 2 \times 3} + c_1 x + c_2$

경계조건 $y_{x=0}$일 때 $y = 0$, $c_2 = 0$

$\qquad y_{x=L}$일 때 $y = 0$, $c_1 = \dfrac{\omega L^3}{24}$

$y = \dfrac{\omega x}{24EI}(L^3 - 2Lx^2 + x^3)$

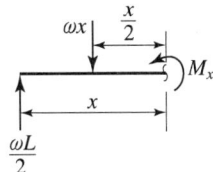

해답 ①

019 길이가 5m이고 직경이 0.1m인 양단고정보 중앙에 200N의 집중하중이 작용할 경우 보의 중앙에서의 처짐은 약 몇 m 인가? (단, 보의 세로탄성계수는 200GPa이다.)

① 2.36×10^{-5}
② 1.33×10^{-4}
③ 4.58×10^{-4}
④ 1.06×10^{-3}

해설

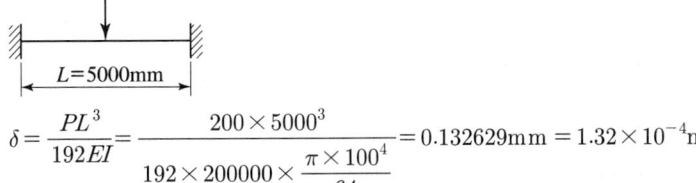

$\delta = \dfrac{PL^3}{192EI} = \dfrac{200 \times 5000^3}{192 \times 200000 \times \dfrac{\pi \times 100^4}{64}} = 0.132629 \text{mm} = 1.32 \times 10^{-4} \text{m}$

해답 ②

020

그림과 같은 단주에서 편심거리 e에 압축하중 $P=80$kN이 작용할 때 단면에 인장응력이 생기지 않기 위한 e의 한계는 몇 cm인가? (단, G는 편심 하중이 작용하는 단주 끝단의 평면상 위치를 의미한다.)

① 8
② 10
③ 12
④ 14

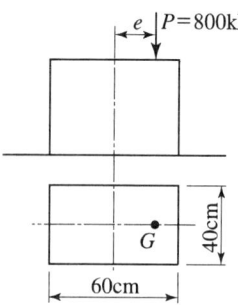

해설
$e = \dfrac{B}{6} = \dfrac{60}{6} = 10$cm

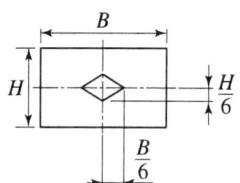

해답 ②

제2과목 기계열역학

021

단열된 노즐에 유체가 10m/s의 속도로 들어와서 200m/s의 속도로 가속되어 나간다. 출구에서의 엔탈피가 2770kJ/kg일 때 입구에서의 엔탈피는 약 몇 kJ/kg인가?

① 4370　　　② 4210
③ 2850　　　④ 2790

해설

$V_1 \longrightarrow V_2$

$\dfrac{V_1^2 - V_2^2}{2} = h_2 - h_1$

$\left(\dfrac{10^2 - 200^2}{2}\right) \times \dfrac{m^2}{S^2} \times \dfrac{kJ}{kg} \times \dfrac{1}{1000} = -19.95$kJ/kg

$-19.95 = h_2 - h_1$

$h_1 = h_2 + 19.95 = 2770 + 19.95 = 2789.95 \fallingdotseq 2790$kJ/kg

해답 ④

022
이상적인 교축과정(throttling process)을 해석하는데 있어서 다음 설명 중 옳지 않은 것은?

① 엔트로피는 증가한다.
② 엔탈피의 변화가 없다고 본다.
③ 정압과정으로 간주한다.
④ 냉동기의 팽창밸브의 이론적인 해석에 적용될 수 있다.

해설 **교축과정** : 냉동기에서 압축된 냉매가 팽창밸브에서 팽창되는 과정으로 압력과 온도는 감소하고 엔트로피는 증가, 엔탈피는 변하지 않는 등엔탈피 과정이다.

해답 ③

023
다음은 오토(Otto) 사이클의 온도-엔트로피($T-S$) 선도이다. 이 사이클의 열효율을 온도를 이용하여 나타낼 때 옳은 것은? (단, 공기의 비열은 일정한 것으로 본다.)

① $1 - \dfrac{T_c - T_d}{T_b - T_a}$
② $1 - \dfrac{T_b - T_a}{T_c - T_d}$
③ $1 - \dfrac{T_a - T_d}{T_b - T_c}$
④ $1 - \dfrac{T_b - T_c}{T_a - T_d}$

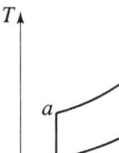

해설 (정적흡열) $q_H = C_V(T_b - T_a)$
(정적방열) $q_L = C_V(T_c - T_d)$

$$\eta = 1 - \dfrac{q_L}{q_H} = 1 - \dfrac{C_V(T_c - T_d)}{C_V(T_b - T_a)} = 1 - \dfrac{T_c - T_d}{T_b - T_a}$$

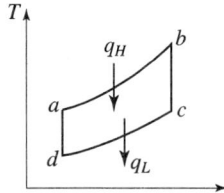

해답 ①

024
전류 25A, 전압 13V를 가하여 축전지를 충전하고 있다. 충전하는 동안 축전지로부터 15W의 열손실이 있다. 축전지의 내부에너지 변화율은 약 몇 W인가?

① 310
② 340
③ 370
④ 420

해설 (충전전력) $P = VI = 13 \times 25 = 325W$
$\Delta U = P - Q_L = 325 - 15 = 310W$

해답 ①

025

이상적인 랭킨사이클에서 터빈 입구 온도가 350℃이고, 75kPa과 3MPa의 압력 범위에서 작동한다. 펌프 입구와 출구, 터빈 입구와 출구에서 엔탈피는 각각 384.4 kJ/kg, 387.5kJ/kg, 3116kJ/kg, 2403kJ/kg 이다. 펌프일을 고려한 사이클의 열효율과 펌프일을 무시한 사이클의 열효율 차이는 약 몇 % 인가?

① 0.0011
② 0.092
③ 0.11
④ 0.18

해설

$\eta = \dfrac{W_T}{q_B} = \dfrac{h_3 - h_4}{h_3 - h_2} = \dfrac{3116 - 2403}{3116 - 387.5} = 0.2613 = 26.13\%$

$\eta' = \dfrac{W_T - W_P}{q_B} = \dfrac{(h_3 - h_4) - (h_2 - h_1)}{h_3 - h_2} = \dfrac{(3116 - 2403) - (387.5 - 389.9)}{3116 - 387.5}$
$= 26.017\%$

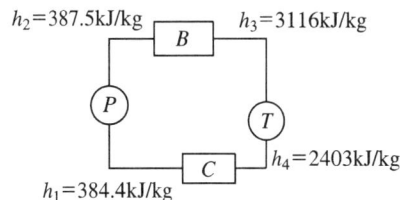

$\Delta \eta = \eta - \eta' = 26.13 - 26.017 = 0.118 \fallingdotseq 0.11$

해답 ③

026

다음 중 강도성 상태량(intensive property)이 아닌 것은?

① 온도
② 내부에너지
③ 밀도
④ 압력

해설 **강도성 상태량** : 온도, 압력, 밀도, 비체적
종량성 상태량 : 내부에너지, 엔탈피, 엔트로피, 체적, 질량

해답 ②

027

압력이 0.2MPa, 온도가 20℃의 공기를 압력이 2MPa로 될 때까지 가역단열 압축했을 때 온도는 약 몇 ℃ 인가? (단, 공기는 비열비가 1.4인 이상기체로 간주한다.)

① 225.7
② 273.7
③ 292.7
④ 358.7

해설

$\dfrac{T_2}{T_1} = \left(\dfrac{P_2}{P_1}\right)^{\frac{k-1}{k}}$

$\dfrac{T_2 + 273}{20 + 273} = \left(\dfrac{2}{0.2}\right)^{\frac{1.4-1}{1.4}}$

$T_2 = 292.69℃ \fallingdotseq 292.7℃$

해답 ③

028

100℃의 구리 10kg을 20℃의 물 2kg이 들어있는 단열 용기에 넣었다. 물과 구리 사이의 열전달을 통한 평형 온도는 약 몇 ℃ 인가? (단, 구리 비열은 0.45kJ(kg · K), 물 비열은 4.2kJ/(kg · K)이다.)

① 48
② 54
③ 60
④ 68

해설
$$T_m = \frac{m_1 C_1 T_1 + m_2 C_2 T_2}{m_1 C_1 + m_2 C_2} = \frac{10 \times 0.45 \times 100 + 2 \times 4.2 \times 20}{10 \times 0.45 + 2 \times 4.2} = 47.906℃ ≒ 48℃$$

해답 ①

029

고온열원(T_1)과 저온열원(T_2) 사이에서 작동하는 역카르노 사이클에 의한 열펌프(heat pump)의 성능계수는?

① $\dfrac{T_1 - T_2}{T_1}$
② $\dfrac{T_2}{T_1 - T_2}$
③ $\dfrac{T_1}{T_1 - T_2}$
④ $\dfrac{T_1 - T_2}{T_2}$

해설
$$\epsilon_{n \cdot p} = \frac{Q_H}{W_{net}} = \frac{Q_H}{Q_H - Q_L} = \frac{T_1}{T_1 - T_2}$$

해답 ③

030

다음 중 스테판-볼츠만의 법칙과 관련이 있는 열전달은?

① 대류
② 복사
③ 전도
④ 응축

해설
(스테판-볼츠만의 상수) $a = 5.6704 \times 10^{-8} [W/m^2 K^4]$
(스테판-볼츠만의 법칙) $E = aT^4$
스테판-볼츠만의 법칙은 온도 T인 흑체의 단위면적에서 단위시간에 방출되는 복사에너지 E는 절대온도 T^4에 비례한다.

해답 ②

031

이상기체로 작동하는 어떤 기관의 압축비가 17이다. 압축 전의 압력 및 온도는 112kPa, 25℃이고 압축 후의 압력은 4350kPa 이었다. 압축 후의 온도는 약 몇 ℃ 인가?

① 53.7
② 180.2
③ 236.4
④ 407.8

해설

$$\frac{T_2}{T_1}=\left(\frac{V_1}{V_2}\right)^{k-1}=\left(\frac{P_2}{P_1}\right)^{\frac{k-1}{k}}$$

$$\frac{V_1}{V_2}=\left(\frac{P_2}{P_1}\right)^{\frac{1}{k}},\ 17=\left(\frac{4350}{112}\right)^{\frac{1}{k}},\ k=1.291$$

(압축비) $\epsilon=\dfrac{(실린더\ 체적)}{(연소실\ 체적)}\dfrac{V_1}{V_2}=17$

$$\frac{T_2}{T_1}=\left(\frac{V_1}{V_2}\right)^{k-1},\ \frac{T_2+273}{25+273}=17^{1.29-1},\ T_2=406.63℃$$

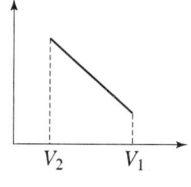

해답 ④

032

어떤 물질에서 기체상수(R)가 0.189kJ/(kg·K), 임계온도가 305K, 임계압력이 7380kPa이다. 이 기체의 압축성 인자(compressibility factor, Z)가 다음과 같은 관계식을 나타낸다고 할 때 이 물질의 20℃, 1000kPa 상태에서의 비체적(v)은 약 몇 m³/kg인가? (단, P는 압력, T는 절대온도, P_r은 환산압력, T_r은 환산온도를 나타낸다.)

$$Z=\frac{Pv}{RT}=1-0.8\frac{P_r}{T_r}$$

① 0.0111 ② 0.0303
③ 0.0491 ④ 0.0554

해설

$$Z=\frac{Pv}{RT}=1-0.8\times\frac{P_r}{T_r}$$

$R=0.189\text{kJ/kg}\cdot\text{K}$

$T_{cr}=305\text{K},\ P_{cr}=7380\text{kPa},\ T=20℃,\ P=1000\text{kPa}$

(환산 압력) $P_r=\dfrac{P}{P_{cr}}=\dfrac{1000}{7380}=0.136$

(환산 온도) $T_r=\dfrac{T}{T_{cr}}=\dfrac{20+273}{305}=0.96$

$$\frac{1000\times v}{0.189\times(20+273)}=1-0.8\times\frac{0.136}{0.96}$$

$v=0.0491\text{m}^3/\text{kg}$

해답 ③

033

어떤 유체의 밀도가 740kg/m³이다. 이 유체의 비체적은 약 몇 m³/kg 인가?

① 0.78×10^{-3} ② 1.35×10^{-3}
③ 2.35×10^{-3} ④ 2.98×10^{-3}

해설 (비체적) $v=\dfrac{1}{\rho}=\dfrac{1}{740}=1.35\times10^{-3}\text{m}^3/\text{kg}$

해답 ②

034

클라우시우스(Clausius)의 부등식을 옳게 나타낸 것은? (단, T는 절대온도, Q는 시스템으로 공급된 전체 열량을 나타낸다.)

① $\oint T\delta Q \leq 0$ ② $\oint T\delta Q \geq 0$
③ $\oint \dfrac{\delta Q}{T} \leq 0$ ④ $\oint \dfrac{\delta Q}{T} \geq 0$

해설 (클라우시우스의 부등식) $\oint \dfrac{dQ}{T} \leq 0$

해답 ③

035

이상기체 2kg이 압력 98kPa, 온도 25℃ 상태에서 체적이 0.5m³였다면 이 이상기체의 기체상수는 약 몇 J/(kg·K)인가?

① 79 ② 82
③ 97 ④ 102

해설 (기체상수) $R = \dfrac{PV}{mT} = \dfrac{98000 \times 0.5}{2 \times (25+273)} = 82.21 \text{J/kg} \cdot \text{K} \fallingdotseq 82 \text{J/kg} \cdot \text{K}$

해답 ②

036

압력(P)-부피(V) 선도에서 이상기체가 그림과 같은 사이클로 작동한다고 할 때 한 사이클 동안 행한 일은 어떻게 나타내는가?

① $\dfrac{(P_2+P_1)(V_2+V_1)}{2}$
② $\dfrac{(P_2-P_1)(V_2+V_1)}{2}$
③ $\dfrac{(P_2+P_1)(V_2-V_1)}{2}$
④ $\dfrac{(P_2-P_1)(V_2-V_1)}{2}$

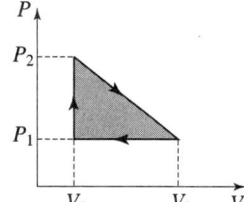

해설 $P-V$ 선도의 면적은 일량이다.
$_1W_2 = \dfrac{1}{2}(P_2-P_1) \times (V_2-V_1)$

해답 ④

037
기체가 0.3MPa로 일정한 압력 하에 8m³에서 4m³까지 마찰없이 압축되면서 동시에 500kJ의 열을 외부로 방출하였다면, 내부에너지의 변화는 약 몇 kJ 인가?

① 700
② 1700
③ 1200
④ 1400

해설
$\Delta Q = \Delta U + \Delta W = \Delta U + P(V_2 - V_1)$
$\Delta Q = -500\text{kJ}$
$\Delta U = \Delta Q - P(V_2 - V_1) = -500 - 300 \times (4-8) = 700\text{kJ}$ (증가)

해답 ①

038
카르노사이클로 작동하는 열기관이 1000℃의 열원과 300K의 대기 사이에서 작동한다. 이 열기관이 사이클 당 100kJ의 일을 할 경우 사이클 당 1000℃의 열원으로부터 받은 열량은 약 몇 kJ인가?

① 70.0
② 76.4
③ 130.8
④ 142.9

해설
$T_H = 1000 + 273 = 1273°\text{K}$
$T_L = 300°\text{K}$
$W_{net} = 100\text{kJ}$
$\eta = \dfrac{W_{net}}{Q_H} = 1 - \dfrac{T_L}{T_H} = 1 - \dfrac{300}{1273} = 0.764$

(고열원에서 받은 열량) $Q_H = \dfrac{W_{net}}{0.764} = \dfrac{100}{0.764} = 130.89\text{kJ} \fallingdotseq 130.8\text{kJ}$

해답 ③

039
냉매가 갖추어야 할 요건으로 틀린 것은?

① 증발온도에서 높은 잠열을 가져야 한다.
② 열전도율이 커야 한다.
③ 표면장력이 커야 한다.
④ 불활성이고 안전하며 비가연성이어야 한다.

해설 냉매는 표면장력이 작아야 된다.

해답 ③

040 어떤 습증기의 엔트로피가 6.78 kJ/(kg · K)라고 할 때 이 습증기의 엔탈피는 약 몇 kJ/kg 인가? (단, 이 기체의 포화액 및 포화증기의 엔탈피와 엔트로피는 다음과 같다.)

	포화액	포화증기
엔탈피(kJ/kg)	384	2666
엔트로피(kJ/(kg · K))	1.25	7.62

① 2365 ② 2402
③ 2473 ④ 2511

해설 $h_x = h' + x(h'' - h') = 384 + x(2666 - 384) = 384 + 0.868(2666 - 384)$
$= 2364.776 \fallingdotseq 2365 \text{kJ/kg}$

(건도) $x = \dfrac{S_x - S'}{S'' - S'} = \dfrac{6.78 - 1.25}{7.62 - 1.25} = 0.868$

해답 ①

제3과목 기계유체역학

041 유체의 정의를 가장 올바르게 나타낸 것은?
① 아무리 작은 전단응력에도 저항할 수 없어 연속적으로 변형하는 물질
② 탄성계수가 0을 초과하는 물질
③ 수직응력을 가해도 물체가 변하지 않는 물질
④ 전단응력이 가해질 때 일정한 양의 변형이 유지되는 물질

해설 유체의 정의 : 아무리 작은 전단력에도 저항할 수 없어 연속적으로 변형하는 물질

해답 ①

042 비압축성 유체가 그림과 같이 단면적 $A(x) = 1 - 0.04x(\text{m}^2)$로 변화하는 통로 내를 정상상태로 흐를 때 P점($x = 0$)에서의 가속도(m/s²)는 얼마인가? (단, P점에서의 속도는 2m/s, 단면적은 1m²이며, 각 단면에서 유속은 균일하다고 가정한다.)

① −0.08
② 0
③ 0.08
④ 0.16

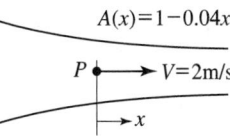

해설 (체적유량) $Q = AV = A_P V_P$
$(1 - 0.04x) \times V = 1 \times 2$
$V - 0.04xV = 2$ ··· ①식

①식을 미분하면 $\dfrac{dV}{dt} - \dfrac{d(0.04xV)}{dt} = \dfrac{d2}{dt}$
$a - 0.04(x'V + xa) = 0$
$a = 0.04(x'V + xa)$
$a = 0.04(V^2 + xa) = 0.04(2^2 + 0a) = 0.16\text{m/s}^2$

해답 ④

043
낙차가 100m인 수력발전소에서 유량이 5m³/s이면 수력터빈에서 발생하는 동력(MW)은 얼마인가? (단, 유도관의 마찰손실은 10m이고, 터빈의 효율은 80%이다.)

① 3.53 ② 3.92
③ 4.41 ④ 5.52

해설 $\eta = \dfrac{L_s}{\gamma H_T Q} = \dfrac{L_s}{9800 \times (100 - 10) \times 5}$

$L_s = \eta \times 9800 \times (100 - 10) \times 5 = 0.8 \times 9800 \times 90 \times 5 = 3528000\text{W} \fallingdotseq 3.53\text{MW}$

해답 ①

044
공기의 속도 24m/s인 풍동 내에서 익현길이 1m, 익의 폭 5m인 날개에 작용하는 양력(N)은 얼마인가? (단, 공기의 밀도는 1.2kg/m³, 양력계수는 0.455이다.)

① 1572 ② 786
③ 393   ④ 91

해설 (양력) $L = \dfrac{\rho}{2} v^2 \times A_L \times C_L = \dfrac{1.2}{2} \times 24^2 \times (1 \times 5) \times 0.455 = 786.24\text{N} \fallingdotseq 786\text{N}$

해답 ②

045
그림과 같이 유리관 A, B 부분의 안지름은 각각 30cm, 10cm이다. 이 관에 물을 흐르게 하였더니 A에 세운 관에는 물이 60cm, B에 세운 관에는 물이 30cm 올라갔다. A와 B 각 부분에서 물의 속도(m/s)는?

① $V_A = 2.73$, $V_B = 24.5$
② $V_A = 2.44$, $V_B = 22.0$
③ $V_A = 0.542$, $V_B = 4.88$
④ $V_A = 0.271$, $V_B = 2.44$

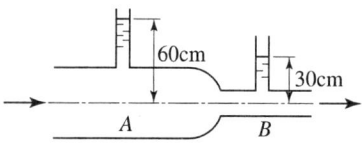

해설 $\dfrac{P_A}{\gamma} + \dfrac{V_A^2}{2g} + Z_A = \dfrac{P_B}{\gamma} + \dfrac{V_B^2}{2g} + Z_B$

$$H_A + \frac{V_A^2}{2g} = H_B + \frac{V_B^2}{2g}$$

$$0.6 + \frac{V_A^2}{2 \times 9.8} = 0.3 + \frac{V_B^2}{2 \times 9.8}, \quad 0.6 + \frac{V_A^2}{2 \times 9.8} = 0.3 + \frac{81 V_A^2}{2 \times 9.8}$$

$$V_A = 0.271 \text{m/s}$$
$$V_B = 9 V_A = 9 \times 0.271 = 2.439 \text{m/s}$$
$$Q = A_A V_A = A_B V_B$$

$$V_B = \frac{A_A V_A}{A_B} = \frac{\frac{\pi}{4} \times 0.3^2 \times V_A}{\frac{\pi}{4} \times 0.1^2} = 9 V_A$$

해답 ④

046

직경 1cm인 원형관 내의 물의 유동에 대한 천이 레이놀즈수는 2300이다. 천이가 일어날 때 물의 평균유속(m/s)은 얼마인가? (단, 물의 동점성계수는 $10^{-6} \text{m}^2/\text{s}$이다.)

① 0.23
② 0.46
③ 2.3
④ 4.6

해설 $Re = 2300$, $Re = \frac{VD}{v}$

(평균유속) $V = \frac{Re \times v}{D} = \frac{2300 \times 10^{-6}}{0.01} = 0.23 \text{m/s}$

해답 ①

047

해수의 비중은 1.025이다. 바닷물 속 10m 깊이에서 작업하는 해녀가 받는 계기압력(kPa)은 약 얼마인가?

① 94.4
② 100.5
③ 105.6
④ 112.7

해설 $P = \gamma H = S \times \gamma_w \times H = 1.025 \times 9800 \times 10 = 100450 \text{Pa} = 100.45 \text{kPa} \fallingdotseq 100.5 \text{kPa}$

해답 ②

048

체적이 30m³인 어느 기름의 무게가 247kN이었다면 비중은 얼마인가? (단, 물의 밀도는 1000kg/m³이다.)

① 0.80
② 0.82
③ 0.84
④ 0.86

해설 (비중) $S = \frac{\gamma}{\gamma_w} = \frac{\frac{247000}{30}}{9800} = 0.84$

해답 ③

2020년도 출제문제

049 3.6m³/min을 양수하는 펌프의 송출구의 안지름이 23cm일 때 평균 유속(m/s)은 얼마인가?

① 0.96　　　　　　　② 1.20
③ 1.32　　　　　　　④ 1.44

해설 $Q = A \times V$

$$V = \frac{Q}{A} = \frac{\frac{3.6}{60}}{\frac{\pi}{4} \times 0.23^2} = 1.44 \text{m/s}$$

해답 ④

050 어떤 물리적인 계(system)에서 물리량 F가 물리량 A, B, C, D의 함수 관계가 있다고 할 때, 차원해석을 한 결과 두 개의 무차원수, $\frac{F}{AB^2}$와 $\frac{B}{CD^2}$를 구할 수 있었다. 그리고 모형실험을 하여 $A=1$, $B=1$, $C=1$, $D=1$ 일 때 $F=F_1$을 구할 수 있었다. 여기서 $A=2$, $B=4$, $C=1$, $D=2$인 원형의 F는 어떤 값을 가지는가? (단, 모든 값들을 SI단위를 가진다.)

① F_1　　　　　　　② $16F_1$
③ $32F_1$　　　　　　④ 위의 자료만으로는 예측할 수 없다.

해설 $\frac{F}{AB^2} = \frac{B}{CD^2}$

$$F = \frac{AB^3}{CD^2} = \frac{1 \times 1^3}{1 \times 1^2} = 1$$

$$F_1 = \frac{2 \times 4^3}{1 \times 2^2} = 32$$

$$F = 32F_1$$

해답 ③

051 (x, y)평면에서의 유동함수(정상, 비압축성 유동)가 다음과 같이 정의된다면 $x=$4m, $y=$6m의 위치에서의 속도(m/s)는 얼마인가?

$$\psi = 3x^2y - y^3$$

① 156　　　　　　　② 92
③ 52　　　　　　　　④ 38

해설 (유동함수) $\psi = 3x^2y - y^3$

(x방향속도) $u = \frac{\partial \psi}{\partial y} = \frac{\partial (3x^2y - y^3)}{\partial y} = 3x^2 - 3y^2 = 3 \times 4^2 - 3 \times 6^2 = -60 \text{m/s}$

(y방향속도) $v = -\dfrac{\partial \psi}{\partial x} = -\dfrac{\partial (3x^2y - y^3)}{\partial x} = -6xy = -6 \times 4 \times 6 = -144\text{m/s}$

(속도) $V = \sqrt{u^2 + v^2} = \sqrt{(-60)^2 + (-144)^2} = 156\text{m/s}$

해답 ①

052

수면의 차이가 H인 두 저수지 사이에 지름 d, 길이 l인 관로가 연결되어 있을 때 관로에서의 평균 유속(V)을 나타내는 식은? (단, f는 관마찰계수이고, g는 중력가속도이며, K_1, K_2는 관입구와 출구에서의 부차적 손실계수이다.)

① $V = \sqrt{\dfrac{2gdH}{K_1 + fl + K_2}}$

② $V = \sqrt{\dfrac{2gH}{K_1 + fdl + K_2}}$

③ $V = \sqrt{\dfrac{2gdH}{K_1 + \dfrac{f}{l} + K_2}}$

④ $V = \sqrt{\dfrac{2gH}{K_1 + f\dfrac{l}{d} + K_2}}$

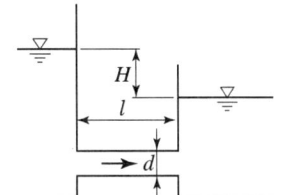

해설

(관입구의 손실수두) $H_{L1} = K_1 \times \dfrac{V^2}{2g}$

(관의 길이에 의한 손실수두) $H_{L2} = f \times \dfrac{l}{d} \times \dfrac{V^2}{2g}$

(관출구의 손실수두) $H_{L3} = K_2 \times \dfrac{V^2}{2g}$

(전체 손실) $H = H_{L1} + H_{L2} + H_{L3} = \dfrac{V^2}{2g}\left(K_1 + K_2 \times \dfrac{l}{d}\right)$

(속도) $V = \sqrt{\dfrac{2gH}{K_1 + f\dfrac{l}{d} + K_2}}$

해답 ④

053

그림과 같은 두 개의 고정된 평판 사이에 얇은 판이 있다. 얇은 판 상부에는 점성계수가 0.05N · s/m²인 유체가 있고 하부에는 점성계수가 0.1N · S/m²인 유체가 있다. 이 판을 일정속도 0.5m/s로 끌 때, 끄는 힘이 최소가 되는 거리 y는? (단, 고정 평판사이의 폭은 h(m), 평판들 사이의 속도분포는 선형이라고 가정한다.)

① $0.293h$
② $0.482h$
③ $0.586h$
④ $0.879h$

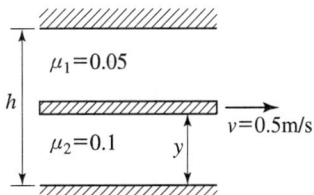

해설

$$F_y = \mu_1 \frac{du}{dy_1}A + \mu_2 \frac{du}{dy_2}A = 0.05 \times \frac{0.5}{h-y}A + 0.1 \times \frac{0.5}{y}A$$

$$F_y = 0.5A\left[\frac{0.05}{h-y} + \frac{0.1}{y}\right]$$

(미분공식) $\left(\frac{1}{g(x)}\right)' = \frac{-g(x)'}{g(x)^2}$

미분하면 $F_y' = 0.5A\left[\frac{0.05 \times (-1 \times -1)}{(h-y)^2} + \frac{0.1 \times -1}{y^2}\right] = 0$

$$\frac{0.05}{(h-y)^2} = \frac{0.1}{y^2}$$

$0.1(h-y)^2 = y^2 0.05$

y의 2차방정식 $h=1$로 대입하여 y를 구할 수 있다.

$0.1(1-y)^2 = y^2 \times 0.05$, $y = 0.5857$

즉 $h = 1$일 때 $y = 0.5857$이다.

해답 ③

054

어떤 물리량 사이의 함수관계가 다음과 같이 주어졌을 때, 독립 무차원수 Pi항은 몇 개인가? (단, a는 가속도, V는 속도, t는 시간, ν는 동점성계수, L은 길이이다.)

$$F(a, V, t, \nu, L) = 0$$

① 1   ② 2
③ 3   ④ 4

해설 (무차원 개수) π = 물리량 개수 $- M, L, T$ 개수 $= 5 - 2 = 3$

(가속도) $a[LT^{-2}]$
(속도) $V[LT^{-1}]$
(시간) $t[T]$
(거리) $l[L]$

해답 ③

055

그림과 같은 노즐을 통하여 유량 Q만큼의 유체가 대기로 분출될 때, 노즐에 미치는 유체의 힘 F는? (단, A_1, A_2는 노즐의 단면 1, 2에서의 단면적이고 ρ는 유체의 밀도이다.)

① $F = \frac{\rho A_2 Q^2}{2}\left(\frac{A_2 - A_1}{A_1 A_2}\right)^2$

② $F = \frac{\rho A_2 Q^2}{2}\left(\frac{A_1 + A_2}{A_1 A_2}\right)^2$

③ $F = \frac{\rho A_1 Q^2}{2}\left(\frac{A_1 + A_2}{A_1 A_2}\right)^2$

④ $F = \frac{\rho A_1 Q^2}{2}\left(\frac{A_1 - A_2}{A_1 A_2}\right)^2$

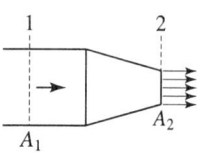

해설
$$\frac{P_1}{\gamma}+\frac{V_1^2}{2g}+Z_1=\frac{P_2}{\gamma}+\frac{V_2^2}{2g}+Z_2$$
$Z_1=Z_2$, $P_2=$ 대기압 $=0$
$$\frac{P_1}{\gamma}=\frac{V_2^2-V_1^2}{2g}$$

$$P_1=\frac{\rho(V_2^2-V_1^2)}{2}=\frac{\rho\left[\left(\frac{Q}{A_2}\right)^2-\left(\frac{Q}{A_1}\right)^2\right]}{2}=\frac{\rho Q^2\left(\frac{1}{A_2^2}-\frac{1}{A_1^2}\right)}{2}=\frac{\rho Q^2\left(\frac{A_1^2-A_2^2}{A_2^2 A_1^2}\right)}{2}$$

(노즐에 미치는 유체의 힘) F
$F=\rho Q(V_1-V_2)+P_1 A_1$

$$=\rho Q\left(\frac{Q}{A_1}-\frac{Q}{A_2}\right)+\frac{\rho Q^2\left(\frac{A_1^2-A_2^2}{A_2^2 A_1^2}\right)}{2}\times A_1$$

$$=\frac{2\rho Q^2}{2}\left(\frac{A_2-A_1}{A_1 A_2}\right)+\frac{\rho Q^2 A_1}{2}\left(\frac{A_1^2-A_2^2}{A_2^2 A_1^2}\right)$$

$$=\frac{\rho Q^2}{2}\left[\frac{2(A_2-A_1)}{A_1 A_2}+\frac{(A_1^2-A_2^2)A_1}{A_1^2 A_2^2}\right]$$

$$=\frac{\rho Q^2}{2}\left[\frac{2A_1 A_2(A_2-A_1)}{A_1^2 A_2^2}+\frac{A_1^3-A_1 A_2^2}{A_1^2 A_2^2}\right]$$

$$=\frac{\rho Q^2}{2}\times\frac{2A_1 A_2^2-2A_1^2 A_2+A_1^3-A_1 A_2^2}{A_1^2 A_2^2}$$

$$=\frac{\rho Q^2}{2}\times\frac{A_1^3-2A_1^2 A_2+A_1 A_2^2}{A_1^2 A_2^2}=\frac{\rho Q^2 A_1}{2}\times\frac{A_1^2-2A_1 A_2+A_2^2}{A_1^2 A_2^2}$$

$$=\frac{\rho Q^2 A_1}{2}\times\frac{(A_1-A_2)^2}{A_1^2 A_2^2}=\frac{\rho Q^2 A_1}{2}\left(\frac{A_1-A_2}{A_1 A_2}\right)^2$$

해답 ④

056 국소 대기압이 1atm이라고 할 때, 다음 중 가장 높은 압력은?

① 0.13atm(gage pressure) ② 115kPa(absolute pressure)
③ 1.1atm(absolute pressure) ④ 11mH$_2$O(absolute pressure)

해설
① 절대압력 $=1+0.13=1.13$atm
② 절대압력 $=115\text{kPa}\times\frac{1\text{atm}}{101.325\text{kPa}}=1.134$atm
③ 절대압력 $=1.1$atm
④ 절대압력 $=11\text{mH}_2\text{O}\times\frac{1\text{atm}}{10.332\text{mH}_2\text{O}}=1.06$atm

해답 ②

057 프란틀의 혼합거리(mixing length)에 대한 설명으로 옳은 것은?

① 전단응력과 무관하다.
② 벽에서 0이다.
③ 항상 일정하다.
④ 층류 유동문제를 계산하는데 유용하다.

해설

(난류의 전단응력) $\tau = \rho \left(l \dfrac{du}{dy} \right)^2$

여기서, l : 프란틀의 혼합거리 $l = ky$, 벽에서 $y = 0$이므로 $l = 0$
  k : 실험값으로 매끈한 관은 0.4이다.
  y : 관벽에서 떨어진 거리

해답 ②

058 수평원관 속에 정상류의 층류흐름이 있을 때 전단응력에 대한 설명으로 옳은 것은?

① 단면 전체에서 일정하다.
② 벽면에서 0이고 관 중심까지 선형적으로 증가한다.
③ 관 중심에서 0이고 반지름 방향으로 선형적으로 증가한다.
④ 관 중심에서 0이고 반지름 방향으로 중심으로부터 거리의 제곱에 비례하여 증가한다.

해설

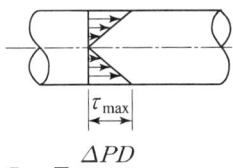

$\tau_{\max} = \dfrac{\Delta PD}{4L}$

해답 ③

059 밀도 1.6kg/m³인 기체가 흐르는 관에 설치한 피토 정압관(Pitot-static tube)의 두 단자 간 압력차가 4cmH₂O이었다면 기체의 속도(m/s)는 얼마인가?

① 7
② 14
③ 22
④ 28

해설

$V = \sqrt{2gH \left(\dfrac{\rho_{액} - \rho_{관}}{\rho_{관}} \right)} = \sqrt{2 \times 9.8 \times 0.04 \times \left(\dfrac{1000 - 1.6}{1.6} \right)} = 22.118 \text{m/s} \fallingdotseq 22 \text{m/s}$

해답 ③

060
그림과 같이 원판 수문이 물속에 설치되어 있다. 그림 중 C는 압력의 중심이고, G는 원판의 도심이다. 원판의 지름을 d라 하면 작용점의 위치 η는?

① $\eta = \bar{y} + \dfrac{d^2}{8\bar{y}}$

② $\eta = \bar{y} + \dfrac{d^2}{16\bar{y}}$

③ $\eta = \bar{y} + \dfrac{d^2}{32\bar{y}}$

④ $\eta = \bar{y} + \dfrac{d^2}{64\bar{y}}$

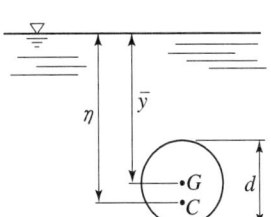

해설
$$\eta = \bar{y} + \dfrac{I_G}{\bar{y}A} = \bar{y} + \dfrac{\frac{\pi d^4}{64}}{\bar{y} \times \frac{\pi}{4}d^2} = \bar{y} + \dfrac{d^2}{16\bar{y}}$$

해답 ②

제4과목 기계재료 및 유압기기

061
다음 중 강종 중 탄소의 함유량이 가장 많은 것은?
① SM25C
② SKH51
③ STC105
④ STD11

해설
① SM25C : 탄소 함유량 0.25%
② SKH51 : 탄소 함유량 0.80~0.90%
③ STC105 : 탄소 함유량 1~1.1%
④ STD11 : 탄소 함유량 1.4~1.6%

해답 ④

062
강을 생산하는 제강로를 염기성과 산성으로 구분하는데 이것은 무엇으로 구분하는가?
① 로 내의 내화물
② 사용되는 철광석
③ 발생하는 가스의 성질
④ 주입하는 용제의 성질

해설 초기 제강법은 내화물의 종류에 따라 산성과 염기성으로 구분한다.
① 산성 제강법의 내화물 : 선철을 먼저 녹이고 슬래그 중에 산화철이나 광석을 투입하여 제강하는 방법

② 염기성 제강법의 내화물 : 소석회에 물유리(Na$_2$SiO$_4$)를 섞어 염기성 내화로 사용하는 제강법

해답 ①

063 주철의 조직을 지배하는 요소로 옳은 것은?

① S, Si의 양과 냉각 속도
② C, Si의 양과 냉각 속도
③ P, Cr의 양과 냉각 속도
④ Cr, Mg의 양과 냉각 속도

해설 마우러 선도

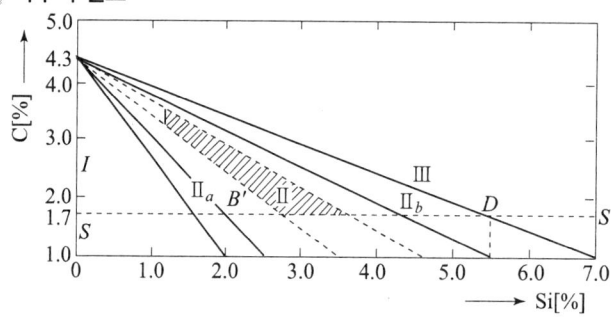

주철의 조직을 결정할 때 사용되는 선도로 탄소(C)와 규소(Si)의 함유량에 따라 조직이 결정된다.

해답 ②

064 염욕의 관리에서 강박 시험에 대한 다음 ( ) 안에 알맞은 내용은?

강박 시험 후 강박을 손으로 구부려서 휘어지면 이 염욕은 ( ) 작용을 한 것으로 판단한다.

① 산화
② 환원
③ 탈탄
④ 촉매

해설 강박시험(steel foil test)
① 목적 : 염욕의 탈탄적용 판정, 잔류탄소량 추정, 침탄 정도 판정
② 방법
  ㉠ 강박은 1.0%C, 두께 0.05mm, 폭 30mm, 길이 100mm 정도로 만들어진 철사를 꼭 매달아 염욕 중 침지할 때 올려 뜨지 않도록 한 후 염욕 중에 주어진 온도에서 일정시간 유지한 후 빨리 꺼내어 수냉한다.
  ㉡ 부착된 염을 잘 씻어 내고 건조한다.
  ㉢ 강박을 손으로 구부려 미세하게 깨어지면 이 염욕은 탈탄작용을 하지 않으며 구부려 휘어지면 탈탄작용을 한다.

강박판을 구부렸을 때의 상태	추정 잔류 탄소량(%)
구부리면 미세하게 깨어짐	0.7 이상
구부리면 곧 깨어짐	0.5
구부리면 약간 깨어짐	0.3
구부려도 깨어지지 않음	0.1 이하

해답 ③

065

5~20%Zn의 황동을 말하며, 강도는 낮으나 전연성이 좋고, 색깔이 금에 가까우므로 모조금이나 판 및 선 등에 사용되는 것은?

① 톰백
② 두랄루민
③ 문쯔메탈
④ Y-합금

해설 **황동**
① 톰백(모조금, 아연5~20%) : 전연성이 좋고 색깔이 금색, 모조금으로 사용, 판재 사용
② 7:3황동(70Cu-30Zn의 합금) : 가공용 황동의 대표, 자동차 방열기, 탄피재료
③ 6:4황동(=문쯔메탈) : 60Cu-40Zn황동 중 가장 저렴, 탈아연 부식 발생
④ 황동주물 : 절삭성과 주조성이 좋아 기계부품, 건축용 부품
⑤ 쾌삭황동(1.5~3.0%Pb) : 절삭성이 좋아 정밀절삭가공을 필요로 하는 기계용 기어, 나사
⑥ 주석황동
  ㉠ 에드머럴티황동 : 7:3황동에 1%의 내의 Sn 첨가
  ㉡ 네이벌황동 : 6:4황동에 1%의 내의 Sn 첨가
⑦ 델타메탈 : 6:4황동에 1~2%Fe함유, 철황동 강도와 내식성우수 광산, 선박, 화학 기계에 사용
⑧ 망간니 : 황동에 10~15%망간함유, 전기저항률이 크고, 온도계수가 적어 표준저항기, 정밀기계에 사용
⑨ 양은(양백=Nickel Silver 10~20%Ni) : 장식품, 악기, 광학기계부품에 사용

해답 ①

066

다음 중 결합력이 가장 약한 것은?

① 이온결합(ionic bond)
② 공유결합(covalent bond)
③ 금속결합(metallic bond)
④ 반데발스결합(Van der Waals bond)

해설 ① **이온결합** : 두 반대로 전하된 이온 간의 인력에 의해 형성된 화학결합이다.
② **공유결합** : 비금속원자들이 서로 전자를 제공하여 전자쌍을 이루고 이 전자쌍을 서로 공유함으로써 형성되는 결합이다. 공유결합을 형성한 분자는 비활성기체와 같은 전자배치를 가진다.
③ **금속결합** : 금속원소가 원자가전자를 내놓으면서생성된 금속양이온과 자유전자 사이의 정전기적 인력에 의해 형성된 결합
④ **반데발스 힘**(van der Waals force) : 물리화학에서 공유결합이나 이온의 전기적 상호작용이 아닌 분자간, 혹은 한 분자 내의 부분 간의 인력이나 척력을 말한다.
※ **결합력의 크기 비교**
반데발스 힘<이온결합<공유결합<금속결합

해답 ④

067 Ni-Fe계 합금에 대한 설명으로 틀린 것은?

① 엘린바는 온도에 따른 탄성율의 변화가 거의 없다.
② 슈퍼인바는 20℃에서 팽창계수가 거의 0(zero)에 가깝다.
③ 인바는 열팽창계수가 상온부근에서 매우 작아 길이의 변화가 거의 없다.
④ 플래티나이트는 60%Ni와 15%Sn 및 Fe의 조성을 갖는 소결합금이다.

해설 **플래티나이트**(Platinite) : Fe에 Ni 44~48%의 합금으로서 열팽창계수가 매우 작아 전구의 도입선으로 널리 사용된다. 불변강의 일종으로 온도변화에 대해 길이의 변화가 거의 발생하지 않는 재질이다.

해답 ④

068 Fe-Fe₃C 평형상태도에서 A_{cm}선 이란?

① 마텐자이트가 석출되는 온도선을 말한다.
② 트루스타이트가 석출되는 온도선을 말한다.
③ 시멘타이트가 석출되는 온도선을 말한다.
④ 소르바이트가 석출되는 온도선을 말한다.

해설 **가열의 변태**

A_{c1}	pearlite → austenite	강
A_{c3}	austenite → ferrite 석출	강
A_{cm}	austenite → cementite의 석출	강

해답 ③

069 피로 한도에 대한 설명으로 옳은 것은?

① 지름이 크면 피로한도는 커진다.
② 노치가 있는 시험편의 피로한도는 크다.
③ 표면이 거친 것이 고운 것보다 피로한도가 커진다.
④ 노치가 있을 때와 없을 때의 피로한도 비를 노치 계수라 한다.

해설 (노치 계수) $\beta = \dfrac{\text{노치가 없을 때의 피로한도}}{\text{노치가 있을 때의 피로한도}}$

(응력집중계수) $\alpha = \dfrac{\text{노치가 있을 때의 재료의 응력}}{\text{노치가 없을 때의 응력}}$

$\alpha > \beta > 1$

해답 ④

070
유화물 계통의 편석 및 수지상 조직을 제거하여 연신율을 향상시킬 수 있는 열처리 방법으로 가장 적합한 것은?

① 퀜칭
② 템퍼링
③ 확산 풀림
④ 재결정 풀림

해설 **확산 풀림**
강 내부의 C, P, S, Mn 등의 미소편석을 제거시키는 작업으로 A_{c3} 또는 A_{cm} 이상 (1050~1300℃)의 고온에서 하는 풀림으로 편석 및 수지상 조직을 제거하여 연신율을 향상시킬 수 있는 열처리이다.

※ **유화물**: 황(S) 보다 양성(陽性)인 원소의 화합물을 통틀어 유화물이라 한다. 대부분의 금속 및 붕소·규소·탄소·안티모니·비소·인·질소·수소·텔루륨·셀레늄 따위와의 화합물이 알려져 있다. 천연으로 널리 산출되며, 산을 가하면 대부분의 화합물을 분해하여 황화수소를 발생시킨다.

해답 ③

071
상시 개방형 밸브로 옳은 것은?

① 감압 밸브
② 무부하 밸브
③ 릴리프 밸브
④ 카운터 밸런스 밸브

해설 **압력제어밸브의 종류**

형식	명 칭	기 능	기 호
상시폐형	릴리프밸브 (relief valve) 안전밸브 (safety valve)	회로내의 압력을 설정치로 유지하는 밸브, 특히 회로의 최고압력을 한정하는 밸브를 안전밸브라고 한다.	
	시퀀스밸브 (sequence valve)	둘 이상의 분기회로가 있는 회로내에서 그 작동순서를 회로의 압력 등에 의해 제어하는 밸브. 입구압력 또는 외부파일럿 압력이 소정의 값에 도달하면 입구측으로부터 출구측의 흐름을 허용하는 밸브	
	무부하밸브 (unloadin valve)	회로의 압력이 설정치에 달하면 펌프를 무부하로 하는 밸브	
	카운터밸런스밸브 (counterbalance valve)	부하의 낙하를 방지하기 위해 배압을 부여하는 밸브한 방향의 흐름에는 설정된 배압을 주고 반대방향의 흐름을 자유흐름으로 하는 밸브	
상시개형	감압밸브 (pressure reducing valve)	출구측압력을 입구측압력보다 낮은 설정압력으로 조정하는 밸브	

해답 ①

072

그림과 같은 단동실린더에서 피스톤에 $F=500N$의 힘이 발생하면, 압력 P는 약 몇 kPa이 필요한가? (단, 실린더의 직경은 40mm이다.)

① 39.8
② 398
③ 79.6
④ 796

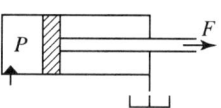

해설
$$P = \frac{F}{\frac{\pi}{4} \times D^2} = \frac{500}{\frac{\pi}{4} \times 40^2} = 0.39788 MP \risingdotseq 398 kPa$$

해답 ②

073

실린더 입구의 분기 회로에 유량 제어 밸브를 설치하여 실린더 입구측의 불필요한 압유를 배출시켜 작동 효율을 증진시키는 회로는?

① 로킹 회로
② 증강 회로
③ 동조 회로
④ 블리드 오프 회로

해설 블리드 오프 회로법
펌프와 실린더 간의 분기 관로에 유량조정 밸브를 설치하여 기름 탱크로 복귀시키는 유량을 제어함으로써 속도를 제어하는 회로이다. 릴리프밸브에 의한 유출량이 없으며 동력손실이 적다. 그러나 부하변동이 큰 경우 펌프 토출량이 바뀌며 정확한 속도제어가 안된다. 따라서 비교적 부하 변동이 적은 호우닝 머신이나 정밀도가 그다지 필요하지 않은 윈치의 속도제어 등에 사용된다.

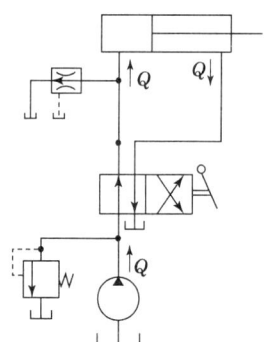

해답 ④

074

감압 밸브, 체크 밸브, 릴리프 밸브 등에서 밸브시트를 두드려 비교적 높은 음을 내는 일종의 자려진동 현상은?

① 컷인
② 점핑
③ 채터링
④ 디컴프레션

해설 채터링(chattering) : 감압밸브, 체크밸브, 릴리프밸브 등으로 밸브시트를 두들겨서 비교적 높은 음을 발생시키는 일종의 자력진동 현상

해답 ③

075

그림과 같은 유압기호가 나타내는 것은? (단, 그림의 기호는 간략 기호이며, 간략 기호에서 유로의 화살표는 압력의 보상을 나타낸다.)

① 가변 교축 밸브
② 무부하 릴리프 밸브
③ 직렬형 유량조정 밸브
④ 바이패스형 유량조정 밸브

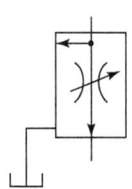

해설

직렬형 유량조정밸브		
직렬형 유량조정밸브 (온도보상붙이)		
바이패스형 유량조정밸브		
체크밸브붙이 유량조정밸브		

해답 ④

076

기어펌프의 폐입 현상에 관한 설명으로 적절하지 않은 것은?

① 진동, 소음의 원인이 된다.
② 한 쌍의 이가 맞물려 회전할 경우 발생한다.
③ 폐입 부분에서 팽창 시 고압이, 압축 시 진공이 형성된다.
④ 방지책으로 릴리프 홈에 의한 방법이 있다.

해설 폐입 부분에서 압축시에는 고압이 발생되고 팽창시에는 진공이 형성된다.

해답 ③

077

어큐뮬레이터의 용도와 취급에 대한 설명으로 틀린 것은?

① 누설유량을 보충해 주는 펌프 대용 역할을 한다.
② 어큐뮬레이터에 부속쇠 등을 용접하거나 가공, 구멍 뚫기 등을 해서는 안된다.
③ 어큐뮬레이터를 운반, 결합, 분리 등을 할 때는 봉입가스를 유지하여야 한다.
④ 유압 펌프에 발생하는 맥동을 흡수하여 이상 압력을 억제하여 진동이나 소음을 방지한다.

해설 어큐뮬레이터를 운반, 결합, 분리할 때에는 안전사고를 방지하기 위해 봉입가스를 배출시키고 작업한다.

해답 ③

078

유압 회로에서 속도 제어 회로의 종류가 아닌 것은?

① 미터 인 회로
② 미터 아웃 회로
③ 블리드 오프 회로
④ 최대 압력 제한 회로

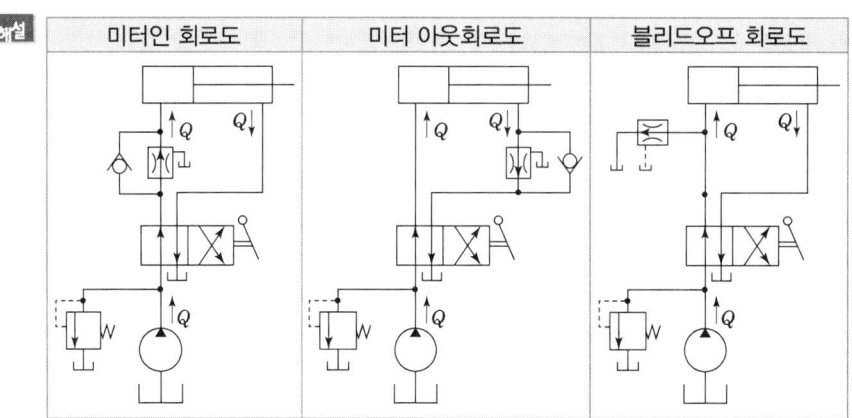

해답 ④

079

유압유의 점도가 낮을 때 유압 장치에 미치는 영향으로 적절하지 않은 것은?

① 배관 저항 증대
② 유압유의 누설 증가
③ 펌프의 용적 효율 저하
④ 정확한 작동과 정밀한 제어의 곤란

해설 유압유의 점도가 낮을 때는 유온이 증가하여 유압유가 묽어져 있는 경우로 누유로 인한 용적효율이 감소하고 정밀한 제어가 곤란해진다.
※ 배관저항이 증대하는 경우가 점도가 높아 유동저항이 증가된다.

해답 ①

080 일반적인 베인 펌프의 특징으로 적절하지 않은 것은?

① 부품수가 많다.
② 비교적 고장이 적고 보수가 용이하다.
③ 펌프의 구동 동력에 비해 형상이 소형이다.
④ 기어 펌프나 피스톤 펌프에 비해 토출 압력의 맥동이 크다.

해설 펌프 중 맥동이 가장 적은 펌프가 베인 펌프이다. 해답 ④

제5과목 기계제작법 및 기계동력학

081 다음 그림과 같은 조건에서 어떤 투사체가 초기속도 360m/s로 수평방향과 30°의 각도로 발사되었다. 이때 2초 후 수직방향에 대한 속도는 약 몇 m/s인가? (단, 공기저항 무시, 중력가속도는 9.81m/s²이다.)

① 40.1
② 80.2
③ 160
④ 321

해설
$V_{1y} = 360 \times \sin 30 = 180 \text{m/s}$
$V_{1x} = 360 \times \cos 30 = 311.769 \text{m/s}$
$V_{2y} = V_{1y} - gt = 180 - 9.81 \times 2 = 160.38 \text{m/s}$

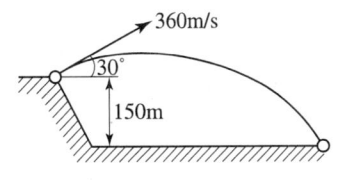

해답 ③

082 1자유도의 질량-스프링계에서 스프링 상수 k가 2kN/m, 질량 m이 20kg일 때, 이 계의 고유주기는 약 몇 초인가? (단, 마찰은 무시한다.)

① 0.63
② 1.54
③ 1.93
④ 2.34

해설 (주기) $T = \dfrac{2\pi}{\omega_n}$

(주기) $T = 2\pi \times \sqrt{\dfrac{m}{k}} = 2\pi \times \sqrt{\dfrac{20}{2000}} = 0.628 \sec$

해답 ①

083 두 조화운동 $x_1 = 4\sin 10t$와 $x_2 = 4\sin 10.2t$를 합성하면 맥놀이(beat)현상이 발생하는데 이때 맥놀이 진동수(Hz)는 약 얼마인가? (단, t의 단위는 s이다.)

① 31.4
② 62.8
③ 0.0159
④ 0.0318

해설 (맥놀이 진동수) $f_b = f_2 - f_1 = \dfrac{\omega_2}{2\pi} - \dfrac{\omega_1}{2\pi} = \dfrac{10.2}{2\pi} - \dfrac{10}{2\pi} = 0.0318\text{Hz}$

해답 ④

084 어떤 물체가 $x(t) = A\sin(4t + \Phi)$로 진동할 때 진동주기 $T[s]$는 약 얼마인가?

① 1.57
② 2.54
③ 4.71
④ 6.28

해설 (주기) $T = \dfrac{2\pi}{\omega} = \dfrac{2\pi}{4} = 1.57\text{sec}$

해답 ①

085 200kg의 파일을 땅속으로 박고자 한다. 파일 위의 1.2m 지점에서 무게가 1t인 해머가 떨어질 때 완전 소성 충돌이라고 한다면 이때 파일이 땅속으로 들어가는 거리는 약 몇 m인가? (단, 파일에 가해지는 땅의 저항력은 150kN이고, 중력가속도는 9.81m/s²이다.)

① 0.07
② 0.09
③ 0.14
④ 0.19

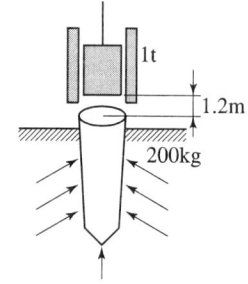

해설 $m_1 v_1 + m_2 v_2 = (m_1 + m_2)v'$
$1000 \times 4.852 + 0 = (200 + 1000)v'$
$v' = 4.043\text{m/s}$
$v_1 = \sqrt{2gh} = \sqrt{2 \times 9.81 \times 1.2} = 4.852\text{m/s}$
$v_2 = 0$
에너지보존의 법칙에서
$\dfrac{1}{2}(m_1 + m_2)v'^2 + (m_1 + m_2)gh = R \times h$
$\dfrac{1}{2}(1000 + 200) \times 4.043^2 + (1000 + 200) \times 9.81 \times h = 150000 \times h$
$h = 0.07\text{m}$

해답 ①

086 1자유도 시스템에서 감쇠비가 0.1인 경우 대수감소율은?

① 0.2315
② 0.4315
③ 0.6315
④ 0.8315

해설 (대수감쇠율) $\delta = \dfrac{2\pi\varphi}{\sqrt{1-\varphi^2}} = \dfrac{2\pi \times 0.1}{\sqrt{1-0.1^2}} = 0.6315$

해답 ③

087 수평면과 α의 각을 이루는 마찰이 있는(마찰계수 μ) 경사면에서 무게가 W인 물체를 힘 P를 가하여 등속력으로 끌어올릴 때, 힘 P가 한 일에 대한 무게 W인 물체를 끌어올리는 일의 비, 즉 효율은?

① $\dfrac{1}{1+\mu\cot(\alpha)}$
② $\dfrac{1}{1-\mu\cot(\alpha)}$
③ $\dfrac{1}{1+\mu\cos(\alpha)}$
④ $\dfrac{1}{1-\mu\sin(\alpha)}$

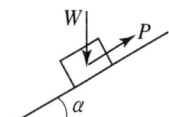

해설 S : 빗면으로 이동한 거리

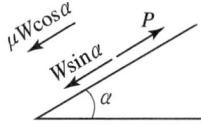

$\dfrac{W \text{ 끌어올리는 힘}}{P \text{가 한 일}} = \dfrac{W\sin\alpha \times S}{(W\sin\alpha + \mu W\cos\alpha) \times S} = \dfrac{\sin\alpha \times \dfrac{1}{\sin\alpha}}{\sin\alpha + \mu\cos\alpha \times \dfrac{1}{\sin\alpha}}$

$= \dfrac{1}{1+\mu\dfrac{\cos\alpha}{\sin\alpha}} = \dfrac{1}{1+\mu\cot\alpha}$

해답 ①

088 반경이 r인 실린더가 위치 1의 정지상태에서 경사를 따라 높이 h만큼 굴러 내려갔을 때, 실린더 중심의 속도는? (단, g는 중력가속도이며, 미끄러짐은 없다고 가정한다.)

① $\sqrt{2gh}$
② $0.707\sqrt{2gh}$
③ $0.816\sqrt{2gh}$
④ $0.845\sqrt{2gh}$

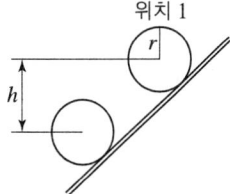

해설 (위치 1의 위치에너지) $E_1 = mgh$

(위치 2의 운동에너지) $E_2 = \frac{1}{2}mv^2 + \frac{1}{2}J_G\omega^2 = \frac{1}{2}mv^2 + \frac{1}{2}\left(\frac{mr^2}{2}\right) \times \left(\frac{v}{r}\right)^2$

$= \frac{1}{2}mv^2 + \frac{1}{2} \times \frac{mr^2}{2} \times \frac{v^2}{r^2} = \frac{1}{2}mv^2 + \frac{mv^2}{4}$

$= \frac{3mv^2}{4}$

$E_1 = E_2$, $mgh = \frac{3}{4}mv^2$

$v = \sqrt{gh \times \frac{4}{3}} = \sqrt{\frac{2}{3}} \times \sqrt{2gh} = 0.816\sqrt{2gh}$

해답 ③

089
평탄한 지면 위를 미끄럼이 없이 구르는 원통 중심의 가속도가 1m/s²일 때 이 원통의 각가속도는 몇 rad/s²인가? (단, 반지름 r은 2m이다.)
① 0.2 ② 0.5
③ 5   ④ 10

해설 $a_G = \alpha \times r$

(각가속도) $\alpha = \frac{a_G}{r} = \frac{1}{2} = 0.5 \text{rad/s}^2$

해답 ②

090
자동차가 반경 50m의 원형도로를 25m/s의 속도로 달리고 있을 때, 반경방향으로 작용하는 가속도는 몇 m/s²인가?
① 9.8   ② 10.0
③ 12.5 ④ 25.0

해설

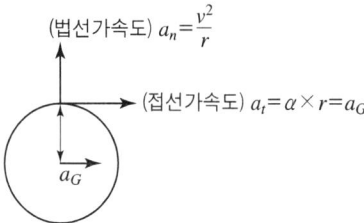

(법선가속도) $a_n = \frac{v^2}{r}$

(접선가속도) $a_t = \alpha \times r = a_G$

(법선가속도 = 반경방향가속도) $a_n = \frac{v^2}{r} = \frac{25^2}{50} = 12.5 \text{m/s}^2$

해답 ③

091

3차원 측정기에서 측정물의 측정위치를 감지하여 X, Y, Z축의 위치 데이터를 컴퓨터에 전송하는 기능을 가진 것은?

① 프로브
② 측정암
③ 컬럼
④ 정반

해설 3차원 측정기에서 측정물과 직접 접촉하거나 아주 가까이 다가가 그 생긴 모양에 대한 정보를 정확히 알려주는 센서 시스템을 **프로브 시스템**(probe system)이라 한다. 측정 제품의 모양을 x, y, z축의 위치데이터를 컴퓨터에 전송하여 제품의 형상을 측정한다.

해답 ①

092

피복아크용접봉의 피복제 역할로 틀린 것은?

① 아크를 안정시킨다.
② 모재 표면의 산화물을 제거한다.
③ 용착금속의 급랭을 방지한다.
④ 용착금속의 흐름을 억제한다.

해설 피복제의 역할
① 공기 중의 산소나 질소의 침입을 방지하여, 피복재의 연소 가스의 이온화에 의하여 전류가 끊어졌을 때에도 계속 아크를 발생시키므로 안정된 아크를 얻을 수 있도록 한다.
② 슬래그(slag)를 형성하여 용접부의 급랭을 방지하며, 용착 금속에 필요한 원소를 보충한다.
③ 불순물과 친화력이 강한 재료를 사용하여 용착 금속을 정련한다.
④ 붕사, 산화티탄 등을 사용하여 용착 금속의 유동성을 좋게 한다.
⑤ 좁은 틈에서 작업할 때 절연 작용을 한다.

해답 ④

093

와이어 컷 방전가공에서 와이어 이송속도 0.2mm/min, 가공물 두께가 10mm일 때 가공속도는 몇 mm^2/min 인가?

① 0.02
② 0.2
③ 2
④ 20

해설 (가공속도) $V[mm^2/min] = s[mm/min] \times t[mm]$
$2[mm^2/min] = 0.2[mm/min] \times 10[mm]$

해답 ③

094

단조용 공구 중 소재를 올려놓고 타격을 가할 때 받침대로 사용하며 크기는 중량으로 표시하는 것은?

① 대뫼(sledge)
② 앤빌
③ 정반
④ 단조용 탭

해설 앤빌 : 단조용 공구 중 소재를 올려놓고 타격을 가할 때 받침대로 사용하며 크기는 중량으로 표시한다.

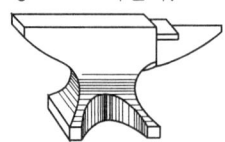

해답 ②

095
두께 5mm의 연강판에 직경 10mm의 펀칭 작업을 하는데 크랭크 프레스 램의 속도가 10m/min이라면 이 때 프레스에 공급되어야 할 동력은 약 몇 kW인가? (단, 연강판의 전단강도는 294.3MPa이고, 프레스의 기계적 효율은 80%이다.)

① 21.32   ② 15.54
③ 13.52   ④ 9.63

해설 $H_{kW}[\text{kW}] = \dfrac{F[\text{N}] \times V[\text{m/min}]}{60 \times 1000 \times \eta} = \dfrac{46228.535 \times 10}{60 \times 1000 \times 0.8} = 9.63[\text{kW}]$

(펀칭력) $F = \tau \times A = 294.3 \times (\pi \times 10 \times 5) = 46228.535\text{N}$

해답 ④

096
목재의 건조방법에서 자연건조법에 해당하는 것은?

① 야적법   ② 침재법
③ 자재법   ④ 증재법

해설 **목재의 건조법**
① 자연 건조법 : 야적법, 가옥적법
② 인공 건조법 : 침재법, 훈재법, 자재법, 열기 건조법, 진공 건조법

해답 ①

097
전해연마 가공법의 특징이 아닌 것은?

① 가공면에 방향성이 없다.
② 복잡한 형상의 제품도 연마가 가능하다.
③ 가공 변질층이 있고 평활한 가공면을 얻을 수 있다.
④ 연질의 알루미늄, 구리 등도 쉽게 광택면을 얻을 수 있다.

해설 전해연마는 전기도금과 반대로 가공하는 것으로 가공면의 방향성이 없고, 복잡한 형상도 제품이 가능하다. 또한 화학적인 가공으로 가공변질층이 없고 거울면과 같은 평활한 가공면을 얻을 수 있다.

해답 ③

098
절연성의 가공액 내에 도전성 재료의 전극과 공작물을 넣고 약 60~300V의 펄스 전압을 걸어 약 5~50μm까지 접근시켜 발생하는 스파크에 의한 가공방법은?

① 방전가공　　② 전해가공
③ 전해연마　　④ 초음파가공

해설 방전 가공의 원리
석유, 경유, 등유 등과 같은 절연성이 있는 가공액 중에 공구와 공작물을 넣고 5~50μm 정도 간격을 두어 100V의 직류 전압으로 방전하면 공작물의 재료가 미분 상태의 칩으로 되어 가공액 중에 부유물로 뜨게 하여 가공하는 방법이다.

해답 ①

099
다음 공작기계에 사용되는 속도열 중 일반적으로 가장 많이 사용되고 있는 속도열은?

① 대수급수 속도열　　② 등비급수 속도열
③ 등차급수 속도열　　④ 조화급수 속도열

해설 등비급수 속도열 선도
공작 기계의 속도열은 주로 등비급수 속도열을 쓰고 있으며, 아래 그림은 등비급수 속도열 선도이다.

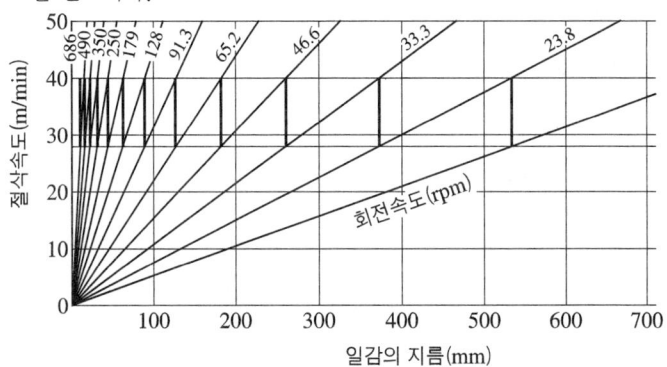

해답 ②

100
저온 뜨임에 대한 설명으로 틀린 것은?

① 담금질에 의한 응력 제거　　② 치수의 경년 변화 방지
③ 연마균열 생성　　④ 내마모성 향상

해설 **저온뜨임** : 주로 150~200℃ 가열 후 공냉시키며 내부응력을 제거하고 경도를 유지하면서 변형 방지, 내마모성 향상과 고속도강, 합금강 등의 잔류 오스테나이트를 안정화시키기 위해서 한다. 주로 절삭 공구, 게이지, 공구 등이 뜨임에 사용한다.

해답 ③

일반기계기사

2020년 9월 27일 시행

제1과목 재료역학

001 그림과 같은 보에 하중 P가 작용하고 있을 때 이 보에 발생하는 최대 굽힘응력이 $\sigma_{\max}$라면 하중 P는?

① $P = \dfrac{bh^2(a_1 + a_2)\sigma_{\max}}{6a_1 a_2}$

② $P = \dfrac{bh^3(a_1 + a_2)\sigma_{\max}}{6a_1 a_2}$

③ $P = \dfrac{b^2 h(a_1 + a_2)\sigma_{\max}}{6a_1 a_2}$

④ $P = \dfrac{b^3 h(a_1 + a_2)\sigma_{\max}}{6a_1 a_2}$

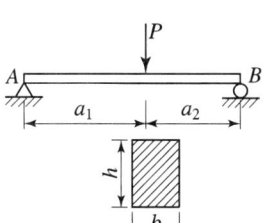

해설

$M_{\max} = \dfrac{Pa_1 a_2}{L} = \dfrac{Pa_1 a_2}{a_1 + a_2}$

$\sigma_{\max} = \dfrac{M_{\max}}{Z}, \quad M_{\max} = \sigma_{\max} \times Z$

$\dfrac{Pa_1 a_2}{a_1 + a_2} = \sigma_{\max} \times \dfrac{bh^2}{6} \qquad P = \dfrac{bh^2(a_1 + a_2)\sigma_{\max}}{6a_1 a_2}$

해답 ①

002 양단이 고정된 균일 단면봉의 중간단면 C에 축하중 P를 작용시킬 때 A, B에서 반력은?

① $R = \dfrac{P(a + b^2)}{a + b}, \quad S = \dfrac{P(a^2 + b)}{a + b}$

② $R = \dfrac{Pb^2}{a + b}, \quad S = \dfrac{Pa^2}{a + b}$

③ $R = \dfrac{Pb}{a + b}, \quad S = \dfrac{Pa}{a + b}$

④ $R = \dfrac{Pa}{a + b}, \quad S = \dfrac{Pb}{a + b}$

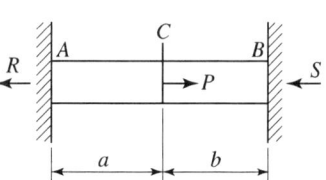

해설
$P = R + S$ ································· ①식
$\Delta L_R = \Delta L_S$
$\dfrac{Ra}{AE} = \dfrac{Sb}{AE}$
$Ra = Sb$
$R = \dfrac{Sb}{a}$ ································· ②식
$P = \dfrac{Sb}{a} + S = \dfrac{Sb}{a} + \dfrac{as}{a} = \dfrac{S(b+a)}{a}$
$S = \dfrac{Pa}{b+a}$, $R = \dfrac{Pb}{b+a}$

해답 ③

003

그림과 같은 직사각형 단면에서 $y_1 = \dfrac{2}{3}h$의 위쪽 면적(빗금 부분)의 중립축에 대한 단면 1차모멘트 Q는?

① $\dfrac{3}{8}bh^2$
② $\dfrac{3}{8}bh^3$
③ $\dfrac{5}{18}bh^2$
④ $\dfrac{5}{18}bh^3$

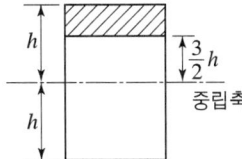

해설
$Q = A \times \bar{y} = \left(b \times \dfrac{h}{3}\right) \times \dfrac{5h}{6} = \dfrac{5bh^2}{18}$
$\bar{y} = \dfrac{2}{3}h + \left(\dfrac{h}{3} \times \dfrac{1}{2}\right) = \dfrac{5h}{6}$

해답 ③

004

양단이 고정단인 주철 재질의 원주가 있다. 이 기둥의 임계응력을 오일러 식에 의해 계산한 결과 $0.0247E$로 얻어졌다면 이 기둥의 길이는 원주 직경의 몇 배인가? (단, E는 재료의 세로탄성계수이다.)

① 12
② 10
③ 0.05
④ 0.001

해설
(임계응력) $\sigma_B = \dfrac{n\pi^2 E}{\lambda^2} = \dfrac{4\pi^2 E}{\lambda^2} = \dfrac{4\pi^2 E}{\left(\dfrac{L}{k}\right)^2}$

$\dfrac{4\pi^2 E}{\left(\dfrac{L}{k}\right)^2} = 0.0247E$, $\dfrac{4\pi^2}{\left(\dfrac{L}{k}\right)^2} = 0.0247$, $\sqrt{\dfrac{4\pi^2}{0.0247}} = \dfrac{L}{k}$

$39.978 = \dfrac{L}{k}$, $39.978 = \dfrac{L}{\dfrac{D}{4}}$, $\dfrac{L}{D} = 9.99 \fallingdotseq 10$

해답 ②

005

그림과 같이 등분포하중이 작용하는 보에서 최대 전단력의 크기는 몇 kN인가?

① 50
② 100
③ 150
④ 200

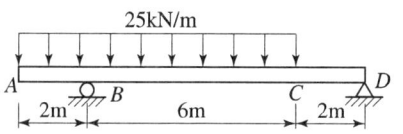

해설

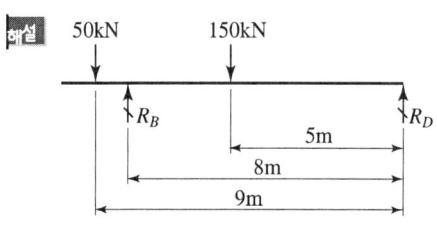

$\sum F = 0 \uparrow \oplus$
$R_B + R_D = 200\text{kW}$ ················· ①식
$\sum M_D = 0 \curvearrowleft$
$\ominus 150 \times 5 \oplus R_B \times 8 \ominus 50 \times 9 = 0$
$R_B = \dfrac{(150 \times 5) + (50 \times 9)}{8} = 150\text{kN}$
$R_D = 50\text{kN}$
$F_{\max} = 100\text{kN}$

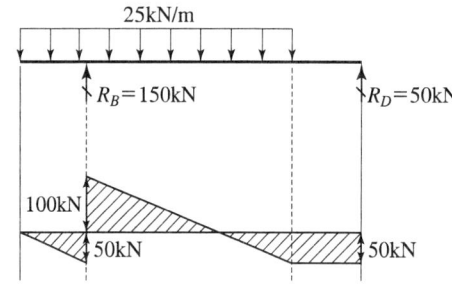

해답 ②

006

그림과 같이 수평 강체봉 AB의 한 쪽을 벽에 힌지로 연결하고 죄임봉 CD로 매단 구조물이 있다. 죄임봉의 단면적은 1cm^2, 허용인장응력은 100MPa일 때 B단의 최대안전하중 P는 몇 kN인가?

① 3
② 3.75
③ 6
④ 8.33

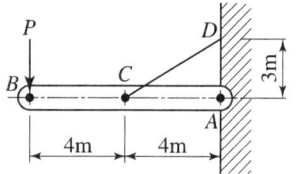

해설

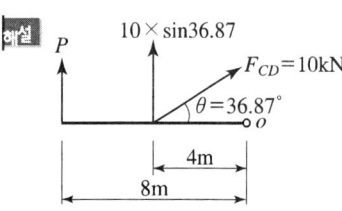

$F_{CD} = \sigma \times A = 100 \times 100 = 10000\text{N} = 10\text{kN}$
$\sum M_o = 0 \curvearrowleft$
$P \times 8 = 10 \times \sin 36.87 \times 4$
$P = \dfrac{10 \times \sin 36.87 \times 4}{8} = 3\text{kN}$

해답 ①

007 아래와 같은 보에서 C점(A에서 4cm 떨어진 점)에서의 굽힘모멘트 값은 약 몇 k·Nm인가?

① 5.5
② 11
③ 13
④ 22

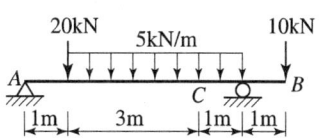

해설

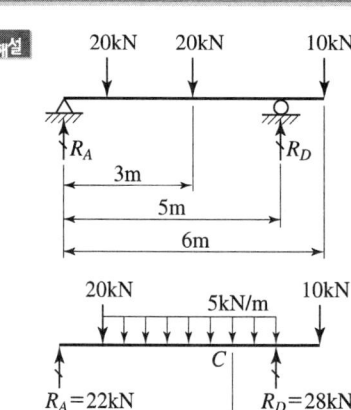

$\sum F = 0 \uparrow \oplus$
$\sum M_A = 0 \curvearrowright$
$\oplus 20 \times 1 \oplus 20 \times 3 \ominus R_D \times 5 \oplus 10 \times 6 = 0$
$R_D = \dfrac{(20 \times 1) + (20 \times 3) + (10 \times 6)}{5} = 28\text{kN}$
$R_A = 22\text{kN}$

$\sum M_x = 0 \curvearrowright$
$\oplus M_C \oplus 5 \times 0.5 \ominus 28 \times 1 \oplus 10 \times 2 = 0$
$M_C = (-5 \times 0.5) + (28 \times 1) - (10 \times 2)$
$\quad = 5.5\text{kN} \cdot \text{m}$

해답 ①

008 그림과 같은 외팔보에 저장된 굽힘 변형에너지는? (단, 세로탄성계수는 E이고, 단면의 관성모멘트는 I이다.)

① $\dfrac{P^2 L^3}{8EI}$
② $\dfrac{P^2 L^3}{12EI}$
③ $\dfrac{P^2 L^3}{24EI}$
④ $\dfrac{P^2 L^3}{48EI}$

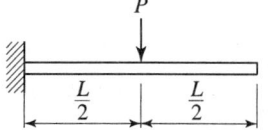

해설

$dU = \dfrac{M_x^2 dx}{3EI} = \dfrac{P^2 x^2 dx}{2EI}$

$U = \displaystyle\int_0^{\frac{L}{2}} \dfrac{P^2 x^2}{2EI} dx = \dfrac{P^2}{2EI} \times \left[\dfrac{x^3}{3}\right]_0^{\frac{L}{2}} = \dfrac{P^2}{2EI} \times \dfrac{1}{3} \times \left(\dfrac{L}{2}\right)^3 = \dfrac{P^2 L^3}{48EI}$

해답 ④

009 자유단에 집중하중 P를 받는 외팔보의 최대처짐 δ_1과 $W = \omega L$이 되게 균일분포 하중(ω)이 작용하는 외팔보의 자유단 처짐 δ_2가 동일하다면 두 하중들의 비 W/P는 얼마인가? (단, 보의 굽힘 강성은 EI로 일정하다.)

① $\dfrac{8}{3}$
② $\dfrac{3}{8}$
③ $\dfrac{5}{8}$
④ $\dfrac{8}{5}$

해설

$\delta_1 = \dfrac{PL^3}{3EI}$

$\delta_2 = \dfrac{\omega L^4}{8EI} = \dfrac{WL^3}{8EI}$

$\delta_1 = \delta_2, \ \dfrac{PL^3}{3EI} = \dfrac{WL^3}{8EI}$

$\dfrac{W}{P} = \dfrac{8}{3}$

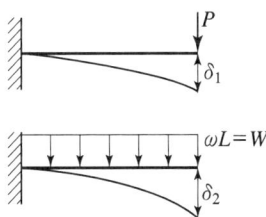

해답 ①

010 지름 7mm, 길이 250mm인 연강 시험편으로 비틀림 시험을 하여 얻은 결과, 토크 4.08N·m에서 비틀림 각이 8°로 기록되었다. 이 재료의 전단탄성계수는 약 몇 GPa인가?

① 64
② 53
③ 41
④ 31

해설

$\theta = \dfrac{TL}{GI_P}$

$G = \dfrac{TL}{\theta I_P} = \dfrac{4.08 \times 0.25}{8° \times \dfrac{\pi}{180} \times \left(\dfrac{\pi \times 0.007^4}{32}\right)} = 3.09 \times 10^{10} \text{Pa} = 30.9 \text{GPa} \fallingdotseq 31 \text{GPa}$

해답 ③

011 지름 35cm의 차축이 0.2°만큼 비틀렸다. 이때 최대 전단응력이 49MPa이라고 하면 이 차축의 길이는 약 몇 m인가? (단, 재료의 전단탄성계수는 80GPa이다.)

① 2.5
② 2.0
③ 1.5
④ 1

해설

$\theta = \dfrac{TL}{GI_P}$

$$L = \frac{\theta \times G \times I_P}{T} = \frac{\theta \times G \times I_P}{\tau \times Z_P} = \frac{\theta \times G \times I_P}{\tau \times \frac{I_P}{R}} = \frac{\theta \times G \times R}{\tau}$$

$$L = \frac{\theta \times G \times R}{\tau} = \frac{\left(0.2 \times \frac{\pi}{180}\right) \times (80 \times 10^9) \times \left(\frac{0.35}{2}\right)}{49 \times 10^6} = 0.997\text{m} \fallingdotseq 1\text{m}$$

해답 ④

012
그림과 같은 단면의 축이 전달할 토크가 동일하다면 각 축의 재료 선정에 있어서 허용전단응력의 비 $\dfrac{\tau_A}{\tau_B}$ 의 값은 얼마인가?

① $\dfrac{15}{16}$ ② $\dfrac{9}{16}$

③ $\dfrac{16}{15}$ ④ $\dfrac{16}{9}$

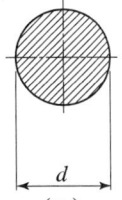
(τ_A)

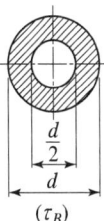
(τ_B)

해설
$$\frac{\tau_A}{\tau_B} = \frac{\frac{T}{Z_{PA}}}{\frac{T}{Z_{PB}}} = \frac{Z_{PB}}{Z_{PA}} = \frac{\frac{\pi d^3}{16}\left\{1 - \left(\frac{1}{2}\right)^4\right\}}{\frac{\pi d^3}{16}} = \frac{15}{16}$$

해답 ①

013
높이가 L이고 저면의 지름이 D, 단위 체적당 중량 γ의 그림과 같은 원추형의 재료가 자중에 의해 변형될 때 저장된 변형에너지 값은? (단, 세포탄성계수는 E이다.)

① $\dfrac{\pi\gamma D^2 L^3}{24E}$

② $\dfrac{(\pi\gamma^2\pi^2 D^3)^2}{72E}$

③ $\dfrac{\pi\gamma DL^2}{96E}$

④ $\dfrac{\gamma^2\pi D^2 L^3}{360E}$

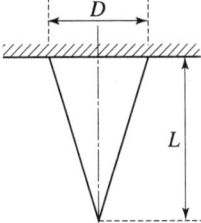

해설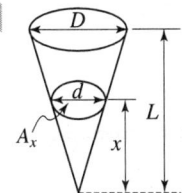

(x지점의 자중) $W_x = \dfrac{1}{3} \times \dfrac{\pi}{4} d^2 \times x \times \gamma = \dfrac{1}{3} \times \dfrac{\pi}{4} \times \left(\dfrac{Dx}{L}\right)^2 \times x \times \gamma = \dfrac{\pi D^2 x^3 \gamma}{12 L^2}$

$D : L = d : x$, $d = \dfrac{Dx}{L}$

(미소늘음량) $d\delta = \dfrac{W_x dx}{A_x E} = \dfrac{\gamma \times \dfrac{1}{3} A_x x dx}{A_x E} = \dfrac{\gamma x}{3E} dx$

$U = \dfrac{1}{2} \int W_x d\delta = \dfrac{1}{2} \int_0^L \dfrac{\pi D^2 x^2 \gamma}{12 L^2} \times \dfrac{\gamma x}{3E} dx = \dfrac{1}{2} \times \dfrac{\pi D^2 \gamma}{36 L^2 E} \times \int_0^L x^4 dx$

$= \dfrac{1}{2} \times \dfrac{\pi D^2 \gamma}{36 L^2 E} \times \dfrac{L^5}{5} = \dfrac{\gamma^2 \pi D^2 L^3}{360 E}$

해답 ④

014

공칭응력(nominal stress : σ_n)과 진응력(true stress : σ_t) 사이의 관계식으로 옳은 것은? (단, ϵ_n은 공칭변형율(nominal strain), ϵ_t는 진변형율(true strain)이다.)

① $\sigma_t = \sigma_n(1+\epsilon_t)$ ② $\sigma_t = \sigma_n(1+\epsilon_n)$
③ $\sigma_t = \ln(1+\sigma_n)$ ④ $\sigma_t = \ln(\sigma_n+\epsilon_n)$

해설
$\sigma_n = \dfrac{P}{A}$, $AL = A'L'$, $A' = \dfrac{AL}{L'} = \dfrac{AL}{L(1+\epsilon_n)} = \dfrac{A}{1+\epsilon_n}$

$\sigma_t = \dfrac{P}{A'} = \dfrac{P}{\dfrac{A}{1+\epsilon}} = \dfrac{P}{A}(1+\epsilon_n) = \sigma_n(1+\epsilon_n)$

해답 ②

015

안지름이 2m이고 1000kPa의 내압이 작용하는 원통형 용기의 최대 사용응력이 200MPa이다. 용기의 두께는 약 몇 mm인가? (단, 안전계수는 2이다.)

① 5   ② 7.5
③ 10 ④ 12.5

해설 $t = \dfrac{PD \times S}{2 \times \sigma} = \dfrac{1 \times 2000 \times 2}{2 \times 200} = 10\text{mm}$

해답 ③

016

원형단면의 단순보가 그림과 같이 등분포하중 $\omega = 10\text{N/m}$를 받고 허용응력이 800Pa일 때 단면의 지름은 최소 몇 mm가 되어야 되는가?

① 330
② 430
③ 550
④ 650

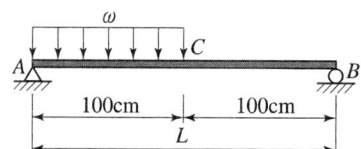

해설
$$M_{\max} = \frac{9wL^2}{128} = \frac{9 \times 10 \times 2^2}{128} = 2.8125 \text{N} \cdot \text{m}$$
$$d = \sqrt[3]{\frac{32 \times M_{\max}}{\pi \times \sigma_a}} = \sqrt[3]{\frac{32 \times 2.8125}{\pi \times 800}} = 0.3296\text{m} = 329.9\text{mm} \fallingdotseq 330\text{mm}$$

해답 ①

017
σ_x=700MPa, σ_y=300MPa이 작용하는 평면응력 상태에서 최대 수직응력 ($\sigma_{\max}$)과 최대 전단응력($\tau_{\max}$)은 각각 몇 MPa인가?

① $\sigma_{\max} = 700$, $\tau_{\max} = 300$ ② $\sigma_{\max} = 700$, $\tau_{\max} = 500$
③ $\sigma_{\max} = 600$, $\tau_{\max} = 400$ ④ $\sigma_{\max} = 500$, $\tau_{\max} = 700$

해설
$$\sigma_{\max} = \frac{\sigma_x + \sigma_y}{2} + \sqrt{\left(\frac{\sigma_x - \sigma_y}{2}\right)^2 + \tau_{xy}^2} = \frac{700 + (-300)}{2} + \sqrt{\left(\frac{700 - (-300)}{2}\right)^2 + 0^2}$$
$$= 200 + 500 = 700\text{MPa}$$
$$\tau_{\max} = \sqrt{\left(\frac{\sigma_x - \sigma_y}{2}\right)^2 + \tau_{xy}^2} = \sqrt{\left(\frac{700 - (-300)}{2}\right)^2 + 0^2} = 500\text{MPa}$$

해답 ②

018
단면 지름이 3cm인 환봉이 25kN의 전단하중을 받아서 0.00075rad의 전단변형률을 발생시켰다. 이때 재료의 세로탄성계수는 약 몇 GPa인가? (단, 이 재료의 포아송비는 0.3이다.)

① 75.5 ② 94.4
③ 122.6 ④ 157.2

해설 $\tau = G \times \gamma$
$$G = \frac{\tau}{\gamma} = \frac{\frac{F_s}{A}}{\gamma} = \frac{\frac{25000}{\frac{\pi}{4} \times 30^2}}{0.00075} = 47157.02\text{MPa} = 47.157\text{GPa}$$
$$Em = 2G(m+1)$$
$$E = \frac{2G(m+1)}{m} = \frac{2 \times 47.157 \times \left(\frac{1}{0.3} + 1\right)}{\frac{1}{0.3}} = 122.6\text{GPa}$$

해답 ③

019
다음 부정정보에서 고정단의 모멘트 M_o는?

① $\dfrac{PL}{3}$ ② $\dfrac{PL}{4}$
③ $\dfrac{PL}{6}$ ④ $\dfrac{3PL}{16}$

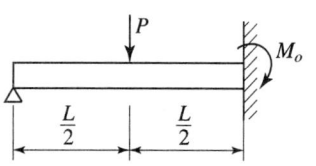

해설

$$\delta_P = \frac{5PL^3}{48EI}$$

$$\delta_{PA} = \frac{PAL^3}{3EI}$$

$$\frac{5PL^3}{48EI} = \frac{R_A L^3}{3EI}$$

$$R_A = \frac{5P}{16}$$

$R_A = \frac{5P}{16}$, $R_B = \frac{11P}{16}$

$\sum M_A = 0 \curvearrowright$

$\oplus P \times \frac{L}{2} + M_o \ominus \frac{119}{16} \times L = 0$

$M_o = \frac{11PL}{16} - \frac{PL \times 8}{2 \times 8} = \frac{3PL}{16}$

해답 ④

020

그림과 같이 지름 d인 강철봉이 안지름 d, 바깥지름 D인 동관에 끼워져서 두 강체 평판 사이에서 압축되고 있다. 강철봉 및 동관에 생기는 응력을 각각 σ_s, σ_c라고 하면 응력의 비(σ_s/σ_c)의 값은? (단, 강철(Es) 및 동(Ec)의 탄성계수는 각각 Es = 200GPa, Ec = 120GPa이다.)

① $\frac{3}{5}$ ② $\frac{4}{5}$

③ $\frac{5}{4}$ ④ $\frac{5}{3}$

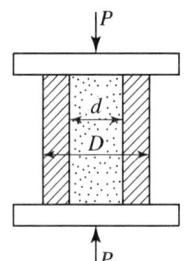

해설 $\epsilon_s = \epsilon_c$

$\frac{\sigma_s}{E_s} = \frac{\sigma_c}{E_c}$

$\frac{\sigma_s}{\sigma_c} = \frac{E_s}{E_c} = \frac{200}{120} = \frac{5}{3}$

해답 ④

제2과목 기계열역학

021 최고온도 1300K와 최저온도 300K 사이에서 작동하는 공기표준 Brayton 사이클의 열효율(%)은? (단, 압력비는 9, 공기의 비열비는 1.4이다.)

① 30.4 ② 36.5
③ 42.1 ④ 46.6

해설 $\eta_B = 1 - \left(\dfrac{1}{\gamma}\right)^{\frac{k-1}{k}} = 1 - \left(\dfrac{1}{9}\right)^{\frac{1.4-1}{1.4}} = 0.466 = 46.6\%$

해답 ④

022 다음 중 경로함수(path function)는?

① 엔탈피 ② 엔트로피
③ 내부에너지 ④ 일

해설 일과 열은 경로함수이다.

해답 ④

023 랭킨사이클에서 25℃, 0.01MPa 압력의 물 1kg을 5MPa 압력의 보일러로 공급한다. 이때 펌프가 가역단열과정으로 작용한다고 가정할 경우 펌프가 한 일(kJ)은? (단, 물의 비체적은 0.001m³/kg이다.)

① 2.58 ② 4.99
③ 20.12 ④ 40.24

해설 $w_P = v(P_2 - P_1) = 0.001 \times (5000 - 10) = 4.999 \text{kJ/kg}$
$W_P = m \times w_P = 1 \times 4.999 = 4.999 \text{kJ}$
$P_2 = 5\text{MPa} = 5000\text{kPa},\ P_1 = 0.01\text{MPa} = 10\text{kPa}$

해답 ②

024 냉매로서 갖추어야 할 요구 조건으로 적합하지 않은 것은?

① 불활성이고 안전하며 비가연성이어야 한다.
② 비체적이 커야 한다.
③ 증발 온도에서 높은 잠열을 가져야 한다.
④ 열전도율이 커야 한다.

해설 냉매는 비체적이 작아야 한다.

해답 ②

025

처음 압력이 500kPa이고, 체적이 2m³인 기체가 "$PV^n =$ 일정"인 과정으로 압력이 100kPa까지 팽창할 때 밀폐계가 하는 일(kJ)을 나타내는 계산식으로 옳은 것은?

① $1000 \ln \dfrac{2}{5}$
② $1000 \ln \dfrac{5}{2}$
③ $1000 \ln 5$
④ $1000 \ln \dfrac{1}{5}$

해설 등온과정일 때 일량

$$_1W_2 = P_1V_1 \ln \frac{V_2}{V_1} = P_1V_1 \ln \frac{P_1}{P_2} = 500 \times 2 \ln \frac{500}{100} = 1000 \ln 5$$

해답 ③

026

밀폐계에서 기체의 압력이 100kPa으로 일정하게 유지되면서 체적이 1m³에서 2m³으로 증가되었을 때 옳은 설명은?

① 밀폐계의 에너지 변화는 없다.
② 외부로 행한 일은 100kJ이다.
③ 기체가 이상기체라면 온도가 일정하다.
④ 기체가 받은 열은 100kJ이다.

해설 정압에서 한 일

$$_1W_2 = P(V_2 - V_1) = 100(2-1) = 100 \text{kJ}$$

해답 ②

027

랭킨사이클의 각 점에서의 엔탈피가 아래와 같을 때 사이클의 이론 열효율(%)은?

- 보일러 입구 : 58.6kJ/kg
- 보일러 출구 : 810.3kJ/kg
- 응축기 입구 : 614.2kJ/kg
- 응축기 출구 : 57.4kJ/kg

① 32
② 30
③ 28
④ 26

해설
$$\eta_R = \frac{W_T - W_P}{q_B} = \frac{(810.3 - 614.2) - (58.6 - 57.4)}{(810.3 - 58.6)} = 0.2592 = 25.92\% \fallingdotseq 26\%$$

해답 ④

028

고온 열원의 온도가 700℃이고, 저온 열원의 온도가 50℃인 카르노 열기관의 열효율(%)은?

① 33.4
② 50.1
③ 66.8
④ 78.9

해설 $\eta_c = 1 - \dfrac{T_L}{T_H} = 1 - \dfrac{50+273}{700+273} = 0.668 = 66.8\%$

해답 ③

029

이상적인 가역과정에서 열량 ΔQ가 전달될 때, 온도 T가 일정하면 엔트로피 변화 ΔS를 구하는 계산식으로 옳은 것은?

① $\Delta S = 1 - \dfrac{\Delta Q}{T}$
② $\Delta S = 1 - \dfrac{T}{\Delta Q}$
③ $\Delta S = \dfrac{\Delta Q}{T}$
④ $\Delta S = \dfrac{T}{\Delta Q}$

해설 $\Delta S = \dfrac{\Delta Q}{T}$

해답 ③

030

엔트로피(s) 변화 등과 같은 직접 측정할 수 없는 양들을 압력(P), 비체적(v), 온도(T)와 같은 측정 가능한 상태량으로 나타내는 Maxwell 관계식과 관련하여 다음 중 틀린 것은?

① $\left(\dfrac{\partial T}{\partial P}\right)_s = \left(\dfrac{\partial v}{\partial s}\right)_P$
② $\left(\dfrac{\partial T}{\partial v}\right)_s = -\left(\dfrac{\partial P}{\partial s}\right)_v$
③ $\left(\dfrac{\partial v}{\partial T}\right)_P = -\left(\dfrac{\partial s}{\partial P}\right)_T$
④ $\left(\dfrac{\partial P}{\partial v}\right)_T = \left(\dfrac{\partial s}{\partial T}\right)_v$

해설 맥스웰 관계식(Maxwell relations)은 엔트로피변화와 같이 직접 측정할수 없는 양들을 측정가능한 양들 압력(P), 비체적(v), 온도(T)로 나타낸 관계식이다. 4개의 관계식이 있다.

$\left(\dfrac{\partial T}{\partial P}\right)_s = +\left(\dfrac{\partial v}{\partial s}\right)_P$ 　　$\left(\dfrac{\partial T}{\partial v}\right)_s = -\left(\dfrac{\partial P}{\partial s}\right)_v$

$\left(\dfrac{\partial v}{\partial T}\right)_P = -\left(\dfrac{\partial s}{\partial P}\right)_T$ 　　$\left(\dfrac{\partial s}{\partial v}\right)_T = +\left(\dfrac{\partial P}{\partial T}\right)_v$

해답 ④

031

풍선에 공기 2kg이 들어 있다. 일정 압력 500kPa 하에서 가열팽창하여 체적이 1.2배가 되었다. 공기의 초기온도가 20℃일 때 최종온도(℃)는 얼마인가?

① 32.4
② 53.7
③ 78.6
④ 92.3

해설 $\dfrac{V_1}{T_1} = \dfrac{V_2}{T_2}$ 정압과정

$$\frac{V}{20+273} = \frac{1.2V}{T_2+273}$$
$T_2 = 78.6\,°C$

해답 ③

032
비가역 단열변화에서 엔트로피 변화량은 어떻게 되는가?
① 증가한다. ② 감소한다.
③ 변화량은 없다. ④ 증가할 수도 감소할 수도 있다.

해설 비가역단열과정은 엔트로피 증가

해답 ①

033
자동차 엔진을 수리한 후 실린더 블록과 헤드 사이에 수리 전과 비교하여 더 두꺼운 개스킷을 넣었다면 압축비와 열효율은 어떻게 되겠는가?
① 압축비는 감소하고, 열효율도 감소한다.
② 압축비는 감소하고, 열효율은 증가한다.
③ 압축비는 증가하고, 열효율은 감소한다.
④ 압축비는 증가하고, 열효율도 증가한다.

해설

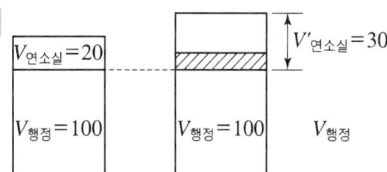

$\epsilon = \dfrac{120}{20} = 6$ $\qquad \eta = 1 - \left(\dfrac{1}{\epsilon}\right)^{1.4} = 1 - \left(\dfrac{1}{6}\right)^{1.4-1} = 0.51$

$\epsilon' = \dfrac{130}{30} = 4.33$ $\qquad \eta' = 1 - \left(\dfrac{1}{\epsilon'}\right)^{1.4} = 1 - \left(\dfrac{1}{4.33}\right)^{1.4-1} = 0.44$

압축비 감소, 연효율 감소

해답 ①

034
어떤 가스의 비내부에너지 u(kJ/kg), 온도 t(°C), 압력 P(kPa), 비체적 v(m³/kg) 사이에는 아래의 관계식이 성립한다면, 이 가스의 정압비열(kJ/kg · °C)은 얼마인가?

$$u = 0.28t + 532$$
$$P_V = 0.560(t + 380)$$

① 0.84 ② 0.68
③ 0.50 ④ 0.28

해설 $C_P = \dfrac{dh}{dt} = \dfrac{d(u+Pv)}{dt} = \dfrac{d\{(0.28t+532)+0.56(t+380)\}}{dt}$
$= 0.28 + 0.56 = 0.84 \text{kJ/kg}℃$

해답 ①

035

그림과 같이 A, B 두 종류의 기체가 한 용기안에서 박막으로 분리되어 있다. A의 체적은 0.1m³, 질량은 2kg이고, B의 체적은 0.4m³, 밀도는 1kg/m³이다. 박막이 파열되고 난 후에 평형에 도달하였을 때 기체 혼합물의 밀도(kg/m³)는 얼마인가?

① 4.8
② 6.0
③ 7.2
④ 8.4

해설 $V_A = 0.1\text{m}^3$, $m_A = 2\text{kg}$, $V_B = 0.4\text{m}^3$, $\rho_B = 1\text{kg/m}^3$
$\rho_B = \dfrac{m_B}{V_B}$, $m_B = \rho_B \times V_B = 1 \times 0.4 = 0.4\text{kg}$
$\rho' = \dfrac{m_A + m_B}{V_A + V_B} = \dfrac{2 + 0.4}{0.1 + 0.4} = 4.8 \text{kg/m}^3$

해답 ①

036

어떤 이상기체 1kg이 압력 100kPa, 온도 30℃의 상태에서 체적 0.8m³을 점유한다면 기체상수(kJ/kg·K)는 얼마인가?

① 0.251
② 0.264
③ 0.275
④ 0.293

해설 $R = \dfrac{PV}{mT} = \dfrac{100 \times 0.8}{1 \times (30+273)} = 0.264 \text{kJ/kg} \cdot \text{K}$

해답 ②

037

내부 에너지가 30kJ인 물체에 열을 가하여 내부 에너지가 50kJ이 되는 동안에 외부에 대하여 10kJ의 일을 하였다. 이 물체에 가해진 열량(kJ)은?

① 10
② 20
③ 30
④ 60

해설 $\Delta Q = \Delta U + \Delta W = (50-30) + 10 = 30\text{kJ}$

해답 ③

038

원형 실린더를 마찰 없는 피스톤이 덮고 있다. 피스톤에 비선형 스프링이 연결되고 실린더 내의 기체가 팽창하면서 스프링이 압축된다. 스프링의 압축 길이가 Xm일 때 피스톤에는 $kX^{1.5}$N의 힘이 걸린다. 스프링의 압축 길이가 0m에서 0.1m로 변하는 동안에 피스톤이 하는 일이 W_a이고, 0.1m에서 0.2m로 변하는 동안에 하는 일이 W_b라면 W_a/W_b는 얼마인가?

① 0.083
② 0.158
③ 0.214
④ 0.333

해설 $F = kx^{1.5}$N

$$W_a = \int_0^{0.1} kx^{1.5} dx = k\frac{x^{1.5+1}}{1.5+1} = k\frac{0.1^{2.5}}{2.5}$$

$$W_b = \int_{0.1}^{0.2} kx^{1.5} dx = k\frac{1}{2.5}(0.2^{2.5} - 0.1^{2.5})$$

$$\frac{W_a}{W_b} = \frac{k\dfrac{0.1^{2.5}}{2.5}}{k\dfrac{1}{2.5}(0.2^{2.5} - 0.1^{2.5})} = 0.214$$

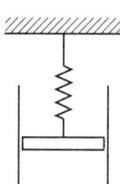

해답 ③

039

성능계수가 3.2인 냉동기가 시간당 20MJ의 열을 흡수한다면 이 냉동기의 소비동력(kW)은?

① 2.25
② 1.74
③ 2.85
④ 1.45

해설
$$\epsilon = \frac{Q_L}{W_{net}} \quad W_{net} = \frac{Q_L}{\epsilon} = \frac{20\text{MJ/hr}}{3.2} = \frac{20 \times \dfrac{1000}{3600}\text{kJ/s}}{3.2} = 1.736\text{kW}$$

해답 ②

040

이상적인 디젤 기관의 압축비가 16일 때 압축 전의 공기 온도가 90℃라면 압축 후의 공기 온도(℃)는 얼마인가? (단, 공기의 비열비는 1.4이다.)

① 1101.9
② 718.7
③ 808.2
④ 827.4

해설 (압축비) $\epsilon = \dfrac{V_1}{V_2} = 16$

$$\left(\frac{V_1}{V_2}\right)^{k-1} = \frac{T_2}{T_1}$$

$16^{k-1} = \dfrac{T_2 + 273}{90 + 273}$, $16^{1.4-1} = \dfrac{T_2 + 273}{90 + 273}$

$T_2 = 827.41$℃

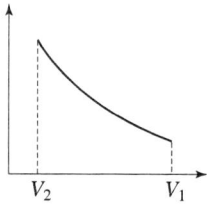

해답 ④

제3과목 기계유체역학

041 액체 제트가 깃(vane)에 수평방향으로 분사되어 θ만큼 방향을 바꾸어 진행될 때 깃을 고정시키는 데 필요한 힘의 합력의 크기를 $F(\theta)$라고 한다. $\dfrac{F(\pi)}{F\left(\dfrac{\pi}{2}\right)}$는 얼마인가?

① $\dfrac{1}{\sqrt{2}}$
② 1
③ $\sqrt{2}$
④ 2

해설
$R_x = \rho A(V-u)^2(1-\cos\theta) = \rho A(V-u)^2(1-\cos\pi) = 2\rho A(V-u)^2$
$R_y = \rho A(V-u)^2\sin\theta = \rho A(V-u)^2\sin\pi = 0$
$F(\pi) = \sqrt{R_x^2 + R_y^2} = \sqrt{\{2\rho A(V-u)^2\}^2 + 0^2} = 2\rho A(V-u)^2$
$R_x' = \rho A(V-u)^2(1-\cos\theta) = \rho A(V-u)^2\left(1-\cos\dfrac{\pi}{2}\right) = \rho A(V-u)^2$
$R_y' = \rho A(V-u)^2\sin\theta = \rho A(V-u)^2\sin\dfrac{\pi}{2} = \rho A(V-u)^2$
$F\left(\dfrac{\pi}{2}\right) = \sqrt{R_x'^2 + R_y'^2} = \sqrt{\{\rho A(V-u)^2\}^2 + \{\rho A(V-u)^2\}^2} = \sqrt{2}\rho A(V-u)^2$
$\dfrac{F(\pi)}{F\left(\dfrac{\pi}{2}\right)} = \dfrac{2\rho A(V-u)^2}{\sqrt{2}\rho A(V-u)^2} = \dfrac{2}{\sqrt{2}} = \sqrt{2}$

해답 ③

042 피토정압관을 이용하여 흐르는 물의 속도를 측정하려고 한다. 액주계에는 비중 13.6인 수은이 들어있고 액주계에서 수은의 높이 차이가 20cm일 때 흐르는 물의 속도는 몇 m/s인가? (단, 피토정압관의 보정계수는 $C=0.96$이다.)

① 6.75
② 6.87
③ 7.54
④ 7.84

해설
$V = \sqrt{2gH\dfrac{S_\text{액}-S_\text{관}}{S_\text{관}}} = \sqrt{2\times 9.8\times 0.2\times \dfrac{13.6-1}{1}} = 7.027\text{m/s}$
$C = \dfrac{V_a}{V}$
(물의 속도) $V_a = C\times V = 0.96\times 7.027 = 6.745\text{m/s}$

해답 ①

2020년도 출제문제

043 표준공기 중에서 속도 V로 낙하하는 구형의 작은 빗방울이 받는 항력은 $F_D = 3\pi\mu VD$로 표시할 수 있다. 여기에서 μ는 공기의 점성계수이며, D는 빗방울의 지름이다. 정지상태에서 빗방울 입자가 떨어지기 시작했다고 가정할 때, 이 빗방울의 최대속도(종속도, terminal velocity)는 지름 D의 몇 제곱에 비례하는가?

① 3
② 2
③ 1
④ 0.5

해설

(구의 무게) $W = \rho_구 g \times \dfrac{\pi D^3}{6}$

(부력) $F_B = \rho_{공기} g \times \dfrac{\pi D^3}{6}$

(항력) $F_D = 3\pi\mu VD$

$F_D + F_B = W$

$3\pi\mu VD + \rho_{공기} \times g \times \dfrac{\pi D^3}{6} = \rho_구 \times g \times \dfrac{\pi D^3}{6}$

$3\pi\mu VD = \dfrac{\pi D^3 g}{6}(\rho_구 - \rho_{공기})$

(속도) $V = \dfrac{gD^2}{18\mu}(\rho_구 - \rho_{공기})$

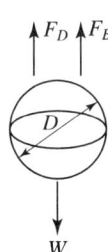

해답 ②

044 지름이 10cm인 원관에서 유체가 층류로 흐를 수 있는 임계 레이놀즈수를 2100으로 할 때 층류로 흐를 수 있는 최대 평균속도는 몇 m/s인가? (단, 흐르는 유체의 동점성계수는 $1.8 \times 10^{-6} m^2/s$이다.)

① 1.89×10^{-3}
② 3.78×10^{-2}
③ 1.89
④ 3.78

해설

$Re = \dfrac{\rho VD}{\mu} = \dfrac{VD}{v}$

(속도) $V = \dfrac{Re \times v}{D} = \dfrac{2100 \times 1.8 \times 10^{-6}}{0.1} = 0.0378 = 3.78 \times 10^{-2} m/s$

해답 ②

045 그림에서 입구 A에서 공기의 압력은 3×10^5Pa, 온도 20℃, 속도 5m/s이다. 그리고 출구 B에서 공기의 압력은 2×10^5Pa, 온도 20℃이면 출구 B에서의 속도는 몇 m/s인가? (단, 압력 값은 모두 절대압력이며, 공기는 이상기체로 가정한다.)

① 10
② 25
③ 30
④ 36

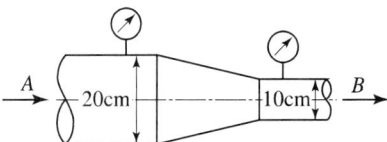

해설 (질량유량) $\dot{m} = \rho A V = \dfrac{P}{RT} A V = $ 일정

$$\dfrac{P_A}{RT_A} A_A V_A = \dfrac{P_B}{RT_B} A_B V_B$$

$$\dfrac{P_A}{T_A} A_A V_A = \dfrac{P_B}{T_B} A_B V_B$$

$$\dfrac{3 \times 10^5}{20 + 273} \times \dfrac{\pi}{4} \times 20^2 \times 5 = \dfrac{2 \times 10^5}{20 + 273} \times \dfrac{\pi}{4} \times 10^2 \times V_B$$

$V_B = 30 \text{m/s}$

해답 ③

---

046 관내의 부차적 손실에 관한 설명 중 틀린 것은?

① 부차적 손실에 의한 수두는 손실계수에 속도수두를 곱해서 계산한다.
② 부차적 손실은 배관 요소에서 발생한다.
③ 배관의 크기 변화가 심하면 배관 요소의 부차적 손실이 커진다.
④ 일반적으로 짧은 배관계에서 부차적 손실은 마찰손실에 비해 상대적으로 작다.

해설 (마찰손실수두) $H_L = f \dfrac{L}{D} \times \dfrac{V^2}{2g}$

길이(L)가 길수록 마찰손실 수두가 크다.
길이(L)가 짧은 배관은 마찰손실 수두는 작다.
짧은 배관계에서 부차적 손실(관부속품이 손실)이 마찰손실에 비해 상대적으로 크다.

해답 ④

---

047 공기 중을 20m/s로 움직이는 소형 비행선의 항력을 구하려고 $\dfrac{1}{4}$ 축척의 모형을 물 속에서 실험하려고 할 때 모형의 속도는 몇 m/s로 해야 하는가?

	물	공기
밀도(kg/m³)	1000	1
점성계수(N·s/m²)	1.8×10^{-3}	1×10^{-5}

① 4.9
② 9.8
③ 14.4
④ 20

해설 $\left(\dfrac{\rho V L}{\mu}\right)_{공기} = \left(\dfrac{\rho V L}{\mu}\right)_{물}$

$$\dfrac{1 \times 20 \times 1}{1 \times 10^{-5}} = \dfrac{1000 \times V \times \dfrac{1}{4}}{1.8 \times 10^{-3}}$$

$V = 14.4 \text{m/s}$

해답 ③

048

점성 · 비압축성 유체가 수평방향으로 균일속도로 흘러와서 두께가 얇은 수평 평판 위를 흘러 갈 때 Blasius의 해석에 따라 평판에서의 층류 경계층의 두께에 대한 설명으로 옳은 것을 모두 고르면?

> ㄱ. 상류의 유속이 클수록 경계층의 두께가 커진다.
> ㄴ. 유체의 동점성계수가 클수록 경계층의 두께가 커진다.
> ㄷ. 평판의 상단으로부터 멀어질수록 경계층의 두께가 커진다.

① ㄱ, ㄴ ② ㄱ, ㄷ
③ ㄴ, ㄷ ④ ㄱ, ㄴ, ㄷ

해설

$$\delta_{층류} = \frac{5x}{\sqrt{Re}} = \frac{5x}{\sqrt{\frac{Vx}{v}}}$$

(속도) V가 클수록 경계층 두께는 작아진다.

해답 ③

049

정상 2차원 포텐셜 유동의 속도장이 $u = -6y$, $v = -4x$일 때, 이 유동의 유동함수가 될 수 있는 것은? (단, C는 상수이다.)

① $-2x^2 - 3y^2 + C$ ② $2x^2 - 3y^2 + C$
③ $-2x^2 + 3y^2 + C$ ④ $2x^2 + 3y^2 + C$

해설

$u = \frac{\partial \phi}{\partial y}$ $v = -\frac{\partial \phi}{\partial x}$

$u \partial y = \partial \phi$ $-v \partial x = \partial \phi$, $-(-4x)\partial x = \partial \phi$

$\int -6y\,dy = \int \partial \phi$ $\int 4x\,\partial x = \int \partial \phi$

$-6\frac{y^2}{2} + C_1 = \phi$ $4 \times \frac{x^2}{2} + C_2 = \phi$

$-3y^2 + C_1 = \phi$ $2x^2 + C_2 = \phi$

$\therefore 2x^2 - 3y^2 + C = \phi$

해답 ②

050

다음 U자관 압력계에서 A와 B의 압력차는 몇 kPa인가?
(단, $H_1 = 250$mm, $H_2 = 200$mm
$H_3 = 6500$mm이고
수은의 비중은 13.6이다.)

① 3.50
② 23.2
③ 35.0
④ 232

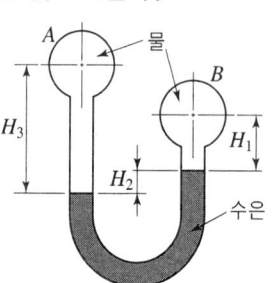

해설

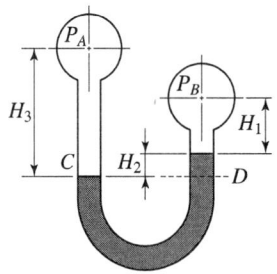

$P_C = P_A + \gamma_w \times H_3$
$P_D = P_B + \gamma_w H_1 + \gamma_{Hg} H_2$
$P_A - P_B = \gamma_w H_1 + \gamma_{Hg} H_2 - \gamma_w H_3 = 9800 \times 0.25 + 13.6 \times 9800 \times 0.2 - 9800 \times 0.6$
$\quad\quad\quad\quad = 23226 \text{Pa} = 23.226 \text{kPa}$

해답 ②

051
지름이 8mm인 물방울의 내부 압력(게이지 압력)은 몇 Pa인가? (단, 물의 표면장력은 0.075N/m이다.)

① 0.037　　　　　② 0.075
③ 37.5　　　　　　④ 75

해설

$\sigma = \dfrac{\Delta P D}{4}$

$\Delta P = \dfrac{4\sigma}{D} = \dfrac{4 \times 0.075}{0.008} = 37.5 \text{Pa}$

해답 ③

052
효율 80%인 펌프를 이용하여 저수지에서 유량 0.05m³/s으로 물을 5m 위에 있는 논으로 올리기 위하여 효율 95%의 전기모터를 사용한다. 전기모터의 최소동력은 몇 kW인가?

① 2.45　　　　　② 2.91
③ 3.06　　　　　④ 3.22

해설

(펌프효율) $\eta_P = \dfrac{\gamma H Q}{L_s}$

$L_s = \dfrac{\gamma H Q}{\eta_P} = \dfrac{9800 \times 5 \times 0.05}{0.8} = 3062.5 \text{W} = 3.0625 \text{kW}$

(펌프의 최소동력) $L_s' = \dfrac{L_s}{\eta_M} = \dfrac{3.0625}{0.95} = 3.223 \text{kW}$

해답 ④

053

물($\mu = 1.519 \times 10^{-3}$kg/m·s)이 직경 0.3cm, 길이 9m인 수평 파이프 내부를 평균속도 0.9m/s로 흐를 때, 어떤 유동이 되는가?

① 난류유동 ② 층류유동
③ 등류유동 ④ 천이유동

[해설] $Re = \dfrac{\rho VD}{\mu} = \dfrac{1000 \times 0.9 \times 0.003}{1.519 \times 10^{-3}} = 1777.48$

2100 이하이므로 층류이다.

[해답] ②

054

점성계수 $\mu = 0.98$N·s/m²인 뉴턴 유체가 수평 벽면 위를 평행하게 흐른다. 벽면($y=0$) 근방에서의 속도 분포가 $u = 0.5 - 150(0.1-y)^2$이라고 할 때 벽면에서의 전단응력은 몇 Pa인가? (단, y[m]는 벽면에 수직한 방향의 좌표를 나타내며, u는 벽면 근방에서의 접선속도[m/s]이다.)

① 0 ② 0.306
③ 3.12 ④ 29.4

[해설] $\tau_y = \mu \dfrac{du}{dy} = \mu \dfrac{d\{0.5 - 150(0.1-y)^2\}}{dy} = \mu \times -150 \times 2(0.1-y)^1 \times -1$

$= 0.98 \times 150 \times 2(0.1-y)$

$\tau_{y=0} = 0.968 \times 150 \times 2(0.1-0) = 29.4\text{N/m}^2 = 29.4\text{Pa}$

[해답] ④

055

계기압 10kPa의 공기로 채워진 탱크에서 지름 0.02m인 수평관을 통해 출구 지름 0.01m인 노즐로 대기(101kPa) 중으로 분사된다. 공기 밀도가 1.2kg/m³으로 일정할 때, 0.02m인 관 내부 계기압력은 약 몇 kPa인가? (단, 위치에너지는 무시한다.)

① 9.4 ② 9.0
③ 8.6 ④ 8.2

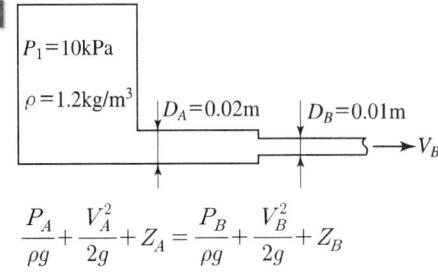

$\dfrac{P_A}{\rho g} + \dfrac{V_A^2}{2g} + Z_A = \dfrac{P_B}{\rho g} + \dfrac{V_B^2}{2g} + Z_B$

$$\frac{\pi}{4} \times 0.02^2 \times V_A = \frac{\pi}{4} \times 0.01^2 \times V_B, \quad P_B = 0(\text{대기압})$$

$$V_B = 4V_A$$

$$V_B = \sqrt{2g\frac{P_1}{\rho g}} = \sqrt{2\frac{P_1}{\rho}} = \sqrt{2 \times \frac{10000}{1.2}} = 129.099 \text{m/s}$$

$$V_A = \frac{V_B}{4} = 32.274 \text{m/s}$$

$$\frac{P_A}{1.2 \times 9.8} + \frac{32.274^2}{2 \times 9.8} = \frac{129.009^2}{2 \times 9.8}$$

$$P_A = 9374.96 \text{Pa} = 9.37 \text{kPa} \fallingdotseq 9.4 \text{kPa}$$

해답 ①

056

그림과 같은 수문(ABC)에서 A점은 힌지로 연결되어 있다. 수문을 그림과 같이 닫은 상태로 유지하기 위해 필요한 힘 F는 몇 kN인가?

① 78.4
② 58.8
③ 52.3
④ 39.2

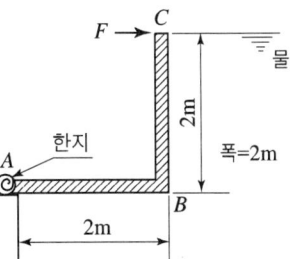

해설

전압력 작용지점 $y_{F_P} = \bar{y} + \frac{I_G}{A\bar{y}} = 1 + \frac{\left(\frac{2 \times 2^3}{12}\right)}{4 \times 1} = 1.33$

전압력 $F_P = \gamma \bar{H} A = 9800 \times 1 \times 4 = 39200 \text{N}$

부력에 의한 힘 $F_B = 9800 \times 2 \times 2 \times 2 = 78400 \text{N}$

수문을 유지하기 위한 힘 F $\quad F \times 2 = (39200 \times 0.667) + (78400 \times 1)$

$\therefore F = 52.3 \text{kN}$

해답 ③

057

2차원 직각좌표계(x, y)에서 속도장이 다음과 같은 유동이 있다. 유동장 내의 점 (L, L)에서 유속의 크기는? (단, $\vec{i}, \vec{j}$는 각각 x, y 방향의 단위벡터를 나타낸다.)

$$\vec{V}(x, y) = \frac{U}{L}(-x\vec{i} + y\vec{j})$$

① 0
② U
③ $2U$
④ $\sqrt{2}\,U$

해설
$$u = \frac{U}{L} \times -x = \frac{U}{L} \times -L = -U$$
$$v = \frac{U}{L} \times y = \frac{U}{L} \times L = U$$
$$V = \sqrt{(-U)^2 + U^2} = \sqrt{2}\,U$$

해답 ④

058
온도증가에 따른 일반적인 점성계수 변화에 대한 설명으로 옳은 것은?
① 액체와 기체 모두 증가한다.　② 액체와 기체 모두 감소한다.
③ 액체는 증가하고 기체는 감소한다.　④ 액체는 감소하고 기체는 증가한다.

해설 액체는 분자의 응집력이 점성을 결정하기 때문에 온도가 올라가면 분자의 응집력이 약해지기 때문에 점성이 감소한다.
기체는 분자의 운동량이 점성을 결정하기 때문에 온도가 올라가면 분자의 운동량이 증가하여 점성이 증가한다.

해답 ④

059
그림과 같이 지름 D와 깊이 H인 원통 용기 내에 액체가 가득 차 있다. 수평방향으로의 등가속도(가속도 = a) 운동을 하여 내부의 물의 35%가 흘러 넘쳤다면 가속도 a와 중력가속도 g의 관계로 옳은 것은? (단, $D = 1.2H$이다.)

① $a = 0.58g$
② $a = 0.85g$
③ $a = 1.35g$
④ $a = 1.42g$

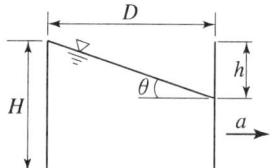

해설 $\tan\theta = \dfrac{a_x}{g} = \dfrac{h}{D} = \dfrac{0.7H}{1.32H} = 0.583 \qquad a_x = 0.583g$
$D \times h = D \times H \times 0.35$
$h = \dfrac{D \times H \times 0.35 \times 2}{D} = 0.7H$

해답 ①

060
세 변의 길이가 a, $2a$, $3a$인 작은 직육면체가 점도 μ인 유체 속에서 매우 느린 속도 V로 움직일 때, 항력 F는 $F = F(a, \mu, V)$로 가정할 수 있다. 차원해석을 통하여 얻을 수 있는 F에 대한 표현식으로 옳은 것은?

① $\dfrac{F}{\mu Va} = $ 상수
② $\dfrac{F}{\mu V^2 a} = $ 상수
③ $\dfrac{F}{\mu^2 V} = f\left(\dfrac{V}{a}\right)$
④ $\dfrac{F}{\mu Va} = f\left(\dfrac{a}{\mu V}\right)$

해설 ① $\dfrac{N}{\dfrac{N}{m^2} \cdot s \times \dfrac{m}{s} \times m}$ =상수

해답 ①

제4과목 기계재료 및 유압기기

061 베어링에 사용되는 구리합금인 캘밋의 주성분은?
① Cu-Sn
② Cu-Pb
③ Cu-Al
④ Cu-Ni

해설 **화이트 메탈(WM)**
① 주석계 화이트 메탈(=베빗메탈) : Sn+Sb+Cu
② 납계 화이트 메탈 : Pb+Sn+Sb+Cu
구리계 합금(KM) : 켈밋(Cu+Pb)

해답 ②

062 다음 중 용융점이 가장 낮은 것은?
① Al
② Sn
③ Ni
④ Mo

해설 ① Al의 용융점 : 660℃
② Sn의 용융점 : 231.9℃
③ Ni의 용융점 : 1455℃
④ Mo의 용융점 : 2623℃

해답 ②

063 열경화성 수지에 해당하는 것은?
① ABS 수지
② 폴리스티렌
③ 폴리에틸렌
④ 에폭시 수지

해설 **열경화성 수지**
요소 수지, 페놀수지, 멜라민 수지, 에폭시 수지, 폴리에스테르, 실리콘, 폴리우레탄
열가소성 수지
폴리에틸렌 수지, 폴리프로필렌 수지, 폴리스티렌 수지, 폴리염화비닐 수지, 아크릴 수지

해답 ④

064 체심입방격자(BCC)의 인접 원자수(배위수)는 몇 개인가?

① 6개 ② 8개
③ 10개 ④ 12개

해설 배위수(coordination number, 配位數)란 고체는 단위 격자가 빽빽하게 붙어서 있는데 이때 한 원자를 둘러싸는 가장 가까운 원자의 수를 배위수라고 한다. 이때 가장 가까운 원자가 같은 단위격자 안에 있지 않아도 된다.

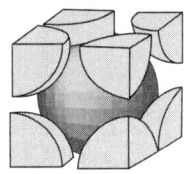 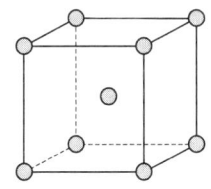 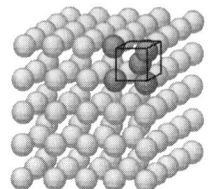

- 체심입방격자의 배위수 : 8개
- 포함된 원자수 : 9개
- 단위포 : 2개

해답 ②

065 표면은 단단하고 내부는 인성을 가지는 주철로 압연용 롤, 분쇄기 롤, 철도차량 등 내마멸성이 필요한 기계부품에 사용되는 것은?

① 회주철 ② 칠드주철
③ 구상흑연주철 ④ 펄라이트주철

해설 **칠드 주철** : 주조할 때 필요한 부분에만 모래 주형 대신 금형으로 하고, 금형에 접한 부분을 급랭, 칠(chill)화시켜 경도를 높인 것으로 내부가 연하고 표면이 단단하여 롤러, 차바퀴 등에 사용한다. 칠드된 표면은 시멘타이트 조직이다.

해답 ②

066 금속 재료의 파괴 형태를 설명한 것 중 다른 하나는?

① 외부 힘에 의해 국부수축 없이 갑자기 발생되는 단계로 취성 파단이 나타난다.
② 균열의 전파 전 또는 전파 중에 상당한 소성변형을 유발한다.
③ 인장시험 시 컵-콘(원뿔) 형태로 파괴된다.
④ 미세한 공공 형태의 딤플 형상이 나타난다.

해설 **취성파괴** : 외부 힘에 의해 국부수축 없이 갑자기 발생 파괴를 취성파괴라 한다.
연성파괴 : 균열의 전파 전 또는 전파 중에 상당한 소성변형을 유발 하는 파괴를 연성파괴라 한다.
※ 연성파괴는 인장시험시 컵-콘(원뿔) 형태로 파괴된다. 또한 파괴된 부분에 미세한 공공 형태의 딤플 형상이 나타난다.

해답 ①

067

Fe–Fe₃C 평형상태도에 대한 설명으로 옳은 것은?

① A_0는 철의 자기변태점이다.
② A_1 변태선을 공석선이라 한다.
③ A_2는 시멘타이트의 자기변태점이다.
④ A_3는 약 1400℃이며, 탄소의 함유량이 약 4.3%C이다.

해설

변태	온도(℃)	내 용
A_0	210	시멘타이트의 자기변태
A_1	727	공석변태 austenite ↔ pearlite
A_2	768	철의 자기변태(α철 ↔ β철)
A_3	911	철의 동소변태(α철 ↔ γ철)
A_4	1394	철의 동소변태(γ철 ↔ δ철)

해답 ②

068

탄소강이 950℃ 전후의 고온에서 적열메짐(red brittleness)을 일으키는 원인이 되는 것은?

① Si
② P
③ Cu
④ S

해설 적열메짐성 : 황이 많은 강은 고온에서 여린 성질을 나타내는데 이것을 적열 메짐성이라고 한다.

해답 ④

069

오스테나이트형 스테인리스강에 대한 설명으로 틀린 것은?

① 내식성이 우수하다.
② 공식을 방지하기 위해 할로겐 이온의 고농도를 피한다.
③ 자성을 띠고 있으며, 18%Co와 8%Cr을 함유한 합금이다.
④ 입계부식 방지를 위하여 고용화처리를 하거나, Nb 또는 Ti을 첨가한다.

해설 스테인리스강(stainless steel)

성분계	조직	KS기호	특징	
			자성	담금질성(열처리성)
Cr계	마텐자이트 (13%Cr)	STS410	있음	있음
	페라이트 (15%Cr)	STS430	있음	없음
Cr–Ni계 내식성 가장 우수	오스테나이트 18%Cr–8%Ni	STS304	없음	없음

해답 ③

070 알루미늄 및 그 합금의 질별 기호 중 H가 의미하는 것은?
① 어닐링한 것
② 용체화처리한 것
③ 가공 경화한 것
④ 제조한 그대로의 것

해설 알루미늄 의 합금의 질별 기호
F : 제조한 그대로의 것
O : 어닐링한 것
H : 가공경화 한 것

해답 ③

071 그림과 같은 전환 밸브의 포트수와 위치에 대한 명칭으로 옳은 것은?
① 2/2 - way 밸브
② 2/4 - way 밸브
③ 4/2 - way 밸브
④ 4/4 - way 밸브

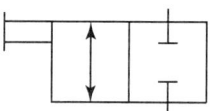

해설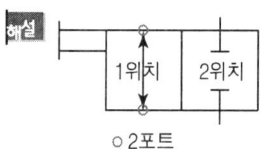

해답 ①

072 유압장치와 각 구성요소에 대한 기능의 설명으로 적절하지 않은 것은?
① 오일탱크는 유압작동유의 저장기능, 유압부품의 설치공간을 제공한다.
② 유압제어밸브에는 압력제어밸브, 유량제어밸브, 방향제어밸브 등이 있다.
③ 유압작동체(유압구동기)는 유압장치 내에서 요구된 일을 하며 유체동력을 기계적 동력으로 바꾸는 역할을 한다.
④ 유압작동체(유압구동기)에는 고무호스, 이음쇠, 필터, 열교환기 등이 있다.

해설 **유압작동체**(유압구동기)는 유압실린더, 유압모터, 요동모터가 있다.

해답 ④

073 유압펌프에서 실제 표출량과 이론 표출량의 비를 나타내는 용어는?
① 펌프의 포크효율
② 펌프의 점효율
③ 펌프의 입력효율
④ 펌프의 용적효율

해설 (펌프의 용적효율) $\eta_V = \dfrac{\text{실제 토출량}}{\text{이론 토출량}}$

해답 ④

074
속도제어회로의 종류가 아닌 것은?
① 미터 인 회로
② 미터 아웃 회로
③ 로킹 회로
④ 블리드 오프 회로

해설 속도제어 회로의 종류
① 미터인 회로 : 입구측 유량을 제어하는 회로
② 미터아웃 회로 : 출구측 유량을 제어하는 회로
③ 블리드 오프 회로 : 입구측 유량을 병렬회로 방식으로 제어하는 회로

해답 ③

075
작동유 속의 불순물을 제거하기 위하여 사용하는 부품은?
① 패킹
② 스트레이너
③ 어큐클레이터
④ 유체 커플링

해설 스트레이너 : 작동유 속의 불순물을 제거하기 위하여 사용되는 부품

해답 ②

076
KS 규격에 따른 유면계의 기호로 옳은 것은?

①
②
③
④

해설

압력계		온도계	
차압계		유량계측계 검류기	
유면계		유량계	

해답 ②

077
유압회로 중 미터 인 회로에 대한 설명으로 옳은 것은?
① 유량제어밸브는 실린더에서 유압작동유의 출구 측에 설치한다.
② 유량제어밸브는 탱크로 바이패스 되는 관로 쪽에 설치한다.
③ 릴리프밸브를 통하여 분기되는 유량으로 인한 동력손실이 있다.
④ 압력설정회로로 체크밸브에 의하여 양 방향만의 속도가 제어된다.

해설 **미터인 회로**
미터인 회로는 입구측 유량을 제어하는 회로로 릴리프밸브를 통하여 분기되는 유량으로 인한 동력손실이 없다.

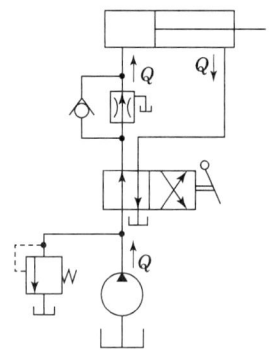

해답 ③

078 난연성 작동유의 종류가 아닌 것은?
① R&O형 작동유
② 수중 유형 유화유
③ 물-글리세린 작동유
④ 인산 에스테르형 작동유

해설 **작동유의 종류**
① 석유계 작동유 : 일반산업용 작동유, 항공기용 작동유, 첨가터빈유 내마모성 유압유, 고점도지수 유압유 등
② 난연성 작동류
  ㉠ 합성계 작동류 : 인산에스테르계, 풀리에스테르계
  ㉡ 함수계(수성계)작동유 : 물-글리콜계, 수중 유형 유화유
③ R&O 타입의 유압작동유
   고도로 정제된 고점도지수 윤활기유에 내마모방지제, 부식방지제, 산화방지제 등의 고급첨가제를 사용하여 제조

해답 ①

079 유압장치의 운동부분에 사용되는 쉴(seal)의 일반적인 명칭은?
① 심래스(seamless)
② 개스킷(gasket)
③ 패킹(packing)
④ 필터(filter)

해설 **개스킷** : 고정되는 부분의 기밀 유지에 사용 되는 유압부품
패킹 : 운동되는 부분에 사용되는 유체의 누설 방지 부품

해답 ③

080 어큐플레미터 종류인 피스톤 형의 특징에 대한 설명으로 적절하지 않은 것은?
① 대형도 제작이 용이하다.
② 축 유량을 크게 잡을 수 있다.
③ 형상이 간단하고 구성품이 적다.
④ 유실에 가스 침입의 염려가 없다.

해설 **공기압축형**
① 블레더형(기체봉입형):유실에 가스침입 없다. 대형제작 용이하다. 가장 많이 사용

된다.
② 다이어프램형(판형):유실에 가스침입 없다. 소형, 고압용으로 적당하다.
③ 피스톤형(실린더형):형상이 간단하고 축 유량을 크게 잡을 수 있다. 대형제작이 가능하다. 유실에 가스침입이 될 수 있는 단점이 있다.

해답 ④

제5과목 기계제작법 및 기계동력학

081 질량 30kg의 물체를 담은 두레박 B가 레일을 따라 이동하는 크레인 A에 6m 길이의 줄에 의해 수직으로 매달려 이동하고 있다. 일정한 속도로 이동하던 크레인이 갑자기 정지하자, 두레박 B가 수평으로 3m까지 흔들렸다. 크레인 A의 이동 속력은 약 몇 m/s인가?

① 1
② 2
③ 3
④ 4

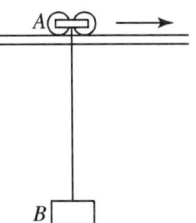

해설
$\cos\theta = \dfrac{3}{6}$

$\theta = \cos^{-1}\left(\dfrac{3}{6}\right) = 60°$

운동에너지 = 위치에너지
$\dfrac{1}{2} m_B V_B^2 = m_B g H$

$\dfrac{1}{2} \times V_B^2 = g \times (6 - 6\sin 60)$

$\dfrac{1}{2} \times V_B^2 = 9.8 \times (6 - 6\sin 60)$

$V_B = 3.969 \text{m/s} \fallingdotseq 4\text{m/s}$

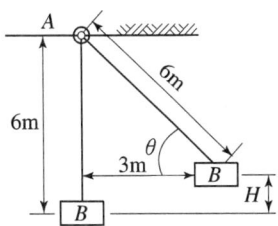

해답 ④

082 등가속도 운동에 관한 설명으로 옳은 것은?
① 속도는 시간에 대해서 선형적으로 증가하거나 감소한다.
② 변위는 시간에 대하여 선형적으로 증가하거나 감소한다.
③ 속도는 시간의 제곱에 비례하여 증가하거나 감소한다.
④ 변위는 속도의 세제곱에 비례하여 증가하거나 감소한다.

해설

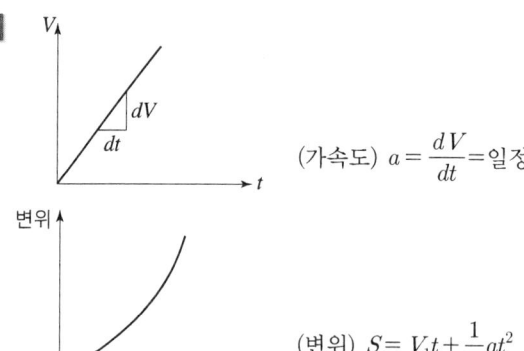

(가속도) $a = \dfrac{dV}{dt} =$ 일정

(변위) $S = V_1 t + \dfrac{1}{2} at^2$

해답 ①

083
두 질점이 정면 중심으로 완전탄성충돌할 경우에 관한 설명으로 틀린 것은?

① 반발계수 값은 1이다.
② 전체 에너지는 보존되지 않는다.
③ 두 질점의 전체 운동량이 보존된다.
④ 충돌 후 두 질점의 상대속도는 충돌 전 두 질점의 상대속도와 같은 크기이다.

해설 완전탄성충돌
① 반발계수 값은 1이다.
② 전체 에너지는 보존된다.
③ 두 질점의 전체 운동량이 보존된다.
④ 가까워지는 속도와 멀어지는 속도가 같다.

해답 ②

084
다음 단순조화운동 식에서 진폭을 나타내는 것은?

$$x = A\sin(\omega t + \phi)$$

① A
② ωt
③ $\omega t + \phi$
④ $A\sin(\omega t + \phi)$

해설 $x = A\sin(\omega t + \phi)$
여기서, A : 진폭, t : 시간, ω : 각속도, ϕ : 위상각

해답 ①

085
그림 관이 원판에서 원주에 있는 점 A의 속도가 12m/s일 때 원판의 각속도는 약 몇 rad/s인가? (단, 원판의 반지름 r은 0.3m이다.)

① 10
② 20
③ 30
④ 40

해설 $V = \omega \times r$
$\omega = \dfrac{V}{r} = \dfrac{12}{0.3} = 40\,\text{rad/s}$

해답 ④

086

다음 그림과 같이 진동계에 가진력 $F(t)$가 작용할 때 바닥으로 전달되는 힘의 최대 크기가 F_1보다 작기 위한 조건은? (단, $\omega_n = \sqrt{\dfrac{k}{m}}$ 이다.)

① $\dfrac{\omega}{\omega_n} < 1$ ② $\dfrac{\omega}{\omega_n} > 1$

③ $\dfrac{\omega}{\omega_n} > \sqrt{2}$ ④ $\dfrac{\omega}{\omega_n} < \sqrt{2}$

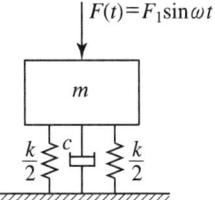

해설
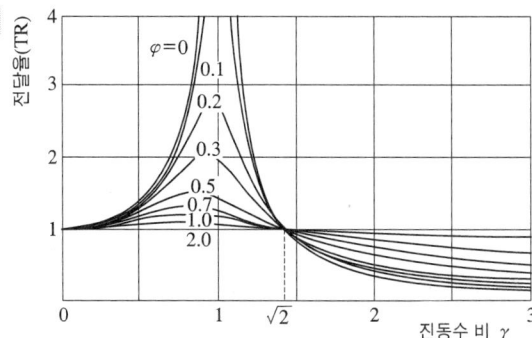

$TR > 1$ 위해서는 $\gamma > \sqrt{2}$, $\dfrac{\omega}{\omega_n} > \sqrt{2}$

해답 ③

087

균질한 원통(cylinder)이 그림과 같이 물에 떠 있다. 평형상태에 있을 때 손으로 눌렀다가 놓아주면 상하 진동을 하게 되는데 이때 진동주기(τ)에 대한 식으로 옳은 것은? (단, 원통질량은 m, 원통단면적은 A, 물의 밀도는 ρ이고, g는 중력가속도이다.)

① $\tau = 2\pi \sqrt{\dfrac{\rho g}{mA}}$

② $\tau = 2\pi \sqrt{\dfrac{mA}{\rho g}}$

③ $\tau = 2\pi \sqrt{\dfrac{m}{\rho g A}}$

④ $\tau = 2\pi \sqrt{\dfrac{\rho g A}{m}}$

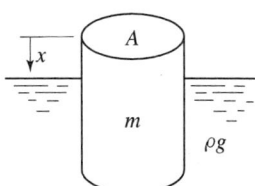

해설 $m\ddot{x} + F_B = 0$

(부력) $F_B = \rho g \times Ax$

$m\ddot{x} + \rho g Ax = 0$

(주기) $\tau = \dfrac{2\pi}{\omega_n} = 2\pi\sqrt{\dfrac{m}{\rho g A}}$

(고유각 진동수) $\omega_n = \sqrt{\dfrac{\rho g A}{m}}$

해답 ③

088 질량이 18kg, 스프링 상수가 50N/cm, 감쇠계수 0.6N·s/cm인 1자유도 점성 감쇠계에서 진동계의 감쇠비는?

① 0.10　② 0.20
③ 0.30　④ 0.50

해설 $\varphi = \dfrac{C}{C_C} = \dfrac{C}{2\sqrt{mk}} = \dfrac{60}{2\sqrt{18 \times 5000}} = 0.1$

$C = 60\text{N}\cdot\text{s/m}$
$k = 5000\text{N/m}$

해답 ①

089 길이 1.0m, 질량 10kg의 막대가 A점에 핀으로 연결되어 정지하고 있다. 1kg의 공이 수평속도 10m/s로 막대의 중심을 때릴 때, 충돌 직후 막대의 각속도는 약 몇 rad/s인가? (단, 공과 막대 사이의 반발계수는 0.4이다.)

① 1.95
② 0.86
③ 0.68
④ 1.23

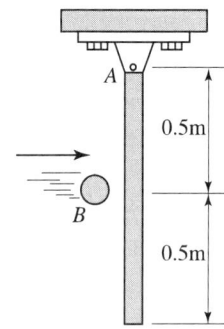

해설 (회전 반지름) $R = 0.5\text{m}$

(충돌 전의 공의 속도) $V_1 = 10\text{m/s}$

(충돌 후의 공의 속도) V_1'

(충돌 전의 막대의 속도) $V_2 = 0$

(충돌 후의 막대의 속도) $V_2' = \omega_2' \times R$

(공의 질량) $m_1 = 1\text{kg}$

(막대의 질량) $m_2 = 10\text{kg}$

(막대의 전체 길이) $L = 1\text{m}$

$e = \dfrac{V_2' - V_1'}{V_1 - V_2}$, $0.4 = \dfrac{V_2' - V_1'}{10 - 0}$

$4 = V_2' - V_1' = (\omega_2' \times R) - V_1'$

$4 = (\omega_2' \times R) - V_1'$

$V_1' = (\omega_2' \times R) - 4 = (\omega_2' \times 0.5) - 4 = 0.5\omega_2' - 4$

$V_1' = 0.5\omega_2' - 4$ ·· ①식

(A점에서의 질량 관성 모멘트) $J_A = \dfrac{m_2 L^2}{3} = \dfrac{10 \times 1^2}{3} = 3.33\text{kg} \cdot \text{m}^2$

각 운동량 보존의 법칙에서
충돌 전의 각 운동량=충돌 후의 각 운동량
$m_1 V_1 R = m_1 V_1' R + J_A \omega_2'$
$1 \times 10 \times 0.5 = (1 \times V_1' \times 0.5) + (3.33 \times \omega_2')$
$5 = (0.5 \times V_1') + (3.33 \times \omega_2')$
$5 = (0.5 \times (0.5\omega_2' - 4)) + (3.33 \times \omega_2')$
$w_2' = 1.955\text{rad/s}$

해답 ①

090 같은 길이의 두 줄에 질량 20kg의 물체가 매달려 있다. 이 중 하나의 줄을 자르는 순간의 남는 줄의 장력은 약 몇 N인가? (단, 줄의 질량 및 강성은 무시한다.)

① 98
② 170
③ 196
④ 250

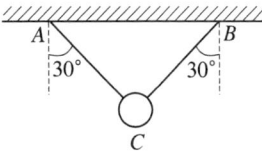

해설
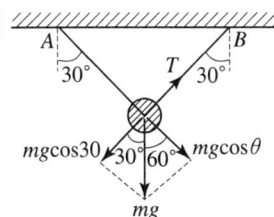

(실의 장력) $T = mg\cos\theta = 20 \times 9.81 \times \cos 30 = 169.74\text{N} \fallingdotseq 170\text{N}$

해답 ②

091 경화된 작은 강철 볼(ball)을 공작물 표면에 분사하여 표면을 매끈하게 하는 동시에 피로 강도와 그 밖의 기계적 성질을 향상시키는데 사용하는 가공방법은?

① 숏 피닝
② 액체 호닝
③ 슈퍼피니싱
④ 래핑

해설 **쇼트 피닝**(shot peening)
금속(주철, 주강제)으로 만든 구(球)모양의 쇼트(shot, 지름 0.7~0.9mm의 공)를 40~50m/sec의 속도로 공작물 표면에 압축공기나, 원심력을 사용하여 분사하면 매끈하고 0.2mm 경화층을 얻게 된다. 이때 shot들이 해머와 같이 작용을 하여 공작물의 피로강도나 기계적 성질을 향상시켜 준다. 크랭크축, 판스프링, 컨넥팅 로드, 기어, 로커암에 사용한다.

해답 ①

092 와이어 컷(wire cut) 방전가공의 특징으로 틀린 것은?

① 표면거칠기가 양호하다.
② 담금질강과 초경합금의 가공이 가능하다.
③ 복잡한 형상의 가공물을 높은 정밀도로 가공할 수 있다.
④ 가공물의 형상이 복잡함에 따라 가공속도가 변한다.

해설 **방전가공 특징**
높은 경도로 절삭 가공이 곤란한 금속(초경합금, 열처리강, 내열강, 퀜칭된 고속도강, 스테인리스 강철, 다이아몬드, 수정 등)을 쉽게 가공할 수 있다. 또한 열의 영향이 적으므로 가공 변질층이 얇고 내마멸성, 내부식성이 높은 표면을 얻을 수 있으며, 작은 구멍, 좁고 깊은 홈 등 작고 복잡한 가공도 할 수 있다. 가공물의 형상이 복잡함에 따라 가공속도가 변하지 않는다.

해답 ④

093 어미나사의 피치가 6mm인 선반에서 1인치당 4산의 나사를 가공할 때, A와 D의 기어의 잇수는 각각 얼마인가? (단, A는 주축 기어의 잇수이고, D는 어미나사 기어의 잇수이다.)

① $A = 60$, $D = 40$
② $A = 40$, $D = 90$
③ $A = 127$, $D = 120$
④ $A = 120$, $D = 127$

해설
$$\frac{Z_A}{Z_D} = \frac{p_{나사}}{p_{어미}} = \frac{\frac{25.4mm}{4}}{6mm} = \frac{\frac{127}{5}}{6 \times 4} = \frac{127}{6 \times 4 \times 5} = \frac{127}{120}$$

해답 ③

094 Al을 강의 표면에 침투시켜 내스케일성을 증가시키는 금속 침투 방법은?

① 파커라이징(parkerizing)
② 칼로라이징(calorizing)
③ 크로마이징(chromizing)
④ 금속용사법(metal spraying)

해설 **금속 침투법**(시멘테이션) : 철과 친화력이 강한 금속을 표면에 침투시켜 내열층, 내식층을 만드는 방법으로 크로마이징(Cr침투), 칼로라이징(Al침투), 실리코나이징(Si침투), 부로나이징(B침투) 등이 있다.

해답 ②

095 다음 중 소성가공에 속하지 않는 것은?

① 코이닝(coining) ② 스웨이징(swaging)
③ 호닝(honing) ④ 딥 드로잉(deep drawing)

해설 소성가공
① 단조 - ㉠ 열간단조 : 해머단조, 프레스단조, 업셋단조
　　　　㉡ 냉간단조 : 콜드헤딩, 코이닝, 스웨이징
② 압연 - ㉠ 분괴압연 : 중간재를 만드는 압연
　　　　㉡ 성형압연 : 제품을 만드는 압연
③ 인발 : 봉재인발, 관재인발, 신선
④ 압출 : 직접압출, 간접압출, 충격압출
⑤ 전조 : 나사전조, 기어전조
⑥ 판금가공 - ㉠ 전단가공 : 블랭킹, 펀칭, 전단, 분단, 슬로팅, 노칭, 트리밍, 셰이빙
　　　　　　㉡ 굽힘가공 : 굽힘, 비딩, 컬링, 시밍
　　　　　　㉢ 프레스가공 : 드로잉, 벌징, 스피닝
　　　　　　㉣ 압축가공 : 코이닝, 엠보싱, 스웨이징

해답 ③

096 용접 피복제의 역할로 틀린 것은?

① 아크를 안정시킨다. ② 용접에 필요한 원소를 보충한다.
③ 전기 절연작용을 한다. ④ 모재 표면의 산화물을 생성해 준다.

해설 피복제의 역할
① 공기 중의 산소나 질소의 침입을 방지하여, 피복재의 연소 가스의 이온화에 의하여 전류가 끊어졌을 때에도 계속 아크를 발생시키므로 안정된 아크를 얻을 수 있도록 한다.
② 슬래그(slag)를 형성하여 용접부의 급냉을 방지하며, 용착 금속에 필요한 원소를 보충한다.
③ 불순물과 친화력이 강한 재료를 사용하여 용착 금속을 정련한다.
④ 붕사, 산화티탄 등을 사용하여 용착 금속의 유동성을 좋게 한다.
⑤ 좁은 틈에서 작업할 때 절연 작용을 한다.

해답 ④

097 노즈 반지름이 있는 바이트로 선삭할 때 가공면의 이론적 표면거칠기를 나타내는 식은? (단, f는 이송, R은 공구의 날 끝 반지름이다.)

① $\dfrac{f^2}{8R}$ ② $\dfrac{f^2}{8R^2}$

③ $\dfrac{f}{8R}$ ④ $\dfrac{f}{4R}$

해설

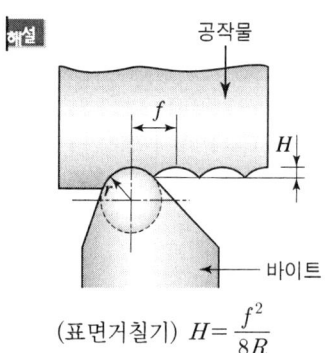

(표면거칠기) $H = \dfrac{f^2}{8R}$

해답 ①

098
주물의 결함 중 기공(blow hole)의 방지대책으로 가장 거리가 먼 것은?
① 주형 내의 수분을 적게 할 것
② 주형의 통기성을 향상시킬 것
③ 용탕에 가스함유량을 높게 할 것
④ 쇳물의 주입온도를 필요 이상으로 높게 하지 말 것

해설 주물의 결함 중 기공은 가스가 주물에 들어가 있는 결함으로 용탕에 가스 함유량이 많을 때 기공이 많이 발생된다.

해답 ③

099
방전가공에서 전극 재로의 구비조건으로 가장 거리가 먼 것은?
① 기계가공이 쉬워야 한다.
② 가공 전극의 소모가 커야 한다.
③ 가공 정밀도가 높아야 한다.
④ 방전이 안전하고 가공속도가 빨라야 한다.

해설 방전가공은 전극으로 사용되는 재질은 전기가 잘 통하는 구리가 많이 사용된다. 구리는 전기적인 스파크에 의해 소모가 된다는 단점이 있다.

해답 ②

100
다음 중 자유단조에 속하지 않는 것은?
① 업세팅(up-setting)   ② 블랭킹(blanking)
③ 늘리기(drawing)   ④ 굽히기(bending)

해설 **자유단조의 종류**
① 늘이기(drawing)   ② 굽히기(bending)
③ 눌러붙이기(up-setting)   ④ 단짓기(setting down)
⑤ 구멍뚫기(punching)   ⑥ Rotary swaging
⑦ 탭작업(tapping)   ⑧ 절단(cutting off)

해답 ②

단기완성 일반기계기사 필기 과년도

2021

2021년 3월 7일 시행
2021년 5월 15일 시행
2021년 9월 12일 시행

일반기계기사

2021년 3월 7일 시행

제1과목 재료역학

001 길이 500mm, 지름 16mm의 균일한 강봉의 양 끝에 12kN의 축 방향 하중이 작용하여 길이는 300μm가 증가하고 지름은 2.4μm가 감소하였다. 이 선형 탄성 거동하는 봉 재료의 프와송 비는?

① 0.22
② 0.25
③ 0.29
④ 0.32

해설 (프와송 비) $\nu = \dfrac{\epsilon_d}{\epsilon_L} = \dfrac{\left(\dfrac{\Delta d}{d}\right)}{\left(\dfrac{\Delta L}{L}\right)} = \dfrac{\left(\dfrac{0.0024}{16}\right)}{\left(\dfrac{0.3}{500}\right)} = 0.25$

 ②

002 지름 20mm인 구리합금 봉에 30kN의 축 방향 인장하중이 작용할 때 체적 변형률은 약 얼마인가? (단, 세로탄성계수는 100GPa, 프와송 비는 0.3 이다.)

① 0.38
② 0.038
③ 0.0038
④ 0.00038

해설 (체적변형률) $\epsilon_v = \epsilon(1-2\nu) = 9.55 \times 10^{-4} \times (1 - 2 \times 0.3)$
$= 3.81 \times 10^{-4} \fallingdotseq 0.000381$

$\epsilon = \dfrac{\sigma}{E} = \dfrac{\dfrac{P}{A}}{E} = \dfrac{P}{AE} = \dfrac{30000}{\dfrac{\pi}{4} \times 20^2 \times 100000} = 9.55 \times 10^{-4}$

④

003 지름 6mm인 곧은 강선을 지름 1.2m의 원통에 감았을 때 강선에 생기는 최대 굽힘응력은 약 몇 MPa 인가? (단, 세로탄성계수는 200GPa 이다.)

① 500
② 800
③ 900
④ 1000

해설 $\dfrac{1}{\rho} = \dfrac{\sigma_b}{E \times e}$

$\sigma_b = \dfrac{E \times e}{\rho} = \dfrac{200000 \times \dfrac{6}{2}}{\left(\dfrac{1200}{2} + \dfrac{6}{2}\right)} = 995.024 \text{MPa} \fallingdotseq 1000 \text{MPa}$

해답 ④

004

그림과 같이 균일단면 봉이 100kN의 압축하중을 받고 있다. 재료의 경사 단면 $Z-Z$에 생기는 수직응력 σ_n, 전단응력 τ_n의 값은 각각 몇 MPa 인가? (단, 균일단면 봉의 단면적은 1000mm²이다.)

① $\sigma_n = -38.2$, $\tau_n = 26.7$
② $\sigma_n = -68.4$, $\tau_n = 58.8$
③ $\sigma_n = -75.0$, $\tau_n = 43.3$
④ $\sigma_n = -86.2$, $\tau_n = 56.8$

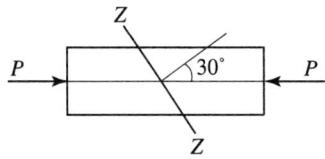

해설

(Z단면의 면적) $A_Z = \dfrac{A}{\cos 30} = \dfrac{1000}{\cos 30} = 1154.7 \text{mm}^2$

(Z단면의 전단력) $P_s = P\sin 30$

(Z단면의 압축하중) $P_n = P\cos 30$

(Z단면의 압축응력) $\sigma_n = \dfrac{P_n}{A_n} = \dfrac{P\cos 30}{A_z} = \dfrac{100000 \times \cos 30}{1154.7} = 75\text{MPa}(압축)$

(Z단면의 전단응력) $\tau_n = \dfrac{P_s}{A_z} = \dfrac{P\sin 30}{A_z} = \dfrac{100000 \times \sin 30}{1154.7} = 43.3\text{MPa}$

해답 ③

005

직사각형($b \times h$)의 단면적 A를 갖는 보에 전단력 V가 작용할 때 최대 전단응력은?

① $\tau_{\max} = 0.5 \dfrac{V}{A}$ ② $\tau_{\max} = \dfrac{V}{A}$

③ $\tau_{\max} = 1.5 \dfrac{V}{A}$ ④ $\tau_{\max} = 2 \dfrac{V}{A}$

해설 $\tau_{\max} = \dfrac{3}{2} \times \dfrac{V}{A} = 1.5 \dfrac{V}{A}$

해답 ③

006

단면계수가 0.01m³인 사각형 단면의 양단 고정보가 2m의 길이를 가지고 있다. 중앙에 최대 몇 kN의 집중하중을 가할 수 있는가? (단, 재료의 허용굽힘응력은 80MPa 이다.)

① 800
② 1600
③ 2400
④ 3200

해설

$$\sigma_b = \frac{M}{Z} = \frac{\frac{Pl}{8}}{Z} = \frac{Pl}{8Z}$$

$$P = \frac{\sigma_b 8Z}{l} = \frac{80 \times 8 \times 0.01 \times 10^9}{2000}$$

$$= 3200000\text{N} = 3200\text{kN}$$

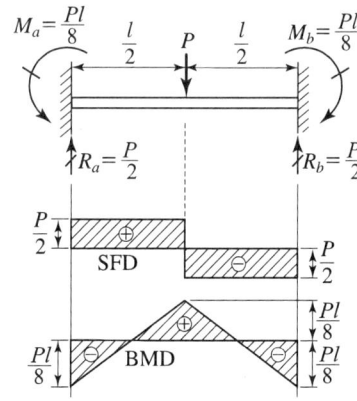

해답 ④

007

그림에서 고정단에 대한 자유단의 전 비틀림각은? (단, 전단탄성계수는 100GPa 이다.)

① 0.00025rad
② 0.0025rad
③ 0.025rad
④ 0.25rad

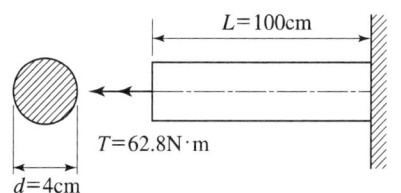

해설

$$\theta = \frac{TL}{GI_P} = \frac{62800 \times 1000}{100000 \times \frac{\pi \times 40^4}{32}} = 2.498 \times 10^{-3} \fallingdotseq 0.0025\text{rad}$$

해답 ②

008

그림과 같이 균일분포 하중을 받는 보의 지점 B에서의 굽힘모멘트는 몇 kN·m인가?

① 16
② 10
③ 8
④ 1.6

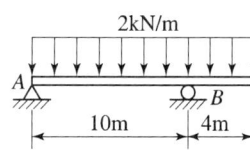

해설 $\sum M_{\overline{X}} = 0 \curvearrowright \oplus$

$+ M_x + wx \times \dfrac{x}{2} = 0, \quad M_x = -\dfrac{wx^2}{2}$

$M_B = M_{x=4} = -\dfrac{2 \times 4^2}{2} = 16\text{kN} \cdot \text{m}$

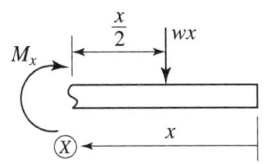

해답 ①

009

두께 10mm인 강판으로 직경 2.5m의 원통형 압력용기를 제작하였다. 최대 내부 압력이 1200kPa 일 때 축방향 응력은 몇 MPa 인가?

① 75
② 100
③ 125
④ 150

해설 $\sigma_x = \dfrac{PD}{4t} = \dfrac{1.2 \times 2500}{4 \times 10} = 75\text{MPa}$

해답 ①

010

단면적이 각각 A_1, A_2, A_3이고, 탄성계수가 각각 E_1, E_2, E_3인 길이 l인 재료가 강성판 사이에서 인장하중 P를 받아 탄성변형 했을 때 재료 1, 3 내부에 생기는 수직응력은? (단, 2개의 강성판은 항상 수평을 유지한다.)

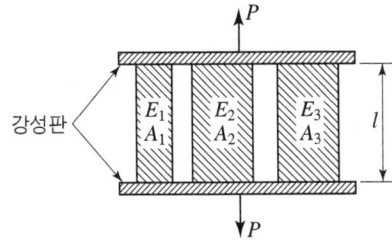

① $\sigma_1 = \dfrac{PE_1}{A_1E_1 + A_2E_2 + A_3E_3}$, $\sigma_3 = \dfrac{PE_3}{A_1E_1 + A_2E_2 + A_3E_3}$

② $\sigma_1 = \dfrac{PE_2E_3}{E_1(A_1E_1 + A_2E_2 + A_3E_3)}$, $\sigma_3 = \dfrac{PE_1E_2}{E_3(A_1E_1 + A_2E_2 + A_3E_3)}$

③ $\sigma_1 = \dfrac{PE_1}{A_3A_2E_1 + A_3A_1E_2 + A_1A_2E_3}$,

$\sigma_3 = \dfrac{PE_3}{A_3A_2E_1 + A_3A_1E_2 + A_1A_2E_3}$

④ $\sigma_1 = \dfrac{PE_2E_3}{A_3A_2E_1 + A_3A_1E_2 + A_1A_2E_3}$,

$\sigma_3 = \dfrac{PE_1E_2}{A_3A_2E_1 + A_3A_1E_2 + A_1A_2E_3}$

해설

$$\epsilon_1 = \epsilon_2 = \epsilon_3, \quad \frac{\sigma_1}{E_1} = \frac{\sigma_2}{E_2} = \frac{\sigma_3}{E_3}$$

$$P = P_1 + P_2 + P_3 = \sigma_1 A_1 + \sigma_2 A_2 + \sigma_3 A_3 = \frac{\sigma_1(A_1 E_1 + A_2 E_2 + A_3 E_3)}{E_1}$$

$$\sigma_1 = \frac{PE_1}{A_1 E_1 + A_2 E_2 + A_3 E_3}, \quad \sigma_3 = \frac{PE_3}{A_1 E_1 + A_2 E_2 + A_3 E_3}$$

해답 ①

---

011 지름 20mm, 길이 50mm의 구리 막대의 양단을 고정하고 막대를 가열하여 40℃ 상승했을 때 고정단을 누르는 힘은 약 몇 kN인가? (단, 구리의 선팽창계수 $a = 0.16 \times 10^{-4}/℃$, 세로탄성계수는 110GPa 이다.)

① 52   ② 30
③ 25   ④ 22

해설

$$F_{th} = \alpha \times E \times \Delta T \times A$$
$$= 0.16 \times 10^{-4} \times 110000 \times 40 \times \frac{\pi}{4} \times 20^2$$
$$= 22116.81\text{N} \fallingdotseq 22.116\text{kN}$$

해답 ④

---

012 지름 10mm, 길이 2m 인 둥근 막대의 한끝을 고정하고 타단을 자유로이 10°만큼 비틀었다면 막대에 생기는 최대 전단응력은 약 몇 MPa 인가? (단, 재료의 전단탄성계수는 84GPa 이다.)

① 18.3   ② 36.6
③ 54.7   ④ 73.2

해설

$$\tau = \frac{T}{Z_p} = \frac{7196.586}{\frac{\pi \times 10^3}{16}} = 36.65\text{MPa}$$

$$T = \frac{\theta G I_p}{L} = \frac{\left(10 \times \frac{\pi}{180}\right) \times 84000 \times \frac{\pi \times 10^4}{32}}{2000} = 7196.586\text{N} \cdot \text{mm}$$

해답 ②

---

013 지름이 2cm이고 길이가 1m인 원통형 중실기둥의 좌굴에 관한 임계하중을 오일러 공식으로 구하면 약 몇 kN인가? (단, 기둥의 양단은 회전단이고, 세로탄성계수는 200GPa 이다.)

① 11.5   ② 13.5
③ 15.5   ④ 17.5

해설

$$F_B = \frac{n\pi^2 EI}{L^2} = \frac{1 \times \pi^2 \times 200000 \times \frac{\pi \times 20^4}{64}}{1000^2} = 15503.138\text{N} \fallingdotseq 15.503\text{kN}$$

해답 ③

014

그림과 같이 등분포하중 w가 가해지고 B점에서 지지되어 있는 고정 지지보가 있다. A점에 존재하는 반력 중 모멘트는?

① $\frac{1}{8}wL^2$ (시계방향)

② $\frac{1}{8}wL^2$ (반시계방향)

③ $\frac{7}{8}wL^2$ (시계방향)

④ $\frac{7}{8}wL^2$ (반시계방향)

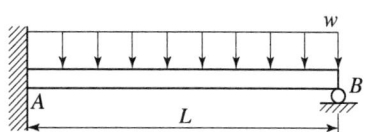

해설

$\delta_w = \frac{WL^4}{8EI}$, $\delta_{R_B} = \frac{R_B L^3}{3EI}$, $\delta_w = \delta_{R_B}$

$R_B = \frac{3WL}{8}$

$WL = R_A + R_B$

$R_A = WL - R_B = WL - \frac{3WL}{8} = \frac{5WL}{8}$

$\sum M_A = 0 \curvearrowright \oplus$

$-M_a + WL \times \frac{L}{2} - \frac{3WL}{8} \times L = 0$

$M_a = \frac{WL^2}{2} - \frac{3WL^2}{8} = \frac{WL^2}{8}$ (반시계방향)

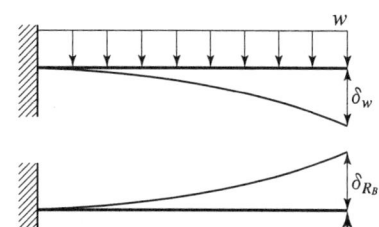

해답 ②

015

반원 부재에 그림과 같이 $0.5R$ 지점에 하중 P가 작용할 때 지지점 B에서의 반력은?

① $\frac{P}{4}$

② $\frac{P}{2}$

③ $\frac{3P}{4}$

④ P

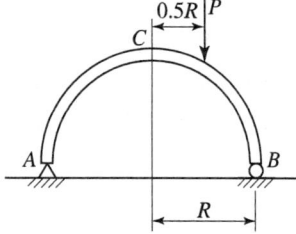

해설 $R_B = \frac{P \times 1.5R}{2R} = \frac{P \times 1.5}{2} = \frac{3P}{4}$

해답 ③

016 그림과 같은 일단고정 타단지지보의 중앙에 $P=4800N$의 하중이 작용하면 지지점의 반력(R_B)은 약 몇 kN인가?

① 3.2
② 2.6
③ 1.5
④ 1.2

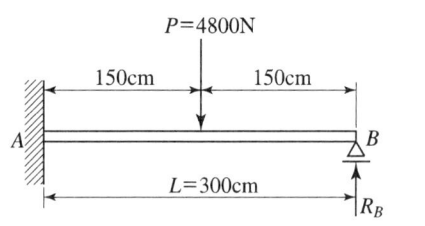

해설
$\delta_P = \dfrac{5PL^3}{48EI}$, $\delta_{R_B} = \dfrac{R_B L^3}{3EI}$, $\delta_P = \delta_{R_B}$

$\dfrac{5PL^3}{48EI} = \dfrac{R_B L^3}{3EI}$

$R_B = \dfrac{5P}{16} = \dfrac{5 \times 4800}{16}$
$= 1500N = 1.5kN$

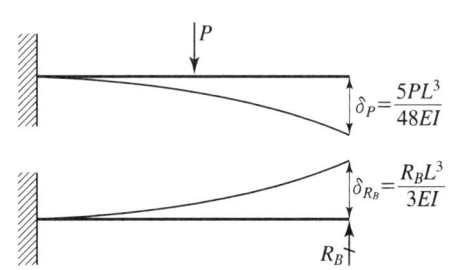

해답 ③

---

017 두 변의 길이가 각각 b, h인 직사각형의 A점에 관한 극관성 모멘트는?

① $\dfrac{bh}{12}(b^2+h^2)$ ② $\dfrac{bh}{12}(b^2+4h^2)$
③ $\dfrac{bh}{12}(4b^2+h^2)$ ④ $\dfrac{bh}{3}(b^2+h^2)$

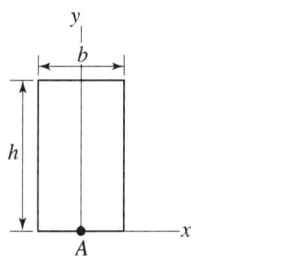

해설
$I_{P_A} = I_{P_G} + \left(\dfrac{h}{2}\right)^2 \times bh = \dfrac{bh}{12}(b^2+h^2) + \dfrac{h^2}{4} \times bh = \dfrac{bh}{12}\{(b^2+h^2) \times 3h^2\}$
$= \dfrac{bh}{12}(b^2+4h^2)$

---

018 상단이 고정된 원추 형체의 단위체적에 대한 중량을 γ라 하고 원추 밑면의 지름이 d, 높이가 l일 때 이 재료의 최대 인장응력을 나타낸 식은?
(단, 자중만을 고려한다.)

① $\sigma_{max} = \gamma l$ ② $\sigma_{max} = \dfrac{1}{2}\gamma l$
③ $\sigma_{max} = \dfrac{1}{3}\gamma l$ ④ $\sigma_{max} = \dfrac{1}{4}\gamma l$

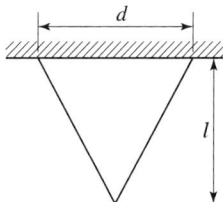

해설
$$\sigma_{max} = \frac{W}{\frac{\pi}{4} \times d^2} = \frac{\gamma \times \frac{\pi}{4}d^2 \times l \times \frac{1}{3}}{\frac{\pi}{4}d^2} = \gamma \times l \times \frac{1}{3}$$

(원추의 무게) $W = \left(\gamma \times \frac{\pi}{4}d^2 \times l\right) \times \frac{1}{3}$

해답 ③

019
보의 길이 L에 등분포하중 w를 받는 직사각형 단순보의 최대 처짐량에 대한 설명으로 옳은 것은? (단, 보의 자중은 무시한다.)
① 보의 폭에 정비례한다.　　② L의 3승에 정비례한다.
③ 보의 높이의 2승에 반비례한다.　　④ 세로탄성계수에 반비례한다.

해설
$$\delta_w = \frac{5WL^4}{384EI} = \frac{5WL^4}{384E \times \frac{bh^3}{12}} = \frac{5 \times 12 WL^4}{384Ebh^3}$$

해답 ④

020
원통형 코일스프링에서 코일 반지름 R, 소선의 지름 d, 전단탄성계수를 G라고 하면 코일스프링 한 권에 대해서 하중 P가 작용할 때 소선의 비틀림 각 ϕ를 나타내는 식은?

① $\dfrac{32PR}{Gd^2}$　　② $\dfrac{32PR^2}{Gd^2}$

③ $\dfrac{64PR}{Gd^4}$　　④ $\dfrac{64PR^2}{Gd^4}$

 해설
$$\theta = \frac{TL}{GI_p} = \frac{P \times R \times 2\pi R \times n}{G \times \frac{\pi d^4}{32}}$$

$$\frac{\theta}{n} = \frac{64PR^2}{Gd^4}$$

해답 ④

제2과목 열역학

021 다음 중 가장 낮은 온도는?
① 104℃
② 284°F
③ 410K
④ 684R

해설
① $104 + 273 = 377K$
② $(284 + 460) \times \dfrac{5}{9} = 413.33K$
③ $410K$
④ $684 \times \dfrac{5}{9} = 380K$

해답 ①

022 증기터빈에서 질량유량이 1.5kg/s 이고, 열손실률이 8.5kW이다. 터빈으로 출입하는 수증기에 대한 값은 아래 그림과 같다면 터빈의 출력은 약 몇 kW 인가?

① 273kW
② 656kW
③ 1357kW
④ 2616kW

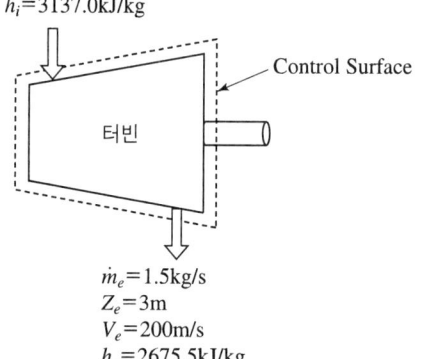

$\dot{m}_i = 1.5\text{kg/s}$
$Z_i = 6\text{m}$
$V_i = 50\text{m/s}$
$h_i = 3137.0\text{kJ/kg}$

Control Surface

터빈

$\dot{m}_e = 1.5\text{kg/s}$
$Z_e = 3\text{m}$
$V_e = 200\text{m/s}$
$h_e = 2675.5\text{kJ/kg}$

해설 $\dot{m} = \dot{m}_i = \dot{m}_e = 1.5\text{kg/s}$

$$\dfrac{1}{2}\dot{m}V_i^2 + \dot{m}gZ_i + \dot{m}h_i = \dfrac{1}{2}\dot{m}V_e^2 + \dot{m}gZ_e + \dot{m}h_e + Q_L + W_T$$

(터빈일) W_T

$W_T = \dfrac{1}{2}\dot{m}(V_i^2 - V_e^2) + \dot{m}g(Z_i - Z_e) + \dot{m}(h_i - h_e) - Q_L$

$= \dfrac{1}{2} \times 1.5(50^2 - 200^2) + 1.5 \times 9.8(6 - 3) + 1.5 \times (3137000 - 2675500) - 8500$

$= 655669.1W \fallingdotseq 655.669\text{kW}$

해답 ②

023

온도 15℃, 압력 100kPa 상태의 체적이 일정한 용기 안에 어떤 이상 기체 5kg이 들어있다. 이 기체가 50℃가 될 때까지 가열되는 동안의 엔트로피 증가량은 약 몇 kJ/K인가? (단, 이 기체의 정압비열과 정적비열은 각각 1.001kJ/(kg · K), 0.7171kJ/(kg · K) 이다.)

① 0.411 ② 0.486
③ 0.575 ④ 0.732

해설 $\Delta S = m C_v \ln \dfrac{T_2}{T_1} = 5 \times 0.7171 \times \ln \dfrac{50+273}{15+273} = 0.411 \text{kJ/K}$

해답 ①

024

어떤 냉동기에서 0℃의 물로 0℃의 얼음 2ton을 만드는데 180 MJ의 일이 소요된다면 이 냉동기의 성적계수는? (단, 물의 융해열은 334kJ/kg 이다.)

① 2.05 ② 2.32
③ 2.65 ④ 3.71

해설 $\epsilon_R = \dfrac{Q_L}{W} = \dfrac{334000 \times 2000}{180 \times 10^6} = 3.71$

해답 ④

025

계가 비가역 사이클을 이룰 때 클라우지우스(Clausius)의 적분을 옳게 나타낸 것은? (단, T는 온도, Q는 열량이다.)

① $\oint \dfrac{\delta Q}{T} < 0$ ② $\oint \dfrac{\delta Q}{T} > 0$
③ $\oint \dfrac{\delta Q}{T} \geq 0$ ④ $\oint \dfrac{\delta Q}{T} \leq 0$

해설 $\oint \dfrac{\delta Q}{T} < 0$, 비가역과정

$\oint \dfrac{\delta Q}{T} = 0$, 가역과정

해답 ①

026

비열비가 1.29, 분자량이 44인 이상 기체의 정압비열은 약 몇 kJ/(kg · K)인가? (단, 일반기체상수는 8.314kJ/(kmol · K) 이다.)

① 0.51 ② 0.69
③ 0.84 ④ 0.91

해설
$$C_p = \frac{kR}{k-1} = \frac{1.29 \times \frac{8.314}{44}}{1.29-1} = 0.84 \frac{\text{kJ}}{\text{kg} \cdot \text{K}}$$

해답 ③

027
과열증기를 냉각시켰더니 포화영역 안으로 들어와서 비체적이 $0.2327 \text{m}^3/\text{kg}$이 되었다. 이 때 포화액과 포화증기의 비체적이 각각 $1.079 \times 10^{-3} \text{m}^3/\text{kg}$, $0.5243 \text{m}^3/\text{kg}$ 이라면 건도는 얼마인가?

① 0.964
② 0.772
③ 0.653
④ 0.443

해설
$\nu_x = \nu' + x(\nu'' - \nu')$

(건도) $x = \dfrac{\nu_x - \nu'}{\nu'' - \nu'} = \dfrac{0.2327 - 1.079 \times 10^{-3}}{0.5243 - 1.079 \times 10^{-3}} = 0.4426 \fallingdotseq 0.443$

해답 ④

028
증기동력 사이클의 종류 중 재열사이클의 목적으로 가장 거리가 먼 것은?

① 터빈 출구의 습도가 증가하여 터빈 날개를 보호한다.
② 이론 열효율이 증가한다.
③ 수명이 연장된다.
④ 터빈 출구의 질(quality)을 향상시킨다.

해설 재열사이클은 터빈출구의 건도를 증가시켜 터빈날개를 보호한다.

해답 ①

029
온도 20℃에서 계기압력 0.183MPa의 타이어가 고속주행으로 온도 80℃로 상승할 때 압력은 주행 전과 비교하여 약 몇 kPa 상승하는가? (단, 타이어의 체적은 변하지 않고, 타이어 내의 공기는 이상기체로 가정하며, 대기압은 101.3kPa 이다.)

① 37kPa
② 58kPa
③ 286kPa
④ 445kPa

해설
$\dfrac{P_1}{T_1} = \dfrac{P_2}{T_2}$

$\dfrac{(183 + 101.3)}{20 + 273} = \dfrac{(P_2 + 101.3)}{80 + 273}$

(상태변화 후의 계기압력) $P_2 = 241.218 \text{kPa}$
(압력상승값) $\Delta P = P_2 - P_1 = 241.218 - 183 = 58.218 \text{kPa} \fallingdotseq 58 \text{kPa}$

해답 ②

030 온도가 127℃, 압력이 0.5MPa, 비체적이 0.4m³/kg인 이상기체가 같은 압력 하에서 비체적이 0.3m³/kg으로 되었다면 온도는 약 몇 ℃가 되는가?

① 16
② 27
③ 96
④ 300

해설 $\dfrac{v_1}{T_1} = \dfrac{v_2}{T_2}$, $\dfrac{0.4}{127+273} = \dfrac{0.3}{T_2+273}$

(상태 변화 후의 온도) $T_2 = 27℃$

해답 ②

---

031 수소(H_2)가 이상기체라면 절대압력 1MPa, 온도 100℃에서의 비체적은 약 몇 m³/kg인가? (단, 일반기체상수는 8.3145kJ/(kmol·K) 이다.)

① 0.781
② 1.26
③ 1.55
④ 3.46

해설 $Pv = RT$, 수소의 분자량 $M = 2\text{kg/kmol}$

$v = \dfrac{RT}{P} = \dfrac{\left(\dfrac{8.3145}{M}\right) \times T}{P} = \dfrac{\left(\dfrac{8.3145}{2}\right) \times (100+273)}{1 \times 10^3} = 1.55\text{m}^3/\text{kg}$

해답 ③

---

032 증기를 가역 단열과정을 거쳐 팽창시키면 증기의 엔트로피는?

① 증가한다.
② 감소한다.
③ 변하지 않는다.
④ 경우에 따라 증가도 하고, 감소도 한다.

해설 가역단열과정 등엔트로피 과정 $\Delta S = 0$

해답 ③

---

033 밀폐용기에 비내부에너지가 200kJ/kg인 기체가 0.5kg 들어있다. 이 기체를 용량이 500W인 전기가열기로 2분 동안 가열한다면 최종상태에서 기체의 내부에너지는 약 몇 kJ 인가? (단, 열량은 기체로만 전달된다고 한다.)

① 20kJ
② 100kJ
③ 120kJ
④ 160kJ

해설 $\Delta Q = 500\text{W} \times (2 \times 60)\text{S} = 60000\text{J}$

$\Delta Q = U_2 - U_1$

$U_2 = \Delta Q + U_1 = 60000 + (200000 \times 0.5) = 160000 = 160\text{kJ}$

해답 ④

034
10℃에서 160℃까지 공기의 평균 정적비열은 0.7315kJ/(kg·K)이다. 이 온도 변화에서 공기 1kg의 내부에너지 변화는 약 몇 kJ인가?

① 101.1kJ ② 109.7kJ
③ 120.6kJ ④ 131.7kJ

해설 $\Delta U = m C_v (T_2 - T_1) = 1 \times 0.7315 \times (160 - 10) = 109.725$ kJ

해답 ②

035
한 밀폐계가 190kJ의 열을 받으면서 외부에 20kJ의 일을 한다면 이 계의 내부에너지의 변화는 약 얼마인가?

① 210kJ 만큼 증가한다. ② 210kJ 만큼 감소한다.
③ 170kJ 만큼 증가한다. ④ 170kJ 만큼 감소한다.

해설 $\Delta Q = \Delta U + \Delta W$
$190 = \Delta U + 20$
$\Delta U = 170$ 증가한다.

해답 ③

036
완전가스의 내부에너지(u)는 어떤 함수인가?

① 압력과 온도의 함수이다. ② 압력만의 함수이다.
③ 체적과 압력의 함수이다. ④ 온도만의 함수이다.

해설 $du = C_v dT$
내부에너지는 T(온도) 만의 함수이다.

해답 ④

037
열펌프를 난방에 이용하려 한다. 실내 온도는 18℃이고, 실외 온도는 −15℃이며 벽을 통한 열손실은 12kW 이다. 열펌프를 구동하기 위해 필요한 최소 동력은 약 몇 kW 인가?

① 0.65kW ② 0.74kW
③ 1.36kW ④ 1.53kW

해설 $\epsilon_H = \dfrac{Q_H}{W} = \dfrac{T_H}{T_H - T_L} = \dfrac{18 + 273}{18 - (-15)} = 8.818$

$\dfrac{12}{W} = 8.818$, $W = \dfrac{12}{8.818} = 1.36$ kW

해답 ③

038

이상적인 카르노 사이클의 열기관이 500℃인 열원으로부터 500kJ을 받고, 25℃에 열을 방출한다. 이 사이클의 일(W)과 효율(η_{th})은 얼마인가?

① $W = 307.2\text{kJ}$, $\eta_{th} = 0.6143$
② $W = 307.2\text{kJ}$, $\eta_{th} = 0.5748$
③ $W = 250.3\text{kJ}$, $\eta_{th} = 0.6143$
④ $W = 250.3\text{kJ}$, $\eta_{th} = 0.5748$

 해설

$$\eta = \frac{W}{Q_H} = \frac{Q_H - Q_L}{Q_H} = 1 - \frac{Q_L}{Q_H} = 1 - \frac{T_L}{T_H} = 1 - \frac{25 + 273}{500 + 273} = 0.614$$

$$0.614 = \frac{W}{Q_H}, \quad W = 0.614 \times Q_H = 0.614 \times 500 \fallingdotseq 307\text{kJ}$$

해답 ①

039

오토사이클의 압축비(ϵ)가 8일 때 이론열효율은 약 몇 % 인가? (단, 비열비(k)는 1.4이다.)

① 36.8%
② 46.7%
③ 56.5%
④ 66.6%

 해설

$$\eta = 1 - \left(\frac{1}{\epsilon}\right)^{k-1} = 1 - \left(\frac{1}{8}\right)^{1.4-1} = 0.56 = 56\%$$

해답 ③

040

계가 정적 과정으로 상태 1에서 상태 2로 변화할 때 단순압축성 계에 대한 열역학 제1법칙을 바르게 설명한 것은? (단, U, Q, W는 각각 내부에너지, 열량, 일량이다.)

① $U_1 - U_2 = {}_1Q_2$
② $U_2 - U_1 = {}_1W_2$
③ $U_1 - U_2 = {}_1W_2$
④ $U_2 - U_1 = {}_1Q_2$

 해설

$\delta Q = dU + PdV$
(정적과정) $dV = 0$
$\delta Q = dU$
${}_1Q_2 = U_2 - U_1$

해답 ④

제3과목 기계유체역학

041 유체역학에서 연속방정식에 대한 설명으로 옳은 것은?
① 뉴턴의 운동 제2법칙이 유체 중의 모든 점에서 만족하여야 함을 요구한다.
② 에너지와 일 사이의 관계를 나타낸 것이다.
③ 한 유선 위에 두 점에 대한 단위 체적당의 운동량의 관계를 나타낸 것이다.
④ 검사체적에 대한 질량 보존을 나타내는 일반적인 표현식이다.

해설 **연속방정식** : 검사체적 내의 질량보존의 법칙을 유체유동에 적용시킨 방정식

해답 ④

042 그림과 같은 탱크에서 A점에 표준대기압이 작용하고 있을 때, B점의 절대압력은 약 몇 kPa 인가? (단, A점과 B점의 수직거리는 2.5m이고 기름의 비중은 0.92이다.)

① 78.8
② 788
③ 179.8
④ 1798

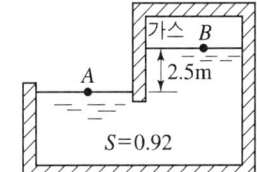

해설 $P_A = P_o$(국소대기압) $= 101325\text{Pa}$
$P_A = P_B + (S \times \gamma_w \times 2.5)$
$P_B = P_o - S \times \gamma_w \times 2.5$
$\quad = 101325 - 0.92 \times 9800 \times 2.5$
$\quad = 78785\text{Pa} = 78.785\text{kPa}$(절대압력)

해답 ①

043 기준면에 있는 어떤 지점에서의 물의 유속이 6m/s, 압력이 40kPa일 때 이 지점에서의 물의 수력기울기선의 높이는 약 몇 m 인가?

① 3.24
② 4.08
③ 5.92
④ 6.81

해설 $H.G.L = Z + \dfrac{P}{\gamma} = 0 + \dfrac{40000}{9800} = 4.08\text{m}$

해답 ②

044 2차원 직각좌표계(x, y) 상에서 x방향의 속도 $u=1$, y방향의 속도 $v=2x$인 어떤 정상상태의 이상유체에 대한 유동장이 있다. 다음 중 같은 유선 상에 있는 점을 모두 고르면?

ㄱ. (1, 1)　　ㄴ. (1, -1)　　ㄷ. (-1, 1)

① ㄱ, ㄴ
② ㄴ, ㄷ
③ ㄱ, ㄷ
④ ㄱ, ㄴ, ㄷ

해설 $u=1$, $v=2x$

$$\frac{dx}{u}=\frac{dy}{v},\ \frac{dx}{1}=\frac{dy}{2x}$$

$dy=2xdx$ 적분하면

$$y=2\times\frac{x^2}{2},\ y=x^2$$

ㄱ. $x=1$, $y=1$, $y=x^2$ 만족
ㄴ. $x=1$, $y=-1$, $y=x^2$ 불만족
ㄷ. $x=-1$, $y=1$, $y=x^2$ 만족

해답 ③

045 경계층의 박리(separation)가 일어나는 주원인은?
① 압력이 증기압 이하로 떨어지기 때문에
② 유동방향으로 밀도가 감소하기 때문에
③ 경계층의 두께가 0으로 수렴하기 때문에
④ 유동과정에 역압력 구배가 발생하기 때문에

해설 경계층박리는 유동 과정의 역압력구배가 발생하기 때문이다.

해답 ④

046 표면장력이 0.07N/m인 물방울의 내부압력이 외부압력보다 10Pa 크게 되려면 물방울의 지름은 몇 cm 인가?
① 0.14
② 1.4
③ 0.28
④ 2.8

해설 $\sigma=\dfrac{\Delta PD}{4}$

$$D=\frac{4\sigma}{\Delta P}=\frac{4\times 0.07}{10}=0.028\text{m}=2.8\text{cm}$$

해답 ④

047
가스 속에 피토관을 삽입하여 압력을 측정하였더니 정체압이 128Pa, 정압이 120Pa 이었다. 이 위치에서의 유속은 몇 m/s 인가? (단, 가스의 밀도는 1.0kg/m³ 이다.)

① 1　　　　　② 2
③ 4　　　　　④ 8

해설
정체압 = 정압 + $\gamma \Delta H$
　　　= 정압 + $\gamma \times \dfrac{V^2}{2g}$
　　　= 정압 + $\dfrac{\rho V^2}{2}$

(속도) $V = \sqrt{\dfrac{(정체압 - 정압) \times 2}{\rho}} = \sqrt{\dfrac{(128-120) \times 2}{1}} = 4\text{m/s}$

해답 ③

048
평면 벽과 나란한 방향으로 점성계수가 $2 \times 10^{-5}\text{Pa} \cdot \text{s}$인 유체가 흐를 때, 평면과의 수직거리 $y[\text{m}]$인 위치에서 속도가 $u = 5(1-e^{-0.2y})[\text{m/s}]$이다. 유체에 걸리는 최대 전단응력은 약 몇 Pa 인가?

① 2×10^{-5}　　　　② 2×10^{-6}
③ 5×10^{-6}　　　　④ 10^{-4}

해설
$\tau_y = \mu \dfrac{du}{dy} = \mu \dfrac{d(5-5e^{-0.2y})}{dy} = (2 \times 10^{-5}) \times (0 - 5 \times -0.2e^{-0.2y})$
　　 $= 2 \times 10^{-5} \times e^{-0.2y}$

(최대전단응력) $\tau_{\max} = \tau_{y=0} = 2 \times 10^{-5} \times e^{-0.2 \times 0} = 2 \times 10^{-5}\text{Pa}$

해답 ①

049
안지름 1cm인 원관 내를 유동하는 0℃의 물의 층류 임계 레이놀즈수가 2100일 때 임계속도는 약 몇 cm/s인가? (단, 0℃ 물의 동점성계수는 0.01787cm²/s 이다.)

① 37.5　　　　② 375
③ 75.1　　　　④ 751

해설
$Re = \dfrac{\rho VD}{\mu} = \dfrac{VD}{\nu}$

$V = \dfrac{Re \times \nu}{D} = \dfrac{2100 \times 0.01787}{1} = 37.527\text{cm/s}$

해답 ①

050
다음 중 정체압의 설명으로 틀린 것은?

① 정체압은 정압과 같거나 크다.
② 정체압은 액주계로 측정할 수 없다.
③ 정체압은 유체의 밀도에 영향을 받는다.
④ 같은 정압의 유체에서는 속도가 빠를수록 정체압이 커진다.

해설 **정체압**=정압+동압
① 정체압은 pitot관, 즉 액주계로 측정가능하다.
② 정체압= $\gamma H + \gamma \Delta H = \gamma H + \gamma \dfrac{V^2}{2g} = \gamma H + \dfrac{\rho V^2}{2}$
③ 정체압은 밀도의 영향을 받는다.

해답 ②

051
어떤 물체가 대기 중에서 무게는 6N이고 수중에서 무게는 1.1N이었다. 이 물체의 비중은 약 얼마인가?

① 1.1　　② 1.2
③ 2.4　　④ 5.5

해설 $W' = W - F_B$
(부력) $F_B = W - W' = 6 - 1.1 = 4.9\text{N}$

$F_B = \gamma_w \times V$, (체적) $V = \dfrac{F_B}{\gamma_w} = \dfrac{4.9}{9800} = \dfrac{1}{2000} \text{m}^3$

(물체의 비중량) $\gamma_{물체} = \dfrac{W}{V} = \dfrac{6}{\left(\dfrac{1}{2000}\right)} = 12000\text{N/m}^3$

(물체의 비중) $S = \dfrac{\gamma_{물체}}{\gamma_w} = \dfrac{12000}{9800} = 1.22$

해답 ②

052
지름 4m의 원형수문이 수면과 수직방향이고 그 최상단이 수면에서 3.5m만큼 잠겨있을 때 수문에 작용하는 힘 F와, 수면으로부터 힘의 작용점까지의 거리 x는 각각 얼마인가?

① 638kN, 5.68m
② 677kN, 5.68m
③ 638kN, 5.57m
④ 677kN, 5.57m

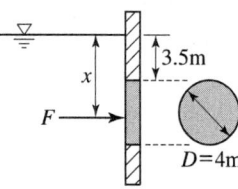

해설 $F = \gamma \overline{H} A = 9800 \times (3.5 + 2) \times \dfrac{\pi}{4} \times 4^2 = 677,27.376N ≒ 677\text{kN}$

$$x = \overline{H} + \frac{I_G}{\overline{H}A} = 5.5 + \frac{\frac{\pi \times 4^4}{64}}{5.5 \times \frac{\pi}{4} \times 4^2} = 5.68\,\text{m}$$

해답 ②

053

지름 D_1 = 30cm의 원형 물제트가 대기압 상태에서 V의 속도로 중앙부분에 구멍이 뚫린 고정 원판에 충돌하여, 원판 뒤로 지름 D_2 = 10cm의 원형 물제트가 같은 속도로 흘러나가고 있다. 이 원판의 받는 힘이 100N이라면 물제트의 속도 V는 약 몇 m/s 인가?

① 0.95
② 1.26
③ 1.59
④ 2.35

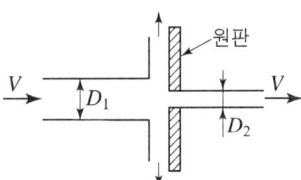

해설 A : 평판에 부딪히는 면적 $A = \frac{\pi}{4}(D_1^2 - D_2^2)$

$$F = \rho A V^2 = \rho \times \frac{\pi}{4}(D_1^2 - D_2^2) \times V^2 = 1000 \times \frac{\pi}{4}(0.3^2 - 0.1^2) \times V^2$$

$$V = \sqrt{\frac{F}{1000 \times \frac{\pi}{4}(0.3^2 - 0.1^2)}} = \sqrt{\frac{100}{1000 \times \frac{\pi}{4}(0.3^2 - 0.1^2)}} = 1.26\,\text{m/s}$$

해답 ②

054

길이 600m이고 속도 15km/h인 선박에 대해 물속에서의 조파 저항을 연구하기 위해 길이 6m인 모형선의 속도는 몇 km/h으로 해야 하는가?

① 2.7
② 2.0
③ 1.5
④ 1.0

해설 $\dfrac{V_1}{\sqrt{g \times 600}} = \dfrac{V_2}{\sqrt{g \times 6}}$, $V_2 = 1.5\,\text{km/h}$

해답 ③

055

동점성계수가 $1 \times 10^{-4}\,\text{m}^2/\text{s}$인 기름이 안지름 50mm의 관을 3m/s의 속도로 흐를 때 관의 마찰계수는?

① 0.015
② 0.027
③ 0.043
④ 0.061

해설 $f = \dfrac{64}{Re} = \dfrac{64}{1500} = 0.0426 \fallingdotseq 0.043$

$Re = \dfrac{V \times D}{\nu} = \dfrac{3 \times 0.05}{1 \times 10^{-4}} = 1500$ 층류이다.

해답 ③

056

일률(power)을 기본 차원인 M(질량), L(길이), T(시간)로 나타내면?

① L^2T^{-2}
② $MT^{-2}L^{-1}$
③ ML^2T^{-2}
④ ML^2T^{-3}

해설 일률 = 동력 = $\dfrac{일}{시간} = \dfrac{힘 \times 거리}{시간}$

$[FLT^{-1}] = [MLT^{-2} \times L \times T^{-1}] = [ML^2T^{-3}]$
$[F] = [MLT^{-2}]$

해답 ④

057

수평으로 놓은 지름 10cm, 길이 200m인 파이프에 완전히 열린 글로브 밸브가 설치되어 있고, 흐르는 물의 평균속도는 2m/s 이다. 파이프의 관 마찰계수는 0.02 이고, 전체 수두 손실이 10m 이면, 글로브 밸브의 손실계수는 약 얼마인가?

① 0.4
② 1.8
③ 5.8
④ 9.0

해설
$H_T = H_L + k\dfrac{V^2}{2g}$

$H_T = \left(f \times \dfrac{L}{D} \times \dfrac{V^2}{2g}\right) + k\dfrac{V^2}{2g} = \dfrac{V^2}{2g}\left\{\left(f \times \dfrac{L}{D}\right) + k\right\}$

$10 = \dfrac{2^2}{2 \times 9.8}\left\{\left(0.02 \times \dfrac{200}{0.1}\right) + k\right\}$

$k = 9$

해답 ④

058

유동장에 미치는 힘 가운데 유체의 압축성에 의한 힘만이 중요할 때에 적용할 수 있는 무차원수로 옳은 것은?

① 오일러수
② 레이놀즈수
③ 프루드수
④ 마하수

해설 마하수 = $\dfrac{관성력}{탄성력} = \dfrac{관성력}{체적탄성계수 \times 면적}$

해답 ④

059

(x, y)좌표계의 비회전 2차원 유동장에서 속도포텐셜(potential) ϕ는 $\phi = 2x^2y$로 주어졌다. 이때 점 $(3, 2)$인 곳에서 속도 벡터는? (단, 속도포텐셜 ϕ는 $\vec{V} \equiv \nabla\phi = \text{grad}\phi$로 정의된다.)

① $24\vec{i} + 18\vec{j}$
② $-24\vec{i} + 18\vec{j}$
③ $24\vec{i} + 9\vec{j}$
④ $-12\vec{i} + 9\vec{j}$

해설 (x방향의 속도) $u = \dfrac{\partial \phi}{\partial x} = \dfrac{\partial(2x^2y)}{\partial x} = 4xy$

(y방향의 속도) $v = \dfrac{\partial \phi}{\partial y} = \dfrac{\partial(2x^2y)}{\partial y} = 2x^2$

경계조건 $x=3$, $y=2$일 때
$u = 4xy = 4 \times 3 \times 2 = 24$
$v = 2 \times 3^2 = 18$
$\vec{V} = ui + vj = 24i + 18j$

해답 ①

060
Stokes의 법칙에 의해 비압축성 점성유체에 구(sphere)가 낙하될 때 항력(D)을 나타낸 식으로 옳은 것은? (단, μ : 유체의 점성계수, a : 구의 반지름, V : 구의 평균속도, C_D : 항력계수, 레이놀즈수가 1보다 작아 박리가 존재하지 않는다고 가정한다.)

① $D = 6\pi a \mu V$
② $D = 4\pi a \mu V$
③ $D = 2\pi a \mu V$
④ $D = C_D \pi a \mu V$

해설 Stoke's law
(항력) $D = 6R\mu V\pi = 6a\mu V\pi$

해답 ①

제4과목 기계재료 및 유압기기

061
과냉 오스테나이트 상태에서 소성가공을 한 다음 냉각하여 마텐자이트화하는 열처리 방법은?

① 오스포밍
② 크로마이징
③ 심랭처리
④ 인덕션하드닝

해설 **오스포밍**(ausforming) : 과냉 오스테나이트 상태에서 소성가공을 한 다음 냉각하여 마텐자이트화하는 열처리 방법이다. 준안정오스테나이트영역에서 성형가공 방법 중의 단조(forming)방법으로 고강인성의 강을 얻는 항온 열처리이다.

해답 ①

062
다음 중 열경화성 수지가 아닌 것은?

① 페놀 수지
② ABS 수지
③ 멜라민 수지
④ 에폭시 수지

분류			수지	용도
플라스틱	열경화성 수지		페놀 수지(PH)	적층품(판), 성형품
			에폭시 수지(EP)	도료, 접착제, 절연재
			멜라민 수지	화장판, 도료
			우레아 수지	접착제, 섬유, 종이 가공품
			불포화폴리에스테르	FRP(성형품, 판)
			알키드 수지	도료
			규소 수지	성형품(내열, 절연), 오일. 고무
			폴리우레탄 수지	발포제, 합성피혁, 접착제
	열가소성수지	비닐중합계 (범용 수지)	폴리에틸렌(PE)	필름, 시트, 성형품, 섬유
			폴리프로필렌(PP)	성형품, 필림, 파이프, 섬유
			폴리스틸렌(PS)	성형품, 발포재료, ABS수지
			염화비닐(PVC)	파이프, 호스, 시트, 판
			염화비닐리덴(PVDC)	필름, 섬유
			플로오르 수지	내약품 기계부품, 방식라이닝
			아크릴 수지	판, 성형품(건축재, 디스플레이)
			폴리아세트산 비닐 수지	도료, 접착제, 츄잉껌
		중축합개환중합계 (엔지니어링 플라스틱)	폴리아미드 수지(PA)	기계부품
			폴리카보네이트(PC)	기계부품, 디스플레이
			아세탈 수지	기계부품
			폴리페닐렌옥사이드	전기, 전자부품
			폴리에스테르	FRP(성형품, 판)화장판, 필름
			폴리술폰	내열성형품, 전기·전자 부품, 식품
			폴리이미드(PI)	내열성 필름, 접착제

해답 ②

063

Fe–Fe$_3$C계 평형 상태도에서 나타날 수 있는 반응이 아닌 것은?

① 포정반응　　② 공정반응
③ 공석반응　　④ 편정반응

해설 **포정점** : 1495℃, 0.17%C
공정점 : 1148℃, 4.3%C
공석점 : 723℃, 0.8%C

해답 ④

064

가열 과정에서 순철의 A_3변태에 대한 설명으로 틀린 것은?

① BCC가 FCC로 변한다.
② 약 910℃ 부근에서 일어난다.
③ α–Fe 가 γ–Fe로 변화한다.
④ 격자구조에 변화가 없고 자성만 변한다.

종류	변태 형식	변태점	철의 변화	원자 배열
A_4 변태	동소 변태	약 1400℃	$\delta-Fe \Leftrightarrow \gamma-Fe$	체심⇔면심
A_3 변태	동소 변태	약 900℃	$\gamma-Fe \Leftrightarrow \beta-Fe$	면심⇔체심
A_2 변태	자기 변태	약 775℃	$\beta-Fe \Leftrightarrow \alpha-Fe$	원자배열 없음

해답 ④

065

표점거리가 100mm, 시험편의 평행부 지름이 14mm인 인장 시험편을 최대하중 6400kgf로 인장한 후 표점거리가 120mm로 변화 되었을 때 인장강도는 약 몇 kgf/mm² 인가?

① 10.4kgf/mm^2
② 32.7kgf/mm^2
③ 41.6kgf/mm^2
④ 166.3kgf/mm^2

해설 $\sigma = \dfrac{F_{\max}}{A} = \dfrac{6400}{\dfrac{\pi}{4}14^2} = 41.575 \dfrac{\text{kgf}}{\text{mm}^2}$

해답 ③

066

주철의 성질에 대한 설명으로 옳은 것은?

① C, Si 등이 많을수록 용융점은 높아진다.
② C, Si 등이 많을수록 비중은 작아진다.
③ 흑연편이 클수록 자기 감응도는 좋아진다.
④ 주철의 성장 원인으로 마텐자이트의 흑연화에 의한 수축이 있다.

해설 탄소강에서 탄소(C) 함유량이 많아질수록
① 증가하는 것 : 강도, 경도, 취성, 전기저항, 비열, 항복강도
② 감소하는 것 : 연성, 전성, 인성, 충격값, 비중, 열전도율, 열팽창계수

해답 ②

067

마텐자이트(martensite) 변태의 특징에 대한 설명으로 틀린 것은?

① 마텐자이트는 고용체의 단일상이다.
② 마텐자이트 변태는 확산 변태이다.
③ 마텐자이트 변태는 협동적 원자운동에 의한 변태이다.
④ 마텐자이트의 결정 내에는 격자결함이 존재한다.

해설 **마르텐사이트 변태**는 원자들의 집단이 일시에 협동적으로 이동함으로서 형상변화를 동반하면서 단상에서 단상으로 그 결정구조가 바뀐다. 확산을 동반치 않기 때문에 변태전의 이웃원자들을 그대로 유지하고 있다. 따라서 변태 전후에 조성의 변화가 없으며, 일명 무확산 변태라고도 한다.

해답 ②

068
Al-Cu-Ni-Mg 합금으로 시효경화하며, 내열합금 및 피스톤용으로 사용되는 것은?

① Y 합금
② 실루민
③ 라우탈
④ 하이드로날륨

해설 **주물용 알루미늄 합금**
① 알루미늄-구리계 합금
 - 알코아 : 자동차 하우징, 버스 및 항공기 바퀴, 크랭크케이스에 사용된다.
   고온메짐, 수축균열이 있다.
② 알루미늄-규소계합금
 - 실루민 : 주조성은 좋으나 절삭성 불량, 재질(개량) 처리 효과가 크다.
③ 알루미늄-구리-규소계합금
 - 라우탈 : 주조성이 좋고 시효경화성이 있다. 주조 균열이 적어 두께가 얇은 주물의 주조와 금형 주조에 적합하다.
④ 알루미늄-마그네슘합금
 - 하이트로날륨[Al+Mg(10%)] : 열처리 하지 않고 승용차의 커버, 휠디스크의 재료
⑤ 다이캐스팅용합금 : 라우탈, 실루민, 하이드로날륨
⑥ Y합금[Al+(4%Cu)+(2%Ni)+(1.5%Mg)] : 내열용 알루미늄 합금으로 피스톤재료로 사용
⑦ Lo-ex(로우엑스)합금[Al+Si+Cu+Mg+Ni] : 열팽창계수가 적고 내열, 내마멸성이 우수하다. 금형에 주조되는 피스톤용

해답 ①

069
냉간압연 스테인리스강판 및 강대(KSD 3698)에서 석출경화계 종류의 기호로 옳은 것은?

① STS305
② STS410
③ STS430
④ STS630

해설 스테인리스는 Cr계, Cr-NI계로 분류되나, 금속 조직으로 분류하면 Ferrite계, Austenite계, Martensite계로 분류되며, 특수 스테인리스로 석출 경화형 스테인리스강(Precipitation Hardening Stainless Steel)으로 PH스테인리스강이라 한다. 대표적인 것은 STS630과 STS631이 있다.
① STS630은 17-4 PH 강으로 Cr(17%)+Ni(4%)이 포함된 스테인리스강이다.
② STS631은 17-7 PH 강이라 Cr(17%)+Ni(7%)이 포함된 스테인리스강이다.

해답 ④

070
구리 및 구리합금에 대한 설명으로 옳은 것은?

① Cu+Sn 합금을 황동이라 한다.
② Cu+Zn 합금을 청동이라 한다.
③ 문쯔메탈(muntz metal)은 60%Cu + 40%Zn 합금이다.
④ Cu의 전기 전도율은 금속 중에서 Ag보다 높고, 자성체이다.

해설 **구리합금**(비중 : 8.96, 용융점점 : 1083℃)
① 황동(구리+아연)
  ㉠ 톰백(모조금, 아연5~20%) 전연성이 좋고 색깔이 금색 모조금으로 사용, 판재 사용
  ㉡ 7:3황동(=카터리지메탈, 70Cu-30Zn의 합금) : 가공용 황동의 대표, 자동차 방열기, 탄피재료
  ㉢ 6:4황동(=문쯔베탈, 60Cu-40Zn) : 황동 중 가장 저렴, 탈아연 부식 발생
  ㉣ 황동주물 : 절삭성과 주조성이 좋아 기계부품, 건축용 부품에 사용
  ㉤ 쾌삭황동(1.5~3.0%Pb) : 절삭성이 좋아 정밀절삭가공을 필요로 하는 기계용 기어, 나사에 사용
  ㉥ 주석황동
    • 에드머럴티황동 : 7:3 황동에 1%의 내의 Sn 첨가
    • 네이벌황동 : 6:4 황동에 1%의 내의 Sn 첨가
  ㉦ 델타메탈(=철황동, 6:4 황동에 1~2%Fe 함유) : 강도와 내식성우수 광산, 선박, 화학기계에 사용
  ㉧ 망간니(황동에 10~15%망간 함유) : 전기저항률이 크고, 온도계수가 적어 표준저항기, 정밀기계에 사용
  ㉨ 양은(=양백, Nickel Silver 10~20%Ni) : 장식품, 악기, 광학기계부품에 사용
② 청동(구리+주석)
  ㉠ 청동주물
    • 포금 : 8~12%의 Sn에 1~2%의 Zn을 함유, 해수에 잘 침식되지 않는다.
    • 에드머럴티포금 : 88%의 Cu, 10%Sn, 2%Zn의 합금으로 포금의 주조성과 절삭성개량
  ㉡ 베어링용청동(10~14%Sn) : 내마멸성이 크므로 자동차나 일반기계의 베어링으로 사용
  ㉢ 인청동 : 인으로 탈산시킨 것으로 강인하고 내식성이 좋아 스프링재료
  ㉣ 알루미늄청동(약15% Al함유) : 선박용, 화학공업용
  ㉤ 베릴륨청동 : 탄성이 좋은 점의 이용, 고급스프링, 벨로우즈(bellows)
  ㉥ 니켈청동 : 점성이 강하고, 내식성도 크며, 표면의 평활한 합금이 된다. 뜨임취성을 일으키는 단점이 있다.

※ **구리의 특징**
① 전기가 잘 통한다.
② 비자성체이다.
③ 열전전도가 우수하다.
④ 면심입방격자
⑤ 전연성풍부하다.
⑥ 변태점 없다.
⑦ 용접성이 우수하다.
⑧ 공기 중에서 표면이 산화되어 암적색이 되고 재료내부는 부식되지 않는다.
⑨ 해수에 침식된다.
⑩ 황산, 염산, 질산에 쉽게 용해된다.

해답 ③

071

개스킷(gasket)에 대한 설명으로 옳은 것은?

① 고정부분에 사용되는 실(seal)
② 운동부분에 사용되는 실(seal)
③ 대기로 개방되어 있는 구멍
④ 흐름의 단면적을 감소시켜 관로 내 저항을 갖게 하는 기구

해설 개스킷(gasket) : 고정부분에 사용되는 실(seal)
패킹(Packing) : 운동부분에 사용되는 실(seal)

해답 ①

072

자중에 의한 낙하, 운동물체의 관성에 의한 액추에이터의 자중 등을 방지하기 위해 배압을 생기게 하고 다른 방향의 흐름이 자유로 흐르도록 한 밸브는?

① 풋 밸브
② 스풀 밸브
③ 카운터 밸런스 밸브
④ 변환 밸브

해설 압력제어밸브의 종류

형식	명칭	기능	기호
상시 폐형	릴리프밸브 (relief valve) 안전밸브 (safety valve)	회로내의 압력을 설정치로 유지하는 밸브, 특히 회로의 최고압력을 한정하는 밸브를 안전밸브라고 한다.	
	시퀀스밸브 (sequence valve)	둘 이상의 분기회로가 있는 회로내에서 그 작동순서를 회로의 압력 등에 의해 제어하는 밸브. 입구압력 또는 외부파일럿 압력이 소정의 값에 도달하면 입구측으로부터 출구측의 흐름을 허용하는 밸브	
	무부하밸브 (unloadin valve)	회로의 압력이 설정치에 달하면 펌프를 무부하로 하는 밸브	
	카운터밸런스밸브 (counterbalance valve)	부하의 낙하를 방지하기 위해 배압을 부여하는 밸브한 방향의 흐름에는 설정된 배압을 주고 반대방향의 흐름을 자유흐름으로 하는 밸브	
상시 개형	감압밸브 (pressure reducing valve)	출구측압력을 입구측압력보다 낮은 설정압력으로 조정하는 밸브	

해답 ③

073 유압에서 체적탄성계수에 대한 설명으로 틀린 것은?

① 압력의 단위와 같다.
② 압력의 변화량과 체적의 변화량은 관계있다.
③ 체적탄성계수의 역수는 압축률로 표현한다.
④ 유압에 사용되는 유체가 압축되기 쉬운 정도를 나타낸 것으로 체적탄성계수가 클수록 압축이 잘 된다.

해설 체적 탄성계수가 클수록 비압축성 유체이다.

해답 ④

074 오일의 팽창, 수축을 이용한 유압 응용장치로 적절하지 않은 것은?

① 진동 개폐 밸브   ② 압력계
③ 온도계   ④ 쇼크 업소버

해설 **쇼크 업소버** : 유체의 점성을 이용하여 오일의 팽창, 수축을 이용한 자동차의 충격흡수를 할수 있는 유압장치이다.

해답 ④

075 그림과 같은 유압회로의 명칭으로 적합한 것은?

① 어큐뮬레이터 회로
② 시퀀스 회로
③ 블리드 오프 회로
④ 로킹(로크) 회로

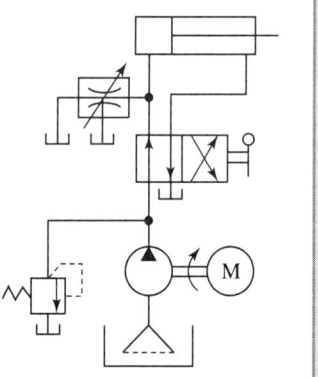

해설 블리드 오프 회로는 유입되는 유량을 조절 하는 회로로 유입되는 유량을 분기시켜 유량을 조절한다.

해답 ③

076 토출량이 일정한 용적형 펌프의 종류가 아닌 것은?

① 기어 펌프   ② 베인 펌프
③ 터빈 펌프   ④ 피스톤 펌프

해설 (1) **용적형 펌프**(용량형 펌프)
　　[특징] ① 펌프의 축이 한번 회전할 때 일정한 량을 토출
　　　　　② 중압 또는 고압력에서 주로 압력발생을 주된 목적으로 사용

③ 토출량이 부하압력에 관계없이 대충 일정하다.
④ 부하압력에 따라 토출량이 정해지므로 부하가 과대해지면 압력이 상승해서 펌프가 파괴될 염려가 있다.(Relief V/V를 설치하여 위험 방지)

[종류] ① 정토출형 펌프(Fixed displacement pump)
  ㉠ 기어펌프(Gear)   ㉡ 나사펌프(Screw)
  ㉢ 베인펌프(Vane)   ㉣ 피스톤 펌프(Piston)
② 기변토출형 펌프(Variable diaplacement pump)
  ㉠ 베인 펌프(Vane)   ㉡ 피스톤 펌프(Piston)

(2) **비용적형 펌프**
[특징] ① 토출량이 일정치 않음
② 저압에서 대량의 유체를 수송하는데 사용
③ 토출량과 압력사이에 일정관계가 있다.
  토출량이 증가하면 토출압력은 감소, 토출유량은 펌프축의 회전속도와 비례한다.

[종류] ① 원심력 펌프(Centrifugal) : 벌류트펌프와 터빈펌프가 있다.
② 액시얼 프로펠라 펌프(Axial propeller축류펌프)
③ 혼류형 펌프(Mixed flow)
④ 로토젯 펌프(Roto-jet)

해답 ③

077

유압 모터의 효율에 대한 설명으로 틀린 것은?

① 전효율은 체적효율에 비례한다.
② 전효율은 기계효율에 반비례한다.
③ 전효율은 축 출력과 유체 입력의 비로 표현한다.
④ 체적효율은 실제 송출유량과 이론 송출유량의 비로 표현한다.

해설 (모터의 전효율) $\eta = \eta_m \times \eta_v$
  여기서, η_m : 기계효율, η_v : 체적효율

해답 ②

078

그림과 같은 기호의 밸브 명칭은?

① 스톱 밸브
② 릴리프 밸브
③ 체크 밸브
④ 가변 교축 밸브

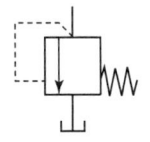

해설

스톱 밸브	체크 밸브	가변 교축 밸브
▷◁	─○─	─⊘─

해답 ②

079 펌프의 효율을 구하는 식으로 틀린 것은? (단, 펌프에 손실이 없을 때 토출 압력은 P_0, 실제 펌프 토출 압력은 P, 이론 펌프 토출량은 Q_0, 실제 펌프 토출량은 Q, 유체동력은 L_h, 축동력은 L_s이다.)

① 용적효율 = $\dfrac{Q}{Q_0}$

② 압력효율 = $\dfrac{P_0}{P}$

③ 기계 효율 = $\dfrac{L_h}{L_s}$

④ 전 효율 = 용적 효율 × 압력 효율 × 기계 효율

해설 압력효율 = $\dfrac{P}{P_o}$

해답 ②

080 압력 제어 밸브에서 어느 최소 유량에서 어느 최대 유량까지의 사이에 증대하는 압력은?

① 오버라이드 압력　　② 전량 압력
③ 정격 압력　　　　　④ 서지 압력

해설 오버라이드 압력 : 압력 제어 밸브에서 어느 최소 유량에서 어느 최대 유량까지의 사이에 증대하는 압력

해답 ①

제5과목 기계제작법 및 기계동력학

081 강체의 평면운동에 대한 설명으로 틀린 것은?
① 평면운동은 병진과 회전으로 구분할 수 있다.
② 평면운동은 순간중심점에 대한 회전으로 생각할 수 있다.
③ 순간중심점은 위치가 고정된 점이다.
④ 곡선경로를 움직이더라도 병진운동이 가능하다.

해설 순간중심은 고정된 점이 아니다. 회전하는 원점이 구르면서 앞으로 굴러갈 때는 각 점 (A,P,Q,C,R,D)이 순간 중심이 될 수 있다.

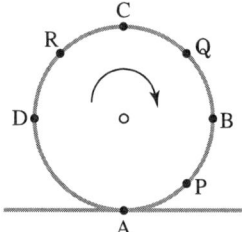

해답 ③

082 자동차 B, C가 브레이크가 풀린 채 정지하고 있다. 이때 자동차 A가 1.5m/s의 속력으로 B와 충돌하면, 이후 B와 C가 다시 충돌하게 되어 결국 3대의 자동차가 연쇄 충돌하게 된다. 이때 B와 C가 충돌한 직후 자동차 C의 속도는 약 몇 m/s인가? (단, 모든 자동차 간 반발계수는 $e=0.75$이고, 모든 자동차는 같은 종류로 질량이 같다.)

① 0.16
② 0.39
③ 1.15
④ 1.31

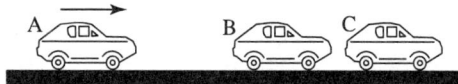

해설 A와 B 자동차의 충돌 $V_B = 0$, $m_A = m_B = m_C$
$m_A V_A + m_B V_B = m_A V_A' + m_B V_B'$, $1.5 = V_A' + V_B'$ ·········· (1)

$e = 0.75 = \dfrac{V_B' - V_A'}{V_A - V_B}$, $0.75 \times 1.5 = V_B' - V_A'$, $1.125 = V_B' - V_A'$ ·········· (2)

(1)과 (2)식에서 $V_B' = 1.3125 \, \text{m/s}$, $V_A' = 0.1875 \, \text{m/s}$

B와 C의 자동차 $V_B' = 1.3125 \, \text{m/s}$, $V_C = 0$
$m_B V_B' + m_C V_C = m_B V_B'' + m_C V_C'$, $1.3125 = V_B'' + V_C'$ ·········· (3)

$e = \dfrac{V_C' + V_B''}{V_B' - V_C}$, $0.75 \times 1.3125 = V_C' - V_B''$, $0.9843 = V_C' - V_B''$ ·········· (4)

(3)과 (4)식에서 $V_C' = 1.1484 \, \text{m/s}$, $V_B'' = 0.1641 \, \text{m/s}$

해답 ③

083 질량 $m=100$kg인 기계가 강성계수 $k=1000$kN/m, 감쇠비 $\xi=0.2$인 스프링에 의해 바닥에 지지되어 있다. 이 기계에 $F=485\sin(200t)$N의 가진력이 작용하고 있다면 바닥에 전달되는 힘은 약 몇 N 인가?

① 100
② 200
③ 300
④ 400

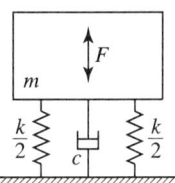

해설
$$TR = \frac{(최대전달력)F_{max}}{(최대가진력)f_o} = \frac{\sqrt{1+(2\xi r)^2}}{\sqrt{(1-r^2)^2+(2\xi r)^2}}$$

$$= \frac{\sqrt{1+(2\times 0.2\times 2)^2}}{\sqrt{(1-2^2)^2+(2\times 0.2\times 2)^2}} = 0.412$$

(진동수비) $\gamma = \dfrac{w}{w_n} = \dfrac{w}{\sqrt{\dfrac{k}{m}}} = \dfrac{200}{\sqrt{\dfrac{1000000}{100}}} = 2$

$TR = 0.412$, $TR = \dfrac{F_{max}}{f_o} = \dfrac{F_{max}}{485}$

(최대전달력) $F_{max} = TR \times 485 = 0.412 \times 485 = 199.82$N $\fallingdotseq$ 200N

해답 ②

084 20g의 탄환이 수평으로 1200m/s의 속도로 발사되어 정지해 있던 300g의 블록에 박힌다. 이후 스프링에 발생한 최대 압축 길이는 약 몇 m인가? (단, 스프링상수는 200N/m이고 처음에 변형되지 않은 상태였다. 바닥과 블록 사이의 마찰은 무시한다.)

① 2.5
② 3.0
③ 3.5
④ 4.0

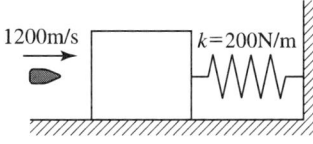

해설 운동량 보존의 법칙
$$m_1 V_1 + m_2 V_2 = (m_1 + m_2)V'$$
$$(20 \times 1200) + (300 \times 0) = (20+300) \times V'$$
(충돌 후의 속도) $V' = 75$m/s

에너지 보존의 법칙
$$\frac{1}{2}(m_1+m_2)V'^2 = \frac{1}{2}kx^2$$
$$\frac{1}{2}(0.32) \times 75^2 = \frac{1}{2} \times 200 \times x^2$$
(스프링 변위) $x = 3$m

해답 ②

085 그림과 같은 진동시스템의 운동방정식은?

① $m\ddot{x} + \dfrac{c}{2}\dot{x} + kx = 0$

② $m\ddot{x} + c\dot{x} + \dfrac{kc}{k+c}x = 0$

③ $m\ddot{x} + \dfrac{kc}{k+c}\dot{x} + kx = 0$

④ $m\ddot{x} + 2c\dot{x} + kx = 0$

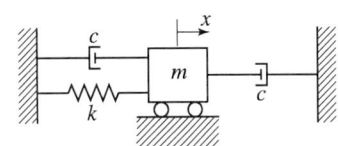

해설 $c_e = c_1 + c_2 = c + c = 2c$
$m\ddot{x} + 2c\dot{x} + kx = 0$

해답 ④

086 북극과 남극이 일직선으로 관통된 구멍을 통하여, 북극에서 지구 내부를 향하여 초기속도 $v_o = 10$m/s로 한 질점을 던졌다. 그 질점이 A 점($S = \dfrac{R}{2}$)을 통과할 때의 속력은 약 몇 km/s 인가? (단, 지구내부는 균일한 물질로 채워져 있으며, 중력가속도는 O점에서 0이고, O점으로 부터의 위치 S에 비례한다고 가정한다. 그리고 지표면에서 중력가속도는 9.8m/s², 지구 반지름은 $R = 6371$km 이다.)

① 6.84
② 7.90
③ 8.44
④ 9.81

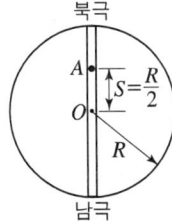

해설 초기위치 $x_o = R$, 나중위치 $\dfrac{R}{2}$

초기속도 $V_o = 10$m/s

(임의의 x지점의 가속도) a

$g : R = a : x$

$a = \dfrac{gx}{R}$, x방향은 ↑방향, y방향은 ↓방향이므로 $a = -\dfrac{gx}{R}$

$V = \dfrac{dx}{dt}$, $a = \dfrac{dV}{dt}$

$dt = \dfrac{dx}{V}$, $dt = \dfrac{dV}{a}$

$\dfrac{dx}{V} = \dfrac{dV}{a}$, $adx = VdV$

$-\dfrac{gx}{R}dx = VdV$

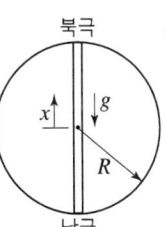

$-\dfrac{gx}{R}dx = VdV$ 적분하면

$-\dfrac{g}{2R}[x^2]_R^{\frac{R}{2}} = \dfrac{1}{2}[V^2]_{V_o}^{V_A}$

$-\dfrac{g}{2R}\left\{\left(\dfrac{R}{2}\right)^2 - R^2\right\} = \dfrac{1}{2}\left(V_A^2 - V_o^2\right)$

$-\dfrac{g}{2R}\left(\dfrac{R^2}{4} - \dfrac{4R^2}{4}\right) = \dfrac{1}{2}\left(V_A^2 - V_o^2\right)$

$\dfrac{3gR}{8} = \dfrac{1}{2}\left(V_A^2 - V_o^2\right) = \dfrac{3 \times 9.8 \times 6371000}{8} = \dfrac{1}{2}\left(V_A^2 - 10^2\right)$

$V_A = 6843.02 \text{m/s} \fallingdotseq 6.84 \text{km/s}$

해답 ①

087

진동수(f), 주기(T), 각진동수(ω)의 관계를 표시한 식으로 옳은 것은?

① $f = \dfrac{1}{T} = \dfrac{\omega}{2\pi}$
② $f = T = \dfrac{\omega}{2\pi}$
③ $f = \dfrac{1}{T} = \dfrac{2\pi}{\omega}$
④ $f = \dfrac{2\pi}{T} = \omega$

해설
(주기) $T = \dfrac{2\pi}{w} = \dfrac{1}{f}$

(진동수) $f = \dfrac{w}{2\pi} = \dfrac{1}{T}$

해답 ①

088

물체의 위치가 x가 $x = 6t^2 - t^3$ [m]로 주어졌을 때 최대 속도의 크기는 몇 m/s인가? (단, 시간의 단위는 초이다.)

① 10
② 12
③ 14
④ 16

해설
$V = \dfrac{dx}{dt} = \dfrac{d(6t^2 - t^3)}{dt} = 12t - 3t^2$

$a = \dfrac{dV}{dt} = 12 - 6t$, $a = 0$ 최대속도

$a = 12 - 6t$, $0 = 12 - 6t$, $t = 2$초일 때

$V = 12t - 3t^2$

$V_{\max} = 12 \times 2 - 3 \times 2^2 = 24 - 12 = 12 \text{m/s}$

해답 ②

089 경사면에 질량 M의 균일한 원기둥이 있다. 이 원기둥에 감겨 있는 실을 경사면과 동일한 방향인 위쪽으로 잡아당길 때, 미끄럼이 일어나지 않기 위한 실의 장력 T의 조건은? (단, 경사면의 각도는 α, 경사면과 원기둥사이의 마찰계수를 μ_s, 중력가속도를 g라 한다.)

① $T \leq Mg(3\mu_s \sin\alpha + \cos\alpha)$
② $T \leq Mg(3\mu_s \sin\alpha - \cos\alpha)$
③ $T \leq Mg(3\mu_s \cos\alpha + \sin\alpha)$
④ $T \leq Mg(3\mu_s \cos\alpha - \sin\alpha)$

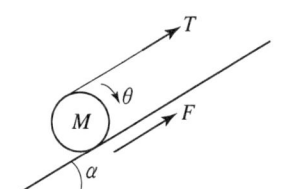

해설 Σ 경사면의 힘 $= ma$
$T + F - mg\sin\theta = ma = m\alpha R$
Σ 모멘트 $= J\alpha$
$T \times R - F \times R = \dfrac{mR^2}{2}\alpha$
$(T-F) \times R = \dfrac{mR^2}{2}\alpha$
$T - F = \dfrac{mR}{2}\alpha$, $\alpha = \dfrac{2(T-F)}{mR}$
$T + F - mg\sin\theta = m\dfrac{2(T-F)}{mR} \times R$
$T + F - mg\sin\theta = 2(T-F)$
$T + F mg\sin\theta = 2T - 2F$
$3F - mg\sin\theta = T$
(마찰력) $F = \mu_s mg\cos\theta$
$(3\mu_s mg\cos\theta - mg\sin\theta) = T$
$T = mg(3\mu_s \cos\theta - \sin\theta)$

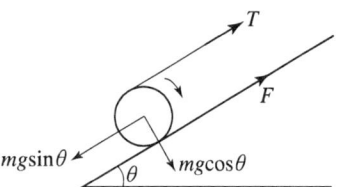

해답 ④

090 직선 진동계에서 질량 98kg의 물체가 16초간에 10회 진동하였다. 이 진동계의 스프링 상수는 몇 N/cm 인가?

① 37.8
② 15.1
③ 22.7
④ 30.2

해설 $f = \dfrac{10}{16} = 0.625[\text{cycle/s}] = 0.625\text{Hz}$
$T = \dfrac{2\pi}{w} = \dfrac{1}{f}$
$w = 2\pi f = 2\pi \times 0.625 = 3.926\text{rad/s}$
$w = \sqrt{\dfrac{k}{m}}$, $3.926 = \sqrt{\dfrac{k}{98}}$
$k = 1510\text{N/m} = 15.1\text{N/cm}$

해답 ②

091. 용접부의 시험검사 방법 중 파괴시험에 해당하는 것은?

① 외관시험 ② 초음파 탐상시험
③ 피로시험 ④ 음향시험

해설 비파괴 시험방법

방사선 투과 시험	일반 2중벽 촬영	RT RT-W	X선 또는 Co(코발트 60) 등에서 발생한 γ 선이 물질을 통과할 때, 그 물질의 밀도 및 두께에 따라 투과 후의 강도에 차이가 생기는 것을 사진 필름에 감광시켜 결함을 찾아내는 방법
초음파 탐상 시험	일반 수직탐상 경사각 탐상	UT UT-N UT-A	사람의 귀에 들리지 않는 초음파(1~5Hz)를 사용하여 검사하는 방법으로, 흠집, 결함 등의 위치 및 크기를 알아 낼 수 있다.
자기 분말 탐상 시험	일반 형광탐상	MT MT-F	자화된 재료에 강자성체의 분말을 뿌리거나, 또는 이것을 강자성체 분말의 액체 속에 담그면 결함이 있는 곳에 자성체 분말이 몰려 결함의 소재 위치를 쉽게 알 수 있는 방법
침투탐상 시험	일반 형광탐상 비형광탐상	PT PT-F PT-D	재료의 표면에 흠집이나 결함이 있을 때에 표면을 깨끗이 하여 침투제에 침투시킨 다음 남는 것을 닦아내고 현상제(MgO, BaCO₃ 등의 용제)를 칠하여 결함을 검출하는 방법
전체선 시험		○	각 시험의 기호 뒤에 붙인다.
부분 시험(샘플링 시험)		△	

해답 ③

092. 담금질된 강의 마텐자이트 조직은 경도는 높지만 취성이 매우 크고 내부적으로 잔류응력이 많이 남아 있어서 A1 이하의 변태점에서 가열하는 열처리 과정을 통하여 인성을 부여하고 잔류응력을 제거하는 열처리는?

① 풀림 ② 불림
③ 침탄법 ④ 뜨임

해설 뜨임(Tempering) : 저온뜨임과 고온뜨임이 있으며, 일정한 온도로 가열 후 공기 중에서 냉각(공냉), 또는 노안에서 냉각(노냉)시킨다.
① 저온 뜨임 : 담금질에 의해 발생한 내부응력이 제거되고, 강재의 표면에 발생한 응력이나 마텐자이트의 메짐성이 없어진다. 이와 같이 경도만이 요구되는 경우 약 100~200℃ 부근에서 뜨임하는 것을 말한다.(오스테나이트 → 트루스타이트) 또는 마텐자이트를 400℃로 뜨임하면 트루우스타이트가 얻어진다.(M → T)
② 고온 뜨임 : 강인한 재질로 만들기 위하여 500~600℃의 고온에서 뜨임하는 것을 말 한다.(트루스타이트 → 소르바이트)

해답 ④

093 방전가공의 특징으로 틀린 것은?
① 무인가공이 불가능하다.
② 가공 부분에 변질층이 남는다.
③ 전극의 형상대로 정밀하게 가공할 수 있다.
④ 가공물의 경도와 관계없이 가공이 가능하다.

해설 **방전가공** : 높은 경도로 절삭 가공이 곤란한 금속(초경합금, 열처리강, 내열강, 퀜칭된 고속도강, 스테인리스 강철, 다이아몬드, 수정 등)을 쉽게 가공할 수 있다. 또한 열의 영향이 적으므로 가공 변질층이 얇고 내마멸성, 내부식성이 높은 표면을 얻을 수 있으며, 작은 구멍, 좁고 깊은 홈 등 작고 복잡한 가공도 할 수 있다. 전기적인 방법으로 자동화 가능하다.

해답 ①

094 단체모형, 분할모형, 조립모형의 종류를 포괄하는 실제 제품과 같은 모양의 모형은?
① 고르게 모형   ② 회전 모형
③ 코어 모형   ④ 현형

해설 **현형**(solid pattern) : 원형으로 가장 기본적이고 일반적인 것으로 제작할 제품과 거의 같은 모양의 원형에 주조 재료의 수축 여유, 가공 여유, 코어 프린터 등을 고려하여 만든 원형을 현형이라 한다.
① 단체형(one piece pattern) : 간단한 주물 (1개로 된 목형)
② 분할형(split pattern) : 한쪽에 단이 있는 부품(상형, 하형의 2개의 목형)
③ 조립형(built-up pattern) : 아주 복잡한 주물(3개 이상의 목형), 상수도관용 밸브
※ 분할형에서 상형, 하형을 연결하기 위해 맞춤못(dowel)을 사용한다.

해답 ④

095 압연에서 롤러의 구동은 하지 않고 감는 기계의 인장 구동으로 압연을 하는 것으로 연질재의 박판 압연에 사용되는 압연기는?
① 3단 압연기   ② 4단 압연기
③ 유성 압연기   ④ 스테켈 압연기

해설 **스테켈 압연기**
압연에서 롤러의 구동은 하지 않고 감는 기계의 인장 구동으로 압연을 하는 것으로 연질재의 박판 압연에 사용되는 압연기

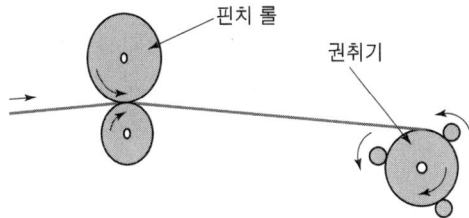

해답 ④

096

압연가공에서 가공 전의 두께가 20mm이던 것이 가공 후의 두께가 15mm로 되었다면 압하율은 몇 % 인가?

① 20
② 25
③ 30
④ 40

해설 $\epsilon = \dfrac{H-h}{H} = \dfrac{20-15}{20} = 25\%$

해답 ②

097

스프링 등과 같은 기계요소의 피로강도를 향상시키기 위해 작은 강구를 공작물의 표면에 충돌시켜서 가공하는 방법은?

① 숏 피닝
② 전해가공
③ 전해연삭
④ 화학연마

해설 쇼트 피닝

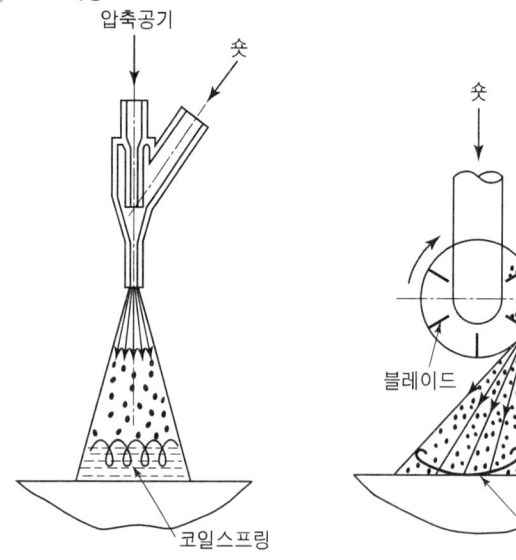

해답 ①

098

브라운샤프형 분할대로 $5\dfrac{1}{2}^\circ$ 의 각도를 분할할 때, 분할 크랭크의 회전을 어떻게 하면 되는가?

① 27구멍 분할판으로 14구멍씩
② 18구멍 분할판으로 11구멍씩
③ 21구멍 분할판으로 7구멍씩
④ 24구멍 분할판으로 15구멍씩

해설 $n = \dfrac{x^\circ}{9} = \dfrac{5\frac{1}{2}}{9} = \dfrac{\frac{11}{2}}{9} = \dfrac{11}{18}$

해답 ②

099 전기 아크용접에서 언더컷의 발생 원인으로 틀린 것은?

① 용접속도가 너무 빠를 때 ② 용접전류가 너무 높을 때
③ 아크길이가 너무 짧을 때 ④ 부적당한 용접봉을 사용했을 때

해설 언터컷의 발생원인
① 전류가 너무 높을 때
② 아크길이가 너무 길 때
③ 용접속도가 빠를 때
④ 부적당한 용접봉 사용할 때

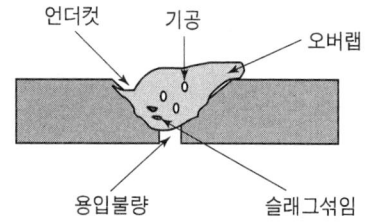

해답 ③

100 절삭가공 시 발생하는 절삭온도 측정방법이 아닌 것은?

① 부식을 이용하는 방법 ② 복사고온계를 이용하는 방법
③ 열전대에 의한 방법 ④ 칼로리미터에 의한 방법

해설 절삭가공 시 발생하는 절삭온도 측정방법
① 칩의 색깔에 의한 방법
② 가공물과 공구간 열전대 접촉에 의한 방법(thermo couple)
③ 복사 고온계를 사용하는 방법
④ 칼로리미터 를 사용하는 방법(calorimeter)
⑤ 공구에 열전대 를 삽입하는 방법(thermo couple)
⑥ 시온 도료에 의한 방법
⑦ Pbs 광전지를 이용한 측정 방법

해답 ①

일반기계기사

2021년 5월 15일 시행

제1과목 재료역학

001 5cm×4cm 블록이 x축을 따라 0.05cm 만큼 인장되었다. y방향으로 수축되는 변형률(ϵ_y)은? (단, 포아송 비(ν)는 0.3이다.)

① 0.000015
② 0.0015
③ 0.003
④ 0.03

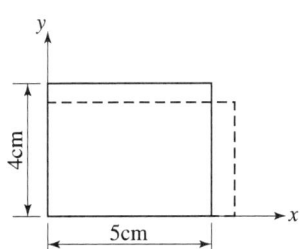

해설 $\nu = \dfrac{\epsilon_y}{\epsilon_x} = \dfrac{\epsilon_y}{\dfrac{0.05}{5}}$

(y방향 변형률) $\epsilon_y = \nu \times \dfrac{0.05}{5} = 0.3 \times \dfrac{0.05}{5} = 0.003$

해답 ③

002 길이 15m, 봉의 지름 10mm인 강봉에 $P=8$kN을 작용시킬 때 이 봉의 길이방향 변형량은 약 몇 mm인가? (단, 이 재료의 세로탄성계수는 210GPa 이다.)

① 5.2
② 6.4
③ 7.3
④ 8.5

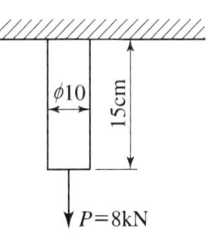

해설 $\Delta L = \dfrac{PL}{AE} = \dfrac{8000 \times 15000}{\dfrac{\pi}{4} \times 10^2 \times 210000} = 7.27\text{mm} \risingdotseq 7.3\text{mm}$

해답 ③

003

반경 r, 내압 P, 두께 t인 얇은 원통형 압력용기의 면내에서 발생되는 최대 전단응력(2차원 응력 상태에서의 최대 전단응력)의 크기는?

① $\dfrac{Pr}{2t}$ ② $\dfrac{Pr}{t}$

③ $\dfrac{Pr}{4t}$ ④ $\dfrac{2Pr}{t}$

해설 $\tau_{\max} = \dfrac{\sigma_y - \sigma_x}{2} = \dfrac{\dfrac{PD}{2t} - \dfrac{PD}{4t}}{2} = \dfrac{\dfrac{PD}{4t}}{2} = \dfrac{PD}{8t} = \dfrac{P(2r)}{8t} = \dfrac{Pr}{4t}$

해답 ③

004

다음과 같이 3개의 링크를 핀을 이용하여 연결하였다. 2000N의 하중 P가 작용할 경우 핀에 작용되는 전단응력은 약 몇 MPa 인가? (단, 핀의 지름은 1cm 이다.)

① 12.73
② 13.24
③ 15.63
④ 16.56

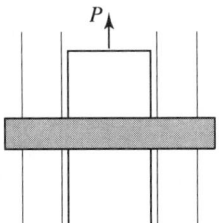

해설 $\tau = \dfrac{P}{\dfrac{\pi}{4} \times 10^2 \times 2} = 12.73\text{MPa}$

해답 ①

005

그림과 같이 평면응력 조건하에 최대 주응력은 몇 kPa 인가? (단, $\sigma_x = 400\text{kPa}$, $\sigma_y = -400\text{kPa}$, $\tau_{xy} = 300\text{kPa}$ 이다.)

① 400
② 500
③ 600
④ 700

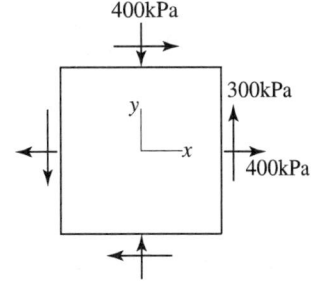

해설 $\sigma_1 = \dfrac{\sigma_x + \sigma_y}{2} + \sqrt{\left(\dfrac{\sigma_x - \sigma_y}{2}\right)^2 + \tau_{xy}^2}$

$= \dfrac{400 + (-400)}{2} + \sqrt{\left(\dfrac{400 - (-400)}{2}\right)^2 + 300^2} = 500\text{kPa}$

해답 ②

006

전체 길이에 걸쳐서 균일 분포하중 200N/m가 작용하는 단순 지지보의 최대 굽힘 응력은 몇 MPa 인가? (단, 폭×높이=3cm×4cm인 직사각형 단면이고, 보의 길이는 2m 이다. 또한 보의 지점은 양 끝단에 있다.)

① 12.5
② 25.0
③ 14.9
④ 29.8

해설
$$\sigma_b = \frac{M}{Z} = \frac{\left(\frac{\omega L^2}{8}\right)}{\left(\frac{bh^2}{6}\right)} = \frac{\left(\frac{0.2 \times 2000^2}{8}\right)}{\left(\frac{30 \times 40^2}{6}\right)}$$
$$= 12.5 \text{MPa}$$

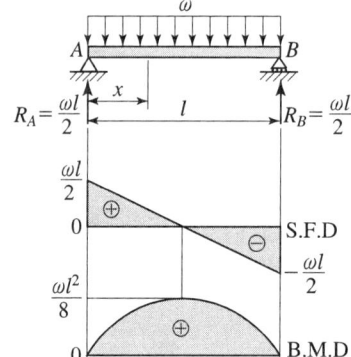

해답 ①

007

다음 보에 발생하는 최대 굽힘 모멘트는?

① $\frac{L}{4}(w_o L - 2P)$
② $\frac{L}{4}(w_o L + 2P)$
③ $\frac{L}{8}(w_o L - 2P)$
④ $\frac{L}{8}(w_o L + 2P)$

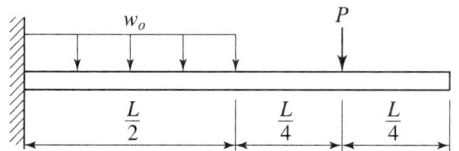

해설
$$M_{\max} = \left(P \times \frac{3L}{4}\right) + \left(w_o \times \frac{L}{2}\right) \times \frac{L}{4} - \frac{P}{2} \times L$$
$$= \frac{3PL}{4} + \frac{w_o L^2}{8} - \frac{PL}{2} = \frac{PL}{4} + \frac{w_o L^2}{8} = \frac{L}{8}(2P + w_o L)$$

해답 ④

008

바깥지름이 46mm인 속이 빈 축이 120kW의 동력을 전달하는데 이 때의 각속도는 40rev/s 이다. 이 축의 허용비틀림응력이 80 MPa 일 때, 안지름은 약 몇 mm 이하이어야 하는가?

① 29.8
② 41.8
③ 36.8
④ 48.8

해설

$$w = \frac{40[\text{rev}]}{[\text{s}]} = \frac{40 \times 2\pi[\text{rad}]}{[\text{s}]} = 80\pi\left[\frac{\text{rad}}{\text{s}}\right]$$

$$T = \frac{H}{w} = \frac{120 \times 1000}{80\pi} = 477.464[\text{N} \cdot \text{m}]$$

$$T = \tau_a \times \frac{\pi d^3}{16}(1-x^4)$$

$$477464 = 80 \times \frac{\pi \times 46^3}{16}(1-x^4)$$

$$x = 0.91, \ x = \frac{d_1}{d_2}, \ d_1 = x \times d_2 = 0.91 \times 46 = 41.86\text{mm}$$

해답 ②

009 그림과 같은 단면에서 가로방향 도심축에 대한 단면 2차모멘트는 약 몇 mm⁴ 인가?

① 10.67×10^6
② 13.67×10^6
③ 20.67×10^6
④ 23.67×10^6

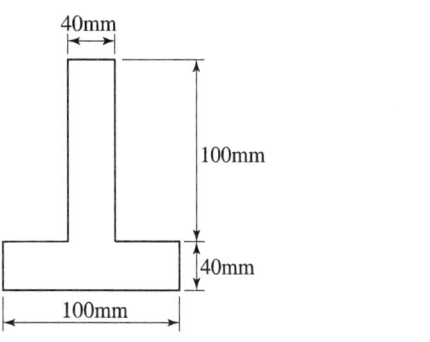

해설

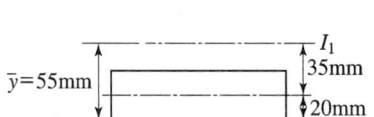 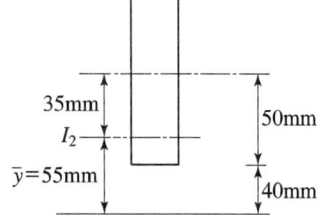

$$\bar{y} = \frac{A_1 \bar{y_1} + A_2 \bar{y_2}}{A_1 + A_2} = \frac{(100 \times 40) \times 20 + (100 \times 40) \times 90}{(100 \times 40) + (100 \times 40)} = 55\text{mm}$$

$$I_1 = \frac{100 \times 40^3}{12} + 35^2 \times (40 \times 100) = 5433333.333\text{mm}^4$$

$$I_2 = \frac{40 \times 100^3}{12} + 35^2 \times (100 \times 40) = 8233333.33\text{mm}^4$$

$$I_G = I_1 + I_2 = 13666666.67\text{mm}^4 = 13.67 \times 10^6 \text{mm}^4$$

해답 ②

010
직사각형 단면의 단주에 150kN 하중이 중심에서 1m만큼 편심되어 작용할 때 이 부재 AC에서 생기는 최대 인장응력은 몇 kPa 인가?

① 25
② 50
③ 87.5
④ 100

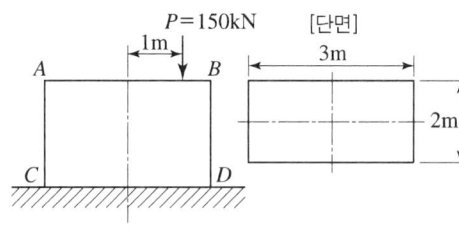

해설 $\sigma_{\max} = \sigma_n + \sigma_b = -\dfrac{P}{A} + \dfrac{M}{Z} = -\dfrac{150000}{3000 \times 2000} + \dfrac{150000 \times 1000}{\left(\dfrac{3000^2 \times 2000}{6}\right)}$

$= 0.025\text{MPa} = 25\text{kPa}$

해답 ①

011
그림과 같이 전체 길이가 $3L$인 외팔보에 하중 P가 B점과 C점에 작용할 때 자유단 B에서의 처짐량은? (단, 보의 굽힘강성 EI는 일정하고, 자중은 무시한다.)

① $\dfrac{44}{3}\dfrac{PL^3}{EI}$ ② $\dfrac{35}{3}\dfrac{PL^3}{EI}$

③ $\dfrac{37}{3}\dfrac{PL^3}{EI}$ ④ $\dfrac{41}{3}\dfrac{PL^3}{EI}$

해설 $\delta_1 = \dfrac{P(3L)^3}{3EI} = \dfrac{27PL^3}{3EI}$

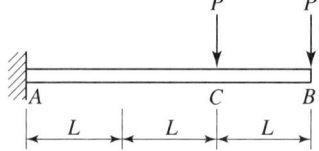

$\delta_2 = \dfrac{A_M}{EI}\bar{x} = \dfrac{\left\{\dfrac{(P \times 2L) \times 2L}{2}\right\}}{EI} \times \dfrac{7L}{3}$

$= \dfrac{14PL^3}{3EI}$

$\bar{x} = L + 2L \times \dfrac{2}{3} = L + \dfrac{4L}{3} = \dfrac{7L}{3}$

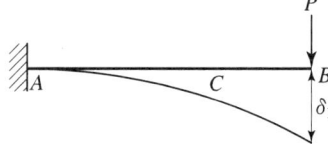

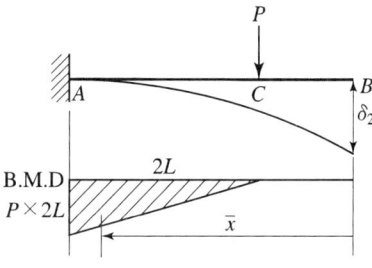

$\delta_{\max} = \delta_1 + \delta_2 = \dfrac{27PL^3}{3EI} + \dfrac{14PL^3}{3EI}$

$= \dfrac{41PL^3}{3EI}$

해답 ④

012

지름 50mm인 중실축 ABC가 A에서 모터에 의해 구동된다. 모터는 600rpm으로 50kW의 동력을 전달한다. 기계를 구동하기 위해서 기어 B는 35kW, 기어 C는 15kW를 필요로 한다. 축 ABC에 발생하는 최대 전단응력은 몇 MPa 인가?

① 9.73
② 22.7
③ 32.4
④ 64.8

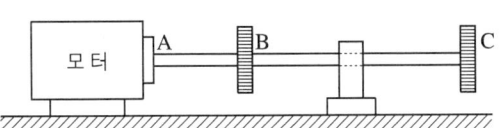

해설
$$T = \frac{60}{2\pi} \times \frac{H}{N} = \frac{60}{2\pi} \times \frac{50000}{600} = 795.774 \text{N} \cdot \text{m} = 795774 \text{N} \cdot \text{mm}$$

$$\tau = \frac{T}{Z_p} = \frac{795774}{\frac{\pi \times 50^3}{16}} = 32.422 \text{MPa}$$

해답 ③

013

그림과 같이 직사각형 단면의 목재 외팔보에 집중하중 P가 C점에 작용하고 있다. 목재의 허용압축응력을 8MPa, 끝단 B점에서의 허용 처짐량을 23.9mm라고 할 때 허용압축응력과 허용 처짐량을 모두 고려하여 이 목재에 가할 수 있는 집중하중 P의 최대값은 약 몇 kN인가? (단, 목재의 세로탄성계수는 12GPa, 단면2차모멘트는 $1022 \times 10^{-6} \text{m}^4$, 단면계수는 $4.601 \times 10^{-3} \text{m}^3$ 이다.)

① 7.8
② 8.5
③ 9.2
④ 10.0

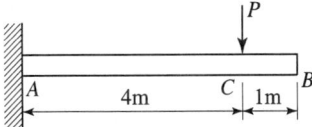

해설
$M = \sigma_b \times Z$

$P \times 4000 = 8 \times 4.601 \times 10^{-3} \times 10^9$

$P = 9202 \text{N} = 9.2 \text{kN}$

(굽힘응력을 고려한 하중) $P = 9.2 \text{kN}$

$E = 12 \text{GPa} = 12000 \text{MPa}$

$I = 1022 \times 10^{-6} \text{m}^4 = 1022 \times 10^6 \text{mm}^4$

$\bar{x} = \frac{11}{3} \text{m} = \frac{11000}{3} \text{mm}$

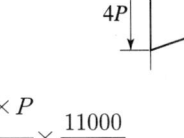

$\delta = \frac{A_M}{EI} \bar{x}$, $23.9 = \frac{\frac{1}{2} \times 4000 \times 4000 \times P}{12000 \times 1022 \times 10^6} \times \frac{11000}{3}$

(처짐을 고려한 집중하중) $P = 9992.37 \text{N} = 9.992 \text{kN}$

하중이 작아야 안전하므로 P의 최대값은 9.2kN이다.

해답 ③

014

지름 200mm인 축이 120rpm으로 회전하고 있다. 2m 떨어진 두 단면에서 측정한 비틀림 각이 1/15 rad 이었다면 이 축에 작용하고 있는 비틀림 모멘트는 약 몇 kN·m인가? (단, 가로탄성계수는 80GPa 이다.)

① 418.9
② 356.6
③ 305.7
④ 286.8

해설

$$T = \frac{\theta G I_p}{L} = \frac{\frac{1}{15} \times 80000 \times \frac{\pi \times 200^4}{32}}{2000} = 418879020.5 \text{N·mm} \fallingdotseq 418.9 [\text{kN·m}]$$

해답 ①

015

그림과 같은 단순보의 중앙점(C)에서 굽힘모멘트는?

① $\dfrac{Pl}{2} + \dfrac{wl^2}{8}$

② $\dfrac{Pl}{2} + \dfrac{wl^2}{48}$

③ $\dfrac{Pl}{4} + \dfrac{5wl^2}{48}$

④ $\dfrac{Pl}{4} + \dfrac{wl^2}{16}$

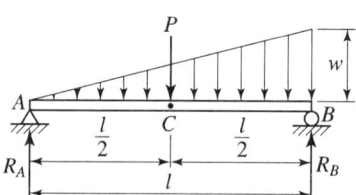

해설

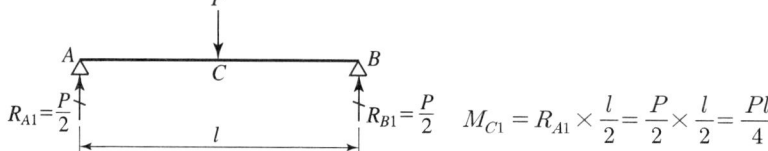

$M_{C1} = R_{A1} \times \dfrac{l}{2} = \dfrac{P}{2} \times \dfrac{l}{2} = \dfrac{Pl}{4}$

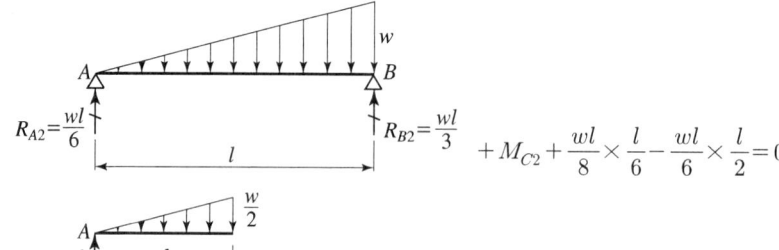

$+ M_{C2} + \dfrac{wl}{8} \times \dfrac{l}{6} - \dfrac{wl}{6} \times \dfrac{l}{2} = 0$

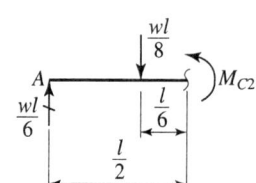

$M_{C2} = \dfrac{wl^2}{12} - \dfrac{wl^2}{48} = \dfrac{3wl^2}{48} = \dfrac{wl^2}{16}$

$M_C = M_{C1} + M_{C2} = \dfrac{Pl}{4} + \dfrac{wl^2}{16}$

해답 ④

016

허용인장강도가 400MPa 인 연강봉에 30kN의 축방향 인장하중이 가해질 경우 이 강봉의 지름은 약 몇 cm 인가? (단, 안전율은 5 이다.)

① 2.69 ② 2.93
③ 2.19 ④ 3.33

해설
$$\sigma_a = \frac{P}{\frac{\pi d^2}{4}}$$
$$d\sqrt{\frac{4P}{\pi \times \sigma_a}} = \sqrt{\frac{4P \times S}{\pi \times \sigma}} = \sqrt{\frac{4 \times 30000 \times 5}{\pi \times 400}} = 21.85\text{mm} \risingdotseq 2.18\text{cm}$$

해답 ③

017

그림과 같이 길이가 $2L$인 양단고정보의 중앙에 집중하중이 아래로 가해지고 있다. 이때 중앙에서 모멘트 M이 발생하였다면 이 집중하중(P)의 크기는 어떻게 표현되는가?

① $\dfrac{M}{L}$ ② $\dfrac{8M}{L}$

③ $\dfrac{2M}{L}$ ④ $\dfrac{4M}{L}$

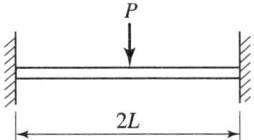

해설
$$M_{\max} = \frac{P(2L)}{8} = \frac{PL}{4}$$
$$P = \frac{4M_{\max}}{L}$$

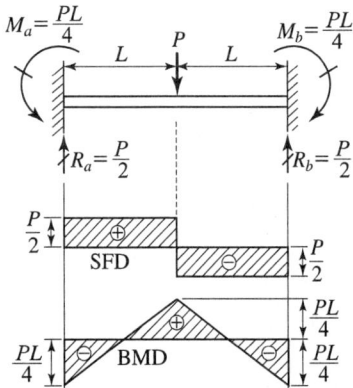

해답 ④

018

단면적이 5cm², 길이가 60cm인 연강봉을 천장에 매달고 30℃에서 0℃로 냉각시킬 때 길이의 변화를 없게 하려면 봉의 끝에 몇 kN의 추를 달아야 하는가? (단, 세로탄성계수 200GPa, 열팽창계수 $a = 12 \times 10^{-6}$/℃ 이고, 봉의 자중은 무시한다.)

① 60 ② 36
③ 30 ④ 24

해설
$W = E \times \alpha \times \Delta T \times A = 200000 \times 12 \times 10^{-6} \times 30 \times 500 = 36000\text{N} = 36\text{kN}$

해답 ②

019

그림과 같이 균일분포 하중을 받는 외팔보에 대해 굽힘에 의한 탄성변형에너지는? (단, 굽힘강성 EI는 일정하다.)

① $\dfrac{w^2 L^5}{80EI}$ ② $\dfrac{w^2 L^5}{160EI}$

③ $\dfrac{w^2 L^5}{20EI}$ ④ $\dfrac{w^2 L^5}{40EI}$

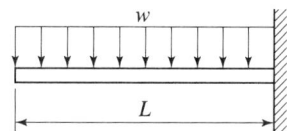

해설

$$dU = \frac{M_x^2 dx}{2EI} = \frac{\left(wx \times \dfrac{x}{2}\right)^2 dx}{2EI} = \frac{\left(\dfrac{w}{2}x^2\right)^2 dx}{2EI} = \frac{w^2 x^4}{8EI}dx$$

적분하면 $U = \displaystyle\int_0^L \frac{w^2 x^4}{8EI}dx = \frac{w^2}{8EI} \times \left[\frac{x^5}{5}\right]_0^L = \frac{w^2}{8EI} \times \frac{L^5}{5} = \frac{w^2 L^5}{40EI}$

해답 ④

020

알루미늄봉이 그림과 같이 축하중 받고 있다. BC간에 작용하고 있는 하중의 크기는?

① $2P$ ② $3P$
③ $4P$ ④ $8P$

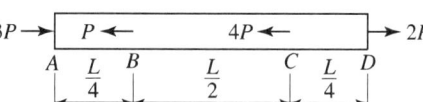

해설

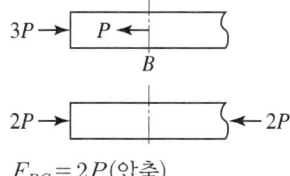

$F_{BC} = 2P$ (압축)

해답 ①

제2과목 열 역 학

021

압력 100kPa, 온도 20℃인 일정량의 이상기체가 있다. 압력을 일정하게 유지하면서 부피가 처음 부피의 2배가 되었을 때 기체의 온도는 몇 ℃가 되는가?

① 148   ② 256
③ 313   ④ 586

해설 정압과정 $\dfrac{V_1}{T_1} = \dfrac{V_2}{T_2}$

$T_2 = \dfrac{V_2}{V_1} T_1 = \dfrac{2V_1}{V_1} \times T_1 = 2 \times (20+273) = 586K = (586K - 273) = 313℃$

해답 ③

022
열역학 제2법칙과 관계된 설명으로 가장 옳은 것은?
① 과정(상태변화)의 방향성을 제시한다.
② 열역학적 에너지의 양을 결정한다.
③ 열역학적 에너지의 종류를 판단한다.
④ 과정에서 발생한 총 일의 양을 결정한다.

해설 열역학 2법칙 에너지의 방향성을 제시한 법칙

해답 ①

023
어느 왕복동 내연기관에서 실린더 안지름이 6.8cm, 행정이 8cm 일 때 평균유효압력은 1200kPa 이다. 이 기관의 1행정당 유효 일은 약 몇 kJ 인가?
① 0.09　② 0.15
③ 0.35　④ 0.48

해설 $W = P_m \times \Delta V = 1200 \times \left(\dfrac{\pi}{4} \times 0.068^2 \times 0.08\right) = 0.348 \text{kJ}$

해답 ③

024
오토 사이클로 작동되는 기관에서 실린더의 극간 체적(clearance volume)이 행정 체적(stroke volume)의 15%라고 하면 이론 열효율은 약 얼마인가? (단, 비열비 $k=1.4$ 이다.)
① 39.3%　② 45.2%
③ 50.6%　④ 55.7%

해설 $\eta = 1 - \left(\dfrac{1}{\epsilon}\right)^{k-1} = 1 - \left(\dfrac{1}{7.66}\right)^{1.4-1} = 0.557 = 55.7\%$

$\epsilon = \dfrac{\text{실린더체적}}{\text{연소실체적}} = \dfrac{\text{연소실체적} + \text{행정체적}}{\text{연소실체적}} = \dfrac{15+100}{15} = \dfrac{115}{15} = 7.66$

해답 ④

025
질량이 5kg인 강제 용기 속에 물이 20L 들어있다. 용기와 물이 24℃인 상태에서 이 속에 질량이 5kg이고 온도가 180℃인 어떤 물체를 넣었더니 일정 시간 후 온도가 35℃가 되면서 열평형에 도달하였다. 이 때 이 물체의 비열은 약 몇 kJ/(kg·K)인가? (단, 물의 비열은 4.2kJ/(kg·K), 강의 비열은 0.46kJ/(kg·K) 이다.)
① 0.88　② 1.12
③ 1.31　④ 1.86

해설
$$m_1 = 20\text{L} \times \frac{1\text{kg}}{1\text{L}} = 20\text{kg}$$
$$m_1 C_1 (T_m - T_1) + m_2 C_2 (T_m - T_1) = m_3 C_3 (T_3 - T_m)$$
$$20 \times 4.2 \times (35-24) + 5 \times 0.46 \times (35-24) = 5 \times C_3 \times (180-35)$$
$$C_2 = 1.309 \frac{\text{kJ}}{\text{kg} \cdot \text{K}}$$

해답 ③

026

보일러, 터빈, 응축기, 펌프로 구성되어 있는 증기원동소가 있다. 보일러에서 2500kW의 열이 발생하고 터빈에서 550kW의 일을 발생시킨다. 또한, 펌프를 구동하는데 20kW의 동력이 추가로 소모된다면 응축기에서의 방열량은 약 몇 kW인가?

① 980　　② 1930
③ 1970　　④ 3070

해설
$$Q_B - Q_c = W_T - W_p$$
$$Q_c = Q_B - (W_T - W_p) = 2500 - (550-20) = 1970\text{kW}$$

해답 ③

027

실린더에 밀폐된 8kg의 공기가 그림과 같이 압력 P_1=800kPa, 체적 V_1=0.27m³에서 P_2=350kPa, V_2=0.80m³으로 직선 변화하였다. 이 과정에서 공기가 한 일은 약 몇 kJ 인가?

① 305
② 334
③ 362
④ 390

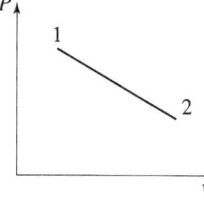

해설
$$_1W_2 = \frac{1}{2}(P_1 - P_2) \times (V_2 - V_1) + P_2 \times (V_2 - V_1)$$
$$= \frac{1}{2}(800-350) \times (0.8-0.27) + 350(0.8-0.27)$$
$$= 304.75\text{kJ}$$

해답 ①

028

이상적인 오토사이클의 열효율이 56.5% 이라면 압축비가 약 얼마인가? (단, 작동 유체의 비열비는 1.4로 일정하다.)

① 7.5　　② 8.0
③ 9.0　　④ 9.5

해설 $\eta = 1 - \left(\dfrac{1}{\epsilon}\right)^{k-1}$ $0.565 = 1 - \left(\dfrac{1}{\epsilon}\right)^{1.4-1}$
$\epsilon = 8.012$

해답 ②

029

어떤 열기관이 550K의 고열원으로부터 20kJ의 열량을 공급받아 250K의 저열원에 14KJ의 열량을 방출할 때, 이 사이클의 Clausius 적분값과 가역, 비가역 여부의 설명으로 옳은 것은?

① Clausius 적분값은 -0.0196kJ/K 이고 가역사이클이다.
② Clausius 적분값은 -0.0196kJ/K 이고 비가역사이클이다.
③ Clausius 적분값은 0.0196kJ/K 이고 가역사이클이다.
④ Clausius 적분값은 0.0196kJ/K 이고 비가역사이클이다.

해설 $\Delta S = \dfrac{Q_H}{T_H} - \dfrac{Q_L}{T_L} = \dfrac{20}{550} - \dfrac{14}{250} = -0.0196 \dfrac{kJ}{K}$
$\Delta S < 0$, 비가역 과정

해답 ②

030

상태 1에서 경로 A를 따라 상태 2로 변화하고 경로 B를 따라 다시 상태 1로 돌아오는 가역사이클이 있다. 아래의 사이클에 대한 설명으로 틀린 것은?

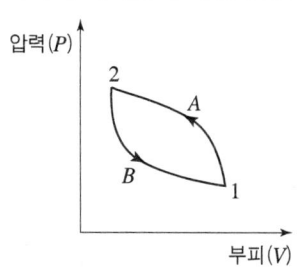

① 사이클 과정 동안 시스템의 내부에너지 변화량은 0이다.
② 사이클 과정 동안 시스템은 외부로부터 순(net) 일을 받았다.
③ 사이클 과정 동안 시스템의 내부에서 외부로 순(net) 열이 전달되었다.
④ 이 그림으로 사이클 과정 동안 총 엔트로피 변화량을 알 수 없다.

해설 가역과정 = 손실이 무시되는 과정
총엔트로피 변하는 "0"이다.

해답 ④

031

4kg의 공기를 온도 15℃에서 일정 체적으로 가열하여 엔트로피가 3.35kJ/K 증가하였다. 이때 온도는 약 몇 K인가? (단, 공기의 정적비열은 0.717kJ/(kg·K) 이다.)

① 927　　② 337　　③ 533　　④ 483

해설

$$\Delta S = m C_v \ln \frac{T_2}{T_1}$$

$$3.35 = 4 \times 0.717 \times \ln \frac{T_2}{15+273}$$

$$T_2 = 926.136\,K$$

해답 ①

032

다음 4가지 경우에서 (　) 안의 물질이 보유한 엔트로피가 증가한 경우는?

ⓐ 컵에 있는 (물)이 증발하였다.
ⓑ 목욕탕의 (수증기)가 차가운 타일벽에서 물로 응결되었다.
ⓒ 실린더 안의 (공기)가 가역 단열적으로 팽창되었다.
ⓓ 뜨거운 (커피)가 식어서 주위온도와 같게 되었다.

① ⓐ　　② ⓑ　　③ ⓒ　　④ ⓓ

해설 열량을 공급받는 과정은 엔트로피가 증가하는 과정이다.
ⓐ (물)이 열량을 공급받아야 된다.
ⓑ (수증기)는 열량을 잃어야 된다.
ⓒ (공기)는 등 엔트로피 과정이다.
ⓓ (커피)는 열량을 잃어야 된다.

해답 ①

033

기체상수가 0.462kJ/(kg·K)인 수증기를 이상기체로 간주할 때 정압비열 (kJ/(kg·K))은 약 얼마인가? (단, 이 수증기의 비열비는 1.33 이다.)

① 1.86　　② 1.54　　③ 0.64　　④ 0.44

해설 $C_p = \dfrac{kR}{k-1} = \dfrac{1.33 \times 0.462}{1.33-1} = 1.862 \dfrac{kJ}{kg \cdot K}$

해답 ①

034

완전히 단열된 실린더 안의 공기가 피스톤을 밀어 외부로 일을 하였다. 이 때 외부로 행한 일의 양과 동일한 값(절대값 기준)을 가지는 것은?

① 공기의 엔탈피 변화량
② 공기의 온도 변화량
③ 공기의 엔트로피 변화량
④ 공기의 내부에너지 변화량

해설 $\delta Q = dU + \delta W$
단열과정 $\delta Q = 0$, $\delta W = -dU$
단열과정에서 외부로 행한 일은 내부에너지의 감소량과 같다.

해답 ④

035

시스템 내의 임의의 이상기체 1kg이 채워져 있다. 이 기체의 정압비열은 1.0kJ/(kg·K) 이고, 초기 온도가 50℃인 상태에서 323kJ의 열량을 가하여 팽창시킬 때 변경 후 체적은 변경 전 체적의 약 몇 배가 되는가? (단, 정압과정으로 팽창한다.)

① 1.5배
② 2배
③ 2.5배
④ 3배

해설 $\Delta Q = m C_p (T_2 - T_1)$
$323 = 1 \times 1 \times (T_2 - 50)$
$T_2 = 373℃$
$\dfrac{V_1}{T_1} = \dfrac{V_2}{T_2}$, $\dfrac{V_2}{V_1} = \dfrac{T_2}{T_1} = \dfrac{373 + 273}{50 + 273} = 2$

해답 ②

036

그림과 같은 Rankine 사이클의 열효율은 약 얼마인가? (단, h는 엔탈피, s는 엔트로피를 나타내며, $h_1 = 191.8$kJ/kg, $h_2 = 193.8$kJ/kg, $h_3 = 2799.5$kJ/kg, $h_4 = 2007.5$kJ/kg 이다.)

① 30.3%
② 36.7%
③ 42.9%
④ 48.1%

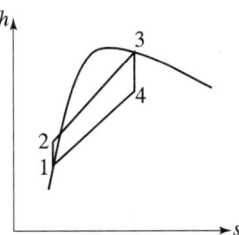

해설 $\eta_R = \dfrac{w_T = w_p}{q_B} = \dfrac{(h_3 - h_4) - (h_2 - h_1)}{h_3 - h_2}$
$= \dfrac{(2799.5 - 2007.5) - (193.8 - 191.8)}{(2799.5 - 193.8)} = 0.303 = 30.3\%$

해답 ①

037 냉동기 냉매의 일반적인 구비조건으로서 적합하지 않은 것은?

① 임계 온도가 높고, 응고 온도가 낮을 것
② 증발열이 작고, 증기의 비체적이 클 것
③ 증기 및 액체의 점성(점성계수)이 작을 것
④ 부식성이 없고, 안정성이 있을 것

해설 냉매는 증발열이 크고, 증기의 비체적은 작을 것

해답 ②

038 복사열을 방사하는 방사율과 면적이 같은 2개의 방열판이 있다. 각각의 온도가 A 방열판은 120℃, B 방열판은 80℃ 일 때 두 방열판의 복사 열전달량(Q_A/Q_B) 비는?

① 1.08
② 1.22
③ 1.54
④ 2.42

해설 $\dfrac{Q_A}{Q_B} = \left(\dfrac{120+273}{80+273}\right)^4 = 1.536$

해답 ③

039 카르노사이클로 작동되는 열기관이 200kJ의 열을 200℃에서 공급받아 20℃에서 방출한다면 이 기관의 일은 약 얼마인가?

① 38kJ
② 54kJ
③ 63kJ
④ 76kJ

해설 $\eta = 1 - \dfrac{T_L}{T_H} = 1 - \dfrac{20+273}{200+273} = 0.38$

$\eta = \dfrac{W}{Q_H}$, $W = \eta \times Q_H = 0.38 \times 200 = 76\text{kJ}$

해답 ④

040 유리창을 통해 실내에서 실외로 열전달이 일어난다. 이때 열전달량은 약 몇 W 인가? (단, 대류열전달계수는 50W/(m²·K), 유리창 표면온도는 25℃, 외기온도는 10℃, 유리창면적은 2m² 이다.)

① 150
② 500
③ 1500
④ 5000

해설 $Q = KA\Delta T = 50 \times 2 \times (25-10) = 1500\text{W}$

해답 ③

제3과목 기계유체역학

041 지름 D인 구가 점성계수 μ인 유체 속에서, 관성을 무시할 수 있을 정도로 느린 속도 V로 움직일 때 받는 힘 F를 D, μ, V의 함수로 가정하여 차원해석 하였을 때 얻을 수 있는 식은?

① $\dfrac{F}{(D\mu V)^{1/2}}=$ 상수
② $\dfrac{F}{D\mu V}=$ 상수
③ $\dfrac{F}{D\mu V^2}=$ 상수
④ $\dfrac{F}{(D\mu V)^2}=$ 상수

해설 Stoke의 법칙

$F = 6R\mu V\pi = 6\left(\dfrac{D}{2}\right)\mu V\pi = 3D\mu V\pi$

$3\pi = \dfrac{F}{D\mu V}$, $3\pi =$ 상수

$\dfrac{F}{D\mu V} =$ 상수

해답 ②

042 매끄러운 원관에서 물의 속도가 V일 때 압력강하가 ΔP_1이었고, 이때 완전한 난류유동이 발생되었다. 속도를 $2V$로 하여 실험을 하였다면 압력강하는 얼마가 되는가?

① ΔP_1
② $2\Delta P_1$
③ $4\Delta P_1$
④ $8\Delta P_1$

해설 $\Delta P_1 = \gamma H_L = \gamma \times f \times \dfrac{L}{D} \times \dfrac{V^2}{2g}$

$\Delta P_2 = \gamma \times f \times \dfrac{L}{D} \times \dfrac{(2V)^2}{2g} = 4 \times \gamma \times f \times \dfrac{L}{D} \times \dfrac{V^2}{2g} = 4\Delta P_1$

해답 ③

043 5℃의 물[점성계수 1.5×10^{-3} kg/(m·s)]이 안지름 0.25cm, 길이 10m인 수평관 내부를 1m/s 로 흐른다. 이 때 레이놀즈수는 얼마인가?

① 166.7
② 600
③ 1666.7
④ 6000

해설 $Re = \dfrac{\rho V D}{\mu} = \dfrac{1000 \times 1 \times 0.0025}{1.5 \times 10^{-3}} = 1666.7$

해답 ③

2021년도 출제문제

044 비압축성 유동에 대한 Navier-Stokes 방정식에서 나타나지 않는 힘은?
① 체적력(중력)   ② 압력
③ 점성력   ④ 표면장력

해설 Navier-Stokes 방정식은 뉴턴유체의 운동량에 대한 미분방정식으로 중력, 압력, 점성력, 관성력을 고려한 방정식

해답 ④

045 어떤 물체의 속도가 초기 속도의 2배가 되었을 때 항력계수가 초기 항력계수의 1/2로 줄었다. 초기에 물체가 받는 저항력이 D 라고 할 때 변화된 저항력은 얼마가 되는가?
① $2D$ ② $4D$
③ $\dfrac{1}{2}D$ ④ $\sqrt{2}\,D$

해설
$$D = \gamma \times \frac{V^2}{2g} \times A_D \times C_D$$
$$D' = \gamma \times \frac{(2V)^2}{2g} \times A_D \times \frac{1}{2}C_D = 2 \times \left(\gamma \times \frac{V^2}{2g} \times A_D \times C_D\right) = 2D$$

해답 ①

046 한 변이 2m인 위가 열려있는 정육면체 통에 물을 가득 담아 수평방향으로 9.8m/s² 의 가속도로 잡아당겼을 때 통에 남아 있는 물의 양은 약 몇 m³인가?
① 8
② 4
③ 2
④ 1

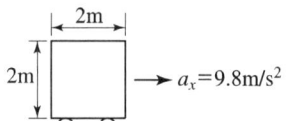

해설
$\tan\theta = \dfrac{a_x}{g} = \dfrac{9.8}{9.8} = 1$
$\theta = 45°$
(남은 체적) $V = \dfrac{2 \times 2 \times 2}{2} = 4\text{m}^3$

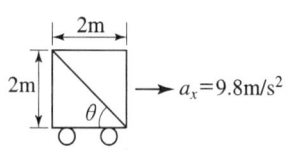

해답 ②

047 다음 중 Hagen-Poiseuille 법칙을 이용한 세관식 점도계는?
① 맥미셸(MacMichael) 점도계   ② 세이볼트(Saybolt) 점도계
③ 낙구식 점도계   ④ 스토머(Stormer) 점도계

해설 Hagen-Poiseuille 법칙을 이용한 점도계는 세이볼트(Say bolt)점도계와 오스터 왈드(Ost-wald)점도계가 있다.

해답 ②

048

평판 위를 지나는 경계층 유동에서 경계층 두께가 δ인 경계층 내 속도 u가 $\dfrac{u}{U} = \sin\left(\dfrac{\pi y}{2\delta}\right)$로 주어진다. 여기서 y는 평판까지 거리, U는 주류속도이다. 이때 경계층 배제두께(boundary layer displacement thickness) δ^*와 δ의 비 δ^*/δ는 약 얼마인가?

① 0.333
② 0.363
③ 0.500
④ 0.667

해설

(배제두께) $\delta^* = \int_0^\delta \left(1 - \dfrac{u}{U}\right)dy = \int_0^\delta \left(1 - \sin\dfrac{\pi y}{2\delta}\right)dy$

$= \left[y - \left(\dfrac{1}{\left(\dfrac{\pi y}{2\delta}\right)'}\times -\cos\dfrac{\pi y}{2\delta}\right)\right]_0^\delta = \left[y + \dfrac{2\delta}{\pi}\cos\dfrac{\pi y}{2\delta}\right]_0^\delta$

$= \left(\delta + \dfrac{2\delta}{\pi}\cos\dfrac{\pi \delta}{2\delta}\right) - \left(0 + \dfrac{2\delta}{\pi}\cos\dfrac{\pi 0}{2\delta}\right)$

$= \delta - \dfrac{2\delta}{\pi} = \delta\left(1 - \dfrac{2}{\pi}\right)$

$\dfrac{\delta^*}{\delta} = 1 - \dfrac{2}{\pi} = 0.363$

해답 ②

049

2차원 직각좌표계 (x, y)에서 유동함수(stream function, Φ)가 $\Phi = y - x^2$인 정상 유동이 있다. 다음 보기 중 속도의 크기가 $\sqrt{5}$인 점 (x, y)을 모두 고르면?

ㄱ. (1, 1)   ㄴ. (1, 2)   ㄷ. (2, 1)

① ㄱ
② ㄷ
③ ㄱ, ㄴ
④ ㄴ, ㄷ

해설

유동함수 $\Phi = y - x^2$

$u = \dfrac{\partial \Phi}{\partial y}$, $\nu = -\dfrac{\partial \Phi}{\partial x}$

$u = \dfrac{\partial(y - x^2)}{\partial y} = 1$, $\nu = -\dfrac{\partial(y - x^2)}{\partial x} = -(-2x) = 2x$

(속도벡터) $\vec{V} = ui + \nu j$

$\vec{V} = \sqrt{u^2 + \nu^2} = \sqrt{1^2 + (2x)^2}$

㉠ $|\vec{V}| = \sqrt{1^2 + (2\times 1)^2} = \sqrt{5}$
㉡ $|\vec{V}| = \sqrt{1^2 + (2\times 1)^2} = \sqrt{5}$
㉢ $|\vec{V}| = \sqrt{1^2 + (2\times 2)} = \sqrt{16}$

해답 ③

050

그림과 같은 수문에서 멈춤장치 A가 받는 힘은 약 몇 kN 인가? (단, 수문의 폭은 3m이고, 수은의 비중은 13.6 이다.)

① 37
② 510
③ 586
④ 879

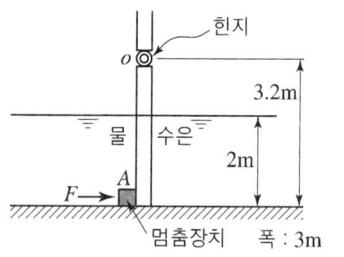

해설 (수은 전압력) $F_{Hg} = F_w \times 13.6 = 58800 \times 13.6 = 799680\text{N}$

(물의 전압력) $F_w = \gamma \overline{H} A = 9800 \times 1 \times 2 \times 3 = 58800\text{N}$

(전압력 위치) $y = 2\text{m} \times \dfrac{2}{3} = \dfrac{4}{3}\text{m}$

$F_w \left(1.2 + \dfrac{4}{3}\right) + F \times 3.2 = F_{Hg} \left(1.2 + \dfrac{4}{3}\right)$

$58800 \times \left(1.2 + \dfrac{4}{3} + F \times 3.2\right) = 799680 \times \left(1.2 + \dfrac{4}{3}\right)$

$F = 586530\text{N} = 586.530\text{kN}$

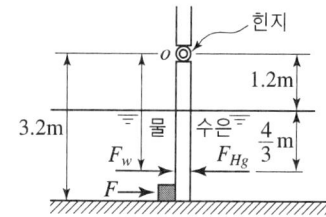

해답 ③

051

그림과 같이 바닥부 단면적이 1m²인 탱크에 설치된 노즐에서 수면과 노즐 중심부 사이 높이가 1m인 경우 유량을 Q라고 한다. 이 유량을 2배로 하기 위해서는 수면 상에 약 몇 kg 정도의 피스톤을 놓아야 하는가?

① 1000
② 2000
③ 3000
④ 4000

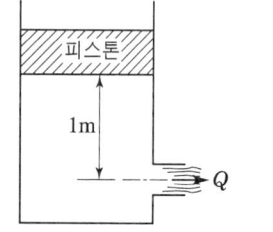

해설 $Q = A_{out} \times V_o$, (초기속도) $V_o = \sqrt{2g \times H} = \sqrt{2 \times g \times 1} = \sqrt{2g}$

피스톤의 질량이 m일 때 $P_1 = \dfrac{W}{A} = \dfrac{mg}{1} = \dfrac{mg}{1} = mg \left[\dfrac{\text{N}}{\text{m}^2}\right]$

$\dfrac{P_1}{\gamma} + \dfrac{V_1^2}{2g} + Z_1 = \dfrac{P_2}{\gamma} + \dfrac{V_2^2}{2g} + Z_2$

$V_1 = 0, \ Z_1 = 1\text{m}, \ P_2 = 0, \ Z_2 = 0$

$\dfrac{P_1}{\gamma} + Z_1 = \dfrac{V_2^2}{2g}$

유량 Q가 2배가 되기 위해 $Q_2 = 2Q = 2 \times (A_{out} \times V_o) = A_{out} \times 2V_o = A_{out} \times V_2$

$V_2 = 2V_o = 2 \times \sqrt{2g}$

$\dfrac{m \times 9.8}{9800} + 1 = \dfrac{(2 \times \sqrt{2g})^2}{2g} = 4$

해답 ③

052

밀도가 ρ인 액체와 접촉하고 있는 기체 사이의 표면장력이 σ라고 할 때 그림과 같은 지름 d의 원통 모세관에서 액주의 높이 h를 구하는 식은?
(단, g는 중력가속도이다.)

① $h = \dfrac{2\sigma \sin\theta}{\rho g d}$ ② $h = \dfrac{2\sigma \cos\theta}{\rho g d}$

③ $h = \dfrac{4\sigma \sin\theta}{\rho g d}$ ④ $h = \dfrac{4\sigma \cos\theta}{\rho g d}$

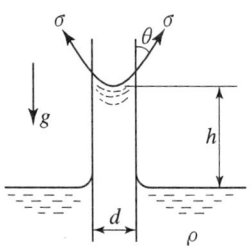

해설

(올라온 물의 높이) $W = \gamma \times \dfrac{\pi}{4} d^2 \times h$

(표면장력에 의한 수직 상방향 힘) $F = \sigma \cos\theta \times \pi d$

$W = F$, $\gamma \times \dfrac{\pi}{4} d^2 \times h = \sigma \cos\theta \times \pi d$

$h = \dfrac{4\sigma \cos\theta}{\gamma d} = \dfrac{4\sigma \cos\theta}{\rho g d}$

해답 ④

053

수력구배선(hydrauilc grade line)에 대한 설명으로 옳은 것은?

① 에너지선보다 위에 있어야 한다.
② 항상 수평선이다.
③ 위치수두와 속도수두의 합을 나타내며 주로 에너지선 아래에 있다.
④ 위치수두와 압력수두의 합을 나타내며 주로 에너지선 아래에 있다.

해설

$E.L = H.G.L + \dfrac{V^2}{2g}$

(수력구배선) $H.G.L = \dfrac{P}{\gamma} + Z$

해답 ④

054

그림과 같이 비중이 0.83인 기름이 12m/s의 속도로 수직 고정평판에 직각으로 부딪치고 있다. 판에 작용되는 힘 F는 약 몇 N인가?

① 23.5
② 28.9
③ 288.6
④ 234.7

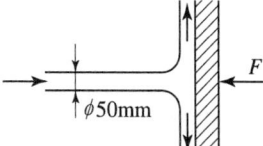

해설

$F = \rho A V^2 = S \times \rho_w \times A \times V^2 = 0.83 \times 1000 \times \dfrac{\pi}{4} \times 0.05^2 \times 12^2$

$= 234.676 N$

해답 ④

055

비중이 0.85이고 동점성계수가 $3 \times 10^{-4} m^2/s$인 기름이 안지름 10cm 원관 내를 20L/s로 흐른다. 이 원관 100m 길이에서의 수두손실은 약 몇 m 인가?

① 16.6 ② 24.9
③ 49.8 ④ 82.1

해설
$Q = AV$, $V = \dfrac{Q}{A} = \dfrac{20 \times 10^{-3}}{\dfrac{\pi}{4} \times 0.1^2} = 2.546 \, m/s$

$Re = \dfrac{VD}{\nu} = \dfrac{2.546 \times 0.1}{3 \times 10^4} = 848.66$ 층류

$f = \dfrac{64}{Re} = \dfrac{64}{848.66} = 0.0754$

$H_L = F \times \dfrac{L}{D} \times \dfrac{V^2}{2g} = 0.0754 \times \dfrac{100}{0.1} \times \dfrac{2.546^2}{2 \times 9.8} = 24.936 \, m$

해답 ②

056

길이 100m의 배를 길이 5m인 모형으로 실험할 때, 실형이 40km/h로 움직이는 경우와 역학적 상사를 만족시키기 위한 모형의 속도는 약 몇 km/h 인가? (단, 점성마찰은 무시한다.)

① 4.66 ② 8.94
③ 12.96 ④ 18.42

해설
$\dfrac{V_1}{\sqrt{L_1 g}} = \dfrac{V_2}{\sqrt{L_2 g}}$, $\dfrac{40}{\sqrt{100}} = \dfrac{V_2}{\sqrt{5}}$

$V_2 = 8.944 \, m/s$

해답 ②

057

압력과 밀도를 각각 P, ρ라 할 때 $\sqrt{\dfrac{\Delta P}{\rho}}$ 의 차원은? (단, M, L, T는 각각 질량, 길이, 시간의 차원을 나타낸다.)

① $\dfrac{L}{T}$ ② $\dfrac{L}{T^2}$
③ $\dfrac{M}{LT}$ ④ $\dfrac{M}{L^2 T}$

해설

$\left(\dfrac{\dfrac{F}{L^2}}{\dfrac{M}{L^3}} \right)^{\frac{1}{2}} = \left(\dfrac{FL}{M} \right)^{\frac{1}{2}} = \left(\dfrac{MLT^{-2}L}{M} \right)^{\frac{1}{2}} = (L^2 T^{-2})^{\frac{1}{2}} = (LT^{-1}) = \dfrac{L}{T}$

해답 ①

058

단면적이 각각 10cm² 와 20cm² 인 관이 서로 연결되어 있다. 비압축성 유동이라 가정하면 20cm² 관속의 평균유속이 2.4m/s 일 때 10cm2 관내의 평균속도는 약 몇 m/s 인가?

① 4.8
② 1.2
③ 9.6
④ 2.4

해설 $Q = A_1 V_1 = A_2 V_2$, $10 \times V_1 = 20 \times 2.4$
$V_1 = 4.8 \text{m/s}$

해답 ①

059

마노미터를 설치하여 액체탱크의 수압을 측정하려고 한다. 수은(비중=13.6) 액주의 높이차 $H = 50$cm이면 A점에서의 계기압력은 약 얼마인가? (단, 액체의 밀도는 900kg/m³ 이다.)

① 63.9kPa
② 4.2kPa
③ 63.9Pa
④ 4.2Pa

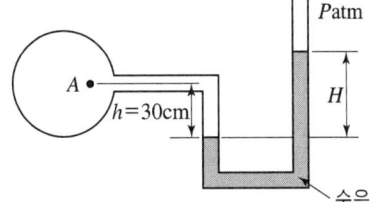

해설 $P_A + (\gamma_A \times h) = \gamma_{Hg} \times H$
$P_A = \gamma_{Hg} \times H - \gamma_A \times h = S_{Hg} \times \gamma_w \times H - \rho_A \times g \times h$
$= (13.6 \times 9800 \times 0.5) - (900 \times 9.8 \times 0.3)$
$= 6.994 \text{Pa} = 63.994 \text{kPa}$

해답 ①

060

동점성계수가 10cm²/s 이고 비중이 1.2인 유체의 점성계수는 몇 Pa·s인가?

① 1.2
② 0.12
③ 2.4
④ 0.24

해설 $\nu = \dfrac{\mu}{\rho}$
$\mu = \nu \times \rho = \nu \times S \times \rho_w = 10 \times 10^{-4} \times 1.2 \times 1000 = 1.2 \text{Pa} \cdot \text{s}$

해답 ①

제4과목 기계재료 및 유압기기

061 Fe-C 평형상태도에 대한 설명으로 틀린 것은?

① 강의 A_2 변태선은 약 768℃이다.
② A_1 변태선을 공석선이라 하며, 약 723℃이다.
③ A_0 변태점을 시멘타이트의 자기변태점이라 하며, 약 210℃이다.
④ 공정점에서의 공정물을 펄라이트라 하며, 약 1490℃이다.

해설 공정점 : 공정물은 레데부라이트며 4.3%C, 1148℃이다.

해답 ④

062 그림과 같은 항온 열처리하여 마텐자이트와 베이나이트의 혼합조직을 얻는 열처리는?

① 담금질
② 패턴팅
③ 마템퍼링
④ 오스템퍼링

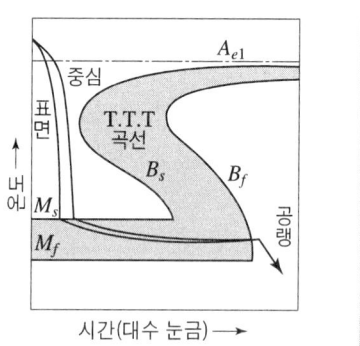

해설 마템프링(martempering)
담금질 온도로 가열한 강재를 옆의 그림과 같이 M_s점과 M_f 점사이의 항온 염욕에서 항온 변태를 시킨 후에 상온까지 공냉하는 담금질방법으로 경도가 크고 인성이 있는 마테자이트와 베이나이트 혼합조직이 얻으므로 담금질 변형및 균열방지, 취성제거에 이용되고 있으나, 항온시간이 너무 길어서 공업적으로 이용되기에는 어려움이 있다.

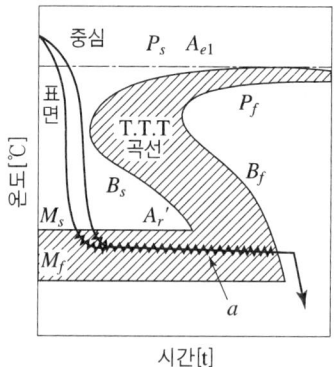

해답 ③

063 탄소강에 함유된 인(P)의 영향을 옳게 설명한 것은?

① 경도를 감소시킨다.
② 결정립을 미세화시킨다.
③ 연신율을 증가시킨다.
④ 상온 취성의 원인이 된다.

해설 탄소강에 함유된 인(P)의 영향
① 결정립을 조대화시키면서 경도와 인장 강도를 증가시킨다.
② 연신율 및 충격값을 감소시킨다.
③ 적당한 양은 용선의 유동성을 좋게 한다.
④ 가공시 균열을 일으키며 상온 취성의 원인이 된다.

해답 ④

064 금속을 냉간 가공하였을 때의 기계적·물리적 성질의 변화에 대한 설명으로 틀린 것은?
① 냉간 가공도가 증가할수록 강도는 증가한다.
② 냉간 가공도가 증가할수록 연신율은 증가한다.
③ 냉간 가공이 진행됨에 따라 전기 전도율은 낮아진다.
④ 냉간 가공이 진행됨에 따라 전기적 성질인 투자율은 감소한다.

해설 냉간 가공도가 증가할수록 가공경화가 발생됨으로 강도, 경도는 증가하고 연신율은 감소한다.

해답 ②

065 강을 담금질하면 경도가 크고 메지므로, 인성을 부여하기 위하여 A1 변태점 이하의 온도에서 일정 시간 유지하였다가 냉각하는 열처리 방법은?
① 퀜칭(Quenching)   ② 템퍼링(Tempering)
③ 어닐링(Annealing)   ④ 노멀라이징(Normalizing)

해설 뜨임(Tempering) : 저온뜨임과 고온뜨임이 있으며, 일정한 온도로 가열 후 공기 중에서 냉각(공냉), 또는 노안에서 냉각(노냉)시킨다.
① 저온 뜨임 : 담금질에 의해 발생한 내부응력이 제거되고, 강재의 표면에 발생한 응력이나 마텐자이트의 메짐성이 없어진다. 이와 같이 경도만이 요구되는 경우 약 100~200℃ 부근에서 뜨임하는 것을 말한다.(오스테나이트 → 트루스타이트) 또는 마텐자이트를 400℃로 뜨임하면 트루우스타이트가 얻어진다.(M → T)
② 고온 뜨임 : 강인한 재질로 만들기 위하여 500~600℃의 고온에서 뜨임하는 것을 말 한다.(트루스타이트 → 소르바이트)

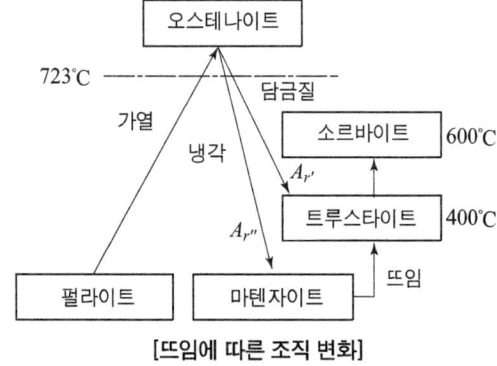

[뜨임에 따른 조직 변화]

해답 ②

066 스테인리스강의 조직계에 해당되지 않는 것은?

① 펄라이트계
② 페라이트계
③ 마텐자이트계
④ 오스테나이트계

해설 스테인리스강(stainless steel)

성분계	조직	KS기호	특징	
			자성	담금질경화성(열처리성)
Cr계	마텐자이트 (13%Cr)	STS410	있음	있음
	페라이트 (15%Cr)	STS430	있음	없음
Cr-Ni계 내식성 가장 우수	오스테나이트 18%Cr-8%Ni	STS304	없음	없음

해답 ①

067 라우탈(Lautal) 합금의 주성분으로 옳은 것은?

① Al-Si
② Al-Mg
③ Al-Cu-Si
④ Al-Cu-Ni-Mg

해설 주물용 알루미늄 합금
① 알루미늄-구리계 합금
  - 알코아 : 자동차 하우징, 버스 및 항공기 바퀴, 크랭크케이스에 사용된다. 고온메짐, 수축균열이 있다.
② 알루미늄-규소계합금
  - 실루민 : 주조성은 좋으나 절삭성 불량, 재질(개량) 처리 효과가 크다.
③ 알루미늄-구리-규소계합금
  - 라우탈 : 주조성이 좋고 시효경화성이 있다, 주조 균열이 적어 두께가 얇은 주물의 주조와 금형 주조에 적합하다.
④ 알루미늄-마그네슘합금
  - 하이드로날륨[Al+Mg(10%)] : 열처리 하지 않고 승용차의 커버, 휠디스크의 재료
⑤ 다이캐스팅용합금 : 라우탈, 실루민, 하이드로날륨
⑥ Y합금[Al+(4%Cu)+(2%Ni)+(1.5%Mg)] : 내열용 알루미늄 합금으로 피스톤재료로 사용
⑦ Lo-ex(로우엑스)합금[Al+Si+Cu+Mg+Ni] : 열팽창계수가 적고 내열, 내마멸성이 우수하다, 금형에 주조되는 피스톤용

해답 ③

068 열경화성 수지나 충전 강화수지(FRTP)사용되는 것으로 내열성, 내마모성, 내식성이 필요한 열간 금형용 재료는?

① STC3
② STS5
③ SKD61
④ SM45C

해설 합금공구강의 종류

절삭공구용	S2종	STS 2	탭, 드릴, 커터의 재료
	S21종	STS 21	
	S5종	STS 5	원형톱, 띠톱의 재료
	S51종	STS 51	
냉간금형용	D1종	STD 1	성형틀다이스, 분말성형틀 재료
	D11종	STD 11	나사전조다이, 프레스형틀 재료
	D12종	STD 12	
열간금형용	D61종	SDT61	열경화성 수지나 충전 강화수지(FRTP)사용
	F3종	STF 3	다이블록(die block), 압출공구재료
	F4종	STF 4	프레스 형틀, 압출공구재료

해답 ③

069
켈밋 합금(Kelmet alloy)의 주요 성분으로 옳은 것은?
① Pb-Sn
② Cu-Pb
③ Sn-Sb
④ Zn-Al

해설 베어링강
① 화이트메탈(WM)
  ㉠ 주석계 화이트메탈(배빗메탈) : Sn+Sb+Cu
  ㉡ 납계 화이트메탈 : Pb+Sn+Sb+Cu
② 구리계 합금(KM)(=켈밋) : Cu+Pb
③ 알루미늄 합금(AM)
④ 함유베어링(oilless Bearing) : 베어링 자체에 기름이 함유되어 있어 기름공급이 어려운 부분에 사용되는 베어링

해답 ②

070
구리판, 알루미늄판 등 기타 연성의 판재를 가압 성형하여 변형 능력을 시험하는 시험법은?
① 커핑 시험
② 마멸 시험
③ 압축 시험
④ 크리프 시험

해설 에릭슨 시험(Erichsen Cupping Test)=커핑 시험
에릭슨시험은 금속박판 재료의 연성을 평가 또는 비교하기 위해 널리 사용되는 시험으로 두께 0.1~2.0mm의 금속박재료를 상, 하 다이 사이에 삽입시키고, 시험편에 펀치를 넣어 시험편 뒷면에 1개 이상의 균열이 생길 때 까지 가압한 후 펀치 앞 끝이 하형 다이의 시험편에 접하는 면에서 이동한 거리를 측정하여 소성가공성을 평가하는 시험이다.

해답 ①

071

다음 간략기호의 명칭은? (단, 스프링이 없는 경우이다.)

① 체크 밸브
② 스톱 밸브
③ 일정 비율 감압 밸브
④ 저압 우선형 셔틀 밸브

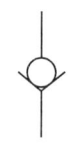

체크 밸브	스톱 밸브	일정 비율 감압 밸브	저압 우선형 셔틀 밸브

해답 ①

072

토출량이 일정하지 않으며 주로 저압에서 사용하는 비용적형 펌프의 종류가 아닌 것은?

① 베인 펌프
② 원심 펌프
③ 축류 펌프
④ 혼류 펌프

(1) 용적형 펌프(용량형 펌프)
 [특징] ① 펌프의 축이 한번 회전할 때 일정한 량을 토출
  ② 중압 또는 고압력에서 주로 압력발생을 주된 목적으로 사용
  ③ 토출량이 부하압력에 관계없이 대충 일정하다.
  ④ 부하압력에 따라 토출량이 정해지므로 부하가 과대해지면 압력이 상승해서 펌프가 파괴될 염려가 있다.(Relief V/V를 설치하여 위험 방지)
 [종류] ① 정토출형 펌프(Fixed diaplacement pump)
  ㉠ 기어펌프(Gear)   ㉡ 나사펌프(Screw)
  ㉢ 베인펌프(Vane)   ㉣ 피스톤 펌프(Piston)
  ② 기변토출형 펌프(Variable diaplacement pump)
  ㉠ 베인 펌프(Vane)   ㉡ 피스톤 펌프(Piston)

(2) 비용적형 펌프
 [특징] ① 토출량이 일정치 않음
  ② 저압에서 대량의 유체를 수송하는데 사용
  ③ 토출량과 압력사이에 일정관계가 있다.
   토출량이 증가하면 토출압력은 감소, 토출유량은 펌프축의 회전속도와 비례한다.
 [종류] ① 원심력 펌프(Centrifugal) : 벌류트펌프와 터빈펌프가 있다.
  ② 액시얼 프로펠라 펌프(Axial propeller축류펌프)
  ③ 혼류형 펌프(Mixed flow)
  ④ 로토젯 펌프(Roto-jet)

해답 ①

073 유압 실린더에서 오일에 의해 피스톤에 15MPa의 압력이 가해지고 피스톤 속도가 3.5cm/s 일 때 이 실린더에서 발생하는 동력은 약 몇 kW 인가? (단, 실린더 안지름은 100mm 이다.)

① 2.74
② 4.12
③ 6.18
④ 8.24

해설
$$H_{kW} = \frac{F[N] \times V[m/s]}{1000} = \frac{117809.7245 \times 0.035}{1000} = 4.12 kW$$

$$F = P \times A = 15 \times 10^6 \times \frac{\pi}{4} \times 0.1^2 = 117809.7245 N$$

$$V = 0.035 m/s$$

해답 ②

074 다음 기호의 명칭은?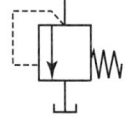

① 풋 밸브
② 감압 밸브
③ 릴리프 밸브
④ 디셀러레이션 밸브

해설

감압 밸브	릴리프 밸브	디셀러레이션 밸브

해답 ③

075 유압 및 유압 장치에 대한 설명으로 적절하지 않은 것은?

① 자동제어, 원격제어가 가능하다.
② 오일에 기포가 섞이거나 먼지, 이물질에 의해 고장이나 작동이 불량할 수 있다.
③ 굴삭기와 같은 큰 힘을 필요로 하는 건설기계는 유압보다는 공압을 사용한다.
④ 유압 장치는 공압 장치에 비해 복귀관과 같은 배관을 필요로 하므로 배관이 상대적으로 복잡해질 수 있다.

해설 건설기계는 큰 힘의 전달과 힘의 전달이 즉시 될 수 있는 유압을 사용한다.

해답 ③

076
유량 제어 밸브를 실린더 출구 측에 설치한 회로로서 실린더에서 유출되는 유량을 제어하며 피스톤 속도를 제어하는 회로는?

① 미터 인 회로
② 미터 아웃 회로
③ 블리드 오프 회로
④ 카운터 밸런스 회로

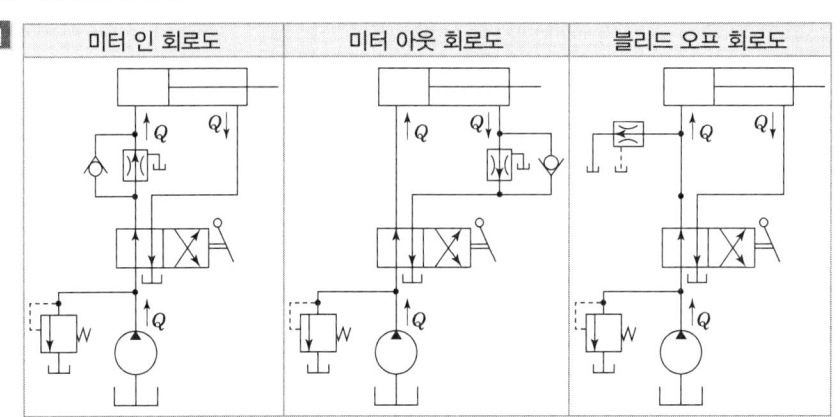

해답 ②

077
패킹 재료로서 요구되는 성질로 적절하지 않은 것은?

① 내마모성이 있을 것
② 작동유에 대하여 적당한 저항성이 있을 것
③ 온도, 압력의 변화에 충분히 견딜 수 있을 것
④ 패킹이 유체와 접하므로 그 유체에 의해 연화되는 재질일 것

해설 패킹이 유체와 접하므로 그 유체에 대해 화학적으로 안정적인 재질이어야 된다.

해답 ④

078
유압펌프의 소음 및 진동이 크게 발생하는 이유로 적절하지 않은 것은?

① 흡입관 또는 필터가 막힌 경우
② 펌프의 설치 위치가 매우 높은 경우
③ 토출 압력이 매우 높게 설정된 경우
④ 흡입관의 직경이 매우 크거나 길이가 짧을 경우

해설 펌프가 소음을 내는 경우
① 여과기가 너무 작은 경우 흡입에 대한 손실이 클 때
② 유압유의 점도가 너무 큰 경우 유동저항 및 손실수두가 클 때
③ 펌프의 회전이 너무 빠른 경우 공동화 현상에 의해
④ 유중에 기포가 있는 경우 기포가 터지면서 충격에 의한 소음발생
⑤ 흡입관이 막혀있는 경우
⑥ 흡입관의 접합부에서 공기를 빨아들이는 경우
⑦ 펌프축과 원동기축의 중심이 맞지 않아 편심이 되었을 경우

해답 ④

079 유량 제어 밸브에 속하는 것은?
① 스톱 밸브
② 릴리프 밸브
③ 브레이크 밸브
④ 카운터 밸런스 밸브

해설 유량 제어 밸브
① 스로틀밸브(교축밸브)
② 유량조정밸브
③ 분류 밸브
④ 집류 밸브
⑤ 스톱 밸브(정지 밸브)

해답 ①

080 오일 탱크의 구비 조건에 대한 설명으로 적절하지 않은 것은?
① 오일 탱크의 바닥면은 바닥에서 일정 간격 이상을 유지하는 것이 바람직하다.
② 오일 탱크는 스트레이너의 삽입이나 분리를 용이하게 할 수 있는 출입구를 만든다.
③ 오일 탱크 내에 격판(방해판)은 오일의 순환거리를 짧게 하고 기포의 방출이나 오일의 냉각을 보존한다.
④ 오일 탱크의 용량은 장치의 운전장치 중 장치내의 작동유가 복귀하여도 지장이 없을 만큼의 크기를 가져야 한다.

해설 오일 탱크 내에 방해판(격판)의 기능
① 오일의 순환거리를 길게 한다.
② 오일 중에 함유된 기포를 방출하여 준다.
③ 오일의 냉각을 보존하는 역할을 한다.
④ 먼지 등의 이물질을 침전토록 한다.

해답 ③

제5과목 기계제작법 및 기계동력학

081 다음 물리량 중 스칼라(scalar) 양은?
① 속력(speed)
② 변위(displacement)
③ 가속도(acceleration)
④ 운동량(momentum)

해설

스칼라(Scalar) : 크기만 존재	벡터(vector) 크기와 방향이 있다.
속력	속도
이동거리	변위

751

082

두 개의 블록이 정지 상태에서 움직이기 시작한다. 풀리와 로프 사이의 마찰이 없다고 가정하고, 블록 A와 수평면 간의 마찰계수를 0.25라고 할 때, 줄에 걸리는 장력은 약 몇 N 인가? (단, A블록의 질량은 200kg, B블록의 질량은 300kg 이다.)

① 1270
② 1470
③ 4420
④ 5890

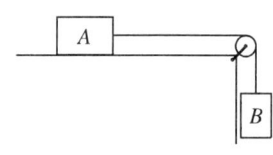

해설

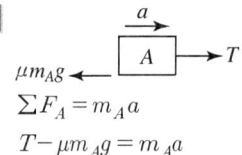

$\sum F_A = m_A a$

$T - \mu m_A g = m_A a$

$T = m_A a + \mu m_A g = 200 \times a + 0.25 \times 200 \times 9.8 = 200 \times a + 490$

$T = 200a + 490$ ·· (1)

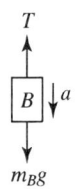

$\sum F_B = m_B a$

$m_B g - T = 300 \times a$

$T = m_B g = 300a = 300 \times 9.8 - 300 \times a = 2940 - 300a$

$T = 2940 - 300a$ ·· (2)

(1) = (2)

$200a + 490 = 2940 - 300a$

$500a = 2940 - 400$

$a = 4.9 \text{m/s}^2$

(장력) $T = 200a = 490 = 200 \times 4.9 + 490 = 1470 \text{N}$

해답 ②

083

그림과 같이 길이(L)이 2.4m이고, 반지름(a)이 0.4m인 원통이 있다. 이 원통의 질량이 150kg일 때, 중심에서 y축 방향에 대한 질량관성모멘트(I_y)는 약 몇 kg · m² 인가?

① 12
② 36
③ 78
④ 120

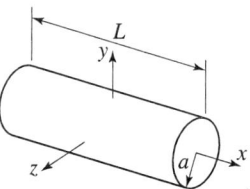

해설

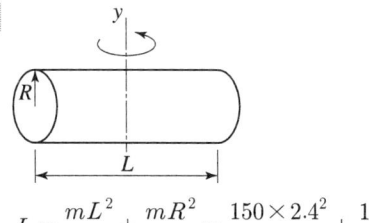

$$I_y = \frac{mL^2}{12} + \frac{mR^2}{4} = \frac{150 \times 2.4^2}{12} + \frac{150 \times 0.4^2}{4} = 78 \text{kg} \cdot \text{m}^2$$

해답 ③

084

그림과 같은 시스템에서 질량 $m = 5$kg이고 스프링 상수 $k = 20$N/m 이며, 기진력 $\sin(wt)$ [N]이 작용하였다. 초기 조건 $t = 0$ 일 때 $x(0) = 0$, $\dot{x}(0) = 0$이면 시간 t일 때의 변위 x는?

① $x = \dfrac{1}{5(4-w^2)} \left(\sin wt + \dfrac{w}{2} \cos 2t \right)$

② $x = \dfrac{1}{5(4-w^2)} \left(\sin wt + \dfrac{w}{2} \sin 2t \right)$

③ $x = \dfrac{1}{5(4-w^2)} \left(\sin wt - \dfrac{w}{2} \cos 2t \right)$

④ $x = \dfrac{1}{5(4-w^2)} \left(\sin wt - \dfrac{w}{2} \sin 2t \right)$

해설 비감쇠 강제진동

$m\ddot{x} + kx = \sin wt$, $x(t) = x_p + x_h$

① 특수해 x_p

   $x_p = A\cos wt + B\sin wt$

   $x_p{}' = -Aw\sin wt + Bw\cos wt$

   $x_p{}'' = -Aw^2\cos wt - Bw^2\sin wt = -w^2(A\cos wt + B\sin wt) = -w^2 x_p$

   $m\ddot{x}_p + kx_p = \sin wt$

   $m(-w^2 x_p) + kx_p = \sin wt$

   $x_p(k - mw^2) = \sin wt$

   특수해 $x_p = \dfrac{\sin wt}{k - mw^2} = \dfrac{\sin wt}{20 - 5 \times w^2} = \dfrac{\sin wt}{5(4-w^2)}$

② 재차해 x_h

   $x_h = C_1 \cos w_n t + C_2 \sin w_n t$

   경계조건 $w_n = \sqrt{\dfrac{k}{m}} = \sqrt{\dfrac{20}{5}} = 2$

   $x_h = C_1 \cos 2t + C_2 \sin 2t$

   $t = 0$일 때, $x_h(0) = C_1 \cos 0 + C$

③ $t = 0$, $x_h(0) = C_1$

$$t=0, \ x_h{}'(0) = 2C_2$$
$$x(0) = x_p(0) + x_h(0)$$
$$0 = \frac{\sin w0}{5(4-w^2)} + C_1, \ C_1 = 0$$
$$x'(0) = x_p{}'(0) + x_h{}'(0)$$
$$x'(0) = \frac{w\cos wt}{5(4-w^2)} + x_h{}'(0)$$
$$0 = \frac{w\cos w0}{5(4-w^2)} + 2C_2$$
$$C_2 = -\frac{w}{5(4-w^2)} \times \frac{1}{2}$$
$$x(t) = x_p + x_h = \frac{\sin wt}{5(4-w^2)} + (C_1 \cos w_n t + C_2 \sin w_n t)$$
$$= \frac{\sin wt}{5(4-w^2)} + \left(0 \times \cos w_n t + \left(-\frac{w}{5(4-w^2)} \times \frac{1}{2} \sin w_n t\right)\right)$$
$$= \frac{\sin wt}{5(4-w^2)}$$

해답 ④

085

반지름이 1m인 바퀴가 60rpm 으로 미끄러지지 않고 굴러갈 때 바퀴의 운동에너지는 약 몇 J인가? (단, 바퀴의 질량은 10kg이고 바퀴는 얇은 두께의 원판형상이다.)

① 296
② 245
③ 198
④ 164

해설
$$E = \frac{1}{2}mV^2 + \frac{1}{2}Jw^2 = \frac{1}{2}mV^2 + \frac{1}{2}\left(\frac{mR^2}{2}\right) \times \left(\frac{V}{R}\right)^2 = \frac{1}{2}mV^2 + \frac{mV^2}{4} = \frac{3mV^2}{4}$$
$$E = \frac{3}{4}mV^2 = \frac{3}{4} \times 10 \times (w \times R)^2 = \frac{3}{4} \times 10 \times \left(\frac{2\pi \times 60}{60} \times 1\right)^2 = 296.08J$$

해답 ①

086

질량 m은 탄성스프링으로 지지되어 있으며 그림과 같이 $x=0$일 때 자유낙하를 시작한다. $x=0$일 때 스프링의 변형량은 0이며, 탄성스프링의 질량은 무시하고 스프링상수는 k이다. 질량 m의 속도가 최대가 될 때 탄성스프링의 변형량(x)은?

① 0
② $\dfrac{mg}{2k}$
③ $\dfrac{mg}{k}$
④ $\dfrac{2mg}{k}$

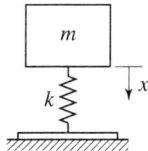

해설 $K = \dfrac{mg}{x}, \ x = \dfrac{mg}{K}$

해답 ③

087

질점이 시간 t에 대하여 다음과 같이 단순조화운동을 나타낼 때 이 운동의 주기는?

$$y(t) = C\cos(wt - \phi)$$

① $\dfrac{\pi}{w}$ ② $\dfrac{2\pi}{w}$

③ $\dfrac{w}{2\pi}$ ④ $2\pi w$

해설 (주기) $T = \dfrac{2\pi}{w}$

해답 ②

088

그림과 같이 회전자의 질량은 30kg이고 회전반경은 200mm이다. 3600rpm으로 회전하고 있던 회전자가 정지하기까지 5.3분이 걸렸을 때 정지하는 동안 마찰에 의한 평균 모멘트의 크기는 약 몇 N·m인가?

① 1.4
② 2.4
③ 3.4
④ 4.4

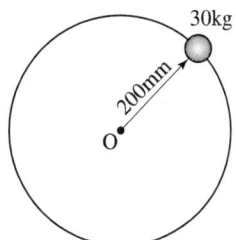

해설 (관성모멘트) $T_M = J \times \alpha = 1.2 \times 1.1855 = 1.4226$ N·m

$J = J_G + mR^2 = 0 + 30 \times 0.2^2 = 1.2$ kg·m²

$\alpha = \dfrac{w_2 - w_1}{t} = \dfrac{0 - \dfrac{2\pi N_1}{60}}{t} = \dfrac{0 - \dfrac{2\pi \times 3600}{60}}{5.3\text{min} \times \dfrac{60\text{s}}{1\text{min}}} = -1.1855 \left[\dfrac{\text{rad}}{\text{s}^2}\right]$ (감각가속도)

해답 ①

089

질량 3kg인 물체가 10m/s 로 가다가 정지하고 있는 4kg의 물체에 충돌하여 두 물체가 함께 움직인다면 충돌 후의 속도는 몇 m/s 인가?

① 2.3   ② 3.4
③ 3.8   ④ 4.3

해설 $m_1 V_1 + m_2 V_2 = (m_1 + m_2)V'$

$V' = \dfrac{m_1 V_1 + m_2 V_2}{m_1 + m_2} = \dfrac{(3 \times 10) + (4 \times 0)}{3 + 4} = 4.285\text{m/s} \fallingdotseq 4.3\text{m/s}$

해답 ④

090
중량은 100N이고, 스프링상수는 100N/cm 인 진동계에서 임계감쇠계수는 약 몇 N·s/cm 인가?

① 36.4 ② 26.4
③ 16.4 ④ 6.4

해설
$$C_c = 2\sqrt{mk} = 2\sqrt{\frac{100}{9.8} \times 1000} = 638.87 \frac{\text{N} \cdot \text{s}}{\text{m}}$$
$$= 6.3887 \frac{\text{N} \cdot \text{s}}{\text{cm}} \fallingdotseq 6.4 \frac{\text{N} \cdot \text{s}}{\text{cm}}$$

해답 ④

091
회전하는 상자 속에 공작물과 숫돌입자, 공작액, 콤파운드 등을 넣고 서로 충돌시켜 표면의 요철을 제거하며 매끈한 가공면을 얻는 가공법은?

① 호닝(honing) ② 배럴(barrel) 가공
③ 숏 피닝(shot peening) ④ 슈퍼 피니싱(super finishing)

해설 배럴가공
회전하는 상자에 공작물과 숫돌입자, 공작액, 컴파운드 등을 함께 넣어 공작물이 입자와 충돌하여 요철을 제거하고 매끈한 가공면을 얻는 가공법이다.
배럴가공의 장점
① 금속재료와 비금속재료에 관계없이 가공할 수 있다.
② 형상이 복잡한 제품이라도 각부를 동시에 가공할 수 있다.
③ 다량의 제품이라도 한 번에 품질이 일정하게 공작할 수 있다.
④ 작업이 간단하고 기계설비가 저렴하다.

해답 ②

092
주물을 제작할 때 생사형 주형의 경우, 주물 500kg, 주물의 두께에 따른 계수를 2.2라 할 때 주입시간은 약 몇 초인가?

① 33.8 ② 49.2
③ 52.8 ④ 56.4

해설
$$T = s\sqrt{W} = 2.2 \times \sqrt{500} = 49.193\text{s}$$
여기서, T : 주입시간(s)
W : 주물의 무게(kg)
s : 주물의 살 두께에 따른 상수

해답 ②

093

공기마이크로미터의 특징을 설명한 것으로 틀린 것은?

① 배율이 높고 정도가 좋다.
② 접촉 측정자를 사용하지 않을 때에는 측정력이 거의 0에 가깝다.
③ 측정물에 부착된 기름이나 먼지를 분출공기로 불어내므로 보다 정확한 측정이 가능하다.
④ 직접측정기로서 큰 치수(1개)와 작은 치수(2개)로 이루어진 마스터가 최소 3개 필요하다.

해설 공기마이크로미터는
간접측정기로서 큰 치수(1개)와 작은 치수(1개)로 이루어진 마스터가 2개 필요하다.

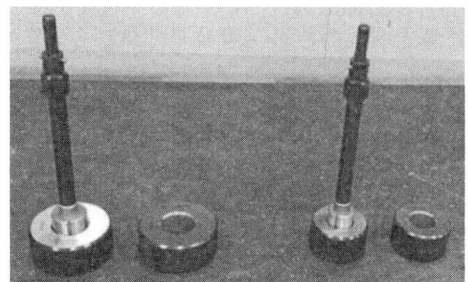

해답 ④

094

바이트의 노즈 반지름 $r=0.2$mm, 이송 $S=0.05$mm/rev로 선삭을 할 때 이론적인 표면거칠기는 약 몇 mm 인가?

① 0.15
② 0.015
③ 0.0015
④ 0.00015

해설 공구와 가공물의 표면거칠기[=조도(粗度)=roughness]

$$H = \frac{s^2}{8r}$$

여기서, H : 가공면의 굴곡을 나타내는 최대 높이
  = 표면거칠기[mm]
 r : 바이트 날 끝부분의 반지름
  = 노즈 반지름[mm]
 s : 이송[mm/rev]

$$H = \frac{s^2}{8r} = \frac{0.05^2}{8 \times 0.2} = 0.0015 [\text{mm}]$$

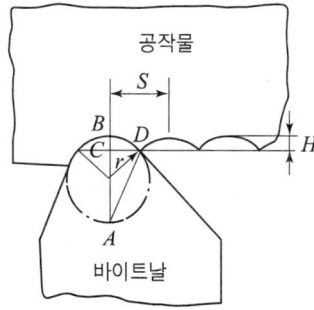

해답 ③

095 전단가공의 종류에 해당하지 않는 것은?

① 비딩(beading)
② 펀칭(punching)
③ 트리밍(trmming)
④ 블랭킹(blacking)

해설 전단 가공의 종류

① 블랭킹(blanking) : 펀치로 판재를 뽑기하는 작업으로 뽑은 제품을 Blank라고 하며 남은 부분을 scrap이라 한다.
② 펀칭(punching) : 펀치로 판재를 뽑기하였을 경우 뽑고 남은 부분(scrap)이 제품이 된다.
③ 전단(shearing) : 소재를 원하는 모양으로 잘라내는 것을 말한다.
④ 분단(parting) : 제품을 분리하는 과정을 말하며 2차 가공에 속한다.
⑤ 노칭(notching) : 소재의 한 쪽 끝에서 다른 쪽 끝까지 직선 또는 곡선상으로 절단하는 것을 말한다.
⑥ 트리밍(trimming) : Punch와 die로써 drawing제품의 flange를 소요의 형상과 치수에 맞게 잘라내는 것을 말하며 2차 가공에 속한다.
⑦ 셰이빙(shaving) : 뽑거나 전단한 제품의 단면이 곱지 못 할 경우 클리어런스가 작은 펀치와 다이로 매끈하게 가공하는 것을 말한다.
⑧ 브로칭(broaching) : 브로치에 의한 절삭 가공을 말한다.

해답 ①

096 센터리스 연삭의 특징으로 틀린 것은?

① 가늘고 긴 가공물의 연삭에 적합하다.
② 연속작업을 할 수 있어 대량 생산이 용이하다.
③ 키 홈과 같은 긴 홈이 있는 가공물은 연삭이 어렵다.
④ 축 방향의 추력이 있으므로 연삭 여유가 커야 한다.

해설 센터리스 연삭기

장점	단점
① 연속작업을 할 수 있어 대량 생산에 적합하다. ② 긴축재료의 연삭이 가능하며, 중공의 원통연삭에 편리하다. ③ 축방향 추력이 없어 연삭 여유가 작아도 된다. ④ 연삭 숫돌바퀴의 넓이가 크므로, 지름의 마멸이 작고 수명이 길다. ⑤ 일단 기계의 조정이 끝나면 가공이 쉽고, 작업자의 숙련이 필요 없다.	① 긴 홈이 있는 일감은 연삭할 수 없다. ② 대형 중량물은 연삭할 수 없다. ③ 연삭 숫돌바퀴의 나비보다 긴 일감은 전후 이송법으로 연삭할 수 없다. ④ 가공면의 단면이 진원이 되기 어렵다.

해답 ④

097 일반열처리 중 풀림의 종류에 포함되지 않는 것은?

① 가압 풀림
② 완전 풀림
③ 항온 풀림
④ 구상화 풀림

해설 **풀림의 종류**
① 저온 풀림 : A_1변태점 이하에서 열처리 하는 풀림으로 응력제거 풀림, 프로세서 풀림, 구상화 풀림, 재결정 풀림
② 고온 풀림 : A_1변태점 이상에서 열처리 하는 풀림으로 완전 풀림, 확산 풀림, 항온 풀림, 구상화 풀림

해답 ①

098
다음 중 방전가공의 전극 재질로 가장 적절한 것은?
① S
② Cu
③ Si
④ Al_2O_3

해설 **방전가공의 전극의 요구 조건**
가공 능률이 좋고, 소모가 적어야 하며, 열전도도가 좋아야 하고, 용융점이 높을수록 좋으며 그 재료는 구리, 흑연, 구리-텅스텐, 은-텅스텐 등이 쓰인다.

해답 ②

099
모재의 용접부에 용제공급관을 통하여 입상의 용제를 쌓아놓고 그 속에 와이어전극을 송급하면 모재 사이에서 아크가 발생하며 그 열에 의하여 와이어 자체가 용융되어 접합되는 용접방법은?
① MIG 용접
② 원자수소 아크용접
③ 탄산가스 아크용접
④ 서브머지드 아크용접

해설 **서브머지드 아크 용접**(submerged arc welding)
분말로 된 용제를 용접부에 뿌리고, 용제 속에서 용접봉의 심선이 들어간 상태에서 모재와 용접봉 사이에 아크를 발생시킨다. 또한 아크 열로서 용제, 용접봉 및 모재를 용해하여 용접하는 방법으로 잠호 용접이라고도 한다.

해답 ④

100
강판의 두께가 2mm, 최대 전단 강도가 440MPa 인 재료에 지름이 24mm인 구멍을 뚫을 때 펀치에 작용되어야 하는 힘은 약 몇 N인가?
① 44766
② 51734
③ 66350
④ 72197

해설 $F = \tau \times A = 440 \times (\pi \times 24 \times 2) = 66350.43 N$

해답 ③

일반기계기사

2021년 9월 12일 시행

제1과목 재료역학

001 그림과 같이 20cm×10cm의 단면을 갖고 양단이 회전단으로 된 부재가 중심축 방향으로 압축력 P가 작용하고 있을 때 장주의 길이가 2m라면 세장비는 약 얼마인가?

① 89
② 69
③ 49
④ 29

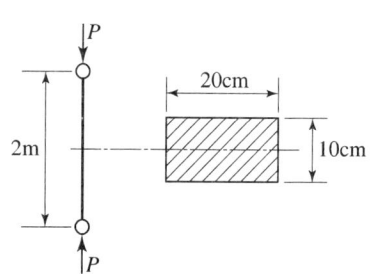

해설 $\lambda = \dfrac{L}{k_{\min}} = \dfrac{2000}{\dfrac{h}{2\sqrt{3}}} = \dfrac{2000 \times 2\sqrt{3}}{h} = \dfrac{2000 \times 2\sqrt{3}}{100} = 69.28$

$I = Ak$, $k = \sqrt{\dfrac{I}{A}} = \sqrt{\dfrac{\dfrac{bh^3}{12}}{bh}} = \dfrac{h}{2\sqrt{3}}$

해답 ②

002 지름이 25mm이고 길이가 6m인 강봉의 양쪽단에 100kN의 인장력이 작용하여 6mm가 늘어났다. 이때의 응력과 변형률은? (단, 재료는 선형 탄성 거동을 한다.)

① 203.7MPa, 0.01
② 203.7kPa, 0.01
③ 203.7MPa, 0.001
④ 203.7kPa, 0.001

해설 $\sigma = \dfrac{P}{A} = \dfrac{100000}{\dfrac{\pi}{4} \times 25^2} = 203.7\text{MPa}$

$\epsilon = \dfrac{\Delta L}{L} = \dfrac{6}{6000} = 0.001$

해답 ③

003

그림과 같이 지름 10cm의 원형 단면보 끝단에 3.6kN의 하중을 가하고 동시에 1.8kN·m의 비틀림 모멘트를 작용시킬 때 고정단에 생기는 최대전단응력은 약 몇 MPa인가?

① 10.1
② 20.5
③ 30.3
④ 40.6

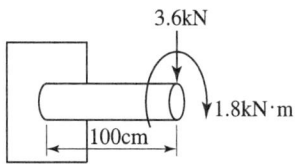

해설

$$\tau_{\max} = \sqrt{\left(\frac{\sigma_b}{2}\right)^2 + \tau_T^2} = \sqrt{\left(\frac{36.669}{2}\right)^2 + 9.167^2} = 20.49\,\text{MPa}$$

$$\sigma_b = \frac{M}{Z} = \frac{3600 \times 1000}{\frac{\pi \times 100^3}{32}} = 36.669\,\text{MPa}$$

$$\tau_T = \frac{T}{Z_p} = \frac{1.8 \times 10^6}{\frac{\pi \times 100^3}{16}} = 9.167\,\text{MPa}$$

해답 ②

004

공학적 변형률(engineering strain) e와 진변형률(true strain) ϵ 사이의 관계식으로 옳은 것은?

① $\epsilon = \ln(e+1)$
② $\epsilon = e x \ln(e)$
③ $\epsilon = \ln(e)$
④ $\epsilon = 3e$

해설

(진변형률) $\epsilon = \int_L^{L'} \frac{1}{L} dL = \ln L' - \ln L = \ln \frac{L'}{L}$

$$= \ln \frac{L + \Delta L}{L} = \ln \frac{L + eL}{L} = \ln \frac{L(1+e)}{L} = \ln(1+e)$$

$e = \frac{\Delta L}{L}$, $\delta L = e \times L$

해답 ①

005

그림과 같이 전 길이에 걸쳐 균일 분포하중 ω를 받는 보에서 최대처짐 $\delta_{\max}$를 나타내는 식은? (단, 보의 굽힘 강성계수는 EI이다.)

① $\dfrac{\omega L^4}{64EI}$
② $\dfrac{\omega L^4}{128.5EI}$
③ $\dfrac{\omega L^4}{184.6EI}$
④ $\dfrac{\omega L^4}{192EI}$

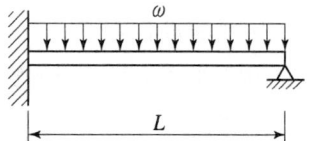

해설 B점에서의 처짐량 일치

$$\frac{\omega L^4}{8EI} = \frac{R_B L^3}{3EI}, \quad R_A + R_B = \omega L$$

$$\therefore R_A = \frac{5\omega L}{8}, \quad R_B = \frac{3\omega L}{8}$$

$$M_{\max,\, x=\frac{5L}{8}} = \frac{9\omega L}{128}$$

$$\theta_{\max} = \frac{\omega L^3}{48EI}, \quad \delta_{\max} = \frac{\omega L^4}{185EI}$$

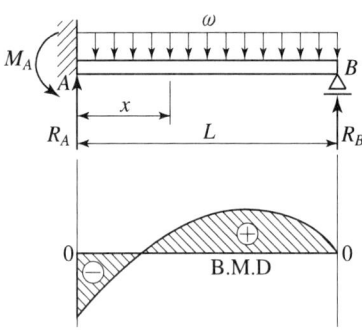

해답 ③

006 그림에서 A지점에서의 반력을 구하면 약 몇 N인가?

① 118
② 127
③ 132
④ 139

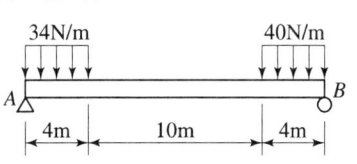

해설 $R_A = R_{A1} + R_{A2} = 120.888 + 17.777$
     $= 138.665\text{N}$

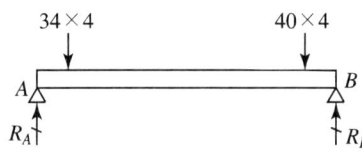

$$R_{A1} = \frac{136 \times 16}{18} = 120.888\text{N}$$

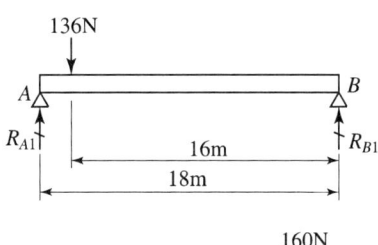

$$R_{A2} = \frac{160 \times 2}{18} = 17.777\text{N}$$

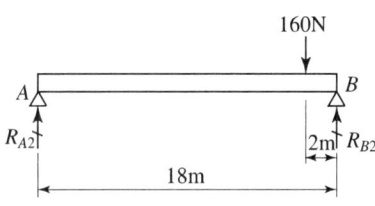

해답 ④

007 보에서 원형과 정사각형의 단면적이 같을 때, 단면계수의 비 Z_1/Z_2는 약 얼마인가? (단, 여기에서 Z_1은 원형 단면의 단면계수, Z_2는 정사각형 단면의 단면계수이다.)

① 0.531
② 0.846
③ 1.182
④ 1.258

해설 $\frac{\pi}{4}d^2 = a^2$, $a = \sqrt{\frac{\pi}{4}}d$, $a = 0.886d$

$$\frac{Z_1}{Z_2} = \frac{\frac{\pi d^3}{32}}{\frac{a^3}{6}} = \frac{\frac{\pi d^3}{32}}{\frac{0.886^3 d^3}{6}} = \frac{\frac{\pi}{32}}{\frac{0.886^3}{6}} = 0.846$$

해답 ②

008
그림과 같은 삼각형 분포하중을 받는 단순보에서 최대 굽힘 모멘트는? (단, 보의 길이는 L이다.)

① $\dfrac{\omega L^2}{2\sqrt{2}}$ ② $\dfrac{\omega L^2}{3\sqrt{3}}$

③ $\dfrac{\omega L^2}{4\sqrt{2}}$ ④ $\dfrac{\omega L^2}{9\sqrt{3}}$

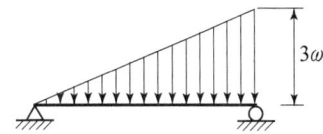

해설 $M_{\max} = \dfrac{3\omega L^2}{9\sqrt{3}} = \dfrac{\omega L^2}{3\sqrt{3}}$

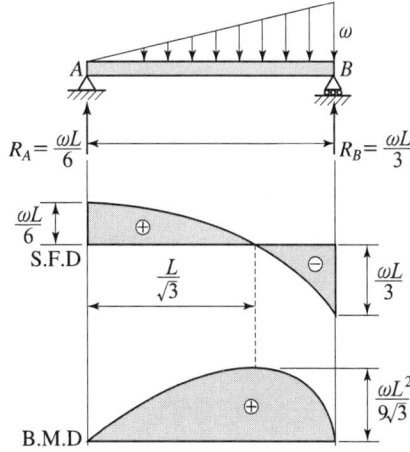

해답 ②

009
외경이 내경의 2배인 중공축과 재질과 길이가 같고 지름이 중공축의 외경과 같은 중실축이 동일 회전수에 동일 동력을 전달한다면, 이때 중실축에 대한 중공축의 비틀림각의 비 (중공축 비틀림각/중실축 비틀림각)는?

① 1.07   ② 1.57
③ 2.07   ④ 2.57

해설
$$\frac{\theta'}{\theta} = \frac{\frac{T'L}{GI_p'}}{\frac{TL}{GI_P}} = \frac{\frac{1}{I_p'}}{\frac{1}{I_p}} = \frac{I_p}{I_p'} = \frac{\frac{\pi d^4}{32}}{\frac{\pi d^4}{32}(1-x^4)} = \frac{1}{1-x^4} = \frac{1}{1-\left(\frac{1}{2}\right)^4} = 1.066$$

$T' = T$, $\dfrac{60}{2\pi} \times \dfrac{H'}{N'} = \dfrac{60}{2\pi} \times \dfrac{H}{N}$

해답 ①

010

그림과 같이 단순지지되어 중앙에서 집중하중 P를 받는 직사각형 단면보에서 보의 길이는 L, 폭이 b, 높이가 h일 때, 최대굽힘응력($\sigma_{\max}$)과 최대전단응력($\tau_{\max}$)의 비 ($\sigma_{\max}/\tau_{\max}$)는?

① $\dfrac{h}{L}$ ② $\dfrac{2h}{L}$
③ $\dfrac{L}{h}$ ④ $\dfrac{2L}{h}$

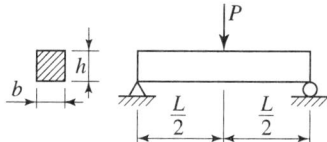

해설

$$\dfrac{\sigma_{\max}}{\tau_{\max}} = \dfrac{\dfrac{3PL}{2bh^2}}{\dfrac{3P}{4bh}} = \dfrac{2L}{h}$$

$$\sigma_{\max} = \dfrac{M}{Z} = \dfrac{\dfrac{PL}{4}}{\dfrac{bh^2}{6}} = \dfrac{6PL}{4bh^2} = \dfrac{3PL}{2bh^2}$$

$$\tau_{\max} = \dfrac{3}{2}\dfrac{V_{\max}}{bh} = \dfrac{3}{2} \times \dfrac{\dfrac{P}{2}}{bh} = \dfrac{3P}{4bh}$$

해답 ④

011

동일한 전단력이 작용할 때 원형 단면 보의 지름을 d에서 $3d$로 하면 최대 전단응력의 크기는? (단, $\tau_{\max}$는 지름이 d일 때의 최대전단응력이다.)

① $9\tau_{\max}$ ② $3\tau_{\max}$
③ $\dfrac{1}{3}\tau_{\max}$ ④ $\dfrac{1}{9}\tau_{\max}$

해설

$$\dfrac{\tau_{\max}'}{\tau_{\max}} = \dfrac{\dfrac{F}{\dfrac{\pi}{4}(3d)^2}}{\dfrac{F}{\dfrac{\pi}{4}d^2}} = \dfrac{d^2}{(3d)^2} = \dfrac{1}{9}$$

$$\tau_{\max}' = \dfrac{1}{9}\tau_{\max}$$

해답 ④

012

그림과 같이 반지름이 5cm인 원형 단면을 갖는 ㄱ자 프레임에서 A점 단면의 수직응력(σ)은 약 몇 MPa인가?

① 79.1 ② 89.1
③ 99.1 ④ 109.1

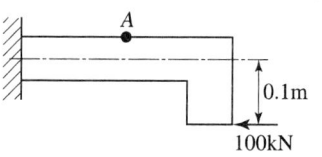

해설 $\sigma = \sigma_n + \sigma_b = (-12.732) + (101.859) = 89.127 \text{MPa}(인장)$

$\sigma_n = \dfrac{P}{\dfrac{\pi}{4}d^2} = \dfrac{100000}{\dfrac{\pi}{4} \times 100^2} = 12.732 \text{MPa}(압축)$

$\sigma_b = \dfrac{M_o}{Z} = \dfrac{100000 \times 100}{\dfrac{\pi \times 100^3}{32}} = 101.859 \text{MPa}(인장)$

해답 ②

013
그림과 같이 재료가 동일한 A, B의 원형 단면봉에서 같은 크기의 압축하중 F를 받고 있다. 응력은 각 단면에서 균일하게 분포된다고 할 때 저장되는 탄성 변형 에너지의 비 U_B / U_A는 얼마가 되겠는가?

① 5/9
② 1/3
③ 9/5
④ 3

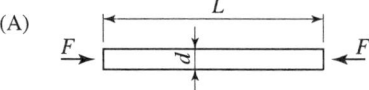
(A)

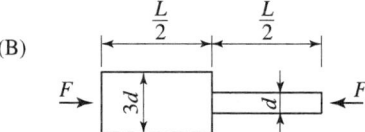
(B)

해설 $U_A = \dfrac{1}{2}F\delta_A = \dfrac{1}{2}F \times \dfrac{FL}{\dfrac{\pi}{4}d^2 \times E} = \dfrac{1}{2} \times \dfrac{F^2 L}{\dfrac{\pi}{4}d^2 \times E}$

$U_B = \dfrac{1}{2}F\delta_B = \dfrac{1}{2}F\left(\dfrac{F \times \dfrac{L}{2}}{\dfrac{\pi}{4}(3d^2)E} + \dfrac{F \times \dfrac{L}{2}}{\dfrac{\pi}{4}d^2 E}\right)$

$= \dfrac{1}{2}\dfrac{F^2 L}{\dfrac{\pi}{4}d^2 \times E}\left(\dfrac{\dfrac{1}{2}}{9} + \dfrac{\dfrac{1}{2}}{1}\right) = \dfrac{1}{2} \times \dfrac{F^2 L}{\dfrac{\pi}{4}d^2 E} \times \left(\dfrac{1}{18} + \dfrac{1 \times 9}{2 \times 9}\right)$

$= \dfrac{1}{2} \times \dfrac{F^2 L}{\dfrac{\pi}{4}d^2 E} \times \dfrac{10}{18} = U$

해답 ①

014
정사각형 단면의 짧은 봉에서 축방향(z방향) 압축 응력 40MPa를 받고 있고, x방향과 y방향으로 압축 응력 10MPa씩 받을 때 축방향 길이 감소량은 약 몇 mm인가? (단, 세로탄성계수 100GPa, 포아송 비 0.25, 단면의 한변은 120mm, 축방향 길이는 200mm이다.)

① 0.003
② 0.03
③ 0.007
④ 0.07

해설
$$\epsilon_z = \frac{\sigma_z}{E} - \frac{\nu\sigma_x}{E} - \frac{\nu\sigma_y}{E} = \frac{1}{E}(-40 - (0.25 \times 10) - (0.25 \times -10)) = -3.5 \times 10^{-4}$$
$$\epsilon_z = \frac{\Delta L_z}{L_z}, \quad \Delta L_z = \epsilon_z \times L_z = -3.5 \times 10^{-4} \times 200 = -0.07\text{mm (압축)}$$

해답 ④

015

그림과 같은 단붙이 봉에 인장하중 P가 작용할 때, 축 지름 비 $d_1 : d_2 = 4 : 3$으로 하면 d_1부분에 발생하는 응력 σ_1과 d_2부분에 발생하는 응력 σ_2의 비는?

① $\sigma_1 : \sigma_2 = 9 : 16$
② $\sigma_1 : \sigma_2 = 16 : 9$
③ $\sigma_1 : \sigma_2 = 4 : 9$
④ $\sigma_1 : \sigma_2 = 9 : 4$

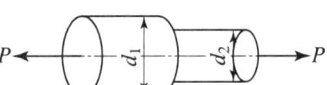

해설
$$\frac{\sigma_1}{\sigma_2} = \frac{\frac{P}{\frac{\pi}{4}4^2}}{\frac{P}{\frac{\pi}{4}3^2}} = \frac{3^2}{4^2} = \frac{9}{16}$$

해답 ①

016

높이 30cm, 폭 20cm의 직사각형 단면을 가진 길이 3m의 목제 외팔보가 있다. 자유단에 최대 몇 kN의 하중을 작용시킬 수 있는가? (단, 외팔보의 허용굽힘응력은 15MPa이다.)

① 15 ② 25
③ 35 ④ 45

해설
$$\sigma_a = \frac{PL}{\frac{bh^2}{6}} = \frac{6PL}{bh^2}$$
$$P = \frac{\sigma_a bh^2}{6L} = \frac{15 \times 200 \times 300^2}{6 \times 3000} = 15000\text{N} = 15\text{kN}$$

해답 ①

017

2축 응력 상태의 재료 내에서 서로 직각 방향으로 400MPa의 인장응력과 300MPa의 압축응력이 작용할 때 재료 내에 생기는 최대 수직응력은 몇 MPa인가?

① 300 ② 350
③ 400 ④ 500

[해설]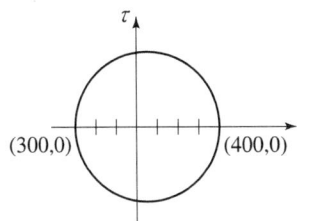

$\sigma_1 = 400\text{MPa}$

[해답] ③

018

그림과 같은 외팔보에 집중하중 $P=50\text{kN}$이 작용할 때 자유단의 처짐은 약 몇 cm인가? (단, 보의 세로탄성계수는 200GPa, 단면 2차 모멘트는 10^5cm^4이다.)

① 2.4
② 3.6
③ 4.8
④ 6.4

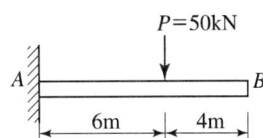

[해설]
$A_M = \dfrac{1}{2} \times (6 \times 50) \times 6 = 900\text{kN}\cdot\text{m}^2$

$\bar{x} = 4\text{m} + 6\text{m} \times \dfrac{2}{3} = 8\text{m}$

$\delta = \dfrac{A_M}{EI}\bar{x} = \dfrac{900 \times 10^3}{200 \times 10^9 \times 10^{-3}} \times 8$

$= 0.036\text{m} = 3.6\text{cm}$

$I = 10^5 \times 10^{-8}\text{m}^4 = 10^{-3}\text{m}^4$

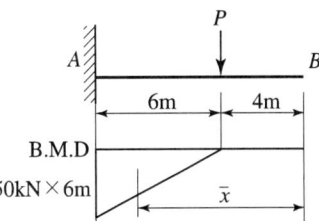

[해답] ②

019

그림과 같은 보가 분포하중과 집중하중을 받고 있다. 지점 B에서의 반력의 크기를 구하면 몇 kN인가?

① 28.5
② 40.5
③ 52.5
④ 55.5

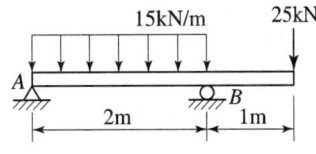

[해설]
$\Sigma F = 0$
$R_A + R_B = 30 + 25$
$\Sigma M_A = 0$
$(30 \times 1) - (R_B \times 2) + (25 \times 3) = 0$
$R_B = \dfrac{(30 \times 1) + (25 \times 3)}{2} = 52.5\text{kN}$

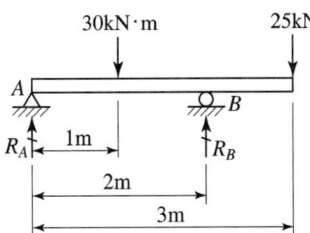

[해답] ③

020 회전수 120rpm으로 35kW의 동력을 전달하는 원형 단면축은 길이가 2m이고, 지름이 6cm이다. 이 축에서 발생한 비틀림 각도는 약 몇 rad인가? (단, 이 재료의 가로탄성계수는 83GPa이다.)

① 0.019　　② 0.036
③ 0.053　　④ 0.078

해설 $\theta = \dfrac{TL}{GI_p} = \dfrac{2785.211 \times 2}{833 \times 10^9 \times \dfrac{\pi \times 0.064}{32}} = 0.0527 \text{rad}$

$T = \dfrac{60}{2\pi} \times \dfrac{H}{N} = \dfrac{60}{2\pi} \times \dfrac{35000}{120} = 2785.211 \text{N} \cdot \text{m}$

해답 ③

제2과목 열역학

021 섭씨온도 −40℃를 화씨온도(℉)로 환산하면 약 얼마인가?

① −16℉　　② −24℉
③ −32℉　　④ −40℉

해설 $°F = \dfrac{9}{5}°C + 32 = \dfrac{9}{5} \times (-40) + 32 = -40°F$

해답 ④

022 두께 1cm, 면적 0.5m²의 석고판의 뒤에 가열판이 부착되어 1000W의 열을 전달한다. 가열판의 뒤는 완전히 단열되어 열은 앞면으로만 전달된다. 석고판 앞면의 온도는 100℃이고 석고의 열전도율은 0.79W/(m·K)일 때 가열판에 접하는 석고면의 온도는 약 몇 ℃인가?

① 110　　② 125
③ 140　　④ 155

해설 $Q = k\dfrac{A(T_2 - T_1)}{t}$

$1000 = 0.79 \times \dfrac{0.5 \times (T_2 - 1000)}{0.01}$

$T_2 = 125.316℃$

해답 ②

023 역카르노 사이클로 운전하는 이상적인 냉동사이클에서 응축기 온도가 40℃, 증발기 온도가 −10℃이면 성능 계수는 약 얼마인가?

① 4.26
② 5.26
③ 3.56
④ 6.56

해설 $\epsilon_R = \dfrac{T_L}{T_H - T_L} = \dfrac{-10+273}{(40+273)-(-10+273)} = 5.26$

해답 ②

024 그림과 같은 증기압축 냉동사이클이 있다. 1, 2, 3 상태의 엔탈피가 다음과 같을 때 냉매의 단위 질량당 소요 동력(W_C)과 냉동능력(q_L)은 얼마인가? (단, 각 위치에서의 엔탈피(h)값은 각각 $h_1 = 178.16$kJ/kg, $h_2 = 210.38$kJ/kg, $h_3 = 74.53$kJ/kg이고, 그림에서 T는 온도, S는 엔트로피를 나타낸다.)

① $W_C = 32.22$kJ/kg, $q_L = 103.63$kJ/kg
② $W_C = 32.22$kJ/kg, $q_L = 135.85$kJ/kg
③ $W_C = 103.63$kJ/kg, $q_L = 32.22$kJ/kg
④ $W_C = 135.85$kJ/kg, $q_L = 32.22$kJ/kg

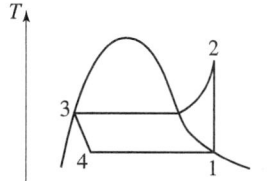

해설
$W_C = h_2 - h_1 = 210.38 - 178.16 = 32.22 \dfrac{\text{kJ}}{\text{klg}}$

$q_L = h_1 - h_4 = h_1 - h_3 = 178.16 - 74.53 = 103.63 \dfrac{\text{kJ}}{\text{kg}}$

$h_3 = h_4$

해답 ①

025 어떤 기체의 정압비열이 2436J/(kg·K)이고, 정적비열이 1943J/(kg·K)일 때 이 기체의 비열비는 약 얼마인가?

① 1.15
② 1.21
③ 1.25
④ 1.31

해설 $R = \dfrac{C_p}{C_v} = \dfrac{2436}{1943} = 1.25$

해답 ③

026

30℃, 100kPa의 물을 800kPa까지 압축하려고 한다. 물의 비체적이 $0.001m^3/kg$로 일정하다고 할 때, 단위 질량당 소요된 일(공업일)은 약 몇 J/kg인가?

① 167
② 602
③ 700
④ 1412

해설 $_1W_{t_2} = v(P_2 - P_1) = 0.001 \times (800 - 100) = 0.7 \dfrac{kJ}{kg} = 700 \dfrac{J}{kg}$

해답 ③

027

다음의 열기관이 열역학 제1법칙과 제2법칙을 만족하면서 출력일(W)이 최대가 될 때, W의 값으로 옳은 것은? (단, T는 온도, Q는 열량을 나타낸다.)

① 34kJ
② 29kJ
③ 24kJ
④ 19kJ

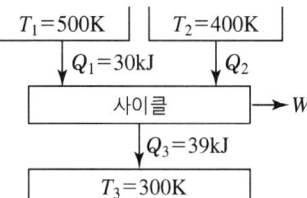

해설
$Q_1 + Q_2 = W + Q_3$
$30 + Q_2 = W + 39$ ·· (1)

$\dfrac{Q_1}{T_1} + \dfrac{Q_2}{T_2} \leq \dfrac{Q_3}{T_3}$

$\dfrac{30}{500} + \dfrac{Q_2}{400} \leq \dfrac{39}{300}$

$Q_2 = 28kJ$

(1)식에서 $30 + 28 = W + 39$
$W = 30 + 28 - 39 = 19kJ$

해답 ④

028

10kg의 증기가 온도 50℃, 압력 38kPa, 체적 7.5m3일 때 총 내부에너지는 6700kJ이다. 이와 같은 상태의 증기가 가지고 있는 엔탈피는 약 몇 kJ인가?

① 8346
② 7782
③ 7304
④ 6985

해설 $H = U + PV = 2700 + (38 \times 7.5) = 6985kJ$

해답 ④

029 이상기체인 공기 2kg이 300K, 600kPa상태에서 500K, 400kPa 상태로 변화되었다. 이 과정 동안의 엔트로피 변화량은 약 몇 kJ/K인가? (단, 공기의 정적비열과 정압비열은 각각 0.717kJ/(kg·K)과 1.004kJ/(kg·K)로 일정하다.)

① 0.73
② 1.83
③ 1.02
④ 1.26

해설 $m=2\text{kg}$, $T_1=300\text{K}$, $P_1=600\text{kPa}$
$T_2=500\text{K}$, $P_2=400\text{kPa}$

$$\Delta S = mC_p \ln\frac{T_2}{T_1} - mR\ln\frac{P_2}{P_1}$$
$$= mC_p \ln\frac{T_2}{T_1} = m(C_p - C_v)\ln\frac{P_2}{P_1}$$
$$= 2 \times 1.004 \times \ln\frac{500}{300} - 2 \times (1.004 - 0.717) \times \ln\frac{400}{600}$$
$$= 1.258 \frac{\text{kJ}}{\text{K}}$$

해답 ④

030 어느 가역 상태변화를 표시하는 그림과 같은 온도(T)–엔트로피(S) 선도에서 빗금으로 나타낸 부분의 면적은 무엇을 의미하는가?

① 힘
② 열량
③ 압력
④ 비체적

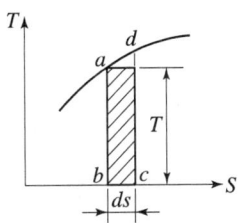

해설 T(온도)–S(엔트로피) 선도의 면적은 열량을 나타내는 선도이다.

해답 ②

031 마찰이 없는 피스톤이 끼워진 실린더가 있다. 이 실린더 내 공기의 초기 압력은 500kPa이며 초기체적은 0.05m³이다. 실린더를 가열하였더니 실린더내 공기가 열손실 없이 체적이 0.1m³으로 증가되었다. 이 과정에서 공기가 행한 일은 몇 kJ인가? (단, 압력은 변하지 않았다.)

① 10
② 25
③ 40
④ 100

해설 $_1W_2 = P(V_2 - V_1) = 500(0.1 - 0.05) = 25\text{kJ}$

해답 ②

032

피스톤-실린더로 구성된 용기 안에 300kPa, 100℃상태의 CO_2가 $0.2m^3$들어있다. 이 기체를 "$PV^{1.2}$=일정"인 관계가 만족되도록 피스톤 위에 추를 더해가며 온도가 200℃가 될 때까지 압축하였다. 이 과정 동안 기체가 외부로부터 받은 일을 구하면 약 몇 kJ인가? (단, P는 압력, V는 부피이고, CO_2의 기체상수는 0.189kJ/(kg·K)이며 CO_2는 이상기체처럼 거동한다고 가정한다.)

① 20 ② 60
③ 80 ④ 120

해설 $P_1 = 300\text{kPa}$, $T_1 = 100℃$, $T_2 = 200℃$

$V = 0.2\text{m}^3$, $R = 0.189\dfrac{\text{kJ}}{\text{kg·K}}$

$m = \dfrac{P_1 V}{RT_1} = \dfrac{300 \times 0.2}{0.189 \times (100 + 273)} = 0.8511\text{kg}$

$_1W_2 = m\dfrac{R}{n-1}(T_2 - T_1) = 0.8511 \times \dfrac{0.189}{1.2-1}(200-100) = 80.428\text{kJ}$

해답 ③

033

어느 증기터빈에 0.4kg/s로 증기가 공급되어 260kW의 출력을 낸다. 입구의 증기 엔탈피 및 속도는 각각 3000kJ/kg, 720m/s, 출구의 증기 엔탈피 및 속도는 각각 2500kJ/kg, 120m/s이면, 이 터빈의 열손실은 약 몇 kW가 되는가?

① 15.9 ② 40.8
③ 20.4 ④ 104

해설 $\dot{m}h_1 + \dfrac{1}{2}\dot{m}V_1^2 = \dot{m}h_2 + \dfrac{1}{2}\dot{m}V_2^2 + W_T + Q_L$

$(0.4 \times 3000)\dfrac{\frac{1}{2} \times 0.4 \times 720^2}{1000} = 0.4 \times 2500 + \dfrac{\frac{1}{2} \times 0.4 \times 120^2}{1000} + 260 + Q_L$

$Q_L = 40.8\text{kW}$

해답 ②

034

다음 중 서로 같은 단위를 사용할 수 없는 것은?

① 열량(heat transfer)과 일(work)
② 비내부에너지(specific intrnal energy)와 비엔탈피(specific enthalpy)
③ 비엔탈피(specific enthalpy)와 비엔트로피(specific entropy)
④ 비열(specific heat)과 비엔트로피(specific entropy)

해설 ① 열량[J], 일[J]
② 비내부에너지[J/kg], 비엔탈피[J/kg]
③ 비엔탈피[J/kg], 비엔트로피[J/(kg·K)]
④ 비열[J/(kg·K)], 비엔트로피[J/(kg·K)]

해답 ③

035

온도 100℃의 공기 0.2kg이 압력이 일정한 과정을 거쳐 원래 체적의 2배로 늘어났다. 이대 공기에 전달된 열량은 약 몇 kJ인가? (단, 공기는 이상기체이며 기체상수는 0.287kJ/(kg·K), 정적비열은 0.718kJ/(kg·K)이다.)

① 75.0kJ   ② 8.93kJ
③ 21.4kJ   ④ 34.7kJ

해설
$\delta q = dh = C_p dT$

$\Delta Q = m C_p (T_2 - T_1) = 0.2 \times 1.005 \times (473 - 100) = 74.973 \text{kJ}$

(정압비열) $C_p = R + C_v = 0.287 + 0.718 = 1.005 \dfrac{\text{kJ}}{\text{kg} \cdot \text{K}}$

$\dfrac{V_1}{T_1} = \dfrac{V_2}{T_2}, \ \dfrac{T_2}{T_1} = \dfrac{V_2}{V_1} = \dfrac{2V_1}{V_1}, \ T_2 = 2T_1 = 2 \times (273 + 100) = 746\text{K}$

$746K = (476 - 273) = 473℃$

해답 ①

036

4kg의 공기를 압축하는데 300kJ의 일을 소비함과 동시에 100kJ의 열량이 방출되었다. 공기온도가 초기에는 20℃이었을 때 압축 후의 공기온도는 약 몇 ℃인가? (단, 공기는 정적비열이 0.716kJ/(kg·K)으로 일정한 이상기체로 간주한다.)

① 78.4   ② 71.7
③ 93.5   ④ 86.3

해설
$\Delta Q = \Delta U + \Delta W$
$-100 = \Delta U + (-300)$
$\Delta U = 200\text{kJ}$
$\Delta U = m C_v (T_2 - T_1)$
$200 = 4 \times 0.716 \times (T_2 - 20)$
$T_2 = 89.8℃$

해답 ④

037

온도가 T_1인 고열원으로부터 온도가 T_2인 저열원으로 열전도, 대류, 복사 등에 의해 Q만큼 열전달이 이루어졌을 때 전체 엔트로피 변화량을 나타내는 식은?

① $\dfrac{T_1 - T_2}{Q(T_1 \times T_2)}$ ② $\dfrac{Q(T_1 + T_2)}{T_1 \times T_2}$

③ $\dfrac{Q(T_2 - T_1)}{T_1 \times T_2}$ ④ $\dfrac{T_1 + T_2}{Q(T_1 \times T_2)}$

해설
$\Delta S = \dfrac{Q}{T_1} - \dfrac{Q}{T_2} = \dfrac{QT_2}{T_1 T_2} - \dfrac{QT_1}{T_2 T_1} = \dfrac{Q(T_2 - T_1)}{T_1 T_2}$

해답 ③

038

14.33W의 전등을 매일 7시간 사용하는 집이 있다. 30일 동안 약 몇 kJ의 에너지를 사용하는가?

① 10830
② 15020
③ 17420
④ 22840

해설 $\Delta W = 14.33 \dfrac{J}{s} \times (7 \times 3) \times 3600s = 10833480J = 10833.480kJ$

해답 ①

039

다음 중 이상적인 증기 터빈의 사이클인 랭킨 사이클을 옳게 나타낸 것은?

① 가역단열압축 → 정압가열 → 가역단열팽창 → 정압냉각
② 가역단열압축 → 정적가열 → 가역단열팽창 → 정적냉각
③ 가역등온압축 → 정압가열 → 가역등온팽창 → 정압냉각
④ 가역등온압축 → 정적가열 → 가역등온팽창 → 정적냉각

해설 가역단열압축(펌프) → 정압가열(보일러) → 가역단열팽창(터빈) → 정압냉각(복수기)

해답 ①

040

랭킨 사이클의 열효율 증대 방법에 해당하지 않는 것은?

① 복수기(응축기) 압력 저하
② 보일러 압력 증가
③ 터빈 온도 입구 저하
④ 보일러에서 증기 온도 상승

해설 터빈입구는 고온 고압의 과열증기이므로 터빈입구는 고압이어야 된다.

해답 ③

제3과목 기계유체역학

041

관속에서 유체가 흐를 때 유동이 완전한 난류라면 수두손실은?

① 유체 속도에 비례한다.
② 유체 속도의 제곱에 비례한다.
③ 유체 속도에 반비례한다.
④ 유체 속도의 제곱에 반비례한다.

해설 $H_L = \gamma \times \dfrac{L}{D} \times \dfrac{V^2}{2g}$

해답 ②

042

평판을 지나는 경계층 유동에서 속도 분포가 경계층 바깥에서는 균일 속도, 경계층 내에서는 다음과 같이 주어질 때 경계층 배제두께(displacement thickness) δ^* 와 경계층 두께 δ의 관계식으로 옳은 것은? (단, u는 평판으로부터 거리 y에 따른 경계층 내의 속도분포, U는 경계측 밖의 균일 속도이다.)

$$u(g) = U \times \frac{y}{\delta}$$

① $\delta^* = \dfrac{\delta}{4}$ ② $\delta^* = \dfrac{\delta}{3}$

③ $\delta^* = \dfrac{\delta}{2}$ ④ $\delta^* = \dfrac{2\delta}{3}$

해설
$$\delta^* = \int_0^\delta \left(1 - \frac{u}{U}\right)dy = \int_0^\delta \left(1 - \frac{y}{\delta}\right)dy = \left[y - \frac{y^2}{2\delta}\right]_0^\delta = \left[\delta - \frac{\delta^2}{2\delta}\right] - [0] = \frac{\delta}{2}$$

해답 ③

043

원관 내부의 흐름이 층류 정상 유동일 때 유체의 전단응력 분포에 대한 설명으로 알맞은 것은?

① 중심축에서 0이고, 반지름 방향 거리에 따라 선형적으로 증가한다.
② 관 벽에서 0이고, 중심축까지 선형적으로 증가한다.
③ 단면에서 중심축을 기준으로 포물선 분포를 가진다.
④ 단면 전체에서 일정하게 나타난다.

해설
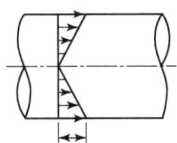
$$\tau_{max} = \frac{\Delta P D}{4L}$$

해답 ①

044

2m/s의 속도로 물이 흐를 때 피토관 수두높이 h는?

① 0.053m
② 0.102m
③ 0.204m
④ 0.412m

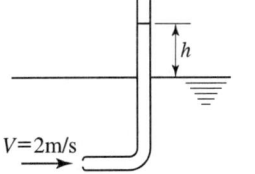

해설
$$h = \frac{V^2}{2g} = \frac{2^2}{2 \times 9.8} = 0.204 \text{m}$$

해답 ③

045

그림과 같이 매우 큰 두 저수지 사이에 터빈이 설치되어 동력을 발생시키고 있다. 물이 흐르는 유량은 50m³/min이고, 배관의 마찰손실수두는 5m, 터빈의 작동효율이 90%일 때 터빈에서 얻을 수 있는 동력은 약 몇 kW인가?

① 318
② 286
③ 184
④ 204

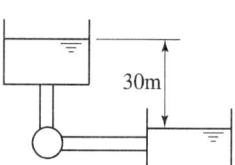

해설
$$\eta_T = \frac{W_T}{\gamma(30-5) \times Q}$$

$$W_T = \eta_T \times \gamma(30-5) \times Q = 0.9 \times 9800 \times (30-5) \times \frac{50}{60} = 183750\text{W} = 183.750\text{kW}$$

해답 ③

046

체적이 1m³인 물체의 무게를 물 속에서 측정하였을 때 4000N이다. 이 물체의 비중은?

① 2.11
② 1.85
③ 1.62
④ 1.41

해설
$$W' = W - F_B = V_{전체}(\gamma_{물체} - \gamma_{유체})$$
$$4000 = 1 \times (\gamma_{물체} - 9800)$$
$$\gamma_{물체} = 13800 \frac{\text{N}}{\text{m}^3}$$
$$S = \frac{\gamma_{물체}}{\gamma_w} = \frac{13800}{9800} = 1.408$$

해답 ④

047

어떤 액체 기둥 높이 25cm와 수은 기둥 높이 4cm에 의한 압력이 같다면 이 액체의 비중은 약 얼마인가? (단, 수은의 비중은 13.6이다.)

① 7.35
② 6.36
③ 4.04
④ 2.18

해설
$$S \times \gamma_w \times 25 = 13.6 \times \gamma_w \times 4$$
$$S = \frac{13.6 \times \gamma_w \times 4}{\gamma \times 25} = 2.176$$

해답 ④

048

해수 내에서 잠수함이 2.5m/s로 끌며 움직이고 있는 지름이 280mm인 구형의 음파 탐지기에 작용하는 항력을 풍동실험을 통해 예측하려고 한다. 지름이 140mm인 구형 모형을 사용한 풍동실험에서 Reynolds수를 같게 하여 실험하였을 때, 풍동에서 측정한 항력에 몇 배를 곱해야 해수 내 음파탐지기의 항력을 구할 수 있는가? (단, 바닷물의 평균 밀도는 1025kg/m³, 동점성계수는 1.4×10^{-6}m²/s이며, 공기의 밀도는 1.23kg/m³, 동점성계수는 1.4×10^{-5}m²/s로 한다. 또한, 이 항력 연구는 다음 식이 성립한다.)

$$\frac{F}{\rho V^2 D^2} = f(Re)$$

여기서, F : 항력, ρ : 밀도, V : 속도, D : 지름, Re : 레이놀즈 수

① 1.67배　　② 3.33배
③ 6.67배　　④ 8.33배

해설

$V_1 = 2.5$m/s, $V_2 = 5 \times 10^{-5}$m/s

$D_1 = 280$mm, $D_2 = 140$mm

$\rho_1 = 1025$kg/m³, $\rho_2 = 1.23$kg/m³

$\nu_1 = 1.4 \times 10^{-6}$m²/s, $\nu_2 = 1.4 \times 10^{-5}$m²/s

$$\frac{V_1 D_1}{\nu_1} = \frac{V_2 D_2}{\nu_2}$$

$$\frac{2.5 \times 280}{1.4 \times 10^{-6}} = \frac{V_2 \times 140}{1.4 \times 10^{-5}}, \quad V_2 = 50\text{m/s}$$

$F_1 = R_e \times \rho V^2 D^2$

$$\frac{F_2}{F_1} = \frac{R_e \rho_2 V_2^2 D_2^2}{R_e \rho_1 V_1^2 D_1^2} = \frac{1.23 \times 50^2 \times 140^2}{1025 \times 2.5}$$

해답 ④

049

실온에서 엔진오일은 절대점성계수 0.12kg/(m·s), 밀도 800kg/m³이고, 공기는 절대점성계수 1.8×10^{-5}kg/(m·s), 밀도 1.2kg/m³이다. 엔진오일의 동점성계수는 공기의 동점성계수의 약 몇 배인가?

① 5　　② 10
③ 15　　④ 20

해설

$$\nu_{oil} = \frac{\mu_{oil}}{\rho_{oil}} = \frac{0.12}{800} = 1.5 \times 10^{-4} \frac{\text{m}^2}{\text{s}}$$

$$\nu_{air} = \frac{\mu_{air}}{\rho_{air}} = \frac{1.8 \times 10^{-5}}{1.2} = 1.5 \times 10^{-5} \frac{\text{m}^2}{\text{s}}$$

$$\frac{\nu_{oil}}{\nu_{air}} = \frac{1.5 \times 10^{-4}}{1.5 \times 10^{-5}} = 10$$

해답 ②

050

Buckingham의 파이(pi)정리를 바르게 설명한 것은? (단, k는 변수의 개수, r은 변수를 표현하는데 필요한 최소한의 기준차원의 개수이다.)

① $(k-r)$개의 독립적인 무차원수의 관계식으로 만들 수 있다.
② $(k+r)$개의 독립적인 무차원수의 관계식으로 만들 수 있다.
③ $(k-r+1)$개의 독립적인 무차원수의 관계식으로 만들 수 있다.
④ $(k+r+1)$개의 독립적인 무차원수의 관계식으로 만들 수 있다.

해설 (독립무차원의 개수) $n = k - r$
여기서, k : 변수의 개수
r : 변수를 표현하는데 필요한 최소한의 기준차원의 개수

해답 ①

051

그림과 같이 단면적 A_1은 0.4m², 단면적 A_2는 0.1m²인 동일 평면상의 관로에서 물의 유량이 1000L/s일 때 관을 고정시키는 데 필요한 x방향의 힘 F_x의 크기는 약 몇 N인가? (단, 단면 1과 2의 높이차는 1.5m이고, 단면 2에서 물은 대기로 방출되며, 곡관의 자체 중량, 곡관 내부 물의 중량 및 곡관에서의 마찰손실은 무시한다.)

① 10159
② 15358
③ 20370
④ 24018

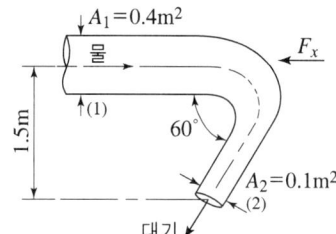

해설 $Q = A_1 V_1 = A_2 V_2$에서 $Q = 1 \text{m}^3/\text{s}$
$V_1 = 2.5 \text{m/s}, V_2 = 10 \text{m/s}, P_2 = 0, Z_2 = 0$

$$\frac{P_1}{\gamma} + \frac{V_1^2}{2g} + Z_1 = \frac{P_2}{\gamma} + \frac{V_2^2}{2g} + Z_2$$

$$\frac{P_1}{\gamma} + \frac{V_1^2}{2g} + 1.5 = \frac{V_2^2}{2g}$$에서

1지점의 압력 $P_1 = \left(\frac{V_2^2 - V_1^2}{2g} - Z_1\right) \times \gamma = \left(\frac{10^2 - 2.5^2}{2 \times 9.8} - 1.5\right) \times 9800$
$= 32175 \text{Pa}$

1지점의 압력 $P_1 = 32175 \text{Pa}$

x지점의 반력 $F_x = P_1 A_1 + \rho Q V_1 - \rho Q V_2 \cos 120$
$= (32175 \times 0.4) + (1000 \times 1 \times 2.5) - (1000 \times 1 \times 10 \times \cos 120)$
$= 20370 \text{N}$

해답 ③

052

다음 중 점성계수를 측정하는 데 적합한 것은?

① 피토관(pitot tube)   ② 슈리렌법(schlieren method)
③ 벤투리미터(venturi meter)   ④ 세이볼트법(saybolt method)

 ① 피토관 : 유속측정, 동압측정
② 슈리렌법 : 투명한 매질속에 굴절률이 조금 다른이 있는 것을 이용하여 빛의 진행 방향의 변화를 육안이나 사진촬영으로 볼 수 있는 광학적 방법
③ 벤투리미터 : 유량을 측정
④ 세이볼트법 : 수평원관의 층류유동(하겐-포아젤방정식)을 이용한 점성측정

해답 ④

053

다음 중 밀도가 가장 큰 액체는?

① 1g/cm³   ② 비중 1.5
③ 1200kg/m³   ④ 비중량 8000N/m³

 ① $S=1$ ② $S=1.5$
③ $S=\dfrac{1200}{1000}=1.2$ ④ $S=\dfrac{8000}{9800}=0.816$

비중이 큰 것이 밀도가 크다.

해답 ②

054

점성을 지닌 액체가 지름 4mm의 수평으로 놓인 원통형 튜브를 $12 \times 10^{-6} \text{m}^3/\text{s}$의 유량으로 흐르고 있다. 길이 1m에서의 압력손실은 약 몇 kPa인가? (단, 튜브의 입구로부터 충분히 멀리 떨어져 있어서 유체는 축방향으로만 흐르며 유체의 밀도는 1180kg/m³, 점성계수는 0.0045N·s/m²이다.)

① 7.59   ② 8.59
③ 9.59   ④ 10.59

$$\Delta P = \gamma H_L = \gamma \times f \times \frac{L}{D} \times \frac{V^2}{2g} = \rho \times f \times \frac{L}{D} \times \frac{V^2}{2}$$

$$= 1180 \times 0.06399 \times \frac{1}{0.004} \times \frac{0.954^2}{2} = 8.578 \text{kPa}$$

$$Re = \frac{\rho VD}{\mu} = \frac{1180 \times 0.954 \times 0.004}{0.0045} = 1000.64 (\text{층류})$$

$$Q = AV, \quad V = \frac{Q}{A} = \frac{12 \times 10^{-6}}{\frac{\pi}{4} \times 0.004^2} = 0.954 \frac{\text{m}}{\text{s}}$$

$$f = \frac{64}{Re} = \frac{64}{1000.64} = 0.0639$$

해답 ②

055

그림과 같은 원통 주위의 포텐셜 유동이 있다. 원통 표면상에서 상류 유속(V)과 동일한 크기의 유속이 나타나는 위치(θ)는?

① 90°
② 30°
③ 45°
④ 60°

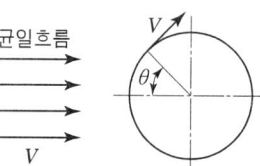

해설 (원통표면의 유속) $V_\theta = 2V\sin\theta$

$\sin\theta = \dfrac{V_\theta}{2V} = \dfrac{1}{2}$

$\theta = 30°$

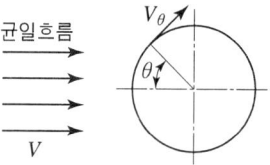

해답 ②

056

지름 0.1mm, 비중 2.3인 작은 모래알이 호수 바닥으로 가라앉을 때, 잔잔한 물 속에서 가라앉는 속도는 약 몇 mm/s인가?
(단, 물의 점성계수는 $1.12 \times 10^{-3} \text{N} \cdot \text{s/m}^2$이다.)

① 6.32
② 4.96
③ 3.17
④ 2.24

해설

$W_구 = D + F_B$

$W_구 - F_B = D$

$V_구(\gamma_구 - \gamma_유) = 6R\mu V\pi$

$\dfrac{4\pi}{3} R^3 (\gamma_구 - \gamma_유) = 6R\mu V\pi$

$V = \dfrac{\dfrac{4\pi R^3}{3}(\gamma_구 - \gamma_유)}{6R\mu\pi} = \dfrac{\dfrac{4\pi}{3} \times 0.00005^3 \times (2.3 \times 9800 - 9800)}{6 \times 0.00005 \times 1.12 \times 10^{-3} \times \pi} = 6.319 \dfrac{\text{m}}{\text{s}}$

해답 ①

057

어떤 액체의 밀도는 890kg/m³, 체적 탄성계수는 2200MPa이다. 이 액체 속에서 전파되는 소리의 속도는 약 몇 m/s인가?

① 1572
② 1483
③ 981
④ 345

해설 $a = \sqrt{\dfrac{k}{\rho}} = \sqrt{\dfrac{2200 \times 10^6}{890}} = 1572.23 \dfrac{\text{m}}{\text{s}}$

해답 ①

058

다음 중 옳은 설명을 모두 고른 것은?

㉮ 정상(steady) 유동일 때 유맥선(streak line), 유적선(path line), 유선(stream line)은 동일하다.
㉯ 공간상의 한 공통점을 지나온 모든 유체들로 이루어진 선을 유적선이라 한다.
㉰ 유선을 유체 속도장과 접하는 선을 말한다.

① ㉮,㉯ ② ㉮,㉰
③ ㉯,㉰ ④ ㉮,㉯,㉰

해설 유적선 : 한 유체입자가 일정한 시간동안 움직인 경로

해답 ②

059

그림과 같이 폭 2m, 높이가 3m인 평판이 물 속에 수직으로 잠겨있다. 이 평판의 한쪽 면에 작용하는 전체 압력에 의한 힘은 약 몇 kN인가?

① 88
② 175
③ 233
④ 265

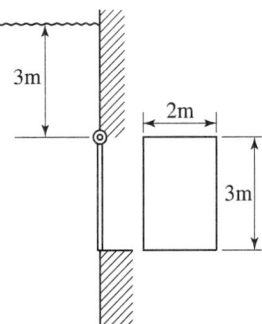

해설 $F_p = \gamma \overline{H} A = 9800 \times (3+1.5) \times (2 \times 3) = 264600\text{N} = 264.6\text{kN}$

해답 ④

060

2차원 (r, θ) 평면에서 연속방정식은 다음과 같이 주어진다. 비압축성 유동이고 반지름 방향의 속도 V_r은 반지름방향의 거리 r만의 함수이며, 접선방향의 속도 $V_\theta = 0$일 때, V_r은 어떤 함수가 되는가?

$$\frac{\partial \rho}{\partial t} + \frac{1}{r}\frac{\partial (r\rho V_r)}{\partial r} + \frac{1}{r}\frac{\partial (\rho V_\theta)}{\partial \theta} = 0$$
(단, t는 시간, ρ는 밀도이다.)

① r에 비례하는 함수
② r^2에 비례하는 함수
③ r에 반비례하는 함수
④ r^2에 반비례하는 함수

해설 비압축성, 평면 2차원 유동에 대한 연속방정식(원통좌표계)
$\frac{1}{r}\frac{\partial (rV_r)}{\partial r} + \frac{1}{r}\frac{\partial (V_\theta)}{\partial \theta} = 0$

비압축성으로 밀도의 시간에 대한 r방향에 대해, θ방향에 대한 편미분은 0이 되고 2차원 유동으로 한정시킴으로써 z항은 고려하지 않는다. 따라서 위의 식이 나온다.
여기서, 유동함수를 정의할 수 있고 비압축성, 2차원 유동의 연속방정식을 만족한다.
유동함수 : $\varphi(r, \theta)$

$$V_r = \frac{1}{r}\frac{\partial \varphi}{\partial \theta}, \quad V_\theta = -\frac{\partial \varphi}{\partial r}$$

해답 ③

제4과목 기계재료 및 유압기기

061 일정한 높이에서 낙하시킨 추(해머)의 반발한 높이로 경도를 측정하는 시험법은?

① 브리넬 경도시험
② 로크웰 경도시험
③ 비커스 경도시험
④ 쇼어 경도시험

해설
① 브리넬 경도시험 : 직경 10 mm나 5 mm의 강구를 500kgf~3000kgf 하중을 가해 표면의 압입자국으로 경도측정
② 로크웰 경도시험 : B스케일은 1.588mm인 작은 구를 표면에 압입시킨다. C스케일은 120도 각도를 가진 다이아몬드 압입자사용
③ 비커스 경도시험 : 136도 4각 뿔인 다이아몬드 압입자 사용
④ 쇼어 경도시험 : 일정한 높이에서 낙하시킨 추(해머)의 반발한 높이로 경도

해답 ④

062 알루미늄, 마그네슘 및 그 합금의 질별 기호 중 가공 경화한 것을 나타내는 기호로 옳은 것은?

① O
② H
③ W
④ F

해설

질별 기호	정의
F	제조한 그대로의 것
O	어닐링한 것
H(2)	가공 경화한 것
W	용체화 처리한 것
T	열처리에 따라 F, O, H 이외의 안정된 질별로 한 것
T2	고온 가공에 의해 냉각 후, 냉간 가공하여 더욱 자연 시효시킨 것
T3	용체화 처리(담금질) 후, 냉간 가공하여, 더욱 자연 시효시킨 것
T4	용체화 처리 후, 자연 시효시킨 것
T5	고온 가공에 의해 냉각 후, 인공시효 처리한 것
T6	용체화 처리 후, 인공 시효 처리한 것
T7	용체화 처리 후, 안정화 처리를 한 것
T8	용체화 처리 후, 냉간 가공하여 다시 인공 시효 처리한 것
T9	용체화 처리 후, 인공 시효 처리하여 다시 냉간 가공한 것

해답 ②

063 침탄, 질화와 같이 Fe 중에 탄소 또는 질소의 원자를 침입시켜 한쪽으로만 확산하는 것은?

① 자기확산 ② 상호확산
③ 단일확산 ④ 격자확산

해설 ① **상호확산**(=불순물확산)
금속원자가 소로의 금속으로 확산되는 현상을 상호확산이라고 한다.

확산 개시 전   확산 개시 후 질정 시간 경과

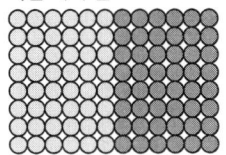 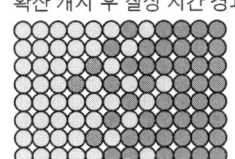

② **자기확산**
단일원소로 이루어진 순수 고체 내에서도 원자들은 이동한다. 다만 이런 경우 모든 원자들이 동일하므로 확인이 어렵다.

확산 전 표식을 한 원자들   확산 후 표식원자의 위치

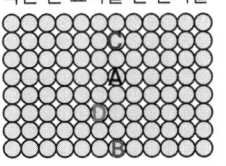 

※ **확산기구(Mechanisms)**
① 공공확산(Vacancy Diffusion)
   원자와 공공이 서로 자리를 바꾸면서 확산이 일어난다.

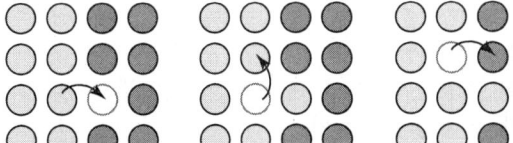

② 침입형확산(Interstitial Diffusion)
   원자들 사이사이의 틈새자리로 작은 크기의 원자가 침입하면서 확산이 일어난다.

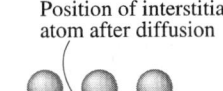

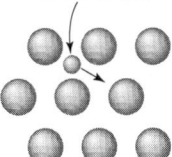 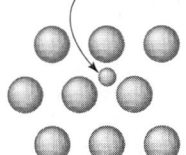

해답 ③

064 다이캐스팅용 Al합금에 Si원소를 첨가하는 이유가 아닌 것은?
① 유동성이 증가한다.　　② 열간취성이 감소한다.
③ 용탕보급성이 양호해진다.　　④ 금형에 점착성이 증가한다.

해설 Al합금에 Si원소를 첨가하는 이유
① 합금원소로 존재할때 다량의 Si 함량은 주조성을 좋게 하고, 소량일 경우(6xxx계)에서와 같이 강도(Mg과 화합하여 Mg_2Si를 형성)를 높이는 역할을 한다.
② 보통 Si량이 증가함에 따라 용탕의 유동성이 좋아지고, 강도가 증가하게 되는데 공정점(12.6%)에서 최대로 된다. 이 이상에서는 판상의 초정Si의 석출로 강도가 급격히 떨어지게 된다.

해답 ④

065 주철에 대한 설명으로 틀린 것은?
① 흑연이 많을 경우에는 그 파단면이 회색을 띤다.
② 600℃ 이상의 온도에서 가열 및 냉각을 반복하면 부피가 감소하여 파열을 저지한다.
③ 주철 중에 전 탄소량은 흑연과 화합 탄소를 합한 것이다.
④ C와 Si의 함량에 따른 주철의 조직관계를 나타낸 것을 마우러 조직도라 한다.

해설 주철은 600℃ 이상의 온도에서 가열 및 냉각을 반복하면 부피가 증가하는 것을 주철의 성장이라고 한다.

해답 ②

066 결정성 플라스틱 및 비결정성 플라스틱을 비교 설명한 것 중 틀린 것은?
① 비결정성에 비해 결정성 플라스틱은 많은 열량이 필요하다.
② 비결정성에 비해 결정성 플라스틱은 금형 냉각 시간이 길다.
③ 결정성 플라스틱에 비해 비결정성 플라스틱은 치수 정밀도가 높다.
④ 결정성 플라스틱에 비해 비결정성 플라스틱은 특별한 용융온도나 고화 온도를 갖는다.

해설 비결정성 플라스틱은 규직적인 결정조직이 없기 때문에 특별한 용융온도나 고화 온도를 갖지 않는다.

해답 ④

067 다음 중 자기변태점이 가장 높은 것은?
① Fe　　② Co
③ Ni　　④ Fe_3C

해설 ① Fe의 자기 변태점 : 768℃　　② Co의 자기 변태점 : 1160℃
③ Ni의 자기 변태점 : 358℃　　④ Fe_3C의 자기 변태점 : 210℃

해답 ②

068
황(S)을 많이 함유한 탄소강에서 950℃ 전후의 고온에서 발생하는 취성은?

① 저온 취성
② 불림 취성
③ 적열 취성
④ 뜨임 취성

해설 적열 취성 : 황(S)을 많이 함유한 탄소강에서 950℃ 전후의 고온에서 발생하는 취성

해답 ③

069
서브제로(sub-zero)처리를 하는 주요 목적으로 옳은 것은?

① 잔류 오스테나이트 조직을 유지하기 위해
② 잔류 오스테나이트를 레데뷰라이트화 하기 위해
③ 잔류 오스테나이트를 베이나이트화 하기 위해
④ 잔류 오스테나이트를 마텐자이트화 하기 위해

해설 서브제로처리(=심랭처리=영하처리) : 오스테나이트를 염욕에서 M_f 점 이하로 하여 잔류 오스테나이트를 제거하는 방법

해답 ④

070
금속의 응고에 대한 설명으로 틀린 것은?

① Fe의 결정성장방향은 [0001]이다.
② 응고 과정에서 고상과 액상간의 경계가 형성된다.
③ 응고 과정에서 운동에너지가 열의 형태로 방출되는 것을 응고 잠열이라 한다.
④ 액체 금속이 응고할 때 용융점보다 낮은 온도에서 응고되는 것을 과냉각이라 한다.

해설 Fe의 결정성장방향은 체심입방격자와 면심입방격자일 때의 결정성장방향이 다르다.

해답 ①

071
유압장치에서 펌프의 무부하 운전 시 특징으로 적절하지 않은 것은?

① 펌프의 수명 연장
② 유온 상승 방지
③ 유압유 노화 촉진
④ 유압장치의 가열 방지

해설 펌프를 무부하 운전하면 유압유의 노화가 늦어진다.

해답 ③

072
1개의 유압 실린더에서 전진 및 후진 단에 각각의 리밋 스위치를 부착하는 이유로 가장 적합한 것은?

① 실린더의 위치를 검출하여 제어에 사용하기 위하여
② 실린더 내의 온도를 제어하기 위하여
③ 실린더의 속도를 제어하기 위하여
④ 실린더 내의 압력을 계측하고 제어하기 위하여

해설 실린더의 전진 위치와 후진 위치를 검출하여 제어에 사용하기 위해서 리밋 스위치를 설치한다.

해답 ①

073
아래 기호의 명칭은?

① 체크 밸브
② 무부하 밸브
③ 스톱 밸브
④ 급속배기 밸브

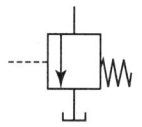

해설

체크 밸브	무부하 밸브	스톱 밸브	급속배기 밸브
◯	⊥⧹	⋈	⊡

해답 ②

074
오일 탱크의 필요조건으로 적절하지 않은 것은?

① 오일 탱크의 바닥면은 바닥에 밀착시켜 간격이 없도록 해야 한다.
② 오일 탱크에는 스트레이너의 삽입이나 분리를 용이하게 할 수 있는 출입구를 만든다.
③ 공기빼기 구멍에는 공기청정을 하여 먼지의 혼입을 방지한다.
④ 먼지, 절삭분 등의 이물질이 혼입되지 않도록 주유구에는 여과망, 캡을 부착한다.

해설 오일 탱크의 바닥면은 바닥에 밀착시켜면 부식이 발생될 수 있다.
오일 탱크는 바닥면과 일정 간격을 띄워 설치하여야 된다.

해답 ①

075 속도 제어 회로가 아닌 것은?

① 미터 인 회로
② 미터 아웃 회로
③ 블리드 오프 회로
④ 로크(로킹) 회로

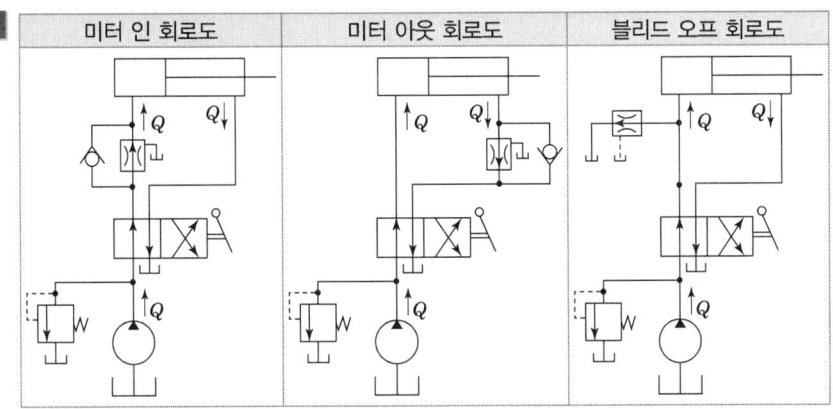

해답 ④

076 아래 회로처럼 A, B 두 실린더가 순차적으로 작동하는 회로는?

① 언로더 회로
② 디컴프레션 회로
③ 시퀀스 회로
④ 카운터 밸런스 회로

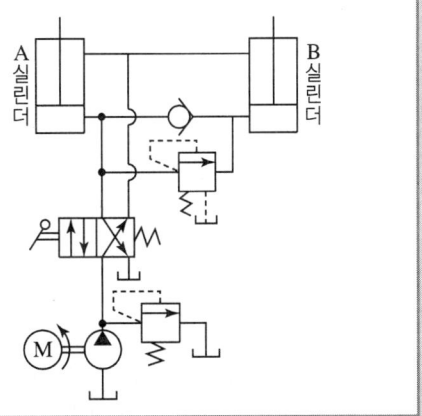

해설 A실린더의 동작이 완료되면 B실린더를 동작시키는 순차제어 방식으로 시퀀스 회로이다.

해답 ③

077 유압 작동유의 구비조건으로 적절하지 않은 것은?

① 비중과 열팽창계수가 적어야 한다.
② 열을 방출시킬 수 있어야 한다.
③ 점도지수가 높아야 한다.
④ 압축성이어야 한다.

해설 작동유는 비압축성이어야 한다. 즉 체적 탄성이 큰 작동유를 사용해야 된다.

해답 ④

078
유압 작동유에 1760N/cm²의 압력을 가했더니 체적이 0.19% 감소되었다. 이때 압축률은 얼마인가?

① 1.08×10^{-5} cm²/N
② 1.08×10^{-6} cm²/N
③ 1.08×10^{-7} cm²/N
④ 1.08×10^{-8} cm²/N

해설
$$k = \frac{\Delta P}{\frac{\Delta V}{V}} = \frac{1}{\beta}$$

$$\beta = \frac{\frac{\Delta V}{V}}{\Delta P} = \frac{\frac{0.19}{100}}{1760} = 1.079 \times 10^{-6} \frac{cm^2}{N} ≒ 1.08 \times 10^{-6} \frac{cm^2}{N}$$

해답 ②

079
유량 제어 밸브의 종류가 아닌 것은?

① 분류 밸브
② 디셀러레이션 밸브
③ 언로드 밸브
④ 스로틀 밸브

해설 언로드 밸브는 압력제어 밸브이다.

해답 ③

080
어큐뮬레이터는 고압 용기이므로 장착과 취급에 각별한 주의가 요망되는데 이와 관련된 설명으로 적절하지 않은 것은?

① 점검 및 보수가 편리한 장소에 설치한다.
② 어큐뮬레이터에 용접, 가공, 구멍뚫기 등을 통해 설치에 유연성을 부여한다.
③ 충격 완충용으로 사용할 경우는 가급적 충격이 발생하는 곳으로부터 가까운 곳에 설치한다.
④ 펌프와 어큐뮬레이터와의 사이에는 체크 밸브를 설치하여 유압유가 펌프 쪽으로 역류하는 것을 방지한다.

해설 ② 어큐뮬레이터는 큰 압력을 흡수 해야 됨으로 이음매가 없는 용기로 제작 되어야 된다.

해답 ②

제5과목 기계제작법 및 기계동력학

081 지름 1m의 플라이휠(flywheel)이 등속 회전운동을 하고 있다. 플라이휠 외측의 접선속도가 4m/s일 때, 회전수는 약 몇 rpm인가?

① 76.4　　② 86.4
③ 96.4　　④ 106.4

해설
$V = w \times r$
$V = \dfrac{2\pi N}{60} \times r$
$N = \dfrac{V \times 60}{2\pi \times r} = \dfrac{4 \times 60}{2\pi \times 0.5} = 76.39 \text{rpm} = 76.4 \text{rpm}$

해답 ①

082 자동차가 경사진 30도 비탈길에 주차되어 있다. 미끄러지지 않기 위해서는 노면과 바퀴와의 마찰계수 값이 약 얼마 이상이어야 하는가?

① 0.122　　② 0.366
③ 0.500　　④ 0578

해설
$\tan\rho = \mu$
$\tan 30 = \mu$
$\mu = 0.577$

해답 ④

083 일정한 반경 r인 원을 따라 균일한 각속도 ω로 회전하고 있는 질점의 가속도에 대한 설명으로 옳은 것은?

① 가속도는 0이다.
② 가속도는 법선 방향(radial direction)의 값만 갖는다.(접선 방향은 0이다.)
③ 가속도는 접선 방향(transverse direction)의 값만 갖는다.(법선 방향은 0이다.)
④ 가속도는 법선 방향과 접선 방향 값을 모두 갖는다.

해설
$\sigma = \sigma_n + \sigma_t = \omega^2 r + \alpha r$
$\sigma = \sigma_n = \omega^2 r$ (법선가속도)
(접선각 가속도) $\alpha = \dfrac{d\omega}{dt}$, $\omega =$ 일정, $\alpha = 0$

해답 ②

084

다음 표는 마찰이 없는 빗면을 따라 내려오는 물체의 속력에 따른 운동에너지와 위치에너지를 나타낸 것이다. 속력이 $\frac{3}{2}v$일 때의 위치에너지(A)는? (단, 에너지 보존 법칙을 만족한다.)

구분	위치에너지	운동에너지
v	1500J	
$\frac{3}{2}v$	A	
$2v$		1600J

① 1400J
② 1000J
③ 800J
④ 600J

해설 V일 때 (전체 에너지) $U = 1500 + E_v$ ················ (1)
$U = A + \frac{9}{4}E_v$ ················ (2)
$U = B + 1600$ ················ (3)
$E_v = \frac{1}{2}mV^2 = 400\text{J}$
$1600\text{J} = \frac{1}{2}m(2V)^2$
$1600 = 4 \times \frac{1}{2}mV^2$, $\frac{1}{2}mV^2 = 400\text{J}$
$1500 + 400 = A + \frac{9}{4} \times 400$
$1500 + 400 = A + 900$
$A = 1500 + 400 - 900 = 1000\text{J}$

해답 ②

085

그림과 같이 두 개의 질량이 스프링에 연결되어 있을 때, 이 시스템의 고유진동수에 해당하는 것은?

① km
② $\sqrt{\frac{2k}{m}}$
③ $3km$
④ $2km$

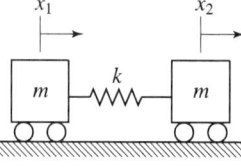

해설 $\omega_n = \sqrt{\frac{(m_1 + m_2)k}{m_1 \times m_2}} = \sqrt{\frac{2mk}{m^2}} = \sqrt{\frac{2k}{m}}$

해답 ②

086 다음 그림과 같이 일부가 천공된 불균형 바퀴가 미끄러짐 없이 굴러가고 있을 때, 각 경우 중 운동에너지의 크기에 대한 설명으로 옳은 것은? (단, 3가지 모두 각속도 ω는 동일하다.)

① (a) 경우가 가장 크다.
② (b) 경우가 가장 크다.
③ (c) 경우가 가장 크다.
④ (a), (b), (c) 모두 같다.

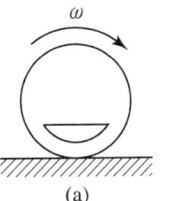
(a)
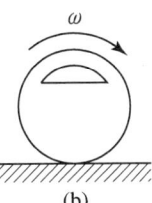
(b)
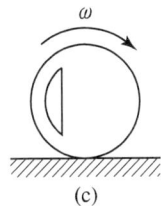
(c)

해설

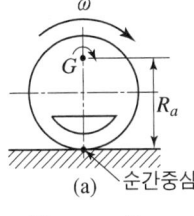
(a) 순간중심
$V_a = \omega \times R_a$

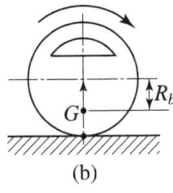
(b)
$V_b = \omega \times R_b$
$R_a > R_b > R_c$
$V_a > V_c > V_b$

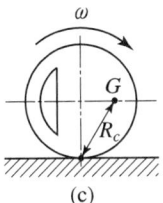
(c)
$V_c = \omega \times R_c$

해답 ①

087 다음 그림과 같은 1자유도 진동계에서 W가 50N, k가 0.32N/cm이고, 감쇠비가 $\xi = 0.4$ 일 때 이 진동계의 점성감쇠 계수 c는 약 몇 N·s/m인가?

① 5.48
② 54.8
③ 10.22
④ 102.2

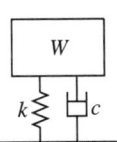

해설 $\xi = 0.4$

$$m = \frac{W}{g} = \frac{50N}{9.8\frac{m}{s^2}} = 5.1\text{kg}$$

$$k = 0.32\frac{\text{N}}{\text{cm}} = 32\frac{\text{N}}{\text{m}}$$

$$\xi = \frac{c}{c_c}$$

$$c = \xi \times c_c = \xi \times 2\sqrt{mk} = 0.4 \times 2\sqrt{5.1 \times 32} = 10.219\frac{\text{N}\cdot\text{s}}{\text{m}}$$

해답 ③

088

다음 그림과 같이 스프링상수는 400N/m, 질량은 100kg인 1자유도계 시스템이 있다. 초기 변위는 0이고 스프링 변형량도 없는 상태에서 x방향으로 3m/s의 속도로 움직이기 시작한다고 가정할 때 이 질량체의 속도 v를 위치 x에 관한 함수로 나타낸 것은?

① $\pm(3-4x^2)$
② $\pm(3-9x^2)$
③ $\pm\sqrt{9-4x^2}$
④ $\pm\sqrt{9-9x^2}$

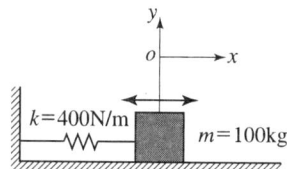

해설

$k = 400\text{N/m}$
$m = 100\text{kg}$
$V_o = 3\text{m/s}$

운동에너지 = 탄성에너지

$\frac{1}{2}m(V_o^2 - V_x^2) = \frac{1}{2}kx^2$

$\frac{1}{2} \times 100 \times (3^2 - V_x^2) = \frac{1}{2} \times 400 \times x^2$

$V_x = 3^2 - 4x^2$

$V_x = \pm\sqrt{9-4x^2}$

해답 ③

089

조화 진동의 변위 x와 시간 t의 관계를 나타낸 식 $x = a\sin(\omega t + \phi)$에서 ϕ가 의미하는 것은?

① 진폭
② 주기
③ 초기위상
④ 각진동수

해설

a : 최대변위 ω : 각속도
t : 시간 ϕ : 초기위상

해답 ③

090

속도가 각각 $v_1, v_2 (v_1 > v_2)$이고, 질량이 모두 m인 두 물체가 동일한 방향으로 운동하여 충돌 후 하나로 되었을 때의 속도(v)는?

① $v_1 - v_2$
② $v_1 + v_2$
③ $\dfrac{v_1 - v_2}{2}$
④ $\dfrac{v_1 + v_2}{2}$

해설

$m_1 v_1 + m_2 v_2 = (m_1 + m_2)v$

$v = \dfrac{m_1 v_1 + m_2 v_2}{m_1 + m_2} = \dfrac{m(v_1 + v_2)}{2m} = \dfrac{(v_1 + v_2)}{2}$

해답 ④

091

방전가공의 특징으로 틀린 것은?

① 전극이 필요하다.
② 가공 부분에 변질 층이 남는다.
③ 전극 및 가공물에 큰 힘이 가해진다.
④ 통전되는 가공물은 경도와 관계없이 가공이 가능하다.

해설 방전가공은 전극은 전기적인 스파크가 발생됨으로 가공물에 큰 힘이 가해지지는 않는다.

해답 ③

092

드로잉률에 대한 설명으로 옳은 것은?

① 드로잉률이 작을수록 제품의 깊이가 깊은 것이므로 드로이에 필요한 힘도 증가하게 된다.
② 드로잉률이 클수록 제품의 깊이가 깊은 것이므로 드로이에 필요한 힘도 증가하게 된다.
③ 드로잉률이 작을수록 제품의 깊이가 낮은 것이므로 드로이에 필요한 힘도 증가하게 된다.
④ 드로잉률이 클수록 제품의 깊이가 낮은 것이므로 드로이에 필요한 힘도 증가하게 된다.

해설 드로잉률

$$\epsilon = \frac{가공 \ 후의 \ 지름}{가공 \ 전의 \ 지름}$$

드로잉률이 작다는 것은 가공 후의 지름이 작은 것으로 소성변형량이 많다는 것을 의미하므로 드로잉하는데 많은 힘이 필요하다는 것을 의미한다.

해답 ①

093

스폿용접과 같은 원리로 접합할 모재의 한쪽 판에 돌기를 만들어 고정전극 위에 겹쳐 놓고 가동전극으로 통전과 동시에 가압하여 저항열로 가열된 돌기를 접합시키는 용접법은?

① 플래시 버트 용접   ② 프로젝션 용접
③ 업셋 용접   ④ 단접

해설 겹치기 저항 용접
① 점 용접(spot welding) : 두 전극간에 2장의 판을 끼우고 가압하면서 통전하면 저항열로 용융 상태에 달하게 될 때 가압하여 접합하는 방법으로 6mm이하의 판재를 접합할 때 적당하며, 0.4~3.2mm의 판재가 가장 능률적이다. 자동차, 항공기에 널리 사용된다.
② 시임 용접(seam welding) : 점 용접의 전극 대신 롤러 형상의 전극을 사용하여 용접 전류를 공급하면서 전극을 회전시켜 용접하는 방법으로 접합부의 내밀성을 필요

로 할 때 이용하며 얇은 판재에 연속적으로 전류를 통하여도 좋은 결과를 얻을 수 있다. 또한 가열 범위가 좁으므로 변형이 적고 박판과 후판의 용접이 가능하며 산화작용이 적은 특징이 있다.

③ 프로젝션 용접(projection welding process) : 점 용접의 변형으로 용융부에 돌기를 만들어 전류를 집중시켜 가압하여 용접하는 방법으로 판재의 두께가 다른 것도 용접이 가능하며, 열전도율이 다른 금속의 용접 또한 가능하다. 전류와 압력이 각 점에 균일하므로 용접의 신뢰도가 높으며, 작업 속도가 빠르다.

해답 ②

094
밀링에서 브라운 샤프형 분할판으로 지름피치 12, 잇수가 76개인 스퍼기어를 절삭할 때 사용하는 분할판의 구멍열은?

① 16구멍　　　　② 17구멍
③ 18구멍　　　　④ 19구멍

해설 $n = \dfrac{40}{N} = \dfrac{40}{76} = \dfrac{10}{19}$

해답 ④

095
전해연마의 일반적인 특징에 대한 설명으로 옳은 것은?

① 가공면에는 방향성이 있다.
② 내마멸성, 내부식성이 저하된다.
③ 연마량이 적으므로 깊은 홈이 제거되지 않는다.
④ 복잡한 형상의 공작물, 선 등의 연마가 불가능하다.

해설 전해연마의 일반적인 특징
① 전해연마는 전기도금와 반대인 가공으로 가공면에는 방향이 없다.
② 내마멸성과 내부식성이 증가된다.
③ 복잡한 형상의 공작물, 선 등의 연마가 가능하다.
④ 연마량이 적으므로 깊은 홈이 제거되지 않는 단점이 있다.

해답 ③

096
일반적으로 저탄소강을 초경합금으로 선반가공 할 때, 힘의 크기가 가장 큰 것은?

① 이송분력　　　　② 배분력
③ 주분력　　　　　④ 부분력

해설 주분력 > 배분력 > 이송분력

해답 ③

097 가공의 영향으로 생긴 스트레인이나 내부 응력을 제거하고 미세한 표준조직으로 기계적 성질을 향상시키는 열처리법은?

① 소프트닝　　　　　② 보로나이징
③ 하드 페이싱　　　　④ 노멀라이징

해설 **불림**(normalzing, 노멀라이징) : 가공의 영향으로 생긴 스트레인이나 내부 응력을 제거하고 미세한 표준조직으로 기계적 성질을 향상시키는 열처리법

해답 ④

098 롤러 중심거리 200mm인 사인바로 게이지 블록 42mm를 사용하여 피측정물의 경사면이 정반과 평행을 이루었을 때, 피측정물 구배값은 약 몇 도(°)인가?

① 30　　　　② 25
③ 21　　　　④ 12

해설 $\sin\theta = \dfrac{H}{L}$

$\theta = \sin^{-1}\dfrac{H}{L} = \sin^{-1}\dfrac{42}{200} = 12.122°$

해답 ④

099 Al합금 등과 같은 용융 금속을 고속, 고압으로 금속주형에 주입하여 정밀 제품을 다량 생산하는 특수주조 방법은?

① 다이 캐스팅법　　　② 인베스트먼트 주조법
③ 칠드 주조법　　　　④ 원심 주조법

해설 **다이캐스팅**(die casting)
　① 특징 : 정밀한 금형에 용융 금속을 고압, 고속으로 주입하여 주물을 얻는 방법이다.
　② 장점 : 정밀도가 높고 주물 표면이 깨끗하여 다듬질 공정을 줄일 수 있다. 조직이 치밀하여 강도가 크다. 얇은 주물이 가능하며 제품을 경량화할 수 있다. 주조가 빠르기 때문에 대량 생산하여 단가를 줄일 수 있다.
　③ 단점 : Die의 제작비가 많이 들므로 소량 생산에 부적당하다. Die의 내열강도 때문에 용융점이 낮은 아연, 알루미늄, 구리 등의 비철 금속에 국한된다.
　④ 제품 : 자동차 부품, 전기 기계, 통신 기기 용품, 일용품, 기화기, 광학 기계 등

해답 ①

100 다음 중 소성가공에 속하지 않는 것은?

① 압연가공　　　　② 선반가공
③ 인발가공　　　　④ 단조가공

해설 선반은 고정공구에 의한 절삭 가공이다.

해답 ②

단기완성 일반기계기사 필기 과년도

2022

2022년 3월 5일 시행
2022년 4월 24일 시행
2022년 9월 CBT 시행

단기완성 **일반기계기사 필기 과년도**

일반기계기사

2022년 3월 5일 시행

제1과목 재료역학

001 양단이 회전지지로 된 장주에서 거리 e 만큼 편심된 곳에 축방향 하중 P가 작용할 때 이 기둥에서 발생하는 최대 압축응력($\sigma_{\max}$)은? (단, A는 기둥 단면적, $2c$는 두께, r은 단면의 회전반경, E는 세로탄성계수이다.)

① $\sigma_{\max} = \dfrac{P}{A}\left[1 + \dfrac{ec}{r^2}\sec\left(\dfrac{L}{r}\sqrt{\dfrac{P}{4EA}}\right)\right]$

② $\sigma_{\max} = \dfrac{P}{A}\left[1 + \dfrac{ec}{r^2}\sec\left(\dfrac{L}{r}\sqrt{\dfrac{P}{2EA}}\right)\right]$

③ $\sigma_{\max} = \dfrac{P}{A}\left[1 + \dfrac{ec}{r^2}\cosec\left(\dfrac{L}{r}\sqrt{\dfrac{P}{4EA}}\right)\right]$

④ $\sigma_{\max} = \dfrac{P}{A}\left[1 + \dfrac{ec}{r^2}\cosec\left(\dfrac{L}{r}\sqrt{\dfrac{P}{2EA}}\right)\right]$

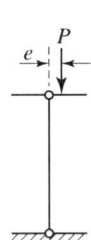

해설 편심하중을 받는 기둥의 최대응력 $\sigma_{\max}$

(시컨트공식) $\sigma_{\max} = \dfrac{P}{A} + \dfrac{M \times c}{I}\sec\left(\dfrac{\pi}{2}\times\sqrt{\dfrac{P}{Pcr}}\right)$

여기서, $M = P \times e$, $I = A \times r^2$, $Pcr = \dfrac{n\pi^2 EI}{L^2}$ 양단회전일 때 $n = 1$

$Pcr = \dfrac{\pi^2 EA r^2}{L^2}$

$\dfrac{1}{\cos\theta} = \sec\theta$

$\sigma_{\max} = \dfrac{P}{A} + \dfrac{P \times e \times c}{Ar^2}\sec\left(\dfrac{\pi}{2}\times\sqrt{\dfrac{PL^2}{\pi^2 EA r^2}}\right)$

$= \dfrac{P}{A}\left[1 + \dfrac{e \times c}{r^2}\sec\left(\dfrac{L}{r}\times\sqrt{\dfrac{P}{4EA}}\right)\right]$

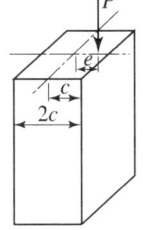 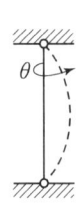

해답 ①

002

그림과 같은 막대가 있다. 길이는 4m이고 힘(F)은 지면에 평행하게 200N만큼 주었을 때 o점에 작용하는 힘(F_{ox}, F_{oy})과 모멘트(M_z)의 크기는?

① $F_{ox} = 200N$, $F_{oy} = 0$, $M_z = 400N \cdot m$
② $F_{ox} = 0$, $F_{oy} = 200N$, $M_z = 200N \cdot m$
③ $F_{ox} = 200N$, $F_{oy} = 200N$, $M_z = 200N \cdot m$
④ $F_{ox} = 0$, $F_{oy} = 0$, $M_z = 400N \cdot m$

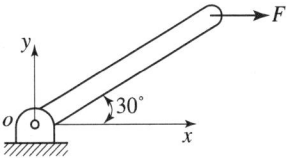

해설

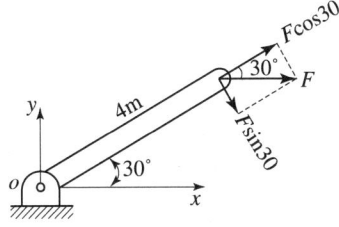

(모멘트) $M_z = F\sin30 \times 4 = 200 \times \sin30 \times 4 = 400N \cdot m$

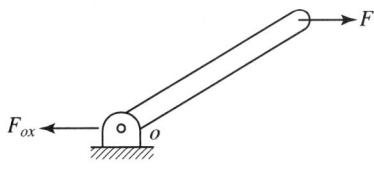

$F_{ox} = F$, $F_{ox} = 200N$, $F_{oy} = 0$

해답 ①

003

지름 100mm의 원에 내접하는 정사각형 단면을 가진 강봉이 10kN의 인장력을 받고 있다. 단면에 작용하는 인장응력은 약 몇 MPa 인가?

① 2
② 3.1
③ 4
④ 6.3

해설

$\sigma = \dfrac{P}{A} = \dfrac{10000}{50\sqrt{2} \times 50\sqrt{2}} = 2MPa$

(정사각형 한 변의 길이) $100\cos 45° = 50\sqrt{2}$

해답 ①

004

도심축에 대한 단면 2차 모멘트가 크도록 직사각형 단면[폭(b)×높이(h)]을 만들 때 단면 2차 모멘트를 직사각형 폭(b)에 관한 식으로 옳게 나타낸 것은? (단, 직사각형 단면은 지름 d인 원에 내접한다.)

② $\dfrac{\sqrt{3}}{4}b^4$
② $\dfrac{\sqrt{3}}{3}b^4$
③ $\dfrac{3}{\sqrt{3}}b^4$
④ $\dfrac{4}{\sqrt{3}}b^4$

해설 $h = \sqrt{3}\,b$일 때 최대단면 2차모멘트
$$I = \frac{bh^3}{12} = \frac{b \times (\sqrt{3}\,b)^3}{12} = \frac{b \times 3\sqrt{3}\,b^3}{12} = \frac{\sqrt{3}\,b^4}{4}$$

해답 ①

005

기계요소의 임의의 점에 대하여 스트레인을 측정하여 보니 다음과 같이 나타났다. 현 위치로부터 시계방향으로 30° 회전된 좌표계의 y방향의 스트레인 ϵ_y는 얼마인가? (단, ϵ은 각 방향별 수직변형률, γ는 전단변형률을 나타낸다.)

| $\epsilon_x = -30 \times 10^{-6}$ | $\epsilon_y = -10 \times 10^{-6}$ | $\gamma_{xy} = 10 \times 10^{-6}$ |

① -14.95×10^{-6}
② -12.64×10^{-6}
③ -10.67×10^{-6}
④ -9.32×10^{-6}

해설 (모어 circle의 반지름) $R = \sqrt{\left(\dfrac{\epsilon_x - \epsilon_y}{2}\right)^2 + \left(\dfrac{\gamma_{xy}}{2}\right)^2}$
$= \sqrt{\left(\dfrac{-30-(-10)}{2}\right)^2 + \left(\dfrac{10}{2}\right)^2} = 11.18$

$\tan a = \dfrac{5}{10} = \dfrac{1}{2}$, $a = \tan^{-1}\left(\dfrac{1}{2}\right) = 26.56°$

$|\epsilon_y'| = 20 - R\cos(60 - 25.56) = 20 - 11.18\cos(60 - 25.56) = 10.67$

$|\epsilon_y'| = -10.67 \times 10^{-6}$

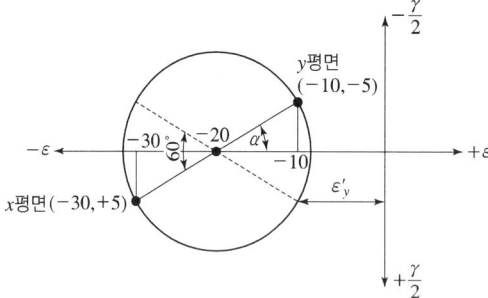

해답 ③

006

길이 15m, 지름 10mm의 강봉에 8kN의 인장하중을 받을 때 탄성 변형이 생겼다. 이때 늘어난 길이는 약 몇 mm 인가? (단, 이 강재의 세로탄성계수는 210GPa 이다.)

① 1.46
② 14.6
③ 0.73
④ 7.3

해설 $\Delta L = \dfrac{PL}{AE} = \dfrac{8000 \times 15000}{\dfrac{\pi \times 10^2}{4} \times 210000} = 7.3\text{mm}$

해답 ④

007 그림과 같이 2개의 비틀림 모멘트를 받고 있는 중공축의 $a-a$ 단면에서 비틀림 모멘트에 의한 최대전단응력은 약 몇 MPa 인가? (단, 중공축의 바깥지름은 10cm, 안지름은 6cm 이다.)

① 25.5
② 36.5
③ 47.5
④ 58.5

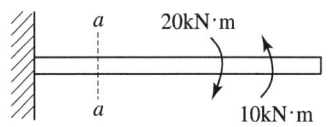

해설
$$\tau_{\max} = \frac{T}{Z_p} = \frac{T}{\frac{\pi D_2^3}{16}(1-x^4)} = \frac{10 \times 10^6}{\frac{\pi \times 100^3}{16}\left[1-\left(\frac{60}{100}\right)^4\right]} = 58.512 \text{MPa}$$

(안지름) $D_1 = 60\text{mm}$, (바깥지름) $D_2 = 100\text{mm}$

(내외경비) $x = \frac{D_1}{D_2}$

해답 ④

008 그림과 같은 보에서 $P_1 = 800\text{N}$, $P_2 = 500\text{N}$이 작용할 때 보의 왼쪽에서 2m 지점에 있는 a 위치에서의 굽힘모멘트의 크기는 약 몇 N·m 인가?

① 133.3
② 166.7
③ 204.6
④ 257.4

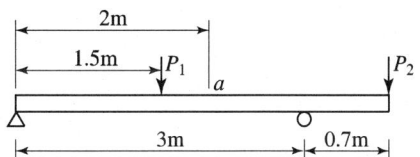

해설

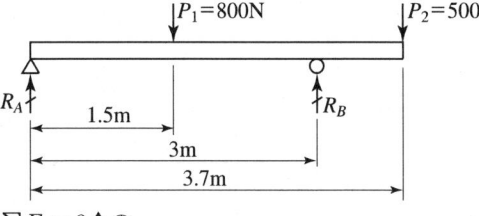

$\sum F_y = 0 \uparrow \oplus$
$R_A + R_B - P_1 - P_2 = 0$ $R_A + R_B = 800 + 500 = 13000\text{N}$
$\sum M_A = 0 \curvearrowright \oplus$
$\oplus P_1 \times 1.5 \ominus R_B \times 3 \oplus P_2 \times 3.7 = 0$
$R_B = \frac{800 \times 1.5 + 500 \times 3.7}{3} = 1016.67\text{N}$
$R_A = 1300 - 1016.67 = 283.33\text{N}$

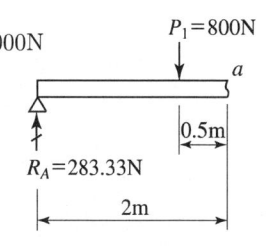

(a점의 굽힘모멘트) $M_a = R_A \times 2 - P_1 \times 0.5 = 283.33 \times 2 - 800 \times 0.5$
$= 166.66\text{N} \cdot \text{m}$

해답 ②

009 5cm×10cm 단면의 3개의 목재를 목재용 접착제로 접착하여 그림과 같은 10cm×15cm 의 사각 단면을 갖는 합성 보를 만들었다. 접착부에 발생하는 전단응력은 약 몇 kPa인가? (단, 이 합성보는 양단이 길이 2m인 단순지지보이며 보의 중앙에 800N의 집중하중을 받는다.)

① 57.6
② 35.5
③ 82.4
④ 160.8

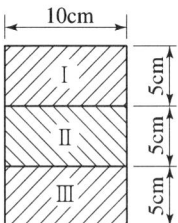

해설

$$\tau_b = \frac{VQ}{Ib} = \frac{\frac{800}{2} \times 100 \times 50 \times 50}{\frac{100 \times 150^3}{12} \times 100} = 0.0355 \text{MPa}$$

$$\therefore \tau_b = 35.5 \text{kPa}$$

$$Q = A \times \overline{Y} = (100 \times 50) \times 50$$

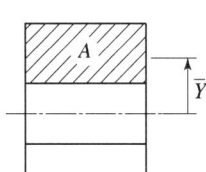

해답 ②

010 외팔보 AB에서 중앙(C)에 모멘트 M_C와 자유단에 하중 P가 동시에 작용할 때, 자유단(B)에서의 처짐량이 영(0)이 되도록 M_C를 결정하면? (단, 굽힘강성 EI는 일정하다.)

① $M_c = \dfrac{8}{9}Pa$ ② $M_c = \dfrac{16}{9}Pa$

③ $M_c = \dfrac{24}{9}Pa$ ④ $M_c = \dfrac{32}{9}Pa$

해설

$$\delta_p = \frac{P(2a)^3}{3EI} = \frac{8Pa^3}{3EI} = \frac{8Pa^3}{3EI}$$

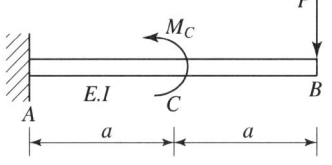

$$\delta_{M_C} = \frac{A_M}{EI}\overline{x} = \frac{M_c a}{EI} \times \frac{3a}{2} = \frac{3M_c a^2}{2EI}$$

$$A_M = a \times M_c$$

$$\delta_p = \delta_{M_C}$$

$$\frac{8Pa^3}{3EI} = \frac{3M_c a^2}{2EI}$$

$$M_c = \frac{16Pa}{9}$$

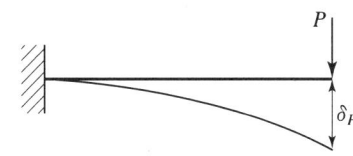
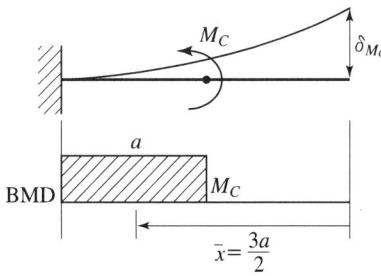

해답 ②

011 그림과 같은 외팔보가 있다. 보의 굽힘에 대한 허용응력을 80MPa로 하고, 자유단 B로부터 보의 중앙점 C사이에 등분포하중 w를 작용시킬 때, w의 최대 허용값은 몇 kN/m인가? (단, 외팔보의 폭×높이는 5cm×9cm 이다.)

① 12.4
② 13.4
③ 14.4
④ 15.4

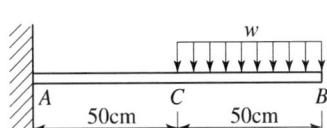
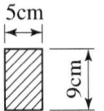

해설 (최대굽힘모멘트) $M_{\max} = (w \times 500) \times (500 + 250) = w \times 500 \times 750 \, \text{N} \cdot \text{mm}$

$$\sigma_a = \frac{M_{\max}}{Z} = \frac{w \times 500 \times 750}{\left(\frac{50 \times 90^2}{6}\right)}$$

$$w = \frac{\sigma_a \times \left(\frac{50 \times 90^2}{6}\right)}{500 \times 750} = \frac{80 \times \left(\frac{50 \times 90^2}{6}\right)}{500 \times 750} = 14.4 \, \text{N/mm} = 14.4 \, \text{kN/m}$$

해답 ③

012 지름 20cm, 길이 40cm인 콘크리트 원통에 압축하중 20kN이 작용하여 지름이 0.0006cm 만큼 늘어나고 길이는 0.0057cm 만큼 줄었을 때, 푸아송 비는 약 얼마인가?

① 0.18
② 0.24
③ 0.21
④ 0.27

해설 $\mu = \dfrac{\epsilon'}{\epsilon} = \dfrac{\dfrac{\Delta d}{d}}{\dfrac{\Delta L}{L}} = \dfrac{\dfrac{0.006}{200}}{\dfrac{0.057}{400}} = 0.21$

해답 ③

013 그림과 같이 지름 50mm의 연강봉의 일단을 벽에 고정하고, 자유단에는 50cm 길이의 레버 끝에 600N의 하중을 작용시킬 때 연강봉에 발생하는 최대굽힘응력과 최대전단응력은 각각 몇 MPa인가?

① 최대굽힘응력 : 51.8,
   최대전단응력 : 27.3
② 최대굽힘응력 : 27.3,
   최대전단응력 : 51.8
③ 최대굽힘응력 : 41.8,
   최대전단응력 : 27.3
④ 최대굽힘응력 : 27.3,
   최대전단응력 : 41.8

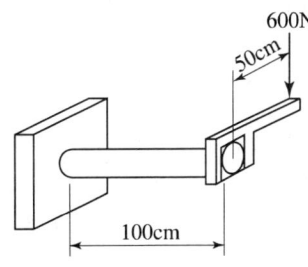

해설
$T = 600\text{N} \times 500\text{mm} = 300000\,\text{N}\cdot\text{mm}$
$M = 600\text{N} \times 1000\text{mm} = 600000\,\text{N}\cdot\text{mm}$

$$\sigma_{b\max} = \frac{M_e}{Z} = \frac{\frac{1}{2}(M + \sqrt{M^2 + T^2})}{\frac{\pi \times d^3}{32}} = \frac{\frac{1}{2}(600000 + \sqrt{600000^2 + 300000^2})}{\frac{\pi \times 50^3}{32}}$$
$$= 51.8\,\text{MPa}$$

$$\tau_{\max} = \frac{T_e}{Z_p} = \frac{\sqrt{M^2 + T^2}}{\frac{\pi d^3}{16}} = \frac{\sqrt{600000^2 + 300000^2}}{\frac{\pi \times 50^3}{16}} = 27.3\,\text{MPa}$$

해답 ①

014

그림과 같은 직육면체 블록은 전단탄성계수 500MPa이고, 상하면에 강체 평판이 부착되어 있다. 아래쪽 평판은 바닥면에 고정되어 있으며, 위쪽 평판은 수평방향 힘 P가 작용한다. 힘 P에 의해서 위쪽 평판이 수평방향으로 0.8mm 이동되었다면 가해진 힘 P는 약 몇 kN 인가?

① 60
② 80
③ 100
④ 120

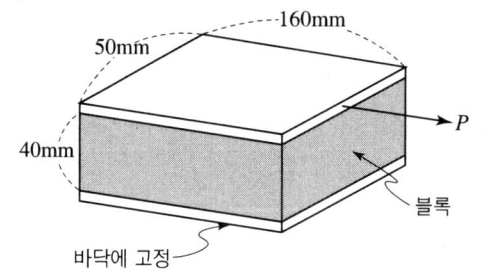

해설
$\tau = G \times \gamma$, $\dfrac{P}{A} = G \times \dfrac{0.8}{40}$

$P = A \times G \times \dfrac{0.8}{40} = (50 \times 160) \times 500 \times \dfrac{0.8}{40} = 80000\text{N} = 80\text{kN}$

해답 ②

015

바깥지름 80mm, 안지름 60mm인 중공축에 4kN·m의 토크가 작용하고 있다. 최대 전단변형률은 얼마인가? (단, 축 재료의 전단탄성계수는 27GPa 이다.)

① 0.00122
② 0.00216
③ 0.00324
④ 0.00410

해설 (전단변형률) $\gamma = \dfrac{\tau}{G} = \dfrac{58.205}{27000} = 0.002155$

$$\tau = \frac{T}{Z_p} = \frac{4000000\,\text{N}\cdot\text{mm}}{\frac{\pi \times 80^3}{16}\left[1 - \left(\frac{60}{80}\right)^4\right]\text{mm}^3} = 58.205\,\frac{\text{N}}{\text{mm}^2}$$

해답 ②

016

그림과 같은 전체 길이가 l인 보의 중앙에 집중하중 P[N]와 균일분포 하중 w [N/m]가 동시에 작용하는 단순보에서 최대 처짐은? (단, $w \times l = P$이고, 보의 굽힘강성 EI는 일정하다.)

① $\dfrac{5Pl^3}{48EI}$ ② $\dfrac{13Pl^3}{64EI}$

③ $\dfrac{5Pl^3}{192EI}$ ④ $\dfrac{13Pl^3}{384EI}$

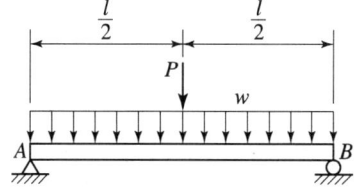

해설 $\delta = \delta_p + \delta_w = \dfrac{PL^3}{48EI} + \dfrac{5WL^4}{384EI} = \dfrac{PL^3}{48EI} + \dfrac{5PL^3}{384EI} = \dfrac{13PL^3}{384EI}$

해답 ④

017

그림과 같이 10kN의 집중하중과 4kN·m의 굽힘모멘트가 작용하는 단순지지보에서 A 위치의 반력 R_A는 약 몇 kN 인가? (단, 4kN·m의 모멘트는 보의 중앙에서 작용한다.)

① 6.8
② 14.2
③ 8.6
④ 10.4

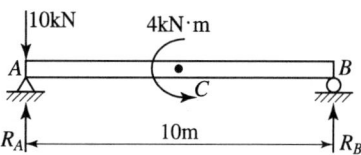

해설 $\uparrow R_{A1} = 10\text{kN}$
$R_{B1} = 0\text{kN}$
$\uparrow R_{A2} = \dfrac{M_o}{L} = \dfrac{4}{10} = 0.4\text{kN}$
$\downarrow R_{B2} = \dfrac{M_o}{L} = \dfrac{4}{10} = 0.4\text{kN}$
$R_A = R_{A1} + R_{A2} = 10 + 0.4 = 10.4\text{kN}$

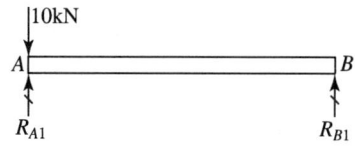

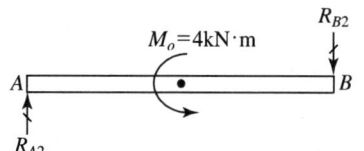

해답 ④

018

그림과 같이 w N/m의 분포하중을 받는 길이 L의 양단 고정보에서 굽힘 모멘트가 0이 되는 곳은 보의 왼쪽으로부터 대략 어디에 위치해 있는가?

① $0.5L$
② $0.33L$, $0.67L$
③ $0.21L$, $0.79L$
④ $0.26L$, $0.74L$

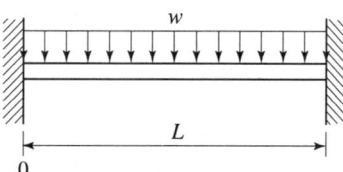

해설

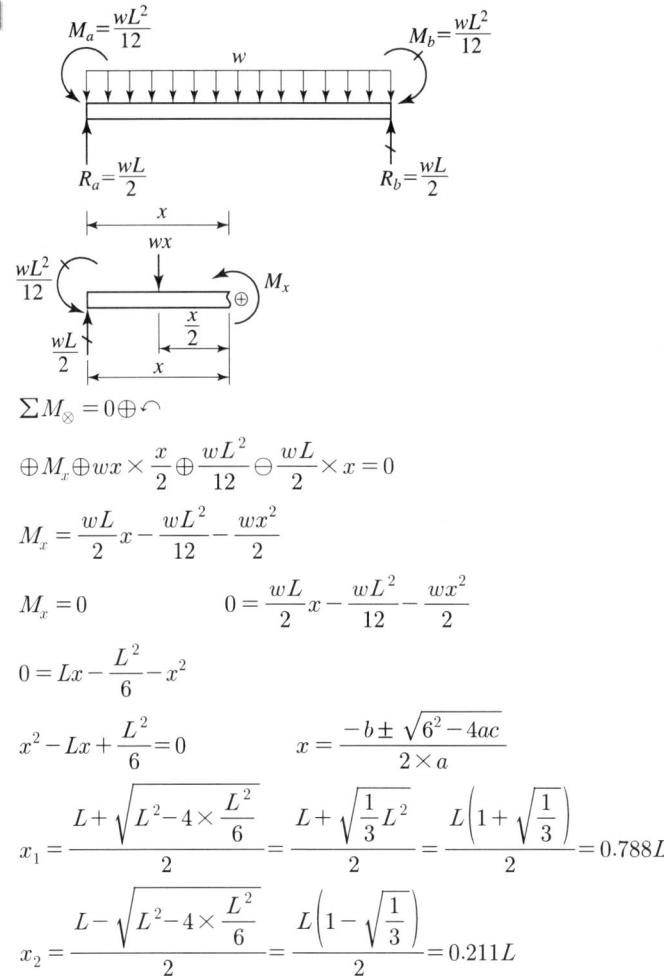

$\sum M_\otimes = 0 \oplus \curvearrowleft$

$\oplus M_x \oplus wx \times \dfrac{x}{2} \oplus \dfrac{wL^2}{12} \ominus \dfrac{wL}{2} \times x = 0$

$M_x = \dfrac{wL}{2}x - \dfrac{wL^2}{12} - \dfrac{wx^2}{2}$

$M_x = 0 \qquad 0 = \dfrac{wL}{2}x - \dfrac{wL^2}{12} - \dfrac{wx^2}{2}$

$0 = Lx - \dfrac{L^2}{6} - x^2$

$x^2 - Lx + \dfrac{L^2}{6} = 0 \qquad x = \dfrac{-b \pm \sqrt{6^2 - 4ac}}{2 \times a}$

$x_1 = \dfrac{L + \sqrt{L^2 - 4 \times \dfrac{L^2}{6}}}{2} = \dfrac{L + \sqrt{\dfrac{1}{3}L^2}}{2} = \dfrac{L\left(1 + \sqrt{\dfrac{1}{3}}\right)}{2} = 0.788L$

$x_2 = \dfrac{L - \sqrt{L^2 - 4 \times \dfrac{L^2}{6}}}{2} = \dfrac{L\left(1 - \sqrt{\dfrac{1}{3}}\right)}{2} = 0.211L$

해답 ③

019

그림의 구조물이 수직하중 $2P$를 받을 때 구조물 속에 저장되는 총 탄성변형에너지는? (단, 구조물의 단면적은 A, 세로탄성계수는 E로 모두 같다.)

① $\dfrac{P^2 h}{4AE}(1+\sqrt{3})$

② $\dfrac{P^2 h}{2AE}(1+\sqrt{3})$

③ $\dfrac{P^2 h}{AE}(1+\sqrt{3})$

④ $\dfrac{2P^2 h}{AE}(1+\sqrt{3})$

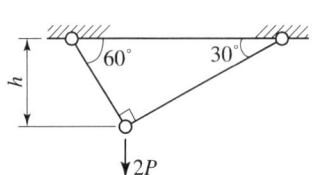

해설 $h = l_1 \times \sin 60$ $l_1 = \dfrac{h}{\sin 60} = \dfrac{h}{\dfrac{\sqrt{3}}{2}} = \dfrac{2h}{\sqrt{3}}$

$h = l_2 \times \sin 30$ $l_2 = \dfrac{h}{\sin 30} = \dfrac{h}{\dfrac{1}{2}} = 2h$

$\dfrac{2P}{\sin 90} = \dfrac{P_1}{\sin 120} = \dfrac{P_2}{\sin 150}$

$2P = \dfrac{P_1}{\sin 60} = \dfrac{P_2}{\sin 30}$

$P_1 = 2P \times \sin 60 = 2P \times \dfrac{\sqrt{3}}{2} = \sqrt{3}\,P$

$P_2 = 2P \times \sin 30 = 2P \times \dfrac{1}{2} = P$

$U = U_1 + U_2$

$U_1 = \dfrac{1}{2} \times P_1 \times \dfrac{P_1 l_1}{AE} = \dfrac{1}{2} \times \sqrt{3}\,P \times \dfrac{\sqrt{3}\,P \times \dfrac{2h}{\sqrt{3}}}{AE} = \dfrac{\sqrt{3}\,P^2 h}{AE}$

$U_2 = \dfrac{1}{2} \times P_2 \times \dfrac{P_2 l_2}{AE} = \dfrac{1}{2} \times P \times \dfrac{P \times 2h}{AE} = \dfrac{P^2 h}{AE}$

$U = \dfrac{\sqrt{3}\,P^2 h}{AE} + \dfrac{P^2 h}{AE} = \dfrac{P^2 h}{AE}(\sqrt{3}+1)$

해답 ③

020 한 변이 50cm이고, 얇은 두께를 가진 정사각형 파이프가 20000N·m의 비틀림 모멘트를 받을 때 파이프 두께는 약 몇 mm 이상으로 해야 하는가? (단, 파이프 재료의 허용비틀림응력은 40MPa 이다.)

① 0.5mm   ② 1.0mm
③ 1.5mm   ④ 2.0mm

해설 $a = 500\text{mm}$

$Z_p = \dfrac{\dfrac{(a+2t)^4}{6} - \dfrac{a^4}{6}}{\dfrac{a+2t}{\sqrt{2}}}$

$T = \tau \times Z_p$

$T = 20000000\text{N} \cdot \text{mm}$

$\tau = 40\,\dfrac{\text{N}}{\text{mm}^2}$

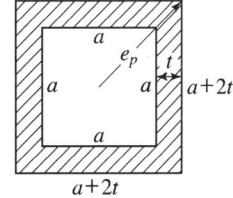

$20000000 = 40 \times \dfrac{\dfrac{(500+2t)^4}{6} - \dfrac{500^4}{6}}{\dfrac{500+2t}{\sqrt{2}}}$ 에서 $t = 1.058\text{mm}$

해답 ②

제2과목 기계열역학

021 Van der Waals 상태 방정식은 다음과 같이 나타낸다. 이 식에서 a/v^2, b는 각각 무엇을 의미하는 것인가? (단, P는 압력, v는 비체적, R은 기체상수, T는 온도를 나타낸다.)

$$\left(P + \frac{a}{v^2}\right) \times (v-b) = RT$$

① 분자간의 작용력, 분자 내부 에너지
② 분자 자체의 질량, 분자 내부 에너지
③ 분자간의 작용력, 기체 분자들이 차지하는 체적
④ 분자 자체의 질량, 기체 분자들이 차지하는 체적

해설 **반데르발스 상태 방정식**(van der Waals equation of state)은 0이 아닌 크기와 서로의 상호작용이 있는 입자로 된 유체의 상태 방정식이다. 이는 이상기체 상태 방정식의 변형으로 1873년에 요하너스 디데릭 반데르발스가 발견하였다. 이 방정식은 이상기체에서 따지지 않은 분자간의 인력과 반발력 또 입자의 크기를 고려한 방정식이다.

$\left(P + \dfrac{a}{V^2}\right) \times (V-b) = RT$: 반데르발스 상태방정식

여기서, a : 분자사이의 상호 작용의 세기
 b : 유체를 이루는 입자가 차지하는 부피
 $PV = RT$: 이상기체 상태방정식
 $\dfrac{a}{V^2}$: 분자간의 작용력

해답 ③

022 1MPa, 230℃ 상태에서 압축계수(compressibility factor)가 0.95인 기체가 있다. 이 기체의 실제 비체적은 약 몇 m³/kg인가? (단, 이 기체의 기체상수는 461J/(kg · K) 이다.)

① 0.14   ② 0.18
③ 0.22   ④ 0.26

해설 $PV = ZRT$ (Z : 압축계수)

(실제비체적) $V = \dfrac{ZRT}{P} = \dfrac{0.95 \times 461 \times (230+273)}{1 \times 10^6} = 0.22 \text{m}^3/\text{kg}$

해답 ③

023
효율이 40%인 열기관에서 유효하게 발생되는 동력이 110kW 라면 주위로 방출되는 총 열량은 약 몇 kW 인가?

① 375
② 165
③ 135
④ 85

해설
$Q_{net} = 110\text{kW}$, $\eta = \dfrac{Q_{net}}{Q_H}$

(공급되는 열량) $Q_H = \dfrac{Q_{net}}{\eta} = \dfrac{110}{0.4} = 275\text{kW}$ $Q_{net} = Q_H - Q_L$

(방출되는 열량) $Q_L = Q_H - Q_{net} = 275 - 110 = 165\text{kW}$

해답 ②

024
피스톤-실린더에 기체가 존재하며 피스톤의 단면적은 5cm²이고 피스톤에 외부에서 500N의 힘이 가해진다. 이때 주변 대기압력이 0.099MPa이면 실린더 내부 기체의 절대압력(MPa)은 약 얼마인가?

① 0.901
② 1.099
③ 1.135
④ 1.275

해설
$A = 5\text{cm}^2 = 500\text{mm}^2$
$F = 500\text{N}$
$P_G = \dfrac{F}{A} = \dfrac{500\text{N}}{500\text{mm}^2} = 1\text{MPa}$
$P_{abs} = P_o + P_G = 0.099\text{MPa} + 1\text{MPa} = 1.099\text{MPa}$

해답 ②

025
랭킨 사이클로 작동되는 증기동력 발전소에서 20MPa의 압력으로 물이 보일러에 공급되고, 응축기 출구에서 온도는 20℃, 압력은 2.339kPa이다. 이때 급수펌프에서 수행하는 단위질량당 일은 약 몇 kJ/kg인가? (단, 20℃에서 포화액 비체적은 0.001002m³/kg, 포화증기 비체적은 57.79m³/kg이며, 급수펌프에서는 등엔트로피 과정으로 변화한다고 가정한다.)

① 0.4681
② 20.04
③ 27.14
④ 1020.6

해설
P_1 = 급수펌프입구의 압력 = 응축기 출구의 압력 = 2.339kPa
P_2 = 급수펌프출구의 압력 = 보일러에 공급되는 압력 = 20MPa = 20000kPa
V : 포화액의 비체적
(급수펌프의 단위질량당 일) $W_P = V(P_2 - P_1)$
$= 0.001002 \times (20000 - 2.339)$
$= 20.03\text{kJ/kg}$

해답 ②

026

비열이 0.9kJ/(kg·K), 질량이 0.7kg으로 동일하며, 온도가 각각 200℃와 100℃인 두 금속 덩어리를 접촉시켜서 온도가 평형에 도달하였을 때 총 엔트로피 변화량은 약 몇 J/K 인가?

① 8.86
② 10.42
③ 13.25
④ 16.87

해설
$$T_m = \frac{m_1 c_1 t_1 + m_2 c_2 t_2}{m_1 c_1 + m_2 c_2} = \frac{mc(T_1+T_2)}{2mc} = \frac{T_1+T_2}{2} = \frac{200+100}{2} = 150℃$$

$$\Delta S_1 = m_1 c_1 \ln\frac{T_m}{T_1} = 0.7 \times 0.9 \times \ln\frac{150+273}{100+273} = 0.07925 \text{kJ/K}$$

$$\Delta S_2 = m_2 c_2 \ln\frac{T_m}{T_2} = 0.7 \times 0.9 \times \ln\frac{150+273}{200+273} = -0.07038 \text{kJ/K}$$

$$\Delta S = \Delta S_1 + \Delta S_2 = 8.87 \times 10^{-3} \text{kJ/K} = 8.87 \text{J/K}$$

해답 ①

027

그림과 같은 이상적인 열펌프의 압력(P)–엔탈피(h) 선도에서 각 상태의 엔탈피는 다음과 같을 때 열펌프의 성능계수는? (단, h_1=155kJ/kg, h_3=593kJ/kg, h_4=827kJ/kg 이다.)

① 1.8
② 2.9
③ 3.5
④ 4.0

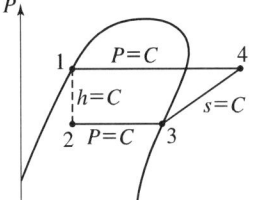

해설
$$\epsilon_{HP} = \frac{\text{고열원으로 보내는 열량}}{\text{압축기에서 받은 열량}} = \frac{h_4-h_1}{h_4-h_3} = \frac{827-155}{827-593}$$
$$= 2.87$$

해답 ②

028

이상기체의 상태변화에서 내부에너지가 일정한 상태 변화는?

① 등온변화
② 정압변화
③ 단열변화
④ 정적변화

해설 $du = C_P dT$, $dT=0$ 등온과정 $du=0$

해답 ①

029

압력이 일정할 때 공기 5kg을 0℃에서 100℃까지 가열하는데 필요한 열량은 약 몇 kJ 인가? (단, 비열(C_P)은 온도 T(℃)에 관계한 함수로 C_P(kJ/(kg·℃))= 1.01+0.000079× T 이다.)

① 365
② 436
③ 480
④ 507

 (평균비열) $C_m \int_0^{100} 1.01 + 0.000079\,TdT \times \dfrac{1}{T_2 - T_1} = 101.395 \times \dfrac{1}{100 - 0} = 1.01395$

$Q = m C_m \times (T_2 - T_1) = 5 \times 1.01395 \times (100 - 0)$
$\quad = 506.975 \text{kJ}$

해답 ④

030

고온 400℃, 저온 50℃의 온도 범위에서 작동하는 Carnot 사이클 열기관의 효율을 구하면 약 몇 % 인가?

① 43
② 46
③ 49
④ 52

 $\eta_c = 1 - \dfrac{T_C}{T_H} = 1 - \dfrac{50 + 273}{400 + 273} = 0.52 = 52\%$

해답 ④

031

기관의 실린더 내에서 1kg의 공기가 온도 120℃에서 열량 40kJ를 얻어 등온팽창한다고 하면 엔트로피의 변화는 얼마인가?

① 0.102kJ/(kg·K)
② 0.132kJ/(kg·K)
③ 0.162kJ/(kg·K)
④ 0.192kJ/(kg·K)

 $\Delta S = \dfrac{\Delta Q}{m \times T} = \dfrac{40}{1 \times (120 + 273)} = 0.1017 \fallingdotseq 0.102 \text{kJ/kg·K}$

해답 ①

032

물질의 양을 1/2로 줄이면 강도성(강성적) 상태량(intensive properties)은 어떻게 되는가?

① 1/2로 줄어든다.
② 1/4로 줄어든다.
③ 변화가 없다.
④ 2배로 늘어난다.

해설
- 강도성상태량은 나누어도 변함이 없는 상태량
- 종량성상태량은 나누면 변함이 생기는 상태량

해답 ③

033

수평으로 놓여진 노즐에서 증기가 흐르고 있다. 입구에서의 엔탈피는 3106kJ/kg 이고, 입구 속도는 13m/s, 출구 속도는 300m/s일 때 출구에서의 증기 엔탈피는 약 몇 kJ/kg인가? (단, 노즐에서의 열교환 및 외부로의 일량은 무시할 수 있을 정도로 작다고 가정한다.)

① 3146　　② 3208
③ 2963　　④ 3061

해설

$$h_1 - h_2 = \frac{V_2^2 - V_1^2}{2}$$

$$3106000 - h_2 = \frac{300^2 - 13^2}{2}$$

$$h_2 = 3061084.5 \text{J/kg} = 3061.0845 \text{kJ/kg}$$

해답 ④

034

단열 노즐에서 공기가 팽창한다. 노즐입구에서 공기 속도는 60m/s, 온도는 200℃이며, 출구에서 온도는 50℃일 때 출구에서 공기 속도는 약 얼마인가? (단, 공기 비열은 1.0035kJ/(kg · K)이다.)

① 62.5m/s　　② 328m/s
③ 552m/s　　④ 1901m/s

해설

$$h_1 - h_2 = \frac{V_2^2 - V_1^2}{2}$$

$$C_P(T_1 - T_2) = \frac{V_2^2 - V_1^2}{2}$$

$$1003.5 \times (200 - 50) = \frac{V_2^2 - 60^2}{2}$$

$$V_2 = 551.95 \text{m/s} \fallingdotseq 552 \text{m/s}$$

해답 ③

035

물 10kg을 1기압 하에서 20℃로부터 60℃까지 가열할 때 엔트로피의 증가량은 약 몇 kJ/K인가? (단, 물의 정압비열은 4.18kJ/(kg · K) 이다.)

① 9.78　　② 5.35
③ 8.32　　④ 14.8

해설

$$\Delta S = m C_p \ln \frac{T_2}{T_1}$$

$$= 10 \times 4.18 \times \ln \frac{60 + 273}{20 + 273} = 5.349 \text{kJ/kg}$$

해답 ②

036

질량이 4kg인 단열된 강재 용기 속에 물 18L가 들어있으며, 25℃로 평형상태에 있다. 이 속에 200℃의 물체 8kg을 넣었더니 열평형에 도달하여 온도가 30℃가 되었다. 물의 비열은 4.187kJ/(kg · K)이고, 강재(용기)의 비열은 0.4648kJ/(kg · K) 일 때, 물체의 비열은 약 몇 kJ/(kg · K) 인가? (단, 외부와의 열교환은 없다고 가정한다.)

① 0.244
② 0.267
③ 0.284
④ 0.302

해설

$m_1 = 4\text{kg}, \quad T_1 = 25℃ \quad\quad C_1 = 0.4648\text{kJ/kg} \cdot \text{k}$

$m_2 = \rho_w \times W_2 = \dfrac{1\text{kg}}{\text{L}} \times 18\text{L} = 18\text{kg}, \quad T_2 = 25℃ \quad C_2 = 4.187\text{kJ/kg} \cdot \text{k}$

$m_3 = 8\text{kg}, \quad T_3 = 200℃ \quad\quad\quad\quad\quad\quad\quad C_3 = ?$

$T_m = 30℃$

$T_m = \dfrac{m_1 c_1 t_1 + m_2 c_2 t_2 + m_3 c_3 t_3}{m_1 c_1 + m_2 c_2 + m_3 c_3}$

$30 = \dfrac{(4 \times 0.4648 \times 25) + (18 \times 4.187 \times 25) + (8 \times C_3 \times 200)}{4 \times 0.4648 + 18 \times 4.187 + 8 \times C_3}$

$C_3 = 0.2839\text{kJ/kg} \cdot \text{k}$

해답 ③

037

다음의 물리량 중 물질의 최초, 최종상태 뿐 아니라 상태변화의 경로에 따라서도 그 변화량이 달라지는 것은?

① 일
② 내부에너지
③ 엔탈피
④ 엔트로피

해설 경로함수는 일과 열이다.

해답 ①

038

공기 표준 사이클로 운전하는 이상적인 디젤사이클이 있다. 압축비는 17.5, 비열비는 1.4, 체절비(또는 분사단절비, cut-off ratio)는 2.1일 때 이 디젤 사이클의 효율은 약 몇 % 인가?

① 60.5
② 62.3
③ 64.7
④ 66.8

해설

$\eta_0 = 1 - \left(\dfrac{1}{\epsilon}\right)^{k-1} \dfrac{\sigma^k - 1}{k(\sigma - 1)} = 1 - \left(\dfrac{1}{17.5}\right)^{1.4-1} \times \dfrac{2.1^{1.4} - 1}{1.4 \times (2.1 - 1)}$

$= 0.6228 = 62.27\%$

해답 ②

039

압력이 0.2MPa 이고, 초기 온도가 120℃인 1kg의 공기를 압축비 18로 가역 단열 압축하는 경우 최종온도는 약 몇 ℃ 인가? (단, 공기의 비열비가 1.4인 이상기체이다.)

① 676℃
② 776℃
③ 876℃
④ 976℃

해설

압축비 = $\dfrac{압축전의\ 체적}{압축후의\ 체적} = \dfrac{V_1}{V_2} = 18$

$\dfrac{T_2}{T_1} = \left(\dfrac{V_1}{V_2}\right)^{k-1} = \left(\dfrac{P_2}{P_1}\right)^{\frac{k-1}{k}}$

$T_2 = T_1 \left(\dfrac{V_1}{V_2}\right)^{k-1} = (120+273) \times 18^{1.4-1}$

$= 1248.82\text{K} = (1248.82 - 273) = 975.824℃$

해답 ④

040

고열원 500℃와 저열원 35℃ 사이에 열기관을 설치하였을 때, 사이클당 10MJ의 공급열량에 대해서 7MJ의 일을 하였다고 주장한다면, 이 주장은?

① 열역학적으로 타당한 주장이다.
② 가역기관이라면 타당한 주장이다.
③ 비가역기관이라면 타당한 주장이다.
④ 열역학적으로 타당하지 않은 주장이다.

해설

$\eta = \dfrac{W_{net}}{\sigma_H} = \dfrac{7}{10} = 0.7 = 70\%$

$\eta_c = 1 - \dfrac{T_L}{T_H} = 1 - \dfrac{35+273}{500+273} = 0.601 = 60.1\%$

열기관의 효율은 η_c보다 클 수 없다. 즉 열역학 2법칙에 위배된다.

해답 ④

제3과목 기계유체역학

041 반지름 0.5m인 원통형 탱크에 1.5m 높이로 물을 채우고 중심축을 기준으로 각속도 10rad/s로 회전시킬 때 탱크 저면의 중심에서 압력은 계기압력으로 약 몇 kPa 인가? (단, 탱크의 윗면은 열려 대기 중에 노출되어 있으며 물은 넘치지 않는다고 한다.)

① 2.26 ② 4.22
③ 6.42 ④ 8.46

해설

$$\Delta H = \frac{V^2}{2g} = \frac{(w \times R)^2}{2 \times 9.8} = \frac{(10 \times 0.5)^2}{2 \times 9.8} = 1.275\text{m}$$

$$H' = H - \frac{\Delta H}{2} = 1.5 - \frac{1.275}{2} = 0.8625\text{m}$$

$$P' = \gamma_w H' = 9800\text{N/m}^3 \times 0.8625\text{m}$$
$$= 8452.5\text{Pa} = 8.452\text{kPa}$$

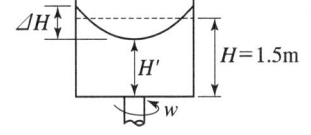

해답 ④

042 경계층(boundary layer)에 관한 설명 중 틀린 것은?
① 경계층 바깥의 흐름은 포텐셜 흐름에 가깝다.
② 균일 속도가 크고, 유체의 점성이 클수록 경계층의 두께는 얇아진다.
③ 경계층 내에서는 점성의 영향이 크다.
④ 경계층은 평판 선단으로부터 하류로 갈수록 두꺼워진다.

해설

$$\delta_{층류} = \frac{5x}{\sqrt{Re}} = \frac{5x}{\sqrt{\frac{\rho vx}{\mu}}} = \frac{5x^{\frac{1}{2}} \times \mu^{\frac{1}{2}}}{\rho^{\frac{1}{2}} \times v^{\frac{1}{2}}}$$

(속도) v가 클수록 경계층 두께는 얇아진다.
(점성) μ가 클수록 경계층 두께는 두꺼워진다.

해답 ②

043 실형의 1/25인 기하학적으로 상사한 모형 댐을 이용하여 유동특성을 연구하려고 한다. 모형 댐의 상부에서 유속이 1m/s 일 때 실제 댐에서 해당 부분의 유속은 약 몇 m/s 인가?

① 0.025 ② 0.2
③ 5 ④ 25

해설

$$\left(\frac{V}{\sqrt{Lg}}\right)_p = \left(\frac{V}{\sqrt{Lg}}\right)_m \quad \frac{V_p}{\sqrt{25 \times 9.8}} = \frac{1}{\sqrt{1 \times 9.8}}$$

(실제 댐에서의 유속) $V_p = 5\text{m/s}$

해답 ③

044

정지 유체 속에 잠겨 있는 평면에 대하여 유체에 의해 받는 힘에 관한 설명 중 틀린 것은?

① 깊게 잠길수록 받는 힘이 커진다.
② 크기는 도심에서의 압력에 전체 면적을 곱한 것과 같다.
③ 평면이 수평으로 놓인 경우, 압력중심은 도심과 일치한다.
④ 평면이 수직으로 놓인 경우, 압력중심은 도심보다 약간 위쪽에 있다.

해설 (전압력이 작용하는 위치) $Y_{Fp} = \overline{Y} + \dfrac{I_G}{\overline{Y}A}$

즉 도심보다 $\dfrac{I_G}{\overline{Y}A}$ 만큼 아래쪽에 작용된다.

해답 ④

045

(r, θ) 좌표계에서 코너를 흐르는 비점성, 비압축성 유체의 2차원 유동함수(ψ, m²/s)는 아래와 같다. 이 유동함수에 대한 속도 포텐셜(ϕ)의 식으로 옳은 것은? (단, r은 m 단위이고, C는 상수이다.)

$$\psi = 2r^2 \sin 2\theta$$

① $\phi = 2r^2 \cos 2\theta + C$
② $\phi = 2r^2 \tan 2\theta + C$
③ $\phi = 4r \cos \theta^2 + C$
④ $\phi = 4r \tan \theta^2 + C$

해설
• 극좌표에서 속도 포텐셜 ϕ가 주어질 때

  (반경방향 속도) $u_r = \dfrac{\partial \phi}{\partial r}$ (횡방향 속도) $u_\theta = \dfrac{1}{r}\dfrac{\partial \phi}{\partial \theta}$

• 극좌표계에서 유동함수 ψ가 주어질 때

  (반경방향속도) $u_r = \dfrac{1}{r}\dfrac{\partial \psi}{\partial \theta}$ (횡방향속도) $u_\theta = -\dfrac{\partial \psi}{\partial r}$

문제에서 유동함수 $\psi = 2r^2 \sin 2\theta$

$u_r = \dfrac{1}{r}\dfrac{\partial (2r^2 \sin 2\theta)}{\partial \theta} = \dfrac{1}{r} \times 2r^2 \times \cos 2\theta \times 2 = 4r \cos 2\theta$

$4r \cos 2\theta = \dfrac{\partial \phi}{\partial r}$

(속도포텐셜) $\phi = \int 4r \cos 2\theta \, \partial r = 4 \times \cos 2\theta \times \dfrac{r^2}{2} + C = 2r^2 \cos 2\theta + C$

또는 $u_\theta = -\dfrac{\partial (2r^2 \sin 2\theta)}{\partial r} = -2 \sin 2\theta \times 2r = -4 \sin 2\theta \, r = \dfrac{1}{r}\dfrac{\partial \phi}{\partial \theta}$

(속도포텐셜) $\phi = r \times \int -4 \sin 2\theta \, r \, \partial \theta = r \times \left(-4r \times -\cos 2\theta \times \dfrac{1}{2}\right) + C$
$= 2r^2 \cos 2\theta + C$

해답 ①

046

두 평판 사이에 점성계수가 2N·s/m² 인 뉴턴 유체가 다음과 같은 속도분포(u, m/s)로 유동한다. 여기서 y는 두 평판 사이의 중심으로부터 수직방향 거리(m)를 나타낸다. 평판 중심으로부터 $y=0.5$cm 위치에서의 전단응력의 크기는 약 몇 N/m² 인가?

$$u(y) = 1 - 10000 \times y^2$$

① 100
② 200
③ 1000
④ 2000

해설
$$\tau_y = \mu \frac{du}{dy} = \mu \frac{d(1-10000y^2)}{dy} = \mu \times -2 \times 10000y$$
$$\tau_y = 0.005 = 2 \times -2 \times 10000 \times 0.005 = 200 \text{N/m}^2$$

해답 ②

047

개방된 탱크 내에 비중이 0.8인 오일이 가득 차 있다. 대기압이 101kPa 라면, 오일 탱크 수면으로부터 3m 깊이에서 절대압력은 약 몇 kPa 인가?

① 208
② 249
③ 174
④ 125

해설
$P_{abs} = P_O + P_G = 101 + 23.52 = 124.52 \text{kPa}$
$P_G = S \times \gamma_w \times H = 0.8 \times 9800 \times 3 = 23520 \text{N/m}^2 = 23.52 \text{kPa}$

해답 ④

048

피토-정압관과 액주계를 이용하여 공기의 속도를 측정하였다. 비중이 약 1인 액주계 유체의 높이 차이는 10mm이고, 공기 밀도는 1.22kg/m³일 때, 공기의 속도는 약 몇 m/s 인가?

① 2.1
② 12.7
③ 68.4
④ 160.2

해설
$$V = \sqrt{2g\Delta H \left(\frac{S_{액} - S_{관}}{S_{관}} \right)}$$
$$= \sqrt{2 \times 9.8 \times 0.01 \times \left(\frac{1 - 1.22 \times 10^{-3}}{1.22 \times 10^{-3}} \right)} = 12.667 \text{m/s}$$

$S_{관} = S_{공기}$ $S_{관} = \dfrac{1.22 \text{kg/m}^3}{1000 \text{kg/m}^3}$

해답 ②

049

축동력이 10kW인 펌프를 이용하여 호수에서 30m 위에 위치한 저수지에 25L/s의 유량으로 물을 양수한다. 펌프에서 저수지까지 파이프 시스템의 비가역적 수두손실이 4m라면 펌프의 효율은 약 몇 % 인가?

① 63.7
② 78.5
③ 83.3
④ 88.7

해설
$\eta = \dfrac{\text{유체동력}}{\text{축동력}} = \dfrac{8.33\text{kW}}{10\text{kW}} = 83.3\%$

(유체동력) $\gamma HQ = 9800\dfrac{\text{N}}{\text{m}^3} \times 34\text{m} \times \dfrac{0.025\text{m}^3}{\text{S}} = 8330\text{W} = 8.33\text{kW}$

(전수두) $H = 30 + 4 = 34\text{m}$

해답 ③

050

밀도 890kg/m³, 점성계수 2.3kg/(m·s)인 오일이 지름 40cm, 길이 100m인 수평 원관 내를 평균속도 0.5m/s로 흐른다. 입구의 영향을 무시하고 압력강하를 이길 수 있는 펌프 소요동력은 약 몇 kW 인가?

① 0.58
② 1.45
③ 2.90
④ 3.63

해설 펌프의 소요동력 $= \gamma H_L \times Q = \rho g \times H_L \times Q$
$= 890 \times 9.8 \times 2.637 \times 0.0628$
$= 1444.39\text{W} = 1.45\text{kW}$

$H_L = f \times \dfrac{L}{D} \times \dfrac{V^2}{2g} = \dfrac{64}{R_e} \times \dfrac{L}{D} \times \dfrac{V^2}{2g} = \dfrac{64}{77.39} \times \dfrac{100}{0.9} \times \dfrac{0.5^2}{2 \times 9.8} = 2.637\text{m}$

$R_e = \dfrac{\rho v d}{\mu} = \dfrac{890 \times 0.5 \times 0.4}{2.3} = 77.39$ 층류

$Q = \dfrac{\pi}{4} \times 0.4^2 \times 0.5 = 0.0628\text{m}^3/\text{s}$

해답 ②

051

유체의 회전벡터(각속도)가 ω인 회전유동에서 와도(vorticity, ζ)는?

① $\zeta = \dfrac{\omega}{2}$
② $\zeta = \sqrt{\dfrac{\omega}{2}}$
③ $\zeta = 2\omega$
④ $\zeta = \sqrt{2}\,\omega$

해설
$\zeta = \dfrac{\int_0^{2\pi}(r \times v)d\theta}{A} = \dfrac{\int_0^{2\pi}(r \times \omega \times r)d\theta}{\pi r^2} = \dfrac{\omega r^2 \times 2\pi}{\pi r^2} = 2\omega$

해답 ③

052

그림과 같은 반지름 R인 원관 내의 층류유동 속도분포는 $u(r) = U\left(1 - \dfrac{r^2}{R^2}\right)$으로 나타내어진다. 여기서 원관 내 전체가 아닌 $0 \leq r \leq \dfrac{R}{2}$인 원형 단면을 흐르는 체적유량 Q를 구하면? (단, U는 상수이다.)

① $Q = \dfrac{5\pi UR^2}{16}$

② $Q = \dfrac{7\pi UR^2}{16}$

③ $Q = \dfrac{5\pi UR^2}{32}$

④ $Q = \dfrac{7\pi UR^2}{32}$

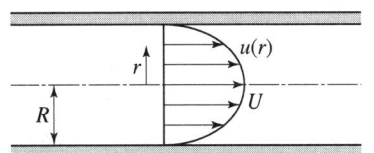

해설
$$Q = \int_0^{\frac{R}{2}} u(r)dA = \int_0^{\frac{R}{2}} U\left(1 - \frac{r^2}{R^2}\right) 2\pi r \, dr$$
$$= 2\pi U \int_0^{\frac{R}{2}} r\left(1 - \frac{r^2}{R^2}\right) dr = 2\pi U \times \int_0^{\frac{R}{2}} r - \frac{r^3}{R^2} \, dr$$
$$= 2\pi U \times \left[\frac{r^2}{2} - \frac{r^4}{4R^2}\right]_0^{\frac{R}{2}} = 2\pi U \times \left[\frac{\left(\frac{R}{2}\right)^2}{2} - \frac{\left(\frac{R}{2}\right)^4}{4R^2}\right]$$
$$= 2\pi U \times \left[\frac{R^2}{8} - \frac{R^2}{16 \times 4}\right] = 2\pi U \times \left[\frac{8R^2}{64} - \frac{R^2}{64}\right]$$
$$= 2\pi U \times \frac{7R^2}{64} = \frac{7\pi UR^2}{34}$$

해답 ④

053

날개 길이(span) 10m, 날개 시위(chord length)는 1.8m인 비행기가 112m/s의 속도로 날고 있다. 이 비행기의 항력계수가 0.0761일 때 비행에 필요한 동력은 약 몇 kW 인가? (단, 공기의 밀도는 1.2173kg/m³, 날개는 사각형으로 단순화하며, 양력은 충분히 발생한다고 가정한다.)

① 1172
② 1343
③ 1570
④ 3733

해설 동력 = $D \times V = 10458.29 \times 112 = 1171328.48\text{W} = 1171.328\text{kW}$

(항력) $D = \dfrac{\rho v^2}{2} \times A_D \times C_D = \dfrac{1.2173 \times 112^2}{2} \times (1.8 \times 10) \times 0.0761$
$= 10458.29\text{N}$

해답 ①

054

점성계수가 0.7poise 이고 비중이 0.7인 유체의 동점성계수는 몇 stokes 인가?

① 0.1
② 1.0
③ 10
④ 100

해설
$$\nu = \frac{\mu}{\rho} = \frac{0.7 \left[\frac{g}{5cm}\right]}{0.7 \times 1 \times \left[\frac{g}{cm^3}\right]} = 1 \frac{cm^2}{s} = 1\,stokes$$

해답 ②

055

그림과 같이 평판의 왼쪽 면에 단면적이 0.01m², 속도 10m/s인 물 제트가 직각으로 충돌하고 있다. 평판의 오른쪽 면에 단면적이 0.04m²인 물 제트를 쏘아 평판이 정지 상태를 유지하려면 속도 V_2는 약 몇 m/s 여야 하는가?

① 2.5
② 5.0
③ 20
④ 40

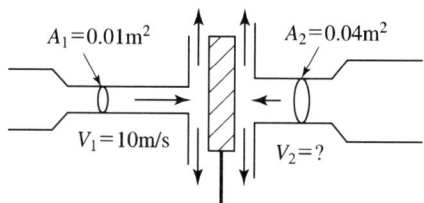

해설
$F_1 = \rho A_1 V_1^2 \qquad F_2 = \rho A_2 V_2^2$
$F_1 = F_2 \qquad A_1 V_1^2 = A_2 V_2^2$
$0.01 \times 10^2 = 0.04 \times V_2^2$
$V_2 = \sqrt{\frac{0.01 \times 10^2}{0.04}} = 5\,m/s$

해답 ②

056

그림과 같이 탱크로부터 15℃의 공기가 수평한 호스와 노즐을 통해 Q의 유량으로 대기 중으로 흘러나가고 있다. 탱크 안의 게이지압력이 10kPa일 때, 유량 Q는 약 몇 m³/s 인가? (단, 노즐 끝단의 지름은 0.02m, 대기압은 101kPa 이고, 공기의 기체상수는 287J/(kg·K)이다.)

① 0.038
② 0.042
③ 0.046
④ 0.054

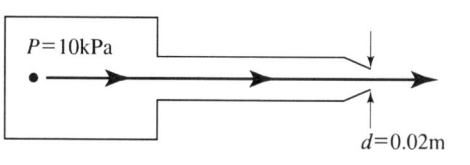

해설 (탱크안의 공기 밀도) $\rho = \frac{P_{abs}}{RT} = \frac{111000}{287 \times (15+273)} = 1.342\,kg/m^3$
$P_{abs} = P_o + P_G = 101 + 10 = 111\,kPa = 111000\,N/m^2$

$$\frac{P_1}{r}+\frac{V_1^2}{2g}+Z_1=\frac{P_2}{\gamma}+\frac{V_2^2}{2g}+Z_2,\ Z_1=Z_2$$

$$\frac{P_1-P_2}{\gamma}=\frac{V_2^2-V_1^2}{2g} \quad P_1=10000\text{N/m}^2,\ P_2=0,\ V_1=0$$

$$\frac{P_1-P_2}{\rho g}=\frac{V_2^2-V_1^2}{2g}$$

$$\frac{P_1}{\rho}=\frac{V_2^2}{2},\ V_2=\sqrt{\frac{2P_1}{\rho}}=\sqrt{\frac{2\times 10000}{1.342}}=122.07\text{m/s}$$

$$Q_2=A_2V_2=\frac{\pi}{4}0.02^2\times 122.07=0.0383\text{m}^3/\text{s}$$

해답 ①

057

그림과 같은 노즐에서 나오는 유량이 0.078m³/s 일 때 수위(H)는 약 얼마인가? (단, 노즐 출구의 안지름은 0.1m 이다.)

① 5m
② 10m
③ 0.5m
④ 1m

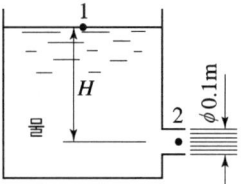

해설 (출구속도) $V_2=\dfrac{Q}{A_2}=\dfrac{0.078}{\dfrac{\pi}{4}\times 0.1^2}=9.931\text{m/s}$

$H=\dfrac{V_2^2}{2g}=\dfrac{9.931^2}{2\times 9.8}=5.03\text{m}$

해답 ①

058

어느 물리법칙이 $F(a,\ V,\ \nu,\ L)=0$과 같은 식으로 주어졌다. 이 식을 무차원수의 함수로 표시하고자 할 때 이에 관계되는 무차원수는 몇 개인가? (단, $a,\ V,\ \nu,\ L$은 각각 가속도, 속도, 동점성계수, 길이이다.)

① 4   ② 3
③ 2   ④ 1

해설 **독립무차원의 개수** = 물리량의 개수 − "MLT" 개수
= 4개 − 2개
= 2개

(가속도) $a=[LT^{-2}]$
(속도) $V=[LT^{-1}]$
(동점성계수) $\nu=[L^2T^{-1}]$
(길이) $L=[L]$

해답 ③

059
원형 관내를 완전한 층류로 물이 흐를 경우 관마찰계수(f)에 대한 설명으로 옳은 것은?

① 상대 조도(ϵ/D)만의 함수이다.
② 마하수(Ma)만의 함수이다.
③ 오일러수(Eu)만의 함수이다.
④ 레이놀즈수(R_e)만의 함수이다.

해설 $f_{층류} = \dfrac{64}{R_e}$ 층류의 관마찰계수는 R_e만의 함수이다.

해답 ④

060
밀도가 800kg/m³인 원통형 물체가 그림과 같이 1/3이 액체면 위에 떠있는 것으로 관측되었다. 이 액체의 비중은 약 얼마인가?

① 0.2
② 0.67
③ 1.2
④ 1.5

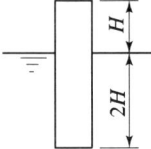

해설
$W_{물체} = F_B$
$W_{물체} = \rho \times g \times A \times 3H$
$F_B = S_{액체} \times \gamma_w \times A \times 2H$
$S_{액체} = \dfrac{\rho \times g \times A \times 3H}{\gamma_w \times A \times 2H} = \dfrac{\rho \times g \times 3}{\gamma_w \times 2} = \dfrac{\rho \times g \times 3}{\rho_w \times g \times 2} = \dfrac{\rho \times 3}{\rho_w \times 2} = \dfrac{800 \times 3}{1000 \times 2} = 1.2$

해답 ③

제4과목 기계재료 및 유압기기

061
주강품에 대한 설명 중 틀린 것은?

① 용접에 의한 보수가 용이하다.
② 주조 후에는 일반적으로 풀림을 실시하여 주조 응력을 제거한다.
③ 주조 방법에 의하여 용강을 주형에 주입하여 만든 강제품을 주강품이라 한다.
④ 중탄소 주강은 탄소의 함유량이 약 0.1~0.15%범위이다.

해설 중탄소 주강의 탄소 함유량은 약 0.2~0.5% 범위이다.

해답 ④

062
다음 중 항온열처리 방법이 아닌 것은?

① 질화법　　② 마퀜칭
③ 마템퍼링　　④ 오스템퍼링

해설 질화법 : 암모니아가스를 이용해 표면에 질소를 넣어 표면을 경화시키는 표면 경화법이다.

해답 ①

063
0.8% 탄소를 고용한 탄소강을 800℃로 가열하였다가 서서히 냉각시켰을 때 나타나는 조직은?

① 펄라이트(pearlite)　　② 오스테나이트(austenite)
③ 시멘타이트(cementite)　　④ 레데뷰라이트(ledeburite)

해설 0.8%탄소강은 공석강으로 723℃ 이상에서는 오스테나이트 조직이며 서서히 냉각시키면 펄라이트 조직이 나타난다.
펄라이트 조직은 페라이트와 시멘타이트의 층상구조이다.

해답 ①

064
5~20%Zn의 황동을 말하며, 강도는 낮으나 전연성이 좋고 금색에 가까우므로 모조금이나 판 및 선 등에 사용되는 것은?

① 톰백　　② 문쯔메탈
③ Y-합금　　④ 네이벌 황동

해설
① 톰백 : 모조금 아연 5~20% 전연성이 좋고 색깔이 금색 모조금으로 사용, 판재사용
② 7:3황동 : 70%Cu-30%Zn의 합금, 가공용 황동의 대표, 자동차 방열기, 탄피 재료
③ 6:4황동(=문츠메탈) : 60%Cu-40%Zn 황동 중 가장 저렴, 탈아연 부식 발생
④ 황동 주물 : 절삭성과 주조성이 좋아 기계 부품, 건축용 부품
⑤ 쾌삭 황동 : 1.5~3.0%Pb 절삭성이 좋아 정밀 절삭가공을 필요로 하는 기계용 기어 나사에 사용
⑥ 주석 황동(애드미럴티 황동 : 7:3 황동에 1%의 내의 Sn 첨가)
　　　　　　(네이벌 황동 : 6:4 황동에 1%의 내의 Sn 첨가)
⑦ 델타메탈(=철황동) : 6:4황동에 1~2%Fe함유, 강도와 내식성 우수, 광산, 선박, 화학기계에 사용
⑧ 망간니 : 황동에 10~15%망간 함유. 전기저항률이 크고 온도 계수가 적어 표준저항기, 정밀기계에 사용
⑨ 양은(=양백=Nickel Silver) : 10~20%Ni 장식품, 악기, 광학기계 부품에 사용

해답 ①

065
피삭성을 향상시키기 위해 쾌삭강에 첨가하는 원소가 아닌 것은?
① Te
② Pb
③ Sn
④ Bi

해설
- Pb함유 쾌삭강에 대체하여 개발된 강재로 Pb보다도 융점이 낮은 Bi쾌삭강이 출현하고 있으나 액상 Bi는 Pb에 비하여 표면장력이 낮아 젖음성(wettability)이 좋기 때문에 결정립계에 침투하여 입계취화를 일으키므로 열간압연성이 저하하는 문제가 있다.
- 오스테나이트계 스테인리스강의 경우에는 가공경화가 일어나기 쉽기 때문에 절삭한 표면부근에서 가공경화에 의하여 기계가공성이 저하하므로 기계가공성 향상원소로서 Se나 Te와 같은 칼코겐원소와 S를 복합적으로 첨가한 강(SUS303Se)이 규격화 되어 실용되고 있으며 Ti탄황화물을 이용하는 쾌삭성 스테인리스강도 개발되고 있다.

[참고] Bi : 비스무스   Te : 텔루륨

해답 ③

066
체심입방격자에 해당하는 귀속 원자수는?
① 1개
② 2개
③ 3개
④ 4개

해설
체심입방격자 귀속원소 : 2개
면심입방격자 귀속원소 : 4개

해답 ②

067
Fe-C 평형상태도에서 [δ고용체] + (L(융액)) ⇌ [γ고용체]가 일어나는 온도는 약 몇 ℃ 인가?
① 768℃
② 910℃
③ 1130℃
④ 1490℃

해설 [δ고용체] + (L(융액)) ⇌ [γ고용체]는 포정점으로 온도는 1490℃이고 탄소 함유량은 0.17%C인 지점이다.

해답 ④

068
전자강판(규소강판)에 요구되는 특성을 설명한 것 중 틀린 것은?
① 투자율이 높아야 한다.
② 포화자속밀도가 높아야 한다.
③ 자화에 의한 치수의 변화가 적어야 한다.
④ 박판을 적층하여 사용할 때 층간저항이 낮아야 한다.

해설 **전자강파의 정의** : 전기강판은 철의 자화가 일어나기 쉬운 방향으로 결정배열을 조정하고 규소를 첨가해 철손의 감소를 억제한 철강재료로 다른 철강재료에 비해 전자기적 특성을 우수하다.
① 전기강판은 구조용강이나 공구용, 외판용으로 쓰이는 다른 금속재료와 달리 주로 모터나 변압기 같은 전기기기에 사용돼 효율을 높여 주는 역할을 한다.
② 쉽게 설명하자면 모터의 철심이 되는 제품이다. 철은 우리가 알고 있는 원소 중에서 자석에 가장 잘 붙는 특성을 가지고 있어 자기력을 이용하여 기계장치를 움직이려 할 때 필수적으로 사용된다. 전기와 자기용 철심(Core)으로 사용되는 연자성(Soft magnetic)
③ 강판으로, 일반 탄소강에 비해 높은 규소(Si)를 첨가하여 제조되므로 규소강판(Silicon steel)이라고 불린다.
④ 전자강판은 박판의 규소강판을 적층해서 사용하므로 판의 표면이 절연되어 있지 않으면, 얇은 판을 사용한 효과가 없어진다. 즉 와전류 손실이 커지게 된다. 즉 층간저항이 아주 높아야 표면이 절연된다.

해답 ④

069

로크웰경도시험(HRA~HRH, HRK)에 사용되는 총 시험하중에 해당되지 않는 것은?

① 588.4N(60kgf)   ② 980.7N(100kgf)
③ 1471N(150kgf)   ④ 1961.3N(200kgf)

해설 **로크웰 경도시험**

시험법	압자	주하중(kgf)	응용분야
HRA	다이아몬드 120°	60	표면 경화강 및 합금, 초경합금
HRBW	1/16인치 볼	100	구리(Cu) 합금, 비경화강(미국에서는 최대 약 686N/mm²의 강철에도 적용)
HRC	다이아몬드 120°	150	표면 경화강 및 합금, 초경합금
HRD	다이아몬드 120°	100	표면 경화강 및 합금, 초경합금
HREW	1/8인치 볼	100	알루미늄(Al) 합금, 구리(Cu) 합금
HRFW	1/16인치 볼	60	연질 박강판
HRGW	1/16인치 볼	150	청동, 구리(Cu), 주철
HRHW	1/8인치 볼	60	알루미늄(Al), 아연(Zn), 납(Pb)
HRKW	1/8인치 볼	150	베어링 메탈 및 플라스틱을 포함한 기타 매우 부드럽거나 얇은 금속(ASTM D785 참조)

해답 ④

070

니켈-크롬 합금강에서 뜨임 메짐을 방지하는 원소는?

① Cu   ② Ti
③ Mo   ④ Zr

해설 구조용 합금강에서 Ni-Cr의 합금에서 발생되는 뜨임메짐을 방지하기 위해 Mo을 첨가 시킨다.

해답 ③

071 유압펌프 중 용적형 펌프의 종류가 아닌 것은?

① 피스톤 펌프　　② 기어 펌프
③ 베인 펌프　　④ 축류 펌프

해설 (1) **용적형 펌프(용량형 펌프)**
[특징] ① 펌프의 축이 한번 회전할 때 일정한 량을 토출
② 중압 또는 고압력에서 주로 압력발생을 주된 목적으로 사용
③ 토출량이 부하압력에 관계없이 대충 일정하다.
④ 부하압력에 따라 토출량이 정해지므로 부하가 과대해지면 압력이 상승해서 펌프가 파괴될 염려가 있다.(Relief V/V를 설치하여 위험 방지)
[종류] ① 정토출형 펌프(Fixed diaplacement pump
　　㉠ 기어펌프(Gear)　　㉡ 나사펌프(Screw)
　　㉢ 베인펌프(Vane)　　㉣ 피스톤펌프(Piston)
② 기변토출형 펌프(variable diaplacement pump
　　㉠ 베인펌프(Vane)　　㉡ 피스톤펌프(Piston)

(2) **비용적형 펌프**
[특징] ① 토출량이 일정치 않음
② 저압에서 대량의 유체를 수송하는데 사용
③ 토출량과 압력사이에 일정관계가 있다.
토출량이 증가하면 토출압력은 감소, 토출유량은 펌프축의 회전속도와 비례한다.
[종류] ① 원심력 펌프(Centrifugal) : 벌류트펌프와 터빈펌프가 있다.
② 액시얼 프로펠라 펌프(Axial propeller축류펌프)
③ 혼류형 펌프(Mixed flow)
④ 로토젯 펌프(Roto-jet)

해답 ④

072 유체가 압축되기 어려운 정도를 나타내는 체적 탄성 계수의 단위와 같은 것은?

① 체적　　② 동력
③ 압력　　④ 힘

해설 체적탄성계수의 단위는 (Pa)로 압력의 단위와 같다.

해답 ③

073 주로 펌프의 흡입구에 설치되어 유압작동유의 이물질을 제거하는 용도로 사용하는 기기는?

① 드레인 플러그　　② 블래더
③ 스트레이너　　④ 배플

해설 스트레이너 : 펌프의 흡입구에 설치되어 유압작동유의 이물질을 제거하는 용도로 사용하는 기기

해답 ③

074

다음 중 상시 개방형 밸브는?

① 감압 밸브
② 언로드 밸브
③ 릴리프 밸브
④ 시퀀스 밸브

해설
① 리듀싱밸브(Reducing Valve, 감압밸브) : 상시개형
② 언로드 밸브(Unloading valve, 무부하 밸브) : 상시폐형
③ 릴리프 밸브(Relief Valve, 안전밸브) : 상시폐형
④ 시퀀스 밸브(Sequence Valve, 순차작동 밸브) : 상시폐형

해답 ①

075

압력계를 나타내는 기호는?

① 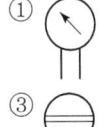 ②

③ ④

해설 ① : 차압계 ② : 압력계 ③ : 유면계 ④ : 온도계

해답 ②

076

유압 기호 요소에서 파선의 용도가 아닌 것은?

① 필터
② 주관로
③ 드레인 관로
④ 밸브의 과도 위치

해설 선의 용도

명칭	기호	용도	비고
실선	———	① 주관로 ② 파일럿 밸브에의 공급 관로 ③ 전기 신호선	• 귀환 관로를 포함
파선	- - - -	① 파일럿 조작 관로 ② 드레인 관로 ③ 필터 ④ 밸브의 과도위치	• 내부파일럿 • 외부파일럿 • 파일럿 관로는 파일럿 방식으로 작동시키기 위한 작동 유체를 보내는 관로를 뜻함
1점쇄선	-·-·-·-	포위선	• 2개 이상의 기능을 갖는 유닛을 나타내는 포위선
복선	═══	기계적 결함	• 회전축, 레버, 피스톤 로드 등

해답 ②

077 속도 제어 회로의 종류가 아닌 것은?

① 로크(로킹) 회로
② 미터 인 회로
③ 미터 아웃 회로
④ 블리드 오프 회로

해설
① 로크(로킹) 회로 : 실린더 행정을 임의 위치에서 고정시킬 필요가 있는데, 이때 이동을 방지하는 회로
② 미터 인 회로 : 실린더로 유입되는 유량을 직접 제어
③ 미터 아웃 회로 : 실린더로부터 유출되는 유량을 직접 제어
④ 블리드 오프 회로 : 유입유량을 바이패스로 제어한다.(탱크로 우회시킴) 정확한 조절이 어려움

해답 ①

078 아래 기호의 명칭은?

① 공기탱크
② 유압모터
③ 드레인 배출기
④ 유면계

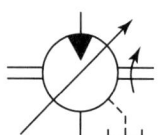

해설

① 공기탱크   ② 유압모터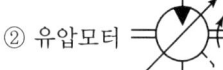

③ 드레인 배출기   ④ 유면계

해답 ②

079 유압장치에서 사용되는 유압유가 갖추어야 할 조건으로 적절하지 않은 것은?

① 열을 방출시킬 수 있어야 한다.
② 동력 전달의 확실성을 위해 비압축성이어야 한다.
③ 장치의 운전온도 범위에서 적절한 점도가 유지되어야 한다.
④ 비중과 열팽창계수가 크고 비열은 작아야 한다.

해설 유압유는 가벼워야 되기 때문에 비중이 작아야 하고, 온도변화에 대해 체적 변화가 작아야 하기 때문에 열팽창 계수가 작아야 한다. 또한 유압유는 열에 의한 온도변화가 작아야 되기 때문에 비열은 커야 된다.

해답 ④

080 유압을 이용한 기계의 유압 기술 특징에 대한 설명으로 적절하지 않은 것은?

① 무단 변속이 가능하다.
② 먼지나 이물질에 의한 고장 우려가 있다.
③ 자동제어가 어렵고 원격 제어는 불가능하다.
④ 온도의 변화에 따른 점도 영향으로 출력이 변할 수 있다.

해설 유압제어 밸브는 솔레노이드(전자석)을 이용하여 원격제어가 유리하다. 해답 ③

제5과목 기계제작법 및 기계동력학

081 무게 10kN의 해머(hammer)를 10m의 높이에서 자유 낙하 시켜서 무게 300N의 말뚝을 박았다. 충돌한 직후에 해머와 말뚝은 일체가 된다고 볼 때 충돌 직후의 속도는 몇 m/s 인가?

① 50.4　　② 20.4
③ 13.6　　④ 6.7

해설 $m_1 v_1 + m_2 v_2 = (m_1 + m_2) V'$

$$V' = \frac{m_1 v_1 + m_2 v_2}{m_1 + m_2} = \frac{\frac{10000}{9.8} \times 14 + 0}{\frac{10000}{9.8} + \frac{300}{9.8}} = 13.59 \text{m/s}$$

$V_1 = \sqrt{2gH} = \sqrt{2 \times 9.8 \times 10} = 14 \text{m/s}$
$V_2 = 0$(말뚝의 속도)

해답 ③

082 중량 2400N, 회전수 1500rpm인 공기 압축기에 대해 방진고무로 균등하게 6개소를 지지시켜 진동수비를 2.4로 방진하고자 한다. 압축기가 작동하지 않을 때 이 방진고무의 정적 수축량은 약 몇 cm 인가? (단, 감쇠비는 무시한다.)

① 0.18　　② 0.23
③ 0.29　　④ 0.37

해설 (방진고무하나에 작용하는 무게) $w' = \dfrac{w}{6} = \dfrac{2400}{6} = 400\text{N}$

(방진고무하나에 작용하는 질량) $m' = \dfrac{400}{9.8} = 40.816\text{kg}$

(진동수 비) $\gamma = \dfrac{\omega}{\omega_n}$

(고유각진동수) $\omega_n = \dfrac{\omega}{\gamma} = \dfrac{\frac{2\pi N}{60}}{\gamma} = \dfrac{\frac{2\pi \times 1500}{60}}{2.4} = 65.449 \text{rad/s}$

$\omega_n = \sqrt{\dfrac{K}{m'}}$, (스프링 상수) $K = \omega_n^2 m'$

$\quad = 65.449^2 \times 40.816 = 174838.2585 \text{N/m}$

$\delta = \dfrac{\omega'}{K} = \dfrac{400}{174838.2585} = 2.287 \times 10^{-3} \text{m} = 0.2287 \text{cm} \fallingdotseq 0.23 \text{cm}$

해답 ②

083
무게가 40kN인 트럭을 마찰이 없는 수평면 상에서 정지상태로부터 수평방향으로 2kN의 힘으로 끌 때 10초 후의 속도는 몇 m/s 인가?

① 1.9
② 2.9
③ 3.9
④ 4.9

해설 $F \times \Delta t = m(V_2 - V_1)$ $\quad V_1 = 0$

$F \times \Delta t = m V_2$

$V_2 = \dfrac{F \times \Delta t}{m} = \dfrac{2000 \times 10}{\frac{40000}{9.8}} = 4.9 \text{m/s}$

해답 ④

084
반지름이 r인 균일한 원판의 중심에 200N의 힘이 수평방향으로 가해진다. 원판의 미끄러짐을 방지하는데 필요한 최소 마찰력(F)은?

① 200N
② 100N
③ 66.67N
④ 33.33N

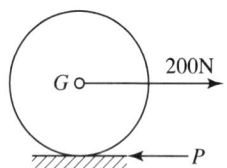

해설 원판이 미끄러지지 않고 운동하기 위한 조건 ①과 ②의 조건을 만족해야 된다.

① $\sum F = ma_t = mar$, $\sum F = 200 - P$

(접속가속도) $a_t = a \times r$

$200 - P = mar$, (각가속도) $a = \dfrac{200 - P}{m - r}$

② $\sum T = J_G \times \alpha$, $\sum T = P \times r$

$P \times r = \dfrac{mr^2}{2} \times \alpha$ $\quad \dfrac{200 - P}{m \times r} = \dfrac{2P}{mr}$

$200 - P = 2P$, $3P = 200$

$P = \dfrac{200}{3} = 66.67 \text{N}$

해답 ③

085

원판의 각속도가 5초 만에 0부터 1800rpm 까지 일정하게 증가하였다. 이때 원판의 각가속도는 약 몇 rad/s² 인가?

① 360 ② 60
③ 37.7 ④ 3.77

해설

(각가속도) $\alpha = \dfrac{w_2 - w_1}{t} = \dfrac{\dfrac{2\pi \times 1800}{60} - 0}{5} = 37.695 \text{rad/s}^2 ≒ 37.7 \text{rad/s}^2$

해답 ③

086

물방울이 중력에 의해 떨어지기 시작하여 3초 후의 속도는 약 몇 m/s 인가? (단, 공기의 저항은 무시하고, 초기속도는 0으로 한다.)

① 29.4 ② 19.6
③ 9.8 ④ 3

해설 $V_2 = V_1 + gt = 0 + 9.8 \times 3 = 29.4 \text{m/s}$

해답 ①

087

그림과 같이 피벗으로 고정된 질량이 m이고, 반경이 r인 원형판의 진동주기는? (단, g는 중력가속도이고, 진동 각도는 상당히 작다고 가정한다.)

① $2\pi\sqrt{\dfrac{2r}{3g}}$ ② $2\pi\sqrt{\dfrac{3r}{2g}}$
③ $2\pi\sqrt{\dfrac{3r}{5g}}$ ④ $2\pi\sqrt{\dfrac{5r}{3g}}$

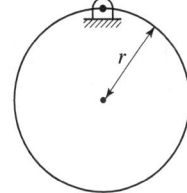

해설

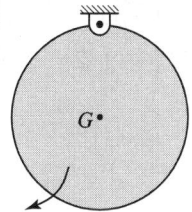

(O지점의 질량관성멘트) $J_O = J_G + mr^2 = \dfrac{mr^2}{2} + mr^2 = \dfrac{3mr^2}{2}$

$\sum T = J_O a = J_O \ddot{\theta}$

$\sum T = -mg \times r \sin\theta = -mgr\theta$

$\theta \text{[rad]}$일 때

$-mgr\theta = J_O \ddot{\theta}$

$$J_o\ddot{\theta} + mgr\theta = 0$$

$$\frac{3mr^2}{2}\ddot{\theta} + mgr\theta = 0$$

$$\ddot{\theta} + \frac{mgr}{\frac{3mr^2}{2}}\theta = 0$$

$$\ddot{\theta} + \frac{2g}{3r}\theta = 0$$

(고유각진동수) $W_n = \sqrt{\frac{2g}{3r}}$

$T = \frac{2\pi}{w_n}$, (주기) $T = 2\pi \times \sqrt{\frac{3r}{2g}}$

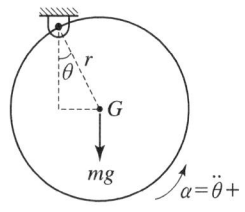

해답 ②

088
그림(a)를 그림(b)와 같이 모형화 했을 때 성립되는 관계식은?

① $\frac{1}{k_{eq}} = \frac{1}{k_1} + \frac{1}{k_2}$

② $k_{eq} = k_1 + k_2$

③ $k_{eq} = k_1 + \frac{1}{k_2}$

④ $k_{eq} = \frac{1}{k_1} + \frac{1}{k_2}$

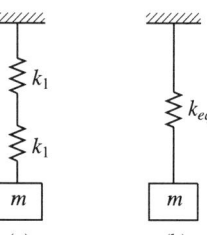

해설 $\frac{1}{k_{eq}} = \frac{1}{k_1} + \frac{1}{k_2}$, $k_{eq} = \frac{k_1 \times k_2}{k_1 + k_2}$

해답 ①

089
중심력만을 받으며 등속 운동하는 질점에 대한 설명으로 틀린 것은?

① 어느 순간에서나 힘의 중심점에 대한 모멘트의 합은 0 이다.
② 중심력에 의하여 운동하는 질점의 각운동량은 크기와 방향이 모두 일정하다.
③ 중심점에 대한 각운동량의 변화율은 0 이다.
④ 각운동량은 중심점에서 물체까지의 거리의 제곱에 반비례한다.

해설 **각운동량**=(질량×원주속도)×반지름
$= m \times w \times r \times r = m \times wr^2$
각운동량은 중심점에서 물체까지의 거리(r)의 제곱에 비례한다.
① 등속원운동은 각가속도 $a = 0$이므로 $\sum T = Ja$, $\sum T = 0$이다.
② 등속원운동 $mv \times r = m \times (wr) \times r = mwr^2$로 일정하다.
③ 각운동량$= mwr^2$에서 중심점에서 $r = 0$이므로 중심점에서의 각운동량의 변화는 "0" 이다.

해답 ④

090 그림과 같은 진동계에서 무게 W는 22.68N, 댐핑계수 C는 0.0579 N·s/cm, 스프링정수 K가 0.357N/cm 일 때 감쇠비(damping ratio)는 약 얼마인가?

① 0.19
② 0.22
③ 0.27
④ 0.32

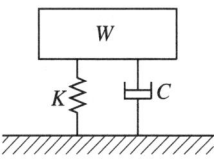

해설
$$\varphi = \frac{C}{2\sqrt{mK}} = \frac{5.79}{2\sqrt{\frac{22.68}{9.8} \times 35.7}} = 0.318 = 0.32$$

$C = 0.0579 \dfrac{\text{N}\cdot\text{s}}{\text{cm}} = 5.79 \dfrac{\text{N}\cdot\text{s}}{\text{m}}$

$K = 0.357\text{N/cm} = 35.7\text{N/m}$

해답 ④

---

091 절삭칩의 형태 중에서 가장 이상적인 칩의 형태는?

① 전단형(shear type)
② 유동형(flow type)
③ 열단형(tear type)
④ 경작형(pluck off type)

해설 절삭칩의 형태

종류	형상	원인	특징
유동형 칩 (Flow type chip)		연강, 구리, 알루미늄 같은 인성이 많은 재료 고속 절삭 시 • 윗면 경사각이 클 때 • 절삭 깊이가 작을 때 • 절삭 속도가 클 때 • 절삭량이 적고 절삭유를 사용할 때	칩의 두께가 일정하고 균일하게 생성되며 가공면이 깨끗함
전단형 칩 (Shear type chip)		연성재료 저속 절삭 시 • 바이트의 경사각이 작을 때 • 절삭 깊이가 클 때	비연속적인 칩이 생성됨
열단형칩=경작형 칩 (Tear type chip)		점성이 큰 가공물을 경사각이 매우 작을 때 • 절삭 깊이가 클 때 • 공구 재질의 강도에 비해	가공면이 거칠고 비연속 칩으로 가공 후 흠집이 생김
균열형 칩 (Crack type chip)		주철과 같은 메진 가공재료를 저속으로 절삭할 때	날 끝에 치핑이 발생 공구수명이 단축 비연속적인 칩으로 가공면이 거침

해답 ②

092
주조의 탕구계 시스템에서 라이저(riser)의 역할로서 틀린 것은?

① 수축으로 인한 쇳물 부족을 보충한다.
② 주형 내의 가스, 기포 등을 밖으로 배출한다.
③ 주형내의 쇳물에 압력을 가해 조직을 치밀화 한다.
④ 주물의 냉각도에 따른 균열이 발생되는 것을 방지한다.

해설 라이저(riser) : 주형 내의 가스, 공기, 증기 등을 배출시키고 주입쇳물이 주형 각 부분에 채워져 있는지를 확인 할 수 있도록 한다. 소형 주물에서는 압탕구와 라이저를 구별 없이 같이 사용한다.
냉각판 : 주물의 냉각도에 따른 균열이 발생되는 것을 방지한다.

해답 ④

093
축방향의 이송을 행하지 않는 플런지 컷 연삭(plunge cut grinding)이란 어떤 연삭 방법에 속하는가?

① 내면연삭　　② 나사연삭
③ 외경연삭　　④ 평면연삭

해설 외경연삭(플런지 연삭, plunge grinding) : 일감은 그 자리에 회전하고 숫돌을 회전 전후 이송시켜 연삭하는 방식을 플런지 연삭이라 한다.

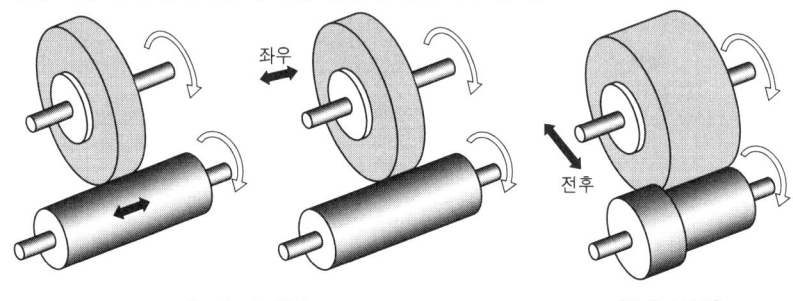

[트레버스 연삭]　　[플런지 연삭]

해답 ③

094
항온 열처리 중 담금질 온도로 가열한 강재를 M_s점과 M_f점 사이의 항온 염욕에서 항온 변태를 시킨 후에 상온까지 공랭하는 열처리 방법은?

① 마퀜칭　　② 마템퍼링
③ 오스포밍　　④ 오스템퍼링

해설 ① 마퀜칭 : 담금질 온도로 가열한 강재를 옆의 그림과 같이 M_s보다 다소 높은 온도의 염욕에서 담금질하여 강재의 내·외가 동일한 온도로 될 때까지 항온을 유지시킨 후에 급랭하여 마텐자이트 변태를 시키는 담금질 방법으로 마퀜칭 후에 필요한 경도로 뜨임하여 이용한다. 마퀜칭을 하면 수중에서 담금질한 경우보다 경도가 다소 낮아지나 강의 내·외가 거의 동시에 서서히 마텐자이트로 변화하므로 담금질 균열이나 변형이 생기지 않는다. 이 방법은 복잡한 물건의 담금질 특히 고탄소강 게이지 강 베어링 고속도강 등의 합금강과 같이 수중에서 냉각하면 균열이 생기기 쉽고 유중에서 급랭하면 변형이 많은 강재에 적합하다.

② **마템퍼링** : 담금질 온도로 가열한 강재를 옆의 그림과 같이 M_s점과 M_f점 사이의 항온 염욕에서 항온 변태를 시킨 후에 상온까지 공냉하는 담금질 방법으로 경도가 크고 인성이 있는 마텐자이트와 베이나이트 혼합조직이 얻어지므로 담금질 변형 및 균열 방지, 취성 제거에 이용되고 있으나 항온시간이 너무 길어서 공업적으로 이용되기에는 어려움이 있다.

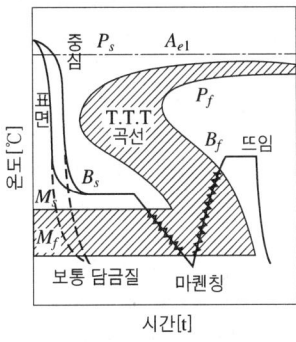

[마퀜칭(marquenching)] [마템퍼링(martempering)]

③ **오스포밍** : 오스포밍은 옆의 그림과 같이 강을 오스테나이트 상태로 가열한 후 항온 변태곡선 온도까지 급랭시켜 M_s 변태점 이상의 온도에서 항온 유지하고 소성가공을 하면서 담금질(유냉, 수냉)을 행한 후 마텐자이트 변태를 일으키게 한 뒤에 템퍼링하는 방법으로 마텐자이트 조직을 얻으며 자동차 스프링, 저합금 구조용 강, 초강인강 등의 열처리에 적용, 이용된다.

④ **오스템퍼링** : 담금질 온도에서 M_s점보다 높은 온도의 염욕 중에 넣어 항온 변태를 끝낸 후에 상온까지 냉각하는 담금질 방법으로 옆의 그림과 같이 S곡선에서 코(nose)와 M_s점 사이에서 항온 변태를 시킨 후 열처리하는 것으로서 점성이 큰 베이나이트 조직이 얻을 수 있어 뜨임할 필요가 없고 강인성이 크며 담금질 균열 및 변형을 방지할 수 있다.

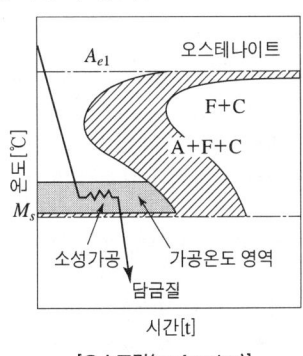 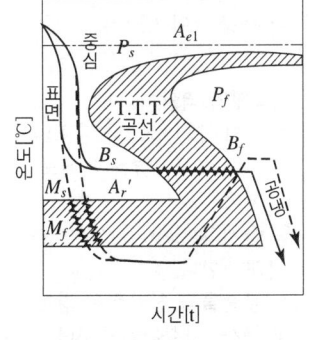

[오스포밍(ausforming)] [오스템퍼링(austempering)]

해답 ②

095. 전기적 에너지를 기계적인 진동 에너지로 변환하여 금속, 비금속 재료에 상관없이 정밀가공이 가능한 특수 가공법은?

① 래핑 가공
② 전조 가공
③ 전해 가공
④ 초음파 가공

해설
① **래핑 가공** : 공작물과 랩 공구 사이에 미분말 상태의 래핑제와 연마제를 넣고 이들 사이에 상대 운동을 시켜 면을 매끈하게 하는 방법으로 랩과 공작물 사이에 래핑제와 래핑액을 충분히 넣고 가공하는 습식법과 공작물 표면에 래핑제를 넣고 건조 상태에서 래핑하는 건식법이 있는데 습식법은 건식법에 비해 절삭량이 많고 다듬면은 광택이 적고, 건식법은 다듬면이 거울면과 같이 광택이난다. 이런 래핑 제품으로는 블록 게이지, 렌즈 등의 측정기기, 광학기기 등의 다듬질에 이용된다. 래핑 작업은 원통 래핑, 평면 래핑, 구면 래핑, 나사 래핑, 기어래핑, 크랭크 축의 래핑 등이 있다.
② **전조 가공** : 가공방법은 압연과 유사하나 전조 공구(roller)를 사용하여 나사나 기어 등을 성형하는 가공
③ **전해 가공** : 기계연삭과 전해 작용을 조합한 가공으로 전해 작용을 할 때 (+)극에 나타나는 용출물을 숫돌로 갈아 제거함으로써 가공하는 방법이다.
④ **초음파 가공** : 약 16kHz 이상의 음파를 초음파라 하는데 테이블에 고정된 공작물에 숫돌 입자와 물 또는 기름의 혼합액을 순환시키면서 일정한 압력 하에서 수직으로 설치된 진동 공구가 16~30kHz, 폭 30~40μm로 진동할 때 숫돌 입자의 급격한 타격으로 공작물(초경합금, 보석류, 세라믹, 다이아몬드, 수정, 유리)을 절단, 구멍 뚫기, 평면 가공, 표면 다듬질을 하는 것이다.

해답 ④

096. 피복 아크 용접봉의 피복제(flux)의 역할로 틀린 것은?

① 아크를 안정시킨다.
② 모재 표면에 산화물을 제거한다.
③ 용착금속의 탈산 정련작용을 한다.
④ 용착금속의 냉각속도를 빠르게 한다.

해설 **피복제의 역할**
① 공기 중의 산소나 질소의 침입을 방지하여, 피복재의 연소 가스의 이온화에 의하여 전류가 끊어졌을 때에도 계속 아크를 발생 시키므로 안정된 아크를 얻을 수 있도록 한다.
② 슬래그(slag)를 형성하여 용접부의 급냉을 방지하며, 용착 금속에 필요한 원소를 보충한다.
③ 불순물과 친화력이 강한 재료를 사용하여 용착 금속을 정련한다.
④ 붕사, 산화티탄을 사용하여 용착 금속의 유동성을 좋게 한다.
⑤ 좁은 틈에서 작업할 때 절연 작용을 한다.
⑥ 용착금속의 냉각속도를 느리게 하여 급냉을 방지하여야 한다.

해답 ④

097 가공물, 미디어(media), 가공액 등을 통속에 혼합하여 회전시킴으로써 깨끗한 가공면을 얻을 수 있는 특수 가공법은?

① 배럴가공(barrel finishing)
② 롤 다듬질(roll finishing)
③ 버니싱(burnishing)
④ 블라스팅(blasting)

해설
① **배럴가공**(barrel finishing) : 8각형이나 6각형의 용기(barrel)속에 가공물과 연마제(숫돌입자, 석영, 모래, 강구 등) 및 매제(컴파운드)를 넣고 물을 가해 회전시켜 공작물과 연마제의 충돌로 공작물의 표면을 갈아내는 정밀 연마법을 말한다.
② **롤 다듬질**(roll finishing) : 배럴가공과 같은 의미.
③ **버니싱**(burnishing) : 원통 내면에 내경보다 약간 지름이 큰 강구를 압입하여 내면에 소성변형을 주어 매끈하고 정밀도가 높은 면을 얻고자 하는 방법이다.
④ **블라스팅**(blasting) : 제품이나 재료의 표면에 모래, 강(鋼) 쇼트, 그릿, 모래나 규석 입자 등의 연마재를 첨가한 물 등을 압축 공기 또는 기타의 방법으로 강력하게 분사하여 스케일, 녹, 도막(塗膜)등을 제거하는 것을 말한다.

해답 ①

098 길이가 긴 게이지 블록에서 굽힘이 발생할 경우에도 양 단면이 항상 평행을 유지하기 위한 지지점인 에어리 점(Airy Point)의 위치는? (단, L은 게이지 블록의 길이이다.)

① $0.2113L$
② $0.2203L$
③ $0.2232L$
④ $0.2386L$

해설 에어리점은 $0.2113L$인 위치이다.

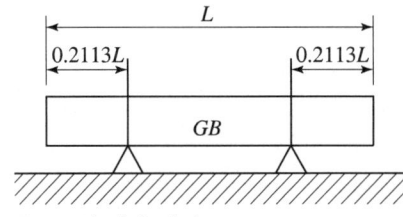

L : 보의 전체 길이

해답 ①

099 두께 1.5mm인 연강판에 지름 3.2mm의 구멍을 펀칭할 때 전단력은 약 몇 kN 인가? (단, 연강판의 전단강도는 250MPa 이다.)

① 2.07
② 3.77
③ 4.86
④ 5.87

해설 $F = \tau \times \pi D t = 250 \times \pi \times 3.2 \times 1.5 = 3769.91\text{N} = 3.76991\text{kN} ≒ 3.77\text{kN}$

해답 ②

100 지름 350mm 롤러로 폭 300mm, 두께 30mm의 연강판을 1회 열간 압연하여 두께 24mm가 될 때, 압하율은 몇 % 인가?

① 10   ② 15
③ 20   ④ 25

해설 $\epsilon = \dfrac{H-h}{H} = \dfrac{30-24}{30} = 20\%$

해답 ③

일반기계기사

2022년 4월 24일 시행

제1과목 재료역학

001 그림과 같은 부정정보가 등분포 하중(w)을 받고 있을 때 B점의 반력 R_b는?

① $\dfrac{1}{8}wl$ ② $\dfrac{1}{3}wl$

③ $\dfrac{3}{8}wl$ ④ $\dfrac{5}{8}wl$

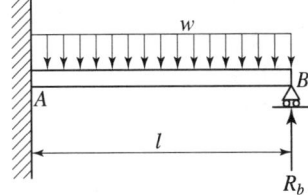

해설

$\delta_w = \dfrac{wL^4}{8EI}$

$\delta_{R_b} = \dfrac{R_b L^3}{3EI}$

$\delta_w = \delta_{R_b}$

$\dfrac{wL^4}{8EI} = \dfrac{R_b L^3}{3EI}$, $R_b = \dfrac{3wL}{8}$

해답 ③

002 비례한도까지 응력을 가할 때, 재료의 변형에너지 밀도(탄력계수, modulus of resilience)를 옳게 나타낸 식은? (단, E는 세로탄성계수, σ_{pl}은 비례한도를 나타낸다.)

① $\dfrac{E^2}{2\sigma_{pl}}$ ② $\dfrac{\sigma_{pl}}{2E^2}$

③ $\dfrac{\sigma_{pl}^2}{2E}$ ④ $\dfrac{E}{2\sigma_{pl}^2}$

해설
$$u = \frac{1}{2}\sigma_{pl}\epsilon_{pl} = \frac{E\epsilon_{pl}^2}{2} = \frac{\sigma_{pl}^2}{2E}$$
$$\sigma_{pl} = E\epsilon_{pl}$$

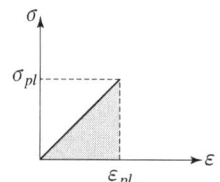

해답 ③

003

안지름 1m, 두께 5mm의 구형 압력 용기에 길이 15mm 스트레인 게이지를 그림과 같이 부착하고, 압력을 가하였더니 게이지의 길이가 0.009mm 만큼 증가했을 때, 내압 p의 값은 약 몇 MPa 인가? (단, 세로탄성계수는 200GPa, 포아송 비는 0.3 이다.)

① 3.43MPa
② 6.43MPa
③ 13.4MPa
④ 16.4MPa

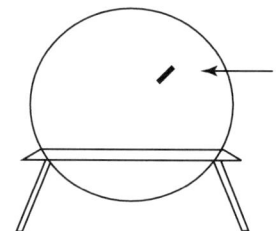

해설
$$\epsilon_x = \frac{\Delta L}{L} = \frac{0.009}{15} = 6 \times 10^{-4}$$

(평면 변형률) $\epsilon_x = \frac{\sigma_x}{E} - \frac{\nu\sigma_y}{E}$, $\epsilon_y = \frac{\sigma_y}{E} - \frac{\nu\sigma_x}{E}$

(구형 압력 용기) $\sigma_x = \sigma_y = \frac{PD}{4t} = \sigma$

$$\epsilon_x = \frac{\sigma}{E}(1-\nu) = \frac{PD}{4tE}(1-\nu)$$

(내압) $P = \frac{\epsilon_x \times 4tE}{D(1-\nu)} = \frac{6 \times 10^{-4} \times 4 \times 5 \times 200000}{1000(1-0.3)} = 3.428\text{MPa} \fallingdotseq 3.43\text{MPa}$

해답 ①

004

지름이 d인 중실 환봉에 비틀림 모멘트가 작용하고 있고 환봉의 표면에서 봉의 축에 대하여 45° 방향으로 측정한 최대수직변형률이 ϵ이었다. 환봉의 전단탄성계수를 G라고 한다면 이때 가해진 비틀림 모멘트 T의 식으로 가장 옳은 것은? (단, 발생하는 수직변형률 및 전단변형률은 다른 값에 비해 매우 작은 값으로 가정한다.)

① $\dfrac{\pi G \epsilon d^3}{2}$
② $\dfrac{\pi G \epsilon d^3}{4}$
③ $\dfrac{\pi G \epsilon d^3}{8}$
④ $\dfrac{\pi G \epsilon d^3}{16}$

해설
$$\epsilon = \frac{\gamma}{2} \qquad \gamma = 2\epsilon$$
$$T = \tau \times Z_P = (G \times \gamma) \times Z_P = G \times 2\epsilon \times \frac{\pi d^3}{16} = \frac{G\epsilon \pi d^3}{8}$$

해답 ③

005

굽힘 모멘트 20.5kN·m의 굽힘을 받는 보의 단면은 폭 120mm, 높이 160mm의 사각단면이다. 이 단면이 받는 최대굽힘응력은 약 몇 MPa 인가?

① 10MPa
② 20MPa
③ 30MPa
④ 40MPa

해설
$$\sigma_{b\max} = \frac{M_{\max}}{Z} = \frac{20500000}{\frac{BH^2}{6}} = \frac{20500000}{\frac{120 \times 160^2}{6}} = 40.03 \text{ MPa}$$

해답 ④

006

한 쪽을 고정한 L형 보에 그림과 같이 분포하중(w)과 집중하중(50N)이 작용할 때 고정단 A점에서의 모멘트는 얼마인가?

① 2600N·cm
② 2900N·cm
③ 3200N·cm
④ 3500N·cm

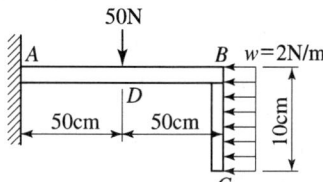

해설

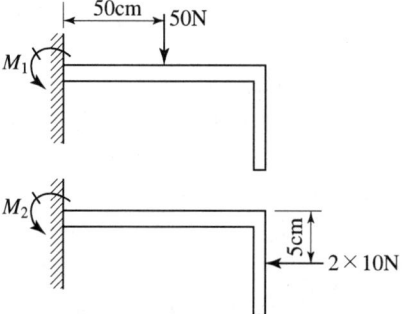

$M_1 = 50\text{N} \times 50\text{cm} = 2500\text{N} \cdot \text{cm} \curvearrowleft$
$M_2 = (2 \times 10)\text{N} \times 5\text{cm} = 100\text{N} \cdot \text{cm} \curvearrowleft$
$M_A = M_1 + M_2 = 2500 + 100 = 2600\text{N} \cdot \text{cm} \curvearrowleft$

해답 ①

007 비틀림 모멘트 T를 받는 평균반지름이 r_m 이고 두께가 t 인 원형의 박판 튜브에서 발생하는 평균 전단응력의 근사식으로 가장 옳은 것은?

① $\dfrac{2T}{\pi t r_m^2}$ ② $\dfrac{4T}{\pi t r_m^2}$

③ $\dfrac{T}{2\pi t r_m^2}$ ④ $\dfrac{T}{4\pi t r_m^2}$

해설
(평균전단응력) $\tau_{av} = \dfrac{P}{A} = \dfrac{\dfrac{T}{r_m}}{2\pi r_m \times t} = \dfrac{T}{2\pi r_m^2 t}$

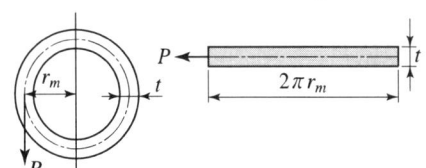

$T = P \times r_m,\ P = \dfrac{T}{r_m}$

해답 ③

---

008 한 변의 길이가 10mm인 정사각형 단면의 막대가 있다. 온도를 초기 온도로부터 60℃만큼 상승시켜서 길이가 늘어나지 않게 하기 위해 8kN의 힘이 필요할 때 막대의 선팽창계수(α)는 약 몇 ℃$^{-1}$ 인가? (단, 세로탄성계수 E = 200GPa 이다.)

① $\dfrac{5}{3} \times 10^{-6}$ ② $\dfrac{10}{3} \times 10^{-6}$

③ $\dfrac{15}{3} \times 10^{-6}$ ④ $\dfrac{20}{3} \times 10^{-6}$

해설
$\sigma_{th} = \dfrac{P_{th}}{A} = E \cdot \alpha \cdot \Delta T$ $\dfrac{8000}{10 \times 10} = 200000 \times \alpha \times 60$

$\alpha = \dfrac{20}{3} \times 10^{-6} [1/℃]$

해답 ④

---

009 다음 단면에서 도심의 y축 좌표는 얼마인가?
(단, 길이 단위는 mm 이다.)

① 32mm
② 34mm
③ 36mm
④ 38mm

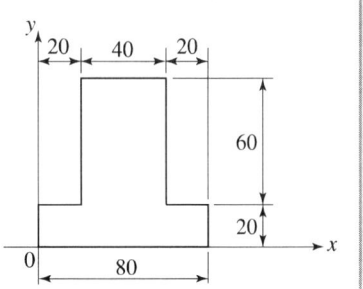

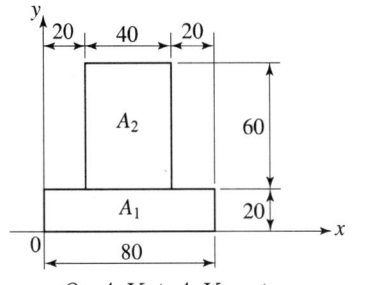

$$\overline{Y} = \frac{Q_x}{A} \frac{A_1 Y_1 + A_2 Y_2}{A_1 + A_2} = \frac{(80 \times 20 \times 10) + (60 \times 40 \times 50)}{(80 \times 20) + (60 \times 40)} = 34\text{mm}$$

해답 ②

010

다음과 같은 평면응력상태에서 최대전단응력은 약 몇 MPa 인가?

| x방향 인장응력 : 175MPa |
| y방향 인장응력 : 35MPa |
| xy방향 인장응력 : 60MPa |

① 127　　② 104
③ 76　　　④ 92

해설 (최대전단응력) $\tau = \sqrt{\left(\frac{\sigma_x - \sigma_y}{2}\right)^2 + \tau_{xy}^2} = \sqrt{\left(\frac{175 - 35}{2}\right)^2 + (-60)_{xy}^2} = 92.195\,\text{MPa}$

해답 ④

011

그림과 같이 강선이 천정에 매달려 100kN의 무게를 지탱하고 있을 때, AC 강선이 받고 있는 힘은 약 몇 kN 인가?

① 50
② 25
③ 86.6
④ 13.3

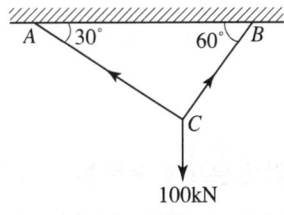

해설 $\dfrac{100000}{\sin 90°} = \dfrac{F_{AC}}{\sin 60° + 90°}$

∴ $F_{AC} = 50000\text{N} = 50\text{kN}$

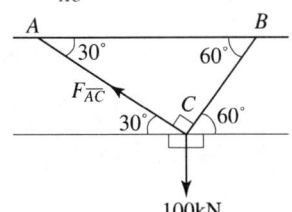

해답 ①

012

그림과 같은 사각단면보에서 100kN의 인장력이 작용하고 있다. 이 때 부재에 걸리는 인장응력은 약 얼마인가?

① 100Pa
② 100kPa
③ 100MPa
④ 100GPa

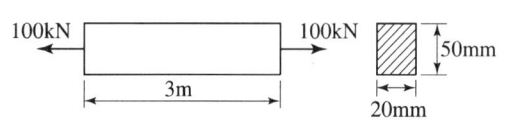

해설 $\sigma = \dfrac{P}{A} = \dfrac{100000}{20 \times 50} = 100\,\text{MPa}$

해답 ③

013

양단이 고정된 막대의 한 점(B점)에 그림과 같이 축방향 하중 P가 작용하고 있다. 막대의 단면적이 A이고 탄성계수가 E일 때, 하중 작용점(B점)의 변위 발생량은?

① $\dfrac{abP}{EA(a+b)}$
② $\dfrac{abP}{2EA(a+b)}$
③ $\dfrac{abP}{EA(b-a)}$
④ $\dfrac{abP}{2EA(b-a)}$

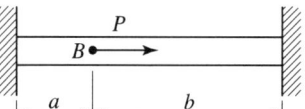

해설 $R_a = \dfrac{Pb}{L}$

$\delta = \dfrac{R_a a}{AE} = \dfrac{\frac{Pb}{L}a}{AE} = \dfrac{Pab}{AEL} = \dfrac{Pab}{AE(a+b)}$

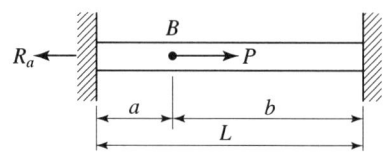

해답 ①

014

그림과 같은 분포 하중을 받는 단순보의 반력 R_A, R_B는 각각 몇 kN 인가?

① $R_A = \dfrac{3}{8}wL,\ R_B = \dfrac{9}{8}wL$
② $R_A = \dfrac{5}{8}wL,\ R_B = \dfrac{7}{8}wL$
③ $R_A = \dfrac{9}{8}wL,\ R_B = \dfrac{3}{8}wL$
④ $R_A = \dfrac{7}{8}wL,\ R_B = \dfrac{5}{8}wL$

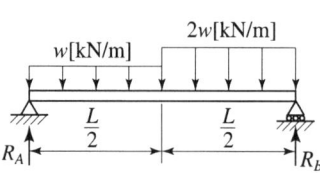

해설

$$R_{A1} = \frac{\frac{wL}{2} \times \frac{3L}{4}}{L} = \frac{3wL}{8}$$

$$R_{B1} = \frac{\frac{wL}{2} \times \frac{L}{4}}{L} = \frac{wL}{8}$$

$$R_{A2} = \frac{wL \times \frac{L}{4}}{L} = \frac{wL}{4}$$

$$R_{B2} = \frac{wL \times \frac{3L}{4}}{L} = \frac{3wL}{4}$$

$$R_A = R_{A1} + R_{A2} = \frac{3wL}{8} + \frac{wL}{4} = \frac{5wL}{8}$$

$$R_B = R_{B1} + R_{B2} = \frac{wL}{8} + \frac{3wL}{4} = \frac{7wL}{8}$$

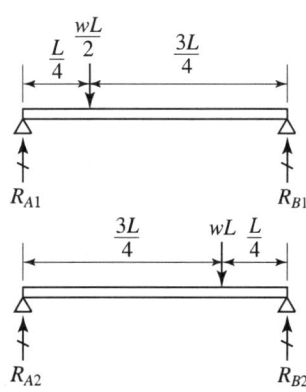

해답 ②

015
가로탄성계수가 5GPa 인 재료로 된 봉의 지름이 4cm이고, 길이가 1m 이다. 이 봉의 비틀림 강성(단위 회전각을 일으키는데 필요한 토크, torsional sthffness)은 약 몇 kN·m 인가?

① 1.26
② 1.08
③ 0.74
④ 0.53

해설

$$\theta = \frac{TL}{GI_P}$$

$$\frac{T}{\theta} = \frac{GI_P}{L} = \frac{5 \times 10^9 \frac{N}{m^2} \times \frac{\pi \times 0.04^4 m^4}{32}}{1m} = 1256.637 \frac{N \cdot m}{rad} = 1.256 \frac{kN \cdot m}{rad}$$

해답 ①

016
직사각형 단면을 가진 단순지지보의 중앙에 집중하중 W를 받을 때, 보의 길이 l이 단면의 높이 h의 10배라 하면 보에 생기는 최대굽힘응력 $\sigma_{\max}$ 와 최대전단응력 $\tau_{\max}$의 비($\frac{\sigma_{\max}}{\tau_{\max}}$)는?

① 4
② 8
③ 16
④ 20

해설

$$\sigma_{\max} = \frac{M_{\max}}{Z} = \frac{\left(\frac{WL}{4}\right)}{\frac{bh^2}{6}} = \frac{6WL}{4bh^2} = \frac{6W \times 10h}{4bh^2} = \frac{15W}{bh}$$

$$\tau_{max} = \frac{3}{2} \times \frac{V_{max}}{bh} = \frac{3}{2} \times \frac{\left(\frac{W}{2}\right)}{bh} = \frac{3W}{4bh}$$

$$\frac{\sigma_{max}}{\tau_{max}} = \frac{\left(\frac{15W}{bh}\right)}{\left(\frac{3W}{4bh}\right)} = 20$$

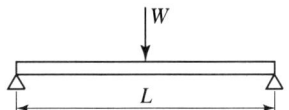

해답 ④

017
그림과 같은 단순보에 w의 등분포하중이 작용하고 있을 때 보의 양단에서의 처짐각(θ)은 얼마인가? (단, E는 세로탄성계수, I는 단면 2차모멘트이다.)

① $\theta = \dfrac{wL^3}{16EI}$ ② $\theta = \dfrac{wL^3}{24EI}$

③ $\theta = \dfrac{wL^3}{48EI}$ ④ $\theta = \dfrac{3wL^3}{128EI}$

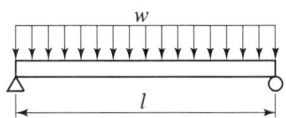

해설 보의 종류

보의 종류			$P=wl$		$P=wl$			$P=wl$
$\delta_{MAX} = \dfrac{Pl^3}{KEI}$	3	8	48	384/5	192	384
$\theta_{MAX} = \dfrac{Pl^2}{KEI}$	2	6	16	24	64	125

$\theta = \dfrac{wL^3}{24EI}$ $\delta = \dfrac{PL^3}{KEI}$ $\theta = \dfrac{PL^2}{K'EI}$

해답 ②

018
단면적이 같은 원형과 정사각형의 도심축을 기준으로 한 단면 계수의 비는? (단, 원형 : 정사각형의 비율이다.)

① 1 : 0.509   ② 1 : 1.18
③ 1 : 2.36   ④ 1 : 4.68

해설 $\dfrac{\pi}{4}d^2 = a^2$, $a = \sqrt{\dfrac{\pi}{4}} \times d = 0.886d$

$$\dfrac{Z_C}{Z_R} = \dfrac{\dfrac{\pi d^3}{32}}{\dfrac{a^3}{6}} = \dfrac{6\pi d^3}{32a^3} = \dfrac{6\pi d^3}{32 \times 0.886^3 d^3} = 0.846 = \dfrac{846}{1000}$$

$$\dfrac{Z_C}{Z_R} = \dfrac{846}{1000} = \dfrac{1}{\dfrac{1000}{846}} = \dfrac{1}{1.18}$$

해답 ②

019 그림과 같이 크기가 같은 집중하중 P를 받고 있는 외팔보에서 자유단의 처짐값을 구한 식으로 옳은 것은? (단, 보의 전체 길이는 l이며, 세로탄성계수는 E, 보의 단면2차모멘트는 I이다.)

① $\dfrac{2Pl^3}{3EI}$ ② $\dfrac{5Pl^3}{8EI}$

③ $\dfrac{7Pl^3}{3EI}$ ④ $\dfrac{5Pl^3}{24EI}$

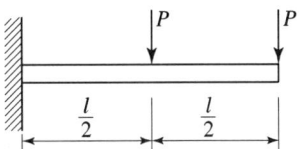

해설

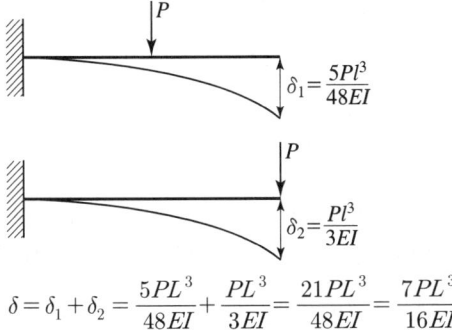

$\delta = \delta_1 + \delta_2 = \dfrac{5PL^3}{48EI} + \dfrac{PL^3}{3EI} = \dfrac{21PL^3}{48EI} = \dfrac{7PL^3}{16EI}$

해답 ③

020 그림과 같이 일단 고정 타단 자유인 기둥이 축방향으로 압축력을 받고 있다. 단면은 한쪽 길이가 10cm의 정사각형이고 길이(l)는 5m, 세로탄성계수는 10GPa 이다. Euler 공식에 따라 좌굴에 안전하기 위한 하중은 약 몇 kN 인가? (단, 안전계수를 10으로 적용한다.)

① 0.72
② 0.82
③ 0.92
④ 1.02

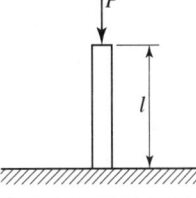

해설

$F_B = \dfrac{n\pi^2 EI}{l^2} = \dfrac{\frac{1}{4} \times \pi^2 \times 10000 \times \frac{100^4}{12}}{5000^2} = 8224\text{N}$

좌굴이 일어나지 않기 위한 하중 $F_B' = \dfrac{F_B}{s} = \dfrac{8224}{10} = 822.4\text{N} = 0.8224\text{kN}$

해답 ②

제2과목 기계열역학

021 온도가 20℃, 압력은 100kPa인 공기 1kg을 정압과정으로 가열 팽창시켜 체적을 5배로 할 때 온도는 약 몇 ℃가 되는가? (단, 해당 공기는 이상기체이다.)

① 1192℃ ② 1242℃
③ 1312℃ ④ 1442℃

해설
$$\frac{V_1}{T_1} = \frac{V_2}{T_2} \quad \frac{V_1}{20+273} = \frac{5V_1}{T_2+273} \quad \frac{1}{20+273} = \frac{5}{T_2+273}$$
$$T_2 = 1192℃$$

해답 ①

022 압력 1MPa, 온도 50℃인 R-134a의 비체적의 실제 측정값이 0.021796m³/kg 이었다. 이상기체 방정식을 이용한 이론적인 비체적과 측정값과의 오차 $\left(=\dfrac{이론값-실체측정값}{실제측정값}\right)$는 약 몇 % 인가? (단, R-134a 이상기체의 기체상수는 0.0815kPa·m³/(kg·K) 이다.)

① 5.5% ② 12.5%
③ 20.8% ④ 30.8%

해설 $Pv_{th} = RT$

(이론 비체적) $v_{th} = \dfrac{RT}{P} = \dfrac{0.0815 \times (50+273)}{1000} = 0.0263 \text{m}^3/\text{kg}$

$\dfrac{이론비체적 - 실제측정비체적}{실제측정비체적} = \dfrac{0.0263 - 0.02176}{0.02176} = 0.2086 = 20.86\%$

해답 ③

023 공기 표준 사이클로 작동되는 디젤 사이클의 이론적인 열효율은 약 몇 % 인가? (단, 비열비는 1.4, 압축비는 16이며, 체절비(cut-off ratio)는 1.8 이다.)

① 50.1 ② 53.2
③ 58.6 ④ 62.4

해설
$$\eta_o = 1 - \left(\frac{1}{\epsilon}\right)^{k-1} \frac{\sigma^k - 1}{R(\sigma-1)} = 1 - \left(\frac{1}{16}\right)^{1.4-1} \frac{1.8^{1.4}-1}{1.4 \times (1.8-1)}$$
$$= 0.6238 = 62.38\%$$

해답 ④

024 그림과 같은 열기관 사이클이 있을 때 실제 가능한 공급열량(Q_H)과 일량(W)은 얼마인가? (단, Q_L은 방열량이다.)

① $Q_H = 100kJ$, $W = 80kJ$
② $Q_H = 110kJ$, $W = 80kJ$
③ $Q_H = 100kJ$, $W = 90kJ$
④ $Q_H = 110kJ$, $W = 90kJ$

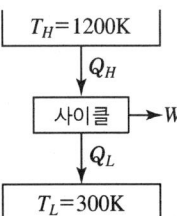

 $\eta = 1 - \dfrac{T_L}{T_H} = 1 - \dfrac{300}{1200} = 0.75$

$\eta = \dfrac{W}{Q_H}$, $W = \eta \times Q_H$

① $Q_H = 100kJ$이면 $W = 0.75 \times 100 = 75kJ$(최대일량)
② $Q_H = 110kJ$이면 $W = 0.75 \times 110 = 82.5kJ$(최대일량)
③ $Q_H = 100kJ$이면 $W = 0.75 \times 100 = 75kJ$(최대일량)
④ $Q_H = 110kJ$이면 $W = 0.75 \times 110 = 82.5kJ$(최대일량)

보기②만 실제 가능한 사이클이다.

해답 ②

025 다음 압력값 중에서 표준대기압(1atm)과 차이(절대값)가 가장 큰 압력은?

① 1MPa
② 100kPa
③ 1bar
④ 100hPa

 $1atm = 0.1MPa = 10^5 Pa = 100kPa ≒ 1000hPa ≒ 1bar$

① $1MPa - 0.1MPa = 0.9MPa = 900kPa$
② $100kPa - 100kPa = 0kPa$
③ $1bar - 1bar = 0$
④ $100hPa - 1000hPa = -990hPa = -99kPa$

해답 ①

026 어떤 기체 동력장치가 이상적인 브레이턴 사이클로 다음과 같이 작동할 때 이 사이클의 열효율은 약 몇 % 인가? (단, 온도(T)-엔트로피(s) 선도에서 $T_1 = 30℃$, $T_2 = 200℃$, $T_3 = 1060℃$, $T_4 = 160℃$ 이다.)

① 81%
② 85%
③ 89%
④ 76%

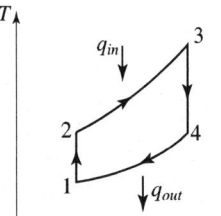

[해설]
$$\eta_B = 1 - \frac{q_{out}}{q_{in}} = 1 - \frac{C_p(T_4 - T_1)}{C_p(T_3 - T_2)} = 1 - \frac{T_4 - T_1}{T_3 - T_2}$$
$$= 1 - \frac{160 - 30}{1060 - 200} = 0.8488 = 84.88\%$$

[해답] ②

027

어떤 물질 1000kg이 있고 부피는 1.404m³ 이다. 이 물질의 엔탈피가 1344.8kJ/kg 이고 압력이 9MPa 이라면 물질의 내부에너지는 약 몇 kJ/kg 인가?

① 1332
② 1284
③ 1048
④ 875

[해설]
$h = u + pv$
$v = \dfrac{1.404}{1000} = 1.404 \times 10^{-3} \dfrac{m^3}{kg}$
$u = h - pv = 1344.8 - (9000 \times 1.404 \times 10^{-3}) = 1332.164 \text{kJ/kg}$

[해답] ①

028

질량이 m으로 동일하고, 온도가 각각 T_1, $T_2 (T_1 > T_2)$인 두 개의 금속덩어리가 있다. 이 두 개의 금속덩어리가 서로 접촉되어 온도가 평형상태에 도달하였을 때 엔트로피 변화량(ΔS)은? (단, 두 금속의 비열은 c로 동일하고, 다른 외부로의 열교환은 전혀 없다.)

① $mc \times \ln \dfrac{T_1 - T_2}{2\sqrt{T_1 T_2}}$
② $mc \times \ln \dfrac{T_1 - T_2}{\sqrt{T_1 T_2}}$
③ $2mc \times \ln \dfrac{T_1 + T_2}{2\sqrt{T_1 T_2}}$
④ $2mc \times \ln \dfrac{T_1 + T_2}{\sqrt{T_1 T_2}}$

[해설]
$T_m = \dfrac{m_1 c_1 t_1 + m_2 c_2 t_2}{m_1 c_1 + m_2 c_2} = \dfrac{mc(t_1 + t_2)}{mc + mc} = \dfrac{t_1 + t_2}{2}$

$\Delta S_1 = m_1 c_1 \ln \dfrac{t_m}{t_1} = mc \ln \dfrac{t_m}{t_1} = mc(\ln t_m - \ln t_1)$

$\Delta S_2 = m_2 c_2 \ln \dfrac{t_m}{t_2} = mc \ln \dfrac{t_m}{t_2} = mc(\ln t_m - \ln t_2)$

$\Delta S = \Delta S_1 + \Delta S_2 = mc(\ln t_m - \ln t_1 + \ln t_m - \ln t_m t_2)$
$= mc(2\ln t_m - \ln t_1 - 1nt_2) = mc(2\ln t_m - (\ln t_1 + 1nt_2)$
$= mc(2\ln t_m - \ln t_1 t_2) = 2mc\left(\ln t_m - \dfrac{1}{2} ln t_1 t_2\right)$
$= 2mc\left(\ln t_m - \ln (t_1 t_2)^{\frac{1}{2}}\right) = 2mc\left(\ln t_m - \ln \sqrt{t_1 t_2}\right)$
$= 2mc \ln \dfrac{t_m}{\sqrt{t_1 t_2}} = 2mc \ln \dfrac{\frac{t_1 + t_2}{2}}{\sqrt{t_1 t_2}} = 2mc \ln \dfrac{T_1 + T_2}{2\sqrt{T_1 T_2}}$

[해답] ③

029

3kg의 공기가 400K에서 830K까지 가열될 때 엔트로피 변화량은 약 몇 kJ/K 인가? (단, 이 때 압력은 120kPa에서 480kPa까지 변화하였고, 공기의 정압비열은 1.005 kJ/(kg·K), 공기의 기체상수는 0.287kJ/(kg·K) 이다.)

① 0.584
② 0.719
③ 0.842
④ 1.007

해설
$$\Delta S = m\left(C_p \ln \frac{t_2}{t_1} - R \ln \frac{P_2}{P_1}\right)$$
$$= 3\left(1.005 \times \ln \frac{830}{400} - 0.287 \times \ln \frac{480}{120}\right)$$
$$= 1.007 \text{kg/K}$$

해답 ④

030

그림과 같이 작동하는 냉동사이클(압력(P)-엔탈피(h) 선도)에서 $h_1 = h_4 = 98$kJ/kg, $h_2 = 246$kJ/kg, $h_3 = 298$kJ/kg일 때 이 냉동사이클의 성능계수(COP)는 약 얼마인가?

① 4.95
② 3.85
③ 2.85
④ 1.95

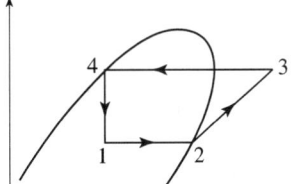

해설
$$\epsilon = \frac{q_L}{W_c} = \frac{h_2 - h_1}{h_3 - h_2} = \frac{246 - 98}{298 - 246} = 2.846$$

해답 ③

031

0℃ 얼음 1kg이 열을 받아서 100℃ 수증기가 되었다면, 엔트로피 증가량은 약 몇 kJ/K 인가? (단, 얼음의 융해열은 336kJ/kg이고, 물의 기화열은 2264kJ/kg이며, 물의 정압비열은 4.186kJ/(kg·K) 이다.)

① 8.6
② 10.2
③ 12.8
④ 14.4

해설
① 0℃ 얼음 → 0℃ 물, 등온과정 $\Delta S_1 = m \times \dfrac{\gamma_{융해}}{T} = 1 \times \dfrac{336}{0+273} = 1.23$kJ/K

② 0℃ 물 → 100℃ 물, $\Delta S_2 = mC_p \ln \dfrac{T_2}{T_1} = 1 \times 4.186 \times \ln \dfrac{100+273}{0+273} = 1.306$kJ/K

③ 100℃ 물 → 100℃ 증기, $\Delta S_3 = m \times \dfrac{\gamma_{증발}}{T} = 1 \times \dfrac{2264}{100+273} = 6.069$kJ/K

$\Delta S = \Delta S_1 + \Delta S_2 + \Delta S_3$
$= 1.23 + 1.306 + 6.069 = 8.605$kJ/K

해답 ①

032

그림과 같이 선형 스프링으로 지지되는 피스톤-실린더 장치 내부에 있는 기체를 가열하여 기체의 체적이 V_1에서 V_2로 증가하였고, 압력은 P_1에서 P_2로 변화하였다. 이때 기체가 피스톤에 행한 일을 옳게 나타낸 식은? (단, 실린더와 피스톤 사이에 마찰은 무시하며 실린더 내부의 압력(P)은 실린더 내부 부피(V)와 선형관계($P = aV$, a는 상수)에 있다고 본다.)

① $P_2 V_2 - P_1 V_1$
② $P_2 V_2 + P_1 V_1$
③ $\dfrac{1}{2}(P_2 + P_1)(V_2 - V_1)$
④ $\dfrac{1}{2}(P_2 + P_1)(V_2 + V_1)$

가열

해설

$P_1 = aV_1,\ P_2 = aV_2,\ P_1 + P_2 = a(V_1 + V_2),\ a = \dfrac{P_1 + P_2}{V_1 + V_2}$

$_1W_2 = \int_1^2 P dV = \int_1^2 aV dV = a\left[\dfrac{V^2}{2}\right]_1^2$

$= \dfrac{a}{2}[V_2^2 - V_1^2] = \dfrac{\frac{(P_1 + P_2)}{(V_1 + V_2)}}{2} \times [V_2^2 - V_1^2]$

$= \dfrac{P_1 + P_2}{2(V_1 + V_2)}(V_2 + V_1)(V_2 - V_1)$

$= \dfrac{1}{2}(P_1 + P_2)(V_2 - V_1)$

해답 ③

033

피스톤-실린더 내부에 존재하는 온도 150℃, 압력 0.5MPa의 공기 0.2kg은 압력이 일정한 과정에서 원래 체적의 2배로 늘어난다. 이 과정에서의 일은 약 몇 kJ인가? (단, 공기의 기체상수가 0.287kJ/(kg·K)인 이상기체로 가정한다.)

① 12.3   ② 16.5
③ 20.5   ④ 24.3

해설

$V_2 = 2V_1$

$V_1 = \dfrac{mRT}{P} = \dfrac{0.2 \times 0.287 \times (150 + 273)}{0.5 \times 10^3} = 0.0485 \text{m}^3$

$_1W_2 = P(V_2 - V_1) = P(2V_1 - V_1) = PV_1 = 0.5 \times 10^3 \times 0.0485 = 24.25 \text{kJ}$

해답 ④

034
밀폐 시스템에서 가역정압과정이 발생할 때 다음 중 옳은 것은? (단, U는 내부에너지, Q는 열량, H는 엔탈피, S는 엔트로피, W는 일량을 나타낸다.)

① $dH = dQ$
② $dU = dQ$
③ $dS = dQ$
④ $dW = dQ$

해설
$\delta q = du + pdv$
$\delta q = dh - vdp$ 정압과정 $dp = 0$
$\delta q = dh$

해답 ①

035
시간당 380000kg의 물을 공급하여 수증기를 생산하는 보일러가 있다. 이 보일러에 공급하는 물의 비엔탈피는 830kJ/kg이고, 생산되는 수증기의 비엔탈피는 3230kJ/kg이라고 할 때, 발열량이 32000kJ/kg 인 석탄을 시간당 34000kg씩 보일러에 공급한다면 이 보일러에 효율은 약 몇 % 인가?

① 66.9%
② 71.5%
③ 77.3%
④ 83.8%

해설
$$\eta_B = \frac{\dot{m}(h_2 - h_1)}{H \times f} = \frac{\frac{380000\text{kg}}{3600\text{s}} \times (3230 - 830)\frac{\text{kJ}}{\text{kg}}}{32000\frac{\text{kJ}}{\text{kg}} \times \frac{34000\text{kg}}{3600\text{s}}}$$
$= 0.8383 = 83.82\%$

해답 ④

036
밀폐 시스템에서 압력(P)이 아래와 같이 체적(V)에 따라 변한다고 할 때 체적이 0.1m³에서 0.3m³로 변하는 동안 이 시스템이 한 일은 약 몇 J 인가? (단, P의 단위는 kPa, V의 단위는 m³ 이다.)

$$P = 5 - 15 \times V$$

① 200
② 400
③ 800
④ 1600

해설
$$_1W_2 = \int_1^2 pdv = \int_1^2 (5 - 15 \times v)dv$$
$$= \left[5v - 15 \times \frac{v^2}{2}\right]_{0.1}^{0.3}$$
$$= \left[5 \times 0.3 - 15 \times \frac{0.3^2}{2}\right] - \left[5 \times 0.1 - 15 \times \frac{0.1^2}{2}\right]$$
$$= 0.4\text{kJ} = 400\text{J}$$

해답 ②

037
출력 10000kW의 터빈 플랜트의 시간당 연료소비량이 5000kg/h 이다. 이 플랜트의 열효율은 약 몇 % 인가? (단, 연료의 발열량은 33440kJ/kg 이다.)

① 25.4% ② 21.5%
③ 10.9% ④ 40.8%

해설 $\eta = \dfrac{W}{H \times f} = \dfrac{10000[\text{kW}]}{33440[\text{kJ/kg}] \times \dfrac{5000}{3600}[\text{kg/s}]} = 0.2153 = 21.53\%$

해답 ②

038
이상적인 증기 압축 냉동 사이클의 과정은?
① 정적방열과정→등엔트로피 압축과정→정적증발과정→등엔탈피 팽창과정
② 정압방열과정→등엔트로피 압축과정→정압증발과정→등엔탈피 팽창과정
③ 정적증발과정→등엔트로피 압축과정→정적방열과정→등엔탈피 팽창과정
④ 정압증발과정→등엔트로피 압축과정→정압방열과정→등엔탈피 팽창과정

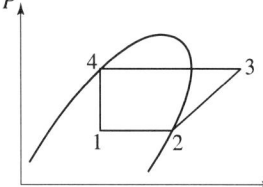

과정 1 → 2 증발기 정압흡열(정압증발과정)
과정 2 → 3 압축기 단열압축(등엔트로핑과정)
과정 3 → 4 응축기 정압방열
과정 4 → 1 교축과정 등Enthalpy과정

해답 ④

039
-15℃와 75℃의 열원 사이에서 작동하는 카르노 사이클 열펌프의 난방 성능계수는 얼마인가?

① 2.87 ② 3.87
③ 6.16 ④ 7.16

해설 $\epsilon_{HP} = \dfrac{Q_H}{W_{ent}} = \dfrac{Q_H}{Q_H - Q_L} = \dfrac{T_H}{T_M - T_L}$

$= \dfrac{(75+273)}{(75+273) - (-15+273)} = 3.8666 = 3.87$

해답 ②

040 열교환기를 흐름 배열(flow arrangement) 에 따라 분류할 때 그림과 같은 형식은?

① 평행류
② 대향류
③ 병행류
④ 직교류

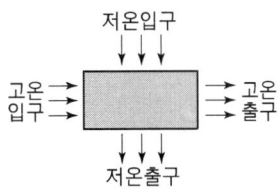

해설 흐름 배열에 따른 열교환기의 분류

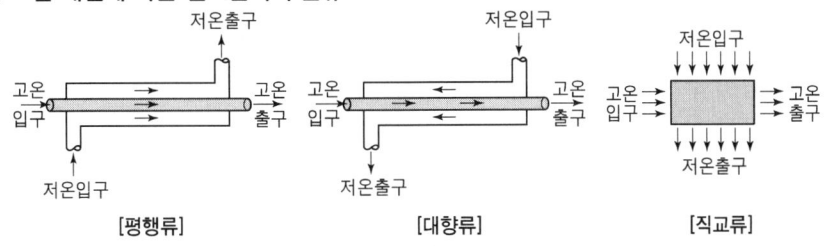

[평행류]   [대향류]   [직교류]

제3과목 기계유체역학

041 다음 중 무차원수가 되는 것은? (단, ρ : 밀도, μ : 점성계수, F : 힘, Q : 부피유량, V : 속도, P : 동력, D : 지름, L : 길이 이다.)

① $\dfrac{\rho V^2 D^2}{\mu}$
② $\dfrac{P}{\rho V^3 D^5}$
③ $\dfrac{Q}{VD^3}$
④ $\dfrac{F}{\mu VL}$

해설
$\rho[\text{kg/m}^3] = [ML^{-3}]$
$\mu[\text{kg/Sm}] = [ML^{-1}T^{-1}]$
$F[\text{N}] = \left[\text{kg} \times \dfrac{\text{m}}{\text{s}^2}\right] = [MLT^{-2}]$
$Q[\text{m}^3/\text{s}] = [L^3 T^{-1}]$
$V[\text{m/s}] = [LT^{-1}]$
$P\left[\dfrac{\text{N} \cdot \text{m}}{\text{s}}\right] = \left[MLT^{-2} \times L \times \dfrac{1}{T}\right] = [ML^2 T^{-3}]$
$D[\text{m}] = [L]$
$L[\text{m}] = [L]$

① $\dfrac{\rho V^2 D^2}{\mu} = \dfrac{[ML^{-3}] \times [LT^{-1}]^2 \times [L]^2}{[ML^{-1}T^{-1}]} = \dfrac{MLT^{-2}}{ML^{-1}T^{-1}} = [L^2 T^{-1}]$

② $\dfrac{P}{\rho V^3 D^5} = \dfrac{[ML^2T^{-3}]}{[ML^{-3}]\times[LT^{-1}]^3\times[L]^5} = \dfrac{ML^2T^{-3}}{ML^5T^{-3}} = L^{-3}$

③ $\dfrac{Q}{VD^3} = \dfrac{[LT^{-1}]}{[LT^{-1}]\times[L]^3} = \dfrac{LT^{-1}}{L^4T^{-1}} = L^{-3}$

④ $\dfrac{F}{\mu VL} = \dfrac{[MLT^{-2}]}{[ML^{-1}T^{-1}]\times[LT^{-1}]\times[L]} = \dfrac{MLT^{-2}}{MLT^{-2}} = 1$

해답 ④

042

지름 20cm인 구의 주위에 물이 2m/s의 속도로 흐르고 있다. 이 때 구의 항력계수가 0.2 라고 할 때 구에 작용하는 항력은 약 몇 N 인가?

① 12.6
② 204
③ 0.21
④ 25.1

해설
$D = \gamma \times \dfrac{V^2}{2g} \times A_D \times C_D = \dfrac{\rho V^2}{2} \times A_D \times C_D$

$= \dfrac{1000 \times 2^2}{2} \times \dfrac{\pi}{4} \times 0.2^2 \times 0.2 = 12.566\text{N}$

해답 ①

043

물의 체적탄성계수가 2×10^9 Pa 일 때 물의 체적을 4% 감소시키려면 약 몇 MPa의 압력을 가해야 하는가?

① 40
② 80
③ 60
④ 120

해설
$K = \dfrac{\Delta P}{\dfrac{\Delta V}{V}}$

$\Delta P = K \times \dfrac{\Delta V}{V} = 2 \times 10^9 \times \dfrac{4}{100}$

$= 8 \times 10^7 \text{Pa} = 80 \times 10^6 \text{Pa} = 80\text{MPa}$

해답 ②

044

손실수두(K_L)가 15인 밸브가 파이프에 설치되어 있다. 이 파이프에 물이 3m/s의 속도로 흐르고 있다면, 밸브에 의한 손실수두는 약 몇 m 인가?

① 67.8
② 22.3
③ 6.89
④ 11.26

해설
$H_L = K \times \dfrac{V^2}{2g} = 15 \times \dfrac{3^2}{2 \times 9.8} = 6.88\text{m}$

해답 ③

045

공기가 게이지 압력을 2.06bar의 상태로 지름이 0.15m인 관속을 흐르고 있다. 이때 대기압은 1.03bar 이고 공기 유속이 4m/s 라면 질량유량(mass flow rate)은 약 몇 kg/s 인가? (단, 공기의 온도는 37℃이고, 기체상수는 287.1 J/(kg·K)이다.)

① 0.245　　② 2.17
③ 0.026　　④ 32.4

해설　$P_G = 2.06\text{bar}$, $D = 0.15\text{m}$, $P_o = 1.03\text{bar}$, $V = 4\text{m/s}$
$T = 37℃ + 273 = 310\text{K}$, $R = 287.1\text{J/kg·K}$

(밀도) $\rho = \dfrac{P}{RT} = \dfrac{(2.06+1.03) \times 10^5}{287.1 \times 310} = 3.471\text{kg/m}^3$

(질량유량) $\dot{m} = \rho A V = 3.471 \times \dfrac{\pi}{4} 0.15^2 \times 4 = 0.245\text{kg/S}$

해답 ①

046

남극 바다에 비중이 0.917인 해빙이 떠 있다. 해빙의 수면 위로 나와 있는 체적이 40m³일 때 해빙의 전체중량은 약 몇 kN 인가? (단, 바닷물의 비중은 1.025 이다.)

① 2487　　② 2769
③ 3138　　④ 3414

해설　$W_{해빙} = F_B$

$F_B = \gamma_{바닷물} \times V_{잠긴} = S_{바닷물} \times \gamma_w \times V_{잠긴} = 1.025 \times 9800 \times V_{잠긴}$

$W_{해빙} = \gamma_{해빙} \times V_{전체} = S_{해빙} \times \gamma_w \times V_{전체} = 0.917 \times 9800 \times (40 + V_{잠긴})$

$1.025 \times 9800 \times V_{잠긴} = 0.917 \times 9800 \times (40 + V_{잠긴})$

$V_{잠긴} = 339.629\text{m}^3$

$V_{전체} = V_{잠긴} + V_{떠} = 339.629 + 40 = 379.629\text{m}^3$

$W_{해빙} = \gamma_{해빙} \times V_{전체} = S_{해빙} \times \gamma_w \times V_{w전체}$
$\quad\quad = 0.917 \times 9800 \times 379.629 = 3411573.971\text{N} \fallingdotseq 3411\text{kN}$

해답 ④

047

그림과 같은 시차액주계에서 A, B점의 압력차 $P_A - P_B$는? (단, γ_1, γ_2, γ_3는 각 액체의 비중량이다.)

① $\gamma_3 h_3 - \gamma_1 h_1 + \gamma_2 h_2$
② $\gamma_1 h_1 + \gamma_2 h_2 - \gamma_3 h_3$
③ $\gamma_1 h_1 - \gamma_2 h_2 + \gamma_3 h_3$
④ $\gamma_3 h_3 - \gamma_1 h_1 - \gamma_2 h_2$

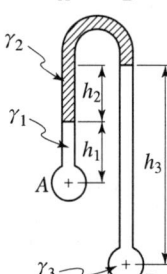

해설
$P_A = \gamma_1 h_1 + \gamma_2 h_2$
$P_B = \gamma_3 h_3$
$P_A - P_B = \gamma_1 h_1 + \gamma_2 h_2 - \gamma_3 h_3$

해답 ②

048 넓은 평판과 나란한 방향으로 흐르는 유체의 속도 u[m/s]는 평판 벽으로부터의 수직거리 y[m] 만의 함수로 아래와 같이 주어진다. 유체의 점성계수가 1.8×10^{-5} kg/(m · s) 이라면 벽면에서의 전단응력은 약 몇 N/m² 인가?

$$u(y) = 4 + 200 \times y$$

① 1.8×10^{-5}
② 3.6×10^{-5}
③ 1.8×10^{-3}
④ 3.6×10^{-3}

해설
$\tau_y = \mu \dfrac{du}{dy} = \mu \dfrac{d(4+200y)}{dy} = \mu \times 200$
$= 1.8 \times 10^{-5} \times 200 = 3.6 \times 10^{-3}$

해답 ④

049 길이가 50m인 배가 8m/s의 속도로 진행하는 경우에 대해 모형 배를 이용하여 조파저항에 관한 실험을 하고자 한다. 모형 배의 길이가 2m 이면 모형 배의 속도는 약 몇 m/s로 하여야 하는가?

① 1.60
② 1.82
③ 2.14
④ 2.30

해설
$\dfrac{V_1}{\sqrt{L_1 g}} = \dfrac{V_2}{\sqrt{L_2 g}}$, $\dfrac{8}{\sqrt{50}} = \dfrac{V_2}{\sqrt{2}}$
$V_2 = 1.6 \text{m/s}$

해답 ①

050 다음 중 점성계수(viscosity)의 차원을 옳게 나타낸 것은? (단, M은 질량, L은 길이, T는 시간이다.)

① MLT
② $ML^{-1}T^{-1}$
③ MLT^{-2}
④ $ML^{-2}T^{-2}$

해설 점성계수(μ), $1\text{pose} = \dfrac{\text{g}}{\text{s cm}}$ $[ML^{-1}T^{-1}]$

해답 ②

051 파이프 내의 유동에서 속도함수 V가 파이프 중심에서 반지름방향으로의 거리 r에 대한 함수로 다음과 같이 나타날 때 이에 대한 운동에너지 계수(또는 운동에너지 수정계수, kinetic energy coefficient) α는 약 얼마인가? (단, V_0는 파이프 중심에서의 속도, V_m은 파이프 내의 평균 속도, A는 유동 단면, R은 파이프 안쪽 반지름이고, 유속 방정식과 운동에너지 계수 관련 식은 아래와 같다.)

$$\text{유속방정식}: \frac{V}{V_0} = \left(1 - \frac{r}{R}\right)^{1/6}$$

$$\text{운동에너지 계수}: \alpha = \frac{1}{A}\int \left(\frac{V}{V_m}\right)^3 dA$$

① 1.01
② 1.03
③ 1.08
④ 1.12

해설

$dQ = VdA = V_o\left(1-\frac{r}{R}\right)^{\frac{1}{6}} 2\pi r dr$

치환적분 $1-\frac{r}{R}=t$, $r=0$일 때 $t=1$
$r=R$일 때 $t=0$
$1-t=\frac{r}{R}$, $r=R-Rdt$, $dr=-Rdt$

$Q = \int_0^R V_o\left(1-\frac{r}{R}\right)^{\frac{1}{6}} 2\pi r dr = \int_1^0 V_o t^{\frac{1}{6}} 2\pi R(1-t) \times -Rdt$

$= -V_o 2\pi R^2 \int_1^0 t^{\frac{1}{6}}(1-t)dt = -V_o 2\pi R^2 \int_1^0 t^{\frac{1}{6}} - t^{\frac{7}{6}} dt$

$= -V_o 2\pi R^2 \left[\frac{t^{\frac{1}{6}+1}}{\frac{1}{6}+1} - \frac{t^{\frac{7}{6}+1}}{\frac{7}{6}+1}\right]_1^0 = -V_o 2\pi R^2 \left[\frac{t^{\frac{7}{6}}}{\frac{7}{6}} - \frac{t^{\frac{13}{6}}}{\frac{13}{6}}\right]_1^0$

$= -V_o 2\pi R^2 \left[(0-0) - \left(\frac{6}{7} - \frac{6}{13}\right)\right] = -V_o 2\pi R^2 \left[-\frac{6}{7} + \frac{6}{13}\right]$

$= 2.485 V_o R^2$

$Q = \pi R^2 \times V_m = 2.485 V_o R$

$V_m = \frac{2.485 V_o R}{\pi R^2} = \frac{2.485 V_o}{\pi R} = 0.79 V_o$

$a = \frac{1}{A}\int\left(\frac{V}{V_m}\right)^3 dA = \frac{1}{\pi R^2}\int_0^R \left(\frac{V}{0.79 V_o}\right)^3 \cdot (2\pi r dr) = \frac{4.056}{R^2}\int_0^R r\left(1-\frac{r}{R}\right)^{\frac{1}{2}} dr$

정리하면 $a = -4.056 \times \left(-\frac{2}{3} + \frac{2}{5}\right) = 1.0816$

해답 ③

052 자동차의 브레이크 시스템의 유압장치에 설치된 피스톤과 실린더 사이의 환형 틈새 사이를 통한 누설유동은 두 개의 무한 평판 사이의 비압축성, 뉴턴유체의 층류유동으로 가정할 수 있다. 실린더 내 피스톤의 고압측과 저압측의 압력차를 2배로 늘렸을 때, 작동유체의 누설유량은 몇 배가 될 것인가?

① 2배 ② 4배
③ 8배 ④ 16배

해설
$F = \Delta P \times \dfrac{\pi}{4}(D_2^2 - D_1^2)$ D_2, D_1 : 일정

$F \propto \Delta P$

$h = \dfrac{D_2 - D_1}{2}$ h : 일정, μ : 일정

$F = \mu \dfrac{V}{h}$, $V = \dfrac{F \times h}{\mu}$

$V \propto \Delta P$, $V' \propto 2\Delta P$, $V' = 2V$

$Q = \dfrac{\pi}{4}(D_2^2 - D_1^2) \times V$

$Q' = \dfrac{\pi}{4}(D_2^2 - D_1^2) \times V' = \dfrac{\pi}{4}(D_2^2 - D_1^2) \times 2V = Q \times 2$

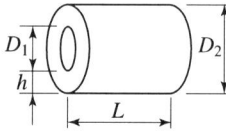
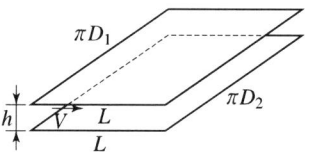

해답 ①

053 그림과 같이 속도 V인 유체가 곡면에 부딪혀 θ의 각도로 유동방향이 바뀌어 같은 속도로 분출된다. 이때 유체가 곡면에 가하는 힘의 크기를 θ에 대한 함수로 옳게 나타낸 것은? (단, 유동단면적은 일정하고, θ의 각도는 $0° \leq \theta \leq 180°$ 이내에 있다고 가정한다. 또한 Q는 체적 유량, ρ는 유체밀도이다.)

① $F = \dfrac{1}{2}\rho QV\sqrt{1 - \cos\theta}$

② $F = \dfrac{1}{2}\rho QV\sqrt{2(1 - \cos\theta)}$

③ $F = \rho QV\sqrt{1 - \cos\theta}$

④ $F = \rho QV\sqrt{2(1 - \cos\theta)}$

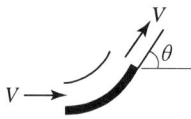

해설
$F_x = \rho A(v-u)^2(1-\cos\theta) = \rho AV^2(1-\cos\theta) = \rho Qv(1-\cos\theta)$
$F_y = \rho A(v-u)^2\sin\theta = \rho AV^2\sin\theta = \rho Qv\sin\theta$
$F = \sqrt{F_x^2 + F_y^2} = \sqrt{(\rho Qv(1-\cos\theta))^2 + (\rho Qv\sin\theta)^2}$
$\quad = \rho Qv\sqrt{(1 - 2\cos\theta + \cos^2\theta + \sin^2\theta)}$
$\quad = \rho Qv \times \sqrt{1 - 2\cos\theta + 1}$
$\quad = \rho Qv \times \sqrt{2 - 2\cos\theta}$
$\quad = \rho Qv \times \sqrt{2(1-\cos\theta)}$

해답 ④

054

그림과 같이 폭이 3m인 수문 AB가 받는 수평성분 F_H와 수직성분 F_V는 각각 약 몇 N 인가?

① $F_H = 24400$, $F_V = 46181$
② $F_H = 58800$, $F_V = 46181$
③ $F_H = 58800$, $F_V = 92362$
④ $F_H = 24400$, $F_V = 92362$

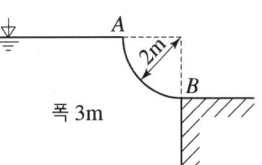

해설

$F_V = \gamma_w \times V = 9800 \times \dfrac{\pi R^2}{4} \times L = 9800 \times \dfrac{\pi \times 2^2}{4} \times 3 = 92362.824\text{N}$

$F_H = \gamma_w \overline{H} A = 9800 \times 1 \times (2 \times 3) = 58800\text{N}$

해답 ③

055

정지된 물속의 작은 모래알이 낙하하는 경우 Stokes Flow(스토크스 유동)가 나타날 수 있는데, 이 유동의 특징은 무엇인가?

① 압축성 유동
② 저속 유동
③ 비점성 유동
④ 고속 유동

해설 stokes flow는 레이놀즈 수가 아주 작은 저속유동일 때 적용된다.

해답 ②

056

극좌표계 (r, θ)로 표현되는 2차원 포텐셜유동에서 속도포텐셜(velocity potential, ϕ)이 다음과 같을 때 유동함수(stream function, ψ)로 가장 적절한 것은? (단, A, B, C는 상수이다.)

$$\phi = A \ln r + Br \cos\theta$$

① $\psi = \dfrac{A}{r} \cos\theta + Br \sin\theta + C$
② $\psi = \dfrac{A}{r} \sin\theta - Br \cos\theta + C$
③ $\psi = A\theta + Br \sin\theta + C$
④ $\psi = A\theta - Br \cos\theta + C$

해설 극좌표계 (r, θ) 속도포텐셜 ϕ와 유동함수 ψ의 관계

(반경 방향 속도) $u_r = \dfrac{d\phi}{dr} \qquad u_r = \dfrac{1}{r}\dfrac{\partial\psi}{\partial\theta}$

(횡 방향 속도) $u_\theta = \dfrac{1}{r}\dfrac{d\phi}{d\theta} \qquad u_\theta = -\dfrac{\partial\psi}{\partial r}$

$u_r = \dfrac{d\phi}{dr} = \dfrac{d(A\ln r + Br\cos\theta)}{dr} = \dfrac{A}{r} + B\cos\theta$

$u_\theta = \dfrac{1}{r} \times \dfrac{d\phi}{d\theta} = \dfrac{1}{r} \times \dfrac{d(A\ln r + Br\cos\theta)}{d\theta} = \dfrac{1}{r}(0 - Br\sin\theta) = -B\sin\theta$

$\dfrac{A}{r} + B\cos\theta = \dfrac{1}{r}\dfrac{\partial\psi}{\partial\theta}$

$$\partial\psi = \left(\frac{A}{r} + B\cos\theta\right) \times r\partial\theta = (A + Br\cos\theta)\partial\theta$$

$$\partial_1 = (A\theta + Br\sin\theta) + C_1 \qquad -B\sin\theta = -\frac{\partial\psi}{\partial r}$$

$$\partial\psi = B\sin\theta\partial r \qquad \psi_2 = B\sin\theta r + C_2$$

$$\psi = \psi_1 \cup \psi_2 = (A\theta + Br\sin\theta + C_1) \cup (B\sin\theta r + C_2) = A\theta + Br\sin\theta + C$$

해답 ③

057

그림과 같은 피토관의 액주계 눈금이 $h = 150mm$ 이고 관속의 물이 6.09m/s로 흐르고 있다면 액주계 액체의 비중은 얼마인가?

① 8.6
② 10.8
③ 12.1
④ 13.6

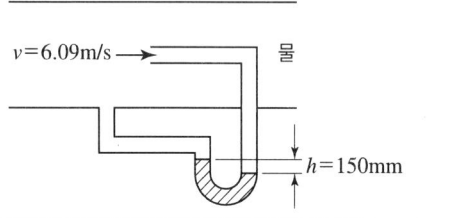

해설

$$V = \sqrt{2gh \times \frac{S_{액} - S_w}{S_w}}$$

$$6.09 = \sqrt{2 \times 9.8 \times 0.15 \times \left(\frac{S_{액} - 1}{1}\right)}$$

$$S_{액} = 13.6$$

해답 ④

058

원관 내의 완전층류유동에 관한 설명으로 옳지 않은 것은?

① 관 마찰계수는 Reynolds수에 반비례한다.
② 마찰계수는 벽면의 상대조도에 무관하다.
③ 유속은 관 중심을 기준으로 포물선 분포를 보인다.
④ 관 중심에서의 유속은 전체 평균 유속의 $\sqrt{2}$ 배이다.

해설 관중심에서의 유속은 전체 평균유속의 2배이다.

해답 ④

059

정상 2차원 속도장 $\vec{V} = 2x\vec{i} - 2y\vec{j}$ 내의 한 점(2, 3)에서 유선의 기울기 $\frac{dy}{dx}$ 는?

① $-\frac{3}{2}$
② $-\frac{2}{3}$
③ $\frac{2}{3}$
④ $\frac{3}{2}$

해설 $u = 2x \quad v = -2y$

$\dfrac{dx}{u} = \dfrac{dy}{v} \qquad \dfrac{dx}{2x} = \dfrac{dy}{-2y} \qquad \dfrac{dy}{dx} = \dfrac{-2y}{2x} = \dfrac{-2 \times 3}{2 \times 2} = -\dfrac{3}{2}$

해답 ①

060 그림과 같이 큰 탱크의 수면으로부터 h(m) 아래에 파이프를 연결하여 액체를 배출하고자 한다. 마찰손실을 무시한다고 가정할 때 파이프를 통해서 분출되는 물의 속도(가)를 v라고 할 경우, 같은 조건에서의 오일(비중 0.9) 탱크에서 분출되는 속도(나)는?

① $0.81v$
② $0.9v$
③ v
④ $1.1v$

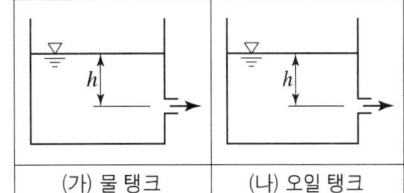

(가) 물 탱크   (나) 오일 탱크

해설 (물의 속도) $V = \sqrt{2gh}$
(오일의 속도) $V = \sqrt{2gh}$
물의 속도 = 오일의 속도 = V

해답 ③

제4과목 기계재료 및 유압기기

061 피로 한도에 대한 설명 중 틀린 것은?
① 지름이 크면 피로 한도는 작아진다.
② 노치가 있는 시험편의 피로 한도는 작다.
③ 표면이 거친 것이 고운 것보다 피로 한도가 높아진다.
④ 노치가 없을 때와 있을 때의 피로 한도비를 노치계수라 한다.

해설 피로한도는 반복하중이 무한이 반복되어도 파괴되지 않는 응력 진폭값으로 표면이 고울수록 피로한도는 증가한다.

해답 ③

062 알루미늄 합금 중 개량처리(modification)한 Al-Si 합금은?
① 라우탈
② 실루민
③ 두랄루민
④ 하이드로날륨

해설 주물용 알루미늄합금
① 알루미늄-구리계 합금
  알코아 : 자동차 하우징, 버스 및 항공기 바퀴, 크랭크케이스에 사용된다.
       고온메짐, 수축균열이 있다.
② 알루미늄-규소계 합금
  실루민 : 주조성은 좋으나 절삭성 불량, 재질(개량) 처리 효과가 크다.
③ 알루미늄-구리-규소계 합금
  라우탈 : 주조성이 좋고 시효경화성이 있다.
       주조 균열이 적어 두께가 얇은 주물의 주조와 금형 주조에 적합하다.
④ 알루미늄-마그네슘 합금
  하이트로날륨[Al+Mg(10%)] : 열처리를 하지 않고 승용차의 커버, 휠디스크의 재료
⑤ 다이캐스팅용합금 : 라우탈, 실루민, 하이드로날륨
⑥ Y합금[Al+(4%Cu)+(2%Ni)+(1.5%Mg)] : 내열용 알루미늄 합금으로 피스톤재료로 사용
⑦ Lo-ex(로우엑스)합금[Al+Si+Cu+Mg+Ni] : 열팽창계수가 적고 내열, 내마멸성이 우수하다. 금형에 주조되는 피스톤용

해답 ②

063

서브제로(sub-zero)처리에 관한 설명으로 틀린 것은?
① 내마모성 및 내피로성이 감소한다.
② 잔류오스테나이트를 마텐자이트화 한다.
③ 담금질을 한 강의 조직이 안정화 된다.
④ 시효변화가 적으며 부품의 치수 및 형상이 안정된다.

해설 서브제로(심랭처리)의 장점
① 잔류오스테나이트 조직대신 완전하게 마르텐사이트화 할 수 있다.
② 내부응력을 진정시킨다.(응력 균열 감소)
③ 시효변형감소에 의한 치수 안전성이 확보된다.
④ 통상 2~3회 뜨임처리하는 것을 1회 템퍼링으로 완료할 수 있다.
⑤ 심랭처리된 제품은 내구성 및 내마모성이 향상된다.
⑥ 치수의 안전성이 확보된다.

해답 ①

064

플라스틱의 성형 가공성을 좋게 하는 방법이 아닌 것은?
① 가공온도를 높여준다.
② 폴리머의 중합도를 내린다.
③ 성형기의 표면 미끄럼 정도를 좋게 한다.
④ 폴리머의 극성을 높게 하여 분자간 응집력을 크게 한다.

해설 고분자(polymer) : 폴리에틸렌 플라스틱 분자를 형성하기 위해서 결합되는 블록분자나 단량체를 생성하는 에틸렌이 여러 개(poly)가 있다는 의미이다.

(1) 분자의 형상에 따른 고분자(polymer)의 분류
  ① 선상고분자(liner polymer)-1차원 : 합성고분자
  ② 판상고분자(sheet polymer)-2차원 : 벤젠, 안트라센, 흑연
  ③ 망상고분자(network polymer)-3차원 : 요소수지, 페놀수지, 석영다이아몬드
(2) 산출형태에 따른 고분자(polymer)의 분류
  ① 천연고분자 - 무기고분자 : 흑연, 다이아몬드
           - 유기고분자 : 셀룰로오스, 녹말
  ② 합성고분자 - 플라스틱, 합성고무, 섬유
(3) 플라스틱의 성형가공성 향상을 위한 즉 흐름을 원활하게 하는 방법
  ① 폴리머(polymer)의 극성을 저하시켜 분자간 응집력을 작게 한다.
  ② 폴리머(polymer)의 중합도를 내린다.
  ③ 활제, 가소제와 같은 활성(活性)을 주는 것을 첨가한다.
  ④ 가공온도를 높인다.
  ⑤ 성형기의 표면 거칠기를 매끈하게 한다.

해답 ④

065

5~20%의 Zn의 황동을 말하며, 강도는 낮으나 전연성이 좋고 색깔이 금색에 가까우므로, 모조금이나 판 및 선 등에 사용되는 구리 합금은?

① 톰백　　　　　　　　　② 문쯔메탈
③ 네이벌황동　　　　　　④ 애드리럴티 메탈

해설
① 톰백 : 모조금 아연 5~20% 전연성이 좋고 색깔이 금색 모조금으로 사용, 판재사용
② 7:3황동 : 70%Cu-30%Zn의 합금, 가공용 황동의 대표, 자동차 방열기, 탄피 재료
③ 6:4황동(=문츠메탈) : 60%Cu-40%Zn 황동 중 가장 저렴, 탈아연 부식 발생
④ 황동 주물 : 절삭성과 주조성이 좋아 기계 부품, 건축용 부품
⑤ 쾌삭 황동 : 1.5~3.0%Pb 절삭성이 좋아 정밀 절삭가공을 필요로 하는 기계용 기어 나사에 사용
⑥ 주석 황동(애드미럴티 황동) : 7:3 황동에 1%의 내의 Sn 첨가)
        (네이벌 황동 : 6:4 황동에 1%의 내의 Sn 첨가)
⑦ 델타메탈(=철황동) : 6:4황동에 1~2%Fe함유, 강도와 내식성 우수, 광산, 선박, 화학기계에 사용
⑧ 망간니 : 황동에 10~15%망간 함유. 전기저항률이 크고 온도 계수가 적어 표준저항기, 정밀기계에 사용
⑨ 양은(=양백=Nickel Silver) : 10~20%Ni 장식품, 악기, 광학기계 부품에 사용

해답 ①

066

고망간(Mn)강에 관한 설명으로 틀린 것은?

① 오스테나이트 조직을 갖는다.
② 광석·암석의 파쇄기 부품 등에 사용된다.
③ 열처리에 수인법(water toughening)이 이용된다.
④ 열전도성이 좋고 팽창계수가 작아 열변형을 일으키지 않는다.

해설 **고망간강**(하드필드강) : C 0.3~1.3%, Mn 10~15%를 함유한 강(鋼)을 말하는데 1000~1100℃에서 물담금질하여 오스테나이트 조직으로 사용한다. 인성이 높고, 내마멸성도 매우 크므로 레일의 포인트, 분쇄기 롤러 등에 이용된다(절삭이 곤란하여 주물로 사용). 가공 경화성(硬化性)이 풍부하여 내마모(耐磨耗) 재료로 사용된다.

해답 ④

067 강의 표면강화처리에서 침탄법과 비교하였을 때 질화법의 특징으로 틀린 것은?

① 침탄 한 것보다 경도가 높다.
② 질화 후에 열처리가 필요 없다.
③ 침탄법보다 경화에 의한 변형이 적다.
④ 침탄법보다 단시간 내에 같은 경화 깊이를 얻을 수 있다.

해설 **침탄법과 질화법의 비교**

침탄법	질화법
• 경도가 질화법보다 낮다.	• 경도가 침탄법보다 높다.
• 침탄후의 열처리가 필요하다.	• 질화 후의 열처리가 필요 없다.
• 경화에 의한 변형이 생긴다.	• 경화에 의한 변형이 적다.
• 침탄층은 질화층보다 여리지 않다.	• 질화층은 여리다.
• 침탄 후 수정 가능	• 질화 후 수정 불가능
• 고온 가열시 뜨임되고 경도는 낮아진다.	• 고온 가열해도 경도는 낮아지지 않는다.
	• 침탄법보다 10배 정도의 시간이 많이 걸린다.

해답 ④

068 아공정주철의 탄소함유량은 약 몇 % 인가?

① 약 0.025~0.80%C
② 약 0.80~2.0%C
③ 약 2.0~4.3%C
④ 약 4.3~6.67%C

해설 아공정주철의 탄소 함유량 (약 2.0~4.3%)
과공정주철의 탄소 함유량 (약 4.3~6.68%)

해답 ③

069 순철(α-Fe)의 자기변태 온도는 약 몇 ℃ 인가?

① 210℃
② 768℃
③ 910℃
④ 1410℃

해설 A_0 : 210℃ 시멘타이트의 자기 변태점
A_1 : 723℃ 강의 공석변태점
A_2 : 768℃ 순철의 자기 변태점
A_3 : 910℃ 순철의 동소변태
A_4 : 1394℃ 순철의 동소변태

해답 ②

070 고속도공구강에 대한 설명으로 틀린 것은?

① 2차 경화 현상을 나타낸다.
② 500~600℃까지 가열하여도 뜨임에 의해 연화되지 않는다.
③ SKH 2는 Mo가 함유되어 있는 Mo계 고속도공구강 강재이다.
④ 내마모성 및 인성을 가지므로 바이트, 드릴 등의 절삭공구에 사용된다.

해설 **고속도공구강** : HSS(JIS규격), SKH(KS규격)
주성분이 0.8%C, 18%W, 4%Cr, 1%V로 된 것이 표준형인 표준 고속도강으로 18-4-1 공구강이라고도 한다. 500~600℃의 고온에서도 경도가 저하되지 않고, 내마멸성이 크며, 고속도의 절삭 작업이 가능하게 된다.
① 600℃ 이상에서도 경도 저하 없이 고속절삭이 가능하며 고온경도가 크다.
② 고온 및 마모저항이 크고 보통강에 비하여 고온에서 3~4배의 강도를 갖는다.
③ 18-8-1형인 표준 고속도강은 오스테나이트와 마텐자이트 기지에 망상을 한 오스테나이트와 복합탄화물의 혼합 조직이다.
④ 고속도강은 다른 공구강에 비하여 열처리 공정이 특별하다. 담금질 온도가 매우 높고, 유지시간은 짧다. 그러므로 예열을 하여 담금질 온도에서의 짧은 유지시간에도 탄화물이 오스테나이트 상에 많이 고용되게 해야 한다. 예열은 2단 예열을 실시하며, 1차 예열은 650℃, 2차 예열은 850℃에서 하는 것이 좋다. 2차 예열이 끝나면 즉시 담금질온도(1175~1245℃)로 급속하게 가열한다.

해답 ③

071 다음 기호에 대한 설명으로 틀린 것은?

① 유압 모터이다.
② 4방향 유동이다.
③ 가변 용량형이다.
④ 외부 드레인이 있다.

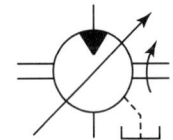

해설 한 방향 회전이다.

해답 ②

072 아래 파일럿 전환 밸브의 포트수, 위치수로 옳은 것은?

① 2포트 4위치
② 2포트 5위치
③ 5포트 2위치
④ 6포트 2위치

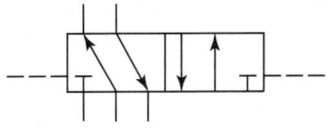

해설 하나의 위치에 포트가 5개 있다.
즉 5포트 2위치 방향제어밸브이다.

해답 ③

073
두 개의 유입 관로의 압력에 관계없이 정해진 출구 유량이 유지되도록 합류되는 밸브는?

① 집류 밸브
② 셔틀 밸브
③ 적층 밸브
④ 프리플 밸브

해설
① 집류 밸브 : 두 개의 관로의 압력에 관계없이 소정의 출구유량이 유지되도록 합류하는 밸브
② 셔틀 밸브 : 고압측과 자동적으로 접속되고, 동시에 저압측 포트를 막아 항상 고압측의 유압유만 통과시키는 전환밸브
③ 적층 밸브 : 모듈러 형식의 밸브를 쌓아 사용하는 밸브
④ 프리플 밸브 : 대형 프레스 등에서, 급속 전진 행정에서는 탱크로부터 유압 실린더로의 흐름을 허용하고, 가압 공정(加壓工程)에서는 유압 실린더로부터 탱크로 역류되는 것을 방지하며, 귀환 행정에서는 자유로운 흐름을 허용하는 밸브를 말한다.

해답 ①

074
속도 제어 회로의 종류가 아닌 것은?

① 미터 인 회로
② 미터 아웃 회로
③ 블리드 오프 회로
④ 로크(로킹) 회로

해설 속도 제어 회로의 세가지 종류
① 미터 인 회로 : 실린더로 유입되는 유량을 직접 제어
② 미터 아웃 회로 : 실린더로부터 유출되는 유량을 직접 제어
③ 블리드 오프 회로 : 유입유량을 바이패스로 제어한다.(탱크로 우회시킴) 정확한 조절이 어려움
※ 로크(로킹) 회로 : 실린더 행정을 임의 위치에서 고정시킬 필요가 있는데, 이때 이동을 방지하는 회로

해답 ④

075
스트레이너에 대한 설명으로 적절하지 않은 것은?

① 스트레이너의 연결부는 오일 탱크의 작동유를 방출하지 않아도 분리가 가능하도록 하여야 한다.
② 스트레이너의 여과 능력은 펌프 흡입량의 1.2배 이하의 용적을 가져야 한다.
③ 스트레이너가 막히면 펌프가 규정 유량을 토출하지 못하거나 소음을 발생시킬 수 있다.
④ 스트레이너의 보수는 오일을 교환할 때마다 완전히 청소하고 주기적으로 여과재를 분리하여 손질하는 것이 좋다.

해설 스트레이너의 일부가 눈이 막히고 흡입저항이 증대하므로 여과능력은 펌프흡입량에 대하여 충분한 여유를 두어야 한다. 보통 펌프 송출량의 두 배 이상인 여과기를 사용한다.

해답 ②

076 일반적인 유압 장치에 대한 설명과 특징으로 가장 적절하지 않은 것은?

① 유압 장치 자체의 자동 제어에 제약이 있을 수 있으나 전기, 전자 부품과 조합하여 사용하면 그 효과를 증대시킬 수 있다.
② 힘의 증폭 방법이 같은 크기의 기계적 장치(기어, 체인 등)에 비해 간단하여 크게 증폭 시킬 수 있으며 그 예로 소형 유압잭, 거대한 건설 기계 등이 있다.
③ 인화의 위험과 이물질에 의한 고장 우려가 있다.
④ 점도의 변화에 따른 출력 변화가 없다.

해설 (1) **유압유의 점도가 낮을 때**
① 농도가 묽어져서 유압접합부(seal)에서 오일 누설(누유(漏油)=oil leak)이 발생된다.
② 누유에 의해 회로내의 압력유지가 곤란해진다.
③ 누유에 의해 유압펌프, 모터 등의 용적효율(=체적효율)이 낮아진다.
④ 누유에 의해 압력 저하로 인한 정확한 작동이 불가하게 된다.
⑤ 작동유가 유성을 잃어 유압 부품의 마모가 발생된다.

(2) **유압유의 점도가 높을 때**
① 작동유의 점성 증가로 내부 마찰이 증대된다.
② 점도가 높은 작동유의 유동저항이 증가되어 압력손실이 증대된다.
③ 동력손실 증가로 기계 효율이 저하된다.
④ 작동유의 이송이 잘 되지 않아 유압기기의 운동이 활발히 일어나지 않는다.

해답 ④

077 유압·공기압 도면 기호(KS B 0054)에 따른 기호에서 필터, 드레인 관로를 나타내는 선의 명칭으로 옳은 것은?

① 파선
② 실선
③ 1점 이중 쇄선
④ 복선

해설 선의 용도

명칭	기호	용도	비고
실선	———	① 주관로 ② 파일럿 밸브에의 공급 관로 ③ 전기 신호선	• 귀환 관로를 포함
파선	-------	① 파일럿 조작 관로 ② 드레인 관로 ③ 필터 ④ 밸브의 과도위치	• 내부파일럿 • 외부파일럿 • 파일럿 관로는 파일럿 방식으로 작동시키기 위한 작동유체를 보내는 관로를 뜻함
1점쇄선	-·-·-·-	포위선	• 2개 이상의 기능을 갖는 유닛을 나타내는 포위선
복선	═══	기계적 결함	• 회전축, 레버, 피스톤 로드 등

해답 ①

078 유압 작동유의 첨가제로 적절하지 않은 것은?

① 산화방지제
② 소포제 및 방청제
③ 점도지수 강하제
④ 유동점 강하제

해설 작동유의 첨가제종류
① 점도지수 향상제 : 고분자 중합체
② 방청제 : 유기산에스테르, 지방산염, 유기인화합물
③ 산화방지제 : 이온화합물, 인산화합물, 아민 및 페놀화합물
④ 소포제 : 실리콘유, 실리콘의 유기화합물
⑤ 유성향상제(=마찰방지제) : 에스테르류의 극성화합물
⑥ 유동점 강하제 : 파라핀결정의 성장방지

해답 ③

079 다음 중 유압을 이용한 기기(기계)의 장점이 아닌 것은?

① 자동 제어가 가능하다.
② 유압 에너지원을 축적할 수 있다.
③ 힘과 속도를 무단으로 조절할 수 있다.
④ 온도 변화에 대해 안정적이고 고압에서 누유의 위험이 없다.

해설 작동유는 온도변화에 대해 점성이 많이 변하기 때문에 정확한 제어가 어렵다.
그리고 고압에서 누유가 발생하여 위험이 발생할 수 있다.

해답 ④

080 일반적인 용적형 펌프의 종류가 아닌 것은?

① 기어 펌프
② 베인 펌프
③ 터빈 펌프
④ 피스톤(플런저) 펌프

해설 (1) **용적형 펌프**(용량형 펌프)
[특징] ① 펌프의 축이 한번 회전할 때 일정한 량을 토출
② 중압 또는 고압력에서 주로 압력발생을 주된 목적으로 사용
③ 토출량이 부하압력에 관계없이 대충 일정하다.
④ 부하압력에 따라 토출량이 정해지므로 부하가 과대해지면 압력이 상승해서 펌프가 파괴될 염려가 있다.(Relief V/V를 설치하여 위험 방지)
[종류] ① 정토출형 펌프(Fixed diaplacement pump
㉠ 기어펌프(Gear)　　㉡ 나사펌프(Screw)
㉢ 베인펌프(Vane)　　㉣ 피스톤펌프(Piston)
② 기변토출형 펌프(variable diaplacement pump
㉠ 베인펌프(Vane)　　㉡ 피스톤펌프(Piston)
(2) **비용적형 펌프**
[특징] ① 토출량이 일정치 않음
② 저압에서 대량의 유체를 수송하는데 사용

③ 토출량과 압력사이에 일정관계가 있다.
　토출량이 증가하면 토출압력은 감소, 토출유량은 펌프축의 회전속도와 비례한다.
[종류] ① 원심력 펌프(Centrifugal) : 벌류트펌프와 터빈펌프가 있다.
② 액시얼 프로펠라 펌프(Axial propeller축류펌프)
③ 혼류형 펌프(Mixed flow)
④ 로토젯 펌프(Roto-jet)

해답 ③

제5과목 기계제작법 및 기계동력학

081 질량 m의 공이 h의 높이에서 자유 낙하아여 콘크리트 바닥과 충돌하였다. 공과 바닥사이의 반발계수를 e라고 할 때, 공이 첫 번째 튀어오른 높이는?

① $\sqrt{2}\,eh$　　② eh
③ $2eh$　　④ e^2h

해설
$$e = \sqrt{\frac{h'}{h}} \qquad e^2 = \frac{h'}{h}$$
$$h' = he^2$$

해답 ④

082 조화진동 $x_1 = 4\cos\omega t$와 $x_2 = 5\sin\omega t$의 합성 진동 진폭은 약 얼마인가?

① 10.2　　② 8.2
③ 6.4　　④ 4.4

해설
$x = x_1 + x_2 = A\sin(\omega t + Q) = 6.4\sin(\omega t + 38.659°)$
$x = 4\cos\omega t + 5\sin\omega t = A(\sin\omega t\cos\phi + \cos\omega t\sin\phi)$
　$= A\cos\phi\sin\omega t + A\sin\phi\cos\omega t$
$A\cos\phi = 5$, $A\sin\phi = 4$

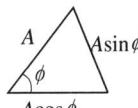
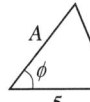

$A = \sqrt{5^2 + 4^2} = 6.4$
$\tan\phi = \dfrac{4}{5}$, $\phi = \tan^{-1}\left(\dfrac{4}{5}\right) = 38.659°$

해답 ③

083

지표면에서 공을 초기속도로 v_0로 수직 상방으로 던졌다. 공이 제자리로 돌아올 때까지 걸린 시간(t)은? (단, g는 중력가속도이고, 공기저항은 무시한다.)

① $t = \dfrac{v_0}{g}$ ② $t = \dfrac{2v_0}{g}$

③ $t = \dfrac{3v_0}{g}$ ④ $t = \dfrac{4v_0}{g}$

해설 (최고점까지 걸린 시간) $t_a = \dfrac{v_o}{g}$, (내려올 때 걸린 시간) $t_b = t_a$

$v_1 = v_o - g t_a,\ v_1 = 0$

$0 = v_0 - g t_a,\ t_a = \dfrac{V_0}{g}$

(공이 제자리로 돌아올 때까지 걸린 시간) $t = t_a + t_b = 2\dfrac{v_o}{g}$

해답 ②

084

10kg의 상자가 경사면 방향으로 초기 속도가 15m/s인 상태로 올라갔다. 상자와 경사면 사이의 운동 마찰계수가 0.15일 때 상자가 올라갈 수 있는 최대거리 x는 약 몇 m 인가?

① 13.7
② 15.7
③ 18.2
④ 21.2

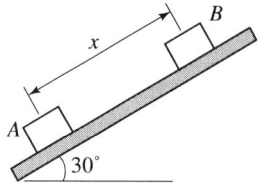

해설
$E_1 = \dfrac{1}{2} m v_1^2$

$E_2 = mg \times x \sin 30 + \mu \cos 30 \times x$

$E_1 = E_2$

$\dfrac{1}{2} m V_1^2 = mg \times x \sin 30 + \mu mg \cos 30 \times x$

$\dfrac{1}{2} V_1^2 = g \times x \sin 30 + \mu g \cos 30 \times x$

$\dfrac{1}{2} \times 15^2 = 9.8 x \sin 30 + 0.15 \times 9.8 \times \cos 30 \times x$

$\dfrac{15^2}{2} = 4.9 x + 1.273 x$

$\dfrac{15^2}{2} = 6.173 x,\ x = \dfrac{15^2}{2 \times 6.173} = 18.22 \text{m}$

해답 ③

085

그림과 같이 스프링에 질량 m을 달고 상하로 진동시킬 때 주기와 질량(m)과의 관계는? (단, k는 스프링상수이다.)

① 주기는 $\sqrt{m}$ 에 반비례한다.
② 주기는 $\sqrt{m}$ 에 비례한다.
③ 주기는 m^2에 반비례한다.
④ 주기는 m^2에 비례한다.

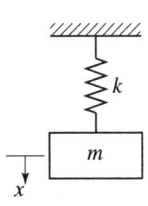

해설 (고유각 진동수) $w_n = \sqrt{\dfrac{k}{m}}$

(주기) $T = \dfrac{2\pi}{w_n} = 2\pi \sqrt{\dfrac{m}{k}}$

주기 T는 $\sqrt{m}$ 에 비례한다.

해답 ②

086

비감쇠자유진동수 ω_n와 감쇠자유진동수 ω_d 사이의 관계를 나타낸 식은? (단, ζ는 감쇠비를 나타낸다.)

① $\omega_d = \omega_n \sqrt{1-\zeta^2}$
② $\omega_d = \omega_n \sqrt{1-\zeta}$
③ $\omega_d = \omega_n (1-\zeta^2)$
④ $\omega_d = \omega_n (1-\zeta)$

해설 (감쇠 고유각 진동수) $\omega_d = \omega_n \sqrt{1-\psi^2}$

(고유각 진동수) $\omega_n = \sqrt{\dfrac{k}{m}}$

해답 ①

087

정지상태의 비행기가 100m의 직선 활주로를 달려서 이륙속도 360km/h에 도달하려고 한다. 가속도의 크기가 일정하다고 가정하면 비행기의 가속도는 약 몇 m/s² 인가?

① 10
② 20
③ 50
④ 100

해설 $V_1 = 0$ $V_2 = \dfrac{360 \times 10^3 \text{m}}{3600 \text{s}} = 100 \text{m/s}$

$2as = V_2^2 - V_1^2$

$a = \dfrac{V_2^2 - V_1^2}{s} = \dfrac{100^2}{2 \times 100} = 50 \text{m/s}^2$

해답 ③

088 길이가 1m이고 질량이 5kg인 균일한 막대가 그림과 같이 지지되어 있다. A점은 힌지로 되어 있어 B점에 연결된 줄이 갑자기 끊어졌을 때 막대는 자유로이 회전한다. 여기서 막대가 수직 위치에 도달한 순간 각속도는 약 몇 rad/s 인가?

① 2.62
② 3.43
③ 4.61
④ 5.42

해설

(위치에너지) $E_1 = mg \times \dfrac{L}{2}$

(회전계 운동에너지) $E_2 = \dfrac{1}{2} J_o w^2 = \dfrac{1}{2} \dfrac{mL^2}{3} \times w^2$

$\qquad = \dfrac{mL^2}{6} w^2$

$E_1 = E_2$, $mg \times \dfrac{L}{2} = \dfrac{mL^2}{6} w$

$w = \sqrt{\dfrac{3g}{L}} = \sqrt{\dfrac{3 \times 9.8}{1}} = 5.422 \text{rad/s}$

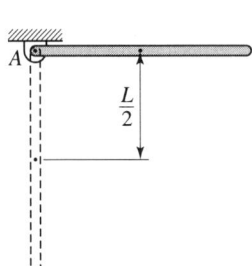

해답 ④

089 기계진동의 전달율(transmissibility ratio)을 1 이하로 조정하기 위해서는 진동수 비(w/w_n)를 얼마로 하면 되는가?

① $\sqrt{2}$ 이상으로 한다.
② $\sqrt{2}$ 이하로 한다.
③ 2 이상으로 한다.
④ 2 이하로 한다.

 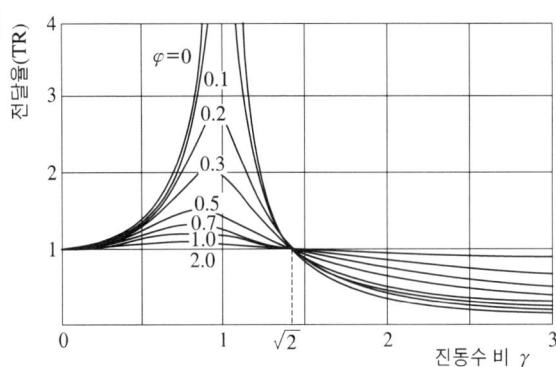

(진동수비) $\gamma = \dfrac{w}{w_n}$

그림에서 전달율(TR)값이 1보다 작기 위해서는 진동수($\dfrac{w}{w_n}$)는 $\sqrt{2}$ 이상으로 한다.

해답 ①

090

그림과 같이 막대 AB가 양쪽 벽면을 따라 움직인다. A가 8m/s의 일정한 속도로 오른쪽으로 이동한다고 할 때 $x=2$m인 위치에서 B의 가속도의 크기는 약 몇 m/s² 인가?

① 10.3m/s²
② 12.4m/s²
③ 14.7m/s²
④ 16.6m/s²

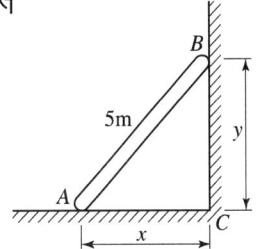

해설
$$x^2+y^2=25 \quad y=\sqrt{25-x^2}$$
$$y'=\frac{dy}{dt}=\frac{d(\sqrt{25-x^2})}{dt}\times\frac{dx}{dx}$$
$$=\frac{d\sqrt{25-x^2}}{dx}\times\frac{dx}{dt}=\frac{d\sqrt{25-x^2}}{dx}\times 8=\frac{d(25-x^2)^{\frac{1}{2}}}{dx}\times 8$$
$$=\frac{1}{2}(25-x^2)^{-\frac{1}{2}}\times-2x\times 8=-(25-x^2)^{-\frac{1}{2}}\times 8x$$
$$=-8x(25-x^2)^{-\frac{1}{2}}$$
$$y''=\frac{d^2y}{dt^2}=\frac{dy'}{dt}=\frac{d\left[-8x(25-x^2)^{-\frac{1}{2}}\right]}{dt}\times\frac{dx}{dx}$$
$$=\frac{d\left[-8x(25-x^2)^{-\frac{1}{2}}\right]}{dx}\times\frac{dx}{dt}=\frac{d\left[-8x(25-x^2)^{-\frac{1}{2}}\right]}{dx}\times 8$$
$$=-64\times\frac{d\left[x(25-x^2)^{-\frac{1}{2}}\right]}{dx}$$

해답 ④

091

펀치와 다이를 프레스에 설치하여 판금 재료로부터 목적하는 형상의 제품을 뽑아내는 전단 가공은?

① 스웨이징
② 엠보싱
③ 블랭킹
④ 브로칭

해설
① 스웨이징 : 압축가공의 형태이면서 재료의 두께를 감소시키는 작업으로 소재의 면적에 비하여 압입하는 공구의 면적이 작다.
② 엠보싱 : 압축가공의 형태이면서 요철이 있는 다이와 펀치로 판재를 눌러 판에 요철을 내는 가공으로 판의 두께에는 전혀 변화가 없는 것이 특징이다.
③ 블랭킹 : 전단가공의 형태이면서 펀치로 판재를 뽑기 하는 작업으로 뽑은 제품을 Blank라고 하며 남은 부분을 scrap이라 한다.
④ 브로칭 : 전단가공의 형태이면서 칩이 발생되는 절삭가공이다. 봉의 외주에 많은 상사형의 날을 축을 따라 치수 순으로 배열한 정삭공구를 브로치라는 절삭 공구를 이용하여 공작물 안팎을 필요한 모양으로 절삭하는 가공법이다.

해답 ③

092 주철과 같이 메진 재료를 저속으로 절삭할 때 일반적인 칩의 모양은?

① 경작형 ② 균열형
③ 유동형 ④ 전단형

해설 절삭칩의 종류

종류	형상	원인	특징
유동형 칩 (Flow type chip)	전단각 φ, 전단면	연강, 구리, 알루미늄 같은 인성이 많은 재료 고속 절삭 시 • 윗면 경사각이 클 때 • 절삭 깊이가 작을 때 • 절삭 속도가 클 때 • 절삭량이 적고 절삭유를 사용할 때	칩의 두께가 일정하고 균일하게 생성되며 가공면이 깨끗함
전단형 칩 (Shear type chip)	d' d a' c b a	연성재료 저속 절삭 시 • 바이트의 경사각이 작을 때 • 절삭 깊이가 클 때	비연속적인 칩이 생성됨
열단형칩=경작형 칩 (Tear type chip)	d' d c b a a'	점성이 큰 가공물을 경사각이 매우 작을 때 • 절삭 깊이가 클 때 • 공구 재질의 강도에 비해	가공면이 거칠고 비연속 칩으로 가공 후 흠집이 생김
균열형 칩 (Crack type chip)	B' B C A' A	주철과 같은 메진 가공재료를 저속으로 절삭할 때	날 끝에 치핑이 발생 공구수명이 단축 비연속적인 칩으로 가공면이 거침

해답 ②

093 래핑 다듬질에 대한 특징 중 틀린 것은?

① 게이지류나 광학렌즈의 표면 다듬질에 사용된다.
② 가공면에 랩제가 잔류하여 표면의 부식과 마모 촉진을 막아준다.
③ 평면도, 진원도, 직선도 등의 이상적인 기하학적 형상을 얻을 수 있다.
④ 가공면의 윤활성 및 내마모성이 좋아진다.

해설 공작물과 랩공구 사이에 미분말 상태의 래핑제와 연마제를 넣고 이들 사이에 상대 운동을 시켜 면을 매끈하게 하는 방법으로 랩과 공작물 사이에 래핑제와 래핑액을 충분히 넣고 가공하는 습식법과 공작물 표면에 래핑제를 넣고 건조 상태에서 래핑하는 건식법이 있는데 습식법은 건식법에 비해 절삭량이 많고 다듬면은 광택이 적다. 건식법은 다듬면이 거울면과 같이 광택이 난다. 이런 래핑 제품으로는 블록 게이지, 렌즈 등의 측정기기, 광학기기 등이 다듬질에 이용된다. 래핑 작업은 원통 래핑, 평면 래핑, 구면 래핑, 나사 래핑, 기어 래핑, 크랭크 축의 래핑 등이 있다.
가공면에 랩제(연마가루)가 잔류하여 표면의 부식과 마모를 촉진 하는 것이 단점이다. 이런 단점을 보완하기 위해서 래핑작업 후 반듯이 가공면을 깨끗이 닦아 주어야 한다.

해답 ②

094
밀링가공에서 지름이 50mm인 밀링커터를 사용하여 60m/min의 절삭속도로 절삭하는 경우 밀링커터의 회전수는 약 몇 rpm 인가?

① 284   ② 382
③ 468   ④ 681

해설
$$V = \frac{\pi DN}{1000}$$
$$N = \frac{V \times 1000}{\pi \times D} = \frac{60 \times 1000}{\pi \times 50} = 381.971 \text{rpm}$$

해답 ②

095
전기저항용접과 관계되는 법칙은?

① 줄(Joule)의 법칙   ② 뉴턴의 법칙
③ 암페어의 법칙   ④ 플레밍의 법칙

해설 줄(Joule)의 법칙 : 저항이 있는 도체에 전류를 흘리면 열이 발생한다. 이 열량은 흐르는 전류의 제곱과 도체의 저항 및 전류가 흐른 시간의 곱에 비례한다는 법칙
(저항에 발생되는 열량) $Q = 0.24 I^2 R t$
여기서, Q : 전기저항에 발생되는 열량[cal]
I : 전류[A]
R : 전기저항[Ω]
t : 통전시간[sec]

해답 ①

096
다이에 아연, 납, 주석 등의 연질금속을 넣고 제품 형상의 펀치로 타격을 가하여 길이가 짧은 치약튜브, 약품튜브 등을 제작하는 압축 방법은?

① 간접 압출   ② 열간 압출
③ 직접 압출   ④ 충격 압출

해설 충격 압출 : 다이에 아연, 납, 주석 등의 연질금속을 넣고 제품 형상의 펀치로 타격을 가하여 길이가 짧은 치약튜브, 약품튜브 등을 제작하는 압축 방법이다.

해답 ④

097
300mm×500mm 인 주철 주물를 만들 때, 필요한 주입 추는 약 몇 kg 인가? (단, 쇳물 아궁이 높이가 120mm, 주물 밀도는 7200kg/m³ 이다.)

① 129.6   ② 149.6
③ 169.6   ④ 189.6

해설 (추의 질량) $m = \rho \times v = 7200 \frac{\text{kg}}{\text{m}^3} \times (0.3\text{m} \times 0.5\text{m} \times 0.12\text{m}) = 129.6 \text{kg}$

해답 ①

098 초음파 가공에 대한 설명으로 틀린 것은?

① 가공물 표면에서의 증발 현상을 이용한다.
② 전기 에너지를 기계적 진동 에너지로 변화시켜 가공한다.
③ 혼의 재료는 황동, 연강 등을 사용한다.
④ 입자는 가공물에 연속적인 해머 작용으로 가공한다.

해설 **초음파 가공의 원리**

약 16kHz 이상의 음파를 초음파라 하는데 테이블에 고정된 공작물에 숫돌 입자와 물 또는 기름의 혼합액을 순환시키면서 일정한 압력 하에서 수직으로 설치된 진동 공구가 16~30kHz, 폭 30~40μm로 진동할 때 숫돌 입자의 급격한 타격으로 공작물(초경합금, 보석류, 세라믹, 유리)을 절단, 구멍 뚫기, 평면 가공, 표면 다듬질을 하는 것이다.

[특징] ① 전기적으로 부도체도 보통 금속과 동일하게 가공할 수 있다.
② 연삭 가공에 비해 가공면의 변질과 변형이 적다.
③ 초경질, 메짐성이 큰 재료에 사용한다.
④ 절단, 구멍 뚫기, 평면 가공, 표면 가공 등을 할 수 있다.
⑤ 가공 면적과 깊이가 제한 받는다.
⑥ 가공 속도가 느리고 공구의 소모가 많다.
⑦ 납, 구리, 연강 등 연질재료는 가공이 어렵다.

해답 ①

099 다음 중 나사의 주요 측정 요소가 아닌 것은?

① 피치 ② 유효지름
③ 나사의 길이 ④ 나사산의 각도

해설 나사의 주요 측정요소에는 3가지가 있다.
① 피치측정 : 나사피치게이지로 측정
② 유효지름 측정 : 나사마이크로미터, 삼침법을 이용해 측정
③ 나사산 각도 측정 : 투영검사기로 측정

해답 ③

100 강재의 표면에 Si를 침투시키는 방법으로 내식성, 내열성 등을 향상시키는 방법은?

① 브로나이징 ② 칼로라이징
③ 크로마이징 ④ 실리코나이징

해설 ① 브로나이징 : B 침투
② 칼로라이징 : Al 침투
③ 크로마이징 : Cr 침투
④ 실리코나이징 : Si 침투

해답 ④

일반기계기사

2022년 9월 CBT 시행

본 문제는 복원 기출문제입니다. 실제 문제와 다를 수 있으니 양해바랍니다.

제1과목 재료역학

001 그림과 같은 평면응력 상태에서 주변형률은? (단, 탄성계수는 200GPa이고, 포아송비는 0.33이다.)

① 1.24×10^{-3}, 2.48×10^{-3}
② 2.37×10^{-3}, -1.57×10^{-3}
③ 1.35×10^{-3}, 3.74×10^{-3}
④ 1.59×10^{-3}, -1.32×10^{-3}

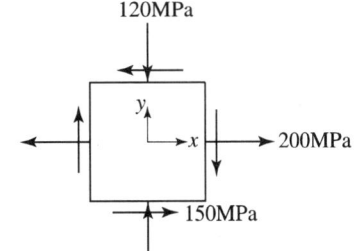

해설

$$\epsilon_x = \frac{\sigma_x}{E} - \frac{\nu \sigma_y}{E} = \frac{200}{200 \times 10^3} - \frac{0.33 \times (-120)}{200 \times 10^3} = 1.198 \times 10^{-3}$$

$$\epsilon_y = \frac{\sigma_y}{E} - \frac{\nu \sigma_x}{E} = \frac{(-120)}{200 \times 10^3} - \frac{0.33 \times 200}{200 \times 10^3} = -0.93 \times 10^{-3}$$

$$\gamma_{xy} = \frac{\tau}{G} = \frac{150}{75.187 \times 10^3} = 1.995 \times 10^{-3}, \quad Em = 2G(m+1)$$

전단탄성계수 $G = \frac{Em}{2(m+1)} = \frac{200 \times \frac{1}{0.33}}{2 \times \left(\frac{1}{0.33} + 1\right)} = 75.187\,\text{GPa}$

최대수직변형률 $\epsilon_1 = \left(\frac{\epsilon_x + \epsilon_y}{2}\right) + \sqrt{\left(\frac{\epsilon_x - \epsilon_y}{2}\right)^2 + \left(\frac{\gamma_{xy}}{2}\right)^2}$

$$= \left(\frac{1.198 + (-0.93)}{2}\right) + \sqrt{\left(\frac{1.198 - (-0.93)}{2}\right)^2 + \left(\frac{1.995}{2}\right)^2}$$

$$= 1.592 \times 10^{-3}$$

최소수직변형률 $\epsilon_2 = \left(\frac{\epsilon_x + \epsilon_y}{2}\right) - \sqrt{\left(\frac{\epsilon_x - \epsilon_y}{2}\right)^2 + \left(\frac{\gamma_{xy}}{2}\right)^2}$

$$= \left(\frac{1.198 + (-0.93)}{2}\right) - \sqrt{\left(\frac{1.198 - (-0.93)}{2}\right)^2 + \left(\frac{1.995}{2}\right)^2}$$

$$= -1.32 \times 10^{-3}$$

해답 ④

002

비틀림 모멘트 T, 극관성 모멘트를 I_P, 축의 길이를 L, 전단 탄성계수를 G라 할 때, 단위 길이당 비틀림각은?

① $\dfrac{TG}{I_P}$
② $\dfrac{T}{GI_P}$
③ $\dfrac{L^2}{I_P}$
④ $\dfrac{T}{I_P}$

해설

$\theta = \dfrac{Tl}{GI_P}\,[\text{rad}]$

단위 길이당 비틀림각 $\dfrac{\theta}{l} = \dfrac{T}{GI_P}$

해답 ②

003

정사각형 단면봉에 1000 kN의 압축력이 작용할 때 100MPa의 압축응력이 생기도록 하려면 한 변의 길이를 몇 cm로 해야 하는가?

① 5
② 10
③ 15
④ 20

해설

$\sigma = \dfrac{F}{a^2}$

정사각형의 한변의 길이 $a = \sqrt{\dfrac{F}{\sigma}} = \sqrt{\dfrac{1000 \times 10^3}{100}} = 100\text{mm} = 10\text{cm}$

$100\text{MPa} = 100\dfrac{\text{N}}{\text{mm}^2}$

[계산단위] 힘[N], 직경[mm], 응력 $\left[\dfrac{\text{N}}{\text{mm}^2}\right]$ = [MPa]

해답 ②

004

지름이 22mm인 막대에 25kN의 전단하중이 작용할 때 0.00075rad의 전단변형율이 생겼다. 이 재료의 전단탄성계수는 약 몇 GPa인가?

① 87.7
② 114
③ 33
④ 29.3

해설

$\tau = G\gamma$

전단탄성계수 $G = \dfrac{\tau}{\gamma} = \dfrac{65.766}{0.00075} = 87688.67\text{MPa} = 87.688\text{GPa}$

전단응력 $\tau = \dfrac{F_s}{\dfrac{\pi}{4}d^2} = \dfrac{25 \times 10^3}{\dfrac{\pi}{4}22^2} = 65.766\text{MPa}$

[계산단위] 힘[N], 직경[mm], 응력 $\left[\dfrac{N}{mm^2}\right]$ = [MPa]

해답 ①

005

그림과 같이 삼각형으로 분포하는 하중을 받고 있는 단순보에서 B단의 반력은 얼마인가?

① $\dfrac{w_0 l}{6}$

② $\dfrac{w_0 l}{3}$

③ $\dfrac{w_0 l}{2}$

④ $w_0 l$

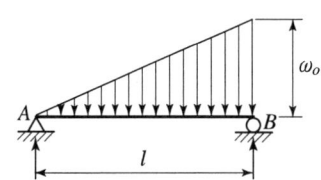

해설

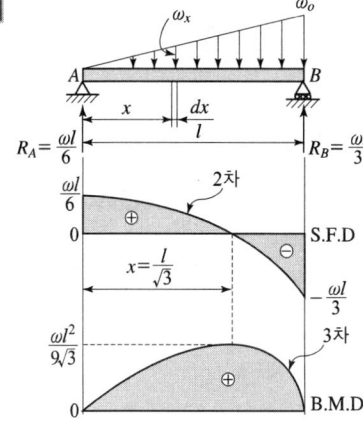

해답 ②

006

단면이 $b \times h$인 직사각형 단면보에서 전단력을 F라 하면 최대 전단응력은 얼마인가?

① $\dfrac{F}{2bh}$ ② $\dfrac{3F}{2bh}$

③ $\dfrac{5F}{2bh}$ ④ $\dfrac{7F}{2bh}$

해설 사각형일때의 굽힘에 의한 최대전단응력 $\tau_{\max} = \dfrac{3}{2}\tau_{av}$, τ_{av} : 평균전단응력

원일때 굽힘에 의한 최대전단응력 $\tau_{\max} = \dfrac{4}{3}\tau_{av}$, τ_{av} : 평균전단응력

해답 ②

007 그림과 같은 단면을 가진 보 중에서 굽힘강도가 가장 큰 것은? (단, 재질은 모두 같으며, 하중은 연직 하방향으로 중앙에 작용한다.)

①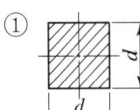
②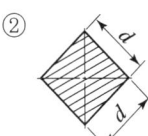
③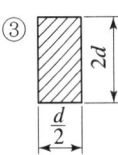
④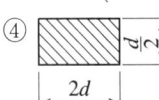

해설 굽힘강도가 크다는 의미는 단면계수가 큰 것을 의미한다.

① $Z = \dfrac{d^3}{6}$

② (단면2차 모멘트) $I = \dfrac{d^4}{12}$, $Z = \dfrac{d^3}{6\sqrt{2}}$

③ $Z = \dfrac{\left(\dfrac{d}{2}\right) \times (2d)^2}{6} = \dfrac{d^3}{3}$

④ $Z = \dfrac{\left(\dfrac{d}{2}\right)^2 \times (2d)}{6} = \dfrac{d^3}{12}$

해답 ③

008 두께 10mm의 강판을 사용하여 직경 2.5m의 원통형 압력 용기를 제작하였다. 용기에 작용하는 최대 내부 압력이 1200KPa일 때 원주 응력(후프 응력)은 몇 MPa인가?

① 50
② 100
③ 150
④ 200

해설 $\sigma_y = \dfrac{P \cdot D}{2\ t} = \dfrac{1200 \times 2500}{2 \times 10} = 150000 \text{kPa} = 150 \text{MPa}$

해답 ③

009 그림과 같이 길이 l인 단순보에 집중하중이 작용할 때, 최대 굽힘모멘트는 얼마인가?

① $\dfrac{Pl}{2}$
② $\dfrac{Pl}{4}$
③ $\dfrac{Pl}{8}$
④ $\dfrac{Pl}{16}$

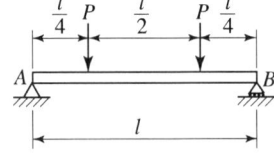

해설
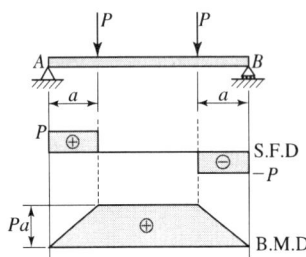

해답 ②

010 그림과 같이 양단이 고정되어 있는 원형 단면 봉의 C점에 $T=5000\text{N}\cdot\text{m}$의 비틀림모멘트를 가했다. 이때 고정단에서 비틀림 모멘트의 크기는 각각 몇 $\text{N}\cdot\text{m}$인가?

① $T_A = 1500,\ T_B = 3500$
② $T_A = 3500,\ T_B = 1500$
③ $T_A = 2000,\ T_B = 3000$
④ $T_A = 3000,\ T_B = 2000$

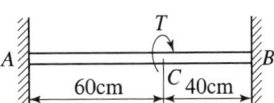

해설
$T_A = \dfrac{T \times b}{L} = \dfrac{5000 \times 0.4}{1} = 2000\text{Nm}$

$T_B = \dfrac{T \times a}{L} = \dfrac{5000 \times 0.6}{1} = 3000\text{Nm}$

해답 ③

011 길이 l인 양단 고정보에 등분포 하중(ω)이 작용할 때, 최대 굽힘 모멘트가 일어나는 위치와 그 크기는?

① 위치 : 보의 중앙, 크기 : $\dfrac{\omega l^2}{24}$

② 위치 : 보의 중앙, 크기 : $\dfrac{\omega l^2}{12}$

③ 위치 : 고정단, 크기 : $\dfrac{\omega l^2}{24}$

④ 위치 : 고정단, 크기 : $\dfrac{\omega l^2}{12}$

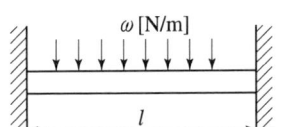

해설
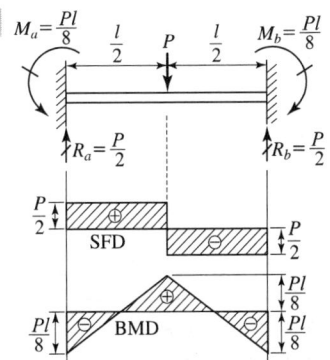

해답 ④

012

12mm×40mm와 20mm×20mm의 사각형 두 개가 그림과 같이 결합된 도형의 도심(圖心) 좌표($\bar{x}$, $\bar{y}$)는 약 얼마인가?

① (13.3, 15.5)
② (14.1, 14.3)
③ (15.4, 13.1)
④ (16.5, 12.4)

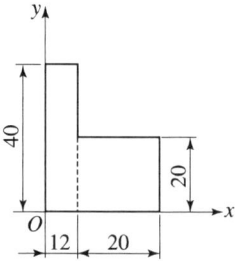

해설

$$\bar{x} = \frac{A_1 x_1 + A_2 x_2}{A_1 + A_2} = \frac{(12 \times 40) \times 6 + (20 \times 20) \times 22}{(12 \times 40) + (20 \times 20)} = 13.3\text{mm}$$

$$\bar{y} = \frac{A_1 y_1 + A_2 y_2}{A_1 + A_2} = \frac{(12 \times 40) \times 20 + (20 \times 20) \times 10}{(12 \times 40) + (20 \times 20)} = 15.5\text{mm}$$

해답 ①

013

길이 L이고, 단면적이 A인 탄성 막대에 축하중 P를 작용시켜 탄성 변형량 δ가 생겼을 때, 후크의 법칙은? (단, E는 막대의 탄성계수이다.)

① $P = E \cdot \delta$
② $\dfrac{P}{A} = \dfrac{E}{L} \cdot \delta$
③ $\dfrac{L}{\delta} = \dfrac{P}{A} \cdot E$
④ $\delta = E \cdot P$

해설 수직응력 $\sigma = \dfrac{P}{A}$

HooK prime saw $\sigma = E \cdot \epsilon = E \times \dfrac{\delta}{l}$

해답 ②

014

다음과 같은 부정정 막대에서 양단에 작용하는 반력은?

① $F_1 = \dfrac{Pb}{L}$, $F_2 = \dfrac{Pa}{L}$
② $F_1 = \dfrac{Pa}{L}$, $F_2 = \dfrac{Pb}{L}$
③ $F_1 = \dfrac{PL}{a}$, $F_2 = \dfrac{PL}{b}$
④ $F_1 = \dfrac{PL}{b}$, $F_2 = \dfrac{PL}{a}$

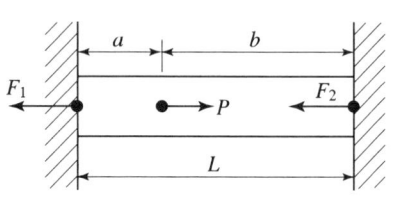

해설 $F_1 = \dfrac{Pb}{L}$, $F_2 = \dfrac{Pa}{L}$

해답 ①

015

길이가 l인 단순보 AB의 한 단에 그림과 같이 모멘트 M이 작용할 때, A단의 처짐각 θ_A는? (단, 탄성계수는 E, 단면 2차 모멘트는 I이다.)

① $\dfrac{Ml}{8EI}$

② $\dfrac{Ml}{6EI}$

③ $\dfrac{Ml}{3EI}$

④ $\dfrac{Ml}{2EI}$

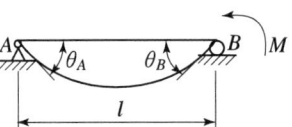

해설 단순보의 끝단에 우력(M)이 작용할 때

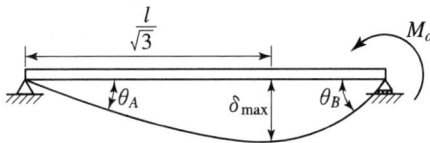

A단의 굽힘각 $\theta_A = y'_{x=0} = \dfrac{Ml}{6EI}$, B단의 굽힘각 $\theta_B = y'_{x=l} = \dfrac{Ml}{3EI}$

∴ $x = \dfrac{l}{\sqrt{3}}$ 위치에서 $\delta_{\max}$가 발생된다.

최대 처짐량 $\delta_{\max} = \dfrac{Ml^2}{9\sqrt{3}\,EI}$

해답 ②

016

강재 돌출보 ABC의 자유단(C)에 집중하중(P)을 받을 때 AB부분의 탄성곡선은 다음 식과 같다.

$$y = \dfrac{PaL^2}{6EI}\left[\dfrac{x}{L} - \left(\dfrac{x}{L}\right)^3\right]$$

AB부분에서 최대 처짐이 발생하는 위치(X_1)는? (단, 보의 굽힘 강성 EI는 일정하고, 자중은 무시한다.)

① $\dfrac{L}{2}$

② $\dfrac{L}{\sqrt{3}}$

③ $\dfrac{L}{\sqrt{2}}$

④ $\dfrac{L}{3}$

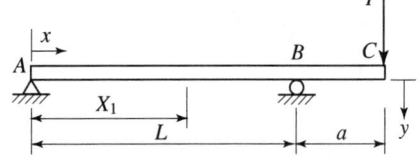

해설 $y = \dfrac{PaL^2}{6EI}\left[\dfrac{x}{L} - \left(\dfrac{x}{L}\right)^3\right]$, $y' = 0 = \dfrac{PaL^2}{6EI}\left[\dfrac{1}{L} - 3\left(\dfrac{x^2}{L^3}\right)\right]$, $x = \dfrac{L}{\sqrt{3}}$

해답 ②

2022년도 출제문제

017 탄성 한도내에서 인장하중을 받는 봉에 발생하는 응력이 처음의 2배가 되면 단위 체적속에 저장되는 탄성에너지는 몇 배가 되는가?

① $\frac{1}{2}$배 ② 2배
③ $\frac{1}{4}$배 ④ 4배

해설 단위 체적당 저장되는 탄성에너지

$$u = \frac{U}{V} = \frac{\sigma^2}{2E} = \frac{(E\epsilon)^2}{2E} = \frac{E^2\epsilon^2}{2E} = \frac{E\epsilon^2}{2}(\mathrm{N\,m/m^3})$$

$u = \dfrac{U}{V} = \dfrac{\sigma^2}{2E}$ 응력이 2배가 되면 단위체적당 저장되는 탄성에너지는 4배가 된다.

해답 ④

018 100rpm으로 30kW를 전달시키는 길이 1m 지름 7cm인 둥근축단의 비틀림각은 약 몇 rad인가? (단, 전단 탄성계수 $G=83\mathrm{GPa}$이다.)

① 0.26 ② 0.30
③ 0.015 ④ 0.009

해설 비틀림 각 $\theta = \dfrac{Tl}{GI_P}[\mathrm{rad}] = \dfrac{2683.56 \times 1}{83 \times 10^9 \times \left(\dfrac{\pi \times 0.07^4}{32}\right)} = 0.0146[\mathrm{rad}]$

$$T = 974\frac{H_{KW}}{N}[\mathrm{kgf \cdot m}] = 9545.2\frac{H_{KW}}{N}[\mathrm{J}]$$

$$T = 9545.2\frac{H_{KW}}{N}[\mathrm{J}] = 9545.2 \times \frac{30}{100} = 2683.56\mathrm{Nm}$$

[계산단위] 토크[N·m]=[J], 거리[m], 직경[m]

해답 ③

019 길이 1.5m, 단면(폭×높이) $b \times h = 10\mathrm{cm} \times 15\mathrm{cm}$인 외팔보의 자유단에 연직 방향으로 10kN의 집중 하중이 작용하면 고정단에 생기는 굽힘응력은 몇 MPa인가?

① 0.9 ② 5.3
③ 40 ④ 100

해설 굽힘응력 $\sigma_b = \dfrac{M}{Z} = \dfrac{PL}{\dfrac{bh^2}{6}} = \dfrac{10 \times 10^3 \times 1.5}{\dfrac{0.1 \times 0.15^2}{6}} = 40 \times 10^6 \mathrm{Pa} = 40\mathrm{MPa}$

[계산단위] 힘[N], 거리[m], 응력[Pa]

해답 ③

020

그림과 같이 일단 고정 타단 자유로된 기둥이 축방향으로 압축력을 받고 있다. 단면은 10cm×10cm의 정사각형이고 길이는 5m, 탄성계수는 10GPa이다. 안전계수를 10으로 할 때 Euler공식에 의한 최소 임계하중은 약 몇 kN인가?

① 0.72
② 0.82
③ 0.92
④ 1.02

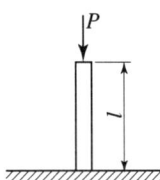

해설 장주에 나타나는 좌굴하중 $P_B = \dfrac{n\pi^2 EI}{l^2}$

여기서, n : 단말 계수, EI : 강성계수, l : 기둥의 길이, λ : 세장비
일단고정타단자유 : $n = 1/4$, 양단회전 : $n = 1$,
일단고정타단회전 : $n = 2$, 양단고정 : $n = 4$

장주에 나타나는 좌굴하중 $P_B = \dfrac{n\pi^2 EI}{l^2} = \dfrac{\dfrac{1}{4} \times \pi^2 \times 10 \times 10^9 \times \left(\dfrac{0.1^4}{12}\right)}{5^2}$
$= 8224.67\text{N}$

최소임계하중 $P_s = \dfrac{P_B}{s} = \dfrac{8224.67}{10} = 822.467\text{N} = 0.82267\text{kN}$

제2과목 기계열역학

021

순수물질에 대한 설명 중 틀린 것은?

① 화학 조성이 균일하고, 일정한 물질이다.
② 두 개의 상으로 존재할 수 없다.
③ 물과 수증기의 혼합물은 순수물질이다.
④ 액체 공기와 기체 공기의 혼합물은 순수물질이 아니다.

해설 순수물질(Pure substance) : 원자가 모여 분자를 이루면 분자는 일단 안정된 구조를 가지며 여간해서는 다시 원자로 분해되지 않는다. 어느 온도 및 압력의 범위에서 분자의 상태는 액체 또는 기체로 존재하게 된다. 보통 단일성분으로 되어있는 물질은 혼합물이 아니며 또한 화학적으로 안정되어 있을 때 이를 순수물질로 본다. 습증기는 순수물질이며 액체와 기체가 혼합되어 있지만 H_2O의 단일성분으로 되어 있다.

022
100kg의 증기가 온도 50℃, 압력 38KPa, 체적 7.5m³일 때 총 내부에너지는 6700kJ이다. 이와 같은 상태의 증기가 가지고 있는 엔탈피(enthalpy)는 몇kJ인가?

① 1606
② 1794
③ 2305
④ 6985

해설 엔탈피 $H = U + PV = 6700 + (38 \times 7.5) = 6985 kJ$

해답 ④

023
고체에 에너지를 전달하여 온도를 높이는 여러 가지 방법들 중에서 전달되는 에너지가 일이 아닌 것은?

① 프레스로 소성 변형시킨다.
② 전원을 연결하여 전류를 통과시킨다.
③ 자기장을 가하여 자화시킨다.
④ 강력한 빛을 쪼인다.

해설 고체에 에너지를 전달하여 온도를 높이는 방법 중에서 전달되는 과정이 일로 표현되는 것은 힘과 변위로 표현될 수 있거나 또는 [J]로 표현될 수 있는 에너지이다.

해답 ④

024
실린더 지름이 7.5cm이고 피스톤 행정이 10cm인 압축기의 지압선도로부터 구한 평균 유효압력이 200KPa일 때 한 사이클당 압축일(J)은 약 얼마인가?

① 12.4
② 22.4
③ 88.4
④ 128.4

해설 압축일 $W_c = P_m \times V_s = 200 \times 10^3 \times (\frac{\pi}{4} 0.075^2 \times 0.1) = 88.4 J$

여기서, V_s : 행정체적

해답 ③

025
랭킨(Rankine) 사이클의 각 점에서 엔탈피가 (보기)와 같을 때 사이클의 이론 열효율은 약 몇 %인가?

- 보일러의 입구 : 58.6kJ/kg
- 보일러의 출구 : 810.3kJ/kg
- 응축기 입구 : 614.2kJ/kg
- 응축기 출구 : 57.4kJ/kg

① 32
② 30
③ 28
④ 26

해설 Rankin cycle의 효율
$$\eta_R = \frac{참일량}{보일러에서 가한열량} = \frac{w_{net}}{q_B} = \frac{터빈일 - 펌프일}{보일러에서 가한열량}$$

Rankin cycle의 효율
$$\eta_R = \frac{w_{net}}{q_B} = \frac{터빈일 - 펌프일}{보일러에서 가한열량} = \frac{(810.3 - 614.2) - 0}{810.3 - 58.6} = 26.1\%$$

해답 ④

026 기체가 열량 80kJ를 흡수하여 외부에 대하여 20kJ의 일을 하였다면 내부에너지 변화는 몇kJ인가?

① 20   ② 60
③ 80   ④ 100

해설 $\delta Q = dU + \delta W$, $80 = \Delta U + 20$ (내부에너지 변화) ΔU는 60KJ

해답 ②

027 처음의 압력이 500KPa이고, 체적이 2m³인 기체가 "PV=일정"인 과정으로 압력이 100KPa까지 팽창할 때 밀폐계가 하는 일(kJ)을 나타내는 식은?

① $1000\ln\frac{2}{5}$ ② $1000\ln\frac{5}{2}$
③ $1000\ln 5$ ④ $1000\ln\frac{1}{5}$

해설 PV=C 등온과정, 등온과정의 절대일(밀폐계) : $_1W_2$

$$_1W_2 = \int_1^2 pdv = \int_1^2 \frac{p_1v_1}{v}dv = p_1v_1\int_1^2\frac{dv}{v} = p_1v_1\ln\frac{v_2}{v_1} = p_1v_1\ln\frac{p_1}{p_2} = RT\ln\frac{v_2}{v_1}$$

$$= RT\ln\frac{p_1}{p_2}$$

$$_1W_2 = p_1v_1\ln\frac{p_1}{p_2} = 500 \times 2 \times \ln\frac{500}{100} = 1000\ln 5$$

해답 ③

028 열역학적 상태량은 일반적으로 강도성(强度性) 상태량과 종량성(從良性) 상태성으로 분류할 수 있다. 다음 중 강도성 상태량에 속하지 않는 것은?

① 압력   ② 온도
③ 밀도   ④ 질량

해설 ① 강도성 상태량(强度性 狀態量 : intensive property)
물질이 가지는 질량의 크기에 관계없는 상태량으로 온도(T), 압력(P), 밀도(ρ), 비체적(v) 등이 표적이다.
※ 나누어도 변화가 없는 상태량
② 종량성 상태량(從良性 狀態量 : extensive property)
물질의 질량에 따라서 값이 변하는 상태량이다. 질량(m), 체적(V), 내부에너지(U), 엔탈피(H), 엔트로피(S)등이 있다.
※ 나누면 변화가 있는 상태량

해답 ④

029. 열역학계로 한 사이클 동안 전달되는 모든 에너지의 합은?

① 0 이다.
② 내부에너지 변화량과 같다.
③ 내부에너지 및 일량의 합과 같다.
④ 내부에너지 및 전달열량의 합과 같다.

해설 에너지는 열과 일로 표현되는 물리량의 총칭이다. 열기관의 경우 공급받은 열량을 이용하여 외부로 일을 한다. 즉 공급받은 만큼 일을 한다고 할때 계 모든 에너지 합은 0이 된다.

해답 ①

030. 다음 중 클라우지우스(Clausius)의 부등식을 올바르게 표시한 것은? (단, T는 절대온도, Q는 열량을 표시한다.)

① $\oint \delta Q \leq 0$
② $\oint \delta Q \geq 0$
③ $\oint \dfrac{\delta Q}{T} \leq 0$
④ $\oint \dfrac{\delta Q}{T} \geq 0$

해설 clausius integral $\oint \dfrac{\delta Q}{T} \leq 0$, 엔트로피변화량 $dS = \dfrac{\delta Q}{T}$

해답 ③

031. 어떤 냉동기에서 0℃의 물로 0℃의 얼음 2ton을 만드는데 180MJ의 일이 소요된다면 이 냉동기의 성능계수는? (단, 물의 융해열은 334kJ/kg 이다.)

① 2.05
② 2.32
③ 2.65
④ 3.71

해설 냉동사이클 성능계수 $COP = \dfrac{q_L}{W_C} = \dfrac{\text{저열온에서 흡수한 열량}}{\text{압축기에서 공급받은 열량}}$

냉동사이클 성능계수 $COP = \dfrac{q_L}{W_C} = \dfrac{2000 \times 334}{180 \times 10^6} = 3.71$

해답 ④

032. 일정한 체적하에서 포화 증기의 압력을 높이면 무엇이 되는가?

① 포화액이 된다.
② 압축액이 된다.
③ 습증기가 된다.
④ 과열 증기가 된다.

해설 포화선상의 상태가 포화증기 임으로 압력을 높이면 과열증기가 된다.

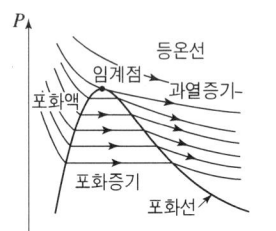

해답 ④

033 피스톤-실린더 장치내의 공기가 0.2m³에서 0.5m³으로 팽창되었다. 이 과정 동안 압력 P와 체적 V가 $P=650V^{2.5}$관계를 유지한다면 공기가 한 일은 약 몇 J인가? (단, 압력과 체적의 단위는 각각 Pa과 m³이다.)

① 2.61　　② 6.23
③ 12.5　　④ 15.8

해설 $_1W_2 = \int_1^2 pdv = \int_1^2 650v^{2.5}dv = 650 \times \frac{1}{3.5}(v_2^{3.5} - v_1^{3.5}) = 650 \times \frac{1}{3.5}(0.5^{3.5} - 0.2^{3.5})$
$= 15.8 J$

해답 ④

034 체적이 150m³인 방 안에 질량이 200kg이고 온도가 20℃인 공기(이상기체상수= 0.287kJ/kg·K)가 들어 있을 때 이 공기의 압력은 약 몇 KPa인가?

① 112　　② 124
③ 162　　④ 184

해설 $PV = mRT$
여기서, P : 절대압력, V : 체적, m : 질량
기체상수 $R = \frac{8314}{M(= 분자량)} \frac{Nm}{kgK°}$　T : 절대온도
$P = \frac{mRT}{V} = \frac{200 \times 0.287 \times (273+20)}{150} = 112 KPa$

해답 ①

035 열(heat)과 일(work)에 대한 설명으로 틀린 것은?

① 계의 상태변화 과정에서 나타날 수 있다.
② 계의 경로에서 관찰된다.
③ 경로함수(path function)이다.
④ 전달된 일과 열의 합은 항상 일정하다.

해설 ① 일은 열과 에너지이며 열역학적인 상태량이 아니고 과정에 의존하는 도정함수 (path function)이다. 열역학 제 1법칙은 열과 일이 본질적으로 같은 에너지라는 점을 나타내는 에너지 보존의 법칙을 말한다.
② 열역학 1법칙에서는 공급된 열이 모두 일로 변하기 때문에 열과 일의 합은 0이다.

해답 ④

036 덕트 내의 유체 흐름을 포함하는 공학적인 적용에서 유체와 고체 벽 표면사이에서의 열의 이동을 결정하는 주요한 요소는 무엇인가?

① 열전도형상계수　　② 대류 열전달계수
③ 열전도계수　　　　④ 마찰계수

해설 ① **전도에 의한 전열** : 고체와 고체사이의 열전달

$$Q = kA\frac{dT}{dx}[\text{kcal/hr}]$$

여기서, Q : 전열량=열전달량(kcal/hr), A : 전열면적(m^2)
k : 열전도율=열전도계수[kcal/m, h, ℃]
dx : 전달간격(m), dT : 온도변화(℃)

② **대류에 의한 전열** : 유체와 유체, 고체와 유체사이의 열전달

$$Q = A(T_1 - T_w)[\text{kcal/hr}]$$

여기서, α : 대류열전달계수[kcal/m^2hr · c]
A : 전열면적(m^2), T_1 : 유체의 온도, T_w : 고체의 온도

③ **복사에 의한 전열** : 복사체에 의한 열전달

$$Q = \alpha A(T_1^4 - T_2^4)[\text{kcal/hr}]$$

여기서, α : 스테판-볼츠만의 상수[4.8806×10^{-8} kcal/h · m^2 · K^4]
A : 전열면적(m^2)
절대온도가 T_1 흑체(이상복사체)가 절대온도 T_2인 주위 물체의 의해여 완전히 둘러싸여 있을 때의 복사에 의한 전열량

해답 ②

037
대기 압력이 0.099MPa일 때 용기내 기체의 게이지 압력이 1MPa이었다. 용기내 기체의 절대 압력은 몇 MPa인가?

① 0.90
② 1.099
③ 1.135
④ 1.275

해설 용기내의 절대압을 물어본 문제이다. 용기 밖은 대기압이 있지만 용기내부에서 대기압이 작용되지 않고 있다. 즉, 용기 내부의 대기압은=0이다. 그러므로 용기내의 절대압=0 + 게이지압=게이지압이다.

해답 ②

038
압력이 100KPa이며 온도가 25℃인 방의 크기가 240m^3이다. 이 방에 들어있는 공기의 질량은약 몇 kg인가? (단, 공기는 이상기체로 가정하며, 공기의 기체상수는 0.287kJ/kg · K이다.)

① 3.57
② 0.28
③ 0.00357
④ 280

해설 $PV = mRT$
여기서, P : 절대압력, V : 체적, m : 질량

기체상수 $R = \dfrac{8314}{M(=\text{분자량})} \dfrac{\text{Nm}}{\text{kgK}°}$ T : 절대온도

$$m = \frac{PV}{RT}$$

해답 ④

039

표준 증기압축식 냉동사이클에서 압축기 입구와 출구의 엔탈피가 각각 249kJ/kg 및 346kJ/kg이다. 냉매 순환량이 0.04kg/s이고 성능계수가 2.8이라고 하면 증발기에서 흡수하는 열량은 약 몇 kW인가?

① 10.9　　② 8.9
③ 7.4　　④ 6.4

해설
냉동사이클 성능계수 $COP = \dfrac{Q_L}{W_C} = \dfrac{\text{증발기에서 흡수한 열량}}{\text{압축기에서 공급받은 일량}}$

증발기에서 흡수한 열량 $Q_L = COP \times \dot{m} \times (h_2 - h_1) = 2.8 \times 0.04 \times (346 - 249)$
$\qquad\qquad\qquad\qquad\qquad = 10.9 \text{kW}$

해답 ①

040

직경 20cm, 길이 5m인 원통 외부에 두께 5cm의 석면이 씌워져 있다. 석면 내면과 외면의 온도가 각각 100℃, 20℃이면 손실되는 열량은 약 몇 kJ/h인가? (단, 석면의 열전도율은 0.418kJ/mh℃로 가정한다.)

① 2591　　② 3011
③ 3431　　④ 3851

해설
$Q = \dfrac{2\pi KL}{\ln\left(\dfrac{R_2}{R_1}\right)} \Delta T$

$= \dfrac{2 \times \pi \times 0.418 \times 5}{\ln\left(\dfrac{0.15}{0.1}\right)} \times 80$

$= 2590.97 \text{kJ/h}$

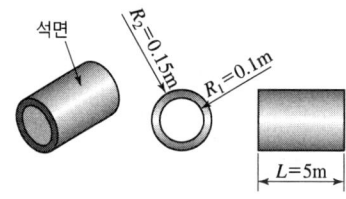

해답 ①

제3과목　기계유체역학

041

공기 중에서 무게가 900N인 돌이 물에 완전히 잠겨 있다. 물속에서의 무게가 400N이라면, 이 돌의 체적과 비중은 각각 얼마인가? (단, 물의 밀도는 1000kg/m³이다.)

① 0.051m³, 1.8　　② 0.51m³, 1.8
③ 0.051m³, 3.6　　④ 0.51m³, 3.6

해설 물속의 무게 = 공기중의 무게 − 물의 부력 = 900 − 400 = 500N

공기중의 무게 $900N = S_x \gamma_x V$에서 $S_x = \dfrac{900}{\gamma_w V}$ ·· ①식

물속의 무게 $400N = V(\gamma_x - \gamma_w) = V\gamma_w(S_x - 1)$ ········· ②식

①식을 ②식에 대입하면

$400 = 900 - V\gamma_w$, $400 = 900 - V \times 9800$

체적 $V = 0.051 \text{m}^3$

돌의 비중 $S_x = \dfrac{\gamma_x}{\gamma_w} = \dfrac{\dfrac{W}{V}}{\gamma_w} = \dfrac{\dfrac{900}{0.051}}{9800} = 1.8$

해답 ①

042
경계층의 박리(separation)가 일어나는 주 원인은?

① 압력이 증기압 이하로 떨어지기 때문
② 압력 구배가 0으로 감소하기 때문
③ 경계층의 두께가 0으로 감소하기 때문에
④ 역압력 구배 때문

해설 후류의 발생원인은 역압력구배에 의한 것이다.

순압력 구배 $\dfrac{dV}{d\chi} > 0$, $\dfrac{dp}{d\chi} < 0$

역압력 구배 $\dfrac{dV}{d\chi} < 0$, $\dfrac{dp}{d\chi} > 0$

[원주 주위의 점성유체의 흐름]

해답 ④

043
지름 150mm의 수평 관로 내에 물이 평균속도 3m/s로 흐르고 있다. 원관의 길이 60m에 대한 압력차는 몇 KPa인가? (단, 관마찰계수는 0.02이다.)

① 3.6
② 31.5
③ 36
④ 100

해설 $H_L = f \times \dfrac{l}{D} \times \dfrac{V^2}{2g} = 0.02 \times \dfrac{60}{0.15} \times \dfrac{3^2}{2 \times 9.8} = 3.673\text{m}$

$\triangle P = \gamma H_L = 9800 \times 3.673 = 36000\text{Pa} = 36\text{KPa}$

해답 ③

044
비중이 1.204인 글리세인이 질량유량 4kg/s로 안지름이 10cm인 관로를 흐르고 있다. 이 때의 평균속도는 약 몇 m/s인가?

① 4.23
② 0.423
③ 0.915
④ 5.09

해설 **질량유량** $\dot{m} = \rho A v$

속도 $v = \dfrac{\dot{m}}{\rho A} = \dfrac{4}{1.204 \times 1000 \times \dfrac{\pi}{4} 0.1^2} = 0.423 \text{m/s}$

해답 ②

045

직경 150mm의 관속을 20℃의 물이 평균유속 4m/s로 흐르고 있다. 직경 75mm인 모형 관속을 20℃의 암모니아가 흐를 때 이 유동과 역학적 상사를 이루려면 암모니아의 평균 유속은 약 몇 m/s이어야 하는가? (단, 물의 동점성계수는 $1.006 \times 10^{-6} \text{m}^2/\text{s}$이며, 암모니아의 동점성계수는 $0.34 \times 10^{-6} \text{m}^2/\text{s}$이다.)

① 2.0　　② 2.7
③ 4.6　　④ 8.0

해설 관유동이므로 $(Re)_p = (Re)_m$, $\left(\dfrac{Vd}{\nu}\right)_p = \left(\dfrac{Vd}{\nu}\right)_m$

암모니아의 유속 $V_m = \dfrac{\nu_m V_p d_p}{\nu_p d_m} = \dfrac{0.34 \times 10^{-6} \times 4 \times 150}{1.006 \times 10^{-6} \times 75} = 2.7 \text{m/s}$

해답 ②

046

물이 들어 있는 아주 큰 탱크에 수면으로부터 5m 길이에 노즐이 달려있다. 만일 이 노즐의 속도 계수 $C_v = 0.95$라고 하면 노즐로부터 나오는 실제 유속은 약 몇 m/s인가?

① 14　　② 9.4
③ 14.7　④ 9.9

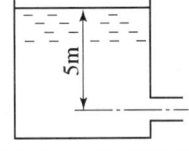

해설 **이론유속** $v_{th} = \sqrt{2gh} = \sqrt{2 \times 9.8 \times 5} = 9.899 \text{m/s}$

실제유속 $v_a = C_v \times v_{th} = 0.95 \times 9.899 = 9.4 \text{m/s}$

해답 ②

047

그림과 같은 자유 제트가 고정 평판에 충돌하였을 때의 유량비 $\dfrac{Q_1}{Q_2}$는 얼마인가? (단, 마찰손실과 중력은 무시한다.)

① $\dfrac{1-\cos\theta}{1+\cos\theta}$　　② $\dfrac{1+\cos\theta}{1-\cos\theta}$
③ $\dfrac{1-\sin\theta}{1+\sin\theta}$　　④ $\dfrac{1+\sin\theta}{1-\sin\theta}$

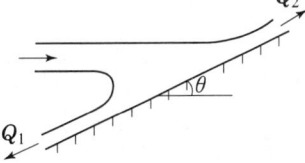

해설
$Q_2 = \dfrac{Q_0}{2}(1+\cos\theta)$

$Q_1 = \dfrac{Q_0}{2}(1-\cos\theta)$

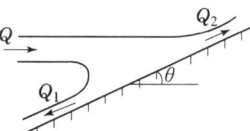

해답 ①

048
피토 정압관(수은 : 비중 13.6)을 사용하여 비중이 0.88인 유체의 속도를 측정하고자 한다. 피토 정압관의 높이 차이가 4cm이면 유속은 약 몇 m/s인가? (단, 보정계수(C)는 1이다.)

① 124.14
② 10.64
③ 3.36
④ 6.72

해설 관속 임의의 지점에서의 유속

$V = \sqrt{2gH\left(\dfrac{\gamma_{액}-\gamma_{관}}{\gamma_{관}}\right)} = \sqrt{2gH\left(\dfrac{s_{액}-s_{관}}{s_{관}}\right)} = \sqrt{2\times 9.8\times 0.04\times \left(\dfrac{13.6-0.88}{0.88}\right)}$

$= 3.36\text{m/s}$

해답 ③

049
완전 발달된 수평 원관 층류 유동의 속도분포(u)에 대한 설명중 가장 옳은 것은? (단, γ은 중심축으로부터 반경 방향 거리이며, χ는 길이 방향 거리이다.)

① $u = f(\gamma, \chi)$
② $u = f(\gamma)$
③ $u = f(\chi)$
④ $u = f\left(\dfrac{dr}{dx}\right)$

해설 수평원관에서의 층류 유동일 때 임의의 r지점의 속도

$u_r = u_{\max}\left(1 - \dfrac{r^2}{r_0^2}\right)$ 여기서, r_o : 관의 바깥반경

해답 ②

050
지름 5cm 길이 20m, 관마찰 계수 0.02인 수평 원관 속을 난류로 물이 흐른다. 관출구와 입구의 압력차가 20KPa 이면 유량은 약 몇 L/s인가?

① 4.4
② 6.3
③ 8.2
④ 10.8

해설 손실수두 $H_L = \dfrac{\Delta P}{\gamma} = \dfrac{20\times 10^3}{9800} = 2.04\text{m}$ 원형관의 손실수두 $H_L = f\times \dfrac{l}{D}\times \dfrac{V^2}{2g}$

속도 $V = \sqrt{\dfrac{H_L\times D\times 2g}{f\times l}} = \sqrt{\dfrac{2.04\times 0.05\times 2\times 9.8}{0.02\times 20}} = 2.236\text{m/s}$

유량 $Q = \dfrac{\pi}{4}0.05^2\times 2.236 = 0.00439\text{m}^3/\text{s} = 4.39\text{L/s}$

해답 ①

051

직경 2mm의 유리관이 유체가 담긴 그릇 속에 접촉각 10°인 상태로 세워져 있다. 유리와 액체 사이의 표면장력이 0.06N/m, 유체 밀도가 800kg/m³일 때 액면으로부터의 모세관 액체의 상승 높이는 약 몇 mm인가?

① 1.5 ② 15
③ 3   ④ 30

해설 물의 상승높이 $h = \dfrac{4\sigma\cos\beta}{\rho g D} = \dfrac{4 \times 0.06 \times \cos 10}{800 \times 9.8 \times 0.002} = 0.015\text{m} = 15\text{mm}$

해답 ②

052

그림과 같이 수직 관 속에 비중 0.9인 기름이 흐를 때 액주계를 설치하면 압력계 P_x는 게이지 압력으로 약 몇 Pa인가? (단, 수은의 비중은 13.6이다.)

① 0.0196
② 0.196
③ 1.96
④ 196

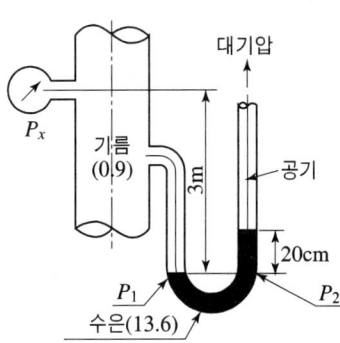

해설 $P_1 = P_2 = P_x + 0.9\gamma_w \times 3 = 13.6\gamma_w \times 0.2$
∴ $P_x = 9800(13.6 \times 0.2 - 0.9 \times 3) = 196\text{N/m}^2$

해답 ④

053

평균 반지름이 R인 얇은 막 형태의 작은 비누방울의 내부 압력을 P_i, 외부 압력을 P_O라고 할 경우, 표면 장력(σ)에 의한 압력차($P_i - P_O$)는?

① $\dfrac{\sigma}{4R}$ ② $\dfrac{\sigma}{R}$

③ $\dfrac{4\sigma}{R}$ ④ $\dfrac{2\sigma}{R}$

해설 구 표면의 표면장력 $\sigma = \dfrac{\Delta PD}{4}$, $\Delta P = \dfrac{4\sigma}{D} = \dfrac{2\sigma}{R}$

비눗방울 표면의 표면장력 $\sigma = \dfrac{\Delta PD}{8}$, $\Delta P = \dfrac{8\sigma}{D} = \dfrac{4\sigma}{R}$

해답 ③

054

속도 15m/s로 항해하는 길이 80m의 화물선의 조파 저항에 관한 성능을 조사하기 위하여 수조에 길이가 원형의 1/25인 모형 배로 실험하려면 몇 m/s의 속도로 하면 되는가?

① 9.0
② 0.11
③ 0.33
④ 3.0

해설 $F_r = \left(\dfrac{V^2}{Lg}\right)_m = \left(\dfrac{V^2}{Lg}\right)_p$, ∴ $V_m = V_p\sqrt{\dfrac{L_m}{L_p}} = 15 \times \sqrt{\dfrac{1}{25}} = 3\text{m/sec}$

해답 ④

055

그림과 같은 원통 주위의 포텐셜 유동이 있다. 원통 평면 상에서 상류 유속과 동일한 유속이 나타나는 위치(θ)는?

① 0°
② 30°
③ 45°
④ 90°

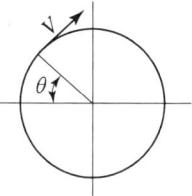

해설 임의의 원주표면의 속도 $V_\theta = 2V_o\sin\theta$

$\sin\theta = \dfrac{V_\theta}{2V_o} = \dfrac{1}{2}$, $\theta = 30°$

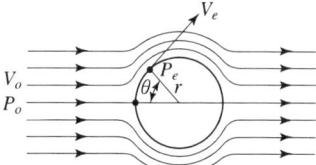

해답 ②

056

수면의 높이가 40m인 저수조에서 수면의 높이가 15m인 저수조로 직경 45cm, 길이 600m의 주철관을 통해 물이 흐르고 있다. 유량은 0.25m³/s이며, 관로 중의 터빈에서 29.4kW의 이론적인 동력을 얻는다면 관로의 손실수두는 몇 m인가?

① 11
② 12
③ 13
④ 14

해설 전수두 $h = 25\text{m}$

터빈동력 $H_{kW} = \gamma h_T Q$

터빈에서 사용한 수두 $h_T = \dfrac{H_{KW}}{\gamma Q} = \dfrac{29400}{9800 \times 0.25} = 12\text{m}$

손실수두 $h_L = h - h_T = 25 - 12 = 13\text{m}$

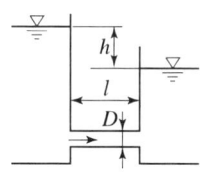

해답 ③

057 물리량과 차원이 바르게 연결된 것은? (단, M : 질량, L : 길이, T : 시간)
① 동력 ML^2T^{-3}
② 점성계수 : $M^{-1}L^{-2}T$
③ 에너지 : ML^2T^{-1}
④ 압력 : $ML^{-2}T^{-1}$

해설

물리량	기호	MLT계	
		단위	차원
점성계수	μ	$\dfrac{kg}{ms}$	$ML^{-1}T^{-1}$
에너지=일	W	J	ML^2T^{-2}
동력	H	W	ML^2T^{-3}
압력	P	$Pa = \dfrac{N}{m^2}$	$ML^{-1}T^{-2}$

해답 ①

---

058 2m×2m×2m의 정육면체로 된 탱크 안에 비중이 0.8인 기름이 가득 차 있고, 위 뚜껑이 없을 때 탱크의 옆 한 면에 작용하는 전체 압력에 의한 힘은 약 몇 kN인가?
① 1.6
② 15.7
③ 31.4
④ 62.8

해설 $P = \gamma \bar{H} A = 0.8 \times 9800 \times 1 \times 4 = 31360N = 31.36kN$

해답 ③

---

059 펌프의 입구 및 출구의 조건이 아래와 같고 펌프의 송출 유량이 $0.2m^3/s$이면 펌프의 동력은 약 몇 kW인가? (단, 손실은 무시한다.)

- 입구 : 압력 -3KPa, 직경 0.2m
- 출구 : 압력 250KPa, 직경 0.15m
- 기준면으로부터 높이 2m
- 기준면으로부터 높이 5m

① 15.74
② 53.5
③ 59.3
④ 65.2

해설 $\dfrac{P_1}{r} + \dfrac{V_1^2}{2g} + z_1 + H_p = \dfrac{P_2}{r} + \dfrac{V_2^2}{2g} + z_2$

펌프수두 $H_p = \dfrac{P_2 - P_1}{r} + \dfrac{V_2^2 - V_1^2}{2g} + (z_2 - z_1)$

$= \dfrac{253000}{9800} + \dfrac{11.31^2 - 6.36^2}{2g} + 3 = 33.278m$

$Q = \dfrac{\pi}{4} 0.2^2 \times V_1 = \dfrac{\pi}{4} 0.15^2 \times V_2, \quad V_1 = 6.36m/s, \quad V_2 = 11.31m/s$

펌프동력 $H = \gamma H_p Q = 9800 \times 33.278 \times 0.2 = 65224.88W = 65.2kW$

해답 ④

060 지름 2mm인 구가 밀도 0.4kg/m³, 동점성계수 1.0×10^{-4} m²/s인 기체 속을 0.03m/s로 운동한다고 하면 항력은 약 몇 N인가?

① 2.26×10^{-8}
② 3.6×10^{-7}
③ 4.5×10^{-8}
④ 2.86×10^{-7}

해설 스토크의 낙구식 점도측정 실험식
항력 $D = 6R\mu V\pi = 6R(\nu\rho)V\pi = 6 \times 0.001 \times 1 \times 10^{-4} \times 0.4 \times 0.03 \times \pi$
$= 2.26 \times 10^{-8}$ N

해답 ①

제4과목 기계재료 및 유압기기

061 지름 15mm의 연강 봉에 5000kgf의 인장하중이 작용할 때 생기는 응력은 약 몇 kg/mm²인가?

① 10
② 18
③ 24
④ 28

해설 $\sigma = \dfrac{F}{A} = \dfrac{5000}{\dfrac{\pi}{4}15^2} = 28 \text{kg/mm}^2$

해답 ④

062 주로 표면이 시멘타이트(Fe₃C)조직으로서 경도가 높고, 내마멸성과 압축강도가 커서 기차의 바퀴, 분쇄기의 롤 등에 많이 쓰이는 주철은?

① 가단주철
② 구상흑연주철
③ 미하나이트주철
④ 칠드주철

해설 칠드 주조(chilled casting : 냉경 주물)
① 특징 : 주물을 제작할 때 일부에 금속을 대고 급랭시키면 이 부분은 다른 부분보다 조직이 백선화(白銑化)해서 단단한 탄화철이 되고 그 내부는 서서히 냉각되어 연한 주물이 된다. 이 방법을 칠드 주조라 하고, 이렇게 이루어진 주물을 칠드 주물이라 한다.
② 제품 : 압연 롤러, 볼 밀(ball mill), 파쇄기(crusher)

해답 ④

063 다음 중 구리(Cu)에 함유되어 전기전도율을 가장 많이 감소시키는 원소는?

① Ag
② P
③ Cd
④ Zn

해설 구리 합금인 황동, 청동에서 인(P)이 많이 함유 될수록 전기전도율이 감소한다.

해답 ②

064 금속을 소성가공할 때에 냉간가공과 열간가공을 구분하는 온도는?
① 담금질온도 ② 변태온도
③ 재결정온도 ④ 단조온도

해설 **냉간 가공(상온 가공 : cold working)** : 재결정 온도 이하에서 금속의 기계적 성질을 변화시키는 가공이다.
① 가공면이 깨끗하고 정밀한 모양으로 가공된다.
② 가공 경화로 강도는 증가되지만 연신율(연율)은 작아진다.
③ 가공 방향 섬유 조직이 생기고 판재 등은 방향에 따라 강도가 달라진다.

해답 ③

065 강의 담금질(quenching) 조직 중에서 경도가 가장 높은 것은?
① 펄라이트 ② 오스테나이트
③ 페라이트 ④ 마텐자이트

해설 **담금질 조직** : 담금질 조직에는 다음과 같은 4가지 조직이 있다.

조직명칭	조직	냉각방법	경도	성질
마르텐자이트	$(\alpha - Fe + Fe_3C)$ 고용체	물에 급랭	720	경도가 가장 크다. 단단하며 메짐성이 있음, 절삭공구
트루스타이트	$(\alpha - Fe + Fe_3C)$ 혼합물	기름에 급랭	400	부식이 잘된다. 단단하고 인성이 있음, 목공구
소르바이트	$(\alpha - Fe + Fe_3C)$ 혼합물	공기중 서냉	270	탄성이 크다. 스프링 재료
오스테나이트	$(\alpha - Fe + Fe_3C)$ 고용체	염수에 급랭	155	냉각속도가 가장 크다. 연하나, 가공성이 불량하다. 전기 저항율 크고, 연신율 크다.

해답 ④

066 강의 특수원소 중 뜨임 취성(Temper brittleness)을 현저히 감소시키며 열처리 효과를 더욱 크게 하여 질량효과를 감소시키는 특성을 갖는 원소는?
① Ni ② Cr
③ Mo ④ W

해설

합금 원소	강 중에 나타나는 일반적인 특성
Ni	인성 증가, 저온 충격저항 증가
Cr	내식성, 내마모성 증가
Mo,	뜨임 여림성(=취성) 방지, 질량효과 감소
Cu	공기중 내산화성 증가
Si	전자기 특성개선, 탈산, 고용강화
Mo, Mn, W	고온에 있어서의 경도와 인장 강도 증가

해답 ③

067
상온으로 담금질된 강을 다시 0℃ 이하의 온도로 냉각하는 작업이며, 담금질된 강의 잔류 오스테나이트를 마텐자이트로 변태시키는 것을 목적으로 하는 열처리 법은?

① 풀림 ② 불림
③ 뜨임 ④ 심랭처리

해설 서브제로처리 = 심랭처리 = 영하처리 : 오스테나이트를 염욕에서 M_f 점 이하로 하여 잔류 오스테나이트를 마르텐자이트로 면태시키는 열처리방법

해답 ④

068
탄소강에서 탄소량이 증가하면 일반적으로 감소하는 성질은?

① 전기저항 ② 열팽창계수
③ 항자력   ④ 비열

해설
① 탄소 함유량의 증가와 더불어 증가하는 것 : 강도, 경도, 비열 전기저항, 항자력은 증가된다.
② 탄소 함유량의 증가와 더불어 감소하는 것 : 비중, 열팽창계수, 탄성률, 열전도율, 연신율

해답 ②

069
내열성 주물로서 내연기관의 피스톤이나 실린더 헤드로 많이 사용되며 표준성분이 Al–Cu–Ni–Mg으로 구성된 합금은?

① 하이드로날륨 ② Y합금
③ 실루민   ④ 알민

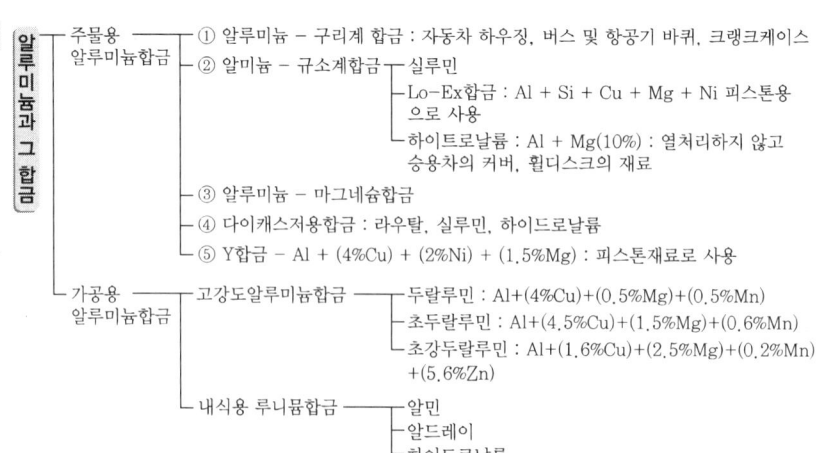

해답 ②

070 탄소함유량이 0.8%가 넘는 고탄소강의 담금질 온도로서 가장 적당한 것은?

① A_1 온도보다 30~50℃ 정도 높은 온도
② A_2 온도보다 30~50℃ 정도 높은 온도
③ A_3 온도보다 30~50℃ 정도 높은 온도
④ A_4 온도보다 30~50℃ 정도 높은 온도

해설

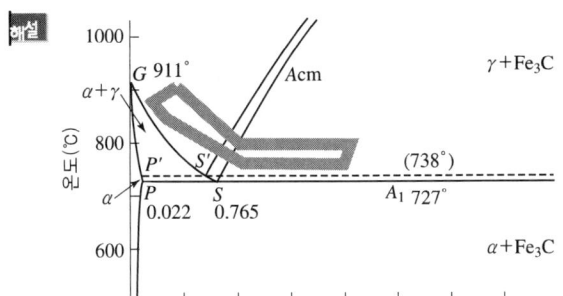

아공석강은 A_{123} 온도보다 30~50도 높은 온도, 과공석강은 A_1 온도보다 30~50도 높은 온도까지 가열후 담금질 열처리 한다.

해답 ①

071 액추에이터 공급 쪽 관로에 설정된 바이패스 관로의 흐름을 제어함으로써 속도를 제어하는 회로는?

① 인터로크 회로
② 블리드 오프 회로
③ 시퀀스 회로
④ 미터 아웃 회로

해설
① **미터 인 회로법** : 유량조정 밸브를 실린더 앞에 부착, 실린더에 들어가는 유량을 제어하고 나머지 유량은 릴리프 밸브에서 기름 탱크로 복귀시키고 있는 회로이다. 이 회로의 효율은 좋다고는 할 수 없으나 부하 변동이 크고 피스톤의 움직임에 대해 정 방향의 부하가 가해지는 경우 적합하다.
② **미터 아웃 회로법** : 실린더의 복귀회로에 유량조정 밸브를 부착, 실린더에서 유출하는 유량을 제어하고 나머지 유량은 미터 인 회로와 동일하게 릴리프 밸브로부터 기름 탱크로 복귀시키고 있는 회로이다. 실린더의 출구가 교축되어 실린더의 배압이 걸리 므로 부방향의 부하, 즉 피스톤이 인입되는 경우의 속도제어에 적합하며 드릴링머신, 프레스 등에 많이 사용된다.
③ **블리드 오프 회로법** : 펌프와 실린더 간의 분기 관로에 유량조정 밸브를 설치하여 기름 탱크로 복귀시키는 유량을 제어함으로써 속도를 제어 하는 회로이다. 릴리프 밸브에 의한 유출량이 없으며 동력손실이 적다. 그러나 부하변동이 큰 경우 펌프 토출량이 바뀌며 정확한 속도제어가 안된다. 따라서 비교적 부하 변동이 적은 호우닝 머신이나 정밀도가 그다지 필요하지 않은 원치의 속도제어 등에 사용된다.

해답 ②

072

안지름이 10mm인 파이프에 $2 \times 10^4 \text{cm}^3/\text{min}$의 유량을 통과시키기 위한 유체의 속도는 약 몇 m/s인가?

① 4.2
② 5.2
③ 6.2
④ 7.2

해설

$$Q = \frac{2 \times 10^4 \times 10^{-6}}{60} = 0.000333 \text{m}^3/\text{s}$$

$$Q = \frac{\pi}{4} 0.01^2 \times v \qquad v = \frac{0.000333 \times 4}{\pi \times 0.01^2} = 4.244 \text{m/s}$$

해답 ①

073

기어 펌프에서 발생하는 폐입 현상을 방지하기 위한 방법으로 가장 적절한 것은?

① 오일을 보충한다.
② 베어링을 교환한다.
③ 릴리프 홈이 적용된 기어를 사용한다.
④ 베인을 교환한다.

해설 기어와 기어가 맞물려 압축이 일어나는 현상을 폐입현상이라 하며, 압축이 일어나는 부분에 유체가 빠져나갈 수 있는 홈을 만들어 주면 과도한 압력상승을 막을 수 있다. 이때 빠져나갈 수 있는 홈을 릴리프 홈이라 한다.

해답 ③

074

다음 그림은 어떤 밸브를 나타내는 기호인가?

① 시퀀스 밸브
② 카운터 밸런스 밸브
③ 무부하 밸브
④ 일정 비율 감압 밸브

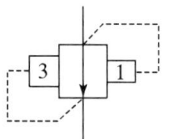

해설

형식	명칭	기능	기호
상시폐형	릴리프 밸브(relief valve) 안전 밸브(safety valve)	회로내의 압력을 설정치로 유지하는 밸브, 특히 회로의 최고압력을 한정하는 밸브를 안전 밸브라고 한다.	
	시퀀스 밸브 (sequence valve)	둘 이상의 분기회로가 있는 회로내에서 그 작동순서를 회로의 압력 등에 의해 제어하는 밸브이고, 입구압력 또는 외부파일럿 압력이 소정의 값에 도달하면 입구측으로부터 출구측의 흐름을 허용하는 밸브	
	무부하 밸브 (unloadin valve)	회로의 압력이 설정치에 달하면 펌프를 무부하로 하는 밸브	

형식	명칭	기능	기호
상시 폐형	카운터 밸런스 밸브 (counterbalance valve)	부하의 낙하를 방지하기 위해 배압을 부여하는 밸브한 방향의 흐름에는 설정된 배압을 주고 반대방향의 흐름을 자유흐름으로 하는 밸브	
상시 개형	감압 밸브=리듀싱 밸브 (pressure reducing valve)	출구측 압력을 입구측압력보다 낮은 설정압력으로 조정하는 밸브	

해답 ④

075
부하가 급격히 변화하였을 때 그 자중이나 관성력 때문에 소정의 제어를 못하게 된 경우 배압을 걸어주어 자유낙하를 방지하는 역할을 하는 유압제어 밸브로 체크 밸브가 내장된 것은?

① 카운터 밸런스 밸브 ② 릴리프 밸브
③ 감압 밸브 ④ 스로틀 밸브

해설 해설 74번 참조

해답 ①

076
다음 유압회로에서 ①은 무엇을 나타내는 기호인가?

① 릴리프 밸브
② 유량 조절 밸브
③ 스톱 밸브
④ 분류 밸브

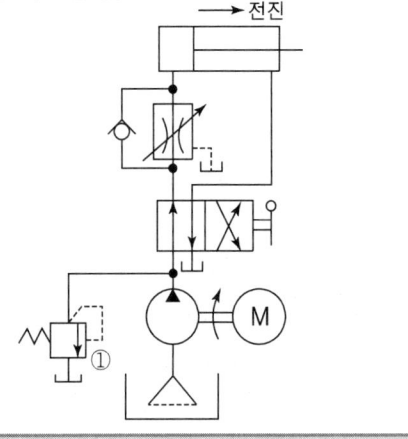

해설 해설 74번의 릴리프 밸브 참조

해답 ①

077
유압기의 작동 원리로 가장 밀접한 것은?

① 보일의 원리 ② 아르키메데스의 원리
③ 샤를의 원리 ④ 파스칼의 원리

해설 **유압기기의 원리(파스칼의 원리 적용)**
① 공기는 압축되나 오일은 압축되지 않는다.
② 오일은 운동을 전달할 수 있다.
③ 오일은 힘을 전달할 수 있다.
④ 단면적을 변화시키면 힘을 증대시킬 수 있다.
⑤ 밀폐된 용기에 오일을 채우고 이곳에 압력을 가하면 이 용기의 내면에 직각으로 똑같은 압력이 작용한다.

해답 ④

078 용기내에 오일을 고압으로 압입한 유압유 저장 용기로서 유압에너지 축적, 압력보상, 맥동 제거, 충격 완충 등의 역할을 하는 유압 부속 장치는?
① 어큐뮬레이터 ② 스테이너
③ 오일냉각기   ④ 필터

해설 **축압기(어큐뮬레이터 : Accumulator)의 용도**
① 에너지의 축적   ② 압력 보상
③ 서어지 압력방지   ④ 충격압력 흡수
⑤ 유체의 맥동감쇠(맥동 흡수) ⑥ 사이클 시간 단축
⑦ 2차 유압회로의 구동 ⑧ 펌프대용 및 안전장치의 역할
⑨ 액체 수송(펌프 작용) ⑩ 에너지 보조

해답 ①

079 다음 중 유압기기에서 유량제어 밸브에 속하는 것은?
① 릴리프 밸브 ② 체크 밸브
③ 감압 밸브   ④ 스로틀 밸브

해설 **유량제어 밸브** : 스로틀 밸브(교축 밸브), 유량조정 밸브, 분류 밸브, 집류 밸브, 스톱 밸브(정지 밸브)

해답 ④

080 베인모터의 장점 설명으로 틀린 것은?
① 무단 변속이 가능하다.
② 정, 역회전이 가능하다.
③ 공급압력이 일정하면 출력토크가 일정하다.
④ 저압이나 저속 운전시의 효율이 높다.

해설

베인펌프의 장점	베인펌프의 단점
① 송출압력의 맥동이 적다.	① 공작정도가 요구된다.
② 깃의 마모에 의한 압력 저하가 일어나지 않는다.	② 유압유의 점도에 제한이 있다.
③ 펌프의 유동력에 비하여 형상치수가 적다	③ 기름의 보수에 주의가 필요하다.
④ 고장이 적고 보수가 용이하다.	④ 베인수명이 짧다.
⑤ 소음이 적다	
⑥ 기동토크가 작다	

해답 ④

제5과목 기계제작법 및 기계동력학

081 볼 베어링의 외륜이나 내륜(outer and inner race)의 면을 연삭하는데 일반적으로 많이 사용되는 기계는?

① 호닝 머신
② 수퍼피니싱 머신
③ 센터리스 연삭기
④ 래핑 장치

해설 **센터리스 연삭기**(centerless grinding machine)
공작물을 센터로 지지하지 않고 연삭 숫돌과 조정 숫돌 사이에 일감을 삽입하고 지지판으로 지지하면서 연삭하는 기계로 조정 숫돌은 고무 결합제를 사용한 것으로 공작물과 조정 숫돌의 마찰력에 의해 공작물을 회전시키고 조정 숫돌의 일감에 대한 압력으로써 일감의 회전 속도를 조정한다.

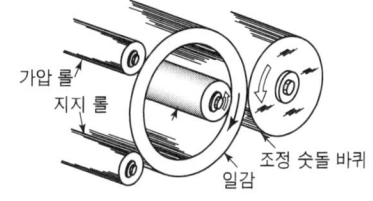

[센터리스형]

해답 ③

082 공작물을 신속히 교환할 수 있도록 되어 있으며, 고정력이 작용력에 비해 매우 큰 클램프는?

① 쐐기형 클램프
② 캠 클램프
③ 토글 클램프
④ 나사 클램프

해설 **클램프의 종류**
① **스트랩 클램프** : 클램프의 기본형식으로 지렛대의 원리를 이용하여 고정하는 것으로 고정력의 나사의 크기에 의행 결정된다.
② **나사클램프** : 클램핑기구로서 가장 널리 사용되는 것으로 설계가 간단하고 제작비가 싼 이점이 있으나 작업속도가 느리다는 단점이 있다.
③ **캠클램프** : 캠의 편심에 의한 고정하는 것으로 형태가 간단하고 급속으로 강력한 플랭핑이 이루지는 장점과 클램핑 범위가 좁고 진동에 의해 풀 릴수 있는 단점이 있다.
④ **쐐기형 클램프** : 구배(기울기)에 의한 고정하는 방법으로 경사의 각도에 따라 강력한 클램프를 할 수 있다.
⑤ **토글 클램프** : 주로 용접 지그나 조립지그 등에 많이 사용되며 공 유압을 이용한 자동화지그의 기본이 된다.

해답 ③

083 CNC공작기계의 NC프로그램에서 "G01"이 뜻하는 것은?

① 위치결정
② 직선보간
③ 원호보간
④ 절대치 좌표지령

해설 NC 공작기계의 3가지 기본동작
① 위치 정하기 : 공구의 최종위치만 제어하는 것. G00(위치결정 = 급속이송)
② 직선 절삭 : 공구가 이동 중에 직선절삭을 하는 기능, G01(직선가공 = 절삭가공)
③ 원호 절삭 : 공구가 이동 중에 원호절삭을 하는 기능, G02(원호가공 시계방향 CW), G03(원호가공 반시계방향 CCW)

해답 ②

084 아크 용접봉에서 피복제의 역할이 아닌 것은?

① 용융금속의 탈산 작용을 한다.
② 질화 작용을 촉진한다.
③ 용착금속에 필요한 원소를 공급한다.
④ 용융금속의 급냉을 방지한다.

해설 피복제의 역할
① 공기 중의 산소나 질소의 침입을 방지하여, 피복재의 연소 가스의 이온화에 의하여 전류가 끊어졌을 때에도 계속 아크를 발생 시키므로 안정된 아크를 얻을 수 있도록 한다.
② 슬래그(slag)를 형성하여 용접부의 급냉을 방지하며, 용착 금속에 필요한 원소를 보충한다.
③ 불순물과 친화력이 강한 재료를 사용하여 용착 금속을 정련한다.
④ 붕사, 산화티탄 등을 사용하여 용착 금속의 유동성을 좋게 한다.
⑤ 좁은 틈에서 작업할 때 절연 작용을 한다.

해답 ②

085 버니어캘리퍼스에서 버니어의 눈금방법이 24.5mm를 25등분한 경우 최소 읽기 값은? (단, 본척의 최소눈금은 0.5mm이다.)

① $\dfrac{1}{50}$ mm
② $\dfrac{1}{25}$ mm
③ $\dfrac{1}{24.5}$ mm
④ $\dfrac{1}{20}$ mm

 최소측정값 $C = A - B = A - \dfrac{n-1}{n} A = \dfrac{A}{n} = \dfrac{0.5}{25} = \dfrac{1}{50}$

여기서, A : 본척(어미자)의 1눈금, B : 부척(아들자)의 1눈금, n : 부척의 등분눈금 수

해답 ①

086 높은 정밀도의 보링 가공을 할 수 있는 것으로 온도변화에 따른 영향을 받지 않도록 항온항습실에서 설치하여야 하는 것은?

① 보통 보링 머신
② 지그 보링 머신
③ 수직 보링 머신
④ 코어 보링 머신

해설 **지그 보링 머신** : 드릴링 머신 또는 보통 보링 머신 으로 뚫은 구멍은 중심 위치가 정밀하지 못하다. 그러므로 정밀도가 높은 지그 보링머신을 사용하며 특히 지그 제작 및 정밀기계의 구멍가공에 사용하기 위한 전문기계로서, 제품의 허용 오차가 극히 작은 ±0.002~0.005mm 정도의 정밀도를 가진 보링 머신이다. 온도변화에 영향을 받지 않도록 항온 항습실에 보관한다.

해답 ②

087 주조시 탕구의 높이와 유속과의 관계로 옳은 식은? (단, v : 유속(cm s), h : 탕구의 높이[쇳물이 채워진 높이](cm), g : 중력 가속도(cm/s²), C : 유량계수이다.)

① $v = \dfrac{2gh}{C}$
② $v = C\sqrt{2gh}$
③ $v = C(2gh)^2$
④ $v = h\sqrt{C2g}$

해설 **쇳물의 유속** $v = c\sqrt{2gh}$
여기서, c : 유량계수, h : 탕구계의 높이

해답 ②

088 판두께 3mm인 연강판에 지름이 30mm인 구멍을 펀칭 가공하려고 한다. 슬라이드 평균속도를 5m/min, 기계효율 72%라 한다면 소요 동력은 약 몇 kW인가? (단, 판의 전단 저항은 245N/mm²이다.)

① 11.62
② 8.02
③ 2.54
④ 5.27

해설 **소요동력** $H = \dfrac{Fv}{\eta} = \dfrac{69272.1 \times 0.0833}{0.72} = 8014.39\text{W} = 8.014\text{kW}$
힘 $F = \tau \times A = 245 \times (\pi \times 30 \times 3) = 69272.1\text{N}$
속도 $v = \dfrac{5}{60} = 0.08333\text{m/s}$

해답 ②

089 침탄법에 비하여 경화층은 얇으나, 경도가 크다. 담금질이 필요 없고, 내식성 및 내마모성이 크나, 처리시간이 길고 생산비가 많이 드는 표면경화법은?

① 마퀜칭
② 화염 경화법
③ 고주파 경화법
④ 질화법

해설

침탄법	질화법
• 경도가 질화법보다 낮다.	• 경도가 침탄법보다 높다.
• 침탄후의 열처리가 필요하다.	• 질화 후의 열처리가 필요없다.
• 경화에 의한 변형이 생긴다.	• 경화에 의한 변형이 적다.
• 침탄층은 질화층보다 여리지 않다.	• 질화층은 여리다.
• 침탄 후 수정 가능	• 질화 후 수정 불가능
• 고온 가열시 뜨임되고 경도는 낮아진다.	• 고온 가열해도 경도는 낮아지지 않는다.

해답 ④

090 이음매 없는 관(官)을 제조하는 방법이 아닌 것은?

① 버트(butt) 용접법
② 압출법
③ 만네스만 천공법
④ 에어하르트법

해설

제관법
- 이음매 없는 관 ┬ 원심주조관청공법 – 맨네스맨 압연 천공법, 압출법, 에어하르트천공법
             └ 커핑가공법(cupping process)
- 이음매 있는 관 ┬ 단접관 – 맞대기 단접, 겹치기 단접
             ├ 용접관 – 시임용접과, 가스 용접관, 아크 용접관, 납땜관, 버트 용접
             └ 냉간 다듬질관

해답 ①

091 반경 $R=0.1$m인 강체 원판이 수평면 위를 미끄러짐 없이 굴러가고 있다. $\theta=30°$일 때 A점($r=0.08$m)의 속도는 몇 m/s인가? (단, 0점의 속도는 $\vec{v_0}=10\vec{i}$ m/s, 0점의 가속도는 $\vec{a_0}=3\vec{i}$ m/s²이다.)

① $\vec{V_A} = 14\vec{i} + \sqrt{3}\vec{j}$
② $\vec{V_A} = 14\vec{i} - \sqrt{3}\vec{j}$
③ $\vec{V_A} = 14\vec{i} + 4\sqrt{3}\vec{j}$
④ $\vec{V_A} = 14\vec{i} - 4\sqrt{3}\vec{j}$

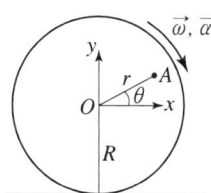

해설

각속도 $w = \dfrac{V_o}{R} = \dfrac{10}{0.1} = 100 \text{rad/s}$

각속도는 어느 지점이나 일정하다.

$\vec{v_A} = (V_o + wr\sin\theta)\vec{i} - wr\cos\theta\vec{j}$
$= (10 + 100 \times 0.08\sin 30)\vec{i} - (100 \times 0.08\cos 30)\vec{j}$
$= 14\vec{i} - 4\sqrt{3}\vec{j}$

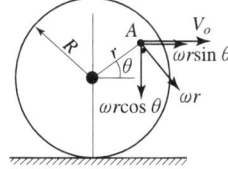

해답 ④

092 두 질점이 완전탄성 정면 중심충돌할 경우에 관한 설명으로 틀린 것은?

① 충돌 후의 두 질점의 상대 속도는 충돌 전의 두 질점의 상대속도와 같은 크기이다.
② 반발계수 값은 1이다.
③ 두 질점의 전체 운동량이 보존된다.
④ 전체 에너지는 보존되지 않는다.

해설 완전탄성 충돌=탄성충돌 : (반발계수) $e=1$일 때

$e = \dfrac{\text{멀어지는 속도}}{\text{가까워지는 속도}} = \dfrac{V_2' - V_1'}{V_1 - V_2} = 1$ (즉 가까워지는 속도=멀어지는 속도)

완전탄성 충돌은 운동량과 운동 에너지도 보존된다.

$$m_1 V_1 + m_2 V_2 = m_1 V_1' + m_2 V_2'$$
$$\frac{1}{2}m V_1^2 + \frac{1}{2}m V_2^2 = \frac{1}{2}m_1 V_1'^2 + \frac{1}{2}m_2 V_2'^2$$

해답 ④

093

수평면 위에 정지상태로 놓여 있는 40kg의 물체에 일정한 힘을 수평 방향으로 가했더니 4초 동안 12m를 움직였다. 물체와 수평면 사이의 마찰계수가 0.3이라고 할 때 이 물체에 가한 힘의 크기는 약 몇 N인가?

① 60 ② 178
③ 198 ④ 589

해설

$V_2 = V_1 + at$, $2as = V_2^2 - V_1^2$, $s = V_1 t + \frac{1}{2}at^2$

$s = V_1 t + \frac{1}{2}at^2$, $\quad 12 = 0 \times 4 + \frac{1}{2}a 4^2$

가속도 $a = 1.5 \text{m/s}^2$

$\sum F_x = ma$, $F - \mu mg = ma$, $F - (0.3 \times 40 \times 9.8) = 40 \times 1.5$

가해준 힘 $F = 177.6 \text{N}$

해답 ②

094

중량 2400N, 회전수 1500rpm인 공기 압축기가 있다. 방지 고무로 균등하게 6개소를 지지시켜 진동수비를 2.4로 할 때, 방진 고무 1개의 스프링 상수를 구하면 약 몇 kN/m 인가? (단, 감쇠비는 무시한다.)

① 175 ② 165
③ 194 ④ 125

해설

진동수비 $\gamma = 2.4$, $\gamma = 2.4 = \dfrac{w}{w_n}$

외부 각속도 $w = \dfrac{2\pi N}{60} = \dfrac{2\pi \times 1500}{60} = 157.079 \text{rad/sec}$

고유 각 진동수 $w_n = \dfrac{w}{\gamma} = \dfrac{157.079}{2.4} = 65.4 \text{rad/sec}$

$w_n = \sqrt{\dfrac{6K}{m}}$, $\quad 65.4 = \sqrt{\dfrac{6K}{\left(\dfrac{2400}{9.8}\right)}}$ → (스프링상수) $K = 174.577 \text{kN}$

해답 ①

095 그림에서 막대의 길이가 1.0m이고 질량이 3.0kg일 때, 피봇점(막대기, 수평면과 연결된 점)에 대한 질량관성모멘트는 몇 kg·m²인가?

① 0.5
② 1.0
③ 1.6
④ 2.4

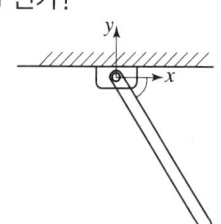

해설 $J_o = \dfrac{mL^2}{3} = \dfrac{3 \times 1^2}{3} = 1\,\text{kgm}^2$

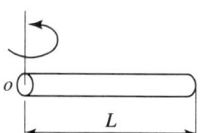

해답 ②

096 그림과 같이 진동계에 가진력 $F(t)$가 작용한다. 바닥으로 전달되는 힘의 최대 크기가 F_1보다 작기 위한 조건은? (단, $w_n = \sqrt{\dfrac{K}{m}}$)

① $\dfrac{\omega}{\omega_n} < 1$ ② $\dfrac{\omega}{\omega_n} > 1$

③ $\dfrac{\omega}{\omega_n} > \sqrt{2}$ ④ $\dfrac{\omega}{\omega_n} < \sqrt{2}$

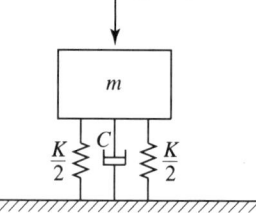

해설

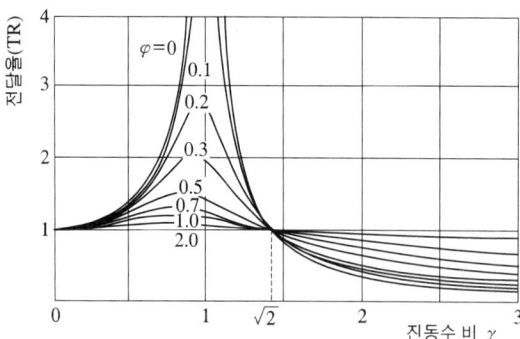

힘전달율 $TR = \dfrac{\text{최대전달력}}{\text{기진력의 최대값}} = \dfrac{F_{TR}}{F_1}$

F_{TR}이 F_1보다 작다는 의미는 TR이 1보다 작다는 것이다.

그림에서 보는 것처럼 힘전달율이 1보다 작기 위해서는 진동수비가 $\sqrt{2}$ 보다 커야 된다.

즉 $\left(\gamma = \dfrac{w\,(\text{외부기진력의 각속도})}{w_n\,(\text{물체의 고유각 진동수})} \right) > \sqrt{2}$

해답 ③

097 질량 m, 반지름 r인 원기둥이 스프링 상수 k인 스프링에 의하여 그림과 같이 연결되어 있다. 미끄럼 없이 구른다면 고유 각진동수는 얼마인가? (단, 원기둥의 관성모멘트 $J_o = \dfrac{1}{2}mr^2$)

① $\sqrt{\dfrac{3m}{2k}}$ ② $\sqrt{\dfrac{2k}{3m}}$

③ $\dfrac{3m}{2k}$ ④ $\dfrac{2k}{3m}$

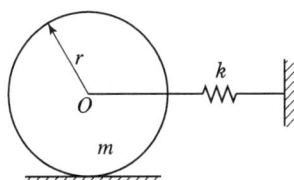

해설 진동방정식 $\theta'' + \left(\dfrac{KR^2}{mR^2 + J_G}\right)\theta = 0$

고유각 진동수 $w_n = \sqrt{\left(\dfrac{KR^2}{mR^2 + J_G}\right)}$, $J_G = \dfrac{mR^2}{2}$

$w_n = \sqrt{\left(\dfrac{KR^2}{mR^2 + \dfrac{mR^2}{2}}\right)} = \sqrt{\dfrac{2K}{3m}}$

해답 ②

098 주기 T, 진동수 f, 그리고 각진동수(circular frequency) ω의 관계 중 옳은 것은?

① $T = \dfrac{1}{\omega}$ ② $\omega = \dfrac{f}{2\pi}$

③ $\omega = \dfrac{T}{2\pi}$ ④ $f = \dfrac{1}{T}$

해설 $x(t) = A\sin(\omega t + \phi)$에서

주기 $T = \dfrac{2\pi}{\omega}(\sec) = \dfrac{\sec}{cycle}$

진동수 $f = \dfrac{1}{T} = \dfrac{\omega}{2\pi}(cps) = Hz = \dfrac{cycle}{\sec}$

해답 ④

099 스프링과 질량으로 된 자유진동계에서 스프링상수를 k, 스프링의 질량을 m_s, 물체의 질량을 m이라 하면 그것의 고유 진동수는?

① $\dfrac{1}{2\pi}\sqrt{\dfrac{k}{m + \dfrac{1}{3}m_s}}$ ② $\dfrac{1}{2\pi}\sqrt{\dfrac{k}{m + m_s}}$

③ $\dfrac{1}{2\pi}\sqrt{\dfrac{2k}{m + 2m_s}}$ ④ $\dfrac{1}{2\pi}\sqrt{\dfrac{k}{m + \dfrac{1}{4}m_s}}$

해설 스프링의 질량을 무시할 때

고유각 진동수 $\omega_n = \sqrt{\dfrac{k}{m}}$

진동수 $f_n = \dfrac{1}{T} = \dfrac{\omega_n}{2\pi} = \dfrac{1}{2\pi}\sqrt{\dfrac{k}{m}}$

스프링의 질량을 고려할 때

고유각 진동수 $\omega_n = \sqrt{\dfrac{k}{m}}$

진동수 $f_n = \dfrac{1}{T} = \dfrac{\omega_n}{2\pi} = \dfrac{1}{2\pi}\sqrt{\dfrac{k}{m + \dfrac{m_s}{3}}}$

여기서, m_s : 스프링의 질량

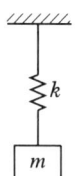

해답 ①

100 오직 중심력(center of force)만을 받으며 등속 운동하는 질정에 대한 설명으로 틀린 것은?

① 어느 순간에서나 힘의 중심점에 대한 모멘트의 합은 0이다.
② 중심점에 대한 각운동량은 크기와 방향이 모두 일정하다.
③ 중심점에 대한 각운동량의 변화율은 0이다.
④ 각운동량은 중심점에서 물체까지의 거리의 제곱에 반비례한다.

해설 중심점에서 힘을 받고 등속도 운동하는 물체의 각운도량의 변화가 없다.
각운동량 = 질량관성모멘트 × 각속도이다.
(질량관성모멘트 = 질량 × 회전반경^2, 회전반경의 제곱에 비례한다.)

해답 ④

단기완성 일반기계기사 필기 과년도

초판 발행	2012년 4월 20일
개정2판 발행	2013년 1월 10일
개정3판 발행	2014년 1월 15일
개정4판 발행	2015년 1월 25일
개정5판 발행	2016년 1월 20일
개정6판 발행	2017년 1월 15일
개정7판 발행	2018년 1월 25일
개정8판 발행	2019년 1월 10일
개정9판 발행	2020년 1월 10일
개정10판 발행	2021년 1월 15일
개정11판 발행	2022년 1월 20일
개정12판 발행	2023년 2월 20일

지은이 ▪ 정영식
펴낸이 ▪ 홍세진
펴낸곳 ▪ 세진북스

홈페이지 ▪ http://www.sejinbooks.kr
전화 ▪ 031-924-3092
팩스 ▪ 031-924-3093
주소 ▪ (우)10207 경기도 고양시 일산서구 산율길 56(구산동 145-1)

출판등록 ▪ 제 315-2008-042호(2008.12.9)
ISBN ▪ 979-11-5745-571-3 13550

값 ▪ 35,000원

- 이 책의 출판권은 도서출판 세진북스가 가지고 있습니다.
- 이 책의 일부 또는 전체에 대한 무단 복제와 전재를 금합니다.

세진북스에는 당신과 나 그리고 우리의 미래가 있습니다.